개정판

천일수학 I

김남호 엮음

KM 경문사

머 리 말

수학교사로서 현학(衒學)적이지 않는 한도 내에서 수학실력으로 존경받고 싶은 마음은 당연하나 시간을 내어 풀어볼만한 자료가 부족합니다. 대학수학과 올림피아드수학은 노력에 비하여 직접적인 효과가 적어, 50년이 넘게 본고사를 실시해온 일본의 대학입학시험문제(동경대)를 모아 정리하였습니다.

개인자료집을 만들 계획으로, 모든 문제의 번역과 편집, 그림에 이르기까지 혼자 작업을 하여 오류가 많을 것이라 생각됩니다. 번역과정에서 원문의 오타로 인하여 받은 고통을 여러분들께 주지 않을까 걱정되고 그 비난이 두려우나, 경쟁국으로서의 일본의 현실을 알려야 한다는 절박한 마음으로 출판을 결심하게 되었습니다. 이 책의 문제들에 대하여 다양한 반응이 있겠으나, 어찌되었든 일본의 동경대를 비롯한 명문대에 입학하고자 하는 학생들은 이보다 어려운 문제들의 주관식 답안작성을 3년 이상 연습합니다. 이런 문제를 3년간 연습한다면, 그 지적능력은 우리나라의 대학원생수준이라고 생각됩니다. 특히, 8절지 한 페이지가 넘는 풀이과정을 논리적 모순 없이 적어내는 능력과 150분간 이런 문제를 도전할 수 있는 지구력을 대학입학 전에 기른다는 사실이 상당히 놀랍습니다.

하지만, 이런 시험제도는 모든 학생에게 영재교육을 시키는 것으로서, 적응한 학생들은 세계적인 엘리트가 되겠지만 적응하지 못한 학생들은 심한 좌절감을 맛보게 될 것입니다. 이러한 이유로 본고사를 반대하기는 하지만, 이 정도로 어려워지면 모든 학생을 평등하게 만드는 측면도 있다고 생각됩니다. (이 책의 많은 문제들은 과외로 해결할 수 있는 문제가 아니며, 오직 학생의 능력과 각고의 노력에 의하여만 이해가 가능하다고 생각됩니다.)

이 책을 편집하면서 다음과 같은 생각들이 머리에서 떠나지 않았습니다.

1. 주어진 시간(150분) 내에, 2004년도 전기이과(p.376)의 경우 4문제 이상, 2005년도 전기이과(p.392)의 경우 5문제 이상 주관식답안을 작성할 수 있는 우리나라 대학생은 얼마나 될까? 물론, 3년간 이러한 문제들로 단련된 학생들과 비교한다는 것은 무리입니다. (자료에 의하면, 2004년의 경우 4문제 이상이면 충분히 합격한다고 합니다.)
2. 2001년 후기 이과1류 문제(p.345)를 150분간 끝까지 포기하지 않고 풀어서, 한 문제 이상 맞출 수 있는 지구력을 가진 우리나라 대학생은 얼마나 될까?
3. 고등학교시절 본고사를 준비하였으며 현재 본고사문제들을 가르치고 있으므로, 일본의 우수한 수학교사들은 이 책의 어떠한 문제라도(여기 문제들은 기출문제이므로) 5분 안에 이해하고 설명할 수 있으리라 생각된다. 학생들에게 세계 어느 나라 청소년들과 경쟁해도 이길 수 있는 실력을 갖추라고 이야기하는 나는 어떠한가?

일 러 두 기

1. 이 책은 수학을 가르치시는 분과 수학문제풀이를 취미로 하시는 분들을 위한 책으로, 이 책의 모든 문제를 5분 안에 이해하여 설명할 수 있도록 반복하여 풀어보시면 입시제도가 어떻게 바뀌든 자신 있게 대처하실 수 있을 것이라 생각됩니다. 단, 직접 모든 문제의 답안을 작성해 보시기 바랍니다.

2. 고등학생의 경우, 평소 경시대회문제나 올림피아드문제를 많이 풀어본 학생들을 제외하고는 풀기를 권하지 않습니다. 심각한 스트레스를 받을 수 있습니다.

3. 일본본고사의 역사와 그 장•단점을 여러분 스스로 파악할 수 있도록, 시대 순으로 모든 문제를 가공하지 않은 상태 그대로 실었으며 수학용어 및 화폐단위도 가능한 한 원문에 가깝게 번역했습니다. 또, 효과적인 설명과 편집상의 이유로 다소 과장된 그림이 있으니 양해바랍니다.

4. 1956년부터 2005년까지의 입학시험 중 40년간의 문제와 해답을 실었습니다. 1995, 96, 97, 99년도 문제는 구할 수 없었으며, 1971～75년은 문제만 구하여 부록에 담았습니다. 또, 1969년에는 시험을 실시하지 않았다고 합니다.

5. 1990년도 이후에 있는 後期理科1類 문제들은 수학과, 물리학과 등에 지원하는 학생들을 위한 후기문제들로 교사나 올림피아드수준의 학생들에게 상당히 흥미로울 것으로 생각됩니다. 그 이외의 문제들 중 다른 해에 비하여 전체적으로 난이도가 높은 년도는 아래와 같습니다. 실력이 월등하신 분들은 먼저 이 문제들을 풀어보시기 바랍니다.

년 도	페이지	년 도	페이지
1963년	p.69	1990년	p.245
1977년	p.144	1993년	p.280
1983년	p.192	1998년	p.309
1986년	p.216	2000년	p.324
1988년	p.232	2004년	p.376

차 례

[부 록]

동경대학 수학 입시 편람

(1956년~2012년)

〈 1956년 1차 이과 〉 해석 I

1. 다음 □ 안에 알맞은 수를 넣어라.
x^{10}을 $x^4+x^3+x^2+x+1$로 나누면 나머지는 (1)□ x^3+(2)□ x^2+(3)□ $x+$(4)□ 이다.

2. 다음 □안에 알맞은 수를 넣어라.
x, y, z를 미지수로 하는 연립방정식

$$\begin{cases} 5x+3y-z=0 \\ 2x+y+3z=l \\ x+4y+kz=10 \end{cases}$$

은 $k=$(5)□, $l=$(6)□일 때, 부정(不定)이다. (2조 이상의 해를 갖는다.)

3. 다음 □안에 알맞은 수를 넣어라.
함수 $y=\dfrac{x^2+3}{x-1}$은 $2\leqq x\leqq 6$일 때,
최솟값 (7)□와 최댓값 (8)□을 갖으며,
$-6\leqq x\leqq -2$일 때,
최솟값 (9)□와 최댓값 (10)□을 갖는다.

4. 다음 □안에 알맞은 수를 넣어라.
쌍곡선 $\dfrac{x^2}{25}-\dfrac{y^2}{36}=1$과
직선 $y=mx+8$의 교점의 개수는
$A=$(11)□, $B=$(12)□, $0<A<B$일 때,

$0\leqq m<A$ 이면 (13)□,
$m=A$ 이면 1,
$A<m<B$ 이면 (14)□,
$m=B$ 이면 1,
$B<m$ 이면 (15)□ 이다.

5. 다음 방정식들 중 알맞은 것을 골라 그 번호를 □ 안에 쓰시오.

① $y=a^x$ ② $a^y=x+h$ ③ $x=y^a$ ④ $xa^y=-1$
⑤ $xa^{y+h}=1$ ⑥ $y=\log_a\dfrac{x}{h}$ ⑦ $y=\log_{\frac{1}{a}}x$

(16)□의 그래프는 $y=\log_a x$의 그래프를 x축에 평행하게 이동한 것이다.
(17)□의 그래프는 $y=\log_a x$의 그래프를 y축에 평행하게 이동한 것이다.
(18)□의 그래프는 $y=\log_a x$의 그래프와 원점 대칭이다.
(19)□의 그래프는 $y=\log_a x$의 그래프와 x축 대칭이다.
(20)□의 그래프는 $y=\log_a x$의 그래프와 직선 $y=x$에 대하여 대칭이다.

[문제 1] $x^{10}=x^{10}-1+1=(x^5+1)(x^5-1)+1$
$=(x^5+1)(x-1)(x^4+x^3+x^2+x+1)+1$

답: (1) 0 (2) 0 (3) 0 (4) 1

[문제 2]

$$\begin{cases} 5x+3y-z=0 & \cdots ① \\ 2x+y+3z=l & \cdots ② \\ x+4y+kz=10 & \cdots ③ \end{cases}$$

③×5−① $17y+(5k+1)z=50$ ⋯ ④

③×2−② $7y+(2k-3)z=20-l$ ⋯ ⑤

연립방정식 ①, ②, ③의 해가 부정(不定)이기 위해서는 ④, ⑤ 두 식이 같아야 한다.

$\dfrac{17}{7}=\dfrac{5k+1}{2k-3}=\dfrac{50}{20-l}$ 에서, $k=-58,\ l=-\dfrac{10}{17}$

답: (5) -58 (6) $-\dfrac{10}{17}$

[문제 3] $y=\dfrac{x^2+3}{x-1}=\dfrac{x^2-1+4}{x-1}=x+1+\dfrac{4}{x-1}$

$\displaystyle\lim_{x\to\pm\infty}\left(x+1+\frac{4}{x-1}\right)=\lim_{x\to\pm\infty}(x+1)$ 이므로
점근선은 $x=1,\ y=x+1$이다.

$y'=\dfrac{(x-3)(x+1)}{(x-1)^2}$ 이므로, $x=-1, 3$에서 각각 극댓값, 극솟값을 갖는다.

$2 \leqq x \leqq 6$ 일 때, $f(x)=\dfrac{x^2+3}{x-1}$ 에 대하여

$f(2)=7,\ f(3)=6,\ f(6)=\dfrac{39}{5}$ 이므로

최솟값 6, 최댓값 $\dfrac{39}{5}$이다.

$-6 \leqq x \leqq -2$ 일 때, $f(x)=\dfrac{x^2+3}{x-1}$ 에 대하여

$f(-6)=-\dfrac{39}{7},\ f(-2)=-\dfrac{7}{3}$ 이므로

최솟값 $-\dfrac{39}{7}$, 최댓값 $-\dfrac{7}{3}$이다.

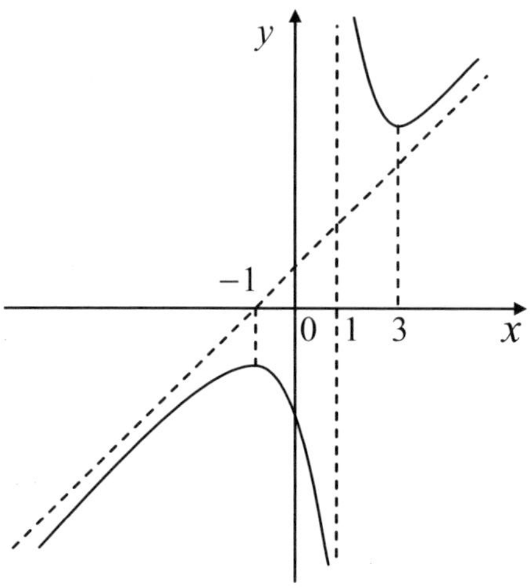

답: (7) 6 (8) $\dfrac{39}{5}$ (9) $-\dfrac{39}{7}$ (10) $-\dfrac{7}{3}$

[문제 4] $y=mx+8$ 을

$\dfrac{x^2}{25}-\dfrac{y^2}{36}=1$ 에 대입하여 정리하면,

$$(36-25m^2)x^2-400mx-2500=0$$

이 방정식의 판별식을 D라고 하면,

$$D/4=40000m^2+2500(36-25m^2)$$
$$=-22500(m+2)(m-2)$$ 이므로

$m=\pm 2$ 일 때 접한다.

쌍곡선의 점근선은 $y=\pm\dfrac{6}{5}x$ 이므로

$m=\dfrac{6}{5}$ 이면, $y=mx+8$ 은 쌍곡선의 오른쪽 부분과 만나지 않는다.

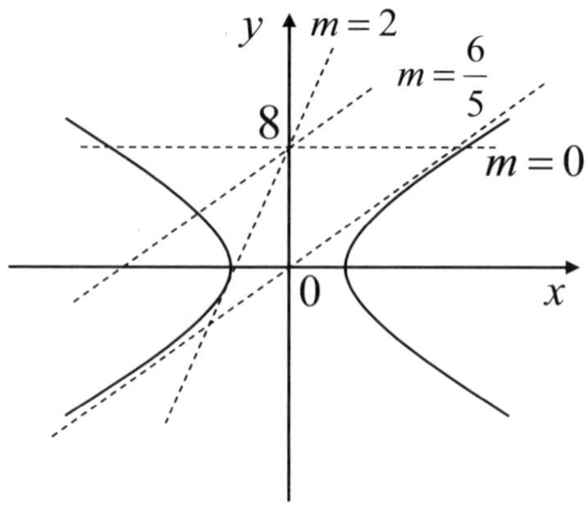

답: (11) $\dfrac{6}{5}$ (12) 2 (13) 2 (14) 2 (15) 0

[문제 5]

(16) $y=\log_a x$ 의 그래프를 x 축에 평행하게 m 만큼 평행이동하면,

$y=\log_a(x-m)$, $a^y=x-m$ 답 : ②번

(17) $y=\log_a x$ 의 그래프를 y 축에 평행하게 n 만큼 평행이동하면, $y=\log_a x+n$

⑥ $y=\log_a \dfrac{x}{h}=\log_a x-\underline{\log_a h}$ 답 : ⑥번

(18) $y=\log_a x$ 의 그래프를 원점에 대하여 대칭이동하면,

$-y=\log_a(-x),\ a^{-y}=-x,\ xa^y=-1$

답 : ④번

(19) $y=\log_a x$ 의 그래프를 x 축에 대하여 대칭이동하면,

$-y=\log_a x,\ y=-\log_a x=\log_{a^{-1}} x=\log_{\frac{1}{a}} x$

답 : ⑦번

(20) $y=\log_a x$ 의 그래프를 $y=x$ 에 대하여 대칭이동하면,

$x=\log_a y,\ y=a^x$ 답 : ①번

〈 1956년 1차 문과 〉 해석 I

1. 아래의 (1)~(6) 각 경우에 대하여 두 부등식 $a>b$, $a^n>b^n$ (n: 자연수)이 항상 동시에 성립하면 ㉠, 동시에 성립하기도 하고 안하기도 하면 ㉡, 절대 동시에 성립할 수 없으면 ㉢으로 답하시오.
   (1) n: 짝수, $a>0, b>0$인 경우 (1)□
   (2) n: 짝수, $a>0, b<0$인 경우 (2)□
   (3) n: 짝수, $a<0, b<0$인 경우 (3)□
   (4) n: 홀수, $a>0, b>0$인 경우 (4)□
   (5) n: 홀수, $a>0, b<0$인 경우 (5)□
   (6) n: 홀수, $a<0, b<0$인 경우 (6)□

2. 다음 □ 안에 알맞은 수를 넣어라.
   점 $(13,\ 0)$을 지나는 직선
   $y=m(x-13)\ \cdots(a)$
   은 (7)□ $\leqq m \leqq$ (8)□ 인 경우에만
   원 $x^2+y^2=25\ \cdots(b)$ 와 교점을 갖는다.
   이때, 생성되는 현의 중심의 궤적은 어떤 원주 C상에 있다. 원주 C의 중심의 x좌표는 (9)□, 반지름은 (10)□ 이다.

3. 다음 □ 안에 알맞은 수를 넣어라.
   함수 $y=$ (11)□ $+$ (12)□$x+\dfrac{(13)\square}{x}$ 는
   $x=1, 2, 4$에 대하여 각각 $13, 14, 28$의 함수값을 갖고, $x>0$의 범위에서
   $x=$ (14)□ 일 때, 최솟값 (15)□ 을 갖는다.

4. 다음 부등식이 성립하도록 보기의 값을 □ 안에 넣어라.
   (16)□ $<$ (17)□ $<$ (18)□ $<$ (19)□ $<$ (20)□

㉠ $\sin 870^0$	㉡ $\cos(-430)^0$	㉢ $\tan 1310^0$
㉣ $\sin(-2095)^0$	㉤ $\cos 1900^0$	

[문제 1] $y=x^n$에 대하여, n이 짝수이면 우함수, n이 홀수이면 기함수이다.

답 : (1) ㉠ (2) ㉡ (3) ㉢ (4) ㉠ (5) ㉠ (6) ㉠

[문제 2] 직선 (a)를 원 (b)에 대입하여 정리하면,

$$(1+m^2)x^2-26m^2x+169m^2-25=0\ \cdots\ (c)$$

이 방정식의 판별식을 D라 하면,

$$D/4=169m^4-(1+m^2)(169m^2-25)$$
$$=-144m^2+25\ \geqq\ 0$$

$\therefore -\dfrac{5}{12}\leqq m\leqq\dfrac{5}{12}$ 일 때, 교점을 갖는다.

(그래프를 그려, 접할 때의 기울기를 닮음을 이용해 구할 수도 있다.)

두 교점의 좌표를 (x_1, y_1), (x_2, y_2)라 하고, 두 교점의 중점의 좌표를 (x, y)라 하면,

$$x=\frac{x_1+x_2}{2}=\frac{1}{2}\left(\frac{26m^2}{1+m^2}\right)=\frac{13m^2}{1+m^2}$$

$$y=\frac{y_1+y_2}{2}=m\left(\frac{13m^2}{1+m^2}-13\right)=-\frac{13m}{1+m^2}$$

여기서, $x^2+y^2=\left(\dfrac{13m^2}{1+m^2}\right)^2+\left(-\dfrac{13m}{1+m^2}\right)^2$

$$=\frac{13^2m^2(1+m^2)}{(1+m^2)^2}=\frac{13^2m^2}{1+m^2}=13x$$

$\therefore x^2-13x+y^2=0$, $\left(x-\dfrac{13}{2}\right)^2+y^2=\left(\dfrac{13}{2}\right)^2$

따라서, 교점의 중점이 움직이는 원의 중심의 x좌표는 $\dfrac{13}{2}$이며, 반지름은 $\dfrac{13}{2}$이다.

답 : (7) $-\dfrac{15}{2}$ (8) $\dfrac{15}{2}$ (9) $\dfrac{13}{2}$ (10) $\dfrac{13}{2}$

[문제 3] $y=a+bx+\dfrac{c}{x}$라 하면,

$$\begin{cases} a+\ b+\ c=13 \\ a+2b+\dfrac{c}{2}=14 \\ a+4b+\dfrac{c}{4}=28 \end{cases}$$

연립방정식을 풀면, $a=-12$, $b=9$, $c=16$

$$\therefore y=-12+9x+\frac{16}{x}$$

$x>0$이므로,

$-12+9x+\frac{16}{x} \geq -12+2\sqrt{9x \cdot \frac{16}{x}}=12$ 이며,

등식은 $9x=\frac{16}{x}\left(\because x=\frac{4}{3}\right)$ 일 때 성립한다.

답 : (11) -12 (12) 9 (13) 16 (14) $\frac{4}{3}$ (15) 12

[문제 4]

㉠ $\sin 870^0=\sin\left(10\times\frac{\pi}{2}-30^0\right)=\sin 30^0$

㉡ $\cos(-430)^0=\cos\left(-5\times\frac{\pi}{2}+20^0\right)=\sin 20^0$

㉢ $\tan 1310^0=\tan\left(14\times\frac{\pi}{2}+50^0\right)=\tan 50^0>1$

㉣ $\sin(-2095)^0=\sin\left(-24\times\frac{\pi}{2}+65^0\right)=\sin 65^0$

㉤ $\cos 1900^0=\cos\left(21\times\frac{\pi}{2}+10^0\right)=-\sin 10^0<0$

답 : (16) ㉤ (17) ㉡ (18) ㉠ (19) ㉣ (20) ㉢

〈 1956년 2차 〉

[해 석 Ⅰ]

1. 포물선 $y=x^2+3x-1$ 상의 서로 다른 두 점이 $x+y=0$ 에 대하여 대칭일 때, 두 점의 좌표를 구하여라.

2. 두 실계수방정식

$$x^3-ax-2b=0, \quad x^3-bx-2a=0$$

이 공통실근 1개를 가지며, 어느 것도 공통실근 이외의 실근을 갖지 않기 위해, (a, b)를 좌표로 갖는 점이 평면상의 어떠한 범위에 있는 것이 필요충분조건인가? 그 범위를 도시하라.

3. 포물선 $y^2=4p(x-\alpha)$ 와 원 $x^2+y^2=1$ 의 교점의 개수는 α 값에 따라 어떻게 변하는가? (단, $0<p<\frac{1}{2}$)

[해 석 Ⅱ]

1. 다음 함수의 최댓값 및 최솟값을 구하여라. 또, 각 경우의 θ 값을 구하여라.

$$y=(2\cos 2\theta+2\cos\theta+3)(2\cos\theta+3)-\sin^2 2\theta$$

(단, $0\leq\theta\leq\pi$)

2. 두 점 $(1, 1)$, $(-1, 1)$을 지나는 포물선 $y=ax^2+bx+c\ (a<0)$ 와 x 축으로 둘러싸인 부분의 면적의 최솟값을 구하여라.

3. $10n$ 개의 제비 중 당첨제비가 n 개 있다.
   (1) 제비 10 개를 뽑았을 때, 1개만 당첨제비일 확률 p_n 을 구하여라.
   (2) $\lim_{n\to\infty} p_n$ 을 구하여라.

[기 하]

1. 한 평면상에 원 O, 원 O의 중심이 아닌 점 A가 있다. 원 O의 임의의 지름의 양 끝점과 점 A를 꼭짓점으로 하는 삼각형의 외심의 궤적을 구하여라.

2. 반지름이 일정한 원이 평면상에서 원점 O를 지나면서 움직이고 있다. 이 원과 x축, y축과의 원점이 아닌 교점을 각각 P, Q라 하면, $\overline{PQ}$의 삼등분점은 어떤 곡선상에 있는지 구하시오.

3. 세 점 $(1, 0)$, $(0, 3)$, $(-1, 2)$를 꼭짓점으로 하는 삼각형을 y축을 회전축으로 회전한 입체의 체적을 구하여라.

[해 석 Ⅰ]

[문제 1] 구하는 포물선의 두 점이 $y=-x$ 에 대하여 대칭이므로, 두 점은 $y=x+k$ 위에 있으며, 그 중심은 $y=-x$ 위에 있다.

두 교점의 x 좌표를 구해보자.

$$\begin{cases} y=x^2+3x-1 \\ y=x+k \end{cases}$$

$x^2+2x-1-k=0 \cdots (a)$

방정식 (a)의 서로 다른 두 근을 x_1, x_2 라

하면($D/4>0 \Rightarrow k>-2$), 중심의 좌표 (a, b)는

$$a=\frac{x_1+x_2}{2}=\frac{-2}{2}=-1$$

$$b=\frac{y_1+y_2}{2}=\frac{(x_1+k)+(x_2+k)}{2}=-1+k$$ 에서

$\therefore (a, b)=(-1, -1+k)$

중심은 $y=-x$ 위에 있으므로 $k=2$ (>-2).
$k=2$를 (a)에 대입하여,
두 교점의 x 좌표를 구하면 $x=-3, 1$이다.
두 점은 $y=x+2$ 위에 있으므로, 두 점의 좌표는 $(-3, -1), (1, 3)$이다.

답 : $(-3, -1), (1, 3)$ ■

[문제 2]

$$\begin{cases} x^3-ax-2b=0 \cdots ① \\ x^3-bx-2a=0 \cdots ② \end{cases}$$

의 공통근을 α라 하면,

$$\begin{cases} \alpha^3-a\alpha-2b=0 \cdots ③ \\ \alpha^3-b\alpha-2a=0 \cdots ④ \end{cases}$$

③$-$④에서 $(b-a)(\alpha-2)=0$
$a=b$이면 ①, ②는 같은 식이 되어 모든 근이 일치하게 되므로 $a \neq b \cdots$ ⑤
따라서, $\alpha=2$이다.

$\alpha=2$를 ③에 대입하면, $8-2a-2b=0$

$\therefore a+b=4 \cdots$ ⑥

$a=4-b$를 ①에 대입하면

$$(x-2)(x^2+2x+b)=0$$

이 식은 2이외의 실근을 갖지 않으므로, 이차방정식 $x^2+2x+b=0$은 허근을 갖는다.

$D/4=1^2-b<0 \quad \therefore b>1 \cdots$ ⑦

같은 방법으로,
② 식도 2이외의 실근을 갖지 않으므로

$\therefore a>1 \cdots$ ⑧

따라서, 연립방정식 ①, ②가 공통실근을 1개 가지며, 어느 것도 공통실근 이외의 실근을 갖지 않기 위해, ⑤, ⑥, ⑦, ⑧은 필요조건이다.

역으로, ⑤, ⑥, ⑦, ⑧이 성립하면,
⑥에 의해 ①의 좌변$=(x-2)(x^2+2x+b)$
②의 좌변$=(x-2)(x^2+2x+a)$
⑤에서 $a \neq b$이므로
①, ②의 공통근은 2뿐이다.

⑦, ⑧에 의해 $x^2+2x+b=0$, $x^2+2x+a=0$은 모두 허근을 가지며, 같지 않다.
따라서, ⑤, ⑥, ⑦, ⑧은 충분조건이다.

답 : 범위는 $a \neq b$, $a+b=4$, $a>1$, $b>1$이며, 도시하면 다음과 같다.

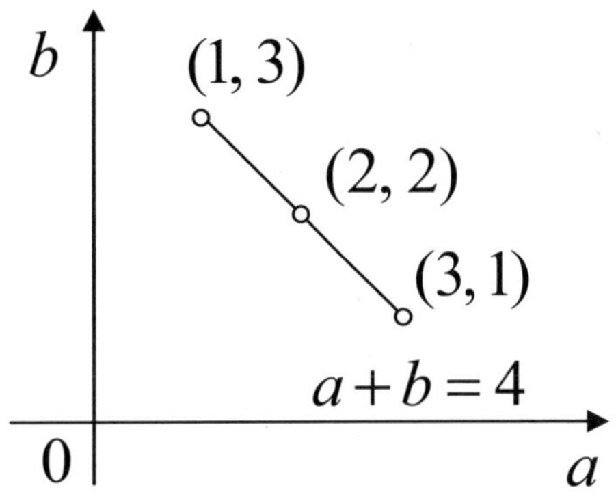

단, 점 $(1,3), (2,2), (3,1)$은 제외한다. ■

[문제 3]

$$\begin{cases} y^2=4p(x-\alpha) \cdots ① \\ x^2+y^2=1 \quad \cdots ② \end{cases}$$

①, ②의 교점의 좌표는 ①, ②의 근의 조(組)로 된다. ①을 ②에 대입하면,

$$x^2+4px-4p\alpha-1=0 \cdots ③$$

---

①, ②는 각각
원과 포물선의 방정식이므로,
③의 $|x| \leq 1$에서의 실근에 따라,
교점의 개수가 1개 또는 2개씩 정해진다.
$f(x)=x^2+4px-4p\alpha-1$로 놓자.

먼저, ③이 $|x|<1$ 에서 한 개의 실근만을 가지면, 교점은 두 개이다.

$$f(-1)f(1)<0\,,\ \ 16p^2(\alpha-1)(\alpha+1)<0$$

$$\therefore -1<\alpha<1$$

---

③이 $|x|\leq 1$ 에서 두 실근을 가질 조건은 $f(-1)\geq 0,\ f(1)\geq 0,\ |-2p|\leq 1,\ D\geq 0$ 이다.

$f(-1)\geq 0,\ f(1)\geq 0$ 에서 $\therefore \alpha\leq -1 \cdots$ ④

$0<p<\dfrac{1}{2}$ 이므로, $|-2p|\leq 1$ 는 성립

$D\geq 0$ 에서, $\alpha\geq -\dfrac{4p^2+1}{4p}\cdots$ ⑤

④, ⑤ 에서 $-\dfrac{4p^2+1}{4p}\leq\alpha\leq -1$

$$\left(\because -\frac{4p^2+1}{4p}<-1\left(\because 0<p<\frac{1}{2}\right)\right)$$

위에서 두 근이 같은 경우는

$\alpha=-\dfrac{4p^2+1}{4p}$ 일 때이며,

또, 아래 그림과 같이 두 근 중 한 근이 ±1 인 경우의 α 는 따로 고려해야 한다.

$f(-1)=0$ 일 때, $\alpha=-1$,

$f(1)=0$ 일 때, $\alpha=1$ 이다.

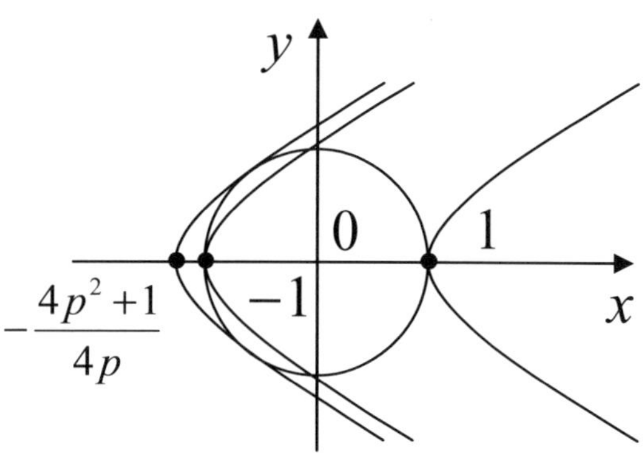

포물선 $y^2=4p(x-\alpha)$ 의 꼭짓점의 좌표가 $(\alpha,0)$ 임에 유의하면, 교점의 개수는

$$\text{답 : }\begin{cases}\alpha>1 & :\ 0\\ \alpha=1 & :\ 1\\ -1<\alpha<1 & :\ 2\\ \alpha=-1 & :\ 3\\ -\dfrac{4p^2+1}{4p}<\alpha<-1 & :\ 4\\ \alpha=-\dfrac{4p^2+1}{4p} & :\ 2\\ \alpha<-\dfrac{4p^2+1}{4p} & :\ 0\end{cases}$$ ■

[해 석 II]

[문제 1] $\cos\theta=x$ 로 놓으면 $-1\leq x\leq 1$

$$\cos 2\theta=2\cos^2\theta-1=2x^2-1$$

$$\sin^2 2\theta=4\cos^2\theta\sin^2\theta=4x^2(1-x^2)$$

$$f(x)=(4x^2-2+2x+3)(2x+3)-4x^2(1-x^2)$$

$$=4x^4+8x^3+12x^2+8x+3$$

$$f'(x)=16x^3+24x^2+24x+8=8(2x+1)(x^2+x+1)$$

$f(x)$는 $x=-\dfrac{1}{2}$에서 극소이며 최소이다.

$f\left(-\dfrac{1}{2}\right)=\dfrac{5}{4}$ 이며, 이때, $\theta=\dfrac{2\pi}{3}$이다.

또, $f(1)=35,\ f(-1)=3$ 이므로,

$x=1$ 일 때, 최댓값이 35 이며,

이때, $\theta=0$ 이다.

답 : $\theta=0$ 일 때, 최댓값 35

$\theta=\dfrac{2\pi}{3}$일 때, 최솟값 $\dfrac{5}{4}$ ■

〈다른 방법〉

$$y=(2\cos 2\theta+\underline{2\cos\theta+3})(\underline{2\cos\theta+3})-\sin^2 2\theta$$

$$=(\underline{2\cos\theta+3}+2\cos^2\theta)(\underline{2\cos\theta+3}-2\sin^2\theta)$$

$$=(\underline{2\cos^2\theta+2\cos\theta}+3)(\underline{2\cos^2\theta+2\cos\theta}+1)$$

$$=(2\cos^2\theta+2\cos\theta+2)^2-1$$

$$=4\left\{\left(\cos\theta+\frac{1}{2}\right)^2+\frac{3}{4}\right\}^2-1$$

[문제 2] 포물선 $y=ax^2+bx+c$는

두 점 $(1,1)$, $(-1,1)$을 지나므로

$$\begin{cases} a+b+c=1 \\ a-b+c=1 \end{cases}$$

두 식에서 $b=0, c=1-a$

$$\therefore y=ax^2+1-a$$

x축과의 교점의 x좌표를 $\pm\alpha$ $(\alpha>0)$라 하면,

$$\alpha=\sqrt{\frac{a-1}{a}}$$

이제, 포물선과 x축으로 둘러싸인 부분의 넓이를 S라 하면,

$$S=2\int_0^{\alpha}(ax^2+1-a)\,dx=2\left[\frac{a}{3}x^3+(1-a)x\right]_0^{\alpha}$$

$$=\frac{2}{3}\sqrt{\frac{a-1}{a}}\left\{a\cdot\frac{a-1}{a}+3(1-a)\right\}$$

$$=\frac{4}{3}\sqrt{\frac{(1-a)^3}{-a}}$$

$f(a)=\dfrac{(1-a)^3}{-a}$로 놓으면,

$$f'(a)=-\frac{-a\cdot 3(1-a)^2-(1-a)^3}{a^2}$$

$$=\frac{(1-a)^2(2a+1)}{a^2}\text{이므로,}$$

$a=-\dfrac{1}{2}$일 때, 극소이며 최소이다.

따라서, S가 최소로 되는 것은 $a=-\dfrac{1}{2}$일 때

이며, 최솟값은 $S=\dfrac{4}{3}\sqrt{\dfrac{27}{8}\times 2}=2\sqrt{3}$

답 : $2\sqrt{3}$ ■

[문제 3]

(1) $p_n=\dfrac{{}_{9n}C_9\cdot {}_nC_1}{{}_{10n}C_{10}}$

$$=\frac{\dfrac{9n(9n-1)\cdots(9n-8)}{9!}\cdot\dfrac{n}{1}}{\dfrac{10n(10n-1)\cdots(10n-9)}{10!}}$$

$$=\frac{9n(9n-1)\cdots(9n-8)}{(10n-1)\cdots(10n-9)}$$

(2) $\displaystyle\lim_{n\to\infty}p_n=\lim_{n\to\infty}\frac{9n(9n-1)\cdots(9n-8)}{(10n-1)\cdots(10n-9)}$

$$=\lim_{n\to\infty}\frac{9\left(9-\dfrac{1}{n}\right)\cdots\left(9-\dfrac{8}{n}\right)}{\left(10-\dfrac{1}{n}\right)\cdots\left(10-\dfrac{9}{n}\right)}$$

$$=\left(\frac{9}{10}\right)^9$$ ■

[기 하]

[문제 1] 원 O의 임의의 지름을 $\overline{QR}$이라 하고, $\triangle AQR$의 외심을 P라 하자.

P를 O, A, Q에 연결하면, $\overline{OP}\perp\overline{QR}$

$\therefore \overline{PA}^2-\overline{PO}^2=\overline{PQ}^2-\overline{PO}^2=\overline{OQ}^2$ (일정)

따라서, 점 P는

직선 OA에 수직인 한 직선 l 위에 있다.

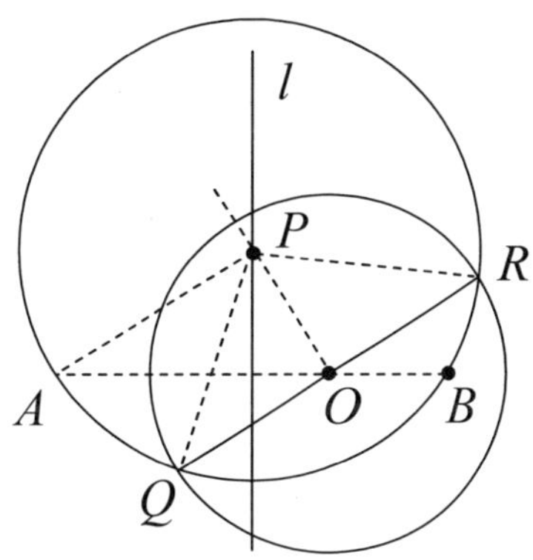

답 : 직선 OA에 수직인 한 직선 ■

〈다른 방법〉

원 O의 반지름을 r이라 하고,

직선 AO와 원 P의 교점을 B라 하면,

$$\overline{AO}\cdot\overline{OB}=\overline{OQ}\cdot\overline{OR}=r^2$$

$$\therefore\ \overline{OB}=\frac{r^2}{\overline{AO}}\quad :\text{일정}$$

B는 정점이므로, P는 선분 AB의 수직이등분선 위에 있다. 따라서, 궤적은 선분 AB의 수직이등분선이다.

[문제 2]

원점 O를 지나며 반지름이 일정하게 움직이는 원을 C, 그 반지름을 a라 하자.
원 C와 x축, y축과의 교점을 각각 P, Q라 하면, $\angle POQ = \angle R$이므로 선분 PQ는 원 C의 지름이 된다.

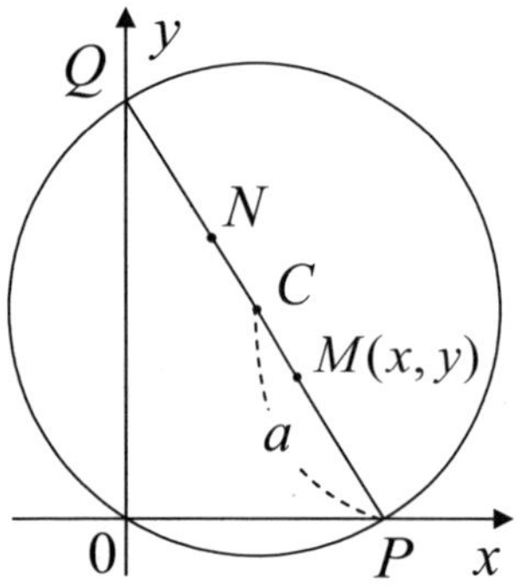

지금, 선분 PQ의 삼등분점을 P에 가까운 순서로 M, N으로 놓고, P, Q의 좌표를 각각 $(x_1, 0), (0, y_1)$이라 하면,

$$x_1^2 + y_1^2 = (2a)^2 \qquad \cdots ①$$

이제, 점 M의 좌표를 (x, y)라 하면,

$$x = \frac{2}{3}x_1,\ y = \frac{1}{3}y_1 \qquad \therefore x_1 = \frac{3}{2}x,\ y_1 = 3y$$

이것을 ①에 대입하면,

$$\left(\frac{3}{2}x\right)^2 + (3y)^2 = (2a)^2$$

$$\therefore \quad \frac{x^2}{\left(\frac{4a}{3}\right)^2} + \frac{y^2}{\left(\frac{2a}{3}\right)^2} = 1 \quad \cdots ②$$

즉, 점 M은
O를 중심으로 하는 타원 ② 위에 있다.

같은 방법으로 점 N은

$$\frac{x^2}{\left(\frac{2a}{3}\right)^2} + \frac{y^2}{\left(\frac{4a}{3}\right)^2} = 1$$

로 표시되는 타원 위를 움직인다. ■

[문제 3]

$A(1, 0)$, $B(0, 3)$, $C(-1, 2)$로 놓고, C를 y축에 대하여 대칭이동한 점을 $C'(1, 2)$라 하자.
또, $\overline{AC}$와 y축의 교점을 E라 하면, $E(0, 1)$이며, $\overline{C'E}$와 $\overline{AB}$의 교점을 D라 하면, $D\left(\frac{1}{2}, \frac{3}{2}\right)$이다.

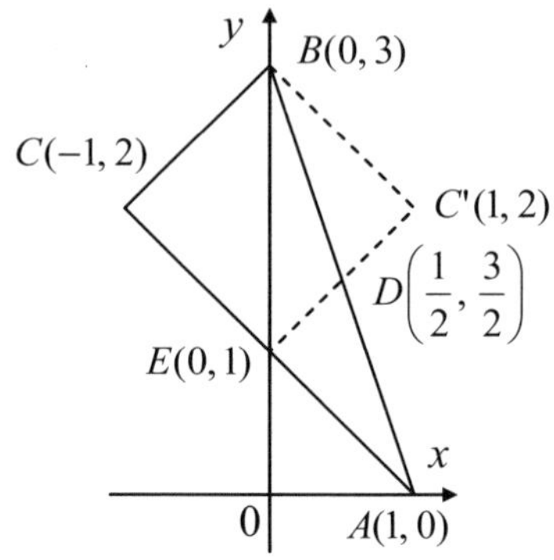

$\triangle ABE, \triangle C'BE, \triangle DBE$를 y축 주위로 회전시켜 얻은 입체의 체적을 각각 V_1, V_2, V_3라 놓으면, $\overline{BE} = 2$이므로

$$V_1 = \frac{\pi}{3} \times 1^2 \times 2$$

$$V_2 = \frac{\pi}{3} \times 1^2 \times 2$$

$$V_3 = \frac{\pi}{3} \times \left(\frac{1}{2}\right)^2 \times 2$$

구하는 체적을 V라 하면,

$$V = V_1 + V_2 - V_3 = \frac{7\pi}{6}$$

답 : $\frac{7\pi}{6}$ ■

〈 1957년 1차 이과 〉

1. 다음 □ 안에 알맞은 수를 넣어라.
두 점 $A($(1)□, (2)□$)$, $B(4,1)$의 거리가 5이며, 직선 AB의 기울기가 $-\frac{4}{3}$이다.
또, $\triangle OAB$의 면적은 (3)□ 이다.
(단, $\triangle OAB$는 둔각삼각형이다.)

2. 다음 □ 안에 알맞은 수를 넣어라.
함수 $y=f(x)=Ax^3+Bx^2+Cx+D$에 대하여

$f(0)=y_0$			
	$y_1-y_0=z_0$		
$f(1)=y_1$		$z_1-z_0=u_0$	
	$y_2-y_1=z_1$		$u_1-u_0=v_0$
$f(2)=y_2$		$z_2-z_1=u_1$	
	$y_3-y_2=z_2$		
$f(3)=y_3$			

이다. $y_0=0,\ z_0=3,\ u_0=-2,\ v_0=12$일 때,
$A=$ (4)□, $B=$ (5)□, $C=$ (6)□, $D=$ (7)□ 이다.

3. 다음 □ 안에 알맞은 수를 넣어라.
$x=2t^2-4t+5$, $y=3t^2+at+7$ (a : 상수)
를 좌표로 하는 점 $P(x,y)$가 실수 t의 값에 관계없이 정직선 $Ax+By=1$ 위에 있다.
이때, a, A, B의 값은 각각
$a=$ (8)□, $A=$ (9)□, $B=$ (10)□ 이다.
또, 점 P와 원점의 거리의 최솟값은 $t=$ (11)□ 일 때, (12)□ 이다.

4. 다음 각 도형의 면적을 크기순으로 나열하여 다음 부등식이 성립하도록 하여라.
(13)□ < (14)□ < (15)□ < (16)□

㉠ 원점을 중심으로 하는 반지름 6인 원의 내부과 점 $(0,12)$를 중심으로 하는 반지름 $6\sqrt{3}$인 원의 내부의 공통부분
㉡ 타원 $\frac{x^2}{9}+\frac{y^2}{8}=1$의 내부
㉢ 포물선 $12y=x^2$과 직선 $x-12y+72=0$으로 둘러싸인 부분
㉣ 네 점 $(5\cos 0^0,\ 5\sin 0^0)$,
$(5\cos 60^0,\ 5\sin 60^0)$,
$(5\cos 180^0,\ 5\sin 180^0)$,
$(5\cos(-60)^0,\ 5\sin(-60)^0)$를
꼭짓점으로 하는 사각형 (단, $\pi=3.14$, $\sqrt{3}=1.73$, $\sqrt{2}=1.41$로 계산한다.)

5. 다음 □ 안에 알맞은 수를 넣어라.
알맞은 수가 없을 때는 ×표 하시오.
θ의 함수 $\sin^2\theta^0$의 주기는 (17)□ °
θ의 함수 $\cos\left(\frac{\theta}{2}+30\right)^0$의 주기는 (18)□ °
θ의 함수 $\sin\theta^0\cos\theta^0$의 주기는 (19)□ °
θ의 함수 $\frac{1}{1+\tan 3\theta^0}$의 주기는 (20)□ °

[문제 1] 점 A의 좌표를 (x,y)로 놓으면,
A, B 간의 거리가 5이므로,

$$(x-4)^2+(y-1)^2=25 \ \cdots \ ①$$

직선 AB의 기울기가 $-\frac{4}{3}$이므로

$$y-1=-\frac{4}{3}(x-4) \ \cdots \ ②$$

②를 ①에 대입하여 정리하면

$$(x-4)^2=9$$

$$\therefore \begin{cases} x=7 \\ y=-3 \end{cases} \quad \text{또는} \quad \begin{cases} x=1 \\ y=5 \end{cases}$$

$\begin{cases} x=7 \\ y=-3 \end{cases}$ 인 경우,

$\overline{AB}^2=25,\ \overline{OB}^2=17,\ \overline{OA}^2=58$이므로

$\overline{AB}^2+\overline{OB}^2<\overline{OA}^2$: 둔각삼각형

$\begin{cases} x=1 \\ y=5 \end{cases}$ 인 경우,

$\overline{AB}^2=25,\ \overline{OB}^2=17,\ \overline{OA}^2=26$이므로

$\overline{AB}^2+\overline{OB}^2>\overline{OA}^2$: 예각삼각형

따라서, 점 A의 좌표는 $(7,-3)$이다.

$O(0,0)$, $A(7,-3)$, $B(4,1)$를 꼭짓점으로 하는 삼각형의 면적은

$$O(0,0),\ A(7,-3),\ B(4,1)$$

$$\frac{1}{2}\times\left|\begin{array}{cccc} 0 & 7 & 4 & 0 \\ 0 & -3 & 1 & 0 \end{array}\right|$$

$$=\frac{1}{2}\times|(7)-(-12)|=\frac{19}{2}$$

답: (1) 7　(2) -3　(3) $\frac{19}{2}$

[문제 2]

$$y=f(x)=Ax^3+Bx^2+Cx+D$$
$$y_1=y_0+z_0=0+3=3$$
$$z_1=z_0+u_0=3-2=1$$
$$u_1=u_0+v_0=-2+12=10$$
$$y_2=y_1+z_1=3+1=4$$
$$z_2=z_1+u_1=1+10=11$$
$$y_3=y_2+z_2=4+11=15$$

$f(0)=\quad D=0$ ⋯ ①
$f(1)=\quad A+B+C+D=3$ ⋯ ②
$f(2)=\quad 8A+4B+2C+D=4$ ⋯ ③
$f(3)=\quad 27A+9B+3C+D=15$ ⋯ ④

② × 2 − ③ 에서 $3A+B=-1$ ⋯ ⑤
② × 3 − ④ 에서 $4A+B=1$ ⋯ ⑥
⑥ − ⑤ 에서 $A=2,\ B=-7$
② 에서 $\therefore C=3-A-B=8$

답: (4) 2　(5) -7　(6) 8　(7) 0

[문제 3]

$x=2t^2-4t+5$, $y=3t^2+at+7$ 을 $Ax+By=1$ 에 대입하여 정리하면,

$$A(2t^2-4t+5)+B(3t^2+at+7)=1$$
$$(2A+3B)t^2-(4A-aB)t+(5A+7B)=1$$

이 방정식이 t에 관한 항등식이므로,

$$\begin{cases} 2A+3B=0 & \cdots ① \\ 4A-aB=0 & \cdots ② \\ 5A+7B=1 & \cdots ③ \end{cases}$$

①, ③에서 $A=3,\ B=-2$
②에 의하여 $a=-6$

$x=2t^2-4t+5=2(t-1)^2+3\geq 3$ 이므로, $t=1$ 일 때,

$$\begin{cases} x=3 \\ y=3t^2-6t+7=4 \end{cases}$$

$3x-2y=1$ 의 그래프를 고려해 보면, $(3,4)$일 때 원점과의 거리가 최소이다. 즉, $t=1$ 일 때, 최소거리 5이다.

〈다른 방법〉

$$x^2+y^2=\{2(t-1)^2+3\}^2+\{3(t-1)^2+4\}^2$$
$$=13(t-1)^4+36(t-1)^2+25\geq 25$$

답: (8) -6　(9) 3　(10) -2　(11) 1　(12) 5

[문제 4]

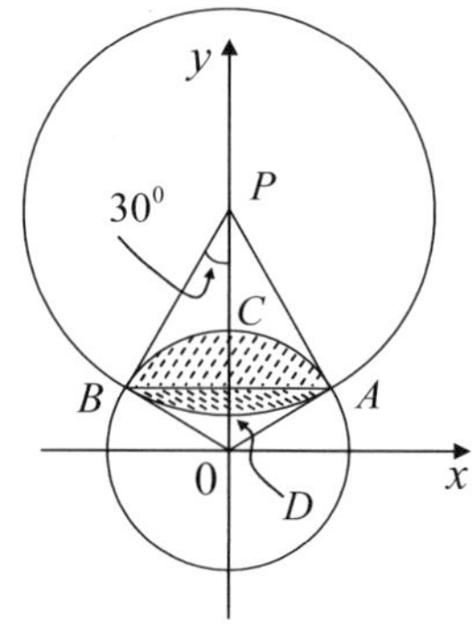

㉠ 그림과 같이 $\overline{OA}=6$, $\overline{OP}=12$, $\overline{PA}=6\sqrt{3}$ 이므로 $\angle OAP=90^0$, $\angle AOP=60^0$, $\angle APO=30^0$ 이다.

활꼴 ACB = 부채꼴 $OACB$ − $\triangle OAB$

$$=\frac{1}{2}\times 6^2\times\frac{2\pi}{3}-\frac{1}{2}\times 6\sqrt{3}\times 3$$
$$=12\pi-9\sqrt{3}$$

활꼴 ADB = 부채꼴 $PADB$ − $\triangle PAB$

$$=\frac{1}{2}\times(6\sqrt{3})^2\times\frac{\pi}{3}-\frac{1}{2}\times 6\sqrt{3}\times 9$$
$$=18\pi-27\sqrt{3}$$

따라서, 두 원의 공통부분의 넓이 S_1은

$$S_1=(12\pi-9\sqrt{3})+(18\pi-27\sqrt{3})$$
$$=30\pi-36\sqrt{3}\fallingdotseq 31.9$$

㉡ $\frac{x^2}{3^2}+\frac{y^2}{(2\sqrt{2})^2}=1$ 의 내부면적 S_2는

$$S_2=\pi\times 3\times 2\sqrt{2}=6\pi\sqrt{2}\fallingdotseq 26.6$$

㉢ $12y=x^2$, $x-12y+72=0$ 에서 $x=-8, 9$

구하는 면적을 S_3라 하면,

$$S_3=\frac{1}{12}\int_{-8}^{9}\{(x+72)-x^2\}\,dx$$
$$=\left|\frac{1}{12}\int_{-8}^{9}(x+8)(x-9)\,dx\right|$$
$$=\left|\frac{1}{12}\,\frac{\{(9)-(-8)\}^3}{6}\right|=68\frac{17}{72}\ \fallingdotseq\ 68.23$$

㉣ 복소수로 생각하면 다음과 같다.

$(5\cos 0^0,\ 5\sin 0^0)=5(\cos 0^0+i\sin 0^0)$

$(5\cos 60^0,\ 5\sin 60^0)=5(\cos 60^0+i\sin 60^0)$

$(5\cos 180^0,\ 5\sin 180^0)=5(\cos 180^0+i\sin 180^0)$

$(5\cos(-60)^0,\ 5\sin(-60)^0)$

$=5(\cos(-60)^0+i\sin(-60)^0)$

좌표평면에 나타내어 구한 면적을 S_4라 하면,

$S_4=10\times\frac{5}{2}\sqrt{3}=25\sqrt{3}\ \fallingdotseq\ 43.25$

따라서, $S_2<S_1<S_4<S_3$ 이다.

답: (13) ㉡　(14) ㉠　(15) ㉣　(16) ㉢

[문제 5]

$\sin^2\theta^0=\frac{1}{2}(1-\cos 2\theta^0)$, $\sin\theta^0\cos\theta^0=\frac{1}{2}\sin 2\theta^0$

답: (17) 180　(18) 720　(19) 180　(20) 60

〈 1957년 1차 문과 〉

1. 다음 □ 안에 알맞은 수를 넣어라.
두 점 A((1)□,(2)□), $B(-1,3)$을 연결한 선분의 수직이등분선의 방정식은

$\frac{x}{(3)\square}-\frac{y}{(4)\square}=1$ 이다.

또, 두 점 A, B로부터 같은 거리에 있는 x축상의 점은 $(3,0)$이며, y축상의 점은 $(0,-6)$이다.

2. 다음 □ 안에 알맞은 수를 넣어라.
$x=3$일 때 최댓값 m을 갖는 x의 이차함수 $y=ax^2+bx+\frac{1}{4a}$에 대하여, $x=1$일 때의 함수값이 -2이다.
이 경우 a, b, m의 값은 각각
$a=$ (5)□, $b=$ (6)□, $m=$ (7)□ 이다.

3. 다음 □ 안에 알맞은 양수를 넣어라.
3차방정식 x^3- (8)□ $x^2+25x-26=0$ 의 세 근은 2, (9)□ + (10)□ i, (11)□ − (12)□ i 이다.

4. 다음 □ 안에 알맞은 수를 넣어라.
a가 임의의 상수일 때,
원 $(x^2+y^2-25)+a(2x-y-10)=0$ 은 두 정점 ((13)□,(14)□), (5,(15)□)를 지나며,
그 중심은 직선 $x+$ (16)□ $y=$ (17)□ 상에 있다.

5. 다음 부등식을 만족하는 정수 n을 구하여라.
(단, $\log_{10}2=0.3010$, $\log_{10}3=0.4771$)
(18) $2^n<3^{20}<2^{n+1}$
(19) $\cos^n 30^0>\left(\frac{1}{2}\right)^{30}>\cos^{n+1}30^0$
(20) $\log_{2^{n+1}}15<\log_{10}3<\log_{2^n}15$

[문제 1] 점 A의 좌표를 (a,b)로 놓으면, $(3,0)$, $(0,-6)$이 두 점 A, B로부터 같은 거리에 있으므로

$$\begin{cases}(a-3)^2+b^2=(3+1)^2+3^2\\ a^2+(b+6)^2=(-1)^2+(3+6)^2\end{cases}$$

연립방정식을 풀면, $\begin{cases}a=-1\\ b=3\end{cases}$ $\begin{cases}a=\frac{39}{5}\\ b=-\frac{7}{5}\end{cases}$

$(-1,3)$은 점 B의 좌표이므로

점 A의 좌표는 $\left(\frac{39}{5},-\frac{7}{5}\right)$

선분 AB의 수직이등분선은 $(3,0)$, $(0,-6)$을 지나므로, $\frac{x}{3}-\frac{y}{6}=1$

답: (1) $\frac{39}{5}$　(2) $-\frac{7}{5}$　(3) 3　(4) 6

[문제 2]

$$y=ax^2+bx+\frac{1}{4a}=a\left(x+\frac{b}{2a}\right)^2+\frac{1-b^2}{4a}$$

$x=3$ 일 때, 최댓값 m 이므로 $a<0$ 이며,

$$-\frac{b}{2a}=3 \quad (\because\ b=-6a)$$

$$m=\frac{1-b^2}{4a}$$

$x=1$ 일 때의 값이 -2이므로

$$a+b+\frac{1}{4a}=-2$$

$b=-6a$를 대입하여 정리하면,

$$(10a+1)(2a-1)=0$$

$a<0$ 이므로 $a=-\frac{1}{10}$

$$b=-6a=\frac{3}{5},\quad m=\frac{1-b^2}{4a}=-\frac{8}{5}$$

답: (5) $-\frac{1}{10}$ (6) $\frac{3}{5}$ (7) $-\frac{8}{5}$

[문제 3]

$x^3-ax^2+25x-26=0$ 에

$x=2$ 를 대입하여 정리하면, $a=8$

$x^3-8x^2+25x-26=(x-2)(x^2-6x+13)$

$(x^2-6x+13)$ 의 해 : $3\pm 2i$

답: (8) 8 (9) 3 (10) 2 (11) 3 (12) 2

[문제 4]

방정식 $(x^2+y^2-25)+a(2x-y-10)=0\cdots$ ① 은

$\begin{cases} x^2+y^2-25=0\cdots ② \\ 2x-y-10=0\cdots ③ \end{cases}$ 이 동시에 성립할 때,

임의의 a 에 대하여 성립한다.

②,③ 의 교점은 $(3,-4)$, $(5,0)$ 이므로

원 ① 은 항상 이 두 점을 지난다.

따라서, 원 ① 의 중심은 a 값에 관계없이

두 점 $(3,-4)$, $(5,0)$ 의 수직이등분선 상에 있다.

$$\therefore x+2y=0$$

답: (13) 3 (14) -4 (15) 0 (16) 2 (17) 0

[문제 5]

(18) $2^n < 3^{20} < 2^{n+1}$

$$n\log 2 < 20\log 3 < (n+1)\log 2$$

$$\frac{20\log 3}{\log 2}-1 < n < \frac{20\log 3}{\log 2}$$

$$30.7 < n < 31.7$$

$$\therefore n = 31$$

(19) $\cos 30^0 = \frac{\sqrt{3}}{2}$이므로

$$\left(\frac{\sqrt{3}}{2}\right)^n > \left(\frac{1}{2}\right)^{30} > \left(\frac{\sqrt{3}}{2}\right)^{n+1}$$

$$n\left(\frac{1}{2}\log 3-\log 2\right) > -30\log 2$$

$$> (n+1)\left(\frac{1}{2}\log 3-\log 2\right)$$

$$\frac{30\log 2}{\left(\log 2-\frac{1}{2}\log 3\right)}-1 < n < \frac{30\log 2}{\left(\log 2-\frac{1}{2}\log 3\right)}$$

$$143.596 < n < 144.596$$

$$\therefore n = 144$$

(20) $\log_{2^{n+1}} 15 = \frac{\log_{10} 15}{\log_{10} 2^{n+1}}$

$$= \frac{\log_{10} 3-\log_{10} 2+1}{(n+1)\log_{10} 2}$$이므로

$$\frac{\log_{10} 3-\log_{10} 2+1}{(n+1)\log_{10} 2} < \log_{10} 3$$

$$< \frac{\log_{10} 3-\log_{10} 2+1}{n\log_{10} 2}$$

$$\frac{\log_{10} 3-\log_{10} 2+1}{\log_{10} 2\log_{10} 3}-1 < n < \frac{\log_{10} 3-\log_{10} 2+1}{\log_{10} 2\log_{10} 3}$$

$$7.19 < n < 8.19$$

$$\therefore n = 8$$

답: (18) 31 (19) 144 (20) 8

〈 1957년 2차 〉

[해 석 Ⅰ]

1. □$ABCD$는 한 변의 길이가 1인 정사각형이다. 빛이 점 A에서 출발하여 변 BC에 부딪혀 반사된 후 정사각형의 변에 부딪혀 반사되기를 반복한다. 처음 변 BC에 부딪힌 점을 P_1, 이후 변에 부딪힌 점들을 $P_2, P_3, \cdots$ 라 하자. $\overline{BP_1}=t$, P_3로부터 변 AD, AB에 이르는 거리를 각각 x, y라 할 때, $x+y$를 t의 함수로 보고 그 그래프를 그려라. (단, 빛이 정사각형의 꼭짓점에 부딪히는 경우는 제외한다.)

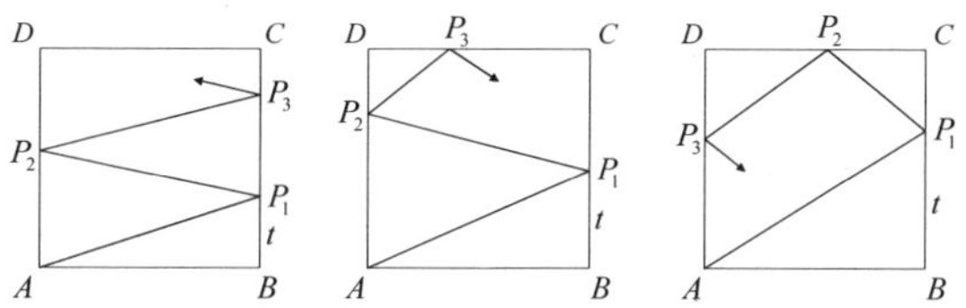

2. 원점을 지나는 직선이 세 점 $A(1, 0), B(0, 1), C\left(\frac{3}{2}, 0\right)$을 꼭짓점으로 하는 삼각형의 면적을 2등분한다. 기울기를 구하여라.

3. 부등식 $(x^2-y^2)\{\log_2(9-x^2-y^2)-3\}>0$를 만족하는 x, y를 좌표로 하는 점 $P(x, y)$가 존재하는 범위를 도시하라.

[해 석 Ⅱ]

1. 시각 t에 있어서 두 점 $P(x, y), P'(x', y')$의 좌표가

$$\begin{cases} x = t \\ y = 20t-4t^2 \end{cases} \quad \begin{cases} x' = 5-t \\ y' = h \end{cases} \quad (h: \text{양의 상수})$$

로 주어져 있다. 두 점간의 거리가 최소일 때의 시각을 구하여라.

2. 반지름 r인 구 모양의 용기에 물이 가득 차 있다. 용기의 제일 아래쪽에 구멍을 뚫어, 물이 빠져나가기 시작하는 시각을 0, 시각 t까지 흘러나간 물의 양을 $f(t)$, 시각 t에서의 물의 높이를 y라 하면, $f'(t)=\alpha\sqrt{y}$ (α: 양의 상수)가 성립한다. (단, 수면은 항상 수평을 유지하는 것으로 가정한다.) 수면이 낮아지는 빠르기가 최소일 때의 y값은 얼마인가? 또, 그 때까지 걸린 시간은 얼마인가?

3. 그림과 같이 바둑판 모양으로 20개의 점이 나열되어 있다. 동일직선상에 있지 않은 세 점을 선택하여 만들 수 있는 삼각형은 모두 몇 개인가?

[기 하]

1. $\triangle ABC$의 변 BC의 중점을 M이라 하자. $\angle BAM+\angle ACB=90^0$일 때, $\triangle ABC$는 어떤 모양인가?

2. 세 꼭지각의 크기가 45^0, 60^0, 75^0이며, 외접원의 반지름의 길이가 r인 삼각형의 면적을 구하여라.

3. 원 $x^2+y^2=1$과 정점 $A(a, b)$가 있다. 원주상의 동점 Q에서의 접선 상의 점 P를 $\overline{AP}=2\overline{PQ}$가 되도록 잡을 때, 점 P의 궤적은 어떤 도형으로 되는가? 또, $a=3$, $b=-2$인 경우를 도시하라.

[해 석 Ⅰ]

[문제 1] 문제의 그림과 같이 P_3가 $\overline{BC}$, $\overline{DC}$, $\overline{DA}$에 있는 경우로 나누어 생각하자.

(1) P_3가 $\overline{BC}$ 위에 있는 경우

$\overline{BP_3}=3t$이므로, $0<3t<1$ $\quad\therefore\ 0<t<\frac{1}{3}$

$x=1, y=3t$이므로

$$x+y=3t+1 \qquad \cdots ①$$

(2) P_3가 $\overline{DC}$ 위에 있는 경우

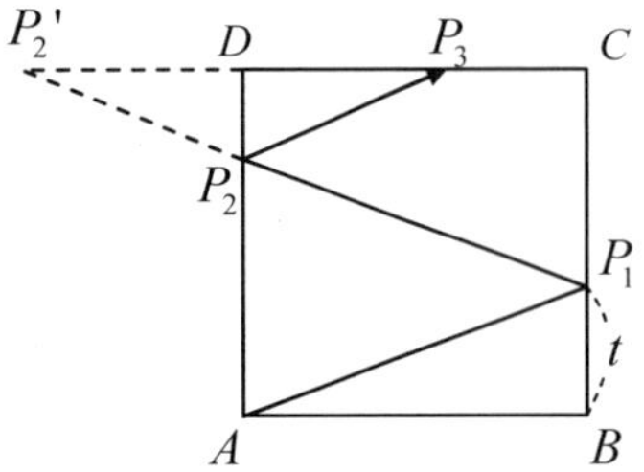

$\overline{P_1P_2}$의 연장선과 $\overline{DC}$의 연장선의 교점을 P_2'라 하면, $\triangle P_1P_2'C \backsim \triangle P_1AB$이므로

$$\frac{\overline{P_2'C}}{\overline{P_1C}}=\frac{\overline{AB}}{\overline{P_1B}}$$

$\overline{P_1B}=t$, $\overline{P_1C}=1-t$를 대입하면

$$\overline{P_2'C}=\frac{1-t}{t}$$

$$\overline{DP_3}=\overline{P_2'D}=\overline{P_2'C}-1=\frac{1-t}{t}-1=\frac{1-2t}{t}$$

$0<\frac{1-2t}{t}<1$에서 $\frac{1}{3}<t<\frac{1}{2}$

$x=\overline{DP_3}=\frac{1-2t}{t}$, $y=1$이므로

$$x+y=\frac{1-t}{t} \quad \cdots ②$$

(3) P_3가 $\overline{DA}$ 위에 있는 경우

$\overline{P_1P_2}$의 연장선과 $\overline{AD}$의 연장선의 교점을 P_2''라 하면,

$\overline{DP_3}=\overline{DP_2''}=\overline{AP_2''}-\overline{AD}$
$=2t-1$

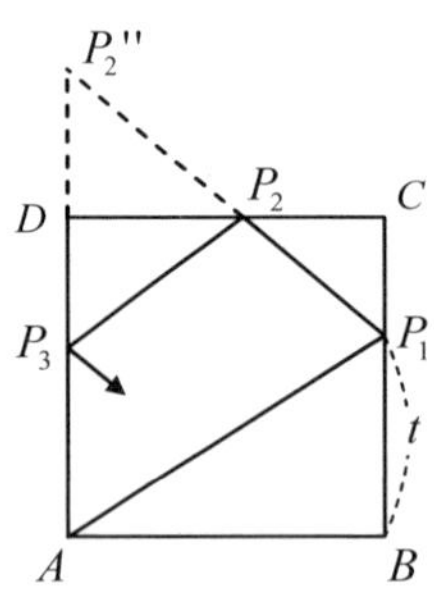

$0<2t-1<1$에서 $\frac{1}{2}<t<1$

$x=0$, $y=1-(2t-1)$이므로

$$x+y=2-2t \quad \cdots ③$$

①, ②, ③에 의하여 그래프는 다음과 같다.

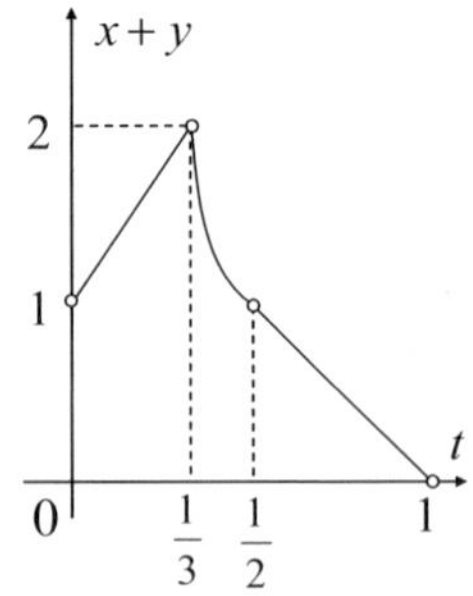

단, 선분과 곡선부분의 각 끝점은 포함하지 않는다. ■

[문제 2]

원점을 지나는 직선

$y=mx$ ⋯ ①

가 변 AB, BC와 만나는 점을 각각 D, E라 하자.

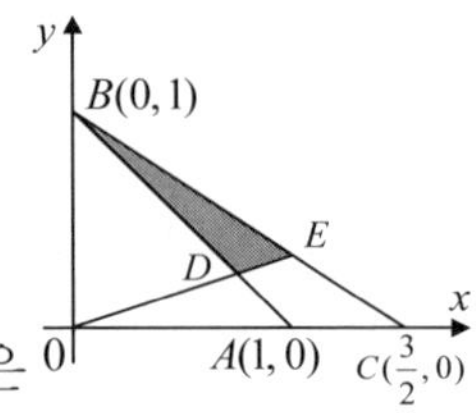

직선 AB, BC의 방정식은 각각

$x+y=1$ ⋯ ② $2x+3y=3$ ⋯ ③

①, ②에서 $x=\frac{1}{m+1}$

①, ③에서 $x=\frac{3}{3m+2}$

$\triangle ABC=\frac{1}{4}$이므로

$\triangle BDE=\triangle OEB-\triangle ODB$

$$=1\times\frac{3}{3m+2}\times\frac{1}{2}-1\times\frac{1}{m+1}\times\frac{1}{2}=\frac{1}{8}$$

정리하면, $3m^2+5m-2=0$

$m>0$이므로, $m=\frac{1}{3}$ 답 : $\frac{1}{3}$ ■

[문제 3] 부등식에서

(1) $x^2-y^2>0$, $\log_2(9-x^2-y^2)-3>0$이거나

(2) $x^2-y^2<0$, $\log_2(9-x^2-y^2)-3<0$이다.

(1) $x^2>y^2$, $9-x^2-y^2>2^3$
$|x|>|y|$, $x^2+y^2<1$

(2) $x^2<y^2$, $0<9-x^2-y^2<2^3$
$|x|<|y|$,
$1<x^2+y^2<9$

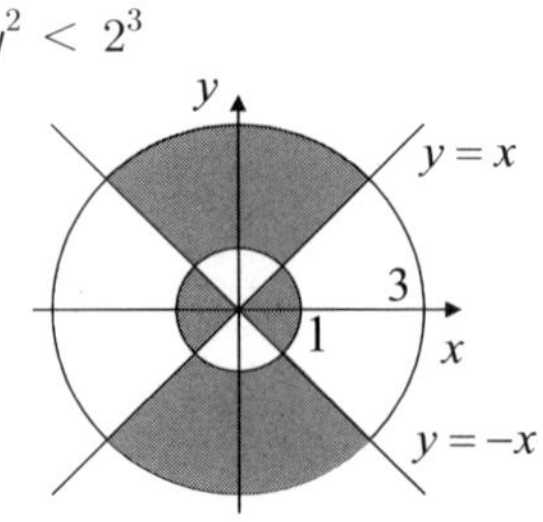

[해 석 II]

[문제 1]

$$\overline{PP'}^2 = (x'-x)^2+(y'-y)^2$$
$$= (5-2t)^2+(4t^2-20t+h)^2$$
$$= (5-2t)^2+\{(2t-5)^2+h-25\}^2$$
$$= (2t-5)^4+(2h-49)(2t-5)^2+(h-25)^2$$

$(2t-5)^2=u$ 로 놓으면, $u \geqq 0$ 이며,

$$z=\overline{PP'}^2=u^2+(2h-49)u+(h-25)^2$$

$\dfrac{dz}{du}=2u+\underline{(2h-49)}$ 이므로

$2h-49 \geqq 0$ 이면, $u \geqq 0$ 이므로

$\dfrac{dz}{du} \geqq 0$: 증가함수

$\therefore u=0$ 일 때, 최소이다.

즉, $h \geqq \dfrac{49}{2}$ 인 경우 $t=\dfrac{5}{2}(u=0)$ 일 때, 최소

$2h-49<0$ 이면,

$$\frac{dz}{du}=2u+\underline{(2h-49)}=0$$

$u=\dfrac{(49-2h)}{2}$ 에서 최소

$$(2t-5)^2=\frac{(49-2h)}{2}$$
$$t=\frac{5}{2} \pm \frac{\sqrt{49-2h}}{2\sqrt{2}}$$

즉, $0<h<\dfrac{49}{2}$ 인 경우

$t=\dfrac{5}{2} \pm \dfrac{\sqrt{49-2h}}{2\sqrt{2}}$ 일 때, 최소

답 : $h \geqq \dfrac{49}{2}$ 인 경우 $t=\dfrac{5}{2}$,

$0<h<\dfrac{49}{2}$ 인 경우 $t=\dfrac{5}{2} \pm \dfrac{\sqrt{49-2h}}{2\sqrt{2}}$ ■

〈다른 방법〉

$$z=u^2+(2h-49)u+(h-25)^2$$
$$=\left(u+\frac{2h-49}{2}\right)^2+\frac{1}{4}(99-4h)$$

포물선의 대칭축 $u=-\dfrac{2h-49}{2}$ 와 z 축을 비교하여 풀 수 있다. $(u \geqq 0)$

[문제 2]

그림과 같이,

수직 아래방향을 양의 방향으로 했을 때,

높이 y 에서의 흘러나간 물의 양 $f(t)$ 는

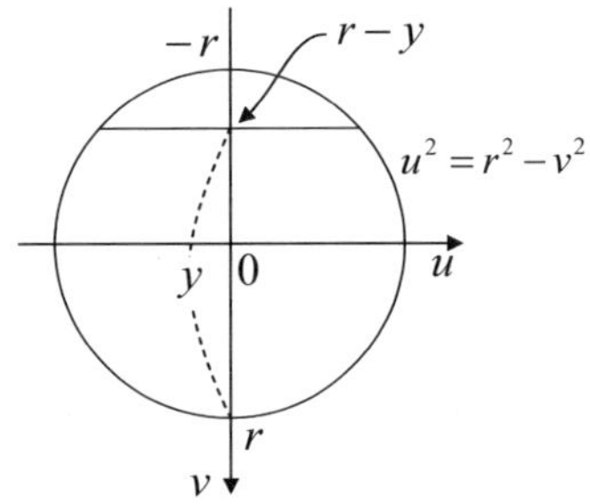

$$f(t)=\int_{-r}^{r-y}\pi(r^2-v^2)dv$$
$$=\pi\left[r^2v-\frac{v^3}{3}\right]_{-r}^{r-y}=\frac{\pi}{3}(2r-y)^2(r+y)$$

---

y 는 t 의 함수이므로,

$$f'(t)=\frac{d}{dy}\left\{\frac{\pi}{3}(2r-y)^2(r+y)\right\}\cdot\frac{dy}{dt}$$
$$=\pi y(y-2r)\frac{dy}{dt}$$

문제에서 $f'(t)=\alpha\sqrt{y}$ 이므로

$$\pi y(y-2r)\frac{dy}{dt}=\alpha\sqrt{y}$$
$$\frac{dy}{dt}=-\frac{\alpha}{\pi}\frac{1}{\sqrt{y}(2r-y)}<0 \cdots ①$$

$0<y<2r$ 에서 $\dfrac{dy}{dt}\neq 0$ 이므로,

$\dfrac{dy}{dt}\cdot\dfrac{dt}{dy}=1$ 에서

$$\frac{dt}{dy}=-\frac{\pi}{\alpha}\sqrt{y}(2r-y)$$

$t=-\dfrac{\pi}{\alpha}\left(\dfrac{4r}{3}y^{\frac{3}{2}}-\dfrac{2}{5}y^{\frac{5}{2}}\right)+C$ (C: 적분상수)

$t=0$ 일 때, $y=2r$ 이므로

$$0=-\frac{\pi}{\alpha}\left(\frac{4r}{3}(2r)^{\frac{3}{2}}-\frac{2}{5}(2r)^{\frac{5}{2}}\right)+C$$
$$C=\frac{16\sqrt{2}\pi r^{\frac{5}{2}}}{15\alpha}$$

$$\therefore t=\frac{16\sqrt{2}\pi r^{\frac{5}{2}}}{15\alpha}-\frac{\pi}{\alpha}\left(\frac{4r}{3}-\frac{2}{5}y\right)y^{\frac{3}{2}}\quad \cdots ②$$

수면이 낮아지는 빠르기가 최소일 때는

(즉, $\left|\frac{dy}{dt}\right|$의 값이 최소일 때 !)

① 에서 y 의 양함수

$$z=\sqrt{y}\,(2r-y)$$

가 $0<y<2r$ 에서 최대일 때이다.

$$\frac{dz}{dy}=-\frac{3}{2\sqrt{y}}\left(y-\frac{2r}{3}\right) \text{이므로}$$

z 는 $y=\frac{2r}{3}$에서 극대이며, 최대이다.

따라서, $\left|\frac{dy}{dt}\right|$는 $y=\frac{2r}{3}$에서 최소이다.

$y=\frac{2r}{3}$를 ② 에 대입하면,

$$t=\frac{16\sqrt{2}\pi r^{\frac{5}{2}}}{15\alpha}-\frac{\pi}{\alpha}\left(\frac{4r}{3}-\frac{2}{5}\cdot\frac{2r}{3}\right)\left(\frac{2r}{3}\right)^{\frac{3}{2}}$$

$$=\frac{16(9\sqrt{2}-2\sqrt{6})\pi r^{\frac{5}{2}}}{135\alpha}$$

답 : $y=\frac{2r}{3}$, $t=\frac{16(9\sqrt{2}-2\sqrt{6})\pi r^{\frac{5}{2}}}{135\alpha}$ ■

[문제 3]

20개의 점 중 서로 다른 세 점을 고르는 조합은 ${}_{20}C_3=1140$ 가지

20개의 점 중 3개 이상이 일직선 위에 있는 경우를 제외하자.

(1) 5개의 점이 일직선상에 있는 경우

: 4가지

(2) 4개의 점이 일직선상에 있는 경우

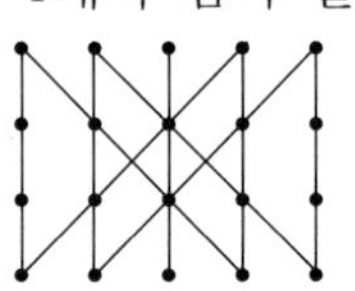

: 9가지

(3) 3개의 점이 일직선상에 있는 경우

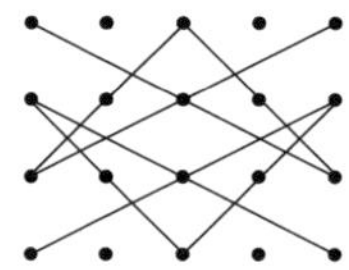

: 8가지

$$1140-{}_5C_3\times 4-{}_4C_3\times 9-{}_3C_3\times 8$$
$$=1140-40-36-8=1056$$

답 : 1056 개 ■

[기 하]

[문제 1]

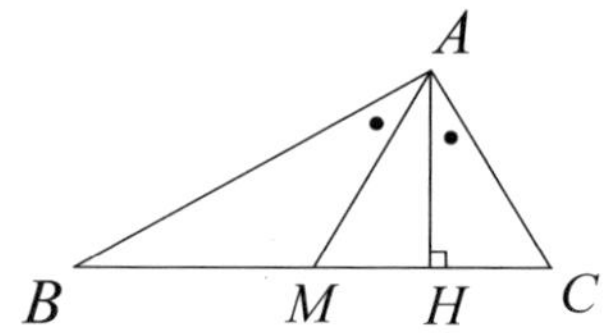

$\angle C < \angle R$이고,

$\angle BAM+\angle AMB > \angle BAM+\angle ACB=\angle R$

이므로, $\angle B < \angle R$이다.

따라서, 꼭짓점 A에서 내린 수선의 발 H는 선분 BC 위에 있다.

$$\angle HAC=\angle R-\angle ACB=\angle BAM \cdots ①$$

$\overline{AM}$의 연장선과 $\triangle ABC$의 외접원이 만나는 점을 D라 하면,

$\angle BDA=\angle BCA$ (원주각)

이므로, ①에 의하여

$\angle DBA=\angle AHC=\angle R$

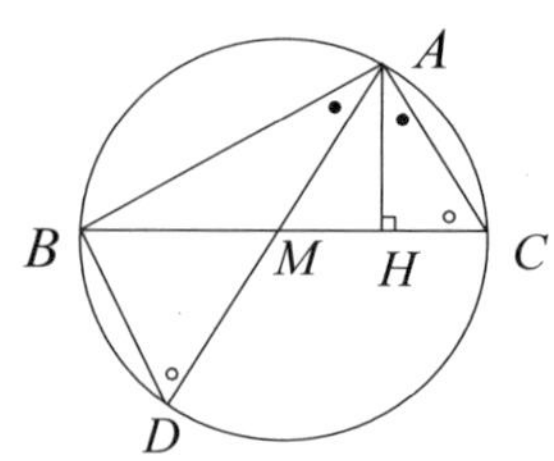

따라서, $\overline{AD}$는 외접원의 지름이다.

결국, 지름 $\overline{AD}$가 $\overline{BC}$의 중점 M을 지나므로 $\overline{BC}$가 지름이거나 $\overline{BC}\perp\overline{AD}$이다.

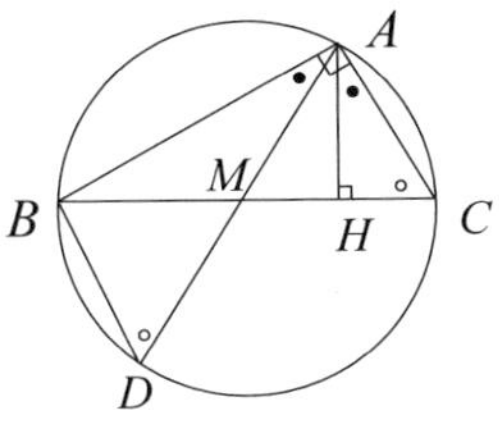

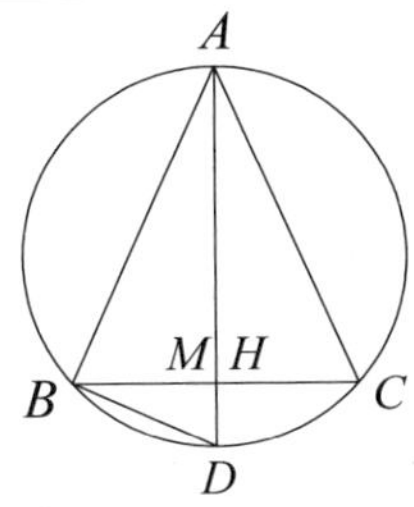

따라서, $\triangle ABC$는

$\angle A = \angle R$인 직각삼각형이거나

$\overline{AB} = \overline{AC}$ 인 이등변삼각형이다. ■

[문제 2]

그림과 같이 놓고

$\overline{BC} = a$라 하면,

$\overline{BD} = \frac{1}{2}a$,

$\overline{AD} = \overline{CD} = \frac{\sqrt{3}}{2}a$

$\therefore\ \overline{AB} = \frac{\sqrt{3}+1}{2}a$

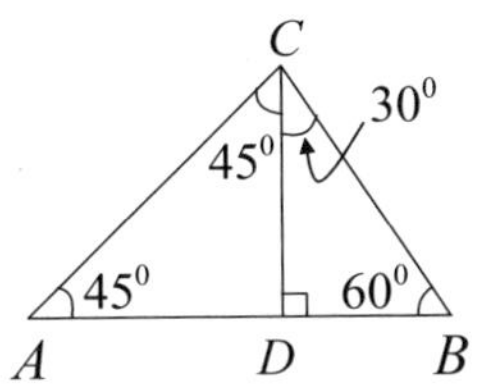

원의 중심각과 원주각의 성질에 의하여,

$\angle BOC = \angle R$

$\therefore a = \sqrt{2}\,r$

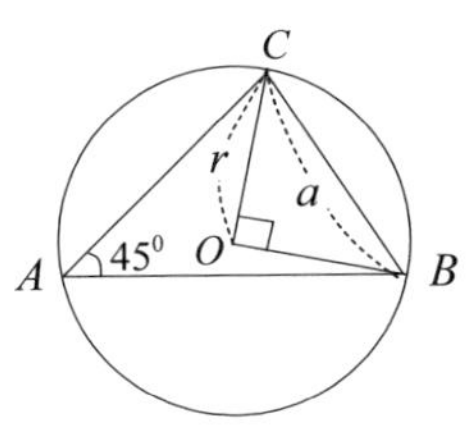

$$\therefore\ \triangle ABC = \frac{1}{2}\cdot\frac{\sqrt{3}+1}{2}a\cdot\frac{\sqrt{3}}{2}a$$
$$= \frac{3+\sqrt{3}}{8}a^2$$
$$= \frac{3+\sqrt{3}}{4}r^2$$ ■

[문제 3]

P의 좌표를 (x, y)라 하면,

$$\overline{AP}^2 = (x-a)^2 + (y-b)^2$$

피타고라스의 정리에 의하여

$$\overline{PQ}^2 = \overline{OP}^2 - \overline{OQ}^2 = x^2 + y^2 - 1$$

$\overline{AP} = 2\overline{PQ}$ 이므로,

$$(x-a)^2 + (y-b)^2 = 4(x^2+y^2-1)\ \cdots\ ①$$

정리하면,

$$3x^2 + 3y^2 + 2ax + 2by = a^2 + b^2 + 4$$

$$\left(x+\frac{a}{3}\right)^2 + \left(y+\frac{b}{3}\right)^2 = \frac{4(a^2+b^2+3)}{9}\ \cdots\ ②$$

따라서, 점 P는

중심 $\left(-\frac{a}{3}, -\frac{b}{3}\right)$, 반지름 $\frac{2}{3}\sqrt{a^2+b^2+3}$ 인

원 위에 있다.

역으로, 이 원의 임의의 점에 대하여,

②식 즉, ①식이 성립하므로,

①식의 우변은 항상 0 이상이다.

즉, 이 원의 임의의 점 $P(x, y)$에 대하여

$$x^2 + y^2 - 1 \geqq 0$$

$\therefore P$는 원 $x^2 + y^2 = 1$의 내부에 있지 않다.

따라서, P에서 접선을 그릴 수 있다.

$\therefore$ 점 P의 궤적

중심 $\left(-\frac{a}{3}, -\frac{b}{3}\right)$, 반지름 $\frac{2}{3}\sqrt{a^2+b^2+3}$ 인

원의 일부가 아닌, 원 전체이다. ■

$a = 3$, $b = -2$인 경우

중심 $\left(-1, \frac{2}{3}\right)$, 반지름 $\frac{8}{3}$인 원

$$\therefore\ (x+1)^2 + \left(y-\frac{2}{3}\right)^2 = \left(\frac{8}{3}\right)^2$$

도시하면 다음과 같다.

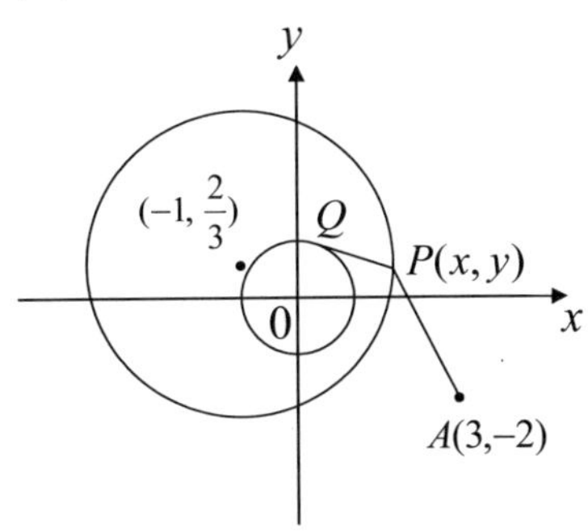

■

〈 1958년 1차 이과 〉

1. 다음 □ 안에 알맞은 수를 넣어라.
a, b 는 실수이다.
x^4-4x+a 가 $(x-b)^2$ 으로 나누어떨어질 때, $a=$ (1)□, $b=$ (2)□ 이며,
몫은 x^2 + (3)□ x + (4)□ 이다.

2. 다음 □ 안에 알맞은 수를 넣어라.
세 직선 $2y=x+$ (5)□,
$y=$ (6)□ $x+4$,
(7)□ $y=$ (8)□ $x+1$
로 이루어지는 삼각형의 두 꼭짓점의 좌표가 $(0,6)$, $(2,0)$ 이다.

3. 다음 □ 안에 알맞은 수를 넣어라.
두 원 $x^2+y^2+8x-10y-44=0$,
x^2+y^2+ (9)□ $x+$ (10)□ $y+$ (11)□ $=0$ 은 반지름이 같으며,
두 교점의 좌표는
((12)□ ,−1), ((13)□ ,3)이다.
또, 두 원의 중심을 지나는 직선의 방정식은 $x+2y-6=0$ 이다.

4. 다음 □ 안에 알맞은 수를 넣어라.
함수 $y=\sin^4 x^0+\cos^4 x^0$ 에서 y 값의 범위는 (14)□ $\leqq y \leqq$ (15)□ 이다. 또, y 값이 $\frac{13}{25}$ 으로 되는 x 값은 $0<x<90$ 의 범위에서 두 개이며, 그 중 큰 값을 α 라 하자.
$\cos\alpha^0=\sqrt{(16)□}$, $\tan\alpha^0=\sqrt{(17)□}$ 이다.

5. 아래 그림 A, B, C는 함수의 그래프의 개형을 표시한 것이다. □ 안에 ㉠~㉤ 중 알맞은 것을 넣으시오. (단, $x>0$)

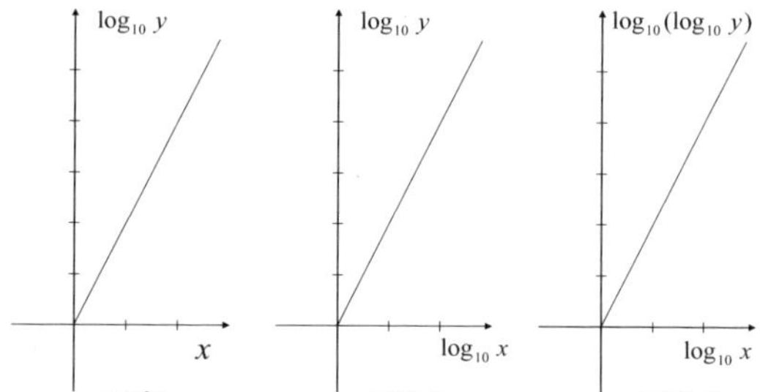

그림A **그림 B** **그림 C**

㉠ $y=x^2$	㉡ $y=\sqrt{x}$	㉢ $y=x^{100}$
㉣ $y=100^x$	㉤ $y=10^{x^2}$	

그림 A는 함수(18)□ 의 그래프의 개형이다.
그림 B는 함수(19)□ 의 그래프의 개형이다.
그림 C는 함수(20)□ 의 그래프의 개형이다.

[문제 1] 주어진 조건에 의하여

$$x^4-4x+a=(x-b)^2Q(x) \cdots ①$$

양변을 미분하면,

$$4x^3-4=2(x-b)Q(x)+(x-b)^2Q'(x) \cdots ②$$

①, ② 식에 $x=b$를 대입하면,

$$\begin{cases} b^4-4b+a=0 \\ 4b^3-4=0 \end{cases}$$

a, b 는 실수이므로 $\therefore a=3, b=1$

$x^4-4x+3=(x-1)^2Q(x)$ 이므로

	1	0	0	−4	3
1		1	1	1	−3
	1	1	1	−3	0
1		1	2	3	
	1	2	3	0	

$$\therefore x^4-4x+3=(x-1)^2(x^2+2x+3)$$

답: (1) 3 (2) 1 (3) 2 (4) 3

[문제 2]
$(0,6)$은 제2식을 만족하지 않으므로 제1식과 제3식을 만족한다.

제1식 $2\times 6=$ (5)□ $\therefore$ (5)□ $=12$

제3식 (7)□ $\times 6=1$ $\therefore$ (7)□ $=\frac{1}{6}$

$(2,0)$은 $2y=x+12$ (제1식)을 만족하지 않으므로 제2, 제3식을 만족한다.

제2식 $0=$ (6)□ $\times 2+4$ $\therefore$ (6)□ $=-2$

제3식 $\frac{1}{6}\times 0=$ (8)□ $\times 2+1$ $\therefore$ (8)□ $=\frac{1}{-2}$

답: (5) 12 (6) −2 (7) $\frac{1}{6}$ (8) $\frac{1}{-2}$

[문제 3]

$x^2+y^2+8x-10y-44=0$

$(x+4)^2+(y-5)^2=85$ … ①

$x^2+y^2+2px+2qy+r=0$ … ②

$p^2+q^2-r=85$ … ③

$x+2y-6=0$ … ④

① 식에 $y=-1$을 대입하면

$x+4=\pm 7$ $\therefore x=-11, 3$

① 식에 $y=3$을 대입하면

$x+4=\pm 9$ $\therefore x=-13, 5$

따라서, 두 원의 교점이 될 수 있는 점은

$(-11,-1), (3,-1), (-13,3), (5,3)$

두 원의 교점을 이은 직선은

두 원의 중점을 이은 직선 ④와 수직이므로

기울기는 2이다.

따라서, 두 교점은 $\therefore (\underline{3},-1), (\underline{5},3)$

---

②, ③에서 $(x+p)^2+(y+q)^2=85$

이 식에 $(3,-1)$을 대입하면,

$(3+p)^2+(-1+q)^2=85$ … ⑤

④에 $(-p,-q)$를 대입하면,

$p=-2q-6$ … ⑥

⑥을 ⑤에 대입하여 정리하면

$5q^2+10x-75=0$ $\therefore q=3, -5$

$\therefore \begin{cases} p=-12 \\ q=3 \end{cases} \quad \begin{cases} p=4 \\ q=-5 \end{cases}$

$p=4, q=-5$이면 두 원이 같아지므로,

$p=-12, q=3$이다.

$p=-12, q=3$을 ③에 대입하면 $r=68$

② 식에 대입하면

$\therefore x^2+y^2\underline{-24}x\ \underline{+6}y\ \underline{+68}=0$

답: (9) -24 (10) 6 (11) 68 (12) 3 (13) 5

[문제 4]

$y=\sin^4 x^0+\cos^4 x^0$

$=(\sin^2 x^0+\cos^2 x^0)^2-2\sin^2 x^0\cos^2 x^0$

$=1-2\sin^2 x^0\cos^2 x^0=1-2\sin^2 x^0(1-\sin^2 x^0)$

$=2\sin^4 x^0-2\sin^2 x^0+1$

$=2\left(\sin^2 x^0-\frac{1}{2}\right)^2+\frac{1}{2}$

$0\leqq \left|\sin^2 x^0-\frac{1}{2}\right|^2\leqq \frac{1}{4}$이므로 $\therefore \frac{1}{2}\leqq y\leqq 1$

$0<x<90$이므로 $\cos x^0>0, \sin x^0>0$

$\frac{13}{25}=2\sin^4 x^0-2\sin^2 x^0+1$에서

$\sin^2 x^0=\frac{1\pm\sqrt{1-\frac{24}{25}}}{2}=\frac{1\pm\frac{1}{5}}{2}=\frac{3}{5}, \frac{2}{5}$

$0<x<90$의 범위에서 큰 근이 α이므로

$\therefore \sin^2\alpha^0=\frac{3}{5}$

$\cos^2\alpha^0=\frac{2}{5}, \cos\alpha^0=\sqrt{\frac{2}{5}}, \tan\alpha^0=\sqrt{\frac{3}{2}}$

답: (14) $\frac{1}{2}$ (15) 1 (16) $\frac{2}{5}$ (17) $\frac{3}{2}$

[문제 5]

(그림 A) $\log_{10} y=2x$

$y=10^{2x}=100^x$: ㉣

(그림 B) $\log_{10} y=2\log_{10} x$

$\log_{10} y=\log_{10} x^2$

$y=x^2$: ㉠

(그림 C) $\log_{10}(\log_{10} y)=2\log_{10} x$

$\log_{10}(\log_{10} y)=\log_{10} x^2$

$\log_{10} y=x^2$

$y=10^{x^2}$: ㉤

〈 1958년 1차 문과 〉

1. 다음 $\square$ 안에 알맞은 수를 넣어라.
x, y, z 에 관한 연립방정식
$2x+{}^{(1)}\square\, y+5z=10$, $x+3y+{}^{(2)}\square\, z=8$,
$-3x-8y+4z=17$ 의 해는
$x={}^{(3)}\square$, $y=1$, $z={}^{(4)}\square$ 이며,
$x^2+y^2+z^2=26$ 을 만족한다.

2. 다음 ( ) 안에 ㉠~㉤ 중 적당한 것을 넣고, $\square$ 안에는 알맞은 수를 넣어라.

> ㉠ 0보다 작다
> ㉡ 0과 1 사이에 있다.
> ㉢ 1과 2 사이에 있다.
> ㉣ 2와 3 사이에 있다.
> ㉤ 3보다 크다.

ax^2+4x-3 이 $x=1$ 에서 음(−), $x=2$ 에서 양(+)이 되기 위한 필요충분조건은
${}^{(5)}\square < a < {}^{(6)}\square$ 이다. 이때, 방정식 ax^2+4x-3 의 두 근을 α, β $(\beta<\alpha)$ 라 하면, α 는 ((7)), β 는 ((8)).

3. 다음 $\square$ 안에 알맞은 수를 넣어라.
함수 $y=|x^2-4|-3x$ $(-2\leq x\leq 5)$ 는
$x={}^{(9)}\square$ 에서 최댓값 ${}^{(10)}\square$ 을 가지며,
$x={}^{(11)}\square$ 에서 최솟값 ${}^{(12)}\square$ 를 갖는다.

4. 다음 그림은 방정식을 표현한 것이다.
$\square$ 안에 A~F 중 알맞은 것을 넣어라.

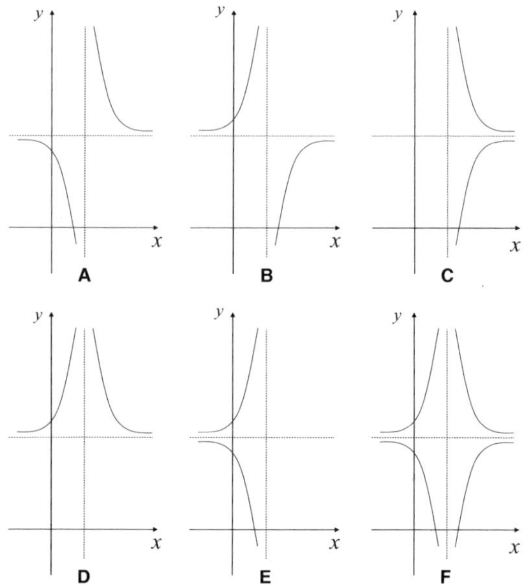

> (ⅰ) $(x-1)(y-2)^2=1$ (ⅱ) $(x-1)^2(y-2)=1$
> (ⅲ) $(x-1)(y-2)=1$ (ⅳ) $(x-1)^2(y-2)^2=1$

(ⅰ)의 그래프는 ${}^{(13)}\square$,
(ⅱ)의 그래프는 ${}^{(14)}\square$,
(ⅲ)의 그래프는 ${}^{(15)}\square$,
(ⅳ)의 그래프는 ${}^{(16)}\square$ 이다.

5. 다음 부등식
${}^{(17)}\square < {}^{(18)}\square < {}^{(19)}\square < {}^{(20)}\square$ 이
성립하도록 $\square$ 안에 $a \sim d$ 를 넣어라.

> $f(x)=\log_x 2$ 에 대하여
> $a=f(\tan 230^\circ)$, $b=f(\tan 605^\circ)$
> $c=f(\sin 1100^\circ)$, $d=f(\cos 770^\circ)$

[문제 1]

$$\begin{cases} 2x+py+5z=10 & \cdots ① \\ x+3y+qz=8 & \cdots ② \\ -3x-8y+4z=17 & \cdots ③ \\ x^2+y^2+z^2=26 & \cdots ④ \end{cases}$$

$y=1$ 을 ③, ④ 에 대입하면,

$$\begin{cases} -3x+4z=25 \\ x^2+z^2=25 \end{cases}$$

$$x^2+\left(\frac{25+3x}{4}\right)^2=25$$

$$x^2+6x+9=0 \qquad \therefore x=-3,\ z=4$$

$x=-3$, $z=4$, $y=1$ 을 ①, ② 에 대입하면,

$$\begin{cases} -6+p+20=10 \\ -3+3+4q=8 \end{cases} \qquad \therefore \begin{cases} p=-4 \\ q=2 \end{cases}$$

답: (1) -4 (2) 2 (3) -3 (4) 4

[문제 2]

$x=1$ 일 때 음(−)이므로

$$a+4-3<0,\ a<-1$$

$x=2$ 일 때 양(+)이므로

$$4a+8-3>0,\ a>-\frac{5}{4}$$

$$\therefore -\frac{5}{4}<a<-1$$

$ax^2+4x-3=f(x)$라 하면,

$f(1)=a+1<0$

$f(2)=4a+5>0$

$f(3)=9(a+1)<0$

이므로 $\therefore 1<\beta<2<\alpha<3$

답: (5) $-\frac{5}{4}$ (6) -1 (7) ㉣ (8) ㉢

[문제 3]

$|x|\geq 2$ 일 때,

$$y=x^2-3x-4=\left(x-\frac{3}{2}\right)^2-\frac{25}{4} \cdots ①$$

$|x|\leq 2$ 일 때,

$$y=-x^2-3x+4=-\left(x+\frac{3}{2}\right)^2+\frac{25}{4} \cdots ②$$

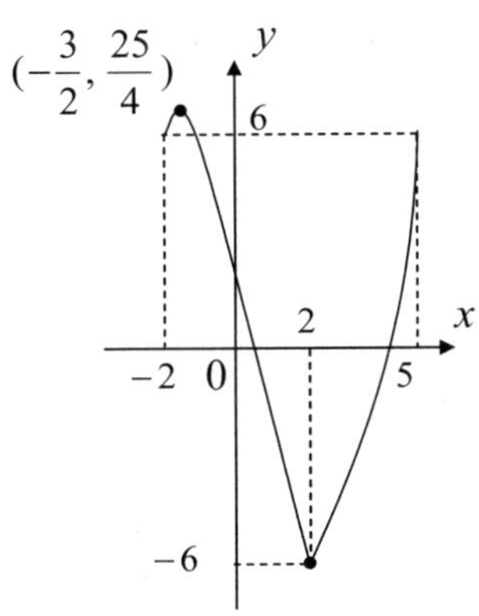

$x=-2$ 일 때, ① 에서 $y=6$

$x=2$ 일 때, ① 에서 $y=-6$

$x=5$ 일 때, ① 에서 $y=6$

$x=-\frac{3}{2}$ 일 때, ② 에서 $y=\frac{25}{4}$

답: (9) $-\frac{3}{2}$ (10) $\frac{25}{4}$ (11) 2 (12) -6

[문제 4]

(i) $x>1$ 인 영역에 있다.

(ii) $y>2$ 인 영역에 있다.

(iii) $(x>1,\ y>2)$ or $(x<1,\ y<2)$ 인 영역에 있다.

(iv) $x\neq 1, y\neq 2$ 인 영역에 있으며, $x=1, y=2$ 에 대칭이다.

답 : (13) C (14) D (15) A (16) F

〈 다른 방법 〉

$(x-1)(y-2)^2=1$의 그래프는

$xy^2=1$의 그래프를 x축으로 1만큼, y축으로 2만큼 평행이동하여 얻을 수 있다.

다른 그래프도 같은 방법으로 가능하다.

[문제 5]

$\tan 230^0=\tan(50^0)$, $\tan 605^0=\tan(65^0)$

$\sin 1100^0=\sin(20^0)$, $\cos 770^0=\sin(40^0)$

이므로,

$0<\sin 1100^0<\cos 770^0<1<\tan 230^0<\tan 605^0$

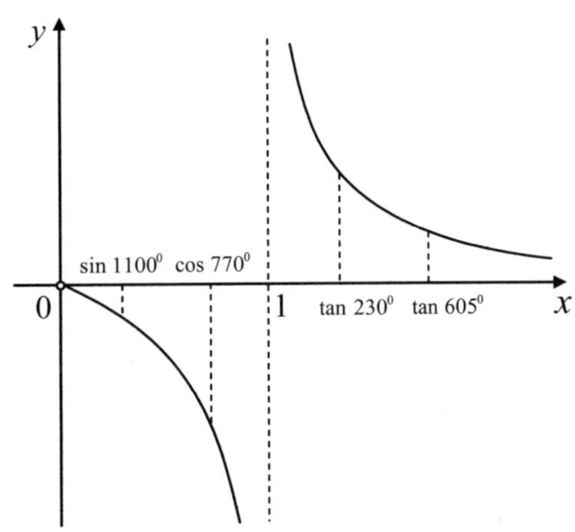

$$f(x)=\log_x 2=\frac{\log 2}{\log x}$$

이므로,

$$\therefore d<c<b<a$$

답 : (17) d (18) c (19) b (20) a

[해 석 Ⅰ]

1. x에 관한 방정식
$x^2+2(1-\cos\alpha^0)x+(1-\sin\alpha^0)^2=0$이 실근을 가질 때, x에 관한 방정식
$x^2-2x+\cos(\alpha^0+45^0)+1=0$은 실근을 갖는지 허근을 갖는지 조사하여라.

2. 변량 y는 변량 x에 정비례하며 a를 비례상수로 한다고 알려져 있다.
$x=2, 3, 4$일 때, y값을 측정하였더니 각각 3.1, 4.4, 5.6이었다.
a가 정해지면 $3.1-2a$, $4.4-3a$, $5.6-4a$는 각각 $x=2, 3, 4$에서의 y의 측정값의 오차가 된다. 다음을 구하여라.
(1) 오차제곱의 합이 최소일 때 a값
(2) 오차의 절댓값의 합이 최소일 때 a값
(단, 소수 둘째자리까지 구하시오.)

3. 한 평면상의 두 점 $P(x, y)$, $Q(X, Y)$의 좌표 사이에 $X=\dfrac{x}{x^2+y^2}$, $Y=-\dfrac{y}{x^2+y^2}$인 관계가 있다.
점 P가 부등식 $(4x+3y-5)(4x-3y+5)>0$로 표시되는 범위 안에서 움직일 때, 점 Q는 어떤 범위 안에서 움직이는가? P의 운동범위와 Q의 운동범위를 도시하라.

[해 석 Ⅱ]

1. 평면상의 점열 $P_0, P_1, \cdots, P_n, \cdots$이 있어, 점 $P_n(x_n, y_n)$과 점 $P_{n+1}(x_{n+1}, y_{n+1})$ 사이에 다음 관계가 성립한다.
$$\begin{cases} x_{n+1}=\dfrac{2}{3}x_n+\dfrac{1}{3}y_n \\ y_{n+1}=\dfrac{1}{3}x_n+\dfrac{2}{3}y_n \quad (n=0,1,2,\cdots) \end{cases}$$
극한점 $(x, y)=\lim\limits_{n\to\infty}P_n$의 좌표를 x_0, y_0를 이용하여 나타내어라.

2. 밑면의 반지름이 a인 원기둥이 있다. 밑면의 지름을 지나는 평면이 원기둥의 밑면과 각도 $\alpha\left(0<\alpha<\dfrac{\pi}{2}\right)$를 이루며 원기둥을 자른다.
이 평면과 원기둥의 밑면, 원기둥의 옆면으로 이루어진 입체의 체적을 구하여라.

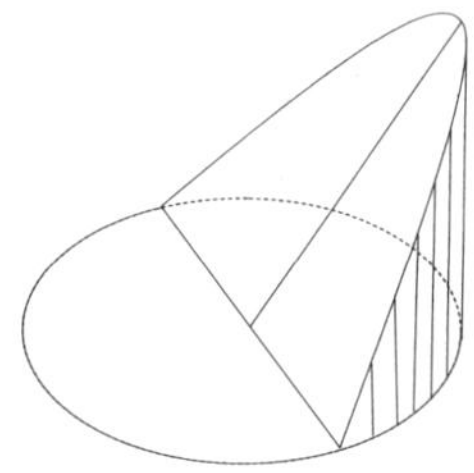

3. 수평면 상에 두 점 A, H가 $8a\,\mathrm{cm}$ 떨어져 있다. 점 H의 수직 방향 위로 $a\,\mathrm{cm}$ 떨어진 곳에 점 B가 있다. 선분 AH상에 한 점 P를 잡자. 동점이 최초 B에서 출발하여 선분 BP와 선분 PA를 따라, P를 거쳐 A까지 움직인다. BP상에서는 등가속도 $\dfrac{\overline{BH}}{\overline{BP}}g\ \mathrm{cm/sec^2}$으로 움직이며, PA상에서는 동점이 점 P에 도달하였을 때의 속도의 수평속도로 등속도운동을 한다. 동점이 B에서 A까지 최단시간에 도달하기 위한 선분 HP의 길이를 구하여라.

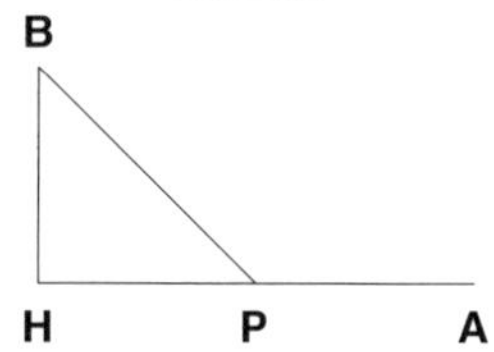

[기 하]

1. 반지름 a인 원의 내부에 볼록사각형이 있다. 각 꼭짓점이 그 점을 지나는 변을 연장해 생기는 현의 삼등분점 중 하나일 때 어떤 사각형인가? 또, 면적은 얼마인가?

2. 평면상의 두 정점 A, B를 양끝 점으로 하는 임의의 원호의 삼등분점 중 A에 가까운 점의 궤적을 구하여라.

3. 어떤 원뿔과 그 원뿔에 내접하는 구가 있어 부피비가 $2:1$이다. 원뿔의 밑면의 반지름과 높이의 비를 구하여라.

[해 석 Ⅰ]

[문제 1]

$x^2+2(1-\cos\alpha^0)x+(1-\sin\alpha^0)^2=0$: 실근

$$D/4=(1-\cos\alpha^0)^2-(1-\sin\alpha^0)^2$$
$$=\underline{(2-\cos\alpha^0-\sin\alpha^0)}(\sin\alpha^0-\cos\alpha^0)\geqq 0$$
$$\geqq 0$$
$$\therefore \sin\alpha^0-\cos\alpha^0\geqq 0 \quad \cdots ①$$

$$x^2-2x+\cos(\alpha^0+45^0)+1=0$$
$$D/4=1-\{\cos(\alpha^0+45^0)+1\}$$
$$=-\cos(\alpha^0+45^0)$$
$$=\frac{1}{\sqrt{2}}(\sin\alpha^0-\cos\alpha^0)\geqq 0 \quad (① \text{에 의하여})$$

답 : 실근 ■

[문제 2]

(1) 오차제곱의 합을 S라 하면,

$$S=(3.1-2a)^2+(4.4-3a)^2+(5.6-4a)^2$$
$$=29a^2-83.6a+\square$$
$$S'=58a-83.6=0\left(\because a=\frac{83.6}{58}=1.44\right)\text{일 때,}$$

S는 최솟값을 갖는다.

답 : $a=1.44$

(2) 오차의 절댓값의 합을 $f(a)$라 하면,

$$f(a)=|3.1-2a|+|4.4-3a|+|5.6-4a|$$

$3.1-2a=0$ 일 때, $a=\frac{3.1}{2}=1.52$

$4.4-3a=0$ 일 때, $a=\frac{4.4}{3}\fallingdotseq 1.47$

$5.6-4a=0$ 일 때, $a=\frac{5.6}{4}=1.40$

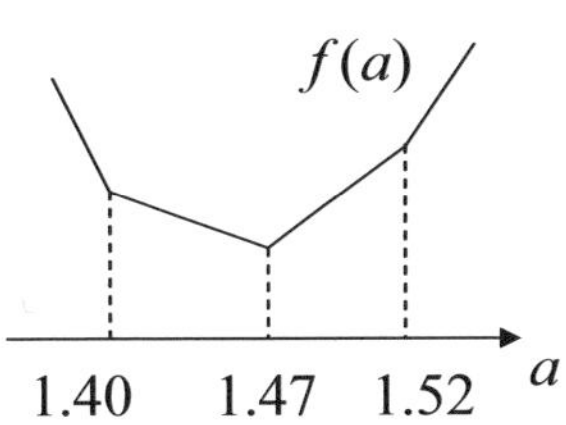

답 : $a=1.47$ ■

[문제 3] $X=\frac{x}{x^2+y^2}$, $Y=-\frac{y}{x^2+y^2}$ 에서

$X^2+Y^2=\frac{1}{x^2+y^2}$ 이므로,

$$x=\frac{X}{X^2+Y^2},\ y=-\frac{Y}{X^2+Y^2}$$

$(4x+3y-5)(4x-3y+5)>0$ 에 대입하면,

$$(4X-3Y-5X^2-5Y^2)(4X+3Y+5X^2+5Y^2)>0$$

> $\because (0,0)$ 은 $(4x+3y-5)(4x-3y+5)>0$ 를 만족하지 않으므로 $x^2+y^2\neq 0$

$$\left\{\left(X-\frac{4}{10}\right)^2+\left(Y+\frac{3}{10}\right)^2-\frac{1}{4}\right\}\times\left\{\left(X+\frac{4}{10}\right)^2+\left(Y+\frac{3}{10}\right)^2-\frac{1}{4}\right\}<0$$

따라서, $Q(X,Y)$ 가 움직이는 범위는

답 : $\begin{cases}\left(X-\frac{4}{10}\right)^2+\left(Y+\frac{3}{10}\right)^2<\left(\frac{5}{10}\right)^2\\ \left(X+\frac{4}{10}\right)^2+\left(Y+\frac{3}{10}\right)^2>\left(\frac{5}{10}\right)^2\end{cases}$ 또는

$\begin{cases}\left(X-\frac{4}{10}\right)^2+\left(Y+\frac{3}{10}\right)^2>\left(\frac{5}{10}\right)^2\\ \left(X+\frac{4}{10}\right)^2+\left(Y+\frac{3}{10}\right)^2<\left(\frac{5}{10}\right)^2\end{cases}$

$P(x,y)$ 의 운동범위 (경계제외)

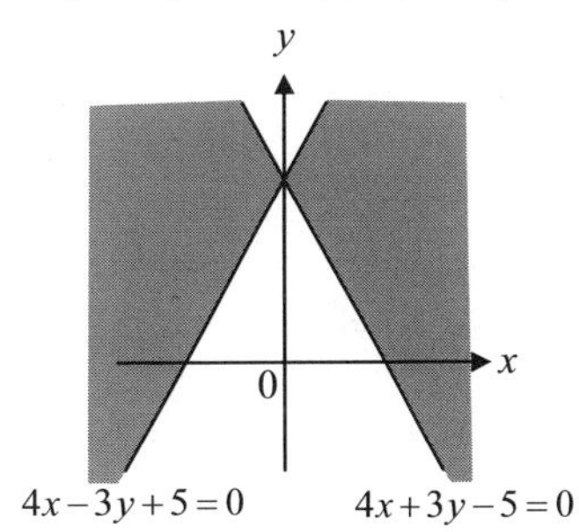

$Q(X,Y)$ 의 운동범위 (경계제외)

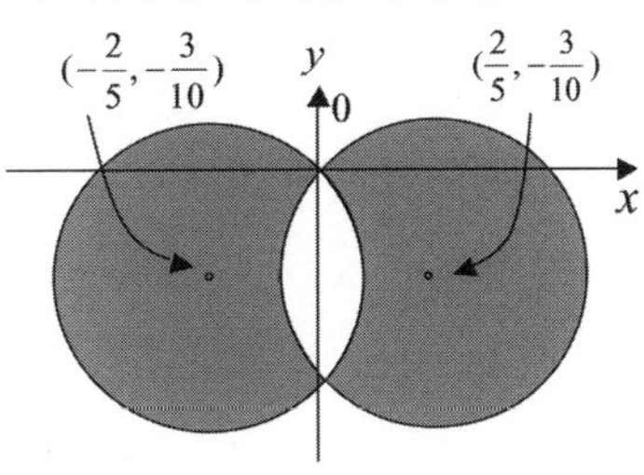

■

[해 석 II]

[문제 1]

$$\begin{cases} x_{n+1}=\frac{2}{3}x_n+\frac{1}{3}y_n \\ y_{n+1}=\frac{1}{3}x_n+\frac{2}{3}y_n \quad (n=0,1,2,\cdots) \end{cases}$$ 이므로

$$x_n+y_n=x_{n-1}+y_{n-1}=\cdots=x_1+y_1=x_0+y_0 \cdots ①$$

$$x_n-y_n=\frac{1}{3}(x_{n-1}-y_{n-1})=\frac{1}{3^2}(x_{n-2}-y_{n-2})$$

$$=\cdots=\frac{1}{3^{n-1}}(x_1-y_1)=\frac{1}{3^n}(x_0-y_0) \quad \cdots ②$$

①+② 에서 $2x_n=x_0+y_0+\frac{1}{3^n}(x_0-y_0)$

$$\therefore x=\lim_{n\to\infty}x_n=\frac{x_0+y_0}{2}$$

①−② 에서 $2y_n=x_0+y_0-\frac{1}{3^n}(x_0-y_0)$

$$\therefore y=\lim_{n\to\infty}y_n=\frac{x_0+y_0}{2}$$

답 : $(x,y)=\left(\frac{x_0+y_0}{2},\ \frac{x_0+y_0}{2}\right)$ ■

[문제 2]

그림에서

$\overline{PQ}=\sqrt{a^2-x^2}$

$\overline{QR}=\overline{PQ}\tan\alpha$

$=\sqrt{a^2-x^2}\ \tan\alpha$

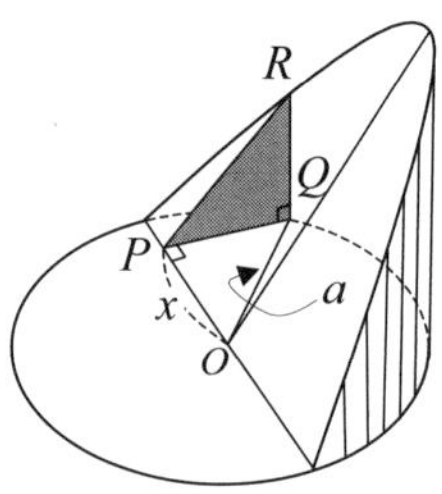

$$\therefore \triangle PQR=\overline{PQ}\cdot\overline{QR}\cdot\frac{1}{2}=\frac{\tan\alpha}{2}(a^2-x^2)$$

구하는 체적을 V라 하면

$$V=2\int_0^a\frac{\tan\alpha}{2}(a^2-x^2)\,dx$$

$$=\tan\alpha\left[a^2x-\frac{x^3}{3}\right]_0^a=\frac{2}{3}a^3\tan\alpha$$

답 : $\frac{2}{3}a^3\tan\alpha$ ■

[문제 3]

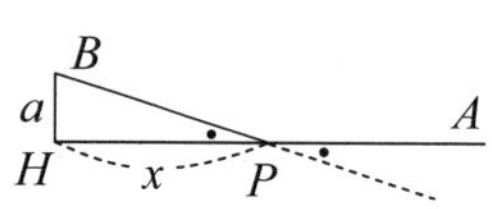

$\overline{HP}=x$ 라 하자.

가속도 $\alpha=\frac{ag}{\overline{BP}}$, 속력 $v=\int\alpha\,dt=\frac{ag}{\overline{BP}}t+0$,

$\overline{BP}$에 소요된 시간을 t_1초라 하면,

P에서의 속력은 $v_1=\frac{agt_1}{\overline{BP}}$ 이므로

P에서의 A방향으로의 속도는

$$v_1\frac{x}{\overline{BP}}=\frac{agt_1x}{\overline{BP}^2}$$

$\overline{PA}$ 에 소요된 시간을 t_2초라 하면,

$$t_2=\frac{(8a-x)\overline{BP}^2}{agt_1x}$$

전체 소요시간을 y초라 하면,

$$y=t_1+t_2=t_1+\frac{(8a-x)\overline{BP}^2}{agt_1x} \quad \cdots ①$$

이제 t_1을 구하여보자.

$$\overline{BP}=\int_0^{t_1}v\,dt=\int_0^{t_1}\frac{agt}{\overline{BP}}\,dt=\frac{agt_1^2}{2\overline{BP}}$$

$$t_1^2=\frac{2\overline{BP}^2}{ag}$$

$$\therefore t_1=\sqrt{\frac{2(a^2+x^2)}{ag}}$$

t_1을 ① 식에 대입하면,

$$y=\sqrt{\frac{2(a^2+x^2)}{ag}}+\frac{(8a-x)\sqrt{a^2+x^2}}{\sqrt{2ag}\ x}$$

$$=\frac{\sqrt{a^2+x^2}}{\sqrt{2ag}}+\frac{8a\sqrt{a^2+x^2}}{\sqrt{2ag}\ x}$$

$$\frac{dy}{dx}=\frac{1}{\sqrt{2ag}}\left[\frac{x}{\sqrt{a^2+x^2}}+\frac{8a\left\{\frac{x^2}{\sqrt{a^2+x^2}}-\sqrt{a^2+x^2}\right\}}{x^2}\right]$$

$$=\frac{x^3-8a^3}{\sqrt{2ag(a^2+x^2)}\cdot x^2}$$

$x=2a$ 일 때 극소이므로

$x>0$ 의 범위에서,

$x=2a$ 일 때 y는 최솟값을 갖는다.

답 : $2a$ cm ■

[기 하]

[문제 1]

① 그림과 같은 경우,

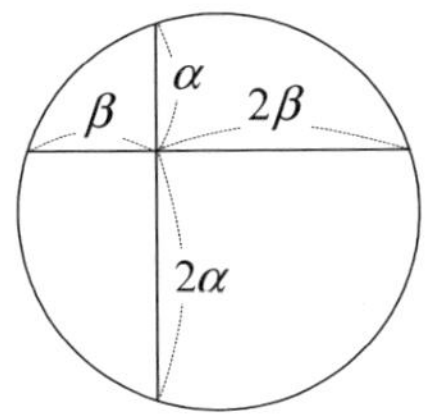

$$\alpha \cdot 2\alpha = \beta \cdot 2\beta$$
$$2\alpha^2 = 2\beta^2$$
$$\therefore \alpha = \beta$$

A, B, C, D를 지나는 직선과 원과의 교점을 그림과 같이 E, F, G, H, I, J, K, L 이라 하자.

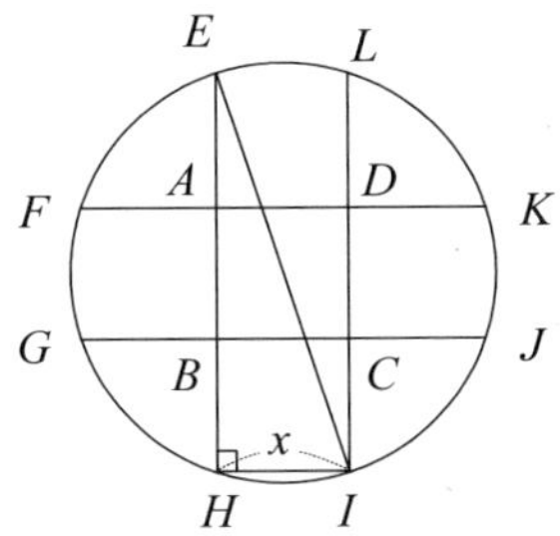

A, B, C, D가 각각 삼등분점이므로
① 에 의하여 $\overline{AB} = \overline{BC} = \overline{CD} = \overline{DA}$

따라서, $\square ABCD$는 마름모이다.

마름모는 모두 평행사변형이므로
$\therefore \quad \overline{AB} \,/\!/\, \overline{DC} \qquad \cdots$ ②

$\overline{EH} = \overline{LI}$, $\overline{EH} \,/\!/\, \overline{LI}$이므로
$\square EHIL$은 한 쌍의 대변이 평행하고
그 길이가 같게 되어 평행사변형이다.

평행사변형의 두 쌍의 대변의 길이는
각각 같으므로 $\overline{HI} = \overline{EL}$

$\overline{EH} = \overline{LI}$, $\overline{HI} = \overline{EL}$ 이므로

$$\widehat{EH} = \widehat{LI}, \quad \widehat{HI} = \widehat{EL}$$
$$\widehat{EH} + \widehat{HI} = \widehat{LI} + \widehat{EL}$$
$$\therefore \quad \widehat{EHI} = \widehat{ELI}$$
$\therefore \overline{EI}$: 지름 , $\angle EHI = 90^0 \qquad \cdots$ ③

따라서 $\square EHIL$은
한 내각이 직각인 평행사변형이 되어
직사각형이다.

이제, A, D가 각각 직사각형 $EHIL$의 두 대변의 삼등분점이므로 $\overline{AD} \perp \overline{EH}$

$\square ABCD$는 한 내각이 직각인 마름모이므로
정사각형이다.

직각삼각형 EHI에서 $\overline{HI} = x$로 놓으면
③ 에 의하여 $\overline{EH} = 3x$, $\overline{EI} = 2a$

$$(3x)^2 + x^2 = (2a)^2$$
$$\therefore \quad x^2 = \frac{2}{5}a^2$$

답 : 정사각형, $\frac{2}{5}a^2$ ■

[문제 2]

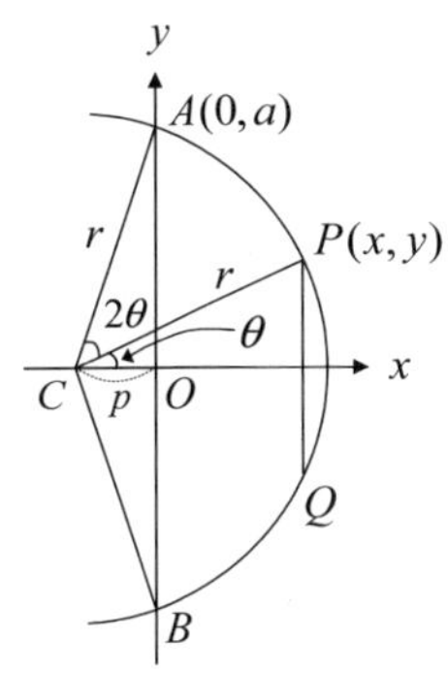

직선 AB를 y축,
$\overline{AB}$의 수직이등분선을
x축으로 놓자.

구하는 궤적의 점 P의
좌표를 (x, y) ,
점 $A(0, a), P, B$를 지나는
반지름 r인 원의 중심을 $C(-p, 0)$,
$\angle PCO = \theta$라 하자.

$$y = r\sin\theta$$

$$x = r\cos\theta - p = r\cos\theta - r\cos 3\theta$$
$$= 4r\cos\theta\,(1 - \cos^2\theta)$$
$$= 4r\cos\theta\sin^2\theta$$
$$= 4y\cos\theta\sin\theta$$
$$= 2y\sin 2\theta \qquad \therefore \quad \sin 2\theta = \frac{x}{2y}$$

$$a = r\sin 3\theta = r(3\sin\theta - 4\sin^3\theta)$$
$$= r\sin\theta\,(3 - 4\sin^2\theta)$$
$$= y\,(3 - 4\sin^2\theta)$$
$$= y\,(1 + 2\cos 2\theta)$$
$$\therefore \quad \cos 2\theta = \frac{1}{2}\left(\frac{a-y}{y}\right)$$

$\sin^2 2\theta + \cos^2 2\theta = 1$ 이므로

$$\left(\frac{x}{2y}\right)^2 + \left\{\frac{1}{2}\left(\frac{a-y}{y}\right)\right\}^2 = 1$$

$$\frac{x^2}{4y^2} + \frac{(a-y)^2}{4y^2} = 1$$

$$x^2 - 3y^2 - 2ay + a^2 = 0$$

$$x^2 - 3\left(y + \frac{a}{3}\right)^2 = -\frac{4}{3}a^2$$

답 : $\dfrac{\left(y+\dfrac{a}{3}\right)^2}{\left(\dfrac{2a}{3}\right)^2} - \dfrac{x^2}{\left(\dfrac{2a}{\sqrt{3}}\right)^2} = 1 \quad (y > 0)$ ■

[문제 3]

원뿔의 높이를 h,
밑면의 반지름을 r,
구의 반지름을 x 라 하면,

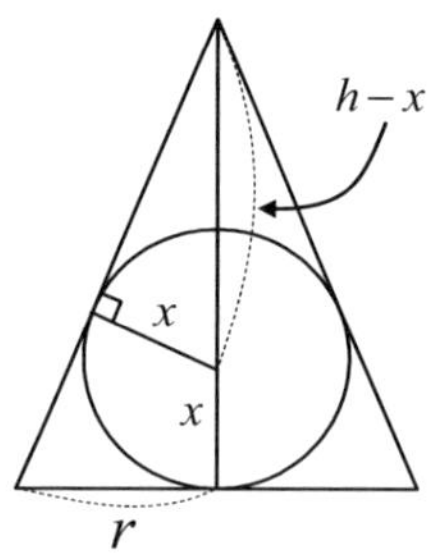

$$\frac{h-x}{x} = \frac{\sqrt{r^2+h^2}}{r}$$

$$\therefore \quad x = \frac{rh}{r+\sqrt{r^2+h^2}}$$

원뿔의 부피 : $\dfrac{\pi r^2 h}{3}$

구의 부피 : $\dfrac{4}{3}\pi x^3 = \dfrac{4}{3}\pi \dfrac{r^3h^3}{(r+\sqrt{r^2+h^2}\,)^3}$

원뿔의 부피가 구의 부피의 두 배이므로

$$\frac{\pi r^2 h}{3} = \frac{4}{3}\pi \frac{r^3h^3}{(r+\sqrt{r^2+h^2}\,)^3} \times 2$$

$$(r+\sqrt{r^2+h^2}\,)^3 = 8rh^2$$

$$\left(1+\sqrt{1+\left(\frac{h}{r}\right)^2}\,\right)^3 = 8\left(\frac{h}{r}\right)^2$$

$$1+\sqrt{1+\left(\frac{h}{r}\right)^2} = 2\left(\frac{h}{r}\right)^{\frac{2}{3}}$$

$$\sqrt{1+\left(\frac{h}{r}\right)^2} = 2\left(\frac{h}{r}\right)^{\frac{2}{3}} - 1$$

$$\left[\sqrt{1+\left(\frac{h}{r}\right)^2}\,\right]^2 = \left[2\left(\frac{h}{r}\right)^{\frac{2}{3}} - 1\right]^2$$

$$1+\left(\frac{h}{r}\right)^2 = 4\left(\frac{h}{r}\right)^{\frac{4}{3}} - 4\left(\frac{h}{r}\right)^{\frac{2}{3}} + 1$$

$$\left(\frac{h}{r}\right)^2 - 4\left(\frac{h}{r}\right)^{\frac{4}{3}} + 4\left(\frac{h}{r}\right)^{\frac{2}{3}} = 0$$

$$\left(\frac{h}{r}\right)^{\frac{2}{3}}\left\{\left(\frac{h}{r}\right)^{\frac{4}{3}} - 4\left(\frac{h}{r}\right)^{\frac{2}{3}} + 4\right\} = 0$$

$$\left(\frac{h}{r}\right)^{\frac{2}{3}}\left\{\left(\frac{h}{r}\right)^{\frac{2}{3}} - 2\right\}^2 = 0$$

$$\left(\frac{h}{r}\right)^{\frac{2}{3}} = 2$$

$$\frac{h}{r} = 2^{\frac{3}{2}}$$

$$r : h = 1 : 2\sqrt{2}$$

답 : $1 : 2\sqrt{2}$ ■

〈 1959년 1차 이과 〉 해석 I

1. 다음 $\square$ 안에 알맞은 수를 넣어라.
변역 $x>0$에 대한 4개의 함수
$f_1(x)=\dfrac{x}{1}, f_2(x)=\dfrac{x^2}{1\cdot2}, f_3(x)=\dfrac{x^3}{1\cdot2\cdot3},$
$f_4(x)=\dfrac{x^4}{1\cdot2\cdot3\cdot4}$ 에 대하여
(1) $f_2(x)$의 값이 $f_1(x), f_3(x), f_4(x)$의 어느 값보다도 큰 범위는 (1)$\square$ $<x<$ (2)$\square$
(2) $f_3(x)$의 값이 $f_1(x), f_2(x), f_4(x)$의 어느 값보다도 큰 범위는 (3)$\square$ $<x<$ (4)$\square$

2. 다음 $\square$ 안에 알맞은 수를 넣어라.
a, b, c, d는 실수이며, $a<c$이다. 등식
$(x-a)^2(bx-x^2-1)=(x-c)^2(dx-x^2-1)$이
x에 관한 항등식일 때, $a=$ (5)$\square$,
$b=$ (6)$\square$, $c=$ (7)$\square$, $d=$ (8)$\square$이다.

3. 다음 $\square$ 안에 알맞은 수를 넣어라.

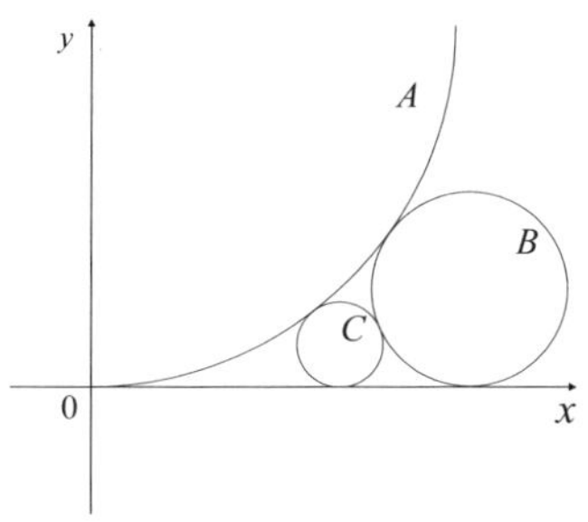

세 개의 원 A, B, C가 있다.
원 A의 중심은 $\left(0, \dfrac{1}{2}\right)$, 반지름은 $\dfrac{1}{2}$이다.
원 B는 A와 접하며, x축과 $\left(\dfrac{1}{2}, 0\right)$에서 접한다. 또, 원 C는 A, B 및 x축에 그림과 같이 접한다. B의 반지름은 (9)$\square$,
C의 반지름은 (10)$\square$이며, C가 x축과 접하는 점의 x좌표는 (11)$\square$이다.

4. 다음 $\square$ 안에 알맞은 수를 넣어라.
방정식 $x=\pm a$, $y=\pm b$, $bx+ay=\pm c^2$ $(a>0, b>0, c>0)$로 표시되는 6개의 직선을 고려해 보자.

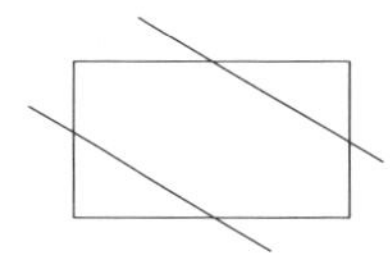

(1) 6개의 직선이 그림과 같이 6각형을 만들 조건은 $\dfrac{c^2}{ab}<$ (12)$\square$
(2) 그 6각형의 면적 A가 직선 $x=\pm a$, $y=\pm b$로 둘러쌓인 직사각형의 면적의 $\dfrac{3}{4}$일 때, $\dfrac{c^2}{ab}=$ (13)$\square$
(3) $c=1$이고 a, b가 조건 $a^2+b^2=8$, $a\geqq b>0$를 만족할 때, 6각형의 면적 A가 최대로 되는 때는
$a=$ (14)$\square$, $b=$ (15)$\square$인 경우이며,
그때 $A=$ (16)$\square$이다.

5. 다음 $\square$ 안에 알맞은 수를 넣어라.
그림과 같은 울타리 PQR을 경계로 하는 토지가 있다. 이러한 토지의 한쪽 구석에

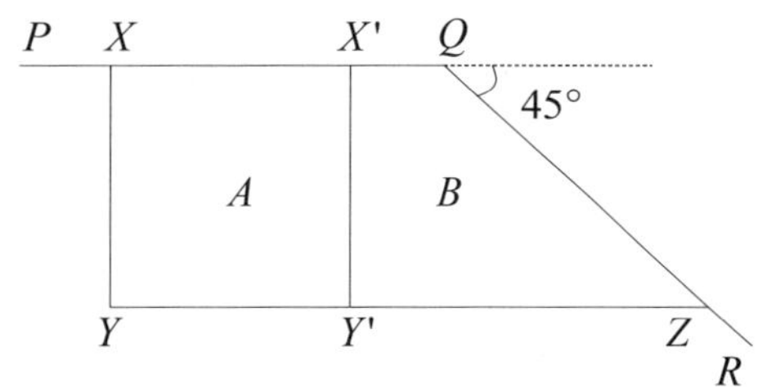

고랑 XYZ, $X'Y'$를 만들어 직사각형 모양의 지면 $XYY'X'$와 사다리꼴 모양의 지면 $X'Y'ZQ$가 생겼다. 직사각형의 면적 A가 사다리꼴의 면적 B의 2배이며, 고랑의 전체길이가 $30\,\mathrm{m}$ 일 때,
총면적 $A+B$가 최대로 될 때는
$\overline{XY}=$ (17)$\square$, $\overline{YY'}=$ (18)$\square$, $\overline{Y'Z}=$ (19)$\square$
일 때이며, 그때 $A+B=$ (20)$\square$이다.

[문제 1] (1) $f_1(x)<f_2(x)$에서 $2<x$
$f_3(x)<f_2(x)$에서 $x<3$
$f_4(x)<f_2(x)$에서 $x<\sqrt{12}$
$\therefore\ 2<x<3$

(2) $f_1(x)<f_3(x)$에서 $\sqrt{6}<x$
$f_2(x)<f_3(x)$에서 $3<x$
$f_4(x)<f_3(x)$에서 $x<4$ $\quad\therefore\ 3<x<4$
답: (1) 2 (2) 3 (3) 3 (4) 4

[문제 2]

$(x-a)^2(bx-x^2-1)=(x-c)^2(dx-x^2-1)$

$(x-a)^2(x^2-bx+1)=(x-c)^2(x^2-dx+1)$

$x-a$는 좌변의 인수이므로 우변의 인수이기도 하다. 똑같이, $x-c$는 좌변의 인수이다.

$a<c$이므로 $\begin{cases}(x-a)^2=x^2-dx+1\\(x-c)^2=x^2-bx+1\end{cases}$

$\begin{cases}a^2=1,\ d=2a\\c^2=1,\ b=2c\end{cases}$ $\begin{cases}a=-1,\ d=-2\\c=1,\ b=2\end{cases}$

($a<c$이므로)

답: (5) -1 (6) 2 (7) 1 (8) -2

[문제 3]

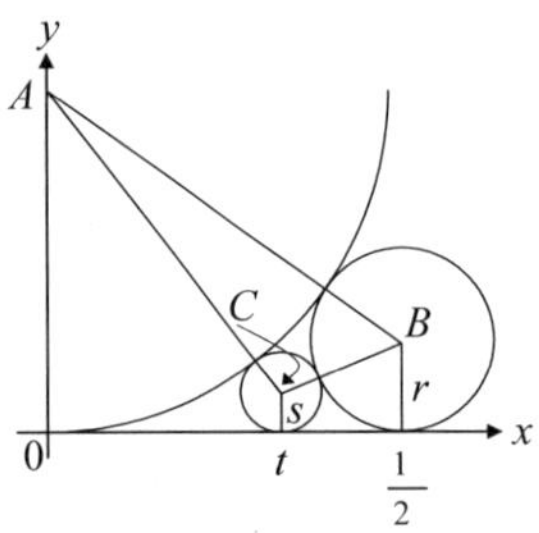

세 원 A, B, C의 중심을 각각 같은 기호로 나타내고 원 B, C의 반지름을 각각 r, s라 하자. 원 C와 x축과의 접점의 x좌표를 t라 하면,

점 B, C의 좌표는 각각 $\left(\frac{1}{2}, r\right), (t, s)$이다.

$\overline{AB}^2=\left(\frac{1}{2}+r\right)^2=\left(0-\frac{1}{2}\right)^2+\left(\frac{1}{2}-r\right)^2$

$\therefore\ r=\frac{1}{8}$

$\overline{AC}^2=\left(\frac{1}{2}+s\right)^2=(0-t)^2+\left(\frac{1}{2}-s\right)^2$

$\therefore\ 2s=t^2$ $\cdots$ ①

$\overline{BC}^2=\left(\frac{1}{8}+s\right)^2=\left(\frac{1}{2}-t\right)^2+\left(\frac{1}{8}-s\right)^2$

$\therefore\ 2s=(2t-1)^2$ $\cdots$ ②

①, ②에서 $(2t-1)^2=t^2$, $t=1$ or $\frac{1}{3}$

$0<t<\frac{1}{2}$이므로 $\therefore\ t=\frac{1}{3}$

①에서 $\therefore\ s=\frac{1}{18}$

답: (9) $\frac{1}{8}$ (10) $\frac{1}{18}$ (11) $\frac{1}{3}$

[문제 4]

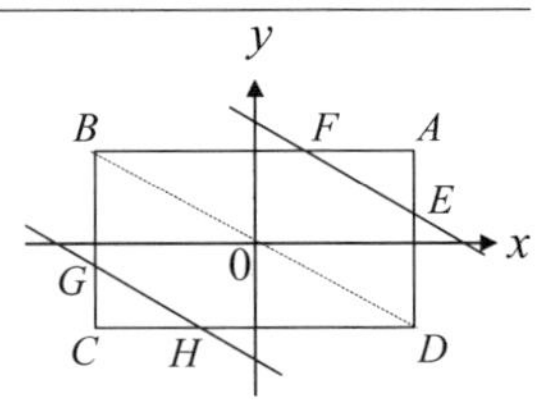

(1)

오른쪽 그림에서 $bx+ay=\pm c^2$은 직선 BD에 평행하고 서로 원점대칭이므로 $bx+ay=c^2$이 선분 AD와 만나면 육각형이 이루어진다.

$bx+ay=c^2$과 직선 $x=a$와의 교점 E의 y좌표는 $y=\frac{c^2}{a}-b$

E가 선분 AD 위에 있어야하므로 ($E\neq A,D$)

$-b<\frac{c^2}{a}-b<b$, $0<\frac{c^2}{a}<2b$

a, b, c가 모두 양수이므로 $\therefore\ \frac{c^2}{ab}<2$

(2) $\overline{AE}=b-\left(\frac{c^2}{a}-b\right)=2b-\frac{c^2}{a}$

$\overline{AF}=a-\left(\frac{c^2}{b}-a\right)=2a-\frac{c^2}{b}$

육각형의 면적 $A=\square ABCD-2\triangle AEF$

$=4ab-\left(2b-\frac{c^2}{a}\right)\left(2a-\frac{c^2}{b}\right)$

$=4c^2-\frac{c^4}{ab}$ $\cdots$ ①

$A=\frac{3}{4}\square ABCD$이므로

$4c^2-\frac{c^4}{ab}=\frac{3}{4}\times 4ab,\left(\frac{c^2}{ab}\right)^2-4\frac{c^2}{ab}+3=0$

$\frac{c^2}{ab}=1$ or 3

(1)에서 $\frac{c^2}{ab}<2$이므로 $\therefore\ \frac{c^2}{ab}=1$

(3) $c=1$일 때, ①에서 $A=4-\frac{1}{ab}$

$ab\leqq\frac{1}{2}(a^2+b^2)=4$ $\cdots$ ②

따라서, $A=4-\frac{1}{ab}\leqq 4-\frac{1}{4}=\frac{15}{4}$

따라서 면적 A의 최댓값은 $\frac{15}{4}$이며, ②에서 등호가 성립할 때이다.

$\therefore a=b=2$

답: (12) 2 (13) 1 (14) 2 (15) 2 (16) $\frac{15}{4}$

[문제 5]

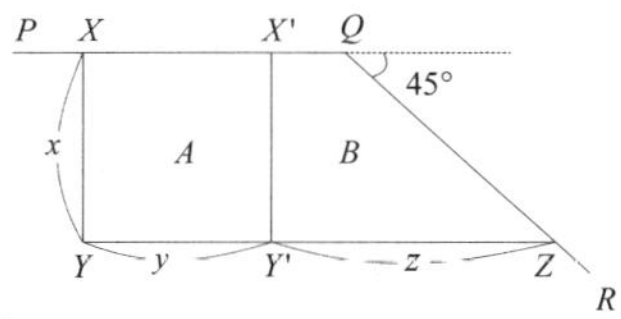

$\overline{XY}=x$, $\overline{YY'}=y$,

$\overline{Y'Z}=z$ 라 하면,

$2x+y+z=30 \quad \cdots$ ①

$\overline{X'Q}=z-x$ 이므로 $B=\frac{1}{2}(z+z-x)x$

$A=xy$ 이고 $A=2B$ 이므로

$$xy=2\times\frac{1}{2}(2z-x)x$$

$$\therefore \quad y=2z-x \quad \cdots ②$$

①, ②에서 $y=20-\frac{5}{3}x \quad \cdots$ ③

$$\therefore A+B=xy+\frac{1}{2}xy=\frac{3}{2}xy$$

$$=\frac{3}{2}x\left(20-\frac{5}{3}x\right)$$

$$=-\frac{5}{2}(x-6)^2+90$$

$A+B$는 $x=6$일 때 최댓값 90을 갖는다.

$x=6$를 ③에 대입하면 $y=10$

$x=6$, $y=10$을 ①에 대입하면 $z=8$

답: (17) 6 (18) 10 (19) 8 (20) 90

〈 1959년 1차 문과 〉

1. 다음 □ 안에 알맞은 수를 넣어라.
   평행사변형 $ABCD$에 대하여
   변 AB의 방정식은 $3x-4y+1=0$,
   변 AD의 방정식은 $2x+3y-5=0$ 이다.
   점 C의 좌표가 $(2,6)$ 일 때,
   점 B의 좌표는 ((1)□, (2)□)이며
   점 D의 좌표는 ((3)□, (4)□)이다.

2. 다음 □ 안에 ㉠~㉣을 넣어라.
   x의 이차방정식 $x^2-px-1=0$의 두 실근을 $\alpha, \beta\ (\alpha<\beta)$ 라 하자. p가 양수범위에서 증가할 때, α는 (5)□, β는 (6)□.
   또, p가 음수범위에서 증가할 때,
   α는 (7)□, β는 (8)□.

㉠ 양수이며 증가한다.
㉡ 양수이며 감소한다.
㉢ 음수이며 증가한다.
㉣ 음수이며 감소한다.

3. 다음 □ 안에 알맞은 수를 넣어라.
   x, y에 관한 일차방정식
   $(2-a)x+2y=0$, $2x-(1+a)y=0$ 이 같은 직선으로 되는 a값은 두 개이다.
   그 값을 $a_1, a_2\ (a_1<a_2)$라 하면
   $a_1=$ (9)□, $a_2=$ (10)□ 이다.
   $a=a_1$일 때 직선은 (1, (11)□)을 지나며,
   $a=a_2$일 때 직선은 ((12)□,1)을 지난다.

4. 다음 □ 안에 알맞은 수를 넣어라.
   $\angle A=90^0$, $\overline{AB}=\frac{5\sqrt{3}}{2}$, $\overline{AC}=\frac{5}{2}$인
   삼각형 ABC가 있다. 같은 평면상에 점 A를 지나는 직선 l을 삼각형의 외부에 그려, B, C에서 직선 l에 내린 수선의 발을 각각 P, Q라 하자. 직선 l이 $\overline{AC}$와 이루는 각을 $\alpha\ (0^0 \leqq \alpha \leqq 90^0)$ 라 하면,
   (1) $\overline{PQ}$가 최대일 때는
   $\alpha=$ (13)□ ^{0}일 때이며, 최댓값은 (14)□.
   (2) $\overline{BP}+\overline{CQ}$가 최대일 때는
   $\alpha=$ (15)□ ^{0}일 때이며, 최댓값은 (16)□.

5. 다음 □ 안에 ㉠~㉣을 넣어라.
   다음 4개의 수의 대소를 비교하여라.

㉠ 1	㉡ $\log_a 2.5$	㉢ $2.5\log_{10} a$
㉣ $(\log_a 2)(\log_a 3)$		

   (17)□ 〈 (18)□ 〈 (19)□ 〈 (20)□

   단, $\log_a 8=2.0794$, $\log_a 9=2.1972$,
   $\log_a 10=2.3026$

[문제 1]

$\overline{AD}$: $2x+3y-5=0$

$\overline{AB}$: $3x-4y+1=0$

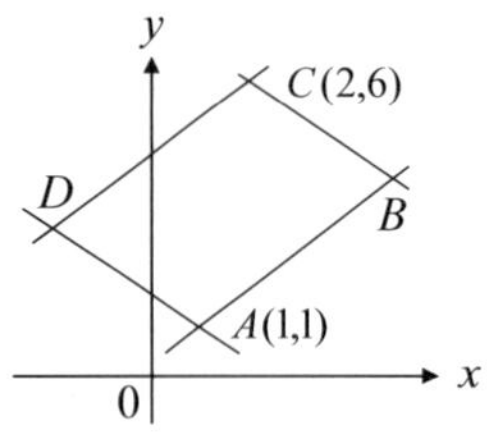

$\overline{BC}$는 $\overline{AD}$와 평행하고

$(2,6)$을 지나므로

$2(x-2)+3(y-6)=0$ 에서

$\overline{BC}$: $2x+3y-22=0$

같은 방법으로 $\overline{CD}$의 방정식은

$3(x-2)-4(y-6)=0$

$\overline{CD}$: $3x-4y+18=0$

점 B의 좌표는

$$\begin{cases} 3x-4y+1=0 & \cdots \overline{AB} \\ 2x+3y-22=0 & \cdots \overline{BC} \end{cases} \qquad \therefore\ (5,4)$$

점 D의 좌표는

$$\begin{cases} 3x-4y+18=0 & \cdots \overline{CD} \\ 2x+3y-5=0 & \cdots \overline{AD} \end{cases} \qquad \therefore\ (-2,3)$$

답: (1) 5 (2) 4 (3) -2 (4) 3

[문제 2]

$\alpha, \beta\ (\alpha<\beta)$는 $x^2-px-1=0$ 의 두 근이므로

$$\alpha = \frac{1}{2}(p-\sqrt{p^2+4}\,) < 0$$

$$\alpha' = \frac{1}{2}\left(\frac{\sqrt{p^2+4}-p}{\sqrt{p^2+4}}\right) > 0$$

$$\beta = \frac{1}{2}(p+\sqrt{p^2+4}\,) > 0$$

$$\beta' = \frac{1}{2}\left(\frac{\sqrt{p^2+4}+p}{\sqrt{p^2+4}}\right) > 0$$

답: (5) ㉢ (6) ㉠ (7) ㉢ (8) ㉠

[문제 3] $(2-a)x+2y=0 \quad \cdots ①$

$2x-(1+a)y=0 \quad \cdots ②$

두 일차방정식이 같은 직선을 표시하므로

$$\frac{2-a}{2} = \frac{2}{-(1+a)}$$

$a^2-a-6=0, \quad a=-2, 3$

$\therefore \quad a_1=-2, a_2=3$

$a=a_1=-2$일 때

①식 : $y=-2x \qquad \therefore\ (1, \underline{-2})$

$a=a_2=3$일 때

①식 : $x=2y \qquad \therefore\ (\underline{2}, 1)$

답: (9) -2 (10) 3 (11) -2 (12) 2

[문제 4] (1)

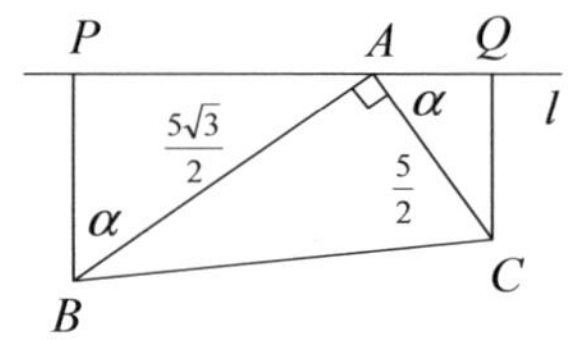

$\angle CAQ=\alpha$ 로 놓으면,

$\angle PBA=\alpha$ 이다.

$\overline{PQ}=\overline{PA}+\overline{AQ}$

$$=\frac{5\sqrt{3}}{2}\sin\alpha+\frac{5}{2}\cos\alpha = 5\sin(\alpha+30^0)$$

$\overline{PQ}$는 $\alpha=60^0$일 때 최댓값 5를 갖는다.

(2) $\overline{BP}+\overline{CQ}=\dfrac{5\sqrt{3}}{2}\cos\alpha+\dfrac{5}{2}\sin\alpha$

$=5\sin(\alpha+60^0)$

$\alpha=30^0$일 때 최댓값 5를 갖는다.

답: (13) 60 (14) 5 (15) 30 (16) 5

[문제 5] $\log_a 2=\dfrac{1}{3}\log_a 8 \fallingdotseq 0.6931$

$\log_a 3=\dfrac{1}{2}\log_a 9=1.0986$

$\log_a 4=2\log_a 2 \fallingdotseq 1.3862$

㉡ $\log_a 2.5=\log_a 10-\log_a 4=0.9164$

㉢ $2.5\log_{10} a=\dfrac{2.5}{\log_a 10}=\dfrac{2.5}{2.3026}>1$

㉣ $(\log_a 2)(\log_a 3) \fallingdotseq 0.6931\times1.0986 \fallingdotseq 0.7614$

답: (17) ㉣ (18) ㉡ (19) ㉠ (20) ㉢

〈 1959년 2차 〉

[수학 I - 대수]

1. 평면상의 점 (x, y)에 대하여

$\begin{cases} x' = 2x + y \\ y' = 3x + 2y \end{cases}$ 로 정해지는 점 (x', y')를 대응시키자.

(1) 네 점 $(0, 0), (a, 0), (0, b), (a, b)$를 꼭짓점으로 하는 사각형(내부포함)은 위의 대응으로 어떠한 도형으로 되는지를 그림으로 나타내어라. (단, $a > 0, b > 0$)

(2) 그 도형의 면적과 원래의 사각형의 면적의 비를 구하여라.

2. 우물입구에서 작은 돌이 떨어진 후 t초 후에 수면에 도달한 소리가 들렸다.

(1) 중력가속도를 $g\,\mathrm{m/sec^2}$, 소리의 속도를 $c\,\mathrm{m/sec}$, 우물입구에서 수면까지의 거리를 $d\,\mathrm{m}$ 라 할 때, d를 g, c, t로 나타내어라. (단, 공기저항은 무시한다.)

(2) 수면에서 지면까지 음이 전달되는 시간을 무시하여 d의 근사치 $d' = \frac{1}{2}gt^2$을 얻었다. 이 경우, 상대오차 $\frac{d' - d}{d}$가 주어진 양수 α보다 작으면, t는 g, c, α로 정해지는 한계치보다 반드시 작다. 그 한계치를 구하여라.

[수학 I - 기하]

1. 2개의 원호 AC_1B, AC_2B가 현 AB의 같은 쪽에 있으며, 모두 각각의 반원보다 크다. A를 지나는 직선 l이 호 AC_1B, AC_2B와 만나는 교점을 각각 P_1, P_2라 하면, l이 어떤 위치에 있을 때 선분 P_1P_2의 길이가 최대로 되는가?

2. $\triangle A'B'C'$는 $\triangle ABC$의 내부에 있으며, 세 변 $A'B'$, $B'C'$, $C'A'$가 각각 $\triangle ABC$의 세 변 AB, BC, CA와 평행하고 대응하는 변 사이의 거리는 모두 h이다. $\triangle A'B'C'$의 둘레의 길이가 $\triangle ABC$의 둘레의 길이의 $\frac{1}{2}$일 때, h를 a, b, c로 나타내어라.
(단, $a = \overline{BC}$, $b = \overline{CA}$, $c = \overline{AB}$)

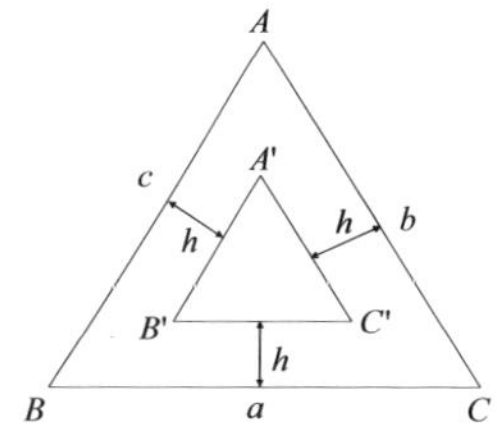

[수학 II]

1. 시각 t에서의 점 P의 위치 (x, y)가 아래의 방정식 (1), (2), (3), (4)로 주어져 있다. 각 경우에 대하여, t가 0부터 2π까지 변할 때 점 P가 그리는 궤적을 예와 같이 도시하라.

예) $\begin{cases} x = t \\ y = t - \frac{1}{2}gt^2 \end{cases} \left(0 \leq t \leq \frac{2}{g}\right)$

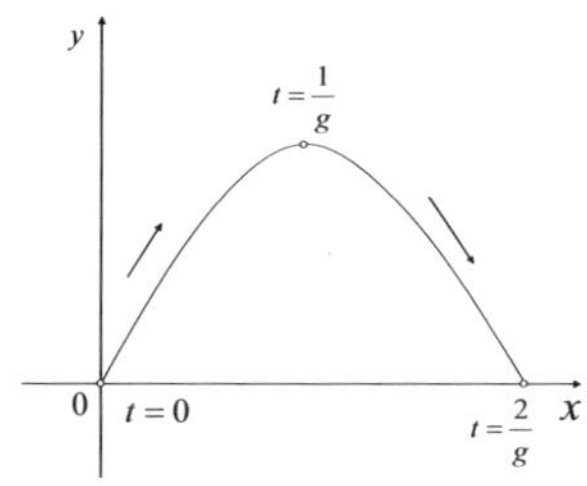

(1) $\begin{cases} x = \cos t \\ y = 2\cos\left(t + \frac{\pi}{2}\right) \end{cases}$ (2) $\begin{cases} x = \cos t \\ y = \cos(t + \pi) \end{cases}$

(3) $\begin{cases} x = \cos t \\ y = \cos 2t \end{cases}$ (4) $\begin{cases} x = \cos t \\ y = \cos\left(2t + \frac{\pi}{2}\right) \end{cases}$

2. 상수 a, b는 실수이며 $a < b$이다. 임의의 양수 t에 대하여, z에 관한 이차방정식 $\frac{1}{t}(z-a)^2 + t(z-b)^2 = 0$은 허근 $x + yi, x - yi$ (x, y: 실수, $y > 0$)를 갖는다. t가 양수범위 전체에서 움직일 때 점 (x, y)가 그리는 곡선을 도시하시오.

[수 학 Ⅲ]

1. 실수 a, b에 대하여, 정적분

$$I(a, b)=\int_0^{\pi}(1-a\sin x-b\sin 2x)^2 dx$$ 를

구하여라. 또, $I(a, b)$를 최소로 하는 a, b를 구하여라.

2. x, y 평면상의 점 $(0, a)$를 P, 직선 $y=a$를 g라 하자. g를 포함하고 y축에 수직인 평면상에, P를 중점으로 하고 g와 $60°$를 이루며 길이 $2b$인 $\overline{AB}$를 잡아 A, B에서 x축에 내린 수선의 발을 각각 C, D라 하자. 사각형 $ABDC$를 x축을 회전축으로 하여 회전한 회전체의 체적을 구하여라.

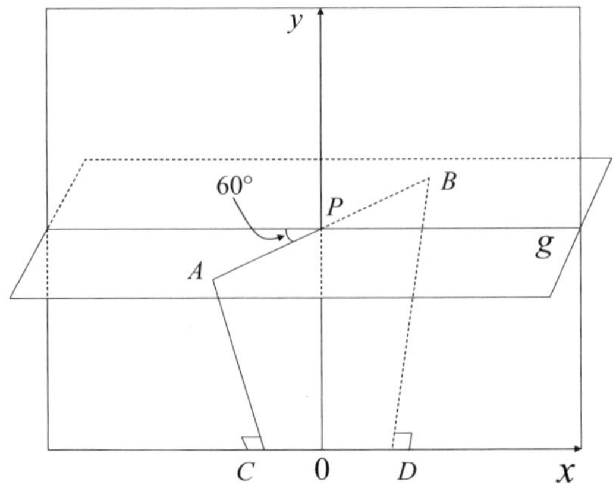

[수학 Ⅰ - 대수]

[문제 1] (1)

네 점 $(0, 0), (a, 0), (0, b), (a, b)$가 나타내는 직사각형은 $0 \leq x \leq a$, $0 \leq y \leq b$이다.

$$\begin{cases} x'=2x+y \\ y'=3x+2y \end{cases} \Rightarrow \begin{cases} x=2x'-y' \\ y=2y'-3x' \end{cases}$$

따라서, 직사각형은

$$\begin{cases} 0 \leq 2x'-y' \leq a \\ 0 \leq 2y'-3x' \leq b \end{cases}$$ 로 옮겨진다.

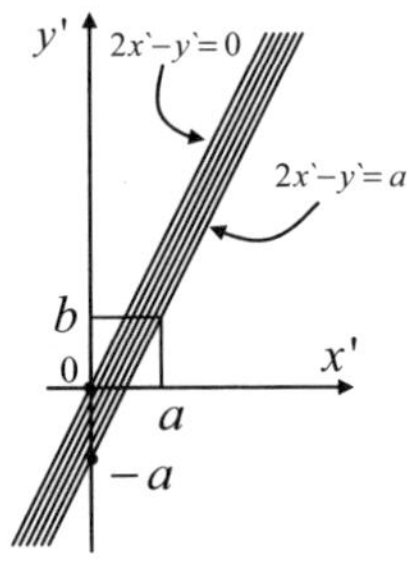

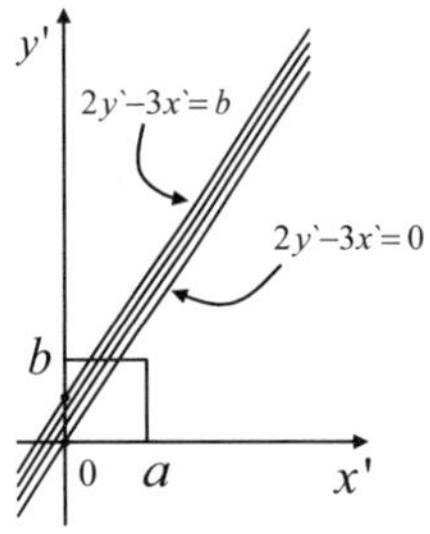

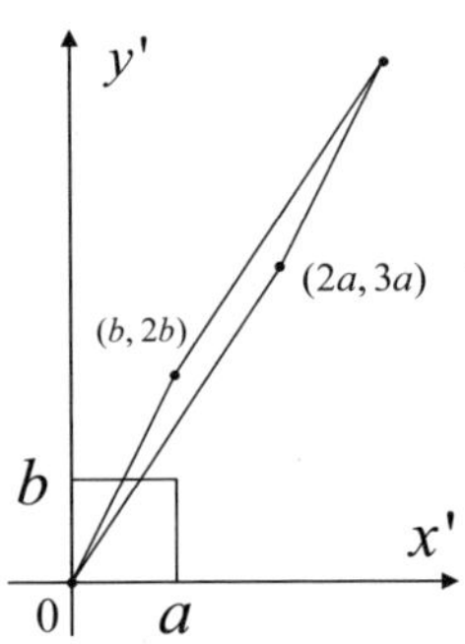

답 : $(0, 0), (2a, 3a), (b, 2b), (2a+b, 3a+2b)$를 네 꼭짓점으로 하는 평행사변형

(2) 옮겨진 평행사변형의 면적은 세 점 $(0, 0), (2a, 3a), (b, 2b)$로 이루어진 삼각형의 면적의 두배이다.

$$2\times\frac{1}{2}\times\left|\begin{matrix} 0 & & 2a & & b & & 0 \\ & \times & & \times & & \times & \\ 0 & & 3a & & 2b & & 0 \end{matrix}\right|$$

$$=|4ab-3ab|=ab$$

네 점 $(0, 0), (a, 0), (0, b), (a, b)$로 이루어진 직사각형의 넓이는 ab이므로 넓이비는 $1:1$이다.

답 : $1:1$ ■

[문제 2]

(1) 작은 돌이 수면에 도달하는데 걸리는 시간을 t_1이라 하면, 소리가 도달하는데 걸리는 시간은 $t-t_1$이다.

$$d=\frac{1}{2}gt_1^{\,2}=c(t-t_1)$$

$$gt_1^{\,2}+2ct_1-2ct=0$$

$$t_1=\frac{1}{g}(-c+\sqrt{c^2+2cgt}) \quad (t_1>0)$$

$$d=\frac{1}{2}gt_1^{\,2}=\frac{1}{2g}(-c+\sqrt{c^2+2cgt})^2$$

$$=\frac{c}{g}(c+gt-\sqrt{c^2+2cgt}) \cdots \text{(답)}$$

(2) $\frac{d'-d}{d} < \alpha$ 에서 $d' < (1+\alpha)d$

$$\frac{1}{2}gt^2 = d' < (1+\alpha)d$$

$$= (1+\alpha)\cdot\frac{1}{2g}(-c+\sqrt{c^2+2cgt}\,)^2$$

$$\therefore\ \frac{1}{2}gt^2 < (1+\alpha)\cdot\frac{1}{2g}(-c+\sqrt{c^2+2cgt}\,)^2$$

$$g^2t^2 < (1+\alpha)(-c+\sqrt{c^2+2cgt}\,)^2$$

$\because\ \alpha, g, t, -c+\sqrt{c^2+2cgt}$ 는 모두 양수

$$gt < \sqrt{1+\alpha}\,(-c+\sqrt{c^2+2cgt}\,)$$

$$gt+c\sqrt{1+\alpha} < \sqrt{(1+\alpha)(c^2+2cgt)}$$

$$[\,gt+c\sqrt{1+\alpha}\,]^2 < [\,\sqrt{(1+\alpha)(c^2+2cgt)}\,]^2$$

$$t < \frac{2c}{g}(1+\alpha-\sqrt{1+\alpha}\,)$$

답 : $\frac{2c}{g}(1+\alpha-\sqrt{1+\alpha}\,)$ ■

[수학 I – 기하]

[문제 1]

원호 AC_1B, AC_2B의 중심을 각각 O_1, O_2라 하고, 각 중심에서 직선 l에 내린 수선의 발을 각각 M_1, M_2라 하자.

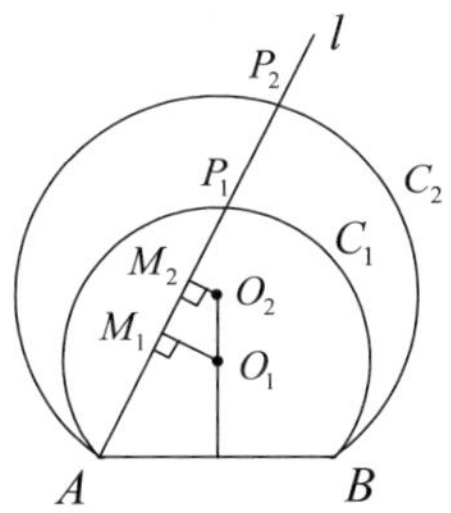

M_1, M_2는 각각 $\overline{AP_1}$, $\overline{AP_2}$의 중점이므로

$$\overline{P_1P_2} = |\,\overline{AP_2}-\overline{AP_1}\,|$$
$$= 2|\,\overline{AM_2}-\overline{AM_1}\,|$$
$$= 2\,\overline{M_1M_2} \leq 2\,\overline{O_1O_2}$$

이며, 등호는 $l\ /\!/\ \overline{O_1O_2}$ 일 때 성립한다.

$\overline{O_1O_2} \perp \overline{AB}$ 이므로, $l \perp \overline{AB}$ 일 때 $\overline{P_1P_2}$가 최대로 된다. (원호 AC_1B, AC_2B가 각각 반원보다 크므로, 점 A에서 $\overline{AB}$와 수직인 직선은 반드시 두 원호와 만난다.)

답 : $l \perp \overline{AB}$ 일 때 ■

[문제 2]

$\triangle ABC$, $\triangle A'B'C'$ 는 세 변이 각각 평행하므로, 대응하는 세 내각의 크기가 각각 같게 되어 서로 닮음이다.

$\overline{B'C'}=a'$, $\overline{C'A'}=b'$, $\overline{A'B'}=c'$라 하면,

$\frac{a'}{a}=\frac{b'}{b}=\frac{c'}{c}=\frac{a'+b'+c'}{a+b+c}=\frac{1}{2}$ 이다.

따라서, 닮음의 중심을 I라 하면,

A', B', C' 는 각각 $\overline{AI}$, $\overline{BI}$, $\overline{CI}$ 의 중점이 되어, I에서 $\overline{B'C'}$, $\overline{C'A'}$, $\overline{A'B'}$ 에 내린 수선의 길이는 모두 h가 된다.

h가 $\triangle A'B'C'$ 의 내접원의 반지름이 되므로

$$\triangle A'B'C' = \triangle IB'C' + \triangle IC'A' + \triangle IA'B'$$
$$= \frac{1}{2}(a'+b'+c')h = \frac{1}{2}sh \ \cdots ①$$
$$\left(\because\ s=\frac{1}{2}(a+b+c)\right)$$

$$\triangle A'B'C' = \frac{1}{4}\triangle ABC$$
$$= \frac{1}{4}\sqrt{s(s-a)(s-b)(s-c)} \ \cdots ②$$

①, ②에서 $\frac{1}{2}sh = \frac{1}{4}\sqrt{s(s-a)(s-b)(s-c)}$

$$h = \frac{1}{2}\sqrt{\frac{(s-a)(s-b)(s-c)}{s}}$$ … 답 ■

[수학 II]

[문제 1]

(1) $\begin{cases} x=\cos t \\ y=2\cos\left(t+\frac{\pi}{2}\right)=-2\sin t \end{cases}$

$$\therefore\ x^2+\frac{y^2}{2^2}=1$$

t	0	$\frac{\pi}{2}$	π	$\frac{3\pi}{2}$	2π
x	1	0	-1	0	1
y	0	-2	0	2	0

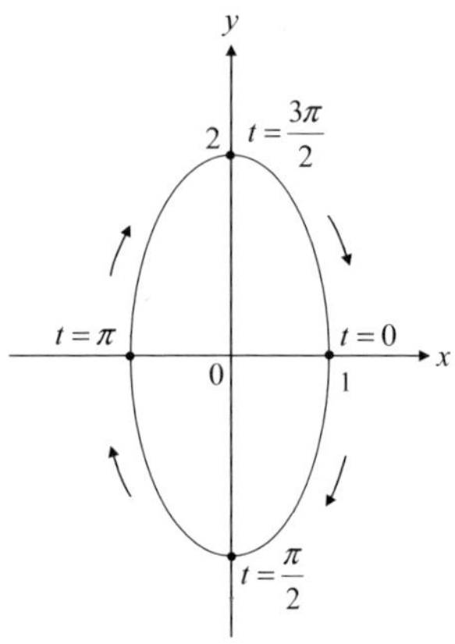

(2) $\begin{cases} x=\cos t \\ y=\cos(t+\pi)=-\cos t \end{cases}$

$\therefore\quad y=-x\,,\ |x|\leqq 1$

t	0	$\frac{\pi}{2}$	π	$\frac{3\pi}{2}$	2π
x	1	0	-1	0	1
y	-1	0	1	0	-1

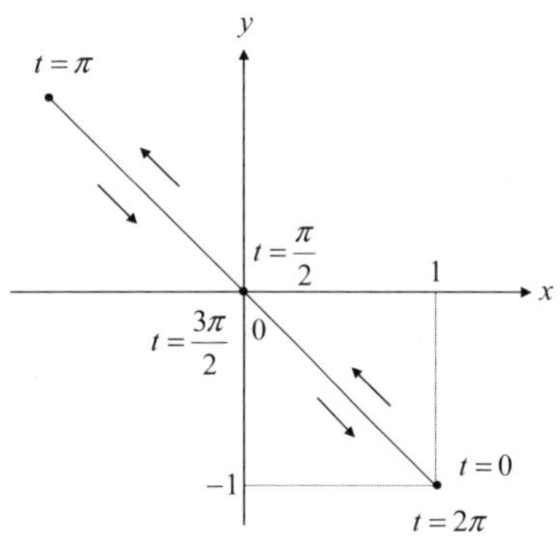

(3) $\begin{cases} x=\cos t \\ y=\cos 2t=2\cos^2 t-1 \end{cases}$

$\therefore\quad y=2x^2-1\,,\ |x|\leqq 1$

t	0	$\frac{\pi}{4}$	$\frac{\pi}{2}$	$\frac{3\pi}{4}$	π	$\frac{5\pi}{4}$	$\frac{3\pi}{2}$	$\frac{7\pi}{4}$	2π
x	1	$\frac{1}{\sqrt{2}}$	0	$-\frac{1}{\sqrt{2}}$	-1	$-\frac{1}{\sqrt{2}}$	0	$\frac{1}{\sqrt{2}}$	1
y	1	0	-1	0	1	0	-1	0	1

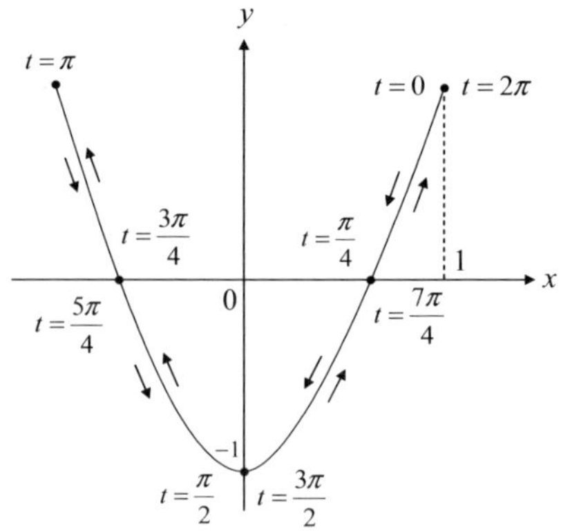

(4) $\begin{cases} x=\cos t \\ y=\cos\left(2t+\frac{\pi}{2}\right)=-\sin 2t=-2\sin t\cos t \end{cases}$

$\therefore\quad y^2=4x^2(1-x^2)\qquad\cdots$ ①

t	0	$\frac{\pi}{4}$	$\frac{\pi}{2}$	$\frac{3\pi}{4}$	π	$\frac{5\pi}{4}$	$\frac{3\pi}{2}$	$\frac{7\pi}{4}$	2π
x	1	$\frac{1}{\sqrt{2}}$	0	$-\frac{1}{\sqrt{2}}$	-1	$-\frac{1}{\sqrt{2}}$	0	$\frac{1}{\sqrt{2}}$	1
y	0	-1	0	1	0	-1	0	1	0

① 에서 $y=\begin{cases} -2x\sqrt{1-x^2} & (0\leqq t\leqq \pi) \\ \ \ 2x\sqrt{1-x^2} & (\pi\leqq t\leqq 2\pi) \end{cases}$

$$y'=\begin{cases} \dfrac{2(2x^2-1)}{\sqrt{1-x^2}} & (0\leqq t\leqq \pi) \\ -\dfrac{2(2x^2-1)}{\sqrt{1-x^2}} & (\pi\leqq t\leqq 2\pi) \end{cases}$$

이므로,

$x=\pm\dfrac{1}{\sqrt{2}}$일 때 각각 극값 ± 1을 갖는다.

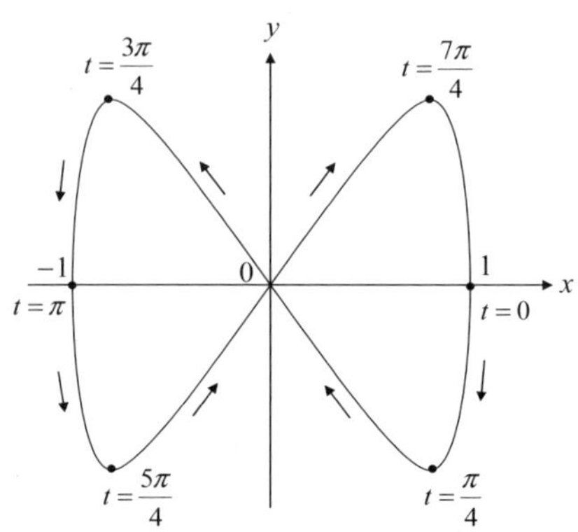

■

[문제 2] $\frac{1}{t}(z-a)^2+t(z-b)^2=0$

$$(1+t^2)z^2-2(a+bt^2)z+a^2+b^2t^2=0$$

근과 계수의 관계에 의하여,

$$\begin{cases}(x+yi)+(x-yi)=\dfrac{2(a+bt^2)}{1+t^2}\\(x+yi)(x-yi)=\dfrac{a^2+b^2t^2}{1+t^2}\end{cases}$$

$$\begin{cases}x=\dfrac{a+bt^2}{1+t^2} & \cdots ①\\x^2+y^2=\dfrac{a^2+b^2t^2}{1+t^2}\end{cases}$$

① 식의 양변에 $(a+b)$를 곱하면,

$$(a+b)x=\frac{(a^2+b^2t^2)+ab(1+t^2)}{1+t^2}$$

$$=\frac{a^2+b^2t^2}{1+t^2}+ab$$

$$=x^2+y^2+ab$$

$$\therefore\ x^2+y^2-(a+b)x+ab=0$$

$$\therefore\ \left(x-\frac{a+b}{2}\right)^2+y^2=\left(\frac{b-a}{2}\right)^2$$

$y>0$ 이므로 구하는 곡선은 중심이 $\left(\frac{a+b}{2},\ 0\right)$ 이고, 반지름이 $\frac{b-a}{2}$ 인

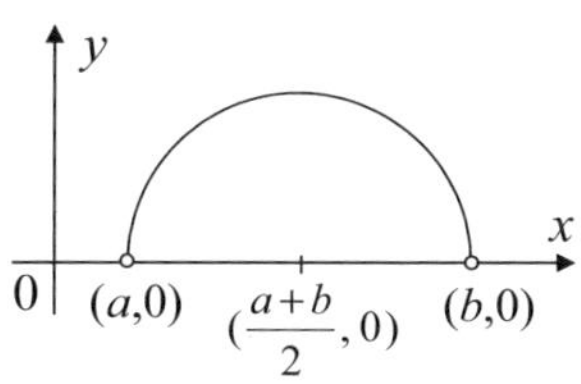

반원이다. 단, 반원의 양 끝점 $(a,0)$, $(b,0)$은 제외한다. ■

[수학 Ⅲ]

[문제 1]

$$I(a,b)=\int_0^{\pi}(1-a\sin x-b\sin 2x)^2dx$$

$$=\int_0^{\pi}(1+a^2\sin^2x+b^2\sin^2 2x-2a\sin x$$

$$-2b\sin 2x+2ab\sin x\sin 2x)\,dx$$

$$=\int_0^{\pi}\left\{1+a^2\frac{1-\cos 2x}{2}+b^2\frac{1-\cos 4x}{2}\right.$$

$$\left.-2a\sin x-2b\sin 2x+ab(\cos x-\cos 3x)\right\}dx$$

$$=\left[\left(1+\frac{a^2}{2}+\frac{b^2}{2}\right)x-\frac{a^2}{4}\sin 2x-\frac{b^2}{8}\sin 4x\right.$$

$$\left.+2a\cos x+b\cos 2x+ab\left(\sin x-\frac{1}{3}\sin 3x\right)\right]_0^{\pi}$$

$$=\left(1+\frac{a^2}{2}+\frac{b^2}{2}\right)\pi-4a$$

$$\therefore\ I(a,b)=\frac{\pi}{2}\left(a-\frac{4}{\pi}\right)^2+\frac{\pi}{2}b^2+\pi-\frac{8}{\pi}$$

$I(a,b)$는 $a=\frac{4}{\pi}$, $b=0$일 때 최소이다. ■

[문제 2]

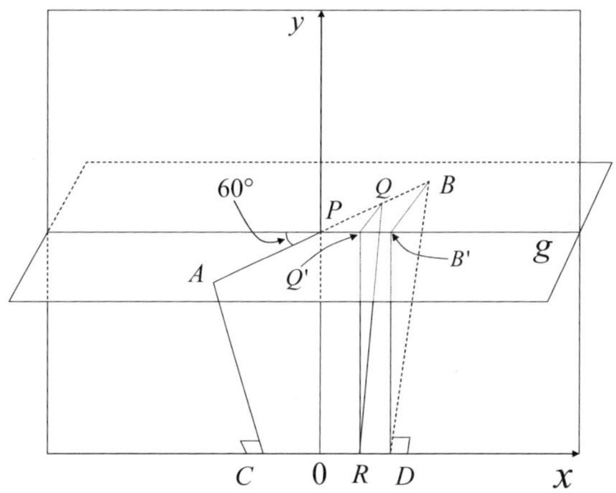

선분 AB 상의 한 점을 Q,
Q에서 xy평면 및 x축에 내린 수선의 발을 각각 Q', R이라 하면,

$\overline{Q'R}\perp x$축 (삼수선의 정리)

$\overline{OR}=\overline{PQ'}=x$ 라 하면, $\overline{QQ'}=x\tan 60^\circ=\sqrt{3}\,x$

$\therefore\ \overline{QR}^2=\overline{QQ'}^2+\overline{Q'R}^2=(\sqrt{3}\,x)^2+a^2$

그림에서 $\overline{OD}=\overline{PB'}=\overline{PB}\cos 60^\circ=\frac{b}{2}$이므로

구하는 회전체의 체적은

$$V=2\pi\int_0^{\frac{b}{2}}(3x^2+a^2)\,dx$$

$$=2\pi\left[x^3+a^2x\right]_0^{\frac{b}{2}}=\pi b\left(a^2+\frac{b^2}{4}\right)$$ ■

〈 1960년 1차 이과 〉

1. 다음 □ 안에 알맞은 수를 넣어라.

x 가 부등식 $\dfrac{x}{x-1} < -1$ 를 만족하는 모든 실수값을 가질 때, $\dfrac{1}{x}$, $\dfrac{x^2-x-3}{x-2}$ 의 값의 범위를 구하면 (1)□ $< \dfrac{1}{x} <$ (2)□,

(3)□ $< \dfrac{x^2-x-3}{x-2} <$ (4)□ 이다.

2. 다음 □ 안에 알맞은 수를 넣어라.

α 를 양의 상수라 할 때, 연립방정식

$\begin{cases} 3x+2y=5 \\ x-\alpha y=7 \end{cases}$ 의 해 $x=x_1$, $y=y_1$ 과

$\begin{cases} 3x+2y=5 \\ x+\alpha y=7 \end{cases}$ 의 해 $x=x_2$, $y=y_2$ 사이에

$y_2=x_1+1$ 의 관계가 있으면, $\alpha=$ (5)□ ,

$x_1=$ (6)□, $y_1=$ (7)□, $x_2=$ (8)□ 이다.

3. 다음 (1)~(4)에 있어, A란의 두 식이 모두 성립하기 위해, B란의 두 식이 모두 성립하는 것은 어떠한 조건인가?

㉠~㉣ 중 적당한 것을 넣으시오.

㉠ 필요충분조건 ㉡ 필요조건이지만 충분조건은 아니다. ㉢ 충분조건이지만 필요조건은 아니다. ㉣ 필요조건도 충분조건도 아니다.

	(1)	(2)
A	$x+y>0$ $xy>0$	$x+y>2$ $xy>1$
B	$x>0$ $y>0$	$x>1$ $y>1$
C	(9)□	(10)□

	(3)	(4)
A	$y=7-x$ $x^2+y^2=25$	$y=7-x$ $x^2+y^2=25$
B	$y=7-x$ $x^2+(7-x)^2=25$	$x^2+y^2=25$ $x^2+(7-x)^2=25$
C	(11)□	(12)□

(단, x, y 는 실수이다.)

4. 다음 □ 안에 알맞은 수를 넣어라.

원 $x^2+y^2=4$ 와 직선 $x=-1$ 로 둘러싸인 부채꼴 중 큰 쪽을 ACB 라 하자. 호 ACB 상에 두 점 P, Q 를 잡아 선분 PQ 를 접는 선으로 하여 그림과 같이 부채꼴 PCQ 를 반대쪽으로 접어,

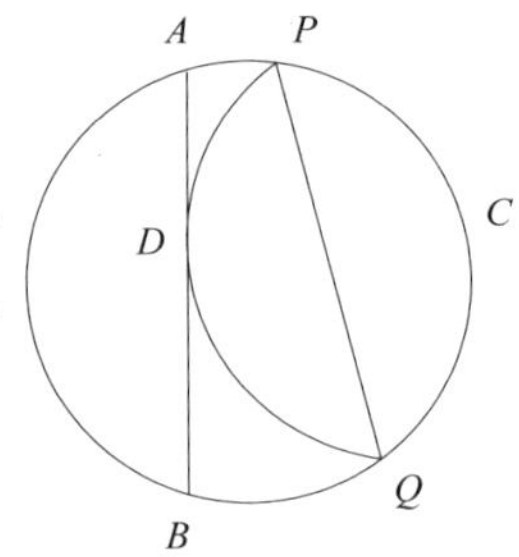

점 $D\left(-1, \dfrac{1}{2}\right)$ 에서 현 AB 에 접하게 하였다. 이 경우,

원 PDQ 의 중심의 좌표는 ((13)□, (14)□),

현 PQ 의 중점의 좌표는 ((15)□, (16)□)이다.

5. 다음 □ 안에 알맞은 정수를 넣어라.

$\log_2 23$ 의 소수점 이하 버린 값은 (17)□

$\log_4 31$ 의 소수점 이하 반올림 값은 (18)□

$\log_3 140$ 의 소수점 이하 반올림 값은 (19)□

$\log_5 56$ 의 소수점 이하 반올림 값은 (20)□

단, $\sqrt{3}=1.732\cdots$, $\sqrt{5}=2.236\cdots$ 이다.

[문제 1] $\dfrac{x}{x-1} < -1$, $\dfrac{2x-1}{x-1} < 0$ $\therefore \dfrac{1}{2} < x < 1$

(1) $\therefore 1 < \dfrac{1}{x} < 2$

(2) $f(x)=\dfrac{x^2-x-3}{x-2}$

$f'(x)=\dfrac{(x-2)^2+1}{(x-2)^2} > 0$ 이므로

$(-\infty, 2), (2, \infty)$ 에서 각각 단조증가한다.

$f\left(\dfrac{1}{2}\right)=\dfrac{13}{6}$, $f(1)=3$ 이므로

$\therefore \dfrac{13}{6} < \dfrac{x^2-x-3}{x-2} < 3$

답: (1) 1 (2) 2 (3) $\dfrac{13}{6}$ (4) 3

[문제 2]

$$\begin{cases} 3x_1+2y_1=5 \cdots \times \alpha \\ x_1-\alpha y_1=7 \cdots \times 2 \end{cases}$$

$$\begin{cases} 3\alpha x_1+2\alpha y_1=5\alpha \\ 2x_1-2\alpha y_1=14 \end{cases}$$

$$x_1=\frac{5\alpha+14}{3\alpha+2} \cdots ①$$

$$\begin{cases} 3x_2+2y_2=5 \\ x_2+\alpha y_2=7 \cdots \times -3 \end{cases}$$

$$\begin{cases} 3x_2+\ 2y_2=\ 5 \\ -3x_2-3\alpha y_2=-21 \end{cases}$$

$$y_2=\frac{16}{3\alpha-2} \cdots ②$$

$y_2=x_1+1$이므로

$$\frac{16}{3\alpha-2}=\frac{5\alpha+14}{3\alpha+2}+1$$

$$16(3\alpha+2)=(5\alpha+14)(3\alpha-2)+(3\alpha+2)(3\alpha-2)$$

$$3\alpha^2-2\alpha-8=0$$

$$(\alpha-2)(3\alpha+4)=0$$

$\alpha>0$이므로 $\therefore\ \alpha=2$

$\alpha=2$를 ①, ② 에 대입하면

$\therefore\ x_1=3,\ y_2=4$

$3x+2y=5$ (공통)이므로 $\therefore y_1=-2,\ x_2=-1$

답: (5) 2 (6) 3 (7) -2 (8) -1

[문제 3]

(9) $B \Rightarrow A$: 부등식의 성질

$A \Rightarrow B$

실수 x, y에 대하여, $xy>0$이므로

x, y는 같은 부호를 갖는다.

$x+y>0$이므로 $x>0,\ y>0$

$\therefore$ 필요충분조건

(10) $B \Rightarrow A$: 부등식의 성질

$A \not\Rightarrow B$: $x=4,\ y=\frac{1}{2}$ $\therefore$ 충분조건

(11) $\begin{cases} y=7-x & \cdots ① \\ x^2+y^2=25 & \cdots ② \\ x^2+(7-x)^2=25 & \cdots ③ \end{cases}$

①, ② 가 성립하면 ③이 성립하므로 $A \Rightarrow B$

①, ③ 이 성립하면 ②가 성립하므로 $B \Rightarrow A$

$\therefore$ 필요충분조건

(12)

$A \Rightarrow B$: (3)번에 의하여

$B \not\Rightarrow A$

(3)번에서 ③ − ②를 구하면,

$y^2=(7-x)^2,\ y=\pm(7-x)$ $\therefore$ 필요조건

답: (9) ㉠ (10) ㉢ (11) ㉠ (12) ㉡

[문제 4]

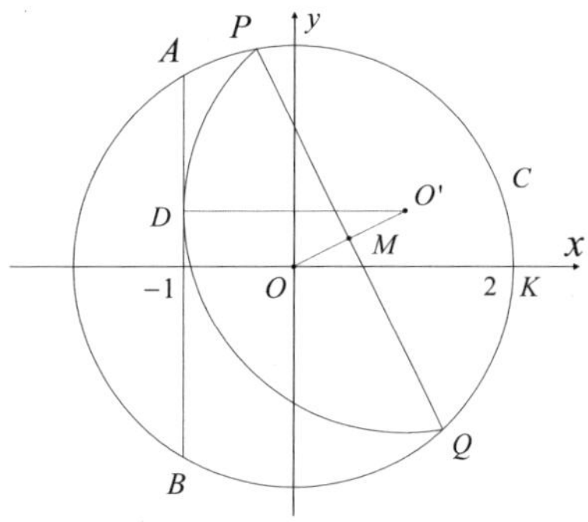

원 PDQ의 중심을 O'라 하면,

$\therefore\ \overline{DO'}=\overline{OK}=2$

$\overline{DO'}\perp\overline{AB}$, $D\left(-1, \frac{1}{2}\right)$이므로 $\therefore O'\left(1, \frac{1}{2}\right)$

$\overline{PO}=\overline{OQ}=\overline{QO'}=\overline{O'P}=2$이므로,

$\square POQO'$는 평행사변형이다.

평행사변형의 두 대각선은 서로 다른 것을 이등분하므로, $\overline{PQ}$의 중점 M은 $\overline{OO'}$의 중점이다. $\therefore M\left(\frac{1}{2}, \frac{1}{4}\right)$

답: (13) 1 (14) $\frac{1}{2}$ (15) $\frac{1}{2}$ (16) $\frac{1}{4}$

[문제 5]

(17) $\log_2 16 < \log_2 23 < \log_2 32$

$\therefore\ 4 < \log_2 23 < 5$

(18) $\log_4 16 < \log_4 31 < \log_4 32$

$\therefore\ 2 < \log_2 23 < 2.5$

(19) $\begin{cases} 81 < 140 < 243 \\ 81 \times \sqrt{3} = 81 \times 1.732\cdots = \underline{140}.29\cdots \end{cases}$

이므로 $81 < 140 < 81\sqrt{3}$

$\therefore\ 4 < \log_3 140 < 4.5$

(20) $\begin{cases} 25 < 56 < 125 \\ 25 \times \sqrt{5} = 25 \times 2.236\cdots = \underline{55}.90\cdots \end{cases}$

이므로 $25\sqrt{5} < 56 < 125$

$\therefore\ 2.5 < \log_5 56 < 3$

답: (17) 4 (18) 2 (19) 4 (20) 3

〈 1960년 1차 문과 〉

1. 다음 □ 안에 알맞은 수를 넣어라.
삼각형 ABC의 변 BC, CA, AB의 중점을 각각 L, M, N, 직선 MN, NL, LM의 방정식을 각각 $2x-4y-3=0$, $2x+2y-3=0$, $4x-2y-9=0$이라 할 때, 세 점 L, B, C의 좌표는 각각 $L($(1)□, (2)□$)$, $B($(3)□, (4)□$)$, $C($(5)□, (6)□$)$이다.

2. 다음 □ 안에 알맞은 수를 넣어라.
a, b, c가 상수일 때, x, y의 식 $ax+(a+b)y+(a+b+c)$의 세 점 $A(1,1)$, $B(2,2)$, $C(3,4)$에서의 값이 모두 1이면, $a=$(7)□, $b=$(8)□, $c=$(9)□이다.

3. 다음 □ 안에 알맞은 수를 넣어라.
x축의 양의 부분에 접하는 원이 직선 $4x+3y-4=0$과 점 (4, (10)□)에서 접하면 중심의 좌표는 ((11)□, (12)□)이다.

4. 다음 □ 안에 알맞은 수를 넣어라.
삼차식 x^3+Ax^2+Bx+2가 두 이차식 x^2+ax+b, x^2+bx+a $(a<b)$로 나누어 떨어지면, $A=$(13)□, $B=$(14)□, $a=$(15)□, $b=$(16)□이다.

5. 다음 □ 안에 ㉠~㉢을 넣어라.
(1) $0<x<6$의 범위에서 $f(x)=x^2-5x$ 와 $g(x)=x-1$ 의 크기를 비교하면 (17)□.
(2) $0^\circ < x < 90^\circ$의 범위에서 $f(x)=1-\cos x$와 $g(x)=\sin^2 x$ 의 크기를 비교하면 (18)□.
(3) $0^\circ < x < 45^\circ$의 범위에서 $f(x)=\tan x+\cot x$ 와 $g(x)=2$ 의 크기를 비교하면 (19)□.
(4) $1<x$ 의 범위에서 $f(x)=\log_2 x$와 $g(x)=\sqrt{x}-1$ 의 크기를 비교하면 (20)□.

㉠ $f(x)$가 $g(x)$보다 항상 크다.
㉡ $f(x)$가 $g(x)$보다 항상 작다.
㉢ ㉠과 ㉡ 어느 것도 아니다.

[문제 1] $2x-4y-3=0$ $\cdots$ ① : MN
$2x+2y-3=0$ $\cdots$ ② : NL
$4x-2y-9=0$ $\cdots$ ③ : LM

①, ②에서 $N\left(\frac{3}{2}, 0\right)$

①, ③에서 $M\left(\frac{5}{2}, \frac{1}{2}\right)$

②, ③에서 $\therefore\ L\left(2, -\frac{1}{2}\right)$

삼각형의 중점연결정리에 의하여, □$NBLM$과 □$NLCM$은 평행사변형이다.

$\therefore B(1,-1)$, $C(3,0)$

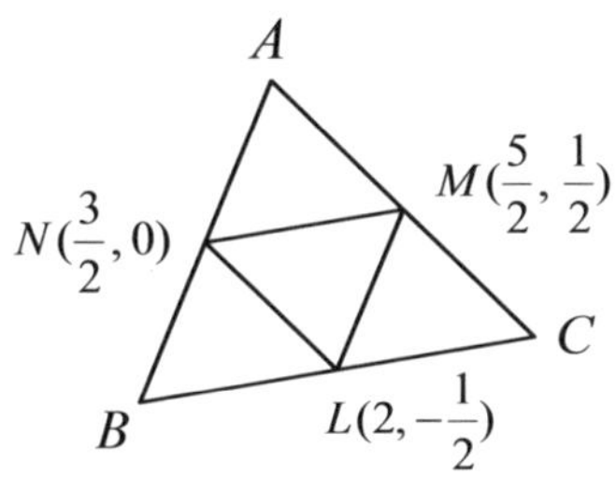

답: (1) 2 (2) $-\frac{1}{2}$ (3) 1 (4) -1 (5) 3 (6) 0

[문제 2] a, b, c가 상수이며,
평면 $z=ax+(a+b)y+(a+b+c)$가 한 직선상에 있지 않은 서로 다른
세 점 $A(1,1)$, $B(2,2)$, $C(3,4)$에서 $z=1$이므로
임의의 (x,y)에서 $z=1$이다.

따라서, $a=0$, $a+b=0$, $a+b+c=1$

$\therefore\ a=0,\ b=0,\ c=1$

답: (7) 0 (8) 0 (9) 1

〈다른 방법 1〉 연립방정식을 푼다.

$$\begin{cases} 1=a+(a+b)+(a+b+c) \\ 1=2a+2(a+b)+(a+b+c) \\ 1=3a+4(a+b)+(a+b+c) \end{cases}$$

〈다른 방법 2〉
$a, a+b$ 중 0이 아닌 것이 있다고 하자.
그러면, $ax+(a+b)y+(a+b+c)=1$은
한 직선을 나타낸다.
세 점 A, B, C는 한 직선 위에 있지 않으므로
모순이다. 따라서 $a=0$, $a+b=0$이다.

[문제 3]
그림과 같이 A, B, C, O를 정하자.

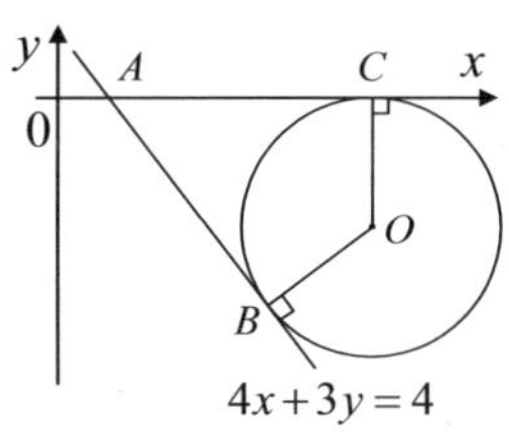

$4x+3y-4=0$에 $x=4$를 대입하면, $y=-4$
따라서, 원은 $B(4,-4)$에서 접한다.

$4x+3y-4=0$에서 $A(1,0)$이므로
$\overline{AB}=\sqrt{(4-1)^2+(-4-0)^2}=5$ $\quad\therefore C(6,0)$

$O(6,a)$로 놓으면, $\overline{OB}=\overline{OC}$에서

$$\sqrt{(6-4)^2+(a+4)^2}=|a|$$

$$4+(a+4)^2=a^2$$

$$a=-\frac{5}{2} \qquad \therefore O\left(6,-\frac{5}{2}\right)$$

답: (10) -4 (11) 6 (12) $-\frac{5}{2}$

[문제 4]
x^3+Ax^2+Bx+2를 x^2+ax+b로 나눈 나머지는 $\{B-b-a(A-a)\}x+2-b(A-a)$이므로

$B-b-a(A-a)=0$ ⋯ ①

$2-b(A-a)=0$ ⋯ ②

같은 방법으로

$B-a-b(A-b)=0$ ⋯ ③

$2-a(A-b)=0$ ⋯ ④

①−③ $(a-b)(1-A+a+b)=0$

$a-b\neq 0$ $\quad\therefore 1-A+a+b=0$ ⋯ ⑤

②−④ $(a-b)A=0$

$a-b\neq 0$ $\quad\therefore A=0$ ⋯ ⑥

⑤, ⑥에서 $a+b=-1$
②, ⑥에서 $ab=-2$ $\quad\therefore a=-2,\ b=1\ (a<b)$

①에 대입하면 $\therefore B=-3$

답: (13) 0 (14) -3 (15) -2 (16) 1

[문제 5]
(1) 그래프의 개형에 의하여 ㉢

(2) $f(x)-g(x)=1-\cos x-\sin^2 x$
$=\cos x(\cos x-1)<0$ ㉡

(3) $f(x)-g(x)=\tan x+\cot x-2$
$=\dfrac{(\sin x-\cos x)^2}{\cos x\sin x}>0$ ㉠

(4) $f(4)=\log_2 4=2$, $\quad g(4)=\sqrt{4}-1=1$
$\therefore f(4)>g(4)$

$f(64)=\log_2 64=6$, $\quad g(64)=\sqrt{64}-1=7$
$\therefore f(64)<g(64)$ ㉢

답: (17) ㉢ (18) ㉡ (19) ㉠ (20) ㉢

〈 1960년 2차 〉

[수학Ⅰ 대수]

1. 삼각형 ABC의 변 AB상에 점 P를 잡아, BP의 중점을 Q라 하자. P, Q에서 $\overline{BC}$에 평행한 선을 그려 $\overline{AC}$와 만나는 점을 각각 R, S라 하자. 사다리꼴 $PQSR$의 면적의 최댓값과 그때의 $\overline{AP}$의 길이를 구하여라.
(단, $\overline{AB}=a$, $\triangle ABC=s$)

2. 어느 가정의 금년 1월과 2월의 수도사용량과 수도요금이 다음 표와 같았다.

	사용수량	수도요금
1월	23 m^3	332엔
2월	19 m^3	276엔

가정용 수도요금은 다음과 같이 구해진다.
[수도요금 = 기본요금+초과요금+메타요금]
기본요금은 일정사용량 $A\text{ m}^3$ (A: 정수)까지는 120엔이고, 초과요금은 $A\text{ m}^3$를 초과하는 분에 대하여 1 m^3당 B엔이다.
또, 메타요금 C엔은 사용수량과 관계없이 10엔의 정수배로 정해지며, 50엔 이하이다.
A, B, C를 구하여라.

[수학Ⅰ 기하]

1. 삼각형 ABC의 외심을 O라 하고, 세 변 BC, CA, AB에 대한 점 O의 대칭점을 각각 A', B', C'라 할 때, 삼각형 $A'B'C'$가 삼각형 ABC와 합동임을 증명하여라.

2. 활꼴의 현의 길이를 $2a$, 호의 길이를 $2b$, 현의 중점과 호의 중점간의 거리를 h라 할 때, 활꼴의 면적은
$\dfrac{a^2}{2h}(b-a)+\dfrac{h}{2}(b+a)$ 임을 증명하여라.

[수학 Ⅱ]

1. 포물선 C가 아래의 조건 (1), (2)를 만족하며 움직일 때, C의 꼭짓점이 그리는 도형을 구하여라.
(1) C는 포물선 $y=x^2$을 평행이동한 것이다.
(2) C는 포물선 $y=1-x^2$에 접한다.

2. 한 변의 길이가 100m인 정사각형광장의 한 꼭짓점에 높이 60m인 봉이 있으며, 봉은 지상 10m부터 위쪽으로만 적색이다. 광장의 한 점에서 봉의 적색부분을 바라보는 각을 α라 할 때, $\alpha \geq 45^0$로 되는 부분의 면적을 구하여라.

[수학 Ⅲ]

1. 포물선 $y=x^2+\dfrac{1}{4}$의 꼭짓점이 아닌 점에서의 접선과 법선이 x축과 만나는 점을 각각 P, Q라 할 때, $\overline{PQ}$의 최솟값을 구하여라.

2. 수평을 유지하고 있는 책상에 직각삼각형 모양의 구멍이 뚫려 있다(빗변이 아닌 두 변의 길이가 9cm, 12cm).
이 직각삼각형 모양의 구멍에 반지름 5cm인 구를 넣었다.
책상의 표면보다 위쪽에 있게 되는 부분의 체적을 구하여라.

[수학Ⅰ 대수]

[문제 1]
$\overline{AP}=x$ 라 하면,
$\overline{PQ}=\overline{QB}=\dfrac{a-x}{2}$,

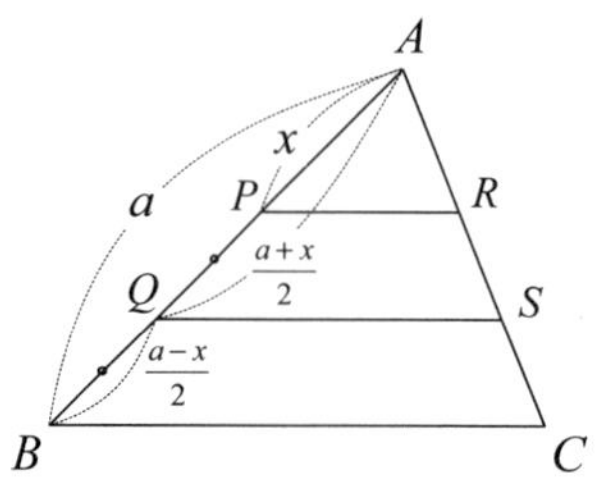

$\overline{AQ}=\dfrac{a+x}{2}$ 이다.
$\triangle APR$, $\triangle AQS$, $\triangle ABC$는 서로 닮음이므로,
닮음비$=\overline{AP}:\overline{AQ}:\overline{AB}=x:\dfrac{a+x}{2}:a$
넓이비$=x^2:\left(\dfrac{a+x}{2}\right)^2:a^2$

$\triangle APR = \dfrac{x^2}{a^2}s$, $\triangle AQS = \dfrac{(a+x)^2}{4a^2}s$, $\triangle ABC = s$

$$\square PQSR = \triangle AQS - \triangle APR$$
$$= \frac{(a+x)^2}{4a^2}s - \frac{x^2}{a^2}s$$
$$= \frac{s}{4a^2}(-3x^2+2ax+a^2)$$
$$= \frac{s}{4a^2}\left\{-3\left(x-\frac{a}{3}\right)^2+\frac{4a^2}{3}\right\} \leqq \frac{s}{3}$$

여기서, 등호는 $x=\dfrac{a}{3}$일 때 성립하며

$0<x<a$를 만족한다.

답 : $\square PQSR$은 $\overline{AP}=\dfrac{a}{3}$일 때 최대이며,

최댓값은 $\dfrac{s}{3}$이다. ■

[문제 2]

수도사용량이 $x\,\mathrm{m}^3$ 일 때의 수도요금을 y엔이라고 하자.

	사용수량	수도요금
1월	$23\,\mathrm{m}^3$	332엔
2월	$19\,\mathrm{m}^3$	276엔

$0 \leqq x \leqq A$이면, 초과사용량이 없으므로

$$y = 120 + C \qquad \cdots ①$$

$A < x$이면, 초과사용량이 $x-A$이므로

$$y = 120 + B(x-A) + C \qquad \cdots ②$$

$C \leqq 50$이므로 $\because 120 + C \leqq 170$

1, 2월의 요금이 각각 332엔, 276엔이므로

$\therefore\ A < \underline{23},\ A < \underline{19}$

$x=23, 19$을 ②에 대입하면

$$332 = 120 + B(23-A) + C \qquad \cdots ③$$
$$276 = 120 + B(19-A) + C \qquad \cdots ④$$

③ − ④ $\quad 56 = 4B \qquad \therefore\ B = 14$

④에 대입하면

$$276 = 120 + 14(19-A) + C$$
$$14A = C + 110 \qquad \cdots ⑤$$

$C = 10, 20, 30, 40, 50$이며, A는 정수이므로

$\therefore\ C = 30,\ A = 10$

답 : $A = 10,\ B = 14,\ C = 30$ ■

[수학 I 기하]

[문제 1]

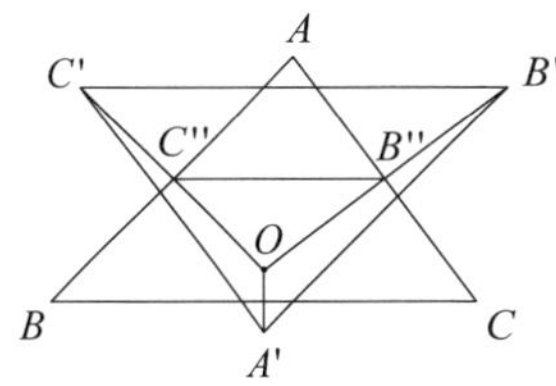

O와 B'가 $\overline{AC}$에 대칭이고 O가 외심이므로, $\overline{OB'}$와 $\overline{AC}$는 서로 다른 것을 수직이등분한다.

$\overline{OB'}$와 $\overline{AC}$의 교점을 B''라 하면,

$$\overline{OB''} = \overline{B''B'} \qquad \cdots ①$$
$$\overline{AB''} = \overline{B''C} \qquad \cdots ②$$

같은 방법으로

$\overline{OC'}$와 $\overline{AB}$의 교점을 C''라 하면,

$$\overline{OC''} = \overline{C''C'} \qquad \cdots ③$$
$$\overline{AC''} = \overline{C''B} \qquad \cdots ④$$

---

①, ③에서 $\overline{B'C'} = 2\,\overline{B''C''}$

②, ④에서 $\overline{BC} = 2\,\overline{B''C''}$

$\therefore\ \overline{B'C'} = \overline{BC}$

같은 방법으로 $\overline{C'A'} = \overline{CA}$, $\overline{A'B'} = \overline{AB}$

$\therefore\ \triangle A'B'C' \equiv \triangle ABC$ ■

〈다른 방법〉

$\overline{OB'}$와 $\overline{AC}$는 서로 다른 것을 수직이등분하므로 $\square OCB'A$는 평행사변형이다.

$\therefore\ \overline{OA} = \overline{CB'}$, $\overline{OA} \parallel \overline{CB'} \qquad \cdots ⑤$

같은 방법으로 $\square OBC'A$도 평행사변형이다.

$\therefore\ \overline{OA} = \overline{BC'}$, $\overline{OA} \parallel \overline{BC'} \qquad \cdots ⑥$

⑤, ⑥에서 $\overline{CB'} = \overline{BC'}$, $\overline{CB'} \parallel \overline{BC'}$

$\therefore\ \square BCB'C'$는 평행사변형

$\therefore\ \overline{B'C'} = \overline{BC}$

[문제 2]

그림과 같이 활꼴의 반지름을 r, 중심각을 2θ, 면적을 S라 하자.

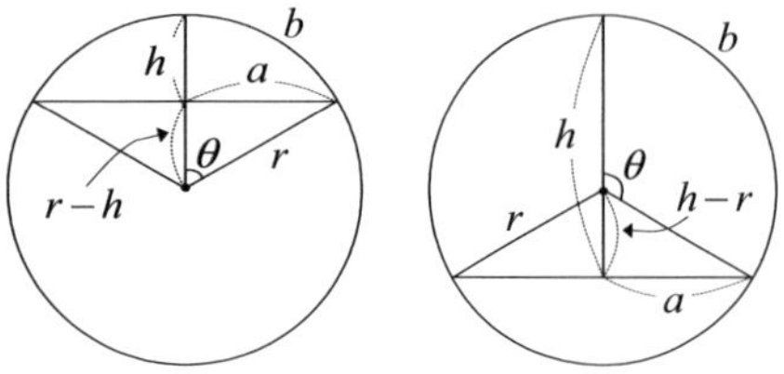

$0 < \theta \leqq \dfrac{\pi}{2}$인 경우

$$S = \frac{2br}{2} - \frac{2a(r-h)}{2}$$
$$= br - a(r-h) = \underline{(b-a)r + ah}$$

$\dfrac{\pi}{2} < \theta < \pi$ 인 경우

$$S = \frac{2br}{2} + \frac{2a(h-r)}{2}$$
$$= br + a(h-r) = \underline{(b-a)r + ah}$$

따라서, $\quad \therefore \quad S = (b-a)r + ah$

피타고라스의 정리에 의하여

$$a^2 + \{\pm(r-h)\}^2 = r^2$$
$$a^2 + h^2 - 2rh = 0$$
$$\therefore \quad r = \frac{a^2+h^2}{2h}$$

$$\therefore \quad S = (b-a)\frac{a^2+h^2}{2h} + ah$$
$$= \frac{a^2}{2h}(b-a) + \frac{h}{2}(b+a)$$ ■

[수학 II]

[문제 1]

C의 꼭짓점을 (a,b)라 하면,

C의 방정식은 $y = (x-a)^2 + b \quad \cdots ①$

$\begin{cases} y = (x-a)^2 + b \\ y = 1 - x^2 \end{cases}$ 에서

$$(x-a)^2 + b = 1 - x^2$$
$$2x^2 - 2ax + a^2 + b - 1 = 0$$
$$D/4 = a^2 - 2(a^2 + b - 1) = 0$$
$$-a^2 - 2b + 2 = 0$$
$$\therefore \quad b = 1 - \frac{a^2}{2}$$

따라서, (a, b)가 그리는 도형은

포물선 $y = 1 - \dfrac{x^2}{2}$ 이다. ■

[문제 2]

그림과 같이 A, B, C를 정하고 조건을 만족하는 한 점을 P라 하자.

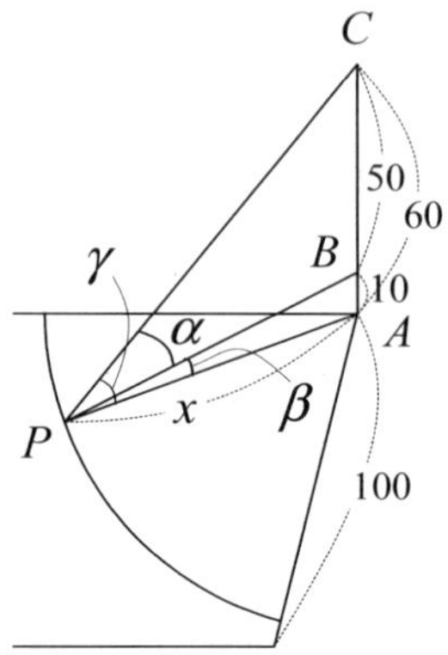

$\overline{PA} = x\,\text{m}$, $\angle APB = \beta$, $\angle APC = \gamma$라 하면,

$\angle BPC = \alpha = \gamma - \beta$

$\tan\beta = \dfrac{10}{x}$, $\tan\gamma = \dfrac{60}{x}$

$$\therefore \quad \tan\alpha = \tan(\gamma - \beta) = \frac{\tan\gamma - \tan\beta}{1 + \tan\gamma \cdot \tan\beta}$$
$$= \frac{\dfrac{60}{x} - \dfrac{10}{x}}{1 + \dfrac{60}{x} \cdot \dfrac{10}{x}} = \frac{50x}{x^2+600}$$

$$\therefore \quad \frac{50x}{x^2+600} \geqq 1$$

$(0^0 < \alpha < 90^0$의 범위에서
$\alpha \geqq 45^0 \Leftrightarrow \tan\alpha \geqq 1)$

$$50x \geqq x^2 + 600 \qquad (\because x^2 + 600 > 0)$$
$$(x-20)(x-30) \leqq 0$$
$$20 \leqq x \leqq 30$$

따라서, P는 A를 중심으로 하고, 반지름이 $20\,\text{m}, 30\,\text{m}$ 인 두 사분원에 의하여 둘러싸인 부분에 있다.

$$\frac{\pi \cdot 30^2}{4} - \frac{\pi \cdot 20^2}{4} = \frac{500\pi}{4} = 125\pi$$

답 : $125\pi\,\text{m}^2$ ■

[수학 Ⅲ]

[문제 1]

$$y=x^2+\frac{1}{4},\ \frac{dy}{dx}=2x$$

포물선 위의 한 점을 $A\left(a,\, a^2+\frac{1}{4}\right)$라 하자.

$y=x^2+\frac{1}{4}$은 y축에 대칭이므로 $a>0$인 경우만 고려해도 된다.

접선 : $y=2a(x-a)+a^2+\frac{1}{4}$

$$\therefore\ P\left(\frac{a}{2}-\frac{1}{8a},\ 0\right)$$

법선 : $y=-\frac{1}{2a}(x-a)+a^2+\frac{1}{4}$

$$\therefore\ Q\left(2a^3+\frac{3}{2}a,\ 0\right)$$

$\overline{PQ}=b$라 하면, $b=2a^3+a+\frac{1}{8a}$

$$\frac{db}{da}=6a^2+1-\frac{1}{8a^2}$$

$$=\frac{48a^4+8a^2-1}{8a^2}$$

$$=\frac{(4a^2+1)(12a^2-1)}{8a^2}$$

$a>0$이면 $b>0$이고

$a=\frac{1}{\sqrt{12}}$에서 극소이며 최소이다.

$a=\frac{1}{\sqrt{12}}$일 때, $\overline{PQ}=2a^3+a+\frac{1}{8a}$

$$=2\left(\frac{1}{\sqrt{12}}\right)^3+\frac{1}{\sqrt{12}}+\frac{1}{8}\sqrt{12}=\frac{4\sqrt{3}}{9}$$

답 : $\frac{4\sqrt{3}}{9}$ ■

[문제 2]

그림과 같이 직각삼각형을 $\triangle ABC$라 하고 $\overline{AB}=9,\ \overline{AC}=12$라 하면, $\overline{BC}=15$이다.

반지름 5인 구가 직각삼각형 모양의 구멍에 완전히 끼이면, 그림과 같이 책상의 표면에서 내접하는 원이 생긴다.

접점을 그림과 같이 D, E, F라 하면, $\square OFAE$는 정사각형이다.

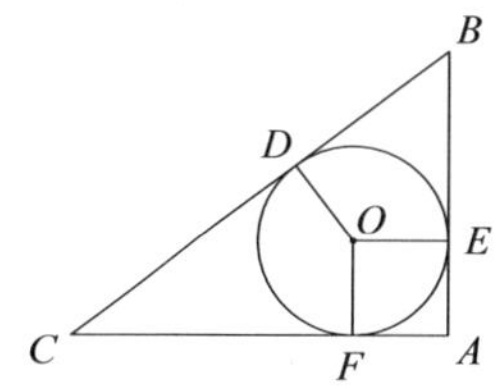

$\overline{BE}=\overline{BD},\ \overline{CD}=\overline{CF}$이므로

$\overline{AB}+\overline{AC}-\overline{BC}=\overline{AE}+\overline{AF}=2\overline{OE}$

$9+12-15=2\overline{OE}$

$\therefore\ \overline{OE}=3$

구의 반지름이 5이므로 구의 중심에서 책상표면까지의 거리는 $\sqrt{5^2-3^2}=4$이다.

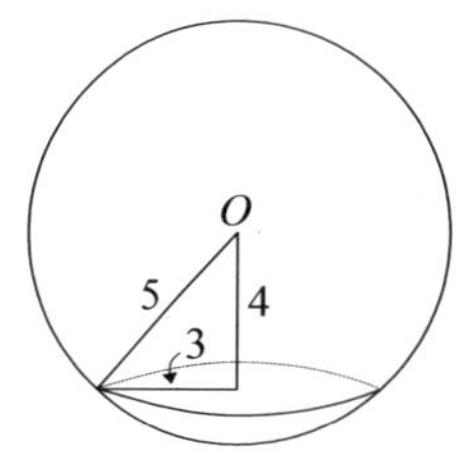

따라서, 구하는 체적은

원 $y=\sqrt{5^2-x^2}$과 $y=0,\ x=4$로 둘러싸인 부분을 x축 둘레로 회전시켜 얻어지는 입체의 체적과 같다.

$$\pi\int_{-5}^{4}\left(\sqrt{5^2-x^2}\right)^2 dx$$

$$=\pi\int_{-5}^{4}(25-x^2)\,dx$$

$$=\pi\left[25x-\frac{x^3}{3}\right]_{-5}^{4}$$

$$=\pi\left\{\left(100-\frac{64}{3}\right)-\left(-125+\frac{125}{3}\right)\right\}$$

$$=162\pi$$

답 : 162π ■

1. 다음 □ 안에 알맞은 수를 넣어라.
주기가 3 인 주기함수 $f(x)$의 그래프는 끊어진 곳이 없으며 (ⅰ), (ⅱ)를 만족한다.

(ⅰ) $f(x)=\begin{cases} 4x^2, \ 0 \leqq x \leqq 1 \\ ax^3+bx^2+cx+d, \ 1 \leqq x \leqq 3 \end{cases}$

(ⅱ) $f(5)=8, f'(5)=-1$

이때, $a=$(1)□, $b=$(2)□, $c=$(3)□, $d=$(4)□ 이다.

2. 다음 □ 안에는 각각 부등호나 등호가 적합하다. $>$ 이면 ㉠, $=$ 이면 ㉡, $<$ 이면 ㉢을 써 넣어라.

$0 < x < 1$ 일 때,
(ⅰ) 2^x (5)□ $2^{\sqrt{x}}$　　(ⅱ) 2^{x^2} (6)□ $(2^x)^2$
(ⅲ) $2^{\log x}$ (7)□ $x^{\log 2}$　　(ⅳ) $\sqrt[3]{x}$ (8)□ $x^{\sqrt{3}}$

3. 다음 □ 안에 알맞은 수를 넣어라.
2개의 등식 $11\cos\theta+\sqrt{3}\sin\theta=k\cos\theta$
$\sqrt{3}\cos\theta+13\sin\theta=k\sin\theta$
가 동시에 성립하는 k값은 2개이다.
큰 값을 α, 작은 값을 β라 하면,
$\alpha=$(9)□, $\beta=$(10)□ 이다.
또, $k=\alpha$ 일 때, $\theta=$(11)□ π
$k=\beta$ 일 때, $\theta=$(12)□ π 이다.
단, $0 \leqq \theta \leqq \pi$ 이다.

4. 다음 □ 안에 알맞은 수를 넣어라.
반지름 1 인 두 원 A, B가 그림과 같이 있다. A의 중심은 최초 $(-10, 0)$에서 출발하여 x축 상을 좌에서 우로 매초 1의 속도로 움직이며, B의 중심은 최초 $(0, 8)$에서 출발하여 y축 상을 위에서 아래로 매초 1의 속도로 움직인다.

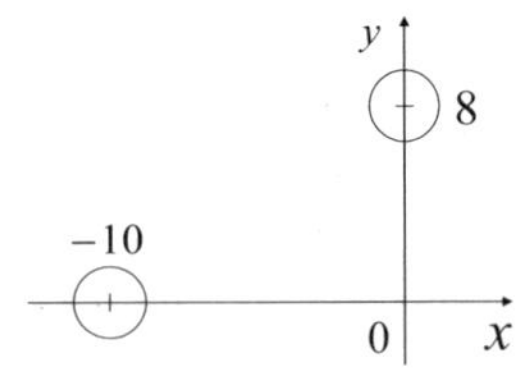

원 A, B가 처음으로 접하게 되는 것은 출발한 후 (13)□초 후이며, 두 번째로 접하는 것은 출발한 후 (14)□초 후이다.
또, 두 원의 공통부분의 면적이 최대가 되는 것은 출발한 후 (15)□초 후이며, 최대면적은 (16)□$\pi-1$ 이다.

5. 다음 □ 안에 알맞은 것은 무엇인가?
(ⅰ), (ⅱ), (ⅲ)에는 수를, (ⅳ)에는 ㉠, ㉡, ㉢을 넣으시오.
한 변의 길이가 1 인 정사면체 $ABCD$의 변 AB의 중점을 P, 변 CD의 중점을 Q라 할 때,
(ⅰ) $\overline{PQ}=\sqrt{(17)□}$　　(ⅱ) $\cos\angle AQB=$(18)□
(ⅲ) 각 면의 중심을 꼭짓점으로 하는 사면체의 체적은 사면체 $ABCD$의 체적의 (19)□ 배이다.
(ⅳ) ㉠ $\angle QAB$　㉡ $\angle AQB$　㉢ $\angle BAC$ 중 가장 큰 것은 (20)□ 이다.

[문제 1] 그래프에서 끊어진 곳이 없으므로
$x=1$에서 $4x^2=ax^3+bx^2+cx+d$
$\therefore \ a+b+c+d=4$　　… ①

$f(x)$는 주기 3인 주기함수이므로
(ⅱ)에서 $f(2)=8, f'(2)=-1$
$f(2)=8a+4b+2c+d=8$　　… ②
$f'(2)=12a+4b+c=-1$　　… ③

$f(3)=f(0)$이므로
$f(3)=27a+9b+3c+d=0$　　… ④

① ~ ④에서 a, b, c, d를 구하면,
$a=-1, b=0, c=11, d=-6$

답: (1) -1　(2) 0　(3) 11　(4) -6

[문제 2]

(ⅰ) $0<x<1$ 이므로 $x<\sqrt{x}$

$\therefore\ 2^x < 2^{\sqrt{x}}$

(ⅱ) $0<x<1$ 이므로 $x^2<x<2x$

$\therefore\ 2^{x^2} < (2^x)^2$

(ⅲ) $\log(2^{\log x})=\log x\cdot\log 2$

$\log(x^{\log 2})=\log 2\cdot\log x$

$\therefore\ 2^{\log x}=x^{\log 2}$

(ⅳ) $\frac{1}{3}<\sqrt{3}$, $0<x<1$ 이므로 $\therefore\ x^{\frac{1}{3}}>x^{\sqrt{3}}$

답: (5) ㉢ (6) ㉢ (7) ㉡ (8) ㉠

[문제 3] $11\cos\theta+\sqrt{3}\sin\theta=k\cos\theta$

$\sqrt{3}\cos\theta+13\sin\theta=k\sin\theta$

$\cos\theta=0$ 이면, $\sin\theta=0$ 이 되어

k값은 무수히 많아져 모순이다.

$\therefore\ \cos\theta\neq 0$

두 식의 양변을 $\cos\theta$로 나누면,

$$\begin{cases} 11+\sqrt{3}\tan\theta=k \\ \sqrt{3}+13\tan\theta=k\tan\theta \end{cases}$$

$$\tan\theta=\frac{k-11}{\sqrt{3}}=\frac{\sqrt{3}}{k-13}\qquad(k\neq 13)$$

$\therefore\ k^2-24k+140=0$, $\quad k=14, 10$

$\therefore\ \alpha=14,\ \beta=10$

$k=\alpha=14$ 일 때, $\tan\theta=\frac{14-11}{\sqrt{3}}=\sqrt{3}$

$0\leqq\theta\leqq\pi$ 이므로 $\theta=\frac{1}{3}\pi$

$k=\beta=10$ 일 때, $\tan\theta=\frac{10-11}{\sqrt{3}}=-\frac{1}{\sqrt{3}}$

$0\leqq\theta\leqq\pi$ 이므로 $\theta=\frac{5}{6}\pi$

답: (9) 14 (10) 10 (11) $\frac{1}{3}$ (12) $\frac{5}{6}$

[문제 4]

t초 후의 두 원 A, B의 중심의 좌표는 각각

$A:(-10+t, 0)$, $B:(0, 8-t)$

두 원의 중점간의 거리를 l이라 하면,

$l^2=(t-10)^2+(t-8)^2$

$=2(t^2-18t+82)$

두 원이 접하는 경우는 중점간의 거리가

두 원의 반지름의 합과 같은 경우이므로

$2^2=2(t^2-18t+82)$

$t^2-18t+80=0$

$\therefore\ t=8, 10$

두 원의 공통부분의 면적이 최대일 때는

중점간의 거리가 최소일 때이다.

$l^2=2(t-9)^2+2$ 이므로

$t=9$ 일 때 l은 최소이다.

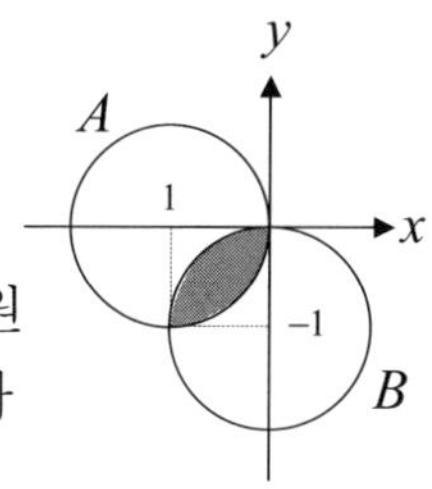

공통부분은 반지름 1인 반원의 면적에서 한 변의 길이가 1인 정사각형의 면적을 뺀 값과 같으므로 $\frac{\pi}{2}-1$

답: (13) 8 (14) 10 (15) 9 (16) $\frac{1}{2}$

[5번] (ⅰ)

$\triangle ABC$는 한 변의 길이가 1인 정삼각형이므로 $\overline{CP}=\frac{\sqrt{3}}{2}$

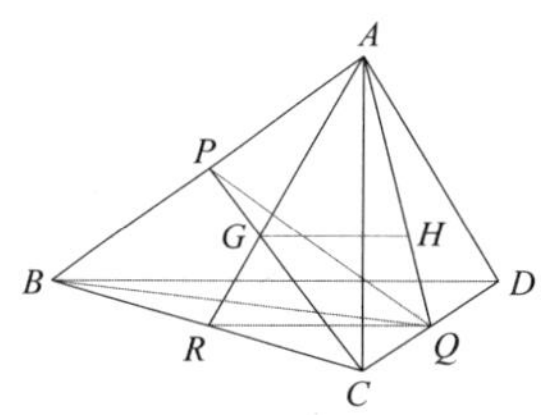

$\triangle PQC$는 직각삼각형이고

$\overline{CP}=\frac{\sqrt{3}}{2}$, $\overline{CQ}=\frac{1}{2}$ 이므로

$\therefore\ \overline{PQ}=\sqrt{\left(\frac{\sqrt{3}}{2}\right)^2-\left(\frac{1}{2}\right)^2}=\sqrt{\frac{1}{2}}$

(ⅱ) $\cos\angle AQB=\cos(2\angle AQP)$

$=2\cos^2\angle AQP-1$

$=2\times\left(\frac{1}{\sqrt{2}}\Big/\frac{\sqrt{3}}{2}\right)^2-1=\frac{1}{3}$

(iii) $\triangle ABC$, $\triangle ACD$의 중심을 각각 G, H, $\overline{BC}, \overline{DC}$의 중점을 각각 R, Q라 하면,

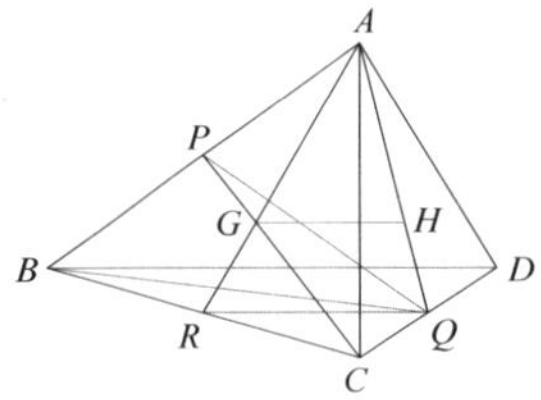

$\overline{RQ} = \frac{1}{2}\overline{BD} = \frac{1}{2}$

$\triangle ARQ$에서

$\overline{AG} : \overline{AR} = \overline{AH} : \overline{AQ} = 2 : 3$이므로

$\overline{GH} : \overline{RQ} = 2 : 3$

$\therefore \overline{GH} = \frac{2}{3}\overline{RQ} = \frac{2}{3} \times \frac{1}{2} = \frac{1}{3}$

$\overline{GH}$는 정사면체 $ABCD$의 각 면의 중점을 꼭짓점으로 하는 정사면체의 한 변이므로, 그 체적은 사면체 $ABCD$의 체적의 $\left(\frac{1}{3}\right)^3$이다.

(iv) ㉠ $\cos\angle QAB = \frac{1}{\sqrt{3}} = \frac{2\sqrt{3}}{6}$

㉡ $\cos\angle AQB = \frac{1}{3} = \frac{2}{6}$

㉢ $\cos\angle BAC = \frac{1}{2} = \frac{3}{6}$

㉡ < ㉢ < ㉠이므로 $\angle AQB$가 가장 크다.

답: (17) $\frac{1}{2}$ (18) $\frac{1}{3}$ (19) $\frac{1}{27}$ (20) ㉡

〈 1961년 1차 문과 〉

1. 다음 □ 안에 알맞은 수를 넣어라.

a, b를 $\frac{1}{a} + \frac{1}{2b} = \frac{1}{5}$을 만족하는 임의의 수라 할 때, 두 점 $(a, 0)$, $(0, b)$를 지나는 직선은 정점 ((1)□, (2)□) 을 지난다.

또, $\frac{1}{a'} + \frac{1}{2b'} = \frac{1}{5}$ $(ab \neq a'b')$이면,

두 점 $(a', 0)$, $(0, b)$를 지나는 직선과 두 점 $(a, 0)$, $(0, b')$를 지나는 직선의 교점은 정직선 $y =$ (3)□ x 상에 있다.

2. 다음 □ 안에 알맞은 수를 넣어라.

점 $A(4, 2)$가 그림과 같이 있다. 선분 OA를 원점 O를 중심으로 45^0 회전하여 OB의 위치로 이동하였을 때, 점 B의 좌표는

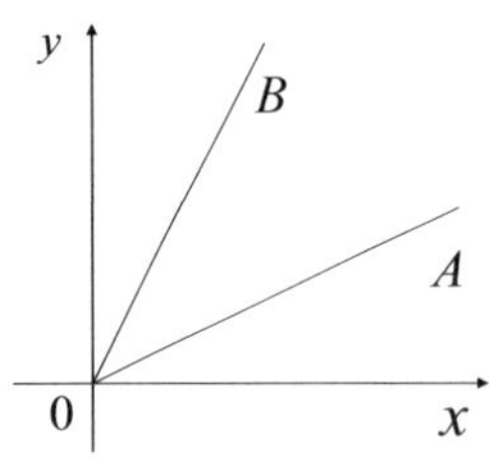

($\sqrt{{}^{(4)}\square}$, $\sqrt{{}^{(5)}\square}$)이다.

또, $\triangle OAB$의 외접원의 중심의 좌표는

($3 - \sqrt{{}^{(6)}\square}$, $\sqrt{{}^{(7)}\square} - 1$)이다.

3. 다음 □ 안에 알맞은 수를 넣어라.

$f(\theta) = \cos 7\theta - \cos 3\theta$일 때,

(i) $0^0 < \theta < 60^0$의 범위에서

부등식 $f(\theta) > 0$의 해는 (8)□ $^0 < \theta <$ (9)□ ^{0}

부등식 $f(\theta) < 0$의 해는 (10)□ $^0 < \theta <$ (11)□ ^{0}

(ii) $0^0 < \theta < 120^0$의 범위에서

방정식 $f(\theta) = 0$의 해는 (12)□ 개이다.

4. 다음 □ 안에 ㉠, ㉡, ㉢을 넣으시오.

(1) ㉠ 1000 ㉡ 2^{10} ㉢ $\frac{5^5}{3}$ 중

가장 큰 것은 (13)□ 이다.

(2) ㉠ 15×10^5 ㉡ 3^{13} ㉢ $5^8 \times 4$ 중

가장 큰 것은 (14)□ 이다.

(3) ㉠ 0.001 ㉡ $\frac{2}{45^2}$ ㉢ $\left(\frac{3}{4}\right)^{24}$ 중

가장 큰 것은 (15)□ 이다.

(4) ㉠ -1.5 ㉡ $\log_{0.5}3$ ㉢ $\log\frac{1}{32}$ 중

가장 큰 것은 (16)□ 이다.

단, $\log 2 = 0.3010$, $\log 3 = 0.4771$이다.

5. 다음 □ 안에 알맞은 수를 넣어라.

$f(x) = x + a + \frac{b}{x}$, $f\left(\frac{1}{2}\right) = 0$, $f'\left(\frac{1}{2}\right) = -8$이면,

$a =$ (17)□, $b =$ (18)□ 이다. 또, $f(x) = 0$으로 되는 것은 $x = \frac{1}{2}$이외에 $x =$ (19)□ 일 때이며, $x > 0$의 범위에서 $f(x)$가 최솟값을 갖는 것은 $x =$ (20)□ 일 때이다.

[문제 1] $(a,0),(0,b)$을 지나는 직선은

$$\frac{x}{a}+\frac{y}{b}=1 \qquad \cdots ①$$

한편, 가정에서 $\dfrac{5}{a}+\dfrac{\frac{5}{2}}{b}=1$

따라서, $\left(5, \dfrac{5}{2}\right)$는 ①상에 있다.

$(a',0),(0,b)$를 지나는 직선과
$(a,0),(0,b')$를 지나는 직선은 각각

$\dfrac{x}{a'}+\dfrac{y}{b}=1$, $\dfrac{x}{a}+\dfrac{y}{b'}=1$ 이며,

$ab \neq a'b'$이므로,
두 직선은 한 점에서 만난다.

두 식을 변변 빼면

$$\left(\frac{1}{a}-\frac{1}{a'}\right)x-\left(\frac{1}{b}-\frac{1}{b'}\right)y=0 \qquad \cdots ②$$

$\dfrac{1}{a}+\dfrac{1}{2b}=\dfrac{1}{5}$, $\dfrac{1}{a'}+\dfrac{1}{2b'}=\dfrac{1}{5}$

두 식을 변변 빼면

$$\left(\frac{1}{a}-\frac{1}{a'}\right)+\frac{1}{2}\left(\frac{1}{b}-\frac{1}{b'}\right)=0 \qquad \cdots ③$$

여기서, $a=a'$이면, $b=b'$이고
역도 성립하므로 $a\neq a', b\neq b'$
$(\because \ ab\neq a'b')$

$\dfrac{1}{a}-\dfrac{1}{a'}\neq 0$, $\dfrac{1}{b}-\dfrac{1}{b'}\neq 0$ 이므로

②,③에서 $y=-\dfrac{1}{2}x$

답: (1) 5 (2) $\dfrac{5}{2}$ (3) $-\dfrac{1}{2}$

[문제 2]

점 B의 좌표를 (x,y)라 하면,

$x+yi=(4+2i)(\cos 45^0+i\sin 45^0)$,

$=(4+2i)\left(\dfrac{\sqrt{2}}{2}+\dfrac{\sqrt{2}}{2}i\right)=\sqrt{2}+3\sqrt{2}\,i$

$\therefore \ B(\sqrt{2}, \sqrt{18})$

$\triangle OAB$의 외접원은

$(x-c)^2+(y-d)^2=c^2+d^2$, (c,d):중심

$cx+dy=\dfrac{1}{2}(x^2+y^2)$

외접원이 $(4,2),(\sqrt{2}, \sqrt{18})$을 지나므로

$2c+d=5$, $c+3d=5\sqrt{2}$

$\therefore \ c=3-\sqrt{2}$, $d=\sqrt{8}-1$

답: (4) 2 (5) 18 (6) 2 (7) 8

[문제 3]

(i) $f(\theta)=\cos 7\theta-\cos 3\theta=-2\sin 5\theta \sin 2\theta$

$0^0<\theta<60^0$이므로 $0^0<2\theta<120^0$

$\therefore \ \sin 2\theta>0$

$f(\theta)=-2\sin 5\theta\sin 2\theta$, $\sin 2\theta>0$이므로

$\underline{f(\theta)>0} \ \Leftrightarrow \ \sin 5\theta<0$

$0^0<5\theta<300^0$이므로 $180^0<5\theta<300^0$

$\therefore \ \underline{36^0<\theta<60^0}$

$f(\theta)=-2\sin 5\theta\sin 2\theta$, $\sin 2\theta>0$이므로

$\underline{f(\theta)<0} \ \Leftrightarrow \ \sin 5\theta>0$

$0^0<5\theta<300^0$이므로 $0^0<5\theta<180^0$

$\therefore \ \underline{0^0<\theta<36^0}$

(ii) $f(\theta)=0$이므로

$\sin 5\theta=0$ 또는 $\sin 2\theta=0$

$\sin 5\theta=0$, $0^0<5\theta<600^0$일 때.

$5\theta=180^0, 360^0, 540^0$

$\therefore \ \theta=36^0, 72^0, 108^0$: 3개

$\sin 2\theta=0$, $0^0<2\theta<240^0$일 때.

$2\theta=180^0 \quad \therefore \ \theta=90^0$: 1개

답: (8) 36 (9) 60 (10) 0 (11) 36 (12) 4

[문제 4]

(1) $\log 1000 = \underline{3}$, $\log 2^{10} = \underline{3.010}$

$$\log\frac{5^5}{3} = \log\frac{10^5}{3\cdot 2^5} = 5-(\log 3+5\log 2) = \underline{3.0179}$$

$\therefore$ $\frac{5^5}{3}$ 이 가장 크다.

(2) $\log 15\times 10^5 = \log\left(\frac{3}{2}\times 10^6\right)$

$= \log 3 - \log 2 + 6 = \underline{6.1761}$

$\log 3^{13} = 13\log 3 = \underline{6.2023}$

$\log 5^8\times 4 = \log\frac{10^8}{2^6} = 8-6\log 2 = \underline{6.194}$

$\therefore$ 3^{13} 이 가장 크다.

(3) $\log 0.001 = \underline{-3}$

$$\begin{aligned}\log\frac{2}{45^2} &= \log\frac{2}{3^4\times 5^2}\\ &= \log 2 - 4\log 3 - 2\log 5\\ &= \log 2 - 4\log 3 - 2(1-\log 2)\\ &= 3\log 2 - 4\log 3 - 2\\ &= \underline{-3.0054}\end{aligned}$$

$$\log\left(\frac{3}{4}\right)^{24} = 24(\log 3 - 2\log 2) = \underline{-2.9976}$$

$\therefore$ $\left(\frac{3}{4}\right)^{24}$ 이 가장 크다.

(4) $\log_{0.5} 3 = \frac{\log 3}{\log 0.5} = -\frac{\log 3}{\log 2} = \underline{-1.585}$

$\log\frac{1}{32} = -5\log 2 = \underline{-1.505}$

$\therefore$ -1.5 가 가장 크다.

답: (13) ㄷ (14) ㄴ (15) ㄷ (16) ㄱ

[문제 5]

$$f(x) = x + a + \frac{b}{x}$$

$$f'(x) = 1 - \frac{b}{x^2}$$

$f\left(\frac{1}{2}\right)=0$, $f'\left(\frac{1}{2}\right)=-8$이므로

$$f\left(\frac{1}{2}\right) = \frac{1}{2}+a+2b = 0$$

$$f'\left(\frac{1}{2}\right) = 1-4b = -8$$

$\therefore$ $a = -5$, $b = \frac{9}{4}$

$f(x) = x-5+\frac{9}{4x} = \frac{1}{4x}(2x-1)(2x-9)$이므로

$f(x) = 0$의 해는 $x = \frac{1}{2}, \frac{9}{2}$

$f'(x) = 1-\frac{9}{4x^2} = \frac{1}{x^2}\left(x-\frac{3}{2}\right)\left(x+\frac{3}{2}\right)$

$x > 0$의 범위에서

$x = \frac{3}{2}$일 때 극소이며 최소이다.

답: (17) -5 (18) $\frac{9}{4}$ (19) $\frac{9}{2}$ (20) $\frac{3}{2}$

〈다른 방법〉

$x > 0$이므로

$$f(x) = x-5+\frac{9}{4x} = x+\frac{9}{4x}-5$$

$$\geq 2\sqrt{x\cdot\frac{9}{4x}}-5$$

여기서 등식은 $x = \frac{9}{4x}$ 일 때,

즉, $x = \frac{3}{2}$일 때 성립한다.

〈 1961년 2차 〉

[이 과]

1. 점 O에서 60^0를 이루는 반직선 OX, OY와 $\angle XOY$의 이등분선 OZ가 있어, OX, OY상에 O로부터 1cm 거리에 각각 A, B가 있다. 이제 동점 P, Q, R이 각각 A, O, B에서 동시에 출발하여 OX, OZ, OY상을 각각 매초 1cm, $\sqrt{3}\text{cm}$, 2cm 의 속도로 O로부터 멀어지고 있다.

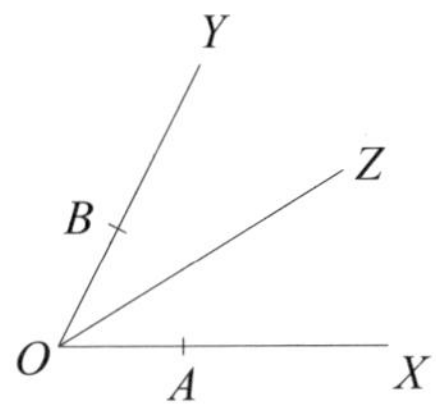

(1) 세 점 P, Q, R이 한 직선상에 있게 되는 것은 출발한지 몇 초 후인가?

(2) $\triangle PQR$의 면적이 $\triangle AOB$의 면적과 같게 되는 것은 출발한지 몇 초 후인가?

2. x의 4차식 $f(x)$에 대하여
$f(-0.2)=2.226$ $f(-0.1)=2.460$
$f(0)=2.718$ $f(0.1)=3.004$ $f(0.2)=3.320$
일 때, $f'(0)$을 구하여라.

3. 반지름 a인 반구에 외접하는 직원뿔을 만들어 전체 겉넓이가 최소로 되게 하려면 원뿔의 높이를 얼마로 하면 되는가? (단, 직원뿔의 밑면은 반구의 밑면과 같은 평면상에 있다.)

4. $\triangle ABC$의 세 변 BC, CA, AB상에 각각 L, M, N을 잡아 $\dfrac{BL}{LC}=\dfrac{CM}{MA}=\dfrac{AN}{NB}=\dfrac{1}{2}$로 되게 한다. 변 AL과 변 CN의 교점을 P, 변 AL과 변 BM의 교점을 Q, 변 BM과 변 CN의 교점을 R이라 할 때, $\triangle PQR$과 $\triangle ABC$의 면적비를 구하여라.

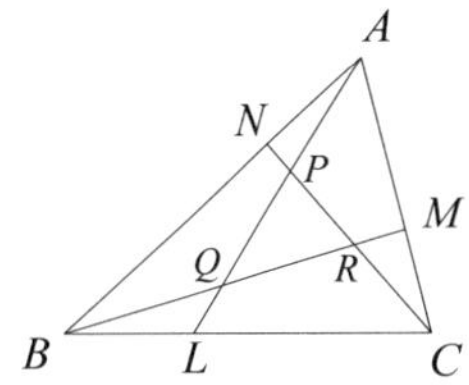

5. t가 모든 실수값을 가지며 움직일 때, $x=t^2+1$, $y=t^2+t-2$를 좌표로 하는 점 (x, y)는 1개의 곡선을 그린다. 그 곡선과 x축으로 둘러싸인 부분의 면적을 구하여라.

6. $f(x)=a\sin x+b\cos x+c\sin 2x$ $(a, b, c$: 상수$)$는 $x=\dfrac{\pi}{4}$에서 극댓값 $6\sqrt{2}$를 가지며, $\displaystyle\int_0^{2\pi} f(x)\cos x\,dx=5\pi$이다.

(1) $a,\ b,\ c$를 구하여라.

(2) $0\leqq x\leqq 2\pi$의 범위에서 $f(x)$의 최솟값과 그때의 x값을 구하여라.

[문 과]

1 ~ 4 : 이과와 같음

5. 곡선 $y=\sqrt{1+x^2}$ 상에 세 점 P, A, Q가 있으며 x좌표는 각각 $a-h,\ a,\ a+h$이다. 점 A를 지나며 x축과 수직인 직선과 선분 PQ와의 교점을 B, 선분 AB의 길이를 l이라고 할 때, $\displaystyle\lim_{h\to 0}\frac{l}{h^2}$을 a를 이용하여 나타내어라.

[이 과] [문제 1]

(1) 출발 t초 후,

$\overline{OP}=t+1$

$\overline{OQ}=\sqrt{3}t$

$\overline{OR}=2t+1$

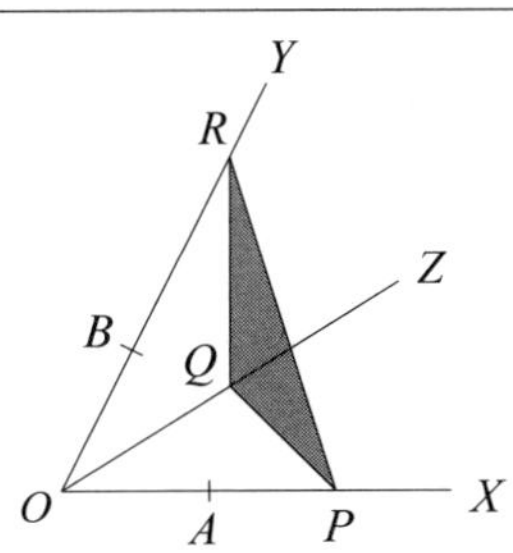

$\therefore$ $\triangle PQR=|\triangle OPQ+\triangle ORQ-\triangle OPR|$

$\triangle OPQ=\dfrac{1}{2}\overline{OP}\cdot\overline{OQ}\sin 30^0=\dfrac{\sqrt{3}}{4}t(t+1)$

$\triangle ORQ=\dfrac{1}{2}\overline{OR}\cdot\overline{OQ}\sin 30^0=\dfrac{\sqrt{3}}{4}t(2t+1)$

$\triangle OPR=\dfrac{1}{2}\overline{OP}\cdot\overline{OR}\sin 60^0=\dfrac{\sqrt{3}}{4}(t+1)(2t+1)$

이므로

$\therefore$ $\triangle PQR=\dfrac{\sqrt{3}}{4}|t^2-t-1|$

세 점 P, Q, R이 일직선상에 있는 것은 $\triangle PQR = 0$과 동치이다.

$$\triangle PQR = \frac{\sqrt{3}}{4}|t^2-t-1| = 0$$

$t \geqq 0$이므로 $t = \frac{1+\sqrt{5}}{2}$ 초 …(답) ■

(2) $\triangle AOB = \frac{\sqrt{3}}{4}$이므로

$$\frac{\sqrt{3}}{4}|t^2-t-1| = \frac{\sqrt{3}}{4}$$

$$t^2-t-1 = \pm 1$$

$$t^2-t-2=0 \quad \text{or} \quad t^2-t=0$$

$$t=-1, 2 \quad \text{or} \quad t=0, 1$$

$t \geqq 0$이므로 $t=0, 1, 2$

답 : 0초, 1초, 2초 ■

[문제 2]

$f(x)=ax^4+bx^3+cx^2+dx+e$ 라 하면,

$f'(x)=4ax^3+3bx^2+2cx+d$

$\therefore \ f'(0)=d$ … ①

$h \neq 0$에 대하여

$$f(h) = ah^4+bh^3+ch^2+dh+e$$

$$f(-h)=ah^4-bh^3+ch^2-dh+e$$

이므로

$$f(h)-f(-h)=2h(bh^2+d)$$

$$\therefore \ bh^2+d = \frac{1}{2h}\{f(h)-f(-h)\} \quad \cdots ②$$

②식에서 h 대신 $2h$를 대입하면,

$$\therefore \ 4bh^2+d = \frac{1}{4h}\{f(2h)-f(-2h)\} \quad \cdots ③$$

---

②× 4−③에서

$$3d = \frac{1}{h}\left[2\{f(h)-f(-h)\}-\frac{1}{4}\{f(2h)-f(-2h)\}\right]$$

$$d = \frac{1}{3h}\left[2\{f(h)-f(-h)\}-\frac{1}{4}\{f(2h)-f(-2h)\}\right]$$

$h=0.1$을 대입하면,

$$d=\frac{10}{3}\left[2\{f(0.1)-f(-0.1)\} - \frac{1}{4}\{f(0.2)-f(-0.2)\}\right]$$

$$=\frac{10}{3}\left[2(3.004-2.460)-\frac{1}{4}(3.320-2.226)\right]$$

$$=\frac{10}{3}[1.088-0.2735] = 2.715$$

①에서 $f'(0)=d$이므로,

$f'(0)=2.715$ …(답) ■

〈다른 방법〉

$f(x)=ax^4+bx^3+cx^2+dx+e$

$f'(x)=4ax^3+3bx^2+2cx+d$

$\therefore \ f'(0)=d$

$0.1=t$로 놓으면,

$2.226=16at^4-8bt^3+4ct^2-2dt+e$ … ①

$2.460=at^4-bt^3+ct^2-dt+e$ … ②

$2.718=e$ … ③

$3.004=at^4+bt^3+ct^2+dt+e$ … ④

$3.320=16at^4+8bt^3+4ct^2+2dt+e$ … ⑤

①~⑤에서 d를 구하자.

④−② $0.544=2bt^3+2dt$ … ⑥

⑤−① $1.094=16bt^3+4dt$ … ⑦

⑥× 8−⑦ $3.258=12dt=1.2d$ $(\because t=0.1)$

$d=2.715$

[문제 3]

직원뿔의 축을 지나는 평면에 의해 잘린 단면은 그림과 같다.

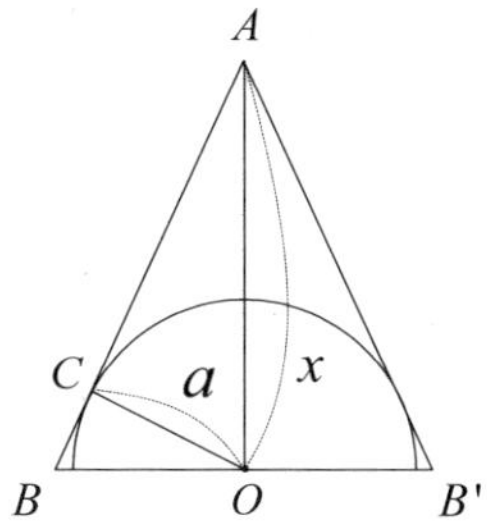

높이를 x 라 하면,

$\overline{AC} = \sqrt{x^2-a^2}$

$\overline{AC}\cdot\overline{AB} = \overline{AO}^2$ 이므로, $\overline{AB} = \dfrac{x^2}{\sqrt{x^2-a^2}}$

$\overline{AO}\cdot\overline{OB} = \overline{OC}\cdot\overline{AB}$ 이므로,

$\therefore\ \overline{OB} = \dfrac{a}{x}\times\dfrac{x^2}{\sqrt{x^2-a^2}} = \dfrac{ax}{\sqrt{x^2-a^2}}$

직원뿔의 표면적을 S 라 하면,

$$\begin{aligned} S &= \pi\,\overline{OB}^2 + \frac{1}{2}(2\pi\,\overline{OB})\cdot\overline{AB} \\ &= \pi(\overline{OB}^2 + \overline{OB}\cdot\overline{AB}) \\ &= \pi\left(\frac{a^2x^2}{x^2-a^2} + \frac{ax^3}{x^2-a^2}\right) \\ &= \frac{\pi a x^2}{x-a} \end{aligned}$$

$$\therefore\ \frac{dS}{dx} = \frac{\pi a x(x-2a)}{(x-a)^2}$$

$\dfrac{dS}{dx} = 0$ 에서,

$x = 2a$ 일 때 극소이며 최소이다.

답 : $2a$ ■

[문제 4]

$\triangle CAR : \triangle BCR = \overline{AN} : \overline{NB} = 1 : 2$

$\triangle BCR : \triangle ABR = \overline{CM} : \overline{MA} = 1 : 2$

$\therefore\ \triangle CAR : \triangle BCR : \triangle ABR = 1 : 2 : 4$

$\therefore\ \triangle BCR = \dfrac{2}{7}\triangle ABC$

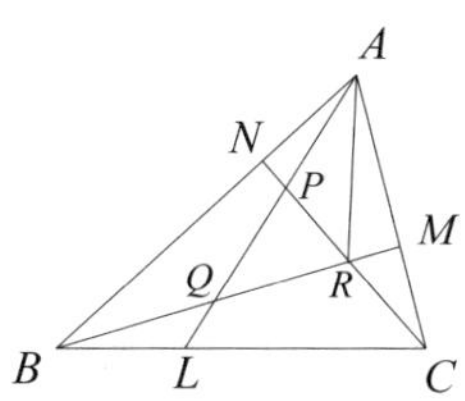

같은 방법으로,

$\therefore\ \triangle CAP = \triangle ABQ = \dfrac{2}{7}\triangle ABC$

$\therefore\ \triangle PQR = \triangle ABC - (\triangle BCR + \triangle CAP + \triangle ABQ)$

$= \dfrac{1}{7}\triangle ABC$

답 : $\triangle PQR : \triangle ABC = 1 : 7$ ■

[문제 5]

$$x = t^2+1\,,\ \ y = t^2+t-2$$

곡선이 x 축과 만나는 점을 구해보자.

$y = t^2+t-2 = (t+2)(t-1) = 0 \qquad \therefore t = -2, 1$

따라서, $x = 5, 2$ 에서 x 축과 만난다.

$x = t^2+1$ 이 최소로 되는 것은 $t = 0$ 일 때이며, 최솟값은 $x = 1$ 이다. (그림의 점 C)

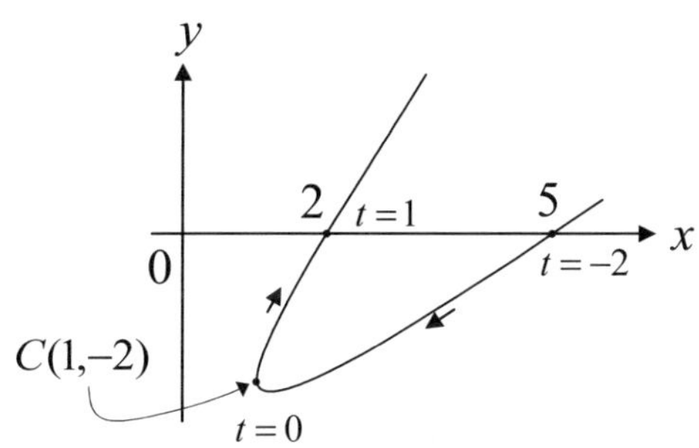

점 C 를 경계로

위쪽 부분과 아래쪽 부분을 나누어 구해보자.

[아래쪽 부분] : $-2 \leqq t \leqq 0$ 인 경우

$t = -\sqrt{x-1}$

$y = x-3-\sqrt{x-1}$

[위쪽 부분] : $0 \leqq t \leqq 1$ 인 경우

$t = \sqrt{x-1}$

$y = x-3+\sqrt{x-1}$

구하는 면적을 S 라 하면,

$$S=\left|\int_1^5 (x-3-\sqrt{x-1})dx-\int_1^2 (x-3+\sqrt{x-1})dx\right|$$

$$=-\int_2^5 (x-3)dx+\int_1^5 \sqrt{x-1}\,dx+\int_1^2 \sqrt{x-1}\,dx$$

$$=-\frac{1}{2}\Big[(x-3)^2\Big]_2^5+\frac{2}{3}\Big[(x-1)^{\frac{3}{2}}\Big]_1^5$$

$$+\frac{2}{3}\Big[(x-1)^{\frac{3}{2}}\Big]_1^2=\frac{9}{2}$$

답 : $\frac{9}{2}$ ■

〈다른 방법 1〉

$y=t^2+t-2=\left(t+\frac{1}{2}\right)^2-\frac{9}{4}$이므로,

y의 최솟값은 $-\frac{9}{4}$이다.

x를 y로 나타내면,

y가 최소로 되는 점 $\left(\frac{5}{4},-\frac{9}{4}\right)$를 경계로

$$x=y+\frac{7}{2}+\sqrt{y+\frac{9}{4}}\ ,\ x=y+\frac{7}{2}-\sqrt{y+\frac{9}{4}}$$

$$S=\int_{-\frac{9}{4}}^0 \left(y+\frac{7}{2}+\sqrt{y+\frac{9}{4}}\right)-\left(y+\frac{7}{2}-\sqrt{y+\frac{9}{4}}\right)dy$$

$$=2\int_{-\frac{9}{4}}^0 \sqrt{y+\frac{9}{4}}\,dy$$

$$=2\times\frac{2}{3}\left[\left(y+\frac{9}{4}\right)^{\frac{3}{2}}\right]_{-\frac{9}{4}}^0=\frac{9}{2}$$

〈다른 방법 2〉

일반적으로

$x=g(t)$, $y=f(t)$, $a=g(\alpha)$, $b=g(\beta)$이면,

$$\int_a^b y\,dx=\int_\alpha^\beta y\frac{dx}{dt}\,dt=\int_\alpha^\beta f(t)g'(t)\,dt$$

$$S=\int_0^1 (t^2+t-2)(2t)\,dt-\int_0^{-2} (t^2+t-2)(2t)\,dt$$

$$=2\int_{-2}^1 (t^3+t^2-2t)\,dt$$

$$=2\left[\frac{t^4}{4}+\frac{t^3}{3}-t^2\right]_{-2}^1=\frac{9}{2}$$

[문제 6]

(1) $f(x)=a\sin x+b\cos x+c\sin 2x$

$f'(x)=a\cos x-b\sin x+2c\cos 2x$

$f(x)$는 $x=\frac{\pi}{4}$에서 극댓값 $6\sqrt{2}$를 가지므로

$$f'\left(\frac{\pi}{4}\right)=\frac{1}{\sqrt{2}}(a-b)=0 \quad \cdots ①$$

$$f\left(\frac{\pi}{4}\right)=\frac{1}{\sqrt{2}}(a+b)+c=6\sqrt{2} \quad \cdots ②$$

$$\int_0^{2\pi} f(x)\cos x\,dx$$

$$=\int_0^{2\pi} \cos x(a\sin x+b\cos x+c\sin 2x)\,dx$$

$$=\int_0^{2\pi} (a\sin x\cos x+b\cos^2 x+c\sin 2x\cos x)\,dx=b\pi$$

$$\because \int_0^{2\pi} \sin x\cos x\,dx=\frac{1}{2}\int_0^{2\pi} \sin 2x\,dx$$

$$=\frac{1}{4}\Big[-\cos 2x\Big]_0^{2\pi}=0$$

$$\int_0^{2\pi} \cos^2 x\,dx=\frac{1}{2}\int_0^{2\pi} (1+\cos 2x)\,dx$$

$$=\frac{1}{2}\left[x+\frac{1}{2}\sin 2x\right]_0^{2\pi}=\pi$$

$$\int_0^{2\pi} \sin 2x\cos x\,dx=\frac{1}{2}\int_0^{2\pi} (\sin 3x+\sin x)\,dx$$

$$=\frac{1}{2}\left[-\frac{\cos 3x}{3}-\cos x\right]_0^{2\pi}=0$$

$$\int_0^{2\pi} f(x)\cos x\,dx=b\pi=5\pi \qquad \therefore\ b=5$$

①, ②에 의하여 $a=b=5$, $c=\sqrt{2}$

또,

$$f'(x)=5(\cos x-\sin x)+2\sqrt{2}\cos 2x$$
$$=5\sqrt{2}\sin\left(\frac{\pi}{4}-x\right)+2\sqrt{2}\sin\left(\frac{\pi}{2}-2x\right)$$
$$=\sqrt{2}\sin\left(\frac{\pi}{4}-x\right)\times\underbrace{\left\{5+4\cos\left(\frac{\pi}{4}-x\right)\right\}}_{+}\cdots ③$$

이므로 $x=\frac{\pi}{4}$에서 극대임을 알 수 있다.

답 : $a=b=5$, $c=\sqrt{2}$ ■

(2)

$0\leqq x\leqq 2\pi$에서 $f(x)$의 증감을 살펴보면,

$x=\frac{5\pi}{4}$에서 극소임을 알 수 있다.

x	0		$\frac{\pi}{4}$		$\frac{5\pi}{4}$		2π
$f'(x)$		+	0	−	0	+	
$f(x)$		↗	극대	↘	극소	↗	

또, $f(0)=f(2\pi)=5$,

$$f\left(\frac{5\pi}{4}\right)=5\sin\frac{5}{4}\pi+5\cos\frac{5}{4}\pi+\sqrt{2}\sin\frac{5}{2}\pi=-4\sqrt{2}$$

이므로, 최솟값은 $-4\sqrt{2}$이다.

답 : $x=\frac{5\pi}{4}$일 때, 최솟값 $-4\sqrt{2}$ ■

[문 과]

[문제 5]

B는 선분 PQ의 중점이므로, B의 y좌표는

$$\frac{1}{2}\left\{\sqrt{1+(a+h)^2}+\sqrt{1+(a-h)^2}\right\}$$

B는 A보다 위쪽에 있으므로

$$l=\frac{1}{2}\left\{\sqrt{1+(a+h)^2}+\sqrt{1+(a-h)^2}\right\}-\sqrt{1+a^2}$$

$$\therefore\ \frac{l}{h^2}=\frac{1}{2h}\left\{\frac{\sqrt{1+(a+h)^2}-\sqrt{1+a^2}}{h}-\frac{\sqrt{1+a^2}-\sqrt{1+(a-h)^2}}{h}\right\}$$

괄호안의 제1항의 분모, 분자에

$$p=\sqrt{1+(a+h)^2}+\sqrt{1+a^2},$$

괄호안의 제2항의 분모, 분자에

$$q=\sqrt{1+a^2}+\sqrt{1+(a-h)^2}$$

를 곱하면,

$$\frac{l}{h^2}=\frac{1}{2h}\left(\frac{2a+h}{p}-\frac{2a-h}{q}\right)$$

$$=\frac{a}{h}\left(\frac{1}{p}-\frac{1}{q}\right)+\frac{1}{2}\left(\frac{1}{p}+\frac{1}{q}\right)$$

$$\frac{1}{p}-\frac{1}{q}=\frac{\sqrt{1+(a-h)^2}-\sqrt{1+(a+h)^2}}{pq}$$
$$=\frac{-4ah}{pqr}$$

$$\left(\because\ r=\sqrt{1+(a-h)^2}+\sqrt{1+(a+h)^2}\right)$$

$$\therefore\ \frac{l}{h^2}=\frac{1}{2}\left(\frac{1}{p}+\frac{1}{q}\right)-\frac{4a^2}{pqr}$$

$\lim_{h\to0}p=\lim_{h\to0}q=\lim_{h\to0}r=2\sqrt{1+a^2}$ 이므로

$$\lim_{h\to0}\frac{l}{h^2}=\lim_{h\to0}\left\{\frac{1}{2}\left(\frac{1}{p}+\frac{1}{q}\right)-\frac{4a^2}{pqr}\right\}$$

$$=\frac{1}{2(1+a^2)^{\frac{3}{2}}}\qquad\cdots(답)$$ ■

〈 1962년 1차 이과 〉

1. 다음 □ 안에 알맞은 유리수를 넣어라.
$\overline{AB}=2$, $\overline{BC}=4$인 직사각형 $ABCD$의 내부 중 점 A로부터의 거리가 $2\sqrt{2}$ 와 4 사이인 부분의 넓이는 (1)□ π + (2)□ ($\sqrt{(3)□}$ -1) 이다.

2. 다음 □ 안에 알맞은 수를 넣어라.
직선 $y-5x+$(4)□ $=0$과
원 $3x^2+3y^2-2x+4y+$(5)□ $=0$은
점 ((6)□ ,−1)에서 접한다.

3. 다음 □ 안에 알맞은 수를 넣어라.
세 점 $A(3,0)$, $B(0,2)$, $C(2,4)$가 있다.
직선 AB상의 점 $P(x,y)$와 점 C를 연결한 직선이 x축과 만나는 점을 $P'(x',0)$라 하면,
$x'=\dfrac{(7)□\,x+(8)□}{x+(9)□}$이다. 또, 직선 CP와 y축과의 교점을 Q라고 할 때, Q가 선분 OB 상에 있어 $PQ:QP'=1:3$으로 되는 것은 $x=$(10)□ 일 때이다.
단, O는 원점 $(0,0)$이다.

4. 다음 □ 안에 알맞은 수를 넣어라.
$\sin 3x-\sin x=\cos 3x+\cos x$ 를 만족하는 x 의 값을 작은 것부터 순서대로 나열하면,
(11)□ ^{0}, (12)□ ^{0}, (13)□ ^{0}, (14)□ ^{0}이다.
단, $0^0 \leq x < 360^0$ 이다.

5. 다음 □ 안에 알맞은 수를 넣어라.
세 직선 $3x+2y-7=0$, $2x-6y-5=0$, $4x-y+3=0$으로 이루어진 삼각형을 x축의 양의 방향으로 (15)□, y축의 양의 방향으로 (16)□ 만큼 평행이동하면 세 직선
$6x+4y-11=0$, $x-3y-13=0$, $4x-y+$(17)□ $=0$
으로 이루어진 삼각형이 된다.

6. $f(x)=\dfrac{x^2+x-2}{x^2-x-2}$이다.
다음 (ⅰ), (ⅱ), (ⅲ)의 각 경우에 있어 $f(x)$가 유한값에 수렴하면 그 값을,
$f(x)\to\infty$ 이면 ㉠을,
$f(x)\to-\infty$ 이면 ㉡을 □ 안에 넣어라.
(ⅰ) $x\to3$ 일 때, (18)□
(ⅲ) $x\to\infty$ 일 때, (19)□
(ⅲ) $x\to-1^-$ 일 때, (20)□ 이다.

[문제 1]
그림의 음영부분 $EFGH$가 구하는 면적 S이다.

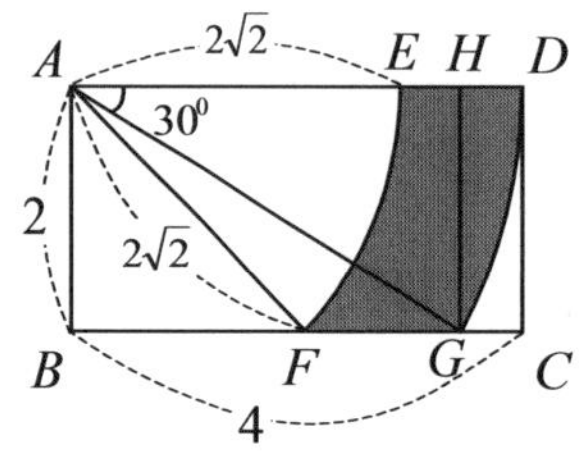

$S=$ 도형$AFGD-$ 부채꼴AFE
$=\triangle AFG+$ 부채꼴$AGD-$ 부채꼴AFE
$=\dfrac{1}{2}\overline{FG}\cdot\overline{AB}+\dfrac{1}{2}\times4^2\times\dfrac{\pi}{6}-\dfrac{1}{8}\pi(2\sqrt{2})^2$
$=\dfrac{1}{2}(\overline{BG}-\overline{BF})\cdot2+\dfrac{4}{3}\pi-\pi$
$=(4\cos30^0-2)+\dfrac{1}{3}\pi$
$=2\sqrt{3}-2+\dfrac{1}{3}\pi=\dfrac{1}{3}\pi+2(\sqrt{3}-1)$

답: (1) $\dfrac{1}{3}$ (2) 2 (3) 3

[문제 2]
$3x^2+3y^2-2x+4y+k=0$으로 놓으면,
$3\left(x-\dfrac{1}{3}\right)^2+3\left(y+\dfrac{2}{3}\right)^2=\dfrac{5}{3}-k$ … ①
이므로, 중심은 $\left(\dfrac{1}{3},-\dfrac{2}{3}\right)$이다.

직선 $y-5x+a=0$ … ②
의 기울기가 5이므로,
원의 중심과 접점을 이은 직선은
$y+\dfrac{2}{3}=-\dfrac{1}{5}\left(x-\dfrac{1}{3}\right)$
$y=-1$일 때 $x=2$이므로, 접점: $(2,-1)$
$(2,-1)$을 ①,②에 대입하면 $a=11$, $k=-7$

답: (4) 11 (5) −7 (6) 2

[문제 3]

$(2, 4)$, (x, y), $(x', 0)$이 일직선상에 있으므로

$$\frac{2-x'}{2-x} = \frac{4}{4-y} \qquad \cdots ①$$

(x,y)가 $(3, 0)$, $(0, 2)$를 지나는 직선위에

있으므로 $\frac{x}{3}+\frac{y}{2}=1$, $y=2-\frac{2}{3}x$ $\cdots ②$

①,②에서 y를 소거하면,

$$2-x' = \frac{8-4x}{4-y} = \frac{8-4x}{2+\frac{2}{3}x} = \frac{12-6x}{3+x}$$

$$x' = 2-\frac{12-6x}{3+x} = \frac{8x-6}{x+3} \qquad \cdots ③$$

Q가 선분 OB상에 있고 $PQ:QP'=1:3$이므로

$x' = -3x$

③식에 대입하면, $-3x = \frac{8x-6}{x+3}$

$$3x^2+17x-6=0$$

$$\therefore \quad (3x-1)(x+6)=0$$

$x>0$이므로 $x=\frac{1}{3}$

답: (7) 8 (8) -6 (9) 3 (10) $\frac{1}{3}$

[문제 4]

$$\sin 3x - \sin x = 2\sin x \cos 2x$$
$$\cos 3x + \cos x = 2\cos x \cos 2x$$

$$\sin 3x - \sin x = \cos 3x + \cos x$$

$$\therefore \quad 2\sin x \cos 2x = 2\cos x \cos 2x$$

$$\cos 2x(\sin x - \cos x) = 0$$

$\therefore$ $\sin x = \cos x$ or $\cos 2x = 0$

$\sin x = \cos x$ $\quad \therefore x = 45^0,\ 225^0$

$\cos 2x = 0$ $\quad \therefore 2x = 90^0,\ 270^0,\ 450^0,\ 630^0$

$x = 45^0,\ 135^0,\ 225^0,\ 315^0$

$\therefore$ $x = 45^0,\ 135^0,\ 225^0,\ 315^0$

답: (11) 45 (12) 135 (13) 225 (14) 315

[문제 5]

$3x+2y-7=0$, $2x-6y-5=0$의 교점은

$$\left(\frac{26}{11},\ -\frac{1}{22}\right)$$

$6x+4y-11=0$, $x-3y-13=0$의 교점은

$$\left(\frac{85}{22},\ -\frac{67}{22}\right)$$

x축 방향 : $\frac{85}{22}-\frac{26}{11}=\frac{3}{2}$

y축 방향 : $-\frac{67}{22}-\left(-\frac{1}{22}\right)=-3$

$4x-y+3=0$을 x축 방향으로 $\frac{3}{2}$,

y축 방향으로 -3만큼 평행이동하면,

$$4\left(x-\frac{3}{2}\right)-(y+3)+3 = 0$$

$$\therefore \quad 4x-y-6 = 0$$

답: (15) $\frac{3}{2}$ (16) -3 (17) -6

[문제 6]

(i) $\lim_{x\to 3} f(x) = \frac{9+3-2}{9-3-2} = \frac{10}{4} = \frac{5}{2}$

(iii) $\lim_{x\to\infty} f(x) = \lim_{x\to\infty} \frac{1+\frac{1}{x}-\frac{2}{x^2}}{1-\frac{1}{x}-\frac{2}{x^2}} = 1$

(iii) $\lim_{x\to -1^-} f(x) = \lim_{x\to -1^-} \frac{(x+2)(x-1)}{(x-2)(x+1)}$

$$= \lim_{a\to 0^-} \frac{1\times(-2)}{(-3)\times a} = -\infty$$

답: (18) $\frac{5}{2}$ (19) 1 (20) ㉡

1. 다음 □ 안에 알맞은 수를 넣어라.

$a+b=1, a\sin x+b\cos x=1, a\sin^2 x+b\cos^2 x=1$

이면 $a=$ (1)□, $b=$ (2)□, $x=$ (3)□ 이다.

단, $0^0 < x < 180^0$ 이다.

2. 양의 실수 x 에 대하여 함수 $f(x)$ 가

항상 $f(x)>0$ 이면 ㉠

항상 $f(x)<0$ 이면 ㉡

$f(x)$ 가 양수도 음수도 되면 ㉢

을 □ 안에 넣어라.

(i) $f(x)=x^3-2x^2+x+1$ (4)□

(ii) $f(x)=(x^2-5x+2)^2-6(x^2-5x+2)+8$ (5)□

(iii) $f(x)=3(x+1)(x+2)(x+3)$
$-(x+1)^3-(x+2)^3-(x+3)^3$ (6)□

(iv) $f(x)=\log(x^2-x+1)$ (7)□

3. 다음 □ 안에 알맞은 수를 넣어라.

세 개의 이차방정식 $4x^2-8ax+8a-3=0$, $x^2-2ax+1=0$, $x^2-2ax+2a=0$ (a: 실수) 중 1 개만 허근을 갖을 a 의 범위는

(8)□ $< a \leq$ (9)□, (10)□ $\leq a <$ (11)□.

4. 다음 □ 안에 알맞은 유리수를 넣어라.

반지름 r 인 구의 표면적 $S=4\pi r^2$ 과 체적 $V=\frac{4}{3}\pi r^3$ 사이에는

$\log S=$ (12)□ $\log V+$ (13)□ $\log\pi+$ (14)□ $\log 6$

라는 관계가 있다.

5. 다음 □ 안에 알맞은 수를 넣어라.

원 $x^2+y^2-2x+3y-3=0$ 을 x 축의 양의 방향으로 (15)□, y 축의 양의 방향으로 (16)□ 만큼 평행이동하면,

원 $x^2+y^2-6x+5y+$ (17)□ $=0$ 으로 된다.

6. 다음 □ 안에 알맞은 수를 넣어라.

함수 $f(x)=x^3+$ (18)□ x^2+ (19)□ 는 $x=2$ 에서 극솟값 1 을 가지며,

$x=$ (20)□ 에서 극댓값을 갖는다.

[문제 1]

$$a\sin x+b\cos x=1$$

$$\therefore\ b\cos x=1-a\sin x$$

양변을 제곱하여 $\sin x=X$ 로 놓으면,

$$b^2(1-X^2)=1-2aX+a^2X^2 \quad \cdots ①$$

또, $a\sin^2 x+b\cos^2 x=1$ 이므로

$$b(1-X^2)=1-aX^2 \quad \cdots ②$$

---

①과 ②× b 를 비교하면,

$$1-2aX+a^2X^2=b(1-aX^2)$$

$a+b=1$ 이므로,

$$1-2aX+a^2X^2=(1-a)(1-aX^2)$$
$$=1-a-aX^2+a^2X^2$$

$$\therefore\ a(X^2-2X+1)=0$$
$$a(X-1)^2=0$$
$$\therefore\ a=0 \quad \text{or} \quad X=1$$

$a=0$ 이면, $a+b=1$ 에서 $b=1$

$a\sin x+b\cos x=1$ 에서 $\cos x=1$

$0^0 < x < 180^0$ 이므로 해가 없다.

$X=\sin x=1$ 이면, $x=90^0$

$a\sin x+b\cos x=1$ 에서 $a=1$

$a+b=1$ 에서 $b=0$

답: (1) 1 (2) 0 (3) 90^0

[문제 2]

(i) $f(x)=x^3-2x^2+x+1$
$=x(x-1)^2+1>0$

(ii) $f(x)=(x^2-5x+2)^2-6(x^2-5x+2)+8$
$=\{(x^2-5x+2)-2\}\{(x^2-5x+2)-4\}$
$=(x^2-5x)(x^2-5x-2)$

$$= x(x-5)\left(x-\frac{5+\sqrt{33}}{2}\right)\left(x-\frac{5-\sqrt{33}}{2}\right)$$

x		$\frac{5-\sqrt{33}}{2}$		0		5		$\frac{5+\sqrt{33}}{2}$	
$f(x)$	+	0	−	0	+	0	−	0	+

(iii) $f(x)=3(x+1)(x+2)(x+3)$
$-(x+1)^3-(x+2)^3-(x+3)^3$

삼차항의 계수가 0이므로 이차 이하의 함수이다. $f(-1)=-9$, $f(-2)=0$, $f(-3)=9$이므로

$$\therefore f(x)=-9x-18$$

따라서, 양수범위에서 $f(x)<0$이다.

(iv) $f(x)=\log(x^2-x+1)$

$x^2-x+1=x(x-1)+1$이므로

$0<x<1$이면 $x^2-x+1<1$ $\quad f(x)<0$

$x>1$이면 $x^2-x+1>1$ $\quad f(x)>0$

답: (4) ㉠ (5) ㉢ (6) ㉡ (7) ㉢

[문제 3]

$$x^2-2ax+1=0 \qquad \cdots ①$$
$$x^2-2ax+2a=0 \qquad \cdots ②$$
$$4x^2-8ax+8a-3=0 \qquad \cdots ③$$

판별식을 각각 D_1', D_2', D_3'라 하면,

$D_1'=a^2-1=(a-1)(a+1)$

$D_2'=a^2-2a=a(a-2)$

$D_3'=16a^2-32a+12=4(2a-1)(2a-3)$

a		−1		0		$\frac{1}{2}$		1		$\frac{3}{2}$		2	
D_1'	+	0	−	−	−	−	−	0	+	+	+	+	+
D_2'	+	+	+	0	−	−	−	−	−	−	−	0	+
D_3'	+	+	+	+	+	0	−	−	−	0	+	+	+

따라서, 1개만 허근을 갖을 a의 범위는

$$\therefore\ -1<a\leqq 0 \quad , \quad \frac{3}{2}\leqq a<2$$

답: (8) -1 (9) 0 (10) $\frac{3}{2}$ (11) 2

[문제 4]

$$S^3=64\pi^3r^6,\quad 9V^2=16\pi^2r^6$$

r을 소거하면, $\frac{S^3}{9V^2}=4\pi$

$$S^3=36\pi V^2$$
$$S=\sqrt[3]{6^2\pi V^2}$$

$$\therefore\ \log S=\frac{1}{3}(2\log 6+\log\pi+2\log V)$$
$$=\frac{2}{3}\log V+\frac{1}{3}\log\pi+\frac{2}{3}\log 6$$

답: (12) $\frac{2}{3}$ (13) $\frac{1}{3}$ (14) $\frac{2}{3}$

[문제 5] $x^2+y^2-2x+3y-3=0$에서

$$(x-1)^2+\left(y+\frac{3}{2}\right)^2=\left(\frac{5}{2}\right)^2$$

$x^2+y^2-6x+5y+k=0$에서

$$(x-3)^2+\left(y+\frac{5}{2}\right)^2=9+\frac{25}{4}-k$$

$9+\frac{25}{4}-k=\frac{25}{4}$이므로, $k=9$

x축으로 $3-1=2$만큼 이동,

y축으로 $-\frac{5}{2}-\left(-\frac{3}{2}\right)=-1$만큼 이동

답: (15) 2 (16) -1 (17) 9

[문제 6]

$f(x)=x^3+Ax^2+B$로 놓으면,

$f'(x)=3x^2+2Ax=(3x+2A)x$

$x=-\frac{2A}{3}$, 0에서 극값을 가지므로

$$\therefore\ -\frac{2A}{3}=2,\quad A=-3$$

$f(2)=8-12+B=1$에서 $B=5$이고

$x=0$에서 극대임을 알 수 있다.

답: (18) -3 (19) 5 (20) 0

[이 과]

1. 이차방정식 $x^2-2x\log_a b+\log_b a=0$ 이 실근 $\alpha, \beta\ (0<\alpha<1<\beta)$를 갖는다. $a, b, 1$을 크기순으로 나열하여라. 단, a, b는 모두 1이 아닌 양수이다.

2. $\triangle ABC$에 있어 $\angle A=90^0$, $\overline{AB}=\overline{AC}=2$ 이다. 점 B, C에서 직선 BC에 관하여 A와 같은 쪽으로 변 BC에 수직인 반직선 BX, CY를 그렸다.
반직선 BX, 변 AB, BC, CA, 반직선 CY 상에 각각 점 P, Q, R, S, T를 잡아 $PQ \mathbin{/\!/} BC$, $\dfrac{\cos\angle BQP}{\cos\angle AQR}=\sqrt{2}$, $\angle BRQ=\angle CRS$, $\dfrac{\cos\angle CST}{\cos\angle ASR}=\sqrt{2}$ 가 성립하였다.
$\overline{BP}=x$, $\overline{CT}=y$라 할 때, x, y 사이의 관계식을 구하여라.

3. 그림과 같이 g는 수평면에 대하여 기울기 $\tan\alpha=\dfrac{1}{2}$인 정직선이며, $\overline{OA}$, $\overline{AB}$는 A에서 연결되어 있는 길이가 같은 봉으로 한쪽 끝 O는 g상에 고정되어 있으며, $\overline{OA}$는 g를 포함하는 연직면 안에서 자유회전하며, 다른 쪽 끝 B는 g상을 움직인다. 이때, 꺽인선 OAB의 중심 G($\overline{OA}$, $\overline{AB}$의 중점을 연결한 선분의 중점)가 최저의 위치에 있는 것은 $\overline{OA}$가 수평면과 이루는 기울기 $\tan\theta$가 얼마일 때인가?

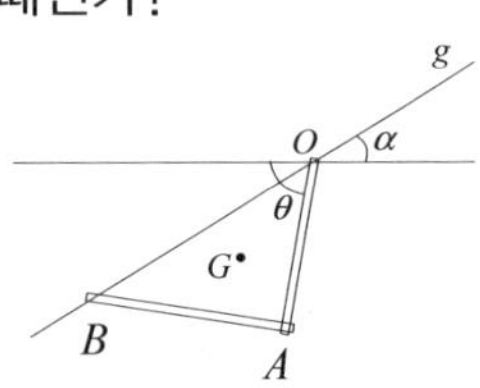

4. 다음 무한급수의 합을 구하여라.

$$\frac{r}{1-r^2}+\frac{r^2}{1-r^4}+\frac{r^4}{1-r^8}+\cdots+\frac{r^{2^{n-1}}}{1-r^{2^n}}+\cdots$$

(단, $|r|\neq 1$)

5. 한 정점으로부터 시작된 세 변의 길이가 x, y, z인 직육면체에 대하여 x, y, z의 합이 6, 표면적이 18일 때,
(i) x가 취할 수 있는 값의 범위는?
(ii) 직육면체의 체적의 최댓값은?

6. 곡선 $y=6\sin\dfrac{x}{6}$ 상의 $x=2\pi, x=6\pi$일 때의 점을 각각 P, Q라 하고, 점 P, Q에서의 곡선의 접선을 그려 그 교점을 R이라 하자.
(i) R의 좌표를 구하여라.
(ii) 선분 PR, QR과 위의 곡선으로 둘러싸인 도형의 넓이를 구하여라.

[문 과] 1, 2, 5 : 이과와 같음

3. 반지름 a인 원의 원주를 6등분하는 점을 각각 중심으로 하여 반지름 a인 원을 그렸을 때, 그 원들이 뒤덮는 부분의 넓이를 구하여라.

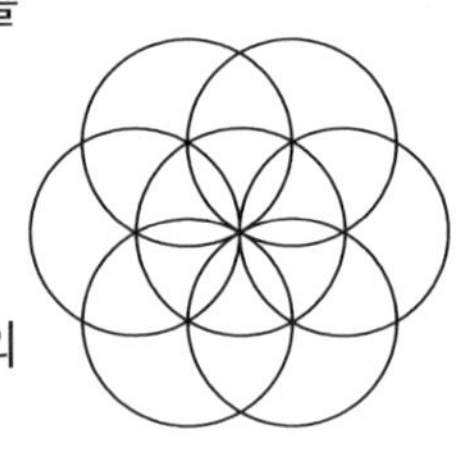

4. 그림과 같은 xy 평면상의 도형에 대하여 $\overline{OE}=\overline{OF}=1$, $\angle EOF=90^0$, $\tan\alpha=\sqrt{2}$ 이며, $\square ABCD$는 $\angle EOF$의 내부에 있는 직사각형으로 $\overline{AB}=1$, $\overline{BC}=\sqrt{2}$ 이다. 점 A가 $\overline{EO}$상을 E에서 O로 향하여 움직일 때, 점 B가 $\overline{OF}$상을 O에서 F로 향하여 움직인다.

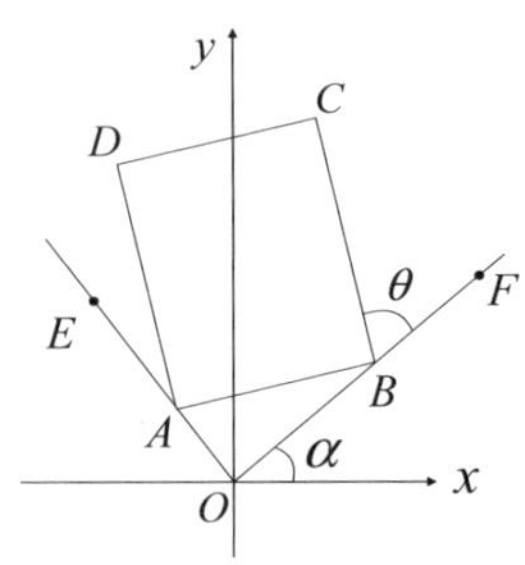

(i) $\angle CBF=\theta$라 할 때, 점 C의 좌표를 θ로 나타내어라.
(ii) C는 어떠한 곡선을 그리는가?

[이 과]

[문제 1]

$f(x)=x^2-2x\log_a b+\log_b a=x^2-2Bx+\dfrac{1}{B}$

로 놓으면, $f(x)=0$의 두 근 α, β가

$0<\alpha<1<\beta$를 만족하므로

$\therefore\ \ f(0)>0,\ f(1)<0$

$f(0)=\dfrac{1}{B}>0 \qquad \therefore\ \ B>0$

$f(1)=1-2B+\dfrac{1}{B}<0$

$2B^2-B-1>0$

$(2B+1)(B-1)>0 \quad (\because\ \ B>0)$

$\therefore\ \ B>1$

$B=\log_a b=\dfrac{\log b}{\log a}>1$이므로

$\log a$, $\log b$는 같은 부호를 갖는다.

$\log a>0,\ \log b>0$인 경우

$\log b>\log a \qquad \therefore\ \ b>a>1$

$\log a<0,\ \log b<0$인 경우

$\log b<\log a \qquad \therefore\ \ b<a<1$

답 : $b>a>1$ 또는 $b<a<1$ ■

[문제 2]

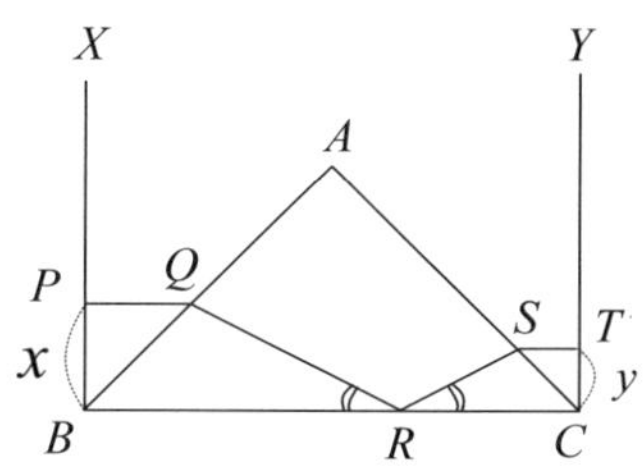

$PQ\,/\!/\,BC$이므로

$\angle BQP=45^0$,

$\cos\angle BQP=\dfrac{\sqrt{2}}{2}$

$\dfrac{\cos\angle BQP}{\cos\angle AQR}=\sqrt{2}$ 이므로, $\quad \cos\angle AQR=\dfrac{1}{2}$

$\therefore\ \angle AQR=60^0$

$\triangle QBR \backsim \triangle SCR$이므로 $\angle AQR=60^0=\angle ASR$

$\dfrac{\cos\angle CST}{\cos\angle ASR}=\sqrt{2}$ 이고 $\cos\angle ASR=\dfrac{1}{2}$ 이므로

$\cos\angle CST=\dfrac{\sqrt{2}}{2} \qquad \therefore\ \angle CST=45^0$

$\angle BRQ=\angle AQR-\angle B=60^0-45^0=15^0=\angle CRS$

$\dfrac{\overline{BQ}}{\sin 15^0}=\dfrac{\overline{BR}}{\sin 120^0}\,,\ \dfrac{\overline{CS}}{\sin 15^0}=\dfrac{\overline{RC}}{\sin 120^0}$

$\therefore\ \ \overline{BQ}+\overline{CS}=\dfrac{\sin 15^0}{\sin 120^0}(\overline{BR}+\overline{RC})$

$\overline{BQ}=\sqrt{2}\,\overline{BP}=\sqrt{2}\,x$,
$\overline{CS}=\sqrt{2}\,\overline{CT}=\sqrt{2}\,y$

$\sqrt{2}\,(x+y)=\dfrac{2\sin 15^0}{\sqrt{3}}(2\sqrt{2})$

$\therefore x+y=\dfrac{4\sin 15^0}{\sqrt{3}}$

$$\begin{aligned}\sin 15^0&=\sin(60^0-45^0)\\&=\sin 60^0\cos 45^0-\cos 60^0\sin 45^0\\&=\frac{\sqrt{2}(\sqrt{3}-1)}{4}\end{aligned}$$

$\therefore x+y=\dfrac{3\sqrt{2}-\sqrt{6}}{3}$ ■

[문제 3]

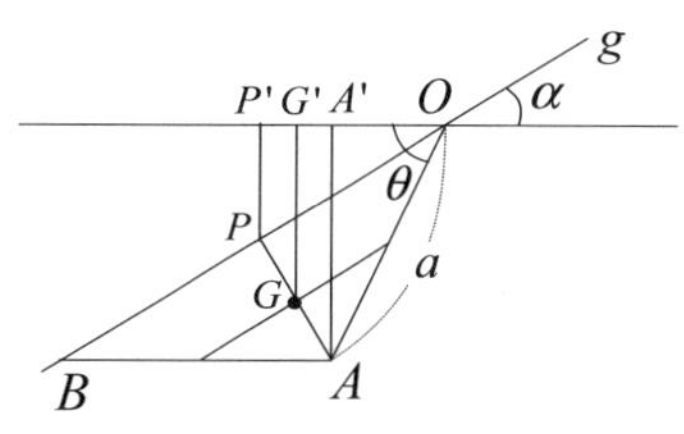

A, G, P에서 수평면에 내린 수선의 발을 각각 A', G', P'라 하자.

$$\begin{aligned}\overline{GG'}&=\frac{1}{2}(\overline{AA'}+\overline{PP'})\\&=\frac{1}{2}(a\sin\theta+\overline{OP}\sin\alpha)\\&=\frac{1}{2}(a\sin\theta+a\cos(\theta-\alpha)\sin\alpha)\\&=\frac{a}{2}(\sin\theta+\cos(\theta-\alpha)\sin\alpha)\end{aligned}$$

$f(\theta) = \sin\theta + \cos(\theta - \alpha)\sin\alpha$ 로 놓으면,

$$f(\theta) = \sin\theta + (\cos\theta\cos\alpha + \sin\theta\sin\alpha)\sin\alpha$$
$$= (\sin^2\alpha + 1)\sin\theta + \sin\alpha\cos\alpha\cos\theta$$
$$= \frac{6}{5}\sin\theta + \frac{2}{5}\cos\theta$$

$$\sin\alpha = \frac{\sqrt{5}}{5}, \quad \cos\alpha = \frac{2\sqrt{5}}{5}$$

$$= \frac{2}{5}(3\sin\theta + \cos\theta)$$
$$= \frac{2\sqrt{10}}{5}\sin(\theta + \beta)$$
$$\left(\because \quad \cos\beta = \frac{3}{\sqrt{10}}, \sin\beta = \frac{1}{\sqrt{10}}\right)$$

$\sin(\theta+\beta) = 1$ ($\because \theta + \beta = 90^0$)인 경우에 중심이 최저의 위치에 있다.

$$\therefore \tan\theta = \tan(90^0 - \beta) = \cot\beta = \frac{\cos\beta}{\sin\beta} = 3$$

답 : $\tan\theta = 3$ ■

[문제 4]

$$\frac{r^{2^{n-1}}}{1-r^{2^n}} = \frac{r^{2^{n-1}}}{(1-r^{2^{n-1}})(1+r^{2^{n-1}})}$$
$$= \frac{-1 + (1+r^{2^{n-1}})}{(1-r^{2^{n-1}})(1+r^{2^{n-1}})}$$
$$= \frac{-1}{(1-r^{2^{n-1}})(1+r^{2^{n-1}})} + \frac{1+r^{2^{n-1}}}{(1-r^{2^{n-1}})(1+r^{2^{n-1}})}$$
$$= \frac{1}{1-r^{2^{n-1}}} - \frac{1}{1-r^{2^n}}$$

$$S_n = \frac{r}{1-r^2} + \frac{r^2}{1-r^4} + \frac{r^4}{1-r^8} + \cdots + \frac{r^{2^{n-1}}}{1-r^{2^n}}$$
$$= \left(\frac{1}{1-r} - \frac{1}{1-r^2}\right) + \left(\frac{1}{1-r^2} - \frac{1}{1-r^4}\right) + \cdots$$
$$+ \left(\frac{1}{1-r^{2^{n-1}}} - \frac{1}{1-r^{2^n}}\right)$$
$$= \frac{1}{1-r} - \frac{1}{1-r^{2^n}}$$

$|r| < 1$ 인 경우

$$S = \lim_{n\to\infty} S_n = \frac{1}{1-r} - 1 = \frac{r}{1-r}$$

$|r| > 1$ 인 경우

$$S = \lim_{n\to\infty} S_n = \frac{1}{1-r} - \lim_{n\to\infty}\frac{1}{1-r^{2^n}}$$
$$= \frac{1}{1-r}$$

답 : $\begin{cases} |r| < 1 \text{ 인경우 : } \dfrac{r}{1-r} \\ |r| > 1 \text{ 인경우 : } \dfrac{1}{1-r} \end{cases}$ ■

[문제 5]

(1) $x + y + z = 6$, $xy + yz + xz = 9$

$y + z = 6 - x$ … ①

$x(y+z) + yz = 9$에 ①을 대입하면,

$yz = x^2 - 6x + 9$ … ②

---

y, z를 두 근으로 하는 이차방정식은

$$t^2 - (6-x)t + x^2 - 6x + 9 = 0$$

$$D = (x-6)^2 - 4(x^2 - 6x + 9) \geqq 0$$
$$x(x-4) \leqq 0$$
$\therefore \ 0 \leqq x \leqq 4$ … ③

$y + z > 0$, $yz > 0$이므로

①, ②에서

$6 - x > 0$, $x^2 - 6x + 9 > 0$

$\therefore \ 0 < x < 6$, $x \neq 3$ … ④

③, ④에서

$\therefore \ 0 < x < 3, \ 3 < x \leqq 4$ …(답) ■

(2)

$$V = xyz = x(x^2-6x+9) = x^3-6x^2+9x$$
$$V' = 3x^2-12x+9 = 3(x-1)(x-3)$$

$x=1$에서 극대, $x=3$에서 극소이며,
$V(1)=4$, $V(4)=4$이므로 최댓값은 4

답 : 4 ■

[문제 6]

(1)

$y = 6\sin\dfrac{x}{6}$

$y' = \cos\dfrac{x}{6}$

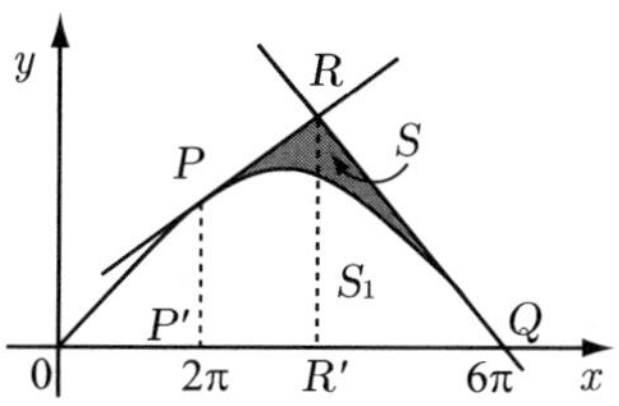

$P(2\pi,\ 3\sqrt{3})$에서의 접선의 방정식은

$$y = \frac{1}{2}(x-2\pi)+3\sqrt{3} \qquad \cdots ①$$

$Q(6\pi, 0)$에서의 접선의 방정식은

$$y = -(x-6\pi) \qquad \cdots ②$$

①, ②에서

$$R\left(\frac{2(7\pi-3\sqrt{3})}{3},\ \frac{2(2\pi+3\sqrt{3})}{3}\right) \cdots(\text{답})$$ ■

(2) 그림에서 S_1의 면적은

$$S_1 = \int_{2\pi}^{6\pi} 6\sin\frac{x}{6}\,dx = -36\left[\cos\frac{x}{6}\right]_{2\pi}^{6\pi} = 54$$

구하는 면적 S는

$$S = \square PP'QR - S_1$$
$$= \frac{1}{2}\left(\frac{2(7\pi-3\sqrt{3})}{3}-2\pi\right)\left(3\sqrt{3}+\frac{2(2\pi+3\sqrt{3})}{3}\right)$$
$$+\frac{1}{2}\cdot\frac{2(2\pi+3\sqrt{3})}{3}\cdot\left(6\pi-\frac{2(7\pi-3\sqrt{3})}{3}\right)-54$$
$$= \frac{16\pi^2+48\sqrt{3}\pi-135}{9}+\frac{8\pi^2+24\sqrt{3}\pi+54}{9}-54$$
$$= \frac{8}{3}\pi^2+8\sqrt{3}\pi-63 \qquad \cdots(\text{답})$$ ■

[문 과]

[문제 3]

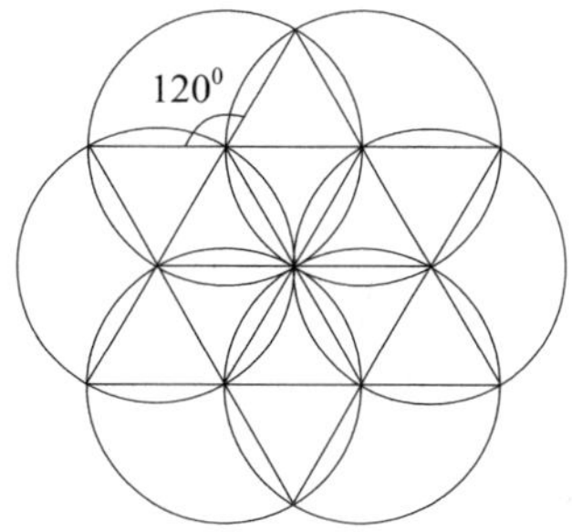

그림과 같이
한 변의 길이가 a인 정삼각형 : 12개
반지름 a, 중심각 120°인 부채꼴 : 6개

$$12\times\frac{\sqrt{3}a^2}{4}+6\times\frac{a^2\pi}{3}$$
$$= 3\sqrt{3}a^2+2a^2\pi$$
$$= (3\sqrt{3}+2\pi)a^2 \qquad \cdots(\text{답})$$ ■

〈다른 방법〉

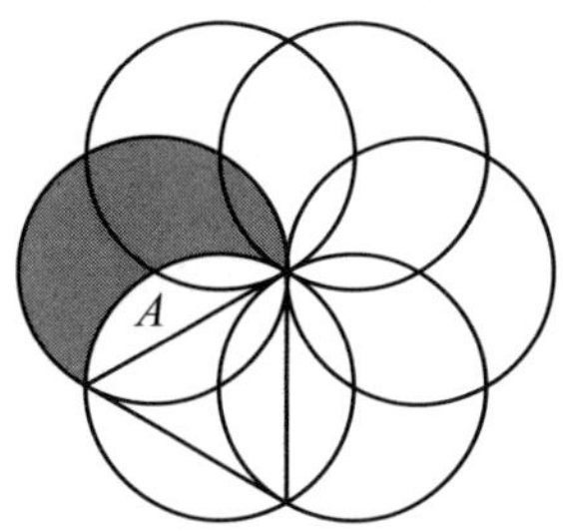

활꼴 A의 면적은 반지름 a인 원에서 내접하는 정삼각형을 뺀 면적의 $\frac{1}{3}$이다.

$$A = \frac{1}{3}\left(\pi a^2-\frac{3\sqrt{3}}{4}a^2\right)$$

빗금친 부분의 넓이

$$= \pi a^2-2A = \frac{\pi a^2}{3}+\frac{\sqrt{3}}{2}a^2$$

구하는 면적 $= 6\left(\dfrac{\pi a^2}{3}+\dfrac{\sqrt{3}}{2}a^2\right) = (3\sqrt{3}+2\pi)a^2$

[문제 4]

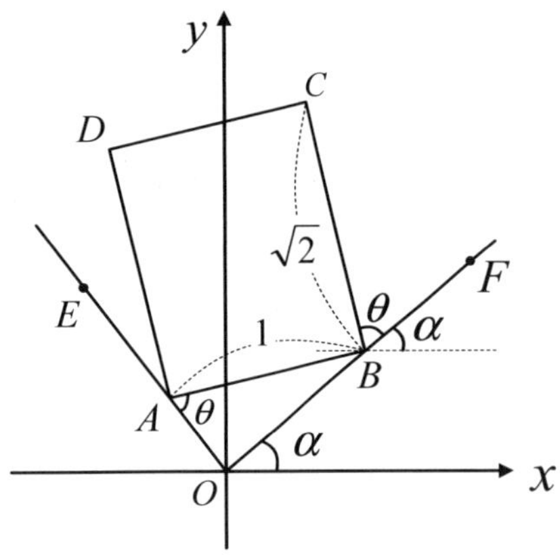

(1)

$\overline{OB}=\sin\theta$이므로

B의 좌표는 $(\sin\theta\cos\alpha,\ \sin\theta\sin\alpha)$

C의 좌표는

$(\underline{\sqrt{2}\cos(\theta+\alpha)}+\sin\theta\cos\alpha,\ \ \underline{\sqrt{2}\sin(\theta+\alpha)}+\sin\theta\sin\alpha)$

$=\left(\sqrt{\frac{2}{3}}\cos\theta-\frac{1}{\sqrt{3}}\sin\theta,\ \ \frac{2}{\sqrt{3}}\cos\theta+2\sqrt{\frac{2}{3}}\sin\theta\right)$

문제에서 $\tan\alpha=\sqrt{2}$ 이고 $0^0\leqq\alpha\leqq 90^0$ … ①

이므로 $\sin\alpha=\sqrt{\frac{2}{3}}$, $\cos\alpha=\frac{1}{\sqrt{3}}$ … ②

답 : $C\left(\sqrt{\frac{2}{3}}\cos\theta-\frac{1}{\sqrt{3}}\sin\theta,\ \ \frac{2}{\sqrt{3}}\cos\theta+2\sqrt{\frac{2}{3}}\sin\theta\right)$

■

(2)

점 C의 좌표를 $(X,\ Y)$라 하면,

$$\begin{cases} X=\sqrt{\frac{2}{3}}\cos\theta-\frac{1}{\sqrt{3}}\sin\theta & \cdots ③ \\ Y=\frac{2}{\sqrt{3}}\cos\theta+2\sqrt{\frac{2}{3}}\sin\theta & \cdots ④ \end{cases}$$

②에 의하여,

$$\begin{cases} X=-\sin(\theta-\alpha) & \cdots ③' \\ Y=2\cos(\theta-\alpha) & \cdots ④' \end{cases}$$

$\sin^2(\theta-\alpha)+\cos^2(\theta-\alpha)=1$이므로

$$X^2+\frac{Y^2}{4}=1 \qquad \cdots ⑤$$

③′, ④′에서 X, Y의 변역을 구하여 보자.

문제에서 $0^0\leqq\theta\leqq 90^0$ … ⑥

①을 고려하여 변역 ⑥에서의

③′, ④′의 그래프를 그려보면,

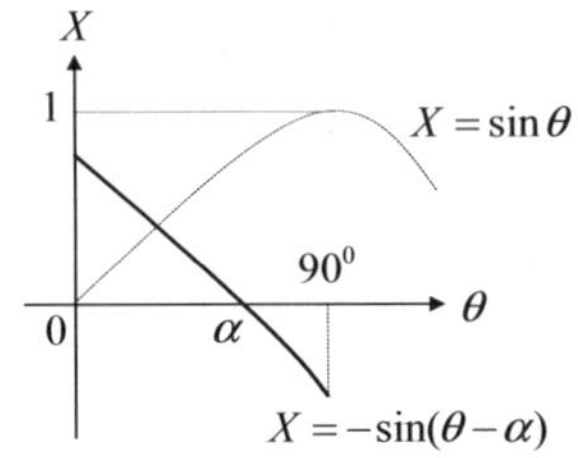

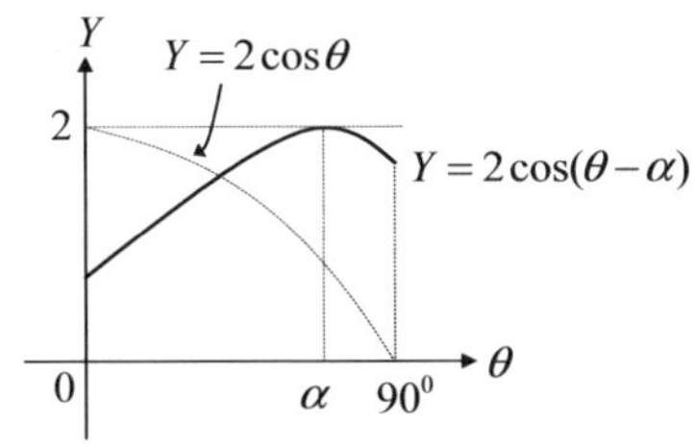

$(\because \tan\alpha=\sqrt{2}$ 이므로 $\alpha>45^0)$

$$\begin{cases} -\sin(90^0-\alpha)\leqq X\leqq -\sin(-\alpha) \\ 2\cos(-\alpha)\leqq Y\leqq 2\cos(0^0) \end{cases}$$

$$\begin{cases} -\frac{1}{\sqrt{3}}\leqq X\leqq\sqrt{\frac{2}{3}} \\ \frac{2}{\sqrt{3}}\leqq Y\leqq 2 \end{cases}$$

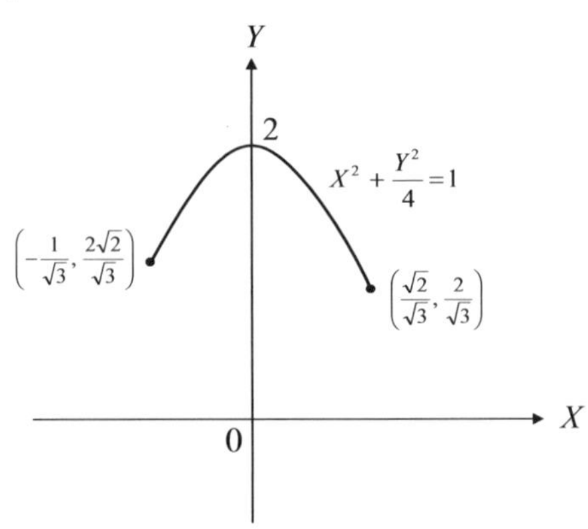

■

〈 1963년 1차 이과 〉

1. 다음 □ 안에 알맞은 수를 넣어라.
임의의 실수 x에 대하여 다음이 성립한다.
$6x^3+$ (1)□ x^2-8x+ (2)□
$=(x-1)($ (3)□ $x+1)(3x+$ (4)□ $)$

2. 다음 □ 안에 알맞은 수를 넣어라.
평면상의 두 점 A, B에 대하여 $\overline{AB}=6$이다. 같은 평면상의 한 점 P를 A를 중심으로 양의 방향으로 60^0 회전한 점을 P', P'를 점 B를 중심으로 양의 방향으로 120^0 회전한 점을 P''라 하자.
(1) P가 $\overline{AB}$의 중점이면
$\overline{BP'}=\sqrt{(5)\square}$, $\overline{P'P''}=$ (6)□ 이다.
(2) P''가 P와 일치하면
$\overline{AP}=\sqrt{(7)\square}$, $\overline{BP}=$ (8)□ 이다.

3. 다음 □ 안에 알맞은 수를 넣어라.

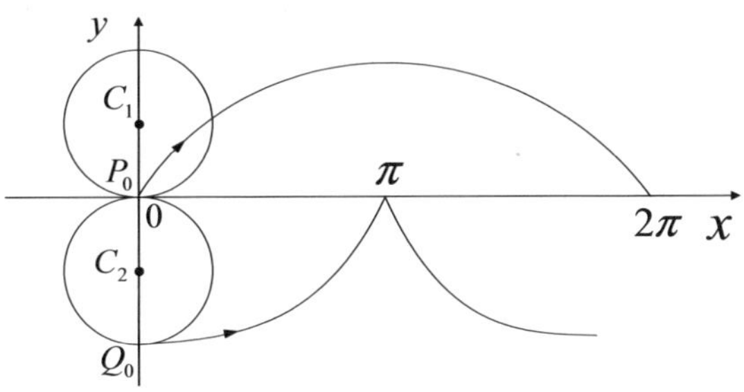

시각 $t=0$일 때 그림과 같이 반지름 1인 두 원 C_1, C_2가 x축에 연하여 미끄러지지 않고 x축의 양의 방향으로 굴러가기 시작한다. 두 원 C_1, C_2 상의 그림과 같이 표시된 두 점 P_0, Q_0의 시각 t에서의 위치를 각각 $P_t(x_1, y_1)$, $Q_t(x_2, y_2)$라 할 때,
$x_1=t-\sin t$, $y_1=1-\cos t$ 및
$x_2=t-\sin(t+a\pi)$, $y_2=-1+\cos(t+a\pi)$, $(0\leq a<2)$로 된다.
a의 값은 (9)□ 이고, $0\leq t\leq\pi$의 범위에서 두 점 P_t, Q_t의 거리의 최솟값은 (10)□ , 최댓값은 $\sqrt{(11)\square}$ 이다. 또, 최댓값을 갖는 것은 $t=$ (12)□ π일 때이다.

4. 다음 □ 안에 알맞은 수를 넣어라.
$\log_2 y=(\log_2 x)^3$을 만족하는 양수 x, y에 대하여, $\dfrac{x^3}{y}$은 $1\leq x\leq 4$의 범위에서 $x=$ (13)□, $y=$ (14)□ 일 때 최댓값을 가지며 최댓값은 (15)□ 이다. 또, 그 범위에서 $\dfrac{x^3}{y}$의 최솟값은 (16)□ 이다.

5. 다음 □ 안에 ㉠~㉣을 넣어라.
두 실수 a, b에 대한 명제 [어떠한 실수 x에 대해서도 적당한 실수 y를 잡으면 $ax\neq by$이다.]가 성립하지 않기 위해
(1) [어떠한 실수 x를 잡아도 임의의 실수 y에 대하여 $ax=by$이다.]는 (17)□
(2) [적당한 실수 y를 잡으면, 어떠한 실수 x에 대해서도 $ax=by$이다.]는 (18)□
(3) [적당한 실수 x를 잡으면, 어떠한 실수 y에 대해서도 $ax=by$이다.]는 (19)□
(4) [적당한 실수 x를 잡으면 적당한 실수 y에 대하여 $ax=by$이다.]는 (20)□

㉠ 필요충분조건이다.
㉡ 충분조건이나 필요조건은 아니다.
㉢ 필요조건이나 충분조건은 아니다.
㉣ 필요조건도 충분조건도 아니다.

[문제 1]

$6x^3+Ax^2-8x+B=(x-1)(Cx+1)(3x+D)$
$=3Cx^3+(3-3C+CD)x^2+(D-CD-3)x-D$
$6=3C$ ⋯ ①　　$A=3-3C+CD$ ⋯ ②
$-8=D-CD-3$ ⋯ ③　　$B=-D$ ⋯ ④

①에서 $C=2$, 이것을 ②,③에 대입하면
$A=2D-3$, $-8=-D-3$
$\therefore$ $D=5$, $A=7$, $B=-5$

답: (1) 7　(2) −5　(3) 2　(4) 5

[문제 2]

(1)

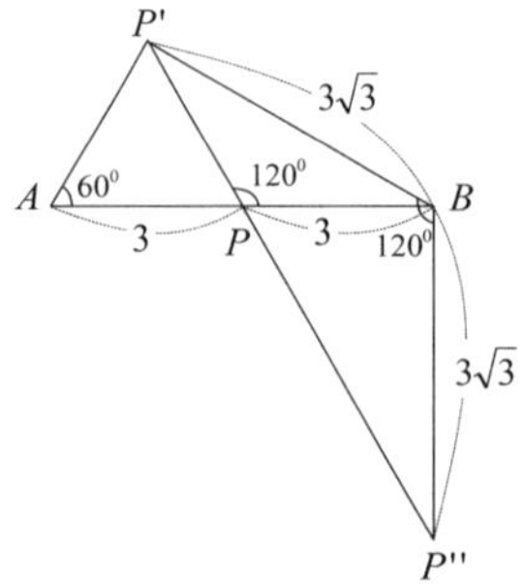

$\triangle APP'$: 정삼각형

$\triangle BPP'$: 이등변삼각형

이므로

$\angle PBP' = \angle PP'B = 30^0$

$\therefore \angle AP'B = \angle PBP'' = 90^0$

$\therefore \quad \overline{BP'} = \overline{AB}\sin 60^0 = 3\sqrt{3} = \underline{\sqrt{27}} = \overline{BP''}$

$\overline{PP''}\sin 60^0 = \overline{BP''}$, $\overline{PP''} = 3\sqrt{3} \times \dfrac{2}{\sqrt{3}} = 6$

$\therefore \quad \overline{P'P''} = \overline{P'P} + \overline{PP''} = 3+6 = \underline{9}$

(2)

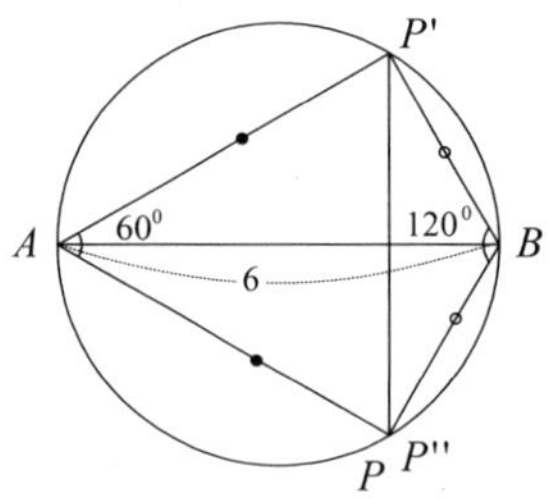

P와 P''가 일치하므로

사각형 $APBP'$는

원에 내접한다.

$\overline{AB} = 6 \qquad \cdots$ ①

P'는 P를 A를 중심으로 회전하였으므로

$\overline{AP} = \overline{AP'} \qquad \cdots$ ②

P''는 P'를 B를 중심으로 회전하였으므로

$\overline{BP} = \overline{BP'} \qquad \cdots$ ③

$\overline{AB}$는 공통이므로 ②, ③에 의하여

$\therefore \quad \triangle ABP \equiv \triangle ABP'$ (SSS합동)

$\therefore \angle BAP = 30^0$, $\angle ABP = 60^0$, $\angle APB = 90^0 \quad \cdots$ ④

---

①, ④에 의하여

$\therefore \quad \overline{AP} = \overline{AB}\sin 60^0 = 3\sqrt{3} = \underline{\sqrt{27}}$

$\therefore \quad \overline{BP} = \overline{AB}\cos 60^0 = \underline{3}$

답: (5) 27 (6) 9 (7) 27 (8) 3

〈다른 방법〉

xy좌표평면상에 $A(0,0), B(6,0)$으로 놓자.

$P(x,y)$: $x+yi$에 대하여

P': $(x+yi)(\cos 60^0 + i\sin 60^0)$

$= \dfrac{x-\sqrt{3}y}{2} + \dfrac{\sqrt{3}x+y}{2}i$

P'': $(P'-(6+0i))(\cos 120^0 + i\sin 120^0) + 6 + 0i$

$= -x+9+(-y-3\sqrt{3})i$

$P'\left(\dfrac{x-\sqrt{3}y}{2}, \dfrac{\sqrt{3}x+y}{2}\right)$, $P''(-x+9, -y-3\sqrt{3})$

을 이용하여 문제를 풀 수 있다.

(1) $P(3,0)$, $P'\left(\dfrac{3}{2}, \dfrac{3\sqrt{3}}{2}\right)$, $P''(6, -3\sqrt{3})$

$\therefore \quad \overline{BP'} = \sqrt{27}$, $\overline{P'P''} = 9$

(2) P와 P''가 일치하므로

$x = -x+9$, $y = -y-3\sqrt{3}$

$x = \dfrac{9}{2}$, $y = -\dfrac{3\sqrt{3}}{2}$

$\therefore \quad P\left(\dfrac{9}{2}, -\dfrac{3\sqrt{3}}{2}\right)$

$\therefore \quad \overline{AP} = \sqrt{27}$, $\overline{BP} = 3$

[문제 3]

$x_1 = t - \sin t$, $y_1 = 1 - \cos t$

$x_2 = t - \sin(t + a\pi)$, $y_2 = -1 + \cos(t + a\pi)$

$t = 0$일 때, $x_2 = 0, y_2 = -2$이므로

$\therefore \sin a\pi = 0, \cos a\pi = -1$

$0 \leqq a < 2$이므로 $\quad \therefore a = 1$

$\overline{P_t Q_t}^2 = (x_2 - x_1)^2 + (y_2 - y_1)^2$

$= \{(t+\sin t) - (t - \sin t)\}^2$

$+ \{(-1-\cos t) - (1-\cos t)\}^2$

$= 4(\sin^2 t + 1)$

$$\therefore \quad \overline{P_t Q_t} = 2\sqrt{\sin^2 t + 1}$$

$0 \leqq t \leqq \pi$ 이므로

$t = 0, \pi$ 일 때, $\overline{P_t Q_t} = 2$ (최솟값)

$t = \frac{\pi}{2}$ 일 때, $\overline{P_t Q_t} = \sqrt{8}$ (최댓값)

답: (9) 1 (10) 2 (11) 8 (12) $\frac{1}{2}$

[문제 4]

$$\log_2 y = (\log_2 x)^3 \quad , \quad x, y \ : \text{양수}$$

$$\log_2 \frac{x^3}{y} = 3\log_2 x - \log_2 y = 3\log_2 x - (\log_2 x)^3$$

$\log_2 x = X, f(X) = 3X - X^3$ 으로 놓으면,

$1 \leqq x \leqq 4$ 에서 $0 \leqq X \leqq 2$,

$$f'(X) = 3 - 3X^2$$

$X = 1$ 에서 $f(X)$는 극대이고

$f(0) = 0, f(1) = 2, f(2) = -2$ 이므로

$X = 1$ 일 때, $\log_2 \frac{x^3}{y} = 2$ (최대)

$$\therefore x = 2, \ \frac{x^3}{y} = 4, \ y = 2$$

$X = 2$ 일 때, $\log_2 \frac{x^3}{y} = -2$ (최소)

$$\therefore x = 2^2, \ \frac{x^3}{y} = \frac{1}{4}, \ y = 2^8$$

답: (13) 2 (14) 2 (15) 4 (16) $\frac{1}{4}$

[문제 5]

모든 실수 x에 대하여 : $\forall x$
적당한 실수 x에 대하여 : $\exists x$

로 나타내자.

주어진 명제는

$[\forall x, \exists y; ax \neq by]$

주어진 명제의 부정은

$[\exists x, \forall y; ax = by]$ … ①

(1) $[\forall x, \forall y; ax = by]$ … ②

(2) $[\exists y, \forall x; ax = by]$ … ③

(3) $[\exists x, \forall y; ax = by]$ … ④

(4) $[\exists x, \exists y; ax = by]$ … ⑤

이것을
그림으로 나타내면
오른쪽 그림과 같다.

①
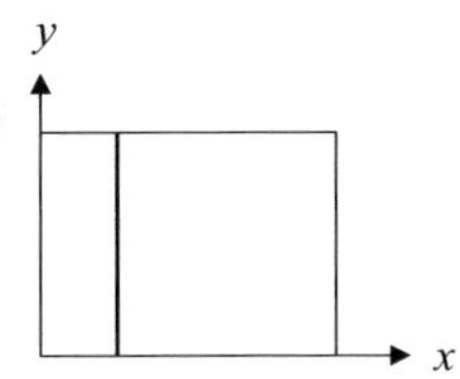

(1) ② ⇒ ①

∴ 충분조건

②
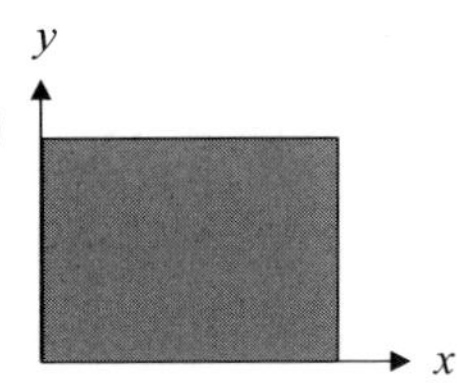

(2) ③, ①

∴ 관계없음

(3) ④ ⇔ ①

∴ 필요충분조건

③
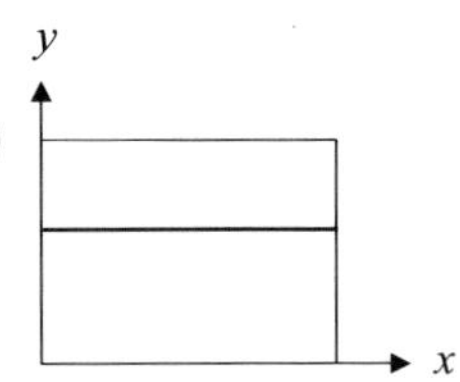

(4) ⑤ ⇐ ①

∴ 필요조건

④
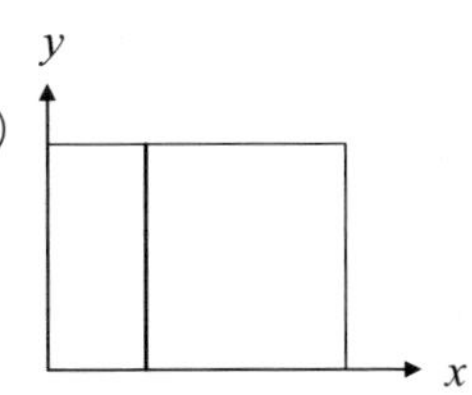

답: (17) ㉡
(18) ㉣
(19) ㉠
(20) ㉢

⑤
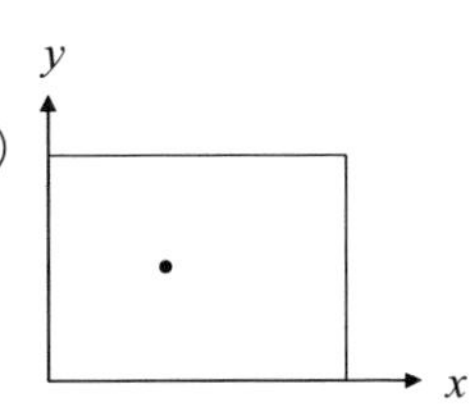

〈 1963년 1차 문과 〉

1. 다음 □ 안에 알맞은 수를 넣어라.
임의의 실수 x, y, z에 대하여
(1)□ x^2+ (2)□ $(x+y+3z)=$ (3)□ $\{x^2+2(y+3z)\}+2(y+z)+$ (4)□ $(2x+z)$
가 성립한다.

2. 다음 □ 안에 알맞은 수를 넣어라.
두 점 $A(1,1)$, $B(2,3)$과
직선 $y=\frac{1}{2}x$ … ① 가 있다.
직선 ①상의 동점 P를 잡아 $\overline{PA}^2+\overline{PB}^2$을 최소로 하면,
최솟값은 (5)□ 이며 그 최솟값을 갖는 점 P_0의 좌표는 ((6)□, (7)□)이다.
또, 점 P_0를 지나는 직선 ①의 수선 l을 그리면, l과 직선 AB의 교점의 y좌표는 (8)□ 이다.

3. 다음 □ 안에 알맞은 수를 넣어라.
$\triangle ABC$에 대하여 점 A의 좌표가 $(2,16)$, 중심의 좌표가 $(3,-1)$, 외심의 좌표가 $(2,1)$이면, 점 B의 좌표는 ((9)□, (10)□), 점 C의 좌표는 ((11)□, (12)□)이다.
단, C의 x좌표는 양수이다.

4. 다음 □ 안에 알맞은 수를 넣어라.
곡선 $y=x^3+$ (13)□ x^2+ (14)□ $x+$ (15)□ 의 접선의 기울기는 접점이 $(2,-10)$일 때 최소이고, 그때의 기울기는 (16)□ 이며 그 접선은 원점을 지난다.

5. 다음 □ 안에 ㉠~㉣을 넣어라.
길이가 a, b, c인 세 선분을 세 변으로 하는 예각삼각형을 만들 수 있기 위해

(1) $|a-b|<c<a+b$는 (17)□

(2) $|a^2-b^2|<c^2<a^2+b^2$는 (18)□

(3) $|a^2-b^2|<c^2<ab$는 (19)□

(4) $|a-b|<c<\frac{b^2}{a}+\frac{a^2}{b}$는 (20)□

㉠ 필요충분조건이다.
㉡ 충분조건이나 필요조건은 아니다.
㉢ 필요조건이나 충분조건은 아니다.
㉣ 필요조건도 충분조건도 아니다.

[문제 1]

$$Ax^2+B(x+y+3z)=C\{x^2+2(y+3z)\}+2(y+z)+D(2x+z)$$

x^2의 계수 : $A=C$ … ①
x의 계수 : $B=2D$ … ②
y의 계수 : $B=2C+2$ … ③
z의 계수 : $3B=6C+2+D$ … ④

④$-$③$\times 3$ ∴ $D=4$
②에 대입하면, ∴ $B=2D=8$
③에 대입하면,
$8=2C+2$ ∴ $C=3$
①에 의하여 ∴ $A=3$

답: (1) 3 (2) 8 (3) 3 (4) 4

[문제 2]
$P(2t,t)$로 놓으면, $A(1,1)$, $B(2,3)$이므로
$\overline{PA}^2+\overline{PB}^2$

$$=(2t-1)^2+(t-1)^2+(2t-2)^2+(t-3)^2$$
$$=10(t-1)^2+5$$

$t=1$일 때, $P_0(2,1)$
$\overline{PA}^2+\overline{PB}^2$의 최솟값 : 5

$$\begin{cases} \overline{AB} : y=2x-1 \\ \ \ l \ \ : y=-2(x-2)+1 \end{cases}$$

교점을 구하면, $\left(\frac{3}{2}, 2\right)$

답: (5) 5 (6) 2 (7) 1 (8) 2

〈다른 방법〉

$\overline{AB}$의 중점을 M이라 하면,

$$\overline{PA}^2+\overline{PB}^2 = 2(\overline{AM}^2+\overline{PM}^2)$$

$\overline{AM}$은 일정하므로,

$\overline{PM}$이 최소일 때 $\overline{PA}^2+\overline{PB}^2$이 최소이다.

$M\left(\frac{3}{2}, 2\right)$에서 $y=\frac{1}{2}x$에 내린 수선의 발이 구하는 P_0가 된다.

$M\left(\frac{3}{2}, 2\right)$을 지나며 $y=\frac{1}{2}x$에 수직인 직선

$$l: \ y-2 = -2\left(x-\frac{3}{2}\right)$$

직선 l과 $y=\frac{1}{2}x$의 교점을 구하면

$$\therefore \ P_0(2,1)$$

$A(1,1)$, $B(2,3)$이므로

$\therefore \ \overline{P_0A}^2+\overline{P_0B}^2 = 5$

[문제 3]

$A(2,16)$, $B(x_1,y_1)$, $C(x_2,y_2)$로 놓자.

중심이 $(3,-1)$이므로

$$\frac{2+x_1+x_2}{3} = 3, \ x_1=7-x_2 \quad \cdots ①$$

$$\frac{16+y_1+y_2}{3} =-1, \ y_1=-19-y_2 \quad \cdots ②$$

외심이 $(2,1)$이므로, 외접원의 방정식은

$$(x-2)^2+(y-1)^2=(2-2)^2+(16-1)^2$$

$$(x-2)^2+(y-1)^2=225 \quad \cdots ③$$

B, C가 ③상에 있으므로

$$(x_1-2)^2+(y_1-1)^2=225 \quad \cdots ④$$

$$(x_2-2)^2+(y_2-1)^2=225 \quad \cdots ⑤$$

---

①, ②를 ④에 대입하면,

$$(x_2-5)^2+(y_2+20)^2=225 \quad \cdots ⑥$$

$$\begin{cases} (x_2-2)^2+(y_2-1)^2=225 & \cdots ⑤ \\ (x_2-5)^2+(y_2+20)^2=225 & \cdots ⑥ \end{cases}$$

을 풀면,

$$x_2=7(y_2+10) \quad \cdots ⑦$$

---

⑦을 ⑤에 대입하면,

$$y_2^2+19y_2+88=0$$

$$(y_2+8)(y_2+11)=0$$

$$\therefore \ y_2=-8 \text{ or } -11$$

⑦에 의하여,

$x_2=14, y_2=-8$ or $x_2=-7, y_2=-11$

$x_2>0$이므로

$$\therefore x_2=14, y_2=-8$$

①, ②에 의해 $x_1=-7, y_1=-11$

답: (9) -7 (10) -11 (11) 14 (12) -8

[문제 4]

$y=x^3+Ax^2+Bx+C=f(x)$로 놓으면,

$y'=3x^2+2Ax+B=f'(x)$

$y''=6x+2A=f''(x)$

---

y'이 아래로 볼록한 이차함수이므로

y'이 최소일 때는 $y''=0$일 때이다.

접점 $(2,-10)$에서 y'(기울기)이 최소이므로

$$f''(2)=12+2A=0$$

$$\therefore\ A=-6$$

$(2,-10)$에서의 접선은

$$y+10=(B-12)(x-2)$$

$$f'(2)=12-24+B=B-12$$

이 접선이 원점을 지나므로

$$0+10=(B-12)(0-2)$$

$$\therefore\ B=7\ ,\ f'(2)=B-12=-5$$

$$f(x)=x^3+Ax^2+Bx+C$$
$$=x^3-6x^2+7x+C$$

$$f(2)=8-24+14+C=-10$$

$$\therefore\ C=-8$$

답: (13) -6 (14) 7 (15) -8 (16) -5

[문제 5]

(1) a,b,c를 세 변의 길이로 하는 예각삼각형이 존재하면, $|a-b|<c<a+b$이 성립한다.

3,4,5는 $|a-b|<c<a+b$를 만족하나 직각삼각형이므로 충분조건은 아니다.

$\therefore$ 필요조건

(2) $|a^2-b^2|<c^2<a^2+b^2$

① $a\geqq b$인 경우, $a^2-b^2<c^2<a^2+b^2$

$c^2<a^2+b^2$: $\angle C<90^0$

$a^2<b^2+c^2$: $\angle A<90^0$

$a\geqq b$: $\angle B\leqq\angle A<90^0$

$\therefore\ \triangle ABC$: 예각삼각형

② $a<b$인 경우,

같은 방법으로 $\therefore\ \triangle ABC$: 예각삼각형

①, ②에 의하여 충분조건이며,
역도 성립하므로 ∴필요충분조건

(3) $|a^2-b^2|<c^2<ab$는

① $a\geqq b$인 경우, $a^2-b^2<c^2<ab$

$a^2<b^2+c^2$: $\angle A<90^0$

$a\geqq b$: $\angle B\leqq\angle A<90^0$

$c^2<ab,\ a\geqq b$: $c<a$

$\angle C<\angle A<90^0$

$\therefore\ \triangle ABC$: 예각삼각형

② $a<b$인 경우,

같은 방법으로 $\therefore\ \triangle ABC$: 예각삼각형

①, ②에 의하여 충분조건이며,
정삼각형은 (3)을 만족하지 않으므로
필요조건은 아니다.

(4) $|a-b|<c<\dfrac{b^2}{a}+\dfrac{a^2}{b}$

a,b,c가 삼각형의 세 변이 되면

$|a-b|<c<a+b$ … ③

$$\frac{b^2}{a}+\frac{a^2}{b}-(a+b)=\frac{(a-b)^2(a+b)}{ab}\geqq 0$$

$$\therefore\ \frac{b^2}{a}+\frac{a^2}{b}\geqq(a+b)\quad\cdots ④$$

③, ④에서 $|a-b|<c<\dfrac{b^2}{a}+\dfrac{a^2}{b}$

따라서, a,b,c를 세 변으로 하는 예각삼각형이 존재하면, (4)는 성립하므로 필요조건.

3,4,5는 (4)를 만족하나 직각삼각형이므로 충분조건은 되지 않는다.

답: (17) ㉢ (18) ㉠ (19) ㉡ (20) ㉢

〈 1963년 2차 〉 - 이과

[이 과]

1. 직육면체의 한 점 O로부터 출발하는 세 변을 $\overline{OA}$, $\overline{OB}$, $\overline{OC}$라 하고, O로부터 가장 먼 점을 D라 하자. $\overline{BC}=a$, $\overline{CA}=b$, $\overline{AB}=c$라 할 때, $\overline{OD}$의 길이를 $a,\ b,\ c$로 나타내어라. 또, $a=5$, $b=3$일 때, c의 범위를 구하여라.

2. 같은 평면상의 점 P와 직선 l의 거리는 $\sqrt{3}+1$이다. 또, $Q,\ R,\ S$는 같은 평면상의 동점이며 S는 l상에 있다. $\overline{PQ}=2+\sqrt{2}$, $\overline{QR}=2-\sqrt{2}$, $\overline{RS}=\sqrt{3}-1$일 때, R이 움직일 수 있는 범위를 도시하고 면적을 구하여라.

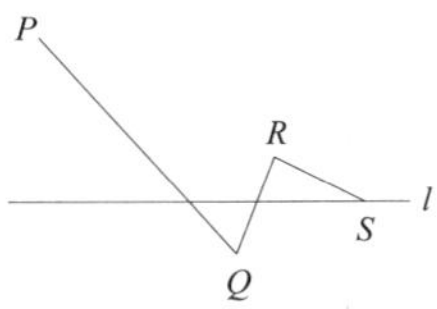

3. $\overline{AD}=a$, $\overline{BC}=b$, $\overline{AD}\ /\!/\ \overline{BC}$인 사다리꼴이 있다.

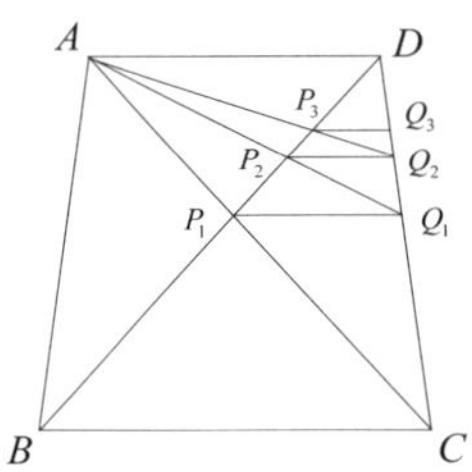

대각선 AC, BD의 교점을 P_1이라 하고, CD상에 점 Q_1을 $\overline{P_1Q_1}\ /\!/\ \overline{AD}$되도록 잡는다. 이후 $\overline{AQ_1}$과 $\overline{DP_1}$의 교점을 P_2라 하고, CD상에 점 Q_2를 $\overline{P_2Q_2}\ /\!/\ \overline{AD}$되도록 잡는다. 또, $\overline{AQ_2}$와 $\overline{DP_2}$의 교점을 P_3라 하고, CD상에 점 Q_3를 $\overline{P_3Q_3}\ /\!/\ \overline{AD}$되도록 잡는다. 같은 방법으로 n회 반복하여 $\overline{P_nQ_n}=x_n$이라 할 때,

(1) x_n을 a, b, n으로 나타내어라.

(2) $\triangle DP_{n+1}Q_n$의 면적을 F_n이라 할 때, $\sum_{n=1}^{\infty} F_n$을 구하여라.

단, $\angle DBC=\beta$, $\angle DCB=\gamma$이다.

4. 한 변의 길이가 a인 정사면체 $ABCD$의 변 AB, AC, AD상에 A로부터 같은 거리에 각각 점 P, Q, R을 잡아, 면 BCD에 내린 수선의 발을 각각 P', Q', R'라 하자.

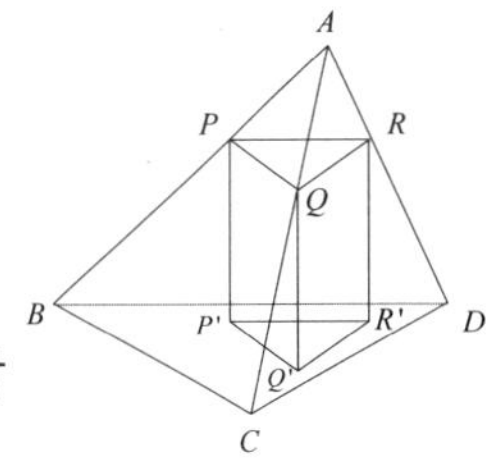

(1) 삼각기둥 $PQR-P'Q'R'$의 체적이 최대로 될 때의 $\overline{AP}$의 길이를 구하여라.

(2) 삼각기둥의 체적의 최댓값 V_0와 정사면체 $ABCD$의 체적 V의 비 $\dfrac{V_0}{V}$를 구하여라.

5. 한 변의 길이가 a인 정사각형 $ABCD$의 내부에, 동점 P에서 직각을 이루는 꺾인선 TPU가 있다. $\overline{PT}$는 변 AD와 Q에서 만나며, $\angle AQT=45^0$이다. 정사각형 $ABCD$의 면적을 2등분하면서 꺾인선 TPU가 움직일 때, 선분 PQ가 통과하는 부분의 넓이를 구하여라.

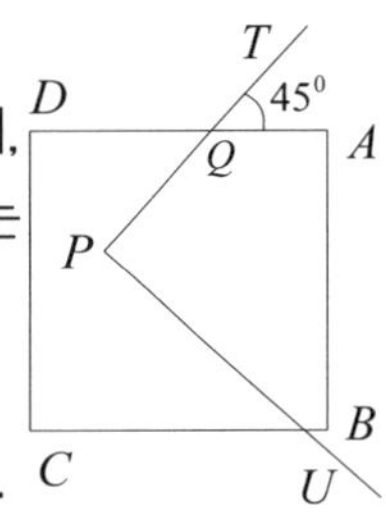

6. n을 2보다 큰 양의 정수라 하자.
곡선 $y=x^n$ ⋯ ① 상의 x좌표가 $0,1,2$인 점을 각각 O, A, B라 하고,
O, A, B를 지나고 y축에 평행한 축을 갖는 포물선을 $y=f(x)$ ⋯ ② 라 하자.
곡선 ①과 포물선 ②의 O, A 사이에 있는 부분으로 둘러싸인 면적을 S_1, A, B 사이에 있는 부분으로 둘러싸인 면적을 S_2라 할 때, $S_1=S_2$로 되는 n을 구하여라.

[문제 1]

$\overline{OA}=l$, $\overline{OB}=m$, $\overline{OC}=n$ 이라 하면,

$a^2=m^2+n^2$, $b^2=n^2+l^2$, $c^2=l^2+m^2$

$$\therefore\ \overline{OD}^2=l^2+m^2+n^2=\frac{a^2+b^2+c^2}{2}$$

$$\therefore\ \overline{OD}=\sqrt{\frac{a^2+b^2+c^2}{2}}$$

$l^2=\dfrac{b^2+c^2-a^2}{2}$, $m^2=\dfrac{c^2+a^2-b^2}{2}$

$n^2=\dfrac{a^2+b^2-c^2}{2}$ 이고 $l^2, m^2, n^2>0$이므로

$$\therefore\ c^2>a^2-b^2,\ c^2>b^2-a^2,\ c^2<a^2+b^2$$

$a=5$, $b=3$이면, $16<c^2<34$

$$\therefore\ 4<c<\sqrt{34}$$

답 : $\overline{OD}=\sqrt{\dfrac{a^2+b^2+c^2}{2}}$, $4<c<\sqrt{34}$ ■

[문제 2]

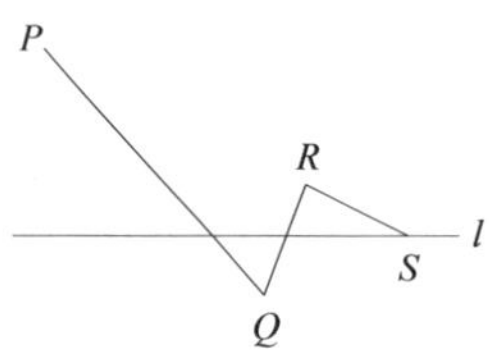

$\overline{PQ}=2+\sqrt{2}$

$\overline{QR}=2-\sqrt{2}$

$\overline{RS}=\sqrt{3}-1$

점 P와 직선 l의 거리 : $\sqrt{3}+1$

$$\overline{PQ}-\overline{QR}\le\overline{PR}\le\overline{PQ}+\overline{QR}$$

$$\therefore\ 2\sqrt{2}\le\overline{PR}\le 4$$

따라서, 점 R은 P를 중심으로 하는

두 원(반지름 : $2\sqrt{2}$, 4) 사이에 있다.

또, $\overline{RS}=\sqrt{3}-1$이므로 점 R은 직선 l의 양측의 거리 $\sqrt{3}-1$인 직선 사이에 있다.

두 원 사이와 두 직선 사이의 공통부분은 그림과 같다. (주의 : S는 l 상의 동점)

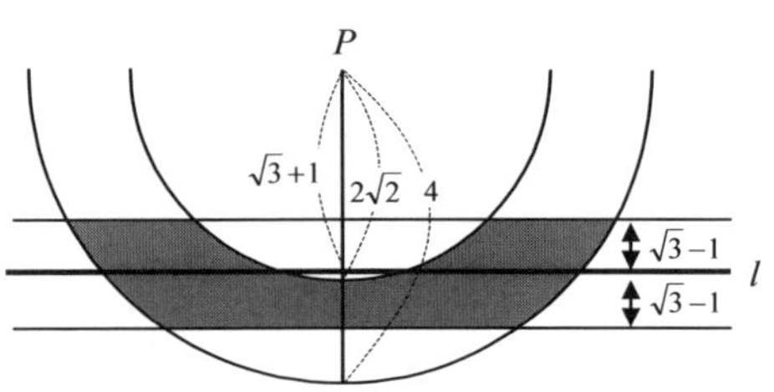

…(답)

구하는 면적 $S=S_1-S_2$ 이다.

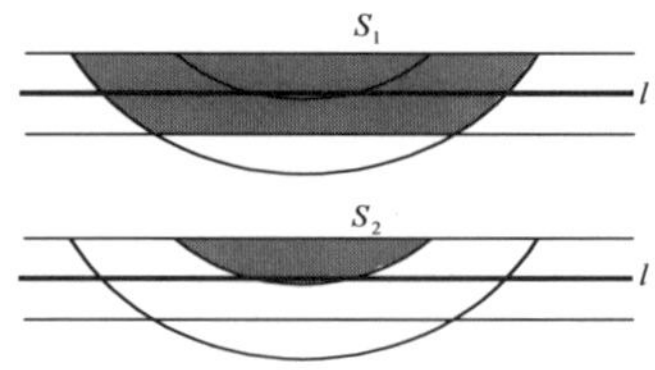

먼저, S_1을 구하여 보자.

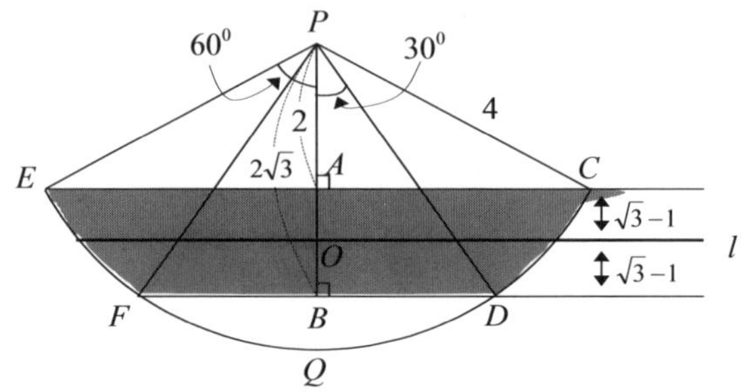

$\overline{PA}=\overline{PO}-(\sqrt{3}-1)=2$, $\overline{PC}=4$ $\therefore\ \angle APC=60^0$

$\overline{PB}=\overline{PO}+(\sqrt{3}-1)=2\sqrt{3}$, $\overline{PD}=4$ $\therefore\ \angle BPD=30^0$

$S_1=$ 부채꼴 PEC − $\triangle PEC$ − 활꼴 FQD

$$=\frac{4^2\pi}{3}-2\sqrt{3}\times 2-\left(\frac{4^2\pi}{6}-2\sqrt{3}\times 2\right)$$

$$=\frac{8\pi}{3}$$

S_2를 구하여 보자.

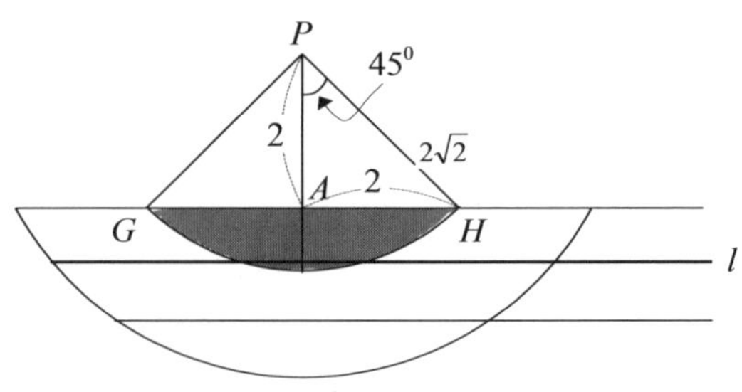

$\overline{PA}=2$, $\overline{PH}=2\sqrt{2}$ $\therefore\ \overline{AH}=2$, $\angle APH=45^0$

$S_2=$ 부채꼴 PGH − $\triangle PGH$

$$=(2\sqrt{2})^2\times\frac{\pi}{4}-2\times 2=2\pi-4$$

$S=S_1-S_2=\dfrac{2\pi}{3}+4$ …(답) ■

[문제 3]

(1) $\triangle DBC$에서

$\overline{AD} /\!/ \overline{P_1Q_1} /\!/ \overline{BC}$이므로

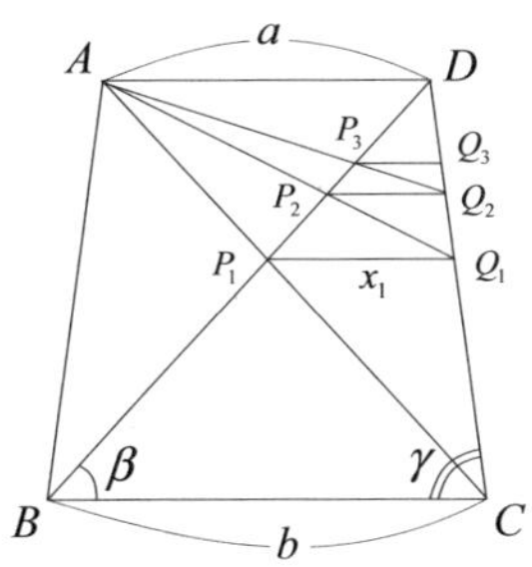

$$\frac{\overline{P_1Q_1}}{\overline{BC}} = \frac{\overline{DP_1}}{\overline{DB}}$$

$$= \frac{\overline{AD}}{\overline{AD}+\overline{BC}}$$

$(\because \triangle AP_1D \backsim \triangle CP_1B)$

즉, $\dfrac{x_1}{b} = \dfrac{a}{a+b}$ $\qquad \therefore\ x_1 = \dfrac{ab}{a+b}$

같은 방법으로, $\triangle DP_1Q_1$에서

$$x_2 = \frac{ax_1}{a+x_1} = \frac{a \cdot \dfrac{ab}{a+b}}{a+\dfrac{ab}{a+b}} = \frac{ab}{a+2b}$$

또,

$$x_3 = \frac{ax_2}{a+x_2} = \frac{a \cdot \dfrac{ab}{a+2b}}{a+\dfrac{ab}{a+2b}} = \frac{ab}{a+3b}$$

$$x_n = \frac{ab}{a+nb} \qquad \cdots ①$$

로 놓으면,

$$x_{n+1} = \frac{ax_n}{a+x_n} = \frac{a \cdot \dfrac{ab}{a+nb}}{a+\dfrac{ab}{a+nb}} = \frac{ab}{a+(n+1)b}$$

로 되므로,

수학적 귀납법에 의하여 모든 자연수 n에 대하여 ①이 성립한다. ■

(2) $\triangle DBC = s$로 놓으면

$$\frac{F_n}{s} = \frac{\triangle DP_{n+1}Q_n}{\triangle DBC} = \frac{\triangle DP_{n+1}Q_n}{\triangle DP_nQ_n} \cdot \frac{\triangle DP_nQ_n}{\triangle DBC}$$

$$= \frac{\overline{DP_{n+1}}}{\overline{DP_n}} \cdot \left(\frac{\overline{P_nQ_n}}{\overline{BC}}\right)^2 \quad \cdots (*)$$

$$= \frac{\overline{P_{n+1}Q_{n+1}}}{\overline{P_nQ_n}} \cdot \left(\frac{\overline{P_nQ_n}}{\overline{BC}}\right)^2$$

$$= \frac{x_{n+1}}{x_n} \cdot \left(\frac{x_n}{b}\right)^2 = \frac{x_{n+1}x_n}{b^2}$$

$$\therefore\ F_n = \frac{s\,x_{n+1}x_n}{b^2}$$

> (*) $\triangle DP_{n+1}Q_n$과 $\triangle DP_nQ_n$은 높이가 같고 밑변의 길이비가 $\overline{DP_{n+1}} : \overline{DP_n}$이므로
>
> $$\frac{\triangle DP_{n+1}Q_n}{\triangle DP_nQ_n} = \frac{\overline{DP_{n+1}}}{\overline{DP_n}}$$

---

①에 의하여,

$$\sum_{k=1}^{n} F_k = \sum_{k=1}^{n} \frac{s\,x_{k+1}x_k}{b^2}$$

$$= \frac{s}{b^2}\sum_{k=1}^{n} \frac{ab}{a+(k+1)b}\,\frac{ab}{a+kb}$$

$$= \frac{a^2s}{b}\sum_{k=1}^{n}\left\{\frac{1}{a+kb} - \frac{1}{a+(k+1)b}\right\}$$

$$= \frac{a^2s}{b}\left\{\frac{1}{a+b} - \frac{1}{a+(n+1)b}\right\}$$

$$\sum_{n=1}^{\infty} F_n = \lim_{n\to\infty}\sum_{k=1}^{n} F_k = \frac{a^2s}{b(a+b)} \qquad \cdots ②$$

$\triangle BCD$에서

$$\frac{\overline{CD}}{\sin\beta} = \frac{b}{\sin\{180^\circ-(\beta+\gamma)\}}$$

$$\therefore\ \overline{CD} = \frac{b\sin\beta}{\sin(\beta+\gamma)}$$

$$\therefore s = \triangle BCD = \frac{1}{2}\overline{CD}\cdot\overline{CB}\sin\gamma$$

$$= \frac{b^2\sin\beta\sin\gamma}{2\sin(\beta+\gamma)}$$

②에 대입하면,

$$\sum_{n=1}^{\infty} F_n = \frac{a^2s}{b(a+b)} = \frac{a^2b\sin\beta\sin\gamma}{2(a+b)\sin(\beta+\gamma)}$$

답 : (1) $x_n = \dfrac{ab}{a+nb}$

(2) $\displaystyle\sum_{n=1}^{\infty} F_n = \frac{a^2b\sin\beta\sin\gamma}{2(a+b)\sin(\beta+\gamma)}$ ■

[문제 4]

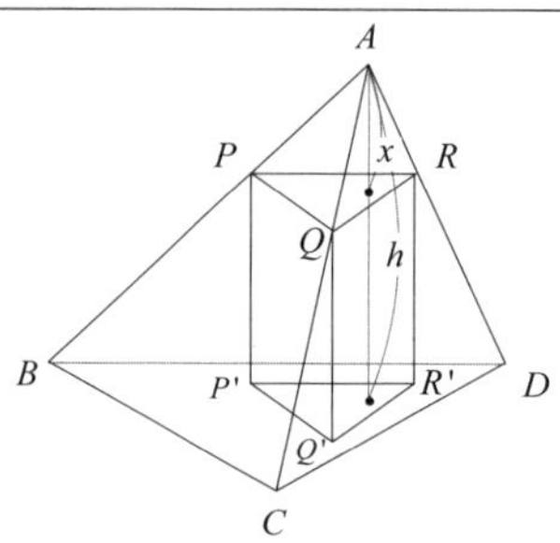

A 에서 $\triangle PQR$ 에 내린 수선의 길이를 x,
A 에서 $\triangle BCD$에 내린 수선의 길이를 h 라 하자.

$x : h = \overline{AP} : \overline{AB} = \overline{PQ} : \overline{BC}$

$\therefore \ \overline{PQ} = \dfrac{x \cdot \overline{BC}}{h}$

정사면체 $ABCD$의 체적을 V,
삼각기둥의 체적을 V_1이라 하면,

$$\frac{V_1}{V} = \frac{\overline{PQ}^2(h-x)}{\frac{1}{3}\overline{BC}^2 \cdot h} = \frac{\frac{3x^2\overline{BC}^2}{h^2}(h-x)}{\overline{BC}^2 \cdot h}$$

$$= \frac{3x^2(h-x)}{h^3}$$

(1) $y = \dfrac{V_1}{V} = \dfrac{3x^2(h-x)}{h^3}$로 놓으면,

$$y' = \frac{3}{h^3}\{2x(h-x) - x^2\}$$

$$= \frac{3x}{h^3}(2h-3x)$$

x	0		$\frac{2h}{3}$		h
y'	0	+	0	−	
y		↗	극대	↘	

$x = \dfrac{2h}{3}$일 때, $\dfrac{V_1}{V}$은 극대이며 최대이다.

V는 일정하므로 이때 V_1이 최대이다.

즉, $\overline{AP} = \dfrac{2\overline{AB}}{3} = \dfrac{2a}{3}$일 때 V_1이 최대이다.

…(답) ■

(2) $\dfrac{V_1}{V} = \dfrac{3x^2(h-x)}{h^3}$에

$x = \dfrac{2h}{3}$를 대입하면,

$$\frac{V_1}{V} = \frac{3 \times \frac{4h^2}{9} \times \frac{h}{3}}{h^3} = \frac{4}{9}$$ …(답) ■

[문제 5]

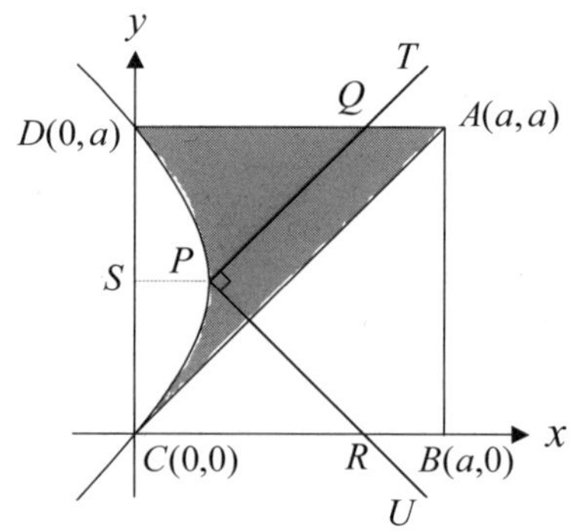

C를 원점, $\overline{CB}, \overline{CD}$를 각각 x, y축으로 놓자.

$P(X, Y)$로 놓으면,
$\overline{PT}, \overline{PU}$의 기울기는 각각 $1, -1$이므로

$\overline{PT}: y - Y = x - X$ … ①

$\overline{PU}: y - Y = -(x - X)$ … ②

---

① 에 $y = a$를 대입하면, $x = a + X - Y$

$\therefore \ Q(a + X - Y,\ a)$

$\overline{PU}$와 $\overline{BC}$의 교점을 R이라 하자.
② 에 $y = 0$를 대입하면, $x = X + Y$

$\therefore \ R(X + Y,\ 0)$

오목오각형 $CDQPR$

$= $ 사다리꼴 $CRPS$ $+$사다리꼴 $DQPS$

$= \dfrac{1}{2}(X + X + Y)Y + \dfrac{1}{2}(a + X - Y + X)(a - Y)$

$= Y^2 + a(X - Y) + \dfrac{a^2}{2}$

$\therefore$ 오목오각형 $CDQPR = \square ABCD \times \dfrac{1}{2}$

$Y^2 + a(X - Y) + \dfrac{a^2}{2} = \dfrac{a^2}{2}$

$\therefore \ Y^2 + a(X - Y) = 0$ … ③

Q, R은 각각 $\overline{AD}, \overline{CB}$ 위에 있으므로

$0 < a + X - Y \leq a, \ 0 < X + Y \leq a$

$\therefore \ -a < X - Y \leq 0, \ 0 < X + Y \leq a$ … ④

$P(X, Y)$가 $\square ABCD$의 내부에 있으면서
③ 을 만족하면,
④ 를 만족한다. (④ 영역 안에 있다.)

따라서, P의 궤적의 방정식은

$$y^2 + a(x-y) = 0$$

$$\therefore \quad x = \frac{1}{a}(ay - y^2)$$

$\overline{PQ}$가 통과하는 부분은
위의 포물선의 우측과 $\triangle ACD$의 내부의
공통부분이므로 면적은

$$\frac{a^2}{2} - \int_0^a \frac{1}{a}(ay - y^2)\,dy$$

$$= \frac{a^2}{2} - \frac{1}{a}\left[\frac{a}{2}y^2 - \frac{y^3}{3}\right]_0^a$$

$$= \frac{a^2}{2} - \frac{1}{a}\left(\frac{a^3}{2} - \frac{a^3}{3}\right) = \frac{a^3}{3} \quad \cdots (\text{답}) \quad ■$$

[문제 6]

포물선의 방정식을

$$y = f(x) = ax^2 + bx + c$$

로 놓자.

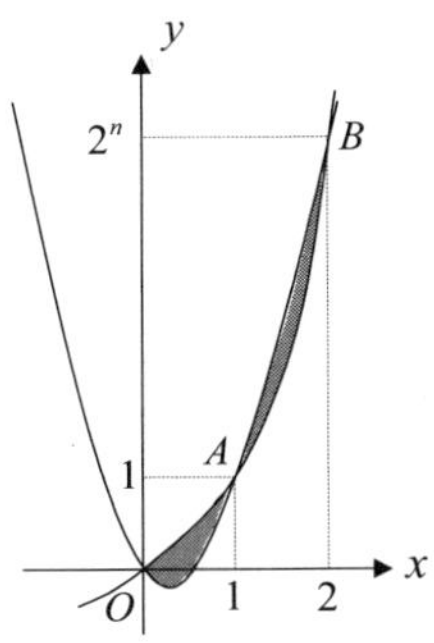

포물선이 세 점
$O(0,0)$, $A(1,1)$, $B(2,2^n)$
을 지나므로

$$f(0) = c = 0$$
$$f(1) = a + b = 1$$
$$f(2) = 4a + 2b = 2^n$$

$$\therefore \quad a = 2^{n-1} - 1,\ b = 2 - 2^{n-1},\ c = 0 \quad \cdots ③$$

A를 경계로
$y = x^n$과 포물선 $f(x) = ax^2 + bx + c$의
대소관계가 바뀌면, $S_1 = S_2$이므로

$$\therefore \quad \int_0^2 (x^n - ax^2 - bx)\,dx = 0$$

$x = 1$에서의 두 곡선의
기울기가 같지 않음을 보이면 충분하다.

$y = x^n$에 대하여, $y' = nx^{n-1}$이므로

$$\therefore \quad y'(1) = n$$

$f(x) = (2^{n-1} - 1)x^2 + (2 - 2^{n-1})x$에 대하여
$f'(x) = 2(2^{n-1} - 1)x + (2 - 2^{n-1})$이므로

$$\therefore \quad f'(1) = 2^{n-1}$$

$n > 2$이면, $n \neq 2^{n-1}$이므로
$x = 1$에서 두 곡선의 기울기는 같지 않다.

$$\int_0^2 (x^n - ax^2 - bx)\,dx = 0$$

$$\left[\frac{x^{n+1}}{n+1} - \frac{a}{3}x^3 - \frac{b}{2}x^2\right]_0^2 = 0$$

$$\frac{2^{n+1}}{n+1} - \frac{8}{3}a - 2b = 0$$

③ 을 대입하면,

$$\frac{2^{n+1}}{n+1} - \frac{8}{3}(2^{n-1} - 1) - 2(2 - 2^{n-1}) = 0$$

$$\frac{2^{n+1}}{n+1} - \frac{8 \cdot 2^{n-1}}{3} + \frac{8}{3} - 4 + 2^n = 0$$

$$\frac{2^{n+1}}{n+1} - \frac{4 \cdot 2^n}{3} + \frac{3 \cdot 2^n}{3} + \frac{8}{3} - \frac{12}{3} = 0$$

$$\therefore \quad \frac{2^{n+1}}{n+1} = \frac{2^n}{3} + \frac{4}{3} \quad \cdots ④$$

---

④ 에서, $\frac{4}{3} > 0$이므로 $\frac{2^{n+1}}{n+1} > \frac{2^n}{3}$ $\quad \therefore n < 5$

$n > 2$이므로 $n = 3, 4$

$n = 3$은 ④ 를 만족하지만
$n = 4$은 ④ 를 만족하지 않는다.

답 : $n = 3$ ■

[문 과] 1, 2, 4 : 이과와 같음

3. $f(x)=\dfrac{4x-2}{5-x}\ (x\neq 5)$ 일 때,

(1) $y=f(x)-x$ 의 그래프를 그려라.

(2) $f(x)-x$ 가 갖는 값의 범위를 구하여라.

(3) $f(x)>x$ 인 x 의 범위를 구하여라.

5. 평면상에서 운동하는 점의 좌표 (x,y)는 다음과 같이 시각 t의 함수로 주어져 있다.

$x=f(t)=vt\cos\alpha,\quad y=g(t)=vt\sin\alpha-5t^2$

$\left(v>0,\ 0<\alpha<\dfrac{\pi}{2}\right)$

어떤 시각 t_0에서 $x=10, y=0$이라 할 때, t_0에서의 x,y의 변화율의 제곱의 합 $(f'(t_0))^2+(g'(t_0))^2$을 α의 식으로 나타내어라. 또, 그 식의 값을 최소로 하는 α값을 구하여라.

[문제 3] (1)

$y=f(x)-x=\dfrac{4x-2}{5-x}-x=\dfrac{x^2-x-2}{5-x}$ ⋯ ①

$=-(x+4)-\dfrac{18}{x-5}$

따라서, 그래프는 직선 $y=-x-4$,

직각쌍곡선 $y=-\dfrac{18}{x-5}$을 더한 것이며,

$x=5,\ y=-x-4$를 점근선으로 한다.

$y=0$에서 $x^2-x-2=0 \quad \therefore\ x=-1, 2$

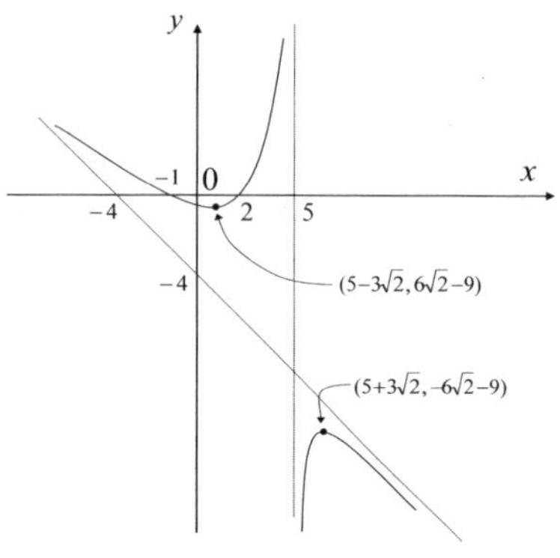

(2) ① 에서 $y(5-x)=x^2-x-2$

$x^2+(y-1)x-(5y+2)=0$

x는 실수이므로, 판별식 $\geqq 0$

$(y-1)^2+4(5y+2)\geqq 0$

$\therefore\ y\leqq -9-6\sqrt{2},\ y\geqq -9+6\sqrt{2}$ ⋯(답) ■

(3) 그래프에서 $f(x)-x>0$인 범위를 구하면

$\therefore x<-1,\ 2<x<5$ ⋯(답) ■

[문제 5]

$f(t_0)=vt_0\cos\alpha=10$ ⋯ ①

$g(t_0)=vt_0\sin\alpha-5t_0^2=0,\quad vt_0\sin\alpha=5t_0^2$ ⋯ ②

$f'(t_0)=v\cos\alpha,\ g'(t_0)=v\sin\alpha-10t_0$

$\{f'(t_0)\}^2+\{g'(t_0)\}^2$

$=v^2\cos^2\alpha+v^2\sin^2\alpha-20vt_0\sin\alpha+100t_0^2$

$=v^2-20(vt_0\sin\alpha-5t_0^2)$

$=v^2 \qquad (\because ②)$ ⋯ ③

v^2을 α에 관하여 나타내보자.

①, ② 에서 $\tan\alpha=\dfrac{t_0^2}{2},\quad t_0^2=2\tan\alpha$ ⋯ ④

④ 를 ① 식의 제곱에 대입하면

$v^2(2\tan\alpha)\cos^2\alpha=100$

$v^2\left(\dfrac{2\sin\alpha}{\cos\alpha}\right)\cos^2\alpha=100$

$\therefore\quad v^2=\dfrac{100}{\sin2\alpha}$

이것을 ③ 에 대입하면,

$\therefore\quad \{f'(t_0)\}^2+\{g'(t_0)\}^2=\dfrac{100}{\sin2\alpha}$

$0<\alpha<\dfrac{\pi}{2}$에서 $0<\sin2\alpha\leqq 1$

따라서, $\sin2\alpha=1\ \left(\alpha=\dfrac{\pi}{4}\right)$일 때 최소이다.

답 : $\{f'(t_0)\}^2+\{g'(t_0)\}^2=\dfrac{100}{\sin2\alpha}$, $\alpha=\dfrac{\pi}{4}$

■

〈 1964년 1차 이과 〉

1. 다음 □ 안에 알맞은 수를 넣어라.
함수 $f(x)=|x-1|+|x-2|+|x-a|$ 가 $x=a$에서 최솟값을 갖게 될 필요충분조건은
(1)□ $\leqq a \leqq$ (2)□ 이다. 이때, 최솟값은
(3)□, $f(0)+f(3)$의 값은 (4)□ 이다.

2. 다음 □ 안에 알맞은 수를 넣어라.
$\triangle ABC$의 중심 G가 원점에 있으며 A, B의 좌표가 각각 $\left(\frac{2}{\sqrt{3}}, 0\right)$, $\left(\frac{1}{\sqrt{3}}, 1\right)$이면,
C의 y좌표는 (5)□ 이다. G를 중심으로 하여 $\triangle ABC$를 양의 방향으로 60^0 회전하였을 때 C가 이동한 점 C'의 y좌표는
(6)□ 이다.
처음의 $\triangle ABC$의 외심의 y좌표는 (7)□
이며, $\triangle ABC$의 면적은 $\sqrt{(8)\square}$ 이다.

3. 다음 □ 안에 알맞은 수를 넣어라.
$0 \leqq x \leqq 2\pi$ 의 범위에서
함수 $f(x)=2\sin\left(\frac{x}{2}+\frac{\pi}{2}\right)-\cos x$ 는
$x=$ (9)□ π 에서 최댓값 (10)□,
$x=$ (11)□ π 에서 최솟값 (12)□ 를 갖는다.

4. 다음 □ 안에 알맞은 수를 넣어라.
두 점 A, B의 거리가 l이다. $\overrightarrow{AX}$는 점 A를 중심으로 매초 $\frac{\pi}{6}$의 각속도로 양의 방향으로 회전하며, $\overrightarrow{BY}$는 점 B를 중심으로 매초 $\frac{\pi}{12}$의 각속도로 음의 방향으로 회전한다. 또, 시각 $t=0$일 때, 두 반직선은 각각 $\overrightarrow{AB}$, $\overrightarrow{BA}$의 위치에 있다. 회전하기 시작하여 t_0초 후에 $\overrightarrow{AX}$와 $\overrightarrow{BY}$가 처음으로 평행해진다면 $t_0=$ (13)□ 이다. $0<t<t_0$인 t에 대하여 $\overrightarrow{AX}$와 $\overrightarrow{BY}$는 한 개의 점 P_t에서 만난다.

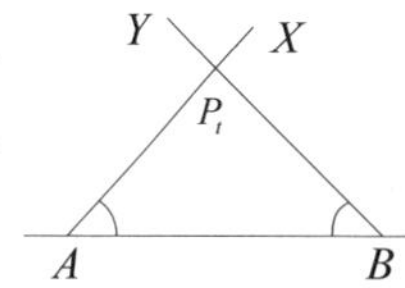

A, P_t의 거리를 $f(t)$라 하면,
$f(t)=\dfrac{l}{(14)\square\cos((15)\square\,\pi t)+(16)\square}$ 이다.
단, (15)□ >0 이다.

5. 다음 □ 안에 ㉠~㉣을 넣어라.
단, (ⅰ), (ⅱ), (ⅲ)에서 x, y는 실수이다.
(ⅰ) $x+y$와 xy가 정수인 것은
x, y가 모두 정수가 되기 위한 (17)□
(ⅱ) $x+y>2, xy>1$인 것은
$x>1, y>1$이기 위한 (18)□
(ⅲ) $x=y=0$인 것은
$x^2+y^2=0$이기 위한 (19)□
(ⅳ) x, y가 복소수일 때, $x=y=0$인 것은
$x^2+y^2=0$이기 위한 (20)□

㉠ 필요충분조건이다.
㉡ 충분조건이나 필요조건은 아니다.
㉢ 필요조건이나 충분조건은 아니다.
㉣ 필요조건도 충분조건도 아니다.

[문제 1]
$\alpha<\beta<\gamma$에 대하여
$g(x)=|x-\alpha|+|x-\beta|+|x-\gamma|$
의 그래프는 그림과 같다.

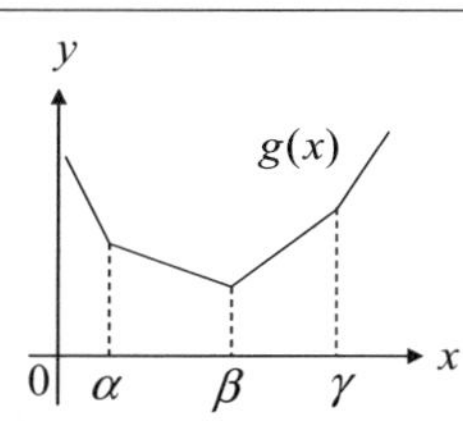

또, $a=1$일 때 $f(x)=2|x-1|+|x-2|$
$a=2$일 때 $f(x)=|x-1|+2|x-2|$
이므로 $a=1, 2$일 때
$f(x)$는 $x=a$에서 최솟값을 갖는다.

따라서,
$f(x)=|x-1|+|x-2|+|x-a|$가 $x=a$에서 최솟값을 갖기 위한 필요충분조건은
$\therefore\ 1 \leqq a \leqq 2$

최솟값 : $f(a)=a-1+2-a+0=1$
$f(0)+f(3)=(1+2+a)+(2+1+3-a)=9$

답: (1) 1 (2) 2 (3) 1 (4) 9

[문제 2]

C의 좌표를 (x, y)라 하면,

중심이 원점이므로

$$\frac{\frac{2}{\sqrt{3}}+\frac{1}{\sqrt{3}}+x}{3}=0,\quad \frac{0+1+y}{3}=0$$

$\therefore\ x=-\sqrt{3},\ \underline{y=-1}$

C의 좌표가 $(-\sqrt{3}, -1)$이므로, $\overline{CG}$와 y축의 음의 부분이 이루는 각은 60°이다.

따라서, C'는 y축 위에 있으며,

$\overline{CG}=2$이므로 $C'(0, \underline{-2})$

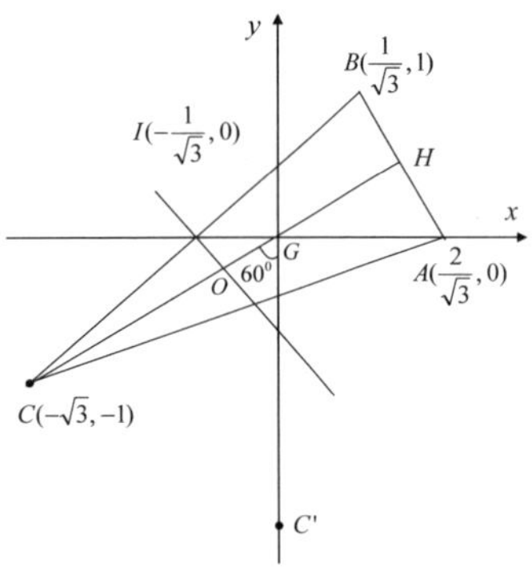

$\overline{AB}$의 중점을 $H\left(\frac{\sqrt{3}}{2}, \frac{1}{2}\right)$이라 하면,

$\overline{AC}=\overline{BC}=\frac{2\sqrt{21}}{3}$이므로

외심 O는 $\overline{CH}$ 위에 있다.

$\therefore\ \overline{CH}:\quad y=\frac{1}{\sqrt{3}}x \qquad \cdots ①$

$\overline{BC}$의 중점을 $I\left(-\frac{1}{\sqrt{3}}, 0\right)$으로 놓으면,

$\therefore\ \overline{OI}:\quad y=-\frac{2}{\sqrt{3}}\left(x+\frac{1}{\sqrt{3}}\right) \qquad \cdots ②$

①, ②의 교점 O의 y좌표는 $-\frac{2}{9}$

$\overline{IA}=\sqrt{3}$이므로

$\triangle ABC=\triangle ABI+\triangle ACI=\sqrt{3}$

답: (5) -1 (6) -2 (7) $-\frac{2}{9}$ (8) $\sqrt{3}$

[문제 3]

$$f(x)=2\sin\left(\frac{x}{2}+\frac{\pi}{2}\right)-\cos x$$
$$=2\cos\frac{x}{2}-2\cos^2\frac{x}{2}+1$$
$$=-2\left(\cos\frac{x}{2}-\frac{1}{2}\right)^2+\frac{3}{2}$$

$-1\leq\cos\frac{x}{2}\leq 1\ (0\leq x\leq 2\pi)$이므로

$\cos\frac{x}{2}=\frac{1}{2}\ (\therefore\ x=\frac{2\pi}{3})$일 때, 최대 : $\frac{3}{2}$

$\cos\frac{x}{2}=-1\ (\therefore\ x=2\pi)$일 때, 최소 : -3

답: (9) $\frac{2}{3}$ (10) $\frac{3}{2}$ (11) 2 (12) -3

[문제 4]

$t=t_0$일 때,

$\overrightarrow{AX}$의 회전각 : $\frac{\pi}{6}t_0$

$\overrightarrow{BY}$의 회전각 : $\frac{\pi}{12}t_0$

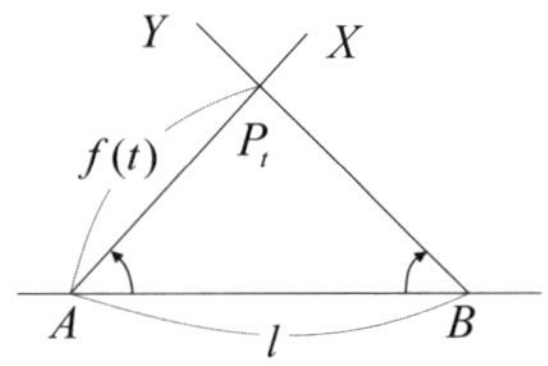

두 반직선이 처음으로 평행해지므로

$\therefore\ \frac{\pi}{6}t_0+\frac{\pi}{12}t_0=\pi,\quad t_0=4$

$\triangle ABP_t$에서

$$\frac{f(t)}{\sin\frac{\pi}{12}t}=\frac{l}{\sin\left(\pi-\frac{\pi}{12}t-\frac{\pi}{6}t\right)}$$

$$\frac{f(t)}{\sin\frac{\pi}{12}t}=\frac{l}{\sin\frac{\pi}{4}t}$$

$$f(t)=\frac{l\cdot\sin\frac{\pi}{12}t}{-4\sin^3\frac{\pi}{12}t+3\sin\frac{\pi}{12}t}$$

$$f(t)=\frac{l}{-4\sin^2\frac{\pi}{12}t+3}=\frac{l}{2\cos\frac{1}{6}\pi t+1}$$

답: (13) 4 (14) 2 (15) $\frac{1}{6}$ (16) 1

[문제 5]

(i) $x+y, xy$: 정수 $\underset{\Leftarrow}{\not\Rightarrow}$ x, y: 정수

$\because\ x=2+\sqrt{2},\ y=2-\sqrt{2}$ (필요조건)

(ii) $x+y>2, xy>1$ $\underset{\Leftarrow}{\not\Rightarrow}$ $x>1, y>1$

$\because\ x=5,\ y=\dfrac{1}{2}$ (필요조건)

(iii) $x=y=0$ $\underset{\Leftarrow}{\Rightarrow}$ $x^2+y^2=0$

$\because x, y$: 실수 (필요충분조건)

(iv) x, y가 복소수일 때,

$x=y=0$ $\underset{\not\Leftarrow}{\Rightarrow}$ $x^2+y^2=0$

$\because\ x=1,\ y=i$ (충분조건)

답: (13) ㉢ (14) ㉢ (15) ㉠ (16) ㉡

〈 1964년 1차 문과 〉

1. 다음 □ 안에 알맞은 수를 넣어라.

함수 $f(x)=x^3+6x^2-15x+1$은 $x=$ (1)□에서 극대이며, $x=$ (2)□에서 극소이다.

방정식 $f(x)=a$가 서로 다른 세 실근을 가질 a값의 범위는 (3)□ $<a<$ (4)□이다.

2. 다음 □ 안에 알맞은 수를 넣어라.

$\triangle ABC$에 대하여

(i) $\angle BAC=120^0$ (ii) $\overline{AB}>\overline{AC}$

(iii) $\overline{BC}=\sqrt{21}$ (iv) $\triangle ABC=\sqrt{3}$

이면 $\overline{AB}=$ (5)□, $\overline{AC}=$ (6)□이며, 내접원의 반지름은 $\dfrac{\sqrt{^{(7)}\square}\,(^{(8)}\square-\sqrt{21})}{2}$ 이다.

3. 다음 □ 안에 알맞은 수를 넣어라.

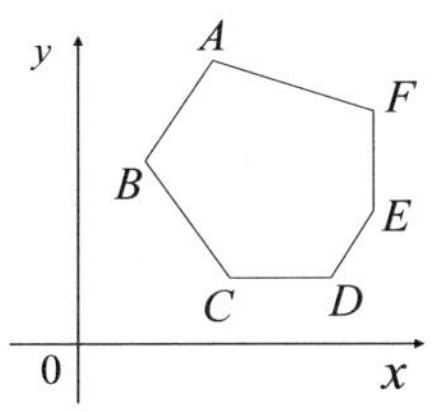

육각형 $ABCDEF$에 대하여 $\angle A=100^0$이며, 변 AB, BC, CD, DE, EF, FA는 각각 방정식 $\sqrt{3}x-y=1,\ x+y=4,\ y=1,\ \alpha x-y=14,\ x=6,\ x+\alpha y=\beta$ 상에 있다. 단, α, β는 양의 상수이다. 이때, $\angle B=$ (9)□ ^{0}, $\angle C=$ (10)□ ^{0}, $\angle D=$ (11)□ ^{0}, $\angle E=$ (12)□ ^{0}, $\angle F=$ (13)□ ^{0}이다.

4. 다음 □ 안에 알맞은 수를 넣어라.

$f(x)$는 x의 다항식이며, (i), (ii), (iii)을 만족한다.

(i) $f(0)=-4$

(ii) $\displaystyle\lim_{x\to+\infty}\frac{f(x)}{x+a}=2$ (a : 상수)

(iii) $x\to 2$일 때 $\dfrac{f(x)}{x+a}$는 0이 아닌 유한값 b로 수렴한다.

$f(x)$의 차수는 (14)□, x의 계수는 (15)□, $a=$ (16)□, $b=$ (17)□이다.

5. 다음 □ 안에 알맞은 수를 넣어라.

명제(A)가 성립하는 a의 최솟값은 (18)□

명제(B)가 성립하는 b의 최댓값은 (19)□

명제(C)가 성립하는 c의 최솟값은 (20)□

(A) $3x+4y\geq a$이면, 반드시 $x^2+y^2\geq 1$이다.

(B) $x\geq 0, y\geq 0, 3x+4y\leq b$이면, 반드시 $x^2+y^2\leq 1$이다.

(C) $x\geq 0, y\geq 0, 3x+4y\geq c$이면, 반드시 $x+y\geq 1$이다.

[문제 1]

$f(x)=x^3+6x^2-15x+1$

$f'(x)=3x^2+12x-15=3(x+5)(x-1)$

$f(x)$의 삼차항의 계수가 양수이므로

$x=-5$에서 극대이며, $x=1$에서 극소이다.

$f(-5)=101$, $f(1)=-7$이므로

$f(x)=a$가 서로 다른 세 실근을 가질 a의 범위는 $\therefore\ -7<a<101$

답: (1) -5 (2) 1 (3) -7 (4) 101

[문제 2]

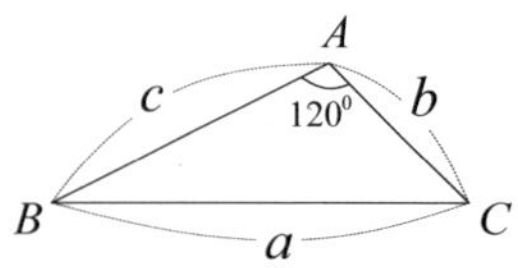

$\triangle ABC$에서

$a^2=b^2+c^2-2bc\cos A$

$a=\sqrt{21}$, $\angle A=120^0$이므로

$$21=b^2+c^2+bc \qquad \cdots ①$$

$\triangle ABC=\sqrt{3}$에서 $\frac{1}{2}bc\sin120^0=\sqrt{3}$

$$bc=4 \qquad \cdots ②$$

---

①, ②에서 $b^2+c^2=17$

$$(b+c)^2=25\ ,\quad (b-c)^2=9$$

$c>b$이므로 $\begin{cases} c+b=5 \\ c-b=3 \end{cases}$

$$\therefore\ b=1,\ c=4$$

내접원의 반지름을 r이라 하면,

$$\frac{1}{2}r(a+b+c)=\triangle ABC$$

$$\frac{1}{2}r(\sqrt{21}+1+4)=\sqrt{3}$$

$$\therefore\quad r=\frac{2\sqrt{3}}{5+\sqrt{21}}=\frac{\sqrt{3}(5-\sqrt{21})}{2}$$

답: (5) 4 (6) 1 (7) 3 (8) 5

[문제 3]

$\overline{BA}$의 기울기가 $\sqrt{3}$이므로 $\overline{BA}$와 x축이 이루는 각은 60^0이다.

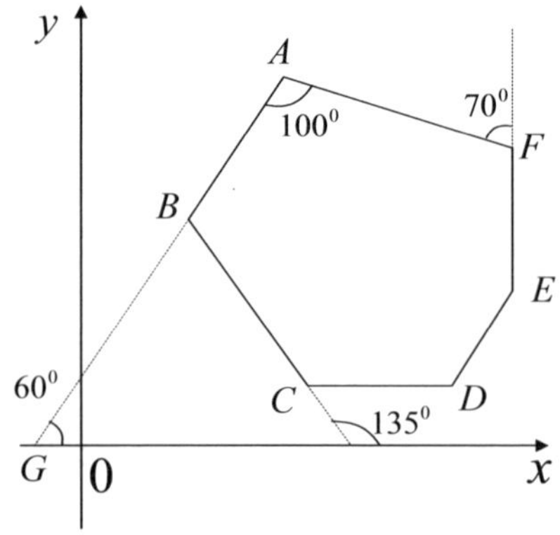

$\overline{BC}$의 기울기가 -1이므로

$\overline{BC}$와 x축이 이루는 각은 135^0이며,

$\overline{CD}$는 x축과 평행하다.

$$\therefore\ \angle B=105^0,\ \angle C=135^0$$

$\angle A=100^0$이고

$\overline{BA}$와 x축이 이루는 각은 60^0이므로

$\overline{AF}$와 y축이 이루는 각은 70^0이다.

> G를 지나고 y축에 평행한 직선과
> A를 지나고 y축에 평행한 직선을 그려
> 엇각을 비교한다.

$\overline{AF}$의 기울기 $-\frac{1}{\alpha}=-\tan20^0$

$$\therefore\quad \alpha=\frac{1}{\tan20^0}=\tan70^0$$

$\overline{DE}$의 기울기 $\alpha=\tan70^0$이므로

$$\therefore\ \angle D=180^0-70^0=110^0$$

$\overline{EF}$가 y축에 평행하므로

$$\therefore\ \angle E=180^0-20^0=160^0$$

$$\therefore\ \angle F=180^0-70^0=110^0$$

답: (9) 105 (10) 135 (11) 110 (12) 160 (13) 110

[문제 4]

$\lim_{x \to +\infty} \frac{f(x)}{x+a} = 2$이므로 $f(x)$는 1차함수이며,

$f(x) = 2x + p$의 형태이다.

$f(0) = -4$에서 $f(0) = p = -4$

$\lim_{x \to 2} \frac{2x-4}{x+a} = b \neq 0$이므로 $a = -2, b = 2$

답: (14) 1 (15) 2 (16) −2 (17) 2

[문제 5]

(A)

각각의 영역을 표시하면 그림과 같다.

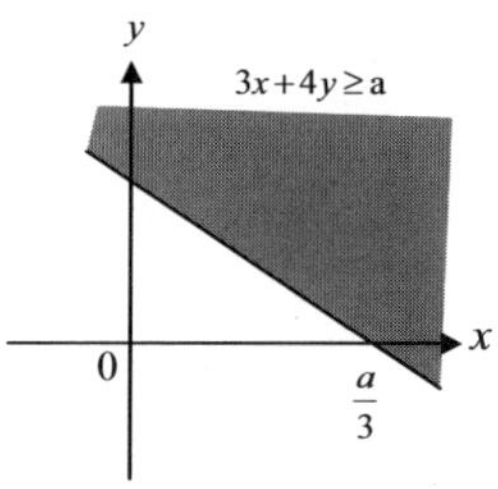

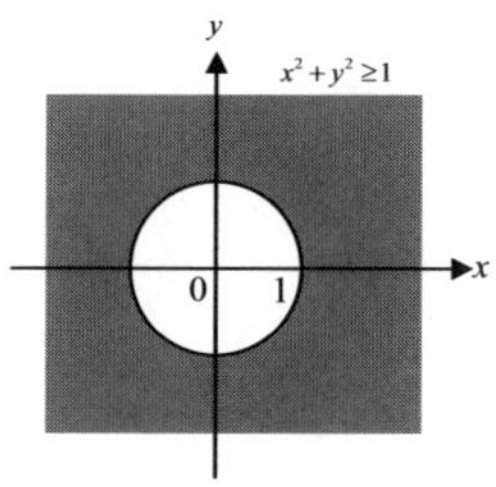

$3x + 4y \geqq a$인 영역이 $x^2 + y^2 \geqq 1$인 영역에 포함되어야 하므로,

a가 최소일 때는 접할 때이다.

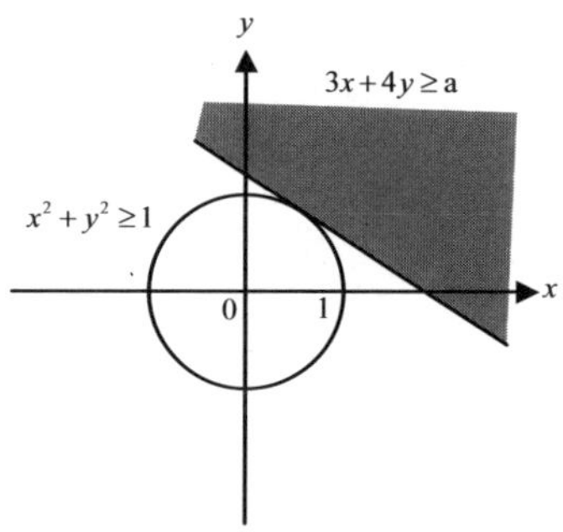

즉, 원점과 직선의 거리가 1일 때이다.

$\frac{|a|}{\sqrt{9+16}} = 1$ $\therefore$ $a = \pm 5$

$a > 0$이므로 $\therefore$ $a = 5$

(B)

각각의 영역을 표시하면 그림과 같다.

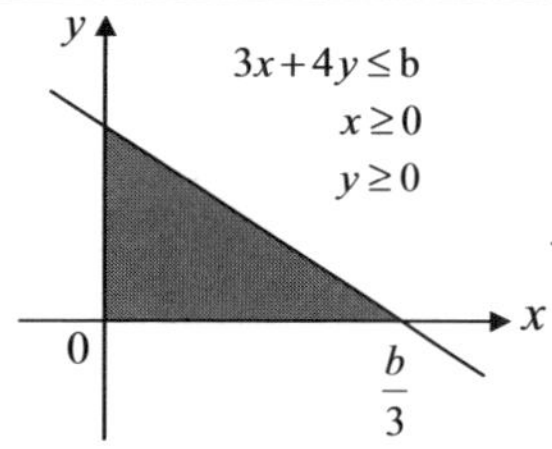

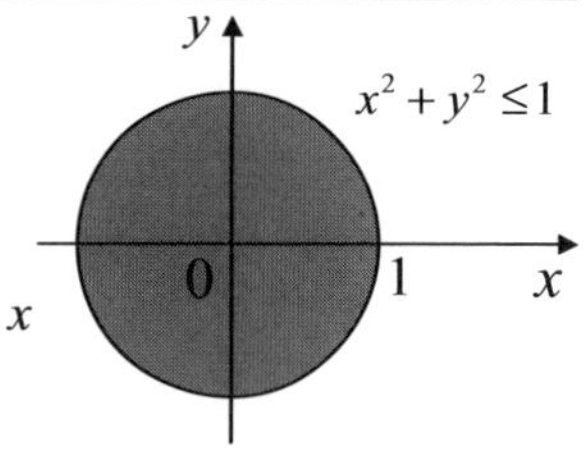

$x \geqq 0,\ y \geqq 0,\ 3x + 4y \leqq b$인 영역이 $x^2 + y^2 \leqq 1$인 영역에 포함되어야 하므로, b가 최대일 때는 $3x + 4y = b$가 $(1,0)$을 지날 때이다.

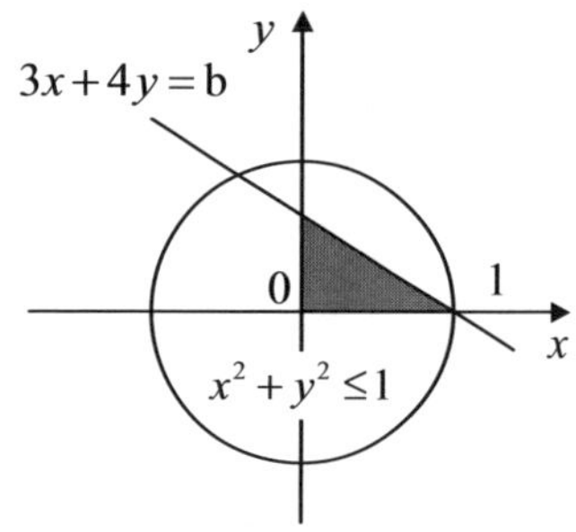

$3 \cdot 1 + 4 \cdot 0 = b$ $\therefore$ $b = 3$

(C)

각각의 영역을 표시하면 다음과 같다.

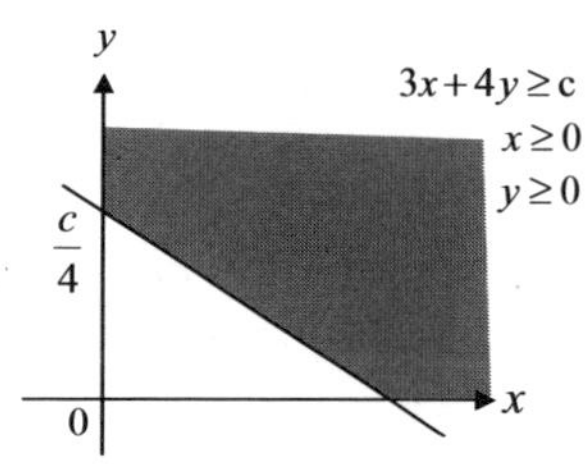

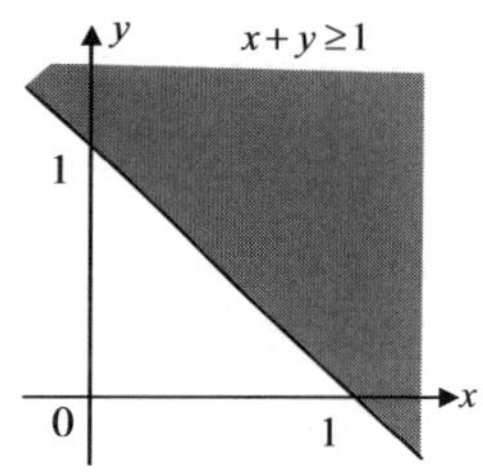

$x \geqq 0,\ y \geqq 0,\ 3x + 4y \geqq c$인 영역이 $x + y \geqq 1$인 영역에 포함되어야 하므로, c가 최소일 때는 $3x + 4y = c$가 $(0,1)$을 지날 때이다.

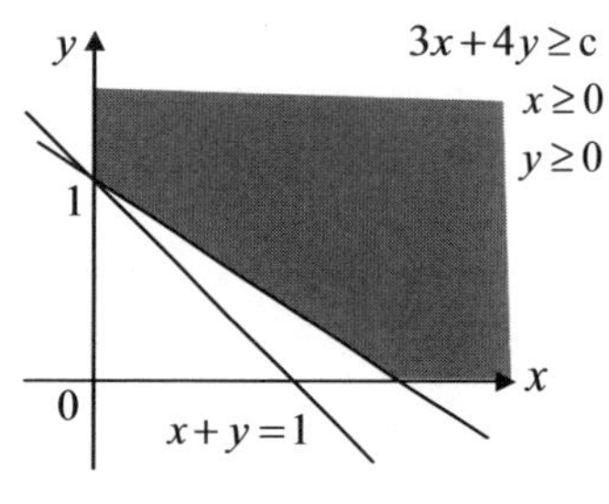

$3 \cdot 0 + 4 \cdot 1 = c$ $\therefore$ $c = 4$

답: (18) 5 (19) 3 (20) 4

[이 과]

1. a, b, c 는 상수이며 x, y, z 는 연립방정식

$$\begin{cases} x+ay+a^2z=a^3 \\ x+by+b^2z=b^3 \\ x+cy+c^2z=c^3 \end{cases}$$

의 해일 때,
$a^3+b^3+c^3$ 을 x, y, z 로 나타내어라.

2. 평면상의 2개의 곡선
$y=x^2$ … ① , $y=3x^2+24x+50$ … ② 이 있다.
평면 상의 한 점 P를 잡아,
곡선 ① 상의 임의의 점 A에 대하여 선분 AP를 일정한 비 $m:n(m>0, n>0)$으로 내분한 점 B는 반드시 곡선 ② 위에 있다.
점 P의 좌표 (α, β)와 비 $m:n$를 구하여라.

3. 점 V를 꼭짓점, 정사각형 $ABCD$를 밑면으로 하는 정사각뿔 $V-ABCD$의 옆면은 모두 밑변이 20cm , 높이가 40cm 인 이등변삼각형이다.
변 VA 상에 $\overline{VP}:\overline{PA}=3:1$로 되는 점 P를 잡아 세 점 P, B, C를 지나는 평면으로 사각뿔을 잘랐을 때,
잘린 단면(사각형)의 넓이를 구하여라.

4. 네 점 $A_1(0,0)$, $A_2(1,0)$, $A_3(2,2)$, $A_4(0,2)$를 꼭짓점으로 하는 사각형이 있다. 같은 평면상의 네 점 P_1, P_2, P_3, P_4에 대하여 점 P_1은 $\overline{P_4A_4}$ 의 중점, 점 P_2는 $\overline{P_1A_1}$ 의 중점, 점 P_3은 $\overline{P_2A_2}$ 의 중점, 점 P_4은 $\overline{P_3A_3}$ 의 중점이다. 네 점 P_1, P_2, P_3, P_4의 좌표와 사각형 $P_1P_2P_3P_4$의 넓이를 구하여라.

5. 곡선 $xy=1$의 제1사분면 부분에 정점 $P(a, b)$가 있으며, 제3사분면 부분에 동점 Q가 있다.
(1) $\overline{QP}$ 의 최솟값을 a로 나타내어라.
(2) $\overline{QP}$ 가 최소로 될 때,
$\overline{QP}$ 가 x축의 양의 방향과 30^0의 각도를 이루는 a값을 구하여라.

6. 함수 $f(x)=x^3+ax^2+bx$는 다음 조건을 만족한다.

(1) $f(1)=4$ (2) $x \geqq 0$일 때, $f(x) \geqq 0$

이때, $\int_0^1 f(x)\,dx$ 의 값을 최대로 하는 a, b의 값과 최소로 하는 a, b의 값을 각각 구하여라.

[문 과] 1~4 : 이과와 같음

5. 곡선 $y=ax^3+bx^2+cx+d$ $(a \neq 0)$와 y축과의 교점을 A라 하자.
곡선 상의 점 $P(x, y)$에서의 접선과 y축과의 교점을 Q라 할 때,
$\lim_{x \to 0} \frac{\overline{AQ}^2}{\overline{AP}^2}$, $\lim_{x \to +\infty} \frac{\overline{AQ}^2}{\overline{AP}^2}$ 을 구하여라.

[이 과]

[문제 1] a, b, c가 삼차방정식
$x+ty+t^2z=t^3$
즉, $t^3-zt^2-yt-x=0$의 세 근이다.
근과 계수의 관계에 의하여,
$a+b+c=z$ … ①
$ab+bc+ca=-y$ … ②
$abc=x$ … ③

$a^3+b^3+c^3-3abc$
$=(a+b+c)(a^2+b^2+c^2-ab-bc-ca)$
$=(a+b+c)\{(a+b+c)^2-3(ab+bc+ca)\}$
$\therefore$ $a^3+b^3+c^3-3x=z(z^2+3y)$ $(\because$ ①,②,③$)$
답 : $a^3+b^3+c^3=z^3+3yz+3x$ ■

[문제 2]

$A(t, t^2)$, $P(\alpha, \beta)$로 놓자.

$\overline{AP}$를 $m:n$으로 내분하는 점 B의 좌표는

$$\left(\frac{m\alpha+nt}{m+n}, \frac{m\beta+nt^2}{m+n}\right)$$

이것을 $y=3x^2+24x+50$에 대입하면,

$$\frac{m\beta+nt^2}{m+n}=3\left(\frac{m\alpha+nt}{m+n}\right)^2+24\left(\frac{m\alpha+nt}{m+n}\right)+50$$

$$\therefore \frac{n}{m+n}t^2+\frac{m\beta}{m+n}=$$
$$\frac{3n^2}{(m+n)^2}t^2+\left(\frac{6mn\alpha}{(m+n)^2}+\frac{24n}{m+n}\right)t$$
$$+\frac{3m^2\alpha^2}{(m+n)^2}+\frac{24m\alpha}{m+n}+50$$

위 방정식이 임의의 t에 대하여 성립하므로 양변의 각 계수를 비교하면,

$$\frac{n}{m+n}=\frac{3n^2}{(m+n)^2} \quad \cdots ①$$

$$0=\frac{6mn\alpha}{(m+n)^2}+\frac{24n}{m+n} \quad \cdots ②$$

$$\frac{m\beta}{m+n}=\frac{3m^2\alpha^2}{(m+n)^2}+\frac{24m\alpha}{m+n}+50 \quad \cdots ③$$

---

① 에서 $m+n=3n$ $\quad \therefore m=2n \quad \cdots ④$

② 에서 $m\alpha+4(m+n)=0$

④ 를 대입하면, $2n\alpha+12n=0$

$\therefore \alpha=-6 \quad \cdots ⑤$

③ 에서

$m(m+n)\beta=3m^2\alpha^2+24m\alpha(m+n)+50(m+n)^2$

④, ⑤ 를 대입하면,

$6n^2\beta=3\times 4n^2\times 36-24\times 36n^2+50\times 9n^2$

$\therefore \beta=3$

답 : $\alpha=-6$, $\beta=3$, $m:n=2:1$ ■

[문제 3]

세 점 P, B, C를 지나는 평면과 $\overline{VD}$와의 교점을 Q라고 하자.

$\overline{BC}$ // 평면 VAD이므로 $\overline{BC}$ // $\overline{PQ}$이다.

또, $\triangle VAD$가 이등변삼각형이므로 □$PBCQ$는 등변사다리꼴이 된다.

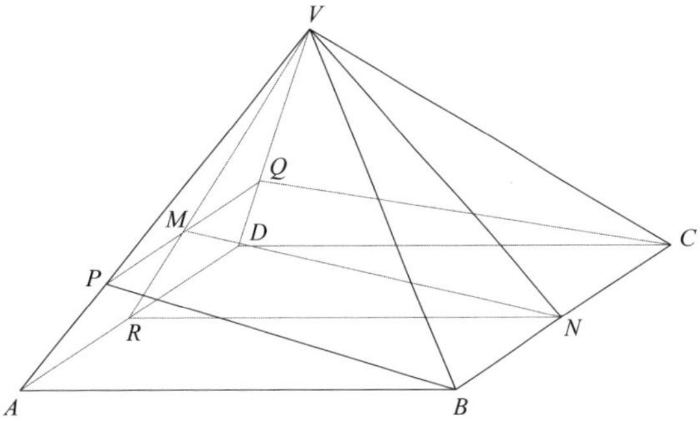

$\overline{AD}$의 중점을 R, $\overline{BC}$의 중점을 N이라 놓으면, $\overline{VR}=\overline{VN}=40\,\text{cm}$, $\overline{RN}=20\,\text{cm}$이다.

$$\overline{RN}^2=\overline{VR}^2+\overline{VN}^2-2\overline{VR}\cdot\overline{VN}\cdot\cos V$$
$$400=1600+1600-3200\cos V$$
$$\therefore \cos V=\frac{7}{8}$$

$\overline{VP}=\frac{3}{4}\overline{VA}$, $\overline{VQ}=\frac{3}{4}\overline{VD}$

이므로 $\overline{PQ}$의 중점을 M이라 하면,

$\overline{VM}=\frac{3}{4}\overline{VR}=30\,\text{cm}$

$\overline{PQ}=\frac{3}{4}\overline{AD}=15\,\text{cm}$

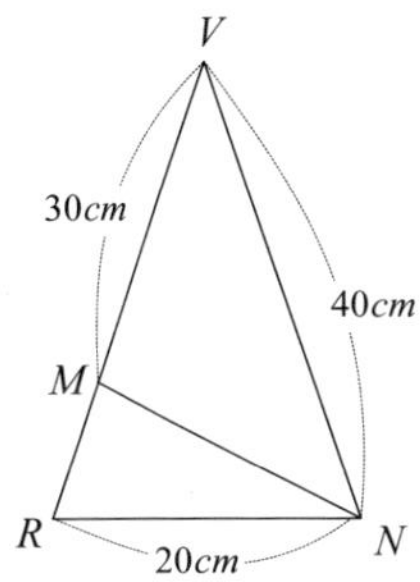

$$\overline{MN}^2=\overline{VM}^2+\overline{VN}^2-2\overline{VM}\cdot\overline{VN}\cdot\cos V$$
$$=900+1600-2400\cos V$$
$$=2500-2400\times\frac{7}{8}=400$$

$\therefore$ $\overline{MN}=20\,\text{cm}$ (사다리꼴의 높이)

$$\square PBCQ=(\overline{BC}+\overline{PQ})\times\overline{MN}\times\frac{1}{2}$$
$$=(20+15)\times 20\times\frac{1}{2}$$
$$=350$$

답 : $350\ \text{cm}^2$ ■

[문제 4]

$P_1(x,y)$에 대하여,

점 P_2는 $\overline{P_1A_1}$의 중점이므로 $P_2\left(\frac{x}{2},\frac{y}{2}\right)$

점 P_3는 $\overline{P_2A_2}$의 중점이므로 $P_3\left(\frac{x+2}{4},\frac{y}{4}\right)$

점 P_4는 $\overline{P_3A_3}$의 중점이므로

$$P_4\left(\frac{x+10}{8},\frac{y+8}{8}\right)$$

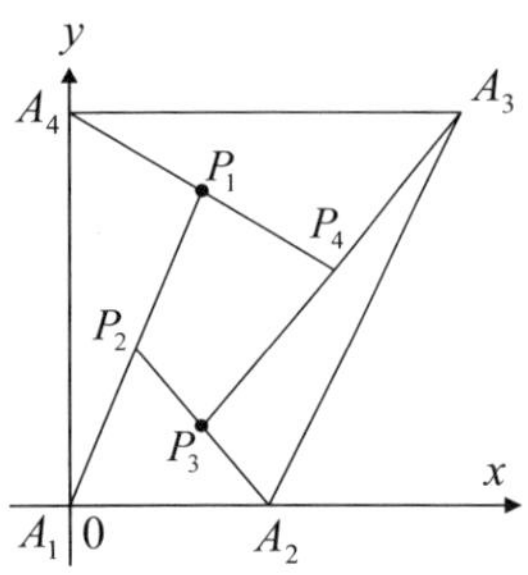

점 P_1는 $\overline{P_4A_4}$의 중점이므로

$$P_1\left(\frac{x+10}{16},\frac{y+24}{16}\right)$$

$P_1(x,y) = P_1\left(\frac{x+10}{16},\frac{y+24}{16}\right)$에서

$\therefore\ x=\frac{2}{3},\ y=\frac{8}{5}$

따라서, P_1, P_2, P_3, P_4의 좌표는

$P_1\left(\frac{2}{3},\frac{8}{5}\right)$, $P_2\left(\frac{1}{3},\frac{4}{5}\right)$

$P_3\left(\frac{2}{3},\frac{2}{5}\right)$, $P_4\left(\frac{4}{3},\frac{6}{5}\right)$ …(답) ■

$\overline{P_1P_3}$가 y축에 평행하므로

$\square P_1P_2P_3P_4 = \triangle P_1P_3P_2 + \triangle P_1P_3P_4$

$= \frac{1}{2}\times\frac{1}{3}\times\frac{6}{5}+\frac{1}{2}\times\frac{2}{3}\times\frac{6}{5}$

$= \frac{3}{5}$ …(답) ■

[문제 5]

(1) $\overline{QP}$가 최소로 될 때는

점 $P(a,b)$를 중심으로 하고 반지름이 $\overline{QP}$인 원과 주어진 쌍곡선 $y=\frac{1}{x}$이 접할 때이다.

즉, $\overline{QP}$와 Q에서의 접선이 직교할 때이다.

$Q(x,y)$에 대하여 $\overline{QP}$의 기울기는

$$\frac{y-b}{x-a}=\frac{\frac{1}{x}-\frac{1}{a}}{x-a}=-\frac{1}{ax} \quad \cdots ①$$

$y=\frac{1}{x}$을 미분하면, $y'=-\frac{1}{x^2}$이므로

Q에서의 접선의 기울기는 $-\frac{1}{x^2}$ … ②

---

①, ② 에서 $\left(-\frac{1}{ax}\right)\left(-\frac{1}{x^2}\right)=-1$

$\therefore\ x^3=-\frac{1}{a}$

$\therefore\ Q(x,y)=\left(-a^{-\frac{1}{3}},\ -a^{\frac{1}{3}}\right)$

$$\begin{aligned}\overline{QP}^2&=(x-a)^2+(y-b)^2\\&=\left(-a^{-\frac{1}{3}}-a\right)^2+\left(-a^{\frac{1}{3}}-a^{-1}\right)^2\\&=\left(a^{\frac{2}{3}}+a^{-\frac{2}{3}}\right)^3\end{aligned}$$

$\therefore\ \overline{QP}=\left(a^{\frac{2}{3}}+a^{-\frac{2}{3}}\right)^{\frac{3}{2}}$ …(답) ■

(2)

$\overline{QP}$가 x축과 이루는 각도가 30^0이므로

$\overline{QP}$의 기울기는 $\frac{1}{\sqrt{3}}$이며, 따라서

Q에서의 접선의 기울기는 $-\sqrt{3}$이다.

$-\frac{1}{x^2}=-\sqrt{3}$

$x=-3^{-\frac{1}{4}}\quad (x<0)$

$\therefore\ a=-\frac{1}{x^3}=\sqrt[4]{27}$ …(답) ■

[문제 6]

$f(x)=x^3+ax^2+bx=x(x^2+ax+b)$

$f(1)=4$이므로 $a+b=3$ ⋯ ①

$x \geq 0$일 때, $f(x) \geq 0$이므로
다음 두 가지 경우 중 하나이어야 한다.

㉮ $x^2+ax+b=0$은
허근이나 중근을 갖는다.

㉯ $x^2+ax+b=0$의 두 실근이 모두
음수이거나 0이다.

㉮ $D=a^2-4b \leq 0$

$a^2+4a-12 \leq 0 \quad (\because ①)$

$\therefore \quad -6 \leq a \leq 2$ ⋯ ②

㉯ $a \geqq 0,\ b \geqq 0,\ D=a^2-4b>0$

$b=3-a \geqq 0,\ a \leqq 3$

$D=a^2-4b>0, \quad a<-6$ or $a>2$

$\therefore \quad 2<a \leqq 3$ ⋯ ③

②, ③ 에서 $\therefore \quad -6 \leqq a \leqq 3$ ⋯ ④

$$\int_0^1 f(x)\,dx = \int_0^1 (x^3+ax^2+bx)\,dx$$
$$= \left[\frac{x^4}{4}+\frac{a}{3}x^3+\frac{b}{2}x^2\right]_0^1$$
$$= \frac{1}{12}(3+4a+6b)$$
$$= \frac{1}{12}(21-2a)$$

④ 에 의하여

$\int_0^1 f(x)\,dx$가 최대일 때, $a=-6, b=9$

최소일 때, $a=3, b=0$ ⋯(답) ■

[문 과]

[문제 5]

$y=ax^3+bx^2+cx+d$에서 $y'=3ax^2+2bx+c$
이므로 $P(x,y)$ 에서의 접선의 방정식은

$$Y-y=(3ax^2+2bx+c)(X-x)$$

위 식에 $X=0$을 대입하면,

$$Y=-3ax^3-2bx^2-cx+y$$
$$=-3ax^3-2bx^2-cx+(ax^3+bx^2+cx+d)$$
$$=-2ax^3-bx^2+d \quad : Q\text{의 } y\text{좌표}$$

$P(x, ax^3+bx^2+cx+d)$

$Q(0, -2ax^3-bx^2+d)$

$A(0, d)$

이므로

$$\overline{AQ}^2=\{(-2ax^3-bx^2+d)-d\}^2$$
$$=(2ax^3+bx^2)^2$$

$$\overline{AP}^2=x^2+(ax^3+bx^2+cx)^2$$

$$\therefore \quad \frac{\overline{AQ}^2}{\overline{AP}^2}=\frac{(2ax^3+bx^2)^2}{x^2+(ax^3+bx^2+cx)^2}$$
$$=\frac{x^2(2ax+b)^2}{1+(ax^2+bx+c)^2}$$

$$\lim_{x\to 0}\frac{\overline{AQ}^2}{\overline{AP}^2}=\frac{0\cdot b^2}{1+c^2}=0$$

$$\lim_{x\to+\infty}\frac{\overline{AQ}^2}{\overline{AP}^2}=\lim_{x\to+\infty}\frac{x^2(2ax+b)^2}{1+(ax^2+bx+c)^2}$$
$$=\lim_{x\to+\infty}\frac{\left(2a+\frac{b}{x}\right)^2}{\frac{1}{x^4}+\left(a+\frac{b}{x}+\frac{c}{x^2}\right)^2}$$
$$=\frac{(2a+0)^2}{0+(a+0)^2}$$
$$=\frac{4a^2}{a^2}=4$$

답 : $\lim_{x\to 0}\frac{\overline{AQ}^2}{\overline{AP}^2}=0$, $\lim_{x\to+\infty}\frac{\overline{AQ}^2}{\overline{AP}^2}=4$

■

〈 1965년 1차 이과 〉

1. 다음 $\square$ 안에 알맞은 수를 넣어라.
점 $(-1,1)$을 지나는 직선
$2x+{}^{(a)}\square\, y+{}^{(b)}\square=0$을 x축 방향으로 1,
y축 방향으로 ${}^{(c)}\square$만큼 평행이동한 후,
x축에 대하여 대칭이동시켜 얻은 직선
$2x-3y+{}^{(d)}\square=0$은 점$(3,3)$을 지난다.

2. 다음 $\square$ 안에 알맞은 수를 넣어라.
x, y, z, w가 미지수인 연립일차방정식

$$\begin{aligned} x-y+\quad\;\; z+{}^{(e)}\square\, w&=a \\ x-y+{}^{(f)}\square\, z\quad\;\; -w&=b \\ -x+y\quad\;\; -z\quad\;\; +w&=c \\ {}^{(g)}\square\, x-y\quad\;\; +z\quad\;\; -w&=d \end{aligned}$$

는

(i) $a=1, b=0, c=0, d=0$이면 해가 없다.
(ii) $a=0, b=1, c=0, d=0$이면 해가 없다.
(iii) $a=0, b=0, c={}^{(h)}\square, d=0$이면
$xyzw\neq 0$인 해가 존재한다.

3. 다음 $\square$ 안에 알맞은 수를 넣어라.
함수 $f(x)=\dfrac{1}{x-2}-\dfrac{1}{x}$이 $x=a$에서
극대이면, $a={}^{(i)}\square$, $f(a)={}^{(j)}\square$이다.
점 $(a, f(a))$를 지나며 기울기 $m\ (m\neq 0)$인
직선과 곡선 $y=f(x)$의 교점은 ${}^{(k)}\square$개다.
교점들 중 x좌표가 최대인 점의
x좌표를 m의 함수 $h(m)$으로 나타내면,
$\lim\limits_{|m|\to\infty} h(m)={}^{(l)}\square$이다.

4. 다음 $\square$ 안에 알맞은 수를 넣어라.
부등식 $\log_2\{(x-1)(x-2)(x-3)(x-4)\}$
$<\log_4\{(x-1)^2(x-2)^2(x-3)^2(2x-3)^2\}$
이 성립하는 실수 x의 범위는 $x<{}^{(m)}\square$,
${}^{(n)}\square<x<{}^{(o)}\square$, ${}^{(p)}\square<x$이다.

5. 아래의 명제 q, r, s, t에 대하여
반드시 성립하면 1,
성립하지 않을 수도 있으면 2로 답하라.
단, α, β는 실수이다.
q. 임의의 양수 x, y에 대하여 항상
$\alpha x+\beta y>0$이 성립하면 $\alpha>0, \beta>0$이다.
r. 임의의 음이 아닌 실수 x, y에 대하여
항상 $\alpha x+\beta y\geq 0$이면 $\alpha\geq 0, \beta\geq 0$이다.
s. 어떤 양수 x가 존재하여 임의의 양수
y에 대하여 $\alpha x+\beta y>0$이면 $\beta>0$이다.
t. 어떤 양수 x, y가 존재하여
$\alpha x+\beta y>0$이면 $\alpha>0$ 또는 $\beta>0$이다.

[문제 1]

처음 직선을 $2x+Ay+B=0$으로 놓으면,
$$-2+A+B=0 \qquad \cdots ①$$

처음 직선을 x축 방향으로 1만큼,
y축 방향으로 C만큼 평행이동하면,
$$2(x-1)+A(y-C)+B=0$$

다시, x축에 대칭이동시키면,
$$2(x-1)+A(-y-C)+B=0$$
$$2x-Ay-2-AC+B=0$$

이 직선이
$$2x-3y+D=0 \qquad \cdots ②$$
과 일치하므로
$$A=3,\ D=-2-AC+B \qquad \cdots ③$$

$A=3$을 ①에 대입하면, $\therefore B=-1$

또, ②가 $(3,3)$을 지나므로
$$6-9+D=0, \qquad \therefore D=3$$

$A=3,\ B=-1,\ D=3$을 ③에 대입하면,
$$3=-2-3C-1$$
$$\therefore C=-2$$

답: (a) 3 (b) -1 (c) -2 (d) 3

[문제 2]

$$x-y+z+Ew=a \quad \cdots ①$$
$$x-y+Fz-w=b \quad \cdots ②$$
$$-x+y-z+w=c \quad \cdots ③$$
$$Gx-y+z-w=d \quad \cdots ④$$

로 놓자.

①+③ $(E+1)w=a+c \quad \cdots ⑤$

②+③ $(F-1)z=b+c \quad \cdots ⑥$

③+④ $(G-1)x=c+d \quad \cdots ⑦$

(i) $a=1,\ b=0,\ c=0,\ d=0$ 이면,

$(E+1)w=1$, $(F-1)z=0$, $(G-1)x=0$

해가 존재하지 않으므로 $\therefore E=-1$

(ii) $a=0,\ b=1,\ c=0,\ d=0$ 이면,

$(E+1)w=0$, $(F-1)z=1$, $(G-1)x=0$

해가 존재하지 않으므로 $\therefore F=1$

(iii) $a=0,\ b=0,\ c=H,\ d=0$ 이면,

$(E+1)w=H$, $(F-1)z=H$, $(G-1)x=H$

$E=-1,\ F=1$이므로

$0\cdot w=H$, $0\cdot z=H$, $(G-1)x=H$

해가 존재하므로 $\therefore H=0$

$H=0$이고 $xyzw\neq 0$이므로

$(G-1)x=H$에서 $\therefore G=1$

답: (e) -1 (f) 1 (g) 1 (h) 0

[문제 3]

$$f(x)=\frac{1}{x-2}-\frac{1}{x}$$

$$f'(x)=-\frac{1}{(x-2)^2}+\frac{1}{x^2}=\frac{4(1-x)}{x^2(x-2)^2}$$

x		0		1		2	
$f'(x)$	+	╳	+	0	−	╳	−
$f(x)$	↗	╳	↗	극대	↘	╳	↘

$x=1$일 때, 극댓값 $f(1)=-2$

$$\therefore (a, f(a))=(1,-2)$$

$(1,-2)$를 지나고 기울기 m인 직선은

$$y=m(x-1)-2$$

이 직선과 $y=f(x)$를 연립하면,

$$m(x-1)-2=\frac{2}{x(x-2)}$$

$$\therefore (x-1)\{mx^2-2(m+1)x+2\}=0$$

따라서, 직선과 $y=f(x)$의 교점의 x좌표는

$$x=1,\ x=\frac{m+1\pm\sqrt{m^2+1}}{m}$$

$m\neq 0$이므로, $\frac{m+1\pm\sqrt{m^2+1}}{m}\neq 1$

따라서, 교점은 3개이다.

$m>0$일 때,

$$x=1,\ x=\frac{m+1\pm\sqrt{m^2+1}}{m}=1+\frac{1}{m}\pm\sqrt{1+\frac{1}{m^2}}$$

$$\therefore\ h(m)=1+\frac{1}{m}+\sqrt{1+\frac{1}{m^2}}$$

$$\lim_{m\to\infty}h(m)=\lim_{m\to\infty}\left(1+\frac{1}{m}+\sqrt{1+\frac{1}{m^2}}\right)=2$$

$m<0$일 때,

$x=1$,

$$x=\frac{m+1\pm\sqrt{m^2+1}}{m}=1+\frac{1}{m}\mp\sqrt{1+\frac{1}{m^2}}$$

$$\frac{m+1-\sqrt{m^2+1}}{m}=1+\frac{1}{m}+\sqrt{1+\frac{1}{m^2}}>1$$

이므로,

$$\therefore\ h(m)=1+\frac{1}{m}+\sqrt{1+\frac{1}{m^2}}$$

$$\lim_{m\to-\infty}h(m)=\lim_{m\to-\infty}\left(1+\frac{1}{m}+\sqrt{1+\frac{1}{m^2}}\right)=2$$

답: (i) 1 (j) -2 (k) 3 (l) 2

[문제 4]

진수는 양수이므로

$(x-1)(x-2)(x-3)(x-4)>0,\ x\neq\frac{3}{2}$

$\therefore\ x<1,\ 2<x<3,\ 4<x$ $\cdots$ ①

$$\log_2\{(x-1)(x-2)(x-3)(x-4)\} < \log_4\{(x-1)^2(x-2)^2(x-3)^2(2x-3)^2\}$$

> $\log_4 A=\frac{1}{2}\log_2 A$이므로

$$\log_2\{(x-1)^2(x-2)^2(x-3)^2(x-4)^2\} < \log_2\{(x-1)^2(x-2)^2(x-3)^2(2x-3)^2\}$$

$$(x-1)^2(x-2)^2(x-3)^2(x-4)^2 < (x-1)^2(x-2)^2(x-3)^2(2x-3)^2$$

> $(x-1)^2(x-2)^2(x-3)^2>0$이므로

$(x-4)^2<(2x-3)^2$

$(x+1)(3x-7)>0$

$\therefore\ x<-1,\ \frac{7}{3}<x$ $\cdots$ ②

①, ② 에서

$\therefore\ x<-1,\ \frac{7}{3}<x<3,\ 4<x$

답: (m) -1 (n) $\frac{7}{3}$ (o) 3 (p) 4

[문제 5]

> q. 임의의 양수 x, y에 대하여 항상 $\alpha x+\beta y>0$이 성립하면 $\alpha>0, \beta>0$이다.

$\alpha>0, \beta=0$이면,
임의의 양수 x, y에 대하여 항상

$\alpha x+0\cdot y>0$

즉, $\alpha>0, \beta=0$일 때도 성립하므로 2

> r. 임의의 음이 아닌 실수 x, y에 대하여 항상 $\alpha x+\beta y\geq 0$이면 $\alpha\geq 0, \beta\geq 0$이다.

$x\geq 0,\ y\geq 0$에 대하여 항상 $\alpha x+\beta y\geq 0$이므로

$x>0,\ y=0$에 대하여 항상 $\alpha x+\beta\cdot 0\geq 0$

$\therefore\ \alpha\geq 0$

$x=0,\ y>0$에 대하여 항상 $\alpha\cdot 0+\beta y\geq 0$

$\therefore\ \beta\geq 0$

따라서, 항상 성립하므로 1

> s. 어떤 양수 x가 존재하여 임의의 양수 y에 대하여 $\alpha x+\beta y>0$이면 $\beta>0$이다.

$\alpha>0, \beta=0$일 때,
x가 양수이면,
임의의 양수 y에 대하여 $\alpha x+\beta y>0$

즉, $\alpha>0, \beta=0$일 때도 성립하므로 2

> t. 어떤 양수 x, y가 존재하여 $\alpha x+\beta y>0$이면 $\alpha>0$ 또는 $\beta>0$이다.

주어진 명제의 대우는

> $\alpha\leq 0,\ \beta\leq 0$이면,
> 임의의 양수 x, y에 대하여 $\alpha x+\beta y\leq 0$

$\alpha\leq 0,\ \beta\leq 0$이고 $x>0,\ y>0$이므로

$\alpha x+\beta y\leq 0$

따라서, 항상 성립하므로 1

답: (q) 2 (r) 1 (s) 2 (t) 1

〈 1965년 1차 문과 〉

1. 다음 □ 안에 알맞은 수를 넣어라.
타원 $2x^2+3y^2-1=0$ 과
타원 $3x^2+$ (a)□ y^2+ (b)□ $x+$ (c)□ $y+$ (d)□ $=0$은 직선 $x+y=1$ 에 대칭이다.

2. 다음 □ 안에 알맞은 수를 넣어라.
방정식 $x^2-3y^2+6x+9=0$으로 표시되는 그래프와 방정식 $x^2+y^2-2ax+a^2-1=0$ 으로 표시되는 그래프가 공유점을 갖기 위한 필요충분조건은 (e)□ $\leq a \leq$ (f)□ 이다.
또, 공유점의 개수가 홀수로 되는 a 값은 (g)□ 개이며, 그러한 a 값 중 가장 큰 것은 (h)□ 이다.

3. 아래의 (i)□, (l)□ 에 알맞은 수를 넣어라. 또, (j)□, (k)□ 에는 <, ≤ 중 어떤 것이 적당한가?
< 일 경우는 1, ≤ 일 경우는 2로 답해라.
부등식 $\log_{10}\dfrac{x+y}{m} \geq \dfrac{\log_{10}x+\log_{10}y}{2}$ 가
임의의 양수 x, y 에 대하여 성립하기 위한 필요충분조건은 (i)□ (j)□ m (k)□ (l)□
이다. 단, (i)□ < (l)□ 이다.

4. 다음 □ 안에 알맞은 수를 넣어라.
$f(x)=\mathrm{Max}\{|x-3|, -x^2+8x-11\}$ 라 하자.
(i) $0 \leq x \leq 6$ 에서의
$f(x)$의 최솟값은 (m)□ 이다.
(ii) $0 \leq x \leq 6$ 에서의
$f(x)$의 최댓값은 (n)□ 이다.
(iii) $3 \leq x \leq 6$ 에서 $f(x)$를 최소로 하는 x 에 가장 가까운 정수는 (o)□ 이다.
(iv) $0 \leq x \leq 6$ 에서
$f(x)=3$을 만족하는 x 는 (p)□ 개이다.

5. 다음 □ 안에 알맞은 수를 넣어라.
k를 0 또는 양의 정수라 하자. 그림의 9개의 공란에 0 또는 양의 정수를 넣어, 횡 및 종으로 더한 값이 표 밖에 있는 값

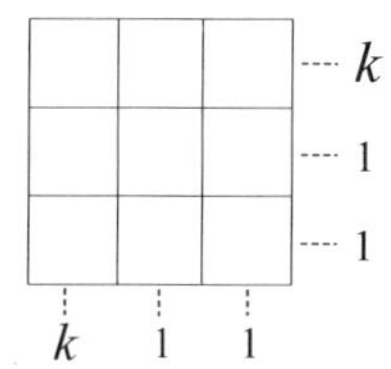

$(k, 1, 1$ 및 $k, 1, 1)$으로 되는 표를 모두 완성한다. 이러한 표의 개수를 a_k 라 하면,
$a_0=$ (q)□, $a_1=$ (r)□, $a_2=$ (s)□,
$a_3=$ (t)□ 이다.

[문제 1]

점 (x,y)와 점 (X,Y)가
$x+y=1$ 에 대하여 대칭이면,

$$\frac{Y-y}{X-x}=1, \quad \frac{x+X}{2}+\frac{y+Y}{2}=1$$

$$\therefore \quad x=1-Y, \ y=1-X$$

점 (x,y)가 타원 $2x^2+3y^2-1=0$ 위에 있으면,

$$2(1-Y)^2+3(1-X)^2-1=0$$

$$\therefore \quad 3X^2+2Y^2-6X-4Y+4=0$$

답: (a) 2 (b) −6 (c) −4 (d) 4

[문제 2]

$$x^2-3y^2+6x+9=0 \quad \cdots ①$$

$$x^2+y^2-2ax+a^2-1=0 \quad \cdots ②$$

①+②×3 $\quad 4x^2+6(1-a)x+3a^2+6=0 \quad \cdots ③$

③ 식이 실근을 갖기 위한 조건은

$4/D=9(1-a)^2-4(3a^2+6) \geq 0, \ a^2+6a+5 \leq 0$

$$-5 \leq a \leq -1 \quad \cdots ④$$

---

① 에서 $(x+3)^2-3y^2=0$이므로, x가 실수로 구해지면 y도 실수로 구해진다.

따라서, ④는 ①,② 의 그래프가 공유점을 갖기 위한 필요충분조건이다.

$(x+3)^2-3y^2=0$, $y=\pm\frac{1}{\sqrt{3}}(x+3)$ 이므로,

공유점의 x 값 1개당, y 값 2개가 구해진다.

따라서, 공유점의 개수가 홀수로 되려면
$(-3,0)$이 공유점에 반드시 포함되어야 한다.

$(-3,0)$을 ② 에 대입하면, $9+6a+a^2-1=0$

$$a^2+6a+8=0 \qquad \therefore\ a=-4,-2$$

따라서, 공유점의 개수가 홀수로 되는
a 값은 2개이며, 가장 큰 값은 -2이다.

답: (e) -5　(f) -1　(g) 2　(h) -2

[문제 3]

진수조건에 의하여 $\frac{x+y}{m}>0$, $x>0$, $y>0$

$$\therefore\ m>0 \qquad \cdots ①$$

$$\log_{10}\frac{x+y}{m} \geq \frac{\log_{10}x+\log_{10}y}{2}$$

$$\log_{10}\frac{x+y}{m} \geq \log_{10}\sqrt{xy}$$

$$\frac{x+y}{m} \geq \sqrt{xy}$$

$$\frac{x+y}{\sqrt{xy}} \geq m \qquad \cdots ②$$

부등식 ② 가
임의의 양수 x,y에 대하여 성립하므로

$$m \leq 2 \qquad \cdots ③$$

> 임의의 양수 x,y에 대하여
>
> $x+y \geq 2\sqrt{xy}$, $\frac{x+y}{\sqrt{xy}} \geq 2$

①, ③ 에 의하여 $0<m\leq 2$

답: (i) 0　(j) 1　(k) 2　(l) 2

[문제 4]

$y_1=|x-3|$; $y_2=-x^2+8x-11=-(x-4)^2+5$
로 놓고 y_1, y_2의 교점을 구해보자.

$x \geq 3$일 때, $x-3=-x^2+8x-11$

$$x^2-7x+8=0$$

$$x=\frac{7\pm\sqrt{17}}{2}$$

$x \geq 3$이므로 $x=\frac{7+\sqrt{17}}{2}$

$x<3$일 때, $3-x=-x^2+8x-11$

$$x^2-9x+14=0$$

$$x=2 \text{ or } 7$$

$x<3$이므로 $x=2$

따라서, y_1, y_2의 교점은

$$(2,1),\ \left(\frac{7+\sqrt{17}}{2},\frac{1+\sqrt{17}}{2}\right)$$

이며, $1<\frac{1+\sqrt{17}}{2}$이다.

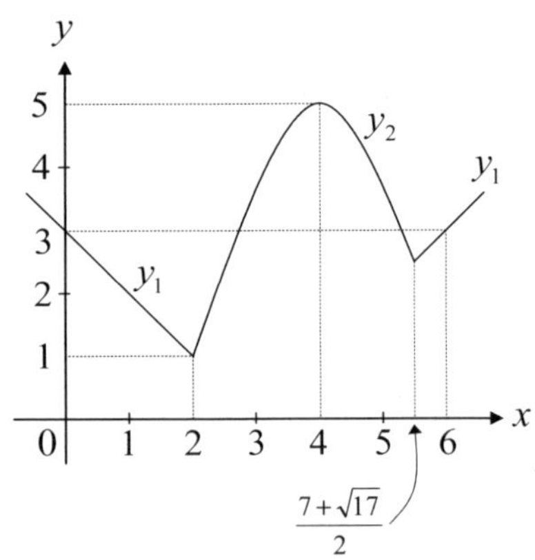

(i) $0\leq x\leq 6$ 에서의 최솟값은 1

(ii) $0\leq x\leq 6$ 에서의 최댓값은 5

(iii) $3\leq x\leq 6$에서 $f(x)$를 최소로 하는 x 값은

$$x=\frac{7+\sqrt{17}}{2}\fallingdotseq 5.56$$

5.56에 가장 가까운 정수는 6

(iv) $0\leq x\leq 6$ 에서
$f(x)=3$을 만족하는 x는 4개이다.

답: (m) 1　(n) 5　(o) 6　(p) 4

[문제 5]

아래 그림에서 색칠되지 않은 부분에는 0,1만 가능하므로 다음 세 가지 경우로 나누어 볼 수 있다.

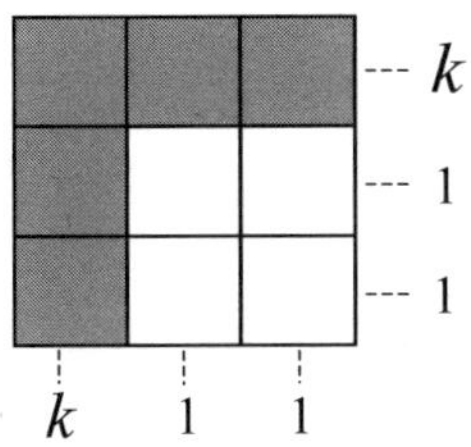

(가) 모두 0인 경우 – 1가지

A	1	1
1	0	0
1	0	0

(나) 1이 1개인 경우 – 4가지

B	0	1
0	1	0
1	0	0

B	1	0
0	0	1
1	0	0

B	1	0
1	0	0
0	0	1

B	0	1
1	0	0
0	1	0

(다) 1이 2개인 경우 – 2가지

C	0	0
0	1	0
0	0	1

C	0	0
0	0	1
0	1	0

$k=0$일 때,

(다)에서 $C=0$일 때만 가능하다.

$\therefore \quad a_0=2$

$k=1$일 때,

(나)에서 $B=0$일 때 가능 : 4가지

(다)에서 $C=1$일 때 가능 : 2가지

$\therefore \quad a_1=4+2=6$

$k=2$일 때,

(가)에서 $A=0$일 때 가능 : 1가지

(나)에서 $B=1$일 때 가능 : 4가지

(다)에서 $C=2$일 때 가능 : 2가지

$\therefore \quad a_2=1+4+2=7$

$k=3$일 때,

(가)에서 $A=1$일 때 가능 : 1가지

(나)에서 $B=2$일 때 가능 : 4가지

(다)에서 $C=3$일 때 가능 : 2가지

$\therefore \quad a_3=1+4+2=7$

답: (q) 2 (r) 6 (s) 7 (t) 7

〈참고〉

문제에서 $k \geq 2$에 대하여 $a_k=7$이다.

$k(\geq 2)$일 때,

(가)에서 $A=k-2$일 때 : 1가지

(나)에서 $B=k-1$일 때 : 4가지

(다)에서 $C=k$일 때 : 2가지

$\therefore \quad a_k=1+4+2=7$

〈 1965년 2차 〉

[이 과]

1. 어떤 도시에
A, B, C 세 종류의 신문이 발행되고 있다.
A를 구독하는 비율은 69%,
B를 구독하는 비율은 46%,
C만을 구독하는 비율은 3%,
B, C 모두를 구독하는 비율은 21%,

A, C 중 적어도 하나를 구독하는 비율은 88%,
B, C 중 적어도 하나를 구독하는 비율은 50%,
A, B, C 중 하나만을 구독하는 비율은 61%이다.

(1) A만을 구독하는 비율,
(2) B만을 구독하는 비율,
(3) A, B, C 모두를 구독하는 비율,
(4) A, B, C 중 어떤 것도 구독하지 않는 비율을 구하여라.

2. A, B, C를 세 산의 정상이라 하자.
A에서 C를 바라보면 진북에서 동으로 10^0 위로 15^0이며,
B에서 C를 바라보면 진북에서 서로 20^0 위로 30^0이다.
또, B에서 A를 바라보면 위로 30^0이다.
A, B의 해발고도가 각각 1600m, 1210m일 때, C의 해발고도를 구하여라. $\sqrt{3}=1.732$로 계산하고 1m 미만은 반올림하여라.

3. 직선 l은 곡선 $xy=1$의 제1사분면 부분에 접하며, l의 x절편은 2보다 작지 않다. 이런 조건을 만족하며 l이 움직일 때, 네 직선 l, $y=0$, $x=1$, $x=2$로 둘러싸인 부분의 넓이의 최댓값을 구하여라.

4. 그림의 ACB는 길이 2인 선분 AB를 지름으로 하고 점 O를 중심으로 하는 반원주이며, P는 AB에 수직인 반지름 OC 상의 동점이다.

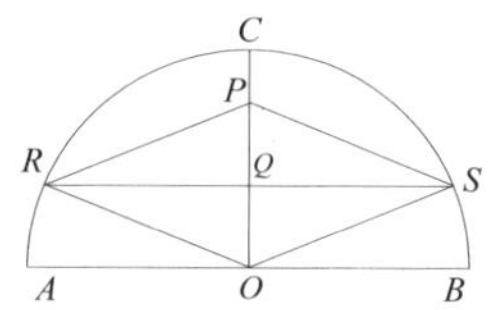

k를 양의 상수라 할 때, 선분 PO를 $k:1$로 내분하는 점 Q를 지나며 선분 AB에 평행인 현을 RS라 하자.
점 P를 어디에 잡아야 사각형 $ROSP$의 넓이가 최대로 되는가?

5. 곡선 $y=3\sin2x+\cos3x$ 의 $0<x<\pi$ 의 범위에 있는 부분의 접선 중, 직선 $3x+y=0$과 평행한 것의 방정식을 구하여라.

6. 그림은 반지름이 1인 반원으로, 현 AP, AQ와 지름 AB가 이루는 각은 각각 30^0, 60^0이다.

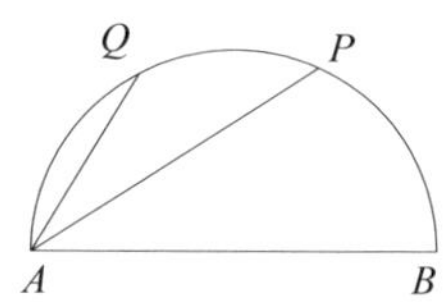

현 AP, AQ와 호 PQ로 둘러싸인 부분을 지름 AB 주위로 1회전하여 얻은 입체의 체적을 구하여라.

[문 과] 1~4 : 이과와 같음

5. 한 평면상에 반지름 1인 원 O와 한 변의 길이가 4인 정삼각형 ABC가 있다.

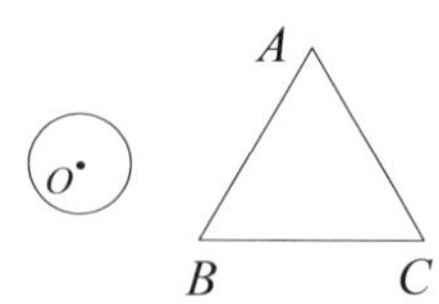

점 P는 원 내부에서 움직이고, 점 Q는 정삼각형의 변위에서 움직인다고 하자.
이때, 선분 PQ의 중점 R이 움직이며 지나는 부분을 도시하고 그 면적을 구하여라.

[이 과]

[문제 1]

A, B, C만을 구독하는 비율을 각각 $x, y, z\,(\%)$ 라 하자.

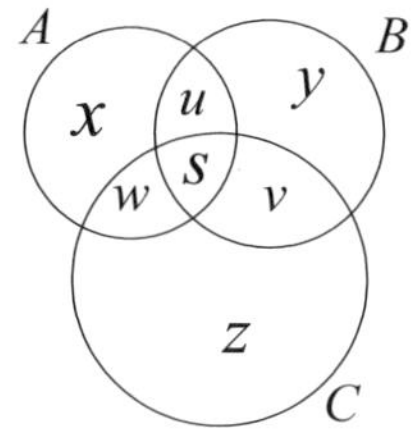

A, B는 모두 구독하지만 C를 구독하지 않는 비율을 u,
B, C는 모두 구독하지만 A를 구독하지 않는 비율을 v,
A, C는 모두 구독하지만 B를 구독하지 않는 비율을 w라 하자.
A, B, C를 모두 구독하는 비율은 s라 하자.

$x+u+w+s = 69$ … ①
$y+u+v+s = 46$ … ②
$z = 3$ … ③
$v+s = 21$ … ④
$x+z+u+v+w+s = 88$ … ⑤
$y+z+u+v+w+s = 50$ … ⑥
$x+y+z = 61$ … ⑦

⑤−⑥에서 $x-y=38$
⑦−③에서 $x+y=58$
$\therefore\ x=48,\ y=10$
이것을 ①, ②, ④, ⑤에 대입하면,

$48+u+w+s = 69$ … ①′
$10+u+v+s = 46$ … ②′
$v+s = 21$ … ④′
$48+3+u+v+w+s = 88$ … ⑤′

②′−④′에서 $u=15$
$u=15$를 ①′에 대입하면, $w+s=6$
$u=15,\ w+s=6$을 ⑤′에 대입하면, $v=16$
④′에서 $s=5$
$w+s=6$에서 $w=1$

A, B, C 어느 것도 구독하지 않는 비율은
$100-(x+y+z+u+v+w+s)$
$= 100-(48+10+3+15+16+1+5)=2$
답 : (1) 48% (2) 10% (3) 5% (4) 2% ■

[문제 2]

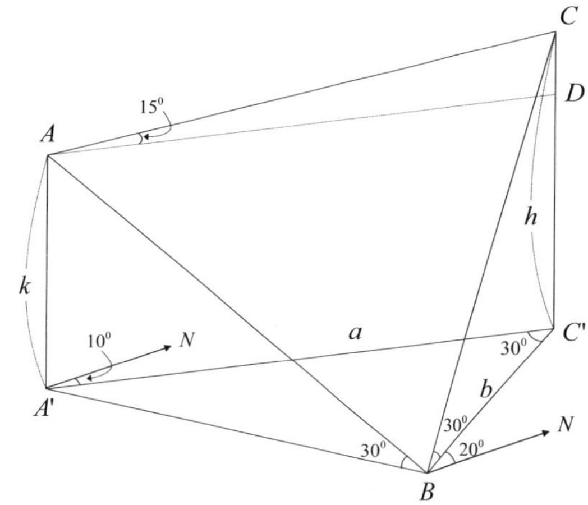

B를 포함하는 수평면을 π, A, C에서 π에 내린 수선을 발을 각각 A', C'라 하자.
A를 지나고 $\overline{A'C'}$에 평행한 직선과 $\overline{CC'}$와의 교점을 D라 하자.
문제의 뜻에 따라, $\angle CAD=15^0,\ \angle ABA'=30^0$,
$\overline{AA'}=k=1600-1210=390$,
$\overline{AD}=\overline{A'C'}=a,\ \overline{BC'}=b,\ \overline{CC'}=h$라 하면,

$h-k=a\tan 15^0,\ h=b\tan 30^0$

$\therefore a=(2+\sqrt{3})(h-k),\ b=\sqrt{3}\,h$ … ①

$\triangle A'BC'$에서 $\angle A'C'B=30^0$이므로

> $\angle A'C'B=30^0$: C'에서 진북방향을 그려 엇각이 같음을 이용

$\overline{A'B}^2=a^2+b^2-2ab\cos 30^0=a^2+b^2-\sqrt{3}\,ab$ … ②

$\triangle ABA'$에서 $\overline{A'B}=k\cot 30^0=\sqrt{3}\,k$ … ③

①, ②, ③에서
$3k^2=(2+\sqrt{3})^2(h-k)^2+3h^2-3(2+\sqrt{3})h(h-k)$
$(4+\sqrt{3})h^2-(8+5\sqrt{3})kh+4(1+\sqrt{3})k^2=0$
$\therefore h=k$ or $h=\dfrac{4(1+3\sqrt{3})}{13}k$

$h>k$이고
$k=390,\ \sqrt{3}=1.732$이므로, $h=743.52$
$\therefore$ C의 고도 $=1210+743.52=1953.52$

답 : 1954m ■

[문제 3]

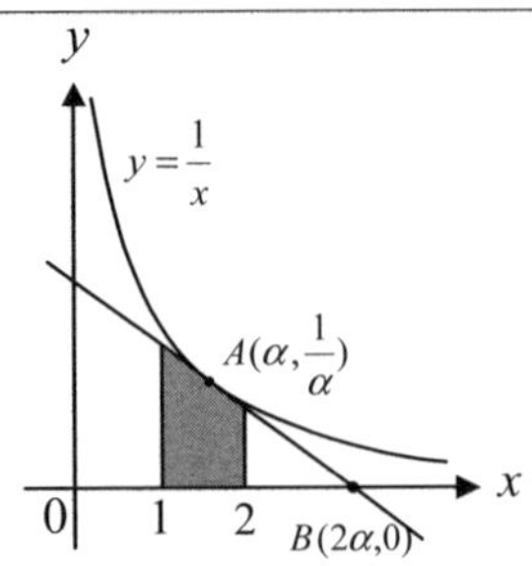

곡선 $xy=1$상의

점 $A\left(\alpha,\frac{1}{\alpha}\right)$에서의

접선 l의 방정식은

$$y-\frac{1}{\alpha}=-\frac{1}{\alpha^2}(x-\alpha)$$

$$y=-\frac{x}{\alpha^2}+\frac{2}{\alpha} \qquad \cdots ①$$

이며, x축과의 교점은 $B(2\alpha,0)$이다.

x절편이 2 이상이므로 $\alpha \geqq 1$ $\cdots$ ②

---

① 에서 $x=1$이면, $y_1=-\frac{1}{\alpha^2}+\frac{2}{\alpha}$

$x=2$이면, $y_2=-\frac{2}{\alpha^2}+\frac{2}{\alpha}$

이며, ② 의 범위에서 $y_1>y_2$이다.

구하는 면적을 $S(\alpha)$라 하면,

$$S(\alpha)=\frac{1}{2}(y_1+y_2)\cdot 1=\frac{1}{2}\left(-\frac{3}{\alpha^2}+\frac{4}{\alpha}\right) \quad (\alpha \geqq 1)$$

$$S'(\alpha)=\frac{1}{2}\left(\frac{6}{\alpha^3}-\frac{4}{\alpha^2}\right)=\frac{3-2\alpha}{\alpha^3}$$

② 의 범위에서,

$\alpha=\frac{3}{2}$일 때 극대이며 최대이다.

최댓값은 $S\left(\frac{3}{2}\right)=\frac{2}{3}$ $\cdots$(답) ■

[문제 4]

$\overline{OP}=x$로 놓으면,

$\overline{PQ}:\overline{QO}=k:1$ 이므로 $\overline{QO}=\frac{x}{k+1}$

$$\overline{QR}^2=\overline{OR}^2-\overline{OQ}^2=1-\left(\frac{x}{k+1}\right)^2$$

사각형 $ROSP$의 넓이를 S라 하면,

$$\therefore \quad S=\frac{1}{2}\overline{OP}\cdot\overline{RS}=\overline{OP}\cdot\overline{QR}$$

$$=x\sqrt{1-\left(\frac{x}{k+1}\right)^2} \quad (0<x\leqq 1)$$

$$\therefore \quad S^2=f(x)=x^2-\frac{x^4}{(k+1)^2}$$

$$f'(x)=2x-\frac{4x^3}{(k+1)^2}=\frac{2x\{(k+1)^2-2x^2\}}{(k+1)^2}$$

$$=\frac{-2x\{\sqrt{2}x-(k+1)\}\{\sqrt{2}x+(k+1)\}}{(k+1)^2}$$

$\frac{k+1}{\sqrt{2}}\geqq 1\ (\because\ k\geqq\sqrt{2}-1)$이면,

$0<x\leqq 1$의 범위에서 $f'(x)>0$이므로

$x=1$일 때 최대이다.

$\frac{k+1}{\sqrt{2}}<1\ (\because\ k<\sqrt{2}-1)$이면,

$x=\frac{k+1}{\sqrt{2}}$에서 극대이며 최대이다.

답 : $0<k<\sqrt{2}-1$일 때, $\overline{OP}=\frac{\sqrt{2}(k+1)}{2}$

$k\geqq\sqrt{2}-1$일 때, $\overline{OP}=1$ ■

[문제 5]

$y=3\sin 2x+\cos 3x\ (0<x<\pi)$

$3x+y=0$에 평행하므로

$y'=6\cos 2x-3\sin 3x=-3$

$$2(1-2\sin^2 x)-(3\sin x-4\sin^3 x)=-1$$

$$(\sin x-1)(4\sin^2 x-3)=0$$

$$\therefore \quad \sin x=1,\ \sin x=\pm\frac{\sqrt{3}}{2}$$

$$\therefore \quad x=\frac{\pi}{2},\frac{\pi}{3},\frac{2\pi}{3} \quad (\because 0<x<\pi)$$

$x=\frac{\pi}{2},\frac{\pi}{3},\frac{2\pi}{3}$일 때의 y값이 각각

$y=0,\ \frac{3\sqrt{3}}{2}-1,\ -\frac{3\sqrt{3}}{2}+1$이므로

구하는 접선의 방정식은

$y=-3\left(x-\frac{\pi}{2}\right),\ y=-3x+\pi+\frac{3\sqrt{3}-2}{2},$

$y=-3x+2\pi-\frac{3\sqrt{3}-2}{2}$ $\cdots$(답) ■

[문제 6]

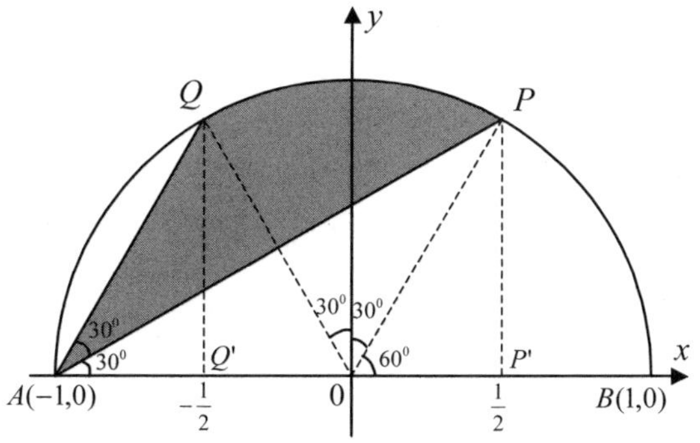

그림과 같이 좌표축을 잡으면,

$$P\left(\frac{1}{2}, \frac{\sqrt{3}}{2}\right),\ Q\left(-\frac{1}{2}, \frac{\sqrt{3}}{2}\right) \text{이다.}$$

그림에서 음영부분을 x축 둘레로 회전시켜 얻은 입체의 체적을 V, $\overline{QQ'}$, $\overline{PP'}$, x축 및 반원으로 둘러싸인 부분을 x축 둘레로 회전시켜 얻은 입체의 체적을 V_1, $\triangle AQQ'$, $\triangle APP'$를 x축 둘레로 회전시켜 얻은 입체의 체적을 각각 V_2, V_3라 하면,

$$\therefore\quad V = V_1 + V_2 - V_3$$

$$V_1 = 2\pi\int_0^{\frac{1}{2}} (1-x^2)\,dx = 2\pi\left[x - \frac{x^3}{3}\right]_0^{\frac{1}{2}} = \frac{11}{12}\pi$$

$$V_2 = \frac{\pi}{3}\cdot\left(\frac{\sqrt{3}}{2}\right)^2\cdot\frac{1}{2} = \frac{\pi}{8}$$

$$V_3 = \frac{\pi}{3}\cdot\left(\frac{\sqrt{3}}{2}\right)^2\cdot\frac{3}{2} = \frac{3\pi}{8}$$

$$\therefore\quad V = V_1 + V_2 - V_3 = \frac{2}{3}\pi \qquad \cdots(\text{답})$$ ■

[문 과]

[문제 5]

$\overline{AB}$상의 한 점을 Q라 하고, $\overline{OQ}$의 중점을 O'라 하자. P가 원 O의 원주를 한 바퀴 돌면, $\overline{PQ}$의 중점의 궤적은 O'를 중심으로 하는 반지름 $\frac{1}{2}$인 원이다.

따라서, P가 원 O의 내부를 움직이면, $\overline{PQ}$의 중점은 원 O'의 내부를 움직인다.

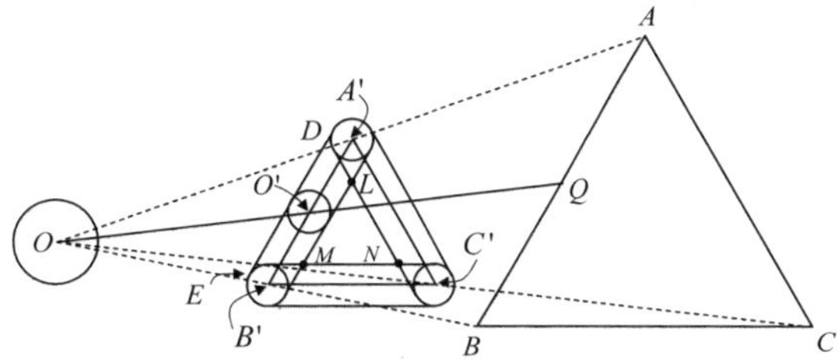

그림에서 $\overline{B'C'} = 2$이며, 원 O', A', B', C'는 반지름 $\frac{1}{2}$인 원이다.

Q가 $\triangle ABC$의 둘레를 움직일 때, $\overline{PQ}$의 중점 R이 움직이는 범위는 그림과 같다.

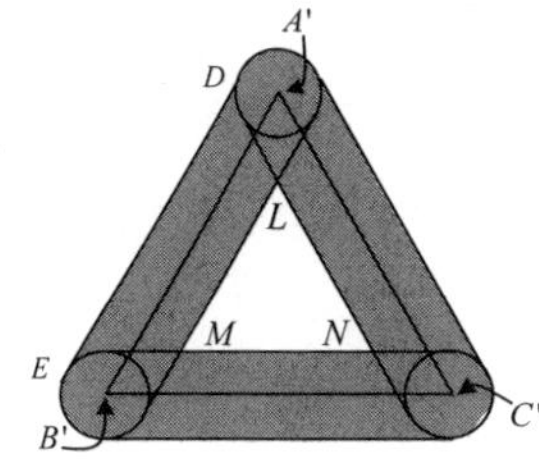

$$\triangle A'B'C' = S = \frac{\sqrt{3}}{4}\cdot\overline{B'C'}^2 = \sqrt{3}$$

$$\square A'B'ED = 2\times\frac{1}{2} = 1$$

$$\triangle LMN = S'\text{라 하면, } \frac{S'}{S} = \frac{\overline{GF}^2}{\overline{GH}^2}$$

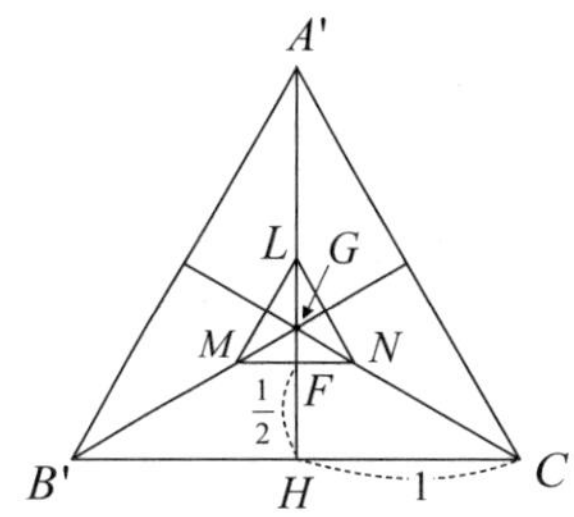

$$\overline{GH} = \frac{1}{3}\times\sqrt{3} = \frac{\sqrt{3}}{3}$$

$$\overline{GF} = \overline{GH} - \overline{FH} = \frac{\sqrt{3}}{3} - \frac{1}{2} = \frac{2\sqrt{3}-3}{6}$$

$$S' = \frac{\overline{GF}^2}{\overline{GH}^2}S = \left(\frac{2\sqrt{3}-3}{6}\right)^2\left(\frac{3}{\sqrt{3}}\right)^2 S$$

$$= \frac{7-4\sqrt{3}}{4}\times\sqrt{3} = \frac{7\sqrt{3}-12}{4}$$

구하는 면적

$$= \sqrt{3} + 3\times 1 + \left(\frac{1}{2}\right)^2\pi\times\frac{120^0}{360^0}\times 3 - S'$$

$$= \frac{24-3\sqrt{3}+\pi}{4}$$ ■

1. 다음 □ 안에 알맞은 수를 넣어라.
6개의 함수

$f_1(x)=x$, $f_2(x)=\frac{1}{x}$, $f_3(x)=1-x$

$f_4(x)=\frac{1}{1-x}$, $f_5(x)=\frac{x}{x-1}$, $f_6(x)=\frac{x-1}{x}$

이 주어져 있다. 이때,
$f_5(x)$의 역함수가 $f_a(x)$이면 $a=$ (a)□,
$f_6(x)$의 역함수가 $f_b(x)$이면 $b=$ (b)□,
$f_5(x)$의 x 대신에 $f_c(x)$를 대입하여 $f_3(x)$가 되면 $c=$ (c)□,
$f_d(x)$의 x 대신에 $f_6(x)$를 대입하여 $f_4(x)$가 되면 $d=$ (d)□ 이다.
(a, b, c, d는 1, 2, 3, 4, 5, 6 중 하나이다.)

2. 다음 □ 안에 알맞은 유리수를 넣어라.
포물선 $y=x^2-4x-3$과 교점을 가지며 x축과 평행한 임의의 직선을 l이라 하고, l과 포물선의 교점을 P, Q라 하자.
$\overline{PQ}$를 그 중점을 중심으로 양의 방향으로 60^0 회전한 선분을 $\overline{P'Q'}$ 라 하면,
점 P', Q'는 모두 포물선
$y=$ (e)□ $x^2-($ (f)□ $-\sqrt{3})x+$ (g)□ $-$ (h)□ $\sqrt{3}$
상에 있다.

3. 다음 □ 안에 알맞은 수를 넣어라.
직육면체의 한 꼭짓점 O에 모이는 세 변을 $\overline{OA}, \overline{OB}, \overline{OC}$라 하자. $\overline{AB}=3$, $\overline{AC}=2$, $\angle BAC=60^0$이면 $\overline{OA}^2=$ (i)□, $\overline{OB}^2=$ (j)□, $\overline{OC}^2=$ (k)□ 이다. 또, 점 O에서 $\triangle ABC$까지의 거리는 $\frac{1}{3}\sqrt{(l)\square}$ 이다.

4. 아래의 부등식 1, 2, 3, 4, 5 중 □ 안에 알맞은 것을 골라 숫자 1, 2 등으로 답하라.
(x, y는 실수)
$x+y<1$, $x-y<1$이면, (m)□ 이다.
$x+y<1$, (n)□ 이면, $x-y<1$이다.
$x+y<1$이면, $x-y<1$ 또는 (o)□ 이다.
(p)□ 이면, $x+y<1$ 또는 $x-y<1$이다.

1. $y<1$	2. $y-2x<1$	3. $x-2y<1$
4. $x-y^2<1$	5. $x^2+y^2<1$	

5. 다음 □ 안에 알맞은 수를 넣어라.
함수 $f(x)=$ (q)□ x^3+ (r)□ x^2+ (s)□ $x+$ (t)□ 는 $x=1$에서 극댓값 6, $x=2$에서 극솟값 5를 갖는다.

[문제 1]

$y=f_5(x)=\frac{x}{x-1}$에서 $x=\frac{y}{y-1}$이므로
$f_5(x)$의 역함수는 $f_5(x)$

$y=f_6(x)=\frac{x-1}{x}$에서 $x=\frac{1}{1-y}$이므로
$f_6(x)$의 역함수는 $f_4(x)$

$k=f_c(x)$로 놓으면 $f_5(f_c(x))=f_3(x)$

$$f_5(k)=f_3(x)$$

$$\frac{k}{k-1}=1-x,\quad k=\frac{x-1}{x}$$

$$\therefore f_c(x)=k=\frac{x-1}{x}=f_6(x)$$

$f_d(f_6(x))=f_4(x)$, $f_d\left(\frac{x-1}{x}\right)=\frac{1}{1-x}$

$\frac{x-1}{x}=k$로 놓으면, $x=\frac{1}{1-k}$

$$f_d(k)=\frac{1}{1-\frac{1}{1-k}}=\frac{k-1}{k}=f_6(k)$$

답: (a) 5 (b) 4 (c) 6 (d) 6

[문제 2]

l을 $y=a$라 하면, P, Q의 x좌표는 $x^2-4x-3=a$을 만족하므로

$$\therefore\ x=2\pm\sqrt{a+7}$$

따라서, $\overline{PQ}$의 중점은

$M(2,a)$이며,

$\overline{MP}=\overline{MQ}=\sqrt{a+7}$

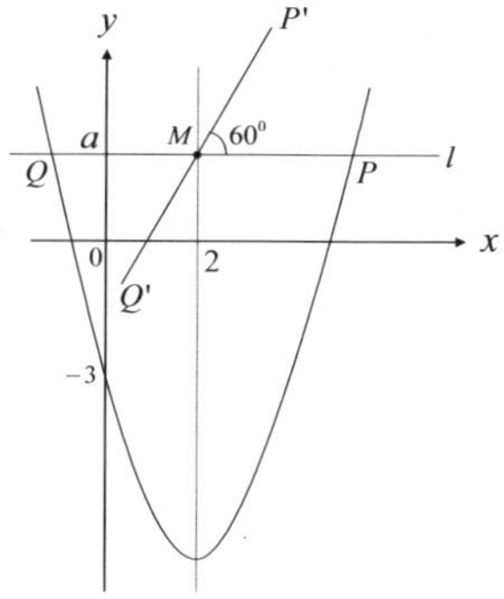

P', Q'의 좌표는

$$\begin{cases} x=2\pm\sqrt{a+7}\cos 60^0 \\ y=a\pm\sqrt{a+7}\sin 60^0 \end{cases}$$

$$\begin{cases} \pm\sqrt{a+7}=2(x-2)\,,\ a=4(x-2)^2-7 \\ 2y=2a\pm\sqrt{3}\sqrt{a+7} \end{cases}$$

$$\therefore\ 2y=2\{4(x-2)^2-7\}+2\sqrt{3}(x-2)$$

$$y=4(x-2)^2-7+\sqrt{3}(x-2)$$

$$y=4x^2-(16-\sqrt{3})x+9-2\sqrt{3}$$

답: (e) 4　　(f) 16　　(g) 9　　(h) 2

[문제 3]

$\overline{OA}=x,\ \overline{OB}=y,\ \overline{OC}=z$

로 놓으면,

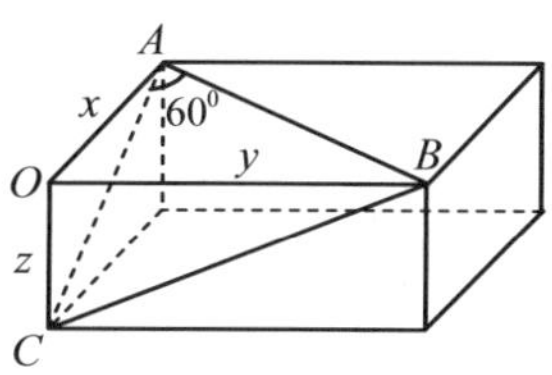

$$\begin{cases} x^2+y^2=9 & \cdots ① \\ x^2+z^2=4 & \cdots ② \end{cases}$$

$\angle BAC=60^0$이므로

$\overline{BC}^2=3^2+2^2-2\times 3\times 2\cos 60^0=7$

$y^2+z^2=7$　　$\cdots ③$

①, ②, ③에서 $\therefore\ x^2=3,\ y^2=6,\ z^2=1$

사면체 $OABC$의 체적$=\dfrac{1}{6}\overline{OA}\cdot\overline{OB}\cdot\overline{OC}=\dfrac{\sqrt{2}}{2}$

$$\triangle ABC=\frac{1}{2}\overline{AB}\cdot\overline{AC}\cdot\sin 60^0=\frac{3\sqrt{3}}{2}$$

점 O로부터 $\triangle ABC$를 포함하는 평면까지의 거리를 h라 하면,

사면체 $OABC$의 체적$=\dfrac{h}{3}\times\triangle ABC=\dfrac{\sqrt{3}}{2}h$

$$\therefore\ \frac{\sqrt{2}}{2}=\frac{\sqrt{3}}{2}h\qquad\therefore\ h=\frac{\sqrt{6}}{3}$$

답: (i) 3　　(j) 6　　(k) 1　　(l) 6

[문제 4]

1.

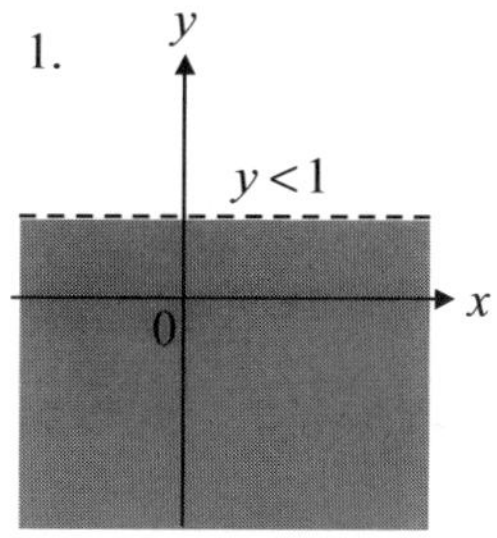

2.

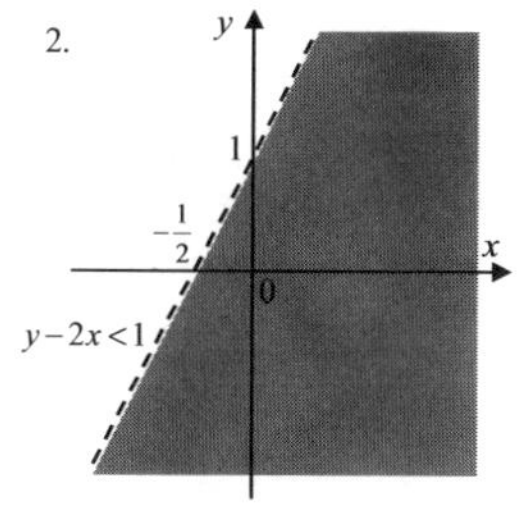

3.

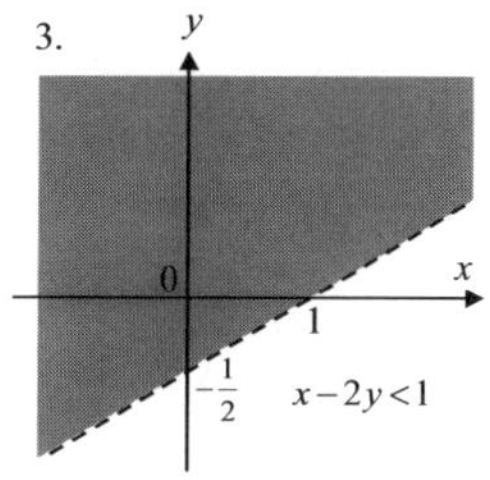

5.

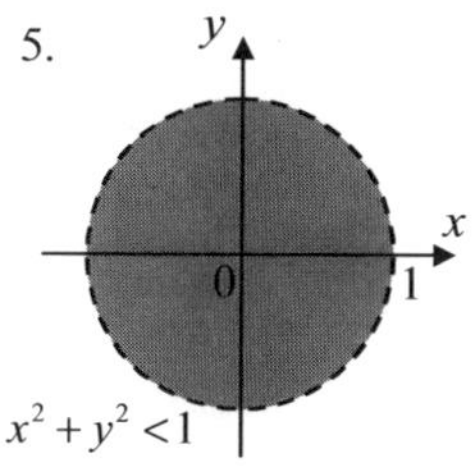

4.

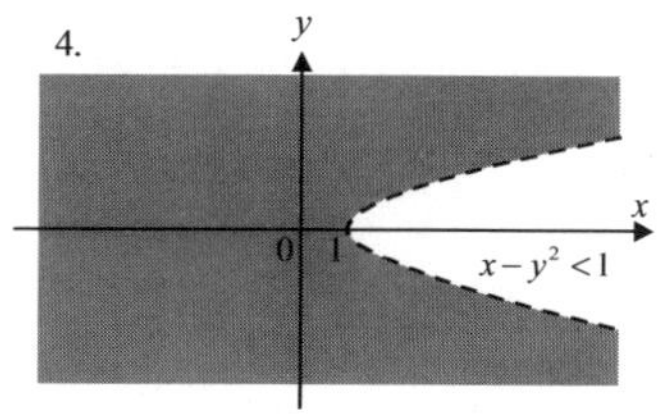

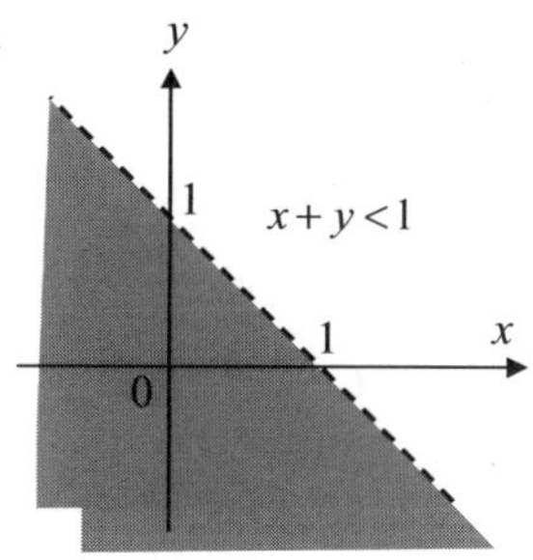

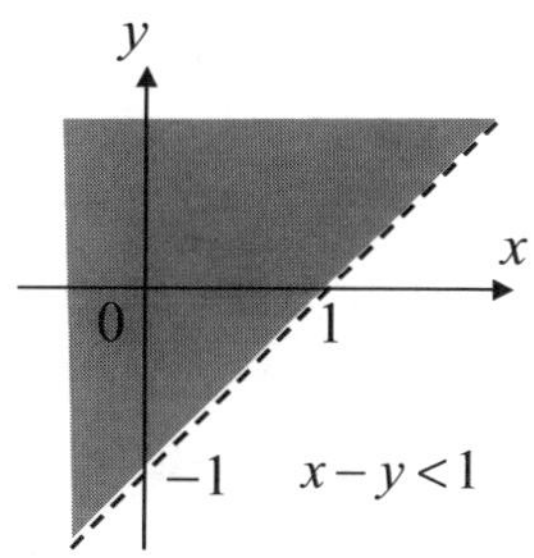

답: (m) 4　　(n) 3　　(o) 1　　(p) 5

[문제 5]

$f(x)=ax^3+bx^2+cx+d$로 놓으면,

$f'(x)=3ax^2+2bx+c=3a(x-1)(x-2)$

$$3ax^2+2bx+c=3ax^2-9ax+6a$$

$$\therefore\ 2b=-9a,\ c=6a\qquad\cdots ①$$

$f(1)=6$, $f(2)=5$에서

$a+b+c+d=6$, $8a+4b+2c+d=5$

$\therefore \quad 7a+3b+c=-1$

①을 대입하면,

$$7a-\frac{27}{2}a+6a=-1 \qquad \therefore \ a=2$$

$\therefore b=-9,\ c=12,\ d=1$

답: (q) 2 (r) −9 (s) 12 (t) 1

〈 1966년 1차 문과 〉

1. 다음 ☐ 안에 알맞은 수를 넣어라.
어떤 양수 a에 대하여, 연립일차방정식

$$\begin{aligned} x+y \quad &+z=4 \\ (a-4)x+y \quad &+5z=0 \\ -x+ay \quad &+z=0 \\ -3x+y+(a+4)z&=0 \end{aligned}$$
이

$x\neq 0$, $y\neq 0$, $z\neq 0$인 해를 가지면, $a=$(a)☐, $x=$(b)☐, $y=$(c)☐, $z=$(d)☐이다.

2. 다음 ☐ 안에 알맞은 유리수를 넣어라.
직선 $y=k$ (k: 상수)를 그리면,
원 $x^2+y^2=4$의 내부에 있는 부분의 길이와
타원 $\frac{(x-6)^2}{16}+\frac{(y-2)^2}{8}=1$의 내부에
있는 부분의 길이가 같다고 한다. 그때,
그 길이를 $a\sqrt{\sqrt{5}+b}$, $k=c+\sqrt{5}\,d$라 하면,
$a=$(e)☐, $b=$(f)☐, $c=$(g)☐, $d=$(h)☐
이다.

3. 네 점 A, B, C, D는 한 평면상에 있지 않으며 선분 BC, CA, AB, AD, BD, CD의 중점은 각각 L, M, N, L', M', N'이다. ☐ 안에 알맞은 말을 아래의 1, 2, 3에서 골라 숫자 1, 2, 3으로 답하라.
직선 LL'와 AC는 (i)☐
직선 LM와 $L'M'$는 (j)☐
직선 LL'와 MM'는 (k)☐
직선 MM'와 NN'는 (l)☐

1. 꼬인 위치에 있다. 2. 평행이다. 3. 만난다.

4. 다음 ☐ 안에 알맞은 수를 넣어라.
$A(0,10), B(0,0), C(5,0), D(14,12)$를 평면상의 네 점이라 하자. D를 지나며
선분 AB, AC와 각각 E, F에서 만나는 직선을 잡아 B, C, F, E가 같은 원주상에 있는 서로 다른 네 점이 되게 하였다. 이 원의 방정식은
x^2+y^2-(m)☐$x-$(n)☐$y=0$이며, F의 좌표는 ((o)☐, (p)☐)이다.

5. 다음 ☐ 안에 알맞은 수를 넣어라.
$f(x)$가 x의 이차식이며
$f(f(x))=4x^2(f(x)+$(q)☐$)$, $f(0)>0$이면,
$f(x)=$(r)☐x^2+(s)☐$x+$(t)☐이다.

[문제 1]

$$\begin{aligned} x+y \quad &+z=4 && \cdots ① \\ (a-4)x+y \quad &+5z=0 && \cdots ② \\ -x+ay \quad &+z=0 && \cdots ③ \\ -3x+y+(a+4)z&=0 && \cdots ④ \end{aligned}$$

②−③×5 $(a+1)x+(1-5a)y=0$ ⋯ ⑤

③×$(a+4)$−④

$-(a+1)x+(a^2+4a-1)y=0$ ⋯ ⑥

⑤+⑥ $(a^2-a)y=0$ ⋯ ⑦

⑦에서 $y\neq 0$이므로 $a^2-a=0$

$a>0$이므로 $\therefore \ a=1$

⑤에서 $2x-4y=0$, $x-2y=0$ ⋯ ⑧

③에서 $-x+y+z=0$ ⋯ ⑨

①−⑨ $2x=4$ $\therefore \ x=2$

⑧, ⑨에서 $y=1$, $z=1$

답: (a) 1 (b) 2 (c) 1 (d) 1

[문제 2]

$y=k$ 와 $x^2+y^2=4$ 에서 $x^2+k^2=4$

$\therefore\ x=\pm\sqrt{4-k^2}$

따라서, 직선의 원의 내부에 있는 부분의 길이는 $\therefore\ 2\sqrt{4-k^2}$ … ①

$y=k$ 와 $\dfrac{(x-6)^2}{16}+\dfrac{(y-2)^2}{8}=1$ 에서

$(x-6)^2=16-2(k-2)^2$

$\therefore\ x-6=\pm\sqrt{16-2(k-2)^2}$

따라서, 직선의 타원의 내부에 있는 부분의 길이는 $\therefore\ 2\sqrt{16-2(k-2)^2}$ … ②

① = ② 이므로

$$2\sqrt{4-k^2}=2\sqrt{16-2(k-2)^2}$$
$$4-k^2=16-2k^2+8k-8$$
$$k^2-8k-4=0 \qquad \therefore k=4\pm2\sqrt{5}$$

직선과 원이 만나야 하므로 $|k|<2$

$\therefore k=4-2\sqrt{5}$ (타원과도 만남)

$k=4-2\sqrt{5}$ 을 ①에 대입하면,

$$2\sqrt{4-k^2}=2\sqrt{4-(4-2\sqrt{5})^2}=8\sqrt{\sqrt{5}-2}$$

답: (e) 8 (f) −2 (g) 4 (h) −2

[문제 3]

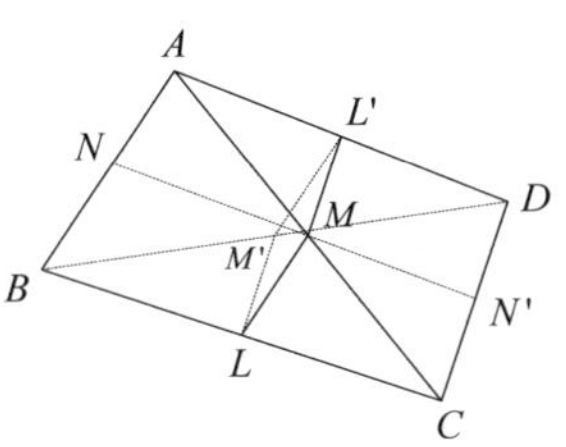

$\overline{LM}\,/\!/\,\overline{AB}$, $\overline{LM}=\dfrac{1}{2}\overline{AB}$

$\overline{L'M'}\,/\!/\,\overline{AB}$, $\overline{L'M'}=\dfrac{1}{2}\overline{AB}$

$\therefore \overline{L'M'}\,/\!/\,\overline{LM}$, $\overline{L'M'}=\overline{LM}$

따라서, □$LM'L'M$은 평행사변형이다.

같은 방법으로 □$LN'L'N$도 평행사변형이다.

답: (i) 1 (j) 2 (k) 3 (l) 3

[문제 4] □$BCFE$는 원에 내접하므로

$\angle CFD=\angle CBE=\angle R \qquad \therefore\ \overline{ED}\perp\overline{AC}$

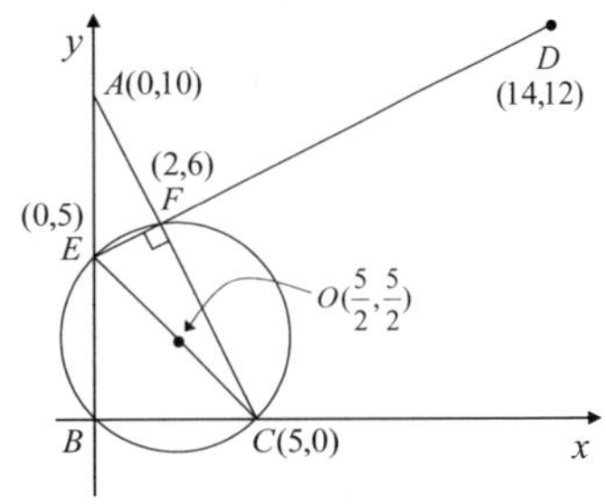

$\overline{AC}$ 의 방정식은 $y=-2x+10$ … ①

따라서, $\overline{DE}$ 의 방정식은

$$y=\frac{1}{2}(x-14)+12,\ y=\frac{1}{2}x+5 \quad \cdots ②$$

①, ② 에서 $x=2,\ y=6 \qquad \therefore F(2,6)$

원의 중심이 $O\left(\dfrac{5}{2},\dfrac{5}{2}\right)$이고 점 $B(0,0)$을 지나므로, 구하는 원의 방정식은

$$\left(x-\frac{5}{2}\right)^2+\left(y-\frac{5}{2}\right)^2=\left(\frac{5}{2}\right)^2\times2$$
$$x^2+y^2-5x-5y=0$$

답: (m) 5 (n) 5 (o) 2 (p) 6

[문제 5] $f(x)=Rx^2+Sx+T$,

$f(f(x))=4x^2(f(x)+Q)$ 로 놓으면,

$$f(f(x))=R^3x^4+2R^2Sx^3+(RS^2+2R^2T+SR)x^2$$
$$+(2RST+S^2)x+RT^2+ST+T$$
$$=4Rx^4+4Sx^3+4(T+Q)x^2$$

$R^3=4R$ … ① $\qquad 2R^2S=4S$ … ②

$RS^2+2R^2T+SR=4T+4Q$ … ③

$2RST+S^2=0$ … ④ $\quad RT^2+ST+T=0$ … ⑤

①에서 $R\neq0$이므로 $R=\pm2$ … ①′

②에서 $8S=4S \qquad S=0$ … ②′

$f(0)=T>0$이므로 ⑤, ②′에서 $RT+1=0$

$T=-\dfrac{1}{R}>0$이므로 $R=-2,\ T=\dfrac{1}{2}$ ($\because$ ①)

③에서 $Q=\dfrac{1}{2}$

답: (q) $\dfrac{1}{2}$ (r) −2 (s) 0 (t) $\dfrac{1}{2}$

〈 1966년 2차 〉

[이 과]

1. 어떤 철도의 여객운임 계산규칙은 아래와 같다. 거리 $319\,km$, $349\,km$ 에 대한 운임이 각각 970엔, 1010엔인 경우, a, b에 알맞은 수를 구하여라. 단, a, b는 모두 0.1의 정수 배이다.

> 거리 $300\,km$ 이하인 부분에 대하여는 $1\,km$ 당 a엔, $300\,km$를 초과한 부분에 대하여는 $1\,km$ 당 b엔으로 계산하되 10엔 미만의 끝수는 올림한다.

2. 평면상의 어떤 직선 l 상의 임의의 점 (x, y)에 대하여 점 $(4x+2y, x+3y)$가 l 상에 있다. 그런 직선 l을 모두 구하여라.

3. 평면 상의 점열 $P_0, P_1, \cdots, P_n, \cdots$ 이 있어, P_0, P_1의 좌표가 각각 $(0,0), (1,0)$이다. 또, 임의의 자연수 n에 대하여 $\overline{P_nP_{n+1}} = 2\overline{P_{n-1}P_n}$ 이며, 반직선 P_nP_{n+1}은 반직선 $P_{n-1}P_n$과 그림과 같이 120°를 이룬다. P_{3n}의 좌표를 구하여라.

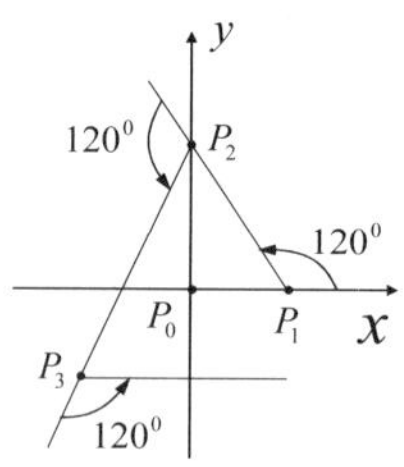

4. x에 관한 방정식 $\frac{x}{9} - \sin\frac{\pi x}{6} = 0$ 의 가장 큰 근에 관하여, 가장 가까운 정수를 구하여라.

5. [신과정문제] 반직선 OX가 점 O를 중심으로 매초 1 라디안의 속도로 회전한다. OX 상의 동점 P는 시각 t초에 점 O로부터 $e^{2t}\,cm$의 거리에 있다. 0초부터 2π초까지 점 P가 움직인 거리를 구하여라.

5. [구과정문제] 두 일차식 $3ax+2$, $2x+b$에 대하여 $\int_0^1 (3ax+2)(2x+b)\,dx = 0$이 성립할 때, $a+b$는 어떠한 범위에 있는가? 단, a, b는 모두 실수이다.

6. [신과정문제] 상자 속에 1부터 9까지의 수가 적힌 카드가 1장씩 들어 있다. 그 중 4장을 연이어 꺼내어, 꺼낸 순서대로 좌에서 우로 나열하여 4자리 수를 만든다. 만들어진 수가 1966보다 작을 확률을 구하여라.

6. [구과정문제] 평면상의 곡선 $x+y^2-5=0$을 x축에 평행인 직선 l_1에 관하여 대칭이동한 후, 이어서 다른 직선 l_2에 관하여 대칭이동하여, 곡선 $x^2-y+1=0$을 얻었다. 직선 l_1 및 l_2의 방정식을 구하여라.

[문 과] 1, 2번은 이과와 같음

3. 세 직선 $x+y-1=0$, $x-y+1=0$, $3x+4y-5=0$로 둘러싸인 삼각형의 내심의 좌표와 내접원의 반지름을 구하여라.

4. 반지름 1인 원 O의 원주상에 한 점 A가 주어져 있다. A를 중심으로 하는 원이 원 O의 지름 AA'와 만나는 점을 R, 원 O와 만나는 점을 P, Q라 할 때, 사각형 $APRQ$의 넓이의 최댓값을 구하여라.

5. [신과정문제] 공간상의 두 점 $(10, 2, 5)$, $(-6, 10, 11)$을 지름의 양끝 점으로 하는 구면이 있다.
   (1) 구면이 xy 평면에 의하여 잘려서 얻어진 원의 넓이를 구하여라.
   (2) 구면은 z축을 잘라 하나의 선분을 만든다. 선분의 길이를 구하여라.

5. [구과정문제] 점 O를 중심으로 하는 정원의 원주상에 한 점 A를 고정하여, O도 A도 아닌 점 P을 반지름 OA상에 잡는다. 점 P를 지나고 OA에 수직인 현의 한쪽 끝점에서의 원의 접선이, OA의 연장선과 만나는 점을 Q라 하자. 점 P가 점 A로 가까워질 때, $\dfrac{\overline{PQ}}{\overline{PA}}$의 극한값을 구하여라.

[이 과]

[문제 1]

319 km의 운임이 970엔이므로

$$960 < 300a + 19b \leqq 970 \quad \cdots ①$$

349 km의 운임이 1010엔이므로

$$1000 < 300a + 49b \leqq 1010 \quad \cdots ②$$

①에서 $\dfrac{960-300a}{19} < b \leqq \dfrac{970-300a}{19}$

②에서 $\dfrac{1000-300a}{49} < b \leqq \dfrac{1010-300a}{49}$

위의 두 부등식이 공통범위를 가질 조건은

$$\begin{cases} \dfrac{960-300a}{19} < \dfrac{1010-300a}{49} \\ \dfrac{1000-300a}{49} < \dfrac{970-300a}{19} \end{cases}$$

가 동시에 성립하는 것이다.

연립부등식을 풀면 $27850 < 9000a < 28530$

$$3.09\cdots < a < 3.17\cdots$$

a는 0.1의 정수배이므로 $a = 3.1$

따라서, b의 범위는 $\dfrac{30}{19} < b \leqq \dfrac{80}{49}$

$$1.57\cdots < b \leqq 1.63\cdots$$

b도 0.1의 정수배이므로 $b = 1.6$

답 : $a = 3.1$, $b = 1.6$ ■

[문제 2]

$$l:\ ax + by + c = 0 \quad \cdots ①$$

점$(4x+2y,\ x+3y)$가 l상에 있을 조건은

$$a(4x+2y) + b(x+3y) + c = 0 \quad \cdots ②$$

①, ②가 임의의 (x,y)에 대하여 성립하므로

$c \neq 0$일 때, $\dfrac{4a+b}{c} = \dfrac{a}{c},\ \dfrac{2a+3b}{c} = \dfrac{b}{c}$

$$3a + b = 0,\ a + b = 0$$

$\therefore\ a = 0,\ b = 0$: ①은 직선이 안됨

$c = 0$일 때, $b(4a+b) = a(2a+3b)$

$$(2a+b)(a-b) = 0$$

$$\therefore\ b = a \text{ or } b = -2a \qquad (a \neq 0)$$

따라서, 직선 ①은

$$x - 2y = 0 \quad \text{or} \quad x + y = 0 \qquad \cdots \text{(답)}$$ ■

[문제 3]

$\overline{P_0P_1} = 1,\ \overline{P_nP_{n+1}} = 2\overline{P_{n-1}P_n}$ 이므로

$$\overline{P_{n-1}P_n} = 2^{n-1} \ (n = 1,2,3,\cdots)$$

$\overline{P_{n-1}P_n}$이 x축의 양의 방향과 이루는 각이 $(n-1)120^0$이므로, $P_n(x_n, y_n)$에 대하여

$$x_n - x_{n-1} = 2^{n-1}\cos\{(n-1)120^0\}$$

$$y_n - y_{n-1} = 2^{n-1}\sin\{(n-1)120^0\}$$

$$x_0 = 0$$

$$x_1 - x_0 = \cos 0^0$$

$$x_2 - x_1 = 2\cos 120^0$$

$$\vdots$$

$$x_n - x_{n-1} = 2^{n-1}\cos\{(n-1)120^0\}$$

변변 더하면,

$$x_n = \cos 0^0 + 2\cos 120^0 + \cdots + 2^{n-1}\cos\{(n-1)120^0\}$$

$$\begin{aligned} x_{3n} = &\ \cos 0^0 + 2\cos 120^0 + 2^2\cos(120^0 \times 2) \\ &+ 2^3\{\cos 0^0 + 2\cos 120^0 + 2^2\cos(120^0 \times 2)\} + \cdots \\ &+ 2^{3(n-1)}\{\cos 0^0 + 2\cos 120^0 + 2^2\cos(120^0 \times 2)\} \\ = &\left(1 - 2\times\frac{1}{2} - 2^2\times\frac{1}{2}\right)(1 + 2^3 + \cdots + 2^{3(n-1)}) \\ = &\ -2\times\frac{1-2^{3n}}{1-2^3} = \frac{2(1-2^{3n})}{7} \end{aligned}$$

같은 방법으로,

$$y_{3n} = \sin 0^0 + 2\sin 120^0 + 2^2 \sin(120^0 \times 2) + 2^3\{\sin 0^0 + 2\sin 120^0 + 2^2\sin(120^0\times 2)\} + \cdots + 2^{3(n-1)}\{\sin 0^0 + 2\sin 120^0 + 2^2\sin(120^0 \times 2)\}$$

$$= \left(2\times\frac{\sqrt{3}}{2} - 2^2\times\frac{\sqrt{3}}{2}\right)(1+2^3+\cdots+2^{3(n-1)})$$

$$= -\sqrt{3}\times\frac{1-2^{3n}}{1-2^3} = \frac{\sqrt{3}(1-2^{3n})}{7}$$

답 : $\left(\frac{2(1-2^{3n})}{7}, \frac{\sqrt{3}(1-2^{3n})}{7}\right)$ ■

[문제 4]

$y=\frac{x}{9}$, $y=\sin\frac{\pi x}{6}$의 그래프를 비교해보자.

먼저, $\left(\sin\frac{\pi x}{6}\right)' = \frac{\pi}{6}\cos\frac{\pi x}{6}$ 이므로

$y=\sin\frac{\pi x}{6}$의 원점에서의 기울기는

$\frac{\pi}{6}$이며, $\frac{\pi}{6} > \frac{1}{9}$이므로

$y=\frac{x}{9}$, $y=\sin\frac{\pi x}{6}$의 그래프는

$x>0$인 범위에서 1회 이상 만난다.

또, $x>9$인 범위에서 $\frac{x}{9} > \left|\sin\frac{\pi x}{6}\right|$이므로

$x>0$인 범위에서 교점은 1개뿐이다.

따라서, $f(x)=\frac{x}{9}-\sin\frac{\pi x}{6}$로 놓으면,

$x>0$인 범위에서 $f(x)=0$의 근은 1개이다.

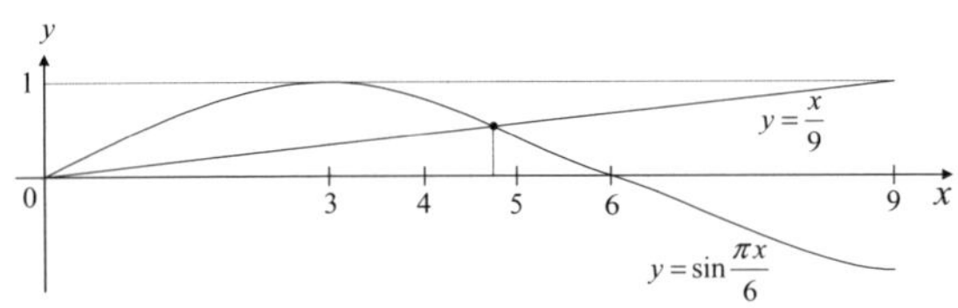

$$f(5) = \frac{5}{9} - \sin\frac{5\pi}{6} = \frac{5}{9} - \frac{1}{2} > 0$$

$$f\left(4\frac{1}{2}\right) = \frac{1}{2} - \sin\frac{3\pi}{4} = \frac{1}{2} - \frac{1}{\sqrt{2}} < 0$$

이므로 $f(x)=0$의 근 α는 $\therefore\ 4\frac{1}{2} < \alpha < 5$

답 : 5 ■

[문제 5] [신과정문제]

O를 좌표의 원점에, 시각 $t=0$일 때 반직선 OX를 x축의 양의 부분에 놓자.

시각 t초에서의 점 P의 좌표 (x,y)는

$$x=e^{2t}\cos t,\ y=e^{2t}\sin t$$

$$\frac{dx}{dt} = 2e^{2t}\cos t - e^{2t}\sin t = e^{2t}(2\cos t - \sin t)$$

$$\frac{dy}{dt} = 2e^{2t}\sin t + e^{2t}\cos t = e^{2t}(2\sin t + \cos t)$$

$$\therefore\ \left(\frac{dx}{dt}\right)^2 + \left(\frac{dy}{dt}\right)^2 = 5e^{4t}$$

점 P가 움직인 거리를 S는

$$S = \int_0^{2\pi}\sqrt{\left(\frac{dx}{dt}\right)^2+\left(\frac{dy}{dt}\right)^2}\,dt$$

$$= \int_0^{2\pi}\sqrt{5}\,e^{2t}\,dt = \sqrt{5}\left[\frac{e^{2t}}{2}\right]_0^{2\pi}$$

$$= \frac{\sqrt{5}}{2}(e^{4\pi}-1)$$ … (답) ■

[문제 5] [구과정문제]

$$I = \int_0^1 (3ax+2)(2x+b)\,dx$$

$$= \int_0^1 \{6ax^2 + (3ab+4)x + 2b\}\,dx$$

$$= \left[2ax^3 + \frac{1}{2}(3ab+4)x^2 + 2bx\right]_0^1$$

$$= 2a + \frac{1}{2}(3ab+4) + 2b$$

$I=0$이므로 $3ab+4a+4b+4=0$

$a+b=k$로 놓으면,

$$3a(k-a)+4k+4=0$$

$$3a^2-3ka-4(k+1)=0$$

a는 실수이므로 $9k^2+48(k+1) \geqq 0$

$$(3k+4)(k+4) \geqq 0$$

$$\therefore k \leqq -4,\ k \geqq -\frac{4}{3}$$

$k=-4$일 때, $a=b=-2$

$k=-\frac{4}{3}$일 때, $a=b=-\frac{2}{3}$

답 : $a+b \leqq -4,\ a+b \geqq -\frac{4}{3}$ ■

[문제 6] [신과정문제]

1부터 9까지의 수가 적힌 9장의 카드 중 4장을 꺼내는 순열은 ${}_9P_4 = 9 \cdot 8 \cdot 7 \cdot 6$개

이중 천의 자리가 1이고
백의 자리가 $8, 7, \cdots, 2$인 수는 $7 \times 7 \times 6$개
백의 자리가 9이고 십의 자리가 $5, 4, 3, 2$인 수는 4×6개
백의 자리가 9, 십의 자리가 6이고 일의 자리가 $5, 4, 3, 2$인 수는 4개

따라서, 1996보다 작은 수의 개수는

$$7^2 \cdot 6 + 4 \cdot 6 + 4 = 322$$

구하는 확률은

$$\frac{322}{9 \cdot 8 \cdot 7 \cdot 6} = \frac{23}{216} \quad \cdots \text{(답)} \ ■$$

[문제 6] [구과정문제]

두 개의 포물선

$x + y^2 - 5 = 0 \quad \cdots ①$ $\quad x^2 - y + 1 = 0 \quad \cdots ②$

의 축이 이루는 각이 90^0이므로,
직선 l_2의 기울기는 ± 1이다.

$l_1 : y = l \qquad l_2 : \ y = \pm x + m$ 으로 놓자.

곡선 ① 상의 임의의 점을 $A(x_0, y_0)$,
l_1에 대한 A의 대칭점을 $B(x, y)$,
l_2에 대한 B의 대칭점을 $C(X, Y)$로 놓자.

A, B에 대하여 $x = x_0, y = 2l - y_0 \quad \cdots ③$

l_2가 $y = -x + m$ 인 경우, B, C에 대하여

$$\frac{y - Y}{x - X} = 1, \quad \frac{y + Y}{2} = -\frac{x + X}{2} + m$$

$$x = -Y + m, y = -X + m \quad \cdots ④$$

③, ④에서 $x_0 = -Y + m, y_0 = X + 2l - m$
$A(x_0, y_0)$는 ① 상에 있으므로

$$(-Y + m) + (X + 2l - m)^2 - 5 = 0$$

$X^2 - Y + (4l - 2m)X + m + 4l^2 + m^2 - 4lm - 5 = 0$
이 식이 ②와 일치할 조건은

$$2l - m = 0, \ m - 5 = 1 \qquad \therefore m = 6, \ l = 3$$

---

l_2가 $y = x + m$ 인 경우, B, C에 대하여

$$x = Y - m, y = X + m \quad \cdots ⑤$$

③, ⑤에서 $x_0 = Y - m, y_0 = -X + 2l - m$
$A(x_0, y_0)$는 ① 상에 있으므로

$$(Y - m) + (-X + 2l - m)^2 - 5 = 0$$

정리하면,

$X^2 + Y + \cdots = 0$: ②가 될 수 없다.

답 : $l_1 : y = 3, \ l_2 : \ y = -x + 6 \quad \cdots$ (답) ■

〈 참고 〉 그래프를 그려보면 l_2의 기울기가 -1임을 알 수 있다.

[문 과]

[문제3]

$$\begin{cases} x + y - 1 = 0 & \cdots ① \\ x - y + 1 = 0 & \cdots ② \\ 3x + 4y - 5 = 0 & \cdots ③ \end{cases}$$

①, ②의 교점은 $A(0, 1)$

②, ③의 교점은 $B\left(\frac{1}{7}, \frac{8}{7}\right)$

③, ①의 교점은 $C(-1, 2)$이다.

①, ②의 기울기가 각각 ∓ 1이므로, $\triangle ABC$의 내심은 y축 상에 있다.

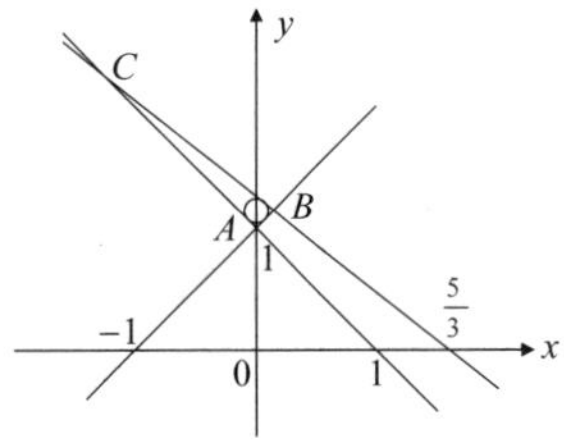

내심의 좌표를 $D(0, \alpha)$로 놓자.

D에서 직선 CA까지의 거리는 $\frac{\alpha - 1}{\sqrt{2}}$

D에서 직선 BC까지의 거리는 $\frac{-(4\alpha - 5)}{5}$

$$\therefore \ \frac{\alpha - 1}{\sqrt{2}} = \frac{-(4\alpha - 5)}{5}$$

$$\therefore \ \alpha = \frac{5\sqrt{2} + 5}{5 + 4\sqrt{2}} = \frac{15 - 5\sqrt{2}}{7}$$

내접원의 반지름 : $\frac{\alpha - 1}{\sqrt{2}} = \frac{4\sqrt{2} - 5}{7}$

답: 내심 $\left(0, \frac{15 - 5\sqrt{2}}{7}\right)$, 반경 $\frac{4\sqrt{2} - 5}{7}$ ■

[문제 4]

원 O의 중심을 원점, 점 A의 좌표를 $(1,0)$이라 하면, 원 O는 $x^2+y^2=1$ … ①

$\overline{AR}=a$로 놓으면, $0<a<2$이며,
원 A의 방정식은 $(x-1)^2+y^2=a^2$ … ②

①, ②의 교점 P, Q의 y좌표는 $\pm\frac{a}{2}\sqrt{4-a^2}$

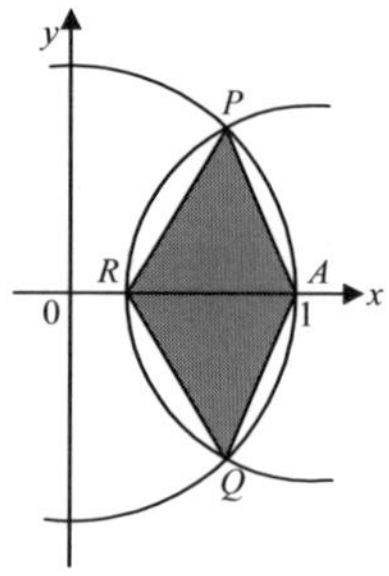

□$APRQ$의 면적은 $S=\frac{a^2}{2}\sqrt{4-a^2}$

$f(a)=S^2=\frac{a^4}{4}(4-a^2)$으로 놓으면,

$f'(a)=4a^3-\frac{3}{2}a^5=\frac{a^3}{2}(8-3a^2)$

$f'(a)=0$에서 $a=\sqrt{\frac{8}{3}}$

a	0		$\sqrt{\frac{8}{3}}$		2
$f'(a)$		+	0	−	
$f(a)$		↗	극대	↘	

$f(a)$의 증감표가 위와 같으므로
$a=\sqrt{\frac{8}{3}}$에서 $f(a)$는 극대이며 최대이다.

따라서, S는 $a=\sqrt{\frac{8}{3}}$에서 최대이며,

최댓값은 $\frac{1}{2}\cdot\frac{8}{3}\cdot\sqrt{4-\frac{8}{3}}=\frac{8\sqrt{3}}{9}$ … (답) ■

[문제 5] [신과정문제]

두 점 $(10,2,5)$, $(-6,10,11)$의
중점이 $(2,6,8)$이므로

구의 방정식은
$$(x-2)^2+(y-6)^2+(z-8)^2=89$$

(1) $z=0$에서 $(x-2)^2+(y-6)^2=25$
면적은 25π

(2) $x=y=0$로 놓으면, $z=1, 15$
선분의 길이는 $15-1=14$

답 : (1) 25π (2) 14 ■

[문제 5] [구과정문제]

O를 원점, 점 A의 좌표를 $(1,0)$으로 놓으면,
원의 방정식은 $x^2+y^2=1$

점 P의 좌표를 $(a,0)$이라 하고,
$P'(a,b)$를 원위의 점이라 하자.

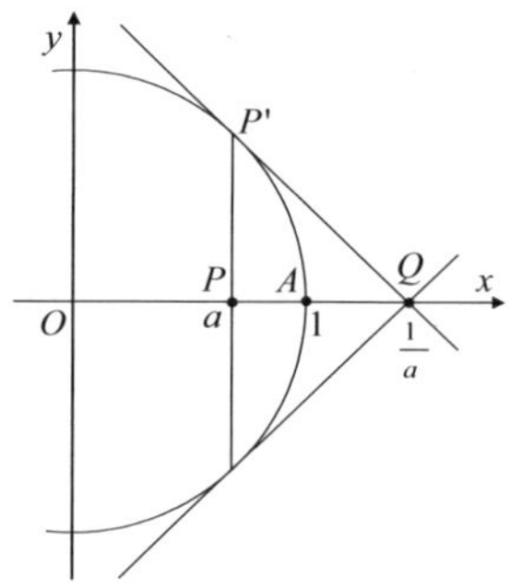

원주상의 점 $P'(a,b)$에서의 접선은
$$ax+by=1$$

$y=0$을 대입하면 $Q\left(\frac{1}{a},0\right)$

$$\therefore \frac{\overline{PQ}}{\overline{PA}}=\frac{\frac{1}{a}-a}{1-a}=\frac{1+a}{a}$$

$$\lim_{a\to1}\frac{\overline{PQ}}{\overline{PA}}=\lim_{a\to1}\frac{1+a}{a}=2$$

답 : 2 ■

〈 1967년 1차 이과 〉

1. 다음 □ 안에 알맞은 수를 넣어라.

관계식

(1) $\begin{cases} x=\square u+5v \\ y=\ 4u+\square v \end{cases}$ 를 만족하는 x, y, u, v 는

반드시 (2) $\begin{cases} u=\square x-5y \\ v=\square x+3y \end{cases}$ 를 만족하고,

역으로 (2)를 만족하는 x, y, u, v 는

반드시 (1)을 만족한다.

2. 다음 □ 안에 알맞은 실수를 넣어라.

복소수 z 를 실수 x, y 를 사용하여 $x+yi$ (i: 허수단위)로 표시할 때, z 의 절댓값 $|z|$ 는 $|z|=\sqrt{x^2+y^2}$ 으로 주어진다.

조건 $2|z-3-3i|=|z|$ 를 만족하는 모든 복소수 z 중, $|z|$ 가 최대인 것을 z_1, 최소인 것을 z_2 라 하면,

$z_1=\square+i\square$, $z_2=\square+i\square$ 이다.

3. 다음 □ 안에 알맞은 수를 넣어라.

$(0.99)^{10}$ 의 소수 첫째자리 수는 □, 소수 둘째자리 수는 □, 소수 셋째자리 수는 □, 소수 넷째자리 수는 □ 이다.

4. 다음 □ 안에 알맞은 수를 넣어라.

포물선 $y=\square x^2$ 의 서로 다른 두 점 (□, 3)과 (4, □)에서의 접선의 교점은 (□, −6)이다.

5. 다음 □ 안에 알맞은 말을 아래의 1~12 중에서 골라 1, 2, 3 등으로 답하라.

평면을 x 축, y 축과 원 $x^2+y^2=1$ 로 8개의 부분으로 나누어 각 부분을 그림과 같이 A, B, C, D, E, F, G, H 로 명하자.

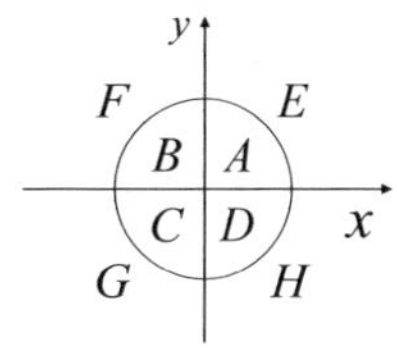

단, 각 부분은 경계점은 포함하지 않는다.

점 (x, y)가 B영역 전체를 움직일 때,

(1) 점 $(-y, x)$는 □.

(2) 점 $\left(\dfrac{x}{x^2+y^2}, \dfrac{-y}{x^2+y^2}\right)$는 □.

(3) 점 $\left(\log_{10}\dfrac{1}{x^2+y^2}, -\dfrac{y}{x}\right)$는 □.

(4) 점 $(2^{-x}\cos y, 2^{-x}\sin y)$는 □.

1. A 에만 있다. 2. B 에만 있다.
3. C 에만 있다. 4. D 에만 있다.
5. E 에만 있다. 6. F 에만 있다.
7. G 에만 있다. 8. H 에만 있다.
9. A 에도 있고 E 에도 있으며, 다른 곳에는 없다.
10. B 에도 있고 F 에도 있으며, 다른 곳에는 없다.
11. C 에도 있고 G 에도 있으며, 다른 곳에는 없다.
12. D 에도 있고 H 에도 있으며, 다른 곳에는 없다.

[문제 1]

(1) $\begin{cases} x=au+5v \\ y=4u+bv \end{cases}$ (2) $\begin{cases} u=cx-5y \\ v=dx+3y \end{cases}$

문제에서 (1)과 (2)가 동치이다.

(2)를 (1)에 대입하면,

$$\begin{aligned} x&=a(cx-5y)+5(dx+3y) \\ &=(ac+5d)x+(-5a+15)y \end{aligned}$$

$\therefore\ ac+5d=1,\quad 5a-15=0 \qquad \cdots$ ①

$$\begin{aligned} y&=4(cx-5y)+b(dx+3y) \\ &=(4c+bd)x+(-20+3b)y \end{aligned}$$

$\therefore\ 4c+bd=0,\quad -20+3b=1 \qquad \cdots$ ②

①, ②에서 $a=3, b=7, c=7, d=-4$

답 : 3, 7, 7, −4

[문제 2]

$z=x+yi$ 을 $2|z-3-3i|=|z|$ 에 대입하면,

$$2\sqrt{(x-3)^2+(y-3)^2} = \sqrt{x^2+y^2}$$

정리하면, $(x-4)^2+(y-4)^2=8$ … ①

$|z|$는 원점에서부터의 거리이므로,

z_1, z_2를 나타내는 점은

원점과 원의 중심을 연결한 직선 $y=x$ … ②

상에 있다.

①, ②에서 $\begin{cases} x=6 \\ y=6 \end{cases}$ $\begin{cases} x=2 \\ y=2 \end{cases}$

따라서, $z_1=6+6i$, $z_2=2+2i$

답 : 6, 6, 2, 2

[다른 방법]

$2|z-3-3i|=|z|$를 만족하는 z는

원점으로부터의 거리와 $3+3i$ 로부터의 거리의 비가 2 : 1인 점들의 집합이다.

따라서, z의 궤적은 점 $4+4i$를 중심으로 하는 반지름 $2\sqrt{2}$ 인 원이 된다.

[문제 3]

$(0.99)^{10}=(1-0.01)^{10}$

$(1+h)^{10}$

$=1+10h+45h^2+120h^3+210h^4+252h^5+210h^6+\cdots$

$h=-0.01$로 놓으면 $h^4=-0.00000001$이므로,

소수 넷째자리까지 구하려면,

제5항까지만 구하면 된다.

$$\begin{aligned}(0.99)^{10} &= (1-0.01)^{10} \\ &\fallingdotseq 1-0.1+0.0045-0.00012+0.0000021 \\ &= 1.0045021-0.10012=0.9043821\end{aligned}$$

답 : 9, 0, 4, 3

[문제 4]

포물선 $y=mx^2$ 상의

두 점 $A(\alpha,3), B(4,\beta)$를 잡으면,

$3=m\alpha^2$ … ① $\beta=16m$ … ②

두 점 A, B에서의 접선의 방정식은 각각

$\frac{y+3}{2}=m\alpha x$, $y+\frac{\beta}{2}=4mx$

이 두 직선이 점$(p,-6)$을 지나므로

$-3=2m\alpha p$ … ③ $-6+\beta=8mp$ … ④

---

③의 양변에 α를 곱하면, $-3\alpha=2m\alpha^2 p$

①에 의하여, $-3\alpha=6p$

$\therefore \alpha=-2p$ … ⑤

⑤를 ③에 대입하면, $-3=-4mp^2$

$\therefore m=\frac{3}{4p^2}$ … ⑥

②를 ④에 대입하면, $-6+16m=8mp$

⑥에 의하여, $-6+16\times\frac{3}{4p^2}=8\times\frac{3}{4p^2}\times p$

$p^2+p-2=0$

$\therefore p=-2$ or 1

$p=-2$인 경우, ②, ⑤, ⑥에 의하여

$m=\frac{3}{16}$, $\alpha=4$, $\beta=3$

$\therefore$ 두 점 A, B가 일치하므로 답이 아님.

$p=1$인 경우, ②, ⑤, ⑥에 의하여

$m=\frac{3}{4}$, $\alpha=-2$, $\beta=12$

답 : $\frac{3}{4}$, -2, 12, 1

[문제 5]

B부분은 $x<0, y>0, x^2+y^2<1$로 표시된다.

(1) $X=-y$, $Y=x$로 놓으면,

$X<0$, $Y<0$, $X^2+Y^2<1$

(2) $X=\dfrac{x}{x^2+y^2}$, $Y=\dfrac{-y}{x^2+y^2}$로 놓으면,

$X<0$, $Y<0$, $X^2+Y^2>1$

(3) $X=\log_{10}\dfrac{1}{x^2+y^2}$, $Y=-\dfrac{y}{x}$로 놓으면,

$X>0$, $Y>0$이며, X, Y는 어떤 자연수보다도 큰 값을 취할 수 있다.

(4) $X=2^{-x}\cos y$, $Y=2^{-x}\sin y$로 놓으면,

$0<y<1<\dfrac{\pi}{2}$이므로 $0<\cos y$, $0<\sin y$

$\therefore X>0$, $Y>0$

$X^2+Y^2=2^{-2x}$, $0<-2x<2$이므로

$1<X^2+Y^2<4$

답 : (1) 3 (2) 7 (3) 9 (4) 5

〈 1967년 1차 문과 〉

1. 다음 □ 안에 알맞은 말을 아래의 1 ~ 4 중에서 골라 1,2,3,4로 답하라.

[$a<b$]이기 위해

(1) [$a<x, x<b$를 만족하는 x가 있다]는 □

(2) [$a\leq x, x\leq b$를 만족하는 x가 있다]는 □

(3) [$x<a$를 만족하는 x는 모두 $x<b$를 만족한다.]는 □

(4) [$x\leq a$를 만족하는 x는 모두 $x<b$를 만족한다.]는 □

1. 필요조건도 충분조건도 아니다.
2. 필요충분조건이다.
3. 필요조건이나 충분조건은 아니다.
4. 충분조건이나 필요조건은 아니다.

2. 다음 □ 안에 알맞은 수를 넣어라.

점 $(-1, 3)$을 지나는 포물선 $y=x^2+$□$x+$□와 점 $(2, 6)$을 지나는 포물선 $y=x^2+$□$x+$□는 직선 $x=1$에 대하여 대칭이다.

3. 다음 □ 안에 알맞은 수를 넣어라.

함수 $f(x)=x^4-4x^3-x^2+6x+3$의 최솟값은 □이다. 방정식 $f(x)=0$는 □개의 양근과 □개의 음근을 가지며, 최소실근에 가장 가까운 정수는 □이다.

4. 다음 □ 안에 알맞은 말을 아래의 1~9 중에서 골라 1,2,3 등으로 답하라.

점 P의 좌표 (x, y)는 다음과 같다.

$x=a\cos^2\alpha+b\cos\alpha\sin\alpha\cos\beta+c\sin^2\alpha$

$y=b\cos\alpha\sin\alpha\sin\beta$

α, β가 모든 실수값을 가지며 변할 때, 점 P가 움직이는 범위는

(1) $a=1, b=0, c=1$일 때, □이다.

(2) $a=1, b=0, c=-1$일 때, □이다.

(3) $a=0, b=1, c=0$일 때, □이다.

(4) $a=1, b=0, c=0$일 때, □이다.

1. 길이 1인 선분	2. 길이 $\dfrac{3}{2}$인 선분
3. 길이 2인 선분	4. 반지름 $\dfrac{1}{2}$인 원
5. 반지름 1인 원	6. 반지름 $\dfrac{3}{2}$인 원
7. 반지름 2인 원	8. 한 점
9. 위의 어느 것과도 다르다.	
단, 원인 경우에는 내부포함.	

5. 다음 □ 안에 알맞은 수를 넣어라.

일정한 속도로 원 운동하는 점이 있어, 8초 동안 1회전한다. 이제 이 점을 정지시키기 위해 제동하여 각속도를 매초 $\dfrac{\pi}{96}$(라디안/초)의 비율로 감소시키면, 정지하는데 □초가 소요되며 □회전한다. 또, 제동한 후 정확히 1회전하여 정지시키려면, 각속도를 매초 $\dfrac{\pi}{\square}$(라디안/초)의 비율로 감소시키면 되며 □초가 소요된다.

[문제 1]

(1) $a < x$, $x < b$를 만족하는 x가 있으면 $a < b$이다.

역으로, $a < b$이면

$x = \dfrac{a+b}{2}$에 대하여 $a < x$, $x < b$이다.

〈필요충분조건〉

(2) $a \leqq x$, $x \leqq b$를 만족하는 x가 있으면 $a \leqq b$이므로 $a < b$로 되지 않는다.

$a < b$이면, $x = a$에 대하여 $a \leqq x$, $x \leqq b$이다.

〈필요조건〉

(3) $x < a$를 만족하는 모든 x에 대하여 $x < b$이면 $a \leqq b$이다.
따라서, $a < b$로 되지 않는다.

$a < b$이면, $x < a$에서 $x < b$이다.

〈필요조건〉

(4) $x \leqq a$를 만족하는 모든 x에 대하여 $x < b$이면 $a < b$이다.
($x = a$인 경우 고려)

$a < b$이면, $x \leqq a$에서 $x < b$이다.

〈필요충분조건〉

답 : (1) 2 (2) 3 (3) 3 (4) 2

[문제 2]

$$y = x^2 + ax + b, \quad y = x^2 + cx + d$$

좌표축을 평행이동하여 원점을 (1,0)으로 이동한 신좌표를 (X, Y)라 하면,

$$\begin{cases} Y = (X+1)^2 + a(X+1) + b \\ Y = (X+1)^2 + c(X+1) + d \end{cases}$$

$$\begin{cases} Y = X^2 + (2+a)X + 1 + a + b \\ Y = X^2 + (2+c)X + 1 + c + d \end{cases}$$

문제에 의하여,
두 포물선은 Y축에 대하여 대칭이다.

X의 계수를 비교하면, $2 + a = -(2+c)$ ⋯ ①
상수항을 비교하면, $1 + a + b = 1 + c + d$ ⋯ ②

또, 두 포물선 $y = x^2 + ax + b$, $y = x^2 + cx + d$가 각각 $(-1, 3)$과 $(2, 6)$을 지나야하므로

$3 = 1 - a + b$, $6 = 4 + 2c + d$ ⋯ ③

①, ②, ③에서 $a = 4$, $b = 6$, $c = -8$, $d = 18$

따라서, 구하는 두 포물선은

$y = x^2 + 4x + 6 = (x+2)^2 + 2$

$y = x^2 - 8x + 18 = (x-4)^2 + 2$

로 되어 $x = 1$에서 대칭임을 알 수 있다.

답 : 4, 6, −8, 18

[문제 3]

$f(x) = x^4 - 4x^3 - x^2 + 6x + 3$

$f'(x) = 4x^3 - 12x^2 - 2x + 6$

$= 2(x-3)(\sqrt{2}x - 1)(\sqrt{2}x + 1)$

함수의 증감을 조사하면 다음과 같다.

x		$-\frac{1}{\sqrt{2}}$		$\frac{1}{\sqrt{2}}$		3	
$f'(x)$	−	0	+	0	−	0	+
$f(x)$	↘	극소	↗	극대	↘	극소	↗

$f\left(-\dfrac{1}{\sqrt{2}}\right) = \dfrac{11}{4} - 2\sqrt{2} < 0$

$f\left(\dfrac{1}{\sqrt{2}}\right) = \dfrac{11}{4} + 2\sqrt{2} > 0$

$f(3) = -15 < 0$, $f(0) > 0$

이므로 $y = f(x)$의 최솟값은 -15이며,
$f(x) = 0$은 2개의 양근과 2개의 음근을 갖는다.

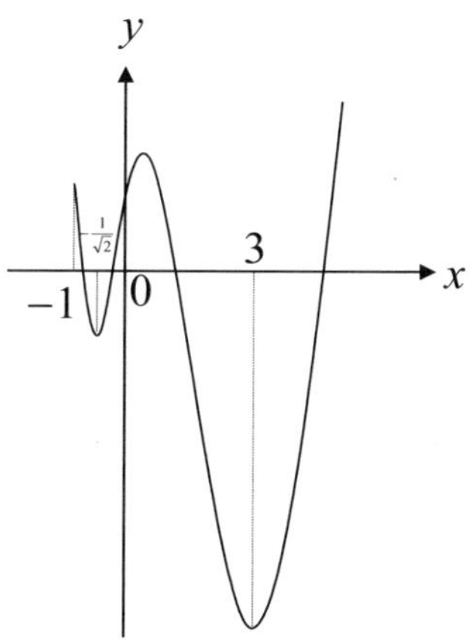

$$f(-1) = 1 > 0,\quad f\left(-\frac{1}{\sqrt{2}}\right) < 0$$

$$-1 < -\frac{1}{\sqrt{2}} < -\frac{1}{2}$$

이므로 최소실근에

가장 가까운 정수는 -1이다.

답 : $-15, 2, 2, -1$

[문제 4]

(1) $a=1, b=0, c=1$을 대입하면,

$x = \cos^2\alpha + \sin^2\alpha$, $y=0$

$\therefore\ x=1,\ y=0$ 〈 한 점 〉

(2) $a=1, b=0, c=-1$을 대입하면,

$x = \cos 2\alpha,\ y=0$

$\therefore\ -1 \leqq x \leqq 1,\ y=0$

〈 길이 2인 선분 〉

(3) $a=0, b=1, c=0$를 대입하면,

$x = \cos\alpha\sin\alpha\cos\beta$, $y = \cos\alpha\sin\alpha\sin\beta$

$$x^2+y^2 = (\cos\alpha\sin\alpha)^2(\cos^2\beta+\sin^2\beta)$$
$$= \left(\frac{\sin 2\alpha}{2}\right)^2$$

〈 반지름 $\frac{1}{2}$인 원의 내부 〉

(4) $a=1, b=0, c=0$를 대입하면,

$x = \cos^2\alpha,\ y=0$

$\therefore\ 0 \leqq x \leqq 1,\ y=0$

〈 길이 1인 선분 〉

답 : (1) 8 (2) 3 (3) 4 (4) 1

[문제 5]

(1) 제동 전의 각속도가 $\frac{\pi}{4}$(라디안/초)이므로,

각속도를 매초 $\frac{\pi}{96}$만큼 감소시키면,

제동을 시작한지 t초 후의 각속도 w는

$$w = \frac{\pi}{4} - \frac{\pi}{96}t$$

$w=0$을 대입하면, $t=24$이므로

정지할 때까지 걸리는 시간은 24초이다.

또, 정지할 때까지의 회전각은

$$\int_0^{24} w\,dt = \left[\frac{\pi}{4}t - \frac{\pi}{192}t^2\right]_0^{24} = 3\pi$$

이므로 $\frac{3}{2}$회전한 후 정지한다.

(2) 각속도가 매초 $\frac{\pi}{s}$의 비율로 감소하면,

제동을 시작한지 t초 후의 각속도 w는

$$w = \frac{\pi}{4} - \frac{\pi}{s}t$$

---

t_0초 후에 1회전하고 정지한다면,

$$\frac{\pi}{4} - \frac{\pi}{s}t_0 = 0$$

$$\int_0^{t_0}\left(\frac{\pi}{4} - \frac{\pi}{s}t\right)dt = 2\pi$$

위 두식에서

$$t_0 = \frac{s}{4},\quad \frac{\pi}{4}\left(t_0 - \frac{2}{s}t_0^2\right) = 2\pi$$

$\therefore\ s=64,\ t_0=16$

답 : $24, \frac{3}{2}, 64,\ 16$

〈 1967년 2차 〉

[이 과]

1. a가 양의 상수이고
n이 양의 정수이면, $x \geqq 0$에 대하여
$ax^{n+1} + \dfrac{1}{\sqrt[n]{a}} > x$가 성립함을 증명하라.

2. 변의 길이가 2이고 각 변이 좌표축에 평행한 정사각형 A는 중심을 원 $x^2+y^2=1$의 원주상에 두고 움직이고 있다.
또, 같은 크기의 고정된 정사각형 B는 각 변이 좌표축에 평행하며 중심이 점 $(1,2)$이다. 이때, 두 정사각형 A, B의 공통부분의 면적의 최댓값을 구하여라. 단, 정사각형의 중심은 두 대각선의 교점이다.

3. 남북 방향으로 일직선인 도로상을 자동차가 남에서 북으로 시속 $100\,\text{km}$로 가고 있다. 또, 비행기가 일정한 고도로 일직선상을 시속 $\sqrt{7}\times 100\,\text{km}$로 비행하고 있다. 자동차에서 비행기를 보는 경우, 어떤 시각에 정확히 서쪽방향으로 위로 30도였으며, 그 36초 후에 북쪽에서 30도 서쪽 방향으로 위로 30도가 되었다. 비행기의 고도는 몇 m인가?

4. 방정식 $x^2-xy+y^2=3$으로 표현되는 곡선을 그렸을 때, 제1사분면에 있는 부분과 x축, y축으로 둘러싸인 부분의 넓이를 구하여라.

5. $y=ax^2$의 그래프가 $y=\log_e x$의 그래프에 접할 때의 a값을 구하여라.
또, 그 때의 그래프들과 x축으로 둘러싸인 부분의 넓이를 구하여라.

6. 상자 속에 1부터 9까지의 번호를 하나씩 적은 카드가 9장 들어 있다. 카드를 잘 섞어서 하나씩 꺼내어 순서대로 새로 1부터 9까지의 번호를 적는다.
이 경우, 새로운 번호와 처음 번호가 일치하는 카드가 5장일 확률을 구하여라.

[문 과] 1, 3 : 이과와 같음

2. 한 평면상에 반지름이 1인 세 원이 있어, 각각의 중심이 $A(0,0)$, $B(2\sqrt{3},0)$, $C(\sqrt{3},3)$이다. 이 때, 아래의 두 조건 (i), (ii)를 만족하는 점 P가 존재하는 범위를 정하여, 그 면적을 구하여라.
(i) 점 P는 세 원의 외부에 있다.
(ii) 점 P로부터 원 A, B, C에 그린 접선의 접점을 각각 R, S, T라 하면,
$\overline{PR}^2+\overline{PS}^2+\overline{PT}^2<36$

4. 직선 $y=ax+b$ (a: 실수)가 점 $A(0,0), B(1,0), C(0,1)$을 꼭짓점으로 하는 삼각형의 면적을 이등분할 때, b를 a로 나타내어라.

5. 타원 $\dfrac{x^2}{a}+ay^2=1\ (a>0)$을 고려해보자.
a가 모든 양수값을 가지며 변할 때, 타원상의 점 전체는 어떤 범위에 있는지 결정하고 도시하라.

[이 과]

[문제 1]

$\dfrac{1}{\sqrt[n]{a}}=A$로 놓으면, $a>0$이므로 $A>0$

$P = ax^{n+1}+\dfrac{1}{\sqrt[n]{a}}-x = \dfrac{x^{n+1}}{A^n}+A-x$

$= \dfrac{1}{A^n}(x^{n+1}+A^{n+1}-A^n x)$

$= \dfrac{1}{A^n}\{(x^n-A^n)(x-A)+Ax^n\}$

$x \geqq 0, A>0$이며 n이 양의 정수이므로 (x^n-A^n)과 $(x-A)$는
같은 부호를 갖거나 모두 0이다.
$\therefore\ (x^n-A^n)(x-A) \geqq 0$

$$\therefore\ P=\frac{1}{A^n}\{(x^n-A^n)(x-A)+Ax^n\}\geq\frac{x^n}{A^{n-1}}$$

이므로 $x>0$이면, $P>0$

$x=0$이면, $P=A>0$

따라서, $x\geq 0$이면 $P>0$

$$\therefore\quad ax^{n+1}+\frac{1}{\sqrt[n]{a}}>x$$ ■

[문제 2]

원 $x^2+y^2=1$의 원주상의 한 점을 $P(\cos\theta,\sin\theta)$라 하자.

P를 정사각형 A의 중심이라 하면, 정사각형 A,B의 공통부분이 존재하기 위한 조건은

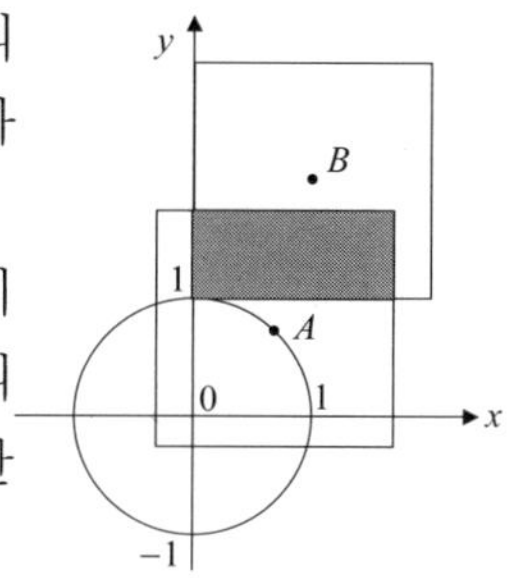

$0<\theta<\pi$ $\cdots$ ①

공통부분은 직사각형으로 $\sin\theta$, $1+\cos\theta$를 두 변으로 한다.

그 면적을 $f(\theta)$로 놓으면,

$$f(\theta)=\sin\theta(1+\cos\theta)=\sin\theta+\frac{1}{2}\sin2\theta$$

$$f'(\theta)=\cos\theta+\cos2\theta=(2\cos\theta-1)(\cos\theta+1)$$

$$f''(\theta)=-\sin\theta-2\sin2\theta$$

①의 범위에서

$f'(\theta)=0$의 근을 구하면, $\theta=\frac{\pi}{3}$

$$f\left(\frac{\pi}{3}\right)=\frac{3\sqrt{3}}{4},\quad f''\left(\frac{\pi}{3}\right)=-\frac{\sqrt{3}}{2}-2\cdot\frac{\sqrt{3}}{2}<0$$

$\therefore$ $f(\theta)$는 $0<\theta<\pi$에서 1개의 극댓값을 가지며, 그 값이 최댓값이다.

답 : $\frac{3\sqrt{3}}{4}$ ■

[문제 3]

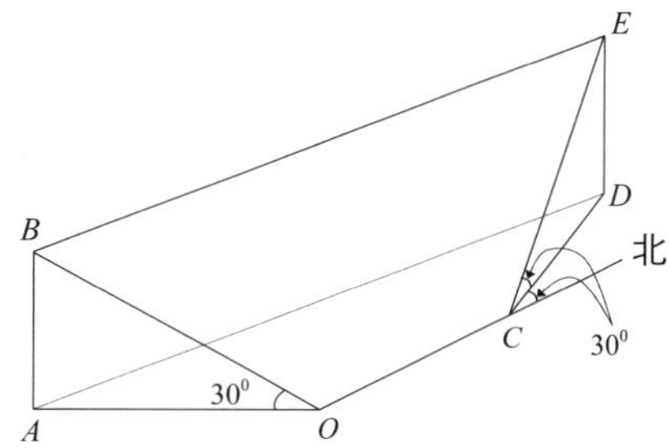

진서(眞西) 방향으로 비행기를 보았을 때의 자동차의 위치를 O, 그때의 비행기의 위치를 B, 그 직하(直下)지점을 A라 하자.

36초 후의 자동차의 위치를 C, 그 때의 비행기의 위치를 E, 그 직하지점을 D라 하자.

비행기가 일정한 고도로 일직선상을 비행하므로 $\overline{AB}=\overline{DE}=x\,\text{km}$로 놓자.

$$\overline{OA}=\overline{CD}=x\cot30^0=\sqrt{3}\,x$$

$$\overline{AD}=\sqrt{7}\times100\times\frac{36}{60^2}=\sqrt{7}$$

$$\overline{OC}=100\times\frac{36}{60^2}=1$$

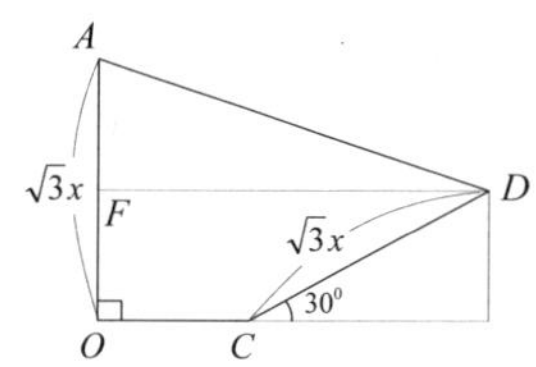

오른쪽 그림에서

$$\overline{AD}^2=\overline{AF}^2+\overline{DF}^2$$

$$\therefore 7=\left(\frac{\sqrt{3}\,x}{2}\right)^2+\left(1+\frac{\sqrt{3}}{2}\cdot\sqrt{3}\,x\right)^2$$

$$x^2+x-2=0,\ x=1\,(x>0)$$

답 : 1000m ■

[문제 4]

$$x^2-xy+y^2=3 \qquad \cdots ①$$

주어진 방정식은 상수항을 제외하면, 모든 항의 차수가 2이므로 회전변환하여 xy항을 제거할 수 있다.

원점을 중심으로 θ만큼 회전한 새로운 좌표를 (X, Y)라 하면,

$$\begin{pmatrix} x \\ y \end{pmatrix} = \begin{pmatrix} \cos\theta & -\sin\theta \\ \sin\theta & \cos\theta \end{pmatrix} \begin{pmatrix} X \\ Y \end{pmatrix}$$

①에 대입하면,

$$(X\cos\theta - Y\sin\theta)^2 - (X\cos\theta - Y\sin\theta)(X\sin\theta + Y\cos\theta) + (X\sin\theta + Y\cos\theta)^2 = 3$$

$$(1-\cos\theta\sin\theta)X^2 + (1+\cos\theta\sin\theta)Y^2 - (\cos^2\theta - \sin^2\theta)XY = 3$$

$\theta = \frac{\pi}{4}$일 때, XY의 계수가 0이다.

$$\left(1 - \frac{1}{\sqrt{2}} \cdot \frac{1}{\sqrt{2}}\right)X^2 + \left(1 + \frac{1}{\sqrt{2}} \cdot \frac{1}{\sqrt{2}}\right)Y^2 = 3$$

$$\therefore \quad \frac{X^2}{6} + \frac{Y^2}{2} = 1 \qquad \cdots ②$$

또, 처음의 x축, y축은

각각 $Y = -X$, $Y = X$이다.

이것과 ②의 교점은

$$A\left(\sqrt{\frac{3}{2}}, -\sqrt{\frac{3}{2}}\right), \ B\left(\sqrt{\frac{3}{2}}, \sqrt{\frac{3}{2}}\right)$$

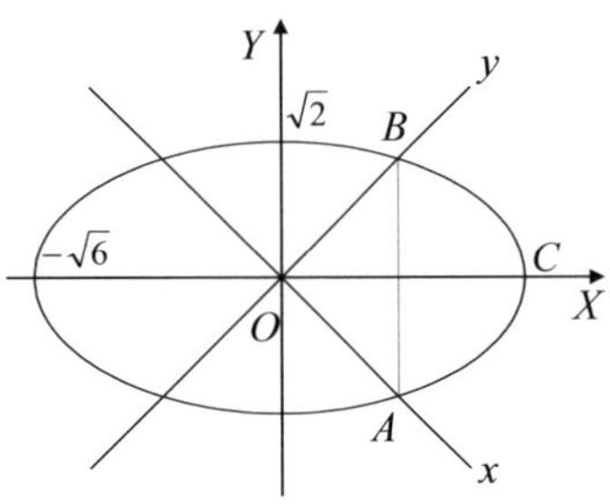

구하는 면적은 도형 $OACB$의 면적이다.

$$\triangle OAB = S_1 = \sqrt{\frac{3}{2}} \cdot \sqrt{\frac{3}{2}} = \frac{3}{2}$$

$$\text{도형 } ACB = S_2 = 2\int_{\sqrt{\frac{3}{2}}}^{\sqrt{6}} \frac{1}{\sqrt{3}} \sqrt{6 - X^2}\, dX$$

$X = \sqrt{6}\sin\theta$로 치환하면, $dX = \sqrt{6}\cos\theta\, d\theta$

$$S_2 = \frac{2}{\sqrt{3}} \int_{\frac{\pi}{6}}^{\frac{\pi}{2}} 6\cos^2\theta\, d\theta$$

$$= 2\sqrt{3} \int_{\frac{\pi}{6}}^{\frac{\pi}{2}} (1 + \cos 2\theta)\, d\theta$$

$$= 2\sqrt{3}\left[\theta + \frac{1}{2}\sin 2\theta\right]_{\frac{\pi}{6}}^{\frac{\pi}{2}} = \frac{2\sqrt{3}\pi}{3} - \frac{3}{2}$$

따라서, 구하는 면적 S는

$$S = S_1 + S_2 = \frac{2\sqrt{3}\pi}{3} \qquad \cdots(\text{답})$$

■

[문제 5]

$y = \log_e x \qquad \cdots ①$

$y' = \frac{1}{x}$

$y = ax^2 \qquad \cdots ②$

$y' = 2ax$

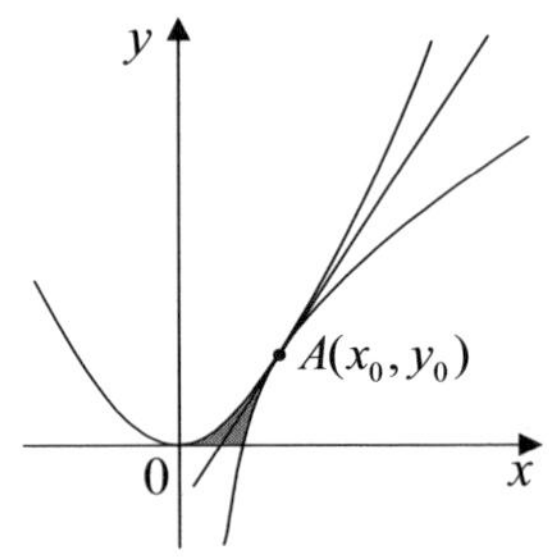

점 $A(x_0, y_0)$에서 곡선 ①, ②가 접한다고 하자. 접선의 기울기와 y값이 같으므로

$$\frac{1}{x_0} = 2ax_0, \quad \log_e x_0 = ax_0^2$$

정리하면,

$$\log_e x_0 = \frac{1}{2}, \ x_0 = \sqrt{e} \qquad \therefore a = \frac{1}{2e}$$

구하는 면적을 S라 하면,

$$S = \int_0^{x_0} ax^2\, dx - \int_1^{x_0} \log_e x\, dx$$

$$= \frac{ax_0^3}{3} - x_0 \log_e x_0 + x_0 - 1 = \frac{2}{3}\sqrt{e} - 1$$

답 : $a = \frac{1}{2e}$, $\frac{2}{3}\sqrt{e} - 1$ ■

[문제 6]

$1, 2, 3, \cdots, 9$를 일렬로 나열하는 방법은 $9!$가지이다. 이 중 일치하는 5개의 번호를 고르는 방법은 ${}_9C_5$가지이며, 각 경우에 나머지 4개를 일치하지 않게 나열하는 방법을 고려해야 한다.

나머지 4개를 일렬로 나열하는 방법은 $4!$
이중 모두 일치하는 경우는 1가지
2개가 일치하는 경우는 ${}_4C_2$
1개가 일치하는 경우는 ${}_4C_1 \times 2$

따라서, 4개가 모두 일치하지 않는 경우는

$$4!-(1+{}_4C_2+{}_4C_1\times 2)=24-15=9$$

구하는 확률은

$$p=\frac{{}_9C_5\cdot 9}{9!}=\frac{9}{5!4!}=\frac{1}{320} \quad \cdots(\text{답})$$ ■

[문 과]

[문제 2]

A, B, C는 한 변의 길이가 $2\sqrt{3}$인 정삼각형의 꼭짓점이다. 점 P의 좌표를 (x,y)라 하면, $A(0,0)$, $B(2\sqrt{3},0)$, $C(\sqrt{3},3)$이므로

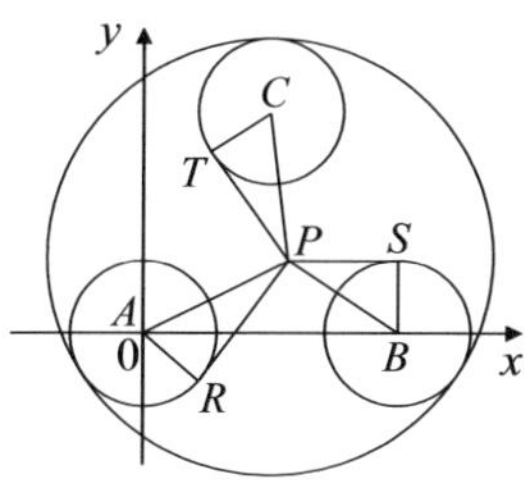

$$\overline{PR}^2=\overline{PA}^2-\overline{RA}^2=x^2+y^2-1$$
$$\overline{PS}^2=\overline{PB}^2-\overline{SB}^2=(x-2\sqrt{3})^2+y^2-1$$
$$\overline{PT}^2=\overline{PC}^2-\overline{TC}^2=(x-\sqrt{3})^2+(y-3)^2-1$$

$\overline{PR}^2+\overline{PS}^2+\overline{PT}^2<36$에 대입하여 정리하면,

$$(x-\sqrt{3})^2+(y-1)^2<9$$

따라서, 점 P는 원 $(x-\sqrt{3})^2+(y-1)^2=9$의 내부에 있으며, 세 원의 외부에 있다.

원 $(x-\sqrt{3})^2+(y-1)^2=9$는 세 원과 외접하므로 구하는 면적 S는

$$S=9\pi-3\times\pi=6\pi \quad \cdots(\text{답})$$ ■

[문제 4]

직선 $y=ax+b$와 직선 $BC: x+y=1$의 교점의 좌표는 $Q\left(\frac{1-b}{1+a}, \frac{a+b}{1+a}\right)$

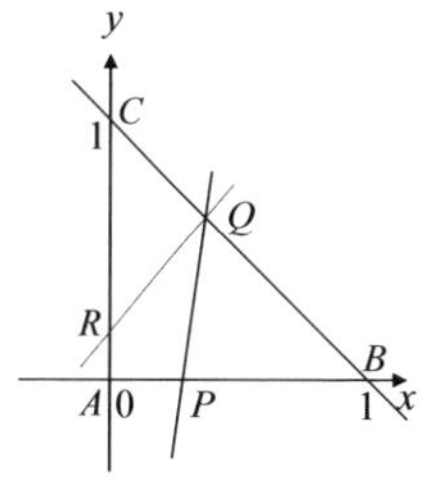

(1) $a \geqq 1$인 경우

$y=ax+b$와 x축의 교점은 $P\left(-\frac{b}{a},0\right)$이므로,

$2\triangle BPQ=\triangle ABC$에서

$$\left(1+\frac{b}{a}\right)\left(\frac{a+b}{1+a}\right)=\frac{1}{2}, a+b>0$$

$$\therefore \ b=-a+\sqrt{\frac{a(a+1)}{2}} \quad \cdots(\text{답})$$ ■

(2) $0<a<1$인 경우

$y=ax+b$와 y축의 교점은 $R(0,b)$이므로,

$2\triangle CRQ=\triangle ABC$에서

$$(1-b)\left(\frac{1-b}{1+a}\right)=\frac{1}{2}, 0<b<1$$

$$\therefore \ b=1-\sqrt{\frac{a+1}{2}} \quad \cdots(\text{답})$$ ■

[문제 5]

$$\frac{x^2}{a}+ay^2=1 \ (a>0)$$
$$\left(\frac{|x|}{\sqrt{a}}-\sqrt{a}\,|y|\right)^2+2|xy|=1$$
$$\left(\frac{|x|}{\sqrt{a}}-\sqrt{a}\,|y|\right)^2=1-2|xy| \geqq 0$$
$$2|xy|-1 \leqq 0$$
$$4x^2y^2 \leqq 1$$
$$\therefore \ (2xy-1)(2xy+1) \leqq 0$$

구하는 범위를 도시하면 다음과 같다.
단, 원점은 제외한다.
($x=y=0$일 때, 등식은 성립하지 않는다.)

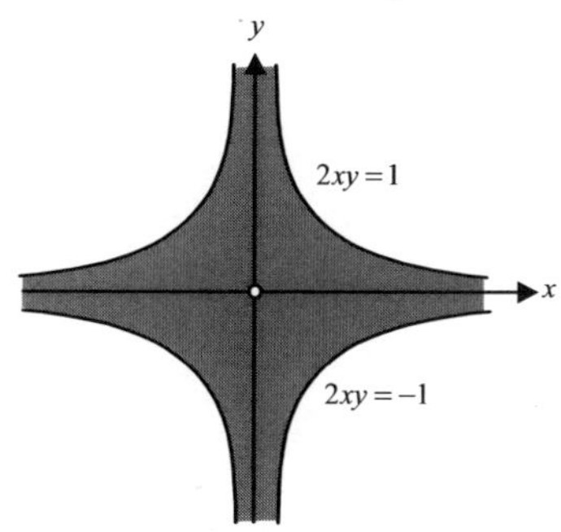

■

1. 다음 $\square$ 안에 알맞은 수를 넣어라.

$\sin^6 x+\cos^6 x\ \left(0\leqq x<\frac{\pi}{2}\right)$는

$x=\square\pi$에서 최댓값 $\square$을 가지며,

$x=\square\pi$에서 최솟값 $\square$을 갖는다.

2. 다음 $\square$ 안에 알맞은 수를 넣어라.

다음 각 방정식의 그래프를 $-3\leqq x\leqq 3$, $-3\leqq y\leqq 3$의 범위에서 그리면 아래의 圖1~圖12 중 하나가 된다. 방정식 (1), (2), (3), (4) 의 그래프를 표시하는 그림의 번호는 각각 $\square$, $\square$, $\square$, $\square$ 이다.

(1) $\log_{10}x+\log_{10}y=0$

(2) $\log_{10}(x+y-3)+\log_{10}(x+y)=1$

(3) $\sin\left(\frac{\pi x}{6}\right)+\sin\left(\frac{\pi y}{6}\right)=0$

(4) $2\sin^2\left(\frac{\pi x}{3}\right)+\cos\left(\frac{\pi y}{3}\right)=1$

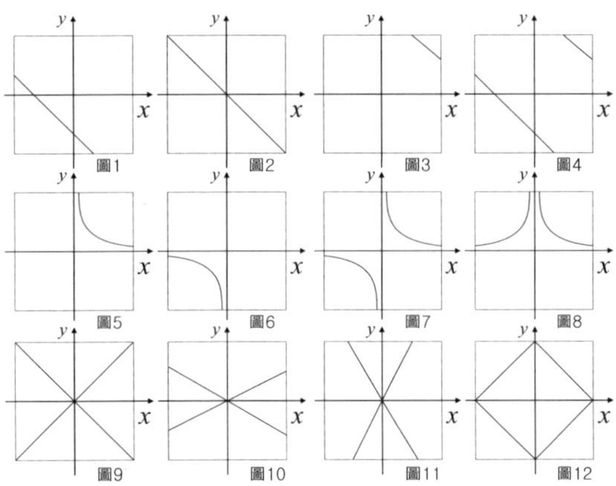

3. 다음 $\square$ 안에 알맞은 수를 넣어라.

한 꼭짓점의 좌표가 $(0,\sqrt{3})$이며, 직선 $y=0$ 상에 꼭짓점 A, 직선 $y=2x$ 상에 꼭짓점 B를 갖는 정삼각형은 두 개 있다.

점 B의 x좌표는 작은 정삼각형에 대하여 $\square+\square\sqrt{3}$, 큰 정삼각형에 대하여 $\square+\square\sqrt{3}$ 이다.

4. 다음 $\square$ 안에 알맞은 수를 넣어라.

x에 관한 방정식 $|2-(x+|x|)|=\alpha(x-3)-1$에 대하여 아래의 (1) ~ (5)가 참이면,

$a=\square$, $b=\square$, $c=\square$, $d=\square$ 이다.

(1) $-\infty<\alpha<-1$이면, 실근은 한 개이다.

(2) $-1<\alpha<a$이면, 실근은 d개이다.

(3) $a<\alpha<b$이면, 실근은 한 개이다.

(4) $b<\alpha<c$이면, 실근은 없다.

(5) $c<\alpha<\infty$이면, 실근은 한 개이다.

5. 다음 $\square$ 안에 알맞은 말을 아래의 1, 2, 3, 4 중 택하여, 그 기호 1, 2, 3, 4로 답하라. 단, A, B, C는 평면상의 점의 집합이며 A'는 A의 여집합이다.

(1) $A\cap B\subset A\cup B$는 $A=B$이기 위한 $\square$

(2) 모든 C에 대하여 $A\cap C\supset B\cap C$인 것은 $A\supset B$이기 위한 $\square$

(3) $A\cup C\supset B\cup C$인 C가 존재하는 것은 $A\supset B$이기 위한 $\square$

(4) $A\subset C$, $B\subset C'$인 C가 존재하는 것은 $A\cap B=\varnothing$이기 위한 $\square$

1. 필요조건도 충분조건도 아니다.
2. 필요조건이나 충분조건은 아니다.
3. 충분조건이나 필요조건은 아니다.
4. 필요충분조건이다.

[문제 1]

$f(x)=\sin^6 x+\cos^6 x$

$=(\sin^2 x+\cos^2 x)(\sin^4 x-\sin^2 x\cos^2 x+\cos^4 x)$

$=(\sin^2 x+\cos^2 x)^2-3\sin^2 x\cos^2 x$

$=1-\frac{3}{4}(\sin 2x)^2$

$0\leqq x<\frac{\pi}{2}$이므로 $0\leqq(\sin 2x)^2\leqq 1$

따라서, $x=0$일 때 최댓값 1,

$x=\frac{\pi}{4}$일 때 최솟값 $\frac{1}{4}$을 갖는다.

답 : $0, 1, \frac{1}{4}, \frac{1}{4}$

[문제 2]

(1) $\log_{10}x+\log_{10}y=0$

$\log_{10}xy=0 \qquad \therefore xy=1\ (x>0,\ y>0)$

(2) $\log_{10}(x+y-3)+\log_{10}(x+y)=1$

$(x+y-3)(x+y)=10,\quad x+y>3$

$\therefore x+y=5\quad (x+y>3)$

(3) $\sin\left(\dfrac{\pi x}{6}\right)+\sin\left(\dfrac{\pi y}{6}\right)=0$

$\dfrac{\pi y}{6}=n\pi+(-1)^n\left(-\dfrac{\pi x}{6}\right),\quad n=0$

$\therefore\ x+y=0$

$\because\ n=0,\pm1$인 경우만 범위에 들어감.

(4) $2\sin^2\left(\dfrac{\pi x}{3}\right)+\cos\left(\dfrac{\pi y}{3}\right)=1$

$\cos\left(\dfrac{\pi y}{3}\right)=\cos\left(\dfrac{2\pi x}{3}\right)$

$\dfrac{\pi y}{3}=2n\pi\pm\dfrac{2\pi x}{3}$

$\therefore y=\pm 2x+6n$

그림으로 나타내면 다음과 같다.

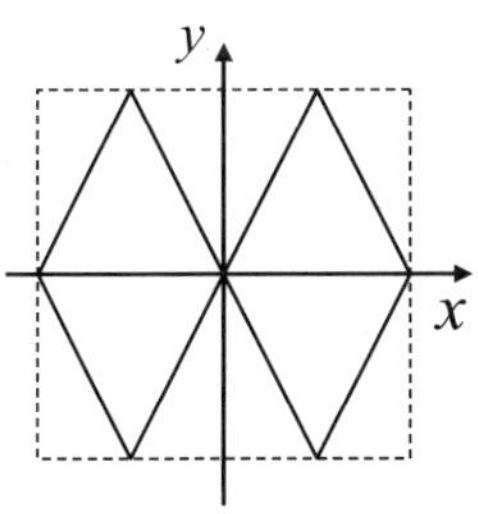

따라서, 보기 중에는 답이 없으며, 그림 11이 일부분을 표현하고 있다.

답 : (1) 5 (2) 3 (3) 2 (4) 답 없음

[문제 3]

x축 상의 $A(\alpha,0)$과 $P(0,\sqrt{3})$, $B(x,y)$를 정삼각형의 세 꼭짓점이라 하자.

각 점을 복소수로 나타내면,

$A(\alpha,0):\alpha$, $P(0,\sqrt{3}):\ \sqrt{3}\,i$, $B(x,y):x+yi$

$$\frac{x+yi-\alpha}{\sqrt{3}i-\alpha}=\cos(\pm 60^0)+i\sin(\pm 60^0)$$

$$x+yi-\alpha=\left(\frac{1}{2}\pm\frac{\sqrt{3}}{2}i\right)(\sqrt{3}i-\alpha)$$

$$(x-\alpha)+yi=\left(-\frac{\alpha}{2}\mp\frac{3}{2}\right)+\left(\frac{\sqrt{3}}{2}\mp\frac{\alpha\sqrt{3}}{2}\right)i$$

$$\begin{cases} x-\alpha=-\dfrac{\alpha}{2}\mp\dfrac{3}{2} \\ y=\dfrac{\sqrt{3}}{2}\mp\dfrac{\alpha\sqrt{3}}{2}\end{cases}$$

$\therefore\quad y=\mp\sqrt{3}x-\sqrt{3}$

위 직선과 $y=2x$의 교점을 구하면,

$\begin{cases} y=-\sqrt{3}x-\sqrt{3} \\ y=2x\end{cases} \qquad \therefore x=3-2\sqrt{3}$

$\begin{cases} y=\sqrt{3}x-\sqrt{3} \\ y=2x\end{cases} \qquad \therefore x=-3-2\sqrt{3}$

답 : 3, −2, −3, −2

[문제 4]

$\begin{cases} y=|2-(x+|x|)|+1 \\ y=\alpha(x-3)\end{cases}$

의 그래프의 교점을 조사해보자.

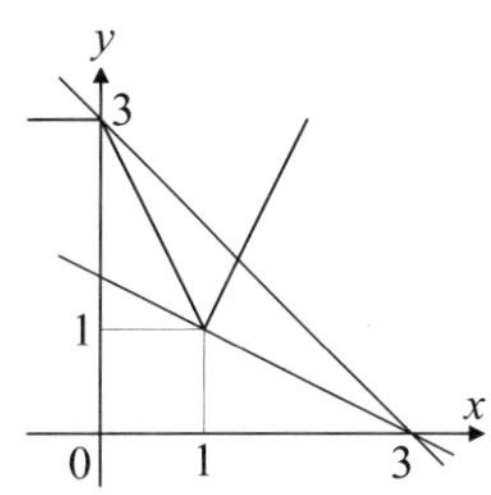

(0,3)을 지날 때, $\alpha=-1$

(1,1)을 지날 때, $\alpha=-\dfrac{1}{2}$

(1) $-\infty<\alpha<-1$이면, 실근은 한 개이다.

(2) $-1<\alpha<-\dfrac{1}{2}$이면, 실근은 3개이다.

(3) $-\dfrac{1}{2}<\alpha<0$이면, 실근은 한 개이다.

(4) $0<\alpha<2$이면, 실근은 없다.

(5) $2<\alpha<\infty$이면, 실근은 한 개이다.

답 : $(a)\ -\dfrac{1}{2}$ (b) 0 (c) 2 (d) 3

[문제 5] 답 : 2, 4, 2, 4

(1) $A \cap B \subset A \cup B$는 항상 성립한다.
따라서, $A \cap B \subset A \cup B$는 $A = B$이기 위한 필요조건이며, 충분조건은 아니다.

(2) 모든 C에 대하여 $A \cap C \supset B \cap C$인 경우 $C = A$로 놓으면, $A \supset B \cap A$ $\therefore A \supset B$

역으로, $A \supset B$이면 모든 C에 대하여 $A \cap C \supset B \cap C$이다. 〈 필요충분조건 〉

(3) $A \supset B$이면, 모든 C에 대하여 $A \cup C \supset B \cup C$이므로 필요조건이며, 그림과 같이 충분조건은 아니다.

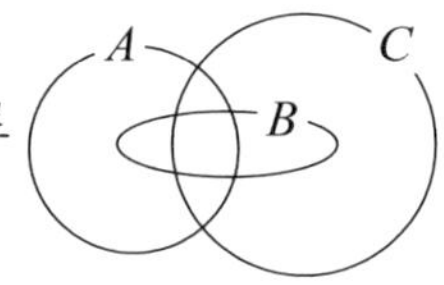

(4) 〈 필요충분조건 〉

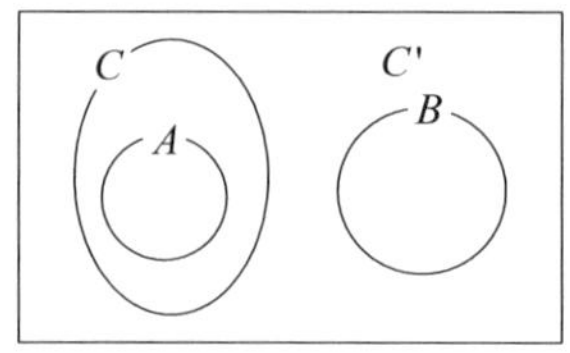

〈 1968년 1차 문과 〉

1. 다음 □ 안에 알맞은 수를 넣어라.
중심이 $(0, \square)$이며 점 $(3,0)$를 지나는 원 $x^2+y^2-8y+\square=0$이 있다. 이 원과, 원 $x^2+y^2+\square x-6y+23=0$의 교점을 지나는 직선은 점 $(\square, 0)$과 $(2, -8)$을 지난다.

2. 다음 □ 안에 알맞은 숫자를 아래 그림의 번호에서 골라 답하여라. 단, 그림에서 y축은 생략하였음.

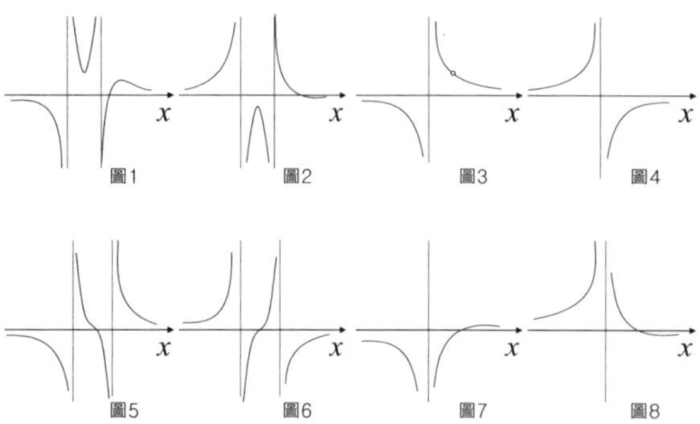

圖1 圖2 圖3 圖4

圖5 圖6 圖7 圖8

함수 $y = \dfrac{x-1}{x^2+(1-p)x-p}$ $(p$: 상수$)$의 그래프는

(1) $p=-1$인 경우 그림 □이다.
(2) $-1<p<1$인 경우 그림 □이다.
(3) $p=1$인 경우 그림 □이다.
(4) $1<p$인 경우 그림 □이다.

3. 다음 □ 안에 알맞은 수를 넣어라.
4차식
$P(x) = x^4+\square x^3+\square x^2+\square x+\square$
는 $x=-1, 3$에서 극소, $x=1$에서 극대이며, $P(x)=0$은 음의 이중근을 갖는다.

4. 다음 □ 안에 알맞은 수를 넣어라.
$y = x^2-2\alpha x+4\alpha+5$ $\quad(-3 \leq x \leq 3)$의 최솟값은 α 값에 따라 정해지므로 $f(\alpha)$로 놓자.
$f(\alpha)>0$일 α의 범위는 $\square < \alpha < \square$이다.
또, $f(\alpha)$는 $\alpha=\square$일 때, 최댓값 □이다.

5. 다음 □ 안에 알맞은 말을 아래의 1,2,3,4 중 골라 그 기호 1,2,3,4로 답하라.

$|a+b|>a+b$이기 위해, $ab<0$는 □
$|a-b|>a-b$이기 위해, $a<b$는 □
$|a|+|b|>|a+b|$이기 위해, $ab \neq 0$는 □
$|a-b|>|a|-|b|$이기 위해, $a \neq b$는 □

1. 필요조건도 충분조건도 아니다.
2. 필요조건이나 충분조건은 아니다.
3. 충분조건이나 필요조건은 아니다.
4. 필요충분조건이다.

[문제 1]

원을 $x^2+(y-4)^2=r^2$으로 놓자.

이 원이 $(3,0)$을 지나므로 $25=r^2$

따라서, 원의 방정식은 $x^2+(y-4)^2=25$

$x^2+y^2-8y-9=0$

$$\begin{cases} x^2+y^2-8y-9=0 \\ x^2+y^2+cx-6y+23=0 \end{cases}$$

두 원의 교점을 지나는 직선 $-cx-2y-32=0$

이 $(2,-8)$을 지나므로 $c=-8$

직선 $8x-2y-32=0$이

$(d,0)$을 지나므로 $d=4$

답 : 4, −9, −8, 4

[문제 2]

$$y=\frac{x-1}{(x+1)(x-p)}$$

(1) $p=-1$인 경우

$y=\dfrac{x-1}{(x+1)^2}$ 〈 그림 7 〉

(2) $-1<p<1$인 경우

$y=\dfrac{x-1}{(x+1)(x-p)}$의 점근선 : $x=-1, x=p$

〈 그림 1 〉

(3) $p=1$인 경우

$y=\dfrac{x-1}{(x+1)(x-1)}$ 〈 그림 3 〉

(4) $1<p$인 경우

$y=\dfrac{x-1}{(x+1)(x-p)}$의 x절편은 1이며,

$-1<1<p$이다.

〈 그림 5 〉

답 : 7, 1, 3, 5

[문제 3]

$P'(x)=4(x+1)(x-1)(x-3)$

$=4x^3-12x^2-4x+12$이므로

$\therefore\ P(x)=x^4-4x^3-2x^2+12x+C$

$P(x)=0$의 이중근은 $P'(x)=0$의 근이므로

$P(x)=0$의 음의 이중근은 -1이다.

$\therefore\ P(x)=(x+1)^2A(x)$

$P(-1)=0$이므로 $C=9$

$\therefore\ P(x)=x^4-4x^3-2x^2+12x+9$

답 : −4, −2, 12, 9

[문제 4]

$$y=(x-\alpha)^2+(-\alpha^2+4\alpha+5)=g(x)$$

$\alpha<-3$일 때, $f(\alpha)=g(-3)=14+10\alpha$

$-3\leqq\alpha\leqq3$일 때, $f(\alpha)=g(\alpha)=-\alpha^2+4\alpha+5$

$\alpha>3$일 때, $f(\alpha)=g(3)=14-2\alpha$

$f(\alpha)>0$일 α의 범위는 $-1<\alpha<7$

$f(\alpha)$의 최댓값은 $f(2)=9$

답 : −1, 7, 2, 9

[문제 5]

$|a+b|>a+b$이기 위해, $ab<0$는 필요조건도 충분조건도 아니다.

$|a+b|>a+b \not\Rightarrow ab<0 : a=-1, b=-2$

$|a+b|>a+b \not\Leftarrow ab<0 : a=5, b=-3$

$|a-b|>a-b$이기 위해, $a<b$는 필요충분조건

$|a|+|b|>|a+b|$이기 위해, $ab\neq0$는 필요조건

$|a|+|b|>|a+b| \not\Leftarrow ab\neq0$: $a=2, b=3$

$|a-b|>|a|-|b|$이기 위해, $a\neq b$: 필요조건

$|a-b|>|a|-|b| \Rightarrow a\neq b$: '대우'를 고려

$|a-b|>|a|-|b| \not\Leftarrow a\neq b$: $a=5, b=3$

답 : 1, 4, 2, 2

〈 1968년 2차 〉

[이 과]

1. 평면상의 점 (x, y)에 대하여

$x^2-5x< y<\frac{\pi}{5}\sin\left(\frac{\pi x}{5}\right)-\frac{3}{5}\sin^2\left(\frac{\pi x}{5}\right)$를 만족하는 범위의 면적이 직선 $y=\alpha x$에 의하여 이등분될 때의 α값을 구하여라.

2. 정사각형 $ABCD$를 밑면으로 하고, V를 꼭짓점으로 하는 정사각뿔의 밑면과 옆면이 이루는 각이 45^0일 때, 이웃하는 두 옆면이 이루는 각을 구하여라.

3. 실수 α, β가 주어져 있다. x의 이차식 $f(x)=ax^2+bx+c$의 계수 a,b,c가 $a+b+c=0$을 만족하며 변할 때, 좌표 $(f(\alpha), f(\beta))$를 갖는 점 전체는 평면상의 어떠한 집합인가?

4. 점 $(1,0,0)$을 지나고 z축에 평행한 직선을 l이라 하자. yz평면상의 곡선 $y=1-z^2$의 $-1\leq z\leq 1$ 부분을 직선 l의 둘레로 회전시켜 얻은 곡면과 평면 $z=1$ 및 $z=-1$로 둘러싸인 부분의 체적을 구하여라.

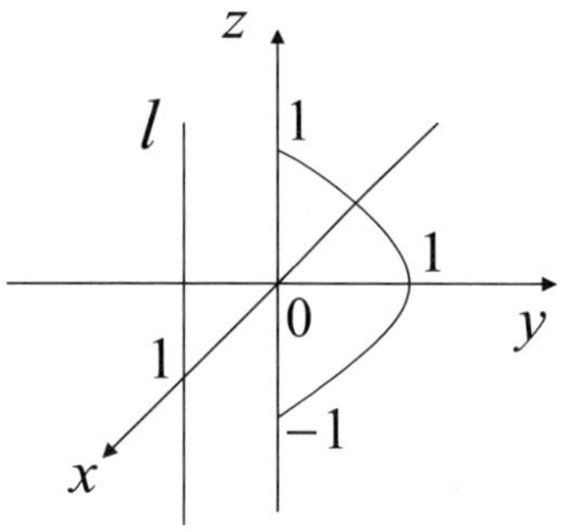

5. 다음 조건을 만족하는

정수계수 3차다항식 $P(x)$를 구하여라.

(1) $P(x)$는 원점대칭이다.

(2) $P(x)=0$은 중근을 갖지 않는다.

(3) $P(x)$는 극댓값도 극솟값도 없다.

(4) $P\left(\frac{1}{2}\right)$은 정수이다.

(5) $0< P(1)< 6$

6. 다음 문제 (1),(2),(3)에 답하여라.

(1) α가 $0<\alpha<1$를 만족하는 유리수이면, 구간 $0\leq x\leq 1$상에서 부등식

$1+\frac{\alpha}{2}x\leq(1+x)^{\alpha}$가 성립함을 보여라.

(2) 2^{200}은 몇 자리 수인가? 또, 최상위수는 무엇인가? 이유를 서술하라.

주1. 예를 들면, $2^{10}=1024$는 4자리 수이며, 최상위수는 1이다.

주2. $\log_{10}2 \fallingdotseq 0.3010$은 증명에 사용할 수 없다.

(3) $0.300<\log_{10}2<0.302$임을 보여라.

[문 과] 2, 3 : 이과와 같음

1. 한 변의 길이가 1인 정사각형 $ABCD$의 내부에 점 P를 잡아 $\angle APB, \angle BPC, \angle CPD, \angle DPA$가 모두 $\frac{3}{4}\pi$보다 크지 않게 할 때, 점 P가 움직일 수 있는 범위의 면적을 구하여라.

4. 다음 조건을 만족하는

3차다항식 $f(x)$를 구하여라.

(i) 2차 이하의 다항식 $g(x)$에 대하여

항상 $\int_{-1}^{1}f(x)g(x)\,dx=0$이다.

(ii) $\int_{-1}^{1}(f(x))^2\,dx=1$ (iii) $f(1)>0$

5. 평면상의 점 (a,b)의 직선 $2x-y=p$에 대한 대칭점을 잡아, 원점을 중심으로 양의 방향으로 90^0 회전한 후, 직선 $x+2y=q$에 대해 대칭이동시켰더니 처음의 점 (a,b)에 일치하였다.

a,b를 p,q를 이용하여 나타내어라.

[이 과]

[문제 1]

$g(x)=x^2-5x,\ f(x)=\frac{\pi}{5}\sin\left(\frac{\pi x}{5}\right)-\frac{3}{5}\sin^2\left(\frac{\pi x}{5}\right)$

에 대하여,

$$|f(x)| \leqq \left|\frac{\pi}{5}\sin\left(\frac{\pi x}{5}\right)\right|+\left|\frac{3}{5}\sin^2\left(\frac{\pi x}{5}\right)\right|$$

$$\leqq \frac{\pi+3}{5} \qquad \cdots ①$$

$g(0)=f(0)=0$, $g(5)=f(5)=0$ $\cdots$ ②

$0<x<5$에서 $g(x)<0<f(x)$ $\cdots$ ③

$0<x<5$일 때, $\sin\left(\frac{\pi x}{5}\right) \geqq \sin^2\left(\frac{\pi x}{5}\right)$

$\therefore \frac{\pi}{5}\sin\left(\frac{\pi x}{5}\right) > \frac{3}{5}\sin^2\left(\frac{\pi x}{5}\right) \quad \therefore f(x)>0$

①,②,③에 의하여, $0 \leqq x \leqq 5$의 범위에서 두 곡선으로 둘러싸인 부분을 고려하면 된다.

$y=f(x)$와 x축으로 둘러싸인 부분의 면적은

$$S_1=\int_0^5\left\{\frac{\pi}{5}\sin\frac{\pi x}{5}-\frac{3}{10}\left(1-\cos\frac{2\pi x}{5}\right)\right\}dx$$

$$=\left[-\cos\frac{\pi x}{5}-\frac{3x}{10}+\frac{3}{4\pi}\sin\frac{2\pi x}{5}\right]_0^5=\frac{1}{2}$$

$y=x^2-5x\ (0 \leqq x \leqq 5)$와 x축으로 둘러싸인 부분의 면적은

$$S_2=-\int_0^5(x^2-5x)\,dx=\frac{125}{6}$$

$S_1<S_2$이므로,

$y=\alpha x$가 주어진 부등식을 만족하는 범위를 이등분하려면, $y=\alpha x$는 $y=x^2-5x$와 $0<x<5$에서 만나야 한다.

이들로 둘러싸인 부분의 면적은

$$S_3=-\int_0^{\alpha+5}(x^2-5x-\alpha x)\,dx=\frac{(\alpha+5)^3}{6}$$

문제의 뜻에 의하여

$2S_3=S_1+S_2,\ (\alpha+5)^3=64,\ \alpha+5=4$

$\therefore\ \alpha=-1$ $\cdots$(답) ■

[문제 2]

$\overline{AB}=2a$,

$\overline{AB}, \overline{CD}$의 중점을 각각 M, N으로 놓으면,

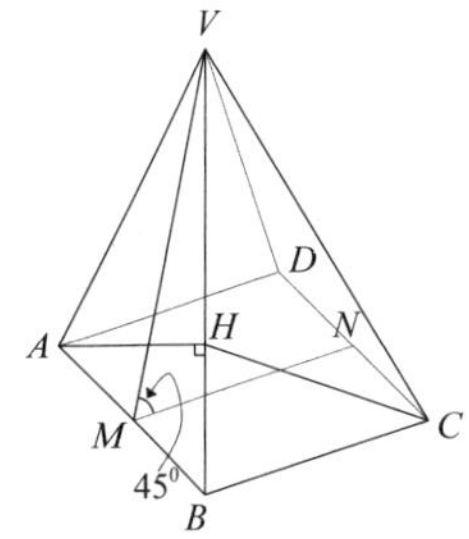

$\angle VMN=45^0$, $\overline{MN}=2a$

$\overline{VM}=\overline{VN}=\sqrt{2}\,a$

$\overline{VA}=\overline{VB}=\sqrt{3}\,a$

A에서 $\overline{VB}$에 내린 수선의 발을 H라 하면,

$\overline{AH}\cdot\overline{VB}=2\triangle VAB$이므로

$\overline{AH}\cdot\sqrt{3}\,a=\overline{VM}\cdot\overline{AB}=2\sqrt{2}\,a^2$

$\therefore \overline{AH}=\overline{CH}=\frac{2\sqrt{2}\,a}{\sqrt{3}}$, $\overline{AC}=2\sqrt{2}\,a$ $\cdots$ ①

$\angle AHC=\theta$로 놓으면,

$\overline{AC}^2=\overline{AH}^2+\overline{CH}^2-2\overline{AH}\cdot\overline{CH}\cos\theta$

①을 대입하면, $\cos\theta=-\frac{1}{2}$ $\therefore \theta=120^0$

답 : 120^0 ■

[문제 3]

$$f(x)=ax^2+bx+c$$

점 $P(X, Y)$에서 $X=f(\alpha)$, $Y=f(\beta)$로 놓자.

$X=a\alpha^2+b\alpha+c,\ a+b+c=0$

$X=a\alpha^2+b\alpha-a-b=a(\alpha^2-1)+b(\alpha-1)$

$\therefore\ X=a(\alpha^2-1)+b(\alpha-1)$ $\cdots$ ①

같은 방법으로

$\therefore Y=a(\beta^2-1)+b(\beta-1)$ $\cdots$ ②

①,②에서 b를 소거하면,

$X(\beta-1)-Y(\alpha-1)=a(\alpha-\beta)(\alpha-1)(\beta-1)$ $\cdots$ ③

($\because$ a는 0이 아닌 실수)

$\alpha \neq 1, \beta \neq 1, \alpha \neq \beta$일 때,
③식의 우변은 모든 실수 값을 가지므로 $X(\beta-1)-Y(\alpha-1)=0$에 평행한 직선의 집합이 된다. (단, 원점을 지나는 것은 제외)

$\alpha \neq 1, \beta = 1$일 때, $Y=0$

$\alpha = 1, \beta \neq 1$일 때, $X=0$

$\alpha = \beta = 1$일 때, 원점 $(\because$ ①,②$)$

$\alpha = \beta \neq 1$일 때, $Y=X$ ■

[문제 4]

l에 수직인 평면 $z=t$에 의하여
구하는 입체를 자르면, 단면은 원이다.

그 반경을 $r(t)$라 하면,

$$(r(t))^2 = 1^2 + (1-t^2)^2 = 2-2t^2+t^4$$

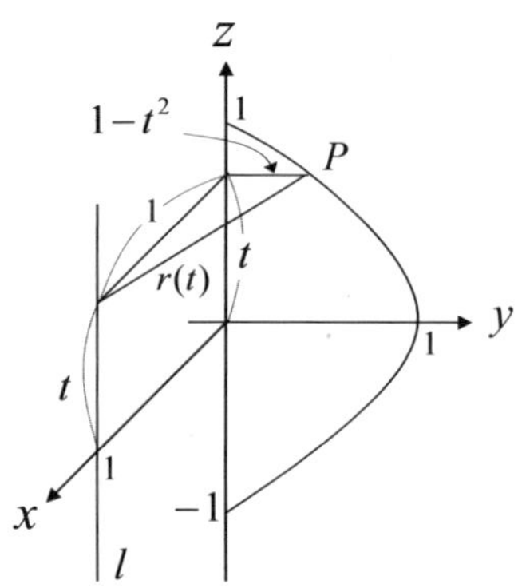

따라서, 구하는 체적은

$$V = 2\pi \int_0^1 (2-2t^2+t^4)\,dt$$

$$= 2\pi \left[2t - \frac{2t^3}{3} + \frac{t^5}{5}\right]_0^1 = \frac{46\pi}{15} \quad \cdots (\text{답})$$ ■

[문제 5]

$P(x) = ax^3+bx^2+cx+d$로 놓자.

원점에 대하여 대칭이므로 $b=d=0$
$P(x)=0$이 중근을 갖지 않으므로 $c \neq 0$

$$P(x) = ax^3 + cx \ , \ P'(x) = 3ax^2 + c \quad (ac \neq 0)$$

극값을 갖지 않으므로 $ac > 0$
$0 < P(1) < 6$이므로 $0 < a+c < 6$
$\therefore a, c$: 양의 정수

$$P\left(\frac{1}{2}\right) = \frac{a}{8} + \frac{c}{2} = \frac{a+4c}{8} \ : \text{정수}$$

이므로 $a+4c$는 8의 배수이다.

즉, 양의 정수 a, c는 $0 < a+c < 6$이며,
$a+4c$는 8의 배수이다.
$\therefore a=4, c=1$

답 : $P(x) = 4x^3 + x$ ■

[문제 6]

(1) $$f(x) = 1 + \frac{\alpha}{2}x - (1+x)^\alpha$$

$$f'(x) = \frac{\alpha}{2} - \alpha(1+x)^{\alpha-1}$$

$0 < \alpha < 1, 0 \leqq x \leqq 1$일 때, $(1+x)^{\alpha-1} > \frac{1}{2}$

> $0 \leqq x \leqq 1$에서 $1 \leqq 1+x \leqq 2$
> $1 \leqq (1+x)^{1-\alpha} \leqq 1+x \leqq 2$
> $\therefore (1+x)^{\alpha-1} > \frac{1}{2}$

$$f'(x) = \alpha\left(\frac{1}{2} - (1+x)^{\alpha-1}\right) < 0$$

$f(0)=0$이며, $f'(x) < 0$이므로
$\therefore f(x) \leqq 0 \quad (0 \leqq x \leqq 1)$

$0 < \alpha < 1, 0 \leqq x \leqq 1$일 때

$$\therefore 1 + \frac{\alpha}{2}x \leqq (1+x)^\alpha$$ ■

(2) $2^{10}=1024=10^3\left(1+\frac{24}{1000}\right)$

$$\therefore\ 2^{200}=10^{60}\left(1+\frac{24}{1000}\right)^{20}$$

위 문제에서

$\left(1+\frac{\alpha}{2}x\right)^{\frac{1}{\alpha}} \leqq 1+x \quad (\because\ 0<\alpha<1,\ 0\leqq x\leqq 1)$

$\left(1+\frac{\alpha}{2}x\right)^{\frac{1}{\alpha}}$과 $\left(1+\frac{24}{1000}\right)^{20}$을 비교하여

$\frac{\alpha}{2}x=\frac{24}{1000},\ \frac{1}{\alpha}=20$으로 놓으면,

$$\therefore \alpha=\frac{1}{20},\ x=\frac{960}{1000}$$

$0<\alpha<1,\ 0\leqq x\leqq 1$를 만족하므로

$$1<\left(1+\frac{24}{1000}\right)^{20}\leqq 1+\frac{960}{1000}<2$$

$$\therefore 10^{60}<2^{200}<2\cdot 10^{60}$$

답 : 61자리, 최상위수 : 1 ■

(3) 위 문제에서

$$10^{60}<2^{200}<2\cdot 10^{60}$$

$$60<200\log_{10}2<60+\log_{10}2$$

$$0.300<\log_{10}2<0.302$$ ■

[문 과]

[문제 1]

$\angle AP_1B=\frac{3\pi}{4}$로 되는 호 AB를 정사각형의 내부에 잡고, 그 중심을 O라 하면,

$$\angle AOB=\frac{\pi}{2}$$

(호 AB의 원주각이 $\frac{\pi}{4}$이므로, 중심각은 $\frac{\pi}{2}$)

같은 방법으로,

$\angle BP_2C=\frac{3\pi}{4}$로 되는 호 BC를 정사각형의 내부에 잡고, 그 중심을 O'라 하면,

$$\angle BO'C=\frac{\pi}{2}$$

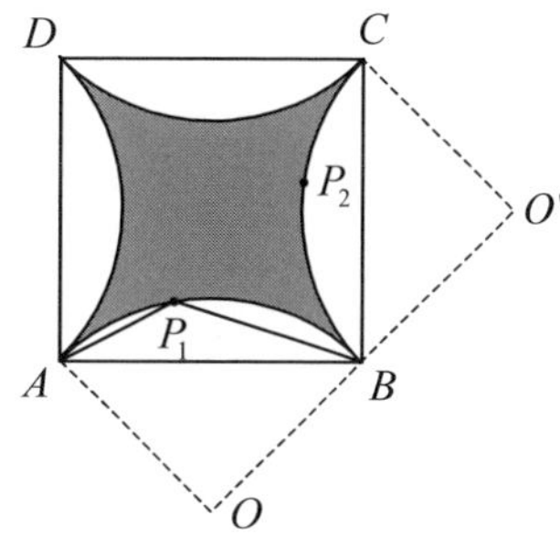

조건을 만족하는 점 P의 존재범위는 위와 같은 4개의 호로 둘러싸인 부분이다.

활꼴 AP_1B = 부채꼴 $OAB-\triangle OAB$

$$=\frac{1}{2}\left(\frac{1}{\sqrt{2}}\right)^2\cdot\frac{\pi}{2}-\frac{1}{2}\left(\frac{1}{\sqrt{2}}\right)^2=\frac{\pi}{8}-\frac{1}{4}$$

구하는 면적을 S라 하면,

$$S=1-4\left(\frac{\pi}{8}-\frac{1}{4}\right)=2-\frac{\pi}{2} \qquad \cdots(\text{답})$$ ■

[문제 4]

$f(x)=ax^3+bx^2+cx+d$로 놓자.

$g(x)=x^2, x, 1$일 때,
조건(ⅰ)을 만족하므로

$$\int_{-1}^{1}f(x)x^2\,dx=2\int_0^1(bx^4+dx^2)\,dx=\frac{2b}{5}+\frac{2d}{3}$$

$$\therefore \frac{b}{5}+\frac{d}{3}=0 \qquad \cdots ①$$

$$\int_{-1}^{1}f(x)x\,dx=2\int_0^1(ax^4+cx^2)\,dx=\frac{2a}{5}+\frac{2c}{3}$$

$$\therefore \frac{a}{5}+\frac{c}{3}=0 \qquad \cdots ②$$

$$\int_{-1}^{1} f(x)\cdot 1\,dx = 2\int_{0}^{1}(bx^2+d)\,dx = \frac{2b}{3}+2d$$

$$\therefore \frac{b}{3}+d=0 \qquad \cdots ③$$

①,②,③에서 $b=d=0,\ c=-\frac{3}{5}a$

$f(x)=ax^3+cx$이므로

$$\begin{aligned}\int_{-1}^{1}(f(x))^2dx &= \int_{-1}^{1}(ax^3+cx)^2dx\\ &= 2\int_{0}^{1}(a^2x^6+2acx^4+c^2x^2)\,dx\\ &= 2\left[\frac{a^2}{7}x^7+\frac{2ac}{5}x^5+\frac{c^2}{3}x^3\right]_0^1\\ &= 2\left(\frac{a^2}{7}+\frac{2ac}{5}+\frac{c^2}{3}\right)=1\end{aligned}$$

$$\therefore \frac{a^2}{7}+\frac{2a}{5}\left(-\frac{3}{5}a\right)+\frac{1}{3}\left(-\frac{3}{5}a\right)^2=\frac{1}{2}$$

$$a^2\left(\frac{1}{7}-\frac{6}{25}+\frac{3}{25}\right)=\frac{1}{2}$$

$$\therefore a=\pm\frac{5\sqrt{7}}{2\sqrt{2}},\ c=\mp\frac{3\sqrt{7}}{2\sqrt{2}}$$

$f(1)=a+c>0$이므로

$$a=\frac{5\sqrt{14}}{4},\ c=-\frac{3\sqrt{14}}{4}$$

답 : $f(x)=\frac{5\sqrt{14}}{4}x^3-\frac{3\sqrt{14}}{4}x$ ∎

[문제 5]

$A(a,b)$의 $2x-y=p$에 대한 대칭점을 $B(x_1,y_1)$이라고 하면,

$$\begin{cases}2(x_1+a)-(y_1+b)=2p\\ 2(y_1-b)+(x_1-a)=0\end{cases}$$

정리하면,

$$\begin{cases}2x_1-y_1=-2a+b+2p\\ x_1+2y_1=a+2b\end{cases} \qquad \cdots ①$$

원점을 중심으로 B를 90^0회전한 점을 $C(x_2,y_2)$로 놓으면,

$$x_2=-y_1,\ y_2=x_1 \qquad \cdots ②$$

$$\begin{aligned}x_2+y_2 i &= (x_1+y_1 i)(\cos 90^0+i\sin 90^0)\\ &= (x_1+y_1 i)i\\ &= -y_1+x_1 i\end{aligned}$$

C의 $x+2y=q$에 대한 대칭점이 A이므로

$$\begin{cases}(x_2+a)+2(y_2+b)=2q\\ (b-y_2)-2(a-x_2)=0\end{cases}$$

②를 대입하여 정리하면,

$$\begin{cases}2x_1-y_1=-a-2b+2q\\ x_1+2y_1=-2a+b\end{cases} \qquad \cdots ③$$

---

①,③에서

$$a-3b=2(p-q),\ 3a+b=0$$

연립방정식을 풀면,

$$a=\frac{1}{5}(p-q),\ b=-\frac{3}{5}(p-q) \qquad \cdots(\text{답})$$ ∎

〈 1970년 1차 이과 〉

1. 다음 □ 안에 알맞은 수를 넣어라.
다음 조건 ⓐ, ⓑ를 만족하는
방정식 $ax^2-2bx+c=0$ 전체를 고려해보자.

ⓐ a,b,c는 모두 양의 정수이다.
ⓑ 근은 모두 $0<x<1$인 실근이다.

이때, 다음이 성립한다.

(1) a, b의 대소에 대하여 □번이 옳다.
1. 항상 $a>b$ 2. 항상 $a<b$
3. 1, 2번 어느 것도 아니다.

(2) b, c의 대소에 대하여 □번이 옳다.
1. 항상 $b>c$ 2. 항상 $b<c$
3. 1, 2번 어느 것도 아니다.

(3) c, a의 대소에 대하여 □번이 옳다.
1. 항상 $c>a$ 2. 항상 $c<a$
3. 1, 2번 어느 것도 아니다.

(4) a의 최솟값은 □이다.

2. 다음 □ 안에 알맞은 수를 넣어라.
복소수 z를 표현하는 평면상에서, 방정식 $z\bar{z}+3i(z-\bar{z})+5=0$은 점 □ + □$i$를 중심으로 하는 반지름 □인 원을 표현한다. 이 원은 $|z+i|=$□$|z-2i|$를 만족하는 점 z의 궤적이다.

3. 다음 □ 안에 알맞은 수를 넣어라.
포물선 $y=(x-3)^2$에 접하며 x절편과 y절편이 모두 양인 직선을 고려해 보자. 그러한 직선 중 x축, y축 및 자신으로 둘러싸인 삼각형의 면적이 최대로 되는 것은
$y=$□$x+$□이다.
이때, 삼각형의 면적은 □이며,
이 면적은 포물선과 x축, y축으로 둘러싸인 부분의 면적의 □배이다.

4. 다음 □ 안에 알맞은 수를 넣어라.
다음 조건을 만족하는 다항식 $P(x)$가 존재하기 위한 상수 λ 값은 4개이다.

ⓐ $P(x)$의 차수는 4차 이하이며, $P(x)\neq 0$
ⓑ $(x^2+1)P''(x)=\lambda P(x)$

그 값을 크기순으로 $\lambda_1, \lambda_2, \lambda_3, \lambda_4$라 하면,
$\lambda_1=$□, $\lambda_2=$□, $\lambda_3=$□, $\lambda_4=$□

5. 다음 □ 안에 알맞은 수를 넣어라.
각 항이 $1, 2, 3$ 중 하나인 항수 4의 수열 (a_1, a_2, a_3, a_4) 전체의 집합을 S라 하자.
(1) S에 속하는 수열은 □개이다.

(2) S에 속하는 수열 (a_1, a_2, a_3, a_4) 중 $a_1\leqq a_2\leqq a_3\leqq a_4$인 것은 □개이다.

(3) S에 속하는 수열 중 $1, 2, 3$이 모두 나타나는 것은 □개이다.

(4) S에 속하는 수열 중 각 항의 합이 10인 것은 □개이다.

[문제 1]
$f(x)=ax^2-2bx+c$로 놓자.
$f(x)=0$이 실근을 가지며, 그 근이 모두 구간 $0<x<1$ 안에 있으므로 ,

$b^2-ac\geqq 0$ … ①

$0<\dfrac{b}{a}<1$ … ②

$f(0)>0$에서 $c>0$

$f(1)>0$에서 $a-2b+c>0$ … ③

②에서 $\therefore\ a>b$ $\cdots$ ④

①에서 $b^2 \geqq ac$이며 $a>b$이므로, $b>c$ $\cdots$ ⑤
a,b,c는 모두 양의 정수이므로 ④,⑤에서

$$\therefore a>b>c \geqq 1$$

③에서 $a>2b-c \geqq 2\times(2)-(1)$

$$\therefore a \geqq 4$$

$a=4$일 때, $b=2, c=1$로 놓으면,

$4x^2-4x+1=0$이 되어 중근 $\frac{1}{2}$을 갖는다.

답 : 1, 1, 2, 4

[문제 2]

$z=x+yi$, $\bar{z}=x-yi$를
방정식 $z\bar{z}+3i(z-\bar{z})+5=0$에 대입하면,

$$x^2+(y-3)^2=4$$

$$|z+i|=a|z-2i|$$

로 놓으면,

$$|x+(y+1)i|=a|x+(y-2)i|$$

$$x^2+(y+1)^2=a^2\{x^2+(y-2)^2\}$$

정리하면,

$$(a^2-1)(x^2+y^2)-(4a^2+2)y+4a^2-1=0$$

이 원의 방정식이

$x^2+y^2-6y+5=0$과 일치해야 하므로

$$\therefore \frac{4a^2+2}{a^2-1}=6,\quad \frac{4a^2-1}{a^2-1}=5$$

$$\therefore a=2$$

답 : 0, 3, 2, 2

〈 다른 방법 〉

원 $x^2+(y-3)^2=4$는 중심이 $(0,3)$, 반지름이 2이므로, $(0,-1)$로부터의 거리와 $(0,2)$로부터의 거리의 비가 $2:1$인 점들의 집합이 된다.

$$\therefore |z+i|=2|z-2i|$$

답 : 0, 3, 2, 2

[문제 3]

$$y=(x-3)^2,\ y'=2x-6$$

포물선 $y=(x-3)^2$상의
점 $(a,(a-3)^2)$에서의 접선은

$$y-(a-3)^2=(2a-6)(x-a) \quad \cdots ①$$

$(\because a\neq 3)$

직선 ①의 x절편과 y절편은 각각

$$\frac{a+3}{2},\ -a^2+9$$

x절편과 y절편이 모두 양수이므로

$$-3<a<3$$

$$S=\frac{1}{2}(-a^2+9)\times\frac{a+3}{2}$$

$$=-\frac{1}{4}(a+3)^2(a-3) \quad \cdots ②$$

$$S'=-\frac{3}{4}(a+3)(a-1)$$

$-3<a<3$ 범위에서 S는 $a=1$일 때,
극대이며 최대이다.
②에서 최댓값은 8이며,
①에서 접선은 $y=-4x+8$

또, 포물선과 x축, y축으로 둘러싸인 부분의

면적은 $\int_0^3 (x-3)^2 dx=9$

따라서, 삼각형의 면적은 포물선과 x축, y축으로 둘러싸인 부분의 면적의 $\frac{8}{9}$배이다.

답 : $-4, 8, 8, \frac{8}{9}$

[문제 4]

$P(x) = ax^4 + bx^3 + cx^2 + dx + e$로 놓으면,

$$P''(x) = 12ax^2 + 6bx + 2c$$

$(x^2+1)P''(x) = \lambda P(x)$에 대입하면,

$$(x^2+1)(12ax^2+6bx+2c) = \lambda(ax^4+bx^3+cx^2+dx+e)$$

$$12ax^4 + 6bx^3 + (2c+12a)x^2 + 6bx + 2c = \lambda ax^4 + \lambda bx^3 + \lambda cx^2 + \lambda dx + \lambda e$$

계수를 비교하면,

$12a = \lambda a$, $6b = \lambda b$, $2c + 12a = \lambda c$

$6b = \lambda d$, $2c = \lambda e$

$a \neq 0$일 때,

$12a = \lambda a$에서 $\lambda = 12$

$6b = \lambda b$에서 $b = 0$

$2c + 12a = \lambda c$에서 $c = \frac{6}{5}a$

$6b = \lambda d$에서 $d = 0$

$2c = \lambda e$에서 $e = \frac{1}{5}a$

$\therefore \lambda = 12,\ b = 0,\ c = \frac{6}{5}a,\ d = 0,\ e = \frac{1}{5}a$

$a = 0, b \neq 0$일 때,

$\lambda = 6,\ c = 0,\ d = b,\ e = 0$

$a = 0, b = 0, c \neq 0$일 때,

$\lambda = 2,\ d = 0,\ e = c$

$a = 0, b = 0, c = 0, d \neq 0$일 때, $\lambda = 0$

$a = 0, b = 0, c = 0, d = 0, e \neq 0$일 때, $\lambda = 0$

이상에서 $\lambda = 0, 2, 6, 12$

답 : $0, 2, 6, 12$

[문제 5]

(1) $3^4 = 81$

(2) $a_1 = 3$일 때, 1

$a_1 = 2$일 때, 4

$a_1 = 1$일 때, 10

$\therefore 1 + 4 + 10 = 15$

〈 다른 방법 〉

1, 2, 3 중에서 중복을 허락하여 4개를 뽑으면, 조건을 만족하는 방법은 유일하므로,

$${}_3H_4 = {}_{3+4-1}C_4 = {}_6C_4 = 15$$

(3) $(1, 1, 2, 3)$과 같이, 한 숫자가 두 번 나타나는 경우를 살펴보면 된다.

1이 두 번 나타나는 경우는

$$\frac{4!}{2! \cdot 1! \cdot 1!} = 12$$

2, 3이 두 번 나타나는 경우도 같으므로

$3 \times 12 = 36$

(4) 합이 10인 경우는 네 수가 3, 3, 3, 1인 경우와 3, 3, 2, 2인 경우이다.

$$\frac{4!}{3!} + \frac{4!}{2! \cdot 2!} = 10$$

답 : $81, 15, 36, 10$

〈 1970년 1차 문과 〉

1. 다음 □ 안에 알맞은 수를 넣어라.
모든 실수 x에 대하여
$x^2-2ax+1 \geqq \frac{1}{2}(x-1)^2$가 성립하기 위해,
실수 a가 □ $\leqq a \leqq$ □을 만족하는 것은 필요충분조건이다.
위의 부등식이 모든 실수 x에 대하여 성립하고 x의 어떤 양수값에 대하여 등호가 성립하는 것은 $a=$□의 경우이며, 그때의 x 값은 □이다.

2. 다음 □ 안에 알맞은 수를 넣어라.
m을 임의의 실수라 할 때, x, y의 방정식
$y=mx^2-(2m+\square)x-\square(m-1)$이
나타내는 곡선은 항상 서로 다른 두 점 $(3,0)$, $(\square, \square)$을 지난다.

3. 다음 □ 안에 알맞은 수를 넣어라.
a를 실수라 할 때, x에 대한 방정식
$x(x+2)(x+4)+a=0$이 3개의 서로 다른 실근을 가지기 위해, $\square\sqrt{3}<a<\square\sqrt{3}$인 것은 필요충분조건이다. 또, $a=$□일 때, 세 근 중 두 근은 순허수 $\pm\sqrt{\square}\,i$이다.

4. 다음 □ 안에 알맞은 수를 넣어라.
자연수 n의 서로 다른 양의 약수를 모두 곱한 값을 $f(n)$으로 표시하자. 단, n자신도 n의 약수이다.
a, b, c, d가 -1 또는 1일 때,
등식 $12=f(12)^a f(6)^b f(4)^c f(2)^d$가 성립한다면 $a=$□, $b=$□, $c=$□, $d=$□이다.

5. 다음 □ 안에 알맞은 수를 넣어라.
다음 그림 1, 2에 대하여, 점 A에서 출발하여 점 B에 도달하는 경우는 모두 몇 가지인지 고려해보자. 단, 좌에서 우로, 아래에서 위로만 갈 수 있으며, 사선의 경우는 좌하에서 우상으로만 갈 수 있다.
(1) 점 C를 지나는 방법은 그림 1인 경우 □가지, 그림 2인 경우 □가지이다.
(2) 점 C를 지나든 지나지 않든 관계없다면, 그림 1인 경우 □가지, 그림 2인 경우 □가지이다.

圖1

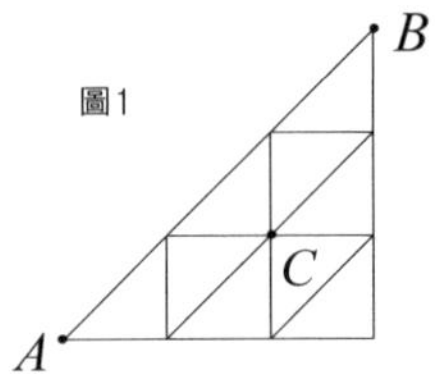

圖2

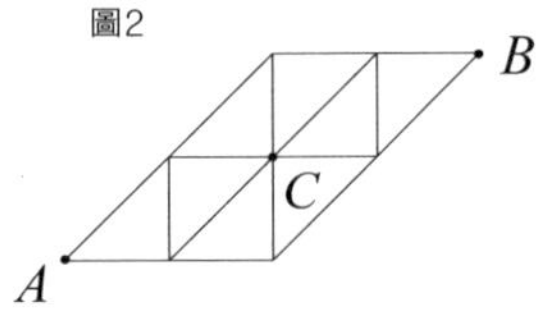

[문제 1]

$$\forall x,\ x^2-2ax+1 \geqq \frac{1}{2}(x-1)^2$$

$$\Leftrightarrow \quad \forall x,\ x^2-2(2a-1)x+1 \geqq 0 \qquad \cdots ①$$
$$\Leftrightarrow \quad (2a-1)^2-1 \leqq 0 \qquad \cdots ②$$
$$\Leftrightarrow \quad 0 \leqq a \leqq 1$$

①에서 어떤 x에 대하여 등호가 성립하는 경우는 ②에서 등호가 성립하는 경우이다.

$a=0$일 때, $x=-1$로 성립하며,
$a=1$일 때, $x=1$로 성립한다.

이 중 x값이 양인 경우는 $a=1, x=1$

답 : 0, 1, 1, 1

[문제 2]

$$y=mx^2-(2m+\alpha)x-\beta(m-1)$$
$$m(x^2-2x-\beta)-\alpha x+\beta-y=0$$

방정식이 임의의 m에 대하여 성립하므로

$$x^2-2x-\beta=0 \qquad \cdots ①$$
$$-\alpha x+\beta-y=0 \qquad \cdots ②$$

$x=3, y=0$이 방정식을 만족하므로

$\beta=3, \alpha=1$

$\beta=3, \alpha=1$을 ①,②에 대입하면,

$x^2-2x-3=0, \quad -x+3-y=0$

x, y를 구하면,

$x=3, y=0$ or $x=-1, y=4$

답 : $1, 3, -1, 4$

[문제 3]

$f(x)=x(x+2)(x+4), \; f'(x)=3x^2+12x+8$

$x=\dfrac{-6\pm 2\sqrt{3}}{3}$일 때, $f'(x)=0$이며,

$f(x)$의 증감은 다음과 같다.

x		$\frac{-6-2\sqrt{3}}{3}$		$\frac{-6+2\sqrt{3}}{3}$	
$f'(x)$	+	0	−	0	+
$f(x)$	↗	$\frac{16}{9}\sqrt{3}$	↘	$-\frac{16}{9}\sqrt{3}$	↗

극댓값이 $\frac{16}{9}\sqrt{3}$, 극솟값이 $-\frac{16}{9}\sqrt{3}$ 이므로

$f(x)+a=0$이 3개의 서로 다른 실근을 가질 필요충분조건은

$\therefore -\dfrac{16}{9}\sqrt{3} < a < \dfrac{16}{9}\sqrt{3}$

방정식 $x(x+2)(x+4)+a=0$의 세 근 중 두 근이 순허수이므로,

$(x^2+\alpha^2)(x+\beta)=x(x+2)(x+4)+a$

$x^3+\beta x^2+\alpha^2 x+\alpha^2\beta=x^3+6x^2+8x+a$

$\therefore \beta=6, \; \alpha^2=8, \; a=\alpha^2\beta=48$

즉, $a=48$일 때,

순허수 $\pm\sqrt{\alpha^2}\,i=\pm\sqrt{8}\,i$를 근으로 갖는다.

답 : $-\dfrac{16}{9}, \dfrac{16}{9}, 48, 8$

[문제 4]

$f(2)=2$

$f(4)=4\cdot 2=2^3$

$f(6)=6\cdot 3\cdot 2=2^2\cdot 3^2$

$f(12)=12\cdot 6\cdot 4\cdot 3\cdot 2=2^6\cdot 3^3$

에서,

$\therefore 12=(2^6\cdot 3^3)^a\cdot(2^2\cdot 3^2)^b\cdot(2^3)^c\cdot 2^d$

$\therefore \; 6a+2b+3c+d=2, \quad 3a+2b=1$

a, b, c, d는 ± 1이므로

$a=1, \; b=-1, \; c=-1, \; d=1$

답 : $1, -1, -1, 1$

[문제 5]

(1) C를 지나는 방법은

그림 1의 경우 : $4\times 4=16$가지

그림 2의 경우 : $4\times 4=16$가지

(2) C를 지나지 않는 방법은

그림 1의 경우 : $2\times 2+2=6$가지

그림 2의 경우 : $2+2=4$가지

圖1

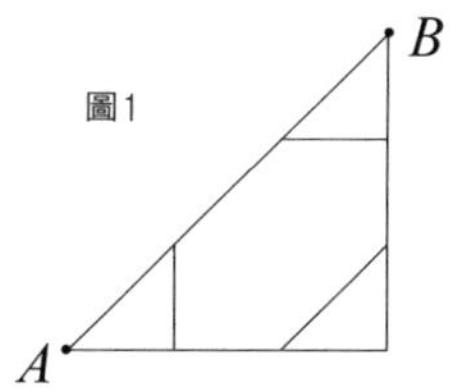

圖2

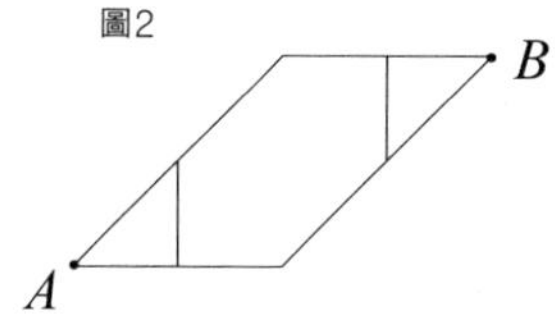

따라서, C를 지나는 것에 관계없다면,

그림 1의 경우 : $16+6=22$가지

그림 2의 경우 : $16+4=20$가지

답 : $16, 16, 22, 20$

[이 과]

1. $a=\cos\left(\frac{\pi}{3}\right)+i\sin\left(\frac{\pi}{3}\right)$ 이며, n은 모든 자연수 값을 가지며 변한다.
  (1) a^n은 몇 개의 서로 다른 값을 갖는가?
  (2) $\frac{(1-a^n)(1-a^{2n})(1-a^{3n})(1-a^{4n})(1-a^{5n})}{(1-a)(1-a^2)(1-a^3)(1-a^4)(1-a^5)}$ 의 값을 구하여라.

2. x축상의 원점에서 출발하여, 동전을 던져 앞면이 나오면 우로 1만큼, 뒷면이 나오면 좌로 1만큼 이동하는 것으로 하자.
  (1) 4회 던져 $x=0, \pm1, \pm2, \pm3, \pm4$의 각 점에 있을 확률을 구하여라.
  (2) n회 반복하였을 때, $x=n-2$에 있을 확률과 $x=n-4$에 있을 확률을 구하여라.

3. $25\,\text{m}$ 떨어져 있는 두 점 P, Q가 있다. 지금 A, B 두 사람이 각각 P, Q에 서서 동시에 서로를 마주보며 달리기 시작하였다. 달리기 시작한지 t초 후의 A, B의 속도를 P에서 Q를 바라보는 방향을 양의 방향으로 할 때, 각각 $u\,\text{m/sec}$, $v\,\text{m/sec}$라 하면, u는 일정하며 $v=\frac{3}{4}t^2-3t$이다.
이때, B가 Q로 되돌아 올 때까지 A가 B와 만나거나 따라잡기 위해서는, u가 적어도 얼마의 크기가 되어야 하는가?

4. 그림과 같이 측면이 수직인 수조가 수평인 바닥에 놓여 있으며, 수면의 높이는 바닥으로부터 $a\,\text{cm}$이다. 지금 수조에 작은 구멍을 수평 방향으로 뚫어 물을 수평 방향으로 분출시킨다.
  (1) 구멍의 위치가 수면으로부터 $h\,\text{cm}$일 때, 물은 바닥의 어떤 위치에 떨어지는가?
  (2) 물이 구멍의 바로 아래의 바닥으로부터 가장 먼 곳에 떨어지게 하려면, 구멍의 위치는 어떤 곳으로 하여야 하는가?
  (3) 구멍의 위치가 바닥에 수직인 하나의 선을 따라 변할 때, 물이 떨어지며 통과하는 범위를 구하여라.

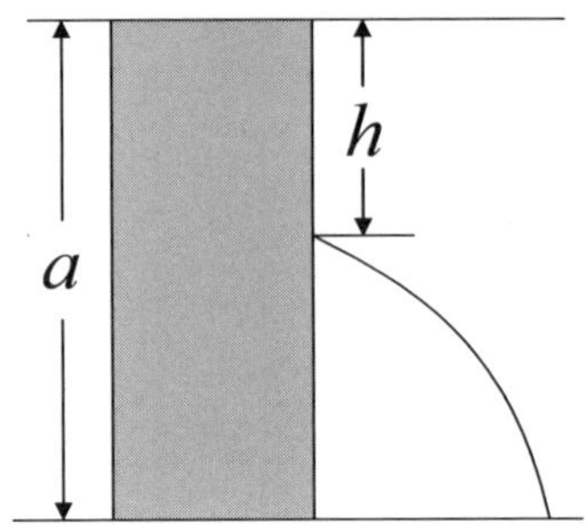

단, 분출하는 물은 수평방향으로는 등속도 운동을 하며, 수직방향으로는 가속도 $g\,\text{cm/sec}^2$인 등가속도운동을 한다. 또, 수면으로부터 h m 떨어진 구멍에서 분출되는 물의 초속도는 $\sqrt{2gh}\,\text{cm/sec}$이다.

[문 과]

1. 다음 문제에 답하라.
  (1) 10진법수 365를 2진법으로 나타내어라.
  (2) 2진법수 101101과 1011의 곱을 2진법으로 나타내어라.
  (3) 양의 정수 x를 2진법으로 나타내었을 때, 오른쪽에서부터 3개씩 전부 잘라서, 각 구간을 세 자리 2진법수로 보아 각각 $y_0, y_1, \cdots, y_m$이라고 하자.
  만약, $y_0+y_1+\cdots+y_m$이 7의 배수이면, x도 7의 배수임을 증명하라.

2. 두 점 $A(0,1), B(0,11)$이 주어져 있다. x축상의 양의 부분에 점 $P(x,0)$을 잡아 $\angle APB$의 크기를 30^0 이상으로 하려한다. x의 범위를 구하여라.

3 : 이과와 같음

[이 과]

[문제 1]

(1) $a^n = \cos\left(\frac{n\pi}{3}\right) + i\sin\left(\frac{n\pi}{3}\right)$

$\sin x, \cos x$ 의 주기가 모두 2π 이므로

a^n 은 서로 다른 6개의 값을 갖는다.

답 : 6개 ■

(2) k를 0 또는 양의 정수라 하자.

$n=6k$일 때,

$$a^n = a^{6k} = \cos\left(\frac{6k\pi}{3}\right) + i\sin\left(\frac{6k\pi}{3}\right) = 1$$

$n=6k+2$일 때,

$$\begin{aligned} a^{3n} &= a^{18k+6} \\ &= \cos\left(\frac{(18k+6)\pi}{3}\right) + i\sin\left(\frac{(18k+6)\pi}{3}\right) \\ &= \cos(6k\pi+2\pi) + i\sin(6k\pi+2\pi) \\ &= 1 \end{aligned}$$

$n=6k+3$일 때, $a^{2n} = a^{12k+6} = 1$

$n=6k+4$일 때, $a^{3n} = a^{18k+12} = 1$

따라서,

$n=6k, 6k+2, 6k+3, 6k+4$인 경우는

$$\frac{(1-a^n)(1-a^{2n})(1-a^{3n})(1-a^{4n})(1-a^{5n})}{(1-a)(1-a^2)(1-a^3)(1-a^4)(1-a^5)} = 0$$

$n=6k+1$일 때,

$$a^n, a^{2n}, a^{3n}, a^{4n}, a^{5n} \neq 1$$

이므로 구하는 분수의 분자는 0이 아니다.

$$a^{6n}-1=0 \ , \quad (a^{2n}-1)(a^{4n}+a^{2n}+1) = 0$$

$a^{2n} \neq 1$이므로, $\quad a^{4n}+a^{2n}+1 = 0 \qquad \cdots$ ①

$\dfrac{(1-a^n)(1-a^{2n})(1-a^{3n})(1-a^{4n})(1-a^{5n})}{(1-a)(1-a^2)(1-a^3)(1-a^4)(1-a^5)}$ 의 분모와 분자를 구하여보자.

분자

$$\begin{aligned}
&=(1-a^n)(1-a^{2n})(1-a^{3n})(1-a^{4n})(1-a^{5n}) \\
&=(1-a^n)(1-a^{5n})(1-a^{2n})(1-a^{4n})(1-a^{3n}) \\
&=(1-a^n-a^{5n}+a^{6n})(1-a^{2n}-a^{4n}+a^{6n})(1-a^{3n}) \\
&=(2-a^n-a^{5n})(2-a^{2n}-a^{4n})(1-a^{3n}) \\
&=\{2-a^n(1+a^{4n})\}(2-a^{2n}-a^{4n})(1-a^{3n}) \\
&=\{2-a^n(-a^{2n})\}(2+1)(1-a^{3n}) \quad (\because ①) \\
&=(2+a^{3n})(2+1)(1-a^{3n}) \\
&=(2+(-1)^n)(2+1)(1-(-1)^n) \\
&=(2-1)(2+1)(1+1) \quad (\because\ n=6k+1) \\
&=6
\end{aligned}$$

분모

$$=(1-a)(1-a^2)(1-a^3)(1-a^4)(1-a^5)=6$$

> 위에서, $n=6k+1$에 대하여
> $(1-a^n)(1-a^{2n})(1-a^{3n})(1-a^{4n})(1-a^{5n})=6$
>
> $k=0$을 대입하면, 분모를 구할 수 있다.

$$\therefore \frac{(1-a^n)(1-a^{2n})(1-a^{3n})(1-a^{4n})(1-a^{5n})}{(1-a)(1-a^2)(1-a^3)(1-a^4)(1-a^5)} = 1$$

$n=6k+5$일 때는 $n=6k+1$일 때와 같다.

답 : $n=6k, 6k+2, 6k+3, 6k+4$인 경우, 0

$n=6k+1, 6k+5$인 경우, 1 ■

[문제 2]

(1) 4회 중 앞면이 r회 나올 확률은

$${}_4C_r\left(\frac{1}{2}\right)^r\left(\frac{1}{2}\right)^{4-r}=\frac{{}_4C_r}{2^4}$$

$$x=r\times 1+(4-r)\times(-1)=2r-4$$

위치	0	±1	±2	±3	±4
r	2		3, 1		4, 0
확률	$\frac{3}{8}$	0	각각 $\frac{1}{4}$	0	각각 $\frac{1}{16}$

…(답) ■

(2) n회 중 앞면이 r회 나올 확률은

$${}_nC_r\left(\frac{1}{2}\right)^r\left(\frac{1}{2}\right)^{n-r}=\frac{{}_nC_r}{2^n}$$

$$x=r\times 1+(n-r)\times(-1)=2r-n$$

$x=n-2$인 경우

$$n-2=2r-n\ ,\quad r=n-1$$

$$\therefore\ \frac{{}_nC_r}{2^n}=\frac{{}_nC_{n-1}}{2^n}=\frac{n}{2^n}\quad \cdots(\text{답})$$ ■

$x=n-4$인 경우

$$n-4=2r-n\ ,\quad r=n-2$$

$$\therefore\ \frac{{}_nC_r}{2^n}=\frac{{}_nC_{n-2}}{2^n}=\frac{n(n-1)}{2^{n+1}}\quad \cdots(\text{답})$$ ■

[문제 3]

달리기 시작한지 t초 후의,
A, B의 P로부터의 거리를 각각
x_1 m, x_2 m라 하면,

$$x_1{}'=u \qquad \cdots ①$$

$$x_2{}'=v=\frac{3}{4}t^2-3t \qquad \cdots ②$$

$t=0$일 때, $x_1=0$, $x_2=25$이므로

$$x_1=ut \qquad \cdots ③$$

$$x_2=\frac{1}{4}t^3-\frac{3}{2}t^2+25 \qquad \cdots ④$$

B가 Q로 되돌아오면 $x_2=25$이다.

$x_2=\frac{1}{4}t^3-\frac{3}{2}t^2+25=25$에서 $t=6$이므로,
$0\leqq t\leqq 6$인 범위에서 ③, ④의 그래프가 만나야 한다.

③, ④의 그래프가 $t=t_0$에서 접한다고 하면,
접선의 방정식은

$$x-\left(\frac{1}{4}t_0{}^3-\frac{3}{2}t_0{}^2+25\right)=\left(\frac{3}{4}t_0{}^2-3t_0\right)(t-t_0)$$

(0,0)을 대입하면,

$$-\frac{1}{4}t_0{}^3+\frac{3}{2}t_0{}^2-25=-\frac{3}{4}t_0{}^3+3t_0{}^2$$

$$t_0{}^3-3t_0{}^2-50=0$$

$$(t_0-5)(t_0{}^2+2t_0+10)=0$$

$$\therefore\ t_0=5$$

$0\leqq t_0\leqq 6$이며,

이때의 기울기는 $x_2{}'=\frac{3}{4}\times 5^2-3\times 5=\frac{15}{4}$

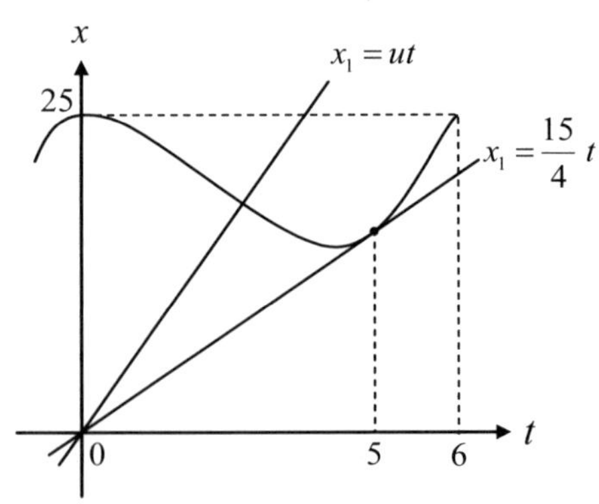

그림과 같이,
$u\geqq\frac{15}{4}$이면, ③, ④의 그래프가 만난다.

답 : $\frac{15}{4}$ ■

[문제 4]

(1) 아래 그림과 같이 좌표축을 정하여,
분출한 후 t초 후의
물의 궤적상의 한 점을 $(x(t), y(t))$라 하자.

수면으로부터 h cm 떨어진 구멍에서 분출되는 물의 초속도는 $\sqrt{2gh}$ cm/sec이므로

$$x'(t) = \sqrt{2gh},\ x(0) = 0$$

$$\therefore\ x = \sqrt{2gh}\, t \qquad \cdots ①$$

수직 방향으로는 가속도 g cm/sec^{2}인 등가속도운동을 하므로

$$y''(t) = -g,\ y'(0) = 0,\ y(0) = a - h$$

$$\therefore\ y = -\frac{1}{2}gt^2 + a - h \qquad \cdots ②$$

$y = 0$일 때, 물이 바닥에 떨어지므로

$$0 = -\frac{1}{2}gt^2 + a - h$$

$$\therefore\ t = \sqrt{\frac{2(a-h)}{g}}$$

①에 대입하면,

$$\therefore\ x = \sqrt{2gh} \times \sqrt{\frac{2(a-h)}{g}} = 2\sqrt{h(a-h)}$$

답 : 수조에서 $2\sqrt{h(a-h)}$ cm 떨어진 곳 ■

(2) $x = 2\sqrt{h(a-h)} = 2\sqrt{-\left(h - \frac{a}{2}\right)^2 + \frac{a^2}{4}}$

답 : 바닥으로부터 $\frac{a}{2}$cm 높이 ■

(3) ①에서 $t^2 = \dfrac{x^2}{2gh}$

②에 대입하면, $y = -\dfrac{1}{2}g \times \dfrac{x^2}{2gh} + a - h$

$$\therefore\ 4h^2 - 4(a-y)h + x^2 = 0 \qquad \cdots ③$$

이 방정식이 $0 \leqq h \leqq a$의 범위에서 실근을 갖도록 하는 x, y를 좌표로 하는 점의 존재범위를 구하면 된다. (단, $0 \leqq x$, $0 \leqq y \leqq a$)

$f(h) = 4h^2 - 4(a-y)h + x^2$으로 놓으면,
$f(0) = x^2 \geqq 0$,
$f(a) = x^2 + 4ay \geqq 0$이며,
$0 \leqq y \leqq a$에서 $0 \leqq a - y \leqq a$이다. (대칭축)

따라서, $f(h) = 0$이 $0 \leqq h \leqq a$의 범위에서 실근을 갖기 위해서는 판별식$\geqq 0$이면 된다.

$$\therefore\ D/4 = (a-y)^2 - x^2 \geqq 0$$
$$(x+y-a)(x-y+a) \leqq 0$$

$$\begin{cases} (x+y-a)(x-y+a) \leqq 0 \\ x \geqq 0 \\ 0 \leqq y \leqq a \end{cases}$$

의 공통부분을 구하면,

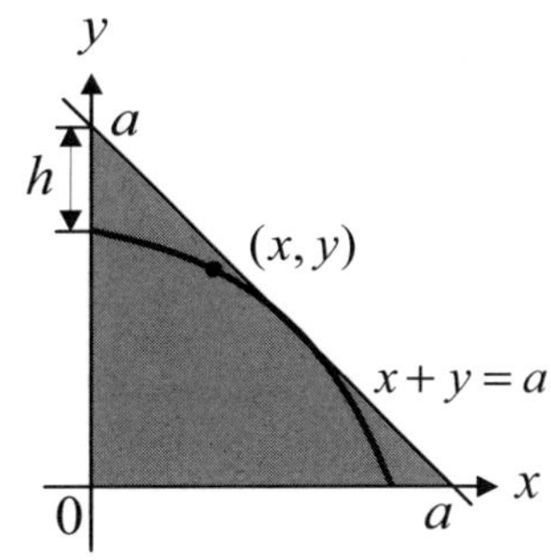

$x + y \leqq a,\ x \geqq 0,\ y \geqq 0$ …(답) ■

〈 참 고 〉

③에서 $x^2 = -4hy - 4h^2 + 4ah$이므로
포물선임을 알 수 있다.

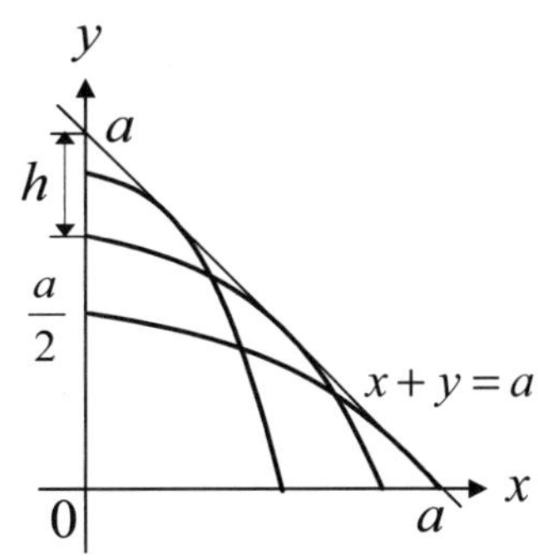

[문 과]

[문제 1]

(1) $365 = 101101101_{(2)}$ …(답) ■

(2)

$$\begin{array}{r} 101101_{(2)} \\ \times\ )\ \ 1011_{(2)} \\ \hline 101101 \\ 101101\ \ \\ 101101\ \ \ \ \\ \hline 111101111 \end{array}$$

$111101111_{(2)}$ …(답) ■

(3) $x = a_{3m+3}\, a_{3m+2}\, a_{3m+1} \cdots\ a_3\, a_2\, a_{1(2)}$ 이면,

$$y_i = a_{3i+3}\, a_{3i+2}\, a_{3i+1\,(2)}$$
$$= 2^2 a_{3i+3} + 2a_{3i+2} + a_{3i+1}$$ 이므로

$$x = a_{3m+3}\, a_{3m+2}\, a_{3m+1} \cdots\ a_3\, a_2\, a_{1(2)}$$

$$= 2^{3m+2}a_{3m+3} + 2^{3m+1}a_{3m+2} + 2^{3m}a_{3m+1}$$
$$+\ 2^{3m-1}a_{3m} + 2^{3m-2}a_{3m-1} + 2^{3m-3}a_{3m-2}$$
$$\vdots$$
$$+\ 2^2 a_3 + 2^1 a_2 + 2^0 a_1$$
$$= \sum_{i=0}^{m} (2^{3i+2}a_{3i+3} + 2^{3i+1}a_{3i+2} + 2^{3i}a_{3i+1})$$
$$= \sum_{i=0}^{m} 2^{3i} y_i$$
$$= (8^m - 1)\,y_m + (8^{m-1}-1)\,y_{m-1} + \cdots$$
$$+ (8-1)\,y_1 + (y_m + y_{m-1} + \cdots + y_1 + y_0)$$

m 이 자연수이므로

$$8^m - 1 = (8-1)(8^{m-1} + 8^{m-2} + \cdots + 1)$$
$$= 7\alpha_m \quad (\alpha_m : \text{정수})$$

$$8^{m-1} - 1 = (8-1)(8^{m-2} + 8^{m-3} + \cdots + 1)$$
$$= 7\alpha_{m-1} \quad (\alpha_{m-1} : \text{정수})$$
$$\vdots$$
$$8^1 - 1 = (8-1)\alpha_1 \quad (\alpha_1 = 1)$$

문제에서

$$y_m + y_{m-1} + \cdots + y_1 + y_0 = 7\beta \quad (\beta : \text{정수})$$

$$x = (8^m - 1)\,y_m + (8^{m-1}-1)\,y_{m-1} + \cdots$$
$$+ (8-1)\,y_1 + (y_m + y_{m-1} + \cdots + y_1 + y_0)$$

$$= 7\alpha_m y_m + 7\alpha_{m-1} y_{m-1} + \cdots + 7\alpha_1 y_1 + 7\beta$$
$$= 7(\alpha_m y_m + \alpha_{m-1} y_{m-1} + \cdots + \alpha_1 y_1 + \beta)$$

$\alpha_m y_m + \alpha_{m-1} y_{m-1} + \cdots + \alpha_1 y_1 + \beta$ 는
정수이므로, x 는 7의 배수이다. ■

[문제 2]

두 점 $A(0,1)$, $B(0,11)$에 대하여,
$\angle APB = 30^0$ 인 점 P는 $\overline{AB}$를 현으로 하는 원 위에 있으며, 이 원의 중심을 O라 하면 $\angle AOB = 60^0$ 이다.

따라서, O의 좌표는 $(5\sqrt{3},\ 6)$ 이며
원의 반지름이 10이므로 원의 방정식은

$$\therefore (x - 5\sqrt{3}\,)^2 + (y-6)^2 = 100$$

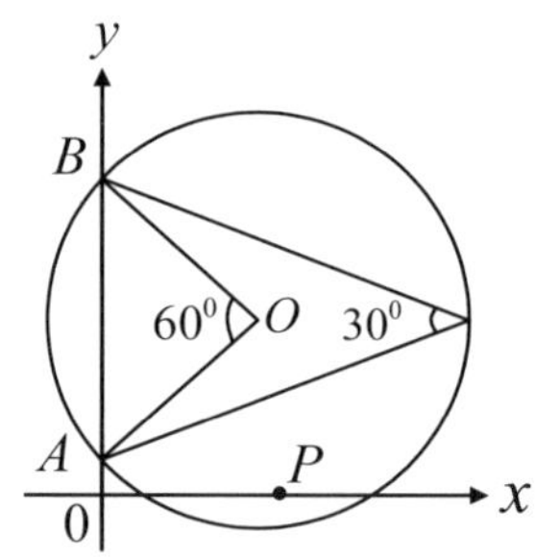

원과 x 축의 교점의 x 좌표는

$$(x - 5\sqrt{3}\,)^2 + (-6)^2 = 100$$

에서, $x = 5\sqrt{3} \pm 8$

점 P가 원 O의 내부에 있을 때 $\angle APB$의 크기가 30^0보다 크고 $0 < 5\sqrt{3} - 8$ 이므로,
구하는 범위는

$$5\sqrt{3} - 8 \leq x \leq 5\sqrt{3} + 8$$ …(답) ■

〈 1976년 1차 이과 〉

1. 다음 □ 안에 알맞은 수를 넣어라.
공간상의 동점 P는 점 $A(3,0,0)$과 점 $B(3,5,5)$를 양끝 점으로 하는 선분 위를 움직이며, 동점 Q는 원점을 중심으로 하고 xy 평면상에 있는 반지름 10인 원 위를 움직인다. 선분 PQ의 길이가 최소로 되는 것은 $P=(3,\square,\square)$, $Q=(\square,\square,0)$일 때이다.

2. 주사위를 3회 던져 나온 눈을 a,b,c라 하자. a,b,c를 이용한 행렬 $A=\begin{pmatrix} a & b \\ -1 & c \end{pmatrix}$에 대하여, $\vec{u}=A\begin{pmatrix}1\\0\end{pmatrix}$, $\vec{v}=A\begin{pmatrix}0\\1\end{pmatrix}$이라 할 때, 다음 □ 안에 알맞은 수를 넣어라.
(1) $|\vec{u}|>5$일 확률은 □이다.
(2) $|\vec{v}|=5$일 확률은 □이다.
(3) $|\vec{v}|>5$일 확률은 □이다.
(4) $\vec{u}\perp\vec{v}$일 확률은 □이다.

3. x의 함수
$f(x)=a(x^2+2x+4)^2+3a(x^2+2x+4)+b$는 최솟값 37을 가지며, $f(-2)=57$이다.
다음 □ 안에 알맞은 수를 넣어라.
$a=\square$, $b=\square$; $f(\square)=37$, $f(1)=\square$

4. 다음 □ 안에 알맞은 수를 넣어라.
xy평면상의 임의의 점을 원점을 중심으로 $\frac{\pi}{3}$만큼 회전한 후, x축의 방향으로 4, y축의 방향으로 $-\sqrt{3}$만큼 평행이동하는 변환 F는, 점$(\square, \sqrt{\square})$를 중심으로 하는 어떤 회전변환과 일치한다.
또, 합성사상 $F\circ F$는 임의의 점을 원점을 중심으로 $\frac{2\pi}{3}$만큼 회전한 후, x축의 방향으로 □, y축의 방향으로 $\sqrt{\square}$만큼 평행이동하는 변환이다.

[문제 1]

직선 AB의 방정식을 $x=3$, $\frac{y}{5}=\frac{z}{5}=t$로 놓으면,

$$P(3,5t,5t)\ (0\leq t\leq 1)$$

또, $Q(x,y,0)$으로 놓으면 $x^2+y^2=10^2$

$$\begin{aligned}\therefore \overline{PQ} &= (x-3)^2+(y-5t)^2+(-5t)^2\\ &= x^2+y^2-6x-10yt+50t^2+9\\ &= 50t^2-10yt-6x+109\\ &= 50\left(t-\frac{y}{10}\right)^2-\frac{y^2}{2}-6x+109\\ &= 50\left(t-\frac{y}{10}\right)^2-\frac{1}{2}(100-x^2)-6x+109\\ &= 50\left(t-\frac{y}{10}\right)^2+\frac{1}{2}(x-6)^2+41\end{aligned}$$

이므로,

$t=\frac{y}{10}$, $x=6$일 때 최솟값 41을 갖는다.

$x=6$일 때, $y=\pm 8, t=\pm\frac{4}{5}$ (복호동순)

$0\leq t\leq 1$이므로 $P(3,4,4)$, $Q(6,8,0)$ …(답) ■

[문제 2]

$$\vec{u}=\begin{pmatrix} a & b \\ -1 & c \end{pmatrix}\begin{pmatrix}1\\0\end{pmatrix}=\begin{pmatrix}a\\-1\end{pmatrix}$$

$$\vec{v}=\begin{pmatrix} a & b \\ -1 & c \end{pmatrix}\begin{pmatrix}0\\1\end{pmatrix}=\begin{pmatrix}b\\c\end{pmatrix}$$

(1) $|\vec{u}|^2=a^2+1>5^2$에서 $a^2>24$ $\therefore a=5,6$
b,c는 임의이므로

$\therefore$ 확률 $=\frac{2}{6}\times 1\times 1=\frac{1}{3}$ …(답) ■

(2) $|\vec{v}|^2=b^2+c^2=5^2$에서 $(b,c)=(3,4),(4,3)$

$\therefore$ 확률 $=1\times\frac{2}{6^2}=\frac{1}{18}$ …(답) ■

(3) $|\vec{v}|^2=b^2+c^2>5^2$로 되는 것은
$b=1,2,3$일 때, $c=5,6$ $(3\times 2=6$가지$)$
$b=4$일 때, $c=4,5,6$ $(1\times 3=3$가지$)$
$b=5,6$일 때, $c=1\sim 6$ $(2\times 6=12$가지$)$

$\therefore$ 확률 $=1\times\frac{21}{6^2}=\frac{7}{12}$ …(답) ■

(4) $\vec{u}\cdot\vec{v}=ab-c=0$에서 $ab=c$

$c=1$일 때, $(a,b)=(1,1)$

$c=2$일 때, $(a,b)=(1,2),(2,1)$

$c=3$일 때, $(a,b)=(1,3),(3,1)$

$c=4$일 때, $(a,b)=(1,4),(2,2),(4,1)$

$c=5$일 때, $(a,b)=(1,5),(5,1)$

$c=6$일 때, $(a,b)=(1,6),(2,3),(3,2),(6,1)$

모두 14가지이므로

$\therefore$ 확률$=\dfrac{14}{6^3}=\dfrac{7}{108}$ …(답) ■

[문제 3]

$f(x)=a(x^2+2x+4)^2+3a(x^2+2x+4)+b$

$t=x^2+2x+4$로 놓으면, $t=(x+1)^2+3\geq 3$

$$f(x)=g(t)=at^2+3at+b=a\left(t+\frac{3}{2}\right)^2+b-\frac{9a}{4}$$

$f(-2)=57$에서,

$f(-2)=g(4)=28a+b=57$ … ①

$g(t)$는 $t\geq 3$에서 최솟값 37을 가지므로

$\therefore\ a>0,\ g(3)=18a+b=37$ … ②

①, ②에서 $a=2,\ b=1$

$f(-1)=37,\ f(1)=g(7)=141$ …(답) ■

[문제 4]

변환 F에 의하여,

점 (x,y)가 점 (x',y')로 이동한다고 하면,

$$① \begin{cases} x'=x\cos\frac{\pi}{3}-y\sin\frac{\pi}{3}+4=\dfrac{x-\sqrt{3}y}{2}+4 \\ y'=x\sin\frac{\pi}{3}+y\cos\frac{\pi}{3}-\sqrt{3}=\dfrac{\sqrt{3}x+y}{2}-\sqrt{3} \end{cases}$$

이 변환 F가 점 (a,b)를 중심으로 각 θ만큼 회전하는 회전변환이 되므로

$$\begin{cases} x'-a=(x-a)\cos\theta-(y-b)\sin\theta \\ y'-b=(x-a)\sin\theta+(y-b)\cos\theta \end{cases}$$

$$② \begin{cases} x'=x\cos\theta-y\sin\theta+a(1-\cos\theta)+b\sin\theta \\ y'=x\sin\theta+y\cos\theta-a\sin\theta+b(1-\cos\theta) \end{cases}$$

①, ②에서

$$\theta=\frac{\pi}{3},\ \frac{1}{2}a+\frac{\sqrt{3}}{2}b=4,\ -\frac{\sqrt{3}}{2}a+\frac{1}{2}b=-\sqrt{3}$$

$\therefore a=\dfrac{7}{2},\ b=\dfrac{3\sqrt{3}}{2}=\sqrt{\dfrac{27}{4}}$

$\therefore \left(\dfrac{7}{2},\ \sqrt{\dfrac{27}{4}}\right)$ …(답) ■

합성변환 $F\circ F$에 의하여,

점 (x,y)가 점 (x'',y'')로 이동한다고 하면,

$$\begin{aligned} x''&=\frac{x'-\sqrt{3}y'}{2}+4 \\ &=\frac{1}{2}\left\{\frac{x-\sqrt{3}y}{2}+4-\sqrt{3}\left(\frac{\sqrt{3}x+y}{2}-\sqrt{3}\right)\right\}+4 \\ &=\frac{-x-\sqrt{3}y}{2}+\frac{15}{2} \\ &=x\cos\frac{2\pi}{3}-y\sin\frac{2\pi}{3}+\frac{15}{2} \end{aligned}$$

$$\begin{aligned} y''&=\frac{\sqrt{3}x'+y'}{2}-\sqrt{3} \\ &=\frac{1}{2}\left\{\sqrt{3}\left(\frac{x-\sqrt{3}y}{2}+4\right)+\frac{\sqrt{3}x+y}{2}-\sqrt{3}\right\}-\sqrt{3} \\ &=\frac{\sqrt{3}x-y}{2}+\frac{\sqrt{3}}{2} \\ &=x\sin\frac{2\pi}{3}+y\cos\frac{2\pi}{3}+\sqrt{\frac{3}{4}} \end{aligned}$$

따라서, $F\circ F$는 임의의 점을

원점을 중심으로 $\dfrac{2\pi}{3}$만큼 회전한 후,

x축 방향으로 $\dfrac{15}{2}$, y축 방향으로 $\sqrt{\dfrac{3}{4}}$만큼

평행이동하는 변환이다. …(답) ■

〈 1976년 1차 문과 〉

1. a, b를 실수라 하자. 포물선 $y=x^2$과 원 $(x-a)^2+(y-b)^2=a^2$은 점 $(1,1)$을 지나며, 그 점에서 공통접선을 갖는다. 이때, 다음 □ 안에 알맞은 수는 무엇인가?

$$a=\square-2\sqrt{\square}\ ,\ b=\sqrt{\square}-\square>0$$

2. 사각형 $ABCD$에 대하여 $\overline{AB}=\frac{3}{2}$, $\overline{BC}=2$, $\overline{CD}=\frac{12}{5}$, $\overline{DA}=\frac{7}{10}$, $\overline{AC}=\frac{5}{2}$이다. 대각선의 교점을 O라 할 때, 다음 □ 안에 알맞은 수는 무엇인가?

$\overline{OA}=\square$, $\overline{OB}=\square$, $\overline{OC}=\square$, $\overline{OD}=\square$

3. 다음 □ 안에 알맞은 수를 넣어라.
대, 중, 소 세 개의 주사위를 동시에 던져 나온 눈을 x,y,z라 하자.
(1) x,y,z가 직각삼각형의 세 변의 길이로 될 확률은 □이다.
(2) x,y,z가 이등변삼각형의 세 변의 길이로 될 확률은 □이다.
(3) $\frac{\pi}{x},\frac{\pi}{y},\frac{\pi}{z}$가 직각삼각형의 세 꼭지각의 크기로 될 확률은 □이다.
(4) $\frac{\pi}{x},\frac{\pi}{y},\frac{\pi}{z}$가 이등변삼각형의 세 꼭지각의 크기로 될 확률은 □이다.

4. 다음 □ 안에 알맞은 수를 넣어라.
행렬 $M=\begin{pmatrix} a & b \\ c & d \end{pmatrix}$가 있을 때, $\begin{pmatrix} x' \\ y' \end{pmatrix}=M\begin{pmatrix} x \\ y \end{pmatrix}$에 의하여 점 (x,y)를 점(x',y')로 이동시키는 평면상의 일차변환이 정해진다.
이제, $A=\begin{pmatrix} 2 & 1 \\ 0 & 1 \end{pmatrix}$이라 하면, 행렬 A^2-A와 $3A^{-1}$가 정하는 일차변환에 의하여 점 $P(1,1)$은 각각 점 $Q(\square,0)$ 및 점 $R(\square,\square)$로 이동된다. 또, $\overrightarrow{PQ}$와 $\overrightarrow{PR}$이 이루는 각을 $\alpha\pi\,(0<\alpha<1)$라 하면, $\alpha=\square$이다.

[문제 1]

점 $(1,1)$이 원 $(x-a)^2+(y-b)^2=a^2$ 위에 있으므로 $(1-a)^2+(1-b)^2=a^2$

$$\therefore\ b^2-2a-2b+2=0 \qquad \cdots ①$$

포물선 $y=x^2$ 상의 점 $(1,1)$에서의 법선의 방정식은

$$y-1=-\frac{1}{2}(x-1) \qquad \therefore x+2y=3$$

원 $(x-a)^2+(y-b)^2=a^2$의 중심 (a,b)는 이 법선 위에 있으므로 $a+2b=3$

①에 대입하면,

$$b^2-2(3-2b)-2b+2=0$$

$$b^2+2b-4=0 \qquad \therefore b=-1\pm\sqrt{5}$$

$b>0$이므로,

$$b=-1+\sqrt{5}\ ,\ a=5-2\sqrt{5} \qquad \cdots(\text{답})$$ ■

[문제 2]

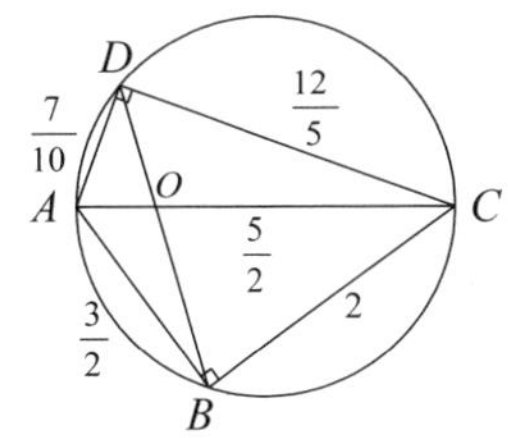

$\overline{AB}^2+\overline{BC}^2=\overline{AC}^2$

$\overline{AD}^2+\overline{DC}^2=\overline{AC}^2$

이므로, □$ABCD$는 원에 내접한다.

$$\overline{OA}:\overline{OC}=\triangle ABD:\triangle CBD=\overline{AB}\cdot\overline{AD}:\overline{CB}\cdot\overline{CD}$$

$$=\frac{3}{2}\cdot\frac{7}{10}:2\cdot\frac{12}{5}=7:32$$

$$\therefore\ \overline{OA}=\frac{5}{2}\cdot\frac{7}{39}=\frac{35}{78}$$

$$\therefore\ \overline{OC}=\frac{5}{2}\cdot\frac{32}{39}=\frac{80}{39} \qquad \cdots(\text{답})$$ ■

또, $\triangle OAB \backsim \triangle ODC$이므로

$$\overline{OA}:\overline{OD}=\overline{OB}:\overline{OC}=\overline{AB}:\overline{DC}=\frac{3}{2}:\frac{12}{5}=5:8$$

$$\therefore\ \overline{OB}=\frac{5}{8}\overline{OC}=\frac{5}{8}\cdot\frac{80}{39}=\frac{50}{39}$$

$$\therefore\ \overline{OD}=\frac{8}{5}\overline{OA}=\frac{8}{5}\cdot\frac{35}{78}=\frac{28}{39} \qquad \cdots(\text{답})$$ ■

[문제 3]

(1)

주사위를 던져 나온 수들 중 조건을 만족하는 수는 3,4,5 밖에 없다.
따라서, 구하는 확률은

$$\frac{3!}{6^3}=\frac{1}{36} \qquad \cdots(\text{답}) \blacksquare$$

(2)

$x=y=1$인 경우, $z=1$

$x=y=2$인 경우, $z=1,2,3$

$x=y=3$인 경우, $z=1,2,3,4,5$

$x=y=4\sim6$인 경우, $z=1\sim6$

경우의 수는 위의 27가지 중,

정삼각형인 경우 6가지,

이등변삼각형(정삼각형이 아닌)인 경우

$21\times\frac{3!}{2!}$가지

$\therefore\ 6+21\times\frac{3!}{2!}=69$가지

따라서, 구하는 확률은

$$\frac{69}{6^3}=\frac{23}{72} \qquad \cdots(\text{답}) \blacksquare$$

(3)

$\frac{\pi}{z}$가 직각인 경우, $\frac{\pi}{x}+\frac{\pi}{y}=\frac{\pi}{z}=\frac{\pi}{2}$

$$\therefore z=2,\ \frac{1}{x}+\frac{1}{y}=\frac{1}{2}$$

$\frac{1}{x}+\frac{1}{y}=\frac{1}{2}$에서 $xy=2(x+y)$

$$\therefore (x-2)(y-2)=4$$

$$\therefore (x,y,z)=(3,6,2),(4,4,2),(6,3,2)$$

$\frac{\pi}{x},\frac{\pi}{y}$가 직각일 때도 같은 방법으로 각각 3가지의 경우가 있으며, 서로 공통되는 것이 없으므로 경우의 수는 $3\times3=9$

따라서, 구하는 확률은

$$\frac{9}{6^3}=\frac{1}{24} \qquad \cdots(\text{답}) \blacksquare$$

(4)

$\frac{\pi}{x}=\frac{\pi}{y}$인 경우, $2\cdot\frac{\pi}{y}+\frac{\pi}{z}=\pi$

$$yz=y+2z \qquad \therefore (y-2)(z-1)=2$$

$$\therefore (x,y,z)=(4,4,2),(3,3,3)$$

같은 방법으로,

$\frac{\pi}{x}=\frac{\pi}{z},\ \frac{\pi}{y}=\frac{\pi}{z}$인 경우까지 모두 구하면,

$$\therefore (x,y,z)=(4,4,2),(4,2,4),(2,4,4),(3,3,3)$$

따라서, 구하는 확률은

$$\frac{4}{6^3}=\frac{1}{54} \qquad \cdots(\text{답}) \blacksquare$$

[문제 4]

$$A^2-A=\begin{pmatrix}2&1\\0&1\end{pmatrix}\begin{pmatrix}2&1\\0&1\end{pmatrix}-\begin{pmatrix}2&1\\0&1\end{pmatrix}$$
$$=\begin{pmatrix}4&3\\0&1\end{pmatrix}-\begin{pmatrix}2&1\\0&1\end{pmatrix}=\begin{pmatrix}2&2\\0&0\end{pmatrix}$$

$$3A^{-1}=3\cdot\frac{1}{2}\begin{pmatrix}1&-1\\0&2\end{pmatrix}=\frac{3}{2}\begin{pmatrix}1&-1\\0&2\end{pmatrix}$$

$$\therefore\ (A^2-A)\begin{pmatrix}1\\1\end{pmatrix}=\begin{pmatrix}2&2\\0&0\end{pmatrix}\begin{pmatrix}1\\1\end{pmatrix}=\begin{pmatrix}4\\0\end{pmatrix}$$

$$\therefore\ 3A^{-1}\begin{pmatrix}1\\1\end{pmatrix}=\frac{3}{2}\begin{pmatrix}1&-1\\0&2\end{pmatrix}\begin{pmatrix}1\\1\end{pmatrix}=\begin{pmatrix}0\\3\end{pmatrix}$$

$$\therefore Q(4,0),R(0,3) \qquad \cdots(\text{답}) \blacksquare$$

$\overrightarrow{PQ}=(4,0)-(1,1)=(3,-1)$

$\overrightarrow{PR}=(0,3)-(1,1)=(-1,2)$

$$\therefore \cos\alpha\pi=\frac{\overrightarrow{PQ}\cdot\overrightarrow{PR}}{|\overrightarrow{PQ}||\overrightarrow{PR}|}=\frac{-3-2}{\sqrt{10}\sqrt{5}}=-\frac{1}{\sqrt{2}}$$

$0<\alpha\pi<\pi$이므로 $\alpha\pi=\frac{3}{4}\pi$

$$\therefore \alpha=\frac{3}{4} \qquad \cdots(\text{답}) \blacksquare$$

〈 1976년 2차 〉

[이 과 : 1~6, 문 과 : 1, 2, 4, 6]

1. 음이 아닌 실수 r, l에 대하여 xy평면상의 곡선

$$y=\begin{cases} x^2 & (0 \leq x \leq r) \\ r^2 & (r \leq x \leq l+r) \\ (x-l-2r)^2 & (l+r \leq x \leq l+2r) \end{cases}$$

을 x축 주위로 회전하여 얻어지는 입체의 체적을 V라 하자. r^2과 l의 합이 상수 c로 일정한 상태로 r, l을 변화시킬 때, V를 최대로 하는 r, l의 값을 구하여라.

2. 시각 $t=0$에 원점을 출발하여, xy평면상에서 아래의 (i), (ii)를 만족하며 움직이는 동점 P가 있다.

(i) $t=0$에서의 P의 속도를 나타내는 벡터의 성분은 $(1, \sqrt{3})$이다.

(ii) $0 < t < 1$에서 P는 유한번(1번 이상) 직각으로 좌회전하며, 이때를 제외하고는 일정한 속도 2로 직진한다. 단, 좌회전하는데 걸리는 시간은 0이며, 회전 후 직진하지 않고 이어서 다시 회전하는 경우는 없다.
시각 $t=1$일 때 P가 도달하는 점을 Q라 하자. Q가 존재할 수 있는 범위를 도시하라.

3. $0 < t < 1$인 t의 값 각각에 대하여 x의 함수 $f(x)=\dfrac{x+t}{x(1-tx)}$를 고려해 보자.

(1) 구간 $0 < x < 1$에서, $f(x)$를 최소로 하는 x의 값 α는 t에 의하여 정해진다. t가 0에서 1로 움직일 때, 점 $(\alpha, f(\alpha))$의 자취를 도시하라.

(2) 구간 $0 < x \leq t$에서, $f(x)$를 최소로 하는 x의 값을 β라 하자.
t가 0에서 1로 움직일 때,
점 $(\beta, f(\beta))$의 자취를 도시하라.

4. 점 $P(x,y)$는 xy평면상의 원 C: $(x-5)^2+(y-5)^2=r^2 (r>0)$ 위를 움직인다. 이때, 점 P의 점 $A(9,0)$에 대한 대칭점을 Q라 하고, 점 P를 원점 O를 중심으로 양의 방향으로 $\dfrac{\pi}{2}$만큼 회전한 점을 R이라 하자. 점 P가 원 C 위를 움직일 때, 선분 QR의 길이의 최솟값 $f(r)$과 최댓값 $g(r)$을 구하여라. 또, $f(r)$의 값이 0으로 되는 r의 값을 구하여라.

5. z축을 축으로 하는 반지름 1인 원기둥의 측면 중, xy평면의 위(z축의 양의 방향)에 있으며, 평면 $x-\sqrt{3}y+z=1$의 아래(z축의 음의 방향)에 있는 부분을 D라 하자. D의 면적을 구하여라.

6. $\begin{pmatrix} 0 & 0 \\ 0 & 0 \end{pmatrix}=O$, $\begin{pmatrix} 1 & 0 \\ 0 & 1 \end{pmatrix}=I$라 하자. 실수 a, b에 대하여 $A=\begin{pmatrix} 0 & a \\ 1 & b \end{pmatrix}$로 놓자. 실수 x, y에 대하여 $xI+yA$로 표시되는 행렬 전체의 집합을 R이라 하고, R에서 O를 제외한 집합을 G라 하자.

(1) R에 속하는 임의의 두 행렬의 곱은 다시 R에 속함을 보이시오.

(2) G에 속하는 임의의 행렬이 역행렬을 갖게 되는 a, b에 대하여, 점 (a, b)의 범위를 구하고 도시하라.

[문제 1]

$$V = 2\pi \int_0^r (x^2)^2\,dx + \pi (r^2)^2 l$$

$$= 2\pi \cdot \frac{r^5}{5} + \pi r^4 l$$

$$= \frac{\pi}{5} r^4 (2r + 5l)$$

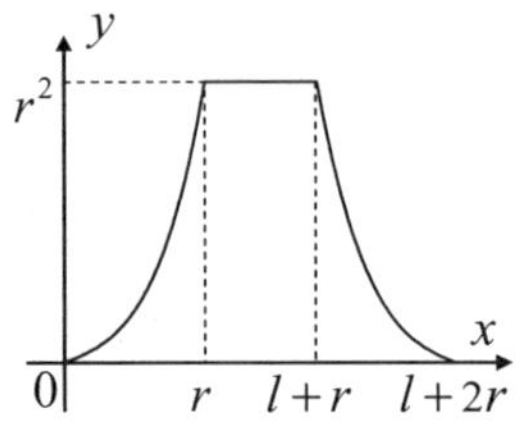

$r^2 + l = c$이므로

$$V = \frac{\pi}{5} r^4 \{2r + 5(c - r^2)\} = \frac{\pi}{5} r^4 (5c + 2r - 5r^2)$$

$$V' = \frac{\pi}{5}(20cr^3 + 10r^4 - 30r^5)$$

$$= -2\pi r^3 (3r^2 - r - 2c)$$

$V' = 0$의 해는

$$r = 0 \ (3\text{중근}),\ \frac{1 \pm \sqrt{1+24c}}{6}$$

단, $l = c - r^2 \geqq 0$에서 $0 \leqq r \leqq \sqrt{c}$ … ①

$r_0 = \dfrac{1 + \sqrt{1+24c}}{6}$로 놓자.

$r_0 < \sqrt{c}$ $(\because c > 1)$인 경우 : 그림과 같이 ①의 범위에서 $r = r_0$일 때 최대이다.

이때, $l = \dfrac{6c - 1 - \sqrt{1+24c}}{18}$

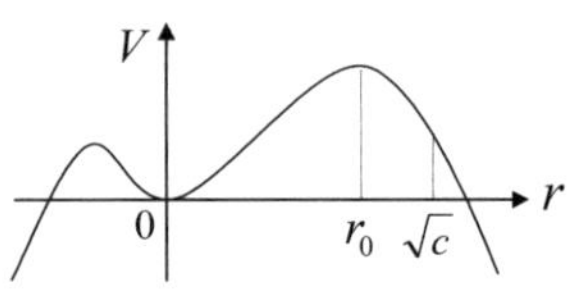

$\sqrt{c} \leqq r_0$ $(\because 0 < c \leqq 1)$인 경우 : 그림과 같이 ①의 범위에서 $r = \sqrt{c}$일 때 최대이다.

이때, $l = 0$

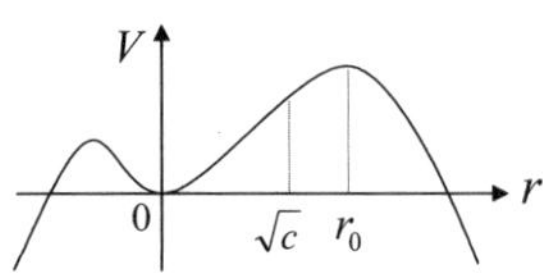

답 : $c > 1$인 경우, $r = \dfrac{1 + \sqrt{1+24c}}{6}$,

$l = \dfrac{6c - 1 - \sqrt{1+24c}}{18}$

$0 < c \leqq 1$인 경우, $r = \sqrt{c}$, $l = 0$ ■

[문제 2]

$A(1, \sqrt{3}), B(-\sqrt{3}, 1), C(-1, -\sqrt{3}), D(\sqrt{3}, -1)$로 놓자. 동점 P가 멈출 때까지 $\overrightarrow{OA}$, $\overrightarrow{OB}$, $\overrightarrow{OC}$, $\overrightarrow{OD}$ 방향으로 움직인 시간을 각각 t_1, t_2, t_3, t_4라 하면,

$$t_1 + t_2 + t_3 + t_4 = 1 \qquad \cdots ①$$

이며,

조건에 의하여

$$0 < t_1 < 1,\ 0 < t_1 + t_2 \leqq 1,\ 0 \leqq t_3 + t_4 < 1$$

> 최초 $\overrightarrow{OA}$ 방향으로 $t_1 > 0$ 동안 직진한 후, 직각으로 좌회전하여 $\overrightarrow{OB}$ 방향으로 $t = 1$까지 계속 직진하면 $t_1 + t_2 = 1$이다.

또, $\overline{OA} = \overline{OB} = \overline{OC} = \overline{OD} = 2$이므로

$\overrightarrow{OQ} = t_1\overrightarrow{OA} + t_2\overrightarrow{OB} + t_3\overrightarrow{OC} + t_4\overrightarrow{OD}$이다.

---

(1) $t_3 + t_4 \neq 0$인 경우

$(\because 0 < t_1 + t_2 < 1,\ 0 < t_3 + t_4 < 1)$

$$\overrightarrow{OQ} = t_1\overrightarrow{OA} + t_2\overrightarrow{OB} + t_3\overrightarrow{OC} + t_4\overrightarrow{OD}$$

$$= (t_1 + t_2) \times \frac{t_1\overrightarrow{OA} + t_2\overrightarrow{OB}}{t_1 + t_2} + (t_3 + t_4) \times \frac{t_3\overrightarrow{OC} + t_4\overrightarrow{OD}}{t_3 + t_4}$$

$$= (t_1 + t_2)\overrightarrow{OR} + (t_3 + t_4)\overrightarrow{OS}$$

> $\overrightarrow{OR} = \dfrac{t_1\overrightarrow{OA} + t_2\overrightarrow{OB}}{t_1 + t_2}$, $\overrightarrow{OS} = \dfrac{t_3\overrightarrow{OC} + t_4\overrightarrow{OD}}{t_3 + t_4}$

$$= \frac{(t_1 + t_2)\overrightarrow{OR} + (t_3 + t_4)\overrightarrow{OS}}{(t_1 + t_2) + (t_3 + t_4)} \qquad (\because ①)$$

점 R은 $\overline{AB}$ 위(양끝 점 제외)에 있으며, 점 S는 $\overline{CD}$ 위(양끝 점 제외)에 있다.

따라서,

점 Q는 $\overline{RS}$ 위(R,S 제외)에 있으며, 존재범위는 □$ABCD$의 내부이다.

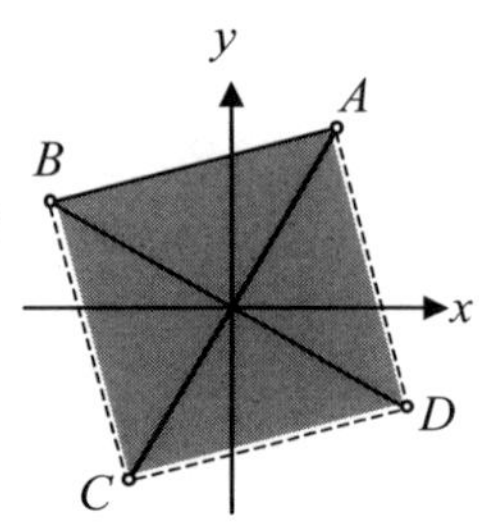

(2) $t_3+t_4=0$인 경우

$t_3+t_4=0$에서 $t_3=0,\ t_4=0$이고,

$t_1+t_2+t_3+t_4=1$에서

$t_1+t_2=1\,(0<t_1<1)$이므로

$$\overrightarrow{OQ}=t_1\overrightarrow{OA}+t_2\overrightarrow{OB}+t_3\overrightarrow{OC}+t_4\overrightarrow{OD}$$
$$=t_1\overrightarrow{OA}+t_2\overrightarrow{OB}=\frac{t_1\overrightarrow{OA}+t_2\overrightarrow{OB}}{t_1+t_2}$$

따라서,
점 Q는 $\overline{AB}$(양끝 점 제외) 위에 있다.

답 : □$ABCD$의 내부와 $\overline{AB}$ (양끝 점 제외)
(1)번의 그림 참조 …(답) ■

[문제 3]

(1) $f(x)=\dfrac{x+t}{x(1-tx)}$ $(0<x<1)$

$$f'(x)=\frac{x(1-tx)-(x+t)(1-2tx)}{x^2(1-tx)^2}$$
$$=\frac{t(x^2+2tx-1)}{x^2(1-tx)^2}$$

$f'(x)=0$에서 $x=-t\pm\sqrt{t^2+1}$

$0<t<1$이므로,

$$-t-\sqrt{t^2+1}<0<-t+\sqrt{t^2+1}<1$$

$0<x<-t+\sqrt{t^2+1}$일 때, $f'(x)<0$,
$-t+\sqrt{t^2+1}<x<1$일 때, $f'(x)>0$이므로

$f(x)$는 $0<x<1$에서
$x=-t+\sqrt{t^2+1}$일 때, 극소이며 최소이다.

따라서, $\alpha=-t+\sqrt{t^2+1}$

$$f(\alpha)=\frac{\sqrt{t^2+1}}{\alpha(1-t\sqrt{t^2+1}+t^2)}$$
$$=\frac{1}{\alpha(\sqrt{t^2+1}-t)}=\frac{1}{\alpha^2}$$

단, $0<t<1$에서 $\sqrt{2}-1<\alpha<1$

따라서, 점 $(\alpha, f(\alpha))$의 자취는

$$y=\frac{1}{x^2}\ (\sqrt{2}-1<x<1)$$

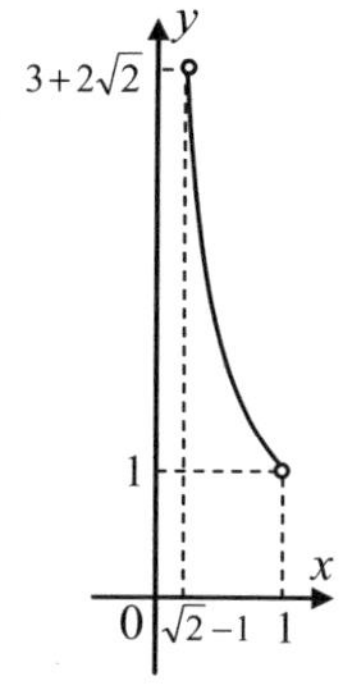

…(답) ■

(2) 위에서 $f(x)$는 $x=-t+\sqrt{t^2+1}$일 때 극소이고 $0<-t+\sqrt{t^2+1}<1$이다.

따라서, 구간 $0<x\leqq t$에서의 최솟값을 구하려면, t와 $-t+\sqrt{t^2+1}$을 비교하여야 한다.

$-t+\sqrt{t^2+1}\leqq t$ $\left(\because \dfrac{1}{\sqrt{3}}\leqq t<1\right)$인 경우

$$\beta=-t+\sqrt{t^2+1}$$
$$f(\beta)=\frac{1}{\beta^2}\ \left(\sqrt{2}-1<\beta\leqq\frac{1}{\sqrt{3}}\right)$$

$t<-t+\sqrt{t^2+1}<1$ $\left(\because 0<t<\dfrac{1}{\sqrt{3}}\right)$인 경우

$0<x\leqq t$에서 $f'(x)<0$이므로
$x=t$에서 최소이다.

$\therefore\ \beta=t$

$$f(\beta)=\frac{2t}{t(1-t^2)}=\frac{2}{1-\beta^2}\ \left(0<\beta<\frac{1}{\sqrt{3}}\right)$$

따라서,
점 $(\beta, f(\beta))$의 자취는

$0<t<\dfrac{1}{\sqrt{3}}$일 때,

$$y=\frac{2}{1-x^2}\ \left(0<x<\frac{1}{\sqrt{3}}\right)$$

$\dfrac{1}{\sqrt{3}}\leqq t<1$일 때,

$$y=\frac{1}{x^2}\ \left(\sqrt{2}-1<x\leqq\frac{1}{\sqrt{3}}\right)$$

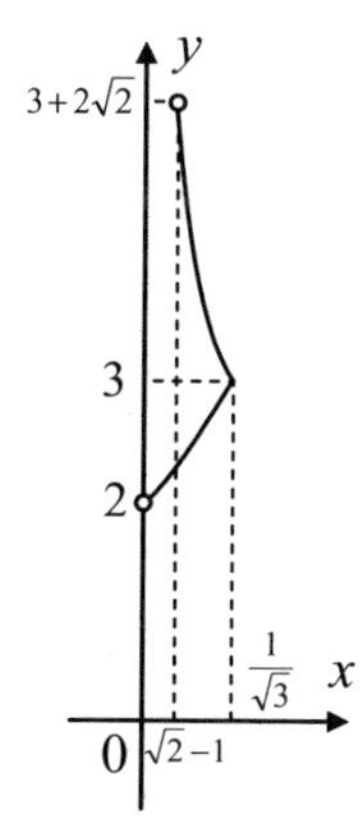

…(답) ■

[문제 4]

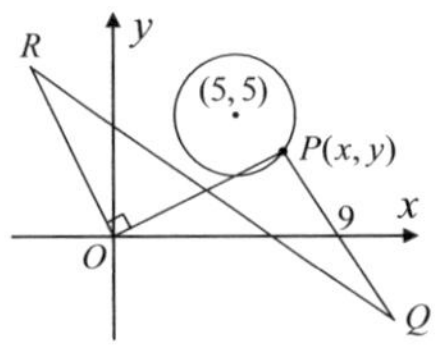

원 $(x-5)^2+(y-5)^2=r^2$의 원주상의 점 $P(x,y)$의 점 $A(9,0)$에 대한 대칭점은 $Q(18-x,\ -y)$이다.
또, 점 P를 원점을 중심으로

$\frac{\pi}{2}$만큼 회전한 점은 $R(-y,\ x)$이다.

점 $P(x,y)$는 원주상의 점이므로
$x=5+r\cos\theta,\ y=5+r\sin\theta \quad (0 \leqq \theta < 2\pi) \ \cdots ①$

$$\begin{aligned}\therefore \overline{QR}^2 &= (18-x+y)^2+(-y-x)^2\\ &= 324-36(x-y)+(x-y)^2+(x+y)^2\\ &= 324-36(x-y)+2(x^2+y^2)\\ &= 324-36r(\cos\theta-\sin\theta)\\ &\quad +2\{50+10r(\cos\theta+\sin\theta)+r^2\} \quad (\because ①)\\ &= 2r^2+8r(7\sin\theta-2\cos\theta)+424\\ &= 2r^2+8r\cdot\sqrt{53}\sin(\theta-\alpha)+424\end{aligned}$$

$$\cos\alpha=\frac{7}{\sqrt{53}},\ \sin\alpha=\frac{2}{\sqrt{53}}$$

$-1 \leqq \sin(\theta-\alpha) \leqq 1$이므로, $\overline{QR}$의
최솟값 $f(r)=\sqrt{2r^2-8\sqrt{53}r+424}=\sqrt{2}\,|r-2\sqrt{53}|$
최댓값 $g(r)=\sqrt{2r^2+8\sqrt{53}r+424}=\sqrt{2}\,(r+2\sqrt{53})$
또, $f(r)=0$에서 $r=2\sqrt{53}$ $\cdots$(답) ■

[문제 5]

$D: x^2+y^2=1,\ 0 \leqq z \leqq 1-x+\sqrt{3}y \quad \cdots ①$

평면 $x-\sqrt{3}y+z=1$과 x축, y축과의 교점을 각각 $A(1,0,0),\ B\left(0,-\frac{1}{\sqrt{3}},0\right)$, $\overline{AB}$를 포함하는 원(밑면)의 현을 $\overline{AC}$, 원점을 O라 하면,
$\angle OAB=\frac{\pi}{6}$에서 $\angle AOC=\frac{2\pi}{3}$

또, 평면 $x-\sqrt{3}y+z=1$과 xz평면과의 교선이 $x+z=1$이므로 D는 호 APC의 위쪽(z축방향)에 있다.

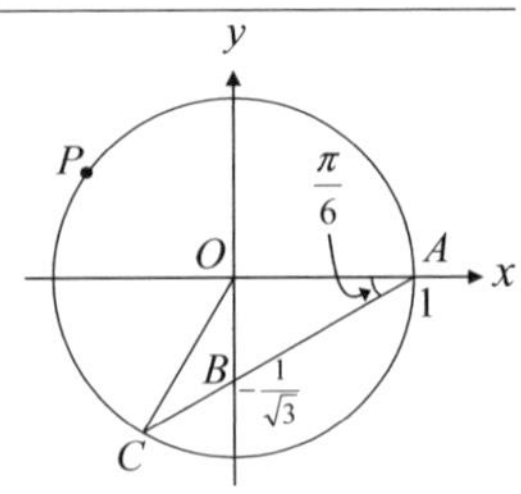

따라서, ①에서
$x=\cos\theta,\ y=\sin\theta$
로 놓으면,

$\therefore 0 \leqq z \leqq 1-\cos\theta+\sqrt{3}\sin\theta \quad \left(0 \leqq \theta \leqq \frac{4\pi}{3}\right)$

D의 면적$=\int_0^{\frac{4\pi}{3}}(1-\cos\theta+\sqrt{3}\sin\theta)\,d\theta$

$=\left[\theta-\sin\theta-\sqrt{3}\cos\theta\right]_0^{\frac{4\pi}{3}}=\frac{4\pi}{3}+2\sqrt{3}$ ■

[문제 6]

(1) $A^2=\begin{pmatrix}0&a\\1&b\end{pmatrix}\begin{pmatrix}0&a\\1&b\end{pmatrix}=\begin{pmatrix}a&ab\\b&a+b^2\end{pmatrix}$

$=a\begin{pmatrix}1&0\\0&1\end{pmatrix}+b\begin{pmatrix}0&a\\1&b\end{pmatrix}=aI+bA \quad \cdots ①$

R에 속하는 임의의 두 행렬을
$xI+yA,\ x'I+y'A$로 놓으면,
$(xI+yA)(x'I+y'A)$
$=xx'I+(xy'+x'y)A+yy'A^2 \quad (\because ①)$
$=(xx'+ayy')I+(xy'+x'y+byy')A \in R$

(2) $xI+yA=\begin{pmatrix}x&ya\\y&x+yb\end{pmatrix}$가 역행열을 가질

조건은 $D=\left(x+\frac{by}{2}\right)^2-y^2\left(a+\frac{b^2}{4}\right)\neq 0$

$O\notin G$이므로 x,y는 동시에 0이 될 수 없다.
$y=0$이면, $D=x^2>0$이므로 a,b는 임의.
$y\neq 0$인 경우, 임의의 실수 $x,y\,(y\neq 0)$에 대하여 $D\neq 0$일 조건은 $a+\frac{b^2}{4}<0$

$\therefore b^2<-4a$

따라서, 점 (a,b)의 범위는 그림과 같으며, 경계는 포함하지 않는다.

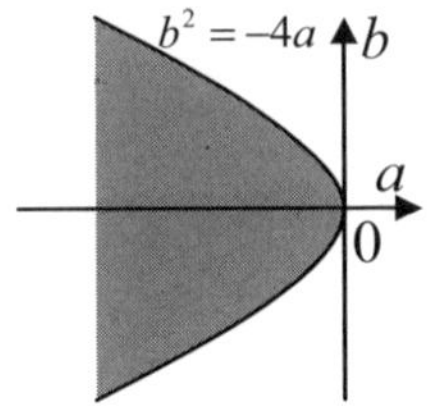

■

〈 1977년 1차 이과 〉

1. 다음 $\square$ 안에 알맞은 수를 넣어라.

xy 평면상의 곡선 C: $y=x^2$ 상에 두 개의 동점 $A(a,a^2)$, $B(b,b^2)$ 이 있어, 점 A 에서의 접선이 직선 AB 와 직교한다. 이때, 점 B 에서의 접선이 직선 AB 와 이루는 예각을 θ 라 하면, 다음이 성립한다.

(1) $a=1$ 이면, $b=\square$, $\tan\theta=\square$

(2) $b=\pm\sqrt{\square}$ 일 때 $|b|$ 가 최소이며,

그 때, $\tan\theta=\square$

2. 두 수열 $\{a_n\}$, $\{b_n\}$은 다음을 만족한다.

$a_n=5a_{n-1}-6b_{n-1}$, $b_n=3a_{n-1}-4b_{n-1}$

벡터 (a_n,b_n)에 대하여, 다음 $\square$ 안에 알맞은 수를 넣어라.

(1) $(a_1,b_1)=(\square,1)$ 이면, $(a_2,b_2)=2(a_1,b_1)$

(2) $(a_1,b_1)=(1,1)$ 이면,

$(a_n,b_n)=(\square)^{n-1}(a_1,b_1)$

(3) $(a_1,b_1)=(1,0)$ 이면,

$(a_{10},b_{10})=(\square,\square)$

3. 다음 $\square$ 안에 알맞은 수를 넣어라.

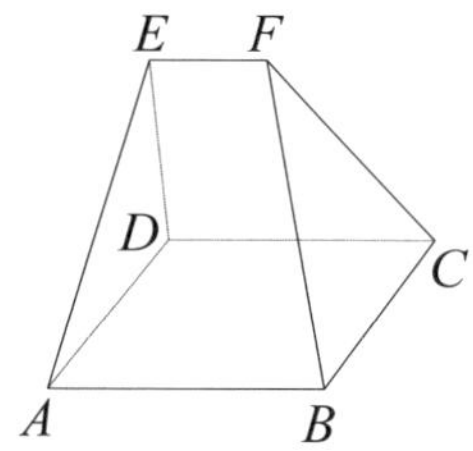

그림과 같은 입체도형을 고려해보자. 세 변 AB, DC, EF는 서로 평행하며, 밑면 $ABCD$는 직사각형이다. 또, $\overline{AB}=9$, $\overline{BC}=8$, $\overline{EF}=3$, $\overline{EA}=\overline{ED}=\overline{FB}=\overline{FC}=13$ 이다.

이 입체의 체적은 $\square$ 이고, 사각형 $ABFE$의 대각선 AF의 길이는 $\square$ 이며, 사각형$ABFE$의 면적은 $\sqrt{\square}$ 이다. 또, $\angle AFC=\alpha$ 로 놓으면, $\cos\alpha=\square$ 이다.

4. 다음 $\square$ 안에 알맞은 수를 넣어라.

xy 평면상에 동점 P, Q가 있다. 시각 t 에서의 점 P의 좌표는 $\left(\frac{4}{3}-2t^2,\ t-t^3\right)$ 이다. 점 Q는 시각 0 일 때 P와 같은 위치에서 출발하여, 벡터 $(-1,m)$의 방향으로 직진하며 시각 t 에서의 속도는 $5t$ 이다.

점 Q가 시각 $a>0$ 에서 점 P와 다시 만난다고 하자. 이러한 일이 일어나는 m, a는 두 개이며, 각각 m_1, a_1 및 m_2, a_2 라 하자.

$m_1<m_2$ 라 하면, $m_1=\square$, $a_1=\square$;

$m_2=\square$, $a_2=\square$ 이다.

[문제 1]

$$C:\ y=x^2,\quad y'=2x$$

점 A에서의 곡선 C의 법선의 방정식은

$$2a(y-a^2)=-(x-a)$$

이 법선과 곡선 C의 두 교점이 A, B이므로

$$\begin{cases} C:\ y=x^2 \\ 2a(y-a^2)=-(x-a) \end{cases}$$

에서,

$$2a(x^2-a^2)=-(x-a)$$

$$(x-a)(2ax+2a^2+1)=0$$

$$x=a,\ x=-\frac{2a^2+1}{2a}\quad (a\neq 0)$$

$$\therefore b=-\frac{2a^2+1}{2a}\quad (a\neq 0)\quad \cdots ①$$

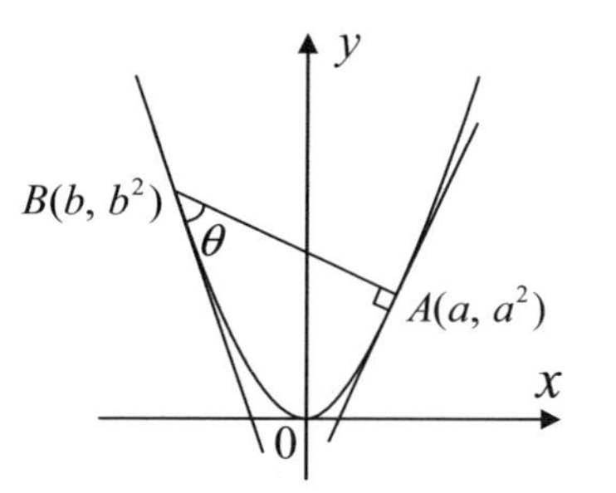

(1) $a=1$ 이면, $b=-\frac{3}{2}$

$\overline{AB}$의 기울기를 m,

B에서의 접선의 기울기를 m'라 하면,

$$m=-\frac{1}{2},\ m'=-3$$

$$\therefore\ \tan\theta=\frac{m-m'}{1+mm'}$$

$$=\frac{-\frac{1}{2}-(-3)}{1+\left(-\frac{1}{2}\right)(-3)}=1$$

…(답) ■

(2) ①에서,

$$|b|=\frac{2a^2+1}{2|a|}=|a|+\frac{1}{2|a|}$$

$$\geq 2\sqrt{|a|\cdot\frac{1}{2|a|}}=\sqrt{2}$$

등호는 $|a|=\frac{1}{2|a|}\left(\because a=\pm\frac{1}{\sqrt{2}}\right)$일 때 성립하므로, $b=\mp\sqrt{2}$ 일 때 $|b|$가 최소이다.

이때, $m=\pm\frac{1}{\sqrt{2}},\ m'=\pm 2\sqrt{2}$ (복호동순)

$$\therefore\ \tan\theta=\left|\frac{m-m'}{1+mm'}\right|$$

$$=\frac{2\sqrt{2}-\frac{1}{\sqrt{2}}}{1+2}=\sqrt{\frac{1}{2}}$$

…(답) ■

[문제 2]

$a_n=5a_{n-1}-6b_{n-1},\ b_n=3a_{n-1}-4b_{n-1}$

$$\therefore\begin{pmatrix}a_n\\b_n\end{pmatrix}=\begin{pmatrix}5&-6\\3&-4\end{pmatrix}\begin{pmatrix}a_{n-1}\\b_{n-1}\end{pmatrix}$$

(1) $(a_1,b_1)=(x,1)$ 이면,

$$\begin{pmatrix}a_2\\b_2\end{pmatrix}=\begin{pmatrix}5&-6\\3&-4\end{pmatrix}\begin{pmatrix}a_1\\b_1\end{pmatrix}=\begin{pmatrix}5&-6\\3&-4\end{pmatrix}\begin{pmatrix}x\\1\end{pmatrix}=\begin{pmatrix}5x-6\\3x-4\end{pmatrix}$$

$(a_2,b_2)=2(a_1,b_1)$이므로

$$\begin{pmatrix}5x-6\\3x-4\end{pmatrix}=2\begin{pmatrix}x\\1\end{pmatrix}$$

$$5x-6=2x,\ 3x-4=2$$

$$\therefore x=2$$

…(답) ■

(2) $(a_1,b_1)=(1,1)$ 이면,

$$\begin{pmatrix}a_2\\b_2\end{pmatrix}=\begin{pmatrix}5&-6\\3&-4\end{pmatrix}\begin{pmatrix}1\\1\end{pmatrix}=\begin{pmatrix}-1\\-1\end{pmatrix}=-\begin{pmatrix}a_1\\b_1\end{pmatrix}$$

$$\begin{pmatrix}a_3\\b_3\end{pmatrix}=\begin{pmatrix}5&-6\\3&-4\end{pmatrix}\begin{pmatrix}-1\\-1\end{pmatrix}=\begin{pmatrix}1\\1\end{pmatrix}=(-1)^2\begin{pmatrix}a_1\\b_1\end{pmatrix}$$

$$\vdots$$

$$\begin{pmatrix}a_n\\b_n\end{pmatrix}=(-1)^{n-1}\begin{pmatrix}a_1\\b_1\end{pmatrix}$$

…(답) ■

(3) $A=\begin{pmatrix}5&-6\\3&-4\end{pmatrix}$로 놓자.

$(a_1,b_1)=(1,0)$ 이면, (1), (2)에 의하여

$$\begin{pmatrix}a_2\\b_2\end{pmatrix}=A\begin{pmatrix}a_1\\b_1\end{pmatrix}=A\begin{pmatrix}2\\1\end{pmatrix}-A\begin{pmatrix}1\\1\end{pmatrix}$$

$$=2\begin{pmatrix}2\\1\end{pmatrix}-(-1)\begin{pmatrix}1\\1\end{pmatrix}$$

$$\begin{pmatrix}a_3\\b_3\end{pmatrix}=2A\begin{pmatrix}2\\1\end{pmatrix}-(-1)A\begin{pmatrix}1\\1\end{pmatrix}$$

$$=2^2\begin{pmatrix}2\\1\end{pmatrix}-(-1)^2\begin{pmatrix}1\\1\end{pmatrix}$$

$$\vdots$$

$$\begin{pmatrix}a_{10}\\b_{10}\end{pmatrix}=2^9\begin{pmatrix}2\\1\end{pmatrix}-(-1)^9\begin{pmatrix}1\\1\end{pmatrix}=\begin{pmatrix}1025\\513\end{pmatrix}$$

…(답) ■

[문제 3]

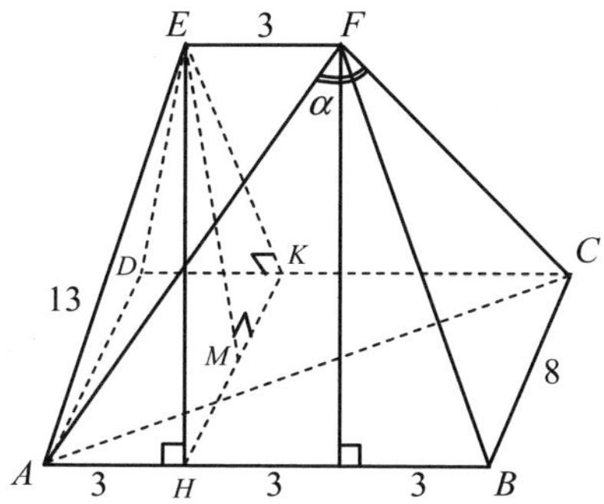

E에서 $\overline{AB}$, $\overline{DC}$, $\square ABCD$에 내린 수선의 발을 각각 H, K, M이라 하면,
M은 $\overline{HK}$의 중점이 되며,

$$\overline{AH} = \overline{DK} = 3$$
$$\overline{EH} = \sqrt{13^2 - 3^2} = 4\sqrt{10}$$
$$\overline{EM} = \sqrt{160 - 4^2} = 12$$
$$\therefore \triangle EHK = \frac{1}{2} \cdot 8 \cdot 12 = 48$$

따라서,

$$\text{체적} = 2 \cdot \frac{1}{3} \cdot \square AHKD \cdot \overline{EM} + \triangle EHK \cdot 3$$
$$= \frac{2}{3} \cdot 3 \cdot 8 \cdot 12 + 48 \cdot 3 = 336 \quad \cdots(\text{답}) \ ■$$

$$\overline{AF} = \sqrt{(4\sqrt{10})^2 + 6^2} = 14 \quad \cdots(\text{답}) \ ■$$

$$\square ABFE = \frac{1}{2}(9+3) \cdot 4\sqrt{10} = 24\sqrt{10}$$
$$= \sqrt{5760} \quad \cdots(\text{답}) \ ■$$

또, $\triangle AFC$에서 $\overline{AC}^2 = 9^2 + 8^2 = 145$

$$\cos\alpha = \frac{14^2 + 13^2 - 145}{2 \cdot 14 \cdot 13} = \frac{55}{91} \quad \cdots(\text{답}) \ ■$$

[문제 4]

점 Q는 $A\left(\frac{4}{3}, 0\right)$에서 출발하여 직선운동을 하므로, 시각 t_0까지의 운동거리는

$$\overline{AQ} = \int_0^{t_0} 5t\ dt = \frac{5}{2}{t_0}^2$$

또, 벡터 $(-1, m)$의 단위벡터는

$$\vec{v} = \frac{1}{\sqrt{1+m^2}}(-1, m)$$

이므로, 시각 t에서의 $\overrightarrow{AQ}$는

$$\therefore \overrightarrow{AQ} = \frac{5t^2}{2\sqrt{1+m^2}}(-1, m)$$

원점을 O라 하면,

$$\overrightarrow{OQ} = \overrightarrow{OA} + \overrightarrow{AQ}$$
$$= \left(\frac{4}{3} - \frac{5t^2}{2\sqrt{1+m^2}}, \frac{5mt^2}{2\sqrt{1+m^2}}\right)$$

따라서, $t = a$에서의 P, Q가 만난다면,

$$P\left(\frac{4}{3} - 2a^2, a - a^3\right)$$
$$Q\left(\frac{4}{3} - \frac{5a^2}{2\sqrt{1+m^2}}, \frac{5ma^2}{2\sqrt{1+m^2}}\right)$$

이므로,

$$\frac{4}{3} - 2a^2 = \frac{4}{3} - \frac{5a^2}{2\sqrt{1+m^2}} \quad \cdots ①$$
$$a - a^3 = \frac{5ma^2}{2\sqrt{1+m^2}} \quad \cdots ②$$

①에서 $\frac{5}{2\sqrt{1+m^2}} = 2$, $16(1+m^2) = 25$

$$\therefore m = \pm\frac{3}{4}$$

$m^2 = \frac{9}{16}$를 ②에 대입하면,

$$1 - a^2 = 2ma\ (a > 0)$$

$m = -\frac{3}{4}$일 때,

$$2a^2 - 3a - 2 = 0 \quad \therefore a = 2$$

$m = \frac{3}{4}$일 때,

$$2a^2 + 3a - 2 = 0 \quad \therefore a = \frac{1}{2}$$

$\cdots$(답) ■

1. 다음 □ 안에 알맞은 수를 넣어라.
m을 실수인 상수라 할 때, xy평면상의 두 직선 $l_1 : mx-y=0$, $l_2 : x+my-m-2=0$의 교점 P는 어떠한 m에 대해서도 일정한 원 $C : (x-\square)^2+(y-\square)^2=\square$ 위에 있다.
또, 직선 l_1와 원 C의 교점을 P, Q_1으로, 직선 l_2와 원 C의 교점을 P, Q_2로 놓자.
m이 실수전체에서 움직일 때, $\triangle PQ_1Q_2$의 면적의 최댓값은 □이다.

2. 다음 □ 안에 알맞은 수를 넣어라.
xy평면상에서 원점을 중심으로 한 어떤 회전에 의하여 직선 $l : 3x+y+1=0$은 세 직선 l_1, l_2, l_3 중 하나로 옮겨진다.
$l_1 : 3x+1=0,\ l_2 : 6x-3y+2=0,\ l_3 : 13x-9y+5=0$
이러한 성질을 만족하는 회전은, 임의의 점 (x,y)를 다음 관계에 의하여 정해지는 점 (x',y')로 이동시킨다.
$x'=\square x+\square y,\ y'=\square x+\square y$

3. 다음 □ 안에 알맞은 수를 넣어라.
한 변의 길이가 1인 정사면체를 A라 하자. 또, A의 각 면의 외심을 꼭짓점으로 하는 사면체를 B라 하자.
그러면, B의 표면적은 $\dfrac{1}{\sqrt{\square}}$이고, A의 표면적의 $\dfrac{1}{\square}$배이다.
또, B의 체적은 $\dfrac{1}{\sqrt{\square}}$이고, A의 체적의 $\dfrac{1}{\square}$배이다.

4. 다음 □ 안에 알맞은 수를 넣어라.
a, b를 실수인 상수라 할 때, x의 삼차함수 $f(x)=x^3+ax^2+bx$는 $x=\alpha$에서 극댓값을 가지며, $x=\beta>0$에서 극솟값 0을 갖는다.
이때, 다음이 성립한다.
(1) $\beta=\square\,\alpha$
(2) $f(\alpha)=f(\gamma),\ \alpha\neq\gamma$이면, $\gamma=\square\,\alpha$
(3) $f(\alpha)=4$이면 $a=\square$, $b=\square$

[문제 1]
$l_1 : mx-y=0$,
$l_2 : m(y-1)+x-2=0$
에서 m을 소거하면,
$x(x-2)+y(y-1)=0$

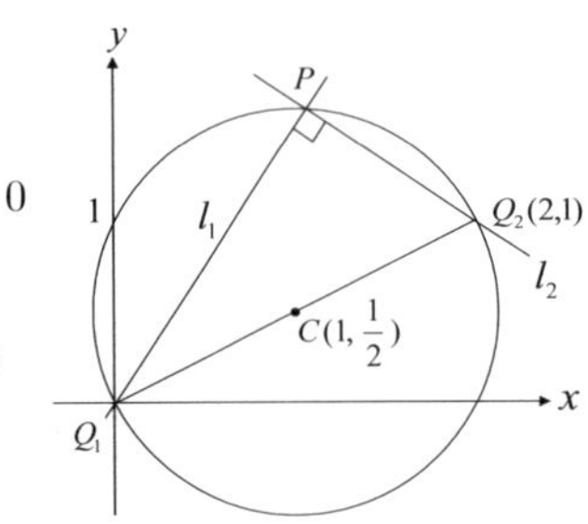

$\therefore\ C : (x-1)^2+\left(y-\dfrac{1}{2}\right)^2=\dfrac{5}{4}$ …(답) ■

l_1은 항상 (0,0)을 지나며,
이 점은 원 C 위에 있으므로 $Q_1(0,0)$이다.
또, l_2는 항상 (2,1)을 지나며,
이 점은 원 C 위에 있으므로 $Q_2(2,1)$이다.

따라서, $\triangle PQ_1Q_2$의 면적이 최대일 때는

$\therefore\ \overline{PC}=\dfrac{\sqrt{5}}{2}$ (원의 반지름)

$\triangle PQ_1Q_2$의 최댓값
$=\dfrac{1}{2}\cdot\sqrt{5}\cdot\dfrac{\sqrt{5}}{2}=\dfrac{5}{4}$ …(답) ■

[문제 2]
원점을 중심으로 직선을 회전시키면
원점으로부터 거리는 변하지 않는다.
$l : 3x+y+1=0$과 원점과의 거리 : $\dfrac{1}{\sqrt{10}}$
$l_1 : 3x+1=0$과 원점과의 거리 : $\dfrac{1}{3}$
$l_2 : 6x-3y+2=0$과 원점과의 거리 : $\dfrac{2}{3\sqrt{5}}$
$l_3 : 13x-9y+5=0$과 원점과의 거리 : $\dfrac{1}{\sqrt{10}}$
이므로,

l 은 회전에 의하여 l_3 로 옮겨진다.

원점을 중심으로 θ 만큼 회전하는 변환은

$$\begin{pmatrix} x' \\ y' \end{pmatrix} = \begin{pmatrix} \cos\theta & -\sin\theta \\ \sin\theta & \cos\theta \end{pmatrix}\begin{pmatrix} x \\ y \end{pmatrix}$$

$$\therefore x' = x\cos\theta - y\sin\theta,\ y' = x\sin\theta + y\cos\theta$$

l_3: $13x' - 9y' + 5 = 0$에 대입하면,

$13(x\cos\theta - y\sin\theta) - 9(x\sin\theta + y\cos\theta) + 5 = 0$

$(13\cos\theta - 9\sin\theta)x - (13\sin\theta + 9\cos\theta)y + 5 = 0$

이 직선이 l : $3x + y + 1 = 0$과 일치하므로

$$\frac{13\cos\theta - 9\sin\theta}{3} = \frac{-(13\sin\theta + 9\cos\theta)}{1} = \frac{5}{1}$$

$$13\cos\theta - 9\sin\theta = 15,\ 13\sin\theta + 9\cos\theta = -5$$

$$\therefore \cos\theta = \frac{3}{5},\ \sin\theta = -\frac{4}{5}$$

$\therefore x' = \frac{3}{5}x + \frac{4}{5}y,\ y' = -\frac{4}{5}x + \frac{3}{5}y$ …(답) ■

[문제 3]

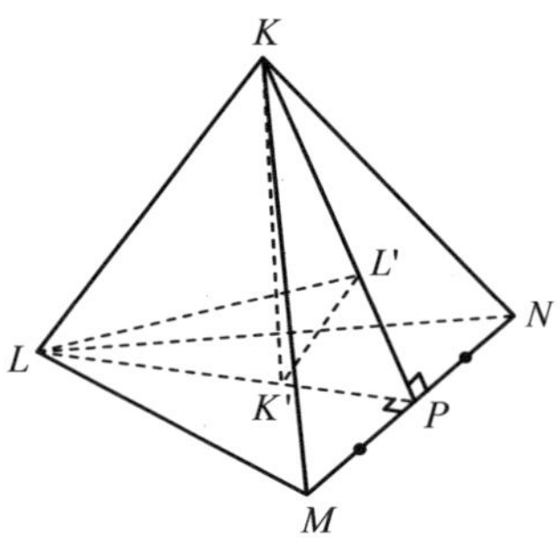

정사면체 A를 $K-LMN$이라 하고, 정삼각형 LMN, KMN의 외심을 각각 K', L'라 하면, B는 $\overline{K'L'}$를 한 변으로 하는 정사면체이다.

또, $\overline{MN}$의 중심을 P라 하면,

$$\overline{PK'} : \overline{PL} = \overline{PL'} : \overline{PK} = 1 : 3$$

$$\therefore \overline{K'L'} /\!/ \overline{LK}$$

$$\therefore \overline{K'L'} = \frac{1}{3}\overline{LK} = \frac{1}{3}$$

따라서, B의 표면적은

$$4 \cdot \frac{\sqrt{3}}{4}\left(\frac{1}{3}\right)^2 = \frac{1}{3\sqrt{3}} = \frac{1}{\sqrt{27}}$$ …(답) ■

이며,

A의 표면적의 $\left(\frac{1}{3}\right)^2 = \frac{1}{9}$ (배) …(답) ■

또, B의 체적은

$$\frac{\sqrt{2}}{12}\left(\frac{1}{3}\right)^3 = \frac{1}{162\sqrt{2}} = \frac{1}{\sqrt{52488}}$$ …(답) ■

이며,

B의 체적의 $\left(\frac{1}{3}\right)^3 = \frac{1}{27}$ (배) …(답) ■

[문제 4]

(1)

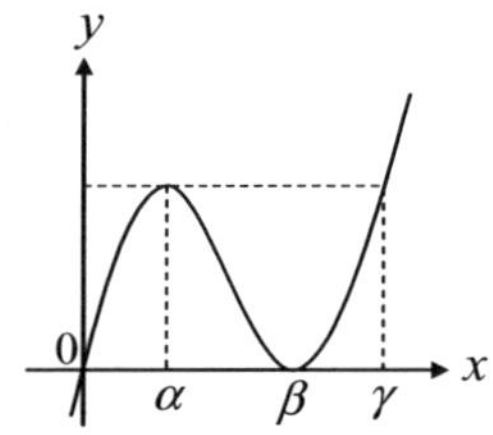

$y = f(x)$의 그래프는 x축과 원점에서 만나고 점 $(\beta, 0)$에서 접하므로,

$$f(x) = x(x-\beta)^2$$

$$f'(x) = (x-\beta)^2 + 2x(x-\beta) = (x-\beta)(3x-\beta)$$

$\beta > 0$이므로,

$x = \frac{\beta}{3}$에서 극대, $x = \beta$에서 극소이다.

$\alpha = \frac{\beta}{3}$ $\therefore \beta = 3\alpha$ …(답) ■

(2) $f(\alpha) = f(\gamma)$에서

$$\alpha(\alpha - 3\alpha)^2 = \gamma(\gamma - 3\alpha)^2$$

$$\gamma^3 - 6\alpha\gamma^2 + 9\alpha^2\gamma - 4\alpha^3 = 0,\ (\gamma-\alpha)^2(\gamma - 4\alpha) = 0$$

$\alpha \neq \gamma$이므로, $\gamma = 4\alpha$ …(답) ■

(3) $f(\alpha) = 4\alpha^3 = 4$에서 $\alpha = 1, \beta = 3$

$$\therefore f(x) = x(x-3)^2 = x^3 - 6x^2 + 9x$$

따라서, $a = -6, b = 9$ …(답) ■

〈 1977년 2차 〉

[이 과 : 1~6, 문 과 : 1~3, 6]

1. k를 실수인 상수라 할 때, x의 함수 $f(x)=|x^3-3kx|$가 $-1 \leqq x \leqq 1$의 범위에서 갖는 최댓값을 $M(k)$라 하자.
k가 실수 전체에서 움직일 때, $M(k)$가 최소로 되는 k값 및 $M(k)$의 최솟값을 구하여라.

2. xy평면상의 원점 O와 원점이 아닌 서로 다른 두 점 $A(a_1, a_2)$, $B(b_1, b_2)$에 대하여, $\overline{OA}=a$, $\overline{OB}=b$, $\angle AOB=\theta$로 놓자.
a_1, a_2, b_1, b_2가 모두 유리수일 때, 다음 세 조건이 서로 동치임을 증명하여라.
(i) ab는 유리수이다.
(ii) $\cos\theta$는 유리수이다.
(iii) $\sin\theta$는 유리수이다.

3. xy평면에 부등식으로 표현되는 세 영역
$$\begin{cases} A: & x \geqq 0 \\ B: & y \geqq 0 \\ C: & \sqrt{3}x+y \leqq \sqrt{3} \end{cases}$$
가 있다.
임의의 점 P에 대하여, P를 중심으로 하고 A, B, C 중 적어도 한 곳에는 포함되는 원을 고려해 보자.
그런 원의 반지름의 최댓값은 점 P에 따라 정해지므로 $r(P)$로 놓자.

(1) 점 P가 $A\cap C$에서 $(A\cap C)\cap B$를 제외한 부분에서 움직일 때,
$r(P)$의 범위를 구하여라.

(2) 점 P가 평면전체를 움직일 때,
$r(P)$의 범위를 구하여라.

4. 정사각형 S의 꼭짓점 A_1, A_2, A_3, A_4는 각각 xy평면상의 점 $(0,0), (2,0), (2,2), (0,2)$의 위치에 있으며, 점 $P(1, a)$는 S내부의 점이다. 단, $0 \leqq a \leqq 2$이다.

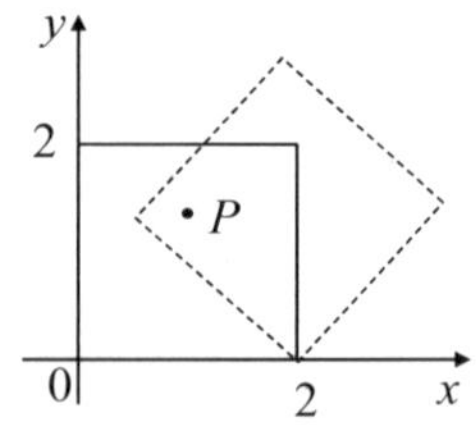

정사각형 S가 위의 위치에서 출발하여 제1사분면내에서 x축상을 양의 방향으로 미끄러지지 않고 굴러갈 때, 점 P가 움직이는 곡선을 C라 하자. 세 직선 $x=1$, $x=9$, $y=0$과 곡선 C로 둘러싸인 도형을 x축 둘레로 회전시켜 얻은 입체의 체적 $V(a)$를 a의 식으로 나타내어라. 또, a가 $0 \leqq a \leqq 2$의 범위에서 움직일 때, $V(a)$를 최소로 하는 a의 값과 $V(a)$의 최솟값을 구하여라.

5. $\begin{pmatrix} 1 & 0 \\ 0 & 1 \end{pmatrix}=I$, $\begin{pmatrix} 0 & -1 \\ 1 & 0 \end{pmatrix}=J$라 하자.
$A=\begin{pmatrix} a & b \\ c & d \end{pmatrix}$와 실수 t에 대하여
$A(I-tJ)=I+tJ$가 성립할 때,
a, b, c, d를 t의 식으로 나타내어라.
또, t가 실수 전체에서 움직일 때, 관계 $\begin{pmatrix} x \\ y \end{pmatrix}=A\begin{pmatrix} 3 \\ 4 \end{pmatrix}$에 의하여 정해지는 점 (x, y)의 자취가 형성하는 도형을 도시하라.

6. 공간상의 직선 l은 두 점 $(1,1,0)$, $(2,1,1)$을 지나며, 직선 m은 두 점 $(1,1,1)$, $(1,3,2)$를 지난다.

(1) l을 포함하고 m에 평행한 평면을 $ax+by+cz+d=0$의 형태로 나타내어라.

(2) 점 $(2,0,1)$을 지나며, l, m 모두와 만나는 직선을 n이라 하자. l과 n의 교점 및 m과 n의 교점을 구하여라.

[문제 1]

$f(-x)=|(-x)^3-3k(-x)|=f(x)$ 이므로
$0 \leqq x \leqq 1$ 의 범위만 고려해도 충분하다.

$g(x)=x^3-3kx$ 로 놓으면, $f(x)=|g(x)|$

$g'(x)=3(x^2-k)$ 이므로, k값에 따라
3차함수 $g(x)$의 극대극소가 결정된다.

(1) $k \leqq 0$ 인 경우 : $g'(x) \geqq 0, g(0)=0$
$g(x)$는 $0 \leqq x \leqq 1$ 에서 양의 단조증가함수이므로 $f(x)$의 최댓값 $M(k)$는

$$M(k)=g(1)=1-3k \qquad \cdots ①$$

(2) $k>0$ 인 경우
$g'(x)=3(x+\sqrt{k})(x-\sqrt{k})$ 에서
$g(x)$는 $x=-\sqrt{k}$ 에서 극대,
$x=\sqrt{k}$ 에서 극소이다.

또, $x=0, \pm\sqrt{3k}$ 에서

$$g(x)=x(x^2-3k)=0$$

따라서,
$y=f(x)=|g(x)|$의 그래프는 다음과 같다.

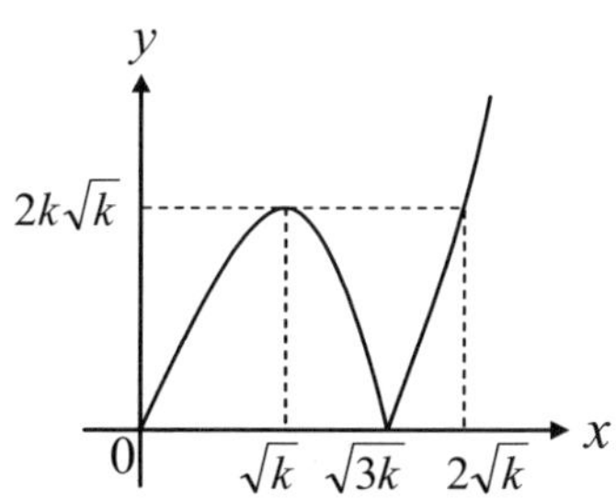

$f(\sqrt{k})=|-2k\sqrt{k}|=2k\sqrt{k}$ 에서
$f(x)=2k\sqrt{k}$ 의 $x>\sqrt{3k}$ 인 해를 구하면,

$$|x^3-3kx|=2k\sqrt{k} \quad (x>\sqrt{3k})$$
$$x^3-3kx-2k\sqrt{k}=0$$
$$(x+\sqrt{k})^2(x-2\sqrt{k})=0 \qquad \therefore x=2\sqrt{k}$$

따라서, $0 \leqq x \leqq 1$ 의 범위에서
$f(x)$의 최댓값 $M(k)$를 구하면,
다음과 같음을 알 수 있다.

> $2\sqrt{k} \leqq 1$ 일 때, $M(k)=f(1)$
> $\sqrt{k} \leqq 1 < 2\sqrt{k}$ 일 때, $M(k)=f(\sqrt{k})$
> $1<\sqrt{k}$ 일 때, $M(k)=f(1)$

(i) $2\sqrt{k} \leqq 1 \left(\because 0<k \leqq \frac{1}{4}\right)$ 일 때,

$$M(k)=f(1)=g(1)=1-3k \qquad \cdots ②$$

(ii) $\sqrt{k} \leqq 1 < 2\sqrt{k} \left(\because \frac{1}{4}<k \leqq 1\right)$ 일 때,

$$M(k)=f(\sqrt{k})=2k\sqrt{k} \qquad \cdots ③$$

(iii) $1<\sqrt{k}$ $(\because 1<k)$ 일 때,

$$M(k)=f(1)=-g(1)=3k-1 \quad \cdots ④$$

따라서,
①, ②, ③, ④ 에서
$M(k)$의 그래프는
그림과 같다.

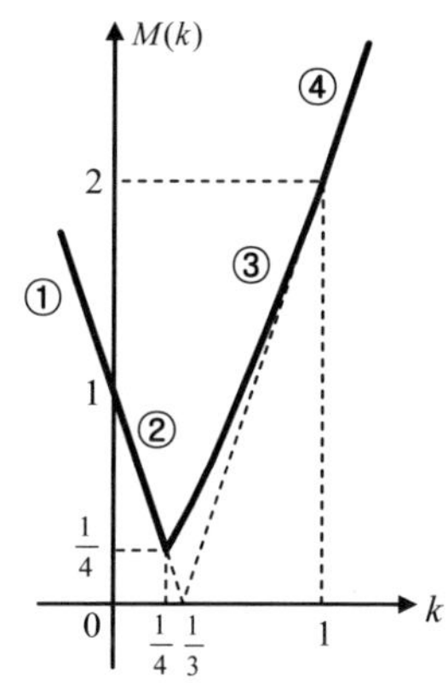

$M(k)$가 최소로
되는 것은
$k=\frac{1}{4}$ 일 때이며,
그때의 최솟값은
$\frac{1}{4}$ 이다. …(답) ■

[문제 2]

$\overrightarrow{OA} \cdot \overrightarrow{OB}=|\overrightarrow{OA}||\overrightarrow{OB}|\cos\theta$ 에서

$$a_1b_1+a_2b_2=ab\cos\theta \qquad \cdots ①$$

$$\sin^2\theta=1-\cos^2\theta=1-\frac{(a_1b_1+a_2b_2)^2}{a^2b^2}$$

$$=\frac{a^2b^2-(a_1b_1+a_2b_2)^2}{a^2b^2}$$

$$=\frac{(a_1^2+a_2^2)(b_1^2+b_1^2)-(a_1b_1+a_2b_2)^2}{a^2b^2}$$

$$=\frac{(a_1b_2-a_2b_1)^2}{a^2b^2}$$

$\sin\theta \geq 0$이므로, $ab\sin\theta = |a_1b_2 - a_2b_1|$ $\cdots$ ②

$\cos\theta\sin\theta \neq 0$인 경우

①,②에서 $a_1b_1 + a_2b_2$와 $|a_1b_2 - a_2b_1|$이
모두 유리수이므로,
(i)과 (ii), (i)과 (iii)이 동치이다.

따라서, (i), (ii), (iii)은 모두 동치이다.

$\cos\theta = 0$ or $\sin\theta = 0$인 경우
(단, 모두 0인 경우는 제외)

$a_1b_1 + a_2b_2 = 0$ 또는 $a_1b_2 - a_2b_1 = 0$

이 때,

$$ab = \sqrt{(a_1^2 + a_2^2)(b_1^2 + b_2^2)}$$
$$= \sqrt{(a_1b_1 + a_2b_2)^2 + (a_1b_2 - a_2b_1)^2}$$

은 유리수이다.
따라서, 주어진 세 조건은 동치이다. ■

[문제 3]

(1)

$$\begin{cases} A: & x \geq 0 \\ B: & y \geq 0 \\ C: & \sqrt{3}x + y \leq \sqrt{3} \end{cases}$$

이므로,

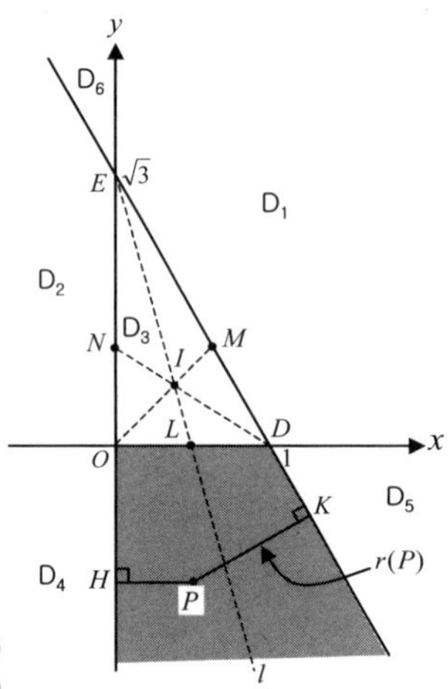

$(A \cap C) - (A \cap C) \cap B$
는 그림의 빗금친
부분이다.(경계제외)

$x = 0$ $\cdots$ ①
$y = 0$ $\cdots$ ②
$\sqrt{3}x + y = \sqrt{3}$ $\cdots$ ③

$D(1,0)$, $E(0, \sqrt{3})$으로 놓고, P에서 ①,③에 내린 수선의 발을 각각 H, K라 하자.

또, $\angle OED$의 이등분선을 l이라 하자.

P를 중심으로 하고 A, C 중 적어도 한 곳에는 포함되는 원의 반지름의 최댓값은

P가 l의 좌측에 있으면, $r(P) = \overline{PK}$
P가 l의 우측에 있으면, $r(P) = \overline{PH}$

따라서, l과 ②의 교점을 L로 놓으면,

$$r(P) > \overline{OL} = 1 \times \frac{\sqrt{3}}{\sqrt{3}+2} = \sqrt{3}(2 - \sqrt{3})$$

$\therefore\ r(P) > 2\sqrt{3} - 3$ $\cdots$ ④ $\cdots$(답) ■

(2)

좌표평면은 세 직선 ①,②,③에 의하여
7개의 부분으로 나눠진다.
(1)에서 구한 부분을 제외한 나머지 부분을 그림과 같이 $D_1, D_2, D_3, D_4, D_5, D_6$ (경계포함)로 놓자.

P가 D_1영역에 있을 때

P가 $\angle DOE$의 이등분선과 $\overline{DE}$의 교점 M과 일치할 때 $r(P)$가 최소로 되며, 이때의 최솟값은 M의 y좌푯값(x좌푯값)과 같다.

$$\therefore\ r(P) \geq \frac{\sqrt{3}}{\sqrt{3}+1} = \frac{3-\sqrt{3}}{2} \quad \cdots ⑤$$

P가 D_2영역에 있을 때

P가 $\angle ODE$의 이등분선과 $\overline{OE}$의 교점 N과 일치할 때 $r(P)$가 최소로 된다.

$$\therefore\ r(P) \geq \overline{NO} = \frac{1}{\sqrt{3}} \quad \cdots ⑥$$

P가 D_3영역에 있을 때

$\triangle ODE$의 내접원의 반지름을 R이라 하면,

$$R \leq r(P) \leq \sqrt{3}$$

$$\therefore\ \frac{\sqrt{3}-1}{2} \leq r(P) \leq \sqrt{3} \quad \cdots ⑦$$

$\frac{1}{2}(1 + \sqrt{3} + 2)R = \frac{1}{2} \cdot 1 \cdot \sqrt{3}$ 에서

$$R = \frac{\sqrt{3}}{3+\sqrt{3}} = \frac{\sqrt{3}-1}{2}$$

P가 D_4영역에 있을 때

P가 O와 일치할 때 $r(P)$가 최소로 된다.

$$\therefore\ r(P) \geqq \frac{\sqrt{3}}{2} \quad \cdots ⑧$$

P가 D_5영역에 있을 때

$$\therefore\ r(P) \geqq \overline{DO} = 1 \quad \cdots ⑨$$

P가 D_6영역에 있을 때

$$\therefore\ r(P) \geqq \overline{EO} = \sqrt{3} \quad \cdots ⑩$$

---

④ ~ ⑩에서, $r(P) \geqq \dfrac{\sqrt{3}-1}{2}$ …(답) ■

[참고]

④에서

$x : 1 = \sqrt{3} : \sqrt{3}+2$

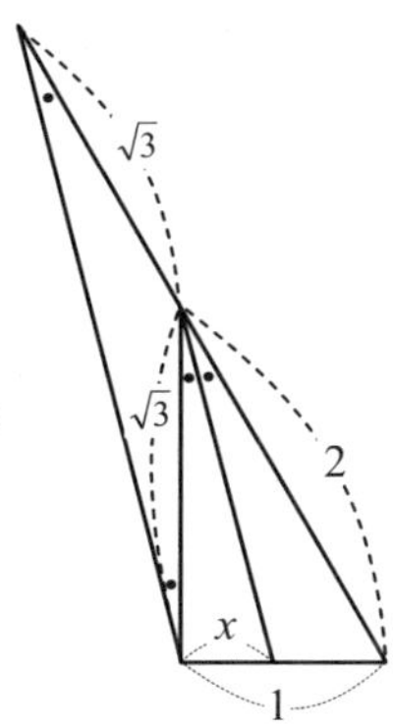

$$x = 1 \times \frac{\sqrt{3}}{\sqrt{3}+2} = \sqrt{3}\,(2-\sqrt{3})$$

또는, $L(a,0)$에 대하여

$$\frac{|\sqrt{3}\,a - \sqrt{3}|}{\sqrt{3}+1} = a$$

[문제 4]

곡선의 첫 부분을 고려해보자.

$(2,0)$을 중심으로 90^0 회전하므로,

$P(1,a)$는 $(2,0)$를 중심으로 하는 원호를 그리며 $P_1(2+a,1)$로 이동한다.

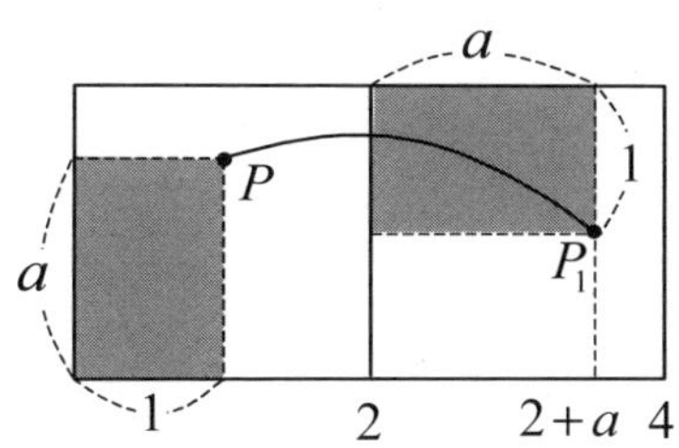

따라서, $1 \leqq x \leqq 2+a$의 범위에서 곡선 C는

$$\therefore\ (x-2)^2 + y^2 = 1 + a^2$$

같은 방법으로 곡선 C를 구하면,

$2+a \leqq x \leqq 5$에서 $(x-4)^2+y^2 = 1+(2-a)^2$

$5 \leqq x \leqq 8-a$에서 $(x-6)^2+y^2 = 1+(2-a)^2$

$8-a \leqq x \leqq 9$에서 $(x-8)^2+y^2 = 1+a^2$

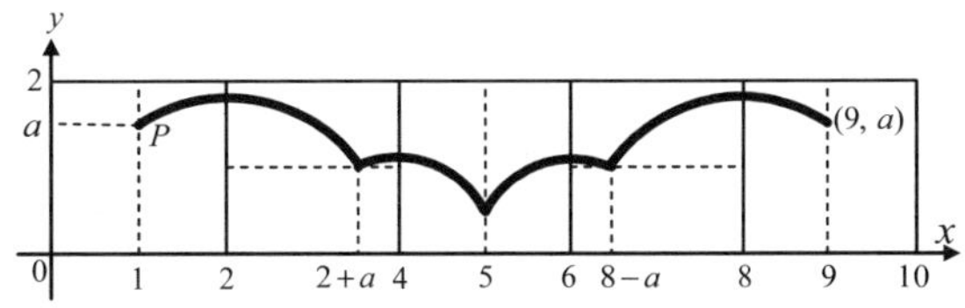

곡선 C는 $x=5$에 대하여 대칭이므로

$$V(a) = 2\pi\left\{\int_1^{2+a}\{1+a^2-(x-2)^2\}dx + \int_{2+a}^{5}\{1+(2-a)^2-(x-4)^2\}dx\right\}$$

$$= 2\pi\left\{\left[(1+a^2)x - \frac{(x-2)^3}{3}\right]_1^{2+a} + \left[x+(2-a)^2x - \frac{(x-4)^3}{3}\right]_{2+a}^{5}\right\}$$

$$= 2\pi\left\{(1+a^2)(1+a) - \frac{a^3}{3} - \frac{1}{3} + 3 - a + (2-a)^2(3-a) - \frac{1}{3} + \frac{(a-2)^3}{3}\right\}$$

$$= 2\pi\left(6a^2 - 12a + \frac{38}{3}\right) \quad \cdots(답)\ ■$$

$$V(a) = 12\pi\left\{(a-1)^2 + \frac{10}{9}\right\}$$

따라서, $V(a)$가 최소로 되는 a값은

$a=1$, 최솟값은 $V(1) = \dfrac{40}{3}\pi$ …(답) ■

[문제 5]

$$I - tJ = \begin{pmatrix}1 & 0\\0 & 1\end{pmatrix} - \begin{pmatrix}0 & -t\\t & 0\end{pmatrix} = \begin{pmatrix}1 & t\\-t & 1\end{pmatrix}$$

$$I + tJ = \begin{pmatrix}1 & 0\\0 & 1\end{pmatrix} + \begin{pmatrix}0 & -t\\t & 0\end{pmatrix} = \begin{pmatrix}1 & -t\\t & 1\end{pmatrix}$$

$A(I-tJ)=I+tJ$ 에 대입하면,

$$A\begin{pmatrix}1 & t\\ -t & 1\end{pmatrix}=\begin{pmatrix}1 & -t\\ t & 1\end{pmatrix}$$

$$A=\begin{pmatrix}a & b\\ c & d\end{pmatrix}=\begin{pmatrix}1 & -t\\ t & 1\end{pmatrix}\begin{pmatrix}1 & t\\ -t & 1\end{pmatrix}^{-1}$$

$$=\frac{1}{1+t^2}\begin{pmatrix}1 & -t\\ t & 1\end{pmatrix}\begin{pmatrix}1 & -t\\ t & 1\end{pmatrix}$$

$$\therefore a=d=\frac{1-t^2}{1+t^2},\quad b=\frac{-2t}{1+t^2},\quad c=\frac{2t}{1+t^2}$$

…(답) ■

$t=\tan\frac{\theta}{2}$로 놓으면,

$$a=d=\cos\theta,\ b=-\sin\theta,\ c=\sin\theta$$

$$\begin{pmatrix}x\\ y\end{pmatrix}=A\begin{pmatrix}3\\ 4\end{pmatrix}=\begin{pmatrix}\cos\theta & -\sin\theta\\ \sin\theta & \cos\theta\end{pmatrix}\begin{pmatrix}3\\ 4\end{pmatrix}$$

$$\therefore x=3\cos\theta-4\sin\theta,\ y=3\sin\theta+4\cos\theta$$

양변을 제곱하여 더하면,

$$x^2+y^2=25$$

t가 실수 전체에서 움직일 때,

$\cos\theta=\frac{1-t^2}{1+t^2}\neq-1$이므로 점 (x,y)의 자취가 형성하는 도형은 그림과 같이 $(-3,-4)$를 제외한 원 $x^2+y^2=25$이다.

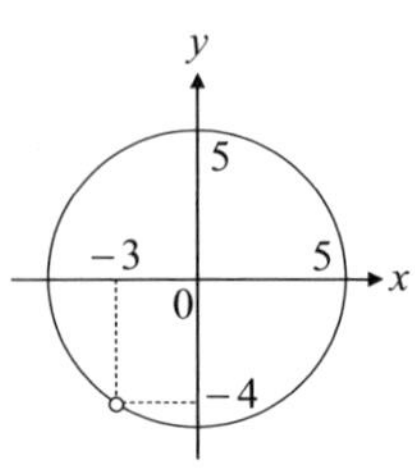

($\cos\theta=-1$일 때, $\sin\theta=0$)

…(답) ■

[문제 6]

(1) 평면 $ax+by+cz+d=0$ … ①

은 직선 l을 포함하므로

$$a+b+d=0 \quad \cdots ②$$

$$2a+b+c+d=0 \quad \cdots ③$$

또, 직선 m은 $\overrightarrow{m}=(0,2,1)$에 평행하므로 평면 ①도 $\overrightarrow{m}$와 평행하다.

$$(a,b,c)\cdot(0,2,1)=2b+c=0 \quad \cdots ④$$

②, ③, ④에서

$$a=-c,\ b=-\frac{c}{2},\ d=\frac{3}{2}c$$

① 에 대입하면,

$$2x+y-2z-3=0$$

…(답) ■

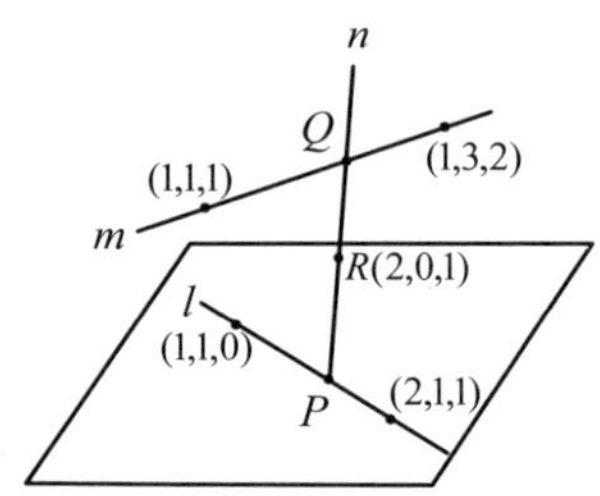

(2) $l: y=1,\ x-1=z$; $m: x=1,\ \frac{y-1}{2}=z-1$

위의 점을 각각 $P(t+1,1,t)$, $Q(1,2s+1,s+1)$라 하면, $R(2,0,1)$에 대하여

$$\overrightarrow{RP}=(t-1,1,t-1),\ \overrightarrow{RQ}=(-1,2s+1,s)$$

세 점 P, Q, R이 일직선상에 있으므로

$$\overrightarrow{RP}=k\overrightarrow{RQ}\quad (\because k(\neq 0)\text{는 실수})$$

$$(t-1,1,t-1)=k(-1,2s+1,s)$$

$$\begin{cases} t-1=-k & \cdots ⑤\\ 1=k(2s+1) & \cdots ⑥\\ t-1=ks & \cdots ⑦\end{cases}$$

⑦ − ⑤에서 $k(s+1)=0$

$k\neq 0$이므로, $s=-1$

⑥에서 $k=-1$

$$\therefore t=2,\ s=-1,\ k=-1$$

따라서,

l과 n의 교점은 $P(3,1,2)$

m과 n의 교점 $Q(1,-1,0)$ …(답) ■

〈 1978년 1차 이과 〉

1. 다음 □ 안에 알맞은 수를 넣어라.

점 (x,y)를 $\begin{pmatrix} x' \\ y' \end{pmatrix} = \begin{pmatrix} 2 & -1 \\ p & q \end{pmatrix}\begin{pmatrix} x \\ y \end{pmatrix}$로 정해지는 점 (x',y')로 이동시키는 일차변환은 직선 $y=lx$상의 각 점을 그 점 자신으로 이동시키며, $y=mx$상의 각 점을 원점에 대하여 대칭이동시킨다. 이때, $l=$□, $m=$□, $p=$□, $q=$□이다.

2. 다음 □ 안에 알맞은 수를 넣어라.

$a,\ b\ (a \neq 0)$는 상수이며, 함수 $f(x)=\dfrac{x}{ax+b}$는 조건 (i), (ii)를 만족한다.

(i) $f(2)=1$

(ii) $f(x)=x$인 x는 1개뿐이다.

이때, $a=$□, $b=$□이다. 또, $x_1>0$에 대하여, $x_n=f(x_{n-1})\ (n>1)$에 따라 수열 $\{x_n\}$을 정하면, $\dfrac{1}{x_{n-1}}+\dfrac{1}{x_{n+1}}=\dfrac{\square}{x_n}\ (n>1)$가 성립한다. 만약, $x_1=1$이면 $x_{10}=$□이다.

3. 다음 □ 안에 알맞은 수를 넣어라.

a를 양의 실수라 하자. 공간상의 네 점 $O(0,0,0), A(6,0,0), B(3,5,0), C(3,2,a)$를 지나는 구면의 중심을 P라 하자. 이때, $a=3$이면, $P=($□, □, □$)$이다.

또, P가 사면체 $OABC$의 내부(표면포함)에 포함되도록 a가 변할 때, a가 취할 수 있는 최솟값은 $\sqrt{\square}$ 이다.

4. 다음 □ 안에 알맞은 수를 넣어라.

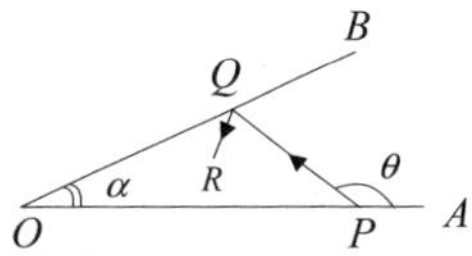

각 α^0를 이루며 만나는 두 반직선 OA, OB가 있다. OA상의 한 점 P에서 그림과 같이 $\theta^0\ (0<\theta<180)$로 작은 공을 발사한다. 단, 공의 크기는 무시하며, 공은 벽 이외의 곳에서는 직진하는 것으로 한다. 또, 벽에서 반사할 때는, 예를 들면 그림과 같이 $\angle PQB=\angle OQR$과 같은 모양으로 반사한다. 이제, θ^0에 대하여 공이 1회 이상 몇 회 반사하여, 최후에는 $\overrightarrow{OB}$와 평행하게 된다고 가정하자. 이때,

(1) $\alpha^0=15^0$일 때, 위와 같은 θ^0는 □개이며, 그 중 가장 큰 값은 □^{0}이다.

(2) $\alpha^0=50^0$일 때, 위와 같은 θ^0는 1개뿐이며 □이다. 이때, $\overline{OP}=1$이면, 공이 마지막으로 벽에 부딪힐 때까지 공이 움직인 거리는 $2\cos$□^{0}이다. 단, □안의 값은 0보다 크며 180보다 작다.

[문제 1]

일차변환에 의하여,

점 $(x,\ lx)$가 점 $(x,\ lx)$로 변환되므로

$$\begin{pmatrix} 2 & -1 \\ p & q \end{pmatrix}\begin{pmatrix} x \\ lx \end{pmatrix}=\begin{pmatrix} x \\ lx \end{pmatrix}$$

$$\therefore 2x-lx=x,\ px+qlx=lx$$

x는 임의이므로 $2-l=1, p+ql=l$ $\cdots$ ①

점 $(x,\ mx)$가 점 $(-x,\ -mx)$로 변환되므로

$$\begin{pmatrix} 2 & -1 \\ p & q \end{pmatrix}\begin{pmatrix} x \\ mx \end{pmatrix}=\begin{pmatrix} -x \\ -mx \end{pmatrix}$$

$$\therefore 2-m=-1,\ p+qm=-m \quad \cdots ②$$

①, ②에서,

$$l=1, m=3, p+q=1, p+3q=-3$$

$\therefore\ l=1, m=3, p=3, q=-2$ $\cdots$(답) ■

[문제 2]

$f(x)=\dfrac{x}{ax+b}$, $f(2)=1$이므로

$$f(2)=\frac{2}{2a+b}=1 \qquad \therefore 2a+b=2$$

조건 (ii)에서 $\dfrac{x}{ax+b}=x$, $x(ax+b-1)=0$

을 만족하는 x는 1개뿐이므로 $b=1$

이때, $a=\frac{1}{2}, f(x)=\frac{2x}{x+2}$

$x_n=f(x_{n-1})=\frac{2x_{n-1}}{x_{n-1}+2}$에서

$$\frac{1}{x_n}=\frac{1}{2}+\frac{1}{x_{n-1}} \quad \therefore \frac{1}{x_{n+1}}=\frac{1}{2}+\frac{1}{x_n}$$

변변빼면, $\frac{1}{x_{n+1}}-\frac{1}{x_n}=\frac{1}{x_n}-\frac{1}{x_{n-1}}$ $\cdots$ ①

$$\therefore \frac{1}{x_{n-1}}+\frac{1}{x_{n+1}}=\frac{2}{x_n}$$

①에서 수열 $\left\{\frac{1}{x_n}\right\}$은 등차수열임을 알 수 있으며, $x_1=1, x_2=\frac{2}{3}$이므로

$$\therefore \text{초항}=\frac{1}{x_1}=1, \text{공차}=\frac{1}{x_2}-\frac{1}{x_1}=\frac{1}{2}$$

$$\frac{1}{x_{10}}=1+9\cdot\frac{1}{2}=\frac{11}{2} \quad \therefore x_{10}=\frac{2}{11}$$

답 : $\frac{1}{2}, 1, 2, \frac{2}{11}$ ■

[문제 3]

$O(0,0,0), A(6,0,0), B(3,5,0), C(3,2,a)$

$P(x,y,z)$로 놓으면,

$\overline{PO}=\overline{PA}$에서

$$x^2+y^2+z^2=(x-6)^2+y^2+z^2 \quad \therefore x=3$$

$\overline{PO}=\overline{PB}$에서

$$x^2+y^2+z^2=(x-3)^2+(y-5)^2+z^2$$

$$3x+5y=17 \quad \therefore y=\frac{8}{5}$$

$\overline{PB}=\overline{PC}$에서

$$(x-3)^2+(y-5)^2+z^2=(x-3)^2+(y-2)^2+(z-a)^2$$

$$\therefore z=\frac{1}{2a}\left(a^2-\frac{57}{5}\right)$$

(1) $a=3$인 경우

$$z=\frac{1}{2\cdot 3}\left(3^2-\frac{57}{5}\right)=-\frac{2}{5}$$

$\therefore P\left(3,\frac{8}{5},-\frac{2}{5}\right)$ $\cdots$(답) ■

(2)

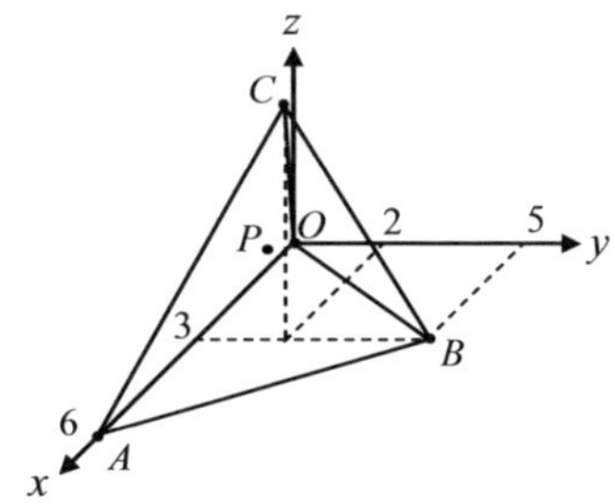

$a>0$이므로 $C(3,2,a)$는 xy평면 위쪽에 존재하며, a값이 커질수록 점 P의 z좌푯값이 커짐을 알 수 있다.

그림에서, 점 C가 위로 올라갈수록 점 P도 올라감을 알 수 있다. 또는 점 P의 z좌푯값 $\frac{1}{2a}\left(a^2-\frac{57}{5}\right)$이 $a>0$에서 단조증가하는 것에서도 알 수 있다.

따라서, 점 $P\left(3, \frac{8}{5}, \frac{1}{2a}\left(a^2-\frac{57}{5}\right)\right)$가 사면체 $OABC$의 내부(표면포함)에 있기 위한 a값 중 최솟값은 점 P가 xy평면 상에 있는 경우이다.

$$\frac{1}{2a}\left(a^2-\frac{57}{5}\right)=0 \quad (a>0)$$

$\therefore a=\sqrt{\frac{57}{5}}$ $\cdots$(답) ■

[문제 4]

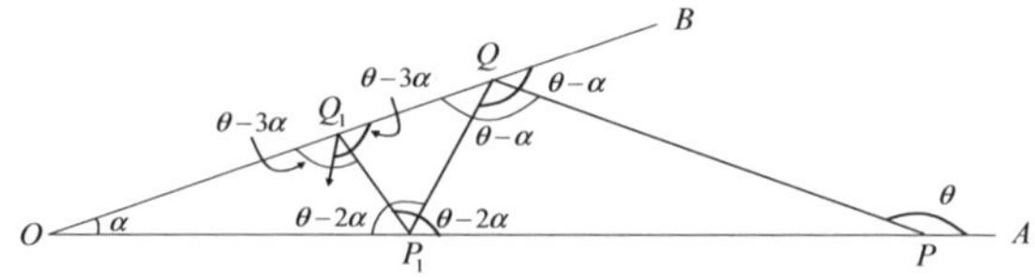

그림과 같이, $\overline{OA}, \overline{OB}$상에 공이 충돌한 점을 순서대로 $P_1, P_2, P_3, \cdots$; $Q, Q_1, Q_2, Q_3, \cdots$ 라 하면,

$$\angle P_1QB=\angle PQO=\theta-\alpha$$

$$\angle AP_1Q_1=\angle OP_1Q=\theta-2\alpha$$

같은 방법으로,

$$\angle AP_2Q_2=\theta-4\alpha, \ \angle AP_nQ_n=\theta-2n\alpha$$

따라서,

공이 $\overline{OB}$와 평행하게 직진하는 경우는

$$\theta - 2n\alpha = \alpha \qquad \therefore \theta = (2n+1)\alpha$$

(1) $\alpha = 15$인 경우

$$\theta = 15(2n+1) \quad (n \geq 1 : 1회\ 이상\ 반사)$$

$0 < \theta < 180$이므로, $n = 1,2,3,4,5$

θ의 최댓값은 $\theta = 165$ …(답) ■

(2) $\alpha = 50$인 경우

$$\theta = 50(2n+1) \quad (n \geq 1)$$

$0 < \theta < 180$이므로, $n = 1$

$$\therefore \theta = 150$$ …(답) ■

이때, $\triangle OQR$에서

$\angle QRO = \angle QOR = 50^0$

$\therefore \overline{QR} = \overline{QO}$

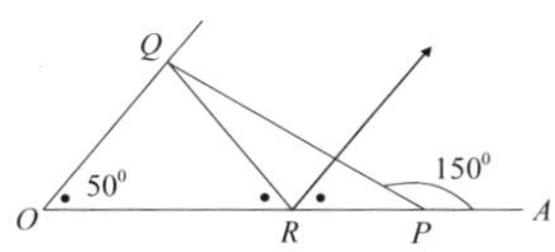

또, $\triangle OPQ$에서

$$\frac{\overline{OP}}{\sin 100^0} = \frac{\overline{QO}}{\sin 30^0} = \frac{\overline{PQ}}{\sin 50^0}$$

따라서, $\overline{OP} = 1$이면,

$$\overline{PQ} = \frac{\sin 50^0}{\sin 100^0},\ \overline{QR} = \overline{QO} = \frac{\sin 30^0}{\sin 100^0}$$

$$\therefore \overline{PQ} + \overline{QR} = \frac{\sin 50^0 + \sin 30^0}{\sin 100^0} = \frac{2\sin 40^0 \cos 10^0}{\cos 10^0} = 2\sin 40^0 = 2\cos 50^0$$ …(답) ■

〈 참고 〉 일반적인 경우를 생각해보자.

먼저, 출발하면서 그리는 직선이나 반사되어 나가는 직선이 형성하는 외측각을 「방향각」이라 하자. (그림 참조)

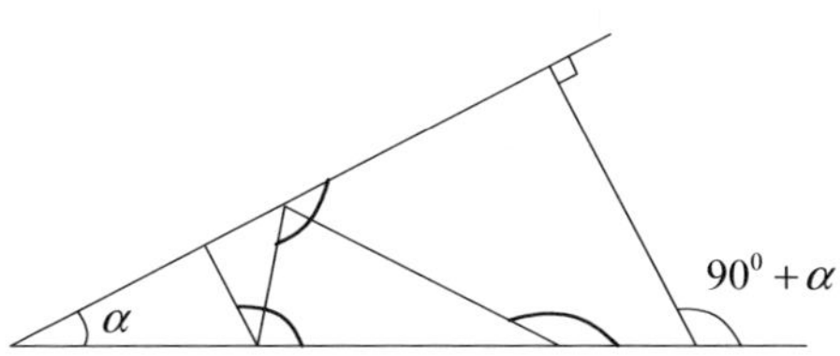

이때, 방향각이 $90^0 + \alpha$보다 작으면 우측으로, $90^0 + \alpha$보다 크면 좌측으로 반사됨을 알 수 있다.

$0 < \alpha < 90$인 경우만 생각하자.($90 \leq \alpha < 180$인 경우는 바로 직진하거나 한 번 반사된 후 계속 직진하므로 논외로 하자.)

① $\theta \leq 2\alpha < 90^0 + \alpha$인 경우

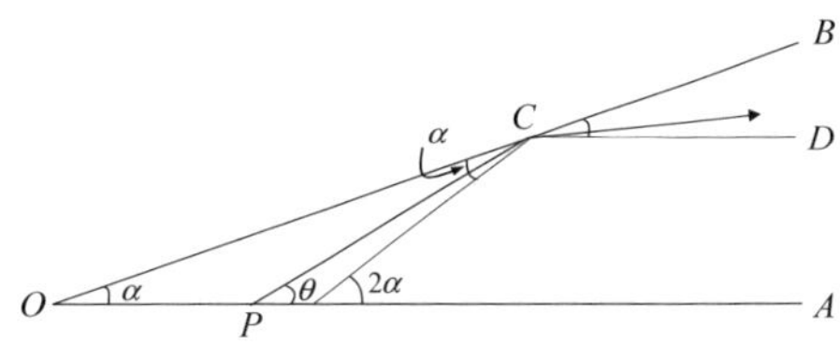

$\theta = 2\alpha$이면,

$\overrightarrow{OA}$에 평행하게 반사되어 직진

$0 < \theta < 2\alpha$이면,

$\overrightarrow{CD}$와 $\overrightarrow{CB}$ 사이로 반사되어 직진

② $2\alpha < \theta < 90^0 + \alpha$ 인 경우

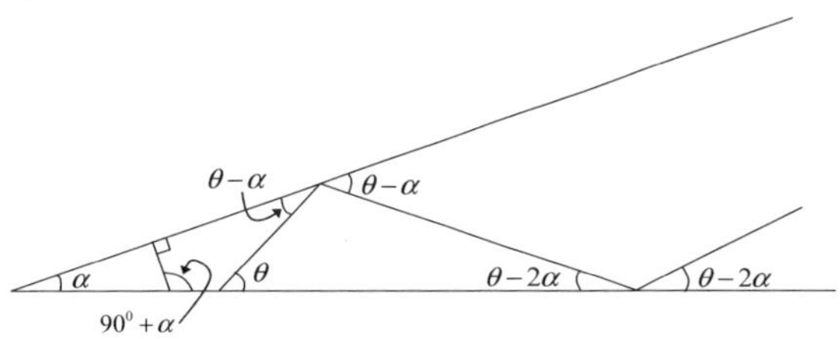

그림과 같이, 최초 오른쪽으로 반사되며

방향각이 $\theta,\ \theta-\alpha,\ \theta-2\alpha,\ \theta-3\alpha,\ \cdots$ 로 된다.

또, $90^0 + \alpha > \theta > \theta - \alpha > \theta - 2\alpha > \theta - 3\alpha > \cdots$ 이므로 계속 오른쪽으로 반사됨을 알 수 있다.

$\theta - n\alpha = \alpha$인 n이 존재하면, n번째 반사에서 반대편 반직선에 평행하게 되며,

$\theta - n\alpha = \alpha$인 n이 존재하지 않으면,

$0 < \theta - m\alpha < \alpha$인 m이 존재하여,

m번째 반사에서 반사각이 α보다 작아져 계속 직진한다. (그림 참조)

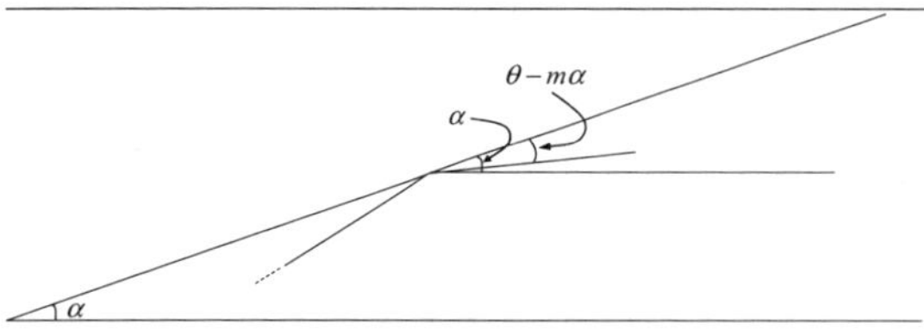

③ $\theta=90^0+\alpha$ 인 경우
그림과 같이,
처음 Q에서 반사되어 P로 되돌아온다.

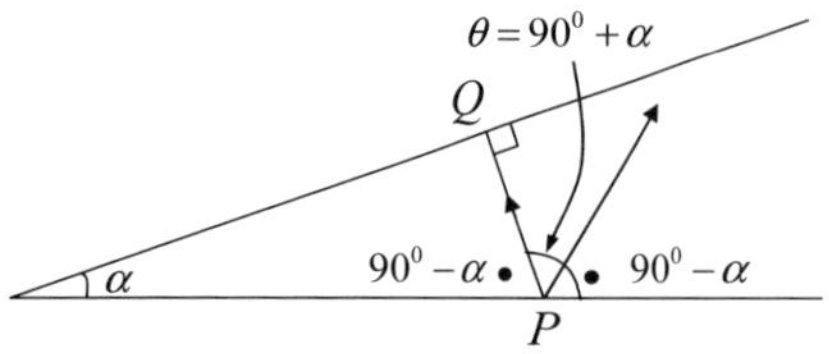

이후, ① 또는 ②의 경우가 된다.
또, 방향각은 $90^0+\alpha,\ 90^0,\ 90^0-\alpha,\ 90^0-2\alpha,\ \cdots$
$=\theta,\ \theta-\alpha,\ \theta-2\alpha,\ \theta-3\alpha,\ \cdots$ 로 된다.

④ $\theta>90^0+\alpha$ 인 경우
최초 반사시 왼쪽으로 반사되며 방향각이
$\theta,\ \theta-\alpha,\ \theta-2\alpha,\ \theta-3\alpha,\ \cdots$ 로 작아지므로,

$\theta-k\alpha\leq 90^0+\alpha<\theta-(k-1)\alpha$ 인 k가 존재하여 이후 ①, ②, ③ 중 한 경우로 되어 오른쪽으로 진행하다가 어느 순간 이후 반사됨없이 직진한다.

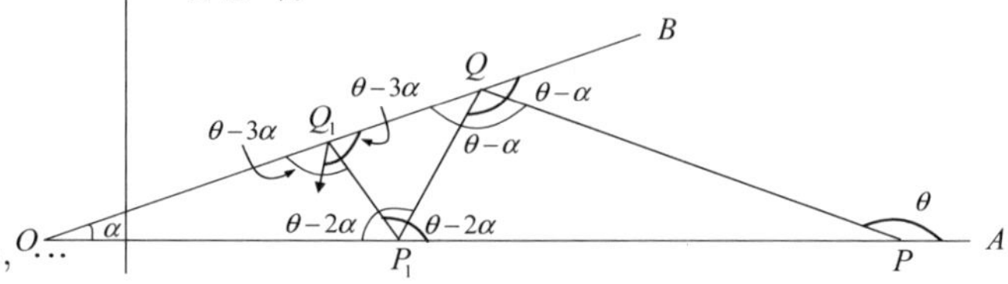

〈 1978년 1차 문과 〉

1. 다음 □ 안에 알맞은 수를 넣어라.
행렬 $A=\begin{pmatrix} x & y \\ z & w \end{pmatrix}$, $(x>0)$와 $J=\begin{pmatrix} 0 & 1 \\ -1 & 0 \end{pmatrix}$이 $AJ=JA$ 및 $A^2=\begin{pmatrix} 8 & 6 \\ -6 & 8 \end{pmatrix}$을 만족하면,
$x=$□, $y=$□, $z=$□, $w=$□ 이다.

2. 남자 5명과 여자 2명이 있다.
이때, 다음 □ 안에 알맞은 수를 넣어라.
(1) 7명이 원의 둘레에 둘러앉는 방법 중, 2명의 여자가 이웃하지 않는 방법은 □ 가지이다.
(2) 7명이 횡으로 1열로 나란히 늘어서는 방법 중, 양쪽 끝에 남자가 서는 방법은 □ 가지이다.
(3) 2번의 경우 중, 여자의 양쪽에 남자가 있게 하는 방법은 □ 가지이다.
(4) 3번의 경우 중, 특정 남여 1개 조가 이웃하게 하는 방법은 □ 가지이다.

3. 다음 □ 안에 알맞은 수를 넣어라.
a, b를 정수라 할 때, 직선 $y=ax+b\cdots$ ①
와 세 포물선 $\begin{cases} y=x^2+3 & \cdots ② \\ y=x^2+6x+7 & \cdots ③ \\ y=x^2+4x+5 & \cdots ④ \end{cases}$
에 대하여 고려해보자.
직선 ①과 포물선 ②,③,④의 교점의 개수가 각각 2개, 1개, 0개라 하면,
$a=$□, $b=$□ 이다. 또, ①과 ③의 교점의 좌표는 (□,□)이다.

4. 다음 □ 안에 알맞은 수를 넣어라.
어느 도시의 원형도로에 연하여, 제1초등학교부터 제5초등학교까지 5개의 학교가 있다. 작년도에, 각 학교의 현미경의 개수가 각각 15, 7, 11, 3, 14개였다. 금년도에 각 학교의 현미경의 수가 같아지도록 몇 개씩인가를 이웃학교로 이동하였다. 이때, 이동하는 현미경의 총수가 최소인 경우는
제1학교에서 제2학교로 □ 개 이동,
제2학교에서 제3학교로 □ 개 이동,
제5학교에서 제1학교로 □ 개 이동한
경우이며, 이때의 이동한 총수는 □ 개 이다. 단, 예를 들어 갑에서 을로 −3개 이동한 것은 을에서 갑으로 3개 이동한 것과 같은 것으로 한다.

[문제 1]

$AJ = JA$에서

$$\begin{pmatrix} x & y \\ z & w \end{pmatrix}\begin{pmatrix} 0 & 1 \\ -1 & 0 \end{pmatrix} = \begin{pmatrix} 0 & 1 \\ -1 & 0 \end{pmatrix}\begin{pmatrix} x & y \\ z & w \end{pmatrix}$$

$$\begin{pmatrix} -y & x \\ -w & z \end{pmatrix} = \begin{pmatrix} z & w \\ -x & -y \end{pmatrix}$$

$$\therefore z = -y,\ w = x \qquad \therefore A = \begin{pmatrix} x & y \\ -y & x \end{pmatrix}$$

$$A^2 = \begin{pmatrix} x^2-y^2 & 2xy \\ -2xy & x^2-y^2 \end{pmatrix} = \begin{pmatrix} 8 & 6 \\ -6 & 8 \end{pmatrix}$$

$$\therefore x^2-y^2 = 8,\ xy = 3$$

y를 소거하면,

$$x^4 - 9 = 8x^2,\ (x^2-9)(x^2+1) = 0$$

$x > 0$이므로

$x = 3,\ y = 1,\ z = -1,\ w = 3$ …(답) ■

[문제 2]

(1) 먼저 남자 5명이 앉은 후에 여자 2명이 남자들 사이의 공간에 앉으면 되므로

$4! \times {}_5P_2 = 24 \times 20 = 480$(가지) …(답) ■

(2) 먼저 남자 2명이 양쪽 끝에 선 후에
남은 5명을 그 사이에 세우면 되므로

${}_5P_2 \times 5! = 20 \times 120 = 2400$(가지) …(답) ■

(3) 먼저 남자 5명이 앉은 후에 여자 2명이 남자들 사이의 공간에 앉으면 되므로

$5! \times {}_4P_2 = 120 \times 12 = 1440$(가지) …(답) ■

(4) 여자의 양쪽에 남자가 있으며,
양쪽 끝에는 남자가 있음에 주의하자.
특정 남여의 여자에 이웃하는 남자를 고르는 방법은 4가지, 이 3인이 늘어서는 방법은 2가지이다. 이 3인을 1조로 하여, 남은 남자 3명과 함께 늘어서는 방법은 4!가지, 남은 여자 1명이 들어가는 방법은 3가지.

$(4 \times 2) \times 4! \times 3 = 576$(가지) …(답) ■

〈 다른 방법 〉
특정 남, 여를 A, B라 하자.

①A가 양쪽 끝에 있는 경우

A가 왼쪽 끝에 있는 경우 : $4! \times 3$

Ⓐ Ⓑ (남) ∨ (남) ∨ (남) ∨ (남)

A가 오른쪽 끝에 있는 경우 :
같은 방법으로 $4! \times 3$

②A가 양쪽 끝에 있지 않은 경우

A가 남자 중 왼쪽에서 두 번째에 있는 경우

(남) ∨ Ⓐ Ⓑ (남) ∨ (남) ∨ (남)	$4! \times 3$
(남) Ⓑ Ⓐ ∨ (남) ∨ (남) ∨ (남)	$4! \times 3$

A가 남자 중 왼쪽에서 세 번째와 네 번째에 있는 경우도 같은 방법으로 각각 $4! \times 3 \times 2$

①, ②에서,

$$(4! \times 3) \times 2 + (4! \times 3 \times 2) \times 3 = 576$$

[문제 3]

$$\begin{cases} y = ax + b & \cdots ① \\ y = x^2 + 3 & \cdots ② \\ y = x^2 + 6x + 7 & \cdots ③ \\ y = x^2 + 4x + 5 & \cdots ④ \end{cases}$$

①,②에서, $x^2 - ax + 3 - b = 0$

교점의 개수가 2개이므로

$a^2 - 4(3-b) > 0,\quad a^2 + 4b - 12 > 0$ … ⑤

①,③에서, $x^2 + (6-a)x + 7 - b = 0$

교점의 개수가 1개이므로

$(a-6)^2 - 4(7-b) = 0,\ 4b = -a^2 + 12a - 8$ … ⑥

①,④에서, $x^2 + (4-a)x + 5 - b = 0$

교점의 개수가 0개이므로

$(a-4)^2 - 4(5-b) < 0,\ (a-4)^2 + 4b - 20 < 0$ … ⑦

⑥을 ⑤,⑦에 대입하면,

$$\begin{cases} a^2-12-a^2+12a-8>0, & a>\dfrac{5}{3} \\ (a-4)^2-20-a^2+12a-8<0, & a<3 \end{cases}$$

a는 정수이므로 $\therefore\ a=2$

⑥에 대입하면, $\therefore\ b=3$

---

①, ③에서, $x^2+(6-a)x+7-b=0$

$x^2+4x+4=0 \quad \therefore\ (-2,-1)$

답 : $a=2, b=3, (-2,-1)$ ■

[문제 4]

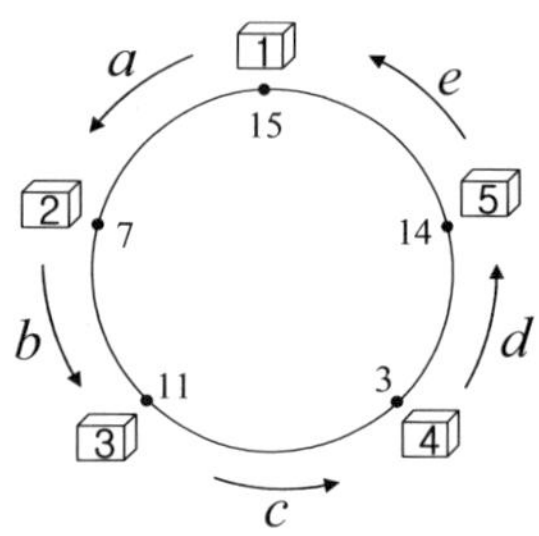

이동한 개수를 다음과 같이 놓자.

제1학교에 제2학교로 이동한 개수 : a
제2학교에 제3학교로 이동한 개수 : b
제3학교에 제4학교로 이동한 개수 : c
제4학교에 제5학교로 이동한 개수 : d
제5학교에 제1학교로 이동한 개수 : e

현미경의 총 개수는 $15+7+11+3+14=50$(개)이므로, 각 학교의 현미경의 개수가 10개가 되도록 해야 한다.

$$\begin{cases} 15+e-a=10 \\ 7+a-b=10 \\ 11+b-c=10 \\ 3+c-d=10 \\ 14+d-e=10 \end{cases} \Rightarrow \begin{cases} e=a-5 \\ b=a-3 \\ c=1+b=a-2 \\ d=c-7=a-9 \\ e=d+4=a-5 \end{cases}$$

이동한 총 개수

$=|a|+|b|+|c|+|d|+|e|$

$=|a|+|a-3|+|a-2|+|a-9|+|a-5|$

$=|a|+|a-2|+|a-3|+|a-5|+|a-9|$

따라서,
$a=3$일 때 이동한 총 개수가 최소로 된다.

$$\begin{cases} e=a-5=3-5=-2 \\ b=a-3=3-3=0 \\ c=a-2=3-2=1 \\ d=a-9=3-9=-6 \end{cases}$$

제1학교에 제2학교로 이동한 개수 : 3
제2학교에 제3학교로 이동한 개수 : 0
제5학교에 제1학교로 이동한 개수 :−2

…(답) ■

이동한 총 개수의 최솟값

$=|a|+|a-2|+|a-3|+|a-5|+|a-9|$

$=|3|+|3-2|+|3-3|+|3-5|+|3-9|$

$=12$

…(답) ■

〈 참고 〉
$y=|x|+|x-2|+|x-3|+|x-5|+|x-9|$의 그래프는 아래와 같다.

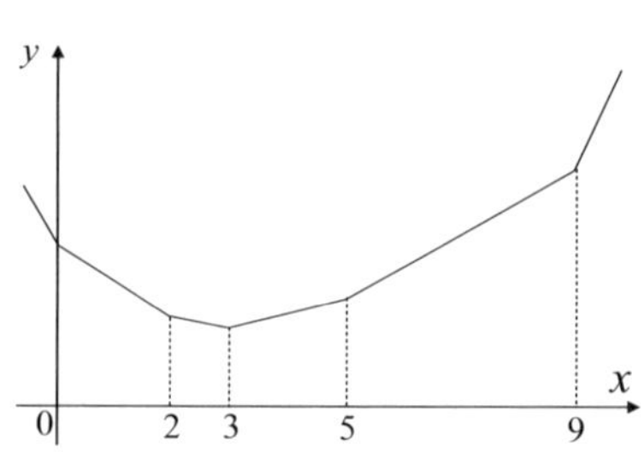

〈 1978년 2차 〉

[이 과 : 1~6, 문 과 : 1, 2, 7, 8]

1. 반지름 1인 원 O의 원주를 6등분하는 점을 그림과 같이 $A_1, A_2, \cdots, A_6$라 하자. 호 $A_2A_1A_6$ 및 반지름 OA_2, OA_6에 접하는 원의 중심을 P, 그 원과 $\overline{OP}$의 교점을 B라 하자. $\overline{OA_3}$상에 $\overline{OQ}=\overline{PA_1}$을 만족하는 점 Q를 잡자. Q를 중심으로 하고 $\overline{QA_3}$를 반지름으로 하는 원과 원 P의 교점 중 지름 A_1B에 대하여 점 A_2와 같은 방향에 있는 것을 C라 하자. 이때, 사각형 $OPCQ$는 평행사변형임을 증명하여라. 또, 호 $A_1A_2A_3$, 호 A_3C, 호 CBA_1에 의하여 둘러싸인 영역(그림의 굵은 선으로 둘러싸인 부분)의 면적을 구하여라.

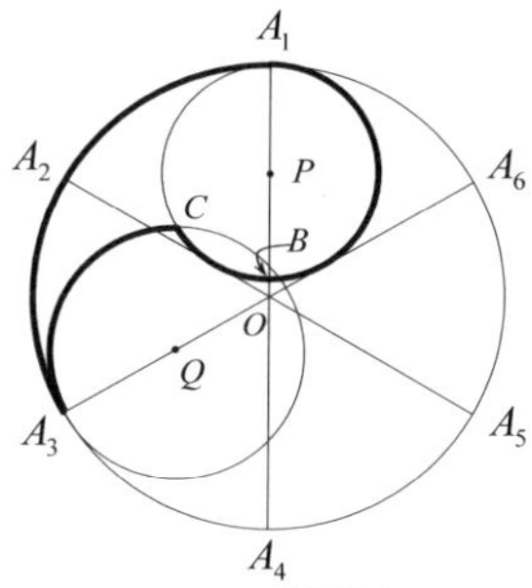

2. x의 함수 $f(x)=(x^2-4)(x^2-9)$의 $t \leqq x \leqq t+1$에서의 최댓값을 $g(t)$라 하자. t가 $-3 \leqq t \leqq 3$의 범위에서 움직일 때, 함수 $s=g(t)$를 구하고 그래프를 그려라.

3. C를 포물선 $y=\frac{3}{2}x^2-\frac{1}{3}$이라 하자.

C상의 점 $Q\left(t, \frac{3}{2}t^2-\frac{1}{3}\right)$을 지나고 Q에서의 C의 접선과 수직인 직선을 C의 법선이라고 한다.

(1) xy평면상의 점 $P(x,y)$에 대하여, P를 지나는 C의 법선이 1개뿐인 그러한 점들이 존재하는 범위를 구하여 xy평면에 나타내어라.

(2) 1번에서 구한 범위와 포물선의 내부(부등식 $y>\frac{3}{2}x^2-\frac{1}{3}$를 만족하는 범위)와의 공통부분의 면적을 구하여라.

4. 행렬 $A=\begin{pmatrix} \frac{1}{3} & 5 \\ 0 & 3 \end{pmatrix}$에 대하여,

다음 문제에 답하여라.

임의의 정수 $n>0$에 대하여, A^n을 수학적 귀납법으로 구하여라. 또, 주어진 $\begin{pmatrix} a \\ b \end{pmatrix}$에 대하여,

$A^n\begin{pmatrix} a \\ b \end{pmatrix}=\begin{pmatrix} a_n \\ b_n \end{pmatrix}$ $(n=1,2,\cdots)$으로 놓을 때,

$u=\lim_{n\to+\infty}\frac{a_n}{\sqrt{a_n^2+b_n^2}}$, $v=\lim_{n\to+\infty}\frac{b_n}{\sqrt{a_n^2+b_n^2}}$을 구하여라.

단, $\begin{pmatrix} a \\ b \end{pmatrix}\neq\begin{pmatrix} 0 \\ 0 \end{pmatrix}$이다.

5. 삼각형 ABC의 각 변의 길이를 각각 $a=\overline{BC}$, $b=\overline{CA}$, $c=\overline{AB}$로 놓자. 이제 변 BC를 n등분하는 점을 $P_1, P_2, \cdots, P_{n-1}$로 놓고 $P_n=C$라 하자. 이때, 극한값

$$\lim_{n\to+\infty}\frac{1}{n}\left(\overline{AP_1}^2+\overline{AP_2}^2+\cdots+\overline{AP_n}^2\right)$$

을 구하여 a, b, c로 나타내어라.

6. xy평면상의 포물선 $y=x^2$의 $0<x<1$에 대응하는 부분을 L이라 하자.

(즉, $L=\{(x,x^2)\,|\,0<x<1\}$이다.)

점 $P(x,x^2)$에서의 L의 접선이 직선 $y=0$, $x=1$과 만나는 점을 각각 A, B라 하자. 또, 좌표가 $(0,0), (1,0), (1,1)$인 세 점을 각각 O, C, D라 하자. 이하, $0<x<1$의 범위에서만 고려하는 것으로 한다.

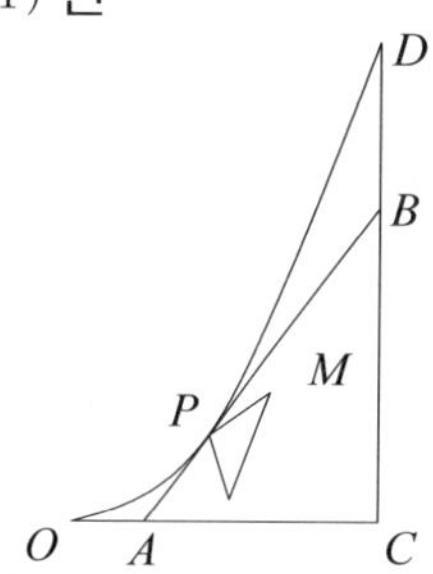

(1) $\triangle PAC$, $\triangle PCB$의 면적을 각각 $g(x)$, $h(x)$로 놓을 때, $g(x) \leqq h(x)$로 되는 x의 범위를 구하여라.

(2) 선분 OC, 선분 CD 및 포물선의 일부분 L로 둘러싸인 부분을 M이라 하자. 단, M은 경계선을 포함한다. 이제, 점 $P(x, x^2)$를 한 꼭짓점으로 하고 M에 포함되는 삼각형의 면적의 최댓값을 $f(x)$라 하자. 함수 $f(x)$를 구하고 그래프를 그려라. 또, $f(x)$의 극값을 구하여라.

7. 두 포물선 $\begin{cases} y = x^2 - 2x + 2 & \cdots ① \\ y = -x^2 + ax + b \cdots ② \end{cases}$

는 한 교점 P에서 접선이 서로 직교한다고 하자. 포물선 ②는 a, b의 값에 관계없이 일정한 점 Q를 지나는 것을 증명하고 Q의 좌표를 구하여라.

8. xy평면상의 점 $P(-3, 6)$을 지나고 곡선 $y = x^3 - 5x^2 + x + 9 \cdots$ ①에 접하는 직선 중 접점의 x좌표가 $x \geq 0$을 만족하는 것을 직선 PQ, PR이라 하자. (단, 두 직선은 각각 Q, R에서 곡선 ①에 접한다.)
이때, 곡선 ①의 점 Q에서 점 R까지의 부분과 선분 PQ, 선분 PR로 둘러싸인 부분의 면적을 구하여라.

[문제 1]

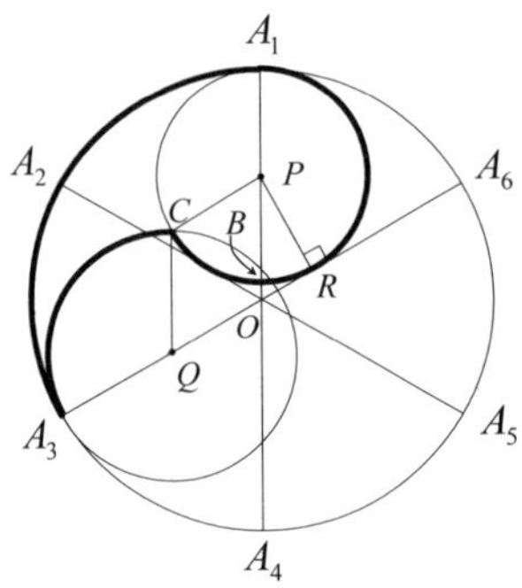

$\overline{OQ} = \overline{PA_1}$ 이므로

$\overline{OQ} = \overline{PA_1} = \overline{PC}$
$\overline{OP} = \overline{QA_3} = \overline{QC}$

$\therefore$ □$OPCQ$: 평행사변형 ■

부채꼴 $OA_2A_1A_6$에 내접하는 원 P와 $\overline{OA_6}$의 접점을 R, 원 P의 반지름을 r이라 하자.

□$OPCQ$는 평행사변형이므로

$$\angle POR = \angle CQO = 60^0$$

△OPR에서 $\overline{PR} = \overline{OP}\sin 60^0$

$$r = \frac{\sqrt{3}}{2}(1-r)$$

$$\therefore r = \sqrt{3}(2-\sqrt{3})$$

구하는 면적

$= 반원\ P + ▽OA_1A_3 - (▱OPCQ + ▽QCA_3) + ▽PCB$

$$= \frac{\pi r^2}{2} + \frac{\pi}{3} - \left\{(1-r)r\sin 60^0 + \frac{\pi(1-r)^2}{3}\right\} + \frac{\pi r^2}{6}$$

$$= \frac{\pi}{3}\{2r^2 + 1 - (1-r)^2\} - \frac{\sqrt{3}}{2}(1-r)r$$

$$= \frac{\pi}{3}(r^2 + 2r) - \frac{\sqrt{3}}{2}(r - r^2)$$

$$= \frac{\pi}{3}\{3(7-4\sqrt{3}) + 2\sqrt{3}(2-\sqrt{3})\}$$

$$- \frac{\sqrt{3}}{2}\{\sqrt{3}(2-\sqrt{3}) - 3(7-4\sqrt{3})\}$$

$$= \frac{\pi}{3}(15 - 8\sqrt{3}) - 3(7-4\sqrt{3}) \qquad \cdots(답)$$ ■

[문제 2]

$f(x) = (x^2-4)(x^2-9) = x^4 - 13x^2 + 36$

$f'(x) = 4x^3 - 26x = x(2x+\sqrt{26})(2x-\sqrt{26})$

$f(x)$는 극댓값 $f(0) = 36$,
극솟값 $f\left(\pm\frac{\sqrt{26}}{2}\right) = -\frac{25}{4}$
를 갖는다.

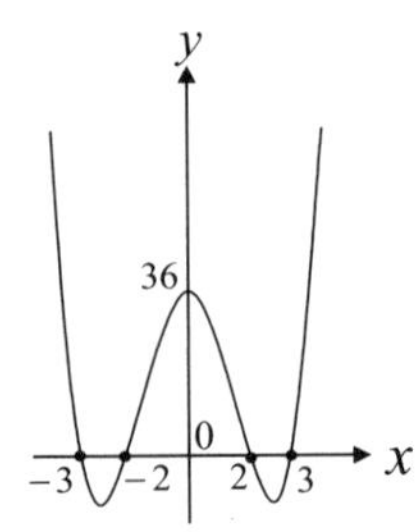

$t \leq x \leq t+1\ (-3 \leq t \leq 3)$에서의 $f(x)$의 최댓값 $g(t)$는 t의 범위에 따라 다음과 같다.

$-3 \leq t \leq -1$인 경우 : $g(t) = f(t+1)$

$-1 < t \leq 0$인 경우 : $g(t) = 36$

$0 \leqq t \leqq 2$인 경우 : $g(t) = f(t)$

$2 < t \leqq 3$인 경우 : $g(t) = f(t+1)$

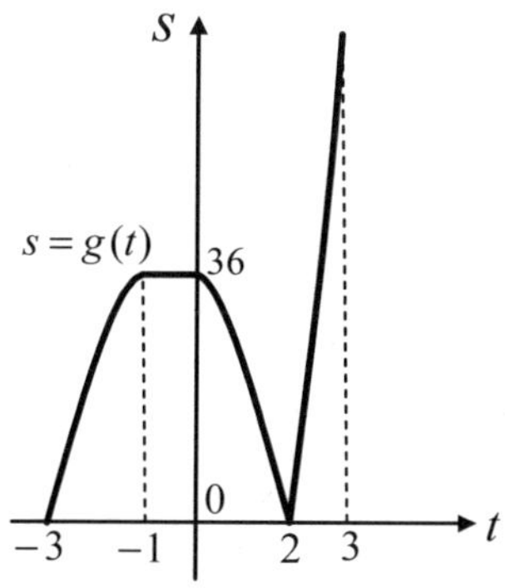

■

[문제 3]

(1) $C: y = \frac{3}{2}x^2 - \frac{1}{3}$, $y' = 3x$

곡선 C상의 점 $\left(t, \frac{3}{2}t^2 - \frac{1}{3}\right)$에서의

법선의 방정식은

$$3t\left\{Y - \left(\frac{3}{2}t^2 - \frac{1}{3}\right)\right\} = -(X - t)$$

$$\therefore X + 3tY - \frac{9}{2}t^3 = 0$$

$P(x, y)$가 이 법선 위에 있으므로

$$9t^3 - 6yt - 2x = 0 \qquad \cdots ①$$

따라서, $P(x, y)$를 지나는 C의 법선이 1개뿐이기 위한 조건은

①이 실근을 1개만 갖는 것이다.

$f(t) = 9t^3 - 6yt - 2x$로 놓으면,

$$f'(t) = 3(9t^2 - 2y)$$

①이 실근을 1개만 갖는 조건은

$f(t)$가 동부호의 극값을 갖거나, 또는 극값을 갖지 않는 것이다.

극값을 갖지 않는 경우 : $y \leqq 0$

극값의 부호가 같은 경우

$$y > 0,\quad f\left(\frac{\sqrt{2y}}{3}\right) f\left(-\frac{\sqrt{2y}}{3}\right) > 0$$

$$f\left(\frac{\sqrt{2y}}{3}\right) f\left(-\frac{\sqrt{2y}}{3}\right) = \left(-\frac{4}{3}y\sqrt{2y} - 2x\right)\left(\frac{4}{3}y\sqrt{2y} - 2x\right) > 0$$

$$(2y\sqrt{2y} + 3x)(2y\sqrt{2y} - 3x) < 0$$

$$(2y\sqrt{2y})^2 < (3x)^2 \qquad \therefore y < \frac{\sqrt[3]{9}}{2}x^{\frac{2}{3}}$$

두 경우를 모두 고려하면,

$$y \leqq 0$$

or

$$y < \frac{\sqrt[3]{9}}{2}x^{\frac{2}{3}},\ y > 0$$

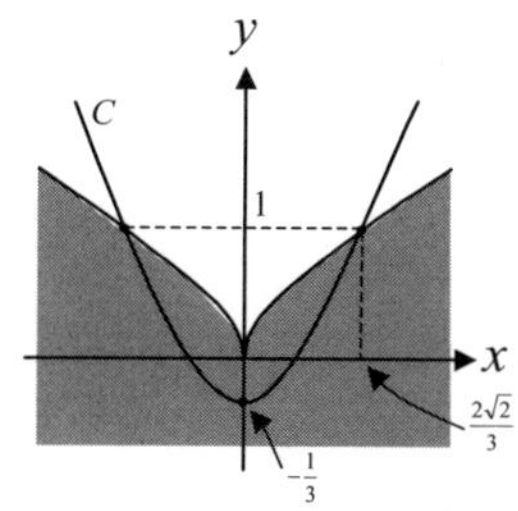

…(답) ■

(2) $y = \frac{\sqrt[3]{9}}{2}x^{\frac{2}{3}}$의 양변을 세제곱하면,

$$x^2 = \frac{8}{9}y^3$$

$C: y = \frac{3}{2}x^2 - \frac{1}{3}$에 대입하면,

$$y = \frac{3}{2} \cdot \frac{8}{9}y^3 - \frac{1}{3}$$

$$4y^3 - 3y - 1 = (y - 1)(4y^2 + 4y + 1) = 0$$

$y \geqq 0$이므로 $y = 1$ $\qquad \therefore x = \pm\frac{2\sqrt{2}}{3}$

구하는 면적은

$$2\int_0^{\frac{2\sqrt{2}}{3}} \left\{\frac{\sqrt[3]{9}}{2}x^{\frac{2}{3}} - \left(\frac{3}{2}x^2 - \frac{1}{3}\right)\right\} dx$$

$$= 2\left[\frac{\sqrt[3]{9}}{2} \cdot \frac{3}{5}x^{\frac{5}{3}} - \frac{x^3}{2} + \frac{x}{3}\right]_0^{\frac{2\sqrt{2}}{3}}$$

$$= 2\left(\frac{\sqrt[3]{9}}{2} \cdot \frac{3}{5} \cdot \frac{4\sqrt{2}}{3\sqrt[3]{9}} - \frac{8\sqrt{2}}{27} + \frac{2\sqrt{2}}{9}\right)$$

$$= \frac{88\sqrt{2}}{135}$$

…(답) ■

[문제 4]

$$A=\begin{pmatrix} 3^{-1} & 5 \\ 0 & 3 \end{pmatrix}$$

$$A^2=\begin{pmatrix} 3^{-2} & 5(3^{-1}+3) \\ 0 & 3^2 \end{pmatrix}$$

$$A^3=\begin{pmatrix} 3^{-3} & 5(3^{-2}+3^0+3^2) \\ 0 & 3^3 \end{pmatrix}$$

$$A^4=\begin{pmatrix} 3^{-4} & 5(3^{-3}+3^{-1}+3^1+3^3) \\ 0 & 3^4 \end{pmatrix}$$

$$A^5=\begin{pmatrix} 3^{-5} & 5(3^{-4}+3^{-2}+3^0+3^2+3^4) \\ 0 & 3^5 \end{pmatrix}$$

$$\vdots$$

$$B^n=\begin{pmatrix} 3^{-n} & 5(3^{1-n}+3^{3-n}+\cdots+3^{n-3}+3^{n-1}) \\ 0 & 3^n \end{pmatrix}$$

으로 놓으면,

① $n=1$일 때 $A^1=B^1$

② $A^n=B^n$이라고 가정하면,

$A^{n+1}=A^nA=B^nB$

$$=\begin{pmatrix} 3^{-n-1} & 5(3^{-n}+3^{2-n}+\cdots+3^{n-2}+3^n) \\ 0 & 3^{n+1} \end{pmatrix}=B^{n+1}$$

①, ②와 수학적 귀납법에 의하여,
모든 자연수 n에 대하여 $A^n=B^n$

$$A^n=\begin{pmatrix} 3^{-n} & 5(3^{1-n}+3^{3-n}+\cdots+3^{n-3}+3^{n-1}) \\ 0 & 3^n \end{pmatrix}$$

$$=\begin{pmatrix} 3^{-n} & 5\cdot\dfrac{3^{1-n}(9^n-1)}{9-1} \\ 0 & 3^n \end{pmatrix}$$

$$=\begin{pmatrix} 3^{-n} & \dfrac{5(3^{2n}-1)}{8\cdot 3^{n-1}} \\ 0 & 3^n \end{pmatrix}$$

…(답) ■

$\begin{pmatrix} a_n \\ b_n \end{pmatrix}=A^n\begin{pmatrix} a \\ b \end{pmatrix}$에서 $b_n=3^nb$,

$$a_n=\frac{a}{3^n}+\frac{5(3^{2n}-1)b}{8\cdot 3^{n-1}}=\frac{8a+15(3^{2n}-1)b}{8\cdot 3^n}$$

$$\therefore a_n^2+b_n^2=\frac{\{8a+15(3^{2n}-1)b\}^2+(8b\cdot 3^{2n})^2}{(8\cdot 3^n)^2}$$

$$\frac{a_n}{\sqrt{a_n^2+b_n^2}}=\frac{8a+15(3^{2n}-1)b}{\sqrt{\{8a+15(3^{2n}-1)b\}^2+(8b\cdot 3^{2n})^2}}$$

$$=\frac{\dfrac{8a-15b}{3^{2n}}+15b}{\sqrt{\left(\dfrac{8a-15b}{3^{2n}}+15b\right)^2+(8b)^2}}$$

$$\frac{b_n}{\sqrt{a_n^2+b_n^2}}=\frac{8b}{\sqrt{\left(\dfrac{8a-15b}{3^{2n}}+15b\right)^2+(8b)^2}}$$

$b\neq 0$인 경우

$$u=\lim_{n\to\infty}\frac{a_n}{\sqrt{a_n^2+b_n^2}}=\frac{15b}{\sqrt{289b^2}}=\frac{15b}{17|b|}$$

$$v=\lim_{n\to\infty}\frac{b_n}{\sqrt{a_n^2+b_n^2}}=\frac{8b}{17|b|}$$

$b=0\ (a\neq 0)$인 경우

$$u=\frac{8a}{\sqrt{(8a)^2}}=\frac{a}{|a|},\quad v=0$$

따라서, u, v의 값은 다음과 같다.

$$\begin{cases} b>0\text{인 경우: } u=\dfrac{15}{17},\ v=\dfrac{8}{17} \\ b<0\text{인 경우: } u=-\dfrac{15}{17},\ v=-\dfrac{8}{17} \\ b=0, a>0\text{인 경우: } u=1,\ v=0 \\ b=0, a<0\text{인 경우: } u=-1,\ v=0 \end{cases}$$

…(답) ■

[문제 5]

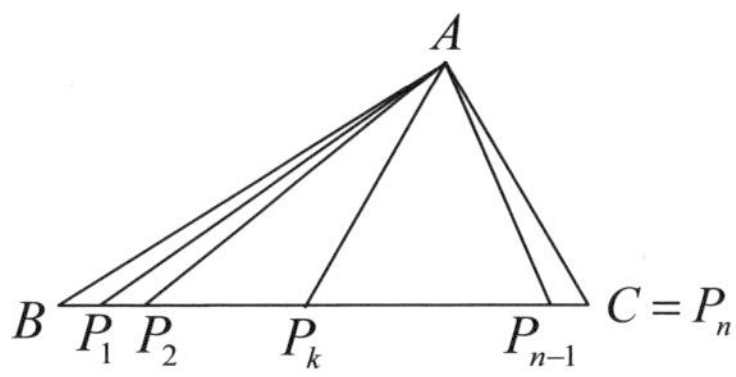

$\triangle ABP_k\ (k=1,2,\cdots,n)$에서

$$\overline{AP_k}^2=\overline{AB}^2+\overline{BP_k}^2-2\,\overline{AB}\cdot\overline{BP_k}\cos B$$

$$=c^2+\left(k\cdot\frac{a}{n}\right)^2-2c\cdot k\cdot\frac{a}{n}\cdot\frac{c^2+a^2-b^2}{2ac}$$

$$=c^2+\frac{a^2}{n^2}\cdot k^2-\frac{c^2+a^2-b^2}{n}\cdot k$$

$$\overline{AP_1}^2+\overline{AP_2}^2+\cdots+\overline{AP_n}^2$$

$$=\sum_{k=1}^{n}\overline{AP_k}^2$$

$$=c^2n+\frac{a^2}{n^2}\cdot\frac{n(n+1)(2n+1)}{6}-\frac{c^2+a^2-b^2}{n}\cdot\frac{n(n+1)}{2}$$

$$\lim_{n\to+\infty}\frac{1}{n}\left(\overline{AP_1}^2+\overline{AP_2}^2+\cdots+\overline{AP_n}^2\right)$$

$$=\lim_{n\to+\infty}\left\{c^2+\frac{a^2}{6}\left(1+\frac{1}{n}\right)\left(2+\frac{1}{n}\right)-\frac{c^2+a^2-b^2}{2}\left(1+\frac{1}{n}\right)\right\}$$

$$=c^2+\frac{a^2}{3}-\frac{c^2+a^2-b^2}{2}$$

$$=\frac{3(b^2+c^2)-a^2}{6}$$

…(답) ■

[문제 6]

(1) 점 $P(x,x^2)$에서의 접선의 방정식은

$$Y-x^2=2x(X-x)$$

여기서

$A\left(\frac{x}{2},0\right)$, $B(1,\,2x-x^2)$

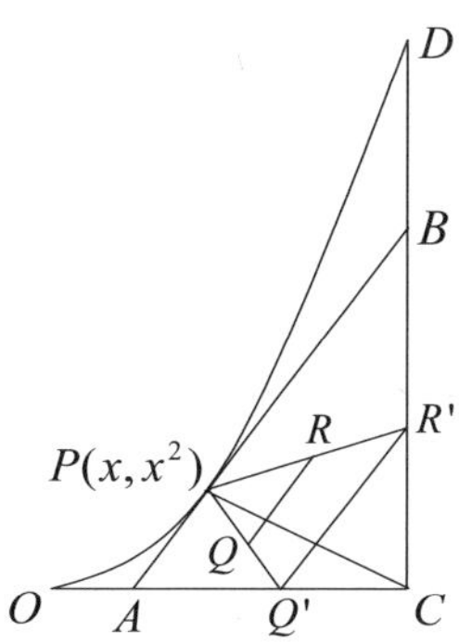

$$\therefore g(x)=\triangle PAC=\frac{1}{2}\left(1-\frac{x}{2}\right)x^2=\frac{1}{4}(2-x)x^2$$

$$h(x)=\triangle PCB=\frac{1}{2}(2x-x^2)(1-x)$$

$g(x)\leqq h(x)$에서

$$\frac{1}{4}(2-x)x^2\leqq\frac{1}{2}(2x-x^2)(1-x)$$

$$x(x-2)(3x-2)\geqq 0$$

$0<x<1$이므로 $0<x\leqq\frac{2}{3}$ …(답) ■

(2) P를 꼭짓점으로 하고 M에 포함되는 삼각형을 $\triangle PQR$이라 하자.

변 PQ, PR의 연장선과 $\overline{OC}$ 또는 $\overline{CD}$와의 교점을 각각 Q', R'라 하면

$$\triangle PQR\leqq\triangle PQ'R' \quad\cdots ①$$

(i) Q', R'가 모두 $\overline{AC}$ 또는 $\overline{BC}$ 위에 있는 경우

$\triangle PQ'R'\leqq\triangle PAC$ or $\triangle PQ'R'\leqq\triangle PCB$

(ii) Q', R'가 각각 $\overline{AC}, \overline{BC}$ 위에 있는 경우

R'를 지나고 $\overline{PQ'}$에 평행한 직선이

$\overline{AC}$와 만나면,

$\triangle PQ'R'\leqq\triangle PQ'C\leqq\triangle PAC$

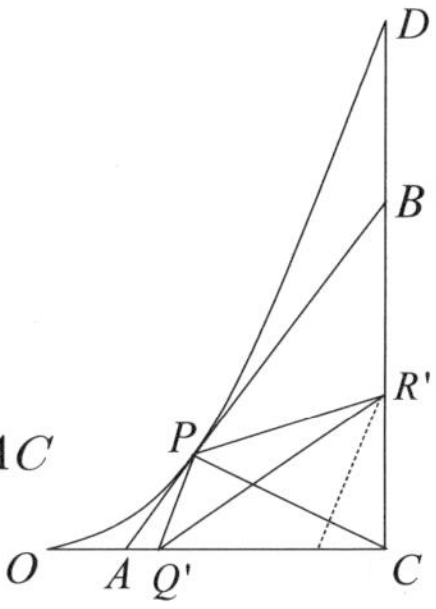

$\overline{PB}$와 만나면,

$\triangle PQ'R'\leqq\triangle PQ'B\leqq\triangle PCB$

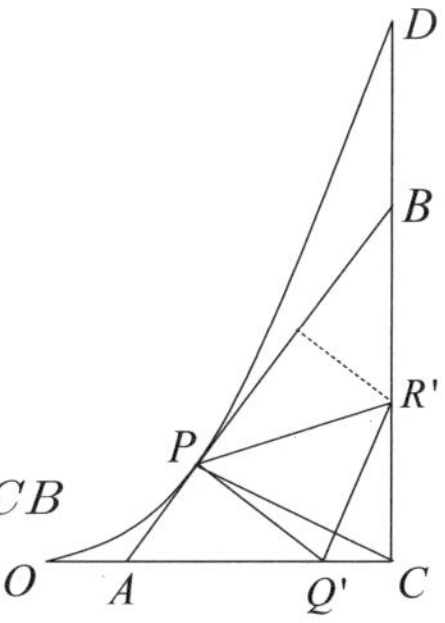

①과 (ⅰ), (ⅱ)에 의하여,

$$\triangle PQR \leqq \max\{\triangle PAC, \triangle PCB\}$$

$$\therefore\ f(x)=\begin{cases} h(x) & \left(0<x\leqq \dfrac{2}{3}\right) \\ g(x) & \left(\dfrac{2}{3}<x<1\right) \end{cases}$$

$$f(x)=\begin{cases} \dfrac{1}{2}(2x-x^2)(1-x) & \left(0<x\leqq \dfrac{2}{3}\right) \\ \dfrac{1}{4}(2-x)x^2 & \left(\dfrac{2}{3}<x<1\right) \end{cases}$$

$$f'(x)=\begin{cases} \dfrac{3}{2}\left(x-\dfrac{3+\sqrt{3}}{3}\right)\left(x-\dfrac{3-\sqrt{3}}{3}\right) & \left(0<x\leqq \dfrac{2}{3}\right) \\ \dfrac{1}{4}x(4-3x) & \left(\dfrac{2}{3}<x<1\right) \end{cases}$$

x	0	…	$\frac{3-\sqrt{3}}{3}$	…	$\frac{2}{3}$	…	1
$f'(x)$		+	0	−		+	
$f(x)$		↗	극대	↘	극소	↗	

극댓값은

$$f\left(\frac{3-\sqrt{3}}{3}\right)=\frac{\sqrt{3}}{9}$$

극솟값은

$$f\left(\frac{2}{3}\right)=\frac{4}{27}$$

…(답) ■

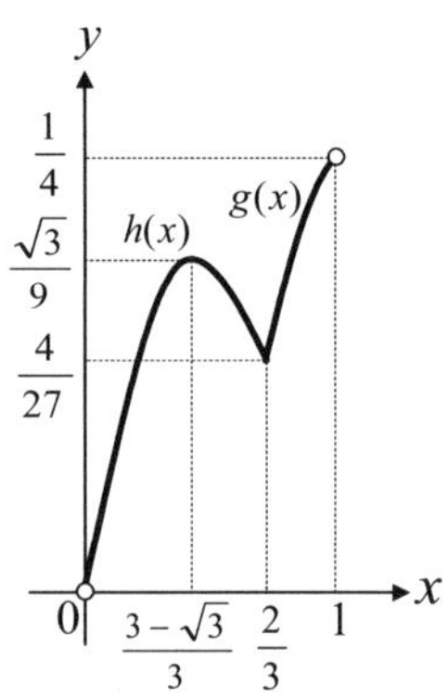

[문제 7]

$$\begin{cases} y=x^2-2x+2, & y'=2(x-1) & \cdots ① \\ y=-x^2+ax+b, & y'=-2x+a & \cdots ② \end{cases}$$

①,②의 교점의 x 좌표를 p라 하면,

$$\begin{cases} p^2-2p+2=-p^2+ap+b \\ 2(p-1)(-2p+a)=-1 \end{cases}$$

정리하면,

$$\begin{cases} 2p^2-(a+2)p+2-b=0 & \cdots ③ \\ 4p^2-2(a+2)p+2a-1=0 & \cdots ④ \end{cases}$$

③×2−④에서 $2b=5-2a$ … ⑤

이때, ③의 판별식 D는

$$D=(a+2)^2-8(2-b)=(a-2)^2+4>0$$

이므로, p는 실수임을 알 수 있다.

②,⑤에서 $2y=-2x^2+2ax+5-2a$

$$\therefore 2a(x-1)-(2x^2+2y-5)=0$$

$x=1,\ 2x^2+2y-5=0$이면 a와 관계없이 성립

$$\therefore\ x=1,\ y=\frac{3}{2} \qquad \therefore\ Q\left(1,\frac{3}{2}\right)$$

…(답) ■

[문제 8]

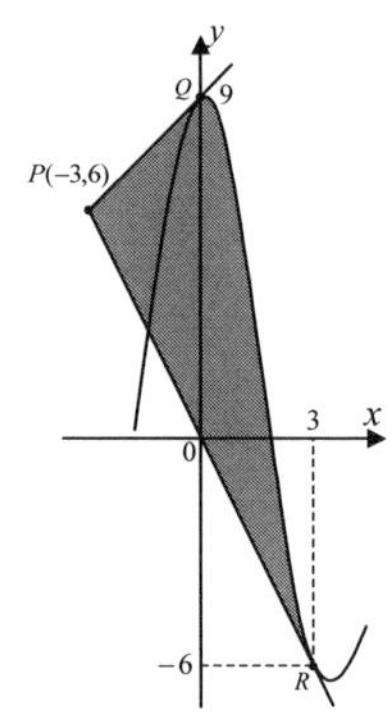

$y=x^3-5x^2+x+9$ … ①

$y'=3x^2-10x+1$

곡선 ①상의 점 $x=t$에 있어서의 접선의 방정식은

$$y-(t^3-5t^2+t+9)$$
$$=(3t^2-10t+1)(x-t)$$

$y=(3t^2-10t+1)x-2t^3+5t^2+9$ … ②

점 $P(-3,6)$을 지나므로

$$-3(3t^2-10t+1)-2t^3+5t^2+9=6$$
$$2t^3+4t^2-30t=2t(t-3)(t+5)=0$$

$t\geqq 0$이므로 $t=0,3$

②에서, $t=0$일 때 $\overline{PQ}$: $y=x+9$

$t=3$일 때, $\overline{PR}$: $y=-2x$

구하는 면적은

$$\frac{1}{2}\cdot 9\cdot 3+\int_0^3\{x^3-5x^2+x+9-(-2x)\}dx$$
$$=\frac{27}{2}+\left[\frac{x^4}{4}-\frac{5}{3}x^3+\frac{3}{2}x^2+9x\right]_0^3$$
$$=\frac{27}{2}+27\left(\frac{3}{4}-\frac{5}{3}+\frac{1}{2}+1\right)$$
$$=\frac{117}{4}$$

…(답) ■

〈 1979년 〉

[이 과 : 1~6, 문 과 : 1, 2, 4, 7]

1. xy평면상의 정사각형 Q의 네 꼭짓점은 $A(0,0), B(1,0), C(1,1), D(0,1)$이다.
실수 t에 대하여 일차변환
$U_t = \begin{pmatrix} 1+t & t+t^2 \\ 0 & 1+t \end{pmatrix}$, $V_t = \begin{pmatrix} 1+t & 0 \\ t+t^2 & 1+t \end{pmatrix}$를
고려하여, Q가 U_t에 의하여 이동한 도형과 V_t에 의하여 이동한 도형의 공통부분의 넓이를 $S(t)$라 하자. t가 $t \geq 0$의 범위에서 움직일 때, t의 함수 $S(t)$의 최댓값을 구하고 그래프의 개형을 그려라.

2. 그림과 같이 반지름 1인 구가 어떤 원뿔의 내부에 끼워 넣은 형태로 접하고 있다. 구와 원뿔이 접하는 점 전체로 이루어진 원을 포함하는 평면을 α라 하자. 원뿔의 꼭짓점을 P라 할 때, 평면 α에 대하여 점 P와 같은 쪽에 있는 구의 부분을 K라 하자. 또, 평면 α에 대하여 점 P와 같은 쪽에 있는 구면 및 원뿔면으로 둘러싸인 입체를 D라 하자. 이제 D의 체적이 구의 체적의 반이 된다고 한다. K의 체적을 구하여라.

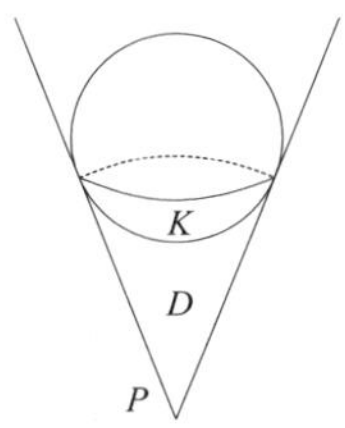

3. 평면상의 점 O를 중심으로 하는 반지름 1인 원의 원주상에 점 P를 잡자. 이어, 원의 내부 또는 원주상의 두 점 Q, R을 잡아 $\triangle PQR$이 한 변의 길이가 $\frac{2}{\sqrt{3}}$인 정삼각형 되도록 한다. 이때, $\overline{OQ}^2 + \overline{OR}^2$의 최댓값 및 최솟값을 구하여라.

4. a를 양의 정수라 할 때, 수열 $\{u_n\}$을 다음과 같이 정하자. $u_1 = 2, u_2 = a^2+2,$
$$u_n = au_{n-2} - u_{n-1} \quad (n=3,4,5,\cdots)$$
이때, 수열 $\{u_n\}$의 항 중 4의 배수가 나타나지 않기 위해 a가 만족해야 할 필요충분조건을 구하여라.

5. t를 양의 상수라 할 때, 다음 조건 (A), (B)를 만족하는 3차식을 $f(x)$라 하자.
(A) 곡선 $y=f(x)$ ⋯ ① 는 직선 $y=x$ ⋯ ② 상의 두 점 $P(-t,-t), O(0,0)$을 지난다.
(B) $f'(0)=0$, $f''(0)=2$
이제 곡선 ①과 직선 ②의 교점 중 x좌표가 최대인 점을 Q라 할 때, 곡선 ①의 점 O부터 점 Q까지의 부분과 선분 OQ로 둘러싸인 영역의 면적을 $S(t)$라 하자.
$\lim_{t \to \infty} S(t)$를 구하여라.

6. a를 양의 상수라 할 때, 좌표평면상의 세 점 $P_0(1,0)$, $P_1(0,a)$, $P_2(0,0)$이 주어져 있다. P_2에서 $\overline{P_0P_1}$에 내린 수선의 발을 P_3, P_3에서 $\overline{P_1P_2}$에 내린 수선의 발을 P_4라 하자.

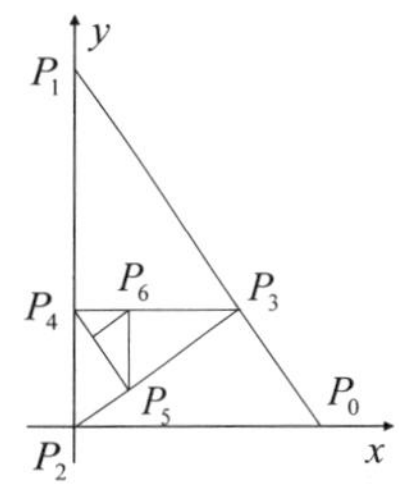

이하 같은 방법으로, P_n에서 $\overline{P_{n-2}P_{n-1}}$에 내린 수선의 발을 P_{n+1}이라 하자.
(1) P_6의 좌표를 구하여라.
(2) 위와 같은 조작을 연이어 할 때, $P_0, P_1, \cdots, P_n, \cdots$은 어떠한 점에 무한히 가까워지는가?

7. 어떤 동전을 던질 때, 앞과 뒤가 각각 확률 $\frac{1}{2}$로 나오는 것으로 하자. 8회 던져, n회째 앞이 나오면 $X_n=1$, 뒤가 나오면 $X_n=-1$로 할 때, $S_n = X_1+X_2+\cdots+X_n$ $(1 \leq n \leq 8)$라 하자. 다음 확률을 구하여라.
(1) $S_2 \neq 0$ and $S_8 = 2$일 확률
(2) $S_4 = 0$ and $S_8 = 2$일 확률

[문제 1]

$$U_t:\ \begin{pmatrix} x' \\ y' \end{pmatrix} = \begin{pmatrix} 1+t & t+t^2 \\ 0 & 1+t \end{pmatrix}\begin{pmatrix} x \\ y \end{pmatrix}$$

$$V_t:\ \begin{pmatrix} x' \\ y' \end{pmatrix} = \begin{pmatrix} 1+t & 0 \\ t+t^2 & 1+t \end{pmatrix}\begin{pmatrix} x \\ y \end{pmatrix}$$

$A(0,0)$ $B(1,0)$ $C(1,1)$ $D(0,1)$	$\xrightarrow{U_t}$	$A'(0,0)$ $B'(1+t,0)$ $C'((1+t)^2,1+t)$ $D'(t+t^2,1+t)$

$A(0,0)$ $B(1,0)$ $C(1,1)$ $D(0,1)$	$\xrightarrow{V_t}$	$A''(0,0)$ $B''(1+t,t+t^2)$ $C''(1+t,(1+t)^2)$ $D''(0,1+t)$

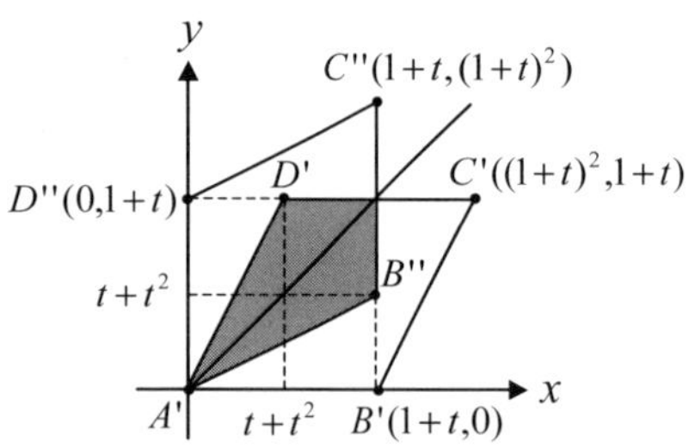

두 평행사변형 $A'B'C'D'$, $A''B''C''D''$ 의 공통부분이 존재하기 위한 조건은

$$\frac{1+t}{t+t^2} > \frac{t+t^2}{1+t}\ (t>0) \qquad \therefore t^2<1$$

$t=0$인 경우를 포함하여 $\therefore\ 0 \leq t < 1$

공통부분은 직선 $y=x$에 대하여 대칭이므로

$$S(t) = 2\cdot\frac{1}{2}\{1+t-(t+t^2)\}(1+t)$$

$$=(1-t^2)(1+t)$$

$$=(1+t)^2(1-t) \quad (0 \leq t < 1)$$

$$S'(t) = 2(1+t)(1-t)-(1+t)^2 = (1+t)(1-3t)$$

t	0	$\cdots$	$\frac{1}{3}$	$\cdots$	1
$S'(t)$		$+$	0	$-$	
$S(t)$	1	↗	극대	↘	0

$S(t)$의 그래프는 오른쪽 그림과 같으며,

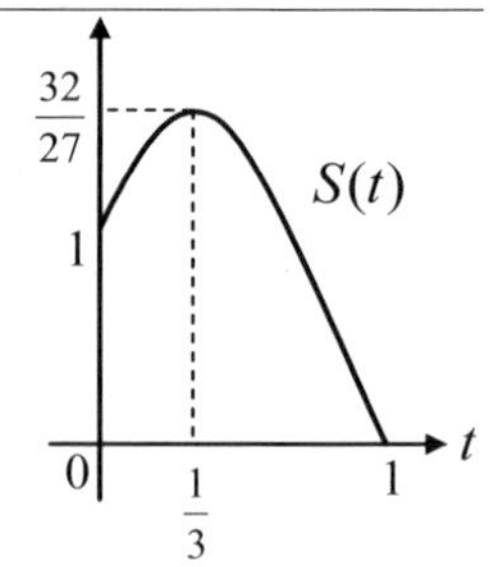

$S(t)$의 최댓값은

$$S\left(\frac{1}{3}\right) = \frac{32}{27}$$

…(답) ■

[문제 2]

구의 중심을 O, 구와 원뿔이 접하는 점전체로 이루어진 원의 중심을 C, $\overline{OC}=a$로 놓으면,

$$\overline{OC}\cdot\overline{OP} = 1^2 \qquad \therefore \overline{OP} = \frac{1}{a}$$

O를 원점, $\overline{OP}$를 x축으로 놓으면,

구 O는 원 $x^2+y^2=1$을 x축 주위로 회전시켜 얻을 수 있으므로, K의 체적 $V(K)$는

$$V(K) = \pi\int_a^1 (1-x^2)\,dx$$

$$=\pi\left[x-\frac{x^3}{3}\right]_a^1$$

$$=\pi\left(\frac{2}{3}-a+\frac{a^3}{3}\right)$$

$$=\frac{\pi}{3}(a^3-3a+2)$$

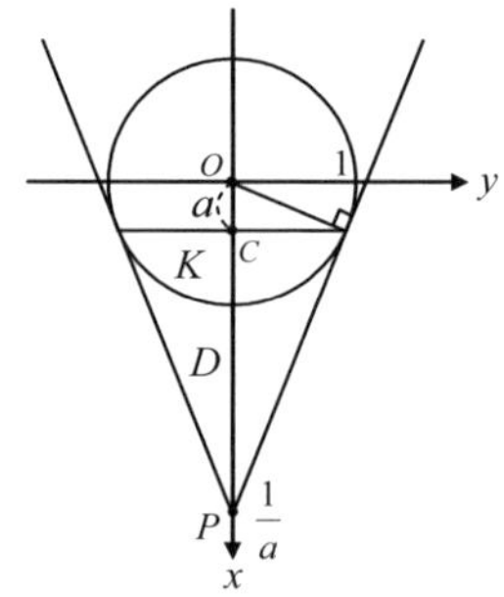

또, 원 C의 반지름은 $\sqrt{1-a^2}$ 이므로

D의 체적 $V(D)$는

$$V(D) = \frac{1}{3}\pi(1-a^2)\left(\frac{1}{a}-a\right)-V(K)$$

$$=\frac{\pi}{3}\left\{\frac{(1-a^2)^2}{a}-(a^3-3a+2)\right\}$$

$$=\frac{\pi}{3}\cdot\frac{(a^2-2a+1)}{a}$$

$V(D)$가 구의 체적의 반이므로

$$\frac{\pi}{3}\cdot\frac{(a^2-2a+1)}{a} = \frac{1}{2}\cdot\frac{4}{3}\pi\cdot 1^3$$

$$a^2-4a+1=0 \qquad \therefore a = 2\pm\sqrt{3}$$

$a<1$이므로

$$\therefore\ a = 2-\sqrt{3}$$

이때,

$$V(K) = \frac{\pi}{3}(a^3 - 3a + 2)$$
$$= \frac{\pi}{3}\{(a^2 - 4a + 1)(a + 4) + 12a - 2\}$$
$$= \frac{\pi}{3}\{12(2 - \sqrt{3}) - 2\}$$
$$= \frac{2(11 - 6\sqrt{3})}{3}\pi \qquad \cdots(\text{답}) \ ■$$

[문제 3]

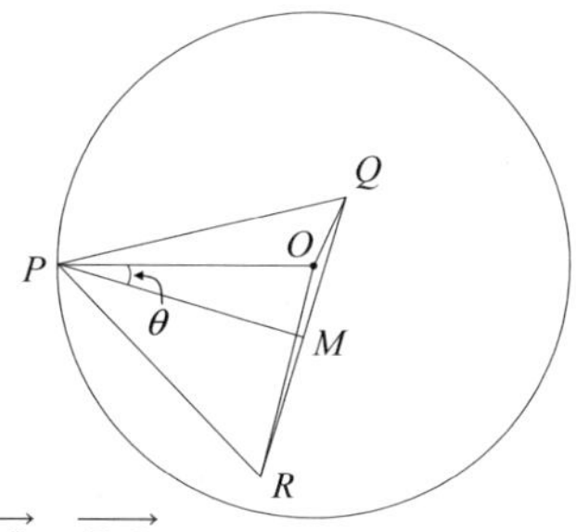

$\overrightarrow{OQ} = \overrightarrow{PQ} - \overrightarrow{PO}$

$\overrightarrow{OR} = \overrightarrow{PR} - \overrightarrow{PO}$

$$\therefore \overline{OQ}^2 + \overline{OR}^2$$
$$= |\overrightarrow{OQ}|^2 + |\overrightarrow{OR}|^2$$
$$= |\overrightarrow{PQ}|^2 + |\overrightarrow{PO}|^2 - 2\overrightarrow{PQ} \cdot \overrightarrow{PO} + |\overrightarrow{PR}|^2 + |\overrightarrow{PO}|^2 - 2\overrightarrow{PR} \cdot \overrightarrow{PO}$$
$$= 2\left\{\left(\frac{2}{\sqrt{3}}\right)^2 + 1^2 - (\overrightarrow{PQ} \cdot \overrightarrow{PO} + \overrightarrow{PR} \cdot \overrightarrow{PO})\right\}$$
$$= 2\left\{\frac{7}{3} - (\overrightarrow{PQ} + \overrightarrow{PR}) \cdot \overrightarrow{PO}\right\} \qquad \cdots ①$$

변 QR의 중점을 M이라 하면,

$$\overrightarrow{PQ} + \overrightarrow{PR} = 2\overrightarrow{PM}, \ |\overrightarrow{PM}| = \frac{2}{\sqrt{3}} \cdot \frac{\sqrt{3}}{2} = 1$$

$\overrightarrow{PO}, \overrightarrow{PM}$이 이루는 각을 θ라 하면,

$$(\overrightarrow{PQ} + \overrightarrow{PR}) \cdot \overrightarrow{PO} = 2\overrightarrow{PM} \cdot \overrightarrow{PO}$$
$$= 2|\overrightarrow{PM}| \cdot |\overrightarrow{PO}|\cos\theta = 2\cos\theta$$

①에 대입하면,

$$\therefore \overline{OQ}^2 + \overline{OR}^2 = \frac{14}{3} - 4\cos\theta \qquad \cdots ②$$

따라서, 최솟값은 $\theta = 0$일 때,

$$\therefore \frac{14}{3} - 4 = \frac{2}{3} \ (\text{이때, } M\text{이 } O\text{와 일치})$$

또, 점 Q, R 중 하나가 원주상에 있을 때 $\cos\theta$가 최소이므로 $\overline{OQ}^2 + \overline{OR}^2$의 최댓값을 구할 수 있다.

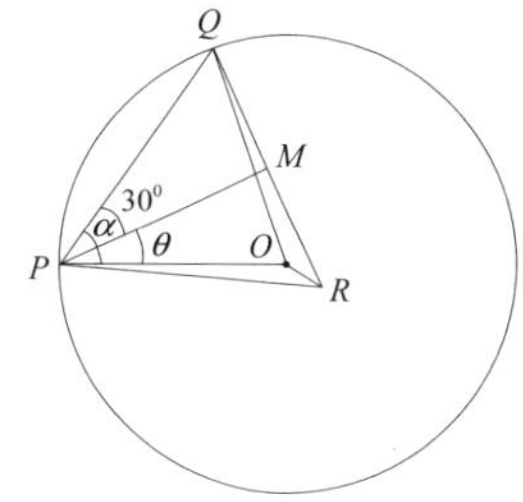

점 Q가 원주상에 있다고 하고, $\angle OPQ = \alpha$로 놓으면,

$$\cos\alpha = \frac{1^2 + \left(\frac{2}{\sqrt{3}}\right)^2 - 1^2}{2 \cdot 1 \cdot \frac{2}{\sqrt{3}}} = \frac{1}{\sqrt{3}}, \quad \sin\theta = \frac{\sqrt{2}}{\sqrt{3}}$$

$$\therefore \cos\theta = \cos(\alpha - 30^0)$$
$$= \cos\alpha \cos 30^0 + \sin\alpha \sin 30^0$$
$$= \frac{1}{\sqrt{3}} \cdot \frac{\sqrt{3}}{2} + \frac{\sqrt{2}}{\sqrt{3}} \cdot \frac{1}{2} = \frac{3 + \sqrt{6}}{6}$$

따라서, $\overline{OQ}^2 + \overline{OR}^2$의 최댓값은 ②에서

$$\frac{14}{3} - 4 \cdot \frac{3 + \sqrt{6}}{6} = \frac{2(4 - \sqrt{6})}{3}$$

답 : 최댓값 $\frac{2(4 - \sqrt{6})}{3}$, 최솟값 $\frac{2}{3}$ ■

[다른 방법]

변 QR의 중점을 M이라 하면,

$$\overline{OQ}^2 + \overline{OR}^2 = 2(\overline{OM}^2 + \overline{QM}^2) = 2\left(\overline{OM}^2 + \frac{1}{3}\right)$$

$\overline{OP} = \overline{PM} = 1$이므로, M이 O와 일치할 때 최소이며 최솟값은 $\frac{2}{3}$이다.

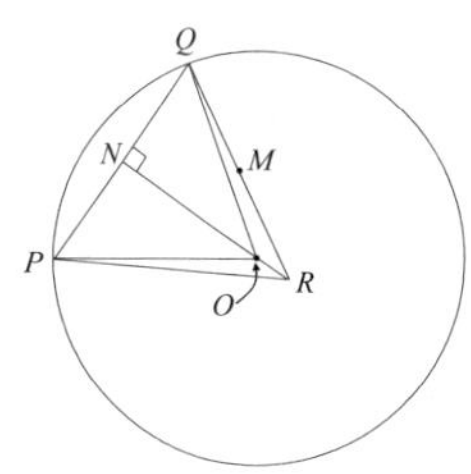

또, 최댓값은 $\overline{OM}$이 최대일 때이다. 즉, 점 Q, R 중 하나가 원주상에 있을 때이다.

점 Q가 원주상에 있으면,

$\overline{OP} = \overline{OQ}, \overline{RP} = \overline{RQ}$이므로 R, O는 $\overline{PQ}$의 수직이등분선 상에 있다.

$\overline{PQ}$의 중점을 N이라 하면,

$$\overline{OR} = \overline{RN} - \overline{ON}$$
$$= 1 - \sqrt{1^2 - \left(\frac{1}{\sqrt{3}}\right)^2} = 1 - \sqrt{\frac{2}{3}} = \frac{\sqrt{3} - \sqrt{2}}{\sqrt{3}}$$

따라서, $\overline{OQ}^2 + \overline{OR}^2$의 최댓값은

$$1^2 + \left(\frac{\sqrt{3} - \sqrt{2}}{\sqrt{3}}\right)^2 = 1 + \frac{5 - 2\sqrt{6}}{3} = \frac{2(4 - \sqrt{6})}{3}$$

[문제 4]

$$u_1 = 2,\ u_2 = a^2 + 2,$$
$$u_n = a u_{n-2} - u_{n-1} \quad (n \geqq 3)$$

(ⅰ) $a = 4k$ (k는 정수)인 경우

$$u_1 = 2,\ u_2 = 16k^2 + 2,$$
$$u_3 = a u_1 - u_2$$
$$= 8k - (16k^2 + 2) = 4(2k - 4k^2 - 1) + 2$$

이므로,

u_1, u_2, u_3는 모두 $4m+2$ (m은 정수)꼴이다.

---

u_{n-2}, u_{n-1} $(n \geqq 3)$이

모두 $4m+2$ (m은 정수)꼴이면,

> $u_{n-2} = 4p+2,\ u_{n-1} = 4q+2$ (p, q는 정수)
>
> $u_n = a u_{n-2} - u_{n-1}$
> $= 4k(4p+2) - (4q+2) = 4(4kp + 2k - q - 1) + 2$

로 되어 u_n도 $4m+2$ (m은 정수)꼴이다.

즉, $a = 4k$ (k는 정수)이면,

u_n $(n \geqq 1)$은 $4m+2$ (m은 정수)꼴이 되어

4의 배수가 나타나지 않는다.

(ⅱ) $a = 4k+1$ (k는 정수)인 경우

$$u_1 = 2,\quad u_2 = 16k^2 + 8k + 3 = 4p + 3$$

$$u_3 = a u_1 - u_2 = (4k+1) \cdot 2 - (4p+3)$$
$$= 4(2k - p - 1) + 3$$
$$= 4q + 3$$

$$u_4 = a u_2 - u_3 = (4k+1)(4p+3) - (4q+3)$$
$$= 4(4kp + 3k + p - q):\ 4\text{의 배수}$$

(ⅲ) $a = 4k+2$ (k는 정수)인 경우

4의 배수가 나타나지 않는다.

((ⅰ)과 같은 방법)

(ⅳ) $a = 4k+3$ (k는 정수)인 경우

$$u_1 = 2 = 4 \cdot 0 + 2$$

$$u_2 = 16k^2 + 24k + 11 = 4p + 3$$

$$u_3 = a u_1 - u_2 = (4k+3) \cdot 2 - (4p+3) = 4q + 3$$

$$u_4 = a u_2 - u_3 = (4k+3)(4p+3) - (4q+3) = 4r + 2$$

$$u_5 = a u_3 - u_4 = (4k+3)(4q+3) - (4r+2) = 4s + 3$$

$u_{3m-2}, u_{3m-1}, u_{3m}$ $(m \geqq 1)$을 4로 나눈 나머지가 각각 2,3,3이라고 하면,

> $u_{3m+1} = (4k+3)(4p'+3) - (4q'+3) = 4r'+2$
> $u_{3m+2} = (4k+3)(4q'+3) - (4r'+2) = 4s'+3$
> $u_{3m+3} = (4k+3)(4r'+2) - (4s'+3) = 4t'+3$

으로 되어,

4로 나눈 나머지가 각각 2,3,3이다.

u_n을 4로 나눈 나머지는 2 또는 3이므로

4의 배수는 나타나지 않는다.

(ⅰ), (ⅱ), (ⅲ), (ⅳ)에 의하여,

$\{u_n\}$의 항 중에 4의 배수가 나타나지 않기 위해 a가 만족해야 할 필요충분조건은

$a \neq 4k+1$ (k는 정수) …(답) ■

[문제 5]

$y=f(x)\cdots$ ①, $y=x\cdots$ ② 의 세 교점을 $P(-t,-t)$, $O(0,0)$, (s,s)로 놓으면,

$$f(x)-x=ax(x+t)(x-s)\quad(a\neq 0)$$

$$\therefore f(x)=ax(x+t)(x-s)+x$$
$$=ax^3+a(t-s)x^2-(ats-1)x$$

$$f'(x)=3ax^2+2a(t-s)x-(ats-1)$$
$$f''(x)=6ax+2a(t-s)$$

$f'(0)=0$, $f''(0)=2$에서

$f'(0)=1-ats=0$, $f''(0)=2a(t-s)=2$

$\therefore\ ats=1$, $a(t-s)=1$

a를 소거하면, $ts-(t-s)=0$

$$\therefore s=\frac{t}{t+1},\ a=\frac{t+1}{t^2}\ (t>0)\qquad\cdots ③$$

$t>0$이므로 $-t<0<s$

따라서, ①,②의 교점 중 x좌표가 최대인 점 Q의 좌표는 (s,s)이다.

오른쪽 그림에서,

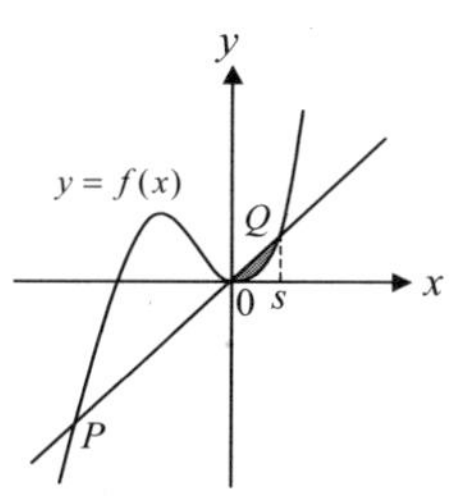

$$S(t)=\int_0^s\{x-f(x)\}\,dx$$
$$=-\int_0^s ax(x+t)(x-s)\,dx$$
$$=-a\left[\frac{x^4}{4}+\frac{t-s}{3}x^3-\frac{ts}{2}x^2\right]_0^s$$
$$=-a\left(\frac{s^4}{4}+\frac{t-s}{3}s^3-\frac{ts^3}{2}\right)$$
$$=-\frac{1}{12}as^3\{3s+4(t-s)-6t\}$$
$$=\frac{1}{12}as^3(s+2t)$$

③에 의하여,

$$S(t)=\frac{1}{12}\cdot\frac{t+1}{t^2}\cdot\frac{t^3}{(t+1)^3}\left(\frac{t}{t+1}+2t\right)$$
$$=\frac{1}{12}\cdot\frac{t^2(2t+3)}{(t+1)^3}$$

$$\lim_{t\to\infty}S(t)=\lim_{t\to\infty}\frac{1}{12}\cdot\frac{2+\frac{3}{t}}{\left(1+\frac{1}{t}\right)^3}=\frac{1}{6}$$

…(답) ■

[문제 6]

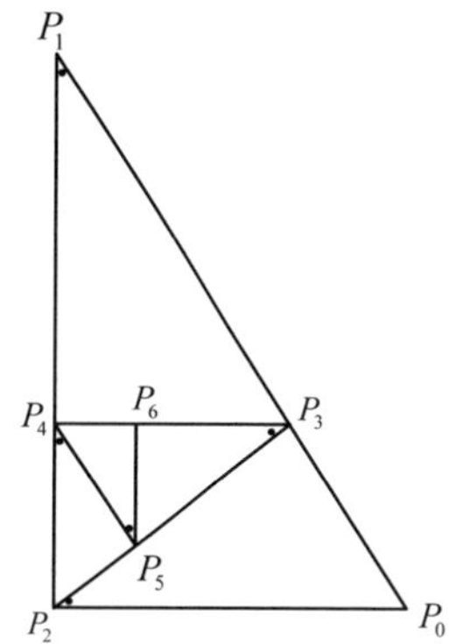

(1)

$\angle P_0P_2P_3=\angle P_0P_1P_2=\theta$

로 놓으면,

$$\cos\theta=\frac{a}{\sqrt{a^2+1}},$$
$$\sin\theta=\frac{1}{\sqrt{a^2+1}}$$

$P_n=(x_n,y_n)$ $(n=0,1,2,\cdots)$으로 놓으면,

$$x_6=\overline{P_4P_6}$$
$$=\overline{P_4P_5}\sin\theta$$
$$=\overline{P_2P_4}\cos\theta\sin\theta$$
$$=\overline{P_2P_0}\cos\theta\sin\theta\cdot\cos\theta\sin\theta$$
$$=\cos^2\theta\sin^2\theta=\frac{a^2}{(a^2+1)^2}$$

$$y_6=y_4$$
$$=\overline{P_2P_4}$$
$$=\overline{P_2P_0}\cos\theta\sin\theta$$
$$=\cos\theta\sin\theta=\frac{a}{a^2+1}$$

$$\therefore\ P_6\left(\frac{a^2}{(a^2+1)^2},\ \frac{a}{a^2+1}\right)$$

…(답) ■

(2)

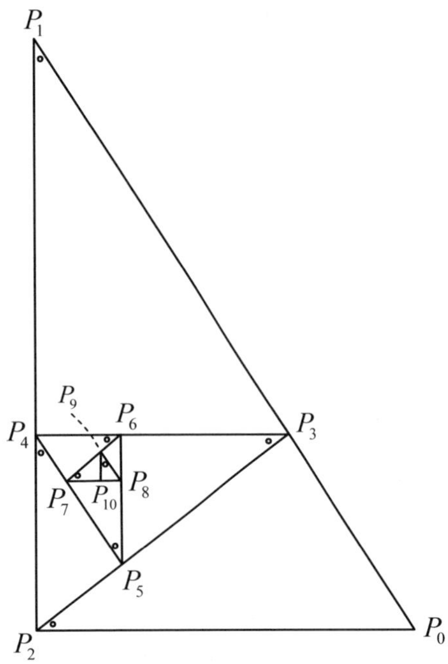

$$x_{10} = x_6 - \overline{P_8P_{10}} = x_6 - x_6\cos^2\theta\sin^2\theta$$
$$= \cos^2\theta\sin^2\theta\,(1 - \cos^2\theta\sin^2\theta)$$

$$\overline{P_8P_{10}} = \overline{P_8P_9}\sin\theta$$
$$= \overline{P_7P_8}\sin\theta \cdot \sin\theta$$
$$= \overline{P_7P_8}\sin^2\theta$$
$$= \overline{P_6P_7}\cos\theta \cdot \sin^2\theta$$
$$= \overline{P_4P_6}\cos\theta \cdot \cos\theta\sin^2\theta$$
$$= x_6\cos^2\theta\sin^2\theta$$

$$y_{10} = y_8 = y_6 - \overline{P_6P_8} = y_6 - x_6\cos\theta\sin\theta$$
$$= \cos\theta\sin\theta\,(1 - \cos^2\theta\sin^2\theta)$$

$$\overline{P_6P_8} = \overline{P_6P_7}\sin\theta$$
$$= \overline{P_4P_6}\cos\theta \cdot \sin\theta$$
$$= x_6\cos\theta\sin\theta$$

$\triangle P_0P_1P_2 \backsim \triangle P_8P_9P_{10}$이며, 닮음비는

$$\frac{\overline{P_{10}P_8}}{\overline{P_2P_0}} = \frac{x_6\cos^2\theta\sin^2\theta}{1} = \cos^4\theta\sin^4\theta$$

이러한 닮은 삼각형을 무한히 생각하면,
$P_2, P_{10}, P_{18}, P_{26}, \cdots$ 이 서로 대응되며

$\overline{P_2P_{10}}, \overline{P_{10}P_{18}}, \overline{P_{18}P_{26}}, \cdots$ 은 공비 $\cos^4\theta\sin^4\theta$인 등비수열이 된다.

따라서, 두 수열
$\overline{P_2P_{10}}\cos\theta, \overline{P_{10}P_{18}}\cos\theta, \overline{P_{18}P_{26}}\cos\theta, \cdots$
$\overline{P_2P_{10}}\sin\theta, \overline{P_{10}P_{18}}\sin\theta, \overline{P_{18}P_{26}}\sin\theta, \cdots$
도 공비 $\cos^4\theta\sin^4\theta$인 등비수열(*)이 된다.

$\overrightarrow{P_{8m-6}P_{8m+2}} = (a_m, b_m)\ (m = 1,2,3,\cdots)$로 놓자.

(*)에 의하여
수열 $\{a_m\}, \{b_m\}$은 초항이 각각 x_{10}, y_{10}이고 공비가 $\cos^4\theta\sin^4\theta$인 등비수열이 되며,

$$\therefore \lim_{m\to\infty} P_{8m+2} = P\left(\sum_{m=1}^{\infty} a_m, \sum_{m=1}^{\infty} b_m\right)$$

$\cos^4\theta\sin^4\theta < 1$이므로,

$$\sum_{m=1}^{\infty} a_m = \frac{x_{10}}{1 - \cos^4\theta\sin^4\theta}$$
$$= \frac{\cos^2\theta\sin^2\theta\,(1 - \cos^2\theta\sin^2\theta)}{1 - \cos^4\theta\sin^4\theta}$$
$$= \frac{\cos^2\theta\sin^2\theta}{1 + \cos^2\theta\sin^2\theta}$$
$$= \frac{\dfrac{a^2}{(a^2+1)^2}}{1 + \dfrac{a^2}{(a^2+1)^2}} = \frac{a^2}{a^4 + 3a^2 + 1}$$

$$\sum_{m=1}^{\infty} b_m = \frac{y_{10}}{1-\cos^4\theta\sin^4\theta}$$
$$= \frac{\cos\theta\sin\theta\,(1-\cos^2\theta\sin^2\theta)}{1-\cos^4\theta\sin^4\theta}$$
$$= \frac{\cos\theta\sin\theta}{1+\cos^2\theta\sin^2\theta}$$
$$= \frac{\frac{a}{a^2+1}}{1+\frac{a^2}{(a^2+1)^2}} = \frac{a(a^2+1)}{a^4+3a^2+1}$$

$$\therefore \lim_{m\to\infty} P_{8m+2} = P\left(\sum_{m=1}^{\infty} a_m, \sum_{m=1}^{\infty} b_m\right)$$
$$= P\left(\frac{a^2}{a^4+3a^2+1}, \frac{a(a^2+1)}{a^4+3a^2+1}\right) \quad \cdots ①$$

$\lim_{m\to\infty} P_{8m+r} = P \quad (r=0,1,3,4,5,6,7)$ 이므로

$$\therefore \lim_{n\to\infty} P_n = P\left(\frac{a^2}{a^4+3a^2+1}, \frac{a(a^2+1)}{a^4+3a^2+1}\right)$$
…(답) ■

[참고]

$P_0, P_1, P_2, \cdots$ 는 모두 $\triangle P_0P_1P_2$에 포함되며, $P_8, P_9, P_{10}, \cdots$ 는 모두 $\triangle P_8P_9P_{10}$에 포함되는 것에서 다음을 알 수 있다.

$$\{P_{8k}, P_{8k+1}, P_{8k+2}, \cdots\} \subset \triangle P_{8k}P_{8k+1}P_{8k+2}$$

$$\therefore \max\{\overline{AB} \mid A, B \in \{P_{8k}, P_{8k+1}, P_{8k+2}, \cdots\}\} \leq \overline{P_{8k}P_{8k+1}} \quad \cdots ②$$

$\triangle P_0P_1P_2 \backsim \triangle P_8P_9P_{10}$ 이며 닮음비는 $\cos^4\theta\sin^4\theta < 1$ 이므로

$\overline{P_0P_1}, \overline{P_8P_9}, \overline{P_{16}P_{17}}, \cdots$ 도 공비 $\cos^4\theta\sin^4\theta$인 등비수열이 되어

$$\lim_{k\to\infty} \overline{P_{8k}P_{8k+1}} = 0 \quad \cdots ③$$

①, ②, ③에 의하여,

$$\therefore \lim_{n\to\infty} P_n = P\left(\frac{a^2}{a^4+3a^2+1}, \frac{a(a^2+1)}{a^4+3a^2+1}\right)$$

[문제 7]

(1) $S_n = X_1 + X_2 + \cdots + X_n \quad (1 \leq n \leq 8)$

$S_2 \neq 0$ 이므로 $X_1 + X_2 \neq 0$

$\therefore X_1 = X_2 = 1$ or $X_1 = X_2 = -1$

(i) $X_1 = X_2 = 1$ 인 경우 ; $S_8 = 2$ 이므로

$X_3 + X_4 + \cdots + X_8 = 0$

3회째 이후의 총 6회 중 앞뒤가 각각 3회 나오는 경우이므로

$$\left(\frac{1}{2}\right)^2 \times {}_6C_3\left(\frac{1}{2}\right)^3\left(\frac{1}{2}\right)^3 = \frac{20}{2^8}$$

(ii) $X_1 = X_2 = -1$ 인 경우 ; $S_8 = 2$ 이므로

$X_3 + X_4 + \cdots + X_8 = 4$

3회째 이후의 총 6회 중 앞이 5회, 뒤가 1회 나오는 경우이므로

$$\left(\frac{1}{2}\right)^2 \times {}_6C_5\left(\frac{1}{2}\right)^5 \frac{1}{2} = \frac{6}{2^8}$$

따라서,

구하는 확률은 $\frac{20}{2^8} + \frac{6}{2^8} = \frac{13}{128}$ …(답) ■

(2) $S_4 = 0$ 이므로 $X_1 + X_2 + X_3 + X_4 = 0$

처음 4회 중 앞이 2회, 뒤가 2회 나오는 경우이므로 ${}_4C_2\left(\frac{1}{2}\right)^2\left(\frac{1}{2}\right)^2 = \frac{6}{2^4}$

또, $S_4 = 0$ and $S_8 = 2$ 이므로

$X_5 + X_6 + X_7 + X_8 = 2$

5회째 이후의 총 4회 중 앞이 3회, 뒤가 1회 나오는 경우이므로

$${}_4C_3\left(\frac{1}{2}\right)^3 \frac{1}{2} = \frac{4}{2^4}$$

$$\therefore \frac{6}{2^4} \times \frac{1}{4} = \frac{3}{32}$$ …(답) ■

1. 한 변의 길이가 1인 정삼각형 ABC의 변 BC, CA, AB상에 각각 점 P, Q, R을 $\overline{BP}=\overline{CQ}=\overline{AR}<\frac{1}{2}$ 되도록 잡아, $\overline{AP}$와 $\overline{CR}$의 교점을 A', $\overline{BQ}$와 $\overline{AP}$의 교점을 B', $\overline{CR}$와 $\overline{BQ}$의 교점을 C'라 하자.
$\overline{BP}=x$라 할 때, 다음 물음에 답하여라.

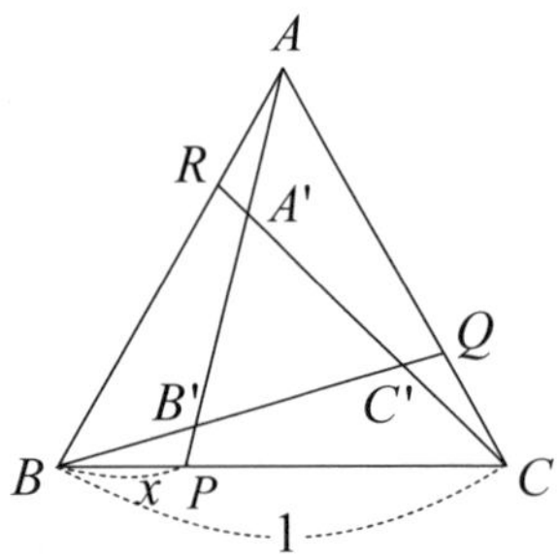

(1) $\overline{BB'}$, $\overline{PB'}$를 x로 나타내어라.

(2) $\triangle A'B'C'=\frac{1}{2}\triangle ABC$로 되는 x값은?

2. 길이 2인 선분 NS를 지름으로 하는 구면 K가 있다. 점 S에서 구면에 접하는 평면상에 S를 중심으로 하는 반지름 2인 사분원 (원주의 $\frac{1}{4}$의 길이를 갖는 원호) $\overset{\frown}{AB}$와 선분 AB를 합하여 얻은 곡선 상을 점 P가 1회전한다.
이때, 선 NP와 구면 K의 교점 Q가 그리는 곡선의 길이를 구하여라.

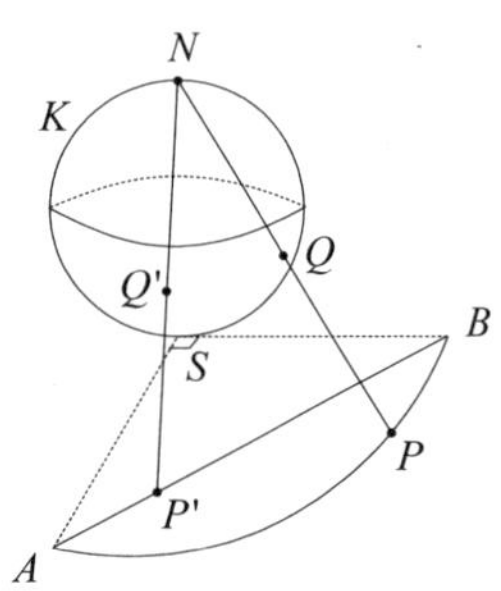

3. α를 실수, $A=\begin{pmatrix} 1 & -1 \\ 1 & 1 \end{pmatrix}$이라 할 때, 양의 정수 n에 대하여 $\begin{pmatrix} p_n \\ q_n \end{pmatrix}=A^n\begin{pmatrix} \alpha \\ 1 \end{pmatrix}$로 놓자.

(1) $q_n=0$인 n이 존재하도록 하는 α의 값을 구하여라.

(2) 모든 n에 대하여 $q_n \neq 0$로 되는 α를 고려하자. 이때, $a_n=\frac{p_n}{q_n}$을 α로 나타내고, a_1, a_2, $\cdots$, a_n, $\cdots$ 의 값들 중 서로 다른 것의 개수를 구하여라.

4. xy평면상의 동점 P의 (x,y)좌표는 시각 t를 이용하여 $\begin{cases} x=\sin t+\cos t \\ y=k\sin^2 t\cos^2 t \end{cases}$ $(-\infty<t<\infty)$로 정해진다.
단, k는 양의 상수이다.
이때, 원점과 P의 거리의 제곱의 최댓값과 최솟값을 k를 이용하여 나타내어라.

5. 한 변의 길이가 1인 정사면체 $A_0A_1A_2A_3$가 있다. 점 P는 사면체의 변 위를 매초 1의 속도로 움직이며, 각 꼭짓점에 도달하면 그 점으로부터 뻗어나간 세 변 중 한 변을 $\frac{1}{3}$씩의 확률로 골라서 나아간다.
P는 시각 $t=0$일 때, 꼭짓점 A_0에 있다. 또, n을 0또는 양의 정수라 할 때, 점 P가 시각 $t=n$일 때 꼭짓점 A_i에 있을 확률을 $p_i(n)$으로 표시하자$(i=0,1,2,3)$.

(1) 수학적 귀납법을 이용해 $p_1(n)=p_2(n)=p_3(n)$임을 증명하라.

(2) $p_0(n)$과 $p_1(n)$의 값을 구하여라.

6. xy평면상의 제1사분면에 있는 점 A를 꼭짓점으로 하고, 원점 O와 x축상의 점 B를 이은 선분 OB를 밑변으로 하는 이등변삼각형$(\overline{AO}=\overline{AB})$의 면적을 s라 하자.
이 삼각형과 부등식 $xy \leq 1$로 표시되는 영역과의 공통부분의 면적을 s의 함수로 표시하여라.

[문제 1]

(1) $\triangle BPB' \backsim \triangle BQC$이므로

$$\frac{\overline{BP}}{\overline{BQ}}=\frac{\overline{BB'}}{\overline{BC}}=\frac{\overline{PB'}}{\overline{QC}} \quad \cdots ①$$

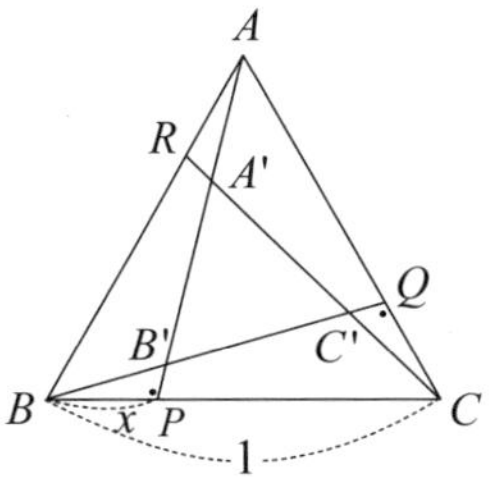

$\overline{BP}=\overline{CQ}=x$로 놓으면, $\triangle BQC$에서

$\overline{BQ}^2=1^2+x^2-2\cdot1\cdot x\cos60^0=x^2-x+1$

①에서 $\dfrac{x}{\sqrt{x^2-x+1}}=\dfrac{\overline{BB'}}{1}=\dfrac{\overline{PB'}}{x}$

$\therefore\ \overline{BB'}=\dfrac{x}{\sqrt{x^2-x+1}},\ \overline{PB'}=\dfrac{x^2}{\sqrt{x^2-x+1}}$

⋯(답) ■

(2) $\overline{B'C'}=\overline{BQ}-(\overline{BB'}+\overline{C'Q})$

$=\overline{BQ}-\overline{BB'}-\overline{PB'}$

$=\sqrt{x^2-x+1}-\dfrac{x}{\sqrt{x^2-x+1}}-\dfrac{x^2}{\sqrt{x^2-x+1}}$

$=\dfrac{1-2x}{\sqrt{x^2-x+1}}$

$\triangle A'B'C',\triangle ABC$는 모두 정삼각형이므로

$$\frac{\triangle A'B'C'}{\triangle ABC}=\left(\frac{\overline{B'C'}}{\overline{BC}}\right)^2=\frac{(1-2x)^2}{x^2-x+1}=\frac{1}{2}$$

$$2(1-2x)^2=x^2-x+1$$

$$\therefore 7x^2-7x+1=0$$

$0<x<\dfrac{1}{2}$이므로 $x=\dfrac{7-\sqrt{21}}{14}$ ⋯(답) ■

[문제 2]

(ⅰ) 점 P가 호 AB 상에 있을 때

$\overline{NP}$와 구면 K의 교점 Q에 대하여

$\overline{SQ}\perp\overline{NP},\ \overline{SN}=\overline{SP}=2$

이므로, Q는 구면 K의 호 NS의 중점이 된다.

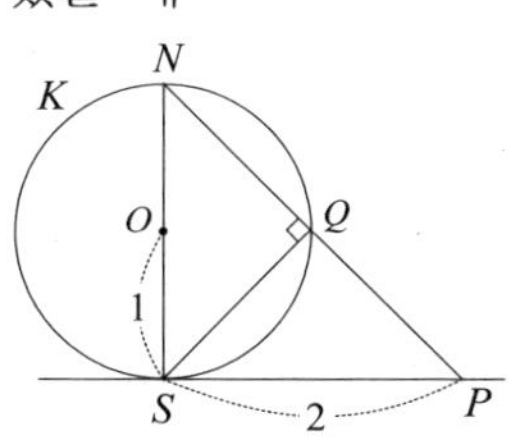

따라서, 구면 $K: x^2+y^2+z^2=1$과 x축, y축과의 교점을 $A'(1,0,0),\ B'(0,1,0)$으로 놓으면, 점 P가 호 AB 상에서 움직일 때 점 Q는 xy평면의 4분원호 $A'B'$ 상에서 움직인다.

이때 그리는 곡선의 길이는

$$\frac{1}{4}\times2\pi\times1=\frac{\pi}{2} \quad \cdots ①$$

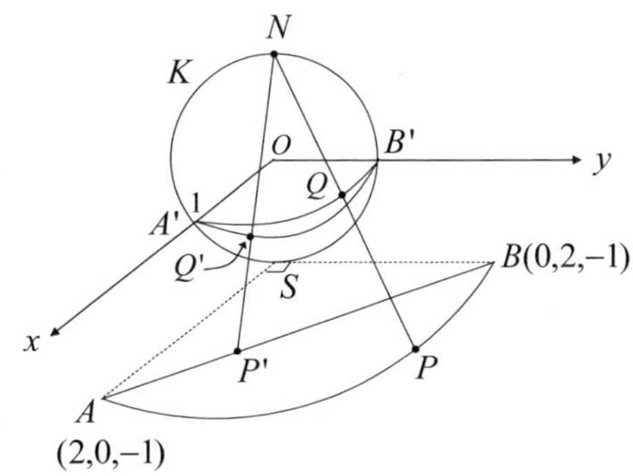

(ⅱ) 점 P가 선분 AB 상에 있을 때

점 Q는 평면 NAB와 구면 K의 교점들이 이루는 원의 원주상에 있다.

세 점 $A(2,0,-1),\ B(0,2,-1),\ N(0,0,1)$을 지나는 평면의 방정식은 $x+y+z=1$이므로,

이 평면과 구면 K의 교점들이 이루는 원은 $\triangle NA'B'$의 외접원이 된다.

즉, 점 P가 선분 AB 상에서 움직일 때,

점 Q는 $\triangle NA'B'$의 외접원의 호 $A'B'$ 상에서 움직인다.

$\triangle NA'B'$의 외접원의 반지름을 R로 놓으면,

$$\frac{\overline{A'B'}}{\sin60^0}=2R \quad \therefore R=\frac{\sqrt{6}}{3}$$

이때 그리는 곡선의 길이는

$$\frac{1}{3}\times2\pi\times\frac{\sqrt{6}}{3}=\frac{2\sqrt{6}\pi}{9} \quad \cdots ②$$

①,②에서

$$\frac{\pi}{2}+\frac{2\sqrt{6}\pi}{9}=\frac{9+4\sqrt{6}}{18}\pi \quad \cdots(답)$$ ■

[문제 3]

$$A=\begin{pmatrix}1 & -1\\ 1 & 1\end{pmatrix}=\sqrt{2}\begin{pmatrix}\cos\frac{\pi}{4} & -\sin\frac{\pi}{4}\\ \sin\frac{\pi}{4} & \cos\frac{\pi}{4}\end{pmatrix}$$

$$A^n=(\sqrt{2})^n\begin{pmatrix}\cos\frac{n\pi}{4} & -\sin\frac{n\pi}{4}\\ \sin\frac{n\pi}{4} & \cos\frac{n\pi}{4}\end{pmatrix}$$

$$\begin{pmatrix}p_n\\ q_n\end{pmatrix}=A^n\begin{pmatrix}\alpha\\ 1\end{pmatrix}=(\sqrt{2})^n\begin{pmatrix}\alpha\cos\frac{n\pi}{4}-\sin\frac{n\pi}{4}\\ \alpha\sin\frac{n\pi}{4}+\cos\frac{n\pi}{4}\end{pmatrix}$$

$$\therefore \begin{cases}p_n=(\sqrt{2})^n\left(\alpha\cos\frac{n\pi}{4}-\sin\frac{n\pi}{4}\right)\\ q_n=(\sqrt{2})^n\left(\alpha\sin\frac{n\pi}{4}+\cos\frac{n\pi}{4}\right)\end{cases}$$

(1) $q_n=0$ 에서

$$\alpha\sin\frac{n\pi}{4}+\cos\frac{n\pi}{4}=0$$

$$\alpha=-\cot\frac{n\pi}{4}\quad(n\neq 4k)$$

$n=4k+1, 4k+2, 4k+3$에 대하여,

각각 $\alpha=-1, 0, 1$

따라서, $q_n=0$인 n이 존재하도록 하는

α의 값은 $\alpha=-1, 0, 1$ …(답) ■

(2) 모든 n에 대하여 $q_n\neq 0$이므로,

$\alpha\neq -1, 0, 1$

$n=4k$이면, $\begin{cases}p_n=(\sqrt{2})^{4k}\cdot\alpha\cos k\pi\\ q_n=(\sqrt{2})^{4k}\cdot\cos k\pi\end{cases}$

$$\therefore a_n=\frac{p_n}{q_n}=\alpha$$ …(답) ■

$n\neq 4k$이면,

$$a_n=\frac{p_n}{q_n}=\frac{\alpha\cos\frac{n\pi}{4}-\sin\frac{n\pi}{4}}{\alpha\sin\frac{n\pi}{4}+\cos\frac{n\pi}{4}}=\frac{\alpha\cot\frac{n\pi}{4}-1}{\alpha+\cot\frac{n\pi}{4}}$$

$n=4k+1, 4k+2, 4k+3$에 대하여,

각각 $a_n=\frac{\alpha-1}{\alpha+1}, -\frac{1}{\alpha}, -\frac{\alpha+1}{\alpha-1}$ …(답) ■

$$\alpha, \frac{\alpha-1}{\alpha+1}, -\frac{1}{\alpha}, -\frac{\alpha+1}{\alpha-1}$$

중 어느 2개라도 같아지려면 $\alpha^2=-1$을 만족해야 하므로, 네 수 중 같은 것은 없다.

따라서, $a_1, a_2, \cdots, a_n, \cdots$ 의 값들 중 서로 다른 것의 개수는 4개이다. …(답) ■

[문제 4]

원점을 O라 하면,

$$\begin{aligned}\overline{OP}^2&=x^2+y^2\\ &=(\sin t+\cos t)^2+(k\sin^2 t\cos^2 t)^2\\ &=1+2\sin t\cos t+k^2(\sin t\cos t)^4\\ &=1+\sin 2t+\frac{k^2}{16}\sin^4 2t\end{aligned}$$

$u=\sin 2t\ (-1\leqq u\leqq 1)$로 놓으면,

$$\overline{OP}^2=f(u)=\frac{k^2}{16}u^4+u+1$$

$$\begin{aligned}f'(u)&=\frac{k^2}{4}u^3+1\\ &=\frac{k^2}{4}\left(u^3+\frac{4}{k^2}\right)\quad(k>0)\end{aligned}$$

(ⅰ) $\frac{4}{k^2}\geqq 1(\because 0<k\leqq 2)$인 경우

$-1\leqq u\leqq 1$에서 $f'(u)\geqq 0$이므로,

$-1\leqq u\leqq 1$에서 $f(u)$는 단조증가한다.

$f(u)$의 최솟값은 $f(-1)=\frac{k^2}{16}$,

최댓값은 $f(1)=\frac{k^2}{16}+2$

(ⅱ) $0<\frac{4}{k^2}<1(\because k>2)$인 경우

$f(u)$는 $u=-\sqrt[3]{\frac{4}{k^2}}$에서 극소이며 최소이다.

$$\begin{aligned}f\left(-\sqrt[3]{\frac{4}{k^2}}\right)&=\frac{k^2}{16}\left(-\frac{4}{k^2}\right)\left(-\sqrt[3]{\frac{4}{k^2}}\right)-\sqrt[3]{\frac{4}{k^2}}+1\\ &=1-\frac{3}{4}\sqrt[3]{\frac{4}{k^2}}=1-\frac{3\sqrt[3]{4k}}{4k}\end{aligned}$$

$f(1)>f(-1)$이므로, 최댓값은 $f(1)$

답 : $0 < k \leqq 2$일 때,

최솟값 : $\frac{k^2}{16}$, 최댓값 : $\frac{k^2}{16}+2$

$k > 2$일 때,

최솟값 : $1-\frac{3\sqrt[3]{4k}}{4k}$, 최댓값 : $\frac{k^2}{16}+2$ ■

[문제 5]

(1)

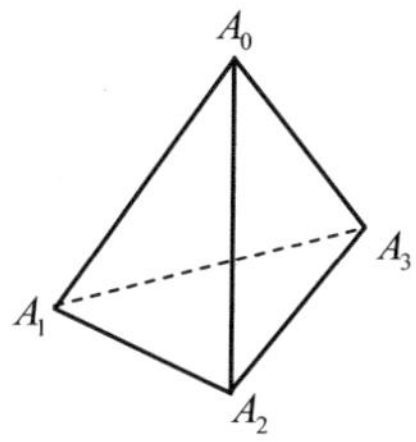

$p_1(n)=p_2(n)=p_3(n)$ ⋯ ①

(i) $n=0$일 때,

$p_1(0)=p_2(0)=p_3(0)=0$

(ii) $n=k$일 때 ①이 성립한다고 가정하면,

$p_1(k)=p_2(k)=p_3(k)$

이때,

$$p_1(k+1)=\{p_0(k)+p_2(k)+p_3(k)\}\times\frac{1}{3}$$

$$p_2(k+1)=\{p_0(k)+p_1(k)+p_3(k)\}\times\frac{1}{3}$$

$$p_3(k+1)=\{p_0(k)+p_1(k)+p_2(k)\}\times\frac{1}{3}$$

이므로,

$p_1(k+1)=p_2(k+1)=p_3(k+1)$

따라서, $n=k+1$일 때도 ①이 성립한다.

(i), (ii)와 수학적 귀납법에 의하여,

$n=0,1,2,3,\cdots$ 에 대하여 ①이 성립한다. ■

(2)

$$p_0(n+1)=\{p_1(n)+p_2(n)+p_3(n)\}\times\frac{1}{3}$$

①에 의하여,

$p_0(n+1)=p_1(n)$ ⋯ ②

$$p_1(n+1)=\{p_0(n)+p_2(n)+p_3(n)\}\times\frac{1}{3}$$

①에 의하여,

$$p_1(n+1)=\frac{1}{3}\{p_0(n)+2p_1(n)\}$$

$$p_1(n+1)=\frac{2}{3}p_1(n)+\frac{1}{3}p_0(n) \quad \cdots ③$$

②, ③에 의하여

$$p_1(n+1)=\frac{2}{3}p_1(n)+\frac{1}{3}p_1(n-1) \quad (n\geqq 1)$$

$$p_1(n+1)-p_1(n)=-\frac{1}{3}\{p_1(n)-p_1(n-1)\}$$

$$\therefore p_1(n+1)-p_1(n)=\{p_1(1)-p_1(0)\}\cdot\left(-\frac{1}{3}\right)^n=\frac{1}{3}\left(-\frac{1}{3}\right)^n$$

$$\therefore p_1(n)-p_1(0)=\sum_{k=0}^{n-1}\frac{1}{3}\left(-\frac{1}{3}\right)^k$$

$$p_1(n)=\frac{1}{3}\cdot\frac{1-\left(-\frac{1}{3}\right)^n}{1-\left(-\frac{1}{3}\right)}=\frac{1}{4}\left\{1-\left(-\frac{1}{3}\right)^n\right\}$$

②에 의하여,

$$p_0(n)=p_1(n-1)=\frac{1}{4}\left\{1-\left(-\frac{1}{3}\right)^{n-1}\right\}$$

답 : $p_1(n)=\frac{1}{4}\left\{1-\left(-\frac{1}{3}\right)^n\right\}$,

$p_0(n)=\frac{1}{4}\left\{1-\left(-\frac{1}{3}\right)^{n-1}\right\}$ ■

[문제 6]

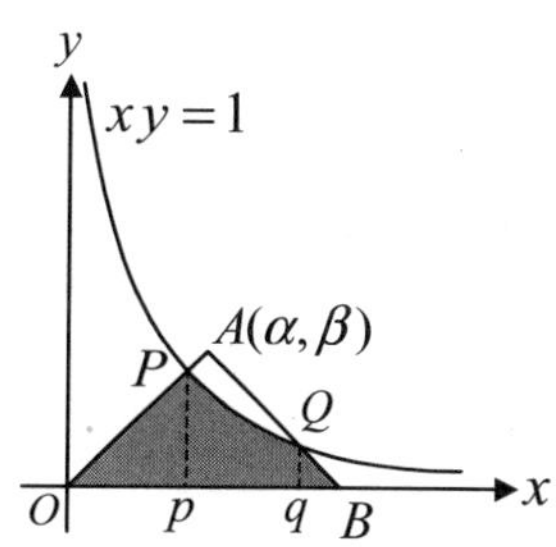

$A(\alpha, \beta)$로 놓으면,

$\overline{OA}=\overline{AB}$ 에서

$B(2\alpha, 0)$

$$\therefore s=\triangle OAB=\frac{1}{2}\cdot 2\alpha\cdot\beta=\alpha\beta$$

(i) $s=\alpha\beta\leqq 1$인 경우

$\triangle ABC$가 $xy\leqq 1$인 영역에 포함되므로

공통부분의 면적은

$S=\triangle OAB=s \ (0 < s \leqq 1)$

(ii) $s=\alpha\beta>1$인 경우

변 OA, AB와 쌍곡선 $xy=1$의 교점을 각각

$P\left(p, \frac{1}{p}\right)$, $Q\left(q, \frac{1}{q}\right)$로 놓으면,

$OA : y=\frac{\beta}{\alpha}x$, $xy=1$에서 $p=\sqrt{\frac{\alpha}{\beta}}=\frac{\sqrt{s}}{\beta}$ … ①

$AB : y=-\frac{\beta}{\alpha}(x-2\alpha)$, $xy=1$에서

$\beta x^2-2\alpha\beta x+\alpha=0$

$q=\frac{\alpha\beta+\sqrt{\alpha^2\beta^2-\alpha\beta}}{\beta}=\frac{s+\sqrt{s^2-s}}{\beta}$ … ②

$$S=\frac{1}{2}p\cdot\frac{1}{p}+\int_p^q\frac{dx}{x}+\frac{1}{2}(2\alpha-q)\cdot\frac{1}{q}$$

$$=[\log x]_p^q+\frac{\alpha}{q}=\log\frac{q}{p}+\frac{\alpha}{q}$$

$$=\log\frac{s+\sqrt{s^2-s}}{\sqrt{s}}+\frac{s}{s+\sqrt{s^2-s}}\quad(\because ①,②)$$

$$=\log(\sqrt{s}+\sqrt{s-1})+s-\sqrt{s^2-s}\quad(s>1)$$

답 : $0<s\leq 1$일 때, s

$s>1$일 때,

$\log(\sqrt{s}+\sqrt{s-1})+s-\sqrt{s^2-s}$ ■

〈 1980년 문과 〉

1. 반지름 a인 원 O의 원주를 8 등분하는 점을 $A_1, A_2, \cdots, A_8$이라 하자. 현 A_1A_4와 현 A_2A_7, A_3A_6의 교점을 각각 P, Q라 하고, 현 A_5A_8과 현 A_3A_6, A_2A_7의 교점을 각각 R, S라 하자. 이때, 정사각형 $PQRS$의 면적을 구하여라.
또, 선분 A_1P, A_2P 및 호 A_1A_2로 둘러싸인 부분의 면적을 구하여라.

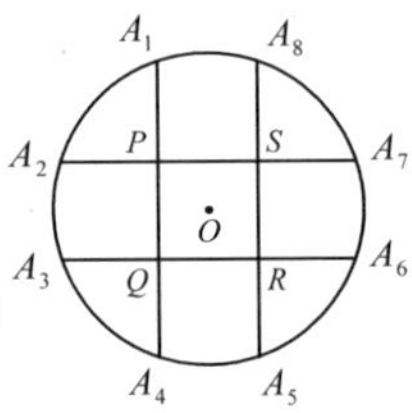

2. 그림과 같은 입체 $ABCD-EFGH$가 있어 윗면 $ABCD$와 아랫면 $EFGH$는 정사각형이며 서로 평행하고, 네 측면은 모두 사다리꼴로 $\overline{AE}=\overline{BF}=\overline{CG}=\overline{DH}$이다.
또, 아랫면은 한 변의 길이가 12이며, 입체의 높이는 4이다.
윗면의 한 변의 길이를 x라 할 때, 측면 $ABFE$의 면적을 $S(x)$라 하자.
x가 $2\leq x\leq 10$인 범위를 움직일 때, $S(x)$의 최댓값과 최솟값을 구하여라.

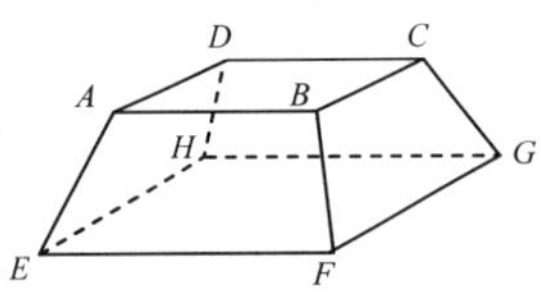

3. n, a, b, c, d는 0 또는 양의 정수로
$$\begin{cases}a^2+b^2+c^2+d^2=n^2-6\\ a+b+c+d\leq n\\ a\geq b\geq c\geq d\end{cases}$$
를 만족한다. 이러한 수의 조(n,a,b,c,d)를 모두 구하여라.

4. a, b가 $a^2-b^2=-1$을 만족하는 실수일 때, $I=\begin{pmatrix}1&0\\0&1\end{pmatrix}$, $A=\begin{pmatrix}a&b\\-b&-a\end{pmatrix}$라 하자.
실수의 조(x,y)에 대하여 $Z=xI+yA$라 놓을 때, $Z'=xI-yA$라 하자. 또, 영행렬을 O로 표시하자.

(1) 등식 $ZZ'-Z-Z'-3I=O$ …(*) 을 만족하는 모든 Z에 대응하는 점 (x,y)가 그리는 곡선을 도시하라.

(2) $x^2+y^2\neq 0$일 때, Z의 역행렬 Z^{-1}가 있어 $uI+vA$의 형태로 표현됨을 보여라.
또, 등식 (*)을 만족하는 모든 Z에 대응하는 점 (u,v)가 그리는 곡선을 도시하라.

[문제 1]

$\angle A_1OA_2 = \angle A_2OA_3 = \angle A_3OA_4 = 45^0$ 이므로

$\angle A_1OA_4 = 135^0$

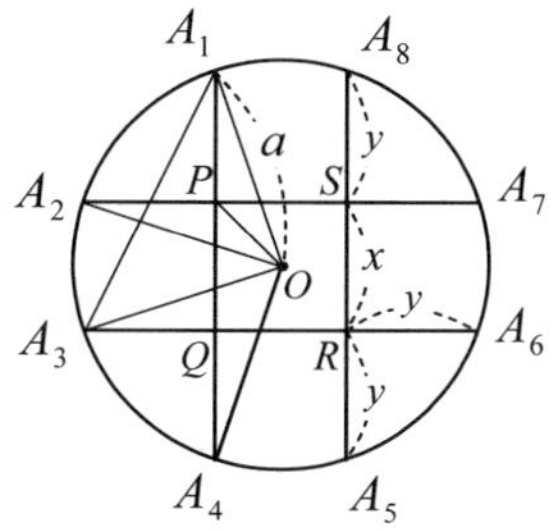

$\therefore \overline{A_1A_4}^2$

$= a^2 + a^2 - 2a \cdot a\cos 135^0$

$= (2+\sqrt{2})a^2$

또, $\angle A_1OA_3 = 90^0$ 에서 $\therefore \overline{A_1A_3} = \sqrt{2}\,a$

$\overline{PQ} = x,\ \overline{A_1P} = \overline{QA_4} = \overline{QA_3} = y$ 로 놓으면

$$\overline{A_1A_4}^2 = (x+2y)^2 = (2+\sqrt{2})a^2 \quad \cdots ①$$
$$\overline{A_1A_3}^2 = (x+y)^2 + y^2 = 2a^2 \quad \cdots ②$$

②×2−①에서 $x^2 = (2-\sqrt{2})a^2 \quad \cdots ③$

답 : $\square PQRS = x^2 = (2-\sqrt{2})a^2$ ■

③,①에서 $x = \sqrt{2-\sqrt{2}}\,a,\ 2y = \sqrt{2+\sqrt{2}}\,a - x$

도형 PA_1A_2의 면적

$= \triangledown OA_1A_2 - 2\triangle OPA_2 = \frac{1}{8}\pi a^2 - 2\left(y \cdot \frac{x}{2} \cdot \frac{1}{2}\right)$

$= \frac{\pi}{8}a^2 - \frac{1}{2}\sqrt{2-\sqrt{2}}\,a \cdot \frac{1}{2}(\sqrt{2+\sqrt{2}}\,a - \sqrt{2-\sqrt{2}}\,a)$

$= \left(\frac{\pi}{8} - \frac{\sqrt{2}-1}{2}\right)a^2$ …(답) ■

[문제 2]

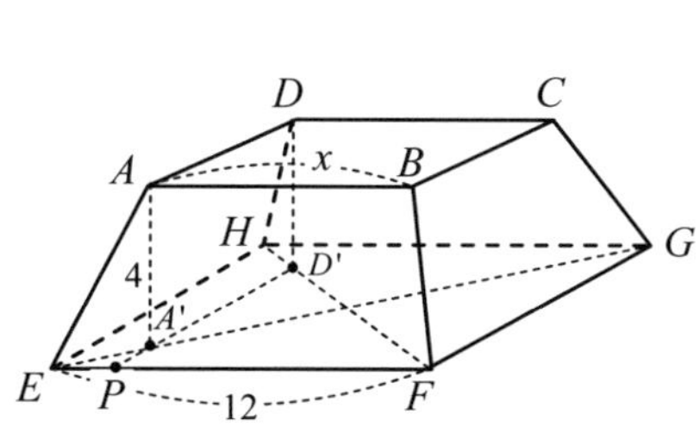

A, D에서 밑면 $EFGH$에 내린 수선의 발을 각각 A', D'로 놓고, $\overline{A'D'}$의 연장선과 $\overline{EF}$와의 교점을 P로 놓자.

$\overline{A'D'} \,/\!/\, \overline{EH}$ 이므로 $\overline{A'P} \perp \overline{EF}$로 된다.

삼수선의 정리에 의하여 $\therefore \overline{AP} \perp \overline{EF}$

따라서, $\overline{AP}$는 사다리꼴 $ABFE$의 높이이다.

$$\overline{AP}^2 = \overline{AA'}^2 + \overline{A'P}^2 = 4^2 + \left(\frac{12-x}{2}\right)^2 = \frac{1}{4}\{64 + (12-x)^2\}$$

$$S(x) = \frac{1}{2}(\overline{EF} + \overline{AB}) \cdot \overline{AP} = \frac{1}{2}(x+12) \cdot \frac{1}{2}\sqrt{64+(12-x)^2}$$

$$\{S(x)\}^2 = \frac{1}{16}(x+12)^2\{64+(12-x)^2\} = f(x)$$

로 놓으면,

$$16f'(x) = 2(x+12)\{64+(12-x)^2\} + (x+12)^2\{-2(12-x)\} = 4(x+12)(x-4)(x-8)$$

$$(2 \leq x \leq 10)$$

$f(x)$의 증감을 조사하면 다음과 같다.

x	2	…	4	…	8	…	10
$f'(x)$		+	0	−	0	+	
$f(x)$	2009	↗	2048	↘	2000	↗	2057

$S(x)$의 최댓값은 $S(10) = 11\sqrt{17}$,

최솟값은 $S(8) = 20\sqrt{5}$ …(답) ■

[문제 3]

$$\begin{cases} a^2+b^2+c^2+d^2=n^2-6 & \cdots ① \\ a+b+c+d \leq n & \cdots ② \\ a \geq b \geq c \geq d \geq 0 & \cdots ③ \end{cases}$$

②에서 $(a+b+c+d)^2 \leq n^2$

$a^2+b^2+c^2+d^2+2(ab+ac+ad+bc+bd+cd) \leq n^2$

①에 의하여,

$$n^2-6+2(ab+ac+ad+bc+bd+cd) \leq n^2$$
$$2(ab+ac+ad+bc+bd+cd) \leq 6$$

③에 의하여,

$$2 \cdot 6d^2 \leq 2(ab+ac+ad+bc+bd+cd) \leq 6$$
$$12d^2 \leq 6 \qquad \therefore d=0$$

$d=0$을 ①,②에 대입하면,

$$a^2+b^2+c^2=n^2-6,\ a+b+c \leq n \quad \cdots ④$$

$(a+b+c)^2 \leq n^2$에서

$$a^2+b^2+c^2+2(ab+ac+bc) \leq n^2$$

$a^2+b^2+c^2=n^2-6$을 대입하면,

$$n^2-6+2(ab+ac+bc) \leq n^2$$
$$2(ab+ac+bc) \leq 6$$

③에 의하여,

$$2 \cdot 3c^2 \leq 2(ab+ac+bc) \leq 6$$
$$c^2 \leq 1 \qquad \therefore c=0,1$$

(i) $c=0$인 경우

④에서, $a^2+b^2=n^2-6,\ a+b \leq n \quad \cdots ⑤$

$$a^2+b^2+2ab \leq n^2$$

$a^2+b^2=n^2-6$을 대입하면,

$$n^2-6+2ab \leq n^2$$
$$ab \leq 3$$

③에 의하여, $b^2 \leq ab \leq 3 \qquad \therefore b=0,1$

$b=0$인 경우

⑤에서, $a^2=n^2-6,\ a \leq n$

$$(n+a)(n-a)=6,\ a \leq n$$

$(n+a)+(n-a)=2n$이므로 $n+a, n-a$는 모두 짝수이거나 모두 홀수이다.
곱하여 6이 되는 두 정수 중 이러한 것은 없으므로 조건을 만족하는 a,n은 없다.

$b=1$인 경우

⑤에서, $a^2=n^2-7,\ a \leq n-1$

$$(n+a)(n-a)=7,\ a \leq n-1$$
$$\therefore n=4,\ a=3$$

> $n+a, n-a$는 모두 짝수이거나 모두 홀수이며, $n+a > n-a$이므로
> $n+a=7, n-a=1$임을 알 수 있다.
> $n=4,\ a=3$는 $a \leq n-1$이므로 조건을 만족한다. ($n+a=-1, n-a=-7$이면
> $n=-4<0$)

여기서,

$(n,a,b,c,d)=(4,3,1,0,0)$ ⋯(답) ■

(ii) $c=1$인 경우

④에서, $a^2+b^2=n^2-7,\ a+b \leq n-1 \quad \cdots ⑥$

$$a^2+b^2+2ab \leq (n-1)^2$$

$a^2+b^2=n^2-7$을 대입하면,

$$n^2-7+2ab \leq (n-1)^2$$
$$ab \leq 4-n$$

③에 의하여,

$$b^2 \leq ab \leq 4-n \qquad \therefore b^2+n \leq 4 \quad \cdots ⑦$$

$a \geq b \geq c \geq d$, $c=1$이므로 $a \geq b \geq 1$

$b=1$인 경우

⑥에서 $a^2+1=n^2-7$, $a+1 \leqq n-1$

$(n+a)(n-a)=8$, $a+2 \leqq n$

$\therefore b=1, n=3, a=1$

> $n+a, n-a$는 모두 짝수이거나 모두 홀수이며, $n+a > n-a$이므로
> $n+a=4, n-a=2$이거나
> $n+a=-2$, $n-a=-4$임을
> 알 수 있다.
> 후자의 경우 $n=-3$으로 조건을 만족하지 않으며, 전자의 경우 $n=3$, $a=1$은 $a+2 \leqq n$이므로 조건을 만족한다.

여기서,

$(n,a,b,c,d)=(3,1,1,1,0)$ ⋯(답) ■

$b=2$인 경우

⑥에서 $a^2+4=n^2-7$, $a+2 \leqq n-1$

$(n+a)(n-a)=11$, $a+3 \leqq n$

위와 같은 이유로 $n+a=11, n-a=1$이거나 $n+a=-1, n-a=-11$이다.

후자의 경우 $n=-6$으로 조건을 만족하지 않으며, 전자의 경우 $n=6$, $a=5$는 $a+3 \leqq n$를 만족하지 않는다.

$b \geqq 3$인 경우

⑦에서 $b^2+n \leqq 4$를 만족하지 않는다. ■

[문제 4] (1) $Z=xI+yA$, $Z'=xI-yA$

$ZZ'-Z-Z'-3I=O$, $(Z-I)(Z'-I)=4I$

$\{(x-1)I+yA\}\{(x-1)I-yA\}=4I$

$(x-1)^2I^2-y^2A^2=4I$

$\therefore (x^2-2x-3)I-y^2A^2=O$ ⋯ ①

$a^2-b^2=-1$이므로,

$$A^2=\begin{pmatrix} a^2-b^2 & 0 \\ 0 & a^2-b^2 \end{pmatrix}=\begin{pmatrix} -1 & 0 \\ 0 & -1 \end{pmatrix}=-I$$

①에 대입하면,

$(x^2-2x-3+y^2)I=O$

$x^2-2x-3+y^2=0$ ⋯ ②

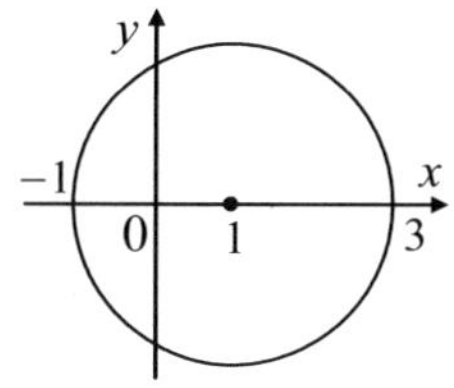

$\therefore (x-1)^2+y^2=4$

(오른쪽 그림) ⋯(답) ■

(2) $Z=xI+yA=\begin{pmatrix} x+ay & by \\ -by & x-ay \end{pmatrix}$

$D=(x+ay)(x-ay)+b^2y^2$

$=x^2-(a^2-b^2)y^2=x^2+y^2 \neq 0$

이므로,

Z의 역행렬 Z^{-1}가 존재하며

$$Z^{-1}=\frac{1}{x^2+y^2}\begin{pmatrix} x-ay & -by \\ by & x+ay \end{pmatrix}$$

$$=\frac{1}{x^2+y^2}\left\{x\begin{pmatrix} 1 & 0 \\ 0 & 1 \end{pmatrix}-y\begin{pmatrix} a & b \\ -b & -a \end{pmatrix}\right\}$$

$$=\frac{x}{x^2+y^2}I-\frac{y}{x^2+y^2}A$$

$$=uI+vA$$ ■

$$u=\frac{x}{x^2+y^2},\ v=-\frac{y}{x^2+y^2}$$

$u^2+v^2=\dfrac{1}{x^2+y^2}$의 양변에 x, y를 곱하면,

$$x=\frac{u}{u^2+v^2},\ y=-\frac{v}{u^2+v^2}$$

$x^2-2x-3+y^2=0$ ⋯ ②에 대입하면,

$$\left(\frac{u}{u^2+v^2}\right)^2-2\left(\frac{u}{u^2+v^2}\right)-3+\left(\frac{-v}{u^2+v^2}\right)^2=0$$

$$\frac{1}{u^2+v^2}-\frac{2u}{u^2+v^2}-3=0$$

$$u^2+v^2+\frac{2}{3}u-\frac{1}{3}=0$$

$$\therefore \left(u+\frac{1}{3}\right)^2+v^2=\frac{4}{9}$$

(오른쪽 그림)

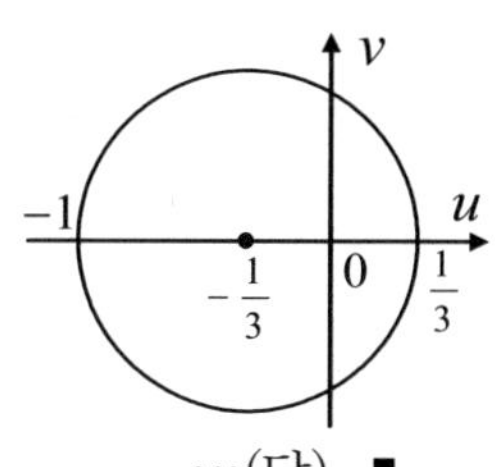

⋯(답) ■

1. $S=\{1,2,\cdots,n\}\ (n \geqq 2)$라 하자. S의 부분집합 중 원소의 개수가 2개인 것을 k개 골라 모두 서로소가 되도록 하는 방법은 몇 가지인가? 또, 그 수를 $f(n,k)$라 할 때, $f(n,k)=f(n,1)$을 만족하는 n과 k를 모두 구하여라. (단, $k \geqq 2$)

2. 반지름 1인 원에 내접하는 정육각형의 꼭짓점을 차례로 $A_1, A_2, \cdots, A_6$라 하자. 그 중에서 무작위로 중복을 허락하여, 세 점을 순서대로 선택하여 만든 삼각형의 면적의 기댓값(평균치)을 구하여라. 단, 2개 이상의 점이 일치하도록 세 점이 선택된 경우에는 삼각형의 면적을 0으로 하며, 같은 삼각형이라도 꼭짓점의 선택순서가 다른 것은 각각 계산한다.

3. 포물선 $y=x^2$을 C로 표시하자.
C상의 점 Q를 지나고 Q에서의 C의 접선에 수직인 직선을 Q에서의 C의 법선이라 한다. $0 \leqq t \leqq 1$일 때, 다음 세 조건을 만족하는 점 P를 고려해 보자.
㉠ C상의 점 $Q(t,t^2)$에서의 C의 법선 상에 있다.
㉡ 영역 $y \geqq x^2$에 포함된다.
㉢ P와 Q의 거리는 $(t-t^2)\sqrt{1+4t^2}$ 이다.
t가 0부터 1까지 변화할 때, P가 그리는 곡선을 C'라 하자. 이때, C와 C'로 둘러싸인 부분의 면적을 구하여라.

4. 실수 $\alpha\ (0 \leqq \alpha < \frac{\pi}{2})$와
공간상의 세 점 $A(1,1,0)$, $B(1,-1,0)$, $C(0,0,0)$이 주어져 있을 때,
다음 네 조건을 만족하는 점 $P(x,y,z)$를 고려해 보자.
㉠ $z>0$
㉡ $\overleftrightarrow{PA}$와 A를 지나며 z축에 평행한 직선이 이루는 각은 $\frac{\pi}{4}$이다.
㉢ $\overleftrightarrow{PB}$와 B를 지나며 z축에 평행한 직선이 이루는 각은 $\frac{\pi}{4}$이다.
㉣ $\overleftrightarrow{PC}$와 C를 지나며 z축에 평행한 직선이 이루는 각은 α이다.
위 조건을 만족하는 점 P의 개수를 구하여라. 또, P가 2개 이상 존재할 때, 각각의 경우에 대하여 z값을 α를 이용하여 나타내어라.

5. $n \geqq 3$일 때,
정n각뿔의 전개도를 그림과 같이, 밑면에 포함되지 않는 n개의 변을 잘라서 얻는다.

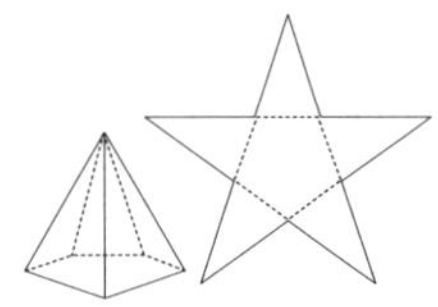

이때, 정n각뿔의 꼭짓점은 전개도에서 서로 다른 n개의 점으로 된다.
이 점들을 이은 원의 반지름이 1이 되는 정n각뿔만을 고려해 보자.
(1) 각 n에 대하여, 위와 같은 정n각뿔의 체적의 최댓값 v_n을 구하여라.
(2) $\lim_{n \to \infty} v_n$을 구하여라.

6. 상수(실수) a, b, c, d에 대하여, 함수 $f(x)=ax^3+bx^2+cx+d$를 고려해 보자.
(1) 함수 $f(x)$가 다음 조건 ㉠,㉡,㉢을 만족하는 것은, 상수 a, b, c, d가 어떤 조건을 만족할 때인가?
㉠ $f(-1)=0$
㉡ $f(1)=0$
㉢ $|x| \leqq 1$일 때, $f(x) \geqq 1-|x|$
(2) 조건 ㉠,㉡,㉢을 만족하는 함수 $f(x)$ 중, 적분 $\int_{-1}^{1}\{f'(x)-x\}^2dx$의 값을 최소로 하는 것을 구하여라.

[문제 1]

$S=\{1,2,\cdots,n\}$에서 2개씩 빼내어 k개의 부분집합을 만드는 방법의 수는

$$f(n,k)=\frac{{}_nC_2\times{}_{n-2}C_2\times{}_{n-4}C_2\times\cdots\times{}_{n-2(k-1)}C_2}{k!}$$

$$=\frac{n!}{2!(n-2)!}\times\frac{(n-2)!}{2!(n-4)!}\times\cdots\times\frac{(n-2k+2)!}{2!(n-2k)!}\cdot\frac{1}{k!}$$

$$=\frac{n!}{2^k(n-2k)!k!}\qquad\cdots(\text{답})\ ■$$

$$f(n,k)=f(n,1)\ (k\geqq 2)$$

$$\frac{n!}{2^k(n-2k)!k!}=\frac{n!}{2(n-2)!}$$

$$\therefore\ \frac{(n-2)!}{(n-2k)!}=2^{k-1}k!$$

양변을 $(2k-2)!$로 나누면,

$$\frac{(n-2)!}{(n-2k)!(2k-2)!}=\frac{k\cdot 2(k-1)\cdot 2(k-2)\cdot\cdots\cdot 2}{(2k-2)!}$$

$${}_{n-2}C_{n-2k}=\frac{k}{(2k-3)\times(2k-5)\times\cdots\times 3\times 1}\qquad\cdots ①$$

$k\geqq 2$이므로 ①의 우변은 양수이며,
따라서 좌변은 양의 정수가 된다.
다시, 우변이 양의 정수이므로 $k\geqq 2k-3$

$k\leqq 3\qquad\therefore k=2$ or 3

$k=2$인 경우, ①은 ${}_{n-2}C_{n-4}=2$

$$\frac{(n-2)(n-3)}{2}=2\qquad\therefore n^2-5n+2=0$$

만족하는 양의 정수 n은 존재하지 않는다.

$k=3$인 경우, ①은 ${}_{n-2}C_{n-6}=1$

$n-6=0\qquad\therefore n=6$

답 : $n=6, k=3$ ■

[문제 2]

문제는 6개의 점 중 중복을 허락하며 순서가 있으므로 전체 경우의 수는 $6!$

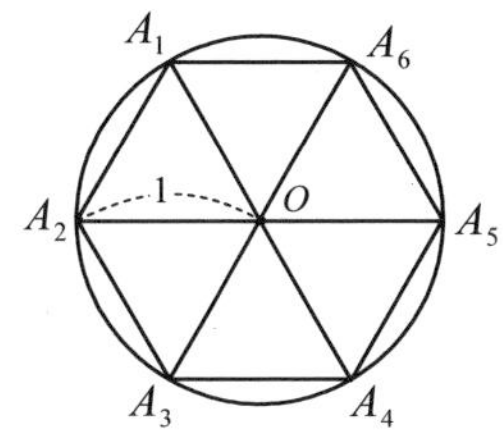

원의 중심을 O라 하면,
$\triangle OA_1A_2$, $2\triangle OA_1A_2$, $3\triangle OA_1A_2$와 같은 면적을 갖는 삼각형의 개수가 각각 6개, 12개, 2개이고, 각각 순서를 달리하여 $3!=6$개씩 잡을 수 있다.

$\triangle OA_1A_2=S$로 놓으면, 기댓값 E는

$$E=S\times\frac{6\times 6}{6^3}+2S\times\frac{12\times 6}{6^3}+3S\times\frac{2\times 6}{6^3}$$

$$=\left(\frac{1}{6}+\frac{4}{6}+\frac{1}{6}\right)S=\frac{\sqrt{3}}{4}\qquad\cdots(\text{답})\ ■$$

[문제 3]

$C: y=x^2,\ y'=2x$

C상의 점 $Q(t,t^2)$에서의 C에 대한 법선의 방정식은 $2t(Y-t^2)=-(X-t)$

$P(x,y)$는 이 직선 위에 있으므로
$2t(y-t^2)=-(x-t)\quad\cdots ①$

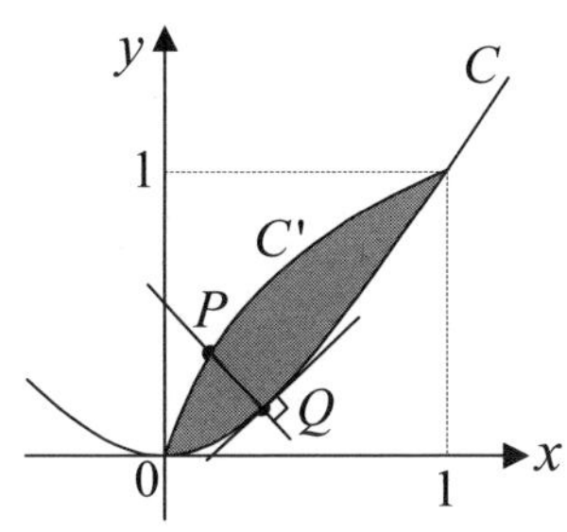

조건 ㉡에 의하여,
$y\geqq x^2\qquad\cdots ②$

$$\overline{PQ}^2=(x-t)^2+(y-t^2)^2\qquad(\because ①)$$
$$=4t^2(y-t^2)^2+(y-t^2)^2=(1+4t^2)(y-t^2)^2$$

조건 ㉢에 의하여,

$$(1+4t^2)(y-t^2)^2=(t-t^2)^2(1+4t^2)$$
$$\therefore (y-t^2)^2=(t-t^2)^2\qquad\cdots ③$$

$0 \leq t \leq 1$이므로 $t-t^2 \geq 0$

$y=x^2$은 $0 \leq x \leq 1$에서 아래로 볼록하므로

조건 ㉠,㉡에 의하여 $y-t^2 \geq 0$

따라서, ③에서 $y-t^2=t-t^2$

$$\therefore y=t, x=t-2t(t-t^2) \quad (\because ①)$$

t를 소거하면,

$$C' : x=2y^3-2y^2+y \quad (0 \leq y \leq 1)$$

C와 C'의 교점에서는 $\overline{PQ}=0$이므로

$$t-t^2=0 \quad \therefore t=y=0, 1$$

C와 C'로 둘러싸인 부분의 면적 S는

$$S=\int_0^1 \{\sqrt{y}-(2y^3-2y^2+y)\}dy$$

$$=\frac{2}{3}-\left(\frac{1}{2}-\frac{2}{3}+\frac{1}{2}\right)=\frac{1}{3} \qquad \cdots(\text{답})$$ ■

[문제 4]

$A(1,1,0)$, $B(1,-1,0)$, $C(0,0,0)$, $P(x,y,z)$

$$\overrightarrow{AP}=(x-1, y-1, z)$$
$$\overrightarrow{BP}=(x-1, y+1, z)$$
$$\overrightarrow{CP}=(x, y, z)$$

$\vec{u}=(0,0,1)$로 놓으면, 네 조건에 의하여

$$\cos\frac{\pi}{4}=\frac{\vec{u}\cdot\overrightarrow{AP}}{|\vec{u}|\cdot|\overrightarrow{AP}|}=\frac{z}{\sqrt{(x-1)^2+(y-1)^2+z^2}}=\frac{1}{\sqrt{2}}$$

$$\cos\frac{\pi}{4}=\frac{\vec{u}\cdot\overrightarrow{BP}}{|\vec{u}|\cdot|\overrightarrow{BP}|}=\frac{z}{\sqrt{(x-1)^2+(y+1)^2+z^2}}=\frac{1}{\sqrt{2}}$$

$$\cos\alpha=\frac{\vec{u}\cdot\overrightarrow{CP}}{|\vec{u}|\cdot|\overrightarrow{CP}|}=\frac{z}{\sqrt{x^2+y^2+z^2}}$$

각각을 정리하면,

$$(x-1)^2+(y-1)^2=z^2 \quad \cdots ①$$
$$(x-1)^2+(y+1)^2=z^2 \quad \cdots ②$$
$$(x^2+y^2+z^2)\cos^2\alpha=z^2 \quad \cdots ③$$

---

①,②에서

$$y=0, x^2-2x+2=z^2 \quad \cdots ④$$

∵두 cone의 교선이 쌍곡선이 된 경우

$y=0$을 ③에 대입하면,

$$x^2\cos^2\alpha=z^2\sin^2\alpha$$

$0 \leq \alpha < \frac{\pi}{2}$에서 $\cos\alpha \neq 0$이므로

$$x^2=z^2\tan^2\alpha$$
$$\therefore x=\pm z\tan\alpha$$

④에 대입하면,

$$z^2\tan^2\alpha \mp 2z\tan\alpha+2=z^2$$

$$\begin{cases}(\tan^2\alpha-1)z^2-2\tan\alpha\cdot z+2=0 & \cdots ⑤\\ \text{or} \\ (\tan^2\alpha-1)z^2+2\tan\alpha\cdot z+2=0 & \cdots ⑥\end{cases}$$

$\tan\alpha$ 값이 z의 방정식 ⑤,⑥의 차수와 판별식을 결정하므로 다음과 같은 경우로 나누어 생각한다.

(1) $\tan\alpha=1$인 경우

$$\mp 2z+2=0 \quad \therefore z=1 \quad (\because ㉠\ z>0)$$

$\therefore \alpha=\frac{\pi}{4}$일 때, z값은 1개

(2) $\tan\alpha \neq 1$인 경우

⑤,⑥의 판별식은 모두 다음과 같다.

$$D/4=\tan^2\alpha-2(\tan^2\alpha-1)=2-\tan^2\alpha$$

$\tan\alpha_1=\sqrt{2}\ \left(0 \leq \alpha_1 < \frac{\pi}{2}\right)$라 하자.

(i) $\tan\alpha > \sqrt{2}$ $\left(\because \alpha_1 < \alpha < \frac{\pi}{2}\right)$인 경우

⑤,⑥은 모두 실근을 갖지 않는다.

$\therefore \alpha_1 < \alpha < \frac{\pi}{2}$일 때, z값은 0개

(ii) $0 \leqq \tan\alpha \leqq \sqrt{2}$, $\tan\alpha \neq 1$인 경우

⑤의 두 실근을 z_1, z_2 $(z_1 \leqq z_2)$,
⑥의 두 실근을 z_3, z_4 $(z_3 \leqq z_4)$로 놓으면,

$$z_1 + z_2 = \frac{2\tan\alpha}{\tan^2\alpha - 1},\ z_3 + z_4 = \frac{-2\tan\alpha}{\tan^2\alpha - 1}$$

$$z_1 z_2 = z_3 z_4 = \frac{2}{\tan^2\alpha - 1}$$

$\tan\alpha = 0$ $(\because \alpha = 0)$인 경우

⑤,⑥은 $-z^2 + 2 = 0$

$\therefore z = \sqrt{2}$ $\quad (\because$ ㉠ $z > 0)$

$\therefore \alpha = 0$일 때, z값은 1개

$0 < \tan\alpha < 1$ $\left(\because 0 < \alpha < \frac{\pi}{4}\right)$인 경우

$$z_1 z_2 = z_3 z_4 = \frac{2}{\tan^2\alpha - 1} < 0$$

$\therefore z_1 < 0 < z_2,\ z_3 < 0 < z_4 \qquad \therefore z = z_2, z_4$

$\therefore 0 < \alpha < \frac{\pi}{4}$일 때, z값은 2개

$1 < \tan\alpha < \sqrt{2}$ $\left(\because \frac{\pi}{4} < \alpha < \alpha_1\right)$인 경우

$$z_1 + z_2 = \frac{2\tan\alpha}{\tan^2\alpha - 1} > 0,$$

$$z_3 + z_4 = \frac{-2\tan\alpha}{\tan^2\alpha - 1} < 0,$$

$$z_1 z_2 = z_3 z_4 = \frac{2}{\tan^2\alpha - 1} > 0$$

$\therefore 0 < z_1 < z_2,\ z_3 < z_4 < 0 \qquad \therefore z = z_1, z_2$

$\therefore \frac{\pi}{4} < \alpha < \alpha_1$일 때, z값은 2개

$\tan\alpha = \sqrt{2}$ $(\because \alpha = \alpha_1)$인 경우

⑤,⑥은 $(z \mp \sqrt{2})^2 = 0 \qquad \therefore z = \sqrt{2}$

$\therefore \alpha = \alpha_1$일 때, z값은 1개

답 : $\begin{cases} \alpha = 0, \frac{\pi}{4}, \alpha_1\text{일 때} & : 1\text{개} \\ 0 < \alpha < \frac{\pi}{4}, \frac{\pi}{4} < \alpha < \alpha_1\text{일 때} & : 2\text{개} \\ \alpha_1 < \alpha < \frac{\pi}{2}\text{일 때} & : 0\text{개} \end{cases}$

P가 2개 이상 존재할 때는 위에서 z값이 2개 이상인 경우이다. (⑤,⑥의 두 가지 경우로 나누어 풀었으므로 z값 하나에 x값 하나가 구해지며, $y = 0$이다.)

$0 < \alpha < \frac{\pi}{4}$ 인 경우 $(\because 0 < \tan\alpha < 1)$

$z = z_2, z_4$에서 ⑤,⑥의 양의 근

⑤의 양의 근 : $\dfrac{\tan\alpha - \sqrt{2 - \tan^2\alpha}}{\tan^2\alpha - 1}$

⑥의 양의 근 : $\dfrac{-\tan\alpha - \sqrt{2 - \tan^2\alpha}}{\tan^2\alpha - 1}$

$\frac{\pi}{4} < \alpha < \alpha_1$인 경우

$z = z_1, z_2$에서 ⑤의 두 근

$$\therefore \frac{\tan\alpha \pm \sqrt{2 - \tan^2\alpha}}{\tan^2\alpha - 1}$$

답 : $\begin{cases} 0 < \alpha < \frac{\pi}{4}\text{ 일 때, } z = \dfrac{\pm\tan\alpha - \sqrt{2 - \tan^2\alpha}}{\tan^2\alpha - 1} \\ \frac{\pi}{4} < \alpha < \alpha_1\text{ 일 때, } z = \dfrac{\tan\alpha \pm \sqrt{2 - \tan^2\alpha}}{\tan^2\alpha - 1} \end{cases}$

[문제 5]

(1) 정n각뿔의 꼭짓점을 P, 밑면인 정n각형의 중심을 O, 그 한 변을 $\overline{AB}$라 하자.

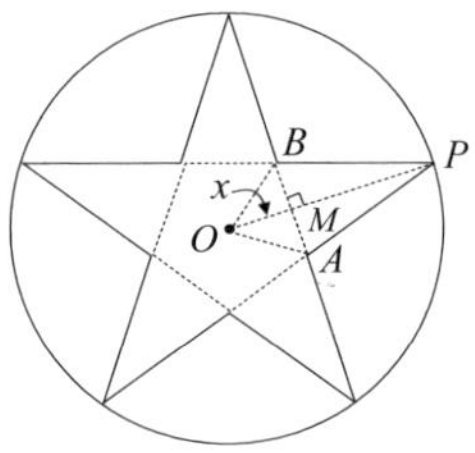

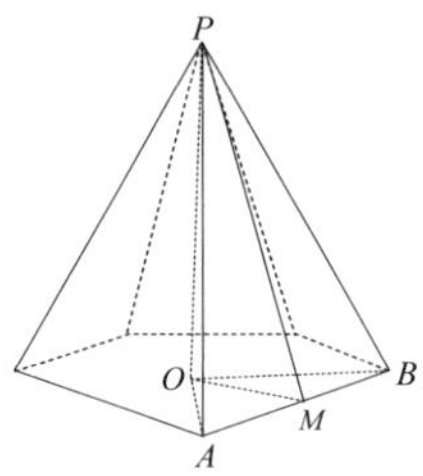

전개했을 때, $\overline{OP}$와 $\overline{AB}$의 교점을 M이라 하면, M은 $\overline{AB}$의 중점이 된다.

$\overline{OM}=x$로 놓으면, $\overline{PM}=1-x$이므로

정n각뿔의 높이 h는

$h=\sqrt{\overline{PM}^2-\overline{OM}^2}=\sqrt{(1-x)^2-x^2}=\sqrt{1-2x}$

이며,

$$\angle AOB=\frac{2\pi}{n},\ \overline{AB}=2\overline{AM}=2x\tan\frac{\pi}{n}$$

$$\therefore \triangle OAB=\frac{1}{2}\cdot 2x\tan\frac{\pi}{n}\cdot x=x^2\tan\frac{\pi}{n}$$

$$V=\frac{1}{3}\cdot n\triangle OAB\cdot h=\frac{n}{3}\cdot x^2\tan\frac{\pi}{n}\cdot\sqrt{1-2x}$$

$$=\frac{n}{3}\cdot\tan\frac{\pi}{n}\cdot\sqrt{x^4(1-2x)}\quad\left(0<x<\frac{1}{2}\right)$$

$f(x)=x^4(1-2x)$로 놓으면

$f'(x)=4x^3-10x^4=2x^3(2-5x)$

x	0	$\cdots$	$\frac{2}{5}$	$\cdots$	$\frac{1}{2}$
$f'(x)$	0	+	0	−	
$f(x)$	극소	↗	극대	↘	

$f(x)$는 $x=\frac{2}{5}$에서 최대이며, 최댓값은

$$f\left(\frac{2}{5}\right)=\left(\frac{2}{5}\right)^4\cdot\frac{1}{5}$$

$$\therefore\ v_n=\frac{n}{3}\cdot\tan\frac{\pi}{n}\cdot\left(\frac{2}{5}\right)^2\cdot\frac{1}{\sqrt{5}}$$

$$=\frac{4\sqrt{5}}{375}n\tan\frac{\pi}{n}$$

…(답) ■

(2) $\lim_{n\to\infty}v_n=\frac{4\sqrt{5}}{375}\pi\cdot\lim_{n\to\infty}\frac{\tan\frac{\pi}{n}}{\frac{\pi}{n}}=\frac{4\sqrt{5}}{375}\pi$

…(답) ■

[문제 6]

(1) $f(x)=ax^3+bx^2+cx+d$

$f(-1)=0,\ f(1)=0$이므로

$-a+b-c+d=0,\ a+b+c+d=0$

$\therefore a+c=0,\ b+d=0$

$\therefore f(x)=ax^3+bx^2-ax-b=(x^2-1)(ax+b)$

$f'(x)=3ax^2+2bx-a$

$a=0$이면 $f(x)$는 이차함수로 되는 것에 유의하여, 조건

㉢ $|x|\leqq 1$일 때, $f(x)\geqq 1-|x|$

을 만족하는 a,b,c,d의 범위를 구하자.

(i) $a=0$이면, $f(x)$는 이차함수이며

$f(-1)=0,\ f(1)=0$이므로

$\therefore\ a=0,\ f(0)=-b\geqq 1$

(ii) $a\neq 0$이면,

$f(x)$는 삼차함수이므로 아래 그림에서

다음 조건을 만족해야 함을 알 수 있다.

$a\neq 0,\ f(0)=-b\geqq 1$

$f'(-1)=2(a-b)\geqq 1,\ f'(1)=2(a+b)\leqq -1$

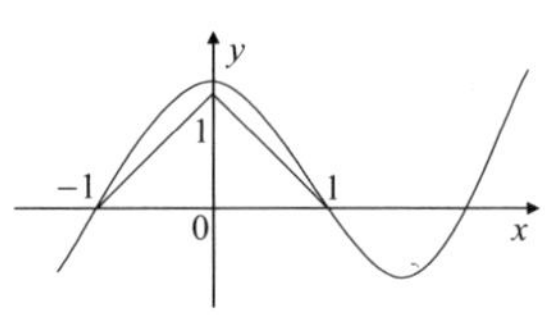

조건 만족

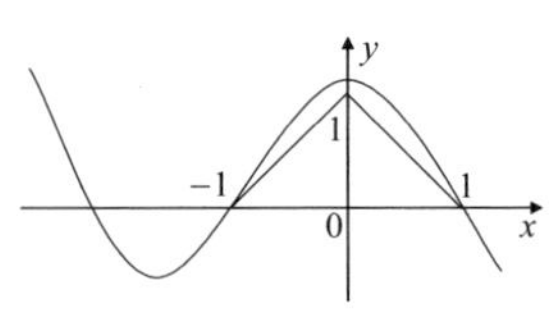

조건 만족

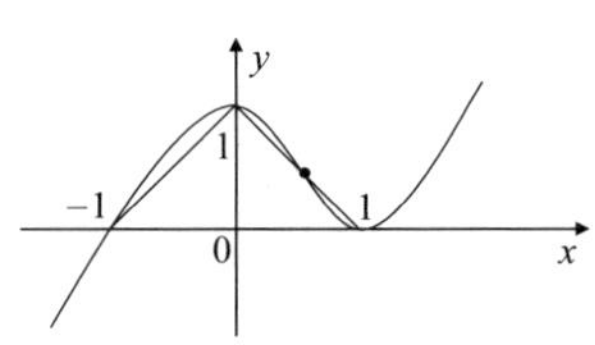

조건을 만족하지 않음

(ⅰ), (ⅱ)의 경우를 모두 고려하면,

$$\begin{cases} a+b \leqq -\dfrac{1}{2},\ a-b \geqq \dfrac{1}{2} \\ b \leqq -1,\ c=-a,\ d=-b \end{cases}$$ …(답) ■

(2) $\displaystyle\int_{-1}^{1}\{f'(x)-x\}^2 dx$

$$= 2\int_0^1 \{9a^2x^4+((2b-1)^2-6a^2)x^2+a^2\}dx$$

$$= 2\left\{\frac{9}{5}a^2+\frac{(2b-1)^2-6a^2}{3}+a^2\right\}$$

$$= \frac{8}{5}a^2+\frac{2}{3}(2b-1)^2$$

$$= \frac{8}{5}a^2+\frac{8}{3}\left(b-\frac{1}{2}\right)^2$$

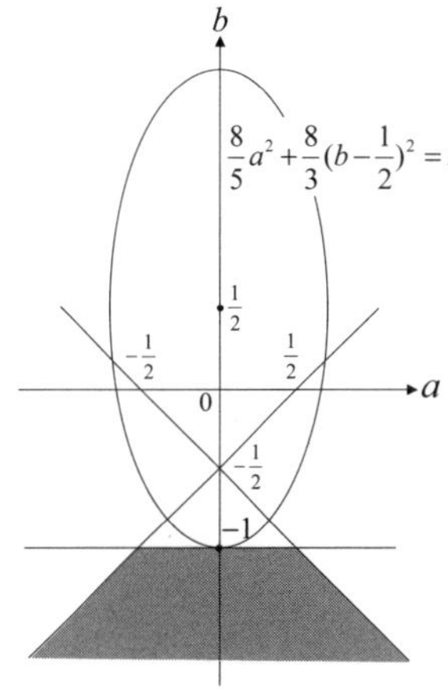

a, b가 (1)의 조건을 만족하므로, $a=0, b=-1$일 때 최소이다.

이때, $f(x)=1-x^2$ …(답) ■

〈 1981年 文科 〉

1. 이과 4번과 같음

2. $A=\begin{pmatrix} -1 & -\sqrt{3} \\ \sqrt{3} & -1 \end{pmatrix}$이라 할 때,

자연수 n에 대하여 $\begin{pmatrix} x_n \\ y_n \end{pmatrix}=A^n\begin{pmatrix} 1 \\ 0 \end{pmatrix}$이다.

또, 실수 a에 대하여 점 (x_n, y_n)과 점 $(a, 0)$의 거리를 d_n이라 할 때, 모든 양의 정수 n에 대하여, $d_{n+1} > d_n$이 성립하는 a의 범위를 구하여라.

3. A는 100원짜리 동전을 4개, B는 50원짜리 동전을 3개를 던져, 앞면이 많이 나온 사람이 이기는 것으로 하고, 앞면의 수가 같으면 비긴 것으로 한다. 단, 앞면과 뒷면이 나올 확률은 모두 $\frac{1}{2}$이다.

(1) A가 이길 확률, B가 이길 확률, 비길 확률을 각각 구하여라.

(2) 이긴 사람이 던진 동전을 모두 갖기로 하면, A와 B 중 누가 유리한가?

4. 두 포물선

$y=2x^2+1$ … ①, $y=-x^2+c$ … ②

의 공통접선의 방정식을 구하여라.

단, c는 상수이며, $c<1$이다.

또, 공통접선과 포물선 ①로 둘러싸인 부분의 면적을 S_1, 공통접선과 포물선 ②로 둘러싸인 부분의 면적을 S_2라 할 때,

$\dfrac{S_1}{S_2}$의 값을 구하여라.

[문제 2]

$$A=\begin{pmatrix} -1 & -\sqrt{3} \\ \sqrt{3} & -1 \end{pmatrix}=2\begin{pmatrix} \cos\frac{2\pi}{3} & -\sin\frac{2\pi}{3} \\ \sin\frac{2\pi}{3} & \cos\frac{2\pi}{3} \end{pmatrix}$$

$$A^n = 2^n\begin{pmatrix} \cos\frac{2n\pi}{3} & -\sin\frac{2n\pi}{3} \\ \sin\frac{2n\pi}{3} & \cos\frac{2n\pi}{3} \end{pmatrix}$$

$$\begin{pmatrix} x_n \\ y_n \end{pmatrix}=A^n\begin{pmatrix} 1 \\ 0 \end{pmatrix}$$

$$=2^n\begin{pmatrix} \cos\frac{2n\pi}{3} & -\sin\frac{2n\pi}{3} \\ \sin\frac{2n\pi}{3} & \cos\frac{2n\pi}{3} \end{pmatrix}\begin{pmatrix} 1 \\ 0 \end{pmatrix}$$

$$\therefore x_n=2^n\cos\frac{2n\pi}{3},\ y_n=2^n\sin\frac{2n\pi}{3}$$

$$d_n^2=(x_n-a)^2+y_n^2$$
$$=\left(2^n\cos\frac{2n\pi}{3}-a\right)^2+2^{2n}\sin^2\frac{2n\pi}{3}$$
$$=2^{2n}-2^{n+1}a\cos\frac{2n\pi}{3}+a^2$$

$$d_{n+1}{}^2=2^{2(n+1)}-2^{n+2}a\cos\frac{2(n+1)\pi}{3}+a^2$$

$d_{n+1}>d_n>0\Leftrightarrow d_{n+1}{}^2>d_n^2$에서

$$3\cdot 2^{2n}-2^{n+1}a\left\{2\cos\frac{2(n+1)\pi}{3}-\cos\frac{2n\pi}{3}\right\}>0$$

$$3\cdot 2^{n-1}-a\left\{2\left(\cos\frac{2n\pi}{3}\cos\frac{2\pi}{3}-\sin\frac{2n\pi}{3}\sin\frac{2\pi}{3}\right)-\cos\frac{2n\pi}{3}\right\}>0$$

$$\therefore 3\cdot 2^{n-1}+a\left(2\cos\frac{2n\pi}{3}+\sqrt{3}\sin\frac{2n\pi}{3}\right)>0$$

(i) $n=3k-2\ (k=1,2,3,\cdots)$일 때

$$3\cdot 2^{3k-3}+a\cdot\frac{1}{2}>0 \qquad \therefore -3\cdot 2^{3k-2}<a$$

(ii) $n=3k-1$일 때

$$3\cdot 2^{3k-2}+a\cdot\left(-\frac{5}{2}\right)>0 \qquad \therefore a<\frac{3}{5}\cdot 2^{3k-1}$$

(iii) $n=3k$일 때

$$3\cdot 2^{3k-1}+a\cdot 2>0 \qquad \therefore -3\cdot 2^{3k-2}<a$$

(i), (ii), (iii)에서

$$-3\cdot 2^{3k-2}<a<\frac{3}{5}\cdot 2^{3k-1} \quad \cdots ①$$

임의의 양의 정수 k에 대하여

$$-3\cdot 2^{3k-2}\leqq -6,\ \frac{3}{5}\cdot 2^{3k-1}\geqq\frac{12}{5}$$

이므로, 임의의 양의 정수 k에 대하여 ①이 성립하기 위한 a값의 범위는

$$\therefore\ -6<a<\frac{12}{5} \qquad \cdots(답)\ ■$$

[문제 3]

(1) B가 이기는 경우는 50원짜리 동전의 앞면의 개수가 3,2,1인 세 가지가 있다.

B: 3개, A: 2개,1개,0개

$$\left(\frac{1}{2}\right)^3\left\{{}_4C_2\left(\frac{1}{2}\right)^4+{}_4C_1\left(\frac{1}{2}\right)^4+\left(\frac{1}{2}\right)^4\right\}$$
$$=\frac{1}{8}\cdot\frac{6+4+1}{16}=\frac{11}{128}$$

B: 2개, A: 1개,0개

$${}_3C_2\left(\frac{1}{2}\right)^3\left\{{}_4C_1\left(\frac{1}{2}\right)^4+\left(\frac{1}{2}\right)^4\right\}$$
$$=\frac{3}{8}\cdot\frac{4+1}{16}=\frac{15}{128}$$

B: 1개, A: 0개

$${}_3C_1\left(\frac{1}{2}\right)^3\cdot\left(\frac{1}{2}\right)^4=\frac{3}{128}$$

∴ B가 이길 확률

$$=\frac{11}{128}+\frac{15}{128}+\frac{3}{128}=\frac{29}{128}$$

비기는 경우는 A,B의 앞면의 개수가 같을 때이므로,

$${}_4C_3\left(\frac{1}{2}\right)^4\cdot\left(\frac{1}{2}\right)^3+{}_4C_2\left(\frac{1}{2}\right)^4\cdot{}_3C_2\left(\frac{1}{2}\right)^3+{}_4C_1\left(\frac{1}{2}\right)^4\cdot{}_3C_1\left(\frac{1}{2}\right)^3+\left(\frac{1}{2}\right)^4\cdot\left(\frac{1}{2}\right)^3$$
$$=\frac{4+18+12+1}{16\cdot 8}=\frac{35}{128}$$

A가 이길 확률

$$=1-\left(\frac{29}{128}+\frac{35}{128}\right)=\frac{1}{2}$$

$$A:\frac{1}{2},\ B:\frac{29}{128},\ \text{무승부}:\frac{35}{128} \qquad \cdots(답)\ ■$$

(2) A의 기댓값

$$=3\times 50\times\frac{1}{2}-4\times 100\times\frac{29}{128}+0\times\frac{35}{128}$$
$$=-50\times\frac{5}{16}<0$$

따라서, B가 유리 $\cdots$(답) ■

[문제 4]

$$y=2x^2+1 \quad \cdots ①$$

$$y=-x^2+c\ (c<1) \quad \cdots ②$$

①에서, $y'=4x$ 이므로

포물선 ①상의 점 $(\alpha, 2\alpha^2+1)$에서의 접선의 방정식은 $y-(2\alpha^2+1)=4\alpha(x-\alpha)$

$$\therefore y=4\alpha x-2\alpha^2+1 \quad \cdots ③$$

이 직선이 ②에 접하므로

$$x^2+4\alpha x-(2\alpha^2+c-1)=0 \quad \cdots ④$$

은 중근을 갖는다.

$$\therefore D/4=4\alpha^2+(2\alpha^2+c-1)=0$$

$$6\alpha^2=1-c \qquad \therefore \alpha=\pm\sqrt{\frac{1-c}{6}} \quad (c<1)$$

③에 대입하면, 공통접선의 방정식은

$$y=\pm 4\sqrt{\frac{1-c}{6}}\,x-\frac{1-c}{3}+1$$

$$\therefore y=\pm\frac{2}{3}\sqrt{6(1-c)}\,x+\frac{c+2}{3} \quad \cdots(\text{답})$$ ■

두 포물선 ①,②는 모두 y축에 대칭이므로, 공통접선과 ①,②로 둘러싸인 두 영역은 모두 y축에 대칭이 된다.

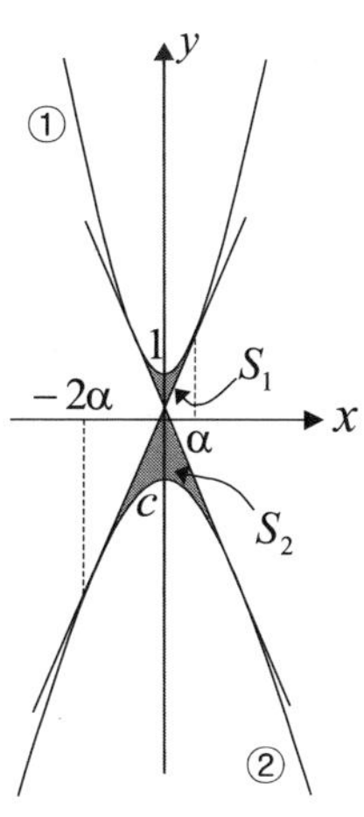

$\alpha=\sqrt{\dfrac{1-c}{6}}$ 이면,

$$S_1=2\int_0^{\alpha}\{2x^2+1-(4\alpha x-2\alpha^2+1)\}dx$$

$$=4\int_0^{\alpha}(x-\alpha)^2dx$$

$$=4\left[\frac{(x-\alpha)^3}{3}\right]_0^{\alpha}=\frac{4}{3}\alpha^3$$

공통접선과 ②와의 접점의 x좌표는 ④의 중근이므로 $x=-2\alpha$

$$S_2=2\int_{-2\alpha}^{0}\{4\alpha x-2\alpha^2+1-(-x^2+c)\}dx$$

$$=2\int_{-2\alpha}^{0}(4\alpha x-2\alpha^2+x^2+1-c)dx$$

$$=2\int_{-2\alpha}^{0}(4\alpha x-2\alpha^2+x^2+6\alpha^2)dx$$

$$=2\int_{-2\alpha}^{0}(x+2\alpha)^2dx$$

$$=2\left[\frac{(x+2\alpha)^3}{3}\right]_{-2\alpha}^{0}$$

$$=\frac{16}{3}\alpha^3$$

$$\therefore \frac{S_1}{S_2}=\frac{\frac{4}{3}\alpha^3}{\frac{16}{3}\alpha^3}=\frac{1}{4}$$

…(답) ■

1. 행렬 $A=\begin{pmatrix} a & b \\ c & d \end{pmatrix}$에 의해 정해지는 xy 평면상의 일차변환을 f라 하자.
원점 이외의 어떤 점 P가 f에 의하여 P자신으로 이동된다면,
원점을 지나지 않는 직선 l이 존재하여, l의 어떠한 점도 f에 의하여 l 위로 이동함을 증명하여라.

2. 정사면체 T와 반지름 1인 구면 S가 있어, T의 6개의 변이 모두 S에 접한다.
T의 한 변의 길이를 구하여라.
또, S의 내부 중 T의 외부에 있는 부분의 체적을 구하여라.

3. xy 평면상에서 점 A는 원점 O를 중심으로 하고 반지름이 1인 원의 제1사분면 부분을 움직이고, 점 B는 x축상을 움직인다.
단, 선분 AB의 길이는 1이며, 선분 AB는 양끝 점 A, B를 제외한 점 C에서 원과 만난다.

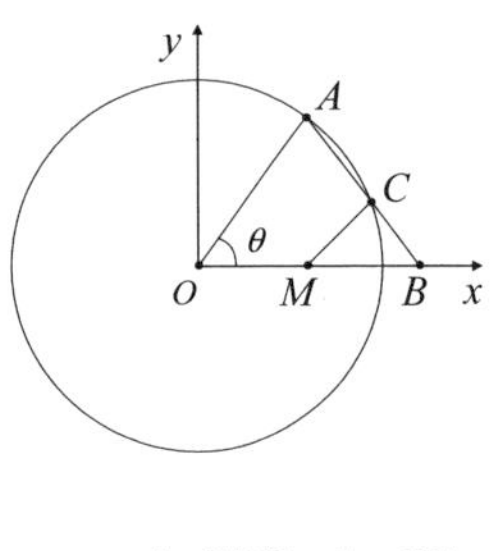

(1) $\theta=\angle AOB$가 취할 수 있는 값의 범위를 구하여라.

(2) 선분 BC의 길이를 θ로 나타내어라.

(3) 선분 OB의 중점을 M이라 할 때, 선분 CM의 길이의 범위를 구하여라.

4. xy 평면상의 곡선 $y=\sin x$에 연하여, 그림과 같이 좌에서 우로 이동하는 점 P가 있다. P의 속력이 $V\,(V>0)$로 일정할 때, P의 가속도벡터 $\vec{\alpha}$의 크기의 최댓값을 구하여라.

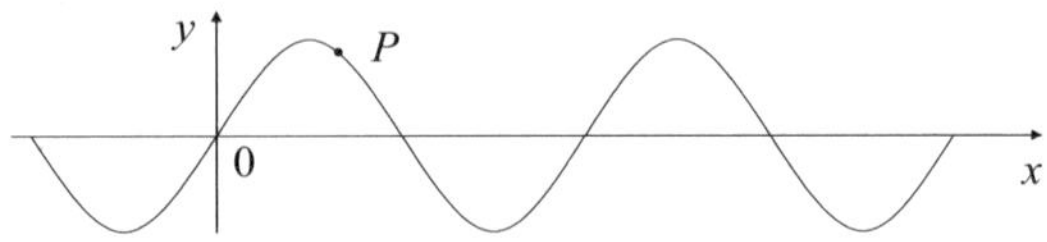

단, P의 속력은
P의 속도벡터 $\vec{v}=(v_1, v_2)$ 의 크기이며,
시간 t에 대하여 $\vec{\alpha}=\left(\dfrac{dv_1}{dt}, \dfrac{dv_2}{dt}\right)$이다.

5. xyz 공간상에 있어, 부등식 $0 \leqq y \leqq 1$, $0 \leqq z \leqq 1+x+y-3(x-y)y$, $y \leqq x \leqq y+1$를 만족하는 x, y, z를 좌표로 하는 점 전체가 이루는 입체의 체적을 구하여라.

6. 주사위가 1의 눈이 위인 상태로 놓여 있다. 서로 마주보는 면의 중점을 이은 직선을 회전축으로 90^{0} 회전시키는 조작을 반복하여 주사위가 놓여 있는 형태를 변화시킨다. 단, 각 회마다, 각각의 회전축 및 회전 방향을 선택할 확률은 같다.
제n회째 조작 후에 1의 눈이 위에 있을 확률을 p_n, 측면에 있을 확률을 q_n, 아래에 있을 확률을 r_n이라 하자.

(1) p_1, q_1, r_1을 구하여라.

(2) p_n, q_n, r_n을 $p_{n-1}, q_{n-1}, r_{n-1}$로 나타내어라.

(3) $p=\lim\limits_{n\to\infty} p_n$, $q=\lim\limits_{n\to\infty} q_n$, $r=\lim\limits_{n\to\infty} r_n$을 구하여라.

[문제 1]

일차변환 f에 의하여

점 $P(x,y)$가 자기 자신으로 이동한다면,

$$\begin{pmatrix} a & b \\ c & d \end{pmatrix}\begin{pmatrix} x \\ y \end{pmatrix}=\begin{pmatrix} x \\ y \end{pmatrix}$$

$$ax+by=x,\ cx+dy=y$$

$$\therefore (a-1)x+by=0,\ cx+(d-1)y=0$$

(0,0) 이외의 해를 가지므로

$$(a-1)(d-1)-bc=0 \qquad \cdots ①$$

원점을 지나지 않는 직선 l: $px+qy+r=0$이

$$f:\begin{pmatrix} x' \\ y' \end{pmatrix}=\begin{pmatrix} a & b \\ c & d \end{pmatrix}\begin{pmatrix} x \\ y \end{pmatrix}$$

$$\therefore x'=ax+by,\ y'=cx+dy$$

에 의하여,

자기 자신으로 이동된다고 하면,

$$px'+qy'+r=0$$

$$p(ax+by)+q(cx+dy)+r=0$$

$$\therefore (ap+cq)x+(bp+dq)y+r=0$$

이 직선이 l과 일치할 조건은

$$ap+cq=p,\ bp+dq=q$$

$$\therefore (a-1)p+cq=0,\ bp+(d-1)q=0 \qquad \cdots ②$$

> l이 원점을 지나지 않으므로 $r\neq 0$

---

①이 성립하므로,

②가 성립하는 $(p,q)\neq(0,0)$가 존재한다.

따라서, 원점을 지나지 않는 직선 l이 존재하여, f에 의하여 자기 자신으로 옮겨진다. ■

[문제2]

정사면체 T를 $ABCD$라 놓고 변 AB, BC, CD, DA의 중점을 각각 K, L, M, N이라 놓자.

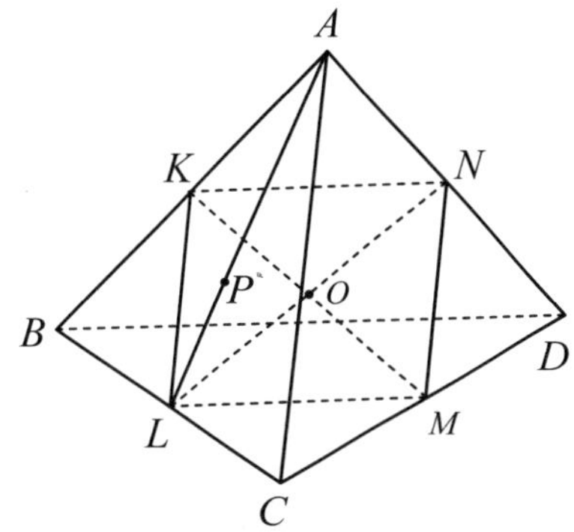

(ⅰ) 삼각형의 중점연결정리에 의하여,
사각형 $KLMN$은 마름모이다.

(ⅱ) $\overline{BD}$의 중점과 점 A, C를 지나는 평면이 $\overline{BD}$와 수직이므로, $\overline{AC}\perp\overline{BD}$이다.
삼각형의 중점연결정리에 의하여,

$$\therefore \overline{KL}\perp\overline{LM}$$

(ⅰ), (ⅱ)에 의하여,

사각형 $KLMN$은 정사각형이다.

> 삼각형의 중점연결정리
> 삼각형의 두 변의 중점을 연결한 선분은 나머지 한 변에 평행하며 길이는 절반이다.

정사면체 T의 세 쌍의 대변의 중점을 연결한 세 선분은 각각의 대변의 공통수선이며, 한 점 O에서 만난다.

또, 점 O는 세 선분 각각의 중점이 된다.

따라서, 점 O는 구 S의 중심이다.

> $\overline{KM}$은 $\overline{AB}$, $\overline{CD}$에 수직이며,
> $\overline{LN}$은 $\overline{AD}$, $\overline{BC}$에 수직이다.
> 또, $\overline{KM}$과 $\overline{LN}$의 교점O는
> 각각의 중점이다.

K, L, M, N이 모두 구 S의 접점이고 구 S의 반지름이 1이므로, $\overline{OK}=\overline{ON}=1$ $\quad\therefore \overline{KN}=\sqrt{2}$

$$\therefore \overline{BD} = 2\overline{KN} = 2\sqrt{2} \qquad \cdots(\text{답})$$ ■

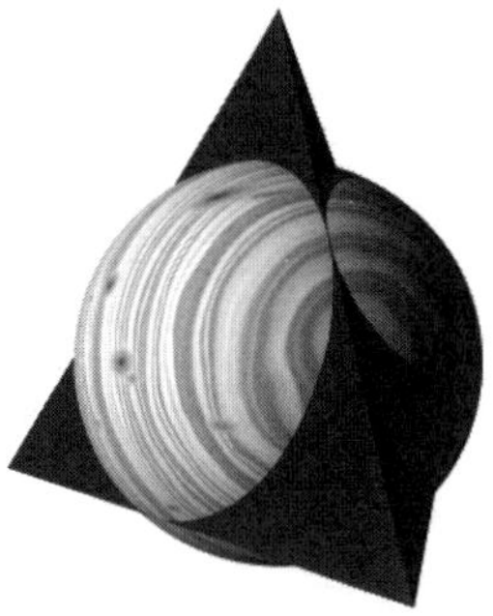

구 S와 평면 ABC가 이루는 원은 $\triangle ABC$의 내접원이므로,
중심 P는 정삼각형 ABC의 무게중심이다.

$$\overline{AO}^2 = \overline{AN}^2 + \overline{ON}^2 = (\sqrt{2})^2 + 1^2 = 3$$

$$\overline{AP} = \sqrt{2} \times \sqrt{3} \times \frac{2}{3} = \frac{2\sqrt{6}}{3}$$

$\overline{OP} \perp$ 평면 ABC에서,

$$\overline{OP} = \sqrt{\overline{AO}^2 - \overline{AP}^2} = \sqrt{3 - \frac{24}{9}} = \frac{1}{\sqrt{3}}$$

$\overline{OP} = \frac{1}{\sqrt{3}}$이므로, 구 S의 내부와 $\triangle ABC$의 외부에 있는 부분의 체적은

$$\pi \int_{\frac{1}{\sqrt{3}}}^{1} (1 - x^2)\,dx = \pi \left[x - \frac{x^3}{3} \right]_{\frac{1}{\sqrt{3}}}^{1}$$
$$= \pi \left\{ 1 - \frac{1}{3} - \left(\frac{1}{\sqrt{3}} - \frac{1}{9\sqrt{3}} \right) \right\}$$
$$= \frac{18 - 8\sqrt{3}}{27}\pi$$

구하는 체적은 위의 4배이므로

$$\frac{8}{27}(9 - 4\sqrt{3})\pi \qquad \cdots(\text{답})$$ ■

[문제 3]

(1) 선분 OB의 중점을 M이라 하면,

$\overline{OA} = \overline{AB} = 1$

이므로,

$\overline{AM} \perp \overline{OB}$

$\overline{OM} = \cos\theta$

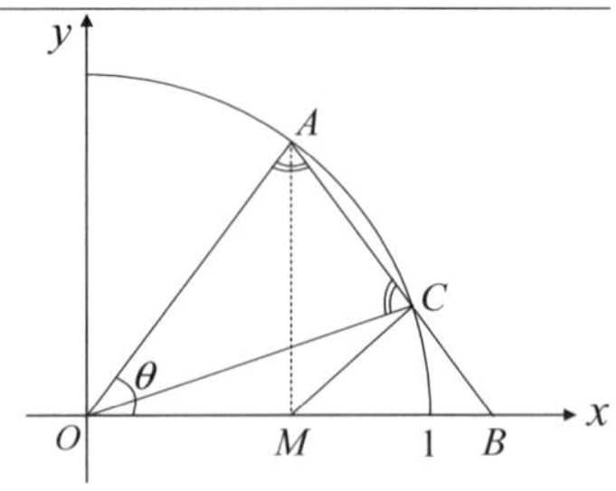

$\angle OAC = \angle OCA = \pi - 2\theta$

선분 AB가 양 끝점 A, B를 제외한 점 C에서 원주와 만나므로,

$$\overline{OM} = \cos\theta > \frac{1}{2} \qquad \cdots ①$$

$\angle OAC = \angle OCA$이므로,

$$\angle OAC = \pi - 2\theta < \frac{\pi}{2} \qquad \cdots ②$$

①, ②에서, $\frac{\pi}{4} < \theta < \frac{\pi}{3}$ $\cdots$(답) ■

(2) $\angle OAC = \pi - 2\theta$이므로

$$\overline{AC} = 2\overline{OA}\cos(\pi - 2\theta) = -2\cos 2\theta$$

$\therefore \overline{BC} = \overline{AB} - \overline{AC} = 1 + 2\cos 2\theta$ $\cdots$(답) ■

(3) $\triangle MCB$에서

$$\overline{MC}^2 = \overline{BM}^2 + \overline{BC}^2 - 2\overline{BM} \cdot \overline{BC}\cos\theta$$
$$= \cos^2\theta + (1 + 2\cos 2\theta)^2 - 2\cos\theta \cdot (1 + 2\cos 2\theta)\cos\theta$$
$$= \frac{1 + \cos 2\theta}{2} + (1 + 2\cos 2\theta)^2 - (1 + \cos 2\theta)(1 + 2\cos 2\theta)$$

$\cos 2\theta = t$로 놓으면,

$$\overline{MC}^2 = \frac{1 + t}{2} + (1 + 2t)^2 - (1 + t)(1 + 2t)$$
$$= 2t^2 + \frac{3}{2}t + \frac{1}{2}$$
$$= 2\left(t + \frac{3}{8}\right)^2 + \frac{7}{32}$$

$\frac{\pi}{4} < \theta < \frac{\pi}{3}$에서,

$$\frac{\pi}{2} < 2\theta < \frac{2\pi}{3} \qquad \therefore -\frac{1}{2} < t < 0$$

이 범위에서 $\frac{7}{32} \leqq \overline{MC}^2 \leqq \frac{1}{2}$

$$\therefore \frac{\sqrt{14}}{8} \leqq \overline{CM} \leqq \frac{\sqrt{2}}{2} \qquad \cdots(\text{답})$$ ■

[다른 방법]
$A(\cos\theta, \sin\theta)$, $B(2\cos\theta, 0)$로 놓고 직선 AB와 원 $x^2+y^2=1$의 교점의 y좌표를 조사하는 방법도 있다.

[문제 4]

$$y=\sin x,\ \vec{v}=(v_1, v_2)$$

$$\begin{cases} v_1 = \frac{dx}{dt} \\ v_2 = \frac{dy}{dt} = \frac{dy}{dx}\cdot\frac{dx}{dt} = \cos x\frac{dx}{dt} \end{cases}$$

$$\therefore |\vec{v}|^2 = |v_1|^2 + |v_2|^2 = (1+\cos^2 x)\left(\frac{dx}{dt}\right)^2$$

$\frac{dx}{dt} \geqq 0$이므로 $V = \sqrt{1+\cos^2 x}\,\frac{dx}{dt}$

$$\therefore \frac{dx}{dt} = \frac{V}{\sqrt{1+\cos^2 x}}$$

$$\frac{dv_1}{dt} = \frac{d^2x}{dt^2} = \frac{\sin x\cos x}{\sqrt{(1+\cos^2 x)^3}}V\cdot\frac{V}{\sqrt{1+\cos^2 x}} = \frac{\sin x\cos x}{(1+\cos^2 x)^2}V^2$$

$$\frac{dv_2}{dt} = \frac{d^2y}{dt^2} = -\sin x\cdot\left(\frac{dx}{dt}\right)^2 + \cos x\frac{d^2x}{dt^2}$$

$$= -\sin x\cdot\frac{V^2}{1+\cos^2 x} + \cos x\cdot\frac{\sin x\cos x}{(1+\cos^2 x)^2}\cdot V^2 = \frac{-\sin x}{(1+\cos^2 x)^2}V^2$$

$$\therefore |\vec{\alpha}|^2 = \left(\frac{dv_1}{dt}\right)^2 + \left(\frac{dv_2}{dt}\right)^2 = \frac{\sin^2 x(1+\cos^2 x)}{(1+\cos^2 x)^4}V^4 = \frac{1-\cos^2 x}{(1+\cos^2 x)^3}V^4$$

$\cos^2 x = 0$일 때
분자가 최대, 분모가 최소로 된다.

$|\vec{\alpha}|$의 최댓값 : $V^2 \qquad \cdots(\text{답})$ ■

[문제 5]

$0 \leqq y \leqq 1,\ 0 \leqq z \leqq 1+x+y-3(x-y)y,$
$y \leqq x \leqq y+1$

$y=t\ (0 \leqq t \leqq 1)$로
놓으면, $t \leqq x \leqq t+1$

$$z = 1+x+y-3(x-y)y = 1+t+3t^2+(1-3t)x$$

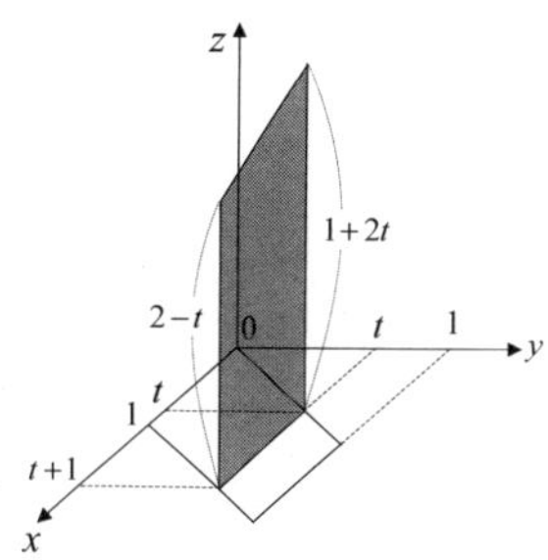

즉, 평면 $y=t$과 곡면 $z=1+x+y-3(x-y)y$의 교선은 $z=1+t+3t^2+(1-3t)x$로 되어, xz평면에 평행한 직선이다.

따라서, $y=t$, $t \leqq x \leqq t+1$범위에서 사다리꼴을 형성함을 알 수 있다.

$z=1+t+3t^2+(1-3t)x$에

$x=t$를 대입하면, $z=1+2t>0$
$x=t+1$를 대입하면,

$$z = 1+t+3t^2+(1-3t)(t+1) = 2-t > 0$$

이때, $y=t, t \leqq x \leqq t+1$에 의하여 형성되는 사다리꼴의 넓이 $S(t)$는

$$S(t)=\frac{1}{2}\{(1+2t)+(2-t)\}\cdot 1=\frac{1}{2}(t+3)$$

따라서, 구하는 입체의 체적 V는

$$V=\int_0^1 S(t)\,dt=\int_0^1 \frac{1}{2}(t+3)\,dt$$

$$=\left[\frac{1}{2}\left(\frac{t^2}{2}+3t\right)\right]_0^1=\frac{7}{4} \qquad \cdots(\text{답}) ■$$

[문제 6]

(1) 오른쪽 그림과 같이 세 회전축을 각각 a, b, c라 하자.

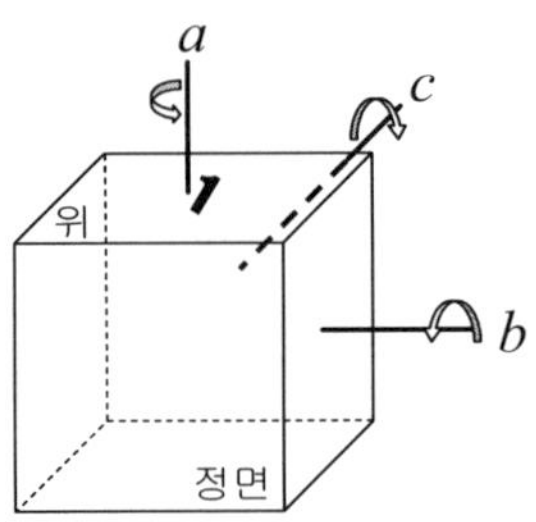

처음에,
1이 위쪽에 있으므로
a를 회전축으로 하면, 모두 上面
b, c를 회전축으로 하면, 모두 側面

따라서, $p_1=\frac{2}{6}=\frac{1}{3},\ q_1=\frac{4}{6}=\frac{2}{3},\ r_1=0$

…(답) ■

(2) 회전축 a,b,c에 따른 결과를 살펴보자.

1의 위치		a	b	c
上		上 上	側 側	側 側
側	前, 後	側 側	上 下	側 側
	左, 右	側 側	側 側	上 下
下		下 下	側 側	側 側

처음에 1이 위쪽에 있으므로 대칭성에 의하여, n회 조작 후에 전후에 있을 확률과 좌우에 있을 확률은 각각 $\frac{q_n}{2}$이다.

$$p_n=p_{n-1}\times\frac{2}{6}+\frac{q_{n-1}}{2}\times\frac{1}{6}+\frac{q_{n-1}}{2}\times\frac{1}{6}$$

$$q_n=p_{n-1}\times\frac{4}{6}+\frac{q_{n-1}}{2}\times\frac{4}{6}+\frac{q_{n-1}}{2}\times\frac{4}{6}+r_{n-1}\times\frac{4}{6}$$

$$r_n=\frac{q_{n-1}}{2}\times\frac{1}{6}+\frac{q_{n-1}}{2}\times\frac{1}{6}+r_{n-1}\times\frac{2}{6}$$

정리하면,

$$\begin{cases} p_n=\frac{1}{3}p_{n-1}+\frac{1}{6}q_{n-1} & \cdots ① \\ q_n=\frac{2}{3}(p_{n-1}+q_{n-1}+r_{n-1}) & \cdots ② \\ r_n=\frac{1}{6}q_{n-1}+\frac{1}{3}r_{n-1} & \cdots ③ \end{cases}$$

…(답) ■

(3) ①+②+③에서,

$$p_n+q_n+r_n=p_{n-1}+q_{n-1}+r_{n-1}$$
$$=p_{n-2}+q_{n-2}+r_{n-2}$$
$$\vdots$$
$$=p_1+q_1+r_1=1$$

$2\times$①$+2\times$③에서,

$$2(p_n+r_n)=\frac{2}{3}(p_{n-1}+q_{n-1}+r_{n-1})=q_n$$

$p_n+q_n+r_n=1,\ 2(p_n+r_n)=q_n$에서,

$$2(1-q_n)=q_n$$

$$\therefore q_n=\frac{2}{3},\ p_n+r_n=\frac{1}{3} \qquad \cdots ④$$

①−③에서,

$$p_n-r_n=\frac{1}{3}(p_{n-1}-r_{n-1})$$

따라서,

수열 $\{p_n-r_n\}$은 초항 $p_1-r_1=\frac{1}{3}$,

공비 $\frac{1}{3}$인 등비수열이다.

$$\therefore p_n-r_n=\frac{1}{3}\left(\frac{1}{3}\right)^{n-1}=\left(\frac{1}{3}\right)^n \qquad \cdots ⑤$$

---

④, ⑤에서,

$$p_n=\frac{1}{2}\left\{\frac{1}{3}+\left(\frac{1}{3}\right)^n\right\},\ r_n=\frac{1}{2}\left\{\frac{1}{3}-\left(\frac{1}{3}\right)^n\right\}$$

$$q_n=\frac{2}{3}$$

이므로,

$$\lim_{n\to\infty}p_n=\frac{1}{6},\quad \lim_{n\to\infty}q_n=\frac{2}{3},\quad \lim_{n\to\infty}r_n=\frac{1}{6} \qquad \cdots(\text{답}) ■$$

〈 1982年 文科 〉

1. 평면상의 두 고정점 A, B가 있어, $\overline{AB}=2(\sqrt{3}+1)$ 이다.

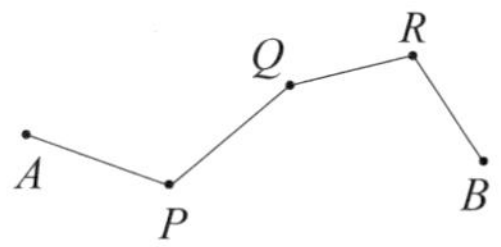

이 평면 위를 움직이는 점 P, Q, R이 있어, 항상 $\overline{AP}=\overline{PQ}=2$, $\overline{QR}=\overline{RB}=\sqrt{2}$ 인 길이를 유지하며 움직이고 있다.
이때, 점 Q가 움직일 수 있는 범위를 도시하고 그 면적을 구하여라.

2. xy 평면상의 곡선 $y=x^2$ 상의 세 점을 x좌표가 작은 순서로 A, B, C라 하자.
A, B의 x좌표의 차는 a(양의 상수), B, C의 x좌표의 차는 1인 관계를 유지하며 세 점 A, B, C가 움직인다.
$\angle CAB$가 최대일 때, 점 A의 x좌표를 a로 표시하여라. 또, $\angle CAB$가 최대일 때에 $\angle ABC$가 직각이 되는 a값을 구하여라.

3. a, b가 정수일 때, x의 4차방정식 $x^4+ax^2+b=0$의 4개의 해를 고려해보자.
지금, 4개의 해의 근삿값
-3.45 -0.61 0.54 3.42
를 구하였더니 각각의 오차의 절댓값이 모두 0.05 이하였다.
방정식의 해를 소수 둘째자리까지만 정확히 구하여라.

4. $A=\begin{pmatrix} \frac{1}{2} & -\frac{1}{2} \\ 0 & 1 \end{pmatrix}$, $B=\begin{pmatrix} 1 & 0 \\ -\frac{1}{2} & \frac{1}{2} \end{pmatrix}$라 하자.
xy 평면상에서, $(1, 1)$을 좌표로 하는 점 P_0에서 시작하여, 점열 $P_0, P_1, P_2, \cdots$ 를 아래와 같은 절차로 만들어 보자.

P_n의 좌표를 (x_n, y_n)이라고 할 때,
㉠ $x_n+y_n \geq \frac{1}{100}$ 일 때, (x_{n+1}, y_{n+1})은

$$\begin{pmatrix} x_{n+1} \\ y_{n+1} \end{pmatrix}=A\begin{pmatrix} x_n \\ y_n \end{pmatrix} \text{ 또는 } \begin{pmatrix} x_{n+1} \\ y_{n+1} \end{pmatrix}=B\begin{pmatrix} x_n \\ y_n \end{pmatrix}$$

㉡ $x_n+y_n < \frac{1}{100}$ 일 때, (x_{n+1}, y_{n+1})은

$$\begin{pmatrix} x_{n+1} \\ y_{n+1} \end{pmatrix}=A\begin{pmatrix} x_n \\ y_n \end{pmatrix}$$

(1) P_2로 될 수 있는 점들을 모두 구하여 도시하라.
(2) x_n+y_n을 n으로 나타내어라.
(3) P_{10}으로 될 수 있는 점은 몇 개인가?

[문제 1]
$\overline{AP}=\overline{PQ}=2$,
$\overline{QR}=\overline{RB}=\sqrt{2}$ 이므로,

$$\begin{cases} \overline{AQ} \leq \overline{AP}+\overline{PQ}=4 \\ \overline{BQ} \leq \overline{BR}+\overline{RQ}=2\sqrt{2} \end{cases}$$

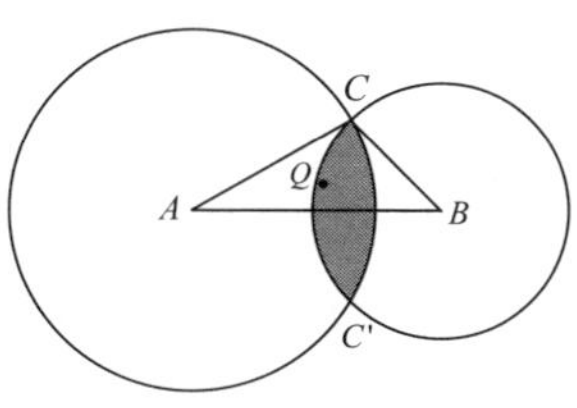

점 Q가 움직일 수 있는 범위는 점 A, B를 중심으로 하고 반지름이 각각 $4, 2\sqrt{2}$ 인 두 원의 공통부분이 되며, 위 그림의 음영부분이다. (경계포함)

두 원의 교점을 C, C'라 하면,

$$\overline{AC}=4,\ \overline{BC}=2\sqrt{2},\ \overline{AB}=2(\sqrt{3}+1)$$

$\triangle ABC$에서

$$\cos A=\frac{4(4+2\sqrt{3})+16-8}{2\cdot 2(\sqrt{3}+1)\cdot 4}=\frac{\sqrt{3}}{2}$$

$$\cos B=\frac{4(4+2\sqrt{3})+8-16}{2\cdot 2(\sqrt{3}+1)\cdot 2\sqrt{2}}=\frac{1}{\sqrt{2}}$$

$$\therefore \angle A=\frac{\pi}{6},\ \angle B=\frac{\pi}{4}$$

구하는 면적
$=\triangledown ACC'+\triangledown BCC'-\square ACBC'$

$$=\frac{4^2\pi}{6}+\frac{(2\sqrt{2})^2\pi}{4}-2\cdot\frac{1}{2}\cdot 2(\sqrt{3}+1)\cdot 4\cdot\sin\frac{\pi}{6}$$

$$=\frac{14\pi}{3}-4(\sqrt{3}+1)$$

…(답) ■

[문제 2]

곡선 $y=x^2$ 상의 세 점을

$A(t,t^2)$, $B(t+a,(t+a)^2)$, $C(t+a+1,(t+a+1)^2)$,

$\overline{AB}$, $\overline{AC}$ 의 기울기를 각각 m, m'로 놓으면,

$$m=\frac{(t+a)^2-t^2}{(t+a)-t}=2t+a$$

$$m'=\frac{(t+a+1)^2-t^2}{(t+a+1)-t}=2t+a+1$$

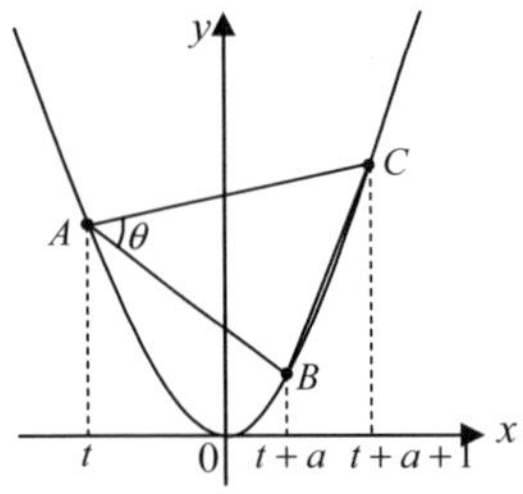

$m'>m$ 이므로 $\angle CAB=\theta$로 놓으면,

$$\tan\theta=\frac{m'-m}{1+mm'}$$

$$=\frac{1}{1+(2t+a)(2t+a+1)}$$

$$=\frac{1}{4t^2+2(2a+1)t+a^2+a+1}$$

$$=\frac{1}{4\left(t+\frac{2a+1}{4}\right)^2+\frac{3}{4}}\leqq\frac{4}{3}$$

따라서, $\angle CAB$가 최대일 때의

점 A의 x좌표는 $t=-\frac{2a+1}{4}$ … ①

…(답) ■

$$\overrightarrow{AB}=(t+a,\ (t+a)^2)-(t,\ t^2)=(a,\ 2at+a^2)$$

$$\overrightarrow{BC}=(t+a+1,\ (t+a+1)^2)-(t+a,\ (t+a)^2)=(1,2t+2a+1)$$

$$\therefore \overrightarrow{AB}\cdot\overrightarrow{BC}=a+(2at+a^2)(2t+2a+1) \quad (\because ①)$$

$$=a+\left(-2a\cdot\frac{2a+1}{4}+a^2\right)\left(-\frac{2a+1}{2}+2a+1\right)$$

$$=a-\frac{a}{2}\cdot\frac{2a+1}{2}=-\frac{a(2a-3)}{4}$$

$\angle ABC$가 직각이 되려면 $\overrightarrow{AB}\cdot\overrightarrow{BC}=0$

$$a(2a-3)=0\,(a>0)$$

$$\therefore a=\frac{3}{2}$$ …(답) ■

[문제 3]

$$x^4+ax^2+b=0 \quad (a,b : 정수) \quad \cdots ①$$

$x^2=t$로 놓으면,

$$t^2+at+b=0 \quad \cdots ②$$

x의 4차방정식 ①이 4개의 해를 가지므로

②는 두 근 $\alpha, \beta\ (\alpha>\beta>0)$를 갖는다.

문제에서 4개의 해의 근삿값이

-3.45 -0.61 0.54 3.42

이므로,

$$-\sqrt{\alpha}\fallingdotseq-3.45,\ \sqrt{\alpha}\fallingdotseq 3.42$$

$$-\sqrt{\beta}\fallingdotseq-0.61,\ \sqrt{\beta}\fallingdotseq 0.54$$

오차의 절댓값이 모두 0.05 이하이므로

$$-\sqrt{\alpha}\fallingdotseq-3.45 \Rightarrow 3.40\leqq\sqrt{\alpha}\leqq 3.50$$

$$\sqrt{\alpha}\fallingdotseq 3.42 \Rightarrow 3.37\leqq\sqrt{\alpha}\leqq 3.47$$

$$-\sqrt{\beta}\fallingdotseq-0.61 \Rightarrow 0.56\leqq\sqrt{\beta}\leqq 0.66$$

$$\sqrt{\beta}\fallingdotseq 0.54 \Rightarrow 0.49\leqq\sqrt{\beta}\leqq 0.59$$

$$\therefore\begin{cases}3.40\leqq\sqrt{\alpha}\leqq 3.47\\0.56\leqq\sqrt{\beta}\leqq 0.59\end{cases}$$

$$\begin{cases}11.56\leqq\alpha\leqq 12.0409\\0.3136\leqq\beta\leqq 0.3481\end{cases}$$

$$\therefore\begin{cases}11.8\cdots\leqq\alpha+\beta\leqq 12.3\cdots\\3.6\cdots\leqq\alpha\beta\leqq 4.1\cdots\end{cases}$$

a, b가 정수이고 $a=-(\alpha+\beta)$이므로

$$-12.3\cdots\leqq a\leqq -11.8\cdots$$

$$\therefore a=-12$$

a, b가 정수이고 $b=\alpha\beta$ 이므로

$$3.6\cdots \leqq b \leqq 4.1\cdots \qquad \therefore b=4$$

$a=-12, b=4$를 ②에 대입하면,

$$t^2-12t+4=0$$

$$t=6\pm\sqrt{32}=6\pm 2\sqrt{8}=(2\pm\sqrt{2})^2$$

따라서, ①의 해는

$$x=2\pm\sqrt{2},\ -(2\pm\sqrt{2})$$

$$=\pm 3.41,\ \pm 0.58 \qquad \cdots(\text{답})$$ ■

[문제 4]

$$A=\begin{pmatrix} \frac{1}{2} & -\frac{1}{2} \\ 0 & 1 \end{pmatrix},\quad B=\begin{pmatrix} 1 & 0 \\ -\frac{1}{2} & \frac{1}{2} \end{pmatrix}$$

(1)

$P_0(1,1)$이므로 ㉠에 의하여, P_1은

$$\begin{pmatrix} x_1 \\ y_1 \end{pmatrix}=A\begin{pmatrix} 1 \\ 1 \end{pmatrix}=\begin{pmatrix} 0 \\ 1 \end{pmatrix} \text{ 또는 } \begin{pmatrix} x_1 \\ y_1 \end{pmatrix}=B\begin{pmatrix} 1 \\ 1 \end{pmatrix}=\begin{pmatrix} 1 \\ 0 \end{pmatrix}$$

$P_1(0,1)$인 경우, P_2는

$$\begin{pmatrix} x_2 \\ y_2 \end{pmatrix}=A\begin{pmatrix} 0 \\ 1 \end{pmatrix}=\begin{pmatrix} -\frac{1}{2} \\ 1 \end{pmatrix} \text{ 또는 } \begin{pmatrix} x_2 \\ y_2 \end{pmatrix}=B\begin{pmatrix} 0 \\ 1 \end{pmatrix}=\begin{pmatrix} 0 \\ \frac{1}{2} \end{pmatrix}$$

$P_1(1,0)$인 경우, P_2는

$$\begin{pmatrix} x_2 \\ y_2 \end{pmatrix}=A\begin{pmatrix} 1 \\ 0 \end{pmatrix}=\begin{pmatrix} \frac{1}{2} \\ 0 \end{pmatrix} \text{ 또는 } \begin{pmatrix} x_2 \\ y_2 \end{pmatrix}=B\begin{pmatrix} 1 \\ 0 \end{pmatrix}=\begin{pmatrix} 1 \\ -\frac{1}{2} \end{pmatrix}$$

답 : 네 점을 도시하면,

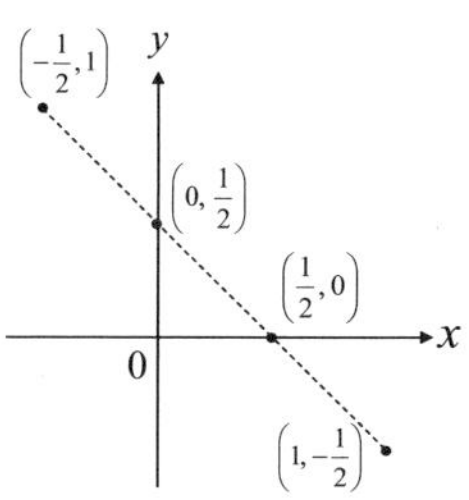

(2)

$$\begin{pmatrix} x_{n+1} \\ y_{n+1} \end{pmatrix}=A\begin{pmatrix} x_n \\ y_n \end{pmatrix}\text{에서}$$

$$x_{n+1}=\frac{1}{2}x_n-\frac{1}{2}y_n,\ y_{n+1}=y_n \qquad \cdots ①$$

$$\begin{pmatrix} x_{n+1} \\ y_{n+1} \end{pmatrix}=B\begin{pmatrix} x_n \\ y_n \end{pmatrix}\text{에서}$$

$$x_{n+1}=x_n,\ y_{n+1}=-\frac{1}{2}x_n+\frac{1}{2}y_n \qquad \cdots ②$$

①, ②의 경우 모두 $x_{n+1}+y_{n+1}=\frac{1}{2}(x_n+y_n)$

따라서, 수열 $\{x_n+y_n\}$은 초항이 x_0+y_0,

공비가 $\frac{1}{2}$인 등비수열이다.

$$\therefore\ x_n+y_n=2\left(\frac{1}{2}\right)^n=\left(\frac{1}{2}\right)^{n-1} \qquad \cdots(\text{답})$$ ■

(3) $n=0,1,2,\cdots,7$일 때, $x_n+y_n>\frac{1}{100}$

$n=8,9,10,\cdots$ 일 때, $x_n+y_n<\frac{1}{100}$

이므로,

P_8까지는 행렬 A 또는 B에 의한 일차변환에 의하여 2배씩 증가하며, P_9, P_{10}은 행렬 A에 의한 일차변환만 적용된다.

따라서, P_{10}으로 될 수 있는 점의 개수는 P_8로 될 수 있는 점의 개수와 같다.

답 : $2^8=256$ ■

[참 고]

그림과 같이 P_n의 각 점이 A, B에 의하여 좌측과 아래로 이전 이동거리의 $\frac{1}{2}$만큼 이동한 두 점이 됨을 알 수 있다.

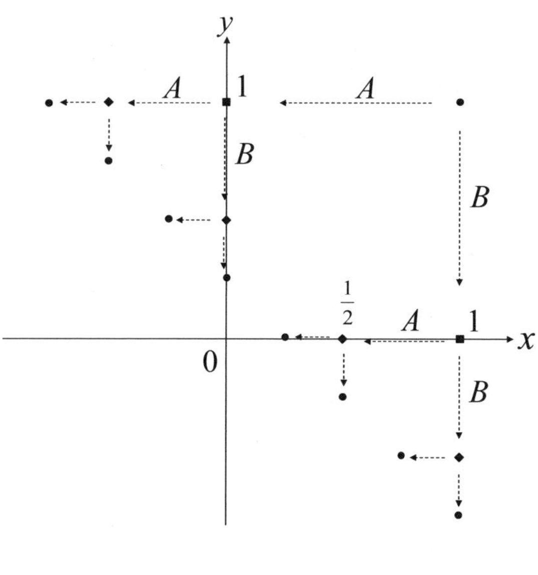

[**理科** : 1~6 , **文科** : 1, 7~9]

1. 행렬 $A=\begin{pmatrix} a & b \\ c & d \end{pmatrix}$로 표현되는 xy 평면상의 일차변환 f가 다음 두 조건을 만족한다.
 (i) f는 임의의 삼각형을
  그것과 닮은 삼각형으로 이동시킨다.
 (ii) f는 점 $(1, \sqrt{3})$을
  점 $(-2, 2\sqrt{3})$으로 이동시킨다.
 행렬 A를 모두 구하여라.

2. 수열 $\{a_n\}$에 대하여 $a_1=1$이다. 또, $n \geqq 2$에 대하여 a_n은 다음 조건 (i), (ii)를 만족하는 자연수 중 최소인 것으로 한다.
 (i) a_n은 $a_1, \cdots, a_{n-1}$의
  어느 것과도 다르다.
 (ii) $a_1, \cdots, a_{n-1}$ 중 중복되지 않는 어떠한 항들을 취하여 더하여도 a_n과 같지 않다.
 이때, a_n을 n으로 나타내고 그 이유를 기술하여라.

3. 평면상에 점 O를 중심으로 하는 반지름 1인 원 C가 있다. 또, 같은 평면 상의 O와 다른 점 A를 지나고 직선 OA와 수직인 공간상의 직선 l이 있어, 평면과 이루는 각이 45^0이다.
이때, 원 C와 직선 l 사이의 최단거리를 두 점 O, A 사이의 거리 a로 나타내어라.

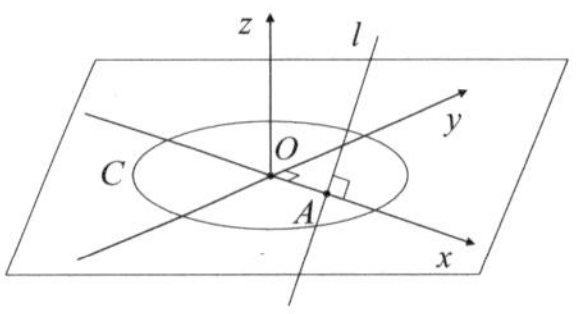

4. xy 평면상의 $y \geqq x^2$로 표시되는 영역을 D라 하자. D에 포함되는 한 변의 길이가 t인 정사각형 중, 각 변이 좌표축에 평행하거나 45^0를 이루는 것을 모두 고려해보자. 이러한 정사각형의 중심의 y좌표의 최솟값을 t의 함수로 나타내고 그 그래프를 그려라.

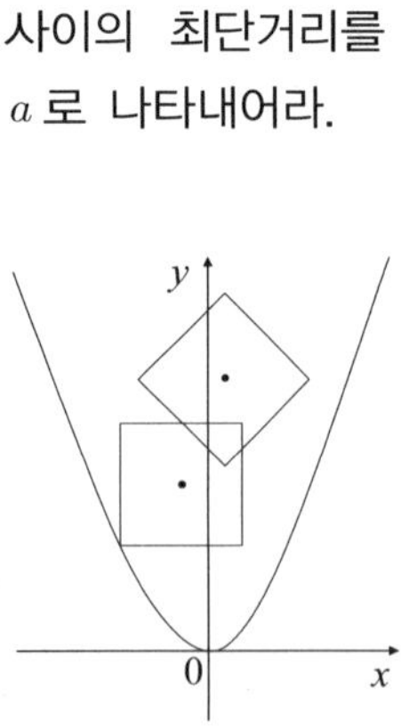

5. 정사각뿔 V에 내접하는 구를 S라 하자. V를 여러 가지로 변화시킬 때,
비 $R=\dfrac{S\text{의 표면적}}{V\text{의 표면적}}$이 취할 수 있는 값 중 최대인 것을 구하여라.

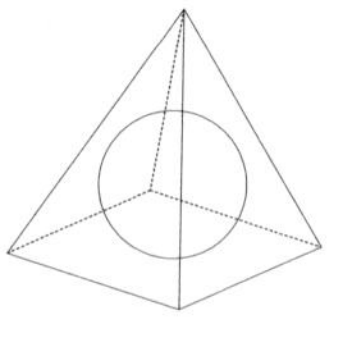

6. 포물선 $y=\dfrac{3}{4}-x^2$을 y축 주위로 회전하여 얻어진 곡면 K를, 원점을 지나고 회전축과 45^0를 이루는 평면 H로 잘랐다.
곡면 K와 평면 H로 둘러싸인 입체의 체적을 구하여라.

7. 기운 평면에 있어, 가장 기울기가 급한 방향의 기울기가 $\dfrac{1}{3}$이며, 남북방향의 기울기는 $\dfrac{1}{5}$이다. 동서방향의 기울기는?

8. xy 평면상의 곡선 $C: y=x^3+ax^2+bx+c$ 상의 점 P에서의 접선 l이 P와 다른 점 Q에서 C와 만난다. l과 C로 둘러싸인 부분의 면적과 Q에서의 접선 m과 C로 둘러싸인 부분의 면적의 비를 구하여,
그 비가 항상 일정함을 보여라.

9. 직선상에 적색, 백색 깃발을 양손에 든 사람 몇 명인가가 번호 $0, 1, 2, \cdots$를 달고 늘어서 있다. 번호 0인 사람은 적색, 백색 깃발을 같은 확률로 무작위로 들고, 다른 번호 j인 사람은 번호 $j-1$인 사람이 든 깃발의 색을 본 후, 확률 p로 같은 색을, 확률 $1-p$로 다른 색의 깃발을 든다. 이 때, 번호 0인 사람과 번호 n인 사람이 같은 색의 깃발을 들 확률 P_n을 구하여라.

[문제 1]

조건 (ii)에 의하여, 일차변환 f는 점 $(1, \sqrt{3})$을 점 $(-2, 2\sqrt{3})$으로 이동시키므로

$$\begin{pmatrix} a & b \\ c & d \end{pmatrix}\begin{pmatrix} 1 \\ \sqrt{3} \end{pmatrix} = \begin{pmatrix} -2 \\ 2\sqrt{3} \end{pmatrix}$$

$$a+\sqrt{3}b=-2,\ c+\sqrt{3}d=2\sqrt{3}$$

$$\therefore a=-(2+\sqrt{3}b),\ c=\sqrt{3}(2-d) \quad \cdots ①$$

> 풀이과정을 간단히 하기 위해
> 세 점 $O(0,0)$, $A(1,0)$, $B(0,1)$로 이루어진
> 직각이등변삼각형 $\triangle OAB$를 생각해보자.

$A(1,0)$, $B(0,1)$의 f에 의한 상은 각각 $A'(a,c)$, $B'(b,d)$이고, 조건 (i)에 의하여 $\triangle OA'B'$는 직각이등변삼각형이 되므로,

$$\therefore \overline{OA'} \perp \overline{OB'},\ \overline{OA'} = \overline{OB'}$$

$\overline{OA'} \perp \overline{OB'}$ 에서

$$\overrightarrow{OA'} \cdot \overrightarrow{OB'} = ab+cd=0 \quad \cdots ②$$

$\overline{OA'} = \overline{OB'}$ 에서

$$a^2+c^2=b^2+d^2 \quad \cdots ③$$

①, ②에서

$$-(2+\sqrt{3}b)b+\sqrt{3}(2-d)d=0$$

$$\therefore \sqrt{3}(b^2+d^2)+2b-2\sqrt{3}d=0 \quad \cdots ④$$

①, ③에서

$$(2+\sqrt{3}b)^2+3(2-d)^2=b^2+d^2$$

$$\therefore b^2+d^2+2\sqrt{3}b-6d+8=0 \quad \cdots ⑤$$

⑤ × $\sqrt{3}$ − ④에서 $b=\sqrt{3}(d-2)$

이것을 ⑤에 대입하면,

$$3(d-2)^2+d^2+6(d-2)-6d+8=0$$

$$d^2-3d+2=0, (d-1)(d-2)=0$$

$$\therefore d=1, 2$$

$d=1$인 경우 $\quad \therefore b=-\sqrt{3}, a=1, c=\sqrt{3}$

$d=2$인 경우 $\quad \therefore b=0, a=-2, c=0$

$$\therefore A=\begin{pmatrix} 1 & -\sqrt{3} \\ \sqrt{3} & 1 \end{pmatrix}, \begin{pmatrix} -2 & 0 \\ 0 & 2 \end{pmatrix}$$

역으로,

$$\begin{pmatrix} 1 & -\sqrt{3} \\ \sqrt{3} & 1 \end{pmatrix} = 2\begin{pmatrix} \cos 60^0 & -\sin 60^0 \\ \sin 60^0 & \cos 60^0 \end{pmatrix}$$

은 60^0회전변환과 닮음비 2인 닮음변환의 합성변환을 나타내는 행렬이다.

또, $\begin{pmatrix} -2 & 0 \\ 0 & 2 \end{pmatrix} = 2\begin{pmatrix} -1 & 0 \\ 0 & 1 \end{pmatrix}$은 y축 대칭변환과 닮음비 2인 닮음변환의 합성변환을 나타내는 행렬이다.

따라서,

행렬 $\begin{pmatrix} 1 & -\sqrt{3} \\ \sqrt{3} & 1 \end{pmatrix}$, $\begin{pmatrix} -2 & 0 \\ 0 & 2 \end{pmatrix}$에 의한 일차변환 f는 임의의 삼각형을 그것과 닮은 삼각형으로 이동시킨다.

$$\therefore A=\begin{pmatrix} 1 & -\sqrt{3} \\ \sqrt{3} & 1 \end{pmatrix}, \begin{pmatrix} -2 & 0 \\ 0 & 2 \end{pmatrix} \quad \cdots(답)$$ ■

[문제 2]

a_2는 $a_1=1$와 다른 자연수 중 최소이므로

$$\therefore a_2=2$$

a_3는 $a_1=1, a_2=2$와 다르고,

$a_1+a_2=3$과도 다른 자연수 중 최소이므로

$$\therefore a_3=4=2^2$$

a_4는 $a_1=1$, $a_2=2$, $a_3=4$와 다르고,

$$a_1+a_2=3,\ a_1+a_3=5,\ a_2+a_3=6,$$

$$a_1+a_2+a_3=7$$

과도 다른 자연수 중 최소이므로

$$\therefore a_4=8=2^3$$

이제, $a_k=2^{k-1}(k \leq n-1)$이라고 가정하자.

$a_1,\ a_2,\ \cdots,\ a_{n-1}$ 중에서 중복되지 않게 선택해서 더한 최솟값은 1이며,

최댓값은 $a_1+a_2+\cdots+a_{n-1}$

$$= 1+2+2^2+\cdots+2^{n-2}$$

$$= \frac{2^{n-1}-1}{2-1} = 2^{n-1}-1$$

또, 1에서 $2^{n-1}-1$까지의 자연수는 모두

$b_{n-2}\cdot 2^{n-2}+b_{n-3}\cdot 2^{n-3}+\cdots+b_1\cdot 2+b_0\cdot 1$

($b_{n-2}, b_{n-3}, \cdots, b_1, b_0$: 0 or 1)

의 형태로 표현하는 것이 가능하다.

따라서, 조건 (ⅰ), (ⅱ)에 의하여

$$\therefore\ a_n = 2^{n-1}$$

수학적 귀납법에 의하여,

$a_n = 2^{n-1}\ \ (n=1, 2, 3, \cdots)$ …(답) ■

[문제 3]

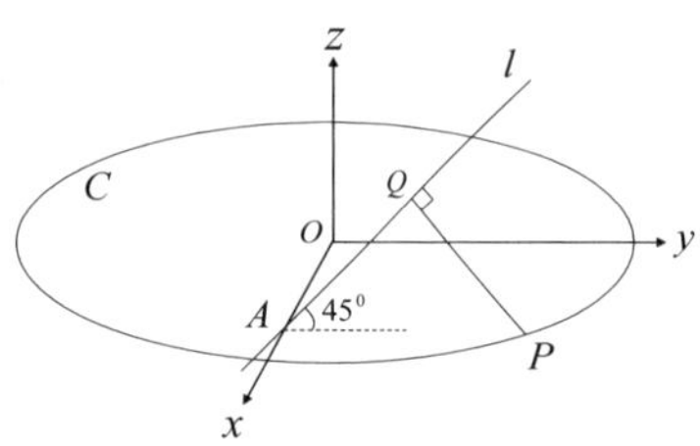

원 $C:\ x^2+y^2=1,\ z=0$ … ①

상의 한 점 $P(x, y, 0)$을 고정하자.

직선 l 상의 점 $Q(a, q, q)$에 대하여,

선분 PQ의 길이가 최소로 되는 때는

$$\therefore \overline{PQ}\perp l$$

$\overline{PQ}\perp l$이고 l의 방향벡터는 $(0, 1, 1)$이므로

$$(0, 1, 1)\cdot\overrightarrow{PQ}$$

$$= (0, 1, 1)\cdot(a-x,\ q-y,\ q) = 0$$

$$2q-y=0 \qquad \therefore q=\frac{y}{2}$$

이때, $\overrightarrow{PQ} = \left(a-x,\ -\frac{y}{2},\ \frac{y}{2}\right)$

> 고정점 $P(x,y,0)$에 대하여 $\overline{PQ}$가 최소로 되는 점 Q는 P의 좌푯값 x,y와 $\overline{OA}=a$에 의하여 결정됨을 알 수 있다.
>
> 이제, 점 P를 원 C 상에서 움직이며 각 위치에서의 $\overline{PQ}$의 최솟값을 비교하면 된다.

$$|\overrightarrow{PQ}|^2 = (a-x)^2+\frac{y^2}{4}+\frac{y^2}{4}$$

$$= (a-x)^2+\frac{1}{2}(1-x^2) \qquad (\because ①)$$

$$= \frac{1}{2}x^2-2ax+a^2+\frac{1}{2}$$

$$= \frac{1}{2}(x-2a)^2+\frac{1}{2}-a^2 = f(x)$$

$a>0$이므로,

$f(x)$의 $-1\leqq x\leqq 1$에서의 최솟값은

$2a\leqq 1$인 경우, $f(2a)=\frac{1}{2}-a^2$

$2a>1$인 경우, $f(1)=(a-1)^2$

따라서, 원 C와 직선 l 사이의 최단거리는

$$\begin{cases} a\leqq\frac{1}{2}\text{인 경우, } \sqrt{\frac{1}{2}-a^2} \\ a>\frac{1}{2}\text{인 경우, } |a-1| \end{cases}$$ …(답) ■

[문제 4]

$y\geqq x^2$ … ①

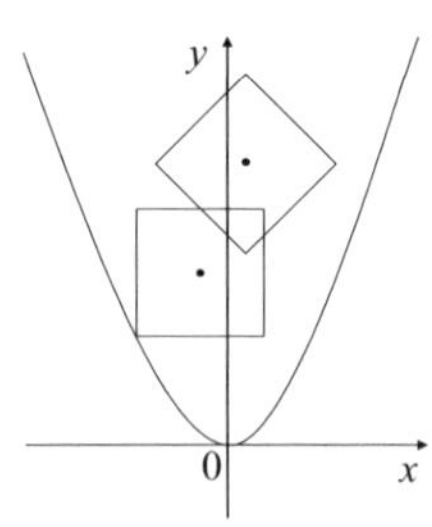

정사각형의 중심을 $C(\alpha, \beta)$라 하면,

영역 D는 y축에 대하여 대칭이므로

$\alpha\geqq 0$인 경우만 고려하여도 충분하다.

(ⅰ) 정사각형의 각 변이 좌표축에 평행한 경우, 정사각형이 영역 D에 포함되기 위한 필요충분조건은 한 꼭짓점 $\left(\alpha+\frac{t}{2},\ \beta-\frac{t}{2}\right)$가 조건 ①을 만족하는 것이다.

$$\beta-\frac{t}{2} \geqq \left(\alpha+\frac{t}{2}\right)^2$$

$$\beta \geqq \left(\alpha+\frac{t}{2}\right)^2+\frac{t}{2}$$

$$\therefore \beta \geqq \frac{t^2}{4}+\frac{t}{2}$$

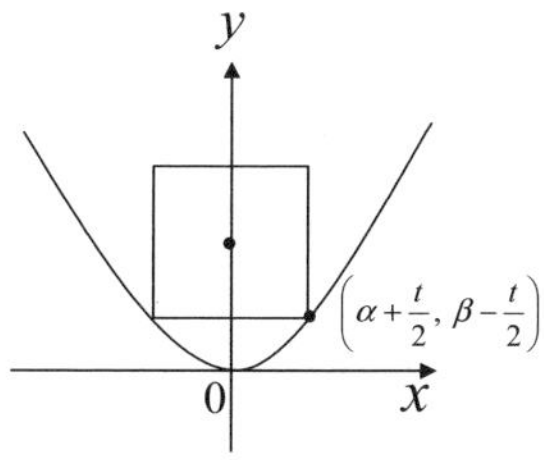

(ⅱ) 정사각형의 각 변이 좌표축과 45^0를 이루는 경우, 정사각형이 영역 D에 포함되기 위한 필요충분조건은

두 꼭짓점 $\left(\alpha+\frac{t}{\sqrt{2}},\ \beta\right)$, $\left(\alpha,\ \beta-\frac{t}{\sqrt{2}}\right)$가 조건 ①을 만족하는 것이다.

$\beta \geqq \left(\alpha+\frac{t}{\sqrt{2}}\right)^2$에서

$$\beta \geqq \frac{t^2}{2} \quad \cdots ②$$

$\beta-\frac{t}{\sqrt{2}} \geqq \alpha^2$에서

$$\beta \geqq \alpha^2+\frac{t}{\sqrt{2}} \geqq \frac{t}{\sqrt{2}} \quad \cdots ③$$

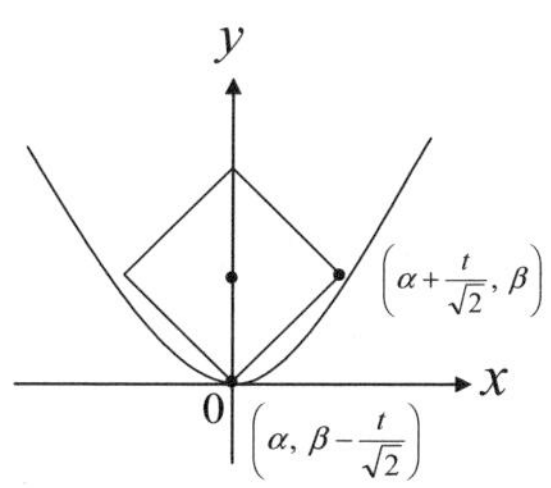

$\frac{t^2}{2}-\frac{t}{\sqrt{2}}=\frac{t(t-\sqrt{2})}{2}$이므로

②,③의 공통부분은

$$\begin{cases} 0<t<\sqrt{2}\text{인 경우:} & \beta \geqq \frac{t}{\sqrt{2}} \\ t \geqq \sqrt{2}\text{인 경우:} & \beta \geqq \frac{t^2}{2} \end{cases}$$

(ⅰ), (ⅱ)에 의하여,

t의 범위에 따라 $\frac{t^2}{4}+\frac{t}{2}$와 $\frac{t}{\sqrt{2}}$ 또는 $\frac{t^2}{2}$의 값을 비교하여 더 작은 값을 택하면 된다.

$0<t<\sqrt{2}$인 경우

$\left(\frac{t^2}{4}+\frac{t}{2}\right)-\frac{t}{\sqrt{2}}=\frac{t\{t-2(\sqrt{2}-1)\}}{4}$이므로

$$\begin{cases} 0<t \leqq 2(\sqrt{2}-1)\text{일 때 :} & f(t)=\frac{t^2}{4}+\frac{t}{2} \\ 2(\sqrt{2}-1)<t<\sqrt{2}\text{일 때 :} & f(t)=\frac{t}{\sqrt{2}} \end{cases}$$

$t \geqq \sqrt{2}$인 경우

$\left(\frac{t^2}{4}+\frac{t}{2}\right)-\frac{t^2}{2}=\frac{t(2-t)}{4}$이므로

$$\begin{cases} \sqrt{2} \leqq t \leqq 2\text{일 때 :} & f(t)=\frac{t^2}{2} \\ 2<t\text{일 때 :} & f(t)=\frac{t^2}{4}+\frac{t}{2} \end{cases}$$

$$\begin{cases} 0<t \leqq 2(\sqrt{2}-1)\text{일 때 :} & f(t)=\frac{t^2}{4}+\frac{t}{2} \\ 2(\sqrt{2}-1)<t<\sqrt{2}\text{일 때 :} & f(t)=\frac{t}{\sqrt{2}} \\ \sqrt{2} \leqq t \leqq 2\text{일 때 :} & f(t)=\frac{t^2}{2} \\ 2<t\text{일 때 :} & f(t)=\frac{t^2}{4}+\frac{t}{2} \end{cases} \quad \cdots(\text{답})$$ ■

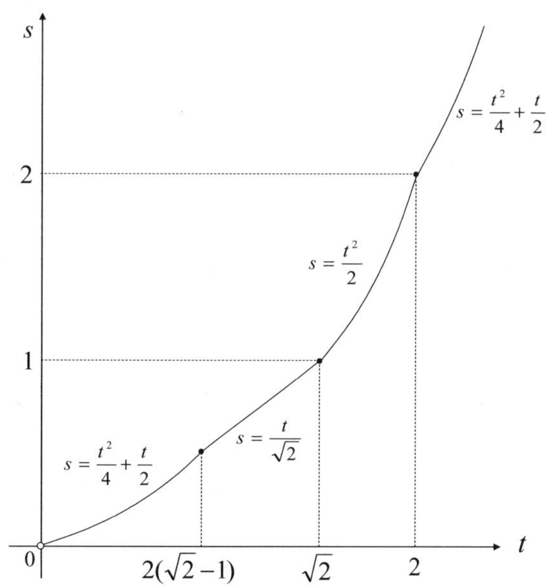

[문제 5]

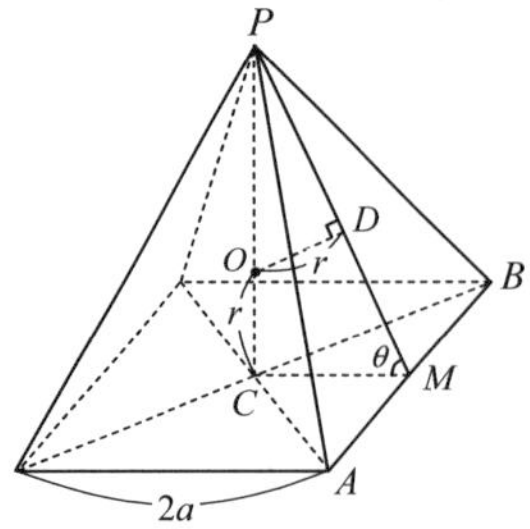

정사각뿔의 꼭짓점을 P, 밑면의 중심을 C, 한 변 $\overline{AB}$의 중점을 M이라 하자.

$\overline{AB}=2a$,

$\angle PMC=\theta\left(0<\theta<\frac{\pi}{2}\right)$로 놓으면, $\overline{PM}=\frac{a}{\cos\theta}$

$$\therefore\ V\text{의 표면적}=4\triangle PAB+(2a)^2$$
$$=4\left(\frac{1}{2}\cdot 2a\cdot\frac{a}{\cos\theta}\right)+4a^2$$
$$=\frac{4a^2(1+\cos\theta)}{\cos\theta}\qquad\cdots ①$$

V에 접하는 구 S의 중심을 O, 면 PAB와의 접점을 D라 하면, D는 $\overline{PM}$ 상에 있으며

$$\triangle POD\backsim\triangle PMC$$
$$\therefore\ \overline{PO}:\overline{OD}=\overline{PM}:\overline{MC}$$

따라서, 구 S의 반지름을 r이라 하면,

$$(a\tan\theta-r):r=\frac{a}{\cos\theta}:a$$
$$(a\tan\theta-r):r=1:\cos\theta$$
$$(a\tan\theta-r)\cos\theta=r$$
$$a\sin\theta-r\cos\theta=r$$
$$\therefore\ r=\frac{a\sin\theta}{1+\cos\theta}$$

$$\therefore\ S\text{의 표면적}=4\pi r^2$$
$$=4\pi\frac{a^2\sin^2\theta}{(1+\cos\theta)^2}$$
$$=\frac{4\pi a^2(1-\cos\theta)}{1+\cos\theta}\qquad\cdots ②$$

①, ②에서,

$$R=\frac{S\text{의 표면적}}{V\text{의 표면적}}$$
$$=\frac{4\pi a^2(1-\cos\theta)}{1+\cos\theta}\cdot\frac{\cos\theta}{4a^2(1+\cos\theta)}$$
$$=\pi\cdot\frac{(1-\cos\theta)\cos\theta}{(1+\cos\theta)^2}$$

$\cos\theta=t$로 놓으면,

$$R=f(t)=\pi\cdot\frac{t(1-t)}{(1+t)^2}$$

$$f'(t)=\pi\cdot\frac{(1-2t)(1+t)^2-t(1-t)\cdot 2(1+t)}{(1+t)^4}$$
$$=\pi\cdot\frac{(1+t)(1-3t)}{(1+t)^4}$$

t	0	$\cdots$	$\frac{1}{3}$	$\cdots$	1
$f'(t)$		+	0	−	
$f(t)$		↗	극대	↘	

$f(t)$의 증감표에 의해,

$f(t)$는 $t=\frac{1}{3}$에서 최대이며, 최댓값은

$$f\left(\frac{1}{3}\right)=\pi\cdot\frac{\frac{1}{3}\cdot\frac{2}{3}}{\left(\frac{4}{3}\right)^2}=\frac{\pi}{8}\qquad\cdots(\text{답})\ ■$$

〈참고〉

이때, $\overline{AB}:\overline{PC}=2a:2\sqrt{2}a=1:\sqrt{2}$

즉, 정사각뿔의 밑면의 한 변의 길이와 높이의 비가 $1:\sqrt{2}$

〈다른 방법〉

$\overline{AB}=2a$, $\overline{PC}=ax\ (x>0)$로 놓으면,

$$\therefore\ \overline{PM}=a\sqrt{1+x^2}$$
$$V\text{의 표면적}=4a^2(\sqrt{1+x^2}+1)$$

$$\triangle POD\backsim\triangle PMC$$
$$(ax-r):r=a\sqrt{1+x^2}:a$$
$$\therefore\ r=\frac{ax}{\sqrt{1+x^2}+1}$$
$$S\text{의 표면적}=4\pi\cdot\frac{a^2x^2}{(\sqrt{1+x^2}+1)^2}$$
$$R=\frac{S\text{의 표면적}}{V\text{의 표면적}}=\pi\cdot\frac{x^2}{(\sqrt{1+x^2}+1)^3}$$

$\sqrt{1+x^2}=t$로 치환하여 최댓값을 구한다.

[문제 6]

원점을 지나고 회전축과 45^0를 이루는 평면 H가 x축을 포함하는 것으로 하자.

x축 상의 점 $P(t,0)$을 지나고 x축에 수직인 평면 γ에 의한 곡면 K의 절단면을 구하자.

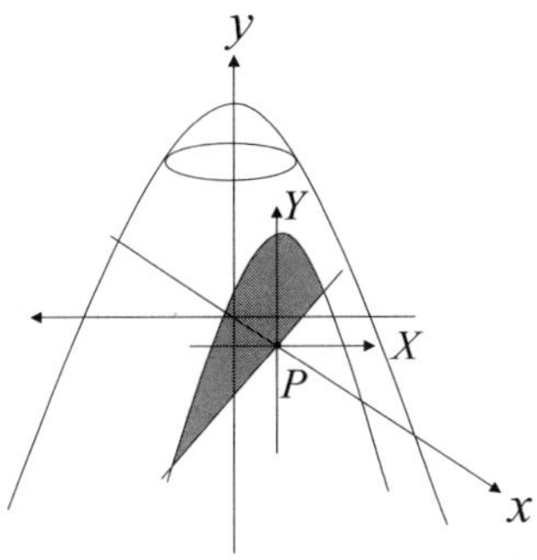

원점 O를 지나고 y축에 수직인 평면과 γ와의 교선을 X축으로 놓으면,

평면 γ (XY평면)상에서 곡면 K의 절단면은 꼭짓점이 $\left(0, \frac{3}{4}-t^2\right)$인 포물선이 되며,

그 방정식은 $Y=-X^2+\frac{3}{4}-t^2$ … ①

또, 평면 γ와 평면 H와의 교선은

$$Y=X \quad \cdots ②$$

평면 γ에 의해 구하는 입체의 절단면은 ①, ②로 둘러싸인 도형이 된다.

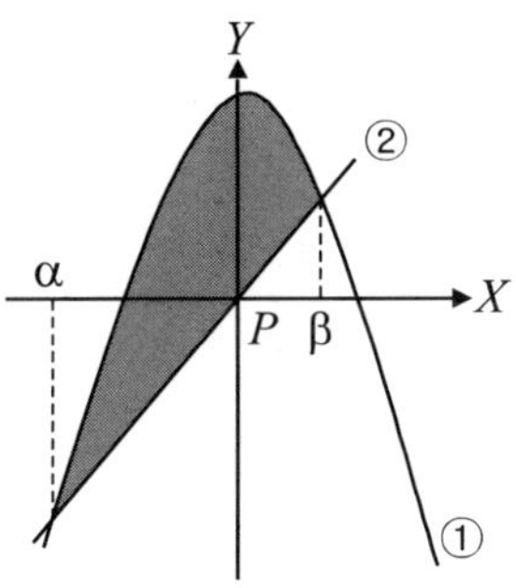

①, ②에서, $X^2+X+t^2-\frac{3}{4}=0$

두 근을 α, β $(\alpha<\beta)$로 놓으면,

$$\alpha+\beta=-1,\ \alpha\beta=t^2-\frac{3}{4}$$

$$\therefore (\beta-\alpha)^2=(\alpha+\beta)^2-4\alpha\beta$$

$$=1-4\left(t^2-\frac{3}{4}\right)=4(1-t^2)\geqq 0$$

$$\therefore -1\leqq t\leqq 1$$

절단면의 면적 $S(t)$는

$$S(t)=\int_\alpha^\beta\left(\frac{3}{4}-t^2-X^2-X\right)dX=\frac{(\beta-\alpha)^3}{6}$$

$$=\frac{1}{6}\{4(1-t^2)\}^{\frac{3}{2}}=\frac{4}{3}(1-t^2)^{\frac{3}{2}}$$

따라서, 입체의 체적 V는

$$V=\int_{-1}^1 S(t)\,dt=2\int_0^1\frac{4}{3}(1-t^2)^{\frac{3}{2}}\,dt$$

$t=\sin\theta$로 놓으면, $dt=\cos\theta\,d\theta$

$$V=\frac{8}{3}\int_0^{\frac{\pi}{2}}(\cos^2\theta)^{\frac{3}{2}}\cdot\cos\theta\ d\theta$$

$$=\frac{8}{3}\int_0^{\frac{\pi}{2}}\cos^4\theta\ d\theta$$

$$=\frac{8}{3}\int_0^{\frac{\pi}{2}}\left(\frac{1+\cos 2\theta}{2}\right)^2 d\theta$$

$$=\frac{2}{3}\int_0^{\frac{\pi}{2}}\left(1+2\cos 2\theta+\frac{1+\cos 4\theta}{2}\right)d\theta$$

$$\int_0^{\frac{\pi}{2}}\cos 2\theta\,d\theta=\int_0^{\frac{\pi}{2}}\cos 4\theta\,d\theta=0$$

$$=\frac{2}{3}\int_0^{\frac{\pi}{2}}\frac{3}{2}\,d\theta=\frac{\pi}{2} \quad \cdots(\text{답})$$ ■

〈참고〉 $Y=\frac{3}{4}-t^2-X^2$ … ①

xy평면상의 곡선 $f(x,y)=0$을 y축 둘레로 회전시킨 곡면은 $f(\pm\sqrt{x^2+z^2},y)=0$이므로,

$$y=\frac{3}{4}-x^2 \text{에서 } y=\frac{3}{4}-(x^2+z^2)$$

$x=t$이므로 $y=\frac{3}{4}-t^2-z^2$

풀이에서는 zy평면을 XY평면으로 설명함.

[문제 7]

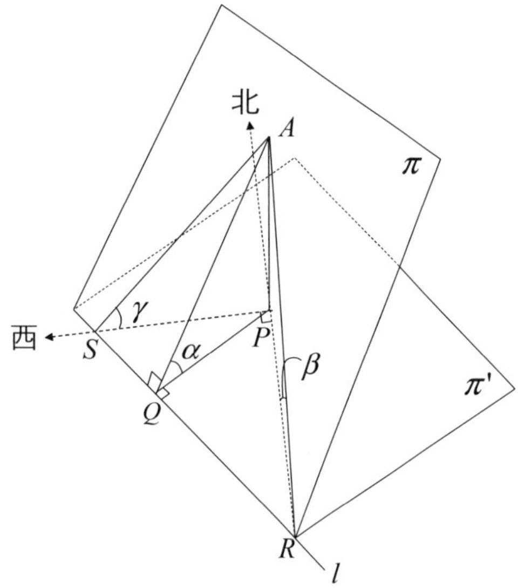

기운 평면 π와 수평면 π'의 교선을 l,
π 상의 점 A에서 π'에 내린 수선의 발을 P라 하자.

점 A에서 l에 내린 수선의 발을 Q라 하면

$$\overline{PQ} \perp l$$

이며, $\overline{AQ}$의 기울기가 가장 크다.

또, 점 P를 지나는 남북방향, 동서방향의 직선과 직선 l의 교점을 각각 R, S라 하고

$$\angle AQP = \alpha,\ \angle ARP = \beta,\ \angle ASP = \gamma$$

로 놓으면,

$$\therefore \tan\alpha = \frac{1}{3},\ \tan\beta = \frac{1}{5}$$

$\overline{AP} = h$로 놓으면,

$$\overline{PQ} = \frac{h}{\tan\alpha} = 3h,\ \overline{PR} = \frac{h}{\tan\beta} = 5h$$

$\angle PQS = 90^0$이므로

$$\overline{QR} = \sqrt{\overline{PR}^2 - \overline{PQ}^2} = \sqrt{25h^2 - 9h^2} = 4h$$

$\angle RPS = 90^0$이므로 $\triangle RPS \backsim \triangle RQP$

$$\therefore \overline{PR} : \overline{PS} = \overline{QR} : \overline{QP}$$

$$5h : \overline{PS} = 4h : 3h \qquad \therefore \overline{PS} = \frac{15}{4}h$$

따라서, 동서방향의 기울기는

$$\therefore \tan\gamma = \frac{\overline{AP}}{\overline{PS}} = \frac{h}{\frac{15}{4}h} = \frac{4}{15} \qquad \cdots(\text{답})$$ ■

[문제 8]

$C : y = x^3 + ax^2 + bx + c$

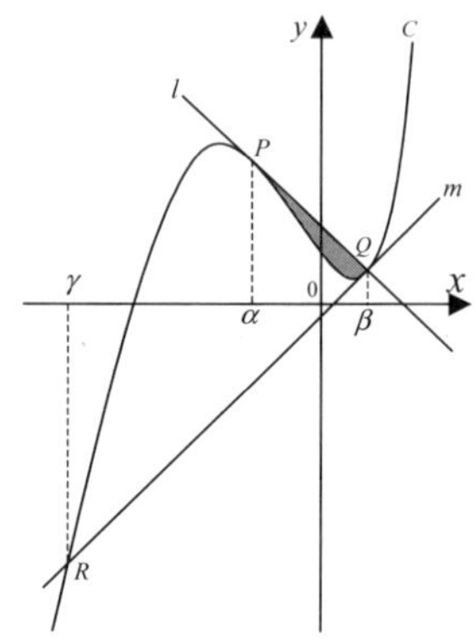

점 P에서의 접선의 방정식을 $y = dx + e$라 하고,
접점 P와 교점 Q의 x 좌표를 각각 α, β로 놓으면,

$$x^3 + ax^2 + bx + c - (dx + e) = (x-\alpha)^2(x-\beta)$$

$$x^3 + ax^2 + (b-d)x + c - e$$

$$= x^3 - (2\alpha+\beta)x^2 + (\alpha^2 + 2\alpha\beta)x - \alpha^2\beta \quad \cdots ①$$

l과 C로 둘러싸인 부분의 면적 S_1은

$$S_1 = \left| \int_\alpha^\beta (x-\alpha)^2(x-\beta)\,dx \right|$$

$$= \left| \int_\alpha^\beta (x-\alpha)^2\{x-\alpha-(\beta-\alpha)\}\,dx \right|$$

$$= \left| \int_\alpha^\beta ((x-\alpha)^3 - (\beta-\alpha)(x-\alpha)^2)\,dx \right|$$

$$= \left| \left[\frac{(x-\alpha)^4}{4} - (\beta-\alpha) \cdot \frac{(x-\alpha)^3}{3} \right]_\alpha^\beta \right|$$

$$= \left| \frac{(\beta-\alpha)^4}{4} - \frac{(\beta-\alpha)^4}{3} \right|$$

$$= \frac{(\beta-\alpha)^4}{12}$$

같은 방법으로, 점 Q에서의 접선 $y = fx + g$와 C의 교점 R의 x 좌표를 γ로 놓으면,

$$x^3 + ax^2 + bx + c - (fx + g) = (x-\beta)^2(x-\gamma)$$

로 되어,

m과 C로 둘러싸인 부분의 면적 S_2는

$$S_2 = \left| \int_{\gamma}^{\beta} (x-\beta)^2(x-\gamma)\,dx \right|$$

$$\vdots$$

$$= \frac{(\gamma-\beta)^4}{12}$$

①에서 x^2의 계수를 비교하면, $2\alpha+\beta=-a$
같은 방법으로, $2\beta+\gamma=-a$

a를 소거하면, $2\alpha-\beta-\gamma=0 \quad \therefore \alpha=\dfrac{\beta+\gamma}{2}$

$$\beta-\alpha=\beta-\frac{\beta+\gamma}{2}=\frac{\beta-\gamma}{2}$$

$$\therefore S_1=\frac{(\beta-\alpha)^4}{12}$$

$$=\frac{1}{12}\left(\frac{\beta-\gamma}{2}\right)^4$$

$$=\frac{1}{16}\cdot\frac{(\gamma-\beta)^4}{12}=\frac{1}{16}S_2$$

$\therefore S_1 : S_2 = 1 : 16$ (일정) …(답) ■

[문제 9]
번호 j인 사람이 번호 0인 사람과 같은 색의 깃발을 드는 경우는 다음 두 가지이다.

(i) 번호 $j-1$인 사람이 번호 0인 사람과 같은 색의 깃발을 들고, 번호 j인 사람도 그것을 보고 같은 색의 깃발을 드는 경우

번호 0 ←同→ 번호 $j-1$ ←同→ 번호 j

$P_{j-1} \times p$

(ii) 번호 $j-1$인 사람이 번호 0인 사람과 다른 색의 깃발을 들고, 번호 j인 사람은 그것을 보고 번호 $j-1$인 사람과 다른 색의 깃발을 드는 경우

번호 0 ←異→ 번호 $j-1$ ←異→ 번호 j

$(1-P_{j-1}) \times (1-p)$

$$\therefore P_j = P_{j-1}\times p+(1-P_{j-1})(1-p)$$

$$P_j=(2p-1)P_{j-1}+1-p \qquad \cdots ①$$

$P_j+a=b(P_{j-1}+a)$로 놓으면,

$$P_j=bP_{j-1}+ab-a$$

①과 비교하면,

$$\therefore b=2p-1,\ a=-\frac{1}{2}$$

$$\therefore P_j-\frac{1}{2}=(2p-1)\left(P_{j-1}-\frac{1}{2}\right)$$

따라서, 수열 $\left\{P_j-\dfrac{1}{2}\right\}$은

초항: $P_0-\dfrac{1}{2}=1-\dfrac{1}{2}=\dfrac{1}{2}$,

공비: $2p-1$

인 등비수열이다.

$$P_n-\frac{1}{2}=\frac{1}{2}(2p-1)^n$$

$\therefore P_n=\dfrac{1}{2}\{1+(2p-1)^n\}$ …(답) ■

1. 공간상의 점의 집합
$\{(x, y, z) \mid 0 \leqq y,\ 0 \leqq z\}$
에 포함되며, 원점 O에서 x축에 접하고 xy평면과 45°의 기울기를 이루는 반지름 1인 원판 C가 있다.

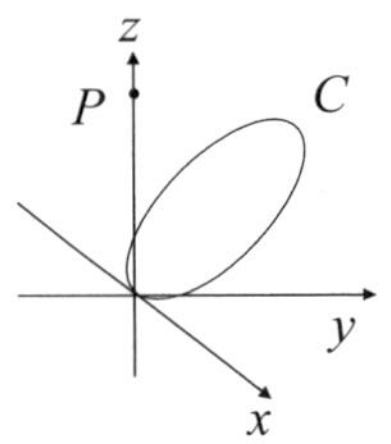

좌표가 $(0,\ 0,\ 2\sqrt{2})$인 점광원 P에 의하여, xy평면상에 그려진 원판 C의 그림자를 S라 하자.
(1) S의 윤곽을 표현하는 xy평면상의 곡선의 방정식을 구하여라.
(2) 원판 C와 그림자 S의 사이에 끼여, 빛이 닿지 않는 부분으로 이루어진 입체의 체적을 구하여라.

2. xy평면에 있어서,
직선 $x=0$을 L, 곡선 $y=\log x$를 C라 하자. 또, L과 C상의 점들과 L과 C 사이에 끼인 부분에 있는 점들 전체의 집합을 A라 하자. A에 포함되고 직선 L에 접하며, 곡선 C와 점 $(t,\ \log t)\ (0<t)$에서 공통접선을 갖는 원의 중심을 P_t라 하자.
P_t의 x좌표와 y좌표를 t의 함수로 보아

$$x=f(t),\ y=g(t)$$

로 표시할 때, 다음 극한값을 구하여라.
(1) $\displaystyle\lim_{t\to 0}\frac{f(t)}{g(t)}$　　(2) $\displaystyle\lim_{t\to +\infty}\frac{f(t)}{g(t)}$

3. 2 이상의 자연수 k에 대하여
$f_k(x)=x^k-kx+k-1$로 놓자.
이때, 다음을 증명하여라.
(1) n차다항식 $g(x)$가 $(x-1)^2$으로 나누어떨어진다. ⇔ (필요충분조건)
$g(x)$는 상수 $a_2, a_3, \cdots, a_n$을 이용하여
$g(x)=\displaystyle\sum_{k=2}^{n} a_k f_k(x)$로 나타낼 수 있다.
(2) n차다항식 $g(x)$가 $(x-1)^3$으로 나누어떨어진다. ⇔ (필요충분조건)
$g(x)$는 관계식 $\displaystyle\sum_{k=2}^{n}\frac{k(k-1)}{2}a_k=0$을 만족하는 $a_2, a_3, \cdots, a_n$을 이용하여
$g(x)=\displaystyle\sum_{k=2}^{n} a_k f_k(x)$로 나타낼 수 있다.

4. 공간상의 세 점
$P\left(1, \dfrac{1}{2}, 0\right)$, $Q\left(1, -\dfrac{1}{2}, 0\right)$, $R\left(\dfrac{1}{4}, 0, \dfrac{\sqrt{3}}{4}\right)$
을 꼭짓점으로 하는 삼각형판을 S라 하자. S를 z축을 회전축으로 하여 1회전하였을 때, S가 통과하는 점 전체로 이루어지는 입체의 체적을 구하여라.

5. 각 세대마다, 각 개체는 다른 개체와는 독립적으로, 확률 p로 1개, 확률 $1-p$로 2개의 새로운 개체를 다음 세대에 남기고 자신은 소멸되는 세포가 있다. 지금, 제0세대에 1개로 시작한 세포가 제n세대에 m개로 될 확률을 $P_n(m)$라 하자.
n을 자연수라 할 때, $P_n(1)$, $P_n(2)$, $P_n(3)$을 구하여라.

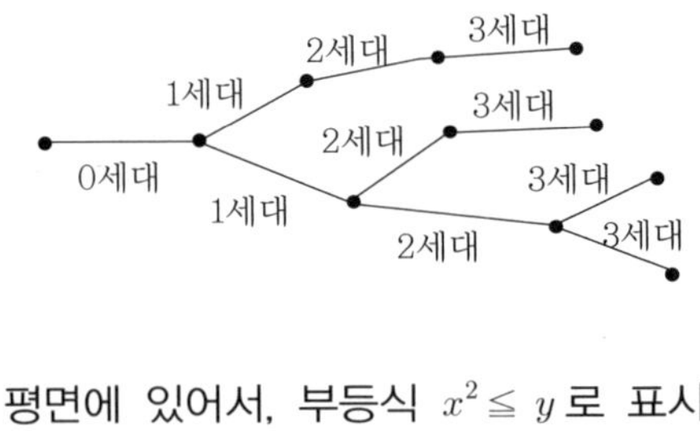

6. xy평면에 있어서, 부등식 $x^2 \leqq y$로 표시되는 영역을 D, 부등식 $(x-4)^2 \leqq y$로 표시되는 영역을 E라 하자. 이때, 다음 조건 (*)를 만족하는 점 $P(a,b)$ 전체의 집합을 구하여 도시하여라.
(*) $P(a, b)$에 대하여 D와 대칭인 영역을 U라 할 때, $D\cap E\cap U=\varnothing$, $D\cap U\neq\varnothing$, $E\cap U\neq\varnothing$이다.

[문제 1]

(1) 원점 O에서 x축에 접하고 xy평면과 45^0의 기울기를 이루는 반지름 1인 원판 C의 중심은

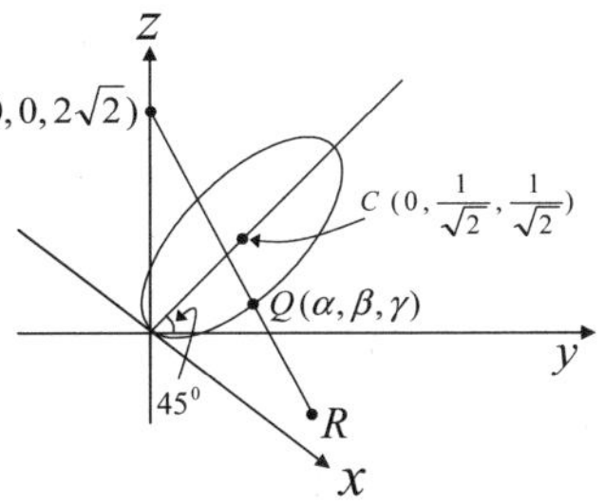

$\left(0,\ \frac{1}{\sqrt{2}},\ \frac{1}{\sqrt{2}}\right)$이므로, 원 C의 방정식은

$$x^2+\left(y-\frac{1}{\sqrt{2}}\right)^2+\left(z-\frac{1}{\sqrt{2}}\right)^2=1 \qquad \cdots ①$$

$$z=y \qquad \cdots ②$$

원 C는 구 ①과 평면 ②의 교선이다.

원 C의 원주상의 임의의 점을 $Q(\alpha,\beta,\gamma)$로 놓으면,

$$\beta=\gamma,\ \alpha^2+2\left(\beta-\frac{1}{\sqrt{2}}\right)^2=1 \qquad \cdots ③$$

직선 PQ의 방정식은

$$\frac{x}{\alpha}=\frac{y}{\beta}=\frac{z-2\sqrt{2}}{\beta-2\sqrt{2}} \qquad (\alpha,\ \beta\neq 0)$$

이 직선과 xy평면과의 교점을 $R(x,y,0)$으로 놓으면,

$$\frac{x}{\alpha}=\frac{y}{\beta}=\frac{-2\sqrt{2}}{\beta-2\sqrt{2}}$$

$\frac{y}{\beta}=\frac{-2\sqrt{2}}{\beta-2\sqrt{2}}$에서 $y(\beta-2\sqrt{2})=-2\sqrt{2}\beta$

$$\therefore \beta=\frac{2\sqrt{2}\,y}{y+2\sqrt{2}} \qquad \cdots ④$$

$\frac{x}{\alpha}=\frac{y}{\beta}$에서, $\therefore\ \alpha=\frac{x\beta}{y}=\frac{2\sqrt{2}\,x}{y+2\sqrt{2}} \qquad \cdots ④$

---

④를 ③에 대입하면,

$$\left(\frac{2\sqrt{2}\,x}{y+2\sqrt{2}}\right)^2+2\left(\frac{2\sqrt{2}\,y}{y+2\sqrt{2}}-\frac{1}{\sqrt{2}}\right)^2=1$$

$$\left(\frac{2\sqrt{2}\,x}{y+2\sqrt{2}}\right)^2+\left(\frac{3y-2\sqrt{2}}{y+2\sqrt{2}}\right)^2=1$$

$$8x^2+(3y-2\sqrt{2})^2=(y+2\sqrt{2})^2$$

$$8(x^2+y^2-2\sqrt{2}y)=0$$

이 식은 $\alpha=\beta=0$일 때도 성립하므로, 원판 C의 그림자 S의 윤곽을 표현하는 방정식은

$$x^2+(y-\sqrt{2})^2=2,\ z=0 \qquad \cdots ⑤ \qquad \cdots(답)$$ ■

(2) 점 $P(0,0,2\sqrt{2})$에서 평면 ②까지의 거리는

$$h=\frac{|-2\sqrt{2}|}{\sqrt{1+1}}=2$$

이므로,

P를 꼭짓점으로 하고 원판 C를 밑면으로 하는 원뿔의 체적 V_1은

$$V_1=\frac{1}{3}\pi\cdot 1^2\cdot 2=\frac{2}{3}\pi$$

또, P를 꼭짓점으로 하고 원 ⑤를 밑면으로 하는 원뿔의 체적 V_2는

$$V_2=\frac{1}{3}\pi\cdot(\sqrt{2})^2\cdot 2\sqrt{2}=\frac{4\sqrt{2}}{3}\pi$$

따라서, 구하는 입체의 체적은

$$V_2-V_1=\frac{4\sqrt{2}}{3}\pi-\frac{2}{3}\pi=\frac{2(2\sqrt{2}-1)}{3}\pi$$

…(답) ■

[문제 2]

$C: y=\log x,\ y'=\frac{1}{x}$

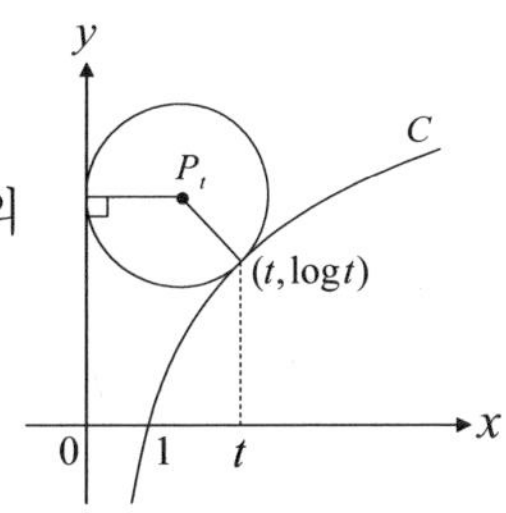

C상의 점 $(t,\log t)$에서의 법선의 방정식은

$y-\log t=-t(x-t)$

원 P_t의 중심 $(f(t),\ g(t))$는 위 법선 위에 있으므로

$$g(t)-\log t=-t(f(t)-t) \qquad \cdots ①$$

원 P_t는 y축과 곡선 C에 접하므로

$$(f(t)-t)^2+(g(t)-\log t)^2=(f(t))^2$$

①을 대입하면, $(f(t)-t)^2(1+t^2)=(f(t))^2$

$t > f(t) > 0$이므로

$$(t-f(t))\sqrt{1+t^2} = f(t)$$

$$\therefore\ f(t) = \frac{t\sqrt{1+t^2}}{1+\sqrt{1+t^2}}$$

①에 대입하면,

$$g(t) = t^2 + \log t - \frac{t^2\sqrt{1+t^2}}{1+\sqrt{1+t^2}}$$

$$= \frac{t^2}{1+\sqrt{1+t^2}} + \log t$$

$$\therefore \frac{f(t)}{g(t)} = \frac{t\sqrt{1+t^2}}{t^2+(1+\sqrt{1+t^2})\log t}$$

(1) $\displaystyle\lim_{t\to 0}\frac{f(t)}{g(t)} = \lim_{t\to 0} t\cdot\frac{\sqrt{1+t^2}}{t^2+(1+\sqrt{1+t^2})\log t}$

$= 0\cdot 0 = 0$ …(답) ■

(2) $\displaystyle\lim_{t\to\infty}\frac{f(t)}{g(t)} = \lim_{t\to\infty}\frac{\sqrt{\frac{1}{t^2}+1}}{1+\left(\frac{1}{t}+\sqrt{\frac{1}{t^2}+1}\right)\cdot\frac{\log t}{t}}$

$\displaystyle\lim_{t\to\infty}\frac{\log t}{t} = 0$이므로,

$\displaystyle\lim_{t\to\infty}\frac{f(t)}{g(t)} = 1$ …(답) ■

[문제 3]

(1) $f_k(x) = x^k - kx + k - 1\ (k \geqq 2)$ … ①

(i) n차다항식 $g(x)$가 $(x-1)^2$으로 나누어떨어지면, $g(x)$는 상수 $a_2, a_3, \cdots, a_n$을 이용하여 $g(x) = \sum_{k=2}^{n} a_k f_k(x)$로 나타낼 수 있다.

$n=2$인 경우

2차다항식 $g(x)$가 $(x-1)^2$로 나누어떨어지면,

$g(x) = a_2(x-1)^2 = a_2 f_2(x)$

$2 \leqq n \leqq i$에 대하여,

n차다항식 $g(x)$가 $(x-1)^2$으로 나누어떨어지면,

$g(x)$는 상수 $a_2,\ a_3,\ \cdots,\ a_n$을 이용하여

$g(x) = \sum_{k=2}^{n} a_k f_k(x)$로 나타낼 수 있다고 가정하자.

$i+1$차다항식 $g(x)$가

$(x-1)^2$으로 나누어떨어진다고 하면,

$g(1) = 0,\ g'(1) = 0$ … ②

$g(x)$를 $i+1$차다항식 $f_{i+1}(x)$로 나누면,

$$g(x) = a_{i+1}f_{i+1}(x) + R_i(x)$$

$$= a_{i+1}\{x^{i+1} - (i+1)x + (i+1) - 1\} + R_i(x)$$

($R_i(x)$는 i차 이하의 다항식 또는 0)

$$g'(x) = a_{i+1}((i+1)x^i - (i+1)\} + R_i'(x)$$

②에 의하여,

$g(1) = R_i(1) = 0,\ g'(1) = R_i'(1) = 0$

$R_i(1) = R_i'(1) = 0$이므로

$R_i(x)$는 $(x-1)^2$으로 나누어떨어지며,

가정에 의하여 다음 형태로 된다.

$$R_i(x) = \sum_{k=2}^{i} a_k f_k(x)$$

$$\therefore\ g(x) = a_{i+1}f_{i+1}(x) + R_i(x)$$

$$= a_{i+1}f_{i+1}(x) + \sum_{k=2}^{i} a_k f_k(x)$$

$$= \sum_{k=2}^{i+1} a_k f_k(x)$$

따라서, 수학적 귀납법에 의하여 명제 (i)은 임의의 자연수 n에 대하여 성립한다. ■

위 명제의 역은 다음과 같다.

(ii) n차다항식 $g(x)$가 상수 $a_2,\ a_3,\ \cdots,\ a_n$을 이용하여 $g(x) = \sum_{k=2}^{n} a_k f_k(x)$로 나타낼 수 있으면, $(x-1)^2$으로 나누어떨어진다.

$$g(x)=\sum_{k=2}^{n}a_k f_k(x)=\sum_{k=2}^{n}a_k(x^k-kx+k-1)$$

$$g'(x)=\sum_{k=2}^{n}a_k(kx^{k-1}-k)$$

이므로,

$$\therefore\ g(1)=g'(1)=0$$

$g(x)$는$(x-1)^2$으로 나누어떨어지므로
명제 (ii)는 성립한다. ■

명제 (i), (ii)가 성립하므로
두 조건은 필요충분조건이다. (증명 끝) ■

(2) $f_k(x)=x^k-kx+k-1\ (k\geq 2)$ … ①

> (iii) n차다항식 $g(x)$가 $(x-1)^3$으로 나누어떨어지면, $g(x)$는 관계식
> $$\sum_{k=2}^{n}\frac{k(k-1)}{2}a_k=0$$
> 을 만족하는 $a_2,\ a_3,\ \cdots,\ a_n$을 이용하여
> $g(x)=\sum_{k=2}^{n}a_k f_k(x)$로 나타낼 수 있다.

$g(x)$가 $(x-1)^3$으로 나누어떨어지므로
$(x-1)^2$으로 나누어떨어진다.

문제 (1)에 의하여,

$$g(x)=\sum_{k=2}^{n}a_k f_k(x)$$

$2\leq k\leq n$에 대하여,
$f_k(x)$를 $(x-1)^3$으로 나눈 몫을 $h_k(x)$,
나머지를 $p_kx^2+q_kx+r_k$로 놓으면,

$$f_k(x)=(x-1)^3h_k(x)+p_kx^2+q_kx+r_k$$

$$f_k{}'(x)=3(x-1)^2h_k(x)+(x-1)^3h_k{}'(x)+2p_kx+q_k$$

$$f_k{}''(x)=6(x-1)h_k(x)+6(x-1)^2h_k{}'(x)+(x-1)^3h_k{}''(x)+2p_k$$

$$\therefore\ f_k(1)=p_k+q_k+r_k,$$

$$f_k{}'(1)=2p_k+q_k,\ f_k{}''(1)=2p_k \quad \cdots ③$$

---

①에서,

$$f_k{}'(x)=kx^{k-1}-k,\ f_k{}''(x)=k(k-1)x^{k-2}$$

$$f_k(1)=0,\ f_k{}'(1)=0,\ f_k{}''(1)=k(k-1)\cdots ④$$

③, ④에서,

$$p_k+q_k+r_k=0,\ 2p_k+q_k=0,\ 2p_k=k(k-1)$$

$$p_k=\frac{k(k-1)}{2},\ q_k=-k(k-1),\ r_k=\frac{k(k-1)}{2}$$

이므로,

$$f_k(x)=(x-1)^3h_k(x)+p_kx^2+q_kx+r_k$$
$$=(x-1)^3h_k(x)+\frac{k(k-1)}{2}(x-1)^2$$

$$\therefore\ g(x)=\sum_{k=2}^{n}a_k f_k(x)$$
$$=\sum_{k=2}^{n}a_k\left\{(x-1)^3h_k(x)+\frac{k(k-1)}{2}(x-1)^2\right\}$$

$g(x)$가 $(x-1)^3$으로 나누어떨어지므로

$$\sum_{k=2}^{n}\frac{k(k-1)}{2}a_k=0$$ ■

위 명제의 역은 다음과 같다.

> (iv) n차다항식 $g(x)$가 관계식
> $$\sum_{k=2}^{n}\frac{k(k-1)}{2}a_k=0$$
> 을 만족하는 $a_2, a_3, \cdots, a_n$을 이용하여
> $g(x)=\sum_{k=2}^{n}a_k f_k(x)$로 나타낼 수 있으면,
> $g(x)$는 $(x-1)^3$으로 나누어떨어진다.

$g(x)=\sum_{k=2}^{n}a_k f_k(x)$이므로,

$$g'(x)=\sum_{k=2}^{n}a_k f_k{}'(x),\quad g''(x)=\sum_{k=2}^{n}a_k f_k{}''(x)$$

n차다항식 $g(x)$가 관계식

$$\sum_{k=2}^{n} \frac{k(k-1)}{2} a_k = 0$$

을 만족하는 $a_2, a_3, \cdots, a_n$을 이용하여

$g(x) = \sum_{k=2}^{n} a_k f_k(x)$로 나타낼 수 있으므로

문제 (1)에 의하여, $g(x)$는 $(x-1)^2$으로 나누어떨어진다. $\therefore\ g'(1) = 0$

④에서, $f_k''(1) = k(k-1)$

$$\therefore\ g''(1) = \sum_{k=2}^{n} a_k f_k''(1)$$
$$= \sum_{k=2}^{n} a_k \cdot k(k-1)$$
$$= 2\sum_{k=2}^{n} \frac{k(k-1)}{2} a_k = 0$$

$g'(1) = g''(1) = 0$이므로

$(x-1)^3$으로 나누어떨어진다. ■

명제 (iii), (iv)가 성립하므로

두 조건은 필요충분조건이다. (증명 끝) ■

[문제 4]

z축 상의 점 $T(0, 0, t)$ $\left(0 \le t \le \frac{\sqrt{3}}{4}\right)$를 지나고 z축에 수직인 평면 α와 $\overline{PR}, \overline{QR}$과의 교점을 각각 A, B라 하자.

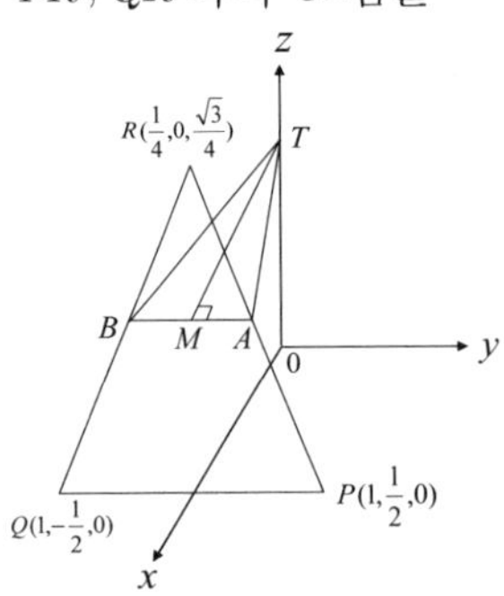

직선 PR의 방정식은

$$\frac{x-\frac{1}{4}}{1-\frac{1}{4}} = \frac{y}{\frac{1}{2}} = \frac{z-\frac{\sqrt{3}}{4}}{0-\frac{\sqrt{3}}{4}}$$

$$\therefore\ \frac{x-\frac{1}{4}}{3} = \frac{y}{2} = \frac{z-\frac{\sqrt{3}}{4}}{-\sqrt{3}}$$

$z = t$이면, $x = 1-\sqrt{3}t,\ y = \frac{1}{2} - \frac{2}{\sqrt{3}}t$

이므로, $A\left(1-\sqrt{3}t, \frac{1}{2} - \frac{2}{\sqrt{3}}t, t\right)$

같은 방법으로,

$$B\left(1-\sqrt{3}t,\ -\left(\frac{1}{2} - \frac{2}{\sqrt{3}}t\right),\ t\right)$$

A, B의 좌표에서

$$\therefore\ \overline{TA} = \overline{TB},\ \overline{AB} \parallel \overline{PQ}$$

선분 AB의 중점을 M이라 하면 $\overline{TM} \perp \overline{AB}$이므로, 평면 α에 의한 회전체의 절단면은 T를 중심으로 하고 반지름이 $\overline{TA}\ (= \overline{TB})$, $\overline{TM}$인 두 동심원의 사이부분이다.

그 면적을 $S(t)$라 하면,

$$S(t) = \pi\left(\overline{TA}^2 - \overline{TM}^2\right) = \pi\overline{AM}^2$$
$$= \pi\left(\frac{1}{2}\overline{AB}\right)^2 = \frac{\pi}{4}\left\{2\left(\frac{1}{2} - \frac{2}{\sqrt{3}}t\right)\right\}^2$$
$$= \pi\left(\frac{1}{2} - \frac{2}{\sqrt{3}}t\right)^2$$

따라서, 구하는 입체의 체적은

$$\int_0^{\frac{\sqrt{3}}{4}} S(t)\,dt = \pi\int_0^{\frac{\sqrt{3}}{4}} \left(\frac{2}{\sqrt{3}}t - \frac{1}{2}\right)^2 dt$$
$$= \pi\left[\frac{1}{3} \cdot \frac{\sqrt{3}}{2}\left(\frac{2}{\sqrt{3}}t - \frac{1}{2}\right)^3\right]_0^{\frac{\sqrt{3}}{4}}$$
$$= \pi \cdot \frac{\sqrt{3}}{6} \cdot \frac{1}{8} = \frac{\sqrt{3}}{48}\pi \quad \cdots(\text{답})$$ ■

[문제 5]

(1) $P_n(1)$은 제0세대의 1개가 제n세대까지 계속 1개씩만 남기는 경우이므로

$$P_n(1) = p^n \qquad \cdots(\text{답})$$ ■

(2) $P_n(2)$

제0세대의 1개가 제k $(k=1,2,\cdots,n)$세대에 2개로 되어, 제n세대까지 계속 2개로 유지될 확률은

$$p^{k-1}(1-p) \cdot p^{2(n-k)} = (1-p)p^{2n-1-k}$$
$$= (1-p)p^{2n-1} \cdot p^{-k}$$

> 한 세대의 2개의 세포가
> 각각 한 개씩만 남길 확률은 p^2

$$\therefore\ P_n(2)=\sum_{k=1}^{n}(1-p)p^{2n-1}\cdot\left(\frac{1}{p}\right)^k$$

$$=(1-p)p^{2n-1}\cdot\frac{\frac{1}{p}\left\{1-\left(\frac{1}{p}\right)^n\right\}}{1-\frac{1}{p}}$$

$$=(1-p)p^{2n-1}\cdot\frac{p^n-1}{p^n(p-1)}$$

$$=p^{n-1}(1-p^n) \qquad \cdots(\text{답}) \ ■$$

(3) $P_n(3)$

제0세대의 1개가 제k $(k=1,2,\cdots,n-1)$세대까지 2개이며, 제$k+1$세대에 3개로 되어, 제n세대까지 계속 3개로 유지될 확률은

$$P_k(2)\times 2p(1-p)\times p^{3(n-k-1)}$$
$$=p^{k-1}(1-p^k)\times 2p(1-p)\times p^{3(n-k-1)}$$
$$=2(1-p)p^{3(n-1)}(p^{-2k}-p^{-k})$$

$$\therefore\ P_n(3)=\sum_{k=1}^{n-1}2(1-p)p^{3(n-1)}\left\{\left(\frac{1}{p}\right)^{2k}-\left(\frac{1}{p}\right)^k\right\}$$

$$=2(1-p)p^{3(n-1)}\cdot\sum_{k=1}^{n-1}\left\{\left(\frac{1}{p}\right)^{2k}-\left(\frac{1}{p}\right)^k\right\}$$

$$\sum_{k=1}^{n-1}\left\{\left(\frac{1}{p}\right)^{2k}-\left(\frac{1}{p}\right)^k\right\}$$

$$=\frac{\frac{1}{p^2}\left\{1-\left(\frac{1}{p}\right)^{2(n-1)}\right\}}{1-\frac{1}{p^2}}-\frac{\frac{1}{p}\left\{1-\left(\frac{1}{p}\right)^{n-1}\right\}}{1-\frac{1}{p}}$$

$$=\frac{p^{2(n-1)}-1}{p^{2(n-1)}(p^2-1)}-\frac{p^{n-1}-1}{p^{n-1}(p-1)}$$

$$=\frac{(p^{n-1}-1)\{(p^{n-1}+1)-p^{n-1}(p+1)\}}{p^{2(n-1)}(p^2-1)}$$

$$=\frac{(1-p^{n-1})(1-p^n)}{p^{2(n-1)}(1-p^2)}$$

$$\therefore P_n(3)=2(1-p)p^{3(n-1)}\cdot\frac{(1-p^{n-1})(1-p^n)}{p^{2(n-1)}(1-p^2)}$$

$$=\frac{2p^{n-1}(1-p^{n-1})(1-p^n)}{1+p} \qquad \cdots(\text{답}) \ ■$$

[문제 6]

$D:\ x^2\leqq y$

$E:\ (x-4)^2\leqq y$

점 $P(a,b)$에 대하여 D와 대칭인 영역 U는

$(2a-x)^2\leqq 2b-y$

$\therefore\ y\leqq -(x-2a)^2+2b$

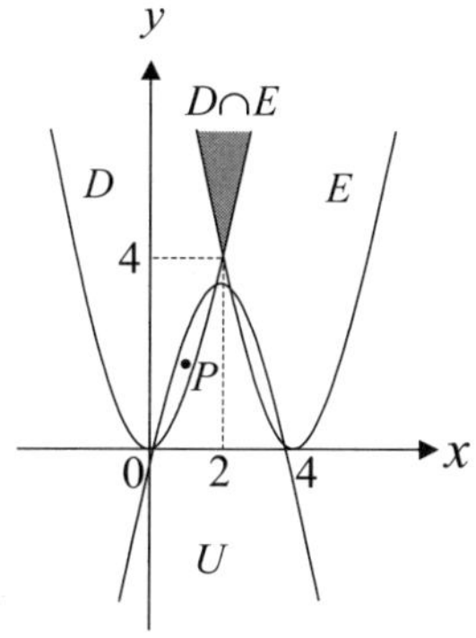

$D\cap U\neq\varnothing$이므로,
두 포물선 $y=x^2$, $y=-(x-2a)^2+2b$는 공유점을 가져야 한다.

$$x^2-2ax+2a^2-b=0$$

$$\frac{D}{4}=a^2-(2a^2-b)\geqq 0 \qquad \therefore b\geqq a^2 \quad \cdots ①$$

같은 방법으로, $E\cap U\neq\varnothing$이므로
두 포물선 $y=(x-4)^2$, $y=-(x-2a)^2+2b$는 공유점을 가져야 한다.

$$x^2-2(a+2)x+2a^2-b+8=0$$

$$\frac{D}{4}=(a+2)^2-(2a^2-b+8)\geqq 0$$

$$\therefore b\geqq (a-2)^2 \qquad \cdots ②$$

$D\cap E\cap U=\varnothing$일 조건은

$$\begin{cases} x\leqq 2\text{인 경우}: (x-4)^2>-(x-2a)^2+2b & \cdots ③ \\ x>2\text{인 경우}: x^2>-(x-2a)^2+2b & \cdots ④ \end{cases}$$

구하는 조건은
① and ② and (③ and ④)

③에서 $x^2-2(a+2)x+2a^2-b+8>0$

좌변을 $f(x)$로 놓으면,
$x\leqq 2$에서 $f(x)>0$인 범위를 구하면 된다.
$f(x)=\{x-(a+2)\}^2+(a-2)^2-b$이므로

$a+2\leqq 2\ (\because a\leqq 0)$이면,

$$f(a+2)=(a-2)^2-b>0$$

$\therefore\ b<(a-2)^2$: ②를 만족하지 않음.

$a+2 > 2\ (\because a > 0)$이면,

$$f(2)=a^2+(a-2)^2-b>0$$

$$b<2(a^2-2a+2)$$

$$\therefore\ b<2(a-1)^2+2 \quad \cdots ⑤$$

④에서 $x^2-2ax+2a^2-b>0$

좌변을 $g(x)$로 놓으면,

$x>2$에서 $g(x)>0$인 범위를 구하면 된다.

$g(x)=(x-a)^2+a^2-b$이므로

$a>2$이면, $g(a)=a^2-b>0$

$\therefore\ b<a^2$: ①을 만족하지 않음.

$a\leqq 2$이면, $g(2)=4-4a+2a^2-b>0$

$$\therefore\ b<2(a-1)^2+2 \quad \cdots ⑤$$

따라서, $D\cap E\cap U=\varnothing$일 조건은

$$0<a\leqq 2,\quad b<2(a-1)^2+2$$

구하는 점 $P(a, b)$의 집합은

$\{(a,b)\mid b\geqq a^2,\ b\geqq (a-2)^2,\ b<2(a-1)^2+2\}$

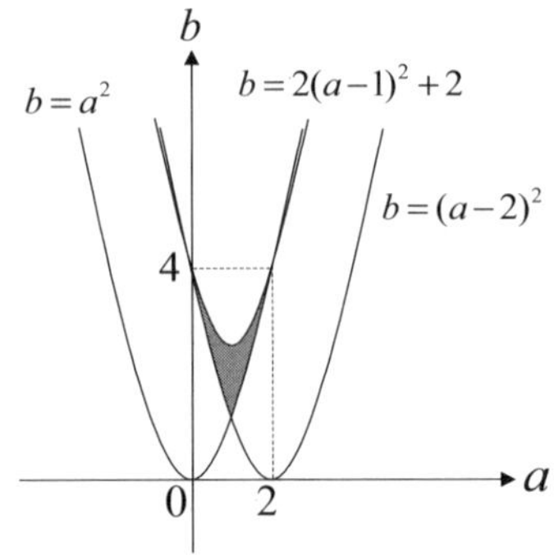

…(답) ■

단, 경계 중 포물선 $b=2(a-1)^2+2$ 상의 점들만 제외한다.

〈 1984年 文科 〉

1. 이과 1번과 같음
2. 이과 5번과 같음
3. 이과 6번과 같음

4. t를 실수인 상수라 할 때,
함수 $f(x)=(x^2-3x+2)(x-t)$를 고려해보자.
$f'(x)=0$의 두 근을 $\alpha, \beta\ (\alpha<\beta)$라 하면, 그것들은 t의 함수로 볼 수 있다.
t의 함수 $|t-\alpha|+|t-\beta|$의 범위 $1\leqq t\leqq 3$에서의 최댓값 및 최솟값을 구하여라.

5. xy평면상에 바다를 사이에 둔 두 국가 A, B가 있다.
A의 영토는 부등식 $x^2+(y-7)^2\leqq 4$로 표시되는 영역이며, B의 영토는 부등식 $y\leqq 0$로 표시되는 영역이다. 지금, A의 영해를 다음 세 조건 (i), (ii), (iii)을 만족하는 점 P 전체의 집합으로 정한다.
A의 영해의 면적을 구하여라.
(i) P는 A, B 어느 곳의 영토에도 포함되지 않는다.
(ii) P에서 A의 영토까지의 최단거리는 4보다 작다.
(iii) P에서 A의 영토까지의 최단거리는 P에서 B의 영토까지의 최단거리보다 작다.

[문제 4]

$$f(x)=(x^2-3x+2)(x-t)$$
$$=(x-1)(x-2)(x-t)\quad (1\leqq t\leqq 3)$$

$$f'(x)=x^2-3x+2+(2x-3)(x-t)$$
$$=3x^2-2(t+3)x+3t+2$$

$f'(x)=0$은 임의의 상수 t에 대하여 서로 다른 두 실근 $\alpha, \beta\ (\alpha<\beta)$를 가지므로

$$\alpha+\beta=\frac{2(t+3)}{3},\quad \alpha\beta=\frac{3t+2}{3}$$

(i) $1\leqq t\leqq 2$인 경우, 그림에서 $\alpha\leqq t\leqq\beta$

$$g(t)=|t-\alpha|+|t-\beta|=\beta-\alpha$$

$$(\beta-\alpha)^2=(\alpha+\beta)^2-4\alpha\beta$$
$$=\frac{4(t+3)^2}{9}-\frac{4(3t+2)}{3}=\frac{4}{9}(t^2-3t+3)$$

$$\therefore\ g(t)=\frac{2}{3}\sqrt{\left(t-\frac{3}{2}\right)^2+\frac{3}{4}}$$

$t=\frac{3}{2}$일 때, 최솟값 $\frac{2}{3}\cdot\frac{\sqrt{3}}{2}=\frac{1}{\sqrt{3}}$,

$t=1,\ 2$일 때, 최댓값 $\frac{2}{3}$를 갖는다.

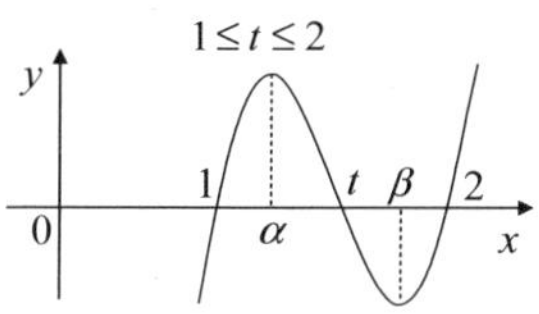

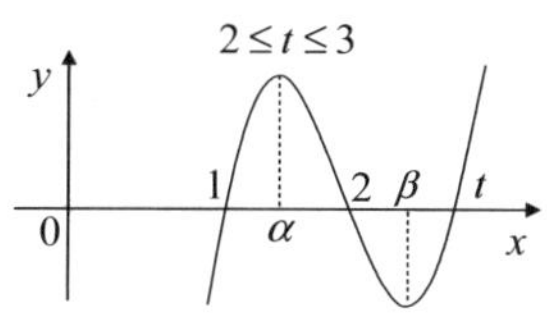

(ii) $2\leq t\leq 3$인 경우, 그림에서 $\alpha<\beta\leq t$

$$\therefore\ g(t)=|t-\alpha|+|t-\beta|=2t-(\alpha+\beta)$$
$$=2t-\frac{2(t+3)}{3}=\frac{4}{3}t-2$$

$t=2$일 때, 최솟값 $\frac{2}{3}$,

$t=3$일 때, 최댓값 2를 갖는다.

(i), (ii)에서,

최댓값 2, 최솟값 $\frac{1}{\sqrt{3}}$ …(답) ■

[문제 5]

$$A:\ x^2+(y-7)^2\leq 4,\quad B:\ y\leq 0$$

영역 A의 중심을 $C(0,7)$이라 하고,
$P(x,y)$에서 x축에 내린 수선의 발을
H라 하면,

조건 (ii)에서 $\overline{CP}-2<4$

$$\sqrt{x^2+(y-7)^2}<6$$
$$x^2+(y-7)^2<6^2 \quad \cdots ①$$

조건 (iii)에서 $\overline{CP}-2<\overline{PH}$

$$\sqrt{x^2+(y-7)^2}<y+2\ (y>0)$$
$$x^2-14y+49<4y+4$$
$$\therefore y>\frac{x^2}{18}+\frac{5}{2} \quad \cdots ②$$

조건 (i)과 ①,②에 의해 점 P의 집합은 그림과 같으며, 경계는 제외한다.

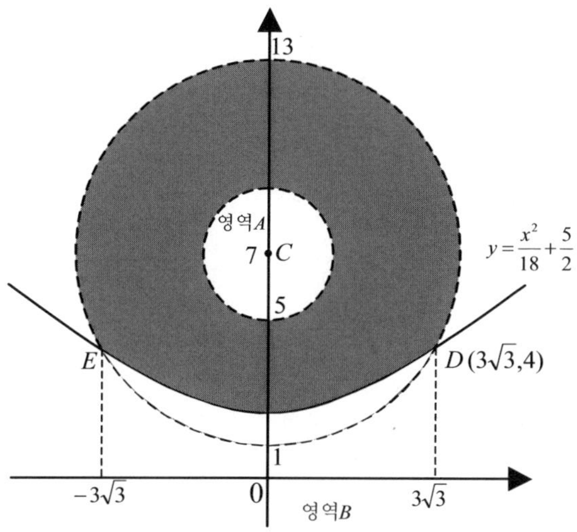

①,②의 경계의 교점을 구하면,

$$18y-45+(y-7)^2-36=0$$
$$(y-4)(y+8)=0 \quad (y>0)$$
$$\therefore\ y=4,\ x^2=36-9=27$$

따라서, 교점은 $D(3\sqrt{3},4)$, $E(-3\sqrt{3},4)$

$\angle DCE=120^{0}$이므로, A의 영해의 면적은

$$2\int_0^{3\sqrt{3}}\left\{4-\left(\frac{x^2}{18}+\frac{5}{2}\right)\right\}dx$$
$$+\frac{1}{2}\cdot 6\sqrt{3}\cdot 3+\frac{2}{3}\pi\cdot 6^2-\pi\cdot 2^2$$

$$=2\left[\frac{3}{2}x-\frac{x^3}{54}\right]_0^{3\sqrt{3}}+9\sqrt{3}+24\pi-4\pi$$

$$=2\left(\frac{9\sqrt{3}}{2}-\frac{3\sqrt{3}}{2}\right)+9\sqrt{3}+20\pi$$

$$=15\sqrt{3}+20\pi$$ …(답) ■

1. $a \geqq 1$이라 하자. xy평면에 있어, 부등식 $0 \leqq x \leqq \frac{\pi}{2}$, $1 \leqq y \leqq a\sin x$로 정해지는 영역의 면적을 S_1, 부등식 $0 \leqq x \leqq \frac{\pi}{2}$, $0 \leqq y \leqq 1$, $0 \leqq y \leqq a\sin x$로 정해지는 영역의 면적을 S_2라 하자. $S_2 - S_1$을 최대로 하는 a의 값과 $S_2 - S_1$의 최댓값을 구하여라.

2. xy평면에 있어,

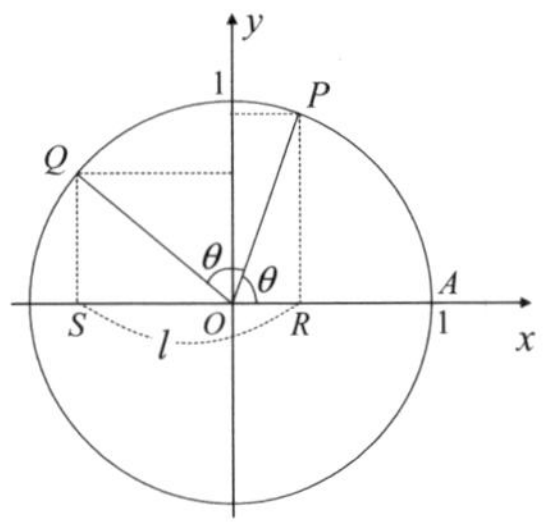

O를 원점, A를 정점 $(1, 0)$이라 하자. 또, P, Q는 원주 $x^2+y^2=1$ 위를 움직이는 두 점으로, 선분 OA로부터 양의 방향으로 돌아 선분 OP까지 도달하는 각은, 선분 OP로부터 양의 방향으로 돌아 선분 OQ까지 도달하는 각과 같다.
점 P를 지나며 x축에 수직인 직선과 x축과의 교점을 R, 점 Q를 지나며 x축에 수직인 직선과 x축과의 교점을 S라 하자. 실수 $l \geqq 0$이 주어졌을 때, 선분 RS의 길이가 l과 같아지는 점 P, Q의 위치는 몇 가지인가?

3. 양수 t에 대하여, $P(t, t, 0)$은 xyz공간상의 점이다. x축을 포함하고 점 $(t, t, 1)$을 지나는 평면에 대한 P의 대칭점을 Q, y축을 포함하고 점 $(t, t, 1)$을 지나는 평면에 대한 P의 대칭점을 R이라 하자. 또, 원점을 O라 하자. 네 점 O, P, Q, R을 꼭짓점으로 하는 사면체의 체적을 구하여라.

4. 실수 a, b에 대하여 $A = \begin{pmatrix} a & 0 \\ a-b & b \end{pmatrix}$라 하자.

(1) 행렬 A^n $(n = 1, 2, \cdots)$이 나타내는 일차변환에 의한 점 $P\left(\frac{1}{2}, 0\right)$, $Q\left(\frac{1}{2}, 1\right)$, $R(1, 1)$의 상을 각각 P_n, Q_n, R_n이라 할 때, $f_n = 3\overline{P_nQ_n}^2 + 2\overline{Q_nR_n}^2 + 2\overline{R_nP_n}^2$으로 놓자. f_n을 a, b로 나타내어라.

(2) $a = 1.1$, $b = \frac{1}{1.1}$일 때, f_n의 값을 최소로 하는 자연수 n을 구하여라.

5. 0 또는 양의 정수값을 갖는 변수 X, Y가 있다. X가 정수 n $(n \geqq 0)$의 값을 가질 확률과 Y가 정수 n $(n \geqq 0)$의 값을 가질 확률은 p_n으로 같다. $(\sum_{n=0}^{\infty} p_n = 1)$
이제, 임의의 정수 k, m $(k \geqq 0, m \geqq 0)$에 대하여, $X = k$인 사건과 $Y = m$인 사건은 독립이며, $X + Y = n$일 확률은 $(n+1)p_{n+1}$이다. 이때, p_n $(n = 0, 1, 2, \cdots)$과

$\sum_{n=0}^{\infty} np_n$의 값을 구하여라.

6. xyz공간에 있어,
점 $(0, 0, 0)$을 A, 점 $(8, 0, 0)$을 B,
점 $(6, 2\sqrt{3}, 0)$을 C라 하자.
점 P가 $\triangle ABC$의 변 위를 한 바퀴 돌 때, P를 중심으로 하는 반지름 1인 구가 지나는 점 전체가 이루는 입체를 K라 하자.

(1) K를 평면 $z = 0$으로 잘랐을 때, 잘린 면의 넓이를 구하여라.

(2) K의 체적을 구하여라.

[문제 1]

$y=a\sin x$, $y=1$의 교점의 x 좌표를 α라 하면,

$$a\sin\alpha=1$$

$$\therefore \sin\alpha=\frac{1}{a} \quad \cdots ①$$

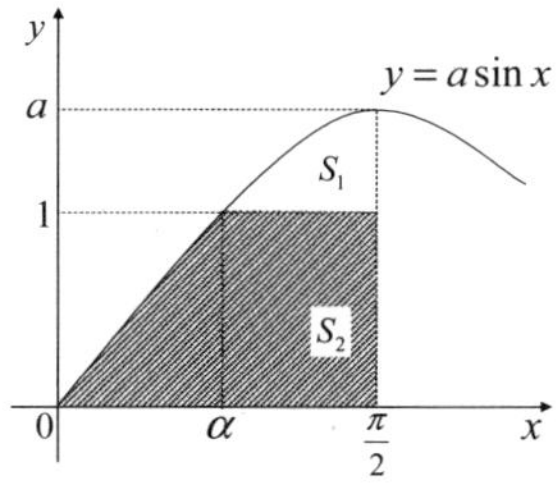

$a \geqq 1$이므로 $0<\frac{1}{a}\leqq 1 \quad \cdots ②$

①, ②에서 $0<\alpha\leqq\frac{\pi}{2} \quad \cdots ③$

③에 의하여,

$$S_1=\int_{\alpha}^{\frac{\pi}{2}}(a\sin x-1)\,dx,\ S_2=\int_{0}^{\frac{\pi}{2}}a\sin x\,dx-S_1$$

$$S_1=\int_{\alpha}^{\frac{\pi}{2}}(a\sin x-1)\,dx=\left[-a\cos x-x\right]_{\alpha}^{\frac{\pi}{2}}$$

$$=-\frac{\pi}{2}+a\cos\alpha+\alpha=\frac{\cos\alpha}{\sin\alpha}+\alpha-\frac{\pi}{2}$$

$$S_2=\int_{0}^{\frac{\pi}{2}}a\sin x\,dx-S_1=\left[-a\cos x\right]_{0}^{\frac{\pi}{2}}-S_1$$

$$=a-S_1=\frac{1}{\sin\alpha}-S_1$$

$$\therefore\ S_2-S_1=\frac{1}{\sin\alpha}-2S_1$$

$$=\frac{1-2\cos\alpha}{\sin}\alpha-2\alpha+\pi=f(\alpha)$$

$$f'(\alpha)=\frac{\sin\alpha\cdot 2\sin\alpha-(1-2\cos\alpha)\cos\alpha}{\sin^2\alpha}-2$$

$$=\frac{(2\cos\alpha-1)\cos\alpha}{\sin^2\alpha}\ \left(0<\alpha\leqq\frac{\pi}{2}\right)$$

$f(\alpha)$의 증감표는 다음과 같다.

α	0	$\cdots$	$\frac{\pi}{3}$	$\cdots$	$\frac{\pi}{2}$
$f'(\alpha)$		+	0	−	
$f(\alpha)$		↗	극대	↘	

따라서, $\alpha=\frac{\pi}{3}$일 때 최대이며

이때, $\therefore\ a=\frac{1}{\sin\alpha}=\frac{2}{\sqrt{3}}$ …(답) ■

최댓값은

$$\therefore\ S_2-S_1=\frac{1-2\cos\alpha}{\sin\alpha}-2\alpha+\pi$$

$$=\frac{2}{\sqrt{3}}\left(1-2\cdot\frac{1}{2}\right)-\frac{2\pi}{3}+\pi$$

$$=\frac{\pi}{3}$$ …(답) ■

[문제 2]

$\angle AOP=\theta$로 놓으면

$\angle AOQ=2\theta$이므로

$P(\cos\theta,\ \sin\theta)$

$Q(\cos 2\theta,\ \sin 2\theta)$

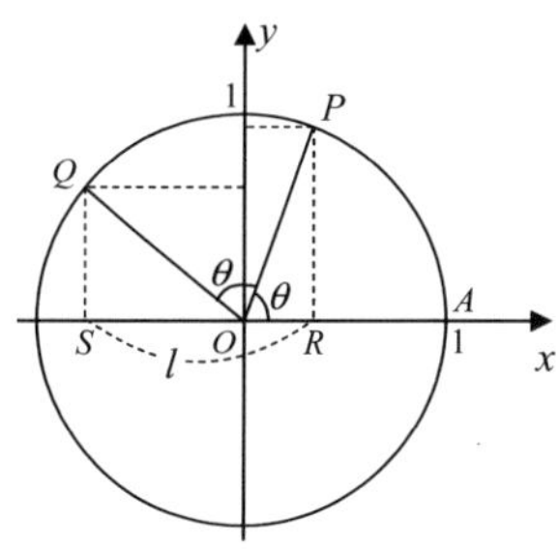

점 P가 점 $A(1,0)$을 출발하여 원 $x^2+y^2=1$의 원주상을 한 바퀴 회전하는 동안,
점 Q는 두 바퀴 회전하므로 $0\leqq\theta<2\pi$의 범위만 고려하여도 충분하다.

$$\therefore\ \overline{RS}=|\cos\theta-\cos 2\theta|\quad(\because\ \cos\theta=t)$$

$$=|t-(2t^2-1)|$$

$$=\left|2\left(t-\frac{1}{4}\right)^2-\frac{9}{8}\right|\quad(-1\leqq t\leqq 1)$$

> $\overline{RS}=l\ (l\geqq 0)$로 되는 t값을 조사한 후 $\cos\theta=t$인 θ의 개수를 구하면 된다.

$$\begin{cases} s=\left|2\left(t-\frac{1}{4}\right)^2-\frac{9}{8}\right| & (-1\leqq t\leqq 1) \\ s=l & (l\geqq 0) \end{cases}$$

의 그래프를 그려서 교점을 조사하자.

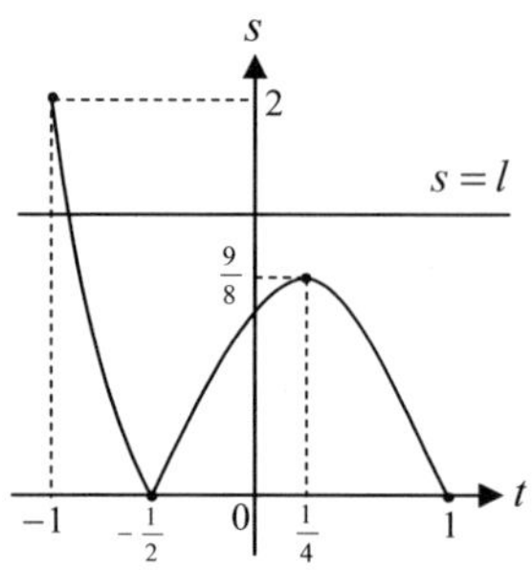

$l=0$일 때, $t=-\frac{1}{2}, 1$

$\therefore \theta=\frac{2\pi}{3}, \frac{4\pi}{3}, 0 \quad \cdots 3$개

$0<l<\frac{9}{8}$일 때, $-1<t_1<-\frac{1}{2}<t_2<\frac{1}{4}<t_3<1$

각각에 θ값이 2개씩, 모두 6개

$l=\frac{9}{8}$일 때, $-1<t_1<-\frac{1}{2}$, $t_2=\frac{1}{4}$

각각에 θ값이 2개씩, 모두 4개

$\frac{9}{8}<l<2$일 때, $-1<t<-\frac{1}{2}$

θ값은 모두 2개

$l=2$일 때, $t=-1$

$\therefore \theta=\pi \quad \cdots 1$개

$$\begin{cases} l=0\text{일 때,} & 3\text{가지} \\ 0<l<\frac{9}{8}\text{일 때,} & 6\text{가지} \\ l=\frac{9}{8}\text{일 때,} & 4\text{가지} \\ \frac{9}{8}<l<2\text{일 때,} & 2\text{가지} \\ l=2\text{일 때,} & 1\text{가지} \\ l>2\text{일 때,} & 0\text{가지} \end{cases} \cdots(\text{답}) ■$$

[문제 3]

x축을 포함하고 점 $(t,t,1)$을 포함하는 평면의 방정식은 $\quad y-tz=0 \quad \cdots$ ①

이 평면에 대한 점 $P(t,t,0)$의 대칭점 Q는 평면 $x=t$ 상에 있으므로, $Q(t,\beta,\gamma)$로 놓자.

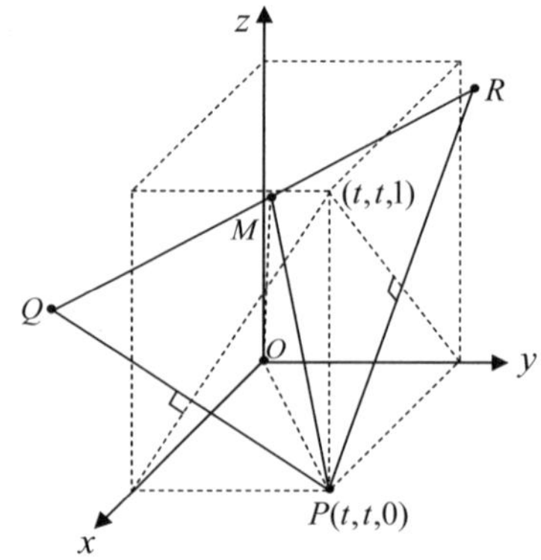

$\overline{PQ}$는 ①에 수직이므로

$$\frac{\beta-t}{1}=\frac{\gamma}{-t},\ t\beta+\gamma=t^2 \quad \cdots ②$$

$\overline{PQ}$의 중점은 평면 ① 상에 있으므로

$$\frac{t+\beta}{2}-t\cdot\frac{\gamma}{2}=0,\ \beta-t\gamma=-t \quad \cdots ③$$

②, ③에서, $\beta=\frac{t^3-t}{t^2+1}$, $\gamma=\frac{2t^2}{t^2+1}$

$$\therefore Q\left(t, \frac{t^3-t}{t^2+1}, \frac{2t^2}{t^2+1}\right)$$

같은 방법으로,

$$\therefore R\left(\frac{t^3-t}{t^2+1}, t, \frac{2t^2}{t^2+1}\right)$$

$\overline{QR}$의 중점을 $M\left(\frac{t^3}{t^2+1}, \frac{t^3}{t^2+1}, \frac{2t^2}{t^2+1}\right)$으로 놓으면, $\triangle OPM$은 평면 $x-y=0$상에 있다.

또, $\overrightarrow{QR}=\left(\frac{t^3-t}{t^2+1}-t,\ t-\frac{t^3-t}{t^2+1},\ 0\right)$

$$=\left(\frac{t^3-t}{t^2+1}-t\right)(1,-1,0)$$

이므로,

$\overline{QR}$은 평면 $x-y=0$에 수직이다.

따라서, 사면체 $OPQR$의 체적 V는

$$\therefore V=\frac{1}{3}\triangle OPM\cdot\overline{QR}$$

$$\overline{QR} = \sqrt{2\left(t - \frac{t^3-t}{t^2+1}\right)^2} = \frac{2\sqrt{2}\,t}{t^2+1}$$

$$\triangle OPM = \frac{1}{2} \cdot \overline{OP} \cdot (\text{점 } M\text{의 } z\text{좌표})$$
$$= \frac{1}{2} \cdot \sqrt{2}\,t \cdot \frac{2t^2}{t^2+1} = \frac{\sqrt{2}\,t^3}{t^2+1}$$

$$\therefore V = \frac{1}{3} \cdot \frac{\sqrt{2}\,t^3}{t^2+1} \cdot \frac{2\sqrt{2}\,t}{t^2+1}$$
$$= \frac{4t^4}{3(t^2+1)^2} \quad (t>0) \qquad \cdots(\text{답})$$ ■

[문제 4]

(1) $A = \begin{pmatrix} a & 0 \\ a-b & b \end{pmatrix}$

$A^2 = \begin{pmatrix} a^2 & 0 \\ a^2-b^2 & b^2 \end{pmatrix}$, $A^3 = \begin{pmatrix} a^3 & 0 \\ a^3-b^3 & b^3 \end{pmatrix}$, $\cdots$

이므로,

$$A^n = \begin{pmatrix} a^n & 0 \\ a^n-b^n & b^n \end{pmatrix} \qquad \cdots ①$$

으로 가정하면

$$A^{n+1} = A^n A = \begin{pmatrix} a^n & 0 \\ a^n-b^n & b^n \end{pmatrix}\begin{pmatrix} a & 0 \\ a-b & b \end{pmatrix}$$
$$= \begin{pmatrix} a^{n+1} & 0 \\ a^{n+1}-b^{n+1} & b^{n+1} \end{pmatrix}$$

수학적 귀납법에 의하여,
①은 모든 자연수 n에 대하여 성립한다.

행렬 A^n이 나타내는 일차변환에 의한
점 $P\left(\frac{1}{2}, 0\right)$, $Q\left(\frac{1}{2}, 1\right)$, $R(1, 1)$의 상은 각각
$P_n\left(\frac{a^n}{2}, \frac{a^n-b^n}{2}\right)$, $Q_n\left(\frac{a^n}{2}, \frac{a^n+b^n}{2}\right)$, $R_n(a^n, a^n)$

$$\overline{P_nQ_n}^2 = (b^n)^2$$
$$\overline{Q_nR_n}^2 = \left(\frac{a^n}{2}\right)^2 + \left(\frac{a^n-b^n}{2}\right)^2$$
$$\overline{R_nP_n}^2 = \left(\frac{a^n}{2}\right)^2 + \left(\frac{a^n+b^n}{2}\right)^2$$

$$\therefore f_n = 3\overline{P_nQ_n}^2 + 2\overline{Q_nR_n}^2 + 2\overline{R_nP_n}^2$$
$$= 2(a^{2n} + 2b^{2n}) \qquad \cdots(\text{답})$$ ■

(2) $a = 1.1$, $b = \frac{1}{1.1}$ 일 때,

$$f_n = 2(a^{2n} + 2b^{2n}) = 2\left(1.21^n + \frac{2}{1.21^n}\right)$$

$1.21^n = t \ (t>0)$로 놓으면,

$$f_n = 2\left(t + \frac{2}{t}\right) \geqq 2 \cdot 2\sqrt{t \cdot \frac{2}{t}}$$
$$= 4\sqrt{2} = 5.65\cdots$$

$f_n = 2\left(t+\frac{2}{t}\right)$ $(t = 1.21^n)$의 그래프는
그림과 같다.

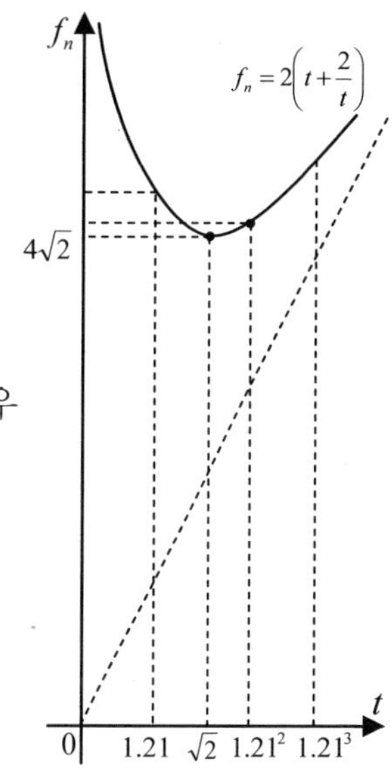

$1.21^1 < \sqrt{2} < 1.21^2 < 1.21^3 < 1.21^4 < \cdots$
이므로,

$t = 1.21^1, 1.21^2$ 인 경우
만 비교하면 된다.

$1.21^1 = 1.21$, $\sqrt{2} \fallingdotseq 1.41$, $1.21^2 = 1.4641$이므로
1.21^2이 $\sqrt{2}$에 충분히 더 가까우며,
그래프의 두 점근선으로 인하여 $\sqrt{2}$의 오른쪽
이 더 완만하므로 $t = 1.21^2$에서 최소이다.

답 : $n = 2$ ■

〈참고〉
정확하게 계산하면,

$$f_1 = 2\left(1.21 + \frac{2}{1.21}\right) = 5.72\cdots$$
$$f_2 = 2\left(1.21^2 + \frac{2}{1.21^2}\right) = 5.66\cdots$$

이므로,

$$\therefore f_2 < f_1$$

[문제 5]

$$P(X=n) = P(Y=n) = p_n \qquad (n=0,1,2,\cdots)$$

$X=k$ 인 사건과 $Y=m$ 인 사건은 독립이므로

$$\begin{aligned} P(X+Y=n) &= \sum_{k=0}^{n} P(X=k \text{ and } Y=n-k) \\ &= \sum_{k=0}^{n} P(X=k)\cdot P(Y=n-k) \\ &= \sum_{k=0}^{n} p_k \cdot p_{n-k} \end{aligned}$$

$$\therefore (n+1)p_{n+1} = \sum_{k=0}^{n} p_k \cdot p_{n-k} \qquad \cdots ①$$

$n=0$ 이면, $p_1 = p_0^{\ 2}$

$n=1$ 이면,

$$2p_2 = \sum_{k=0}^{1} p_k \cdot p_{1-k} = 2p_0 p_1 \qquad \therefore p_2 = p_0^{\ 3}$$

$$\vdots$$

$$p_n = p_0^{\ n+1} \qquad \cdots ②$$

$n=0$ 일 때, ②는 성립한다.
$0 \leq n \leq k$ 인 자연수 n 에 대하여 ②가 성립한다고 가정하자.

①에서, $$\begin{aligned} (k+1)p_{k+1} &= \sum_{l=0}^{k} p_l \cdot p_{k-l} \\ &= p_0 p_k + p_1 p_{k-1} + \cdots + p_k p_0 \\ &= (k+1)p_0^{\ k+2} \end{aligned}$$

$$\therefore p_{k+1} = p_0^{\ k+2}$$

이므로, $n=k+1$ 일 때도 ②가 성립한다.

수학적 귀납법에 의하여,

$$\therefore p_n = p_0^{\ n+1} \quad (n=0,1,2,\cdots)$$

$$1 = \sum_{n=0}^{\infty} p_n = \sum_{n=0}^{\infty} p_0^{\ n+1} = \frac{p_0}{1-p_0} \quad (0 < p_0 < 1)$$

$$\therefore p_0 = \frac{1}{2} \qquad \therefore p_n = \left(\frac{1}{2}\right)^{n+1} \qquad \cdots (\text{답}) \ ■$$

$X+Y=0, 1, 2, \cdots$ 는 배반사건이므로

$$1 = \sum_{n=0}^{\infty} P(X+Y=n) = \sum_{n=0}^{\infty} (n+1)p_{n+1}$$

$$\therefore \sum_{n=0}^{\infty} np_n = 1 \qquad \cdots (\text{답}) \ ■$$

[문제 6]

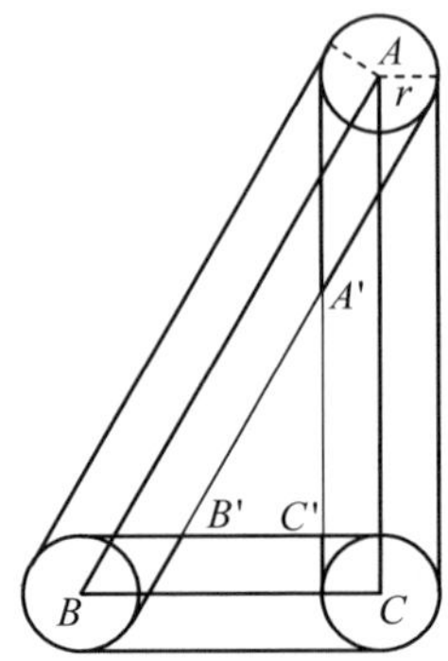

$A(0,0,0)$, $B(8,0,0)$,
$C(6, 2\sqrt{3}, 0)$ 에서

$\overline{AB} = 8$
$\overline{BC} = \sqrt{4+12} = 4$
$\overline{AC} = \sqrt{36+12} = 4\sqrt{3}$

$$\therefore \angle ACB = \frac{\pi}{2}, \quad \angle ABC = \frac{\pi}{3}$$

점 P 가 $\triangle ABC$ 의 변위를 한 바퀴 돌 때, P 를 중심으로 하고 반지름이 r 인 원이 통과하는 점 전체가 그리는 도형은 위 그림과 같으며, 그 면적 $S(t)$ 는

$$S(t) = \triangle ABC + \pi r^2 + (8+4+4\sqrt{3})r - \triangle A'B'C'$$

$$\overline{B'C'} = \overline{BC} - \left(\frac{2r}{\sqrt{3}} + \frac{r}{\sqrt{3}} + r\right) = 4 - (\sqrt{3}+1)r$$

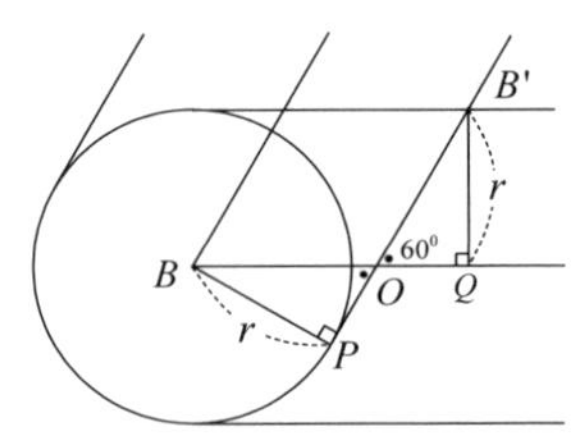

$$\overline{BO} = \frac{2r}{\sqrt{3}}$$

$$\overline{OQ} = \frac{r}{\sqrt{3}}$$

$$\begin{aligned} \therefore \frac{\triangle A'B'C'}{\triangle ABC} &= \left(\frac{\overline{B'C'}}{\overline{BC}}\right)^2 = \left(1 - \frac{\sqrt{3}+1}{4}r\right)^2 \\ &= 1 - \frac{\sqrt{3}+1}{2}r + \frac{2+\sqrt{3}}{8}r^2 \end{aligned}$$

$$S(t) = \triangle ABC + \pi r^2 + 4(3+\sqrt{3})r - \left(1 - \frac{\sqrt{3}+1}{2}r + \frac{2+\sqrt{3}}{8}r^2\right)\triangle ABC$$
$$= \pi r^2 + 4(3+\sqrt{3})r + \left(\frac{\sqrt{3}+1}{2}r - \frac{2+\sqrt{3}}{8}r^2\right)\cdot\frac{1}{2}\cdot 4\cdot 4\sqrt{3}$$
$$= (\pi - 3 - 2\sqrt{3})r^2 + (24+8\sqrt{3})r \quad \cdots ①$$

(1) 입체 K를 평면 $z=0$로 잘랐을 때의 절단면은 ①에서 $r=1$인 경우이다.

$$S(1) = 21 + 6\sqrt{3} + \pi \qquad \cdots(\text{답})$$ ■

(2) 입체 K를 평면 $z=t$로 잘랐을 때의 절단면은 ①에서 $r=\sqrt{1-t^2}$인 경우이다.

$$S(\sqrt{1-t^2}) = (\pi-3-2\sqrt{3})(1-t^2) + (24+8\sqrt{3})\sqrt{1-t^2}$$

이므로, 입체 K의 체적 V는

$$V = 2\int_0^1 S(\sqrt{1-t^2})\,dt$$
$$= 2\left\{(\pi-3-2\sqrt{3})\int_0^1(1-t^2)\,dt + (24+8\sqrt{3})\int_0^1\sqrt{1-t^2}\,dt\right\}$$
$$= 2\left\{(\pi-3-2\sqrt{3})\cdot\frac{2}{3} + (24+8\sqrt{3})\cdot\frac{\pi}{4}\right\}$$
$$= \frac{4}{3}\{(10+3\sqrt{3})\pi - (3+2\sqrt{3})\}$$

$\cdots$(답) ■

〈 1985年 文科 〉

1. a, b가 $a^2+b^2 \neq 0$인 실수일 때,
$A = \dfrac{1}{a^2+b^2}\begin{pmatrix} a^2 & ab \\ ab & b^2 \end{pmatrix}$, $I = \begin{pmatrix} 1 & 0 \\ 0 & 1 \end{pmatrix}$이라 하자.
행렬 A^3, $(I-A)^2$으로 표현되는 일차변환에 의한 점 $P(x, y)$의 상을 각각 Q, R이라 하자. 단, Q, R은 어느 것도 P와 일치하지 않는다.
(1) $\angle QPR$의 크기를 구하여라.
(2) $\triangle PQR$의 면적을 a, b, x, y를 이용하여 나타내어라.

2. 그림에서, $ABCD$는 한 변의 길이가 $1\,\text{km}$인 정사각형이고 M, N은 각각 변 CD, DA의 중점이다. 지금, 갑과 을 두 사람은 같은 시각에 각각 A, B를 출발하여, 일정한 같은 속력으로 걷기 시작하였다. 갑은 그림의 실선과 같이 도로 AMB를 따라 걷고, 을은 그림의 실선과 같이 도로 BNC를 따라 걸어, 30분 후에 갑은 B에, 을은 C에 도착하였다. 갑과 을이 가장 가까워지는 것은 출발한지 몇 분 후인가? 또, 그때의 양자 간의 거리는 얼마인가?

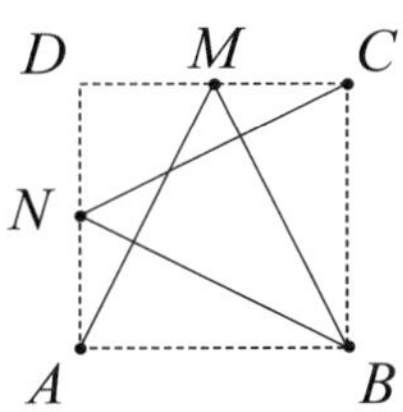

3. n을 2 이상의 정수라 하자. $x^n + ax + b$ (a, b는 실수인 상수)의 형태를 지닌 다항식 $f(x)$ 중 $\int_{-1}^{0} f(x)\,dx = 0$, $\int_{-1}^{1} f(x)\,dx = 0$을 만족하는 것을 구하여라.
그러한 $f(x)$에 대하여,
$F(x) = \int_{-1}^{x} f(t)\,dt$, $G(x) = \int_{-1}^{x} F(t)\,dt$라 하자. $G(x)$가 극대 또는 극소로 되는 x를 구하고, 그 x에서의 $G(x)$의 값을 구하여라.

4. 양수 t에 대하여, $P(t, t, 0)$은 xyz공간상의 점이다. x축을 포함하고 점 $(t, t, 1)$을 지나는 평면에 대한 P의 대칭점을 Q, y축을 포함하고 점 $(t, t, 1)$을 지나는 평면에 대한 P의 대칭점을 R이라 하자. 또, 원점을 O라 하자. (이과 3번과 같음)
(1) Q, R의 좌표를 구하여라.
(2) 네 점 O, P, Q, R을 꼭짓점으로 하는 사면체의 체적을 구하여라.

[문제 1]

(1) $A=\frac{1}{a^2+b^2}\begin{pmatrix}a^2 & ab\\ ab & b^2\end{pmatrix}$

$$A^2=\frac{1}{(a^2+b^2)^2}\begin{pmatrix}a^2(a^2+b^2) & ab(a^2+b^2)\\ ab(a^2+b^2) & b^2(a^2+b^2)\end{pmatrix}=A$$

$\therefore A^3=A^2A=A^2=A$

$(I-A)^2=I^2-2A+A^2=I-A$

O를 원점이라 하면,

$$\overrightarrow{PQ}=\overrightarrow{OQ}-\overrightarrow{OP}=A\overrightarrow{OP}-\overrightarrow{OP}=(A-I)\overrightarrow{OP}$$

$$=(A-I)\begin{pmatrix}x\\ y\end{pmatrix}=\frac{1}{a^2+b^2}\begin{pmatrix}-b^2 & ab\\ ab & -a^2\end{pmatrix}\begin{pmatrix}x\\ y\end{pmatrix}$$

$$=\frac{bx-ay}{a^2+b^2}\begin{pmatrix}-b\\ a\end{pmatrix}$$

$$\overrightarrow{PR}=\overrightarrow{OR}-\overrightarrow{OP}=(I-A)\overrightarrow{OP}-\overrightarrow{OP}=-A\overrightarrow{OP}$$

$$=-A\begin{pmatrix}x\\ y\end{pmatrix}=\frac{ax+by}{a^2+b^2}\begin{pmatrix}-a\\ -b\end{pmatrix}$$

$\overrightarrow{PQ}\cdot\overrightarrow{PR}=0 \quad \therefore \angle QPR=\frac{\pi}{2}$ …(답) ■

(2)

$$\triangle PQR=\frac{1}{2}|\overrightarrow{PQ}|\cdot|\overrightarrow{PR}|$$

$$=\frac{1}{2}\cdot\frac{|bx-ay|}{\sqrt{a^2+b^2}}\cdot\frac{|ax+by|}{\sqrt{a^2+b^2}}$$

$$=\frac{|(ax+by)(bx-ay)|}{2(a^2+b^2)}$$ …(답) ■

[문제 2]

꺾인 선분 AMB, BNC의 길이가 모두 $\sqrt{5}$ km 이므로, 갑과 을의 속력 v는

$$v=\frac{\sqrt{5}}{30}\ (\text{km}/\text{분})$$

출발한 지 t초 후의 갑, 을의 위치를 각각 P, Q라 하자.

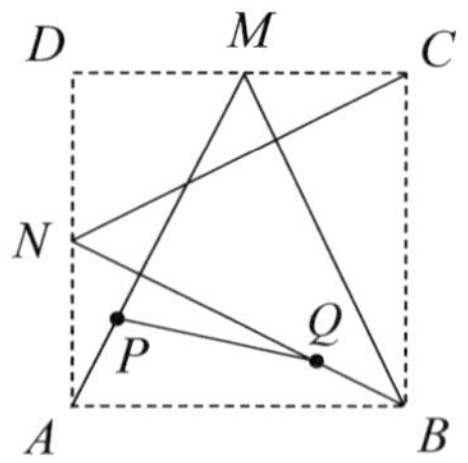

(i) $0\leq t\leq 15$인 경우

$$\overrightarrow{AP}=\frac{\overrightarrow{AM}}{|\overrightarrow{AM}|}\cdot vt$$

$$=\frac{2}{\sqrt{5}}\cdot\frac{\sqrt{5}}{30}t\left(\frac{1}{2},1\right)=\left(\frac{t}{30},\frac{t}{15}\right)$$

$$\overrightarrow{BQ}=\frac{\overrightarrow{BN}}{|\overrightarrow{BN}|}\cdot vt$$

$$=\frac{2}{\sqrt{5}}\cdot\frac{\sqrt{5}}{30}t\left(-1,\frac{1}{2}\right)=\left(-\frac{t}{15},\frac{t}{30}\right)$$

$$\overrightarrow{AQ}=\overrightarrow{AB}+\overrightarrow{BQ}=\left(1-\frac{t}{15},\frac{t}{30}\right)$$

$$\therefore \overrightarrow{PQ}=\overrightarrow{AQ}-\overrightarrow{AP}=\left(1-\frac{t}{10},-\frac{t}{30}\right)$$

$$|\overrightarrow{PQ}|^2=\left(1-\frac{t}{10}\right)^2+\left(\frac{t}{30}\right)^2$$

$$=\frac{1}{90}(t-9)^2+\frac{1}{10}$$

$0\leq t\leq 15$인 경우,

$t=9$일 때 최솟값 $\frac{1}{\sqrt{10}}$을 갖는다.

(ii) $15<t\leq 30$인 경우

도형의 대칭성에 의하여, $|\overrightarrow{PQ}|$은

$t=30-9=21$일 때 최솟값 $\frac{1}{\sqrt{10}}$을 갖는다.

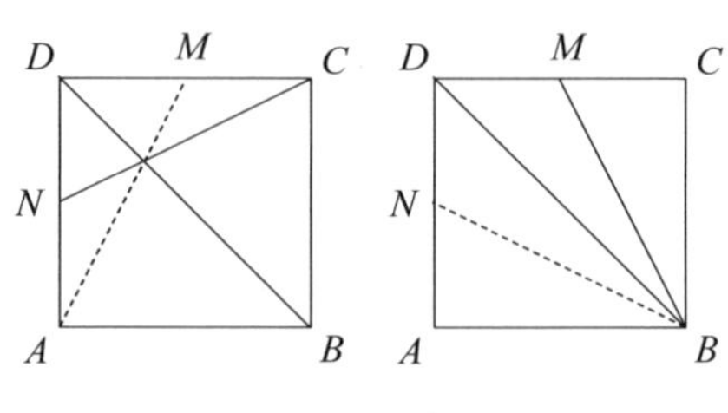

답 : 9,21분 후에 $\frac{1}{\sqrt{10}}$ km ■

[문제 3]

$$f(x)=x^n+ax+b \quad (n \geqq 2)$$

$$\int_{-1}^{0} f(x)\,dx=\left[\frac{x^{n+1}}{n+1}+\frac{a}{2}x^2+bx\right]_{-1}^{0}$$
$$=\frac{(-1)^{n+1}}{n+1}+\frac{a}{2}-b=0$$

$$\int_{-1}^{1} f(x)\,dx=\frac{1-(-1)^{n+1}}{n+1}+2b=0$$

(i) n이 짝수일 때

$$-\frac{1}{n+1}+\frac{a}{2}-b=0,\ \frac{1}{n+1}+b=0$$

$$\therefore\ a=0,\ b=-\frac{1}{n+1}$$

$$\therefore\ f(x)=x^n-\frac{1}{n+1}$$ …(답) ■

$$F(x)=\int_{-1}^{x} f(t)\,dt=\int_{-1}^{x}\left(t^n-\frac{1}{n+1}\right)dt$$
$$=\left[\frac{t^{n+1}}{n+1}-\frac{t}{n+1}\right]_{-1}^{x}$$
$$=\frac{x^{n+1}-x}{n+1}$$

$$G(x)=\int_{-1}^{x} F(t)\,dt=\int_{-1}^{x}\frac{t^{n+1}-t}{n+1}\,dt$$
$$=\frac{1}{n+1}\left[\frac{t^{n+2}}{n+2}-\frac{t^2}{2}\right]_{-1}^{x}$$
$$=\frac{1}{n+1}\left(\frac{x^{n+2}-1}{n+2}-\frac{x^2-1}{2}\right)$$

$G'(x)=F(x)=\dfrac{x(x^n-1)}{n+1}=0$에서, $x=0, \pm 1$

x	…	-1	…	0	…	1	…
$G'(x)$	$-$	0	$+$	0	$-$	0	$+$
$G(x)$	↘	극소	↗	극대	↘	극소	↗

$x=0$일 때, 극댓값

$$\frac{1}{n+1}\left(\frac{1}{2}-\frac{1}{n+2}\right)=\frac{n}{2(n+1)(n+2)}$$

$x=\pm 1$일 때, 극솟값 0 …(답) ■

(ii) n이 홀수일 때

$$\frac{1}{n+1}+\frac{a}{2}-b=0,\ b=0$$

$$\therefore\ a=-\frac{2}{n+1}$$

$$\therefore\ f(x)=x^n-\frac{2}{n+1}x$$ …(답) ■

$$F(x)=\int_{-1}^{x} f(t)\,dt=\int_{-1}^{x}\left(t^n-\frac{2}{n+1}t\right)dt$$
$$=\left[\frac{t^{n+1}}{n+1}-\frac{t^2}{n+1}\right]_{-1}^{x}$$
$$=\frac{x^{n+1}-x^2}{n+1}$$

$$G(x)=\int_{-1}^{x} F(t)\,dt=\int_{-1}^{x}\frac{t^{n+1}-t^2}{n+1}\,dt$$
$$=\frac{1}{n+1}\left[\frac{t^{n+2}}{n+2}-\frac{t^3}{3}\right]_{-1}^{x}$$
$$=\frac{1}{n+1}\left(\frac{x^{n+2}+1}{n+2}-\frac{x^3+1}{3}\right)$$

$G'(x)=F(x)=\dfrac{x^2(x^{n-1}-1)}{n+1}=0$에서, $x=0, \pm 1$

x	…	-1	…	0	…	1	…
$G'(x)$	$+$	0	$-$	0	$-$	0	$+$
$G(x)$	↗	극대	↘		↘	극소	↗

$x=-1$일 때, 극댓값 0

$x=1$일 때, 극솟값

$$\frac{1}{n+1}\left(\frac{2}{n+2}-\frac{2}{3}\right)=-\frac{2(n-1)}{3(n+1)(n+2)}$$

…(답) ■

1. xy평면에 있어, 좌표 (x,y)가 부등식 $x \geqq 0$, $y \geqq 0$, $xy \leqq 1$를 만족하는 점 $P(x,y)$로 이루어진 집합을 D라 하자.
세 점 $A(a,0)$, $B(0,b)$, $C\left(c, \frac{1}{c}\right)$을 꼭짓점으로 하고 D에 포함되는 삼각형 ABC는 어떤 경우에 면적이 최대로 되는가?
또, 면적의 최댓값을 구하여라.
단, $a \geqq 0$, $b \geqq 0$, $c > 0$이다.

2. 장축, 단축의 길이가 각각 $4, 2$인 타원으로 둘러싸인 영역을 A, 이 타원의 단축방향으로 A를 $\frac{1}{2}(\sqrt{6}-\sqrt{2})$만큼 평행이동한 영역을 B라 하자. 이때, A와 B의 공통부분 $C = A \cap B$의 면적 M을 구하여라. 단, $\frac{1}{4}(\sqrt{6}+\sqrt{2}) = \cos\frac{\pi}{12}$이다.

3. (1) xyz공간상의 세 점 $A\left(0,0,\frac{1}{2}\right)$, $B\left(0,\frac{1}{2},1\right)$, $C(1,0,1)$을 지나는 평면 S_0에 수직이며, 길이 1인 벡터 $\overrightarrow{n_0}$를 모두 구하여라.
(2) 두 점 $D(1,0,0)$, $E(0,1,0)$을 지나는 직선 l을 축으로 평면 S_0를 회전하여 얻을 수 있는 평면 S를 모두 고려해보자. 그러한 평면 S에 수직이며 길이 1인 벡터 $\overrightarrow{n} = (x, y, z)$의 y성분의 절댓값 $|y|$는 S와 함께 변화한다. 그 최댓값과 최솟값을 구하여라.

4. 이차방정식 $ax^2 - 2bx + c = 0$의 계수 a, b, c는 각각 다음 범위에서 움직인다.
$0.9 \leqq a \leqq 1.1$, $2.7 \leqq b \leqq 3.3$, $4.5 \leqq c \leqq 5.4$
(1) 이때, $u = \frac{b}{a}$, $v = \frac{c}{a}$를 좌표로 하는 점 $P(u,v)$가 움직이는 범위를 도시하라.
(2) 위의 이차방정식의 해 중 큰 것을 z라 하자. a, b, c가 위의 범위에서 움직일 때, z의 최댓값과 최솟값을 구하여라.

5. 벤치 $k+1$개가 일렬로 늘어서 있어, A, B 두 사람이 다음과 같은 게임을 한다. 최초 A는 왼쪽 끝, B는 오른쪽 끝에 있으며, 가위바위보를 하여 이긴 사람이 반대편쪽의 바로 옆 벤치로 옮겨 앉고 진 사람은 움직이지 않는다. 또, 비긴 경우는 두 사람 모두 움직이지 않으며, 두 사람은 처음 움직인 방향으로만 움직인다.
가위바위보를 반복하여, 반대편 끝에 먼저 도착하는 사람이 이기는 것으로 한다. 한 번 가위바위보를 할 때, A가 이길 확률, 질 확률, 비길 확률이 모두 같을 때, 다음 각 확률을 구하여라.
(1) n회 가위바위보를 한 후, 두 사람이 같은 벤치에 있을 확률 q
(2) n회 가위바위보를 한 후, A, B의 이동회수가 각각 x, y일 확률 $p(x,y)$
(3) $k=3$일 때, n $(n \geqq 3)$회 가위바위보를 한 후에도 승부가 결정되지 않을 확률 p

6. 직원뿔 모양의 잔에 물이 가득차 있으며, 수면의 원의 반지름은 1, 깊이는 1이다.

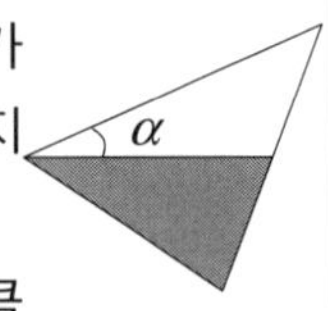

(1) 이 잔을 그림과 같이 각 α만큼 기울였을 때, 수면은 타원이 된다. 이 타원의 중심으로부터 잔의 테두리를 포함하는 평면까지의 거리 l을 구하여라. 또, 타원의 장반경 a와 단반경 b를 $m = \tan\alpha$로 나타내어라. 단, 장반경과 단반경은 각각 장축과 단축의 길이의 반이다.
(2) 기울였을 때, 넘친 물의 양이 최초의 물의 양의 $\frac{1}{2}$일 때, $m = \tan\alpha$의 값을 구하여라. 단, 잔의 원뿔의 꼭짓점에서 새로운 수면까지의 거리 h에 대하여, 남은 물의 양은 $\frac{1}{3}\pi abh$임을 이용하여라.

[문제 1]

점 $C\left(c, \frac{1}{c}\right)$에서의 곡선 $y=\frac{1}{x}$의 접선의 방정식은

$$y=-\frac{1}{c^2}(x-c)+\frac{1}{c}$$

이 접선과 x축, y축과의 교점을 각각 E, F라 하면,

$$E(2c, 0),\ F\left(0, \frac{2}{c}\right)$$

$\triangle ABC$가 영역 $D=\{(x,y)\mid x \geqq 0, y \geqq 0, xy \leqq 1\}$에 포함되는 조건은

$$\therefore 0 \leqq a \leqq 2c,\ 0 \leqq b \leqq \frac{2}{c}$$

∵ 곡선 $xy=1\ (x>0)$이 아래로 볼록

(i) $0 \leqq a \leqq c$인 경우

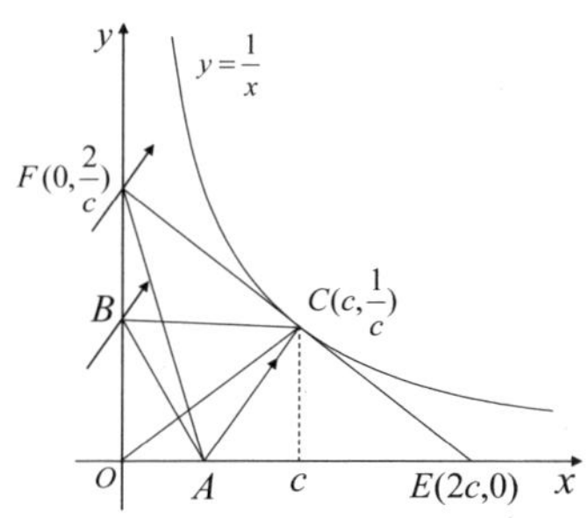

$$\triangle ABC \leqq \triangle AFC \leqq \triangle OFC=\frac{1}{2}\cdot c\cdot\frac{2}{c}=1$$

(ii) $c \leqq a \leqq 2c$인 경우

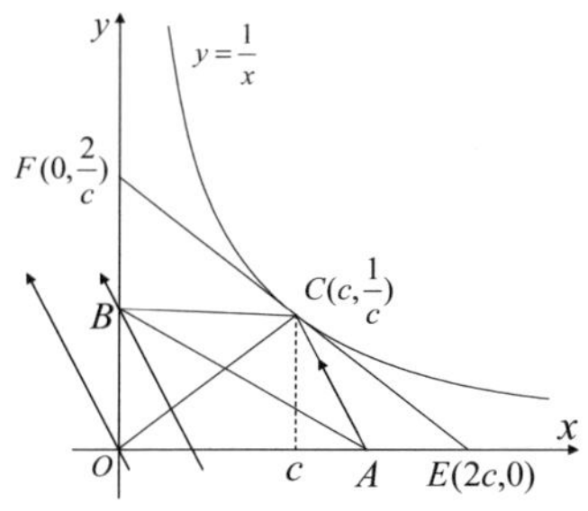

$$\triangle ABC \leqq \triangle AOC \leqq \triangle EOC=\frac{1}{2}\cdot 2c\cdot\frac{1}{c}=1$$

(i), (ii)에서, $\triangle ABC$의 면적은

> 임의의 c에 대하여,
> $A(0, 0)$, $B\left(0, \frac{2}{c}\right)$ 또는 $A(2c, 0)$, $B(0, 0)$
> 일 때, 최댓값 1을 갖는다.

…(답) ■

[문제 2]

$a=\frac{1}{2}(\sqrt{6}-\sqrt{2})$로 놓고, 두 타원의 방정식을

$$A:\ \frac{x^2}{1^2}+\frac{y^2}{2^2}=1,\quad B:\ \frac{(x-a)^2}{1^2}+\frac{y^2}{2^2}=1$$

로 놓자.

두 타원의 교점의 x좌표를 구하면,

$$(x-a)^2-x^2=0,\qquad \therefore x=\frac{a}{2}$$

타원 A에서 $y=2\sqrt{1-x^2}$ 이므로
두 타원의 공통부분의 면적 M은

$$M=4\int_{\frac{a}{2}}^{1} 2\sqrt{1-x^2}\,dx$$

$$=4\int_{\frac{\pi}{12}}^{\frac{\pi}{2}} 2\cos^2\theta\,d\theta$$

> $x=\sin\theta$로 놓으면, $dx=\cos\theta\,d\theta$
> $\sin\theta=1$에서, $\theta=\frac{\pi}{2}$
> $\sin\theta=\frac{a}{2}=\frac{1}{4}(\sqrt{6}-\sqrt{2})$에서, $\theta=\frac{\pi}{12}$
> $\left(\because \frac{1}{4}(\sqrt{6}+\sqrt{2})=\cos\frac{\pi}{12}\right)$

$$=4\int_{\frac{\pi}{12}}^{\frac{\pi}{2}}(1+\cos 2\theta)\,d\theta$$

$$=4\left[\theta+\frac{1}{2}\sin 2\theta\right]_{\frac{\pi}{12}}^{\frac{\pi}{2}}$$

$$=\frac{5}{3}\pi-1$$

…(답) ■

〈참고〉

$$\begin{pmatrix} X \\ Y \end{pmatrix} = \begin{pmatrix} 1 & 0 \\ 0 & \frac{1}{2} \end{pmatrix} \begin{pmatrix} x \\ y \end{pmatrix}$$

로 변환시키면,

두 타원은 원

A': $X^2 + Y^2 = 1$, B': $(X-a)^2 + Y^2 = 1$

로 되며,

면적은 $\begin{vmatrix} 1 & 0 \\ 0 & \frac{1}{2} \end{vmatrix} = \frac{1}{2}$배로 된다.

두 원의 공통부분의 면적

$$2 \cdot \left(\frac{1}{2} \cdot 1^2 \cdot \frac{5}{6}\pi - \frac{1}{2} \cdot 1^2 \cdot \sin\frac{5}{6}\pi \right) = \frac{5}{6}\pi - \frac{1}{2}$$

을 두 배하면,

$$M = 2\left(\frac{5}{6}\pi - \frac{1}{2} \right) = \frac{5}{3}\pi - 1$$

[문제 3]

(1) $A\left(0, 0, \frac{1}{2}\right)$, $B\left(0, \frac{1}{2}, 1\right)$, $C(1, 0, 1)$

$$\therefore \overrightarrow{AB} = \left(0, \frac{1}{2}, \frac{1}{2}\right), \ \overrightarrow{AC} = \left(1, 0, \frac{1}{2}\right)$$

$\overrightarrow{n_0} = (a, b, c)$로 놓으면,

$$\overrightarrow{n_0} \perp \overrightarrow{AB}, \ \overrightarrow{n_0} \perp \overrightarrow{AC}$$

$$\therefore \frac{1}{2}b + \frac{1}{2}c = 0, \ a + \frac{1}{2}c = 0 \quad \cdots ①$$

또, $|\overrightarrow{n_0}| = 1$이므로,

$$\therefore a^2 + b^2 + c^2 = 1 \quad \cdots ②$$

①, ②에서, $(a, b, c) = \pm\left(\frac{1}{3}, \frac{2}{3}, -\frac{2}{3}\right)$

$$\therefore \overrightarrow{n_0} = \left(\frac{1}{3}, \frac{2}{3}, -\frac{2}{3}\right) \text{ or } \left(-\frac{1}{3}, -\frac{2}{3}, \frac{2}{3}\right)$$

…(답) ■

(2) $\overrightarrow{n_0} = \left(\frac{1}{3}, \frac{2}{3}, -\frac{2}{3}\right)$로 놓자.

$\overrightarrow{n_0}$를 직선 l 주위로 회전하여 $\vec{n} = (x, y, z)$을 얻을 수 있으며,

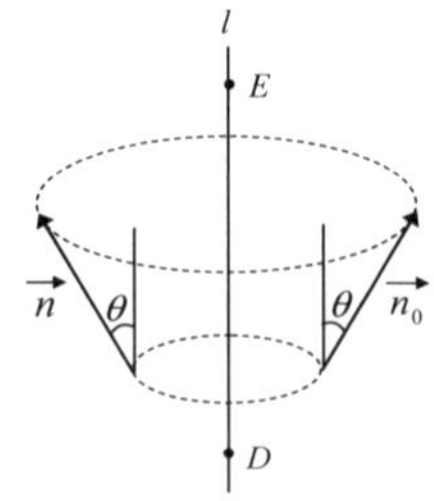

$\overrightarrow{DE} = (-1, 1, 0)$은 l과 평행하므로,

$$\therefore \vec{n} \cdot \overrightarrow{DE} = \overrightarrow{n_0} \cdot \overrightarrow{DE}$$

$$-x + y = -\frac{1}{3} + \frac{2}{3} \qquad \therefore x = y - \frac{1}{3} \quad \cdots ③$$

$$\vec{n} \cdot \overrightarrow{DE} = |\vec{n}||\overrightarrow{DE}|\cos\theta = |\overrightarrow{DE}|\cos\theta$$
$$\overrightarrow{n_0} \cdot \overrightarrow{DE} = |\overrightarrow{n_0}||\overrightarrow{DE}|\cos\theta = |\overrightarrow{DE}|\cos\theta$$

또, $|\vec{n}| = 1$이므로, $x^2 + y^2 + z^2 = 1$

③을 대입하면,

$$\therefore \left(y - \frac{1}{3}\right)^2 + y^2 + z^2 = 1$$

정리하면,

$$\left(y - \frac{1}{6}\right)^2 - \frac{17}{36} = -\frac{z^2}{2} \leq 0$$

$$\therefore \frac{1 - \sqrt{17}}{6} \leq y \leq \frac{1 + \sqrt{17}}{6}$$

$y = \frac{1 + \sqrt{17}}{6}$일 때,

$$\vec{n} = \left(\frac{-1 + \sqrt{17}}{6}, \frac{1 + \sqrt{17}}{6}, 0\right)$$

$y = 0$일 때,

$$\vec{n} = \left(-\frac{1}{3}, 0, \pm\frac{2\sqrt{2}}{3}\right)$$

$|y|$의 최댓값 : $\frac{1 + \sqrt{17}}{6}$

최솟값 : 0 …(답) ■

〈 참 고 〉

$\overrightarrow{n_0} = \left(-\frac{1}{3}, -\frac{2}{3}, \frac{2}{3}\right)$일 때도 같다.

[문제 4]

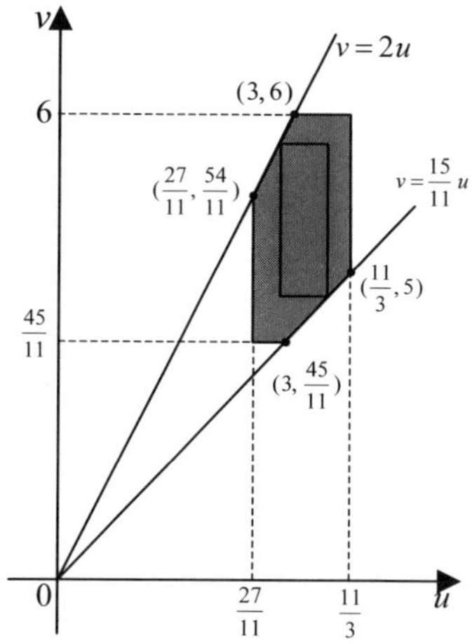

(1) 구하는 영역은

$$\left\{(u,v) \mid u=\frac{b}{a},\ v=\frac{c}{a}\right\}$$

$(0.9 \leqq a \leqq 1.1,\ 2.7 \leqq b \leqq 3.3,\ 4.5 \leqq c \leqq 5.4)$

$(u,v)=\frac{1}{a}(b,c)$ 이므로, 직사각형인 영역

$A=\{(u,v) \mid 2.7 \leqq u \leqq 3.3,\ 4.5 \leqq v \leqq 5.4\}$를

원점을 중심으로 $\frac{1}{a}$배 $\left(\frac{10}{11} \leqq \frac{1}{a} \leqq \frac{10}{9}\right)$

닮음변환한 영역(위 그림의 음영부분(경계포함)

이 구하는 점 P의 존재범위이다.

> $\overrightarrow{m}$, $\frac{10}{11} \leqq \frac{1}{a} \leqq \frac{10}{9}$에 대하여
>
> $\frac{1}{a} \cdot \overrightarrow{m}$를 고려해 보자.

(2) $ax^2-2bx+c=0\ (a \neq 0)$

$\therefore\ x^2-2ux+v=0$

판별식 $\frac{D}{4}=u^2-v>\left(\frac{27}{11}\right)^2-6>0$이므로

항상 실근을 가지며, 큰 근은

$$\therefore\ z=u+\sqrt{u^2-v}$$

위의 (u,v)의 범위에 있어,

z는 u의 증가함수이므로

v를 고정하여 z의 최댓값을 구하여보자.

(i) $\frac{45}{11} \leqq v \leqq 5$인 경우

$u \leqq \frac{11}{15}v$이므로

$$z \leqq \frac{11}{15}v+\sqrt{\left(\frac{11}{15}v\right)^2-v} \quad \left(\text{등호는 } u=\frac{11}{15}v\text{일 때}\right)$$

$$=\frac{11}{15}v+\frac{11}{15}\sqrt{\left(v-\frac{225}{242}\right)^2-\left(\frac{225}{242}\right)^2}$$

우변은 v의 증가함수이므로

$v=5\ \left(u=\frac{11}{15}v=\frac{11}{3}\right)$일 때 최대이며,

최댓값은

$$z=\frac{11}{15}\cdot 5+\sqrt{\left(\frac{11}{15}\cdot 5\right)^2-5}$$

$$=\frac{11+2\sqrt{19}}{3}$$

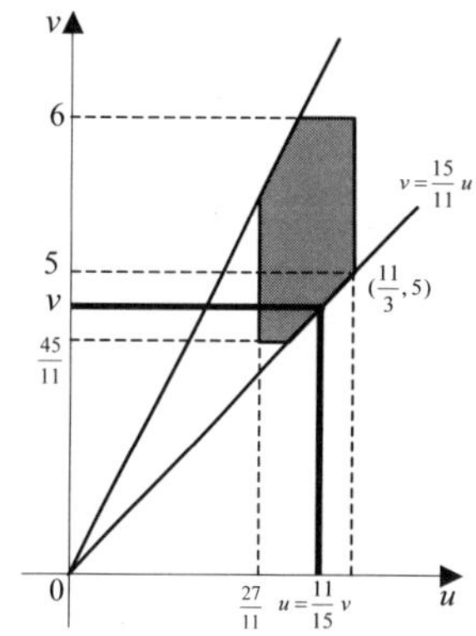

(ii) $5 \leqq v \leqq 6$인 경우

$u \leqq \frac{11}{3}$이므로

$$z \leqq \frac{11}{3}+\sqrt{\left(\frac{11}{3}\right)^2-v} \quad \left(\text{등호는 } u=\frac{11}{3}\text{일 때}\right)$$

$v=5$일 때, 최대이므로 (i)과 같다.

(i), (ii)에서

$u=\frac{11}{3}$, $v=5\ (a=0.9, b=3.3, c=4.5)$일 때,

$z=\frac{11+2\sqrt{19}}{3}$로 최대이다. …(답) ■

같은 방법으로,

$u=\frac{27}{11}, v=\frac{54}{11}\quad (a=1.1,\ b=2.7,\ c=5.4)$일 때,

$z=\frac{27+3\sqrt{15}}{11}$로 최소이다. …(답) ■

[문제 5]

승부가 결정되면, 더 이상 가위바위보를 하지 않음에 주의하자.

(1) $n<k$이면, $q=0$

$n \geqq k \geqq 2$인 경우, 두 사람이 n회 가위바위보를 한 후 같은 벤치에 있으려면,

(i) $j=1,2,\cdots,k-1$에 대하여,

A : j회 승리, B : $k-j$회 승리

$$\left(\frac{1}{3}\right)^j\left(\frac{1}{3}\right)^{k-j}\left(\frac{1}{3}\right)^{n-k}\cdot\frac{n!}{j!(k-j)!(n-k)!}$$

(ii) $j=0,k$에 대하여,

A : j회 승리, B : $k-j$회 승리

$$\left(\frac{1}{3}\right)^n\cdot\frac{(n-1)!}{(k-1)!(n-k)!}$$

> $j=k$인 경우,
> n번째는 반드시 A가 이긴 경우임에 주의
> (n번째가 무승부이면 이전에 끝남).
> A가 이긴 경우를 ○, 무승부인 경우를 × 로 나타내면, ○ : $k-1$개, × : $n-k$개의 총 $n-1$개를 일렬로 나열하는 경우의 수를 생각하자.

(i), (ii)에서

$$q=\sum_{j=1}^{k-1}\frac{{}_nC_k\cdot{}_kC_j}{3^n}+\frac{{}_{n-1}C_{k-1}}{3^n}\times 2$$

$$=\frac{{}_nC_k}{3^n}\left(\sum_{j=0}^{k}{}_kC_j-{}_kC_0-{}_kC_k\right)+\frac{2\cdot{}_{n-1}C_{k-1}}{3^n}$$

$$=\frac{{}_nC_k(2^k-2)+2\cdot{}_{n-1}C_{k-1}}{3^n}\quad\cdots ①$$

$(n \geqq k \geqq 2)$

또, $n \geqq k=1$인 경우

$$q=\left(\frac{1}{3}\right)^{n-1}\left(\frac{1}{3}\right)\times 2$$

이며, ①에 $k=1$를 대입한 것과 같으므로

$$q=\frac{(2^k-2)n!+2k(n-1)!}{3^n k!(n-k)!}$$ …(답) ■

(2)

(i) $x+y>n$ or $x>k$ or $y>k$인 경우

$p(x,y)=0$ …(답) ■

(ii)

$x+y \leqq n$, $x<k$, $y<k$인 경우

$$p(x,y)=\left(\frac{1}{3}\right)^n\cdot\frac{n!}{x!y!(n-x-y)!}$$

$x+y \leqq n$, $x=k$, $y<k$인 경우

$$p(k,y)=\left(\frac{1}{3}\right)^n\cdot\frac{(n-1)!}{(k-1)!y!(n-k-y)!}$$

$x+y \leqq n$, $x<k$, $y=k$인 경우

$$p(x,k)=\left(\frac{1}{3}\right)^n\cdot\frac{(n-1)!}{(k-1)!x!(n-k-x)!}$$

$p(k,k)=0$ …(답) ■

(3)

(i) $n=3$인 경우

A, B 중 한 명이 연속하여 세 번 이기는 경우의 여사건이므로 $p=1-2\left(\frac{1}{3}\right)^3=\frac{25}{27}$

(ii) $n \geqq 4$일 때, (2)에서 $x+y \leqq n$, $x<3$, $y<3$의 확률 $p(x,y)$의 합을 구하면 된다.

$$p=p(0,0)+p(0,1)+p(1,0)+p(1,1)+p(0,2)+p(2,0)+p(1,2)+p(2,1)+p(2,2)$$

$$=\left(\frac{1}{3}\right)^n\left\{1+2n+n(n-1)+2\cdot\frac{n(n-1)}{2}+2\cdot\frac{n(n-1)(n-2)}{2}+\frac{n(n-1)(n-2)(n-3)}{4}\right\}$$

$$=\frac{n^4-2n^3+7n^2+2n+4}{4\cdot 3^n}$$

이것에 $n=3$을 대입하면, (i)과 일치하므로

$$\therefore p=\frac{n^4-2n^3+7n^2+2n+4}{4\cdot 3^n}$$ …(답) ■

[문제 6]

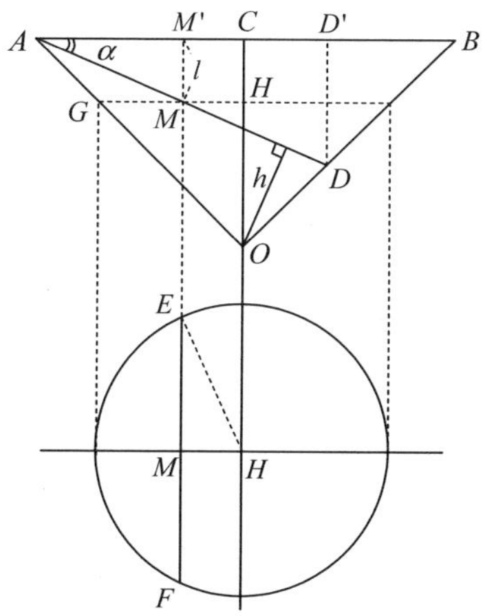

(1) 잔을 바로 세웠을 때의 축 OC를 포함하는 평면에 의한 잔의 절단면을
그림의 OAB라 하고, 수면을 $\overline{AD}$라 하면,

$\angle BAD=\alpha,\quad m=\tan\alpha$

$\overline{CA}=\overline{CB}=\overline{CO}=1$

또, $\overline{AD}$의 중점을 M이라 하면,
M은 수면이 이루는 타원의 중심이 되어
타원의 장반경은 $\overline{MA}=a$이다.

타원의 단축은 잔의 테두리를 포함하는
평면에 평행하므로
평면도에 의하여, $\overline{ME}=b$

M, D에서 $\overline{AB}$에 내린 수선의 발을
각각 M', D'라 하면,

$\overline{MM'}=l, \overline{DD'}=2\overline{MM'}=2l \quad \cdots ①$

$\angle DBD'=45^0$이므로, $\overline{D'B}=\overline{DD'}=2l$

$\therefore \overline{AD'}=\overline{AB}-\overline{D'B}=2-2l \quad \cdots ②$

$\overline{DD'}=\overline{AD'}\tan\alpha$이므로 ①, ②에 의하여,

$2l=(2-2l)m \qquad \therefore l=\dfrac{m}{m+1}$ $\cdots$(답) ■

△ADD'에서

$$\overline{AD}^2=\overline{AD'}^2+\overline{DD'}^2=(2-2l)^2+(2l)^2$$
$$=4\left\{\left(1-\frac{m}{1+m}\right)^2+\left(\frac{m}{1+m}\right)^2\right\}=\frac{4(1+m^2)}{(1+m)^2}$$

$\therefore a=\dfrac{1}{2}\overline{AD}=\dfrac{\sqrt{1+m^2}}{1+m}$ $\cdots$(답) ■

$$\overline{HM}=\overline{CM'}=\overline{AC}-\overline{AM'}$$
$$=\overline{AC}-\frac{1}{2}\overline{AD'}=1-(1-l)=l$$

$$\overline{HE}=\overline{HG}=\overline{HO}=1-l$$

$$\overline{ME}^2=\overline{HE}^2-\overline{HM}^2=(1-l)^2-l^2$$
$$=1-2l=1-\frac{2m}{1+m}=\frac{1-m}{1+m}$$

$\therefore b=\overline{ME}=\dfrac{\sqrt{1-m^2}}{1+m}$ $\cdots$(답) ■

(2) $h=\overline{OA}\sin(45^0-\alpha)$

$$=\sqrt{2}\left(\frac{1}{\sqrt{2}}\cos\alpha-\frac{1}{\sqrt{2}}\sin\alpha\right)=\cos\alpha-\sin\alpha$$

$m=\tan\alpha$ 이므로 $h=\dfrac{1-m}{\sqrt{1+m^2}}$

넘친 물의 양이 최초의 절반이므로

$$\frac{1}{3}\pi abh=\frac{1}{2}\left(\frac{1}{3}\pi\cdot 1^2\cdot 1\right)=\frac{\pi}{6}$$

$$\frac{\sqrt{1+m^2}}{1+m}\cdot\frac{\sqrt{1-m^2}}{1+m}\cdot\frac{1-m}{\sqrt{1+m^2}}=\frac{1}{2}$$

$$\left(\frac{1-m}{1+m}\right)^{\frac{3}{2}}=\frac{1}{2},\qquad \frac{1+m}{1-m}=2^{\frac{2}{3}}$$

$\therefore m=\dfrac{\sqrt[3]{4}-1}{\sqrt[3]{4}+1}$ $\cdots$(답) ■

〈참고〉 $\dfrac{1}{3}\pi abh$에서 πab는 타원의 넓이

〈 1986年 文科 〉

1. x가 $0 \leq x \leq 3$의 범위에서 움직일 때, 함수 $f(x) = 2x^2 - 4ax + a + a^2$의 최솟값 m이 0으로 되는 상수 a의 값을 모두 구하여라.

2. 네 점 $A,\ B,\ C,\ D$를 꼭짓점으로 하는 사면체 T에 있어, 각 변의 길이가 $\overline{AB} = x$, $\overline{AC} = \overline{AD} = \overline{BC} = \overline{BD} = 5$, $\overline{CD} = 4$일 때, T의 체적 V를 구하여라. 또, 위와 같은 사면체가 존재하기 위한 x의 범위를 구하고, 그 범위에서 x가 움직일 때, 체적 V의 최댓값을 구하여라.

3. 삼차 이하의 임의의 다항식 $f(x) = ax^3 + bx^2 + cx + d$에 대하여, 항상

$$\int_{-1}^{1} f(x)\,dx = uf(s) + vf(t)$$

가 성립하기 위한 상수 u, v, s, t를 구하여라. 단, $s < t$이다.

4. 평면 S상의 한 점 A와 양수 α $(\alpha < 180)$를 잡자. 점의 집합으로서의 S로부터 S로의 사상 μ가 다음 세 조건 (i), (ii), (iii)을 만족할 때, μ를 A를 중심으로 한 양의 방향으로의 α^0 회전이라 한다.

(i) $\mu(A) = A$

(ii) S상의 임의의 점 $P(\neq A)$에 대하여,
$\overline{AP} = \overline{A\mu(P)}$, $\angle PA\mu(P) = \alpha^0$

(iii) 사람이 $P, \mu(P), A$의 순서로 삼각형 $P\mu(P)A$의 둘레를 한 바퀴돌 때, 삼각형의 내부는 항상 사람의 왼편에 있다.

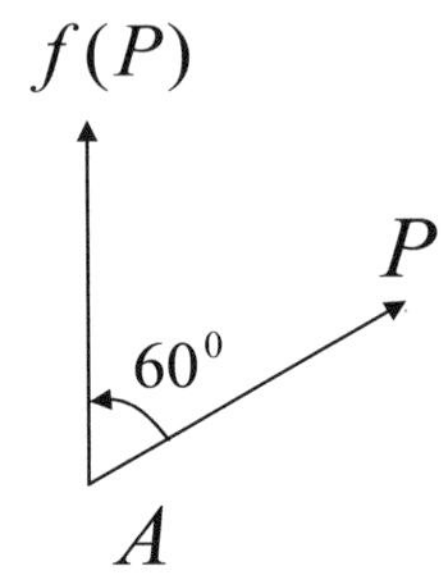

이제, S상의 서로 다른 두 점 A, B를 잡아, A를 중심으로 양의 방향으로 60^0 회전하는 사상을 f, B를 중심으로 양의 방향으로 60^0 회전하는 사상을 g라 하자. 이에 대해, f와 g의 합성사상 $h = g \circ f$는 $h(P) = g(f(P))$로 정의된다.

(1) 이때, 점 $h(A)$와 점 $h(B)$는 A, B에 대하여 어떤 위치에 있는지 도시하라.

(2) h는 어떤 점 O를 중심으로 한 양의 방향으로의 회전임을 보이고, 점 O 및 회전각을 구하여라.

[문제 1] $f(x) = 2x^2 - 4ax + a + a^2$

$$= 2(x-a)^2 + a - a^2 \quad (0 \leq x \leq 3)$$

(i) $a \leq 0$인 경우

$m = f(0) = a + a^2 = 0 \qquad \therefore a = 0,\ -1$

(ii) $0 < a < 3$인 경우

$m = f(a) = a - a^2 = 0 \qquad \therefore a = 1$

(iii) $3 \leq a$인 경우

$m = f(3) = a^2 - 11a + 18 = 0 \qquad \therefore a = 9$

(i), (ii), (iii)에서 $\therefore a = 0,\ \pm 1,\ 9$ ···(답) ■

[문제 2]

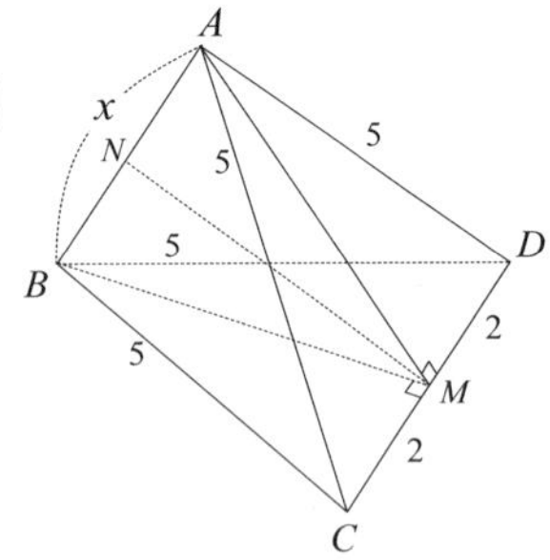

사면체 T의 변 CD의 중점을 M이라 하면,

$\overline{AC} = \overline{AD}$
$= \overline{BC} = \overline{BD} = 5$

$\triangle ACD, \triangle BCD$는 이등변삼각형이므로

$\overline{AM} \perp \overline{CD},\ \overline{BM} \perp \overline{CD} \qquad \therefore \overline{CD} \perp$ 평면 ABM

$$\therefore\ V = \frac{1}{3}\triangle ABM \cdot \overline{CD} = \frac{4}{3}\triangle ABM$$

$\overline{AB}$의 중점을 N이라 하면,

$$\overline{AM}=\overline{BM}=\sqrt{5^2-2^2}=\sqrt{21}$$

$$\overline{MN}=\sqrt{\overline{AM}^2-\overline{AN}^2}=\sqrt{21-\left(\frac{x}{2}\right)^2}$$

$$\triangle ABM=\frac{1}{2}x\sqrt{21-\frac{x^2}{4}}$$

$$\therefore\ V=\frac{2}{3}x\sqrt{21-\frac{x^2}{4}}=\frac{1}{3}x\sqrt{84-x^2}\ \cdots(\text{답})\ ■$$

$\overline{AB}<\overline{AM}+\overline{BM}$에서,

$$\therefore\ 0<x<2\sqrt{21}\qquad\cdots(\text{답})\ ■$$

$V=\frac{1}{3}\sqrt{-(x^2-42)^2+42^2}\leqq 14$이므로,

$x=\sqrt{42}$일 때, 최댓값 14 $\cdots$(답) ■

[문제 3]

$$f(x)=ax^3+bx^2+cx+d$$

$$\int_{-1}^{1}f(x)\,dx=2\left[\frac{b}{3}x^3+dx\right]_0^1=\frac{2}{3}b+2d$$

$$uf(s)+vf(t)$$
$$=a(us^3+vt^3)+b(us^2+vt^2)+c(us+vt)+d(u+v)$$

임의의 a, b, c, d에 대하여

$\int_{-1}^{1}f(x)\,dx=uf(s)+vf(t)$ 이므로

$$\begin{cases} us^3+vt^3=0\ \cdots ①,\ us^2+vt^2=\frac{2}{3}\ \cdots ② \\ us+vt=0\ \cdots ③,\quad u+v=2\ \cdots ④ \end{cases}$$

①,③에서, $us(s^2-t^2)=0$

$us=0$이면, $vt=0$이므로 ②에 모순된다.

$$\therefore s^2=t^2\neq 0$$

문제의 조건에서 $s<t$이므로,

$$\therefore s=-t<0$$

③에 대입하면, $\therefore v=u=1$

②에 대입하면, $s=-\frac{\sqrt{3}}{3},\ t=\frac{\sqrt{3}}{3}$ $\cdots$(답) ■

[문제 4]

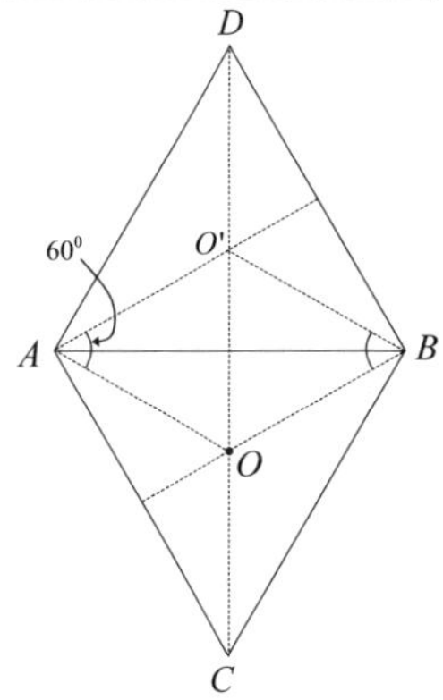

(1) $h(A)=g(f(A))$
$=g(A)=C$

$h(B)=g(f(B))$
$=g(D)=A$

답 : 오른쪽 그림
(단, $\triangle ABC$, $\triangle ABD$는 정삼각형)

(2) $h(A)=C,\ h(B)=A$이므로, 두 변 AB, AC의 수직이등분선의 교점 O($\triangle ABC$의 중심)를 회전의 중심으로 추정할 수 있다.

$A(0,0)$, $B(1,0)$으로 놓아도 일반성을 잃지 않으며, $O\left(\frac{1}{2},-\frac{\sqrt{3}}{6}\right)$이다.

임의의 점 $P(x,y)$에 대하여,

$$h(x+yi)=g(f(x+yi))$$
$$=g((x+yi)(\cos 60^0+i\sin 60^0))$$
$$=g\left(\left(\frac{x}{2}-\frac{\sqrt{3}}{2}y\right)+\left(\frac{\sqrt{3}}{2}x+\frac{y}{2}\right)i\right)$$
$$=\left(\left(\frac{x}{2}-\frac{\sqrt{3}}{2}y\right)+\left(\frac{\sqrt{3}}{2}x+\frac{y}{2}\right)i-1\right)\left(\frac{1}{2}+\frac{\sqrt{3}}{2}i\right)+1$$
$$=-\frac{x}{2}-\frac{\sqrt{3}}{2}y+\frac{1}{2}+\left(\frac{\sqrt{3}}{2}x-\frac{y}{2}-\frac{\sqrt{3}}{2}\right)i\quad\cdots①$$

①이 점 P의 O를 중심으로 한 120^0회전과 같은 결과로 됨을 보이면 된다.

실제,

$$\left((x+yi)-\left(\frac{1}{2}-\frac{\sqrt{3}}{6}i\right)\right)\left(-\frac{1}{2}+\frac{\sqrt{3}}{2}i\right)+\left(\frac{1}{2}-\frac{\sqrt{3}}{6}i\right)$$
$$=-\frac{x}{2}-\frac{\sqrt{3}}{2}y+\frac{1}{2}+\left(\frac{\sqrt{3}}{2}x-\frac{y}{2}-\frac{\sqrt{3}}{2}\right)i\quad\cdots①$$

로 되므로,

$h=g\circ f$는 정삼각형 ABC의 중심 O를 중심으로 하는 120^0회전변환이다. $\cdots$(답) ■

1. 행렬 $A=\begin{pmatrix} a & -b \\ b & a \end{pmatrix}$로 표시되는 xy평면상의 일차변환이 직선 $y=2x+1$을 직선 $y=-3x-1$로 이동시킨다.
점 $P(1,2)$가 이동하는 점을 Q라 하고 원점을 O라 할 때, 두 직선 OP와 OQ가 이루는 각의 크기를 구하여라.

2. 점 (x,y)를 점 $(x+a, y+b)$로 이동시키는 평행이동에 의하여 곡선 $y=x^2$을 이동시켜 얻은 곡선을 C라 하자.
C와 곡선 $y=\dfrac{1}{x}$ $(x>0)$이 접하게 되는 a, b를 좌표로 하는 점 (a,b)가 존재하는 범위의 개형을 도시하라.
또, 두 곡선이 접점 이외의 공유점을 갖지 않게 되는 a,b의 값을 구하여라. 단, 두 곡선이 어떤 점에서 접한다는 것은, 그 점에서 공통접선을 갖는 경우를 말한다.

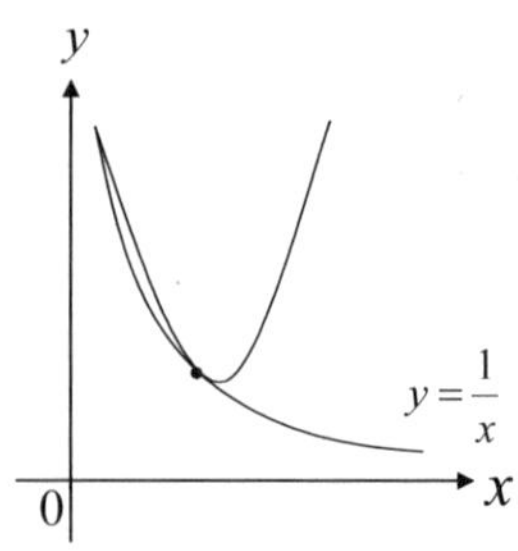

3. xyz공간상에 점 $P(0,0,1)$을 중심으로 하는 반지름 1인 구면 K가 있다.
K상의 점 $Q(a,b,c)$가 조건

$$a>0,\ b>0,\ c>1$$

를 만족하며 움직일 때, Q에서 K에 접하는 평면을 L이라 하자.
L이 x축, y축, z축과 만나는 점을 각각 A, B, C라 할 때, $\triangle ABC$의 면적의 최솟값을 구하여라.

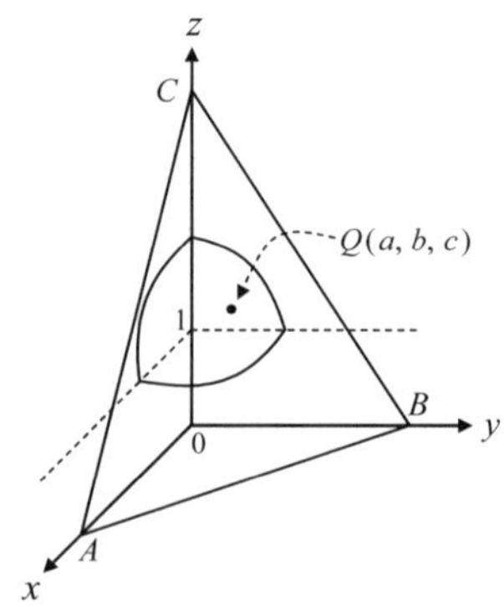

4. xyz공간상의 점 P는 yz평면상의 포물선 $z=1-y^2$ 상에 있다.
점 $A(1,0,1)$과 P를 연결한 직선을 x축을 회전축으로 회전시켜 얻은 곡면과 두 평면 $x=0$, $x=1$에 의해서 둘러싸인 부분의 체적을 V라 하자.
V를 P의 y좌표로 나타내어라.
또, V의 최솟값을 구하여라.

5. n을 2 이상의 자연수라 하자.
$x_1 \geq x_2 \geq \cdots \geq x_n$ 및 $y_1 \geq y_2 \geq \cdots \geq y_n$을 만족하는 수열 $x_1, x_2, \cdots, x_n$과 $y_1, y_2, \cdots, y_n$이 주어져 있다.
$y_1, y_2, \cdots, y_n$의 순서를 바꾸어 얻은 어떠한 재배열 $z_1, z_2, \cdots, z_n$에 대해서도

$$\sum_{j=1}^{n}(x_j-y_j)^2 \leqq \sum_{j=1}^{n}(x_j-z_j)^2$$

이 성립함을 증명하여라.

6. 정육각형의 꼭짓점에 1부터 6까지의 번호가 순서대로 매겨져 있다. 또, 주사위를 n개 던져 나온 수들을 번호로 하여, 해당하는 꼭짓점에 표시를 한다.
이때, 표시된 점 중 세 점을 꼭짓점으로 하는 직각삼각형이 존재할 확률을 p_n이라 하자.
(1) p_3, p_4를 구하여라.
(2) $\displaystyle\lim_{n\to\infty}\frac{1}{n}\log(1-p_n)$을 구하여라.

[문제 1]

일차변환에 의하여 직선 $y=2x+1$ … ①

이 직선 $y=-3x-1$ … ②

로 이동하므로,

원점을 지나고 ①에 평행한 직선 OP: $y=2x$

는 원점을 지나고 ②에 평행한 직선 $y=-3x$

로 이동한다.

두 직선 OP, OQ의

방향벡터가 이루는 각을 θ라 하면,

$$\cos\theta=\frac{1\cdot1+2\cdot(-3)}{\sqrt{1^2+2^2}\sqrt{1^2+(-3)^2}}=-\frac{1}{\sqrt{2}}$$

따라서, 두 직선이 이루는 각은 $\frac{\pi}{4}$

…(답) ■

[문제 2]

$$C: y=(x-a)^2+b,\quad y'=2(x-a)$$

$$y=\frac{1}{x}\ (x>0),\quad y'=-\frac{1}{x^2}$$

두 곡선이 점 $\left(t,\frac{1}{t}\right)$에서 접하는 조건은

그 점에서 공통접선을 갖는 것이므로,

$$(t-a)^2+b=\frac{1}{t},\quad 2(t-a)=-\frac{1}{t^2}$$

$$\therefore a=t+\frac{1}{2t^2},\ b=\frac{1}{t}-\frac{1}{4t^4}\quad(t>0)\quad\cdots①$$

$$\frac{da}{dt}=\frac{t^3-1}{t^3},\quad \frac{db}{dt}=\frac{1-t^3}{t^5}$$

$$\therefore \frac{db}{da}=\frac{db}{dt}\div\frac{da}{dt}=-\frac{1}{t^2}<0\quad(t\neq1)$$

따라서, b는 a의 감소함수이다.

또,

$$\frac{d^2b}{da^2}=\frac{d}{da}\left(\frac{db}{da}\right)=\frac{d}{dt}\left(-\frac{1}{t^2}\right)\div\frac{da}{dt}=\frac{2}{t^3-1}$$

이므로,

$0<t<1$에서 그래프는 위로 볼록하며,

$1<t$에서는 아래로 볼록하다.

t	0	…	1	…
$\frac{da}{dt}$		−	0	+
a		↘	$\frac{3}{2}$	↗
$\frac{db}{dt}$		+	0	−
b		↗	$\frac{3}{4}$	↘

증감표가 위와 같고,

$$\lim_{t\to+0}a=+\infty,\ \lim_{t\to+0}b=-\infty$$

$$\lim_{t\to+\infty}a=+\infty,\ \lim_{t\to+\infty}b=0$$

이므로,

(a,b)의 존재범위는 다음과 같다.

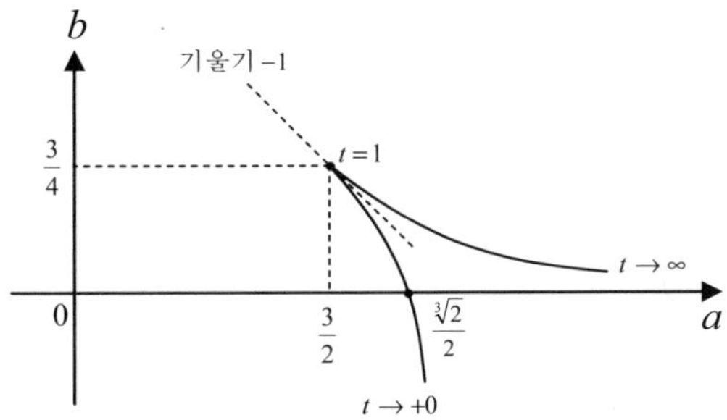

■

또, 두 곡선이

접점 이외의 공유점을 갖지 않는 조건은

①에서 정해지는 a,b에 대하여, 방정식

$$(x-a)^2+b=\frac{1}{x}$$

이 $x=t$ 이외의 해를 갖지 않는 것이다.

①을 대입하면,

$$\left(x-t-\frac{1}{2t^2}\right)^2+\frac{1}{t}-\frac{1}{4t^4}=\frac{1}{x}$$

$$(x-t)^2\left(x-\frac{1}{t^2}\right)=0$$

$$\therefore x=t=\frac{1}{t^2}\qquad \therefore t=1$$

$t=1$을 ①을 대입하면,

$$\therefore a=\frac{3}{2},\ b=\frac{3}{4}\quad\cdots(\text{답})$$ ■

[문제 3]

구면 K는 점 $P(0,0,1)$을 중심으로 하고 반지름이 1이다.
K상의 점 $Q(a,b,c)$에서의 접평면을 L이라 하고,
평면 L 상의 한 점을 $R(x,y,z)$라 하자.

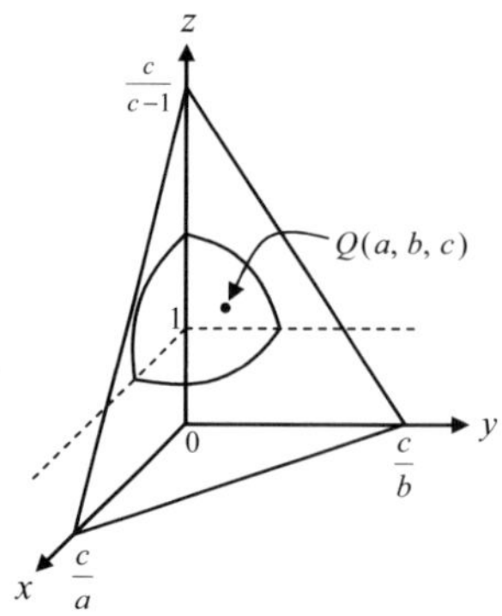

$\therefore\ a>0,\ b>0,\ c>1,\ a^2+b^2+(c-1)^2=1 \quad \cdots ①$

$\overrightarrow{PQ} \perp \overrightarrow{QR}$ 이므로
$\overrightarrow{PQ} \cdot \overrightarrow{QR} = a(x-a)+b(y-b)+(c-1)(z-c)=0$

①에 의하여, $ax+by+(c-1)z=c \quad \cdots ②$

②가 평면 L의 방정식이므로,
x, y, z축과의 교점은

$$A\left(\frac{c}{a}, 0, 0\right),\ B\left(0, \frac{c}{b}, 0\right),\ C\left(0, 0, \frac{c}{c-1}\right)$$

원점 O에서 평면 L까지의 거리 h는

$$h=\frac{|-c|}{\sqrt{a^2+b^2+(c-1)^2}}=c \quad (\because ①)$$

$\triangle ABC$의 면적을 S라 하면,
사면체 $OABC$의 체적 V는

$$V=\frac{1}{3}Sh=\frac{1}{3}\left(\frac{1}{2}\cdot\frac{c}{a}\cdot\frac{c}{b}\right)\frac{c}{c-1}$$

$$\therefore\ S=\frac{c^2}{2ab(c-1)}$$

$c\ (1<c<2)$를 고정하면, ①에 의하여

$$2c-c^2=a^2+b^2 \geqq 2ab$$

$$\therefore\ S=\frac{c^2}{2ab(c-1)} \geqq \frac{c}{(2-c)(c-1)}$$

(등호는 $a=b$일 때 성립)

$$\frac{(2-c)(c-1)}{c}=3-\left(\frac{2}{c}+c\right)$$
$$\leqq 3-2\sqrt{\frac{2}{c}\cdot c}=3-2\sqrt{2}$$

(등호는 $c=\sqrt{2}$인 경우 성립)

$$\therefore\ S \geqq \frac{c}{(2-c)(c-1)} \geqq \frac{1}{3-2\sqrt{2}}=3+2\sqrt{2}$$

따라서, $a=b=\sqrt{\sqrt{2}-1}$, $c=\sqrt{2}$일 때
$\triangle ABC$의 면적의 최솟값은 $3+2\sqrt{2}$

…(답) ■

[문제 4]

포물선 상의 점 P의 y좌표를 p라 하면,
$P(0, p, 1-p^2)$과 $A(1, 0, 1)$을 연결한
직선 AP의 방정식은

$$\frac{x-1}{-1}=\frac{y}{p}=\frac{z-1}{-p^2} \quad (p \neq 0)$$

직선 AP와 x축에 수직인 평면 $x=t\ (0 \leqq x \leqq 1)$와의 교점 Q의 좌표는

$$x=t,\ y=p(1-t),\ z=1+p^2(t-1)$$

Q와 x축과의 거리의 제곱은

$$y^2+z^2=p^2(1-t)^2+(p^2t+1-p^2)^2$$

선분 $AP\ (0 \leqq x \leqq 1)$를 x축 주위로 회전시켜 얻어지는 입체의 체적 V는

$$\therefore\ V=\pi\int_0^1 \{p^2(t-1)^2+(p^2t+1-p^2)^2\}\,dt$$
$$=\pi\left[\frac{p^2}{3}(t-1)^3+\frac{1}{3p^2}(p^2t+1-p^2)^3\right]_0^1$$
$$=\frac{\pi}{3}(p^4-2p^2+3)$$

이며, $p=0$일 때도 성립한다.

$p=0$이면, $P(0, p, 1-p^2)=(0,0,1)$
원기둥으로 되며, 체적은 $(\pi\cdot 1^2)\cdot 1=\pi$

$$\therefore\ V=\frac{\pi}{3}(p^4-2p^2+3)$$
$$=\frac{\pi}{3}\{(p^2-1)^2+2\}\geqq\frac{2}{3}\pi$$

점 P가 $P(0,\pm 1,0)$일 때 V가 최소로 되며, 최솟값은 $\frac{2}{3}\pi$이다.

답 : $V=\frac{\pi}{3}(p^4-2p^2+3),\ \frac{2}{3}\pi$ ■

[문제 5]

$z_1,\ z_2,\ \cdots,\ z_n$은 $y_1,\ y_2,\ \cdots,\ y_n$의 순서를 바꾸어 얻은 재배열이므로

$$\sum_{j=1}^{n}(y_j)^2=\sum_{j=1}^{n}(z_j)^2$$

따라서,

$$\sum_{j=1}^{n}(x_j-y_j)^2\leqq\sum_{j=1}^{n}(x_j-z_j)^2$$
$$\Leftrightarrow\sum_{j=1}^{n}x_jz_j\leqq\sum_{j=1}^{n}x_jy_j\quad\cdots ①$$

[I] $n=2$인 경우

$(y_1,y_2)=(z_1,z_2)$이면, ①의 등호가 성립.

$(y_1,y_2)=(z_2,z_1)$이면,

$$(x_1y_1+x_2y_2)-(x_1z_1+x_2z_2)$$
$$=(x_1y_1+x_2y_2)-(x_1y_2+x_2y_1)$$
$$=(x_1-x_2)(y_1-y_2)\geqq 0$$

이므로, ①이 성립한다.

[II]

$n=m\geqq 2$인 경우 ①이 성립한다고 하자. 즉,

> 수열 $x_1,\ x_2,\ \cdots,\ x_m$과 $y_1,\ y_2,\ \cdots,\ y_m$이
> $$\begin{cases}x_1\geqq x_2\geqq\cdots\geqq x_m\\ y_1\geqq y_2\geqq\cdots\geqq y_m\end{cases}$$
> 을 만족하면, $y_1,\ y_2,\ \cdots,\ y_m$의 임의의 재배열 $z_1,\ z_2,\ \cdots,\ z_m$에 대하여
> $$x_1z_1+\cdots+x_mz_m\leqq x_1y_1+\cdots+x_my_m\quad\cdots ②$$

이제,

> 수열 $x_1,\ x_2,\ \cdots,\ x_{m+1}$과 $y_1,\ y_2,\ \cdots,\ y_{m+1}$이
> $$\begin{cases}x_1\geqq x_2\geqq\cdots\geqq x_m\geqq x_{m+1}\\ y_1\geqq y_2\geqq\cdots\geqq y_m\geqq y_{m+1}\end{cases}$$
> 을 만족하면, $y_1,\ y_2,\ \cdots,\ y_{m+1}$의 임의의 재배열 $z_1,\ z_2,\ \cdots,\ z_{m+1}$에 대하여
> $$\sum_{j=1}^{m+1}x_jz_j\leqq\sum_{j=1}^{m+1}x_jy_j\quad\cdots ③$$

임을 보이면 수학적 귀납법에 의하여 ①은 모든 자연수 n에 대하여 성립한다.

(i) $z_{m+1}=y_{m+1}$인 경우

가정에 의하여,

$$\sum_{j=1}^{m+1}x_jz_j=\sum_{j=1}^{m}x_jz_j+x_{m+1}z_{m+1}$$
$$\leqq\sum_{j=1}^{m}x_jy_j+x_{m+1}y_{m+1}=\sum_{j=1}^{m+1}x_jy_j$$

(ii) $z_{m+1}\neq y_{m+1}$인 경우

$$\Rightarrow\begin{cases}1\leqq i\leqq m,\ z_i=y_{m+1}\\ 1\leqq k\leqq m,\ z_{m+1}=y_k\end{cases}$$

$$x_1z_1+x_2z_2+\cdots+x_iz_i+\cdots+x_mz_m+x_{m+1}z_{m+1}$$
$$=x_1z_1+x_2z_2+\cdots+x_iy_{m+1}+\cdots+x_mz_m+x_{m+1}y_k$$
$$\leqq x_1z_1+x_2z_2+\cdots+x_iy_k+\cdots+x_mz_m+x_{m+1}y_{m+1}$$

> $$x_1z_1+x_2z_2+\cdots+x_iy_k+\cdots+x_mz_m+x_{m+1}y_{m+1}$$
> $$-x_1z_1+x_2z_2+\cdots+x_iy_{m+1}+\cdots+x_mz_m+x_{m+1}y_k$$
> $$=x_iy_k+x_{m+1}y_{m+1}-x_iy_{m+1}-x_{m+1}y_k$$
> $$=(x_i-x_{m+1})(y_k-y_{m+1})\geqq 0$$
> $$(\because x_i\geqq x_{m+1},\ y_k\geqq y_{m+1})$$

$$\leqq x_1y_1+x_2y_2+\cdots+x_iy_i+\cdots+x_my_m+x_{m+1}y_{m+1}$$

– 증명 끝 ■

[문제 6]

$n(\geq 3)$개의 주사위를 던졌을 때,
직각삼각형이 존재하지 않는 경우의 수를 M_n 이라 하자.

표시된 점의 개수가 4개 이상인 경우에는 직각삼각형이 반드시 존재하므로,
다음 (i), (ii), (iii) 세 가지 경우에 대하여만 M_n을 고려하면 된다.

(i) 1개의 꼭짓점에만 표시된 경우

$$\therefore {}_6C_1 \text{ (가지)}$$

> (예) n개의 주사위 모두 1인 경우

(ii) 2개의 꼭짓점에 표시된 경우
꼭짓점 중 2개를 선택하는 방법 : ${}_6C_2$
n개의 주사위를 대응시키는 방법 : 2^n-2

> (예) n개의 주사위 중
> 3,6의 두 숫자만 나오는 경우는
> 3,6 두 수 중 중복을 허락하여
> n개를 뽑는 2^n가지 − 2가지
> (모두 3인 경우와 모두 2인 경우)

$$\therefore {}_6C_2(2^n-2) \text{ (가지)}$$

(iii) 3개의 꼭짓점에 표시된 경우
직각삼각형의 세 꼭짓점으로 되는 경우는,
빗변을 고르는 방법이 3가지이며
각 경우에 다른 한 점을 고르는 방법이 4가지이므로, $3\cdot 4=12$가지이다.
따라서, 직각삼각형이 되지 않는 경우는

$${}_6C_3-12=8 \text{ (가지)}$$

세 꼭짓점의 위치가 정해졌을 때,
각 꼭짓점에 1개 이상, 합계 n개의 주사위를 대응시키는 경우는

$$3^n-{}_3C_2(2^n-2)-3=3^n-3\cdot 2^n+3 \text{ (가지)}$$

> (예) n개의 주사위 중
> 2, 4, 6의 세 숫자만 나오는 경우는
> 2, 4, 6 세 수 중 중복을 허락하여
> n개를 뽑는 3^n가지
> $-{}_3C_2(2^n-2)$가지
> (2, 4, 6 중 두 수만 나오는 경우)
> − 3가지
> (숫자가 모두 같은 경우)

$$\therefore 8(3^n-3\cdot 2^n+3) \text{ (가지)}$$

(i), (ii), (iii)에서,

$$M_n=8(3^n-3\cdot 2^n+3)+{}_6C_2(2^n-2)+{}_6C_1$$
$$=8\cdot 3^n-9\cdot 2^n$$

$$\therefore 1-p_n=\frac{M_n}{6^n}=\frac{8\cdot 3^n-9\cdot 2^n}{6^n}$$

---

(1) $n=3,4$인 경우
위 식에 의하여,

$$\therefore p_3=\frac{1}{3},\ \ p_4=\frac{11}{18} \qquad \cdots\text{(답)} \ ■$$

(2)

$$\frac{1}{n}\log(1-p_n)=\frac{1}{n}\log\left[8\left(\frac{1}{2}\right)^n\left\{1-\frac{9}{8}\left(\frac{2}{3}\right)^n\right\}\right]$$
$$=\frac{\log 8}{n}+\log\frac{1}{2}+\frac{1}{n}\log\left\{1-\frac{9}{8}\left(\frac{2}{3}\right)^n\right\}$$
$$\xrightarrow{n\to\infty} -\log 2$$

$$\therefore \lim_{n\to\infty}\frac{1}{n}\log(1-p_n)=-\log 2 \quad \cdots\text{(답)} \ ■$$

〈 1987年 文科 〉

1. 행렬 $X=\begin{pmatrix} x & z \\ z & y \end{pmatrix}$가 조건
$X^2-4X+\begin{pmatrix} 3 & 0 \\ 0 & 3 \end{pmatrix}=\begin{pmatrix} 0 & 0 \\ 0 & 0 \end{pmatrix}$을 만족할 때,
그러한 x, y를 좌표로 하는 점 (x, y)가 존재하는 범위를 도시하라.
단, 행렬의 성분은 실수이다.

2. a를 양의 상수라 할 때, x의 함수 $f(x)=x^3-ax^2-a^2x$의 그래프를 C라 하자. $f(x)$가 극대일 때의 x값을 b라 할 때, 점 $(b, f(b))$에서의 C의 접선과 C로 둘러싸인 부분의 면적을 a로 나타내어라.

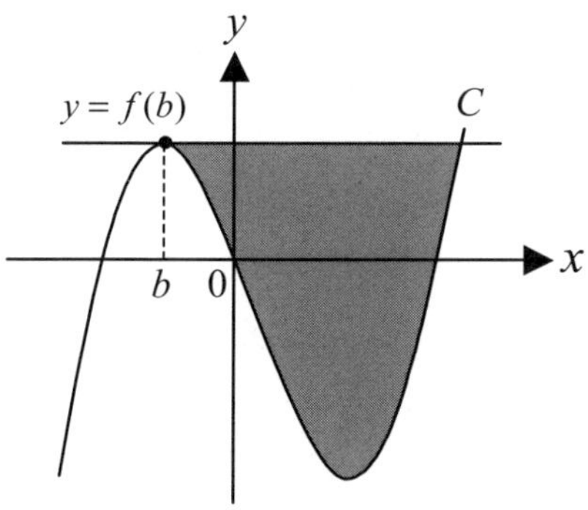

3. t의 함수 $f(t)$를
$f(t)=1+2at+b(2t^2-1)$로 놓자.
구간 $-1 \leqq t \leqq 1$ 상의 모든 t에 대하여 $f(t) \geqq 0$로 되게 하는 a, b를 좌표로 하는 점 (a, b)가 존재하는 범위를 도시하라.

4. 세 실수 x, y, z 중
최대인 수를 $\max(x, y, z)$로 표시하고,
최소인 수를 $\min(x, y, z)$로 표시한다.
다음 조건을 만족하는 x, y, z를 좌표로 하는 점 전체의 집합을 R이라 하자.
$x \geqq 0,\ y \geqq 0,\ z \geqq 0,\ \max(x, y, z) \leqq a,$
$x+y+z-\min(x, y, z) \leqq a+b$
(단, a, b는 상수이며, $a>b>0$이다.)
R의 체적을 구하여라.

[문제 1]

$$X=\begin{pmatrix} x & z \\ z & y \end{pmatrix} \quad (x, y, z: \text{실수}) \quad \cdots ①$$

$$X^2-4X+3E=O \quad \cdots ②$$

(E: 단위행렬, O: 영행렬)

①의 경우, $X^2=(x+y)X-(xy-z^2)E$가 항상 성립하므로 ②에 대입하면,

$$(x+y-4)X=(xy-z^2-3)E \quad \cdots ③$$

(i) $x+y \neq 4$인 경우

③에서, $X=\dfrac{xy-z^2-3}{x+y-4}E$

①에서 X의 $(1, 1)$성분이 x이므로

$$X=\begin{pmatrix} x & z \\ z & y \end{pmatrix}=x\begin{pmatrix} 1 & 0 \\ 0 & 1 \end{pmatrix}=xE \quad (x=y,\ z=0)$$

$X=xE$를 ②에 대입하면,

$(x^2-4x+3)E=O \quad \therefore x^2-4x+3=0$

$$\therefore (x, y)=(1, 1),\ (3, 3)$$

(ii) $x+y=4$인 경우

③에서, $xy-z^2-3=0$

$$\therefore z^2=xy-3=x(4-x)-3=-x^2+4x-3 \geqq 0$$

$$\therefore x+y=4,\ 1 \leqq x \leqq 3$$

(ⅰ), (ⅱ)에 의하여, 구하는 점 (x, y)의 범위를 도시하면 그림과 같다.

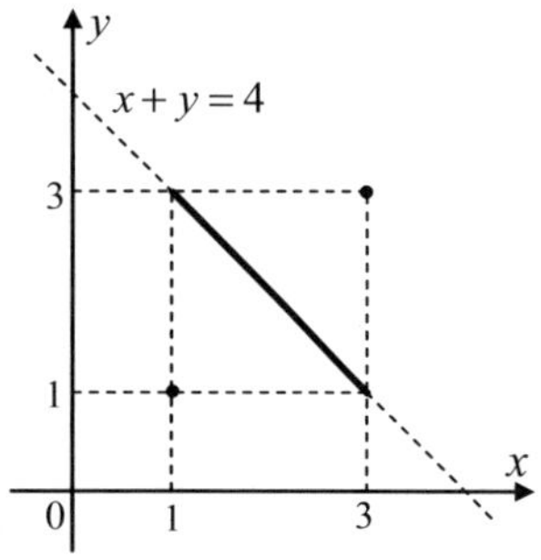

[문제 2]

$$f(x)=x^3-ax^2-a^2x \quad (a>0)$$

$$f'(x)=3x^2-2ax-a^2=(3x+a)(x-a)$$

$a>0$에서 $-\frac{a}{3}<a$이므로,

$f(x)$의 증감표는 다음과 같다.

x	$\cdots$	$-\frac{a}{3}$	$\cdots$	a	$\cdots$
$f'(x)$	+	0	−	0	+
$f(x)$	↗	극대	↘	극소	↗

따라서, $x=-\frac{a}{3}\ (=b)$에서 극대이다.

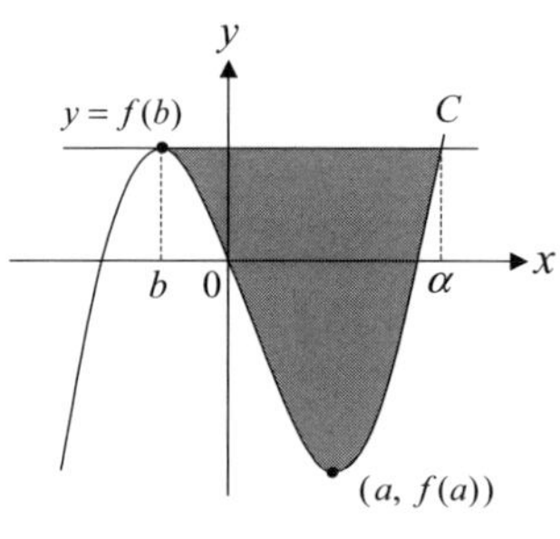

점 $(b, f(b))$에서의 C의 접선 $y=f(b)$와 C의 교점의 x좌표를 α로 놓으면,

$$f(x)-f(b)=(x-b)^2(x-\alpha) \quad \cdots ①$$

x^2의 계수를 비교하면, $\alpha=a-2b$ $\cdots$ ②

C의 접선 $y=f(b)$와 C로 둘러싸인 부분의 넓이 S는

$$S=\int_b^{\alpha}\{f(b)-f(x)\}\,dx$$

$$=\int_b^{\alpha}\{-(x-b)^2(x-\alpha)\}\,dx$$

$$=\int_0^{\alpha-b}\{-x^2(x+b-\alpha)\}\,dx$$

$$=\left[-\frac{x^4}{4}+\frac{\alpha-b}{3}x^3\right]_0^{\alpha-b}$$

$$=\frac{1}{12}(\alpha-b)^4=\frac{1}{12}(2a)^4=\frac{4}{3}a^4$$

②에서 $\alpha-b=a-3b=a+a=2a$

$$\therefore S=\frac{4}{3}a^4 \quad \cdots(\text{답})$$ ■

[문제 3]

$$f(t)=1+2at+b(2t^2-1)$$

$$=2bt^2+2at+1-b$$

(ⅰ) $b\leqq 0$인 경우

$y=f(t)$의 그래프는 위로 볼록하거나 직선이므로, $-1\leqq t\leqq 1$인 모든 t에 대하여 $f(t)\geqq 0$이기 위한 조건은

$$f(-1)=2b-2a+1-b\geqq 0$$

$$f(1)=2b+2a+1-b\geqq 0$$

$$\therefore b\geqq 2a-1,\ b\geqq -2a-1$$

(ⅱ) $b>0$인 경우

$$f(t)=2b\left(t+\frac{a}{2b}\right)^2+1-b-\frac{a^2}{2b}$$

$-1\leqq t\leqq 1$인 모든 t에 대하여 $f(t)\geqq 0$이기 위한 조건은

$-\frac{a}{2b}<-1$인 경우: $f(-1)=b-2a+1\geqq 0$

$-1\leqq-\frac{a}{2b}\leqq 1$인 경우: $f\left(-\frac{a}{2b}\right)=1-b-\frac{a^2}{2b}\geqq 0$

$-\frac{a}{2b}>1$인 경우: $f(1)=b+2a+1\geqq 0$

$$\therefore \begin{cases} 2a-1 \leq b < \dfrac{a}{2} \\ \text{or } -2a-1 \leq b < -\dfrac{a}{2} \\ \text{or } b \geq \dfrac{a}{2},\ b \geq -\dfrac{a}{2},\ 2a^2+4\left(b-\dfrac{1}{2}\right)^2 \leq 1 \end{cases}$$

(ⅰ), (ⅱ)에 의하여, 구하는 점 (x,y)의 범위를 도시하면 다음과 같다. (경계포함)

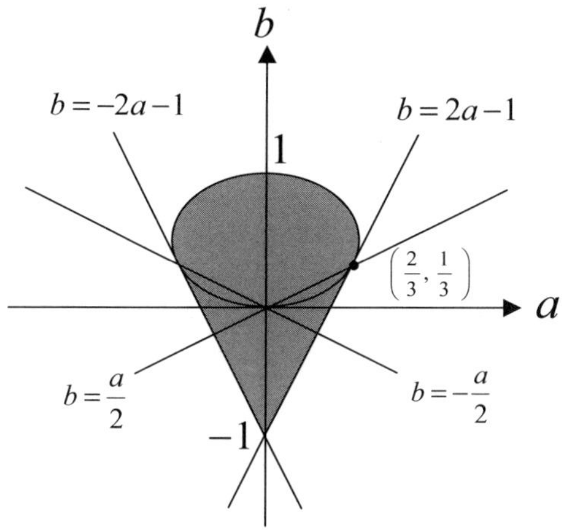

…(답) ■

[문제 4]

$$x \geq 0,\ y \geq 0,\ z \geq 0,\ a > b > 0 \qquad \cdots ①$$

$$\max(x,y,z) \leq a \qquad \cdots ②$$

$$x+y+z-\min(x,y,z) \leq a+b \qquad \cdots ③$$

x, y, z의 대칭성에 의하여,
①,②,③을 만족하는 점 (x,y,z)의 집합 R의 체적을 V라 하면,

$$0 \leq x \leq y \leq z \leq a$$

를 만족하는 R의 부분집합 K의 체적은 $\dfrac{V}{6}$

K를 평면 $z=t$ $(0 \leq t \leq a)$로 자른 단면을 xy 평면에 정사영시키면,
①,②,③에 의하여

$$0 \leq x \leq y \leq t \leq a,\quad y \leq a+b-t$$

이때, 잘린 단면의 넓이를 $S(t)$라 하면,

(ⅰ) $a+b-t \geq t$ $\left(\because 0 \leq t \leq \dfrac{a+b}{2}\right)$인 경우

$$S(t) = \frac{1}{2}t^2$$

(ⅱ) $a+b-t < t$ $\left(\because \dfrac{a+b}{2} < t \leq a\right)$인 경우

$$S(t) = \frac{1}{2}(a+b-t)^2$$

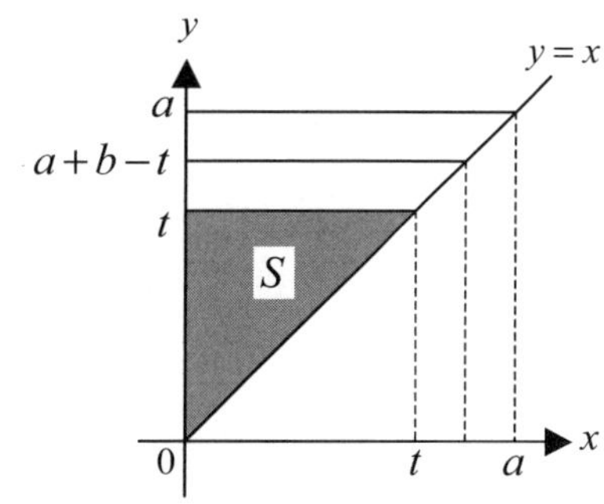

$$\therefore \frac{V}{6} = \int_0^a S(t)\,dt$$

$$= \int_0^{\frac{a+b}{2}} \frac{1}{2}t^2\,dt + \int_{\frac{a+b}{2}}^{a} \frac{1}{2}(a+b-t)^2\,dt$$

$$= \left[\frac{1}{6}t^3\right]_0^{\frac{a+b}{2}} + \left[-\frac{1}{6}(a+b-t)^3\right]_{\frac{a+b}{2}}^{a}$$

$$= \frac{1}{6}\left(\frac{a+b}{2}\right)^3 - \frac{b^3}{6} + \frac{1}{6}\left(\frac{a+b}{2}\right)^3$$

$$= \frac{a^3+3a^2b+3ab^2-3b^3}{24}$$

$$\therefore V = \frac{a^3+3a^2b+3ab^2-3b^3}{4}$$ …(답) ■

〈 1988年 〉

[**理科**: 1~6, **文科**: 1, 7~9]

1. xy 평면상의 일차변환 f 가
다음 세 조건을 만족한다고 하자.
(i) $f((1,0))$ 은 제4사분면의 내부에 있다.
(ii) $f((0,1))$ 은 제2사분면의 내부에 있다.
(iii) $f((1,1))$ 은 제1사분면의 내부에 있다.
이때, f 의 역변환이 존재함을 보여라.
또, 점 P의 상 $f(P)$가 제1사분면의 내부에 있으면 P도 제1사분면의 내부에 있음을 보여라.

2. 공간상에 평면 α 가 있다. 한 변의 길이가 1인 정사면체 V의 α 위로의 정사영의 면적을 S라 하자. V의 위치를 여러 가지로 변화시킬 때, S의 최댓값과 최솟값을 구하여라. 단, 공간상의 점 P를 지나며 α에 수직인 직선이 α와 만나는 점을 P의 α 위로의 정사영이라 하며, 공간도형 V의 각 점의 α 위로의 정사영 전체로 이루어진 α상의 도형을 V의 α위로의 정사영이라 한다.

3. C를 $y=x^3-x$, $-1 \leqq x \leqq 1$로 주어진 xy 평면상의 도형이라 하자. 다음 조건을 만족하는 xy 평면상의 점 P 전체로 이루어진 집합을 도시하라.
[C를 평행이동한 도형 중, 점 P를 통과하며 원래의 도형 C와의 교점이 1개뿐인 것은 3개이다.]

4. xy 평면상의 원점에서 기울기 $a\ (a>0)$ 로 출발하여, 꺾인선을 그리며 움직이는 점 P를 고려해보자. 단, 점 P의 y 좌표는 항상 증가하며, 그 값이 정수가 될 때마다 기울기가 s 배로 된다.($s>0$)
P가 그리는 꺾인선이 직선 $x=b\ (b>0)$ 를 횡으로 자르기 위한 $a,\ b,\ s$ 에 관한 조건을 구하여라.

5. xyz 공간에 있어, $0 \leqq z \leqq 2-x^2$ 로 표시되는 xz 평면상의 도형을 z 축 주위로 회전하여 얻은 불투명한 입체를 V라 하자.
z 좌표가 1 인 한 점광원(**點光源**) P가 V의 표면에 있다. 원점을 중심으로 하는 xy 평면상의 원 C의 P로부터의 빛이 도달하는 부분의 길이가 2π 일 때, C의 그늘진 부분의 길이를 구하여라.

6. 공간상의 점 O에 대하여, 네 점 $A,\ B,\ C,\ D$가 $\overline{OA}=1$, $\overline{OB}=\overline{OC}=\overline{OD}=4$ 를 만족할 때, 사면체 $ABCD$의 체적의 최댓값을 구하여라.

7. 직선 l 상에 10m 떨어진 두 점 $A,\ B$가 있으며 l 과 평행한 직선 m 상을 점 P가 초속 1m 로 일정한 방향으로 움직이고 있다.
$\overline{AP}+\overline{BP}$는 어떤 시각에 15m 였으며,
그 5 초 후에도 15m 였다.
두 직선 l, m 간의 거리를 구하여라.

8. xyz 공간에서, 다음 6개의 부등식으로 표시되는 입체의 체적을 구하여라.
$x \geqq 0,\ y \geqq 0,\ z \geqq 0,$
$x+y+z \leqq 3, x+2z \leqq 4, y-z \leqq 1$

9. $f(x)=x^3-x^2$ 이다. 곡선 $y=f(x)$ 상의 점 $A(1,0)$에서의 접선이 다시 이 곡선과 만나는 점을 B라 하자.
곡선 $y=ax^2+bx+c$와 곡선 $y=f(x)$가 점 $A,\ B$를 공유하고, A와 B 사이에서 다른 공유점을 가질 때, 두 곡선으로 둘러싸인 부분의 면적을 구하여라. 또, 그 면적이 최소로 되는 a,b,c를 정하여라.

[문제 1]

일차변환 f를 나타내는 행렬을 $A=\begin{pmatrix} a & b \\ c & d \end{pmatrix}$로 놓으면, 점 $(1,0), (0,1), (1,1)$의 상은 각각 $(a,c), (b,d), (a+b, c+d)$로 된다.

조건 (ⅰ), (ⅱ), (ⅲ)에서,

$$a>0,\ b<0,\ a+b>0 \quad \cdots ①$$
$$c<0,\ d>0,\ c+d>0 \quad \cdots ②$$

① 에서, $a>-b>0$
② 에서, $d>-c>0$

$$\therefore ad>(-b)(-c) \qquad \therefore ad-bc>0 \quad \cdots ③$$

③ 에 의하여 A의 역행렬 A^{-1}가 존재하며, 따라서 f의 역변환이 존재한다. ■

점 $f(P)$의 좌표를

$$(x', y') \quad (x'>0, y'>0) \quad \cdots ④$$

로 놓으면, 점 P의 좌표는

$$\begin{pmatrix} x \\ y \end{pmatrix} = A^{-1}\begin{pmatrix} x' \\ y' \end{pmatrix} = \frac{1}{ad-bc}\begin{pmatrix} dx'-by' \\ ay'-cx' \end{pmatrix}$$

①, ②, ③, ④에서

$$dx'-by'>0,\ ay'-cx'>0,\ ad-bc>0$$
$$\therefore x>0, y>0$$

$x>0, y>0$이므로,
점 P는 제1사분면에 존재한다. ■

[문제 2]

정사면체 V의 꼭짓점을 A, B, C, D라 하고, 각 점을 α 위로 정사영시킨 점을 각각 A', B', C', D'로 표시하자.

V의 정사영은 삼각형 또는 사각형이다.

(ⅰ) 정사영의 면적 S의 최댓값

정사영이 삼각형(예 :$\triangle B'C'D'$)인 경우

$$S=\triangle B'C'D'=\triangle BCD\times\cos\theta=\frac{\sqrt{3}}{4}\cos\theta\leq\frac{\sqrt{3}}{4}$$

(θ는 평면 α와 평면 BCD가 이루는 각)

정사영이 사각형(예: $\square A'B'C'D'$)인 경우

$$S=\frac{1}{2}\overline{A'C'}\cdot\overline{B'D'}\sin\mu$$

(μ는 $\overline{A'C'}$와 $\overline{B'D'}$가 이루는 각)

$$\leq\frac{1}{2}\overline{AC}\cdot\overline{BD}\cdot 1=\frac{1}{2}$$

등호는 $\overline{AC}$ // 평면 α, $\overline{BD}$ // 평면 α인 경우

$\therefore$ S의 최댓값은 $\frac{1}{2}$ …(답) ■

(ⅱ) 정사영의 면적 S의 최솟값

정사영이 $A'B'C'D'$인 경우, 평면 α의 법선과 평면 BCD의 법선이 이루는 각을 θ, $\triangle BCD$의 중심을 G라 하자.

점 A를 지나는 평면 α의 법선과 평면 BCD의 교점을 P로 놓으면, 점 P는 그림의 음영 부분(경계 제외)에 있다.

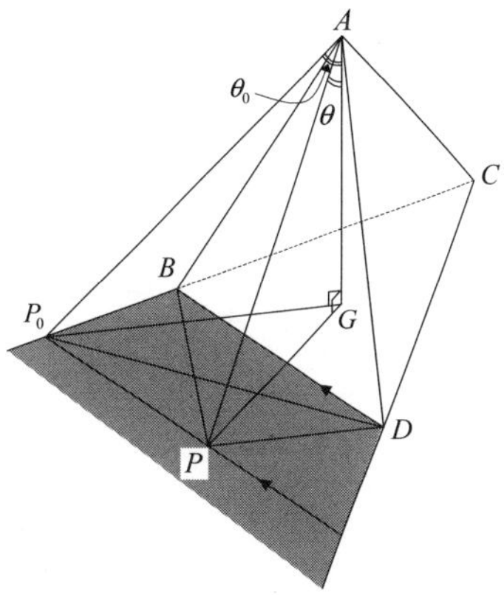

이때, $S=\square BCDP\times\cos\theta$

여기서, 직선 BC 상에 $\overline{PP_0}$ // $\overline{BD}$인 점 P_0를 잡아 $\angle P_0AG=\theta_0$로 놓으면,

$$\square BCDP=\triangle CDP_0$$

$\overline{AP} < \overline{AP_0}$ 이므로

$$\cos\theta = \frac{\overline{AG}}{\overline{AP}} > \frac{\overline{AG}}{\overline{AP_0}} = \cos\theta_0$$

$$\therefore\ S = \square BCDP \times \cos\theta > \triangle CDP_0 \times \cos\theta_0$$

여기서, $\triangle CDP_0 \times \cos\theta_0$는 정사영이 $\triangle A'C'D'$일 때의 면적과 같으므로, 최솟값을 구하는 데 있어서 정사영의 형태가 삼각형(예 :$\triangle B'C'D'$)인 경우만 고려하여도 충분하다.

정사영이 $\triangle B'C'D'$일 때는 점 P가 $\triangle BCD$의 내부나 경계 상에 있으므로,

$$S = \triangle B'C'D' = \triangle BCD \times \cos\theta$$
$$= \frac{\sqrt{3}}{4}\cdot\frac{\overline{AG}}{\overline{AP}} \geq \frac{\sqrt{3}}{4}\cdot\frac{\overline{AG}}{\overline{AB}}$$

등호는 점 P가 점 B와 일치하는 경우

$\overline{AB} = 1$, $\overline{AG} = \frac{\sqrt{6}}{3}$ (정사면체의 높이)이므로

S의 최솟값은 $\frac{\sqrt{2}}{4}$ …(답) ■

[문제 3]

$f(x) = x^3 - x$로 놓자.

도형 $C: y = f(x),\ -1 \leq x \leq 1$를

x축 방향으로 t, y축 방향으로 s만큼 평행이동한 도형을 D로 놓으면,

$$D: y = f(x-t) + s$$
$$= (x-t)^3 - (x-t) + s \quad (-1 \leq x - t \leq 1)$$

한편, 도형 D는 원점대칭인 도형 C를 x축 방향으로 t, y축 방향으로 s만큼 평행이동한 도형이므로, 도형 C와 D는 점 $A\left(\frac{t}{2}, \frac{s}{2}\right)$에 대하여 대칭이다.

도형 C와 D가 점 A 이외의 점 X를 공유하면, A에 대하여 대칭인 점 X' $(\neq X)$도 공유하게 되어 문제의 조건을 만족하지 않는다.

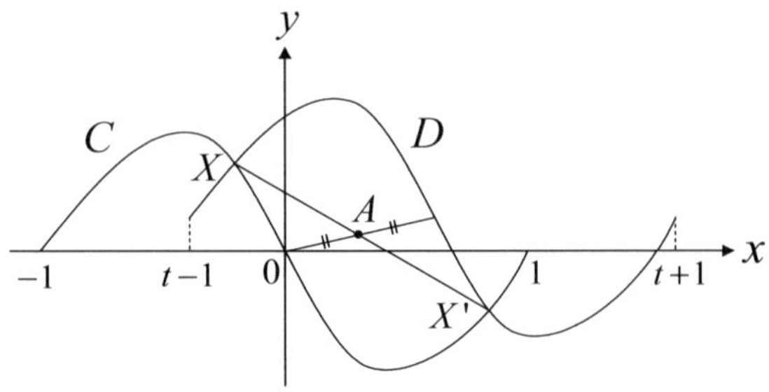

따라서, 공유점이 1개뿐이기 위해서는 점 A가 그 공유점이어야 한다.

즉, 점 A가 도형 C 상에 있어야 하므로

$$\therefore \frac{s}{2} = f\left(\frac{t}{2}\right) \qquad \cdots ①$$

①에 의하여, 도형 D의 식은

$$y = f(x-t) + 2f\left(\frac{t}{2}\right) \quad (t-1 \leq x \leq t+1)$$

이므로, C와D의 교점의 x좌표는

$$f(x) = f(x-t) + 2f\left(\frac{t}{2}\right), \quad (t-1 \leq x \leq t+1)$$

정리하면, $3t\left(x - \frac{t}{2}\right)^2 = 0,\ -1 \leq x \leq 1 \quad \cdots ②$

따라서, 도형 C와 D의 공유점이 1개뿐이기 위해서는 $t \neq 0,\ -1 \leq \frac{t}{2} \leq 1$이어야 한다.

$t = 0$이면, 도형 C와 D는 일치하므로 문제의 조건을 만족하지 않는다.

문제의 조건은 [점 P를 통과하는 도형 D 중 도형 C와의 교점이 1개뿐인 것은 3개이다.]

도형 D 상에 점 $P(p, q)$가 있을 조건은

$$q = f(p-t) + 2f\left(\frac{t}{2}\right), \quad (t-1 \leq p \leq t+1)$$

여기서, $G(t)=q-\left\{f(p-t)+2f\left(\frac{t}{2}\right)\right\}$로 놓으면, 문제의 조건을 만족하는 도형 D가 3개 존재할 조건은 t의 3차식

$G(t)=\frac{3}{4}t^3-3pt^2+3p^2t+q-p^3+p=0$이

$p-1\leq t\leq p+1$, $-2\leq t\leq 2$를 만족하는 0이 아닌 서로 다른 세 실근을 갖는 것이다. (*)

$$G'(t)=\frac{9}{4}t^2-6pt+3p^2=\frac{9}{4}(t-2p)\left(t-\frac{2}{3}p\right)$$

(*)에 의하여, $-2<2p<2$, $-2<\frac{2}{3}p<2$,

$$p-1<2p<p+1,\ p-1<\frac{2}{3}p<p+1$$

$$\therefore -1<p<1$$

> 극대점과 극소점이 주어진 구간 안에 있어야 그 구간 안에서 세 실근을 갖는다.

또, $-1<p<1$이면 $-2<p-1\leq t\leq p+1<2$이므로, (*)는 다음과 같다.

> $G(t)=\frac{3}{4}t^3-3pt^2+3p^2t+q-p^3+p=0$이
> $p-1\leq t\leq p+1$를 만족하는 0이 아닌 서로 다른 세 실근을 갖는다.$(-1<p<1)$

따라서, 조건 (*)는 $G(t)$의 그래프에 의하여,

$$\begin{cases} -1<p<1 \quad \text{and} \\ G(2p)\,G\left(\frac{2}{3}p\right)<0 \quad \text{and} \\ G(p-1)\leq 0,\ G(p+1)\geq 0 \quad \text{and} \\ G(0)\neq 0 \end{cases}$$

정리하면,

$$\begin{cases} -1<p<1 \quad \text{and} \\ \{q-(p^3-p)\}\left\{q-\left(\frac{p^3}{9}-p\right)\right\}<0 \quad \text{and} \\ q\leq \frac{1}{4}(p-1)^3-(p-1) \quad \text{and} \\ q\geq \frac{1}{4}(p+1)^3-(p+1) \end{cases}$$

이것을 만족하는 점 $P(p,q)$를 도시하면, 그림의 빗금친 부분으로 된다.

$q=p^3-p$와 $q=\frac{p^3}{9}-p$의 경계선은 제외되며, 다른 경계선은 포함된다.(동그란 점은 제외)

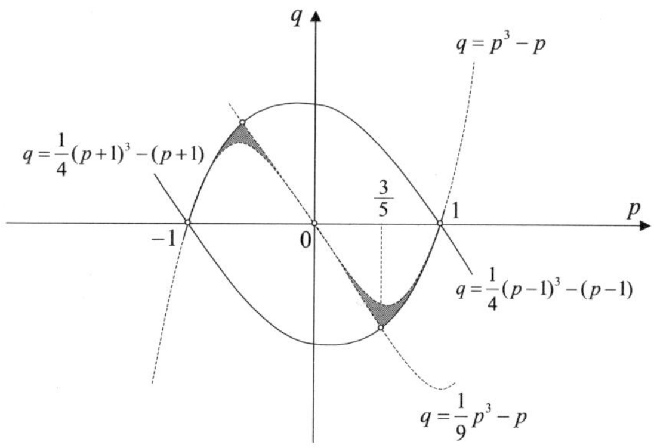

…(답) ■

[문제 4]

꺾인선 상의 점 중 y좌표가 k $(k=0,1,2,3,\cdots)$인 점을 P_k라 하자. (단, P_0는 원점)

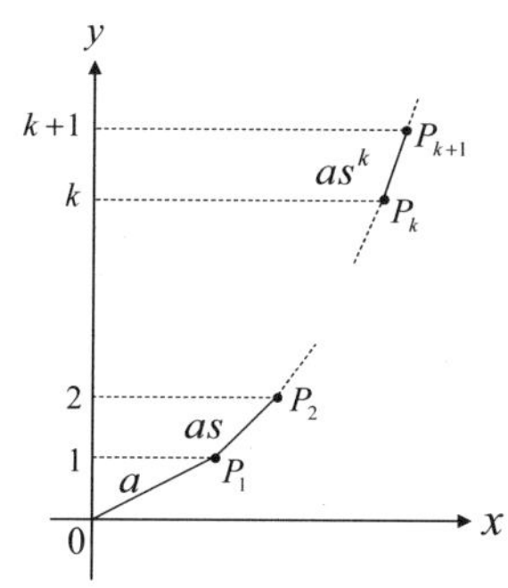

직선 P_kP_{k+1}의 기울기는 as^k $(a>0,\ s>0)$이므로,

$$\overrightarrow{P_kP_{k+1}}=\left(\frac{1}{as^k},1\right)$$

$$\therefore \overrightarrow{OP_n}=\sum_{k=0}^{n-1}\overrightarrow{P_kP_{k+1}}=\left(\sum_{k=0}^{n-1}\frac{1}{as^k},n\right)$$

점 P_n의 x좌표를 x_n $(n\geq 1)$으로 놓자.

$$\begin{cases} s=1\text{이면, } x_n=\frac{n}{a} \\ s\neq 1\text{이면, } x_n=\frac{1-\left(\frac{1}{s}\right)^n}{1-\frac{1}{s}}\cdot\frac{1}{a} \end{cases}$$

$$\therefore \begin{cases} 0<s\leq 1\text{인 경우, } \lim\limits_{n\to\infty}x_n=\infty \\ 1<s\text{인 경우, } \lim\limits_{n\to\infty}x_n=\frac{s}{(s-1)a} \end{cases}$$

꺾인선은 연속함수이므로,
꺾인선 상의 점 P의 x좌표가 취하는 값은

$$\begin{cases} 0 < s \leqq 1\text{인 경우, } x \geqq 0\text{인 모든 실수} \\ 1 < s\text{인 경우, } 0 \leqq x < \dfrac{s}{(s-1)a}\text{인 모든 실수} \end{cases}$$

따라서, 꺾인선이 직선 $x = b\ (b > 0)$를 횡으로 자르기 위한 조건은

$$\therefore \begin{cases} 0 < s \leqq 1\text{인 경우, } a, b\text{는 임의의 양수} \\ 1 < s\text{인 경우, } 0 < b < \dfrac{s}{(s-1)a} \end{cases}$$

…(답) ■

[문제 5]

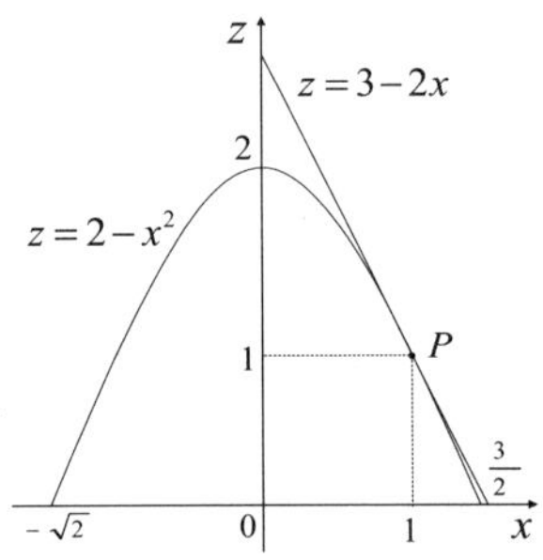

점광원 P를 xz평면상의 $x > 0$인 부분에 있다고 가정해도 일반성을 잃지 않는다.
이때의 점 P의 좌표는 $P(1, 0, 1)$이다.

입체 V를 xz평면으로 자른 단면은

$$0 \leqq z \leqq 2 - x^2$$

곡선 $z = 2 - x^2$ 상의 점 $(1, 1)$에서의 접선의 방정식은 $z = -2(x-1) + 1 = 3 - 2x$

이 접선을 포함하며 xz평면에 수직인 평면 ($\because z = 3 - 2x$)은 xyz공간상에서 점 P에서의 입체 V의 접평면이 된다.

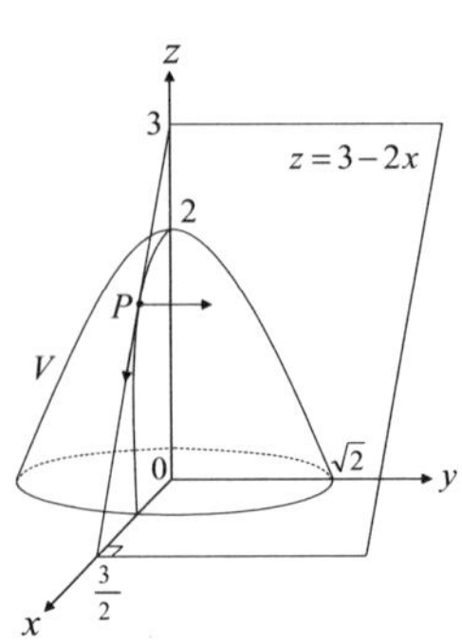

xyz공간상에서 점광원 P로부터의 빛이 닿는 곳은 부등식 $z \geqq 3 - 2x$로 표시되는 영역이므로,
xy평면$(z=0)$ 상에서는 $0 \geqq 3 - 2x$ $\left(\because x \geqq \dfrac{3}{2}\right)$인 부분이다.

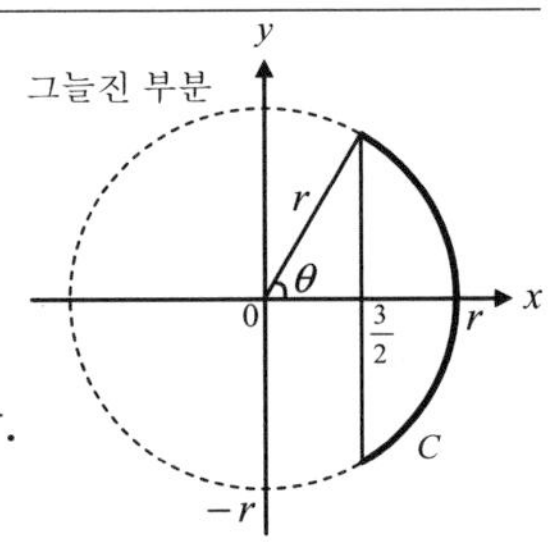

xy평면상의 원 C의 반경을 r로 놓으면, 빛이 닿는 부분은 $C: x^2 + y^2 = r^2$ 상의 $\dfrac{3}{2} \leqq x \leqq r$인 부분이다.

여기서, $r\cos\theta = \dfrac{3}{2}$ … ①

을 만족하는 양의 예각을 θ라 하면, 빛이 도달하는 부분의 길이 l은

$$l = r \cdot 2\theta = 2\pi \quad \cdots ②$$

①, ②에서, $\cos\theta = \dfrac{3\theta}{2\pi} = \dfrac{\frac{1}{2}}{\frac{\pi}{3}} \cdot \theta$

$\theta = \dfrac{\pi}{3}$이므로, ①에서 $r = 3$

구하는 그늘진 부분의 길이는

$$\therefore\ 2\pi r - l = 6\pi - 2\pi = 4\pi$$

…(답) ■

[문제 6]

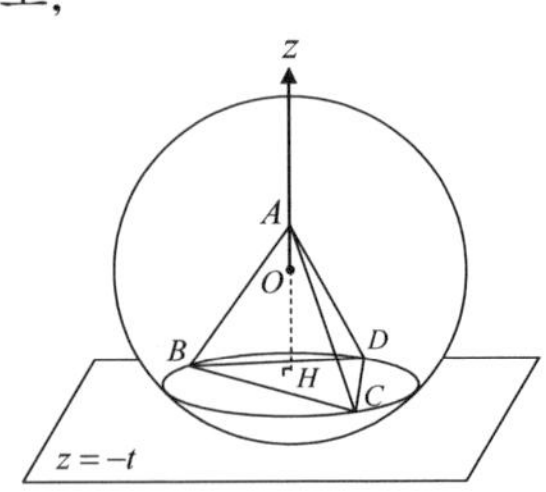

O를 원점으로 놓자.
$\overline{OB} = \overline{OC} = \overline{OD} = 4$이므로,
구면 $x^2 + y^2 + z^2 = 16$과 평면 $z = -t\ (0 \leqq t < 4)$의 교선(원) 상에 세 점 B, C, D가 있다고 해도 일반성을 잃지 않는다.

사면체 $ABCD$의 체적을 V, 점 A의 z좌표를 z_0라 하면, $V = \dfrac{1}{3} \cdot \triangle BCD \cdot |z_0 + t|$

여기서, $\triangle BCD$를 고정시키고 생각하면,

$$|z_0 + t| \leqq 1 + t$$

이므로 점 A의 좌표가 $(0, 0, 1)$일 때, 체적 V는 최댓값 $\dfrac{1}{3} \cdot \triangle BCD \cdot (1+t)$를 갖는다.

이제, 상수 t를 고정하고 $\triangle BCD$의 면적의 최댓값을 구하여보자.

z축과 평면 $z=-t$의 교점을 H라 하면,

$$\overline{BH}=\overline{CH}=\overline{DH}=\sqrt{\overline{OB}^2-\overline{OH}^2}=\sqrt{16-t^2}$$

이 값을 r로 놓으면, $\triangle BCD$는 점 H를 중심으로 하는 반경 r인 원에 내접하므로

정삼각형일 때 면적이 최대 $\left(\frac{3\sqrt{3}}{4}r^2\right)$이다.

> $\triangle BCD$의 변 BC를 고정하면, 이등변삼각형 ($\overline{DB}=\overline{DC}$)일 때 넓이가 최대이다.
> 원에 내접하는 이등변삼각형은
> 정삼각형일 때 면적이 최대이다.

이때의 체적 V는

$$V=\frac{1}{3}\cdot\frac{3\sqrt{3}}{4}r^2\cdot(1+t)=\frac{\sqrt{3}}{4}(16-t^2)(1+t)$$

$$\therefore \frac{dV}{dt}=\frac{\sqrt{3}}{4}(3t+8)(2-t),\ (0\leq t<4)$$

$t=2$일 때 V는 극대이며 최대이므로,

구하는 최댓값은 $V=9\sqrt{3}$ …(답) ■

[문제 7]

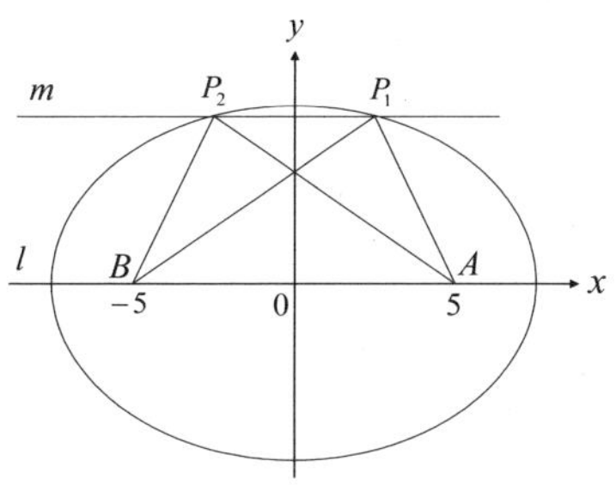

두 시각에서의 P의 위치를 P_1, P_2라 하고, 위 그림과 같이 좌표축을 정하여 $A(5,0)$, $B(-5,0)$으로 놓자.

$\overline{AP_1}+\overline{BP_1}=\overline{AP_2}+\overline{BP_2}=15$이므로,

두 점 P_1, P_2는 A, B를 초점으로 하는 타원

$$\frac{x^2}{a^2}+\frac{y^2}{b^2}=1\ \ (2a=15,\ \sqrt{a^2-b^2}=5\quad \cdots ①)$$

위에 있다.

①에서, $a^2=\frac{225}{4}$, $b^2=\frac{125}{4}$

두 점 P_1, P_2는 직선 l (x축)에 평행한 직선 m 상에 있으며 $\overline{P_1P_2}=5$이므로,

$$P_1\left(\frac{5}{2},\ p\right),\ P_2\left(-\frac{5}{2},\ p\right)$$

두 점이 타원 상에 있으므로

$$\frac{\left(\frac{5}{2}\right)^2}{\frac{225}{4}}+\frac{p^2}{\frac{125}{4}}=1 \qquad \therefore p^2=\frac{250}{9}$$

$|p|=\frac{5}{3}\sqrt{10}$ 이므로,

두 직선 l, m 간의 거리는 $\frac{5}{3}\sqrt{10}\ m$ …(답) ■

[문제 8]

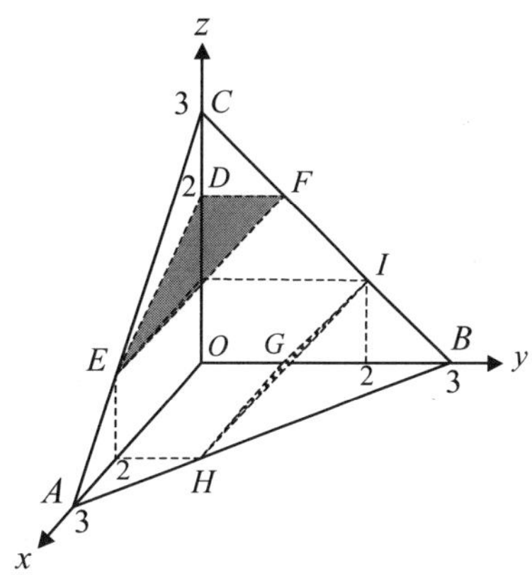

부등식 $x\geq 0$, $y\geq 0$, $z\geq 0$, $x+y+z\leq 3$으로 표시되는 입체는 그림의 사면체 $OABC$이다.

단, 네 꼭짓점의 좌표는 다음과 같다.

$O(0,0,0)$, $A(3,0,0)$, $B(0,3,0)$, $C(0,0,3)$

평면 $x+2z=4$와 z축, 직선 AC, 직선 BC와의 교점은 각각 $D(0,0,2)$, $E(2,0,1)$, $F(0,1,2)$

평면 $y-z=1$과 y축, 직선 AB, 직선 BC와의 교점은 각각 $G(0,1,0)$, $H(2,1,0)$, $I(0,2,1)$

6개의 부등식을 만족하는 입체는
사면체 $OABC$에서 사면체 $CDEF$와 $BGHI$를 제거하면 된다. 이 사면체들의 체적을 순서대로 V_1, V_2, V_3로 놓으면,

$$V_1 = \frac{1}{3}\cdot\triangle OAB\cdot\overline{OC} = \frac{1}{3}\cdot\frac{9}{2}\cdot 3 = \frac{9}{2}$$

$$V_2 = \frac{1}{3}\cdot\triangle CDF\cdot 2 = \frac{1}{3}\cdot\frac{1}{2}\cdot 2 = \frac{1}{3}$$

$$V_3 = \frac{1}{3}\cdot\triangle BGH\cdot 1 = \frac{1}{3}\cdot 2\cdot 1 = \frac{2}{3}$$

따라서, 구하는 체적은

$$V_1 - V_2 - V_3 = \frac{7}{2} \quad \cdots(\text{답}) ■$$

〈다른 방법〉
입체를 $z=t$ $(0\leqq t<2)$로 잘랐을 때의 절단면은 사다리꼴($t=1$인 경우 삼각형)이다.

단면의 면적 $S(t)$는

$0\leqq t\leqq 1$인 경우, $S(t)=\frac{1}{2}(-3t^2+2t+5)$

$1\leqq t\leqq 2$인 경우, $S(t)=4-2t$

따라서, 체적은 $\int_0^2 S(t)\,dt = \frac{7}{2}$

[문제 9]

$$f(x)=x^3-x^2,\ f'(x)=3x^2-2x$$

점 $A(1,0)$에서의
곡선 $y=f(x)$의 접선의 방정식은 $y=x-1$

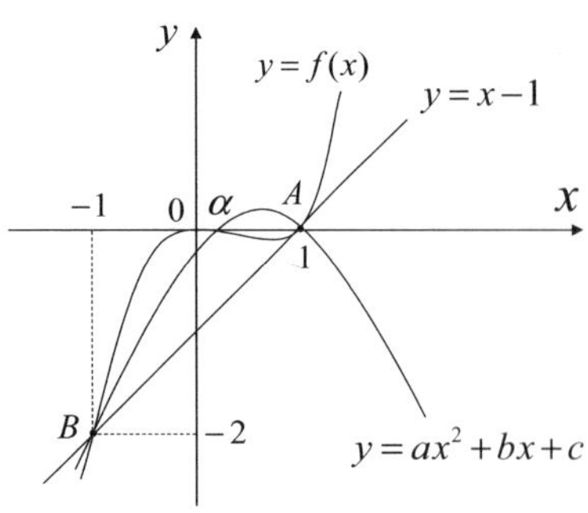

이 접선과
$y=f(x)$가 다시 만나는 점 B의 x좌표는

$$x^3-x^2=x-1,\ x\neq 1 \qquad \therefore x=-1$$

포물선 $y=ax^2+bx+c$와 곡선 $y=f(x)$가 두 점 A, B를 공유하고 A와 B 사이에서 다른 공유점을 갖는다.

그 x좌표를 α $(-1<\alpha<1)$로 놓으면,

$$f(x)-(ax^2+bx+c)=x^3-(a+1)x^2-bx-c$$
$$=(x+1)(x-\alpha)(x-1)$$

이 성립한다.

$$\therefore a=\alpha-1,\ b=1,\ c=-\alpha \quad \cdots ①$$

두 곡선으로 둘러싸인 부분의 면적 S는

$$S=\int_{-1}^{\alpha}(x^3-\alpha x^2-x+\alpha)\,dx + \int_{\alpha}^{1}-(x^3-\alpha x^2-x+\alpha)\,dx$$

$$=-\frac{\alpha^4}{6}+\alpha^2+\frac{1}{2}$$

$$=-\frac{c^4}{6}+c^2+\frac{1}{2} \quad \cdots(\text{답}) ■$$

$-1<\alpha<1$에서, $0\leqq\alpha^2<1$이므로

$$S=-\frac{1}{6}(\alpha^2-3)^2+2\geqq\frac{1}{2}\ (\text{등호는 } \alpha=0\text{일 때})$$

면적 S는 $\alpha=0$일 때 최소이므로
①에서,

$$a=-1,\ b=1,\ c=0 \qquad \cdots(\text{답}) ■$$

〈 1989年 〉

[理科: 1~6, 文科: 1, 7~9]

1. $k>0$라 하자. xy평면상의 두 곡선 $y=k(x-x^3)$, $x=k(y-y^3)$이 제1사분면에서 $\alpha\neq\beta$인 교점 (α, β)를 가질 k의 범위를 구하여라.

2. xy평면상에, $y=-1$을 준선, 점 $F(0, 1)$을 초점으로 하는 포물선이 있다. 이 포물선 상의 점 $P(a, b)$를 중심으로 하고 준선에 접하는 원 C를 그려, 접점을 H라 하자. $a>2$일 때, 원 C와 y축과의 교점 중 F가 아닌 점을 G라 하자. 부채꼴 PFH(중심각이 작은 쪽)의 면적을 $S(a)$, 삼각형 PGF의 면적을 $T(a)$라 할 때, 극한값 $\lim_{a\to\infty}\dfrac{T(a)}{S(a)}$를 구하여라.

3. 허수부가 양수인 복소수 전체집합을 H라 하자.
($H=\{z=x+iy \mid x, y$는 실수, $y>0\}$)
이하, z는 H에 속하는 복소수이다.
q를 양의 실수라 할 때, $f(z)=\dfrac{z+1-q}{z+1}$로 놓자.
(1) $f(z)$도 H에 속함을 보여라.
(2) $f_1(z)=f(z)$, 이하 $n=2, 3, 4, \cdots$에 대하여, $f_2(z)=f(f_1(z))$, $f_3(z)=f(f_2(z))$, $\cdots$, $f_n(z)=f(f_{n-1}(z))$, $\cdots$ 로 놓자. H의 모든 원소 z에 대하여 $f_{10}(z)=f_5(z)$가 성립하는 q의 값을 구하여라.

4. $\dfrac{10^{210}}{10^{10}+3}$의 정수부분의 자리수와 일의 자리의 수를 구하여라.
단, $3^{21}=10460353203$을 이용해도 된다.

5. $f(x)=\pi x^2\sin\pi x^2$이라 하자. $y=f(x)$의 그래프의 $0\leq x\leq 1$부분과 x축으로 둘러싸인 도형을 y축 주위로 회전시켜 얻은 입체의 체적 V는 $V=2\pi\int_0^1 xf(x)\,dx$로 구할 수 있음을 보이고, 그 값을 구하여라.

6. 3개의 빨간 구슬과 n개의 백색 구슬을 무작위로 원형으로 늘어 놓는다. 이때, 백색 구슬이 연이어 $k+1$개 이상 늘어선 곳이 없을 확률을 구하여라. 단, $\dfrac{n}{3}\leq k<\dfrac{n}{2}$

7. 다음 두 포물선을 고려해보자. $(a>0)$
$C_1: y=x^2+\dfrac{1}{a^2}$, $C_2: y=-(x-a)^2$
(1) C_1, C_2에 모두 접하는 직선은 항상 두 개 임을 보여라.
(2) (1)에서 정하여진 네 접점이 이루는 사각형의 면적 $S(a)$의 최솟값은?

8. 문제 및 (1)번은 3번과 같음.
(2) $f_n(z)$는 3번과 같음
각 n에 대하여, $f_n(z)=\dfrac{r_n z+(1-q)s_n}{s_n z+r_n}$, $r_n^2-(1-q)s_n^2=q^n$이 성립하는, z에 의존하지 않는 실수 r_n, s_n을 잡을 수 있음을 보여라.

9. 반지름 r인 원 O의 둘레에 한 변의 길이가 a인 정삼각형 ABC를 원 O와 동일한 평면 내에서 다음 두 조건을 만족하는 한도 내에서 이동시킨다.
(i) $\triangle ABC$는 원 O의 내부와 공유점을 갖지 않으며, 원주 상에서 공유점을 1개만 갖는다.
(ii) 벡터 $\overrightarrow{AB}, \overrightarrow{BC}, \overrightarrow{CA}$는 각각 일정하게 유지된다.
이때, $\triangle ABC$가 통과하여 얻어진 범위를 도시하고 그 면적 S를 구하여라.
또, $\triangle ABC=T$에 대하여 $\lim_{r\to 0}\dfrac{S}{T}$를 구하여라.

[문제 1]

$$y=k(x-x^3),\ x=k(y-y^3)\quad(k>0)$$

두 곡선이 $\alpha\neq\beta$인 교점 (α,β)를 가지므로,

$\beta=k(\alpha-\alpha^3)\ \cdots$ ①, $\quad\alpha=k(\beta-\beta^3)\ \cdots$ ②

①+②에서, $\alpha+\beta=k\{(\alpha+\beta)-(\alpha^3+\beta^3)\}$

$\alpha+\beta>0$이므로, $k\{1-(\alpha^2-\alpha\beta+\beta^2)\}=1$

$\therefore\ k(\alpha^2-\alpha\beta+\beta^2)=k-1\qquad\cdots$ ③

②−①에서, $\alpha-\beta=k\{-(\alpha-\beta)+\alpha^3-\beta^3\}$

$\alpha-\beta\neq0$이므로, $k(-1+\alpha^2+\alpha\beta+\beta^2)=1$

$\therefore\ k(\alpha^2+\alpha\beta+\beta^2)=k+1\qquad\cdots$ ④

---

③,④에서, $\alpha^2+\beta^2=1,\ \alpha\beta=\dfrac{1}{k}\qquad\cdots$ ⑤

$\alpha\neq\beta$에서, $\alpha^2+\beta^2>2\alpha\beta$

$1>2\cdot\dfrac{1}{k}\ (k>0)\qquad\therefore\ k>2$

$k>2$일 때, ⑤를 만족하는

$\alpha\neq\beta,\ \alpha>0,\ \beta>0$가 존재한다. …(답) ■

[문제 2]

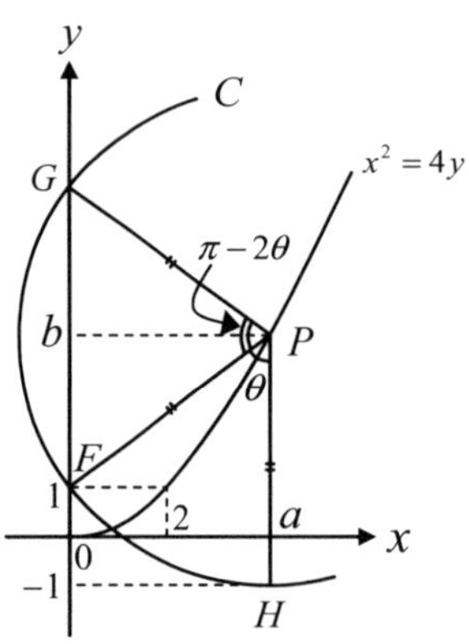

$y=-1$을 준선, 점 $F(0,1)$을 초점으로 하는 포물선의 방정식은 $x^2=4y$

점 $P(a,b)\ (a>0)$가 이 포물선 상에 있으므로,

$\overline{PF}=\overline{PH}=b+1$

$\angle FPH=\theta\ \left(0<\theta<\dfrac{\pi}{2}\right)$로 놓으면, $\sin\theta=\dfrac{a}{b+1}$

부채꼴 PFH의 면적 $S(a)$는

$$S(a)=\frac{1}{2}(b+1)^2\theta$$

$\triangle PGF$의 면적 $T(a)$는

$$T(a)=\frac{1}{2}(b+1)^2\sin(\pi-2\theta)$$

$$\therefore\ \frac{T(a)}{S(a)}=\frac{\sin2\theta}{\theta}$$

$a^2=4b$이므로, $a\to\infty$일 때

$$\sin\theta=\frac{a}{b+1}=\frac{4a}{a^2+4}\ \to\ 0$$

$$\therefore\theta\ \to\ 0\ \left(\because\ 0<\theta<\frac{\pi}{2}\right)$$

$\therefore\displaystyle\lim_{a\to\infty}\frac{T(a)}{S(a)}=\lim_{\theta\to0}\frac{\sin2\theta}{\theta}=2\quad$ …(답) ■

[문제 3]

(1) $z=x+iy\ (x,\,y$는 실수, $y>0)$일 때,

$$f(z)=\frac{z+1-q}{z+1}=\frac{x+1-q+iy}{x+1+iy}$$
$$=\frac{(x+1)^2+y^2-q(x+1)}{(x+1)^2+y^2}+\frac{iqy}{(x+1)^2+y^2}$$

$q>0,\ y>0$이므로, $\dfrac{qy}{(x+1)^2+y^2}>0$

따라서, $f(z)$는 H에 속한다. ■

(2)

$f(z)=\dfrac{z+1-q}{z+1}$, $q\neq0$이므로, $f(z)\neq1$

$z=\dfrac{1-q-f(z)}{f(z)-1}$로 되므로,

사상 f의 역사상 f^{-1}가 존재한다.

$f_n(z)=f(f_{n-1}(z))$이므로,

$$f_{10}(z)=f_5(z)\ \rightleftarrows\ f_9(z)=f_4(z)$$
$$\rightleftarrows\ \cdots\ \rightleftarrows\ f_6(z)=f_1(z)=f(z)$$
$$\rightleftarrows\ f_5(z)=z\qquad\cdots\ ①$$

$f_n(z)=f(f_{n-1}(z))$이므로,

$$f_2(z)=f(f_1(z))=\frac{(2-q)z+2(1-q)}{2z+(2-q)}$$

$$f_3(z)=f(f_2(z))=\frac{(4-3q)z+(4-q)(1-q)}{(4-q)z+(4-3q)}$$

$$f_5(z)=f(f_4(z))=f(f(f_3(z)))=f_2(f_3(z))$$
$$=\frac{(16-20q+5q^2)z+(16-12q+q^2)(1-q)}{(16-12q+q^2)z+(16-20q+5q^2)}$$

$16-20q+5q^2=A$, $16-12q+q^2=B$로 놓으면,

$$f_5(z)=\frac{Az+B(1-q)}{Bz+A}=z \qquad \cdots ②$$

> A, B는 실수이고 $z\in H$는 허수이므로,
> $Bz+A\neq 0$

임의의 $z\ (=x+iy,\ y>0)$에 대하여
②가 성립하므로, $z=iy\ \ (y>0)$로 놓자.

$$Az+B(1-q)=z(Bz+A)$$
$$Az+B(1-q)=Bz^2+Az$$
$$B(1-q)=-By^2 \qquad \cdots ③$$

③이 임의의 $y\ (>0)$에 대하여 성립하므로,

$$\therefore B=0$$

②에 대입하면, $f_5(z)=\dfrac{Az}{A}=z$
로 되므로, $A\neq 0$이어야 한다.

따라서, H에 속하는
임의의 z에 대하여 ②가 성립할 조건은
$B=16-12q+q^2=0$, $A=16-20q+5q^2\neq 0$

$$\therefore q=6\pm 2\sqrt{5} \quad (>0) \qquad \cdots(답)$$ ■

〈다른 방법〉
H에 속하는 임의의 z에 대하여
$f_5(z)=z$가 성립함을 보이면 된다.

일반적으로,

$$h(x)=\frac{ax+b}{cx+d},\ \ g(x)=\frac{a'x+b'}{c'x+d'}$$
$$(ad-bc\neq 0,\ a'd'-b'c'\neq 0)$$

에 대하여,

$$h(g(x))=\frac{(aa'+bc')x+(ab'+bd')}{(ca'+dc')x+(cb'+dd')},$$

$$\begin{pmatrix} a & b \\ c & d \end{pmatrix}\begin{pmatrix} a' & b' \\ c' & d' \end{pmatrix}=\begin{pmatrix} aa'+bc' & ab'+bd' \\ ca'+dc' & cb'+dd' \end{pmatrix}$$

따라서, $f(z)=\dfrac{z+1-q}{z+1}$에 대하여

$$A=\begin{pmatrix} 1 & 1-q \\ 1 & 1 \end{pmatrix},\ A^5=\begin{pmatrix} a_5 & b_5 \\ c_5 & d_5 \end{pmatrix}$$

로 놓으면,

$$f_5(z)=\frac{a_5z+b_5}{c_5z+d_5}$$

로 표시된다.

따라서, $f_5(z)=z$가 성립하기 위한 조건은

$$b_5=c_5=0,\ a_5=d_5\neq 0$$
$$\therefore A^5=kE,\ k\neq 0\ (E\text{는 단위행렬})$$

행렬 A에 대하여 $A^2-2A+qE=0$이므로

$$A^5=(A^3+2A^2+(4-q)A+(8-4q)E)$$
$$\times(A^2-2A+qE)$$
$$+(q^2-12q+16)A+(4q^2-8q)E$$
$$=(q^2-12q+16)A+(4q^2-8q)E$$
$$=kE \quad (k\neq 0)$$

$A\neq lE$이므로,

$$q^2-12q+16=0,\ 4q^2-8q\neq 0$$
$$\therefore q=6\pm 2\sqrt{5} \quad (>0)$$

[문제 4]

$P=\dfrac{10^{210}}{10^{10}+3}$ 으로 놓자.

$$\frac{10^{210}}{10^{10}+10^{10}} < P=\frac{10^{210}}{10^{10}+3} < \frac{10^{210}}{10^{10}}$$

$$\therefore 5\cdot 10^{199} < P < 10^{200}$$

답 : P의 정수부분은 200자리 ■

$Q=\dfrac{n^{21}+3^{21}}{n+3}$, $n=10^{10}$으로 놓자.

Q는 일의 자리가 1인 정수이며 … (i)
$1 < Q-P < 2$로 된다. … (ii)

$Q-2 < P < Q-1$이므로,
P의 일의 자리는 9이다. …(답) ■

(i) Q : 일의 자리가 1인 정수

$$Q=\frac{n^{21}+3^{21}}{n+3}$$
$$=\frac{(n+3)(n^{20}-n^{19}\cdot 3+n^{18}\cdot 3^2-\cdots-n\cdot 3^{19}+3^{20})}{n+3}$$
$$=\underline{n^{20}-n^{19}\cdot 3+n^{18}\cdot 3^2-\cdots-n\cdot 3^{19}}+3^{20}$$

이므로, Q는 정수이다.

$n=10^{10}$ 이므로,
위에서 밑줄 친 부분은 10의 배수이다.
또, 3^{20}의 일의 자리는 1이므로,
정수 Q의 일의 자리는 1이다.

(ii) $1 < Q-P < 2$

$$Q-P=\frac{n^{21}+3^{21}}{n+3}-\frac{n^{21}}{n+3}=\frac{3^{21}}{n+3}$$

$n+3=10^{10}+3 < 10460353203=3^{21} < 2\cdot 10^{10}$
이므로,

$$\therefore 1 < \frac{3^{21}}{n+3} < \frac{2\cdot 10^{10}}{10^{10}+3} < 2$$ ■

[문제 5]

$0\leqq x\leqq 1$ 일 때, $f(x)=\pi x^2\sin\pi x^2 \geqq 0$

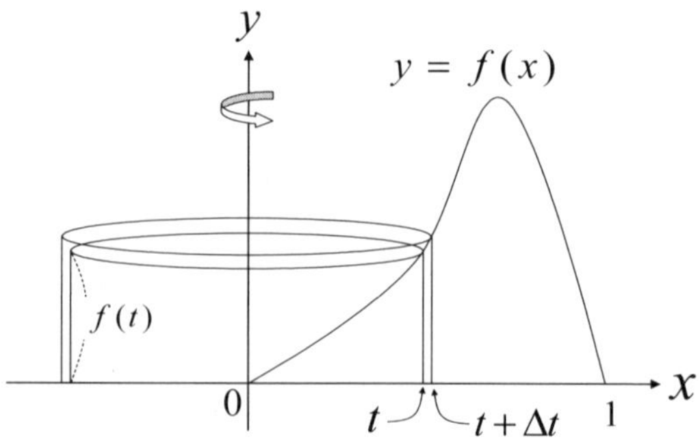

그림에서, $t\leqq x\leqq t+\Delta t$의 부분을 y축 둘레로 회전시켜 얻어지는 입체의 체적 ΔV는,
Δt가 충분히 작으면

$$\Delta V \fallingdotseq \pi\{(t+\Delta t)^2-t^2\}f(t)$$
$$=\pi\{2t\Delta t+(\Delta t)^2\}f(t)$$

$$\therefore \frac{\Delta V}{\Delta t}=\pi(2t+\Delta t)f(t)$$

$\Delta t\to 0$ 이면, $\dfrac{dV}{dt}=2\pi t f(t)$

$$\therefore V=\int_0^1 2\pi t f(t)\,dt=2\pi\int_0^1 x f(x)\,dx$$

$f(x)=\pi x^2\sin\pi x^2$ 이면,

$$V=2\pi\int_0^1 \pi x^3\sin\pi x^2\,dx$$

$\pi x^2=u$로 놓으면, $2\pi x\,dx=du$

$$\therefore V=\int_0^\pi u\sin u\,du$$
$$=[u(-\cos u)]_0^\pi+\int_0^\pi \cos u\,du$$
$$=\pi$$ …(답) ■

[문제 6]

적옥(赤玉) 1개를 고정하고 생각하자.

적옥들 사이에 연이어 늘어선 백옥의 개수를 $k-a, k-b, k-c$개로 놓으면,

$3k-(a+b+c)=n, \; a+b+c=3k-n \geq 0 \quad \cdots ①$

백옥이 연이어 $k+1$ 개 이상 늘어서는 곳이 없을 조건은

$0 \leq k-a \leq k,$

$0 \leq k-b \leq k,$

$0 \leq k-c \leq k$

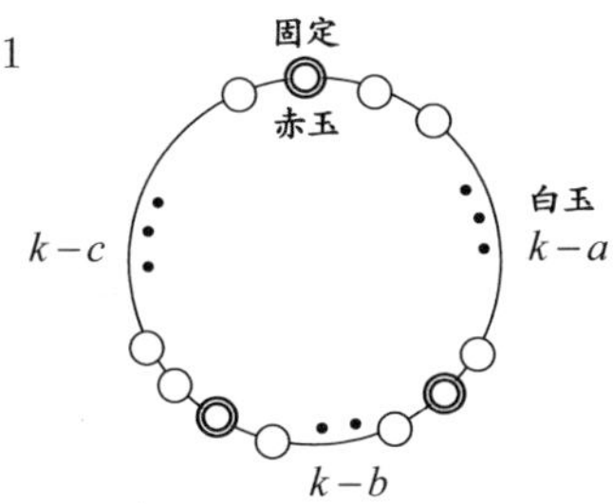

$\therefore 0 \leq a \leq k, \; 0 \leq b \leq k, \; 0 \leq c \leq k \quad \cdots ②$

$k-(3k-n)=n-2k>0$이므로, ①, ②에서

$a+b+c=3k-n, \; 0 \leq a, \; 0 \leq b, \; 0 \leq c$

이를 만족하는 a, b, c의 조(組)의 개수는

$${}_3H_{3k-n} = {}_{3k-n+2}C_{3k-n} = {}_{3k-n+2}C_2$$

적옥 2개와 백옥 n개를 나열하는 방법은

$${}_{n+2}C_2$$

이므로, 구하는 확률은

$$\frac{{}_{3k-n+2}C_2}{{}_{n+2}C_2} = \frac{(3k-n+2)(3k-n+1)}{(n+2)(n+1)}$$

…(답) ■

[문제 7]

(1) C_1 상의 점 $P\left(p, \; p^2+\frac{1}{a^2}\right)$에서의 접선의 방정식은 $y=2px-p^2+\frac{1}{a^2}$

C_2 상의 점 $Q(q, -(q-a)^2)$에서의 접선의 방정식은 $y=-2(q-a)x+q^2-a^2$

따라서, C_1, C_2 모두에 접하는 직선이 존재하기 위한 조건은

$$2p=-2(q-a), \; -p^2+\frac{1}{a^2}=q^2-a^2$$

$$\therefore p+q=a, \; p^2+q^2=a^2+\frac{1}{a^2} \quad \cdots ①$$

그림과 같이, ①을 만족하는 (p, q)는 2조이다.

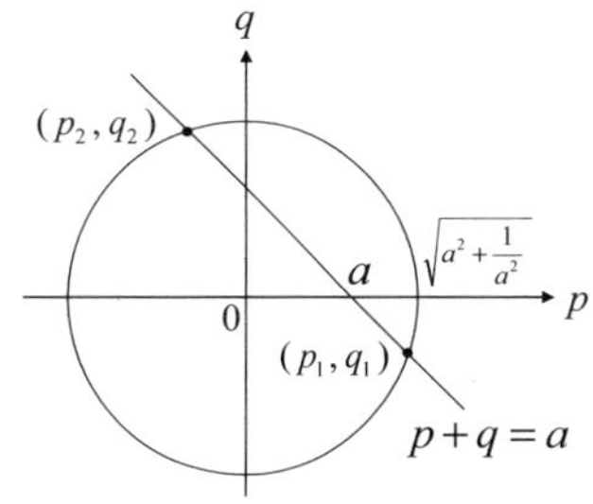

이를 각각 (p_1, q_1), (p_2, q_2)로 놓으면, 대칭성에 의하여, $p_2=q_1, \; q_2=p_1$

따라서, 구하는 접선은 2개이다. ■

(2) 4개의 접점을 다음과 같이 놓자.

$$P_i\left(p_i, \; {p_i}^2+\frac{1}{a^2}\right), \; Q_i(q_i, \; -(q_i-a)^2) \quad (i=1, 2)$$

$\square P_1P_2Q_1Q_2$의 면적은 $\overrightarrow{P_1Q_1}$, $\overrightarrow{P_2Q_2}$를 두 변으로 하는 평행사변형의 면적의 반이다.

①에 의하여,

$$\overrightarrow{P_iQ_i} = (q_i-p_i)(1, 2p_i) \quad (i=1,2)$$

이므로,

$$2S(a)=|(q_1-p_1)(q_2-p_2)(2p_2-2p_1)|$$

$$\therefore \; S(a)=|p_1-q_1|^3 \quad (a>0)$$

---

①에 의하여,

$$(p_1-q_1)^2 = 2({p_1}^2+{q_1}^2)-(p_1+q_1)^2$$

$$=2\left(a^2+\frac{1}{a^2}\right)-a^2=a^2+\frac{2}{a^2}$$

$$\geq 2\sqrt{a^2 \cdot \frac{2}{a^2}} = 2\sqrt{2}$$

$a=\sqrt[4]{2}$일 때 $(p_1-q_1)^2$은 최솟값 $2\sqrt{2}$를 가지므로, $S(a)$의 최솟값은

$$\therefore S(\sqrt[4]{2})=(2\sqrt{2})^{\frac{3}{2}}=4\sqrt[4]{2} \quad \cdots(답)$$ ■

[문제 8]

(2)

$$(*)\quad \begin{cases} f_n(z) = \dfrac{r_n z + (1-q)s_n}{s_n z + r_n} \\ r_n^{\,2} - (1-q)s_n^{\,2} = q^n \end{cases}$$

이 성립하게 하는

z에 의존하지 않는 실수 r_n, s_n이 존재함을 수학적 귀납법으로 증명하자.

[I] $n=1$인 경우

$r_1 = s_1 = 1$이면,

임의의 z에 대하여 (*)가 성립한다.

[II] $n=k$인 경우 (*)가 성립하면,

$$\begin{cases} f_k(z) = \dfrac{r_k z + (1-q)s_k}{s_k z + r_k} \\ r_k^2 - (1-q)s_k^2 = q^k \end{cases} \quad \cdots ①$$

이때,

$$f_{k+1}(z) = f\left(f_k(z)\right)$$
$$= \frac{\{r_k + (1-q)s_k\}z + (1-q)(r_k + s_k)}{(r_k + s_k)z + \{r_k + (1-q)s_k\}}$$

$r_{k+1} = r_k + (1-q)s_k$, $s_{k+1} = r_k + s_k$로 놓으면,

r_{k+1}, s_{k+1}은 z에 의존하지 않는 실수이며

$$r_{k+1}{}^2 - (1-q)s_{k+1}{}^2 = qr_k{}^2 - q(1-q)s_k{}^2$$
$$= q\{r_k{}^2 - (1-q)s_k{}^2\}$$
$$= q^{k+1} \quad (\because ①)$$

따라서, $n=k+1$일 때도 (*)가 성립한다.

[I], [II]에 의하여,

모든 자연수 n에 대하여 (*)가 성립한다.

(증명 끝) ■

[문제 9]

조건 (ii)에 의하여, $\triangle ABC$를 원 O와 한 점만 공유하면서 원 O의 외부에서 평행이동시키면, $\triangle ABC$가 통과하는 범위는 그림과 같으며 경계를 포함한다.

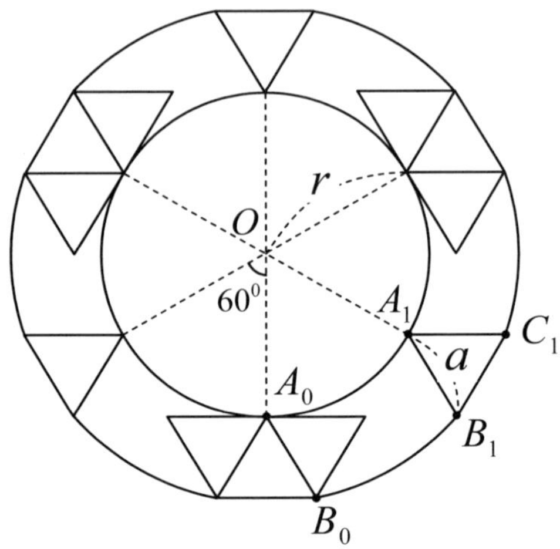

도형 $A_0B_0B_1A_1$의 면적을 S_0라 하면,

$$S_0 = \overline{A_0A_1} \cdot \overline{A_0B_0} = ra$$

정삼각형 $A_1B_1C_1$의 넓이는

$$T = \frac{\sqrt{3}}{4}a^2$$

$$\therefore\ S = 6(S_0 + T)$$
$$= 6ra + \frac{3\sqrt{3}}{2}a^2 \qquad \cdots(\text{답})\ ■$$

$$\lim_{r\to 0}\frac{S}{T} = \lim_{r\to 0}\frac{6ra + \frac{3\sqrt{3}}{2}a^2}{\frac{\sqrt{3}}{4}a^2}$$
$$= \frac{\frac{3\sqrt{3}}{2}a^2}{\frac{\sqrt{3}}{4}a^2} = 6 \qquad \cdots(\text{답})\ ■$$

〈 1990年 前期 − 理科 〉 時間 : 150分

1. $a_n=\sum_{k=1}^{n}\frac{1}{\sqrt{k}}$, $b_n=\sum_{k=1}^{n}\frac{1}{\sqrt{2k+1}}$

이라 할 때, $\lim_{n\to\infty}a_n$, $\lim_{n\to\infty}\frac{b_n}{a_n}$을 구하여라.

2. 삼차함수 $h(x)=px^3+qx^2+rx+s$는 다음 두 조건 (i), (ii)를 만족한다.

(i) $h(1)=1$, $h(-1)=-1$

(ii) 구간 $-1\leqq x\leqq 1$에서 극댓값 1, 극솟값 -1을 갖는다.

(1) $h(x)$를 구하여라.

(2) 삼차함수 $f(x)=ax^3+bx^2+cx+d$가 구간 $-1<x<1$에서 $-1<f(x)<1$를 만족할 때, $|x|>1$인 임의의 실수 x에 대하여 부등식 $|f(x)|<|h(x)|$가 성립함을 증명하라.

3. V는 한 변의 길이가 1인 정팔면체로, xyz공간상에서 $|x|+|y|+|z|\leqq\frac{1}{\sqrt{2}}$를 만족하는 점 (x,y,z)의 집합과 합동이다.

(1) V의 한 면과 평행한 평면으로 V를 자르면, 잘린 면의 둘레의 길이는 일정함을 보여라.

(2) 한 변의 길이가 1인 정사각형 모양의 구멍이 뚫린 평면이 있다. V를 이 평면에 닿지 않게 구멍으로 통과시킬 수 있는가? 결론과 이유를 서술하시오.

4. 행렬 $M=\begin{pmatrix}\frac{1}{1+a^2} & -\frac{a}{1+a^2}\\ \frac{a}{1+a^2} & \frac{1}{1+a^2}\end{pmatrix}$에 대하여, 점열 $P_n(x_n,\ y_n)$ $(n=0,\ 1,\ 2,\ \cdots)$을 다음과 같이 정하자.

$$\begin{pmatrix}x_0\\y_0\end{pmatrix}=\begin{pmatrix}1\\0\end{pmatrix},\ \begin{pmatrix}x_1\\y_1\end{pmatrix}=M\begin{pmatrix}x_0\\y_0\end{pmatrix},\ \cdots,$$

$$\begin{pmatrix}x_n\\y_n\end{pmatrix}=M\begin{pmatrix}x_{n-1}\\y_{n-1}\end{pmatrix}$$

(1) a가 양의 실수로 변할 때, $\triangle P_0P_1P_2$의 면적을 최대로 하는 a값을 구하여라.

(2) a를 (1)에서 구한 값이라 하자. $\triangle P_0P_1P_2$, $\triangle P_1P_2P_3$, $\cdots$, $\triangle P_nP_{n+1}P_{n+2}$의 합집합으로 표시되는 도형의 면적을 S_n이라 할 때, $\lim_{n\to\infty}S_n$을 구하여라.

5. 원 $x^2+y^2=1$을 C_0, 타원 $\frac{x^2}{a^2}+\frac{y^2}{b^2}=1$ $(a>0,\ b>0)$을 C_1이라 하자. C_1상의 어떠한 점 P에 대해서도, P를 꼭짓점으로 하고 C_0에 외접하며 C_1에 내접하는 평행사변형이 존재하기 위한 필요충분조건을 $a,\ b$로 나타내어라.

6. 한 개의 주사위를 연이어 던져 최초 n회에 나온 수를 순서대로 소수 이하의 자리에 나열하여 만든 실수를 a_n이라 하자. 예를 들면, 나온 수가 차례로 5, 2, 6, …인 경우, $a_1=0.5$, $a_2=0.52$, $a_3=0.526$, …으로 된다. 실수 α에 대하여, $a_n\leqq\alpha$일 확률을 $p_n(\alpha)$로 놓자.

(1) $\lim_{n\to\infty}p_n\left(\frac{41}{333}\right)$을 구하여라.

(2) $\lim_{n\to\infty}p_n(\alpha)=\frac{1}{2}$로 되는 것은 α가 어떠한 범위에 있을 때인가?

[문제 1]

$$\sqrt{k+1}-\sqrt{k}=\frac{1}{\sqrt{k+1}+\sqrt{k}}<\frac{1}{2\sqrt{k}}$$

이 성립하므로,

$$a_n=\sum_{k=1}^{n}\frac{1}{\sqrt{k}}>\sum_{k=1}^{n}2(\sqrt{k+1}-\sqrt{k})=2(\sqrt{n+1}-1)$$

$$\lim_{n\to\infty}a_n>\lim_{n\to\infty}2(\sqrt{n+1}-1)=\infty$$

$$\therefore \lim_{n\to\infty}a_n=\infty \quad \cdots(\text{답})$$ ■

$$\frac{1}{\sqrt{2k+2}}<\frac{1}{\sqrt{2k+1}}<\frac{1}{\sqrt{2k}}$$

이 성립하므로,

$$\frac{1}{\sqrt{2}}\sum_{k=1}^{n}\frac{1}{\sqrt{k+1}}<\sum_{k=1}^{n}\frac{1}{\sqrt{2k+1}}<\frac{1}{\sqrt{2}}\sum_{k=1}^{n}\frac{1}{\sqrt{k}}$$

$$\frac{1}{\sqrt{2}}\sum_{k=1}^{n}\left(\frac{1}{\sqrt{k}}+\frac{1}{\sqrt{k+1}}-\frac{1}{\sqrt{k}}\right)<b_n<\frac{1}{\sqrt{2}}a_n$$

$$\therefore \frac{1}{\sqrt{2}}\left(a_n+\frac{1}{\sqrt{n+1}}-1\right)<b_n<\frac{1}{\sqrt{2}}a_n$$

각 변을 $a_n(>0)$으로 나누면,

$$\frac{1}{\sqrt{2}}\left\{1+\frac{1}{a_n}\left(\frac{1}{\sqrt{n+1}}-1\right)\right\}<\frac{b_n}{a_n}<\frac{1}{\sqrt{2}}$$

$\lim_{n\to\infty}a_n=\infty$이므로,

$$\lim_{n\to\infty}\frac{1}{a_n}\left(\frac{1}{\sqrt{n+1}}-1\right)=0$$

따라서, $\lim_{n\to\infty}\frac{b_n}{a_n}=\frac{1}{\sqrt{2}}$ $\cdots$(답) ■

[문제 2]

(1) $x=\alpha$에서 극댓값, $x=\beta$에서 극솟값을 갖는다고 하면, 조건 (ⅰ), (ⅱ)에 의하여 $h(x)$는 다음 두 가지 형태로 된다.

$$h(x)=p(x-1)(x-\alpha)^2+1$$
$$=p\{x^3-(1+2\alpha)x^2+(2\alpha+\alpha^2)x\}-p\alpha^2+1$$
$$h(x)=p(x+1)(x-\beta)^2-1$$
$$=p\{x^3+(1-2\beta)x^2+(-2\beta+\beta^2)x\}+p\beta^2-1$$

두 식을 비교하면,

$$\begin{cases}\beta-\alpha=1 & \text{①}\\ (\alpha+\beta)(\alpha-\beta+2)=0 & \text{②}\\ p(\alpha^2+\beta^2)=2 & \text{③}\end{cases}$$

①, ②에서, $\alpha+\beta=0$

①과 연립하면, $\alpha=-\frac{1}{2}$, $\beta=\frac{1}{2}$

③에 대입하면, $p=4$

따라서, $h(x)=4(x-1)\left(x+\frac{1}{2}\right)^2+1$

$$\therefore h(x)=4x^3-3x \quad \cdots(\text{답})$$ ■

(2) $F(x)=h(x)+f(x)$로 놓으면,

$$\begin{cases}F(-1)=-1+f(-1)\leqq 0\\ F\left(-\frac{1}{2}\right)=1+f\left(-\frac{1}{2}\right)>0\\ F\left(\frac{1}{2}\right)=-1+f\left(\frac{1}{2}\right)<0\\ F(1)=1+f(1)\geqq 0\end{cases}$$

이므로, 3차함수 $F(x)$는

$-1<x<1$에서 극댓값과 극솟값을 가지며

$$\begin{cases}x>1\text{에서, } F(x)>0\\ x<-1\text{에서, } F(x)<0\end{cases}$$

또, $G(x)=h(x)-f(x)$로 놓으면,

같은 방법으로

$$\begin{cases}x>1\text{에서, } G(x)>0\\ x<-1\text{에서, } G(x)<0\end{cases}$$

$x>1$일 때,

$h(x)\pm f(x)>0$이므로 $-h(x)<f(x)<h(x)$

$$\therefore |f(x)|<h(x)$$

$x<-1$일 때,

$h(x)\pm f(x)<0$이므로 $h(x)<f(x)<-h(x)$

$$\therefore |f(x)|<-h(x)$$

따라서, $|x|>1$일 때, $|f(x)|<|h(x)|$ ■

[문제 3]

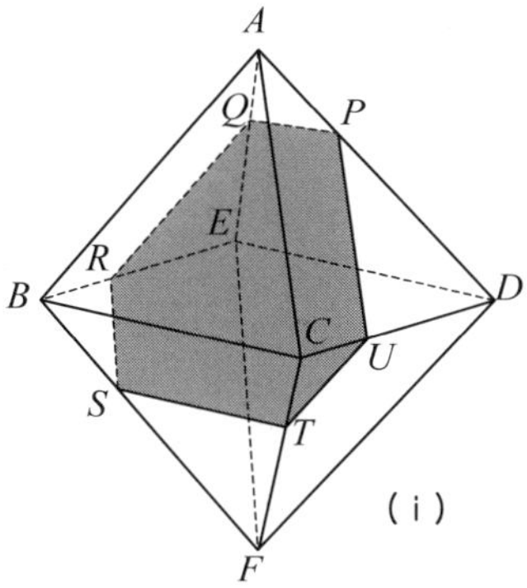

(ⅰ)

그림 (ⅰ)과 같이, 정팔면체 V의 꼭지점을 A, B, C, D, E, F 라 하고, $\triangle ABC$에 평행한 평면으로 잘랐을 때의 잘린 면을 $PQRSTU$라 하자.

$\overline{AP}=a\ (0<a<1)$로 놓으면,

$\dfrac{\overline{PQ}}{\overline{DE}}=\dfrac{\overline{AP}}{\overline{AD}}$에서, $\overline{PQ}=a$

같은 방법으로, $\overline{RS}=\overline{TU}=a$

또, $\dfrac{\overline{QR}}{\overline{AB}}=\dfrac{\overline{EQ}}{\overline{EA}}$에서, $\overline{QR}=1-a$

같은 방법으로, $\overline{ST}=\overline{UP}=1-a$

따라서, 잘린 면의 둘레의 길이는

$$3a+3(1-a)=3\ (\text{일정})$$ ■

(2)

(1)에서 잘린 단면은 그림 (ⅱ)와 같은 모양으로 된다. (두 삼각형은 한 변의 길이가 1인 정삼각형이다.)

또, 그림 (ⅲ)과 같이 한 변의 길이가 1인 정삼각형 ABC의 꼭짓점 A를 한 변의 길이가 1인 정사각형의 한 꼭짓점에 일치시키면, 다른 두 점 B, C는 A를 중심으로 하는 반경 1의 원주상에 있으므로 $\triangle ABC$는 정사각형의 내부에 포함된다.

(ⅱ)

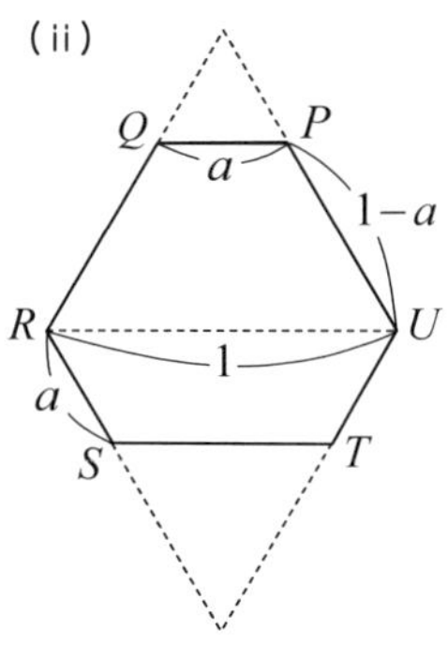

(ⅲ)

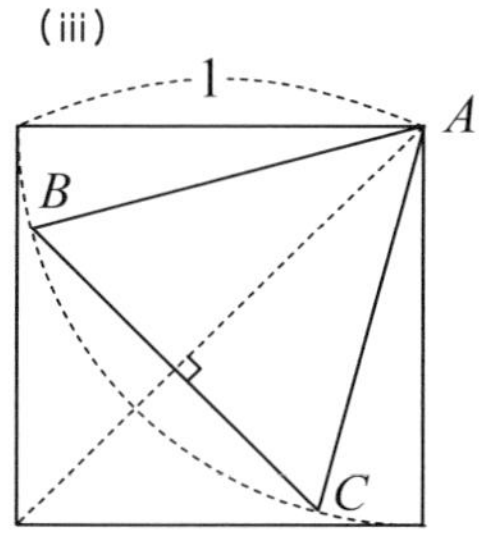

이어, 그림 (ⅳ)에 있어서 P'는 P를 지나고 대각선 AG와 평행한 직선과 정사각형의 한 변 AH와의 교점이다.

(ⅳ)

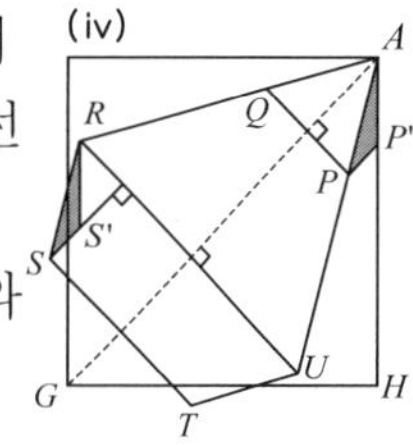

또, S'는 S를 지나고 대각선 AG와 평행한 직선과 R을 지나고 변 AH에 평행한 직선의 교점이다.

$\triangle APP' \equiv \triangle RSS'$이므로, $\overline{PP'}=\overline{SS'}$

잘린 도형 $PQRSTU$를 K라 하자. P가 P'에 일치하도록 K를 평행이동하면, S는 정사각형의 내부에 있게 되며 대칭성에 의하여 T도 정사각형의 내부에 있게 된다.

이 상태에서 T와 $\overline{GH}$의 거리 $\alpha>0$에 대하여, K를 $\overline{GH}$에 평행하게 G방향으로 $\dfrac{\sqrt{2}}{2}\alpha$만큼 평행이동하면 K는 정사각형의 내부에 있게 된다.

최초 $\triangle ABC$를 한 변의 길이가 1인 정사각형의 구멍에 평행하게 넣은 후,
위와 같이 평면에 닿지 않게 구멍으로 통과시킬 수 있다. ■

[문제 4]

(1) $a>0$이므로,

$$\cos\theta=\frac{1}{\sqrt{1+a^2}},\ \sin\theta=\frac{a}{\sqrt{1+a^2}} \qquad \cdots ①$$

를 만족하는 $\theta\ (0^\circ<\theta<90^\circ)$가 존재한다.

$$\therefore M=\frac{1}{\sqrt{1+a^2}}\begin{pmatrix}\cos\theta & -\sin\theta\\ \sin\theta & \cos\theta\end{pmatrix}$$

따라서, 행렬 M으로 표현되는 일차변환은
원점을 중심으로 하는 θ회전과
원점을 닮음의 중심으로 하는
닮음비 $\dfrac{1}{\sqrt{1+a^2}}$인 닮음변환의 합성변환이다.

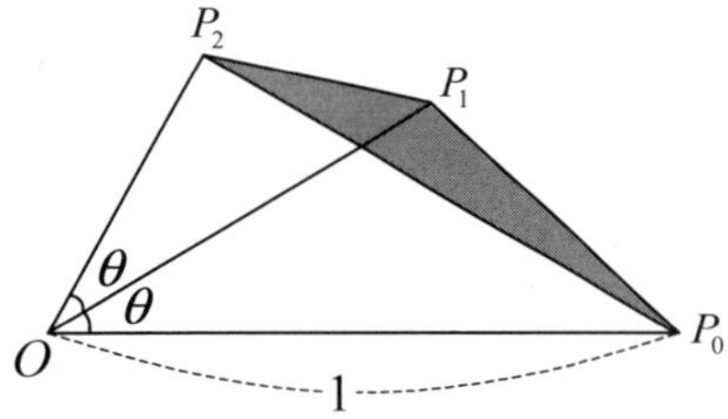

원점을 O라 하면,

$\triangle P_0P_1P_2 = \triangle OP_0P_1 + \triangle OP_1P_2 - \triangle OP_0P_2$

$$= \frac{\sin\theta}{2\sqrt{1+a^2}} + \frac{\sin\theta}{2(1+a^2)\sqrt{1+a^2}} - \frac{\sin 2\theta}{2(1+a^2)}$$

①을 대입하면,

$$\triangle P_0P_1P_2 = \frac{a^3}{2(1+a^2)^2} = f(a)$$

$f'(a) = \dfrac{a^2(3-a^2)}{2(1+a^2)^3}$이므로,

$f(a)$는 $a=\sqrt{3}$에서 극대이며 최대이다.

답 : $a=\sqrt{3}$ ■

(2) $a=\sqrt{3}$이면, $\theta = 60^0$

$\triangle P_nP_{n+1}P_{n+2} \backsim \triangle P_{n+1}P_{n+2}P_{n+3}$이며

닮음비는 $\dfrac{1}{\sqrt{1+(\sqrt{3})^2}} = \dfrac{1}{2}$이므로,

$$\triangle P_{n+1}P_{n+2}P_{n+3} = \frac{1}{4}\triangle P_nP_{n+1}P_{n+2}$$

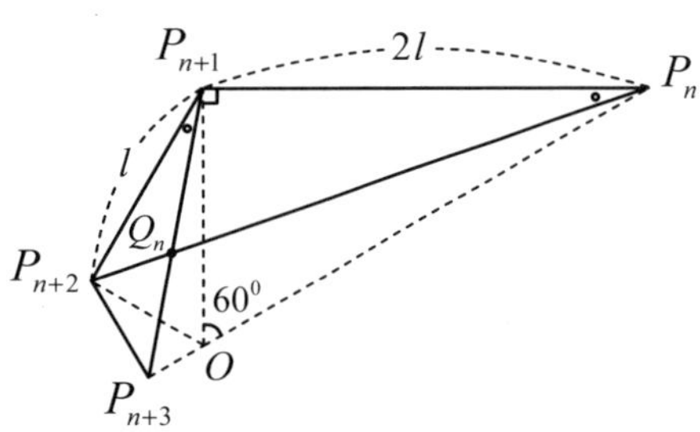

여기서, $\overline{P_nP_{n+2}}$와 $\overline{P_{n+1}P_{n+3}}$의 교점을 Q_n,

$\overline{P_nP_{n+1}} = 2l$로 놓으면,

$\angle P_nP_{n+1}P_{n+2} = 120^0$이므로,

$\overline{P_nP_{n+2}} = \sqrt{7}l$

$\triangle P_{n+1}Q_nP_{n+2} \backsim \triangle P_nP_{n+1}P_{n+2}$이므로,

$$\triangle P_{n+1}Q_nP_{n+2} = \frac{1}{7}\triangle P_nP_{n+1}P_{n+2}$$

$$\therefore \triangle P_nP_{n+1}Q_n = \frac{6}{7}\triangle P_nP_{n+1}P_{n+2}$$

$\overline{OP_n}$은 $\overline{OP_0}$를 원점을 중심으로 $60^0 \times n$만큼 회전시켜 얻어지므로,

$\overline{OP_1}, \overline{OP_7}, \overline{OP_{13}}, \cdots$은 모두 $\overline{OP_1}$ 위에 있다.

이제, $\overline{OP_1}$과 $\overline{P_0P_2}$의 교점 R에 대하여

$\overline{OP_7} < \overline{OR}$을 보이면,

$\triangle P_0P_1P_2$는 $\triangle P_1P_2P_3$와만 만나며

다른 삼각형들과는 만나지 않는다.

($\because \triangle P_0P_1P_2 \cap \triangle P_kP_{k+1}P_{k+2} = \varnothing$, $k=2, 3, 4, \cdots$)

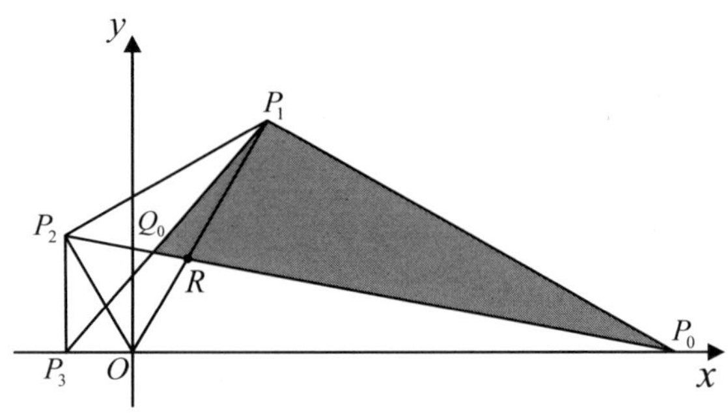

이제, $\overline{OP_7} < \overline{OR}$를 보이자.

$P_1\left(\dfrac{1}{4}, \dfrac{\sqrt{3}}{4}\right)$, $P_2\left(-\dfrac{1}{8}, \dfrac{\sqrt{3}}{8}\right)$이므로,

$R\left(\dfrac{1}{10}, \dfrac{\sqrt{3}}{10}\right)$ $\quad \therefore \overline{OR} = \dfrac{1}{5}$

$\therefore \overline{OP_7} = \dfrac{1}{2^7} < \dfrac{1}{5} = \overline{OR}$

$P_2, P_3, P_4, \cdots$를 모두 원점을 중심으로 -60^0만큼 회전시켜 길이를 두 배로 하면 위와 같으므로, $\triangle P_1P_2P_3$는 $\triangle P_0P_1P_2$, $\triangle P_2P_3P_4$와만 만나며 다른 삼각형들과는 만나지 않는다. 같은 방법으로,

$n=2, 3, 4, \cdots$에 대하여 $\triangle P_nP_{n+1}P_{n+2}$는

$\triangle P_{n-1}P_nP_{n+1}$, $\triangle P_{n+1}P_{n+2}P_{n+3}$과만 만나며

다른 삼각형들과는 만나지 않는다.

따라서,

$$\lim_{n\to\infty} S_n = \sum_{n=0}^{\infty} \triangle P_n P_{n+1} Q_n$$
$$= \sum_{n=0}^{\infty} \frac{6}{7} \triangle P_n P_{n+1} P_{n+2}$$
$$= \frac{6}{7} \cdot \frac{1}{1-\frac{1}{4}} \cdot \triangle P_0 P_1 P_2$$
$$= \frac{3\sqrt{3}}{28} \quad \cdots(\text{답}) \ \blacksquare$$

[문제 5]

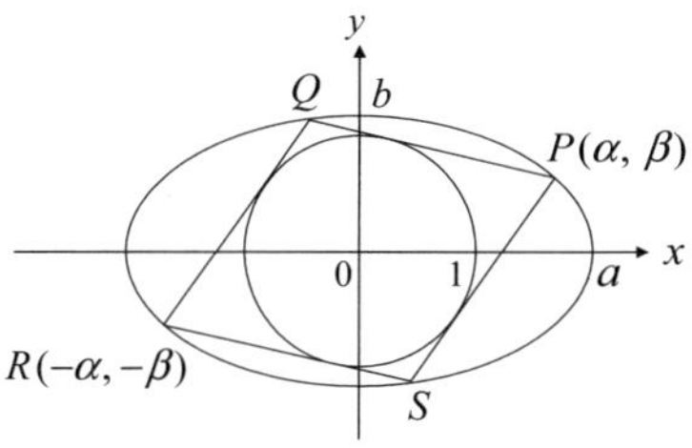

평행사변형의 네 변이 좌표축과 평행한 경우는 꼭짓점이 $(\pm 1, \pm 1)$이므로,

C_1에 대입하면 $\frac{1}{a^2} + \frac{1}{b^2} = 1$

$$\therefore a^2 + b^2 = a^2 b^2$$

$P(\alpha,\beta)$ $(\alpha \neq \pm 1)$로 놓으면,
$R(-\alpha, -\beta)$도 평행사변형의 한 꼭짓점이다.

P, R을 지나는 기울기 m인 두 직선은

$$y = m(x \mp \alpha) \pm \beta \ (\text{복호동순}) \quad \cdots ①$$

①을 원 C_0의 식에 대입하면,

$$(1+m^2)x^2 \mp 2m(m\alpha-\beta)x + (m\alpha-\beta)^2 - 1 = 0$$

①과 원 C_0가 접하므로,

$$(\alpha^2-1)m^2 - 2\alpha\beta m + \beta^2 - 1 = 0 \quad (\alpha \neq \pm 1)$$

이 식의 두 근을 m_1, m_2라 하면,

$$m_1 + m_2 = \frac{2\alpha\beta}{\alpha^2-1}, \ m_1 m_2 = \frac{\beta^2-1}{\alpha^2-1} \quad \cdots ②$$

여기서, P, R을 지나는 두 직선

$$y = m_1(x-\alpha)+\beta, \ y = m_2(x+\alpha)-\beta$$

의 교점을 (x, y)로 놓으면, ②를 이용하여

$$x = \frac{(m_1+m_2)\alpha - 2\beta}{m_1 - m_2} = \frac{2\beta}{(m_1-m_2)(\alpha^2-1)}$$
$$y = \frac{2m_1 m_2 \alpha - (m_1+m_2)\beta}{m_1 - m_2} = -\frac{2\alpha}{(m_1-m_2)(\alpha^2-1)}$$

문제의 조건을 만족하는 평행사변형이 존재하는 것은 이 교점이 타원 C_1 상에 있는 것이므로, ②를 이용하여

$$\frac{x^2}{a^2} + \frac{y^2}{b^2} = \frac{1}{a^2} \cdot \frac{4\beta^2}{(m_1-m_2)^2(\alpha^2-1)^2} + \frac{1}{b^2} \cdot 4\frac{\alpha^2}{(m_1-m_2)^2(\alpha^2-1)^2}$$

$$(m_1-m_2)^2 = (m_1+m_2)^2 - 4m_1 m_2 = \frac{4(\alpha^2+\beta^2-1)}{(\alpha^2-1)^2}$$

$$= \frac{1}{a^2} \cdot \frac{(\alpha^2-1)^2}{4(\alpha^2+\beta^2-1)} \cdot \frac{4\beta^2}{(\alpha^2-1)^2} + \frac{1}{b^2} \cdot \frac{(\alpha^2-1)^2}{4(\alpha^2+\beta^2-1)} \cdot \frac{4\alpha^2}{(\alpha^2-1)^2}$$
$$= \frac{1}{\alpha^2+\beta^2-1}\left(\frac{\beta^2}{a^2} + \frac{\alpha^2}{b^2}\right) = 1$$

$\beta^2 = \frac{b^2}{a^2}(a^2-\alpha^2)$을 대입하여 정리하면,

$$(a^4 - b^4 + a^2b^4 - a^4b^2)\alpha^2 + a^4b^2 - a^4b^4 + a^2b^4 = 0$$
$$(a^2+b^2-a^2b^2)(a^2-b^2)\alpha^2 + a^2b^2(a^2+b^2-a^2b^2) = 0$$
$$(a^2+b^2-a^2b^2)\{a^2b^2 + (a^2-b^2)\alpha^2\} = 0$$

이 식이 α에 관계없이 성립하여야 하므로,

$$a^2 + b^2 - a^2b^2 = 0$$

따라서, 구하는 필요충분조건은

$$a^2 + b^2 - a^2b^2 = 0 \quad \cdots(\text{답}) \ \blacksquare$$

〈 다른 방법 〉

평행사변형 $PQRS$에 있어,
원점 O에서 $\overline{PQ}$, $\overline{PS}$까지의 거리가 1로 같고 $\triangle OPQ = \triangle OPS$이므로, $\overline{PQ} = \overline{PS}$

사각형 $PQRS$는 마름모가 되어 $\overline{OP} \perp \overline{OQ}$이므로, $P(\alpha, \beta)$, $Q(k\beta, -k\alpha)$로 놓을 수 있다.

$\overline{OP} \cdot \overline{OQ} = \overline{PQ}$이므로,

$$(\alpha^2+\beta^2)(k^2\beta^2+k^2\alpha^2) = (\alpha-k\beta)^2+(\beta+k\alpha)^2$$

$$\therefore k^2(\alpha^2+\beta^2) = 1+k^2$$

이하, P, Q가 타원 C_1 상의 점인 것에서
k, β를 소거하여 정리하면,

$$(a^2+b^2-a^2b^2)\{a^2b^2+(a^2-b^2)\alpha^2\} = 0$$

[문제 6]

(1)

$$\frac{41}{333} = \frac{123}{999} = 0.\dot{1}2\dot{3} = 0.123123123\cdots$$

조건을 만족하는 소수점 이하 첫 번째 자리부터 세 번째 자리까지는 다음과 같다.

111, 112, 113, 114, 115, 116, 121, 122, 123

이중 앞의 8개(사건 A)가 나올 확률은 $\frac{8}{6^3}$,

마지막의 123(사건 B)의 확률은 $\frac{1}{6^3}$

$$\therefore p_3 = \frac{8}{6^3} + \frac{1}{6^3}$$

이어, 네 번째 자리부터
여섯 번째 자리까지를 고려하자.
A의 경우는 네 번째 자리 이하에 무엇이 나오든 관계없으며, B의 경우는 위와 동일한 확률 p_3로 된다.

$$\therefore p_6 = \frac{8}{6^3} + \frac{1}{6^3}\left(\frac{8}{6^3} + \frac{1}{6^3}\right)$$
$$= \frac{8}{6^3} + \left(\frac{1}{6^3}\right)\frac{8}{6^3} + \frac{1}{6^6}$$

같은 방법으로,

$$p_9 = \frac{8}{6^3} + \left(\frac{1}{6^3}\right)\frac{8}{6^3} + \frac{1}{6^6} \cdot p_3$$
$$= \frac{8}{6^3} + \left(\frac{1}{6^3}\right)\frac{8}{6^3} + \left(\frac{1}{6^3}\right)^2\frac{8}{6^3} + \frac{1}{6^9}$$

반복하면,

$$p_{3n} = \frac{8}{6^3} + \left(\frac{1}{6^3}\right)\frac{8}{6^3} + \cdots + \left(\frac{1}{6^3}\right)^{n-1}\frac{8}{6^3} + \frac{1}{6^{3n}}$$

$$\lim_{n\to\infty} p_{3n} = \frac{8}{6^3} + \left(\frac{1}{6^3}\right)\frac{8}{6^3} + \left(\frac{1}{6^3}\right)^2\frac{8}{6^3} + \cdots$$
$$= \frac{8}{6^3} \cdot \frac{1}{1-\frac{1}{6^3}} = \frac{8}{215}$$

$\{p_n\}$은 양의 감소수열이고

$\lim_{n\to\infty} p_{3n} = \frac{8}{215}$이므로,

$$\therefore \lim_{n\to\infty} p_n = \lim_{n\to\infty} p_{3n} = \frac{8}{215} \qquad \cdots(\text{답}) ■$$

(2)

$0.3666\cdots = \frac{11}{30}$이므로, $\lim_{n\to\infty} p_n\left(\frac{11}{30}\right) = \frac{1}{2}$

따라서, $\alpha < \frac{11}{30}$이면 $\lim_{n\to\infty} p_n(\alpha) < \frac{1}{2}$

$0.4111\cdots = \frac{37}{90}$이므로,

$$\lim_{n\to\infty} p_n\left(\frac{37}{90}\right) = \lim_{n\to\infty}\left\{\frac{3}{6} + \left(\frac{1}{6}\right)^n\right\} = \frac{1}{2}$$

$0.4111\cdots$의 소수 제k번째 자리만
2로 바꾼 수를 β라 하면,

$$\beta = 0.411\cdots 1\underline{2}11\cdots$$
(k번째)

$$\lim_{n\to\infty} p_n(\beta) = \frac{3}{6} + \left(\frac{1}{6}\right)^k > \frac{1}{2}$$

따라서, $\alpha > \frac{37}{90}$이면 $\lim_{n\to\infty} p_n(\alpha) > \frac{1}{2}$

이상에서, 구하는 α의 범위는

$$\therefore \frac{11}{30} \leqq \alpha \leqq \frac{37}{90} \qquad \cdots(\text{답}) ■$$

〈 1990年 前期 － 文科 〉 時間 : 100分

1. 이과 3번과 같음.

2. 삼차방정식 $x^3+3x^2-1=0$ 의 한 근을 α라 하자.

(1) $(2\alpha^2+5\alpha-1)^2$을 $a\alpha^2+b\alpha+c$의 형태로 나타내어라. 단, a, b, c는 유리수이다.

(2) 위의 삼차방정식의 α 이외의 두 근을 (1)과 같은 형태로 나타내어라.

3. a, b, c는 정수이며, p, q, r은 $p<0<q<1<r<2$를 만족하는 실수이다.

함수 $f(x)=x^4+ax^3+bx+c$가 다음 조건 (i), (ii)를 만족하게 되는 a, b, c, p, q, r을 정하여라.

(i) $f(x)=0$은 서로 다른 네 실근을 갖는다.

(ii) 함수 $f(x)$는 p, q, r에서 극값을 갖는다.

4. 평면 π상에 등변의 길이가 1인 직각이등변삼각형이 있다. π상의 직선 중 직각이등변삼각형과 한 꼭짓점 또는 한 변 전체를 공유하는 것을 축으로 하여, 직각이등변삼각형을 회전하여 얻은 입체의 체적의 최댓값 및 최솟값을 구하여라.

[문제 2]

(1) $\alpha^3+3\alpha^2-1=0$이므로,

$(2\alpha^2+5\alpha-1)^2 = 4\alpha^4+20\alpha^3+21\alpha^2-10\alpha+1$

$= (4\alpha+8)(\alpha^3+3\alpha^2-1)-3\alpha^2-6\alpha+9$

$= -3\alpha^2-6\alpha+9$ …(답) ■

(2) α 이외의 두 근을 β, γ로 놓으면,

$\alpha+\beta+\gamma=-3,\ \alpha(\beta+\gamma)+\beta\gamma=0$

$\therefore \beta+\gamma=-(\alpha+3),\ \beta\gamma=\alpha(\alpha+3)$

따라서,

β, γ는 $t^2+(\alpha+3)t+\alpha(\alpha+3)=0$의 근이며,

$$t=\frac{-(\alpha+3)\pm\sqrt{(\alpha+3)^2-4\alpha(\alpha+3)}}{2}$$

$$=\frac{-(\alpha+3)\pm\sqrt{-3\alpha^2-6\alpha+9}}{2}$$

$$=\frac{-(\alpha+3)\pm(2\alpha^2+5\alpha-1)}{2}\quad(\because (1))$$

이므로,

α 이외의 두 근은

$\alpha^2+2\alpha-2, -\alpha^2-3\alpha-1$ …(답) ■

[문제 3]

p, q, r은 $f'(x)=4x^3+3ax^2+b=0$의 근이며

$p<0<q<1<r<2$이므로,

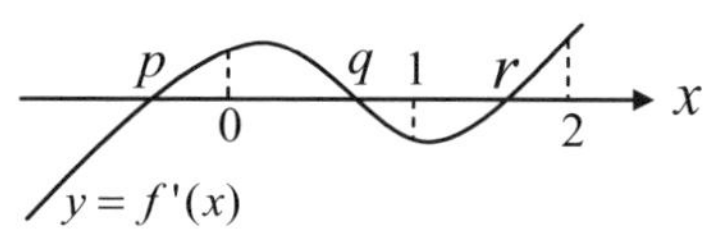

$f'(0)=b>0,\ f'(1)=4+3a+b<0,$

$f'(2)=32+12a+b>0$

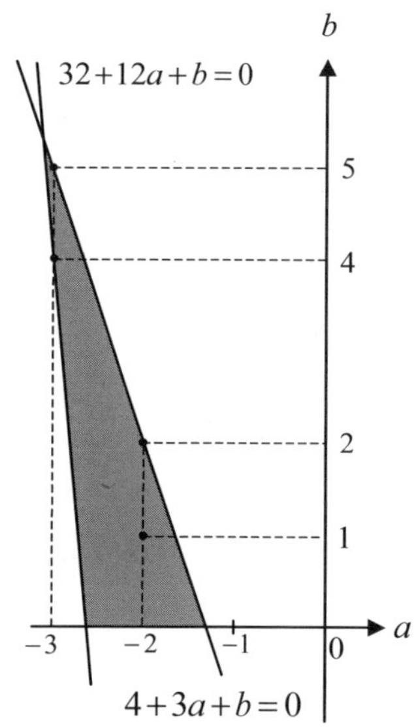

위 세 부등식을 동시에 만족하는 범위는 오른쪽 그림의 음영부분(경계 제외)이며,

a, b는 정수이므로

$\therefore a=-2,\ b=1$

이때,

$f'(x)=4x^3-6x^2+1=(2x-1)(2x^2-2x-1)=0$

의 해는 $x=\frac{1}{2}, \frac{1\pm\sqrt{3}}{2}$

$$\therefore p=\frac{1-\sqrt{3}}{2},\ q=\frac{1}{2},\ r=\frac{1+\sqrt{3}}{2}$$

$$f(x)=x^4-2x^3+x+c$$
$$=\frac{1}{2}\left(x^2-x-\frac{1}{2}\right)(2x^2-2x-1)+c-\frac{1}{4}$$

이며,

$f(x)=0$이 서로 다른 네 실근을 가지므로

$$\begin{cases} \text{극솟값 : } f(p)=f(r)=c-\frac{1}{4}<0 \\ \text{극댓값 : } f(q)=c+\frac{5}{16}>0 \end{cases}$$

$$\therefore -\frac{5}{16}<c<\frac{1}{4}$$

c는 정수이므로, $c=0$

$$\text{답: } \begin{cases} a=-2,\ b=1,\ c=0 \\ p=\frac{1-\sqrt{3}}{2},\ q=\frac{1}{2},\ r=\frac{1+\sqrt{3}}{2} \end{cases}$$ ■

[문제 4]

회전축을 x축으로 하면, 다음 2가지 경우가 있다.

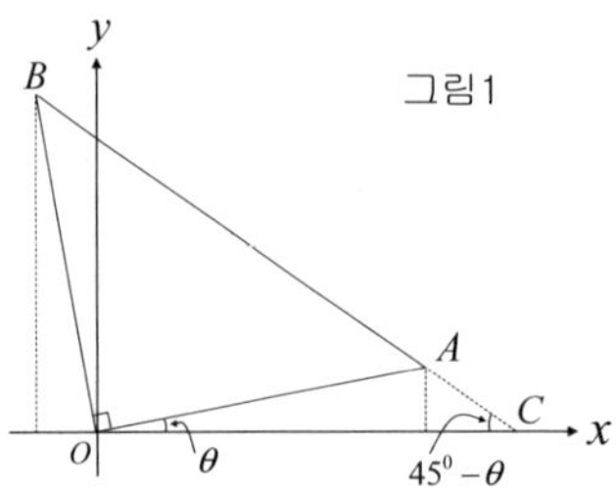

(i) 그림 1의 경우
($0^0 \leqq \theta \leqq 45^0$)

$A(\cos\theta,\ \sin\theta)$

$B(-\sin\theta,\ \cos\theta)$

$\triangle OCB$에서,

$$\frac{\overline{OC}}{\sin 45^0}=\frac{1}{\sin(45^0-\theta)}$$
$$\therefore \overline{OC}=\frac{1}{\cos\theta-\sin\theta}$$

따라서, 회전체의 체적 V는

$$V=\frac{\pi}{3}\left\{\cos^2\theta\left(\frac{1}{\cos\theta-\sin\theta}+\sin\theta\right)\right.$$
$$-\cos^2\theta\sin\theta-\sin^2\theta\cos\theta$$
$$\left.-\sin^2\theta\left(\frac{1}{\cos\theta-\sin\theta}-\cos\theta\right)\right\}$$
$$=\frac{\pi}{3}(\sin\theta+\cos\theta)$$
$$=\frac{\sqrt{2}}{3}\pi\sin(\theta+45^0)$$

$$\text{따라서, } \begin{cases} \text{최댓값: } \frac{\sqrt{2}}{3}\pi\ (\theta=45^0) \\ \text{최솟값: } \frac{\pi}{3}\quad (\theta=0^0) \end{cases}$$

(ii) 그림 2의 경우
($0^0 \leqq \theta \leqq 135^0$)

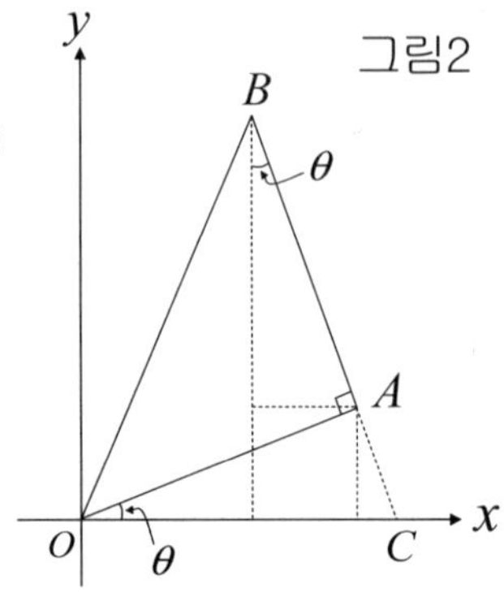

$A(\cos\theta,\ \sin\theta)$, $B(\cos\theta-\sin\theta,\ \sin\theta+\cos\theta)$

$\triangle OCB$에서,

$$\frac{\overline{OC}}{\sin 45^0}=\frac{\sqrt{2}}{\sin(90^0-\theta)}$$
$$\therefore \overline{OC}=\frac{1}{\cos\theta}$$

따라서, 회전체의 체적 V는

$$V=\frac{\pi}{3}\left\{(\sin\theta+\cos\theta)^2\cdot\frac{1}{\cos\theta}-\sin^2\theta\cdot\frac{1}{\cos\theta}\right\}$$
$$=\frac{\pi}{3}(2\sin\theta+\cos\theta)=\frac{\sqrt{5}}{3}\pi\sin(\theta+\alpha)$$

단, $\tan\alpha=\frac{1}{2}\quad(0^0<\alpha<45^0)$

따라서, 최댓값은 $\frac{\sqrt{5}}{3}\pi\ (\theta+\alpha=90^0)$

$\theta=0^0,\ 135^0$일 때의 값을 비교하면,

최솟값은 $\frac{\sqrt{2}}{6}\pi\ (\theta=135^0)$

(i), (ii)에서,

$$\begin{cases} \text{최댓값: } \frac{\sqrt{5}}{3}\pi \\ \text{최솟값: } \frac{\sqrt{2}}{6}\pi \end{cases}\quad \cdots(\text{답})$$ ■

〈 1990年 後期 – 理科1類 〉　　　　時間 : 150分

1. xy 평면상의 네 점 $O(0,0)$, $A(2,0)$, $B(2,2)$, $C(0,2)$ 를 꼭짓점으로 하는 정사각형을 Q라 하자.
이때, 다음 조건을 만족하는 xy 평면상의 점 P가 존재하는 범위를 도시하고 그 면적을 구하여라.

(조건) 점 P을 지나고 Q의 면적 4를 $1:3$으로 나누는 직선을 그릴 수 없다.

2. $A=\begin{pmatrix} \frac{1}{2} & -\frac{\sqrt{3}}{2} \\ \frac{\sqrt{3}}{2} & \frac{1}{2} \end{pmatrix}$이며, P_0는 xy 평면상의 원점이다. 양의 실수 a_i $(i=1,\ 2,\ \cdots,\ 6)$ 에 대하여, $\begin{pmatrix} x_i \\ y_i \end{pmatrix}=A^i\begin{pmatrix} a_i \\ 0 \end{pmatrix}$으로 놓을 때,
$\overrightarrow{P_{i-1}P_i}=(x_i, y_i)$가 되도록 정하자.
단, $P_6=P_0$이며, $P_0, P_1, \cdots, P_6$를 순서대로 이어서 만든 육각형을 H라 하자.
(1) $a_1-a_4=a_5-a_2=a_3-a_6$ 임을 보여라.
(2) $\sum_{i=1}^{6} a_i=6,\ a_1-a_4=1$ 일 때,
H의 면적의 최댓값을 구하여라.
(3) $\sum_{i=1}^{6} a_i=6$ 일 때,
H의 면적의 최댓값을 구하여라.

3. 길이 1인 선분을 연결하여 만든 평면도형 $Q_1, Q_2, Q_3, \cdots$ 를 고려해 보자.
$n=1,\ 2,\ 3,\ \cdots$ 에 대하여, 도형 Q_n의 좌단의 점을 A_n, 우단의 점을 B_n, 상단의 점을 C_n이라 하자.
Q_1은 한 변의 길이가 1인 정삼각형의 둘레이며, Q_2는 그림과 같이 Q_1을 3개 연결하여 만들어 졌다.
Q_n과 합동인 도형을 세 개 준비하여, 각각 $Q_n(1)$, $Q_n(2)$, $Q_n(3)$ 라 하자.

$i=1,2,3$에 대하여 $Q_n(i)$의 좌단의 점을 $A_n(i)$, 우단의 점을 $B_n(i)$, 상단의 점을 $C_n(i)$라 할 때,
Q_{n+1}은 $B_n(1)$과 $A_n(2)$, $C_n(2)$과 $B_n(3)$, $A_n(3)$과 $C_n(1)$을 각각 동일한 점이 되도록 만든 도형이다.

Q_n에 있어, A_n에서 출발하여 B_n까지, 선분을 따라 걸어가는 방법 중, 한 번 통과한 점은 다시 통과하지 않는 방법을 고려해 보자.

그런 방법 중, 도중에 C_n을 통과하지 않는 경우의 수를 x_n, C_n을 통과하는 경우의 수를 y_n이라 하자.
쉽게 예를 들면, $x_1=y_1=1$이다.

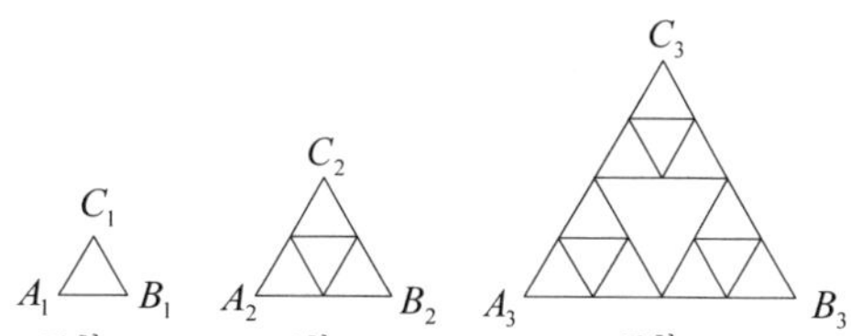

도형 Q_1　도형 Q_2　도형 Q_3

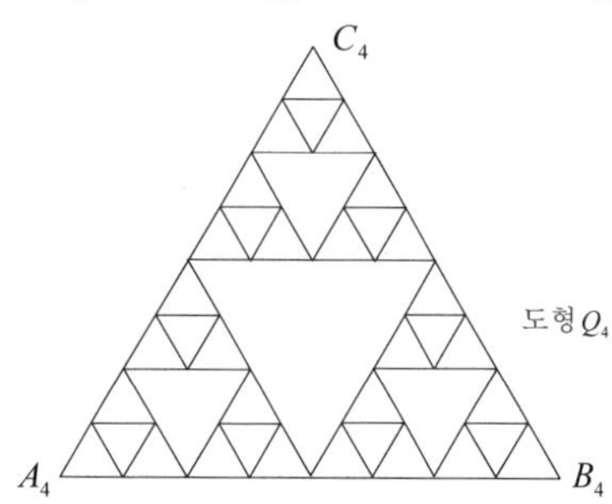

도형 Q_4

(1) x_2, y_2를 구하여라.
(2) x_{n+1}을 x_n, y_n을 사용하여 나타내어라.
또, y_{n+1}을 x_n, y_n을 사용하여 나타내어라.
(3) x_3, y_3를 구하여라.

[문제 1]

먼저, 정사각형 Q의 면적을 1:3으로 나누는 직선 l이 통과하는 범위를 구하여보자.

(ⅰ) l이 마주보는 두 변과 만나는 경우
예를 들어, 두 변 OA, CB와 l의 두 교점을 $(\alpha, 0)$, $(\beta, 2)$ $(0 \leq \alpha,\ \beta \leq 2)$로 놓으면,
α, β가 만족해야 할 조건은

$$\alpha+\beta=1 \quad \text{or} \quad \alpha+\beta=3$$

따라서 l이 통과하는 Q의 내부의 범위는 그림1 의 음영부분이다.

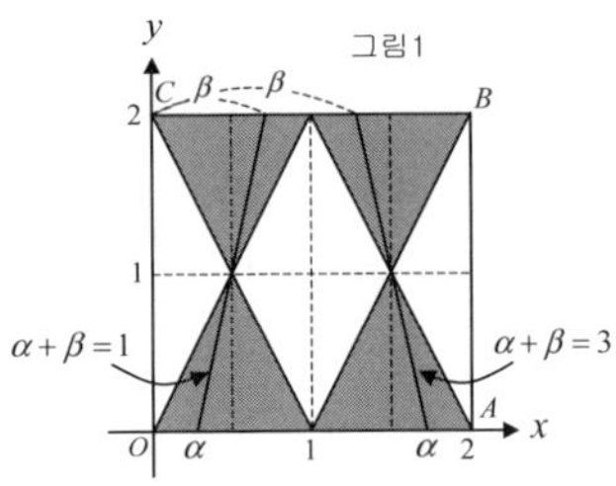

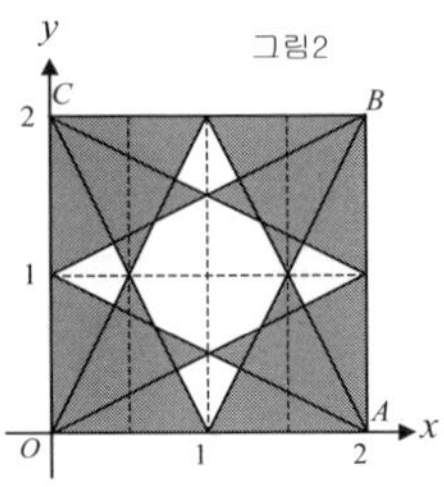

두 변이 OC, AB인 경우도 같은 방법으로 구할 수 있으며, 두 경우를 모두 고려하면
l이 통과하는 Q의 내부의 범위는 그림 2의 음영부분(경계포함)으로 된다.

(ⅱ) l이 이웃하는 두 변과 만나는 경우
예를 들어, 두 변 OA, OC와 l의 두 교점을 $M(\alpha, 0)$, $N(0, \beta)$ $(0 \leq \alpha,\ \beta \leq 2)$로 놓으면,
α, β가 만족해야 할 조건은 $\alpha\beta=2$

M, N을 지나는 직선 l의 방정식은

$$\frac{x}{\alpha}+\frac{\alpha}{2}y=1 \ (1 \leq \alpha \leq 2) \quad \cdots\cdots ①$$

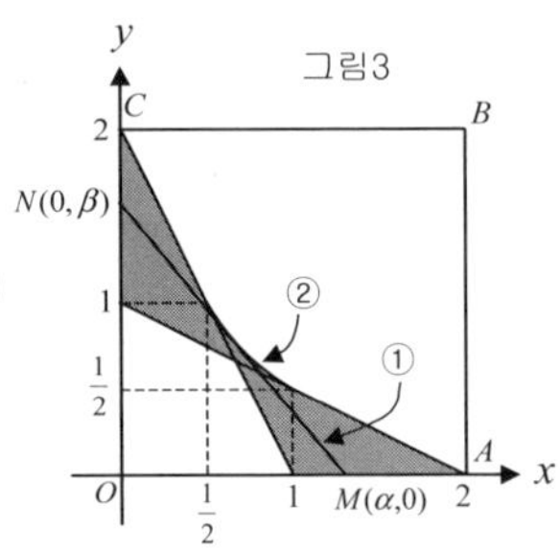

이때, l은

쌍곡선의 호 $xy=\dfrac{1}{2}$ $\left(\dfrac{1}{2} \leq x \leq 1\right)$ $\cdots$ ②

과 공유점 $\left(\dfrac{\alpha}{2},\ \dfrac{1}{\alpha}\right)$을 가지며, 기울기도 같다.
즉, 직선 ①은 호 ②에 접한다.
따라서, l이 통과하는 Q의 내부의 범위는 그림 3의 음영부분(경계포함)으로 된다.

두 변을 $\overline{OA}$와 $\overline{AB}$, $\overline{AB}$와 $\overline{BC}$, $\overline{BC}$와 $\overline{CO}$로 잡아도 같은 모양의 범위를 구할 수 있으며, 그 범위는 그림 2의 Q내부의 4개의 외측 빈 공간을 메운다.

또, (ⅰ)에서 직선 l이 통과하지 않는 Q의 외부의 범위는 그림 5의 음영부분(경계제외)이며, 그림 3의 직선 l들이 이 부분을 모두 메운다.
(이웃하는 변의 경우를 모두 고려할 때)

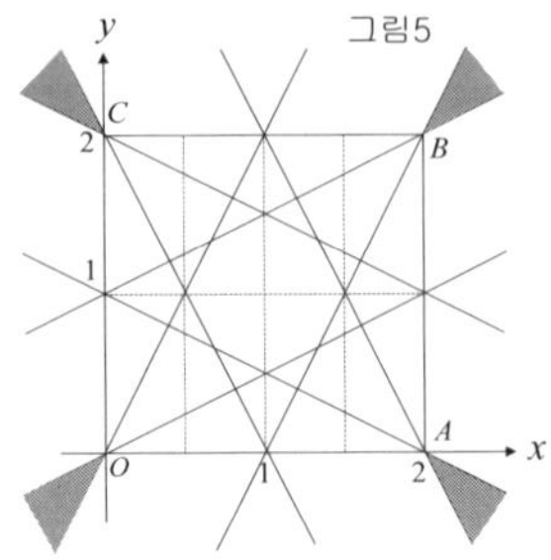

따라서, 모든 경우를 고려하면
직선 l은 Q의 외부를 모두 메운다.

이상 (ⅰ), (ⅱ)의 결과에서,
직선 l이 통과하지 않는 Q의 내부의 범위, 즉 구하는 점 P가 존재하는 범위는 그림 4의 음영부분(경계제외)으로 된다.

(호 ②를 점 (1,1)에 대칭시킨 호,
직선 $x=1$과 직선 $y=1$에 대칭시킨 호로 둘러싸인 부분으로 된다.)

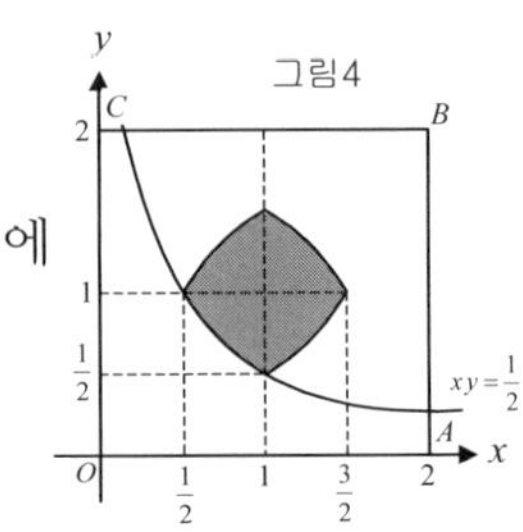

따라서, 구하는 면적은

$$4\int_{\frac{1}{2}}^{1}\left(1-\frac{1}{2x}\right)dx=4\left[x-\frac{1}{2}\log x\right]_{\frac{1}{2}}^{1}$$

$$=2(1-\log 2) \quad \cdots(\text{답}) \ ■$$

〈참고〉
①에서 $y\alpha^2+2\alpha+2x=0$ $\cdots$ ①′
점 (x, y)를 지나는 ①′형태의 직선이 1개만 존재하는 점들의 조건은

$$D/4=1^2-2xy=0,\ xy=\frac{1}{2}$$

[문제 2]

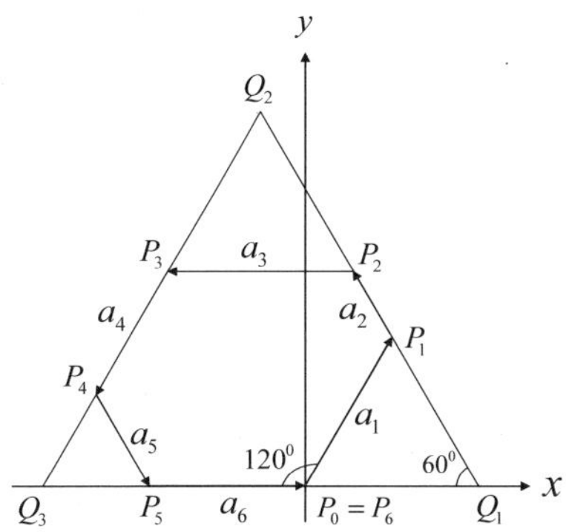

(1) A는 원점을 중심으로 한 60^0회전변환을 나타내는 행렬이므로, H는 그림과 같이 내각이 모두 120^0이고 변의 길이가 순서대로 $a_1, a_2, a_3, a_4, a_5, a_6$인 육각형이다.

이제, 변 P_1P_2, P_3P_4, P_5P_6의 연장선을 그려 $\triangle Q_1Q_2Q_3$를 만들면 정삼각형이 된다.

$\overline{Q_1Q_2} = \overline{Q_2Q_3} = \overline{Q_3Q_1}$ 이므로

$$a_1 + a_2 + a_3 = a_3 + a_4 + a_5 = a_5 + a_6 + a_1$$

정리하면,

$$a_1 + a_2 = a_4 + a_5,\ a_3 + a_4 = a_6 + a_1$$

$$\therefore a_1 - a_4 = a_5 - a_2 = a_3 - a_6$$ ■

(2)

$$\triangle Q_1Q_2Q_3 = \frac{\sqrt{3}}{4}(a_1 + a_2 + a_3)^2$$

이므로, H의 면적을 S라 하면,

$$S = \frac{\sqrt{3}}{4}\{(a_1 + a_2 + a_3)^2 - (a_1{}^2 + a_3{}^2 + a_5{}^2)\}$$

$\displaystyle\sum_{i=1}^{6} a_i = 6,\ a_1 - a_4 = 1$ 이므로

$$\begin{cases} a_1 + a_2 + a_3 + a_3 + a_4 + a_5 = 6 & \cdots ① \\ a_1 - a_4 = a_5 - a_2 = a_3 - a_6 = 1 & \cdots ② \end{cases}$$

②에서 $a_1 + a_3 + a_5 - (a_2 + a_4 + a_6) = 3 \quad \cdots ③$

①, ③에서, $a_1 + a_3 + a_5 = \dfrac{9}{2}$

②에서 $a_1 + a_2 + a_3 - (a_4 + a_5 + a_6) = 1 \quad \cdots ④$

①, ④에서, $a_1 + a_2 + a_3 = \dfrac{7}{2}$

따라서, $S = \dfrac{\sqrt{3}}{4}\left\{\dfrac{49}{4} - (a_1{}^2 + a_3{}^2 + a_5{}^2)\right\}$

$$\begin{aligned} &a_1{}^2 + a_3{}^2 + a_5{}^2 \\ &= \frac{1}{3}\{(a_1 - a_3)^2 + (a_3 - a_5)^2 + (a_5 - a_1)^2 \\ &\qquad + (a_1 + a_3 + a_5)^2\} \\ &\geq \frac{27}{4} \quad \left(\text{등호는 } a_1 = a_3 = a_5 = \frac{3}{2}\text{일 때 성립}\right) \end{aligned}$$

따라서, S의 최댓값은 $\dfrac{11\sqrt{3}}{8}$ …(답) ■

(3)

(2)번과 같은 방법을 이용하기 위해

$$a_1 - a_4 = k$$

로 고정시키고 생각하자.

$\displaystyle\sum_{i=1}^{6} a_i = 6,\ a_1 - a_4 = k$이므로,

$a_1 + a_2 + a_3 = 3 + \dfrac{k}{2},\ a_1 + a_3 + a_5 = 3\left(1 + \dfrac{k}{2}\right)$

$$S = \frac{\sqrt{3}}{4}\left\{\left(3 + \frac{k}{2}\right)^2 - (a_1{}^2 + a_3{}^2 + a_5{}^2)\right\}$$

$$a_1{}^2 + a_3{}^2 + a_5{}^2 \geq 3\left(1 + \frac{k}{2}\right)^2$$
$$\left(\text{등호는 } a_1 = a_3 = a_5 = 1 + \frac{k}{2}\text{일 때 성립}\right)$$

$$\therefore S \leq \frac{\sqrt{3}}{4}\left\{\left(3 + \frac{k}{2}\right)^2 - 3\left(1 + \frac{k}{2}\right)^2\right\} = \frac{\sqrt{3}}{4}\left(6 - \frac{k^2}{2}\right)$$

따라서,

$k = 0$ ($\because a_1 = a_2 = a_3 = a_4 = a_5 = a_6 = 1$) 일 때

S는 최댓값 $\dfrac{3\sqrt{3}}{2}$을 갖는다. …(답) ■

[문제 3]

(1) 먼저, C_2를 통과하지 않는 경우를 보자.

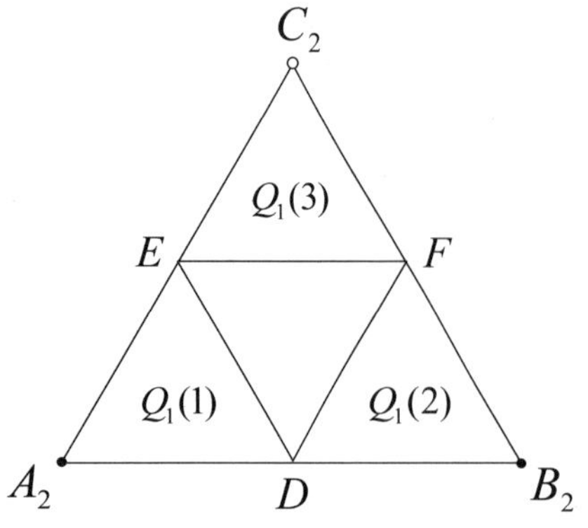

(ⅰ) $Q_1(1)$상의 점 A_2에서 출발한 후 D를 통과하여 $Q_1(2)$로 들어가 B_2로 가는 경우

$$(x_1+y_1)\times(x_1+y_1)=(x_1+y_1)^2$$

〈 처음의 x_1+y_1 〉
$Q_1(1)$의 점 A_2에서 D로 가는 방법의 수는 E를 지나지 않는 경우의 수 x_1과 E를 지나는 경우의 수 y_1의 합이다.

(ⅱ) $Q_1(1)$상의 점 A_2에서 출발한 후,
D를 통과하지 않고 E에서 $Q_1(3)$로 들어가,
C_2를 통과하지 않고
F에서 $Q_1(2)$상의 B_2로 가는 경우

$$x_1\times x_1\times(x_1+y_1)=x_1{}^2(x_1+y_1)$$

$$x_1\times x_1\times(x_1+y_1)$$
$Q_1(1)$의 점 A_2에서 D를 통과하지 않고 E로 가는 방법의 수 x_1,
$Q_1(3)$의 점 E에서 C_2를 통과하지 않고 F로 가는 방법의 수 x_1,
$Q_1(2)$의 점 F에서 B_2로 가는 방법의 수 x_1+y_1의 곱으로 구하여 진다.
(처음에 D를 통과하지 않았으므로 F에서 B_2로 갈 때 D를 통과할 수 있다.

(ⅲ) $Q_1(1)$상의 점 A_2에서 출발한 후,
D, E를 통과하여 $Q_1(3)$로 들어가,
C_2를 통과하지 않고
F에서 $Q_1(2)$상의 B_2로 가는 경우

$$y_1\times x_1\times x_1=x_1{}^2y_1$$

(ⅰ), (ⅱ), (ⅲ)에서,

$$x_2=(x_1+y_1)^2+x_1{}^2(x_1+y_1)+x_1{}^2y_1$$

$x_1=y_1=1$이므로, $x_2=7$ …(답) ■

이제, C_2를 통과하는 경우를 보자.

(ⅳ) $Q_1(1)$상의 점 A_2에서 출발한 후,
D를 통과하지 않고 E에서 $Q_1(3)$로 들어가,
C_2를 통과하여
F에서 $Q_1(2)$상의 B_2로 가는 경우

$$x_1\times y_1\times(x_1+y_1)=x_1y_1(x_1+y_1)$$

(ⅴ) $Q_1(1)$상의 점 A_2에서 출발한 후,
D, E를 통과하여 $Q_1(3)$로 들어가,
C_2를 통과하여
F에서 $Q_1(2)$상의 B_2로 가는 경우

$$y_1\times y_1\times x_1=x_1y_1{}^2$$

(ⅳ), (ⅴ)에서,

$y_2=x_1y_1(x_1+y_1)+x_1y_1{}^2=3$ …(답) ■

(2) (1)번과 같은 방법으로

$x_{n+1}=(x_n+y_n)^2+x_n{}^2(x_n+y_n)+x_n{}^2y_n$
$=(x_n+y_n)^2+x_n{}^2(x_n+2y_n)$ …(답) ■

$y_{n+1}=x_ny_n(x_n+y_n)+x_ny_n{}^2$
$=x_ny_n(x_n+2y_n)$ …(답) ■

(3) $x_2=7,\ y_2=3$이므로,

$\begin{cases} x_3=10^2+7^2\cdot 13=737 \\ y_3=7\cdot 3\cdot 13=273 \end{cases}$ …(답) ■

〈 1991年 前期 − 理科 〉 時間 : 150分

1. 평면 위에 정사면체가 위치해 있다.
평면과 접해 있는 면의 세 변 중 한 변을 임의로 택해, 그것을 축으로 하여 정사면체를 넘어뜨린다.
이와 같은 조작을 n회 시행 후,
처음에 평면과 접해 있던 면이 다시 평면과 접할 확률을 구하여라.

2. a, b, c를 양의 실수라 하자.
xyz 공간상의,
$$|x| \leqq a,\ |y| \leqq b,\ z = c$$
를 만족하는 점 (x, y, z)로 이루어진 판 R을 고려해 보자.
점광원 P가 평면 $z = c+1$ 상의 타원
$$\frac{x^2}{a^2} + \frac{y^2}{b^2} = 1,\ z = c+1$$
위를 한 바퀴 돌 때, 빛이 판 R에 가려져 xy 평면상에 이루는 그늘이 통과하는 부분을 도시하고 그 면적을 구하여라.

3. 상수 p에 대하여,
삼차방정식 $x^3 - 3x - p = 0$의 실수해 중 최대인 것과 최소인 것의 곱을 $f(p)$라 하자.
단, 실수해가 한 개일 때는, 그 해의 제곱을 $f(p)$라 한다.

(1) p가 모든 실수값을 취할 때, $f(p)$의 최솟값을 구하여라.

(2) p의 함수 $f(p)$의 그래프의 개형을 그려라.

4. (1) 자연수 $n = 1, 2, 3, \cdots$에 대하여, 어떤 다항식 $p_n(x)$, $q_n(x)$가 존재하여,
$$\begin{cases} \sin n\theta = p_n(\tan\theta)\cos^n\theta \\ \cos n\theta = q_n(\tan\theta)\cos^n\theta \end{cases}$$
로 쓸 수 있음을 보여라.

(2) 이때, $n > 1$이면 다음 등식이 성립함을 증명하라.
$$p_n'(x) = nq_{n-1}(x),\ q_n'(x) = -np_{n-1}(x)$$

5. xy 평면상에서 x좌표, y좌표가 모두 정수인 점 (m, n)을 격자점이라고 하자.
각 격자점을 중심으로 하는 반지름 r인 원들이 그려져 있다. 기울기 $\frac{2}{5}$인 임의의 직선이 적어도 한 개의 원과 공유점을 갖게 되는 r의 최솟값을 구하여라.

6. $f(x)$는 $x > 0$에서
정의되어 있는 연속함수이며,
$0 < x_1 < x_2$이면 항상 $f(x_1) > f(x_2) > 0$이다.

또, $S(x) = \int_x^{2x} f(t)\,dt$로 놓으면,
$S(1) = 1$이며, 임의의 $a > 0$에 대하여, 원점과 점 $(a, f(a))$, 원점과 점 $(2a, f(2a))$를 연결한 두 직선과 곡선 $y = f(x)$로 둘러싸인 부분의 넓이는 $3S(a)$이다.

(1) $S(x)$, $f(x) - 2f(2x)$를 각각 x의 함수로 나타내어라.

(2) $x > 0$에 대하여, $a(x) = \lim_{n \to \infty} 2^n f(2^n x)$로 놓자.
적분 $\int_x^{2x} a(t)\,dt$의 값을 구하여라.

(3) 함수 $f(x)$를 결정하여라.

[문제 1]

평면과 접해 있지 않은 평면이 1회 시행 후 평면과 접할 확률은 $\frac{1}{3}$이다.

따라서, 구하는 확률을 p_n이라고 하면,

$$p_{n+1}=\frac{1}{3}(1-p_n)$$

$$\therefore p_{n+1}-\frac{1}{4}=-\frac{1}{3}\left(p_n-\frac{1}{4}\right)$$

$p_1=0$이므로, 수열 $\left\{p_n-\frac{1}{4}\right\}$은

초항 : $p_1-\frac{1}{4}=-\frac{1}{4}$, 공비 : $-\frac{1}{3}$

인 등비수열이다.

$p_n-\frac{1}{4}=-\frac{1}{4}\left(-\frac{1}{3}\right)^{n-1}$에서

$$\therefore p_n=\frac{1}{4}\left\{1-\left(-\frac{1}{3}\right)^{n-1}\right\} \quad \cdots(\text{답})$$ ■

[문제 2]

$$P(a\cos\theta, b\sin\theta, c+1)\ (0\leq\theta<2\pi)$$

로 놓고, 판R 상의 점을

$$Q(\alpha,\beta,c)\ (|\alpha|\leq a, |\beta|\leq b) \quad \cdots ①$$

라 하자.

또, 직선 PQ와 xy평면의 교점을 $X(x,y,0)$라 하면,

$$\begin{cases}\overrightarrow{PQ}=(\alpha-a\cos\theta, \beta-b\sin\theta, -1)\\ \overrightarrow{PX}=(x-a\cos\theta, y-b\sin\theta, -(c+1))\end{cases}$$

$\overrightarrow{PQ}\ /\!/\ \overrightarrow{PX}$이므로,

$$\frac{x-a\cos\theta}{\alpha-a\cos\theta}=\frac{y-b\sin\theta}{\beta-b\sin\theta}=\frac{-(c+1)}{-1}$$

(단, 분모가 0인 경우 그 항의 분자도 0이다.)

θ에 관하여 정리하면,

$$\begin{cases}\cos\theta=-\dfrac{x-\alpha(c+1)}{ac}\\ \sin\theta=-\dfrac{y-\beta(c+1)}{bc}\end{cases}$$

θ를 소거하면,

$$\frac{\{x-\alpha(c+1)\}^2}{(ac)^2}+\frac{\{y-\beta(c+1)\}^2}{(bc)^2}=1 \quad \cdots ②$$

①에 의하여,

$$\begin{cases}|\alpha(c+1)|\leq a(c+1)\\ |\beta(c+1))|\leq b(c+1)\end{cases}$$

이므로,

타원 ②의 중심 $(\alpha(c+1), \beta(c+1))$은 4점

$$(\pm a(c+1), \pm b(c+1))$$

을 꼭짓점으로 하는

직사각형의 둘레 및 내부에서 움직인다.

따라서, 판 R의 그림자가 통과하는 부분은 아래 그림의 빗금친 부분(경계포함)으로 되며, 그 면적을 S라고 하면,

$$\begin{aligned}S&=\pi ac\cdot bc+2a(2c+1)\cdot 2b(c+1)\\&\quad+\{2a(c+1)\cdot bc\}\times 2\\&=ab\{(\pi+12)c^2+16c+4\} \quad \cdots(\text{답})\end{aligned}$$ ■

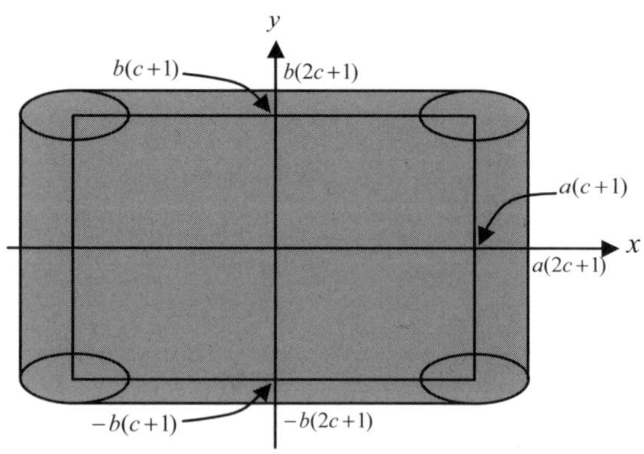

[문제 3]

(1) $$x^3-3x-p=0 \quad \cdots ①$$

①의 실수해는 두 함수

$$\begin{cases}y=x^3-3x & \cdots ②\\ y=p\end{cases}$$

의 교점의 x 좌표이다.

②의 그래프의 개형은 다음과 같다.

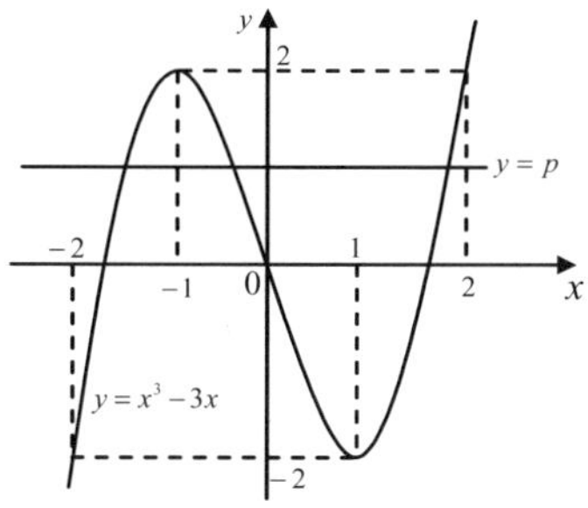

(ⅰ) $|p| \leqq 2$인 경우

①의 해는 모두 실수가 되며, 그 해를

$$\alpha, \beta, \gamma \quad (\alpha \leqq \beta \leqq \gamma)$$

로 놓으면,

$\alpha+\beta+\gamma=0$, $\alpha\beta+\beta\gamma+\gamma\alpha=-3$, $\alpha\beta\gamma=p$

이때, $f(p)=\gamma\alpha=-\beta(\alpha+\gamma)-3=\beta^2-3$

$-1 \leqq \beta \leqq 1$이므로, $-3 \leqq f(p) \leqq -2$

(ⅱ) $|p|>2$인 경우

①의 실근은 1개뿐이며, 그 실근을 δ로 놓으면, $f(p)=\delta^2>4$

(ⅰ), (ⅱ)에서, $f(p)$의 최솟값은

-3 ($p=0$일 때) …(답) ■

(2) ②의 그래프가 원점에 대하여 대칭이므로, $q=f(p)$의 그래프는 q축에 대하여 대칭이다. $f(p)$의 변화표는 다음과 같다.

(ⅰ) $0 \leqq p \leqq 2$인 경우($\alpha \leqq \beta \leqq 0 < \gamma$에 주의)

p	0	…	2
β	0	↘	−1
$f(p)$	−3	↗	−2

(ⅱ) $2<p$인 경우

p	2	…	∞
β		2 ↗	∞
$f(p)$		4 ↗	∞

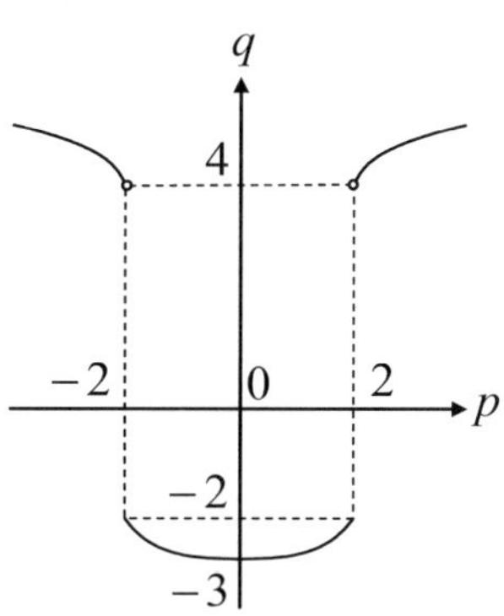

따라서,

$f(p)$의 그래프의 개형은 위와 같다. ■

〈 연구 〉

$f(p)$의 그래프를 자세히 살펴보자.

(ⅰ) $0 \leqq p \leqq 2$인 경우

$$q=\beta^2-3=\left(\frac{p}{\gamma\alpha}\right)^2-3=\frac{p^2}{q^2}-3$$

$$\therefore q^3+3q^2=p^2 \quad (-3 \leqq q \leqq -2)$$

양변을 p로 미분하면,

$$\frac{dq}{dp}=\frac{2p}{3q(q+2)}=-\frac{2\sqrt{q+3}}{3(q+2)}$$

$$=-\frac{2}{3\left(\sqrt{q+3}-\frac{1}{\sqrt{q+3}}\right)}$$

이므로,

$$\begin{cases} 0<p<2 \text{에서 } \dfrac{dq}{dp}>0 \\ \lim\limits_{p\to+0}\dfrac{dq}{dp}=0, \ \lim\limits_{p\to2-0}\dfrac{dq}{dp}=\infty \end{cases}$$

$\dfrac{dq}{dp}$가 증가하므로, 아래로 볼록하다.

(ⅱ) $2<p$인 경우

①의 허근을 β', γ'라 하면, 같은 방법으로

$$q=\delta^2=\left(\frac{p}{\beta'\gamma'}\right)^2=\frac{p^2}{(\delta^2-3)^2}=\frac{p^2}{(q-3)^2}$$

$$\therefore q(q-3)^2=p^2$$

양변을 p로 미분하면,

$$\frac{dq}{dp}=\frac{2p}{3(q-1)(q-3)}=\frac{2\sqrt{q}}{3(q-1)}$$

$$=\frac{2}{3\left(\sqrt{q}-\frac{1}{\sqrt{q}}\right)}$$

이므로,

$$\frac{dq}{dp}>0, \ \lim_{p\to2+0}\frac{dq}{dp}=\frac{4}{9}$$

$\dfrac{dq}{dp}$는 감소하므로, 위로 볼록하다. ■

[문제 4]

(1) 수학적 귀납법으로 증명하자.

(i) $n=1$인 경우

$\sin\theta=\tan\theta\cos\theta,\ \cos\theta=1\cdot\cos\theta$

$\therefore p_1(x)=x,\ q_1(x)=1$

(ii) $n=k$인 경우

$$\begin{cases}\sin k\theta=p_k(\tan\theta)\cos^k\theta\\ \cos k\theta=q_k(\tan\theta)\cos^k\theta\end{cases}$$

를 만족하는

다항식 $p_k(x),\ q_k(x)$가 존재한다고 가정하면,

$$\begin{aligned}\sin(k+1)\theta&=\sin k\theta\cos\theta+\cos k\theta\sin\theta\\&=p_k(\tan\theta)\cos^{k+1}\theta+q_k(\tan\theta)\cos^k\theta\sin\theta\\&=\{p_k(\tan\theta)+\tan\theta\cdot q_k(\tan\theta)\}\cos^{k+1}\theta\end{aligned}$$

같은 방법으로,

$$\cos(k+1)\theta=\{q_k(\tan\theta)-\tan\theta\cdot p_k(\tan\theta)\}\cos^{k+1}\theta$$

$$\therefore\begin{cases}p_{k+1}(x)=p_k(x)+xq_k(x)\\ q_{k+1}(x)=q_k(x)-xp_k(x)\end{cases}$$

는 $n=k+1$인 경우 조건을 만족하며,

$p_{k+1}(x),\ q_{k+1}(x)$는 다항식이다.

(i), (ii)와 수학적 귀납법에 의하여,

자연수 $n=1, 2, 3, \cdots$ 에 대하여 조건을 만족하는 다항식이 존재함이 증명되었다. ■

(2) (1)에 의하여,

$$\begin{cases}p_1(x)=x,\ q_1(x)=1\\ p_{n+1}(x)=p_n(x)+xq_n(x) & \cdots ①\\ q_{n+1}(x)=q_n(x)-xp_n(x) & \cdots ②\end{cases}$$

(i) $n=2$인 경우

$p_2(x)=2x,\ q_2(x)=1-x^2$이므로,

$$\begin{cases}p_2{}'(x)=2=2q_1(x)\\ q_2{}'(x)=-2x=-2p_1(x)\end{cases}$$

이므로, 주어진 식이 성립한다.

(ii) $n=k(\geq 2)$인 경우

주어진 식이 성립한다고 가정하면,

$p_k{}'(x)=kq_{k-1}(x),\quad q_k{}'(x)=-kp_{k-1}(x)$

이때,

$$\begin{aligned}p_{k+1}{}'(x)&=p_k{}'(x)+\{q_k(x)+xq_k{}'(x)\}\\&=kq_{k-1}(x)+q_k(x)-kxp_{k-1}(x)\quad(\because ②)\\&=kq_{k-1}(x)+q_k(x)-k\{q_{k-1}(x)-q_k(x)\}\\&=(k+1)q_k(x)\end{aligned}$$

$$\begin{aligned}q_{k+1}{}'(x)&=q_k{}'(x)-\{p_k(x)+xp_k{}'(x)\}\\&=-kp_{k-1}(x)-p_k(x)-kxq_{k-1}(x)\quad(\because ①)\\&=-kp_{k-1}(x)-p_k(x)-k\{p_k(x)-p_{k-1}(x)\}\\&=-(k+1)p_k(x)\end{aligned}$$

따라서,

$n=k+1$일 때도 주어진 식이 성립한다.

(i), (ii)와 수학적 귀납법에 의하여,

자연수 $n=2, 3, 4, \cdots$에 대하여 주어진 식이 성립함이 증명되었다. ■

[문제 5]

기울기 $\frac{2}{5}$인 직선을

$2x-5y=p$ (p는 상수) $\cdots ①$

로 놓으면, ①이 점 (m,n)을 중심으로 하는 반경 r인 원과 공유점을 가질 조건은

$$r\geq\frac{|2m-5n-p|}{\sqrt{2^2+(-5)^2}}=\frac{|2m-5n-p|}{\sqrt{29}}$$

여기서,

$m=3n$일 때 $2m-5n=n$이므로,

$m,\ n$이 모든 정수값을 가질 때,

$2m-5n$은 모든 정수값을 갖는다.

따라서,

p에 가장 가까운 정수를 N에 대하여,

$$|2m-5n-p| \geqq |N-p|$$

이므로, ①이 적어도 1개 이상의 원과 공유점을 가질 조건은

$$r \geqq \frac{|N-p|}{\sqrt{29}} \qquad \cdots ②$$

또, $|N-p| \leqq \frac{1}{2}$이므로, ②가 임의의 실수 p에 대하여 성립하기 위해서는

$$r \geqq \frac{1}{2\sqrt{29}} = \frac{\sqrt{29}}{58}$$

따라서, 구하는 r의 값은 $\frac{\sqrt{29}}{58}$ …(답) ■

[문제 6]

$f(x)$는 양의 감소함수이므로,

$$3S(a) = \frac{1}{2}af(a) + \int_a^{2a} f(t)\,dt - \frac{1}{2}\cdot 2af(2a)$$

$$= S(a) + \frac{1}{2}a\{f(a)-2f(2a)\}$$

$$\therefore 4S(x) = x\{f(x)-2f(2x)\}$$

$S(x) = \int_x^{2x} f(t)\,dt$에서

$S'(x) = 2f(2x) - f(x)$

이므로,

$4S(x) = -xS'(x)$

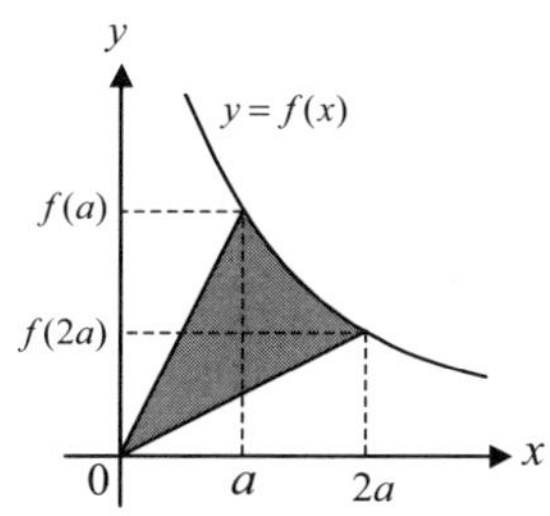

$$\therefore \int \frac{S'(x)}{S(x)}dx = -4\int \frac{dx}{x}$$

$x>0$, $S(x)>0$이므로,

$$\log S(x) = -4\log x + C \quad (C\text{는 적분상수})$$

$$\therefore S(x) = e^c x^{-4}$$

$S(1) = 1$이므로, $e^c = 1$

따라서,

$S(x) = x^{-4}$, $f(x) - 2f(2x) = 4x^{-5}$ …(답) ■

(2)

(1)의 $f(x) - 2f(2x) = 4x^{-5}$에

$x = 2^n x$를 대입하면,

$$2^n f(2^n x) - 2^{n+1} f(2^{n+1}x) = 4x^{-5}\cdot 2^{-4n}$$

$$\begin{aligned} 2^0 f(2^0 x) - 2^1 f(2^1 x) &= 4x^{-5}\cdot 2^{-4\cdot 0} \\ 2^1 f(2^1 x) - 2^2 f(2^2 x) &= 4x^{-5}\cdot 2^{-4\cdot 1} \\ &\vdots \\ 2^{n-1} f(2^{n-1} x) - 2^n f(2^n x) & \\ &= 4x^{-5}\cdot 2^{-4\cdot(n-1)} \end{aligned}$$

$$+ \quad \overline{\qquad\qquad\qquad\qquad\qquad\qquad}$$

$$f(x) - 2^n f(2^n x) = 4x^{-5}\sum_{k=1}^{n} 2^{-4(k-1)}$$

$$\therefore 2^n f(2^n x) = f(x) - 4x^{-5}\sum_{k=1}^{n} 2^{-4(k-1)}$$

$$a(x) = \lim_{n\to\infty} 2^n f(2^n x)$$

$$= f(x) - 4x^{-5}\cdot\frac{1}{1-2^{-4}} = f(x) - \frac{64}{15}x^{-5}$$

$$\int_x^{2x} a(t)\,dt = \int_x^{2x} f(t)\,dt - \frac{64}{15}\int_x^{2x} t^{-5}\,dt$$

$$= S(x) - \frac{64}{15}\left[-\frac{t^{-4}}{4}\right]_x^{2x}$$

$$= S(x) - x^{-4} = 0 \qquad \cdots(\text{답}) ■$$

(3)

$2^n f(2^n x) > 0$이므로, $a(x) \geqq 0$

(2)에서 $\int_x^{2x} a(t)\,dt = 0$이므로, $a(x) = 0$

$\therefore f(x) = \frac{64}{15}x^{-5}\ (x>0)$ …(답) ■

〈 1991年 前期 - 文科 〉 時間 : 100分

1. 함수 $f(x)=x^3-2x^2-3x+4$ 의 구간 $-\frac{7}{4}\leq x\leq 3$ 에서의 최댓값과 최솟값을 구하여라.

2. xyz 공간상의 점 $P(2,0,1)$과 yz 평면상의 곡선 $z=y^2$을 고려해 보자. 점 Q가 이 곡선 위를 움직일 때, 직선 PQ가 xy 평면과 만나는 점 R이 그리는 도형을 F라 하자. xy 평면에 F를 도시하여라.

3. 두 변의 길이가 $1, a$인 직사각형의 네 꼭짓점 A, B, C, D 및 대각선의 교점 E를 중심으로, 반지름 r인 원을 5개 그린다. 어떤 두 원의 내부도 공통부분을 갖지 않도록 하는 반지름 r을 최대로 할 때, 5개의 원의 직사각형에 의해 잘려나간 부분의 넓이를 $S(a)$라 하자. a의 함수 $\frac{S(a)}{a}$의 그래프의 개형을 그려라.

4. 정사각뿔 V에 대하여, 그 밑면에 중심이 있으며 V의 모든 변에 접하는 구가 있다. 밑면의 한 변의 길이를 a라 하자.
(1) V의 높이를 구하시오.
(2) 구와 정사각뿔 V의 공통부분의 체적을 구하시오.

[문제 1] $f(x)=x^3-2x^2-3x+4$

$f'(x)=3x^2-4x-3$

$f'(x)=0$의 해를

$$\alpha=\frac{2-\sqrt{13}}{3},\ \beta=\frac{2+\sqrt{13}}{3}$$

으로 놓으면, 증감표는 다음과 같다.

x	$-\frac{7}{4}$	$\cdots$	α	$\cdots$	β	$\cdots$	3
$f'(x)$		+	0	−	0	+	
$f(x)$		↗	극대	↘	극소	↗	

$9f(x)=(3x-2)f'(x)-26x+30$에서,

$$f(\alpha)=\frac{1}{9}(-26\alpha+30)=\frac{38+26\sqrt{13}}{27}$$

$$f(\beta)=\frac{1}{9}(-26\beta+30)=\frac{38-26\sqrt{13}}{27}$$

또, $f(3)=4,\ f\left(-\frac{7}{4}\right)=-\frac{143}{64}=-2.2\cdots$

$$\frac{38+26\sqrt{13}}{27}>\frac{38+26\times 3}{27}=\frac{116}{27}>4$$

$$\frac{38-26\sqrt{13}}{27}>\frac{38-26\times 3.7}{27}=-2.1\cdots$$

$$>-2.2\cdots=-\frac{143}{64}$$

$\therefore$ 최대값 : $\frac{38+26\sqrt{13}}{27}$, 최소값: $-\frac{143}{64}$

…(답) ■

[문제 2]

$Q(0,\ t,\ t^2)$ $(t\neq\pm 1)$에 대하여, 직선 PQ와 평면 xy의 교점을 $X(x,y,0)$이라 하면,

$$\overrightarrow{PQ}=(-2,\ t,\ t^2-1)$$
$$\overrightarrow{PX}=(x-2,\ y,\ -1)$$

$\overrightarrow{PQ}\ /\!/\ \overrightarrow{PX}$이므로,

$$\frac{x-2}{-2}=\frac{y}{t}=\frac{-1}{t^2-1}$$

(단, t가 0인 경우 y도 0인 것으로 한다.)

$$\therefore\ x-2=\frac{2}{t^2-1},\ t=-\frac{2y}{x-2}$$

t를 소거하면, $(x-2)\left\{\frac{4y^2}{(x-2)^2}-1\right\}=2$

$\therefore (x-1)^2-4y^2=1$

(단, $x\neq 2$)

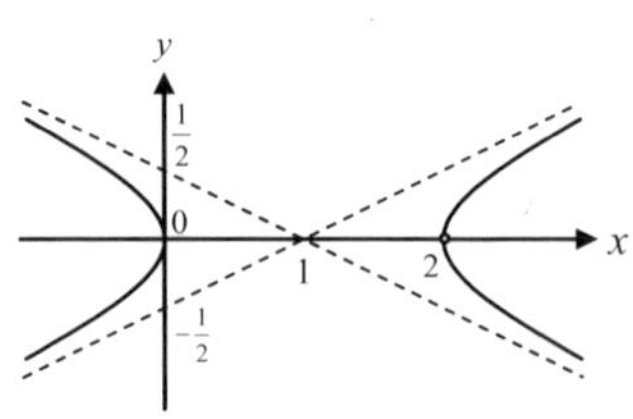

따라서,
F는 그림과 같다. …(답) ■

[문제 3]

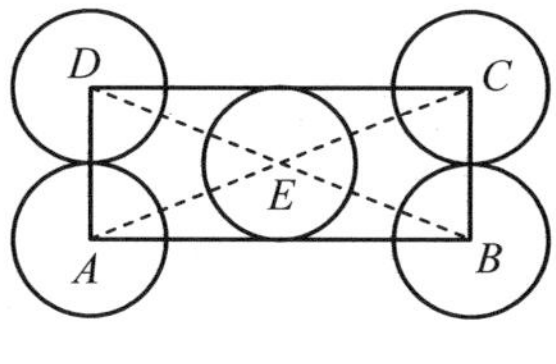

$\overline{AB}=a, \overline{BC}=1$
로 놓자.
A를 중심으로 하는 원과 B, D, E를 중심으로 하는 원이 접할 때의 반경 r의 값은 각각

$$\frac{a}{2}, \frac{1}{2}, \frac{\sqrt{a^2+1}}{4}$$

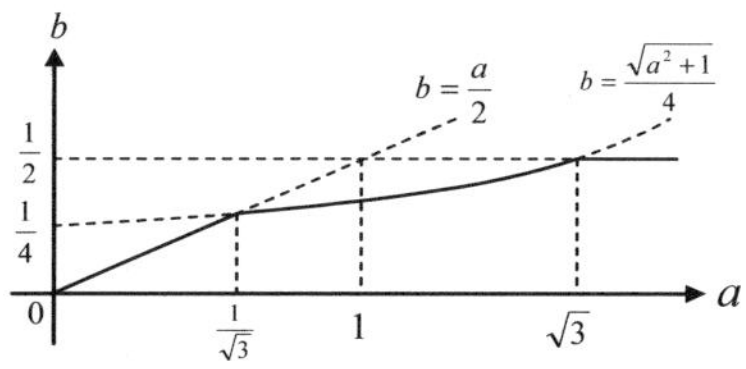

위의 $b=\min\left\{\frac{a}{2}, \frac{1}{2}, \frac{\sqrt{a^2+1}}{4}\right\}$의 그래프에 의하여, 조건을 만족하는 r의 최댓값은

$$\begin{cases} 0< a \leqq \dfrac{1}{\sqrt{3}} \text{ 인 경우: } \dfrac{a}{2} \\ \dfrac{1}{\sqrt{3}} \leqq a \leqq \sqrt{3} \text{ 인 경우: } \dfrac{\sqrt{a^2+1}}{4} \\ \sqrt{3} \leqq a \text{ 인 경우: } \dfrac{1}{2} \end{cases}$$

$S(a)=2\pi r^2$ 이므로,

$$\begin{cases} 0< a \leqq \dfrac{1}{\sqrt{3}} \text{ 인 경우: } \dfrac{S(a)}{a}=\dfrac{\pi}{2}a \\ \dfrac{1}{\sqrt{3}} \leqq a \leqq \sqrt{3} \text{ 인 경우: } \dfrac{S(a)}{a}=\dfrac{\pi}{8}\left(a+\dfrac{1}{a}\right) \\ \sqrt{3} \leqq a \text{ 인 경우: } \dfrac{S(a)}{a}=\dfrac{\pi}{2a} \end{cases}$$

따라서, $b=\dfrac{S(a)}{a}$의 그래프는 다음과 같다.

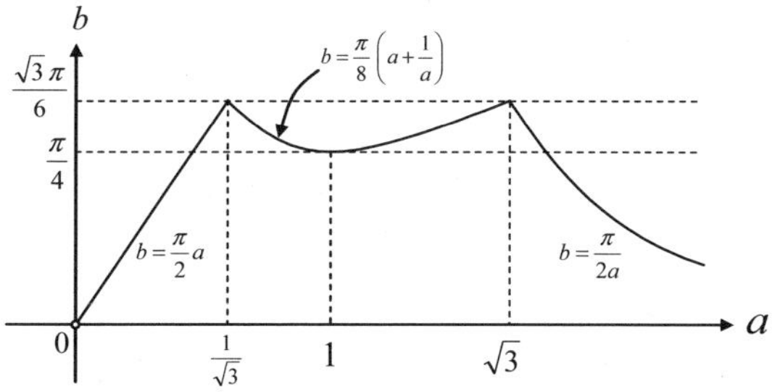

■

[문제 4]

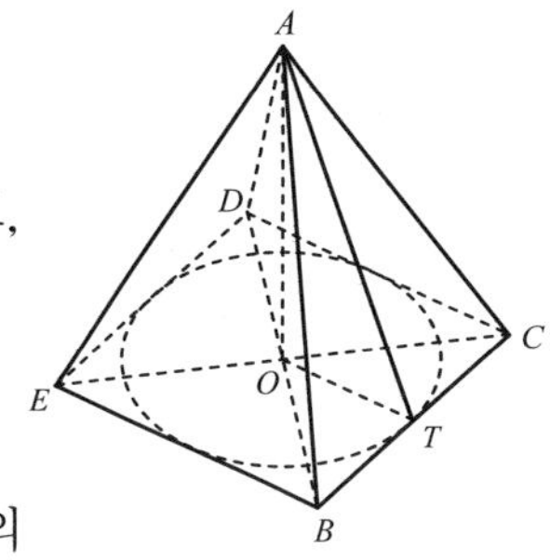

(1) 정사각뿔 V의 꼭짓점을 A, 밑면을 $BCDE$라 하고, 정사각형 $BCDE$의 대각선의 교점을 O라 하면, 문제의 조건을 만족하는 구의 중심은 O, 반경은 $\frac{a}{2}$로 된다.

O에서 $\overline{AB}$에 내린 수선의 발을 H라 하면,

$$\angle AOB=90^0,\ \overline{OH}=\frac{a}{2},\ \overline{OB}=\frac{a}{\sqrt{2}}$$

$\angle OBH=45^0$이므로, V의 높이는

$$\overline{OA}=\overline{OB}=\frac{a}{\sqrt{2}} \qquad \cdots(\text{답})$$ ■

(2) 구와 $\overline{BC}$와의 접점을 T라 하면,
O에서 $\overline{AT}$에 내린 수선의 길이 d는

$$d\cdot\overline{AT}=\overline{OA}\cdot\overline{OT}$$

$$d\cdot\sqrt{\left(\frac{a}{\sqrt{2}}\right)^2+\left(\frac{a}{2}\right)^2}=\frac{a}{\sqrt{2}}\cdot\frac{a}{2} \quad \therefore d=\frac{a}{\sqrt{6}}$$

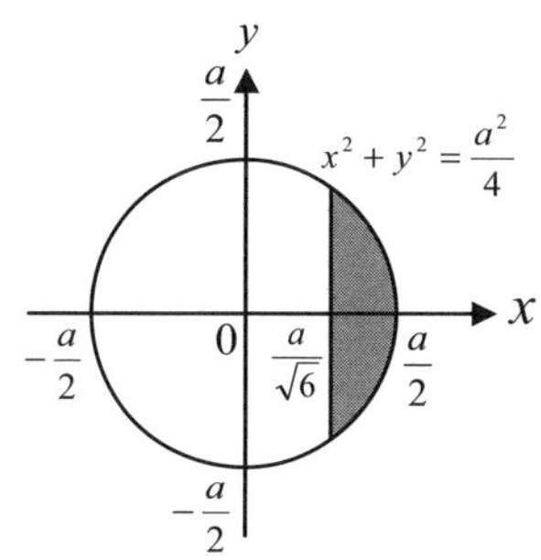

따라서, 구를 면 ABC로 잘라 형성되는 두 부분 중 V의 외부에 있는 부분의 체적은

$$\pi\int_{\frac{a}{\sqrt{6}}}^{\frac{a}{2}}\left(\frac{a^2}{4}-x^2\right)dx=\pi\left[\frac{a^2}{4}x-\frac{x^3}{3}\right]_{\frac{a}{\sqrt{6}}}^{\frac{a}{2}}$$

$$=\left(\frac{1}{12}-\frac{7}{36\sqrt{6}}\right)\pi a^3$$

따라서, 구하는 체적은

$$\frac{4}{3}\pi\left(\frac{a}{2}\right)^3\times\frac{1}{2}-\left(\frac{1}{12}-\frac{7}{36\sqrt{6}}\right)\pi a^3\times 4$$

$$=\left(\frac{7\sqrt{6}}{54}-\frac{1}{4}\right)\pi a^3 \qquad \cdots(\text{답})$$ ■

1. (1) $x>0$ 에서, $y=\dfrac{\log x}{x}$ 의 증감을 조사하여라.

(2) 양의 정수 a, b 의 쌍 중 $a^b=b^a$, $a \neq b$ 를 만족하는 것을 모두 구하여라.

(3) $3^x=x^3$ 을 만족하는 양의 유리수는 3 이외에는 존재하지 않음을 보여라.

2. 평면상에 세 개의 원 C_1, C_2, C_3 가 있어, C_1 과 C_2 는 서로 다른 두 점 A, B 에서 만나며, C_3 는 C_1 및 C_2 와 서로 직교한다. 단, 두 원이 서로 직교한다는 것은, 각 교점에서의 각각의 원에 대한 접선이 그 교점에서 직교할 때를 말한다.

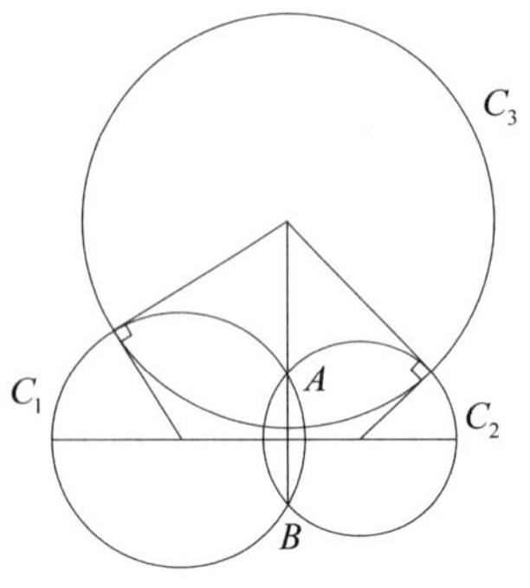

(1) 원 C_3 의 중심은 두 점 A, B 를 지나는 직선상에 있음을 보여라.

(2) 두 점 A, B 중 하나는 원 C_3 의 내부에, 다른 하나는 원 C_3 의 외부에 있음을 보여라.

3. xy 평면상의 길이 2 인 선분 AB 를 지름으로 하는 반원을 D 라 하자.
반원 D 의 내부(둘레는 포함하지 않음)의 한 점을 P 라 하자.

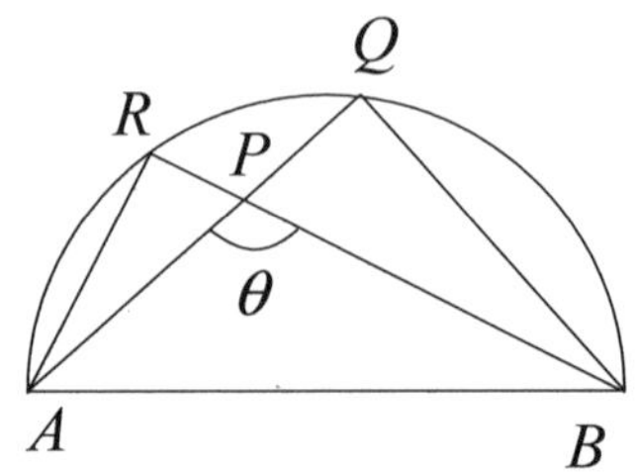

A 와 P 를 지나는 직선과 반원 D 의 원호부분이 만나는 점을 Q, B 와 P 를 지나는 직선과 반원 D 의 원호부분이 만나는 점을 R 이라 하자.
오각형 $ARPQB$ 의 면적을 S 로 놓자.

(1) $\angle APB$ 를 일정하게 유지하며 점 P 가 반원 D 의 내부에서 움직일 때, S 가 취할 수 있는 값의 범위를 $\angle APB=\theta$ 를 사용하여 나타내어라.

(2) 점 P 가 반원 D 의 내부를 자유롭게 움직일 때, S 가 취할 수 있는 값의 범위를 구하여라.

[문제 1]

(1) $f(x)=\dfrac{\log x}{x}$로 놓으면, $f'(x)=\dfrac{1-\log x}{x^2}$

$f(x)$의 증감은 $\begin{cases} 0<x<e \text{일 때: 증가} \\ e<x \text{일 때: 감소} \end{cases}$ …(답) ■

(2) $a^b=b^a$의 양변에 log를 취하면,

$b\log a=a\log b$

$\dfrac{\log a}{a}=\dfrac{\log b}{b}$

… ①

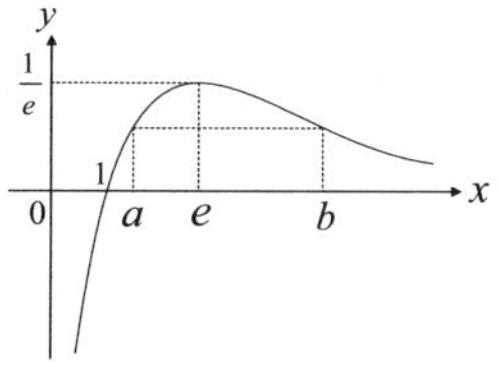

$\lim\limits_{x\to+0}f(x)=-\infty$, $\lim\limits_{x\to\infty}f(x)=0$이므로,

위 문제에서 구한 $f(x)$의 증감에 의하여

$y=f(x)$의 그래프의 개형은 위와 같다.

따라서, ①을 만족하는

a, b $(a\neq b)$가 존재하는 것은

$$0<\frac{\log a}{a}<f(e)=\frac{1}{e}$$

일 때이며, $a<b$로 놓으면 $1<a<e$

a는 정수이므로, $a=2$

$\dfrac{\log b}{b}=\dfrac{\log 2}{2}=\dfrac{\log 4}{4}$이므로 $b=4$

따라서, 구하는 a,b의 조(組)는

$(a,b)=(2,4),\ (4,2)$ …(답) ■

(3) $3^x=x^3$에서,

$$\frac{\log 3}{3}=\frac{\log x}{x}$$

(2)번의 그래프에 의하여,

이 방정식을 만족하는 3이외의 해는

1개만 존재하며 그 해를 α라 하면,

$\alpha<e$ … ②

이제, α를 유리수라 가정하면,

$\alpha=\dfrac{n}{m}$ (m,n은 서로소인 양의 정수)

으로 표시할 수 있다.

$3^{\frac{n}{m}}=\left(\dfrac{n}{m}\right)^3$ $\quad\therefore 3^n\cdot m^{3m}=n^{3m}$

이므로, n은 3의 배수이다.

$n=3k$로 놓으면, $3^{3k}\cdot m^{3m}=(3k)^{3m}$

$\therefore m^{3m}=3^{3(m-k)}\cdot k^{3m}$

이므로, m은 3의 배수이다.

②에서,

$\alpha=\dfrac{n}{m}=\dfrac{3k}{m}<e<3$ $\quad\therefore m-k>0$

m,n은 서로 소인 것에 모순되므로,

α는 유리수가 아니다.

따라서, $3^x=x^3$을 만족하는 양의 유리수는

3이외에는 존재하지 않는다. ■

[문제 2]

(1) 좌표평면상에 C_1, C_2, C_3의 반경을

각각 r_1, r_2, r_3라 하고,

중심을 각각

$O_1(0,0)$, $O_2(a,0)$, $O_3(b,c)$ $(c>0)$

로 놓으면,

C_1: $x^2+y^2={r_1}^2$ … ①

C_2: $(x-a)^2+y^2={r_2}^2$ … ②

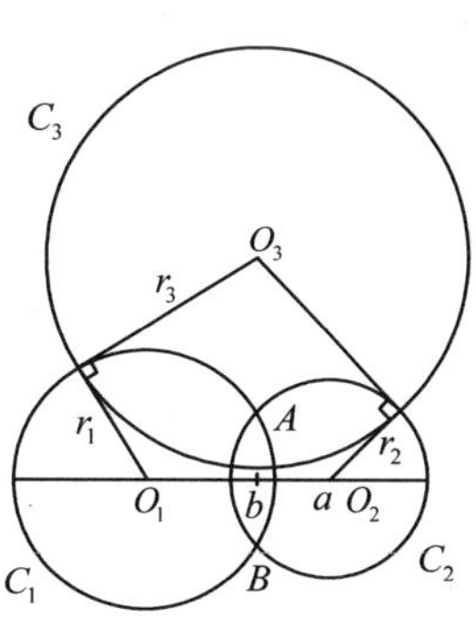

①－②에서,

직선 AB의 방정식은 $x=\dfrac{r_1^{\,2}-r_2^{\,2}+a^2}{2a}$

또, C_1과 C_3의 교점 중 하나를 P라 하면

$\overline{O_1P}\perp\overline{O_3P}$이므로,

$\overline{O_1O_3}^{\,2}=b^2+c^2=r_1^{\,2}+r_3^{\,2}$ $\cdots$ ③

같은 방법으로,

$\overline{O_2O_3}^{\,2}=(b-a)^2+c^2=r_2^{\,2}+r_3^{\,2}$ $\cdots$ ④

③－④에서, $b=\dfrac{r_1^{\,2}-r_2^{\,2}+a^2}{2a}$

직선 AB의 방정식과 비교하면,

C_3의 중심 O_3는 직선 AB 상에 있다. ■

(2) $c>0$이므로,

$O_3(b,\ \sqrt{r_1^{\,2}+r_3^{\,2}-b^2}\ )$

A를 $y>0$인 범위에 있는 교점이라 하면,

$A(b,\ \sqrt{r_1^{\,2}-b^2}\ ),\ B(b,\ -\sqrt{r_1^{\,2}-b^2}\ )$

$r_1^{\,2}-b^2>0$이므로,

$$\begin{aligned}\overline{O_3A}&=\sqrt{r_1^{\,2}+r_3^{\,2}-b^2}-\sqrt{r_1^{\,2}-b^2}\\&=\frac{r_3^{\,2}}{\sqrt{r_1^{\,2}+r_3^{\,2}-b^2}+\sqrt{r_1^{\,2}-b^2}}\\&=\frac{r_3^{\,2}}{\sqrt{r_3^{\,2}+(r_1^{\,2}-b^2)}+\sqrt{r_1^{\,2}-b^2}}<r_3\end{aligned}$$

$$\begin{aligned}\overline{O_3B}&=\sqrt{r_1^{\,2}+r_3^{\,2}-b^2}+\sqrt{r_1^{\,2}-b^2}\\&=\sqrt{r_3^{\,2}+(r_1^{\,2}-b^2)}+\sqrt{r_1^{\,2}-b^2}>r_3\end{aligned}$$

따라서, A, B 중 하나는 C_3의 내부에,

다른 하나는 C_3의 외부에 있다. ■

[문제 3]

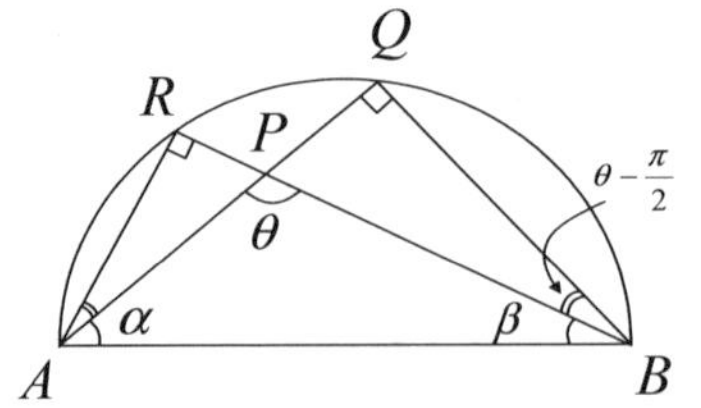

(1) $\angle PAB=\alpha,\ \angle PBA=\beta$로 놓으면,

$$\begin{cases}\overline{BQ}=2\sin\alpha\\[4pt]\overline{PQ}=\overline{BQ}\tan\left(\theta-\dfrac{\pi}{2}\right)=-\dfrac{2\sin\alpha}{\tan\theta}\end{cases}$$

$$\therefore\ \triangle BPQ=\frac{1}{2}\cdot\overline{BQ}\cdot\overline{PQ}=-\frac{2\sin^2\alpha}{\tan\theta}$$

$$\begin{cases}\overline{AR}=2\sin\beta\\[4pt]\overline{PR}=\overline{AR}\tan\left(\theta-\dfrac{\pi}{2}\right)=-\dfrac{2\sin\beta}{\tan\theta}\end{cases}$$

$$\therefore\ \triangle APR=\frac{1}{2}\cdot\overline{AR}\cdot\overline{PR}=-\frac{2\sin^2\beta}{\tan\theta}$$

$\triangle APB$에서 $\dfrac{\overline{BP}}{\sin\alpha}=\dfrac{\overline{AP}}{\sin\beta}=\dfrac{2}{\sin\theta}$

$\overline{AP}=\dfrac{2\sin\beta}{\sin\theta},\ \overline{BP}=\dfrac{2\sin\alpha}{\sin\theta}$

$$\therefore\ \triangle PAB=\frac{1}{2}\cdot\overline{AP}\cdot\overline{BP}\sin\theta=\frac{2\sin\alpha\sin\beta}{\sin\theta}$$

$$\begin{aligned}S&=\triangle PAB+\triangle BPQ+\triangle APR\\&=\frac{2\sin\alpha\sin\beta}{\sin\theta}-\frac{2(\sin^2\alpha+\sin^2\beta)}{\tan\theta}\end{aligned}$$

$\alpha+\beta=\pi-\theta$이므로,

$$\begin{aligned}2\sin\alpha\sin\beta&=\cos(\alpha-\beta)-\cos(\alpha+\beta)\\&=\cos(\alpha-\beta)+\cos\theta\end{aligned}$$

$$\begin{aligned}2(\sin^2\alpha+\sin^2\beta)&=2-(\cos2\alpha+\cos2\beta)\\&=2-2\cos(\alpha+\beta)\cos(\alpha-\beta)\\&=2+2\cos\theta\cos(\alpha-\beta)\end{aligned}$$

$$\therefore\ S=\frac{\cos(\alpha-\beta)+\cos\theta}{\sin\theta}-\frac{\{2+2\cos\theta\cos(\alpha-\beta)\}\cos\theta}{\sin\theta}$$

$$=\frac{1-2\cos^2\theta}{\sin\theta}\cos(\alpha-\beta)-\frac{\cos\theta}{\sin\theta}$$

> 문제에서는, 주어진(고정된) θ값에 대한 면적 S의 범위를 구하는 것이므로,
> θ에 의하여 정해지는 상수 a, b에 의한 형태
> $$S=a\cos(\alpha-\beta)-b$$
> 로 볼 수 있다.
> a값이 양수일 때와 음수일 때로 나누어 증감을 조사하여야 함을 알 수 있다.

$-(\pi-\theta)<\alpha-\beta<\pi-\theta\ \left(\frac{\pi}{2}<\theta<\pi\right)$의 범위에서 S의 범위를 구하여보자.

(i) $\frac{1-2\cos^2\theta}{\sin\theta}=0\ \left(\because\ \theta=\frac{3\pi}{4}\right)$인 경우

$$\therefore\ S=1$$

(ii) $\frac{1-2\cos^2\theta}{\sin\theta}>0\ \left(\because\ \frac{\pi}{2}<\theta<\frac{3\pi}{4}\right)$인 경우

$|\alpha-\beta|$가 0에서 $\pi-\theta$로 근사할 때,

S는 감소하며

$$\frac{1-2\cos^2\theta}{\sin\theta}\cos(\pi-\theta)-\frac{\cos\theta}{\sin\theta}=-\sin2\theta$$

로 근사한다.

또, $|\alpha-\beta|=0$일 때, $S=\frac{1-\cos\theta-2\cos^2\theta}{\sin\theta}$

(iii) $\frac{1-2\cos^2\theta}{\sin\theta}<0\ \left(\because\ \frac{3\pi}{4}<\theta<\pi\right)$인 경우

$|\alpha-\beta|$가 0에서 $\pi-\theta$로 근사할 때,

S는 증가하며 $-\sin2\theta$로 근사한다.

또, $|\alpha-\beta|=0$일 때, $S=\frac{1-\cos\theta-2\cos^2\theta}{\sin\theta}$

(i), (ii), (iii)에서 S의 범위는

$\frac{\pi}{2}<\theta<\frac{3\pi}{4}$인 경우,

$$-\sin2\theta<S\leq\frac{1-\cos\theta-2\cos^2\theta}{\sin\theta}$$

$\frac{3\pi}{4}<\theta<\pi$인 경우,

$$\frac{1-\cos\theta-2\cos^2\theta}{\sin\theta}\leq S<-\sin2\theta$$

$\theta=\frac{3\pi}{4}$인 경우, $S=1$ ■

(2) 각 경우의 최댓값을 비교해보자.

$f(\theta)=\frac{1-\cos\theta-2\cos^2\theta}{\sin\theta}\ \left(\frac{\pi}{2}<\theta<\frac{3\pi}{4}\right)$

로 놓으면,

$$f'(\theta)=\frac{-(\cos\theta+1)(2\cos^2\theta-2\cos\theta-1)}{\sin^2\theta}$$

$$=\frac{-2(\cos\theta+1)\left(\cos\theta-\frac{1-\sqrt{3}}{2}\right)\left(\cos\theta-\frac{1+\sqrt{3}}{2}\right)}{\sin^2\theta}$$

$-\frac{1}{\sqrt{2}}<\frac{1-\sqrt{3}}{2}<0$이므로,

$\cos\alpha=\frac{1-\sqrt{3}}{2}\ \left(\frac{\pi}{2}<\alpha<\frac{3\pi}{4}\right)$으로 놓으면,

$f(\theta)$의 증감표는 다음과 같다.

θ	$\frac{\pi}{2}$	$\cdots$	α	$\cdots$	$\frac{3}{4}\pi$
$f'(\theta)$		+	0	−	
$f(\theta)$	(1)	↗	극대	↘	(1)

$\cos^2\alpha=\frac{2-\sqrt{3}}{2}$, $\sin\alpha=\sqrt{\frac{\sqrt{3}}{2}}$이므로,

$$f(\alpha)=\frac{(\sqrt[4]{3})^3(\sqrt{3}-1)}{\sqrt{2}}>1$$

또, $\frac{3\pi}{4}<\theta<\pi$일 때, $0<-\sin2\theta<1$

(여기서, 최솟값의 범위도 구해진다.)

따라서, $0<S\leq\frac{(\sqrt[4]{3})^3(\sqrt{3}-1)}{\sqrt{2}}$ …(답) ■

〈 1992年 前期 － 理科 〉 時間 : 150分

1. a가 1보다 큰 상수일 때, xy평면상의 점 $(a,0)$을 A, 점 $(a,\log a)$를 B, 곡선 $y=\log x$와 x축의 교점을 C라 하자. 또, x축, 선분 BA 및 곡선 $y=\log x$로 둘러싸인 부분의 넓이를 S_1이라 하자.
   (1) $1\leq b\leq a$인 b에 대하여 점 $(b,\log b)$를 D라 하자. 사각형 $ABDC$의 면적이 S_1에 가장 가깝게 되는 b의 값과, 그때의 사각형 $ABDC$의 면적 S_2를 구하여라.
   (2) $a\to\infty$일 때, $\dfrac{S_2}{S_1}$의 극한값을 구하여라.

2. xy평면상에서, x좌표, y좌표가 모두 정수인 점을 격자점이라 부른다. 격자점을 꼭짓점으로 하는 삼각형 ABC를 고려해 보자.
   (1) 변 AB, AC 각각의 변 위에 양끝 점을 제외한 홀수개의 격자점이 있으면, 변 BC 위에도 양끝 점을 제외하고 홀수개의 격자점이 있음을 보여라.
   (2) 변 AB, AC 위에 양끝 점을 제외하고 정확히 3점씩 격자점이 존재하면, 삼각형 ABC의 면적은 8로 나누어떨어지는 정수로 되는 것을 보여라.

3. a,b를 양의 실수라 하자. 좌표공간상의 네 점 $P(0,0,0)$, $Q(a,0,0)$, $R(0,1,0)$, $S(0,1,b)$가 반지름 1인 동일한 구면 위에 있을 때, P,Q,R,S를 꼭짓점으로 하는 사면체에 내접하는 구의 반지름을 r이라 하면, 다음 두 부등식이 성립함을 보여라.

$$\left(\frac{1}{r}-\frac{1}{a}-\frac{1}{b}\right)^2\geq\frac{20}{3},\quad \frac{1}{r}\geq 2\sqrt{\frac{2}{3}}+2\sqrt{\frac{5}{3}}$$

4. xyz공간에, x축에 평행한 주면(**柱面**) $A=\{(x,y,z)\mid y^2+z^2=1,\ x,y,z\text{는 실수}\}$에서 y축에 평행한 주면(**柱面**) $B=\left\{(x,y,z)\mid x^2-\sqrt{3}xz+z^2=\frac{1}{4},\ x,y,z\text{는 실수}\right\}$에 의해 둘러싸인 부분을 잘라내고 남은 도형을 C라 하자.
   도형 C의 전개도를 그려라.
   단, 점 $(0,1,0)$을 지나며 x축에 평행한 직선을 따라 C를 잘라서 편 것으로 한다.

5. xy평면상에서, 곡선 $y=\dfrac{x^3}{6}+\dfrac{1}{2x}$ 상의 점 $\left(1,\ \dfrac{2}{3}\right)$를 출발하여, 이 곡선 위를 나아가는 점 P가 있다. 출발한지 t초 후의 속도 $\vec{v}$의 크기는 $\dfrac{t}{2}$이며, $\vec{v}$의 x성분은 항상 양수이거나 0이다.
   (1) 출발한지 t초 후의 P의 위치를 (x,y)라 할 때, x와 t의 관계식을 구하여라.
   (2) $\vec{v}$가 벡터 $(8,15)$와 평행하게 되는 것은 출발한지 몇 초 후인가?

6. A, B 두 사람이 가위바위보를 하여, 바위로 이기면 3보, 가위로 이기면 5보, 보로 이기면 6보 전진하는 게임을 한다. 가위바위보를 한 번하여, A가 전진한 걸음수에서 B가 전진한 걸음수를 뺀 값의 기댓값을 E라 하자.
   (1) B가 바위, 가위, 보를 낼 확률이 모두 같다고 하자.
   A가 어떠한 확률로 바위, 가위, 보를 낼 때, E의 값이 최대로 되는가?
   (2) B가 바위, 가위, 보를 낼 확률의 비가 $a:b:c$라고 하자. A가 어떠한 확률로 바위, 가위, 보를 내면, 임의의 a,b,c에 대하여 $E\geq 0$로 되는가?

[문제 1]

(1) $y=\log x$의 그래프는 위로 볼록하므로, 사각형 $ABDC$의 면적이 S_1에 가장 가깝게 되는 것은 $\triangle BCD$의 면적이 최대로 될 때 즉, 점 D에서의 $y=\log x$의 접선의 기울기가 직선 BC의 기울기와 같을 때이다.

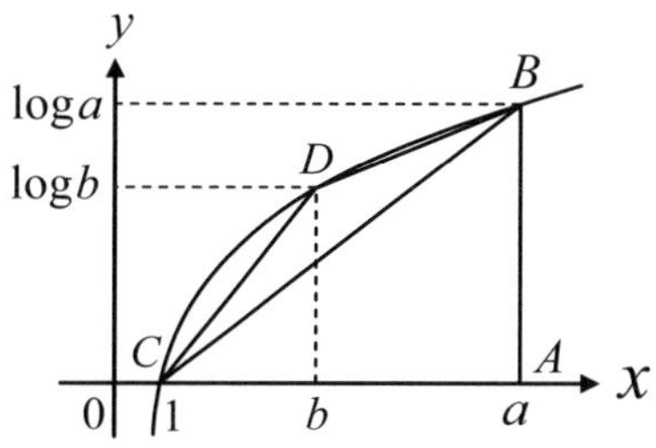

$(\log x)'_{x=b}=\dfrac{1}{b}=\dfrac{\log a}{a-1}$에서,

$$\therefore b=\frac{a-1}{\log a}\qquad \cdots(답)\ ■$$

$$S_2=\triangle ADC+\triangle ABD$$
$$=\frac{1}{2}(a-1)\log b+\frac{1}{2}(a-b)\log a$$
$$=\frac{1}{2}(a-1)\log\left(\frac{a-1}{\log a}\right)+\frac{1}{2}\left(a-\frac{a-1}{\log a}\right)\log a$$
$$=\frac{1}{2}\left\{(a-1)\log\left(\frac{a-1}{\log a}\right)+a\log a-a+1\right\}$$

$\cdots$(답) ■

(2) $S_1=\displaystyle\int_1^a \log x\,dx=[x\log x-x]_1^a$

$=a\log a-a+1$

$$\frac{S_2}{S_1}=\frac{1}{2}\left\{\frac{(a-1)\log\left(\frac{a-1}{\log a}\right)}{a\log a-a+1}+1\right\}$$
$$=\frac{1}{2}\left\{\frac{\log(a-1)-\log(\log a)}{\frac{a}{a-1}\log a-1}+1\right\}$$
$$=\frac{1}{2}\left\{\frac{\frac{\log(a-1)}{\log a}-\frac{\log(\log a)}{\log a}}{\frac{a}{a-1}-\frac{1}{\log a}}+1\right\}$$

$$\lim_{a\to\infty}\left(\frac{a}{a-1}-\frac{1}{\log a}\right)=1$$

$$\lim_{a\to\infty}\left(\frac{\log(a-1)}{\log a}-1\right)=\lim_{a\to\infty}\frac{\log\left(1-\frac{1}{a}\right)}{\log a}=0$$

에서, $\displaystyle\lim_{a\to\infty}\frac{\log(a-1)}{\log a}=1$

$$\lim_{a\to\infty}\frac{\log(\log a)}{\log a}=\lim_{t\to\infty}\frac{\log t}{t}=0\quad(\log a=t)$$

$$\therefore \lim_{a\to\infty}\frac{S_2}{S_1}=\frac{1}{2}(1+1)=1\qquad\cdots(답)\ ■$$

〈주의〉

$\displaystyle\lim_{t\to\infty}\frac{\log t}{t}=0$은 증명하지 않고 이용하였음.

(로피탈의 법칙은 지금까지 문제의 풀이에 전혀 나오지 않은 것으로 보아 고등학교의 정식 교과내용으로 인정하지 않는 것으로 보임)

[문제 2]

(1) 변 AB 상의 양끝 점을 제외한 격자점의 개수가 $2k-1$ (k는 자연수)일 때, A에서 가까운 격자점부터 $P_1, P_2, \cdots, P_{2k-1}$로 놓으면,

$\overline{AP_1}=\overline{P_1P_2}=\cdots=\overline{P_{2k-2}P_{2k-1}}=\overline{P_{2k-1}B}$

이므로, 정수 p_1, p_2를 잡아

$$\overrightarrow{AB}=2k\overrightarrow{AP_1}=2k(p_1,p_2)$$

로 나타낼 수 있다.

같은 방법으로, 자연수 l, 정수 q_1, q_2를 잡아

$$\overrightarrow{AC}=2l(q_1,q_2)$$

로 나타낼 수 있다.

여기서, 변 BC의 중점을 M이라 하면,

$$\overrightarrow{AM}=\frac{\overrightarrow{AB}+\overrightarrow{AC}}{2}=(kp_1+lq_1, kp_2+lq_2)$$

따라서, M은 격자점이 되며,
변 BM, MC 상의 양끝 점을 제외한 격자점의 개수는 같다. 그 개수를 $n(\geq 0)$이라 하면,
변 BC 상의 양끝 점을 제외한 격자점의 개수는 $2n+1$로 되어 홀수이다. ■

(2) (1)에서 $k=l=2$인 경우이므로,

$$\overrightarrow{AB}=(4p_1,\ 4p_2),\ \ \overrightarrow{AC}=(4q_1,\ 4q_2)$$

이때, $\triangle ABC$의 면적 S는

$$S=\frac{1}{2}|4p_1\cdot 4q_2-4p_2\cdot 4q_1|=8|p_1q_2-p_2q_1|$$

이므로, 8로 나누어떨어진다. ■

[문제 3]

4점 P, Q, R, S를 지나는 구면의 중심은 선분 PQ, PR, RS를 수직이등분하는 평면상에 있어야 하므로, 그 좌표는

$$\left(\frac{a}{2},\frac{1}{2},\frac{b}{2}\right)$$

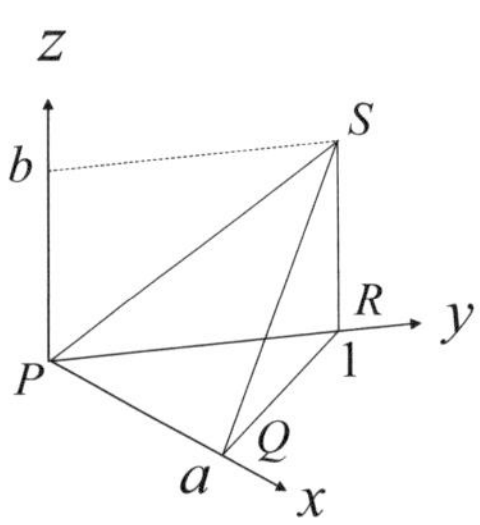

구면의 중심과 P의 거리가 1이므로,

$$\sqrt{\left(\frac{a}{2}\right)^2+\left(\frac{1}{2}\right)^2+\left(\frac{b}{2}\right)^2}=1$$

$$\therefore a^2+b^2=3\quad (a>0, b>0)\qquad \cdots ①$$

사면체 $PQRS$의 체적을 V라 하면,

$$V=\frac{1}{3}\triangle PQR\cdot\overline{SR}=\frac{1}{6}ab$$

다른 방법으로,

$$V=\frac{1}{3}(\triangle PQR+\triangle PQS+\triangle PRS+\triangle QRS)r$$

$$=\frac{1}{3}\cdot\frac{1}{2}(a+a\sqrt{1+b^2}+b+b\sqrt{1+a^2})r$$

$$=\frac{1}{6}(a+b+a\sqrt{b^2+1}+b\sqrt{a^2+1})r$$

$$\therefore (a+b+a\sqrt{b^2+1}+b\sqrt{a^2+1})r=ab$$

$$\frac{1}{r}=\frac{a+b+a\sqrt{b^2+1}+b\sqrt{a^2+1}}{ab}$$

$$=\frac{1}{b}+\frac{1}{a}+\frac{\sqrt{b^2+1}}{b}+\frac{\sqrt{a^2+1}}{a}$$

$$\therefore \frac{1}{r}-\frac{1}{a}-\frac{1}{b}=\frac{\sqrt{a^2+1}}{a}+\frac{\sqrt{b^2+1}}{b}\ (>0)$$

양변을 제곱하면,

$$\left(\frac{1}{r}-\frac{1}{a}-\frac{1}{b}\right)^2=\left(\frac{\sqrt{a^2+1}}{a}+\frac{\sqrt{b^2+1}}{b}\right)^2$$

$$=\frac{a^2+1}{a^2}+\frac{b^2+1}{b^2}+2\cdot\frac{\sqrt{a^2+1}}{a}\cdot\frac{\sqrt{b^2+1}}{b}$$

$$=2+\frac{a^2+b^2}{a^2b^2}+\frac{2}{ab}\sqrt{a^2b^2+a^2+b^2+1}$$

$$=2+\frac{3}{a^2b^2}+2\sqrt{1+\frac{4}{a^2b^2}}\qquad (\because ①)$$

> $a>0, b>0$이므로, ①에서
>
> $$\frac{3}{2}=\frac{a^2+b^2}{2}\geq\sqrt{a^2b^2}=ab$$
>
> $$\frac{1}{ab}\geq\frac{2}{3}\qquad \therefore \frac{1}{a^2b^2}\geq\frac{4}{9}$$

$$\geq 2+3\cdot\frac{4}{9}+2\sqrt{1+4\cdot\frac{4}{9}}=\frac{20}{3}$$

…(답) ■

$\frac{1}{r}-\frac{1}{a}-\frac{1}{b}>0$이므로,

$$\frac{1}{r}-\frac{1}{a}-\frac{1}{b}\geq\sqrt{\frac{20}{3}}=2\sqrt{\frac{5}{3}}$$

$$\therefore \frac{1}{r}\geq\frac{1}{a}+\frac{1}{b}+2\sqrt{\frac{5}{3}}$$

$\frac{1}{a}+\frac{1}{b}\geq 2\sqrt{\frac{1}{ab}}\geq 2\sqrt{\frac{2}{3}}$ 이므로,

$$\therefore \frac{1}{r}\geq 2\sqrt{\frac{2}{3}}+2\sqrt{\frac{5}{3}}$$

…(답) ■

〈 주의 〉

두 부등식은 $a=b=\sqrt{\frac{3}{2}}$ 일 때 등호가 성립한다.

[문제 4]

$$A=\{(x,y,z)\ |\ y^2+z^2=1\}$$
$$B=\left\{(x,y,z)|x^2-\sqrt{3}\,xz+z^2=\frac{1}{4}\right\}$$

주면(柱面) A, B의 교선을 A상의 점

$(x,\ y,\ z)=(x,\ \cos\theta,\ \sin\theta)\quad(0\leq\theta\leq 2\pi)$

를 정의하는 θ에 대한 함수로 구한 후, 교선부분으로 둘러싸인 부분을 제거하여 전개도를 생각해보자.

$$\begin{cases}(x,\ y,\ z)=(x,\cos\theta,\sin\theta)\quad(0\leq\theta\leq 2\pi)\\ x^2-\sqrt{3}\,xz+z^2=\dfrac{1}{4}\end{cases}$$

에서, $x^2-\sqrt{3}\,x\sin\theta+\sin^2\theta-\dfrac{1}{4}=0$

$$x=\frac{\sqrt{3}\sin\theta\pm\sqrt{1-\sin^2\theta}}{2}$$
$$=\frac{\sqrt{3}\sin\theta\pm\cos\theta}{2}=\sin\left(\theta\pm\frac{\pi}{6}\right)$$

따라서, 주면(柱面) A, B의 교선은 θ의 함수

$$\left(\sin\left(\theta\pm\frac{\pi}{6}\right),\cos\theta,\sin\theta\right)\quad(0\leq\theta\leq 2\pi)$$

로 구해진다.

이 교선을 보면, 고정된 θ값에 대하여 $(0,\cos\theta,\sin\theta)$에서 그 점을 지나며 x축에 평행한 직선을 따라 $\sin\left(\theta\pm\dfrac{\pi}{6}\right)$만큼 이동한 두 점을 나타냄을 알 수 있다.

따라서,
yz평면상의 점 $(0,\cos\theta,\sin\theta)$가 1회전할 때, 이러한 두 점이 θ값에 따라 그리는 곡선으로 둘러싸인 부분(면)을 제거하면 됨을 알 수 있다.

구하는 C의 전개도는
다음 그림의 음영부분이다.

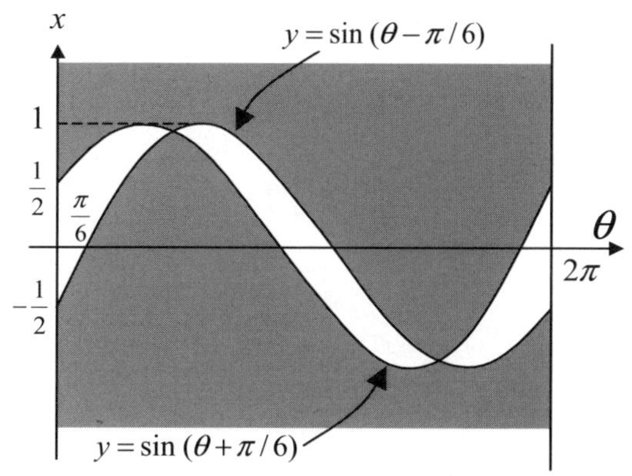

– 직선 $\theta=0$과 $\theta=2\pi$를 붙이면 C가 되며, 빗금친 부분은 x축방향의 아래 위로 무한히 계속된다. ■

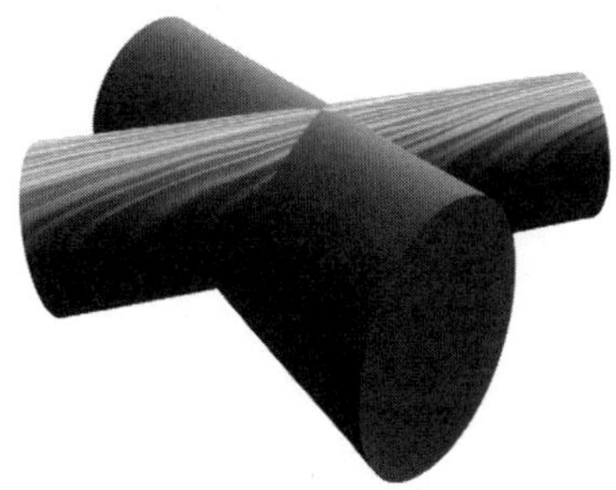

[문제 5]

(1) $\qquad y=\dfrac{x^3}{6}+\dfrac{1}{2x}\qquad\cdots$ ①

$P(x,y)$가 ①상의 점이므로,

$$\frac{dy}{dt}=\frac{dy}{dx}\cdot\frac{dx}{dt}=\left(\frac{x^2}{2}-\frac{1}{2x^2}\right)\frac{dx}{dt}$$

$$\vec{v}=\left(\frac{dx}{dt},\frac{dy}{dt}\right)=\left(\frac{dx}{dt},\left(\frac{x^2}{2}-\frac{1}{2x^2}\right)\frac{dx}{dt}\right)$$

$|\vec{v}|=\dfrac{t}{2}$이므로,

$$\sqrt{\left(\frac{dx}{dt}\right)^2+\left(\frac{x^2}{2}-\frac{1}{2x^2}\right)^2\left(\frac{dx}{dt}\right)^2}=\frac{t}{2}$$
$$\sqrt{\left(\frac{x^2}{2}+\frac{1}{2x^2}\right)^2\left(\frac{dx}{dt}\right)^2}=\frac{t}{2}$$

$\dfrac{dx}{dt}\geq 0$이므로, $\left(\dfrac{x^2}{2}+\dfrac{1}{2x^2}\right)\dfrac{dx}{dt}=\dfrac{t}{2}$

양변을 t로 적분하면,

$$\int\left(\frac{x^2}{2}+\frac{1}{2x^2}\right)dx=\int\frac{t}{2}dt$$

$$\frac{x^3}{6}-\frac{1}{2x}=\frac{t^2}{4}+C$$

$t=0$일 때 $x=1$이므로, $C=-\frac{1}{3}$

$$\therefore \frac{x^3}{6}-\frac{1}{2x}=\frac{t^2}{4}-\frac{1}{3} \qquad \cdots(\text{답})$$ ■

(2) $\vec{v}\,/\!/\,(8,15)$일 때

$$15\cdot\frac{dx}{dt}-8\cdot\left(\frac{x^2}{2}-\frac{1}{2x^2}\right)\frac{dx}{dt}=0$$

$\frac{dx}{dt}\neq 0$이므로, $15-8\left(\frac{x^2}{2}-\frac{1}{2x^2}\right)=0$

$$4x^4-15x^2-4=0$$

$$(4x^2+1)(x^2-4)=0$$

$4x^2+1>0$이므로, $x^2=4\ (\geqq 0)$

조건에서 $x\geqq 1$이므로, $x=2$

(1)의 결과에 대입하면, $t^2=\frac{17}{3}$

따라서, 구하는 시간은 $\frac{\sqrt{51}}{3}$초 후 $\cdots$(답) ■

[문제 6]

A가 전진한 걸음수에서

B가 전진한 걸음수를 뺀 값을 X라 하면,

X가 취할 수 있는 값은

$$X=-6,\ -5,\ -3,\ 0,\ 3,\ 5,\ 6$$

A가 바위, 가위, 보를 낼 확률을 각각

$p,\ q,\ r\ (p+q+r=1,\ p\geqq 0,\ q\geqq 0,\ r\geqq 0)$

이라 하자.

(1) X의 확률분포는 다음과 같다.

X	-6	-5	-3	0	3	5	6
$P(X)$	$\frac{p}{3}$	$\frac{r}{3}$	$\frac{q}{3}$	$\frac{1}{3}$	$\frac{p}{3}$	$\frac{q}{3}$	$\frac{r}{3}$

$$E=\frac{1}{3}(-6p-5r-3q+3p+5q+6r)$$

$$=-p+\frac{2}{3}q+\frac{1}{3}r$$

$r=1-p-q$를 대입하면,

$$E=-p+\frac{2}{3}q+\frac{1}{3}(1-p-q)=\frac{1}{3}+\frac{1}{3}q-\frac{4}{3}p$$

E가 최대로 되려면 $q=1,\ p=0$

따라서, 구하는 확률은 $p=0,\ q=1,\ r=0$

바위 : 0, 가위 : 1, 보 : 0 $\cdots$(답) ■

(2)

$a+b+c=1,\ a\geqq 0,\ b\geqq 0,\ c\geqq 0$

로 놓아도 일반성을 잃지 않는다.

X의 확률분포는 다음과 같다.

X	-6	-5	-3	0	3	5	6
$P(X)$	cp	br	aq	$ap+bq+cr$	bp	cq	ar

$$\therefore\ E=-6cp-5br-3aq+3bp+5cq+6ar$$

$$=3(2r-q)a+(3p-5r)b+(5q-6p)c$$

임의의 $a,b,c\ (\geqq 0)$에 대하여

$E\geqq 0$이기 위한 조건은

$$2r-q\geqq 0,\ 3p-5r\geqq 0,\ 5q-6p\geqq 0$$

가 동시에 성립하는 것이다.

세 부등식에서, $\frac{3}{5}p\geqq r\geqq\frac{q}{2}\geqq\frac{3}{5}p$

$$\therefore \frac{3}{5}p=r=\frac{q}{2}$$

$$\therefore p=\frac{5}{14},\ q=\frac{3}{7},\ r=\frac{3}{14}$$

따라서, 구하는 확률은

바위 : $\frac{5}{14}$, 가위 : $\frac{3}{7}$, 보 : $\frac{3}{14}$ $\cdots$(답) ■

〈 1992年 前期 － 文科 〉 時間 : 100分

1. 이과 2번과 같음

2. x의 방정식 $px^2+(p^2-q)x-(2p-q-1)=0$ 이 해를 가지며, 모든 해의 실수부가 음수로 되는 실수의 조 (p,q)의 범위를 pq평면에 도시하라.

3. 갑, 을 두 사람이 출자하여 공동사업을 한다. 두 사람의 출자합계를 s라 할 때, 이 사업에 의한 이윤 $f(s)$는

$$f(s)=\begin{cases} \frac{1}{4}s(s-3)^2 & (0\leqq s\leqq 2) \\ -\frac{3}{4}s+2 & (s>2) \end{cases}$$

로 주어지며, 이윤은 출자액에 대응하여 갑, 을에게 비례배분된다.
갑의 출자액 a가 일정할 때, 을의 이윤배분액을 최대로 하는 s의 값을 구하여라. 단, $0\leqq a\leqq 2$이다.

4. $p_1=1,\ p_2=1,\ p_{n+2}=p_n+p_{n+1}\ (n\geqq 1)$로 정의된 수열 $\{p_n\}$을 피보나치수열이라 하며, 그 일반항은

$$p_n=\frac{1}{\sqrt{5}}\left\{\left(\frac{1+\sqrt{5}}{2}\right)^n-\left(\frac{1-\sqrt{5}}{2}\right)^n\right\}\text{이다.}$$

필요하면 위 사실을 이용하여, 다음 문제에 답하여라.

각 자리의 숫자가 0 또는 1로 이루어진 자연수열 $X_n\ (n=1,2,\cdots)$을 다음 규칙에 의하여 정한다.

(i) $X_1=1$

(ii) X_n의 어떤 자리 수 α가 0이면 α를 1로 바꾸고, α가 1이면 α를 '10'으로 바꾼다. X_n의 각 자리의 숫자를 좌에서 우로 위와 같은 치환을 하여 얻어지는 자연수를 X_{n+1}이라 하자.
예를 들면, $X_1=1,\ X_2=10,\ X_3=101,$
$X_4=10110,\ X_5=10110101,\ \cdots\cdots$ 이다.

(1) X_n의 자리 수 a_n을 구하여라.

(2) X_n에서 '01' 형태의 숫자배열이 나타난 횟수 b_n을 구하여라. (예를 들면, $b_1=0,\ b_2=0,\ b_3=1,\ b_4=1,\ b_5=3,\cdots$)

[문제 2]

$$px^2+(p^2-q)x-(2p-q-1)=0 \quad \cdots ①$$

(i) $p=0$인 경우

①식은 $-qx+q+1=0$

$$\therefore x=\frac{q+1}{q}\ (q\neq 0)$$

실수부가 음수일 조건은

$$\frac{q+1}{q}<0 \qquad \therefore -1<q<0$$

(ii) $p\neq 0$인 경우

①의 판별식을 D, 두 근을 $\alpha,\ \beta$라 하면,

$D\geqq 0$인 경우, $\alpha<0, \beta<0$에서 $\alpha+\beta<0,\ \alpha\beta>0 \quad \cdots ②$

$D<0$인 경우, $\alpha=a+bi,\ \beta=a-bi$ (a, b는 실수, $a<0,\ b\neq 0$)에서 $\alpha+\beta=2a<0,\ \alpha\beta=a^2+b^2>0$ $\alpha+\beta<0,\ \alpha\beta>0 \quad \cdots ③$

②, ③이 일치하므로,

$$\alpha+\beta=-\frac{p^2-q}{p}<0,\ \alpha\beta=-\frac{2p-q-1}{p}>0$$

$$\therefore\ p(q-p^2)<0,\ p(2p-q-1)<0$$

$$\therefore \begin{cases} p>0,\ q<p^2,\ q>2p-1 \\ \text{or} \\ p<0,\ q>p^2,\ q<2p-1 \end{cases}$$

(ⅰ), (ⅱ)에 의하여, 구하는
점 (p, q)의 범위는 그림의 음영부분이다.
(단, 경계는 $p=0, -1<q<0$인 부분만 포함하며, 직선 $q=2p-1$과 곡선 $q=p^2$은 접한다.)

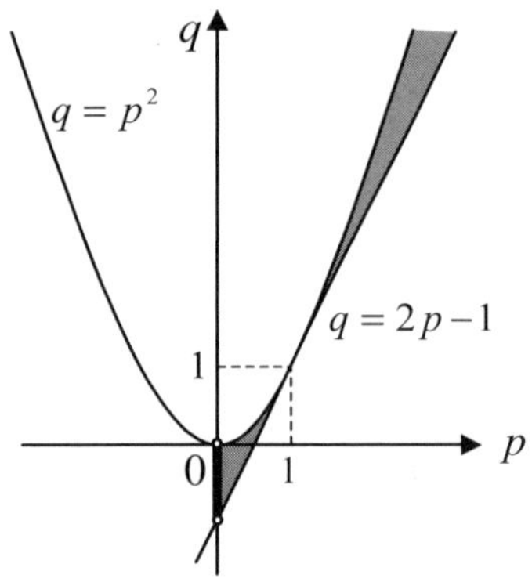

■

〈 주의 〉 $p<0$, $q>p^2$, $q<2p-1$인 부분은 존재하지 않는다.

[문제 3]
을의 출자금액을 $t\,(\geq 0)$로 놓으면,

$$s=a+t \quad (0 \leq a \leq 2)$$

따라서, 을의 이윤배분액 $g(s)$는

$$g(s)=\frac{t}{s}f(s)=\frac{s-a}{s}f(s)$$

$$=\begin{cases} \frac{1}{4}(s-a)(s-3)^2 & (a \leq s \leq 2) \\ \frac{1}{4}\left\{3a+8-\left(3s+\frac{8a}{s}\right)\right\} & (s \geq 2) \end{cases}$$

($f(s)$가 $s=2$에서 연속이므로, $g(s)$도 $s=2$에서 연속)

(ⅰ) $a \leq s \leq 2$인 경우

$$g'(s)=\frac{1}{4}\{(s-3)^2+(s-a)\cdot 2(s-3)\}$$

$$=\frac{3}{4}(s-3)\left(s-\frac{2a+3}{3}\right)$$

$\frac{2a+3}{3}<2 \left(\because 0 \leq a<\frac{3}{2}\right)$인 경우

$g(s)$의 증감표에 의하여,

최댓값은 $g\left(\frac{2a+3}{3}\right)$

s	a	$\cdots$	$\frac{2a+3}{3}$	$\cdots$	2
$g'(s)$		+	0	−	
$g(s)$		↗	극대	↘	

$\frac{2a+3}{3} \geq 2 \left(\because \frac{3}{2} \leq a<2\right)$인 경우

$\frac{2a+3}{2} \geq 2$이므로, $0 \leq s \leq 2$에서 $g'(s) \geq 0$

따라서, 최댓값은 $g(2)$

(ⅱ) $s \geq 2$인 경우

$$g(s)=\frac{1}{4}\left\{3a+8-\left(3s+\frac{8a}{s}\right)\right\}$$

$g'(s)=-\frac{3s^2-8a}{4s^2}=0$에서 $s=2\sqrt{\frac{2a}{3}}$

$s=2\sqrt{\frac{2a}{3}}$에서 극대이고,

$$\lim_{s\to+0} g(s)=-\infty, \ \lim_{s\to\infty} g(s)=-\infty$$

이므로 최댓값은

$2\sqrt{\frac{2a}{3}}<2\left(\because 0 \leq a<\frac{3}{2}\right)$인 경우 $g(2)$

$2\sqrt{\frac{2a}{3}} \geq 2\left(\because \frac{3}{2} \leq a<2\right)$인 경우 $g\left(2\sqrt{\frac{2a}{3}}\right)$

(ⅰ), (ⅱ)에 의하여,
을의 이윤배분액 $g(s)$의 최댓값은

$0 \leq a<\frac{3}{2}$인 경우

$$\begin{cases} a \leq s \leq 2\text{인 경우}: g\left(\frac{2a+3}{3}\right) \\ s \geq 2\text{ 경우}: g(2) \end{cases}$$

$\frac{3}{2} \leq a<2$인 경우

$$\begin{cases} a \leq s \leq 2\text{인 경우}: g(2) \\ s \geq 2\text{ 경우}: g\left(2\sqrt{\frac{2a}{3}}\right) \end{cases}$$

따라서, 구하는 s의 값은

$$\begin{cases} 0 \leq a<\frac{3}{2}\text{인 경우}: s=\frac{2a+3}{3} \\ \frac{3}{2} \leq a<2\text{인 경우}: s=2\sqrt{\frac{2a}{3}} \end{cases}$$

■

[문제 4]

(1)

X_{n+1}의 우측에 X_n을 붙인 수를 $X_{n+1}X_n$으로 표시하면,

> 모든 자연수 n에 대하여
> $X_{n+2} = X_{n+1}X_n \quad \cdots ①$

이 성립함을 다음과 같이 증명할 수 있다.

(Ⅰ) $n=1$인 경우

$X_2X_1 = 101 = X_3$이므로, ①이 성립

(Ⅱ) $n \leqq k$인 경우

①이 성립한다고 가정하면, $X_{k+2} = X_{k+1}X_k$

조건 (ⅱ)에 의하여, $X_{k+3} = X_{k+2}X_{k+1}$

이므로, $n=k+1$인 경우에도 성립한다.

> $X_{k+2} = X_{k+1}X_k$의
> X_{k+1}부분이 X_{k+2}로,
> X_k부분이 X_{k+1}로 된다.

(Ⅰ), (Ⅱ)와 수학적 귀납법에 의하여,

모든 자연수 n에 대하여 ①이 성립한다.

$\therefore a_{n+2} = a_{n+1} + a_n,\ a_1 = 1, a_2 = 2$

이므로,

$$a_n = p_{n+1} = \frac{1}{\sqrt{5}}\left\{\left(\frac{1+\sqrt{5}}{2}\right)^{n+1} - \left(\frac{1-\sqrt{5}}{2}\right)^{n+1}\right\}$$

…(답) ■

(2)

X_n의 제일 높은 자리의 수는 항상 1,

일의 자리 수는 n이 홀수이면 1,

짝수이면 0이다.

따라서, ①에 의하여

$$\begin{cases} n\text{이 홀수인 경우} : b_{n+2} = b_{n+1} + b_n + 1 \\ n\text{이 짝수인 경우} : b_{n+2} = b_{n+1} + b_n \end{cases}$$

$$\therefore b_{n+2} = b_{n+1} + b_n + \frac{1+(-1)^{n+1}}{2} \quad \cdots ②$$

$\dfrac{1+(-1)^{n+2}}{2} = \dfrac{1+(-1)^n}{2}$이므로,

각각을 ②의 양변에 더하면,

$$b_{n+2} + \frac{1+(-1)^{n+2}}{2} = \left(b_{n+1} + \frac{1+(-1)^{n+1}}{2}\right) + \left(b_n + \frac{1+(-1)^n}{2}\right)$$

$b_n + \dfrac{1+(-1)^n}{2} = c_n$ 으로 놓으면,

$$c_{n+2} = c_{n+1} + c_n$$

$c_1 = b_1 = 0, c_2 = b_2 + 1 = 1, c_3 = c_2 + c_1 = 1$

이므로,

$n \geqq 2$에 대하여, $c_n = p_{n-1} \quad \cdots ③$

수열 $\{p_n\}$의 일반항에 $n=0$을 대입하면

$p_0 = 0$이므로, ③은 $n=1$일 때도 성립한다.

$$\therefore c_n = p_{n-1} \quad (n \geqq 1)$$

$$b_n + \frac{1+(-1)^n}{2} = p_{n-1} \quad (n \geqq 1)$$

이므로,

$$b_n = p_{n-1} - \frac{1+(-1)^n}{2}$$

$$= \frac{1}{\sqrt{5}}\left\{\left(\frac{1+\sqrt{5}}{2}\right)^{n-1} - \left(\frac{1-\sqrt{5}}{2}\right)^{n-1}\right\} - \frac{1+(-1)^n}{2}$$

…(답) ■

1. 상수 a에 대하여, 곡선 $y=\sqrt{x^2-1}+\dfrac{a}{x}$의 $x \geqq 1$인 부분을 $C(a)$로 놓자.

(1) $C(a)$가 직선 $y=x$의 하부 $y<x$에 포함되도록 하는 a의 최댓값 a_0를 구하여라.

(2) $0<\theta<\dfrac{\pi}{2}$일 때, $C(a_0)$와 세 직선 $y=x$, $x=1$, $x=\dfrac{1}{\cos\theta}$에 의해 둘러싸인 도형을 x축 둘레로 회전시켜 얻은 입체 V의 체적 $V(\theta)$를 구하여라.

(3) $\displaystyle\lim_{\theta\to\frac{\pi}{2}-0} V(\theta)$를 구하여라.

2.

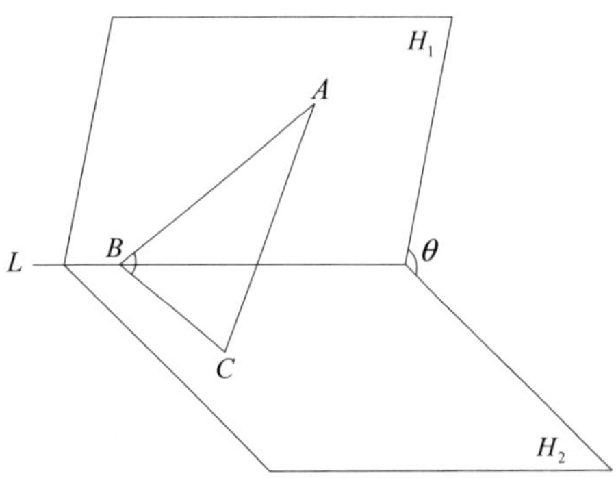

(1) 공간상에, 직선 L을 공통의 경계선으로 하고 각 θ를 이루며 만나는 두 반평면 H_1, H_2가 있다.
H_1상에 점 A, L상에 점 B, H_2상에 점 C가 각각 고정되어 있으며, A, C는 L상에 있지 않다.
반평면 H_1을 L을 축으로, $0 \leqq \theta \leqq \pi$의 범위만큼 회전시킨다. 이때, θ가 증가하면 $\angle ABC$도 증가함을 증명하라.

(2) 공간상의 서로 다른 네 점 A, B, C, D에 대하여, 다음 부등식이 성립함을 증명하라. 단, 각의 단위는 라디안이다.

$$\angle ABC + \angle BCD + \angle CDA + \angle DAB \leqq 2\pi$$

3. 다항식의 열

$$P_0(x)=0,\ P_1(x)=1,$$
$$P_2(x)=1+x,\ \cdots,\ P_n(x)=\sum_{k=0}^{n-1} x^k, \cdots$$

을 고려해 보자.

(1) 양의 정수 n, m에 대하여,
$P_n(x)$를 $P_m(x)$로 나누면,
나머지는 $P_0(x)$, $P_1(x)$, $\cdots$, $P_{m-1}(x)$ 중 하나가 됨을 증명하여라.

(2) 등식 $P_l(x)\,P_m(x^2)\,P_n(x^4)=P_{100}(x)$가 성립하는 양의 정수의 조 (l, m, n)을 모두 구하여라.

[문제 1]

(1)

$$C(a)\ :\ y=\sqrt{x^2-1}+\frac{a}{x}\quad (x \geqq 1)$$

$C(a)$가 영역 $y<x$에 포함되기 위한 조건은

$$\sqrt{x^2-1}+\frac{a}{x}<x\quad (x \geqq 1)$$

$x>0$이므로, $a<x(x-\sqrt{x^2-1}\,)$ … ①

$$x(x-\sqrt{x^2-1}\,)=\frac{x}{x+\sqrt{x^2-1}}=\frac{1}{1+\sqrt{1-\frac{1}{x^2}}}$$

이므로,

$\frac{1}{2}<x(x-\sqrt{x^2-1}\,)\leqq 1\ (\because x \geqq 1)$ … ②

①, ②에서, $a \leqq \frac{1}{2}$ $\quad \therefore a_0=\frac{1}{2}$ …(답) ■

(2)

$$C\left(\frac{1}{2}\right):\ y=\sqrt{x^2-1}+\frac{1}{2x},\ 1<\frac{1}{\cos\theta}$$

$1 \leqq x \leqq \frac{1}{\cos\theta}$에서 $C\left(\frac{1}{2}\right)$의 그래프는 영역 $0<y<x$에 포함되므로,

$$V(\theta)=\pi\int_1^{\frac{1}{\cos\theta}}\left\{x^2-\left(\sqrt{x^2-1}+\frac{1}{2x}\right)^2\right\}dx$$
$$=\pi\int_1^{\frac{1}{\cos\theta}}\left(1-\frac{1}{4x^2}-\frac{\sqrt{x^2-1}}{x}\right)dx$$

$$\int_1^{\frac{1}{\cos\theta}}\left(1-\frac{1}{4x^2}\right)dx=\left[x+\frac{1}{4x}\right]_1^{\frac{1}{\cos\theta}}$$
$$=\frac{1}{\cos\theta}+\frac{\cos\theta}{4}-\frac{5}{4}$$

$$I=\int_1^{\frac{1}{\cos\theta}}\frac{\sqrt{x^2-1}}{x}\,dx=\int_1^{\frac{1}{\cos\theta}}\sqrt{1-\frac{1}{x^2}}\,dx$$

에 있어, $x=\frac{1}{\cos z}\ \left(0 \leqq z<\frac{\pi}{2}\right)$로 놓으면

$$\sqrt{1-\frac{1}{x^2}}=\sin z,\ dx=\frac{\sin z}{\cos^2 z}dz$$

$$I=\int_0^{\theta}\sin z\cdot\frac{\sin z}{\cos^2 z}dz$$
$$=\int_0^{\theta}\left(\frac{1}{\cos^2 z}-1\right)dz$$
$$=\left[\tan z-z\right]_0^{\theta}=\tan\theta-\theta$$

$$\therefore V(\theta)=\pi\left(\frac{1}{\cos\theta}+\frac{\cos\theta}{4}-\tan\theta+\theta-\frac{5}{4}\right)$$

…(답) ■

(3)

$$\lim_{\theta\to\frac{\pi}{2}-0}V(\theta)=\lim_{\theta\to\frac{\pi}{2}-0}\pi\left(\frac{1-\sin\theta}{\cos\theta}+\frac{\cos\theta}{4}+\theta-\frac{5}{4}\right)$$
$$=\lim_{\theta\to\frac{\pi}{2}-0}\pi\left(\frac{\cos\theta}{1+\sin\theta}+\frac{\cos\theta}{4}+\theta-\frac{5}{4}\right)$$
$$=\pi\left(\frac{\pi}{2}-\frac{5}{4}\right)$$
$$=\frac{\pi(2\pi-5)}{4}$$

…(답) ■

[문제 2]

(1)

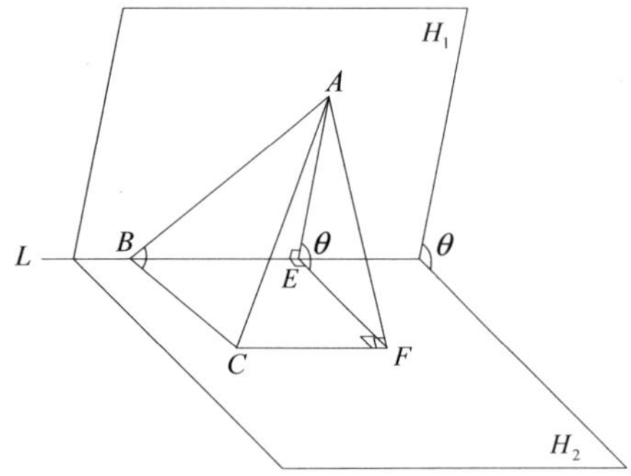

$\triangle ABC$에서

$$\cos\angle ABC = \frac{\overline{AB}^2 + \overline{BC}^2 - \overline{AC}^2}{2\overline{AB}\cdot\overline{BC}}$$

여기서, $\overline{AB}$, $\overline{BC}$ 는 일정하므로

$\overline{AC}$가 증가하면 $\cos\angle ABC$가 감소하고 따라서, $\angle ABC$는 증가한다. … ①

점 A에서 L에 내린 수선의 발을 E라 하자. E에서 L에 수직인 직선을 평면 H_2 상에 그려, 점 C에서 이 직선에 내린 수선의 발을 F라 하면,

$\overline{CF} \parallel L$, $\triangle AEF \perp L$ 이므로

$\triangle ACF$는 $\angle AFC = \angle R$인 직각삼각형

$$\therefore \overline{AC}^2 = \overline{AF}^2 + \overline{CF}^2$$

여기서, $\overline{CF}$는 일정하므로,

$\overline{AF}$가 증가하면 $\overline{AC}$도 증가한다. … ②

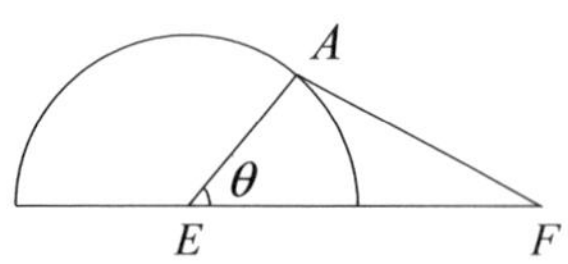

$\angle AEF = \theta$, $\overline{EF} \perp L$이므로,

평면 H_1을 교선 L을 중심으로 $0 \leq \theta \leq \pi$만큼 회전시키는 경우,

θ가 증가하면 $\overline{AF}$도 증가한다. … ③

③, ②, ①에 의하여,

θ가 증가하면 $\angle ABC$도 증가한다. ■

(2)

$\angle ABC + \angle BCD + \angle CDA + \angle DAB \leq 2\pi$ … ④

(ⅰ) A, B, C, D가 한 평면상에 있는 경우

4점이 일직선상에 있는 경우

3점이 일직선상에 있는 경우

4점이 볼록사각형이나 오목사각형을 이루는 경우

의 어느 경우에도 ④를 만족한다.

(ⅱ) A, B, C, D가 한 평면상에 있지 않은 경우

사면체 $ABCD$가 되므로,

직선 BD를 (1)의 직선 L,

$\triangle ABD$, $\triangle BCD$를 포함하는 평면을 각각 H_1, H_2로 보고

L상의 점 B, D,

H_1상의 점 A,

H_2상의 점 C를 고정되어 있는 것으로 하자.

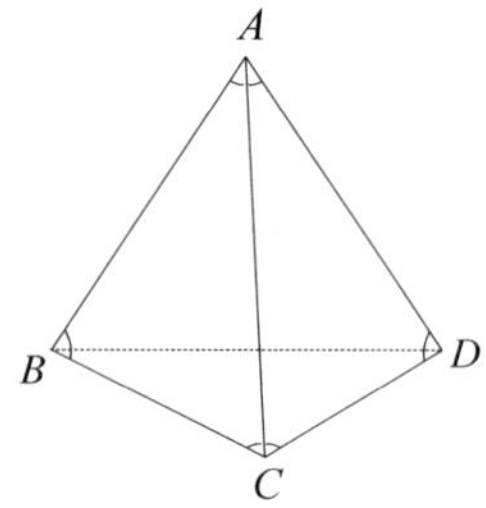

(1)의 결과에 의하여,

H_1과 H_2가 이루는 각이 증가하면

$\angle ABC$, $\angle ADC$도 증가한다.

따라서, ④의 좌변이 최대일 때는 평면 ABD를 직선 BD를 축으로 회전하여 $\triangle ABD$, $\triangle BCD$가 한 평면 위에 있게 되었을 때이므로 ④가 성립한다. (A가 $\overline{BD}$에 대하여 C의 반대편에 있는 경우이므로 한 평면 상의 볼록사각형으로 된다.)

(ⅰ), (ⅱ)에 의하여,

모든 경우에 ④가 성립한다. ■

[문제 3]

(1)

다음 명제가 성립하는 양의 정수 n의 집합이 자연수 전체의 집합이 됨을 수학적 귀납법으로 증명해보자.

> 임의의 양의 정수 m에 대하여,
> $P_n(x) = P_m(x)Q(x) + P_i(x)$ $\cdots$ ①
> ($Q(x)$: 정수계수다항식, $i \in \{0,1,\cdots,m-1\}$)

(i) $n=1$일 때

$P_1(x)=1$을 $P_m(x)$ $(m \geqq 2)$로 나누면, 나머지는 $P_1(x)=1$

$P_1(x)$로 나누면, 나머지는 0

이므로, ①이 성립한다.

(ii) $n=k(\geqq 1)$일 때

①이 성립한다고 가정하면,

$$P_k(x) = P_m(x)Q(x) + P_i(x) \quad (0 \leqq i \leqq m-1) \quad \cdots ②$$

$$P_{k+1}(x) = x^k + x^{k-1} + \cdots + x + 1 = xP_k(x) + 1$$

에 ②를 대입하면,

$$P_{k+1}(x) = x\{P_m(x)Q(x) + P_i(x)\} + 1 = P_m(x) \cdot xQ(x) + P_{i+1}(x) \quad \cdots ③ \quad (1 \leqq i+1 \leqq m)$$

여기서, $i+1 < m$ 이면 ①이 성립한다.

$i+1 = m$ 이면, ③은

$P_{k+1}(x) = P_m(x)\{xQ(x)+1\} + P_0(x)$

이므로, 역시 ①이 성립한다.

(i), (ii)에 의하여,

①이 성립하는 양의 정수 n의 집합은 자연수 전체의 집합이 된다. ■

(2)

$$P_l(x)P_m(x^2)P_n(x^4) = P_{100}(x)$$

$$\frac{1-x^l}{1-x} \cdot \frac{1-x^{2m}}{1-x^2} \cdot \frac{1-x^{4n}}{1-x^4} = \frac{1-x^{100}}{1-x} \quad \cdots ④$$

> 임의의 양의 정수 k에 대하여
> $$P_k(x) = \frac{1-x^k}{1-x}$$

전개하여 정리하면,

$$x^l + x^{2m} + x^{4n} - x^{l+2m} - x^{l+4n} - x^{2m+4n} + x^{l+2m+4n} = x^2 + x^4 + x^{100} - x^6 - x^{102} - x^{104} + x^{106}$$

최고차항을 비교하면, $l+2m+4n = 106$

각 계수를 비교하면,

$$\{l, 2m, 4n\} = \{2, 4, 100\}$$
$$\{l+2m, l+4n, 2m+4n\} = \{6, 102, 104\}$$

(i) $l=100$일 때

$4n \neq 2$이므로, $4n=4$ $\therefore n=1$

$2m=2$이므로, $\therefore m=1$

(ii) $l=4$일 때

$4n \neq 2$이므로, $2m=2$ $\therefore m=1$

$4n=100$이므로, $\therefore n=25$

(iii) $l=2$일 때

$2m=4$이면, $4n=100$

$2m=100$이면, $4n=4$

$\therefore (m,n) = (2, 25)$ or $(50, 1)$

(i), (ii), (iii)에서 구한 (l,m,n)의 4조(組)는 모두 ④를 만족한다.

따라서, 구하는 (l,m,n)은 다음 4조(組)이다.

$$\begin{cases} (100,1,1), (4,1,25) \\ (2,2,25), (2,50,1) \end{cases} \cdots(\text{답})$$ ■

〈 1993年 前期 – 理科 〉　　　　　　　　　　　　　　　　時間 : 150分

1. 모든 면이 합동인 사면체 $ABCD$가 있다. 꼭짓점 A, B, C가 각각 x축, y축, z축상의 양의 부분에 있으며, 변의 길이는
$\overline{AB}=2l-1$, $\overline{BC}=2l$, $\overline{CA}=2l+1$ $(l>2)$
이다. 사면체 $ABCD$의 체적을 $V(l)$이라 할 때, 극한값 $\lim_{l\to 2}\frac{V(l)}{\sqrt{l-2}}$ 을 구하여라.

2. 정수로 이루어진 수열 $\{a_n\}$은 점화식
$$\begin{cases} a_1=1,\ a_2=3 \\ a_{n+2}=3a_{n+1}-7a_n \ (n=1, 2, \cdots) \end{cases}$$
에 의해 정해진다.
(1) a_n이 짝수인 것과 n이 3의 배수인 것은 동치임을 보여라.
(2) a_n이 10의 배수이기 위한 조건을 (1)과 같은 형태로 구하여라.

3. xy평면상의 다음 두 집합 l, m을 고려해 보자.
$$\begin{cases} l=\{(-5, y)\,|\,-5<y<5\} \\ m=\{(5, y)\,|\,-5<y<5\} \end{cases}$$
l, m 위에 있지 않은 두 점 A, B에 대해, A, B를 l, m과 만나지 않도록, 선분 또는 꺾인선으로 연결한 경로의 길이의 최솟값을 $d(A, B)$로 표시하자.
두 점 $P(-9, -3)$, $Q(9, 3)$에 대하여,
$$d(P, R)=d(Q, R)$$
인 점 R의 궤적을 xy평면상에 도시하라.

4. n을 2 이상의 자연수라 할 때,
$f(x)=x^n+px+q$ (p, q는 실수)
의 형태의 n차 함수에 대하여,
적분 $I=\frac{1}{2}\int_{-1}^{1}\{f(x)\}^2dx$를 고려해 보자.
I를 최소로 하는 (p, q)가 오직 한 조(組) 존재하는 것을 보이고, 그러한 (p, q)와 I의 최솟값을 구하여라.

5. 1과 0을 5개 나열하여 만든 수의 열(列) 10110을, 어떤 사람이 손으로 써서 옮겨 적는 것을 반복한다.
처음 열(列)을 S라 하고, 그것을 제1회 옮겨 적은 것을 S_1이라 할 때, 제2회째는 S_1을 보고 옮겨 적는다.
S_1을 옮겨 적은 것을 S_2라 할 때, 제3회째는 S_2를 보고 옮겨 적는다. 이하, 같은 방법으로 계속 옮겨 적는다.
이 사람이 한 개의 0을 1로 잘못 옮겨 적을 확률은 $p\ (0<p<1)$이고, 한 개의 1을 0으로 잘못 옮겨 적을 확률은 $q\ (0<q<1)$이며, 이것들 이외에는 틀리는 일이 없다고 한다.
제n회째의 복사본 S_n이 S와 일치할 확률을 $C(n)$이라 할 때, $\lim_{n\to\infty}C(n)$을 구하여라.

6. 시각 t에 있어서 좌표가
$x=2\cos t+\cos 2t$, $y=\sin 2t$
로 표시되는 xy평면상의 점 P의 운동을 고려해 보자.
(1) P의 속력 즉, 속도벡터 $\left(\frac{dx}{dt}, \frac{dy}{dt}\right)$의 크기의 최댓값과 최솟값을 구하여라.
(2) t가 $0\le t<2\pi$의 범위를 움직이는 사이에 P가 2회 이상 통과하는 점은 한 개뿐임을 보이고, 그 점을 통과하는 각각의 시각에서의 속도벡터를 구하여 도시하라.

[문제 1]

$A(a,0,0)$, $B(0,b,0)$,
$C(0,0,c)$ (a,b,c는 양수)
로 놓으면,

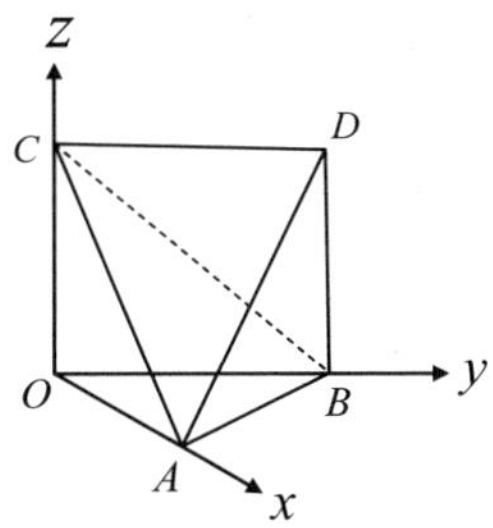

$$\overline{AB}^2 = a^2+b^2=(2l-1)^2 \quad \cdots ①$$
$$\overline{BC}^2 = b^2+c^2=(2l)^2 \quad \cdots ②$$
$$\overline{CA}^2 = a^2+c^2=(2l+1)^2 \quad \cdots ③$$

변변 더하여, 2로 나누면

$$a^2+b^2+c^2=6l^2+1$$

$$\therefore a^2=2l^2+1,\ b^2=2l^2-4l,\ c^2=2l^2+4l$$

사면체 $ABCD$의 네 면은 모두 합동이므로,

$$\overline{DA}=2l,\ \overline{DB}=2l+1,\ \overline{DC}=2l-1$$

$D(p,q,r)$로 놓으면,

$$\overline{DA}^2=(p-a)^2+q^2+r^2=(2l)^2 \quad \cdots ④$$
$$\overline{DB}^2=p^2+(q-b)^2+r^2=(2l+1)^2 \quad \cdots ⑤$$
$$\overline{DC}^2=p^2+q^2+(r-c)^2=(2l-1)^2 \quad \cdots ⑥$$

---

④,⑤,⑥을 만족하는 점 $D(p,q,r)$은 일반적으로 2개 존재하며, 서로 평면 ABC에 대하여 대칭이다.

①,②,③에 의하여,
$(p,q,r)=(a,b,c)$는 ④,⑤,⑥을 만족하므로,
$D(a,b,c)$로 놓을 수 있다.

$\triangle ABC$의 둘레의 길이 $2s$는

$$2s=(2l-1)+2l+(2l-1) \qquad \therefore s=3l$$

헤론의 공식에 의하여,

$$S=\sqrt{s(s-\overline{AB})(s-\overline{BC})(s-\overline{CA})}$$
$$=\sqrt{3l(l+1)l(l-1)}=\sqrt{3}\,l\sqrt{l^2-1}$$

한편, 평면 ABC의 방정식은

$$\frac{x}{a}+\frac{y}{b}+\frac{z}{c}=1 \qquad \therefore bcx+cay+abz=abc$$

따라서, 점 D와 평면 ABC의 거리 h는

$$h=\frac{|3abc-abc|}{\sqrt{b^2c^2+c^2a^2+a^2b^2}}=\frac{2abc}{\sqrt{b^2c^2+c^2a^2+a^2b^2}}$$
$$=\frac{2\sqrt{2l^2+1}\sqrt{2l(l-2)}\sqrt{2l(l+2)}}{\sqrt{12(l^4-l^2)}}$$
$$=\frac{2\sqrt{2l^2+1}\sqrt{l-2}\sqrt{l+2}}{\sqrt{3}\sqrt{l^2-1}}$$

$$\therefore\ V(l)=\frac{1}{3}Sh=\frac{2}{3}l\sqrt{2l^2+1}\sqrt{l-2}\sqrt{l+2}$$

$$\lim_{l\to 2}\frac{V(l)}{\sqrt{l-2}}=\lim_{l\to 2}\frac{2}{3}l\sqrt{2l^2+1}\sqrt{l+2}=8$$

…(답) ■

[문제 2]

(1) 임의의 $n=1,2,\cdots$에 대하여,

$$a_{n+3}=3a_{n+2}-7a_{n+1}$$
$$=3(3a_{n+1}-7a_n)-7a_{n+1}$$
$$=2a_{n+1}-21a_n$$

$\{a_n\}$은 정수열이므로,

a_n은 짝수 $\Leftrightarrow$ a_{n+3}은 짝수 $\cdots$ ①

$a_1=1$, $a_2=3$, $a_3=3a_2-7a_1=2$이므로,
$n=3$일 때 a_n이 처음으로 짝수가 된다.

①에 의하여,

a_3은 짝수 $\Leftrightarrow$ a_6은 짝수
$\Leftrightarrow$ a_9는 짝수
$\vdots$

이며, a_{3k+1}이나 a_{3k+2}가 짝수이면 ①에 의하여 a_1이나 a_2가 짝수가 되어 모순이다.

a_n은 짝수 $\Leftrightarrow$ n은 3의 배수 ■

(2) 정수 a_n이 10의 배수인 것은
짝수이며 5의 배수인 것과 동치이다.

a_n이 5의 배수가 될 조건을 구하여 보자.

$$\begin{aligned} a_{n+4} &= 3a_{n+3}-7a_{n+2} \\ &= 3(2a_{n+1}-21a_n)-7(3a_{n+1}-7a_n) \\ &= -15a_{n+1}-14a_n \\ &= -15(a_{n+1}+a_n)+a_n \end{aligned}$$

이므로,

a_n : 5의 배수 $\Leftrightarrow$ a_{n+4} : 5의 배수

$$a_1=1, a_2=3,\ a_3=2,$$

$a_4=3a_3-7a_2=-15$이므로, $n=4$일 때 a_n이 처음으로 5의 배수가 된다.

따라서,

a_n : 5의 배수 $\Leftrightarrow$ n : 4의 배수

(1)의 결과와 함께 고려하면,

a_n : 10의 배수 $\Leftrightarrow$ n : 12의 배수

…(답) ■

[문제 3]

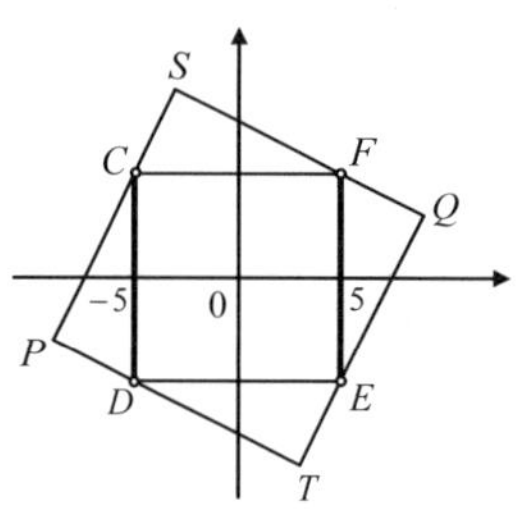

$C(-5,5)$, $D(-5,-5)$, $E(5,-5)$, $F(5,5)$라 하고, 직선 PC와 직선 QF의 교점을 $S(-3,9)$, 직선 PD와 직선 QE의 교점을 $T(3,-9)$로 놓자.

사각형 $CDEF$, $PTQS$는 정사각형이며, 모두 원점에 대하여 점대칭이다.

(ⅰ) R이 육각형 $\alpha : CDTEFS$의 l, m을 제외한 둘레나 외부에 있을 때

$\overline{ST}\perp\overline{PQ}$이므로, 직선 $ST : y=-3x$의 $x\leq -3$ 또는 $x\geq 3$ 부분의 점은 조건 $d(P,R)=d(Q,R)$을 만족한다.

또, 육각형 α의 외부의 점은 점 P 또는 Q까지 l, m과 만나지 않고 직선으로 이을 수 있으므로 R은 P, Q의 수직이등분선 상에 있어야만 $d(P,R)=d(Q,R)$을 만족한다.

(ⅱ) R이 육각형 α의 내부에 있을 때

$$\begin{cases} d(P,R)=\overline{PC}+\overline{CR} \ \text{ or } \ \overline{PD}+\overline{DR} \\ d(Q,R)=\overline{QE}+\overline{ER} \ \text{ or } \ \overline{QF}+\overline{FR} \end{cases}$$

이므로,

$$\begin{cases} \overline{PC}+\overline{CR}=\overline{PD}+\overline{DR} \\ \overline{QE}+\overline{ER}=\overline{QF}+\overline{FR} \end{cases}$$

인 조건을 구하여 경우를 나누어 생각하자.

$\overline{PC}+\overline{CR}=\overline{PD}+\overline{DR}$을 만족하는 R은

$\overline{PC}=4\sqrt{5}$, $\overline{PD}=2\sqrt{5}$에서, $\overline{DR}-\overline{CR}=2\sqrt{5}$

따라서, R은 두 점 C, D를 초점으로 하고 주축의 길이가 $2\sqrt{5}$인 쌍곡선의 C에 가까운 부분이다.

$$\frac{(x+5)^2}{20}-\frac{y^2}{5}=-1, y\geq\sqrt{5} \qquad \cdots ①$$

> α의 내부에서 점 R이 ①의 위쪽에 있으면,
> $$\overline{PC}+\overline{CR}<\overline{PD}+\overline{DR}$$
> ①의 아래쪽에 있으면,
> $$\overline{PC}+\overline{CR}>\overline{PD}+\overline{DR}$$

같은 방법으로, $\overline{QE}+\overline{ER}=\overline{QF}+\overline{FR}$
을 만족하는 R은 $\overline{FR}-\overline{ER}=2\sqrt{5}$

$$\frac{(x-5)^2}{20}-\frac{y^2}{5}=-1,\ y\leq-\sqrt{5} \qquad \cdots ②$$

> α의 내부에서 점 R이 ②의 위쪽에 있으면,
> $$\overline{QE}+\overline{ER}>\overline{QF}+\overline{FR}$$
> ②의 아래쪽에 있으면,
> $$\overline{QE}+\overline{ER}<\overline{QF}+\overline{FR}$$

(가) R이 육각형 α의 내부에서
쌍곡선 ①의 위쪽에 있는 경우

$$d(P,R)=\overline{PC}+\overline{CR},\ d(Q,R)=\overline{QF}+\overline{FR}$$

이므로, $d(P,R)=d(Q,R)$에서

$$\overline{PC}+\overline{CR}=\overline{QF}+\overline{FR}$$

$$\therefore \overline{FR}-\overline{CR}=2\sqrt{5}$$

따라서, R은 두 점 C,F를 초점으로 하고 추축의 길이가 $2\sqrt{5}$인 쌍곡선의 C에 가까운 부분이다.

$$\frac{x^2}{5}-\frac{(y-5)^2}{20}=1,\ x\leq-\sqrt{5} \qquad \cdots ③$$

①, ③의 교점은 $M\left(\frac{5-4\sqrt{10}}{3},\ \frac{4\sqrt{10}-5}{3}\right)$

①, ③은 $y=-x$에 대하여 대칭이므로,
①과 $y=-x$의 교점을 구하면 된다.

(나) R이 육각형 α의 내부에서
쌍곡선 ②의 아래쪽에 있는 경우

같은 방법으로, $\overline{DR}-\overline{ER}=2\sqrt{5}$

$$\frac{x^2}{5}-\frac{(y+5)^2}{20}=1,\ x\geq\sqrt{5} \qquad \cdots ④$$

②, ④의 교점은 $N\left(\frac{4\sqrt{10}-5}{3},\ \frac{5-4\sqrt{10}}{3}\right)$

(다) R이 육각형 α의 내부에서
쌍곡선 ①과 ②의 사이에 있는 경우

$$d(P,R)=\overline{PD}+\overline{DR},\ d(Q,R)=\overline{QF}+\overline{FR}$$

이므로, $d(P,R)=d(Q,R)$에서

$$\overline{PD}+\overline{DR}=\overline{QF}+\overline{FR}$$

$\overline{PD}=\overline{QF}$이므로, $\therefore \overline{DR}=\overline{FR}$

따라서, R은 선분 MN 상의 점이다.

(가), (나), (다)에 의하여, 구하는 점 R의 궤적은 다음 그림의 굵은 선으로 된 부분이다.

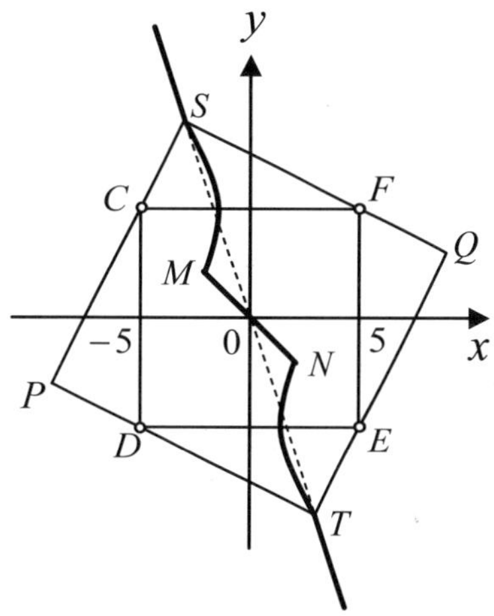

■

[문제 4]

$$I=\frac{1}{2}\int_{-1}^{1}\{f(x)\}^2\,dx=\frac{1}{2}\int_{-1}^{1}(x^n+px+q)^2\,dx$$

$$=\frac{1}{2}\int_{-1}^{1}(x^{2n}+p^2x^2+q^2+2px^{n+1}+2pqx+2qx^n)\,dx$$

$$=\int_{0}^{1}(x^{2n}+p^2x^2+q^2)\,dx+\int_{-1}^{1}(px^{n+1}+qx^n)\,dx$$

$$=\left[\frac{x^{2n+1}}{2n+1}+\frac{p^2}{3}x^3+q^2x\right]_0^1+\int_{-1}^{1}(px^{n+1}+qx^n)\,dx$$

(i) $n=2m\ (m=1,2,\cdots)$일 때

$$I=\frac{1}{2n+1}+\frac{p^2}{3}+q^2+\frac{2q}{n+1}$$

$$=\frac{1}{3}p^2+\left(q+\frac{1}{n+1}\right)^2+\frac{1}{2n+1}-\frac{1}{(n+1)^2}$$

(ii) $n=2m+1$일 때

$$I=\frac{1}{2n+1}+\frac{p^2}{3}+q^2+\frac{2p}{n+2}$$

$$=\frac{1}{3}\left(p+\frac{3}{n+2}\right)^2+q^2+\frac{1}{2n+1}-\frac{3}{(n+2)^2}$$

$n=2m$일 때: $(p,q)=\left(0,-\frac{1}{n+1}\right)$ ($\because$ 유일)
최솟값: $\frac{n^2}{(n+1)^2(2n+1)}$

$n=2m+1$일 때: $(p,q)=\left(-\frac{3}{n+2},0\right)$ ($\because$ 유일)
최솟값: $\frac{(n-1)^2}{(n+2)^2(2n+1)}$

…(답) ■

[문제 5]

먼저, S: 10110 속에 들어있는 한 개의 1이 S_n에서 1로 바로 적혀질 확률을 $A(n)$, 한 개의 0이 S_n에서 0으로 바로 적혀질 확률을 $B(n)$이라 하면,

$$C(n) = A(n)^3 B(n)^2$$

으로 되는 것에 유의하자.

S_n에서 S의 1이 1로 적혀지는 경우는 다음 두 가지가 있다.

(i) S_{n-1}에서 S의 1이 1로 옮겨진 것을 S_n에서 1을 1로 옮겨 적은 경우

(ii) S_{n-1}에서 S의 1이 0으로 오기된 것을 S_n에서 0을 1로 옮겨 적은 경우

$$\begin{cases} 0 \to 0:\ 1-p, & 0 \to 1:\ p \\ 1 \to 0:\ q, & 1 \to 1:\ 1-q \end{cases}$$

이므로,

$$A(n) = A(n-1) \cdot (1-q) + (1-A(n-1)) \cdot p$$

$$\therefore\ A(n) = (1-p-q)A(n-1) + p$$

변형하면,

$$A(n) - \frac{p}{p+q} = (1-p-q)\left\{A(n-1) - \frac{p}{p+q}\right\}$$

따라서, 수열 $\left\{A(n) - \frac{p}{p+q}\right\}$는

초항 : $A(1) - \frac{p}{p+q} = 1-q-\frac{p}{p+q}$

$= \frac{q(1-p-q)}{p+q}$

공비 : $1-p-q$

인 등비수열이므로,

$$A(n) - \frac{p}{p+q} = \frac{q(1-p-q)}{p+q} \cdot (1-p-q)^{n-1}$$

$$\therefore A(n) = \frac{p}{p+q} + \frac{q}{p+q}(1-p-q)^n$$

같은 방법으로,

$$B(n) = B(n-1) \cdot (1-p) + (1-B(n-1)) \cdot q$$

$$\therefore\ B(n) = (1-p-q)B(n-1) + q$$

$B(1) = 1-p$에서,

$$\therefore B(n) = \frac{q}{p+q} + \frac{p}{p+q}(1-p-q)^n$$

$0 < p < 1$, $0 < q < 1$에서, $-1 < 1-p-q < 1$

$$\therefore \lim_{n\to\infty}(1-p-q)^n = 0$$

$$\therefore \lim_{n\to\infty} A(n) = \frac{p}{p+q},\ \lim_{n\to\infty} B(n) = \frac{q}{p+q}$$

$C(n) = A(n)^3 B(n)^2$이므로,

$$\therefore \lim_{n\to\infty} C(n) = \left(\frac{p}{p+q}\right)^3\left(\frac{q}{p+q}\right)^2$$

$$= \frac{p^3q^2}{(p+q)^5}$$ …(답) ■

[문제 6]

(1) $x = 2\cos t + \cos 2t$, $y = \sin 2t$

$$\frac{dx}{dt} = -2\sin t - 2\sin 2t,\ \frac{dy}{dt} = 2\cos 2t$$

P의 속력 $|\vec{v}|$는

$$|\vec{v}| = \sqrt{\left(\frac{dx}{dt}\right)^2 + \left(\frac{dy}{dt}\right)^2}$$

$$= \sqrt{(-2\sin t - 2\sin 2t)^2 + (2\cos 2t)^2}$$

$$= \sqrt{4\sin^2 t + 8\sin t \sin 2t + 4}$$

$$= \sqrt{4\sin^2 t + 16\sin^2 t\cos t + 4}$$

$$= \sqrt{4(-4\cos^3 t - \cos^2 t + 4\cos t + 2)}$$

$\cos t = z$로 놓으면, $-1 \leqq z \leqq 1$

$$|\vec{v}|^2 = 4(-4z^3 - z^2 + 4z + 2) = f(z)$$

$$f'(z) = 4(-12z^2 - 2z + 4) = -8(2z-1)(3z+2)$$

$f'(z) = 0$에서 $z = \frac{1}{2}, -\frac{2}{3}$

$f(z)$의 증감표는 다음과 같다.

z	-1	…	$-\frac{2}{3}$	…	$\frac{1}{2}$	…	1
f'		$-$	0	$+$	0	$-$	
f	4	↘	극소	↗	극대	↘	4

$$\begin{cases} \text{극댓값 : } f\left(\frac{1}{2}\right)=13, \text{ 극솟값 : } f\left(-\frac{2}{3}\right)=\frac{8}{27} \\ f(-1)=f(1)=4 \end{cases}$$

이므로, $\frac{8}{27} \leq f(z) \leq 13$ $\therefore \sqrt{\frac{8}{27}} \leq |\vec{v}| \leq \sqrt{13}$

따라서, 구하는 $|\vec{v}|$의

최댓값 : $\sqrt{13}$, 최솟값 : $\frac{2\sqrt{6}}{9}$ …(답) ■

(2) $\frac{dx}{dt}=-2\sin t-2\sin 2t$, $\frac{dy}{dt}=2\cos 2t$

$\frac{dx}{dt}=0$에서 $t=0, \frac{2}{3}\pi, \pi, \frac{4}{3}\pi$

$\frac{dy}{dt}=0$에서 $t=\frac{\pi}{4}, \frac{3}{4}\pi, \frac{5}{4}\pi, \frac{7}{4}\pi$

따라서, 증감표는 다음과 같다.

t	0	…	$\frac{\pi}{4}$	…	$\frac{2\pi}{3}$	…	$\frac{3\pi}{4}$	…	π
x'	0	−	−	−	0	+	+	+	0
y'		+	0	−	−	−	0	+	+
x	3	↘	$\sqrt{2}$	↘	$-\frac{3}{2}$	↗	$-\sqrt{2}$	↗	-1
y	0	↗	1	↘	$-\frac{\sqrt{3}}{2}$	↘	-1	↗	0

…	$\frac{5\pi}{4}$	…	$\frac{4\pi}{3}$	…	$\frac{7\pi}{4}$	…	2π
−	−	−	0	+	+	+	
+	0	−	−	−	0	+	
↘	$-\sqrt{2}$	↘	$-\frac{3}{2}$	↗	$\sqrt{2}$	↗	(3)
↗	1	↘	$\frac{\sqrt{3}}{2}$	↘	-1	↗	(0)

또, $y=\sin 2t=0$에서, $t=0, \frac{\pi}{2}, \pi, \frac{3}{2}\pi$

$$\begin{cases} t=0 \text{일 때 : } (x,y)=(3,0) \\ t=\frac{\pi}{2}\text{일 때 : } (x,y)=(-1,0) \\ t=\pi \text{일 때 : } (x,y)=(-1,0) \\ t=\frac{3}{2}\pi \text{일 때: } (x,y)=(-1,0) \end{cases}$$

따라서, 점 $P(x,y)$의 운동은 x축 대칭이며 다음 그림과 같다.

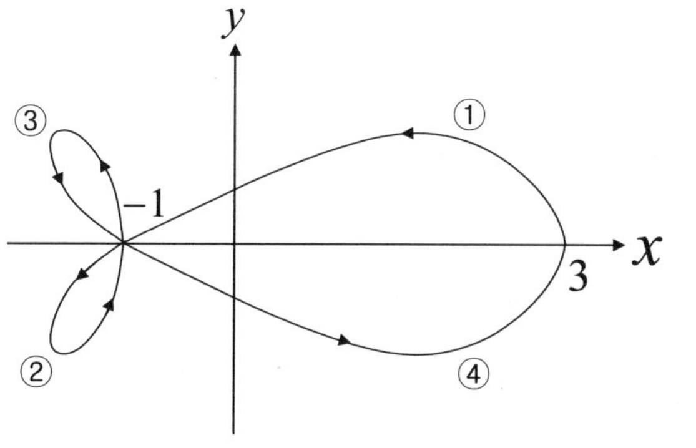

따라서, P가 2회 이상 통과하는 점은 $(-1,0)$뿐이며,

$t=\frac{\pi}{2}, \pi, \frac{3}{2}\pi$일 때 통과한다. ■

따라서, 구하는 속도벡터는

$$\begin{cases} t=\frac{\pi}{2}\text{일 때: } \vec{v_1}=(-2,-2) \\ t=\pi\text{일 때: } \vec{v_2}=(0,2) \\ t=\frac{3}{2}\pi\text{일 때: } \vec{v_3}=(2,-2) \end{cases}$$

이며, 다음 그림과 같다.

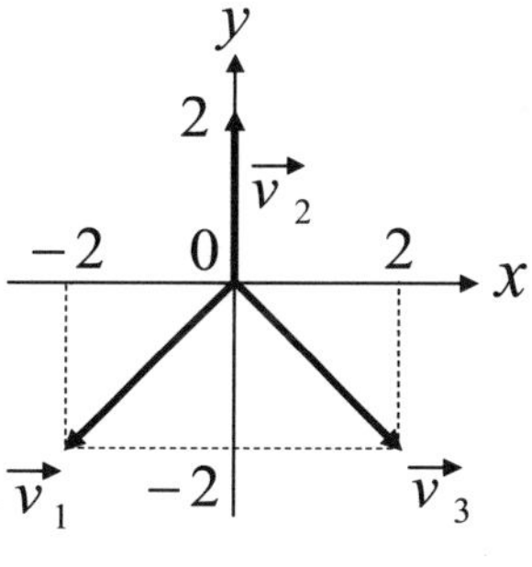

■

〈 참고 〉

$x=2\cos t+\cos 2t$, $y=\sin 2t$에서

$(x-2\cos t)^2+y^2=1$이므로, $P(x,y)$는 x축을 따라 중심이 $(2,0)$에서 $(-2,0)$으로 갔다가 되돌아오는 반경 1인 원 위에 있다.

〈 1993年 前期 – 文科 〉 時間 : 100分

1. 삼차함수 $f(x)=x^3+ax^2+bx$는 구간 $-1 \leqq x \leqq 1$에서 극댓값, 극솟값을 갖는다. 이 조건을 만족하는 실수의 조(組) (a,b)의 범위를 ab 평면에 나타내어라.

2. 정수로 이루어진 수열 $\{a_n\}$은 점화식

$$\begin{cases} a_1=1,\ a_2=3 \\ a_{n+2}=3a_{n+1}-7a_n \quad (n=1,2,\cdots) \end{cases}$$

에 의해 정해진다.
a_n이 짝수로 되는 n을 결정하라.

3. xyz 공간상의, 원점을 중심으로 하는 반지름 1인 구면
$S=\{(x,y,z)\,|\,x^2+y^2+z^2=1,\ x,y,z\text{는 실수}\}$
위의 점 $(0,0,1)$을 A라 하자. A와 다른 S상의 점 $P(x,y,z)$에 대하여, 직선 AP와 xy 평면의 교점을 $Q(u,v,0)$이라 하자. 양의 상수 k에 대하여, 점 P가

$$x^2+y^2+z^2=1,\ x \geqq \frac{1}{k},\ y \geqq \frac{1}{k},\ z \geqq \frac{1}{k}$$

을 만족하며 움직일 때, 대응하는 점 Q가 움직이는 범위를 uv 평면에 도시하라.

4. $0 \leqq t \leqq 2$의 범위에 있는 t에 대하여, 방정식 $x^4-2x^2-1+t=0$의 실수해 중 최대인 것을 $g_1(t)$, 최소인 것을 $g_2(t)$로 놓자.
$\int_0^2 (g_1(t)-g_2(t))\,dt$를 구하여라.

〈 1993年 後期 – 理科1類 〉 時間 : 150分

1. n을 3 이상인 자연수라 하자. xy 평면상의 원점을 중심으로 하고 점 $(1,0)$을 한 꼭짓점으로 하는 정n각형을 P라 하자.
(1) P의 상(像)이 P와 완전히 일치하는 일차변환을 표시하는 행렬을 모두 구하여라.
(2) (1)에서 구한 행렬을 모두 더한 행렬을 구하여라.

2. xy 평면에 있어서, 직선 l과 점 A 사이의 거리를 $d(l,A)$라 하자. 또, 서로 다른 세 점 $A=(x_1,y_1)$, $B=(x_2,y_2)$, $C=(x_3,y_3)$가 주어졌을 때, $f(l)=d(l,A)^2+d(l,B)^2+d(l,C)^2$으로 놓자.
(1) 어떤 주어진 직선과 평행한 직선 중, $f(l)$을 최소로 하는 직선 l_0는 삼각형 ABC의 중심을 지나는 것을 보여라.
(2) 서로 다른 세 직선이 $f(l)$를 최소로 한다면, 삼각형 ABC는 정삼각형임을 보여라.

3. 포물선의 일부분 $y=x^2,\,0 \leqq x \leqq 2$를 y축 둘레로 회전하여 얻은 회전체 모양의 그릇에 물이 가득 차 있다.
그 속에 반지름 r인 납구슬을 용기의 바닥에 닿을 때까지 천천히 넣었다.
단, 연직선(鉛直線)을 y축으로 한다.
이때, 다음 물음에 답하여라.
(1) 처음의 수면의 높이에서 구의 중심의 높이를 뺀 차 s를 r의 함수로 나타내어라.
(2) 넘쳐흐른 물의 체적을 최대로 하는 r의 값을 구하여라.

[前期 – 文科]

[문제 1]

$$f(x)=x^3+ax^2+bx,\ f'(x)=3x^2+2ax+b$$

$f(x)$가 $-1 \leqq x \leqq 1$에서 극댓값과 극솟값을 갖는 것은 $f'(x)$가 그 구간에서 서로 다른 두 실근을 가질 때이다.

$f'(x)=3x^2+2ax+b=0$이 실근을 가질 조건

$$D/4=a^2-3b>0 \quad \cdots ①$$

축의 조건에서 $-1<-\frac{a}{3}<1 \quad \cdots ②$

양끝 점의 조건에서

$$f'(-1)=3-2a+b \geqq 0 \quad \cdots ③$$
$$f'(1)=3+2a+b \geqq 0 \quad \cdots ④$$

① ~ ④에 의하여, 구하는 (a, b)의 존재범위는 그림의 음영부분이며 경계 중 점선부분은 제외한다. 점 $(\pm 3, 3)$도 제외한다.

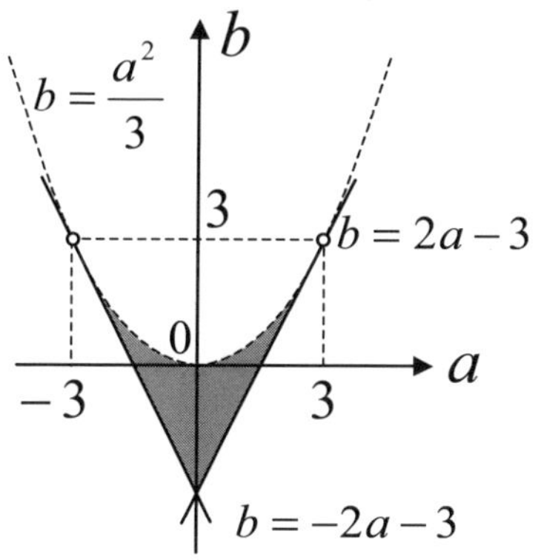

…(답) ■

[문제 2]

임의의 $n=1, 2, \cdots$에 대하여,

$$a_{n+3}=3a_{n+2}-7a_{n+1}$$
$$=3(3a_{n+1}-7a_n)-7a_{n+1}$$
$$=2a_{n+1}-21a_n$$

$\{a_n\}$은 정수열이므로,

a_n은 짝수 $\Leftrightarrow$ a_{n+3}은 짝수 $\cdots ①$

$a_1=1,\ a_2=3,\ a_3=3a_2-7a_1=2$이므로,
$n=3$일 때 a_n이 처음으로 짝수가 된다.

①에 의하여,

a_3은 짝수 $\Leftrightarrow$ a_6은 짝수
$\Leftrightarrow$ a_9는 짝수
$\vdots$

이며, a_{3k+1}이나 a_{3k+2}가 짝수이면 ①에 의하여 a_1이나 a_2가 짝수가 되어 모순이다.

a_n은 짝수 $\Leftrightarrow$ n은 3의 배수 ■

[문제 3]

$P(x, y, z),\ A(0,0,1),\ Q(u,v,0)$이므로,
$\overrightarrow{AP}=t\overrightarrow{AQ}$ 즉,

$$(x,y,z-1)=t(u,v,-1)$$

을 만족하는 실수 t가 존재한다.

$$\therefore x=tu,\ y=tv,\ z=1-t \quad \cdots ①$$

$P(x,y,z)$는 구면 S 상의 점이므로

$$x^2+y^2+z^2=1$$

①을 대입하면, $t^2u^2+t^2v^2+(1-t)^2=1$

$$\therefore t\{(u^2+v^2+1)t-2\}=0$$

$t \neq 0\ (P \neq A)$이므로, $t=\frac{2}{u^2+v^2+1}$

①에 대입하면,

$$x=\frac{2u}{u^2+v^2+1},\ y=\frac{2v}{u^2+v^2+1},\ z=\frac{u^2+v^2-1}{u^2+v^2+1}$$

$x \geqq \frac{1}{k},\ y \geqq \frac{1}{k},\ z \geqq \frac{1}{k}$에 대입하면,

$$\frac{2u}{u^2+v^2+1} \geqq \frac{1}{k},\ \frac{2v}{u^2+v^2+1} \geqq \frac{1}{k},$$
$$\frac{u^2+v^2-1}{u^2+v^2+1} \geqq \frac{1}{k}$$

정리하면,

$$\begin{cases} (u-k)^2+v^2 \leqq k^2-1 \\ u^2+(v-k)^2 \leqq k^2-1 \\ (k-1)(u^2+v^2) \geqq k+1 \end{cases}$$

P의 운동범위가 공집합이 되지 않기 위해서는 점 $\left(\frac{1}{k}, \frac{1}{k}, \frac{1}{k}\right)$이 구면 S 상에 있거나 내부에 있어야 한다.

$$\sqrt{\frac{3}{k^2}} \leqq 1 \qquad \therefore k \geqq \sqrt{3}$$

따라서,
Q의 운동범위는 $k \geqq \sqrt{3}$ 일 때만 존재하며 다음 그림의 음영부분(경계포함)이다.
또, $k=\sqrt{3}$ 일 때는

한 점 $\left(\frac{\sqrt{3}+1}{2}, \frac{\sqrt{3}+1}{2}\right)$로 된다.

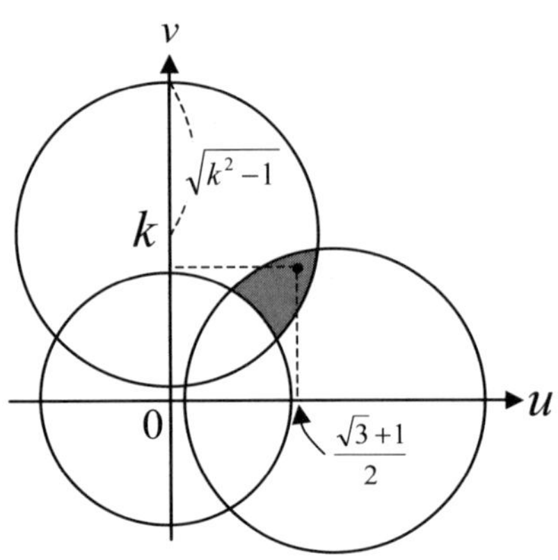

…(답) ■

[문제 4]

$$x^4-2x^2-1+t=0 \text{에서, } (x^2-1)^2=2-t$$
$$\therefore x^2 = 1 \pm \sqrt{2-t}$$

$$\begin{cases} 0 \leqq t < 1 \text{인 경우 : } x^2 = 1+\sqrt{2-t} \ (>0) \\ 1 \leqq t \leqq 2 \text{인 경우 : } x^2 = 1 \pm \sqrt{2-t} \ (\geqq 0) \end{cases}$$

$$0 \leqq 1-\sqrt{2-t} \leqq 1+\sqrt{2-t}$$

이므로, t의 값에 관계없이

$$\begin{cases} g_1(t) = \sqrt{1+\sqrt{2-t}} \\ g_2(t) = -\sqrt{1+\sqrt{2-t}} \end{cases}$$

$$\therefore I = \int_0^2 (g_1(t)-g_2(t))\,dt = 2\int_0^2 \sqrt{1+\sqrt{2-t}}\,dt$$

$y=\sqrt{1+\sqrt{2-t}}$ 로 놓으면,

$$y \geqq 1, \ t = 2-(y^2-1)^2$$

따라서,
$\int_0^2 \sqrt{1+\sqrt{2-t}}\,dt$
의 값은 그림의 음영부분의 면적이다.

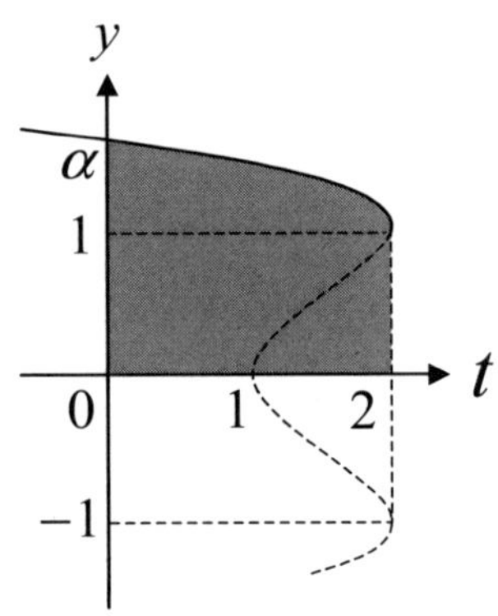

$\alpha = \sqrt{1+\sqrt{2}}$ 로 놓으면,

$$\begin{aligned} I &= 2\left\{2 \cdot 1 + \int_1^{\alpha} \{2-(y^2-1)^2\}\,dy\right\} \\ &= 2\left\{2+\int_1^{\alpha}\{1+2y^2-y^4\}\,dy\right\} \\ &= 2\left\{2+\left[y+\frac{2}{3}y^3-\frac{y^5}{5}\right]_1^{\alpha}\right\} \\ &= 2\left\{\alpha\left(1+\frac{2}{3}\alpha^2-\frac{\alpha^4}{5}\right)+\frac{8}{15}\right\} \\ &= \frac{2}{15}\{\alpha(15+10\alpha^2-3\alpha^4)+8\} \\ &= \frac{8}{15}\{(4+\sqrt{2})\sqrt{1+\sqrt{2}}+2\} \end{aligned}$$

…(답) ■

[後期 – 理科1類]

[문제 1]

(1) 정n각형 P의 n개의 꼭짓점은

$$P_k(\cos\alpha_k, \sin\alpha_k)\ \left(\alpha_k=\frac{2k\pi}{n},\ k=0,\ 1,\ \cdots,\ n-1\right)$$

로 나타낼 수 있다.

구하는 행렬을 $\begin{pmatrix} a & b \\ c & d \end{pmatrix}$로 놓자.

$$\begin{pmatrix} x' \\ y' \end{pmatrix}=\begin{pmatrix} a & b \\ c & d \end{pmatrix}\begin{pmatrix} x \\ y \end{pmatrix}=\begin{pmatrix} ax+by \\ cx+dy \end{pmatrix}$$

이므로,

$$(x')^2+(y')^2=(ax+by)^2+(cx+dy)^2$$
$$=(a^2+c^2)x^2+2(ab+cd)xy+(b^2+d^2)y^2$$

변환에 의하여 P의 꼭짓점은 꼭짓점으로 이동하므로, 각 꼭짓점 (x,y)는

$$(a^2+c^2)x^2+2(ab+cd)xy+(b^2+d^2)y^2=1 \quad \cdots ①$$

을 만족한다.

$P_0(1,0)$이 ①을 만족하므로

$$a^2+c^2=1 \quad \cdots ②$$

$P_1(\cos\alpha_1, \sin\alpha_1)$, $P_{n-1}(\cos\alpha_1, -\sin\alpha_1)$이 ①을 만족하므로 $b^2+d^2=1 \quad \cdots ③$

따라서,

$n\neq 4$이면 $ab+cd=0 \quad \cdots ④$

$n=4$이면,

P의 꼭짓점은 $(\pm 1,0)$, $(0, \pm 1)$로 $\pm(a, c)$, $\pm(b, d)$와 일치한다.

$ab=0$, $cd=0$이므로 ④가 성립.

---

②에서, $a=\cos\alpha$, $c=\sin\alpha$

③에서, $b=\cos\beta$, $d=\sin\beta$

④에서, $ab+cd=\cos(\beta-\alpha)=0$

$$\therefore \beta-\alpha=\pm\frac{\pi}{2}+2n\pi$$

(i) $\beta=\alpha+\dfrac{\pi}{2}+2n\pi$인 경우

$$A=\begin{pmatrix} \cos\alpha & -\sin\alpha \\ \sin\alpha & \cos\alpha \end{pmatrix}$$

원점을 중심으로 한 회전변환을 나타내는 행렬이므로 변환의 조건을 만족한다.

(ii) $\beta=\alpha-\dfrac{\pi}{2}+2n\pi$인 경우

$$A=\begin{pmatrix} \cos\alpha & \sin\alpha \\ \sin\alpha & -\cos\alpha \end{pmatrix}=\begin{pmatrix} \cos\alpha & -\sin\alpha \\ \sin\alpha & \cos\alpha \end{pmatrix}\begin{pmatrix} 1 & 0 \\ 0 & -1 \end{pmatrix}$$

x축에 대한 대칭변환과 원점을 중심으로 한 각 α의 회전변환의 합성변환이므로, 원점을 지나고 x축의 양의 방향과 이루는 각이 $\dfrac{\alpha}{2}$인 직선에 대한 대칭이동을 나타내는 행렬을 나타내므로 변환의 조건을 만족한다.

따라서, 구하는 행렬은 다음의 $2n$개이다.

$$\begin{pmatrix} \cos\alpha_k & -\sin\alpha_k \\ \sin\alpha_k & \cos\alpha_k \end{pmatrix},\ \begin{pmatrix} \cos\alpha_k & \sin\alpha_k \\ \sin\alpha_k & -\cos\alpha_k \end{pmatrix},\ \alpha_k=\frac{2k\pi}{n}$$

$(k=0,\ 1,\ \cdots,\ n-1)$ …(답) ■

(2) 위에서 구한 $2n$개의 행렬의 합은

$p=\displaystyle\sum_{k=0}^{n-1}\cos\alpha_k$, $q=\displaystyle\sum_{k=0}^{n-1}\sin\alpha_k$로 놓으면,

$$\therefore 2\begin{pmatrix} p & 0 \\ q & 0 \end{pmatrix}$$

위의 (i)에서 구한 행렬을 $\{A_i\}_1^n$, (ii)에서 구한 행렬을 $\{B_i\}_1^n$로 놓자.

임의의 꼭짓점 $P_k(\cos\alpha_k, \sin\alpha_k)$에 대하여

$$\{A_i P_k\}_{i=1}^n=\{P_k\}_{k=0}^{n-1}$$
$$\{B_i P_k\}_{i=1}^n=\{P_k\}_{k=0}^{n-1}$$

이므로,

$$\begin{pmatrix}0\\0\end{pmatrix} = \sum_{i=1}^{n} A_i P_k + \sum_{i=1}^{n} B_i P_k$$
$$= \sum_{i=1}^{n} (A_i + B_i) P_k$$
$$= \left(\sum_{i=1}^{n} (A_i + B_i)\right) P_k$$
$$= 2\begin{pmatrix}p & 0\\ q & 0\end{pmatrix} P_k$$
$$= 2\begin{pmatrix}p\cos\alpha_k\\ q\sin\alpha_k\end{pmatrix}$$

즉, 임의의 $k=0, 1, \cdots, n-1$에 대하여

$$\begin{pmatrix}0\\0\end{pmatrix} = 2\begin{pmatrix}p & \cos\alpha_k\\ q & \sin\alpha_k\end{pmatrix}$$

이므로, $\therefore\ p=q=0$

따라서,

구하는 행렬의 합은 $\begin{pmatrix}0 & 0\\ 0 & 0\end{pmatrix}$ …(답) ■

〈 다른 방법 〉

(1) 위 해답의 기호를 사용하자.

구하는 일차변환 A에 의하여 P_0가 P_k로 이동하면, P_1은 P_{k+1}이나 P_{k-1}의 둘 중 하나로 이동해야만 한다.

(단, $P_n = P_0$, $P_{-1} = P_{n-1}$)

P_1이 P_{k+1}로 이동하면,

$$A\begin{pmatrix}1 & \cos\alpha_1\\ 0 & \sin\alpha_1\end{pmatrix} = \begin{pmatrix}\cos\alpha_k & \cos\alpha_{k+1}\\ \sin\alpha_k & \sin\alpha_{k+1}\end{pmatrix}$$
$$\therefore A = \begin{pmatrix}\cos\alpha_k & -\sin\alpha_k\\ \sin\alpha_k & \cos\alpha_k\end{pmatrix}$$

$$\cos\alpha_{k+1} = \cos(\alpha_k + \alpha_1) = \cos\alpha_k\cos\alpha_1 - \sin\alpha_k\sin\alpha_1$$

P_1이 P_{k-1}로 이동하면,

$$A\begin{pmatrix}1 & \cos\alpha_1\\ 0 & \sin\alpha_1\end{pmatrix} = \begin{pmatrix}\cos\alpha_k & \cos\alpha_{k-1}\\ \sin\alpha_k & \sin\alpha_{k-1}\end{pmatrix}$$
$$\therefore A = \begin{pmatrix}\cos\alpha_k & \sin\alpha_k\\ \sin\alpha_k & -\cos\alpha_k\end{pmatrix}$$

[문제 2]

(1)주어진 직선과 평행한 직선 l의 방정식을

$$ax+by+c=0,\ (a,b)\neq(0,0)$$

으로 놓자.

$ax_k + by_k = z_k\ (k=1,2,3)$로 놓으면,

$$f(l) = \sum_{k=1}^{3}\left(\frac{|ax_k+by_k+c|}{\sqrt{a^2+b^2}}\right)^2$$
$$= \frac{1}{a^2+b^2}\sum_{k=1}^{3}(c+z_k)^2$$
$$= \frac{1}{a^2+b^2}\left(3c^2 + 2c\sum_{k=1}^{3} z_k + \sum_{k=1}^{3} {z_k}^2\right)$$
$$= \frac{1}{a^2+b^2}\left\{3\left(c+\frac{1}{3}\sum_{k=1}^{3} z_k\right)^2 + \sum_{k=1}^{3} {z_k}^2 - \frac{1}{3}\left(\sum_{k=1}^{3} z_k\right)^2\right\}$$

따라서, $f(l)$은 $c = -\frac{1}{3}\sum_{k=1}^{3} z_k$일 때 최소.

$\triangle ABC$의 중심을

$$\left(\frac{1}{3}\sum_{k=1}^{3} x_k,\ \frac{1}{3}\sum_{k=1}^{3} y_k\right) = (g_1, g_2)$$

로 놓으면,

구하는 직선 l_0는

$$ax+by-\frac{1}{3}\sum_{k=1}^{3} z_k = 0$$
$$ax+by-\frac{1}{3}\sum_{k=1}^{3}(ax_k+by_k) = 0$$
$$a\left(x-\frac{1}{3}\sum_{k=1}^{3} x_k\right) + b\left(y-\frac{1}{3}\sum_{k=1}^{3} y_k\right) = 0$$
$$a(x-g_1)+b(y-g_2) = 0$$

이므로, $f(l)$을 최소로 하는 l_0는

$\triangle ABC$의 중심을 지난다. ■

(2)

(1)번에 의하여, (2)번은 다음과 같다.

중심을 지나는 직선 l을 모두 고려할 때, $f(l)$을 최소로 하는 것은 3개이다.

이제, 중심을 지나는 직선
$l\ :\ a(x-g_1)+b(y-g_2)=0,\ (a, b)\neq(0, 0)$
에 대하여,
$f(l)$이 l에 관계없이 일정함을 보이면,
중심을 지나며 $\triangle ABC$의 세 변에 평행한 세 직선 l_1, l_2, l_3에 대하여

$$f(l_1)=f(l_2)=f(l_3)$$

가 성립한다.
이를 이용하여 정삼각형임을 보이자.

$l\ :\ a(x-g_1)+b(y-g_2)=0,\ (a,b)\neq(0,0)$

(i) $b=0$일 때

$x-g_1=0$이므로, $f(l)=\sum_{k=1}^{3}(x_k-g_1)^2$

(ii) $b\neq 0$일 때

$\frac{a}{b}=m$이라고 하면, $m(x-g_1)+y-g_2=0$

$$\therefore f(l)=\sum_{k=1}^{3}\left(\frac{|m(x_k-g_1)+y_k-g_2|}{\sqrt{m^2+1}}\right)^2$$

$$\begin{cases}\sum_{k=1}^{3}(x_k-g_1)^2=p\\ 2\sum_{k=1}^{3}(x_k-g_1)(y_k-g_2)=q\\ \sum_{k=1}^{3}(y_k-g_2)^2=r\end{cases}$$

로 놓으면, $p,\ q,\ r$은 상수이며

$$f(l)=\frac{pm^2+qm+r}{m^2+1}=p+\frac{qm+r-p}{m^2+1}=F(m)$$

$F(m)$은 전 실수에서 연속이며

$$\lim_{m\to\pm\infty}F(m)=p$$

$$F'(m)=\frac{-\{qm^2+2(r-p)m-q\}}{(m^2+1)^2}$$

$q\neq 0$ 이거나 $r-p\neq 0$이면,
$F'(m)=0$으로 되는 m은 2개 이하이다.
따라서,
$F(m)$을 극소로 하는 m은 1개 이하이다.

(i)의 경우까지 고려하더라도,
$f(l)$을 최소로 하는 l은 2개 이하이다.

따라서, $q=0,\ r-p=0$

$$\therefore f(l)=F(m)=p\ (\text{일정})$$

(i), (ii)에 의하여,
중심을 지나는 임의의 직선 l에 대하여

$$f(l)=p\ (\text{일정}) \quad\cdots ①$$

임을 알 수 있다.

이제,
$\triangle ABC$의 중심을 통과하며 변 BC, CA, AB에 평행한 직선을 각각 l_1, l_2, l_3라 하고,
A, B, C에서 대변에 내린 수선의 길이를 각각 h_1, h_2, h_3라 하면,

$$f(l_1)=\left(\frac{2}{3}h_1\right)^2+\left(\frac{1}{3}h_1\right)^2+\left(\frac{1}{3}h_1\right)^2=\frac{2}{3}{h_1}^2$$

같은 방법으로,

$$f(l_2)=\frac{2}{3}{h_2}^2,\ f(l_3)=\frac{2}{3}{h_3}^2$$

①에 의하여 $f(l_1)=f(l_2)=f(l_3)$이므로,

$$\therefore\ h_1=h_2=h_3$$

따라서, $\triangle ABC$는 정삼각형이다. ■

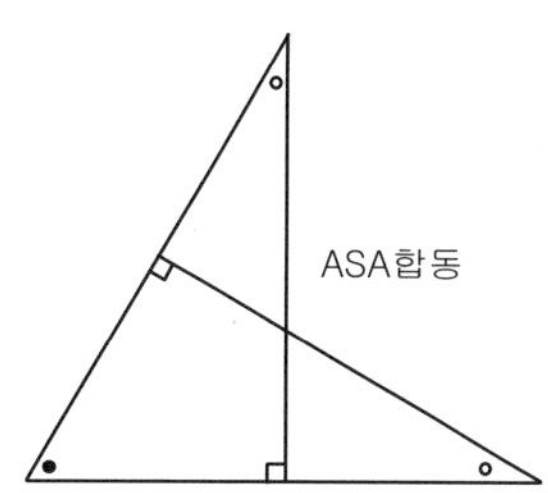

[문제 3]

(1) 처음의 수면의 높이는 $2^2 = 4$

반경 r인 구는 원 $x^2+(y-b)^2 = r^2$ $\cdots$ ①

을 y축 둘레로 회전시켜 얻을 수 있다.

$$x^2+(y-b)^2 = r^2, y = x^2$$

에서, $$y+(y-b)^2 = r^2$$

$$y^2+(1-2b)y+b^2-r^2 = 0 \quad \cdots ②$$

원 ①과 $y = x^2$이 접할 때는

②에서, $(1-2b)^2-4(b^2-r^2)=0$

$$b = r^2+\frac{1}{4}$$

접점의 y좌표는 ②의 중근이므로,

$$y = \frac{-(1-2b)}{2} = b-\frac{1}{2} = r^2-\frac{1}{4}$$

구가 용기 안에서 구와 접할 때는

$$0 < y = r^2-\frac{1}{4} \leqq 4$$

$$\therefore \frac{1}{2} < r \leqq \frac{\sqrt{17}}{2}$$

(i) $0 < r \leqq \frac{1}{2}$인 경우

구는 용기 바닥에 도달하며, $s = 4-b = 4-r$

(ii) $\frac{1}{2} < r \leqq \frac{\sqrt{17}}{2}$인 경우

$$s = 4-b = 4-\left(r^2+\frac{1}{4}\right) = \frac{15}{4}-r^2$$

(iii) $r > \frac{\sqrt{17}}{2}$인 경우

구는 원 ①이 점 (2,4)를 지나는 형태로 용기에 걸쳐져 있다. (접하지 않음)

$$2^2+(4-b)^2 = r^2,\ b > 4$$

이므로, $b = \sqrt{r^2-4}+4$

$$\therefore s = 4-b = -\sqrt{r^2-4}$$

(i), (ii), (iii)에 의하여

$$\begin{cases} 0 < r \leqq \frac{1}{2}\text{인 경우: } s = 4-r \\ \frac{1}{2} < r \leqq \frac{\sqrt{17}}{2}\text{인 경우: } s = \frac{15}{4}-r^2 \\ r > \frac{\sqrt{17}}{2}\text{인 경우: } s = -\sqrt{r^2-4} \end{cases}$$

$\cdots$(답) ■

(2) 넘쳐흐른 물의 체적 V는 원 ①의 $y \leqq 4$ 부분을 y축 둘레로 회전시켜 얻어지는 입체의 체적과 같다.

(1)번에 의하여,

$0 < r \leqq \frac{1}{2}$인 경우, 용기에 완전히 잠긴다.

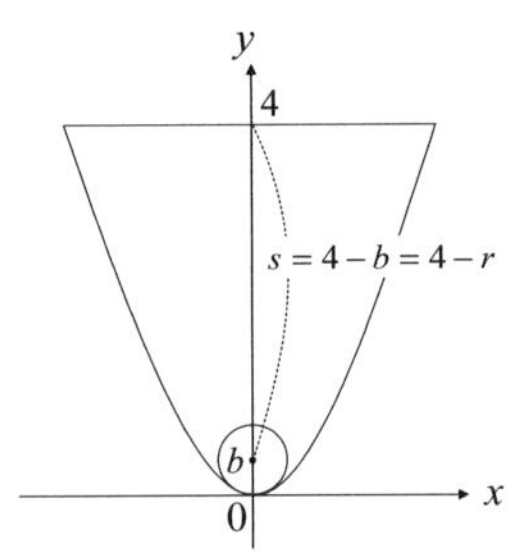

$\frac{1}{2} < r \leqq \frac{\sqrt{17}}{2}$인 경우는

$s > r$이어야 용기에 완전히 잠긴다.

$$\frac{15}{4}-r^2 > r \quad \therefore r < \frac{3}{2}$$

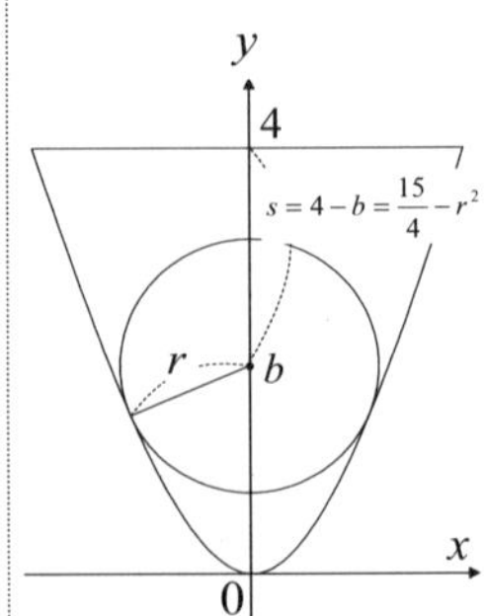

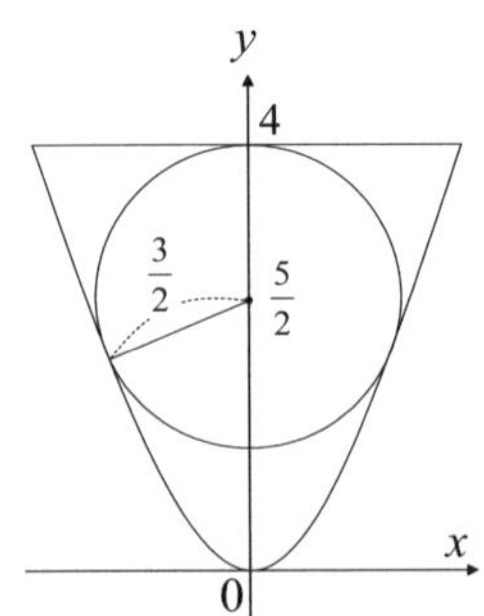

(i) $0 < r < \dfrac{3}{2}$인 경우

납구슬이 용기에 완전히 잠기며,
흘러넘친 물의 체적 V는 납구슬의 체적

$$\frac{4}{3}\pi r^3 \quad (r\text{의 증가함수})$$

과 같다.

(ii) $r \geq \dfrac{3}{2}$인 경우

$$V = \pi\int_{b-r}^{4}\{r^2-(y-b)^2\}\,dy \quad (y-b=t)$$

$$= \pi\left\{r^2(4-b+r)-\frac{(4-b)^3}{3}-\frac{r^3}{3}\right\}$$

$4-b=s$이므로,

$$= \pi\left\{r^2(s+r)-\frac{s^3}{3}-\frac{r^3}{3}\right\}$$

$$= \frac{\pi}{3}(r+s)^2(2r-s)$$

$\dfrac{3}{2} \leq r \leq \dfrac{\sqrt{17}}{2}$인 경우,

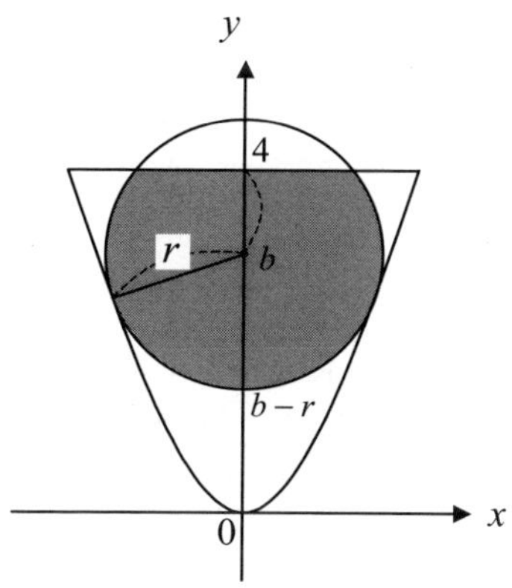

$s=\dfrac{15}{4}-r^2$이므로,

$$V = \frac{\pi}{3}\left(r^2-r-\frac{15}{4}\right)^2\left(r^2+2r-\frac{15}{4}\right)$$

$$\therefore \frac{dV}{dr} = \frac{\pi}{8}r(2r+3)(2r-5)(4r^2+4r-19)$$

$\dfrac{dV}{dr}=0$에서,

$$r=\frac{-1+2\sqrt{5}}{2} \quad \left(\frac{3}{2}<\frac{-1+2\sqrt{5}}{2}<\frac{\sqrt{17}}{2}\right)$$

V는 $r=\dfrac{-1+2\sqrt{5}}{2}=\sqrt{5}-\dfrac{1}{2}$에서

극대이며 최대이다.

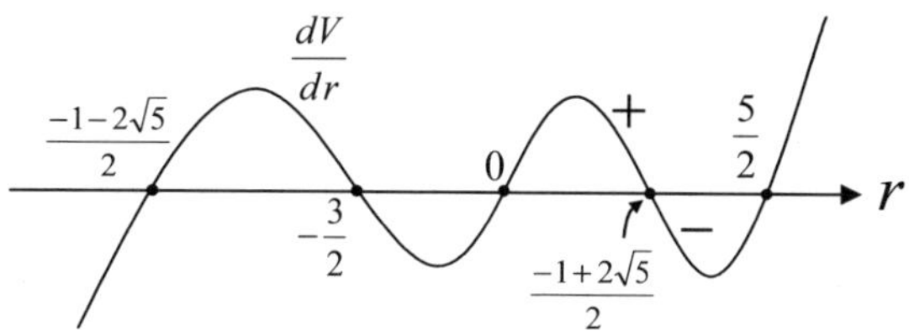

$r > \dfrac{\sqrt{17}}{2}$인 경우,

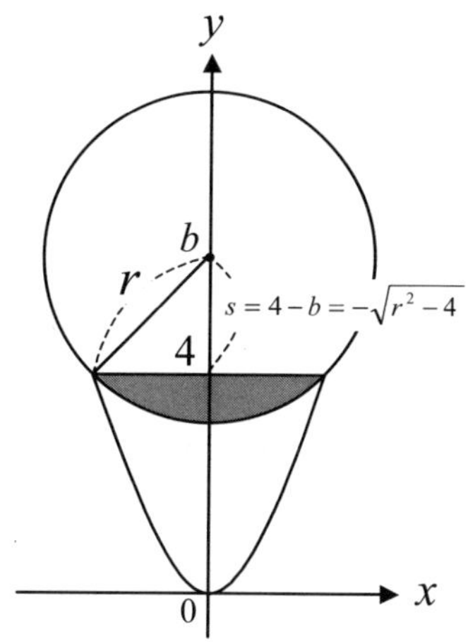

납구슬이 용기 위에 걸쳐져 올라가 있는
상태이므로, 흘러넘친 물의 체적은
r이 증가할 때 감소한다.

(i), (ii)에 의하여,

V는 구간 $\dfrac{3}{2} \leq r \leq \dfrac{\sqrt{17}}{2}$의 왼쪽에서는 증가하고, 오른쪽에서는 감소한다.

구하는 r의 값은 $\sqrt{5}-\dfrac{1}{2}$ …(답) ■

〈 1994年 前期 – 理科 〉 時間 : 150分

1. $f(x)=x^4+x^3+\frac{1}{2}x^2+\frac{1}{6}x+\frac{1}{24}$

$$g(x)=x^5+x^4+\frac{1}{2}x^3+\frac{1}{6}x^2+\frac{1}{24}x+\frac{1}{120}$$

에 대하여, 다음이 성립함을 보여라.

(1) 임의의 실수 x에 대하여, $f(x)>0$이다.

(2) 방정식 $g(x)=0$은 오직 한 개의 실수해 α를 가지며, $-1<\alpha<0$이다.

2. $a=\sin^2\frac{\pi}{5}$, $b=\sin^2\frac{2\pi}{5}$라 하자.

이때, 다음이 성립함을 보여라.

(1) $a+b$ 및 ab는 유리수이다.

(2) 임의의 자연수 n에 대하여, $(a^{-n}+b^{-n})(a+b)^n$은 정수이다.

3. xyz공간에 있어서 조건

$$x^2+y^2\leqq z^2,\ z^2\leqq x,\ 0\leqq z\leqq 1$$

를 만족하는 점 $P(x,y,z)$ 전체로 이루어진 입체를 고려해 보자.

이 입체의 체적을 V라 하고, z축과 직교하는 평면 $z=k\ (0\leqq k\leqq 1)$에 의해 잘린 단면의 면적을 $S(k)$라 하자.

(1) $k=\cos\theta$로 놓을 때, $S(k)$를 θ로 나타내어라. 단, $0\leqq\theta\leqq\frac{\pi}{2}$이다.

(2) V의 값을 구하여라.

4. $0<c<1$라 하자.

$0\leqq x<1$에서 연속인 함수 $f(x)$에 대하여,

$$f_1(x)=f(x)+\int_0^c f(t)\,dt,$$

$$f_2(x)=f(x)+\int_0^c f_1(t)\,dt$$ 로 놓자.

이하, 함수 $f_3(x), f_4(x), \cdots$ 를

$$f_n(x)=f(x)+\int_0^c f_{n-1}(t)\,dt\quad(n=3,4,\cdots)$$

로 정한다. 또, $g(c)=\int_0^c f(t)\,dt$라 하고, $n=1,2,3,\cdots$ 에 대하여 $g_n(c)=\int_0^c f_n(t)\,dt$로 놓자. 이때, $f(0)=1$이며, $0<x<1$를 만족하는 임의의 x에 대하여

$xf(x)=g(x)+x\lim_{n\to\infty}g_n(x)$가 성립하는 함수 $f(x)$를 정하여라.

5. 많은 카드가 있어, 각 카드에 $1,\ 2,\ 3,\ 4,\ 5,\ 6$의 숫자 중 하나가 적혀 있다. 이 중에서 무작위로 하나를 선택할 때, 각각의 숫자가 선택될 확률은 모두 양수이다. 또, 3이 적힌 카드가 선택될 확률은 p이고, $1,2,5,6$이 적힌 카드가 선택될 확률은 각각 q로 같다.

이 중에서 하나를 뽑아 그 숫자를 a라 하고, 그 카드를 원래대로 넣은 후 다시 하나를 뽑아 그 숫자를 b라 하자. 이때, $a+b\leqq 4$로 되는 사건을 A, $a<b$로 되는 사건을 B라 하고,

각각의 확률을 $P(A)$, $P(B)$라 하자.

(1) $E=2P(A)+P(B)$라 할 때, E를 p,q로 나타내어라.

(2) $\frac{1}{p}$과 $\frac{1}{q}$이 모두 자연수일 때, E의 값을 최대로 하는 p,q를 구하여라.

6. xy평면상의 두 점 P,Q에 대하여, P와 Q를 x축 및 y축에 평행한 선분으로 이루어진 꺾인 선으로 연결한다. 이때, 경로의 길이 중 최솟값을 $d(P,Q)$라 하자.

(1) 원점 $O(0,0)$과 점 $A(1,1)$에 대하여, $d(O,P)=d(P,A)$를 만족하는 점 $P(x,y)$의 범위를 xy평면에 도시하여라.

(2) 실수 $a\geqq 0$에 대하여, 점 $Q(a,a^2+1)$을 고려해 보자. 다음 조건 (*)를 만족하는 점 $P(x,y)$의 범위를 xy평면에 도시하여라.

(*) 원점 $O(0,0)$에 대하여 $d(O,P)=d(P,Q)$로 되는 $a\geqq 0$가 존재한다.

[문제 1]

$f_n(t)=1+\frac{t}{1!}+\frac{t^2}{2!}+\cdots+\frac{t^n}{n!}\ (n\geq 1)$이라 하자.

(1)

$x\neq 0$일 때, $\frac{1}{x}=t$로 놓으면 $\frac{f(x)}{x^4}=f_4(t)$

$$f_4{}'(t)=f_3(t),\ f_3{}'(t)=f_2(t)$$

여기서, $f_2(t)=1+t+\frac{t^2}{2}=\frac{1}{2}(t+1)^2+\frac{1}{2}>0$

이므로, $f_3(t)$는 단조증가한다.

또, $\lim_{t\to-\infty}f_3(t)=-\infty,\ \lim_{t\to\infty}f_3(t)=\infty$이므로,

$f_3(t_0)=0$을 만족하는 t_0는 1개만 존재하며 $t=t_0$의 전후에서 $f_3(t)$의 부호는 음에서 양으로 바뀐다.

따라서,

$f_4(t)$는 $t=t_0$에서 극소 및 최소로 된다.

$$f_4(t)\geq f_4(t_0)=f_3(t_0)+\frac{t_0{}^4}{4!}=\frac{t_0{}^4}{4!}>0$$

$$(f_3(0)=1\text{에서 } t_0\neq 0)$$

따라서,

$$f_4(t)=\frac{f(x)}{x^4}>0 \qquad \therefore f(x)>0 \quad (x\neq 0)$$

$f(0)=\frac{1}{24}>0$이므로,

임의의 실수 x에 대하여 $f(x)>0$ ■

(2) $g(0)=\frac{1}{120}\neq 0$이므로,

$$g(x)=0 \ \Leftrightarrow\ \frac{g(x)}{x^5}=0 \ \Leftrightarrow\ f_5(t)=0 \qquad \cdots ①$$

$\frac{1}{x}=t$로 놓으면, $\frac{g(x)}{x^5}=f_5(t)$

(1)에서 $f_5{}'(t)=f_4(t)>0$이므로,

$f_5(t)$는 단조증가한다.

$$\begin{cases}\lim_{t\to-\infty}f_5(t)=-\infty\\ f_5(-1)=1-1+\frac{1}{2}-\frac{1}{6}+\frac{1}{24}-\frac{1}{120}=\frac{11}{30}>0\end{cases}$$

이므로,

$f_5(t_1)=0$을 만족하는 t_1은 유일하며, $t_1<-1$

$\alpha=\frac{1}{t_1}$로 놓으면, ①에 의하여

방정식 $g(x)=0$은 오직 한 개의 실수해 α를 가지며, $-1<\alpha<0$이다. ■

[문제 2]

(1) $\theta=\frac{\pi}{5}$로 놓으면, $3\theta=\pi-2\theta$이므로

$$\sin3\theta=\sin(\pi-2\theta)=\sin2\theta$$

$$3\sin\theta-4\sin^3\theta=2\sin\theta\cos\theta$$

$$\therefore \sin\theta(4\cos^2\theta-2\cos\theta-1)=0$$

$0<\sin\theta<1,\ 0<\cos\theta<1$이므로,

$$\cos\theta=\frac{1+\sqrt{5}}{4} \qquad \therefore \cos^2\theta=\frac{3+\sqrt{5}}{8}$$

$$\therefore \sin^2\theta=1-\cos^2\theta=\frac{5-\sqrt{5}}{8}$$

$$\begin{aligned}a+b&=\sin^2\theta+\sin^2 2\theta\\&=\sin^2\theta+4\sin^2\theta\cos^2\theta\\&=\frac{5-\sqrt{5}}{8}+4\cdot\frac{10+2\sqrt{5}}{64}\\&=\frac{5-\sqrt{5}}{8}+\frac{5+\sqrt{5}}{8}=\frac{5}{4}\end{aligned}$$

$$ab=\frac{5-\sqrt{5}}{8}\cdot\frac{5+\sqrt{5}}{8}=\frac{5}{16}$$

따라서, $a+b$와 ab는 모두 유리수이다. ■

(2) $u_n=(a^{-n}+b^{-n})(a+b)^n \quad (n=1,2,\cdots)$

으로 놓으면,

$$u_n=\frac{a^n+b^n}{a^nb^n}(a+b)^n=\left(\frac{a+b}{ab}\right)^n(a^n+b^n)$$

(1)에 의하여, $u_n=4^n(a^n+b^n)$

이제, 임의의 자연수 n에 대하여

$$u_n = 4^n(a^n+b^n)$$

이 정수임을 수학적 귀납법으로 증명하자.

(Ⅰ) $n=1, 2$인 경우

$$\begin{cases} u_1 = 4(a+b) = 5 \\ u_2 = 16(a^2+b^2) = 16\{(a+b)^2 - 2ab\} = 15 \end{cases}$$

이므로, u_1, u_2는 정수이다.

(Ⅱ) $m \leqq k$ (k는 2 이상인 자연수)에 대하여 u_m이 정수라고 가정하자.

이때,

$u_k = 4^k(a^k+b^k)$의 양변에 $4(a+b)$를 곱하면,

$$4(a+b)u_k = 4^{k+1}(a^{k+1}+b^{k+1}+a^kb+ab^k)$$
$$= 4^{k+1}(a^{k+1}+b^{k+1}) + 16ab \cdot 4^{k-1}(a^{k-1}+b^{k-1})$$

$4(a+b)=5$, $16ab=5$이므로,

$$5u_k = u_{k+1} + 5u_{k-1} \quad \therefore u_{k+1} = 5(u_k - u_{k-1})$$

따라서, u_{k+1}은 정수이다.

(Ⅰ), (Ⅱ)와 수학적 귀납법에 의하여,
임의의 자연수 n에 대하여

$u_n = 4^n(a^n+b^n)$은 정수이다. ■

[문제 3]

(1) 이 입체의 평면 $z=k$에 의한 절단면은 xy평면 상에서의 $x^2+y^2 \leqq k^2$, $x \geqq k^2$을 만족하는 점 전체가 이루는 도형과 일치하며 그림의 음영부분과 같다.

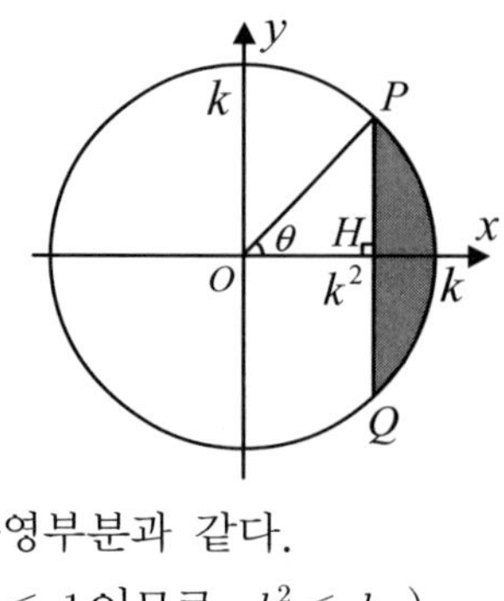

($0 \leqq k \leqq 1$이므로, $k^2 \leqq k$)

$k = \cos\theta$로 놓으면,

$$P(\cos^2\theta, \cos\theta\sin\theta), \quad H(\cos^2\theta, 0)$$

이므로,

$$S(k) = \text{부채꼴 } OPQ - \triangle OPQ$$
$$= \frac{1}{2}\overline{OP}^2 \cdot 2\theta - \frac{1}{2}\overline{PQ} \cdot \overline{OH}$$
$$= \theta\cos^2\theta - \sin\theta\cos^3\theta \qquad \cdots(\text{답})$$ ■

(2)

$$V = \int_0^1 S(k)\,dk$$

$k=\cos\theta$에서 $dk=-\sin\theta\,d\theta$

$$= \int_{\frac{\pi}{2}}^0 (\theta\cos^2\theta - \sin\theta\cos^3\theta)(-\sin\theta)\,d\theta$$
$$= \int_0^{\frac{\pi}{2}} (\theta\cos^2\theta\sin\theta - \cos^3\theta\sin^2\theta)\,d\theta$$
$$= \left[\theta\left(-\frac{1}{3}\cos^3\theta\right)\right]_0^{\frac{\pi}{2}} - \int_0^{\frac{\pi}{2}}\left(-\frac{1}{3}\cos^3\theta\right)d\theta$$
$$- \int_0^{\frac{\pi}{2}}(\sin^2\theta - \sin^4\theta)\cos\theta\,d\theta$$

$$= \frac{1}{3}\int_0^{\frac{\pi}{2}}(1-\sin^2\theta)\cos\theta\,d\theta - \left[\frac{1}{3}\sin^3\theta - \frac{1}{5}\sin^5\theta\right]_0^{\frac{\pi}{2}}$$
$$= \frac{1}{3}\left[\sin\theta - \frac{1}{3}\sin^3\theta\right]_0^{\frac{\pi}{2}} - \frac{2}{15}$$
$$= \frac{1}{3} \cdot \frac{2}{3} - \frac{2}{15}$$
$$= \frac{4}{45} \qquad \cdots(\text{답})$$ ■

[문제 4]

$$\begin{cases} f_n(x) = f(x) + \int_0^c f_{n-1}(t)\,dt \quad (n=2, 3, \cdots) \\ g_n(c) = \int_0^c f_n(t)\,dt \end{cases}$$

로 놓으면,

$$f_n(x) = f(x) + g_{n-1}(c)$$

$$\therefore\ g_n(c)=\int_0^c f_n(t)\,dt$$
$$=\int_0^c (f(t)+g_{n-1}(c))\,dt$$
$$=\int_0^c f(t)\,dt+cg_{n-1}(c)$$
$$=g(c)+cg_{n-1}(c)$$

변형하면,

$$g_n(c)-\frac{g(c)}{1-c}=c\left\{g_{n-1}(c)-\frac{g(c)}{1-c}\right\}$$
$$\therefore\ g_n(c)-\frac{g(c)}{1-c}=c^{n-1}\left\{g_1(c)-\frac{g(c)}{1-c}\right\}$$

이때, $0<x<1$인 임의의 x에 대하여

$$\lim_{n\to\infty}g_n(x)=\lim_{n\to\infty}\left\{x^{n-1}\left(g_1(x)-\frac{g(x)}{1-x}\right)+\frac{g(x)}{1-x}\right\}$$
$$=0\cdot\left(g_1(x)-\frac{g(x)}{1-x}\right)+\frac{g(x)}{1-x}=\frac{g(x)}{1-x}$$

$0<x<1$에 대하여,

$$f(x)=\frac{g(x)}{x}+\lim_{n\to\infty}g_n(x)$$
$$=\frac{g(x)}{x}+\frac{g(x)}{1-x}$$
$$=\frac{g(x)}{x(1-x)}=\frac{1}{x(1-x)}\int_0^x f(t)\,dt\quad\cdots ①$$

이므로,

$f(x)$는 미분가능하다.

①의 양변에 $x(1-x)$를 곱하면,

$$(x-x^2)f(x)=\int_0^x f(t)\,dt\quad(0<x<1)$$

양변을 x로 미분하면,

$$(1-2x)f(x)+(x-x^2)f'(x)=f(x)$$

$$(x-x^2)f'(x)=2xf(x)\qquad\therefore\ \frac{f'(x)}{f(x)}=\frac{2}{1-x}$$

이므로,

$$\int\frac{f'(x)}{f(x)}\,dx=\int\frac{2}{1-x}\,dx$$

$$\log|f(x)|=-2\log|1-x|+D\quad(D:\text{ 적분상수})$$
$$\therefore f(x)=C(1-x)^{-2}\qquad(C=\pm e^D)$$

$f(0)=1$이므로, $C=1$

따라서, 구하는 $f(x)$는

$$f(x)=\frac{1}{(1-x)^2}\qquad\cdots(\text{답})\ ■$$

[문제 5]

(1) $a+b\leqq 4$로 되는 것은

$(a,b)=(1,1),\ (1,2),\ (2,1),\ (1,3),\ (2,2),\ (3,1)$

일 때이므로, $P(A)=2pq+4q^2$

또, $a>b$인 사건을 B', $a=b$인 사건을 C라 하면, $P(B)=P(B')$, $2P(B)+P(C)=1$이므로,

$$P(B)=\frac{1}{2}\{1-P(C)\}$$
$$=\frac{1}{2}\{1-(p^2+4q^2+(1-p-4q)^2)\}$$
$$=-p^2-10q^2-4pq+p+4q$$

$$\therefore\ E=2P(A)+P(B)$$
$$=-p^2-2q^2+p+4q\qquad\cdots(\text{답})\ ■$$

(2) $p=\dfrac{1}{m}$, $q=\dfrac{1}{n}$ (m, n은 자연수)로 놓으면,

$$E=f(m,\ n)=-\left(\frac{1}{m}-\frac{1}{2}\right)^2-2\left(\frac{1}{n}-1\right)^2+\frac{9}{4}$$

> 단, $p>0$, $q>0$, $1-p-4q>0$에서
> $$\frac{1}{n}>0,\ 0<\frac{1}{m}<1-\frac{4}{n}$$
> $$\therefore n\geqq 5,\ m>\frac{n}{n-4}=1+\frac{4}{n-4}\quad\cdots ①$$

따라서, E가 최대로 될 때는 조건 ①하에서 $\left|\dfrac{1}{m}-\dfrac{1}{2}\right|$과 $\left|\dfrac{1}{n}-1\right|$이 최소일 때이다.

(i) $n=5$일 때

조건 ①에서 $m \geq 6$이며,

$$E=f(m,5) \leqq f(6,5)=\frac{773}{900}=0.8\cdots$$

(ii) $n=6$일 때

조건 ①에서 $m \geq 4$이며,

$$E=f(m,6) \leqq f(4,6)=\frac{115}{144}=0.7\cdots$$

(iii) $n=7,8$일 때

조건 ①에서 $m \geq 3$이며,

$$f(m,8) \leqq f(m,7) \leqq f(3,7)=\frac{332}{441}=0.7\cdots$$

(iv) $n \geqq 9$일 때

조건 ①에서 $m \geq 2$이며,

$$f(m,n) \leqq f(m,9) \leqq f(2,9)=\frac{217}{324}=0.6\cdots$$

따라서, E를 최대로 하는 p,q의 값은

$$\therefore p=\frac{1}{6},\ q=\frac{1}{5} \qquad \cdots(\text{답})$$ ■

[문제 6]

(1)

$d(O,P)=d(P,A)$를 좌표 x,y로 표시하면,

$$|x|+|y|=|x-1|+|y-1|$$

$$|x|-|x-1|=|y-1|-|y| \qquad \cdots ①$$

여기서,

$$①\text{의 좌변}=\begin{cases} -1 & (x \leqq 0\text{인 경우}) \\ 2x-1 & (0 \leqq x \leqq 1\text{인 경우}) \\ 1 & (1 \leqq x\text{인 경우}) \end{cases}$$

$$①\text{의 우변}=\begin{cases} 1 & (y \leqq 0\text{인 경우}) \\ -2y+1 & (0 \leqq y \leqq 1\text{인 경우}) \\ -1 & (1 \leqq y\text{인 경우}) \end{cases}$$

따라서, ①이 성립하는 경우는

(i) $x \leqq 0,\ 1 \leqq y$

(ii) $1 \leqq x,\ y \leqq 0$

(iii) $0 \leqq x \leqq 1,\ 0 \leqq y \leqq 1$일 때는

$$2x-1=-2y+1 \qquad \therefore x+y=1$$

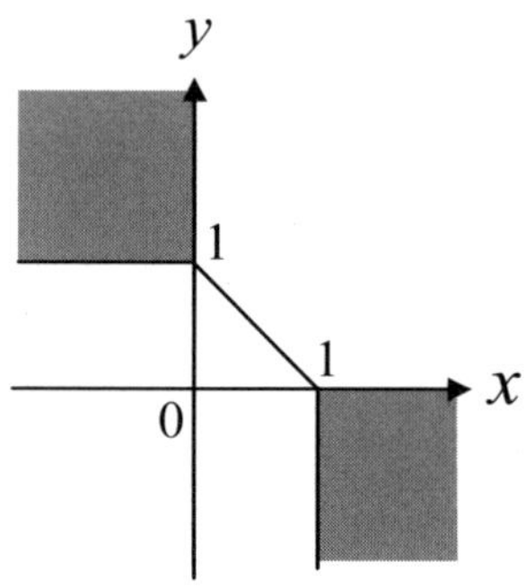

따라서, 구하는 P의 범위는 위의 그림과 같다. (경계포함) ■

(2)

$d(O,P)=d(P,Q)$가 성립하는 것은

$$|x|+|y|=|x-a|+|y-(a^2+1)|$$

$$|x|-|x-a|=|y-(a^2+1)|-|y| \qquad \cdots ②$$

여기서, ②식의

$$\text{좌변}=\begin{cases} -a & (x \leqq 0\text{인 경우}) \\ 2x-a & (0 \leqq x \leqq a\text{인 경우}) \\ a & (a \leqq x\text{인 경우}) \end{cases}$$

$$\text{우변}=\begin{cases} a^2+1 & (y \leqq 0\text{인 경우}) \\ -2y+(a^2+1) & (0 \leqq y \leqq a^2+1\text{인 경우}) \\ -(a^2+1) & (a^2+1 \leqq y\text{인 경우}) \end{cases}$$

따라서, ②가 성립하는 경우는

(i) $x \leqq 0$인 경우

$-a = a^2+1$ or $-2y+(a^2+1)$ or $-(a^2+1)$

$-a = a^2+1$과 $-a = -(a^2+1)$은
실근을 갖지 않으므로,

$$-a = -2y+(a^2+1)$$

$$\therefore y = \frac{1}{2}(a^2+a+1)$$

(ii) $0 \leqq x \leqq a$인 경우

$2x-a = a^2+1$ or $-2y+(a^2+1)$ or $-(a^2+1)$

$2x-a = a^2+1$이면,

$$x = \frac{a^2+a+1}{2} > a$$

$2x-a = -(a^2+1)$이면,

$$x = \frac{-a^2+a-1}{2} < 0$$

이므로,

$$2x-a = -2y+(a^2+1)$$

$$\therefore x+y = \frac{1}{2}(a^2+a+1)$$

(iii) $a \leqq x$인 경우

$a = a^2+1$ or $-2y+(a^2+1)$ or $-(a^2+1)$

$a = a^2+1$과 $a = -(a^2+1)$은
실근을 갖지 않으므로,

$$a = -2y+(a^2+1)$$

$$\therefore y = \frac{1}{2}(a^2-a+1)$$

정리하면,

$$\begin{cases} x \leqq 0\text{일 때: } y = \frac{1}{2}(a^2+a+1) \\ 0 \leqq x \leqq a\text{일 때: } x+y = \frac{1}{2}(a^2+a+1) \\ a \leqq x\text{일 때: } y = \frac{1}{2}(a^2-a+1) \end{cases}$$

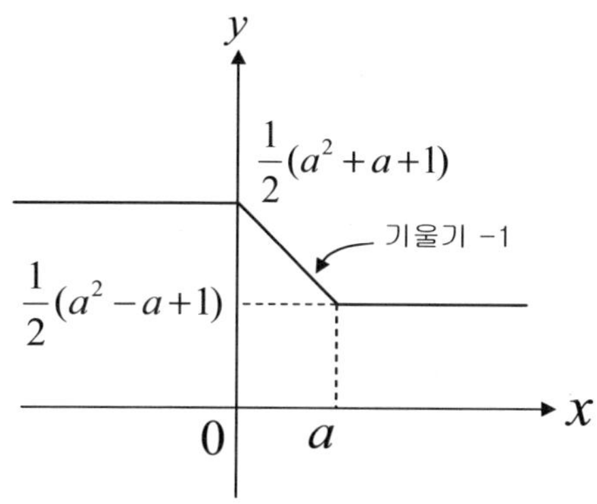

따라서, a를 고정하면
P는 위 그림과 같이 꺾인선을 그린다.

a를 $a \geqq 0$의 범위에서 변화시킬 때,
꺾인선이 통과하는 부분이 구하는 P의 존재범위이다.

$f(x) = \frac{1}{2}(x^2-x+1)$은

y절편이 $\frac{1}{2}$이고 아래로 볼록하므로,

a를 $a \geqq 0$의 범위에서 변화시킬 때,
그림의 기울기 -1인 선분은 하단(下端)의 점이 지나는 포물선보다 위에 존재한다.

$f(x) = \frac{1}{2}(x^2-x+1)$는 $x = \frac{1}{2}$일 때 최솟값 $\frac{3}{8}$을 가지므로, P의 존재범위는 다음 그림의 음영부분(경계포함)으로 된다. ■

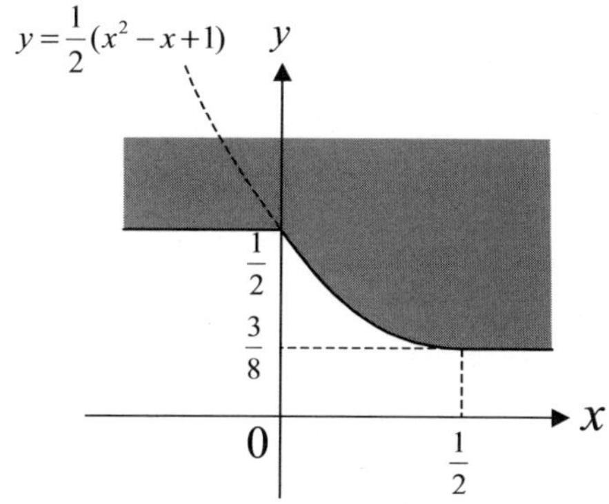

〈 참 고 〉 $a=0$일 때, $y=\frac{1}{2}$

〈 1994年 前期 − 文科 〉 時間 : 100分

1. xy 평면상에서 다음 조건을 만족하는 점 (x,y)의 범위를 D라 하자.
$\log_2 x \leqq 2+\log_2 y \leqq \log_2 x+\log_2(4-2x)$
(1) D를 xy 평면상에 도시하라.
(2) $s<1$ 일 때, $y-sx$ 의 D상에서의 최댓값 $f(s)$를 구하고, 함수 $t=f(s)$의 그래프를 st 평면에 나타내어라.

2. xy 평면상의 두 점 P, Q에 대하여, P와 Q를 x축 및 y축에 평행한 선분으로 이루어진 꺾인선으로 연결한다. 이때, 경로의 길이 중 최솟값을 $d(P,\ Q)$라 하자.
(1) 원점 $O(0,\ 0)$과 점 $A(1,\ 3)$에 대하여, $d(O,\ P)=d(P,\ A)$를 만족하는 점 $P(x,\ y)$의 범위를 xy 평면에 도시하여라.
(2) 점 $A(1,\ 3)$과 점 $B(-1,\ 1)$에 대하여, $d(A,\ P)=d(P,\ B)$를 만족하는 점 $P(x,\ y)$의 범위를 xy 평면에 도시하여라.

3. $0<a\leqq 1$에 대하여, 행렬 $A=\begin{pmatrix}1 & 1\\ 1 & 1+2a\end{pmatrix}$ 를 고려해 보자. $\vec{u}=\begin{pmatrix}\cos\theta\\ \sin\theta\end{pmatrix}$일 때, 벡터 $A\vec{u}$의 길이 $|A\vec{u}|$에 대하여, 다음 부등식이 성립함을 증명하여라.
$$(2-\sqrt{2})a \leqq |A\vec{u}| \leqq 2+\sqrt{2}$$

4. $0<c<1$라 하자.
삼차함수 $f(x)=-4x^3+3x^2$에 대하여,
$$f_1(x)=f(x)+\int_0^c f(t)\,dt,$$
$$f_2(x)=f(x)+\int_0^c f_1(t)\,dt$$ 로 놓자.
이하, 함수 $f_3(x), f_4(x), \cdots$ 를
$$f_n(x)=f(x)+\int_0^c f_{n-1}(t)\,dt \quad (n=3, 4, \cdots)$$
로 정한다.
(1) 함수 $f_n(x)$를 구하여라.
(2) $f_n(x)$에 대하여, $0<x<1$일 때 $f_n(x)=0$인 x는 유일함을 보여라.

[문제 1]

(1) $\log_2 x \leqq 2+\log_2 y \leqq \log_2 x+\log_2(4-2x)$
진수조건에서, $x>0,\ y>0,\ 4-2x>0$
$$\therefore\ 0<x<2,\ y>0 \qquad \cdots ①$$

주어진 부등식에서,
$$\log_2\frac{x}{4} \ \leqq\ \log_2 y \ \leqq\ \log_2\frac{x(2-x)}{2}$$
$$\frac{x}{4} \leqq y \leqq -\frac{1}{2}(x-1)^2+\frac{1}{2} \qquad \cdots ②$$

①, ②에 의하여, D는 그림의 음영부분이며 경계를 포함한다. 단, 원점 $(0,\ 0)$은 제외한다.

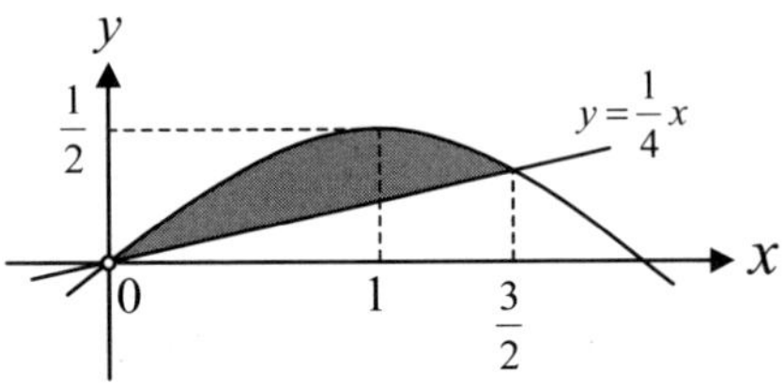

■

(2) 점 $(x,\ y)$가 D상에서 움직일 때, (1)에서
$$y-sx \leqq -\frac{1}{2}x^2+(1-s)x=g(x),\ 0<x\leqq\frac{3}{2}$$
여기서,
$$g(x)=-\frac{1}{2}\{x-(1-s)\}^2+\frac{(1-s)^2}{2}$$

$g(x)$는 꼭짓점의 x 좌표가 $1-s$인 이차함수

$s<1$에서 $1-s>0$이므로, D상에서
$$\begin{cases} 1-s\leqq\dfrac{3}{2}\text{인 경우 : } g(x)\leqq g(1-s) \\ \dfrac{3}{2}<1-s\text{인 경우 : } g(x)\leqq g\left(\dfrac{3}{2}\right)\end{cases}$$
따라서, 구하는 최댓값 $f(s)$는
$$\therefore\ f(s)=\begin{cases}\dfrac{1}{2}(1-s)^2 & \left(-\dfrac{1}{2}\leqq s<1\right)\\ -\dfrac{3}{2}s+\dfrac{3}{8} & \left(s<-\dfrac{1}{2}\right)\end{cases}$$

또, $t=f(s)$의 그래프는 다음과 같다.

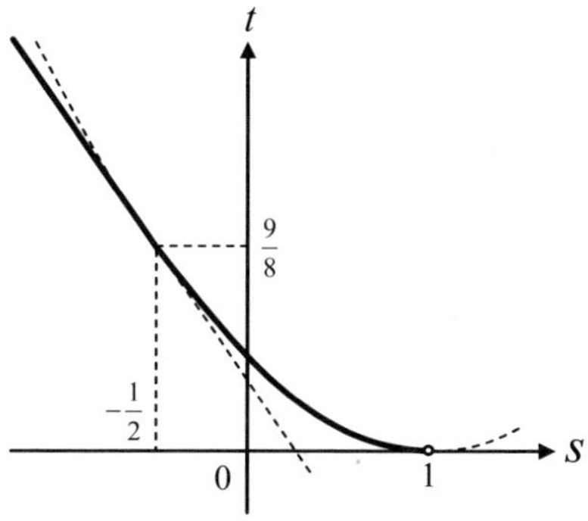

■

[문제 2]

(1)

$$d(O,P)=d(P,A),\ A(1,3),\ P(x,y)$$

에서, $|x|+|y|=|x-1|+|y-3|$

$$|y-3|-|y|=|x|-|x-1| \quad \cdots ①$$

여기서,

$$①\text{의 좌변}=\begin{cases} 3 & (y\leqq 0\text{인 경우}) \\ 3-2y & (0<y<3\text{인 경우}) \\ -3 & (3\leqq y\text{인 경우}) \end{cases}$$

$$①\text{의 우변}=\begin{cases} -1 & (x\leqq 0\text{인 경우}) \\ 2x-1 & (0<x<1\text{인 경우}) \\ 1 & (1\leqq x\text{인 경우}) \end{cases}$$

$-1<2x-1<1$ $(0<x<1$인 경우$)$이므로,
①이 성립하는 경우는
$0<y<3$의 범위에서

$$3-2y=\begin{cases} -1 & (x\leqq 0\text{인 경우}) \\ 2x-1 & (0<x<1\text{인 경우}) \\ 1 & (1\leqq x\text{인 경우}) \end{cases}$$

(i) $x\leqq 0$인 경우 : $3-2y=-1$ $\quad\therefore\ y=2$

(ii) $0<x<1$인 경우 : $3-2y=2x-1$
$\therefore\ y=2-x$

(iii) $1\leqq x$인 경우 :
$3-2y=1$ $\quad\therefore\ y=1$

따라서, 점 P의 범위는 오른쪽 그림과 같다.

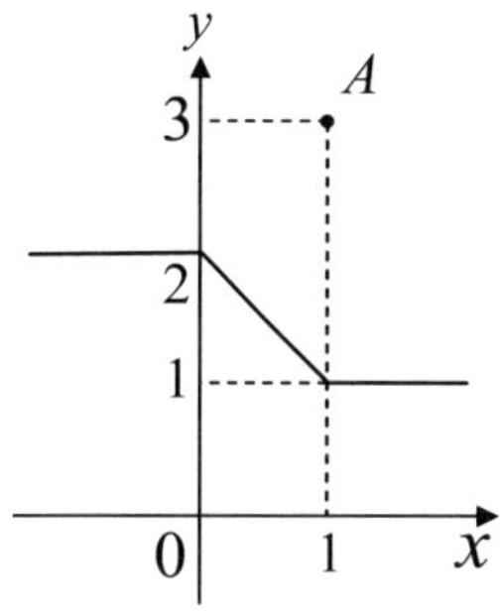

■

(2)

$$d(A,P)=d(P,B),\ A(1,3),\ B(-1,1)$$

에서, $|x-1|+|y-3|=|x+1|+|y-1|$

$$|y-3|-|y-1|=|x+1|-|x-1| \quad \cdots ①$$

여기서,

$$①\text{의 좌변}=\begin{cases} 2 & (y\leqq 1\text{인 경우}) \\ 4-2y & (1<y<3\text{인 경우}) \\ -2 & (3\leqq y\text{인 경우}) \end{cases}$$

$$①\text{의 우변}=\begin{cases} -2 & (x\leqq -1\text{인 경우}) \\ 2x & (-1<x<1\text{인 경우}) \\ 2 & (1\leqq x\text{인 경우}) \end{cases}$$

$-2<2x<2$, $-2<4-2y<2$이므로,
①이 성립하는 경우는

(i) $x\leqq -1$, $3\leqq y$

(ii) $1\leqq x$, $y\leqq 1$

(iii) $-1<x<1$, $1<y<3$일 때
$4-2y=2x$ $\quad\therefore\ y=2-x$

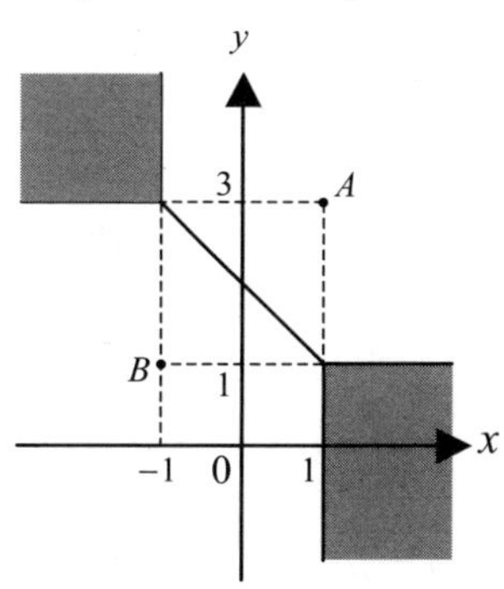

P의 범위는 그림과 같다. (경계포함) ■

[문제 3]

$A\vec{u}=\begin{pmatrix}\cos\theta+\sin\theta\\ \cos\theta+(1+2a)\sin\theta\end{pmatrix}$이므로,

$$
\begin{aligned}
|A\vec{u}|^2 &= 4(a+1)\sin\theta\cos\theta \\
&\qquad + (2a+1)^2\sin^2\theta+\cos^2\theta+1 \\
&= 2(a+1)\sin 2\theta + (2a+1)^2\frac{1-\cos 2\theta}{2} \\
&\qquad + \frac{1+\cos 2\theta}{2}+1 \\
&= 2(a+1)(\sin 2\theta - a\cos 2\theta)+2(a^2+a+1) \\
&= 2(a+1)\sqrt{a^2+1}\sin(2\theta+\alpha)+2(a^2+a+1)
\end{aligned}
$$

$$\cos\alpha=\frac{1}{\sqrt{a^2+1}},\quad \sin\alpha=-\frac{a}{\sqrt{a^2+1}}$$

$0\leqq\theta\leqq 2\pi$ 일 때, $-1\leqq\sin(2\theta+\alpha)\leqq 1$

$$
\begin{aligned}
|A\vec{u}|^2 &\leqq 2\{(a+1)\sqrt{a^2+1}+a^2+a+1\}=f(a) \\
|A\vec{u}|^2 &\geqq 2\{a^2+a+1-(a+1)\sqrt{a^2+1}\} \\
&= \frac{2a^2}{a^2+a+1+(a+1)\sqrt{a^2+1}}=\frac{4a^2}{f(a)}
\end{aligned}
$$

$0<a\leqq 1$에서 $f(a)$는 양의 증가함수이므로,

$$|A\vec{u}|^2 \leqq f(1)=(2+\sqrt{2})^2$$

$$\frac{|A\vec{u}|^2}{a^2} \geqq \frac{4}{f(1)}=\left(\frac{2}{2+\sqrt{2}}\right)^2=(2-\sqrt{2})^2$$

따라서, $(2-\sqrt{2})a \leqq |A\vec{u}| \leqq 2+\sqrt{2}$ ■

[문제 4]

(1)

$$
\begin{cases}
f_0(x)=f(x)=-4x^3+3x^2 \\
f_n(x)=f(x)+\displaystyle\int_0^c f_{n-1}(t)\,dt \quad (n\geqq 1) \\
\displaystyle\int_0^c f_n(t)\,dt=a_n \quad (n\geqq 0)
\end{cases}
$$

으로 놓으면,

$$f_n(x)=f(x)+a_{n-1} \qquad \cdots ①$$

이때,

$$
\begin{cases}
a_n=\displaystyle\int_0^c\{f(t)+a_{n-1}\}\,dt=a_0+ca_{n-1} \\
a_0=\displaystyle\int_0^c(-4t^3+3t^2)\,dt=c^3(1-c)
\end{cases}
$$

이므로,

$$a_n-c^3=c(a_{n-1}-c^3) \quad (n\geqq 1)$$

$$a_n-c^3=c^n(a_0-c^3)=-c^{n+4}$$

$$\therefore\ a_n=c^3(1-c^{n+1})$$

$a_{n-1}=c^3(1-c^n)$을 ①에 대입하면,

$f_n(x)=-4x^3+3x^2+c^3(1-c^n)$ …(답) ■

(2)

$$f_n{}'(x)=-12x^2+6x=-12x\left(x-\frac{1}{2}\right)$$

따라서, $0\leqq x\leqq 1$에서의

$f_n(x)$의 증감은 다음과 같다.

x	0	$\cdots$	$\frac{1}{2}$	$\cdots$	1
$f_n{}'(x)$	0	$+$	0	$-$	
$f_n(x)$		↗	극대	↘	

또, $0<c<1$에서

$$0<c^3<1,\ 0<1-c^n<1$$

이므로,

$$\therefore\ 0<c^3(1-c^n)<1$$

$$\therefore\begin{cases} f_n(0)=c^3(1-c^n)>0 \\ f_n(1)=c^3(1-c^n)-1<0 \end{cases}$$

이상에서, $0<x<1$의 범위에서 $f_n(x)=0$을 만족하는 x는 유일함을 알 수 있다. ■

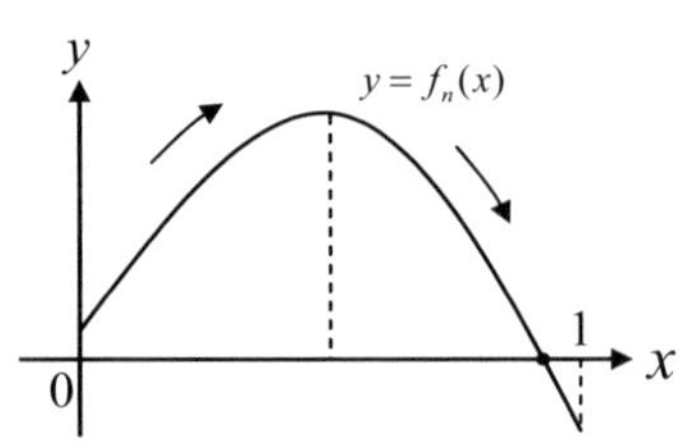

〈 1994年 後期 – 理科1類 〉 時間 : 150分

1. 양의 정수 m과 $k=1, 2, \cdots, m$에 대하여, $0 \leqq a_k \leqq k$를 만족하는 정수 $a_1, a_2, \cdots, a_n$이 주어졌을 때,

$$[a_m, a_{m-1}, \cdots, a_1]_m = a_m \cdot m! + a_{m-1} \cdot (m-1)! + \cdots + a_1 \cdot 1$$

로 놓자. 단, $a_m \neq 0$이다.

(1) 다음 등식이 성립함을 증명하여라.

$$[m, m-1, \cdots, 1]_m = [1, 0, \cdots, 0]_{m+1} - 1$$

(2) 모든 양의 정수는 $[a_m, a_{m-1}, \cdots, a_1]_m$의 형태로 표시될 수 있으며, 그 방법은 유일함을 증명하여라.

(3) n이 5 이상의 정수일 때, $\frac{n!}{5}$을 $[a_m, a_{m-1}, \cdots, a_1]_m$의 형태로 나타내어라.

2. 한 변의 길이가 l $(l>2)$인 정사각형의 내부에 반지름 1인 원이 있다.

이 원이 그림과 같이, 정사각형의 각에서 출발하여 변을 따라 미끄러지지 않으며 정사각형의 내부를 굴러간다.

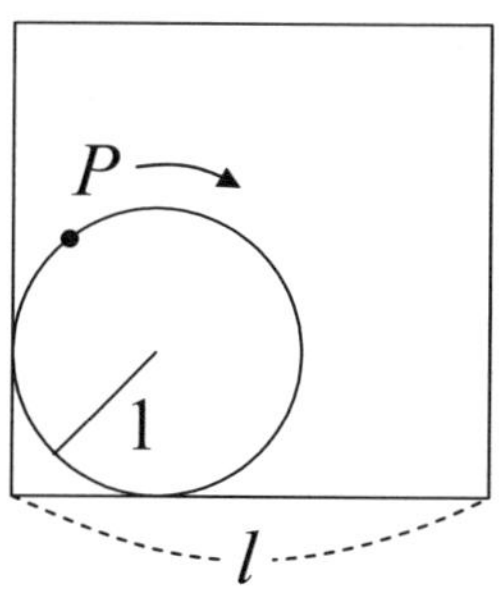

단, 원이 정사각형의 다른 변에 접하게 되면, 그 변을 따라 미끄러지지 않고 굴러간다.

이 원의 중심이 최초로 원래의 위치로 되돌아올 때까지의 원주상의 한 점 P의 궤적을 고려해 보자.

(1) P의 궤적의 시점과 종점이 일치하기 위한 l의 조건을 구하여라.

(2) l이 (1)의 조건을 만족하는 최소의 길이라 하자. 이때, P의 궤적의 길이가 취할 수 있는 범위를 구하여라.

3. 어떤 회사가 공사를 수주 받았다.

그 공사는 제1공정, 제2공정, 검사의 순서로 이루어지며, 3개의 작업은 각각 하루를 필요로 한다.

검사에서 제1공정, 제2공정에 결함이 있는지 없는지를 알 수 있다.

검사결과 제1공정에 결함이 있는 경우, 제1공정, 제2공정을 모두 고쳐서 다시 검사한다. 제1공정에는 결함이 없고 제2공정에만 결함이 있는 경우에는 제2공정만 고쳐서 다시 검사한다.

이 작업들은 일요일을 제외하고는 계속 이어서 하며, 검사결과 제1, 제2공정 모두 결함이 없으면 공사는 종료된다. 각 공정에 있어 거기까지의 경과와는 독립적으로 확률 p로 결함이 발생하는 것으로 한다.

(즉, 항상 확률 p로 결함 발생)

월요일부터 공사를 시작하는 경우, n주 이내에 이 공사를 종료할 확률을 $P(n)$이라 하자.

(1) $P(1)$을 구하여라.

(2) $P(n)$을 구하여라.

(3) $p=\frac{1}{2}$일 때, $1-P(n) < \frac{1}{1000}$을 만족하는 최소의 양의 정수 n을 구하여라.

[문제 1]

(1) $[m, m-1, \cdots, 1]_m$

$= m \cdot m! + (m-1) \cdot (m-1)! + \cdots + 1 \cdot 1!$

$= \{(m+1)-1\} \cdot m! + (m-1) \cdot (m-1)! + \cdots + 1 \cdot 1!$

$= \{(m+1)! - m!\} + \{m! - (m-1)!\} + \cdots + (3! - 2!) + (2! - 1!)$

$= (m+1)! - 1!$

$= [1, 0, \cdots, 0]_{m+1} - 1$ ■

(2) 임의의 양의 정수 N_0에 대하여, N_0를 2로 나눈 몫을 N_1, 나머지를 a_1라 하면,

$$N_0 = 2N_1 + a_1, \quad 0 \leq a_1 \leq 1$$

N_1을 3으로 나눈 몫을 N_2, 나머지를 a_2라 하면

$$N_1 = 3N_2 + a_2, \quad 0 \leq a_2 \leq 2$$

$$\vdots$$

N_i를 $i+2$로 나눈 몫을 N_{i+1}, 나머지를 a_{i+1}이라 하면,

$$N_i = (i+2)N_{i+1} + a_{i+1}, \quad 0 \leq a_{i+1} \leq i+1 \quad (i = 0,1,2,\cdots)$$

이때, 양의 정수 m이 존재하여 $N_m = 0$

즉, $N_{m-1} = (m+1) \cdot 0 + a_m, \quad 0 \leq a_m \leq m$

$$\begin{array}{r|ll} 2 & N_0 & \\ \hline 3 & N_1 & \cdots\ a_1 \\ \hline 4 & N_2 & \cdots\ a_2 \\ \hline & \vdots & \\ \hline m+1 & N_{m-1} & \cdots\ a_{m-1} \\ \hline & 0 & \cdots\ a_m \end{array}$$

이상에서,

$N_0 = 2N_1 + a_1 = 2(3N_2 + a_2) + a_1$

$= 3!N_2 + a_2 \cdot 2! + a_1 \cdot 1$

$= 3!(4N_3 + a_3) + a_2 \cdot 2! + a_1 \cdot 1$

$= 4!N_3 + a_3 \cdot 3! + a_2 \cdot 2! + a_1 \cdot 1$

$\vdots$

$= m!N_{m-1} + a_{m-1} \cdot (m-1)! + \cdots + a_1 \cdot 1$

$= m!\{(m+1) \cdot 0 + a_m\} + a_{m-1} \cdot (m-1)! + \cdots + a_1 \cdot 1$

$= a_m \cdot m! + a_{m-1} \cdot (m-1)! + \cdots + a_1 \cdot 1$

또, 위 과정에서 $a_i\ (1 \leq i \leq m)$는 유일하게 결정되므로, 모든 양의 정수는 $[a_m, a_{m-1}, \cdots, a_1]_m$의 형태로 나타낼 수 있으며 그 방법은 유일하다.

(3) 5 이상의 정수 n은

$$n = 5k + r \quad (k : \text{양의 정수}, r = 0,1,2,3,4)$$

로 나타낼 수 있다.

이때, $N_0 = \dfrac{n!}{5}$로 놓으면, (2)에 의하여

$$a_i = 0 \quad (i = 1, 2, 3, \cdots, 5k-2)$$

$$N_{5k-2} = \begin{cases} k & (r=0) \\ (5k+r) \cdots (5k+1)k & (1 \leq r \leq 4) \end{cases}$$

예를 들어, $n = 61 = 5 \cdot 12 + 1\ (k = 12, r = 1)$

$$N_0 = \frac{61!}{5} = 59! \cdot \frac{60}{5} \cdot 61 = 59! \cdot k \cdot (5k+1)$$

$$\begin{array}{r|ll} 2 & 59! \cdot k \cdot (5k+1) & \\ \hline 3 & 3 \cdot 4 \cdot \cdots \cdot 59 \cdot k \cdot (5k+1) & \cdots\ 0 = a_1 \\ \hline 4 & 4 \cdot 5 \cdot \cdots \cdot 59 \cdot k \cdot (5k+1) & \cdots\ 0 = a_2 \\ \hline & \vdots & \\ \hline 59 & 59 \cdot k \cdot (5k+1) & \cdots\ 0 = a_{57} \\ \hline & k \cdot (5k+1) = N_{58} & \cdots\ 0 = a_{58} \end{array}$$

여기서, $\begin{cases} a_1 = a_2 = \cdots = a_{58} = 0 \\ N_{58} = k \cdot (5k+1) \end{cases}$

임을 알 수 있으며,

$$58 = 5 \cdot 12 - 2 = 5k - 2$$

이제, $N_0=\frac{n!}{5}$의 값은

나머지 r에 따라 다섯 가지 경우로 나뉜다.

(i) $r=0$인 경우 ($\because n=5k$)

$N_{5k-1}=0$, $a_{5k-1}=k$

$\therefore \left[\frac{n}{5}, 0, \cdots, 0\right]_{n-1}$

(ii) $r=1$인 경우 ($\because n=5k+1$)

$N_{5k-2}=(5k+1)k$

$5k$)	N_{5k-2}		
$5k+1$)	k	$\cdots$	$k=a_{5k-1}$
	0	$\cdots$	$k=a_{5k}$

에서, $a_{5k-1}=a_{5k}=k$

$n=5k+1$에서 $k=\frac{n-1}{5}$이므로,

$\therefore \left[\frac{n-1}{5}, \frac{n-1}{5}, 0, \cdots, 0\right]_{n-1}$

(iii) $r=2$인 경우 ($\because n=5k+2$)

$N_{5k-2}=(5k+2)(5k+1)k=25k^3+15k^2+2k$

$5k$)	N_{5k-2}		
$5k+1$)	$5k^2+3k$	$\cdots$	$2k=a_{5k-1}$
$5k+2$)	k	$\cdots$	$2k=a_{5k}$
	0		$k=a_{5k+1}$

에서, $a_{5k-1}=2k$, $a_{5k}=2k$, $a_{5k+1}=k$

$n=5k+2$에서 $k=\frac{n-2}{5}$이므로,

$\therefore \left[\frac{n-2}{5}, \frac{2n-4}{5}, \frac{2n-4}{5}, 0, \cdots, 0\right]_{n-1}$

(iv) $r=3$인 경우 ($\because n=5k+3$)

$N_{5k-2}=(5k+3)(5k+2)(5k+1)k$

$=125k^4+150k^3+55k^2+6k$

$5k$)	N_{5k-2}		
$5k+1$)	$25k^3+30k^2+11k+1$	$\cdots$	k
$5k+2$)	$5k^2+5k+1$	$\cdots$	k
$5k+3$)	k	$\cdots$	$3k+1$
	0	$\cdots$	k

에서,

$a_{5k-1}=k$, $a_{5k}=k$, $a_{5k+1}=3k+1$, $a_{5k+2}=k$

$n=5k+3$에서 $k=\frac{n-3}{5}$이므로,

$\therefore \left[\frac{n-3}{5}, \frac{3n-4}{5}, \frac{n-3}{5}, \frac{n-3}{5}, 0, \cdots, 0\right]_{n-1}$

(v) $r=4$인 경우 ($\because n=5k+4$)

$N_{5k-2}=(5k+4)(5k+3)(5k+2)(5k+1)k$

$=625k^5+1250k^4+875k^3+250k^2+24k$

$5k$)	N_{5k-2}		
$5k+1$)	$125k^4+250k^3+175k^2+50k+4$	$\cdots$	$4k$
$5k+2$)	$25k^3+45k^2+26k+4$	$\cdots$	$4k$
$5k+3$)	$5k^2+7k+2$	$\cdots$	$2k$
$5k+4$)	k	$\cdots$	$4k+2$
	0	$\cdots$	k

에서,

$a_{5k-1}=a_{5k}=4k$, $a_{5k+1}=2k$,

$a_{5k+2}=4k+2$, $a_{5k+3}=k$

$n=5k+4$에서 $k=\frac{n-4}{5}$이므로,

$\therefore \left[\frac{n-4}{5}, \frac{4n-6}{5}, \frac{2n-8}{5}, \frac{4n-16}{5}, \frac{4n-16}{5}, 0, \cdots, 0\right]_{n-1}$

따라서, $N_0 = \dfrac{n!}{5}$은 다음과 같이 표시된다.

$n=5k$일 때, $\left[\dfrac{n}{5}, 0, \cdots, 0\right]_{n-1}$

$n=5k+1$일 때, $\left[\dfrac{n-1}{5}, \dfrac{n-1}{5}, 0, \cdots, 0\right]_{n-1}$

$n=5k+2$일 때,

$$\left[\frac{n-2}{5}, \frac{2n-4}{5}, \frac{2n-4}{5}, 0, \cdots, 0\right]_{n-1}$$

$n=5k+3$일 때,

$$\left[\frac{n-3}{5}, \frac{3n-4}{5}, \frac{n-3}{5}, \frac{n-3}{5}, 0, \cdots, 0\right]_{n-1}$$

$n=5k+4$일 때,

$$\left[\frac{n-4}{5}, \frac{4n-6}{5}, \frac{2n-8}{5}, \frac{4n-16}{5}, \frac{4n-16}{5}, 0, \cdots, 0\right]_{n-1}$$

…(답) ■

[문제 2]

(1) 원이 정사각형의 네 변을 미끄러지지 않고 한 바퀴 돌 때, 원의 중심은 한 변의 길이가 $l-2$인 작은 정사각형을 그린다.

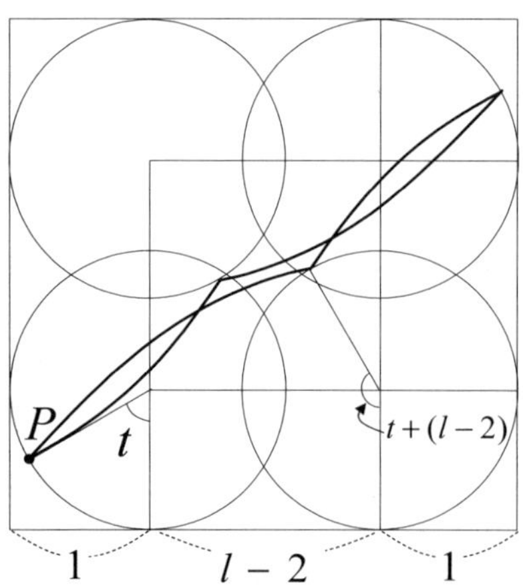

이때, 원주상의 정점(定點) P는,
중심이 작은 정사각형의 한 변을 이동할 때 각도 $l-2$만큼 회전한다.
따라서, 원이 원래의 위치로 올 때까지의 P의 총 회전각은 $4(l-2)$이다.

따라서, 정점(定點) P가 처음의 위치로 되돌아오기 위한 조건은 $4(l-2)=2n\pi$를 만족하는 양의 정수 n이 존재하는 것이다.

$\therefore\ l = 2 + \dfrac{n\pi}{2}$ (n은 양의 정수) …(답) ■

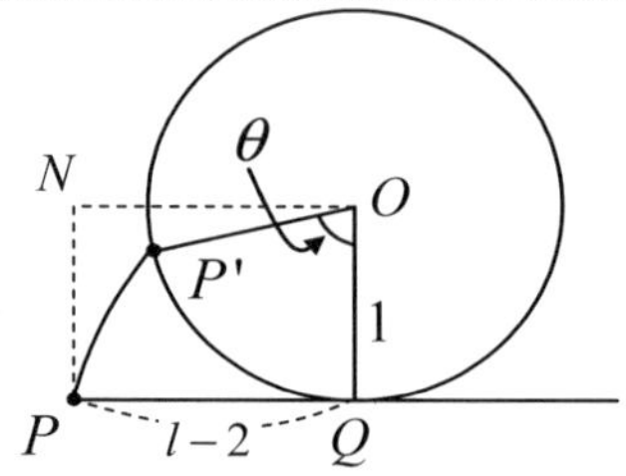

원의 중심이 N에서 O로 이동할 때
정점 P는 P'로 이동한다.
선분 PQ와 호 $P'Q$의 길이가 같으므로,
$\theta = l-2$

(2) (1)의 조건을 만족하는 l의 최솟값은

$$\therefore l = 2 + \frac{\pi}{2}$$

여기서, 사이클로이드

$$\begin{cases} x = \theta - \sin\theta \\ y = 1 - \cos\theta \end{cases}$$

의 그림의 A에서 B까지의 길이는

$$\int_{\alpha}^{\beta} \sqrt{\left(\frac{dx}{d\theta}\right)^2 + \left(\frac{dx}{d\theta}\right)^2}\, d\theta$$

로 주어진다.

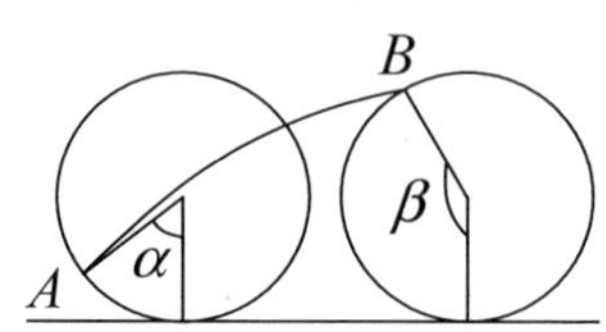

점 P를 그림과 같이 잡으면,
P의 궤적은 사이클로이드의 4개의 호
C_1, C_2, C_3, C_4의 합으로 되며,
C_1과 C_3, C_2와 C_4는 각각 길이가 같다.

$$\therefore \begin{cases} C_k \quad (k=1,2,3,4) \\ t+(k-1)\pi \leq \theta \leq t+(k-1)\pi+\dfrac{\pi}{2} \end{cases}$$

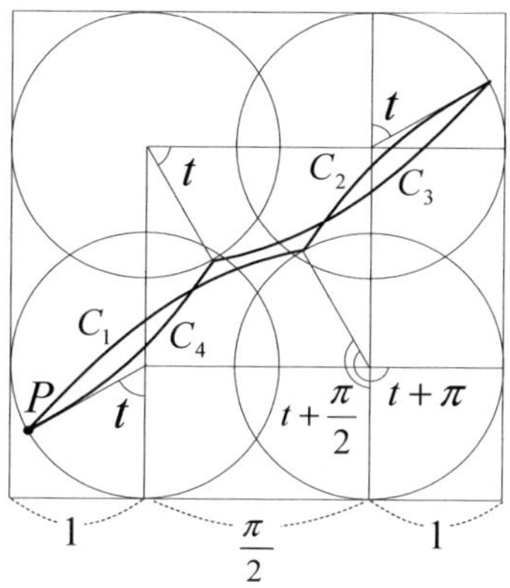

따라서, 점 P의 궤적의 길이를 L이라 하면,

$$\left(\frac{dx}{d\theta}\right)^2+\left(\frac{dy}{d\theta}\right)^2=(1-\cos\theta)^2+\sin^2\theta$$
$$=2(1-\cos\theta)=4\sin^2\frac{\theta}{2}$$

이므로,

$$L=2\left(\int_t^{t+\frac{\pi}{2}}2\left|\sin\frac{\theta}{2}\right|d\theta+\int_{t+\pi}^{t+\frac{3\pi}{2}}2\left|\sin\frac{\theta}{2}\right|d\theta\right)$$
$$=4\left(\int_t^{t+\frac{\pi}{2}}\left|\sin\frac{\theta}{2}\right|d\theta+\int_{t+\pi}^{t+\frac{3\pi}{2}}\left|\sin\frac{\theta}{2}\right|d\theta\right)$$

$$f(t)=\int_t^{t+\frac{\pi}{2}}\left|\sin\frac{\theta}{2}\right|d\theta+\int_{t+\pi}^{t+\frac{3\pi}{2}}\left|\sin\frac{\theta}{2}\right|d\theta$$

가 취할 수 있는 값의 범위를 구하여 보자.

여기서, $f(t+\pi)=f(t)$이므로,
$0\leq t<\pi$에서 고려하여도 충분하다.

(i) $0\leq t<\dfrac{\pi}{2}$인 경우

$$f(t)=\int_t^{t+\frac{\pi}{2}}\left(\sin\frac{\theta}{2}+\cos\frac{\theta}{2}\right)d\theta$$
$$=\int_t^{t+\frac{\pi}{2}}\sqrt{2}\sin\left(\frac{\theta}{2}+\frac{\pi}{4}\right)d\theta$$
$$=\left[-2\sqrt{2}\cos\left(\frac{\theta}{2}+\frac{\pi}{4}\right)\right]_t^{t+\frac{\pi}{2}}$$
$$=2\sqrt{2}\left\{\cos\left(\frac{t}{2}+\frac{\pi}{4}\right)-\cos\left(\frac{t}{2}+\frac{\pi}{2}\right)\right\}$$
$$=4\sqrt{2}\sin\frac{\pi}{8}\sin\left(\frac{t}{2}+\frac{3}{8}\pi\right)$$
$$\therefore f(0)\leq f(t)\leq f\left(\frac{\pi}{4}\right)$$

$0\leq t<\dfrac{\pi}{2}$에서, $\dfrac{3}{8}\pi\leq\dfrac{t}{2}+\dfrac{3}{8}\pi<\dfrac{5}{8}\pi$

$$\begin{cases} \dfrac{t}{2}+\dfrac{3}{8}\pi=\dfrac{3}{8}\pi\text{일 때, 최소} \\ \dfrac{t}{2}+\dfrac{3}{8}\pi=\dfrac{\pi}{2}\text{일 때, 최대} \end{cases}$$

(ii) $\dfrac{\pi}{2}\leq t<\pi$인 경우

$$f(t)=\int_t^{\pi}\left(\sin\frac{\theta}{2}+\cos\frac{\theta}{2}\right)d\theta+\int_{\pi}^{t+\frac{\pi}{2}}\left(\sin\frac{\theta}{2}-\cos\frac{\theta}{2}\right)d\theta$$
$$=\left[-2\sqrt{2}\cos\left(\frac{\theta}{2}+\frac{\pi}{4}\right)\right]_t^{\pi}+\left[-2\sqrt{2}\cos\left(\frac{\theta}{2}-\frac{\pi}{4}\right)\right]_{\pi}^{t+\frac{\pi}{2}}$$
$$=2\sqrt{2}\left\{\cos\left(\frac{t}{2}+\frac{\pi}{4}\right)-\cos\frac{t}{2}+\cos\frac{\pi}{4}-\cos\frac{3}{4}\pi\right\}$$
$$=2\sqrt{2}\left\{\sqrt{2}-2\sin\frac{\pi}{8}\sin\left(\frac{t}{2}+\frac{\pi}{8}\right)\right\}$$
$$\therefore f\left(\frac{3}{4}\pi\right)\leq f(t)\leq f\left(\frac{\pi}{2}\right)$$

$\dfrac{\pi}{2}\leq t<\pi$에서, $\dfrac{3}{8}\pi\leq\dfrac{t}{2}+\dfrac{\pi}{8}<\dfrac{5}{8}\pi$

$$\begin{cases} \dfrac{t}{2}+\dfrac{\pi}{8}=\dfrac{\pi}{2}\text{일 때, 최소} \\ \dfrac{t}{2}+\dfrac{\pi}{8}=\dfrac{3}{8}\pi\text{일 때, 최대} \end{cases}$$

$f(0)=2\sqrt{2}\cos\frac{\pi}{4}=2,\ \ f\left(\frac{\pi}{2}\right)=-2\sqrt{2}\cos\frac{3}{4}\pi=2$

$f\left(\frac{\pi}{4}\right)=4\sqrt{2}\sin\frac{\pi}{8}=4\sqrt{2}\cdot\sqrt{\frac{2-\sqrt{2}}{4}}=2\sqrt{4-2\sqrt{2}}$

$f\left(\frac{3\pi}{4}\right)=2\sqrt{2}\left(\sqrt{2}-2\sin\frac{\pi}{8}\right)=2(2-\sqrt{4-2\sqrt{2}}\ )$

이므로,

(i), (ii)에 의하여, 점 P의 궤적의 길이 $L=4f(t)$가 취할 수 있는 값의 범위는

$$\therefore\ 8(2-\sqrt{4-2\sqrt{2}}\ )\leqq L\leqq 8\sqrt{4-2\sqrt{2}}$$

…(답) ■

[문제 3]

(1) {제1,2공정과 검사} 또는 {제2공정과 검사}를 합하여 1회공사로 하자. 최초 x회의 공사에서 제1공정결함이 발생하고, $x+1$회째부터 $x+y$회째까지의 공사에서 제2공정결함이 발생하여, $x+y+1$회째 공사에서 종료되었을 때, 공사에 소요된 일수(日數)는

$$3x+3+2(y-1)+2=3x+2y+3$$

이며, 그 확률은

$$p^x\cdot(1-p)p\cdot p^{y-1}\cdot(1-p)=(1-p)^2\cdot p^{x+y}$$

위 두 식은 $x\geqq 0,\ y\geqq 0$에서 성립한다.

1주 이내에 공사가 종료되는 경우는 $3x+2y+3\leqq 6\ \ (\because\ 3x+2y\leqq 3)$인 경우이므로,

$$(x,y)=(0,0),(0,1),(1,0)$$

에서,

$$P(1)=(1-p)^2+(1-p)^2p+(1-p)^2p$$
$$=(1-p)^2(1+2p)$$

…(답) ■

(2) n주 이내에 공사가 종료되는 경우는

$$3x+2y+3\leqq 6n\qquad\therefore\ 3x+2y\leqq 6n-3\quad\cdots ①$$

(i) $x=2k\ (0\leqq k\leqq n-1)$인 경우, ①에서

$$y\leqq 3n-3k-\frac{3}{2}\qquad\therefore\ y=0,1,\cdots,3n-3k-2$$

$$\sum_{y=0}^{3n-3k-2}(1-p)^2p^{2k+y}=(1-p)^2p^{2k}\cdot\frac{1-p^{3n-3k-1}}{1-p}$$
$$=(1-p)p^{2k}\cdot(1-p^{3n-3k-1})$$

(ii) $x=2k+1\ (0\leqq k\leqq n-1)$인 경우, ①에서

$$y\leqq 3n-3k-3\qquad\therefore\ y=0,1,\cdots,3n-3k-3$$

$$\sum_{y=0}^{3n-3k-3}(1-p)^2p^{2k+1+y}$$
$$=(1-p)^2p^{2k+1}\cdot\frac{1-p^{3n-3k-2}}{1-p}$$
$$=(1-p)\,p^{2k+1}(1-p^{3n-3k-2})$$

(i), (ii)에 의하여, 구하는 확률은

$$P(n)=\sum_{k=0}^{n-1}(1-p)\,(p^{2k}+p^{2k+1}-2p^{3n-k-1})$$
$$=(1-p)\sum_{k=0}^{n-1}\{(1+p)p^{2k}-2p^{3n-1}\cdot p^{-k}\}$$
$$=(1-p)\left\{(1+p)\cdot\frac{1-p^{2n}}{1-p^2}-2p^{3n-1}\cdot\frac{\frac{1}{p^n}-1}{\frac{1}{p}-1}\right\}$$
$$=(1-p^{2n})-2p^{2n}(1-p^n)$$
$$=1-3p^{2n}+2p^{3n}$$

…(답) ■

(3) $p=\frac{1}{2}$이면, (2)의 결과에 의하여

$$1-P(n)=\frac{3}{2^{2n}}-\frac{2}{2^{3n}}=\frac{1}{2^{2n}}\left(3-\frac{1}{2^{n-1}}\right)$$

$2\leqq 3-\frac{1}{2^{n-1}}<3$이므로,

$$\frac{1}{2^{2n-1}}\leqq 1-P(n)<\frac{3}{2^{2n}}$$

$$\begin{cases} n\leqq 5\text{일 때, } 1-P(n)\geqq\frac{1}{2^9}=\frac{1}{512}>\frac{1}{1000} \\ n\geqq 6\text{일 때, } 1-P(n)<\frac{3}{2^{12}}<\frac{1}{2^{10}}=\frac{1}{1024}<\frac{1}{1000} \end{cases}$$

따라서, 구하는 최소의 양의 정수 n은

$$n=6$$

…(답) ■

〈 1998年 前期 - 理科 〉 時間 : 150分

1. a는 0이 아닌 실수이다. 함수

$$f(x)=(3x^2-4)\left(x-a+\frac{1}{a}\right)$$

의 극댓값과 극솟값의 차가 최대로 되는 a의 값을 구하여라.

2. n을 양의 정수라 하자. 연립부등식

$$\begin{cases} x+y+z \leqq n \\ -x+y-z \leqq n \\ x-y-z \leqq n \\ -x-y+z \leqq n \end{cases}$$

을 만족하는 xyz공간의 점 $P(x,y,z)$ 중 x, y, z가 모두 정수인 것의 개수를 $f(n)$이라 하자. $\lim_{n\to\infty}\frac{f(n)}{n^3}$을 구하여라.

3. xy평면상의 두 원

$$C_0 : x^2+\left(y-\frac{1}{2}\right)^2=\frac{1}{4},$$

$$C_1 : (x-1)^2+\left(y-\frac{1}{2}\right)^2=\frac{1}{4}$$

에 대하여 C_2를 x축 및 C_0, C_1에 접하는 원이라 하자. 이어서, $n=2,3,\cdots$ 에 대하여 C_{n+1}은 x축 및 C_{n-1}, C_n에 접하는 원이며 C_{n-2}와는 다르다.

C_n의 반지름을 r_n, C_n과 x축과의 교점을 $(x_n, 0)$, $q_n=\frac{1}{\sqrt{2r_n}}$, $p_n=q_nx_n$ 으로 놓자.

(1) q_n은 정수임을 보여라.

(2) p_n도 정수이며, p_n과 q_n은 서로소임을 보여라.

(3) α를 $\alpha=\frac{1}{1+\alpha}$인 양수라 할 때, 부등식 $|x_{n+1}-\alpha|<\frac{2}{3}|x_n-\alpha|$가 성립함을 보이고, $\lim_{n\to\infty}x_n$을 구하여라.

4. 실수 a에 대하여, $k \leqq a < k+1$을 만족하는 정수 k를 $[a]$로 표시하자.

양의 정수 n에 대하여

$$f(x)=\frac{x^2(2\cdot 3^3\cdot n-x)}{2^5\cdot 3^3\cdot n^2}$$

로 놓자.

$36n+1$개의 정수

$$[f(0)], [f(1)], [f(2)], \cdots, [f(36n)]$$

중 서로 다른 것의 개수를 n을 이용하여 나타내어라.

5. θ는 $0 \leqq \theta < 2\pi$를 만족하는 실수이다.

xy평면의 두 벡터

$$\vec{a}=(\cos\theta, \sin\theta),\ \vec{b}=\left(\frac{\sqrt{3}}{2}, \frac{1}{2}\right)$$

에 대하여, 점 P_n, Q_n $(n=1,2\cdots)$을 다음과 같이 정하자.

$$\begin{cases} \overrightarrow{OP_1}=(1,0) \\ \overrightarrow{OQ_n}=\overrightarrow{OP_n}-(\vec{a}\cdot\overrightarrow{OP_n})\vec{a} \\ \overrightarrow{OP_{n+1}}=4\{\overrightarrow{OQ_n}-(\vec{b}\cdot\overrightarrow{OQ_n})\vec{b}\} \end{cases}$$

단, O는 원점이며, $\vec{a}\cdot\overrightarrow{OP_n}$와 $\vec{b}\cdot\overrightarrow{OQ_n}$는 벡터의 내적이다.

$\overrightarrow{OP_n}=(x_n, y_n)$으로 놓자. 수열 $\{x_n\}$, $\{y_n\}$이 모두 수렴하는 θ의 범위를 구하여라.

또, 그러한 θ에 대하여 극한값 $\lim_{n\to\infty}x_n$, $\lim_{n\to\infty}y_n$을 구하여라.

6. xyz공간의 5개의 점 $A(1, 1, 0)$, $B(-1, 1, 0)$, $C(-1, -1, 0)$, $D(1, -1, 0)$, $P(0, 0, 3)$을 잡자. 사각뿔 $PABCD$의 $x^2+y^2 \geqq 1$를 만족하는 부분의 체적을 구하여라.

[문제 1]

$$f(x) = (3x^2-4)\left(x-a+\frac{1}{a}\right)$$
$$= 3x^3 - 3\left(a-\frac{1}{a}\right)x^2 - 4x + 4\left(a-\frac{1}{a}\right)$$
$$\therefore\ f'(x) = 9x^2 - 6\left(a-\frac{1}{a}\right)x - 4$$

$f'(x)$에서, $D/4 = \left\{3\left(a-\frac{1}{a}\right)\right\}^2 + 36 > 0$이므로,

$f'(x)$는 서로 다른 두 실근을 갖는다.

두 실근을 $\alpha, \beta\ (\alpha < \beta)$로 놓으면,
극댓값과 극솟값의 차는

$$f(\alpha) - f(\beta) = \int_\beta^\alpha f'(x)\,dx$$
$$= \int_\beta^\alpha 9(x-\alpha)(x-\beta)\,dx$$
$$= \frac{9}{6}(\beta-\alpha)^3$$
$$= \frac{3}{2}(\beta-\alpha)^3 \qquad \cdots ①$$

근과 계수의 관계에서

$$\alpha+\beta = \frac{2}{3}\left(a-\frac{1}{a}\right),\ \alpha\beta = -\frac{4}{9}$$

이므로,

$$(\beta-\alpha)^2 = (\alpha+\beta)^2 - 4\alpha\beta = \frac{4}{9}\left\{\left(a-\frac{1}{a}\right)^2 + 4\right\}$$

①에 대입하면,

$$f(\alpha) - f(\beta) = \frac{4}{9}\left\{\left(a-\frac{1}{a}\right)^2 + 4\right\}^{\frac{3}{2}} \geqq \frac{32}{9}$$

여기서, 등호는 $a-\frac{1}{a}=0$ ($\because\ a=\pm 1$)일 때 성립한다. 즉, 구하는 a의 값은

$$\therefore\ a = \pm 1 \qquad \cdots(\text{답})\ ■$$

[문제 2]

$$\begin{cases} x+y+z \leqq n & \cdots ① \\ -x+y-z \leqq n & \cdots ② \\ x-y-z \leqq n & \cdots ③ \\ -x-y+z \leqq n & \cdots ④ \end{cases}$$

①+④, ②+③에서, $2z \leqq 2n,\ -2z \leqq 2n$

$$\therefore\ -n \leqq z \leqq n$$

① ~ ④에서 $z=k\ (0 \leqq k \leqq n)$로 놓으면,

$$\begin{cases} -(n-k) \leqq x+y \leqq n-k \\ -(n+k) \leqq -x+y \leqq n+k \end{cases}$$

로 되며,
그림의 직사각형의 둘레 및 내부로 된다.

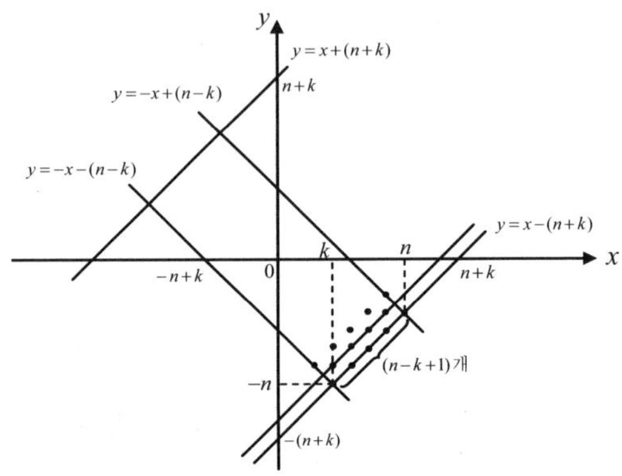

직사각형의 둘레 및 내부에 있는 격자점 (x, y 좌표가 모두 정수인 점)의 개수를 $y=x$와 평행한 직선들을 이용하여 구하자.

$y = x-n-k+2i\quad (i=0, 1, 2, \cdots, n+k)$ 상에
$n-k+1$(개),

$y = x-n-k+2i+1\ \ (i=0, 1, 2, \cdots, n+k-1)$상에
$n-k$(개)

가 있으므로, 직사각형의 둘레 및 내부에 있는 격자점의 총수를 s_k라 하면,

$$s_k = (n-k+1)(n+k+1) + (n-k)(n+k)$$
$$= -2k^2 + (2n^2+2n+1)$$

같은 방법으로, $-n \leqq k \leqq -1$인 경우도

$$s_k = -2k^2 + (2n^2+2n+1)$$

$$f(n) = 2\sum_{k=1}^{n} s_k + s_0$$
$$= 2\sum_{k=1}^{n}\{-2k^2 + (2n^2+2n+1)\} + 2n^2+2n+1$$
$$= -\frac{2}{3}n(n+1)(2n+1) + (2n^2+2n+1)(2n+1)$$

$$\frac{f(n)}{n^3}=-\frac{2}{3}\left(1+\frac{1}{n}\right)\left(2+\frac{1}{n}\right)+\left(2+\frac{2}{n}+\frac{1}{n^2}\right)\left(2+\frac{1}{n}\right)$$

$$\therefore \lim_{n\to\infty}\frac{f(n)}{n^3}=-\frac{2}{3}\cdot 2+2\cdot 2=\frac{8}{3} \quad \cdots(\text{답})$$ ■

〈 참고 〉
$f(n)$의 값을 정확히 요구하는 문제가 아니므로,
$(n-k)(2n+2k+1) \leqq s_k \leqq (n-k+1)(2n+2k+1)$
$-2k^2-k+n(2n+1) \leqq s_k \leqq -2k^2+k+(n+1)(2n+1)$
를 이용하여 극한값을 구할 수 있다.

[문제 3]

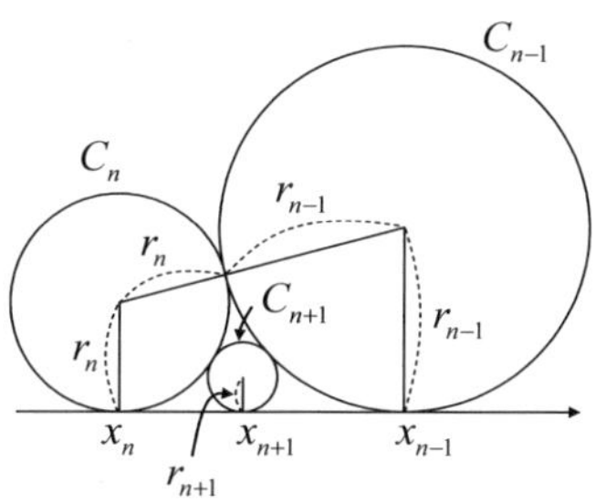

C_n과 C_{n-1}의 위치관계에서
$(r_{n-1}+r_n)^2=(r_{n-1}-r_n)^2+(x_{n-1}-x_n)^2 \quad \cdots ①$

C_{n+1}과 C_n, C_{n+1}과 C_{n-1}의 위치관계에서
$(r_n+r_{n+1})^2=(r_n-r_{n+1})^2+(x_{n+1}-x_n)^2 \quad \cdots ②$
$(r_{n-1}+r_{n+1})^2=(r_{n-1}-r_{n+1})^2$
$+(x_{n-1}-x_{n+1})^2 \quad \cdots ③$
①에서, $|x_{n-1}-x_n|=2\sqrt{r_n r_{n-1}} \quad \cdots ④$
②에서, $|x_{n+1}-x_n|=2\sqrt{r_n r_{n+1}} \quad \cdots ⑤$
③에서, $|x_{n-1}-x_{n+1}|=2\sqrt{r_{n-1}r_{n+1}} \quad \cdots ⑥$

$|x_{n-1}-x_n|=|x_{n+1}-x_n|+|x_{n-1}-x_{n+1}|$이므로
④, ⑤, ⑥에서,
$$2\sqrt{r_n r_{n-1}}=2\sqrt{r_n r_{n+1}}+2\sqrt{r_{n-1}r_{n+1}}$$

양변을 $2\sqrt{2r_{n-1}r_n r_{n+1}}$로 나누면,
$$\frac{1}{\sqrt{2r_{n+1}}}=\frac{1}{\sqrt{2r_{n-1}}}+\frac{1}{\sqrt{2r_n}}$$
$$\therefore q_{n+1}=q_{n-1}+q_n \quad \cdots ⑦$$

여기서, $r_0=\frac{1}{2}$, $r_1=\frac{1}{2}$이므로 $q_0=q_1=1$

따라서, ⑦에 의하여 귀납적으로
모든 n에 대하여 q_n은 정수이다. ■

(2)
원의 작도방법에 의하여,
$x_n<x_{n+1}<x_{n-1}$ or $x_{n-1}<x_{n+1}<x_n$

(i) $x_n<x_{n+1}<x_{n-1}$인 경우
④, ⑤와 $\sqrt{2r_n}=\frac{1}{q_n}$에서,
$$\begin{cases} x_{n-1}-x_n=\dfrac{1}{q_n q_{n-1}} & \cdots ⑧ \\ x_{n+1}-x_n=\dfrac{1}{q_n q_{n+1}} & \cdots ⑨ \end{cases}$$
$p_n=q_n x_n$이므로,
$$\begin{cases} p_{n-1}q_n-p_n q_{n-1}=1 \\ p_{n+1}q_n-p_n q_{n+1}=1 \end{cases}$$

두 식을 변변 빼면,
$$(p_{n-1}-p_{n+1})q_n-p_n(q_{n-1}-q_{n+1})=0$$

⑦에서 $q_{n-1}-q_{n+1}=-q_n$이므로,
$$(p_{n-1}-p_{n+1})q_n+p_n q_n=0$$

$q_n\neq 0$이므로,
양변을 q_n으로 나누어 정리하면
$$p_{n+1}=p_{n-1}+p_n \quad \cdots ⑩$$

(ii) $x_{n-1}<x_{n+1}<x_n$인 경우
⑧, ⑨의 우변이 모두 음(−)으로 되어
⑩을 얻을 수 있다.

여기서, $x_0=0, x_1=1$이므로 $p_0=0, p_1=1$

따라서, ⑩에 의하여 귀납적으로
모든 n에 대하여 p_n은 정수이다. ■

$p_1=q_0=1, p_2=q_1=1$이므로,
⑦과 ⑩에 의하여

$$\therefore\ p_n=q_{n-1}\ (n\geqq 1)$$

따라서,
q_{n-1}과 q_n이 서로소임을 보이면 된다.

q_0와 q_1은 서로소이다.
이제, 2 이상의 자연수 n에 대하여
q_{n-1}과 q_n이 1보다 큰 공약수 d를 갖는다고 가정하자.
⑦에서 n 대신 $n-1$을 대입하면,

$$q_{n-2}=q_n-q_{n-1}$$

이므로, d는 q_{n-2}와 q_{n-1}의 공약수이다.
반복하면,
d는 q_0와 q_1의 공약수로 되므로 모순이다.
따라서, q_{n-1}과 q_n은 서로소이다. ■

(3)

$\alpha=\dfrac{1}{1+\alpha}$에서, $\alpha^2+\alpha-1=0$

$$\therefore\ \alpha=\frac{-1+\sqrt{5}}{2}\quad(\because\ \alpha>0)$$

$$\begin{cases}1-\alpha=\alpha^2,\ x_0=0,\ x_1=1\\ \alpha<\dfrac{-1+2.3}{2}=0.65<\dfrac{2}{3}\end{cases}$$

이므로,

$$|x_1-\alpha|=|1-\alpha|=\alpha^2<\frac{2}{3}\alpha=\frac{2}{3}|x_0-\alpha|$$

$\therefore\ n=0$인 경우 부등식은 성립한다.

이제, $n\geqq 1$이라고 하자.

⑦에서, $\dfrac{q_{n+1}}{q_n}=\dfrac{q_{n-1}}{q_n}+1$

$x_n=\dfrac{p_n}{q_n}=\dfrac{q_{n-1}}{q_n}$이므로, $\therefore\ x_{n+1}=\dfrac{1}{x_n+1}$

$$\therefore\ |x_{n+1}-\alpha|=\left|\frac{1}{x_n+1}-\frac{1}{\alpha+1}\right|$$

$$=\frac{1}{|1+x_n||1+\alpha|}|x_n-\alpha|<\frac{2}{3}|x_n-\alpha|$$

$$|1+x_n|\geqq 1,\ |1+\alpha|=\frac{1+\sqrt{5}}{2}>\frac{3}{2}$$

따라서, $n\geqq 0$에 대하여

$$|x_{n+1}-\alpha|<\frac{2}{3}|x_n-\alpha|$$

$$0\leqq|x_n-\alpha|<\frac{2}{3}|x_{n-1}-\alpha|$$

$$<\left(\frac{2}{3}\right)^2|x_{n-2}-\alpha|$$

$$\cdots<\left(\frac{2}{3}\right)^n|x_0-\alpha|\ \xrightarrow[n\to\infty]{}\ 0$$

이므로,

$$\lim_{n\to\infty}x_n=\alpha=\frac{-1+\sqrt{5}}{2}\qquad\cdots(\text{답})\ ■$$

[문제 4] $0\leqq x\leqq 36n$에서,

$$f(x)=\frac{1}{2^5\cdot 3^3\cdot n^2}x^2(2\cdot 3^3\cdot n-x)$$

$$f'(x)=\frac{1}{2^5\cdot 3^2\cdot n^2}x(36n-x)\geqq 0$$

$$\begin{cases}f(k+1)-f(k)=f'(c)<1\\ f(k+1)-f(k)=f'(c)>1\end{cases}$$

의 두 경우로 나누어 풀기 위하여
$f'(x)\geqq 1$인 범위를 구하여 보면,

$\therefore\ 12n\leqq x\leqq 24n$

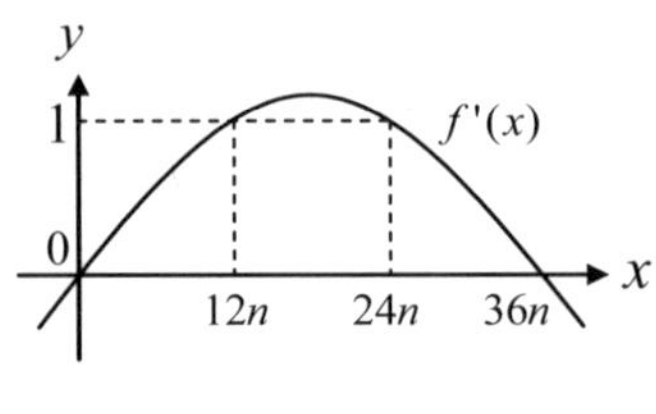

(ⅰ) $0 \leqq x < 12n$인 경우

$f'(x) < 1$이므로, 평균치의 정리에 의하여

$$f(k+1) - f(k) = f'(c) < 1 \quad (k < c < k+1)$$
$$(k = 0,\ 1,\ 2,\ \cdots,\ 12n-1)$$

$k = 0, 1, 2, \cdots, 12n-1$에 대하여

$$f(k+1) < f(k) + 1$$

이므로,

자연수 m이 존재하여

$$\{[f(0)],\ [f(1)],\ [f(2)],\ \cdots,\ [f(12n-1)]\}$$
$$= \{0, 1, 2, \cdots, m\}$$

$$\begin{cases} f(12n) = \dfrac{1}{2^5 3^3 n^2}(12n)^2(54n - 12n) = 7n \\ f(12n) - 1 < f(12n-1) < f(12n) \end{cases}$$

이므로,

$$7n - 1 < f(12n-1) < 7n$$

$12n - 1 \leqq x \leqq 12n$에서, $f'(x) > 0$

$$\therefore\ [f(12n-1)] = 7n - 1$$

$$\therefore \{[f(0)],\ [f(1)],\ \cdots,\ [f(12n-1)]\}$$
$$= \{0, 1, 2, \cdots, 7n-1\}$$

(ⅱ) $12n \leqq x < 24n$인 경우

$f'(x) \geqq 1$ (등호는 $x = 12n$인 경우만 성립)

이므로, 평균치의 정리에 의하여

$$f(k+1) - f(k) = f'(c) > 1 \quad (k < c < k+1)$$
$$(k = 12n,\ 12n+1,\ \cdots,\ 24n-1)$$

$k = 12n,\ 12n+1,\ \cdots,\ 24n-1$에 대하여

$$f(k+1) > f(k) + 1$$

이므로,

$$\therefore\ [f(k+1)] \neq [f(k)]$$

따라서, $[f(12n)],\ [f(12n+1)],\ \cdots,\ [f(24n-1)]$은 모두 서로 다른 정수이다.

(ⅲ) $24n \leqq x < 36n$인 경우

(ⅰ)과 같은 방법으로,

$$\therefore\ \{[f(24n)],\ [f(24n+1)],\ \cdots,\ [f(36n-1)]\}$$
$$= \{20n,\ 20n+1,\ \cdots,\ 27n-1\}$$

(ⅳ) $x = 36n$인 경우 $\therefore\ [f(36n)] = 27n$

(ⅰ), (ⅱ), (ⅲ), (ⅳ)에 의하여

$$[f(0)],\ [f(1)],\ [f(2)],\ \cdots,\ [f(36n)]$$

중 서로 다른 것의 개수는

$$7n + 12n + 7n + 1 = 26n + 1$$ …(답) ■

[문제 5]

$$\begin{cases} \overrightarrow{OQ_n} = \overrightarrow{OP_n} - (\vec{a} \cdot \overrightarrow{OP_n})\vec{a} & \cdots ① \\ \overrightarrow{OP_{n+1}} = 4\{\overrightarrow{OQ_n} - (\vec{b} \cdot \overrightarrow{OQ_n})\vec{b}\} & \cdots ② \end{cases}$$

$\overrightarrow{OQ_n} = (u_n,\ v_n)$으로 놓으면, ①식은

$$\begin{pmatrix} u_n \\ v_n \end{pmatrix} = \begin{pmatrix} x_n \\ y_n \end{pmatrix} - (x_n\cos\theta + y_n\sin\theta)\begin{pmatrix} \cos\theta \\ \sin\theta \end{pmatrix}$$
$$= \begin{pmatrix} \sin^2\theta & -\sin\theta\cos\theta \\ -\sin\theta\cos\theta & \cos^2\theta \end{pmatrix}\begin{pmatrix} x_n \\ y_n \end{pmatrix} \quad \cdots ③$$

③에서, (x_n, y_n)을 (u_n, v_n)로 놓고

$\theta = \dfrac{\pi}{6}$를 대입하면, ②식은

$$\begin{pmatrix} x_{n+1} \\ y_{n+1} \end{pmatrix} = \begin{pmatrix} 1 & -\sqrt{3} \\ -\sqrt{3} & 3 \end{pmatrix}\begin{pmatrix} u_n \\ v_n \end{pmatrix} \quad \cdots ④$$

③을 ④에 대입하면,

$$\begin{pmatrix} x_{n+1} \\ y_{n+1} \end{pmatrix}$$
$$= \begin{pmatrix} 1 & -\sqrt{3} \\ -\sqrt{3} & 3 \end{pmatrix}\begin{pmatrix} \sin^2\theta & -\sin\theta\cos\theta \\ -\sin\theta\cos\theta & \cos^2\theta \end{pmatrix}\begin{pmatrix} x_n \\ y_n \end{pmatrix}$$
$$= (\sin\theta + \sqrt{3}\cos\theta)\begin{pmatrix} \sin\theta & -\cos\theta \\ -\sqrt{3}\sin\theta & \sqrt{3}\cos\theta \end{pmatrix}\begin{pmatrix} x_n \\ y_n \end{pmatrix}$$

여기서, $A=\begin{pmatrix} \sin\theta & -\cos\theta \\ -\sqrt{3}\sin\theta & \sqrt{3}\cos\theta \end{pmatrix}$로 놓으면,

$$A^2=(\sin\theta+\sqrt{3}\cos\theta)A$$

$$\therefore\ A^n=(\sin\theta+\sqrt{3}\cos\theta)^{n-1}A$$

$$\begin{pmatrix} x_n \\ y_n \end{pmatrix}=(\sin\theta+\sqrt{3}\cos\theta)A\begin{pmatrix} x_{n-1} \\ y_{n-1} \end{pmatrix}$$

$$=(\sin\theta+\sqrt{3}\cos\theta)^2A^2\begin{pmatrix} x_{n-2} \\ y_{n-2} \end{pmatrix}$$

$$\vdots$$

$$=(\sin\theta+\sqrt{3}\cos\theta)^{n-1}A^{n-1}\begin{pmatrix} x_1 \\ y_1 \end{pmatrix}$$

$$=(\sin\theta+\sqrt{3}\cos\theta)^{n-1}(\sin\theta+\sqrt{3}\cos\theta)^{n-2}A\begin{pmatrix} x_1 \\ y_1 \end{pmatrix}$$

$$=(\sin\theta+\sqrt{3}\cos\theta)^{2n-3}A\begin{pmatrix} x_1 \\ y_1 \end{pmatrix}$$

$$=\left\{2\sin\left(\theta+\frac{\pi}{3}\right)\right\}^{2n-3}\begin{pmatrix} \sin\theta & -\cos\theta \\ -\sqrt{3}\sin\theta & \sqrt{3}\cos\theta \end{pmatrix}\begin{pmatrix} 1 \\ 0 \end{pmatrix}$$

$$\therefore \begin{cases} x_n=\sin\theta\cdot\left\{2\sin\left(\theta+\frac{\pi}{3}\right)\right\}^{2n-3} \\ y_n=-\sqrt{3}\sin\theta\cdot\left\{2\sin\left(\theta+\frac{\pi}{3}\right)\right\}^{2n-3} \end{cases}$$

따라서, $\{x_n\}, \{y_n\}$이 모두 수렴할 조건은

$$\sin\theta=0 \quad \text{or} \quad \left|2\sin\left(\theta+\frac{\pi}{3}\right)\right|\leq 1$$

> $\{r^{2n-3}\}$은 $r=-1$에서 수렴

(i) $\sin\theta=0$에서, $\theta=0, \pi$

(ii) $\left|2\sin\left(\theta+\frac{\pi}{3}\right)\right|\leq 1$에서,

$$-\frac{1}{2}\leq\sin\left(\theta+\frac{\pi}{3}\right)\leq\frac{1}{2}$$

$\frac{\pi}{3}\leq\theta+\frac{\pi}{3}<\frac{7\pi}{3}$이므로,

$$\frac{5\pi}{6}\leq\theta+\frac{\pi}{3}\leq\frac{7\pi}{6} \quad \text{or} \quad \frac{11\pi}{6}\leq\theta+\frac{\pi}{3}\leq\frac{13\pi}{6}$$

$$\therefore\ \frac{\pi}{2}\leq\theta\leq\frac{5\pi}{6} \quad \text{or} \quad \frac{3\pi}{2}\leq\theta\leq\frac{11\pi}{6}$$

(i), (ii)에서, 구하는 θ의 범위는

$$\begin{cases} \theta=0, \pi \quad \text{or} \\ \frac{\pi}{2}\leq\theta\leq\frac{5\pi}{6}, \frac{3\pi}{2}\leq\theta\leq\frac{11\pi}{6} \end{cases}$$ …(답) ■

또, $\lim_{n\to\infty}x_n$, $\lim_{n\to\infty}y_n$의 값은 다음과 같다.

(Ⅰ) $\theta=0, \pi, \frac{\pi}{2}<\theta<\frac{5\pi}{6}, \frac{3\pi}{2}<\theta<\frac{11\pi}{6}$인 경우

$$\lim_{n\to\infty}x_n=\lim_{n\to\infty}y_n=0$$ …(답) ■

(Ⅱ) $\theta=\frac{\pi}{2}, \frac{3\pi}{2}$인 경우

$$\lim_{n\to\infty}x_n=1,\ \lim_{n\to\infty}y_n=-\sqrt{3}$$ …(답) ■

(Ⅲ) $\theta=\frac{5\pi}{6}, \frac{11\pi}{6}$인 경우

$$\lim_{n\to\infty}x_n=-\frac{1}{2},\ \lim_{n\to\infty}y_n=\frac{\sqrt{3}}{2}$$ …(답) ■

[문제 6]

원 $x^2+y^2=1, z=0$ 상의 점을

$Q(\cos\theta, \sin\theta, 0)\ \left(0\leq\theta\leq\frac{\pi}{4}\right)$로 놓자.

사각뿔의 $x^2+y^2\geq 1, 0\leq y\leq x$를 만족하는 부분을 평면 $x=\cos\theta$로 자른 단면은 아래 그림과 같이 직사각형 $QRST$로 되며,

$$\overline{QR}=\cos\theta-\sin\theta,\ \overline{RS}=3(1-\cos\theta)$$

이므로,

$$\square QRST=3(\cos\theta-\sin\theta)(1-\cos\theta)$$

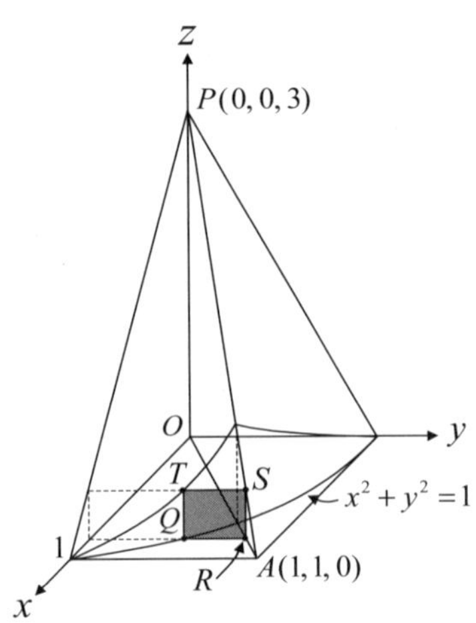

따라서, 구하는 체적을 V라 하면,
대칭성과 $dx=-\sin\theta\,d\theta$에 의하여

$$\frac{V}{8}=\int_{\frac{\pi}{4}}^{0}3(\cos\theta-\sin\theta)(1-\cos\theta)\cdot(-\sin\theta)\,d\theta$$

$$=3\int_{0}^{\frac{\pi}{4}}(\cos\theta\sin\theta-\cos^2\theta\sin\theta-\sin^2\theta+\sin^2\theta\cos\theta)\,d\theta$$

$$=3\left[\frac{\sin^2\theta}{2}+\frac{\cos^3\theta}{3}-\frac{1}{2}\left(\theta-\frac{\sin2\theta}{2}\right)+\frac{\sin^3\theta}{3}\right]_0^{\frac{\pi}{4}}$$

$$=\frac{1}{2}+\frac{1}{\sqrt{2}}-\frac{3\pi}{8}$$

$\therefore V=4+4\sqrt{2}-3\pi$ …(답) ■

〈 1998年 前期 – 文科 〉 時間 : 100分

1. a는 0이 아닌 실수이다. 함수

$$f(x)=(3x^2-4)\left(x-a+\frac{1}{a}\right)$$

의 극댓값과 극솟값의 차가 최대로 되는 a의 값을 구하여라.

(이과 1번과 같음)

2. $a,\ b\ (b\neq0)$는 실수이다. xy평면에 원점 $O(0,0)$와 두 점 $P(1,0)$, $Q(a,b)$를 잡자.

(1) $\triangle OPQ$가 예각삼각형이 되기 위한 a,b의 조건을 부등식으로 표시하고, 점 (a,b)의 범위를 ab평면에 도시하여라.

(2) m,n을 정수라 하자. a,b가 (1)에서 구한 조건을 만족할 때, 부등식

$$(m+na)^2-(m+na)+n^2b^2\geq 0$$

가 성립함을 보여라.

3. (1) x는 $0^\circ\leq x\leq 90^\circ$를 만족하는 각이다.

$$\begin{cases}\sin y=|\sin 4x|\\ \cos y=|\cos 4x|\\ 0^\circ\leq x\leq 90^\circ\end{cases}$$

로 되는 y를 x로 나타내고, 그 그래프를 xy평면에 그려라.

(2) α는 $0^\circ\leq\alpha\leq 90^\circ$를 만족하는 각이다. $0^\circ\leq\theta_n\leq 90^\circ$를 만족하는 $\theta_n\ (n=1,2,\cdots)$을 다음과 같이 정하자.

$$\begin{cases}\theta_1=\alpha\\ \sin\theta_{n+1}=|\sin 4\theta_n|\\ \cos\theta_{n+1}=|\cos 4\theta_n|\end{cases}$$

2 이상의 정수 k에 대하여, $\theta_k=0^\circ$가 되는 α의 개수를 구하여라.

4. xyz공간에 3점 $A(1,0,0)$, $B(-1,0,0)$, $C(0,\sqrt{3},0)$을 잡자. $\triangle ABC$를 1면으로 하고 $z\geq0$인 부분에 포함되는 정사면체 $ABCD$를 잡고, 이어 $\triangle ABD$를 1면으로 하는 정사면체 $ABDE$를 잡자. (단, $E\neq C$)

(1) 점 E의 좌표를 구하여라.

(2) 정사면체 $ABDE$의 $y\leq0$인 부분의 체적을 구하여라.

[문제 2]

(1) $\triangle OPQ$가 예각삼각형이 되기 위한 조건은

$$\begin{cases} \overline{OP}^2 < \overline{OQ}^2 + \overline{PQ}^2 & \cdots ① \\ \overline{PQ}^2 < \overline{PO}^2 + \overline{QO}^2 & \cdots ② \\ \overline{QO}^2 < \overline{PQ}^2 + \overline{PO}^2 & \cdots ③ \end{cases}$$

①에서, $1 < (a^2+b^2)+(a-1)^2+b^2$

$$a^2-a+b^2>0 \quad \therefore \left(a-\frac{1}{2}\right)^2+b^2>\frac{1}{4}$$

②에서,

$$(a-1)^2+b^2<1+(a^2+b^2) \quad \therefore a>0$$

③에서,

$$a^2+b^2<(a-1)^2+b^2+1 \quad \therefore a<1$$

①,②,③에서,

$$\left(a-\frac{1}{2}\right)^2+b^2>\frac{1}{4},\ 0<a<1 \quad \cdots(\text{답})$$ ■

점 (a, b)의 범위는 그림의 음영부분이며, 경계는 모두 제외한다. ■

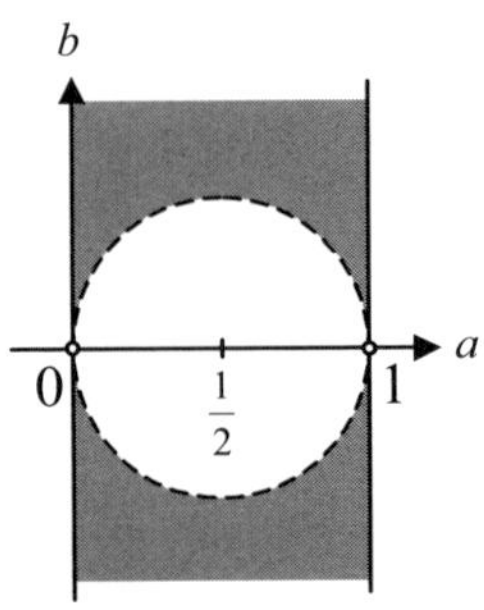

(2)

$$(m+na)^2-(m+na)+n^2b^2$$
$$=n^2(a^2+b^2)+(2mn-n)a+m^2-m$$

①에서 $a^2-a+b^2>0 \quad \therefore a^2+b^2>a$

$$\geqq n^2\cdot a+(2mn-n)a+m^2-m$$
$$=n(n+2m-1)a+m^2-m$$

여기서,

$f(a)=n(n+2m-1)a+m^2-m$ 으로 놓으면,

$f(0)=m(m-1)\geqq 0 \quad (\because m$은 정수$)$

$f(1)=n(n+2m-1)\cdot 1+m^2-m$

$\quad =(n+m)(n+m-1)\geqq 0 \quad (\because m+n$은 정수$)$

$f(a)$는 a의 일차함수이므로,

$0<a<1$에서 $f(a)\geqq 0$이다. (조건 ②,③)

따라서, a, b가 (1)의 조건을 만족하면, 정수 m, n에 대하여

$$(m+na)^2-(m+na)+n^2b^2 \geqq 0$$ ■

[문제 3]

(1)

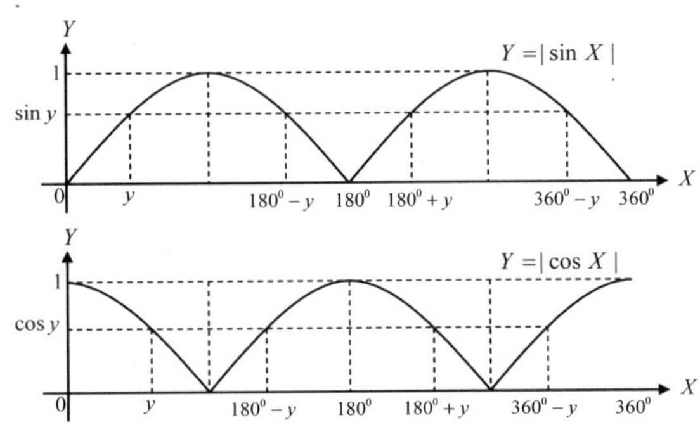

$0° \leqq X \leqq 360°$에 있어서의

$$Y=|\sin X|,\ Y=|\cos X|$$

의 그래프는 위와 같다.

$$\begin{cases} |\sin y|=\sin y,\ |\cos y|=\cos y \quad (0° \leqq y \leqq 90°) \\ 0° \leqq 4x \leqq 360° \end{cases}$$

이므로,

$\sin y=|\sin 4x|,\ \cos y=|\cos 4x|$

의 해는

$$\begin{cases} 4x=y & (0° \leqq 4x \leqq 90°) \\ 4x=180°-y & (90° \leqq 4x \leqq 180°) \\ 4x=180°+y & (180° \leqq 4x \leqq 270°) \\ 4x=360°-y & (270° \leqq 4x \leqq 360°) \end{cases}$$

따라서,

$$y=\begin{cases} 4x & (0^\circ \leqq x \leqq 22.5^\circ) \\ -4x+180^0 & (22.5^\circ \leqq x \leqq 45^\circ) \\ 4x-180^0 & (45^\circ \leqq x \leqq 67.5^\circ) \\ -4x+360^0 & (67.5^\circ \leqq x \leqq 90^\circ) \end{cases}$$

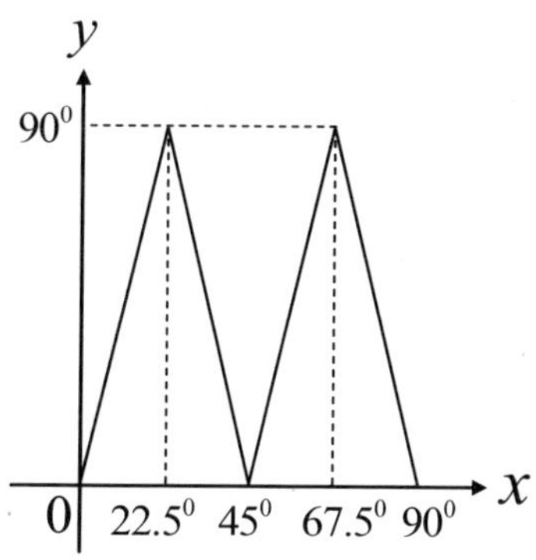

■

(2) (1)에서 구한 함수를 $f(x)$라 하면,
θ_n의 정의에 의하여

$\theta_{n+1}=f(\theta_n)$ $(0^\circ \leqq \theta_n \leqq 90^\circ,\ n=1, 2, \cdots)$ $\cdots$ ①

이므로,

$$\theta_n=f(\theta_{n-1})=f(f(\theta_{n-2}))=f_2(\theta_{n-2})$$
$$\cdots=f_{n-1}(\theta_1)=f_{n-1}(\alpha)$$
$$\therefore\ \theta_n=f_{n-1}(\alpha) \qquad \cdots ②$$

$\theta_k=0^\circ$을 만족하는 α 값

$\alpha_1=0^\circ,\ \alpha_2,\ \cdots,\ \alpha_{p_k-1},\ \alpha_{p_k}=90^\circ$

에 대하여,

$\theta_{k+1}=0^\circ$가 되는 α는

$f(\alpha)=\alpha_i$ $\quad (i=1, 2, \cdots, p_k)$ $\qquad \cdots$ ③

를 만족하는 α이며, 이것들 외엔 없다.

실제, 다음을 증명해 보자.

> $\{\alpha \mid \theta_k=0^\circ\}=\{\alpha_1=0^\circ,\ \alpha_2,\ \cdots,\ \alpha_{p_k-1},\ \alpha_{p_k}=90^\circ\}$
> 라 하면,
> $\{\alpha \mid \theta_{k+1}=0^\circ\}=\{\beta \mid f(\beta)=\alpha_i,\ i=1, 2, \cdots, p_k\}$

$(\supseteq)$ $f(\beta)=\alpha_i \Rightarrow f_{k-1}(f(\beta))=f_{k-1}(\alpha_i)=0^\circ$
$\Rightarrow f_k(\beta)=0^\circ$
$\Rightarrow \beta \in \{\alpha \mid \theta_{k+1}=0^\circ\}$

$(\subseteq)$ $\beta \in \{\alpha \mid \theta_{k+1}=0^\circ\}$
$\Rightarrow f_k(\beta)=0^\circ$
$\Rightarrow f_{k-1}(f(\beta))=0^\circ$
$\Rightarrow f(\beta) \in \{\alpha \mid \theta_k=0^\circ\}$

---

(1)의 그래프에서,

$0^\circ < \alpha_i < 90^\circ$을 만족하는 α_i에 대하여
③을 만족하는 α는 4개,
$\alpha_1=0^\circ$에 대하여 3개,
$\alpha_{p_k}=90^\circ$에 대하여 2개이므로,

$\therefore\ p_{k+1}=4(p_k-2)+3+2$

$p_{k+1}=4p_k-3 \qquad \therefore\ p_{k+1}-1=4(p_k-1)$

$p_2=3$이므로, $k \geqq 2$에 대하여

$p_k=1+4^{k-2}(p_2-1)=1+2\cdot 4^{k-2}$ $\quad \cdots$(답) ■

〈 참고 〉

$\theta_2=f_1(\alpha)$, $\theta_3=f_2(\alpha)$의 그래프는
각각 다음과 같다

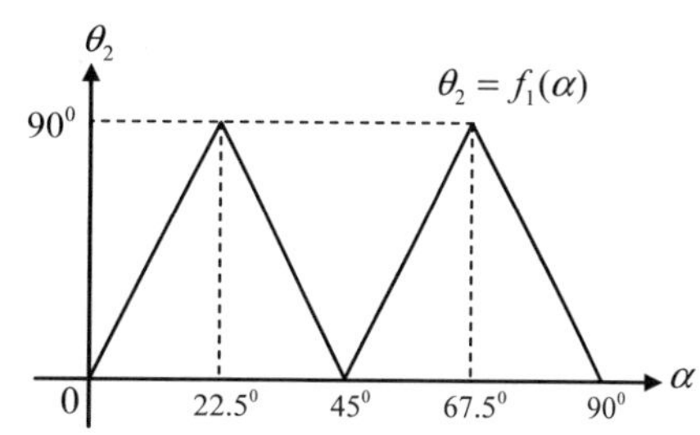

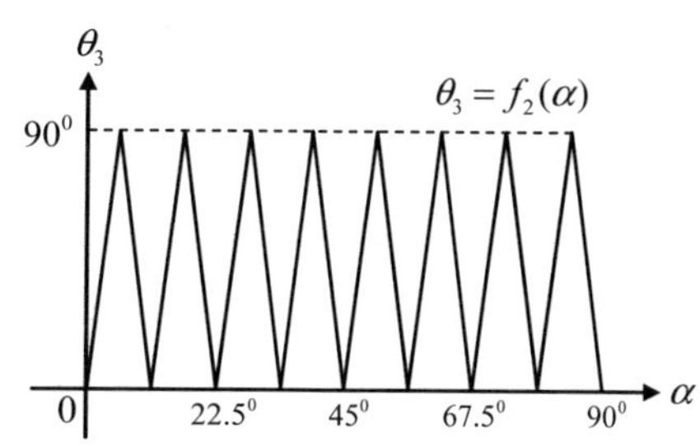

일반적으로,
$\theta_{k-1} = f_{k-2}(\alpha)$에서의 1개의 선분이
$\theta_k = f_{k-1}(\alpha)$에서는 "4개의 선분으로 형성된 꺾인 선분(ʌʌ)"으로 됨을 알 수 있다.

따라서,
$\theta_k = f_{k-1}(\alpha)$의 그래프는 4^{k-1}개의 선분으로 이루어진 꺾인 선분으로 되어,
$f_{k-1}(\alpha) = 0°$로 되는 α는
$0°$, $90°$ 이외에는 2개의 선분의 교점이 된다.

따라서, $\theta_k = 0°$로 되는 α의 개수는

$$2 + \frac{4^{k-1}-2}{2} = 1 + 2 \cdot 4^{k-2}$$

[문제 4]
(1) D에서 $\triangle ABC$에 내린 수선의 발을 H, C에서 $\triangle ABD$에 내린 수선의 발을 K라 하자.

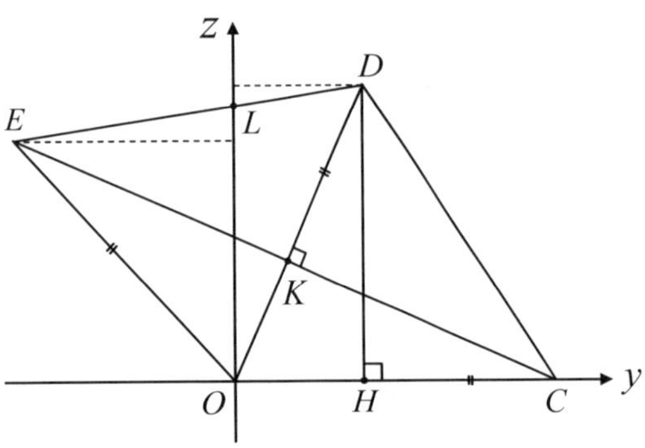

H는 $\triangle ABC$의 중심이므로,

$$\overline{DH} = \sqrt{\overline{OD}^2 - \overline{OH}^2} = \sqrt{(\sqrt{3})^2 - \left(\frac{\sqrt{3}}{3}\right)^2} = \frac{2\sqrt{6}}{3}$$

$$\therefore \overrightarrow{OD} = \left(0, \frac{\sqrt{3}}{3}, \frac{2\sqrt{6}}{3}\right)$$

K는 $\triangle ABD$의 중심이며,

$$|\overrightarrow{KE}| = |\overrightarrow{DH}|, \quad \overrightarrow{KE} \perp \overrightarrow{OD}$$

이므로,

$$\begin{aligned}\overrightarrow{OE} &= \overrightarrow{OK} + \overrightarrow{KE} \\ &= \frac{1}{3}\left(0, \frac{\sqrt{3}}{3}, \frac{2\sqrt{6}}{3}\right) + \frac{2\sqrt{6}}{3} \cdot \frac{1}{\sqrt{3}}\left(0, -\frac{2\sqrt{6}}{3}, \frac{\sqrt{3}}{3}\right) \\ &= \left(0, -\frac{7\sqrt{3}}{9}, \frac{4\sqrt{6}}{9}\right)\end{aligned}$$

> $\because \overrightarrow{KE} = \frac{2\sqrt{6}}{3} \cdot \frac{1}{\sqrt{3}}\left(0, -\frac{2\sqrt{6}}{3}, \frac{\sqrt{3}}{3}\right)$
> $\overrightarrow{OD}$를 yz평면에서 $90°$ 회전한
> 단위벡터 $\frac{1}{\sqrt{3}}\left(0, -\frac{2\sqrt{6}}{3}, \frac{\sqrt{3}}{3}\right)$에
> $|\overrightarrow{DH}| = \frac{2\sqrt{6}}{3}$을 곱하여 구할 수 있다.

$$\therefore E\left(0, -\frac{7\sqrt{3}}{9}, \frac{4\sqrt{6}}{9}\right) \quad \cdots(답) ■$$

(2)
선분 DE와 z축과의 교점을 L이라 하면,
D, E의 y좌표에서

$$\overline{EL} : \overline{LD} = \frac{7\sqrt{3}}{9} : \frac{\sqrt{3}}{3} = 7 : 3 \quad \cdots ①$$

정사면체 $ABDE$의 체적을 V라 하면,
V는 정사면체 $ABCD$의 체적과 일치하며,

$$\begin{aligned}V &= \frac{1}{3} \cdot \triangle ABC \cdot \overline{DH} \\ &= \frac{1}{3} \cdot \sqrt{3} \cdot \frac{2\sqrt{6}}{3} = \frac{2\sqrt{2}}{3}\end{aligned}$$

따라서, 구하는 체적은 ①에 의하여

$$\frac{7}{10}V = \frac{7\sqrt{2}}{15} \quad \cdots(답) ■$$

〈 1998年 後期 － 理科1類 〉　　　　時間 : 150分

1\. xy 평면상에, 점 $P_1=(0,10)$을 중심으로 한 반경 1인 원 C_1과 점 $P_2=(0,0)$을 중심으로 한 반경 2인 원 C_2가 있다. xy 평면상의 세 점 Q, R, S를 꼭짓점으로 하며, $\angle QRS$가 직각인 직각이등변삼각형 $\triangle QRS$에 대하여 다음 물음에 답하여라.

(1) 점 Q가 원 C_1 상을 움직이고 점 R이 원 C_2 상을 움직일 때, 제3의 꼭짓점 S가 움직이는 궤적을 구하여라.

(2) 이어, 직선 $x+2y=10$ 상의 점 P_3를 중심으로 하는 반경 $\sqrt{2}$인 원을 C_3라 하자. 다음 조건을 만족하도록 하는 점 P_3의 좌표를 구하여라.
[점 Q, R, S가 각각 원 C_1, C_2, C_3 상에 있을 때, $\angle QRS$가 직각인 직각이등변삼각형 $\triangle QRS$는 유일하다.]

2\. 변수 $r, \theta\left(r>0,\ 0\leq\theta\leq\dfrac{\pi}{4}\right)$에 대하여, x 의 함수 $f(x)=r\sin(x+\theta)$를 고려하자.

(1) r, θ가 다음 등식을 만족할 때, r을 θ의 함수로 나타내어라.

$$\int_0^{2\pi}(\sin x-f(x))^2\,dx=\int_0^{2\pi}\sin^2 x\,dx \qquad \cdots (E)$$

(2) 등식 (E)를 만족하도록 r, θ를 움직일 때, $0\leq x\leq\pi$에 있어서 $y=f(x)$의 그래프는 xy평면을 움직인다. 이 그래프가 움직이는 범위 D를 구하고 도시하라.

(3) 도형 D의 면적을 구하여라.

3\. 그래프 $G(V, W)$는 유한개의 꼭짓점 집합 $V=\{P_1, \cdots, P_n\}$와 꼭짓점을 연결하는 변의 집합 $W=\{E_1, \cdots, E_m\}$로 이루어진 도형이다. 각 변 E_i는 오직 2개의 꼭짓점 $P_{i_1}, P_{i_2}\ (i_1\neq i_2)$만을 가지며, 꼭짓점 이외에서 변끼리 만나는 경우는 없다. 또, 각 꼭짓점은 백색 또는 흑색으로 칠해져 있다.

예를 들어, 그림 1의 그래프는 꼭짓점이 $n=5$개, 변이 $m=4$개 있으며, 각 변 E_i $(i=1, 2, 3, 4)$의 꼭짓점은 P_i와 P_5이다. P_1, P_2는 백색의 꼭짓점이며, P_3, P_4, P_5는 흑색의 꼭짓점이다.

그림1

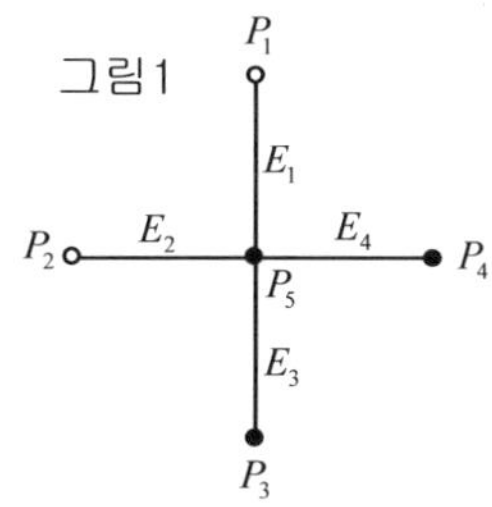

그림2

처음, 그래프 G_1(그림 2)으로 시작하여 새로운 그래프를 아래의 조작들을 이용하여 만들어 나간다. G_1은 1개의 백색 꼭짓점으로 이루어져 있다. $(n=1,\ m=0)$
이때, 유한번의 조작으로 만들어지는 그래프를 "가능그래프"라 부르자.

주어진 그래프 $G(V, W)$에서 새로운 그래프 $G'(V', W')$를 만드는 두 조작은 아래와 같다. 단, 조작에 있어 꼭짓점과 변의 수는 각각 1씩 증가한다.
[조작1] G의 꼭짓점 P_{i_0}를 1개 선택하여 색깔을 바꾼 후, 그림 3과 같이 변 E_{m+1}과 꼭짓점 P_{n+1}(백색)을 연결한다.
다른 변과 꼭짓점은 연결상태와 색깔에 변화를 주지 않는다.

그림3

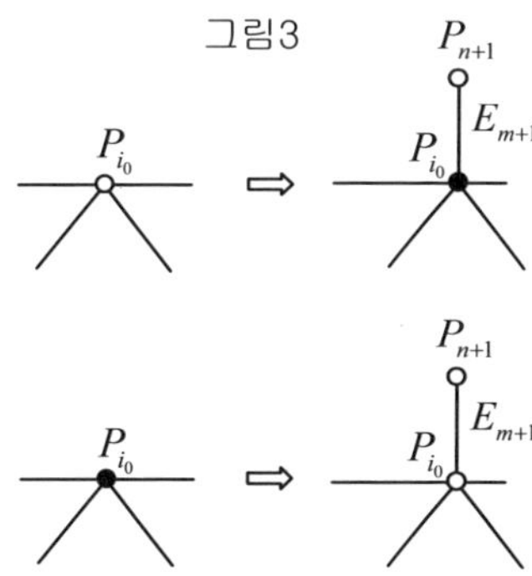

[조작2] G의 변 E_{j_0}를 1개 선택하여 제거한 후, 그림 4와 같이 꼭짓점 P_{n+1}(백색)을 첨가하여 양쪽의 꼭짓점들의 색깔을 바꾼 후 변으로 연결한다.
다른 변과 꼭짓점은 연결상태와 색깔에 변화를 주지 않는다.

그림4

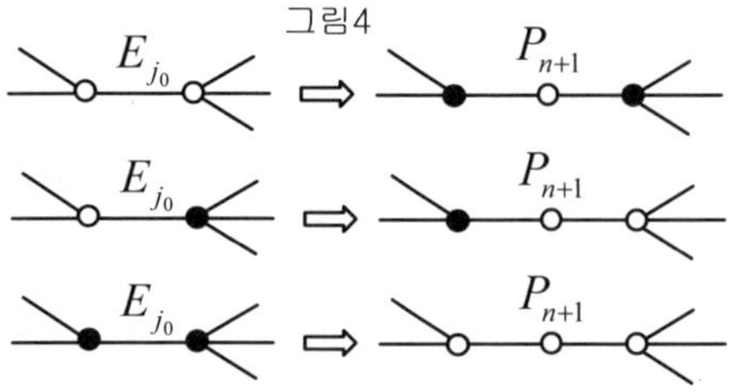

(1) 그림 5의 그래프는 모두 가능그래프임을 보여라.

그림5

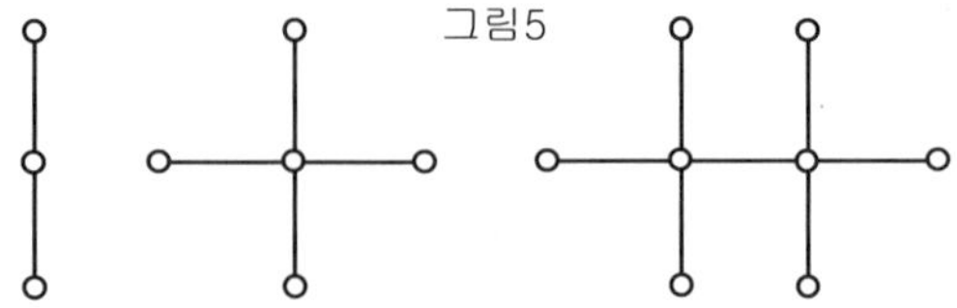

(2) n을 자연수라 할 때, n개의 꼭짓점을 갖는 그림 6과 같은 봉형(棒形)의 그래프가 가능그래프가 되기 위해 n이 만족해야 할 필요충분조건을 구하여라.
단, 모든 꼭짓점은 백색이다.

그림6

[문제1]

(1) R, Q의 좌표를 각각

$$R(2\cos\alpha,\ 2\sin\alpha)\ \ (0 \leqq \alpha < 2\pi)$$

$$Q(\cos\beta,\ 10+\sin\beta)\ \ (0 \leqq \beta < 2\pi)$$

로 놓으면, $\overrightarrow{RQ} = \begin{pmatrix} \cos\beta - 2\cos\alpha \\ 10+\sin\beta - 2\sin\alpha \end{pmatrix}$

$$\begin{cases} \overrightarrow{RS} \perp \overrightarrow{RQ},\ |\overrightarrow{RS}| = |\overrightarrow{RQ}| \\ \overrightarrow{OS} = \overrightarrow{OR} + \overrightarrow{RS} \qquad (O\text{: 원점}) \end{cases}$$

이므로, S의 좌표를 (x, y)로 놓으면,

$$\begin{pmatrix} x \\ y \end{pmatrix} = \begin{pmatrix} 2\cos\alpha \\ 2\sin\alpha \end{pmatrix} \pm \begin{pmatrix} 10+\sin\beta - 2\sin\alpha \\ -\cos\beta + 2\cos\alpha \end{pmatrix}$$

$$\Leftrightarrow \begin{cases} x = 2(\cos\alpha \mp \sin\alpha) \pm (10+\sin\beta) \\ y = 2(\sin\alpha \pm \cos\alpha) \mp \cos\beta \end{cases}$$

$$\Leftrightarrow \begin{cases} x = 2\sqrt{2}\cos\left(\alpha \pm \dfrac{\pi}{4}\right) \pm 10 \pm \sin\beta & \cdots ① \\ y = 2\sqrt{2}\sin\left(\alpha \pm \dfrac{\pi}{4}\right) \mp \cos\beta & \cdots ② \end{cases}$$

(복호동순)

$$a(\alpha) = 2\sqrt{2}\cos\left(\alpha \pm \frac{\pi}{4}\right) \pm 10,$$

$$b(\alpha) = 2\sqrt{2}\sin\left(\alpha \pm \frac{\pi}{4}\right)$$

로 놓고, ①, ②에서 β를 소거하면,

$$(x - a(\alpha))^2 + (y - b(\alpha))^2 = 1 \qquad \cdots ③$$

여기서, 점 $(a(\alpha), b(\alpha))$는

α가 $0 \leqq \alpha < 2\pi$의 범위에서 움직일 때,

중심 $(\pm 10, 0)$, 반경 $2\sqrt{2}$인 원을 그리므로,

점 S가 움직이는 궤적은

$$(2\sqrt{2}-1)^2 \leqq (x-10)^2 + y^2 \leqq (2\sqrt{2}+1)^2 \qquad \cdots ④$$

또는

$$(2\sqrt{2}-1)^2 \leqq (x+10)^2 + y^2 \leqq (2\sqrt{2}+1)^2 \qquad \cdots ⑤$$

로 표시되는 영역으로 그림과 같다. ■

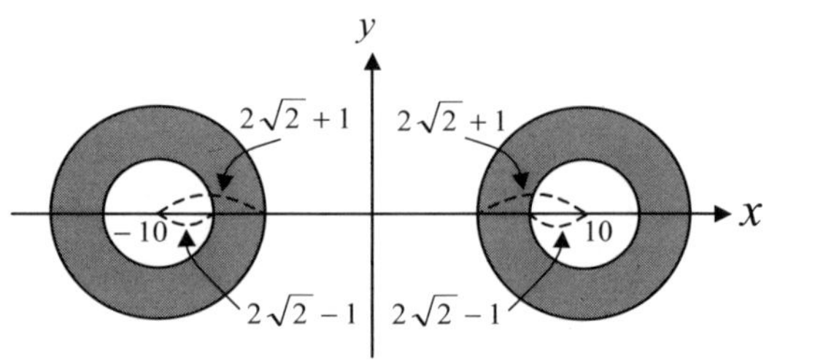

〈 참 고 〉 β소거 : α고정하고 β를 변화시킨다는 의미 (즉, R고정, Q운동)

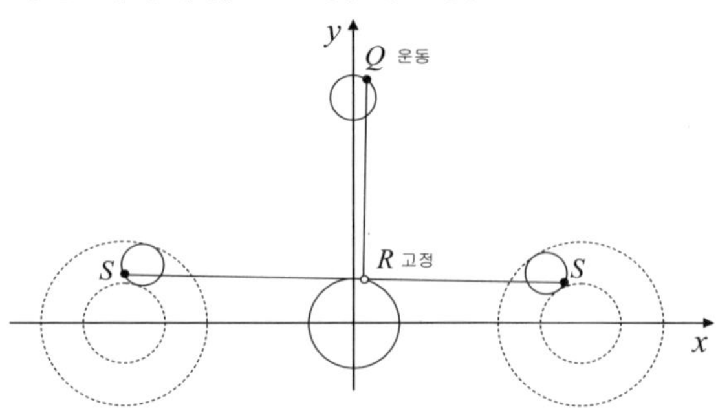

(2) $x+2y=10$ $\cdots$ ⑥

> 직선 ⑥ 상에 중심이 있는 반경 $\sqrt{2}$ 인 원과 영역 ④, ⑤의 교집합을 고려하면 된다.

직선 ⑥과 점 $(-10, 0)$의 거리는 $4\sqrt{5}$ 이며,

$$4\sqrt{5} > (2\sqrt{2}+1)+\sqrt{2}$$

이므로, 구하는 점 S는 영역 ⑤에는 존재하지 않고 영역 ④에만 존재한다.

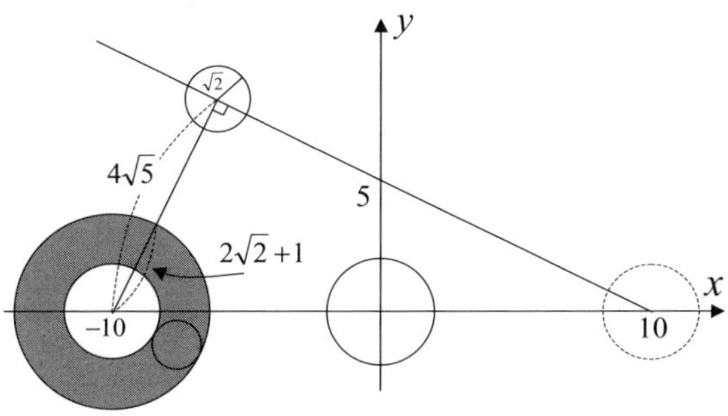

또, 구하는 점 S가 영역 ④의 내부에 존재하면, 구하는 직각이등변삼각형 $\triangle QRS$는 유일하지 않다.

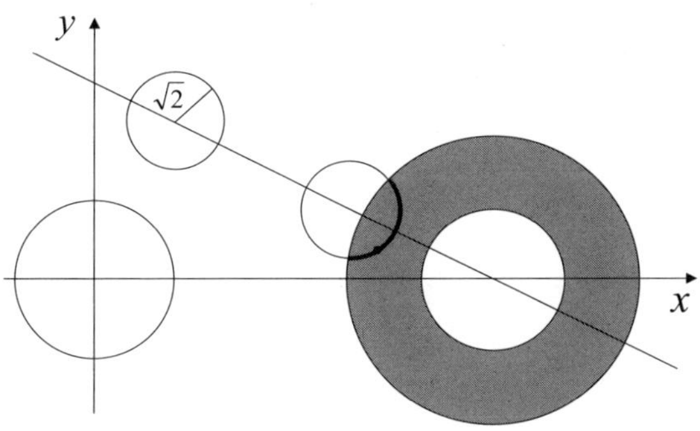

따라서, 직선 ⑥ 상에 중심이 있는 반경 $\sqrt{2}$ 인 원이 영역 ④와 1점만을 공유해야 한다.

원 $(x-10)^2+y^2=(2\sqrt{2}-1)^2$의 직경은

$$4\sqrt{2}-2 > 2\sqrt{2}$$

이므로,

직선 ⑥ 상에 중심이 있는 반경 $\sqrt{2}$ 인 원은 영역 ④를 정하는 안쪽 원의 내부에 포함될 수 있다. 따라서, S는 다음 그림의 A, B, C, D 중 하나로 되어야 한다.

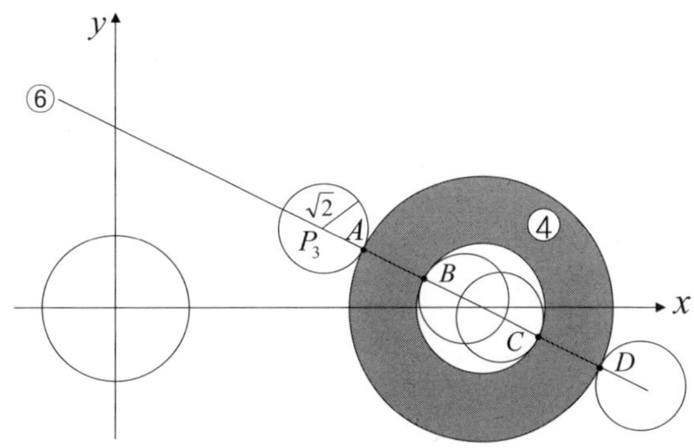

역으로, S가 A, B, C, D 중 하나이면, 구하는 직각이등변삼각형 $\triangle QRS$는 유일하다.

따라서,

$$\overrightarrow{OP_3}=\begin{pmatrix}10\\0\end{pmatrix}\pm(3\sqrt{2}+1)\cdot\frac{1}{\sqrt{5}}\begin{pmatrix}-2\\1\end{pmatrix} \quad \text{또는}$$

$$\overrightarrow{OP_3}=\begin{pmatrix}10\\0\end{pmatrix}\pm(\sqrt{2}-1)\cdot\frac{1}{\sqrt{5}}\begin{pmatrix}-2\\1\end{pmatrix}$$

이므로, 점 P_3의 좌표는

$$\left(10\mp\frac{2(3\sqrt{10}+\sqrt{5})}{5},\ \pm\frac{3\sqrt{10}+\sqrt{5}}{5}\right)$$

$$\left(10\mp\frac{2(\sqrt{10}-\sqrt{5})}{5},\ \pm\frac{\sqrt{10}-\sqrt{5}}{5}\right)$$

(복호동순) $\cdots$(답) ■

[문제 2]

(1)

$$(E)\Leftrightarrow\int_0^{2\pi}\{(f(x))^2-2f(x)\sin x\}\,dx=0$$

$f(x)=r\sin(x+\theta)$를 대입하면,

$$\Leftrightarrow\int_0^{2\pi}\{r^2\sin^2(x+\theta)-2r\sin(x+\theta)\sin x\}\,dx=0$$

$$\Leftrightarrow r\int_0^{2\pi}\frac{1-\cos(2x+2\theta)}{2}\,dx$$

$$+\int_0^{2\pi}\{\cos(2x+\theta)-\cos\theta\}\,dx=0$$

$$\Leftrightarrow r\left[\frac{x}{2}-\frac{\sin(2x+2\theta)}{4}\right]_0^{2\pi}$$

$$+\left[\frac{\sin(2x+\theta)}{2}-x\cos\theta\right]_0^{2\pi}=0$$

$$\Leftrightarrow r\pi-2\pi\cos\theta=0$$

$$\therefore\ r=2\cos\theta \qquad \cdots(\text{답})$$ ■

(2) (1)의 결과에 의하여,

$$f(x)=r\sin(x+\theta)$$
$$=2\cos\theta\sin(x+\theta)$$
$$=\sin(2\theta+x)+\sin x=g(\theta)\quad(\because\ x\ \text{고정})$$

$g'(\theta)=2\cos(2\theta+x)$를 이용하여 $g(\theta)$의 범위를 구하여보자.

> $0\leq x\leq\pi,\ 0\leq\theta\leq\frac{\pi}{4}$이므로,
>
> $\frac{\pi}{2}\leq x\leq\pi$ 이면 $\frac{\pi}{2}\leq 2\theta+x\leq\frac{3\pi}{2}$임에 주의

(i) $0\leq x\leq\frac{\pi}{2}$인 경우

$$g'(\theta)=0\Leftrightarrow\ \theta=\frac{\pi}{4}-\frac{x}{2}$$

$g(\theta)$의 증감표는 다음과 같다.

θ	0	$\cdots$	$\frac{\pi}{4}-\frac{x}{2}$	$\cdots$	$\frac{\pi}{4}$
g'		$+$	0	$-$	
g	$2\sin x$	↗	$1+\sin x$	↘	$\cos x+\sin x$

따라서, 고정된 x에 대하여

$$\begin{cases}\text{최댓값}=1+\sin x\\ \text{최솟값}=\min\{2\sin x,\ \cos x+\sin x\}\end{cases}$$

$2\sin x\leq\cos x+\sin x\ \Leftrightarrow\ 0\leq x\leq\frac{\pi}{4}$이므로,

$$\begin{cases}0\leq x\leq\frac{\pi}{4}\text{일 때}:\ 2\sin x\leq g(\theta)\leq 1+\sin x\\ \frac{\pi}{4}\leq x\leq\frac{\pi}{2}\text{일 때}:\ \cos x+\sin x\leq g(\theta)\leq 1+\sin x\end{cases}$$

(ii) $\frac{\pi}{2}\leq x\leq\pi$인 경우

$\frac{\pi}{2}\leq 2\theta+x\leq\frac{3\pi}{2}$이므로, $g'(\theta)<0$

$\therefore\ \cos x+\sin x\leq g(\theta)\leq 2\sin x$

(i), (ii)에 의하여,
D는 그림의 음영부분(경계포함)으로 된다.

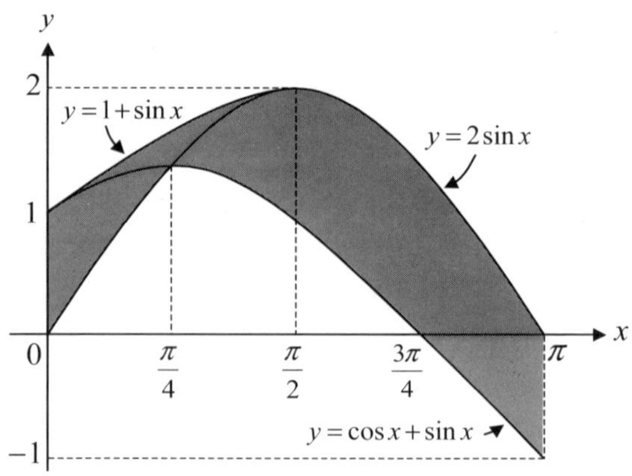

(3) 구하는 면적을 S라 하면, (2)에 의하여,

$$S=\int_0^{\frac{\pi}{4}}(1-\sin x)\,dx+\int_{\frac{\pi}{4}}^{\frac{\pi}{2}}(1-\cos x)\,dx$$
$$+\int_{\frac{\pi}{2}}^{\pi}(\sin x-\cos x)\,dx$$
$$=\frac{\pi}{2}+\sqrt{2}\qquad\cdots(\text{답})\ ■$$

[문제 3]

(1) 다음과 같이 모두 가능그래프이다.

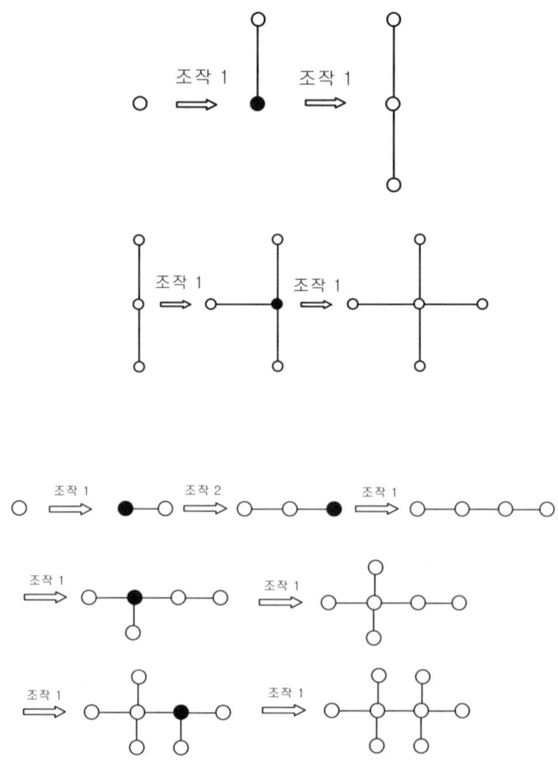

(2)

> G_1에 조작 1을 먼저 k회 시행한 후 조작 2를 l회 시행한 결과들만 고려해도 됨을 보인 후, 모두 백색으로 만들 수 있는 필요충분조건을 찾자.

먼저, 봉형(棒形)의 그래프 G_n에 조작 2, 조작 1을 시행한 결과는 조작 1, 조작 2를 시행한 결과물 중 하나가 됨을 보이자.

(경우 1) 조작 2를 시행한 변의 양 끝점에 조작 1을 시행하는 경우

$P_1 — P_2 — \cdots — P_{n-1} — P_n$

조작2

$P_1 — P_2 — \cdots — P_{n-1}' —$ 백 $— P_n'$

조작1

$P_1 — P_2 — \cdots — P_{n-1}' —$ 백 $— P_n —$ 백

$P_1 — P_2 — \cdots — P_{n-1} — P_n$

조작1

$P_1 — P_2 — \cdots — P_{n-1} — P_n' —$ 백

조작2

$P_1 — P_2 — \cdots — P_{n-1}' —$ 백 $— P_n —$ 백

(경우 2) 경우 1이 아닌 경우는 자명(自明).

따라서, G_1에서 시작하여 조작 1, 조작 2를 각각 k회, l회 시행(순서임의)한 결과는,
먼저 조작 1을 k회 시행한 후 조작 2를 l회 시행한 결과 중 하나와 같아진다.

> 예) 조작 1을 δ, 조작 2를 ϵ으로 나타내면,
> $$\begin{aligned}\delta_1\delta_2\epsilon_1\delta_3\epsilon_2(G_n) &= \delta_1\epsilon_1{}'\delta_2{}'\delta_3\epsilon_2(G_n)\\ &= \epsilon_1{}''\delta_1{}'\delta_2{}'\delta_3\epsilon_2(G_n)\\ &= \epsilon_1{}''\delta_1{}'\delta_2{}'\epsilon_2{}'\delta_3{}'(G_n)\\ &= \epsilon_1{}''\delta_1{}'\epsilon_2{}''\delta_2{}''\delta_3{}'(G_n)\\ &= \epsilon_1{}''\epsilon_2{}'''\delta_1{}''\delta_2{}''\delta_3{}'(G_n)\end{aligned}$$

G_1에 조작 1을 좌우로 시행하였을 때 그래프는 다음 두 가지 중 하나이다.
(왼쪽으로만 시행한 경우는 (ⅰ)과 같음)

(ⅰ) 오른쪽으로 조작 1을 x회 시행

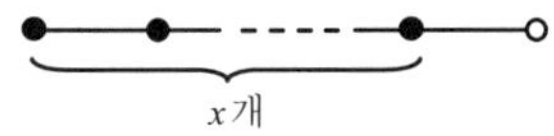

(ⅱ) 오른쪽으로 x회, 왼쪽으로 y회

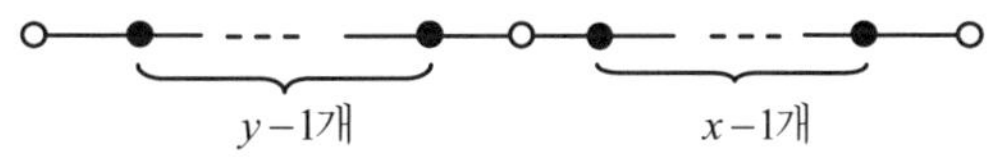

이제, 조작 2만을 시행하여 모두 백색으로 만들어보자. 조작 2를 한 번 시행할 때 흑색점의 개수는 변하지 않거나 ±2만큼 변하므로, 위의 두 경우에 있어 흑색점의 개수는 짝수이어야 한다.

(ⅰ)의 경우 : $x=2k$로 놓으면,

$n=2k+1+(k+3k')=3(k+k')+1$

> k : 홀수 번째 변들(k개)에 조작 2 시행

(ⅱ)의 경우 : $x-1=2k$, $y-1=2l$로 놓으면,

$$\begin{aligned}n&=2(k+l)+3+(k+3k'+l+3l')\\ &=3(k+k'+l+l'+1)\end{aligned}$$

(k, k', l, l'는 정수)

따라서, 구하는 필요충분조건은

$n=3m-2, 3m \quad (m=1, 2, 3, \cdots)$ …(답) ■

〈 참고 〉 $3k'$, $3l'$: G가 모든 점이 백색인 봉형의 가능그래프이면, 조작 2를 세 번 시행하여 세 점이 더 추가된 봉형의 그래프(모두 백색)를 얻을 수 있다.

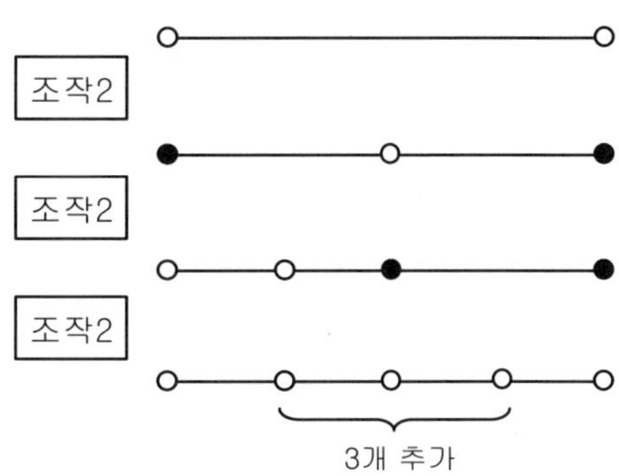

〈 2000年 前期 − 理科 〉 時間 : 150分

1. $\overline{AB}=\overline{AC}$, $\overline{BC}=2$인 직각이등변삼각형에 내접하며, 한 축이 $\overline{BC}$에 평행한 타원의 면적의 최댓값을 구하여라.

2. 복소평면상의 원점 이외의 서로 다른 두 점 $P(\alpha)$, $Q(\beta)$를 고려해보자. $P(\alpha)$, $Q(\beta)$를 지나는 직선을 l, 원점에서 l에 내린 수선과 l의 교점을 $R(w)$라 하자. 단, 복소수 r을 표시하는 점 C를 $C(r)$로 쓴다. 이 때, 명제 [$w=\alpha\beta$이기 위한 필요충분조건은 $P(\alpha)$, $Q(\beta)$가 중심 $A\left(\frac{1}{2}\right)$, 반지름 $\frac{1}{2}$인 원의 원주상에 있는 것이다.]를 증명하여라.

3. $a>0$라 하자. 양의 정수 n에 대하여, 구간 $0 \leqq x \leqq a$를 n등분하는 점들의 집합 $\left\{0, \frac{a}{n}, \cdots, \frac{n-1}{n}a, a\right\}$ 상에서 정의된 함수 $f_n(x)$가 있어 다음 방정식을 만족한다.

$$\begin{cases} f_n(0)=c \\ \dfrac{f_n((k+1)h)-f_n(kh)}{h}=\{1-f_n(kh)\}f_n((k+1)h) \quad (k=0, 1, \cdots, n-1) \end{cases} \quad \left(\text{단, } h=\frac{a}{n}, c>0\right)$$

(1) $P_k=\dfrac{1}{f_n(kh)}$ $(k=0,1,\cdots,n)$로 놓을 때, P_k를 구하여라.

(2) $g(a)=\lim\limits_{n\to\infty}f_n(a)$를 구하여라.

(3) $c=2, 1, \frac{1}{4}$ 각각의 경우에 있어서, $y=g(x)$의 $x>0$에서의 그래프를 그려라.

4. 좌표평면상을 움직이는 세 점 A, B, C가 있어, 시각 t일 때 좌표가 다음과 같다.

A: $x=\cos t, y=\sin t$ B: $x=1-vt, y=\frac{\sqrt{3}}{2}$ C: $x=1-vt, y=1$ (v : 양의 상수)

이때, 다음의 각 경우에 있어서, v가 취할 수 있는 값의 범위를 구하여라.

(1) 점 A와 $\overline{BC}$가 시각 0과 2π 사이에서 만나지 않는다.

(2) 점 A와 $\overline{BC}$가 한 번만 만난다.

5. 다음 조건을 만족하는 양의 정수 전체의 집합을 S라 하자. [각 자리 수는 서로 다르며, 어느 2개의 자리 수를 더하여도 9가 되지 않는다.] 단, S의 원소는 10진법으로 표시한다. 또, 한자리 양의 정수도 S에 포함되는 것으로 한다. 이때, 다음 물음에 답하여라.

(1) S의 원소 중 4자리 수는 모두 몇 개인가?

(2) S의 원소 중 2000번째로 큰 것을 구하여라.

6. (1) 양의 실수 a, b, c에 대하여, 다음을 만족하는 실수 x, y, z를 a, b, c로 나타내어라.

$$\begin{pmatrix}1&a&0\\0&1&0\\0&0&1\end{pmatrix}\begin{pmatrix}1&0&0\\0&1&b\\0&0&1\end{pmatrix}\begin{pmatrix}1&c&0\\0&1&0\\0&0&1\end{pmatrix}=\begin{pmatrix}1&0&0\\0&1&x\\0&0&1\end{pmatrix}\begin{pmatrix}1&y&0\\0&1&0\\0&0&1\end{pmatrix}\begin{pmatrix}1&0&0\\0&1&z\\0&0&1\end{pmatrix}$$

(2) a, b, c가 $1 \leqq a \leqq 2$, $1 \leqq b \leqq 2$, $1 \leqq c \leqq 2$의 범위에서 움직일 때, (1)의 x, y, z를 좌표로 하는 점 (x, y, z)가 그리는 입체를 K라 하자. K를 평면 $y=t$로 자른 단면의 넓이를 구하여라.

(3) 입체 K의 체적을 구하여라.

[문제 1]

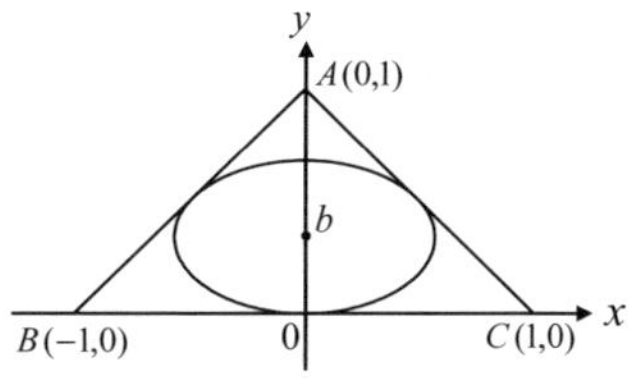

세 점 A, B, C의 좌표를 $A(0,1)$, $B(-1,0)$, $C(1,0)$으로 놓으면,

조건을 만족하는 타원의 방정식은

$$\frac{x^2}{a^2}+\frac{(y-b)^2}{b^2}=1 \quad (a>0,\ b>0)$$

타원과 직선 AB: $y=x+1$이 접하므로,

$$\frac{(y-1)^2}{a^2}+\frac{(y-b)^2}{b^2}=1$$

$$\Leftrightarrow (a^2+b^2)y^2-2b(a^2+b)y+b^2=0$$

의 판별식은 0이 되어야 한다.

$$b^2(a^2+b)^2-(a^2+b^2)b^2=0$$

$$\therefore\ a^2=1-2b \quad \left(0<b<\frac{1}{2}\right)$$

타원의 넓이를 S라 하면,

$$S^2=\pi^2a^2b^2=\pi^2(1-2b)b^2=\pi^2(-2b^3+b^2)$$

$f(b)=-2b^3+b^2$로 놓으면,

$$f'(b)=-2b(3b-1)$$

이므로,

$f(b)$는 최댓값 $f\left(\frac{1}{3}\right)=\frac{1}{27}$을 갖는다.

따라서, 구하는 타원의 면적의 최댓값은

$$\pi\sqrt{f\left(\frac{1}{3}\right)}=\pi\sqrt{\frac{1}{27}}=\frac{\sqrt{3}}{9}\pi \quad \cdots(\text{답})$$ ■

[문제 2]

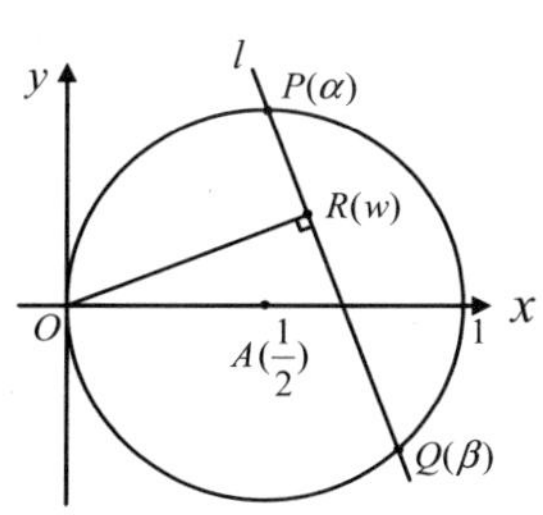

$\angle ORP=\angle ORQ=90^\circ$

이므로,

$$\begin{cases}\alpha-w=s(wi) & \cdots ① \\ \beta-w=t(wi) & \cdots ②\end{cases}$$

(s, t는 실수)

$w=0$이면, ①, ②에서 $\alpha=0$, $\beta=0$으로 되어 $\alpha\neq\beta$라는 가정에 모순된다.

따라서, $w\,(\neq 0)$로 ①, ②의 양변을 나누면

$\frac{\alpha-w}{w}$, $\frac{\beta-w}{w}$는 순허수가 된다.

$$\therefore \begin{cases}\dfrac{\alpha-w}{w}+\dfrac{\overline{\alpha}-\overline{w}}{\overline{w}}=0 & \cdots ③ \\ \dfrac{\beta-w}{w}+\dfrac{\overline{\beta}-\overline{w}}{\overline{w}}=0 & \cdots ④\end{cases}$$

(i) $w=\alpha\beta$로 가정하자. ③에서,

$$\frac{\alpha-\alpha\beta}{\alpha\beta}+\frac{\overline{\alpha}-\overline{\alpha}\,\overline{\beta}}{\overline{\alpha}\,\overline{\beta}}=0 \quad \cdots ⑤$$

$$\Leftrightarrow \frac{1}{\beta}-1+\frac{1}{\overline{\beta}}-1=0$$

$$\Leftrightarrow \beta\overline{\beta}-\frac{1}{2}\beta-\frac{1}{2}\overline{\beta}=0$$

$$\Leftrightarrow \left(\beta-\frac{1}{2}\right)\left(\overline{\beta}-\frac{1}{2}\right)=\frac{1}{4}$$

$$\Leftrightarrow \left|\beta-\frac{1}{2}\right|=\frac{1}{2}$$

같은 방법으로, ④에서

$$\frac{\beta-\alpha\beta}{\alpha\beta}+\frac{\overline{\beta}-\overline{\alpha}\,\overline{\beta}}{\overline{\alpha}\,\overline{\beta}}=0 \quad \cdots ⑥$$

$$\Leftrightarrow \left|\alpha-\frac{1}{2}\right|=\frac{1}{2}$$

따라서, $P(\alpha)$, $Q(\beta)$는 중심 $A\left(\frac{1}{2}\right)$, 반지름 $\frac{1}{2}$인 원의 원주 상에 있다.

(ii) $\left|\alpha-\frac{1}{2}\right|=\left|\beta-\frac{1}{2}\right|=\frac{1}{2}$로 가정하자.

위의 증명과정을 역으로 따라가면 ⑤, ⑥이 성립하므로, $\frac{\alpha-\alpha\beta}{\alpha\beta}$, $\frac{\beta-\alpha\beta}{\alpha\beta}$는 순허수이다.

$$\begin{cases}\dfrac{\alpha-\alpha\beta}{\alpha\beta}=\dfrac{\alpha-\alpha\beta}{0-\alpha\beta}=ui \\ \dfrac{\beta-\alpha\beta}{\alpha\beta}=\dfrac{\beta-\alpha\beta}{0-\alpha\beta}=vi \quad (u,\ v\text{는 실수})\end{cases}$$

이므로, $S(\alpha\beta)$로 놓으면

$$\therefore\ \angle OSP=\angle OSQ=90^\circ$$

따라서, $\overline{OS} \perp \overline{PQ}$로 되어 $w=\alpha\beta$

(i), (ii)에 의하여 명제는 증명되었다. ■

〈 참고 〉

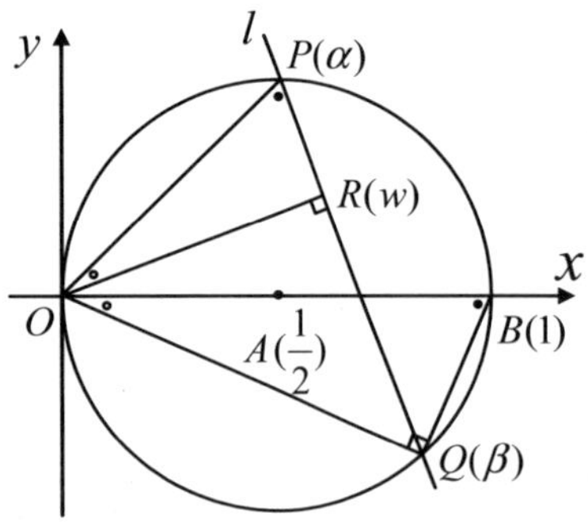

직관적으로 다음과 같이 생각할 수 있다.
단, $B(1, 0)$으로 놓자.

그림과 같이 P, Q가 중심 $A\left(\frac{1}{2}\right)$, 반지름 $\frac{1}{2}$인 원의 원주 상에 있으면, $\triangle ORP \backsim \triangle OQB$에서

$$\begin{cases} |\alpha| : |w| = 1 : |\beta| \Leftrightarrow |w| = |\alpha||\beta| & \cdots ⑦ \\ \arg\left(\dfrac{w}{\alpha}\right) = \arg\beta \Leftrightarrow \arg w = \arg\alpha\beta & \cdots ⑧ \end{cases}$$

$$\therefore\ w=\alpha\beta$$

역으로, $w=\alpha\beta$이면, ⑦, ⑧이 성립하므로
$\triangle ORP \backsim \triangle OQB$

w의 정의에 의하여 $\angle ORP = 90°$이므로,

$$\therefore\ \angle OQB = \angle ORP = 90° \qquad \cdots ⑨$$

⑦, ⑧에서 $|w| : |\beta| = |\alpha| : 1$, $\arg\left(\frac{w}{\beta}\right) = \arg\alpha$ 이므로, $\triangle ORQ \backsim \triangle OPB$

$$\therefore\ \angle OPB = 90° \qquad \cdots ⑩$$

⑨, ⑩에 의하여, P, Q는 중심 $A\left(\frac{1}{2}\right)$, 반지름 $\frac{1}{2}$인 원의 원주 상에 있다.

[문제 3] (1)

$$\frac{f_n((k+1)h) - f_n(kh)}{h} = \{1 - f_n(kh)\} f_n((k+1)h)$$

양변을 $f_n((k+1)h) f_n(kh)$로 나누면,

$$\frac{1}{h}\left\{\frac{1}{f_n(kh)} - \frac{1}{f_n((k+1)h)}\right\} = \frac{1}{f_n(kh)} - 1$$

$p_k = \frac{1}{f_n(kh)}$, $p_{k+1} = \frac{1}{f_n((k+1)h)}$을 대입하면,

$$p_{k+1} = (1-h)p_k + h$$
$$p_{k+1} - 1 = (1-h)(p_k - 1)$$
$$\therefore\ p_k - 1 = (1-h)^k (p_0 - 1)$$

$p_0 = \frac{1}{f_n(0)} = \frac{1}{c}$이므로,

$$\therefore\ p_k = 1 + \left(\frac{1}{c} - 1\right)(1-h)^k \quad (k = 0, 1, \cdots, n)$$

…(답) ■

(2)

(1)의 결과와 $a = nh$에서

$$f_n(a) = f_n(nh) = \frac{1}{p_n} = \frac{1}{1 + \left(\frac{1}{c} - 1\right)\left(1 - \frac{a}{n}\right)^n}$$

$\lim\limits_{t \to \pm 0} (1+t)^{\frac{1}{t}} = e$ 이므로, $t = -\frac{a}{n}$으로 놓으면

$$\lim_{n\to\infty}\left(1 - \frac{a}{n}\right)^n = \lim_{t\to -0}\left\{(1+t)^{\frac{1}{t}}\right\}^{-a} = e^{-a}$$

$$\therefore\ g(a) = \lim_{n\to\infty} f_n(a) = \frac{1}{1 + \left(\frac{1}{c} - 1\right)e^{-a}}$$

…(답) ■

(3) (2)의 결과에 의하여,

$c=2$인 경우, $g(x) = \frac{2}{2 - e^{-x}}$

$c=1$인 경우, $g(x) = 1$

$c = \frac{1}{4}$인 경우, $g(x) = \frac{1}{1 + 3e^{-x}}$

e^{-x}가 단조감소 하는 것에 주의하여
$y=g(x)$의 그래프를 그리면 다음과 같다.

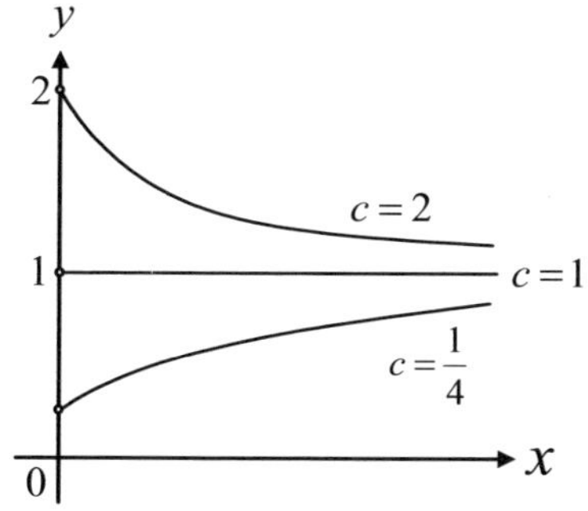

■

[문제 4]

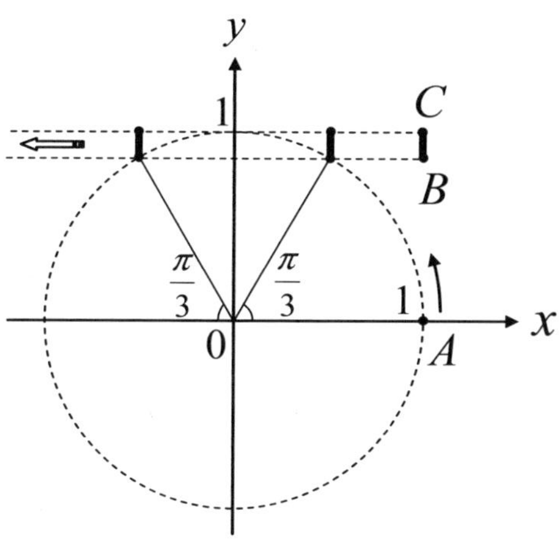

먼저, 문제의 의미를 살펴보면
그림과 같이 점 A는
반경 1인 원을 $(1, 0)$을 출발하여 양의 방향으로 일정한 속력으로 회전하며,
1회전당 2π의 시간이 소요된다.

또, 선분 BC는 길이와 기울기를 유지하며
x축에 평행하게
일정한 속력 v로 좌로만 운동한다.

> 문제 (1)에서 A가 1회전하는 동안 만나지 않으려면, $\overline{BC}$가 어떤 속력보다 빠르거나, 어떤 속력보다 느려야 함을 알 수 있다.

> 문제 (2)에서 한 번만 만나는 경우는 너무 느리거나 너무 빠르면 안 된다. 너무 빠르면 만나지 않으며, 너무 느리면 A가 회전하면서 2회 이상(유한번) 만나기 때문이다. 따라서, (1)번과 달리, 속력 v값이 유한값들 사이에 존재함을 예상할 수 있다.

(1) 점 A와 선분 BC가 $0\leq t\leq 2\pi$에서 만날 조건은

$\cos t=1-vt$

$\Leftrightarrow 1-\cos t=vt$

를 만족하는 t가

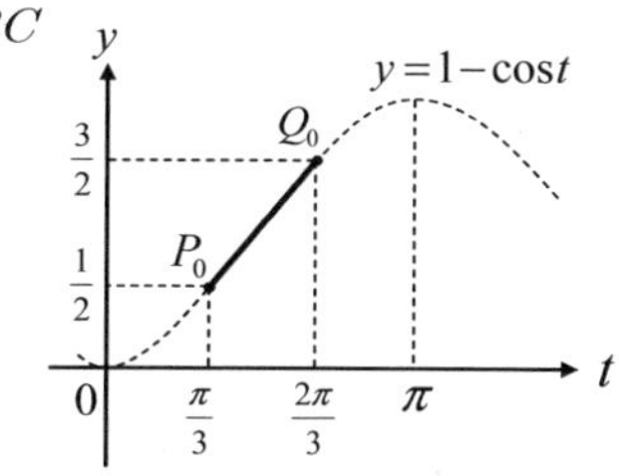

$\dfrac{\pi}{3}\leq t\leq\dfrac{2\pi}{3}$의 범위에서 존재하는 것이다.

$y=1-\cos t$의 그래프는 위와 같으며,
직선 $y=vt$가

점 $P_0\left(\dfrac{\pi}{3}, \dfrac{1}{2}\right)$을 지나는 경우, $v=\dfrac{3}{2\pi}$

점 $Q_0\left(\dfrac{2\pi}{3}, \dfrac{3}{2}\right)$을 지나는 경우, $v=\dfrac{9}{4\pi}$

구하는 조건은 $y=vt$가 곡선호(曲線弧) P_0Q_0와 만나지 않는 것이므로,

$$0<v<\frac{3}{2\pi} \quad \text{or} \quad \frac{9}{4\pi}<v \quad \cdots(\text{답})$$ ■

(2) $y=1-\cos t$ 상의

점 $\left(\dfrac{\pi}{3}+2n\pi, \dfrac{1}{2}\right)$을 P_n,

점 $\left(\dfrac{2\pi}{3}+2n\pi, \dfrac{3}{2}\right)$을 Q_n

으로 놓자. (단, $n=0,1,2,\cdots$)

이제, 직선 OP_n, OQ_n의 방정식을 각각

$y=f_n(t),\ y=g_n(t)$

로 놓고,
곡선호 P_nQ_n들과의 교점을 고려해보자.

$$f_n(t) = \frac{3t}{2(6n+1)\pi},\ g_n(t) = \frac{9t}{2(6n+2)\pi}$$

$f_0\left(\frac{8\pi}{3}\right) = 4 > 2$이므로, 직선 $y = f_0(t)$는

곡선호 $P_nQ_n\ (n = 1, 2, \cdots)$들과 만나지 않는다.

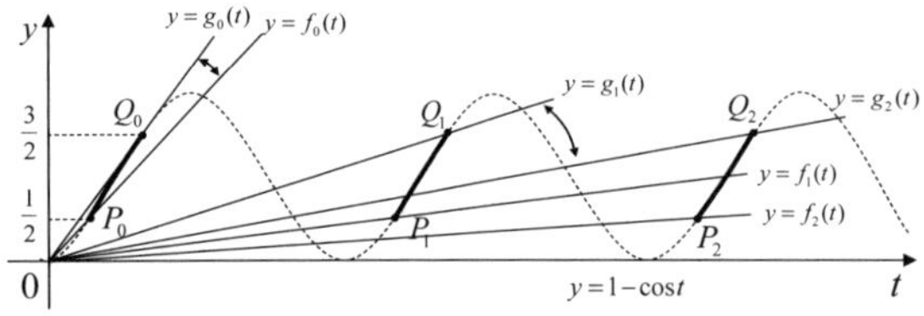

또, $n \geqq 1$인 경우

$$f_n\left(\frac{2\pi}{3} + (2n+2)\pi\right) = \frac{3n+4}{6n+1} = \frac{1}{2} + \frac{7}{2(6n+1)} < \frac{3}{2}$$

$$g_{n+1}\left(\frac{\pi}{3} + 2n\pi\right) = \frac{3(6n+1)}{2(6n+8)} = \frac{3}{2} - \frac{21}{2(6n+8)} > \frac{1}{2}$$

이므로,

직선 OP_n은

곡선호 $P_{n+1}Q_{n+1}$과 반드시 만나며,

직선 OQ_{n+1}은

곡선호 P_nQ_n과 반드시 만난다.

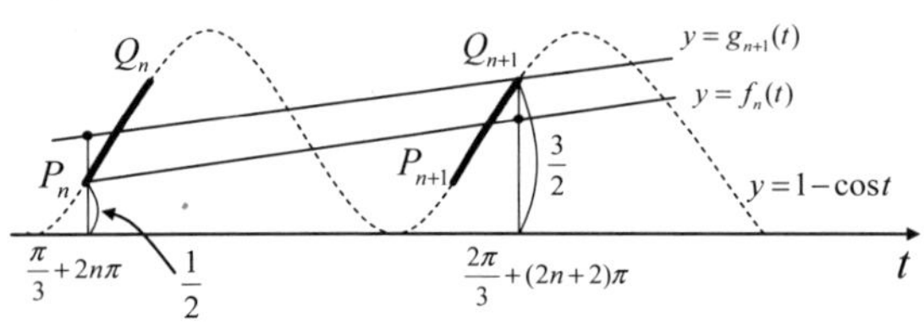

따라서, $n \geqq 1$인 경우,

직선 $y = vt$와 곡선호의 집합 $P_nQ_n\ (n = 1, 2, \cdots)$이 1개의 교점만을 가질 조건은

$$\frac{g_2(t)}{t} < v \leqq \frac{g_1(t)}{t} \qquad \therefore\ \frac{9}{28\pi} < v \leqq \frac{9}{16\pi}$$

이상에서 v가 취할 수 있는 값의 범위는

$$\frac{3}{2\pi} \leqq v \leqq \frac{9}{4\pi},\ \frac{9}{28\pi} < v \leqq \frac{9}{16\pi} \qquad \cdots(\text{답})\ ■$$

[문제 5]

(1) 0부터 9까지의 수 중, 두 수의 합이 9가 되는 것은 $\{0, 9\}$, $\{1, 8\}$, $\{2, 7\}$, $\{3, 6\}$, $\{4, 5\}$의 5가지 조합이다.

따라서, 각 자리의 숫자를 1개 결정하면, 사용할 수 없는 숫자가 1개 정해진다.

천의 자리는 0이 될 수 없으므로 구하는 개수는 $9 \times 8 \times 6 \times 4 = 1728$(개) $\cdots$(답) ■

(2) S의 원소 중 1자리수는 9(개)

2자리수는 $9 \times 8 = 72$(개)

3자리수는 $9 \times 8 \times 6 = 432$(개)

이므로,

S의 원소 중 2000번째로 큰 수는 4자리 수의 $2000 - (9 + 72 + 432) = 1487$(번째)의 수이다.

4자리 수 중, 천의 자리가 1인 것의 개수는

$1 \times 8 \times 6 \times 4 = 192$(개)

이며 천의 자리가 $2, 3, \cdots$ 인 경우도 같으므로, $1487 = 192 \times 7 + 143$에서 천의 자리가 8인 것의 143번째 수이다.

천의 자리가 8, 백의 자리가 0인 것의 개수는

$6 \times 4 = 24$(개)

이며 백의 자리가 $2, 3, \cdots$ 인 경우도 같으므로, $143 = 24 \times 5 + 23$에서 백의 자리가 6인 것의 23번째 수이다. $\cdots$ (*)

여기서, 6개의 수

$\{0, 9\}$, $\{2, 7\}$, $\{4, 5\}$

만 아직 사용하지 않은 것에 주의하면,

$23 = 4 \times 5 + 3$

에서 십의 자리는 9, 일의 자리는 5이다.

답 : 8695 ■

〈 참 고 〉(*)

86□□ 형태의 수 중 끝에서 두 번째 수를 구하여도 된다.

$\cdots$, 8692, 8694, <u>8695</u>, 8697

[문제 6]

(1) 양변의 행렬을 계산하면,

$$\begin{pmatrix} 1 & c+a & ab \\ 0 & 1 & b \\ 0 & 0 & 1 \end{pmatrix} = \begin{pmatrix} 1 & y & yz \\ 0 & 1 & z+x \\ 0 & 0 & 1 \end{pmatrix}$$

$$\therefore\ x = \frac{bc}{c+a},\ y = c+a,\ z = \frac{ab}{c+a} \quad \cdots(답)\ ■$$

(2) b를 고정하고 생각하자.

(1)의 결과와 $y=t$에서,

$$\begin{pmatrix} x \\ z \end{pmatrix} = \frac{b}{t}\begin{pmatrix} c \\ a \end{pmatrix} \quad \cdots ① \qquad c+a=t \quad \cdots ②$$

이며,

점 (c, a)의 존재 범위는 그림 1과 같다.

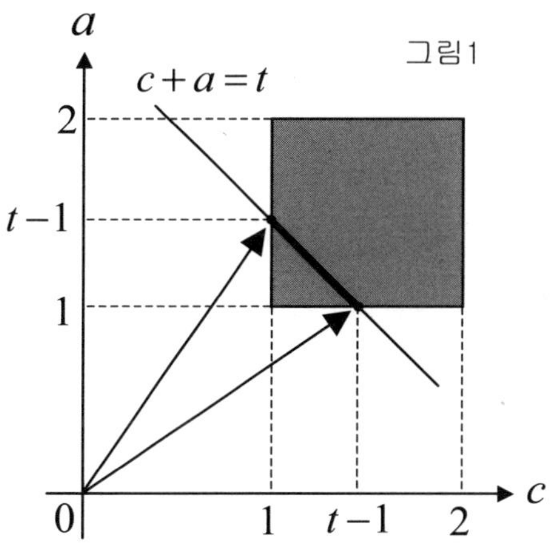

그림1

(i) $2 \leq t \leq 3$인 경우

①,②에서 점 (x, z)는 2점

$$\left(\frac{b}{t}, \frac{b(t-1)}{t}\right),\ \left(\frac{b(t-1)}{t}, \frac{b}{t}\right)$$

를 연결한 선분 상을 움직인다.

따라서, b를 $1 \leq b \leq 2$의 범위에서 움직이면 잘린 단면은 그림 2와 같이 되며,

면적을 $S_1(t)$이라 하면,

$$S_1(t) = 3 \cdot \frac{1}{2}\left|\frac{1}{t^2}\{(t-1)^2-1\}\right| = \frac{3}{2}\left(1-\frac{2}{t}\right)$$

$\cdots$(답) ■

(ii) $3 \leq t \leq 4$인 경우

①,②에서 점 (x, z)는 2점

$$\left(\frac{b(t-2)}{t}, \frac{2b}{t}\right),\ \left(\frac{2b}{t}, \frac{b(t-2)}{t}\right)$$

를 연결한 선분 상을 움직인다.

따라서, b를 $1 \leq b \leq 2$의 범위에서 움직이면 잘린 단면은 그림 3과 같이 되며,

면적을 $S_2(t)$이라 하면,

$$S_2(t) = 3 \cdot \frac{1}{2}\left|\frac{1}{t^2}\{4-(t-2)^2\}\right| = \frac{3}{2}\left(\frac{4}{t}-1\right)$$

$\cdots$(답) ■

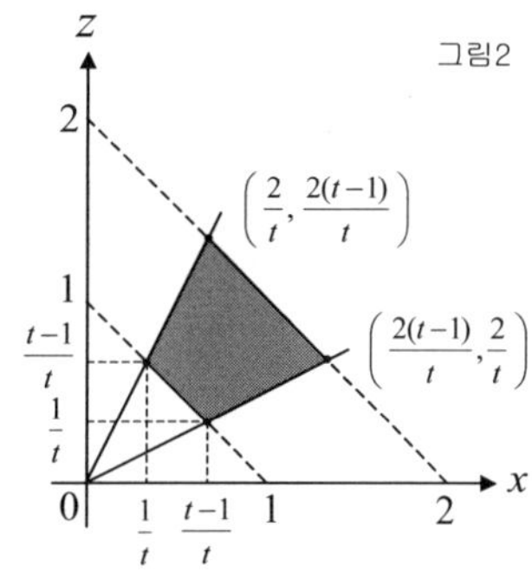

그림2

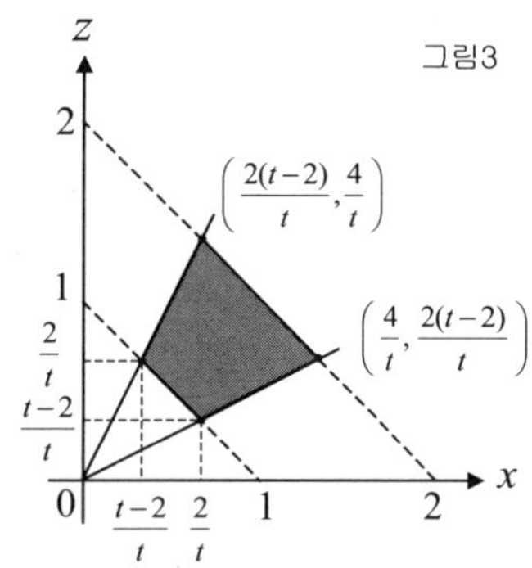

그림3

(3)

(2)의 결과에 의하여, 체적을 V라 하면

$$V = \int_2^3 S_1(t)\,dt + \int_3^4 S_2(t)\,dt$$

$$= \frac{3}{2}\Big[t-2\log t\Big]_2^3 + \frac{3}{2}\Big[4\log t - t\Big]_3^4$$

$$= 15\log 2 - 9\log 3 \qquad \cdots(답)\ ■$$

〈 2000年 前期 – 文科 〉 時間 : 100分

1. 그림과 같이 밑면의 반지름 1, 윗면의 반지름 $1-x$, 높이 $4x$인 직원뿔대 A와 밑면의 반지름 $1-\frac{x}{2}$, 윗면의 반지름 $\frac{1}{2}$, 높이 $1-x$인 직원뿔대 B가 있다. 단, $0 \leqq x \leqq 1$이다.
A와 B의 체적의 합을 $V(x)$라 할 때, $V(x)$의 최댓값을 구하여라.

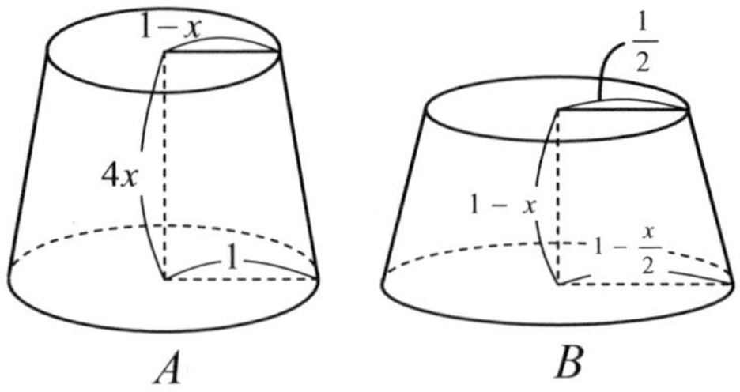

2. xy평면상의 영역 $-1 \leqq x \leqq 1$, $-1 \leqq y \leqq 1$에서의 $1-ax-by-axy$의 최솟값이 양수로 되는 상수 a, b를 좌표로 하는 점 $(a,\ b)$의 범위를 도시하라.

3. 정사면체의 각 꼭짓점을 A_1, A_2, A_3, A_4라 하자.
동점 X는 한 꼭짓점에서 출발하여, 매 1초마다 다른 3개의 꼭짓점 중 하나로 같은 확률로 이동한다. X가 n초 후에 A_i에 존재할 확률을 $P_i(n)$ $(n=0,\ 1,\ 2,\ \cdots)$로 표시하자.

$$P_1(0)=\frac{1}{4},\ P_2(0)=\frac{1}{2},\ P_3(0)=\frac{1}{8},\ P_4(0)=\frac{1}{8}$$

이라 할 때, $P_1(n)$과 $P_2(n)$을 구하여라. $(n=0,1,2,\cdots)$

4. 복소평면상의 원점 이외의 서로 다른 두 점 $P(\alpha)$, $Q(\beta)$를 고려해보자. $P(\alpha)$, $Q(\beta)$를 지나는 직선을 l, 원점에서 l에 내린 수선과 l의 교점을 $R(w)$라 하자.
단, 복소수 r을 표시하는 점 C를 $C(r)$로 쓴다. 이때, 명제 [$w=\alpha\beta$이기 위한 필요충분조건은 $P(\alpha)$, $Q(\beta)$가 중심 $A\left(\frac{1}{2}\right)$, 반지름 $\frac{1}{2}$인 원의 원주상에 있는 것이다.]를 증명하여라.

(이과 2번과 같음)

[문제1]
다음 그림의 음영부분을 직선 OA 둘레로 회전시켜 얻어지는 원뿔대의 체적을 V라 하자.

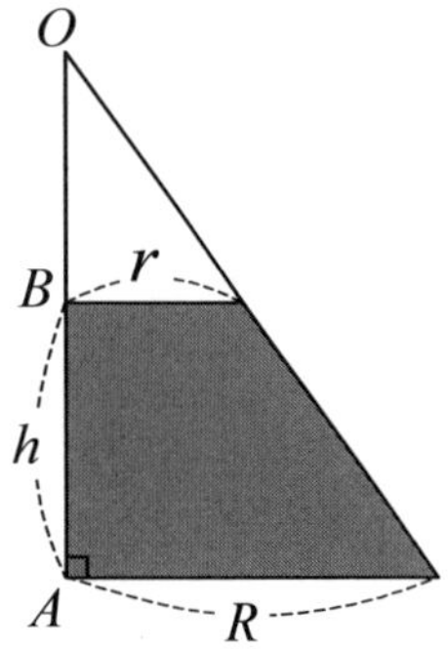

$\overline{OB}=\frac{rh}{R-r}$이므로,

$$V=\frac{1}{3}\pi R^2(h+\overline{OB})-\frac{1}{3}\pi r^2\,\overline{OB}$$
$$=\frac{\pi}{3}\{R^2h+(R^2-r^2)\,\overline{OB}\}$$
$$=\frac{\pi}{3}\left\{R^2h+(R+r)(R-r)\frac{rh}{R-r}\right\}$$
$$=\frac{\pi}{3}h(R^2+Rr+r^2)$$

$$V(x)=\frac{\pi}{3}\cdot 4x\cdot\{1^2+1\cdot(1-x)+(1-x)^2\}$$
$$+\frac{\pi}{3}\cdot(1-x)\cdot\left\{\left(1-\frac{x}{2}\right)^2+\left(1-\frac{x}{2}\right)\cdot\frac{1}{2}+\left(\frac{1}{2}\right)^2\right\}$$

$$=\frac{\pi}{12}(15x^3-42x^2+36x+7) \quad (0\leqq x\leqq 1)$$

$V'(x)=\frac{\pi}{4}(3x-2)(5x-6)$이므로,

$V(x)$의 최댓값은 $V\left(\frac{2}{3}\right)=\frac{\pi}{12}\cdot\frac{151}{9}=\frac{151}{108}\pi$

…(답) ■

[문제 2]

$f(x, y)=1-ax-by-axy$로 놓자.

y를 고정하면 $z=f(x, y)$는 xz평면상의 직선을 나타내므로, $f(x, y)$가 $-1\leqq x\leqq 1$에서 양수로 되기 위한 조건은

$$\begin{cases} f(-1, y)=(a-b)y+a+1>0 \\ f(1, y)=-(a+b)y-a+1>0 \end{cases}$$

이제, $z=f(-1, y)$, $z=f(1, y)$는 yz평면에서 직선을 나타내므로, $-1\leqq y\leqq 1$에 있어서 최솟값이 양수로 되기 위한 조건은

$$\begin{cases} f(-1, -1)=b+1>0 \\ f(-1, 1)=2a-b+1>0 \\ f(1, -1)=b+1>0 \\ f(1, 1)=-2a-b+1>0 \end{cases}$$

$\therefore\ b>-1,\ b<2a+1,\ b<-2a+1$

따라서, 점 (a, b)의 범위는 그림의 음영부분이며, 경계는 모두 제외한다.

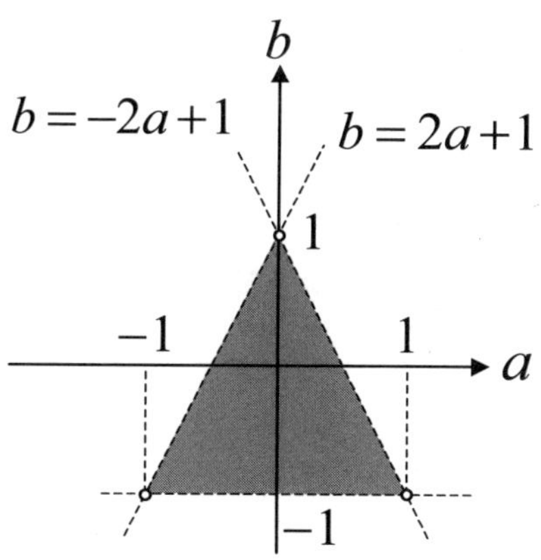

■

[문제 3]

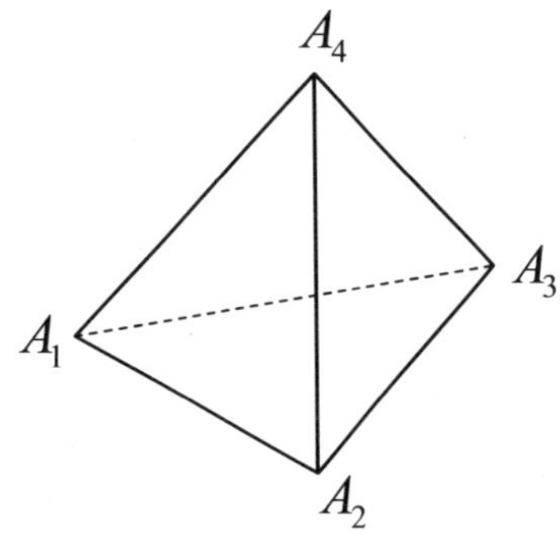

X가 $n+1$초 후에 A_i에 위치하기 위해서는 n초 후에 A_i 이외의 점에 위치해야 하고, 그 각각의 점에서

A_i로 이동할 확률은 모두 $\frac{1}{3}$이므로,

$$P_i(n+1)=\frac{1}{3}(1-P_i(n)) \quad (n\geqq 0)$$

$$P_i(n+1)-\frac{1}{4}=-\frac{1}{3}\left(P_i(n)-\frac{1}{4}\right)$$

$$P_i(n)-\frac{1}{4}=\left(-\frac{1}{3}\right)^n\left(P_i(0)-\frac{1}{4}\right)$$

$$\therefore\ P_i(n)=\frac{1}{4}+\left(-\frac{1}{3}\right)^n\left(P_i(0)-\frac{1}{4}\right) \quad \cdots ①$$

①에 $i=1$을 대입하면, $P_1(0)=\frac{1}{4}$에서

$\therefore\ P_1(n)=\frac{1}{4}$ …(답) ■

①에 $i=2$를 대입하면, $P_2(0)=\frac{1}{2}$에서

$\therefore\ P_2(n)=\frac{1}{4}\left\{1+\left(-\frac{1}{3}\right)^n\right\}$ …(답) ■

〈 2000年 後期 - 理科1類 〉 時間 : 150分

1. k를 양의 정수라 할 때, x를 변수로 하는 k차 다항식 $P_k(x)$에 대하여 조건

$$(C)\begin{cases} P_k(x)-P_k(x-1)=x^{k-1} \\ P_k(0)=0 \end{cases}$$

을 고려하자. 단, $x^0=1$로 정한다. 이때, 다음 문제에 답하여라.

(1) $k=1, 2$에 대하여, 조건 (C)를 만족하는 $P_k(x)$를 구하여라.

(2) $k \geqq 3$에 대하여, 조건 (C)를 만족하는 $P_k(x)$가 유일하게 존재함을 보여라.

(3) 양의 정수 k에 대하여, k차 다항식 $Q_k(x)$를 다음 조건이 성립하도록 정한다.

$$\begin{cases} Q_k(0)=Q_k(1)=\cdots=Q_k(k-1)=0 \\ Q_k(k)=1 \end{cases}$$

이때, k개의 정수 $c_1, c_2, \cdots, c_k$가 각각 유일하게 존재하여,

$$P_k(x)=\sum_{j=1}^{k} c_j Q_j(x)$$

로 표시됨을 보여라.

2. 양의 정수 l이 주어져 있다. 각 양의 정수 n에 대하여, 함수 $y=x^l \sin nx$, $0 \leqq x \leqq 2\pi$의 그래프와 x축으로 둘러싸인 도형을 C_n이라 하자.

(1) C_n을 x축 둘레로 회전시켜 얻어지는 입체의 체적 V_n에 대하여, 극한값 $\lim_{n\to\infty} V_n$을 구하여라.

(2) C_n을 y축 둘레로 회전시켜 얻어지는 입체의 체적 W_n에 대하여, 극한값 $\lim_{n\to\infty} W_n$을 구하여라.

3. 등에 1부터 5까지의 번호를 단 5명이 등번호 순으로 테이블 앞에 서 있다.
최초 5명은 각자 손에 3개의 동전을 가지고 있으며, 등번호 순으로 반드시 1개 또는 2개의 동전을 테이블 위에 놓고 맨뒤로 간다.
등번호가 5인 사람이 동전을 놓고 맨뒤로 가면(1회 완료), 다시 등번호 1인 사람부터 손에 남아있는 동전을 테이블 위에 1개 또는 2개를 놓고 맨뒤로 간다.
단, 손 안에 2개 이상의 동전이 있을 때, 1개만 테이블 위에 놓을 확률은 p이며, p는 5명에게 동일하다.

(1) 1회 완료 후, 테이블 위에 7개의 동전이 놓여 있을 확률 Q를 구하여라.
또, Q를 최대로 하는 p의 값과 그때의 Q의 값을 구하여라.

(2) 1회 완료할 때, 등번호 5인 사람이 7번째 동전을 놓을 확률 R을 구하여라.
또, R을 최대로 하는 p의 값을 구하여라.

(3) 2회 완료 후, 테이블 위에 놓인 동전의 수의 기댓값을 구하여라.

[문제 1]

$$(C)\begin{cases} P_k(x)-P_k(x-1)=x^{k-1} \quad (k=1,\,2,\,\cdots) \\ P_k(0)=0 \end{cases}$$

(1) $P_1(x)$는 상수항이 0인 1차다항식이므로
$P_1(x)=ax\ (a\neq 0)$로 놓으면,
$P_1(x)-P_1(x-1)=1$에서 $ax-a(x-1)=1$
$a=1$이므로, $\therefore P_1(x)=x$ …(답) ■

$P_2(x)$는 상수항이 0인 2차다항식이므로
$P_2(x)=bx+cx^2\ (c\neq 0)$으로 놓으면,
$P_2(x)-P_2(x-1)=x$ 에서

$$bx+cx^2-\{b(x-1)+c(x-1)^2\}=x$$

$$(b-c)+2cx=x \qquad \therefore b=c=\frac{1}{2}$$

$$\therefore P_2(x)=\frac{1}{2}x(1+x) \qquad \cdots(\text{답})$$ ■

(2) k에 관한 수학적 귀납법으로 보이자.
2 이상의 정수 k에 대하여 조건 (C)를 만족하는 k차다항식 $P_k(x)$가 존재하며 유일하다고 가정하자. 이때,

$$\begin{cases} P_{k+1}(x)-P_{k+1}(x-1)=x^k & \cdots ① \\ P_{k+1}(0)=0 & \cdots ② \end{cases}$$

을 만족하는 $k+1$차다항식 $P_{k+1}(x)$가 존재하며 유일하다는 것을 보이면 된다.

(i) $P_{k+1}(x)$의 존재성

$P_k(x)=\sum_{i=1}^{k} a_i x^i \quad (a_k\neq 0)$으로 놓자.

조건 ①, ②를 만족하는 $P_{k+1}(x)$를 $P_k(x)$로부터 찾아보자.

$$P_{k+1}(x)-P_{k+1}(x-1)=x^k$$

$$\Leftrightarrow P_{k+1}'(x)-P_{k+1}'(x-1)=kx^{k-1}$$

$$\Leftrightarrow P_{k+1}'(x)-P_{k+1}'(x-1)=k(P_k(x)-P_k(x-1)) = kP_k(x)-kP_k(x-1)$$

$$\overset{*}{\leftrightarrow} \quad P_{k+1}'(x)=kP_k(x)+C \quad (C:\text{상수}) = k\sum_{i=1}^{k} a_i x^i + C$$

$$\Leftrightarrow \quad P_{k+1}(x)=k\sum_{i=1}^{k}\frac{a_i}{i+1}x^{i+1}+Cx \qquad \cdots ③$$

$x=1$을 ①에 대입하면,

$$P_{k+1}(1)-P_{k+1}(1-1)=1^k \qquad \therefore P_{k+1}(1)=1$$

$x=1$을 ③에 대입하면,

$$P_{k+1}(1)=k\sum_{i=1}^{k}\frac{a_i}{i+1}+C=1$$

$$\therefore C=1-k\sum_{i=1}^{k}\frac{a_i}{i+1}$$

이상에서, $P_k(x)$에 의하여 결정되며, 조건 ①, ②를 만족하는 $k+1$차다항식

$$P_{k+1}(x)=k\sum_{i=1}^{k}\frac{a_i}{i+1}x^{i+1}+\left(1-k\sum_{i=1}^{k}\frac{a_i}{i+1}\right)x$$

가 존재한다.

> k차다항식 $A(x), B(x)$에 대하여
> $$A(x)-A(x-1)=B(x)-B(x-1)$$
> $$\overset{*}{\leftrightarrow} \quad A(x)=B(x)+C$$

(ii) $P_{k+1}(x)$의 유일성

$P_{k+1}(x)=\sum_{i=1}^{k+1} b_i x^i \quad (b_{k+1}\neq 0)$이
①, ②를 만족하는 $k+1$차다항식이라고 하자.

①의 양변을 x에 관하여 미분한 후 k로 나누면,

$$\frac{1}{k}P_{k+1}'(x)-\frac{1}{k}P_{k+1}'(x-1)=x^{k-1}$$

$$\Leftrightarrow \frac{1}{k}\{P_{k+1}'(x)-b_1\}-\frac{1}{k}\{P_{k+1}'(x-1)-b_1\}=x^{k-1}$$

$P_{k+1}'(0)=b_1$이므로,

$$R_k(x)=\frac{1}{k}\{P_{k+1}'(x)-b_1\}$$

으로 놓으며, $R_k(x)$는 k차다항식이며

$$R_k(x)-R_k(x-1)=x^{k-1}, \quad R_k(0)=0$$

따라서, 귀납법의 가정에 의하여
$R_k(x)$는 유일하게 존재하며

$$P_{k+1}'(x) = kR_k(x) + b_1$$

에서, $b_2, b_3, \cdots, b_{k+1}$은 유일하게 결정된다.

또, $P_{k+1}(1) = 1$이므로,
b_1도 유일하게 결정된다.

따라서, $P_{k+1}(x)$는 유일하게 결정된다.

(ⅰ), (ⅱ)와 (1)의 결과에 의하여,
문제는 증명되었다. ■

(3) $Q_k(x)$를 정하는 방법에 의하여,

$$Q_k(x) = \frac{1}{k!}x(x-1)(x-2)\cdots(x-k+1)$$

먼저, 자연수 n에 대하여,

> $S_n(0) = 0$인 n차다항식 $S_n(x)$는
> $$S_n(x) = \sum_{j=1}^{n} c_j Q_j(x) \quad (c_j \text{ : 실수})$$

로 표시될 수 있음을 보이자.

(ⅰ) $k=1$인 경우 :
$S_1(x) = ax$에 대하여, $c_1 = a$

(ⅱ) $S_k(0) = 0$을 만족하는
k차 이하의 임의의 다항식 $S_k(x)$가

$$S_k(x) = \sum_{j=1}^{k} c_j Q_j(x) \quad (c_j \text{ : 실수})$$

로 표시될 수 있다고 가정하자.

이제, $S_{k+1}(x)$를
$S_{k+1}(0) = 0$인 $k+1$차다항식이라고 하면,

$$S_{k+1}(x) - c_{k+1}Q_{k+1}(x)$$

가 k차 이하의 다항식이 되도록 실수 c_{k+1}을 정할 수 있으므로 귀납법가정에 의하여,

$$S_{k+1}(x) - c_{k+1}Q_{k+1}(x) = \sum_{j=1}^{k} c_j Q_j(x) \quad (c_j \text{ : 실수})$$

$$\therefore S_{k+1}(x) = \sum_{j=1}^{k+1} c_j Q_j(x) \quad (c_j \text{ : 실수})$$

(ⅰ), (ⅱ)와
수학적 귀납법에 의하여 증명되었다.

따라서,

$$P_k(x) = c_1Q_1(x) + c_2Q_2(x) + \cdots + c_kQ_k(x) \quad \cdots ④$$

로 놓을 수 있다.

> $P_k(x)$는 $P_k(0) = 0$인 k차다항식

이제, $c_1, c_2, \cdots, c_n$은 모두 정수이며
유일하게 결정됨을 보이면 된다.

조건(C)에 의하여,

$$\begin{cases} P_k(1) = 1 \\ P_k(2) = 1 + 2^{k-1} \\ P_k(3) = 1 + 2^{k-1} + 3^{k-1} \\ \quad\vdots \\ P_k(k) = 1 + 2^{k-1} + 3^{k-1} + \cdots + k^{k-1} \end{cases}$$

이므로,

$$P_k(1),\ P_k(2),\ \cdots,\ P_k(k)$$

는 모두 정수이다.

또,

$$\begin{cases} Q_j(0) = Q_j(1) = \cdots = Q_j(j-1) = 0,\ Q_j(j) = 1 \\ m \geq j+1 \text{이면, } Q_j(m) \text{은 정수} \quad \cdots (*) \end{cases}$$

임에 주의하여, ④에
$x=1$을 대입하면, $c_1 = P_k(1)$: 정수
$x=2$를 대입하면, $P_k(2) = c_1 \cdot Q_1(2) + c_2$
$\therefore c_2 = P_k(2) - c_1 \cdot Q_1(2)$: 정수

같은 방법으로, $c_1, c_2, \cdots, c_n$은
모두 정수이며 유일하게 결정된다. ■

〈 참고 〉

$m \geqq j+1$ 이면, $Q_j(m)$은 정수 $\cdots(*)$

연속하는 j개의 정수의 곱은 $j!$로 나누어떨어지므로, $m \geqq j+1$인 정수 m에 대하여 $Q_j(m)$은 정수이다.

또는, $m \geqq j+1$ 이면

$$Q_j(m) = \frac{m(m-1)\cdots(m-j+1)}{j!}$$
$$= \frac{m!}{j!(m-j)!} = {}_mC_j$$

에서, $Q_j(m)$이 정수임을 알 수 있다.

〈 연구 〉

$P_k(0)=\alpha_0,\ P_k(1)=\alpha_1,\ \cdots,\ P_k(k)=\alpha_k$

로 되는 k차다항식 $P_k(x)$는

$$P_k(x) = \lambda_0 + \lambda_1 x + \lambda_2 x(x-1) + \lambda_3 x(x-1)(x-2) + \cdots + \lambda_k x(x-1)(x-2)\cdots(x-k+1)$$

로 됨을 수학적 귀납법으로 보일 수 있다.

또, $P_k(0)=\alpha_0,\ P_k(1)=\alpha_1,\ \cdots,\ P_k(k)=\alpha_k$에서, 순차적으로 $\lambda_0,\ \lambda_1,\ \cdots,\ \lambda_k$를 정하여 $P_k(x)$를 구하는 방법을 "Newton 보간법"이라 한다.

[문제 2]

(1)

$$V_n = \pi\int_0^{2\pi}(x^l \sin nx)^2 dx$$
$$= \pi\int_0^{2\pi} x^{2l}\cdot\frac{1-\cos 2nx}{2}dx \qquad (t=2nx)$$
$$= \frac{\pi}{2}\left[\frac{x^{2l+1}}{2l+1}\right]_0^{2\pi} - \frac{\pi}{2}\int_0^{4n\pi}\left(\frac{t}{2n}\right)^{2l}\cos t\cdot\frac{1}{2n}dt$$
$$= \frac{(2\pi)^{2l+2}}{4(2l+1)} - \frac{\pi}{2}\left(\frac{1}{2n}\right)^{2l+1}\int_0^{4n\pi} t^{2l}\cos t\, dt$$

여기서, 부분적분을 이용하면,

$$\int_0^{4n\pi} t^{2l}\cos t\, dt = \int_0^{4n\pi} t^{2l}(\sin t)'\, dt$$
$$= \left[t^{2l}\sin t\right]_0^{4n\pi} - \int_0^{4n\pi} 2l\cdot t^{2l-1}\sin t\, dt$$
$$= -2l\int_0^{4n\pi} t^{2l-1}\sin t\, dt$$

$$\therefore \left|\int_0^{4n\pi} t^{2l}\cos t\, dt\right| \leqq 2l\int_0^{4n\pi}|t^{2l-1}\sin t|\, dt$$
$$\leqq 2l\int_0^{4n\pi} t^{2l-1}\, dt = (4n\pi)^{2l}$$

$$\left|\frac{\pi}{2}\left(\frac{1}{2n}\right)^{2l+1}\int_0^{4n\pi} t^{2l}\cos t\, dt\right|$$
$$\leqq \frac{4^{l-1}\pi^{2l+1}}{n} \xrightarrow[(n\to\infty)]{} 0$$

$$\therefore \lim_{n\to\infty} V_n = \frac{(2\pi)^{2l+2}}{4(2l+1)} \qquad \cdots(\text{답})$$ ■

(2)

$$W_n = \int_0^{2\pi} 2\pi x|x^l \sin nx|dx$$
$$= \int_0^{2n\pi} 2\pi\left(\frac{t}{n}\right)^{l+1}|\sin t|\cdot\frac{1}{n}dt \quad (t=nx)$$
$$= \frac{2\pi}{n^{l+2}}\int_0^{2n\pi} t^{l+1}|\sin t|dt$$
$$= \frac{2\pi}{n^{l+2}}\sum_{k=1}^{2n}\int_{(k-1)\pi}^{k\pi} t^{l+1}|\sin t|dt$$

여기서, $(k-1)\pi \leqq t \leqq k\pi$의 범위에서

$\{(k-1)\pi\}^{l+1}|\sin t| \leqq t^{l+1}|\sin t| \leqq (k\pi)^{l+1}|\sin t|$

이므로,

$\displaystyle\int_{(k-1)\pi}^{k\pi}|\sin t|dt = 2$ 임에 주의하면,

$$\frac{2\pi}{n^{l+2}}\sum_{k=1}^{2n} 2\{(k-1)\pi\}^{l+1} \leqq W_n$$
$$\leqq \frac{2\pi}{n^{l+2}}\sum_{k=1}^{2n} 2(k\pi)^{l+1}$$

여기서,

$$\lim_{n\to\infty}\frac{2\pi}{n^{l+2}}\sum_{k=1}^{2n}2\{(k-1)\pi\}^{l+1}$$
$$=\lim_{n\to\infty}2\cdot\pi^{l+2}\cdot\frac{1}{n}\sum_{k=1}^{2n}2\left(\frac{k-1}{n}\right)^{l+1}$$
$$=2\pi^{l+2}\int_0^2 2x^{l+1}\,dx=\frac{4(2\pi)^{l+2}}{l+2}$$

같은 방법으로,

$$\lim_{n\to\infty}\frac{2\pi}{n^{l+2}}\sum_{k=1}^{2n}2(k\pi)^{l+1}=\frac{4(2\pi)^{l+2}}{l+2}$$

이므로,

$$\frac{4(2\pi)^{l+2}}{l+2}\leqq\lim_{n\to\infty}W_n\leqq\frac{4(2\pi)^{l+2}}{l+2}$$

$$\therefore\ \lim_{n\to\infty}W_n=\frac{4(2\pi)^{l+2}}{l+2}\qquad\cdots(\text{답})\ ■$$

[문제 3]

(1) 1개를 놓은 사람이 3명,
2개를 놓은 사람이 2명인 경우이므로,

$$Q={}_5C_3\,p^3(1-p)^2$$
$$=10p^3(1-p)^2\qquad\cdots(\text{답})\ ■$$

$$\frac{dQ}{dp}=10\{3p^2(1-p)^2+p^3\cdot 2(1-p)(-1)\}$$
$$=10p^2(1-p)(3-5p)$$

이므로,

Q는 $p=\dfrac{3}{5}$에서 최대이다.

$$\therefore\ p=\frac{3}{5},\ Q=\frac{216}{625}\qquad\cdots(\text{답})\ ■$$

(2) 등번호 4인 사람까지 동전을 놓은 후, 테이블 위의 동전의 총개수가 5 또는 6인 경우이다.
($\because\ 5+\underline{2}=7$ or $6+\underline{1}=7$ or $6+\underline{2}=8$)

$$R={}_4C_3\,p^3(1-p)\times(1-p)+{}_4C_2\,p^2(1-p)^2$$
$$=2p^2(1-p)^2(3+2p)\qquad\cdots(\text{답})\ ■$$

$$\frac{dR}{dp}=2\{2p(1-p)^2(3+2p)$$
$$-2p^2(1-p)(3+2p)+p^2(1-p)^2\cdot 2\}$$
$$=4p(p-1)(5p^2+3p-3)$$

$\dfrac{dQ}{dp}=0$ $(0<p<1)$에서 $p=\dfrac{-3+\sqrt{69}}{10}$

$p=\dfrac{-3+\sqrt{69}}{10}$에서 극대이며 최대이므로
이 값에서 R은 최댓값을 갖는다.

$$\therefore\ p=\frac{-3+\sqrt{69}}{10}\qquad\cdots(\text{답})\ ■$$

(3)
2회째가 종료되었을 때까지, 등번호 i인 사람이 테이블 위에 놓은 동전의 수를 X_i로 놓자.
(즉, 1회째 놓은 동전의 수와 2회째 놓은 동전의 수의 합)

기댓값 $E(X_i)$는

$$\therefore\ E(X_i)=2\cdot p^2+3\cdot(1-p^2)=3-p^2$$

$E(X_1)=E(X_2)=E(X_3)=E(X_4)=E(X_5)$
이므로,
구하는 기댓값을 E라 하면

$$E=\sum_{i=1}^{5}E(X_i)$$
$$=\sum_{i=1}^{5}(3-p^2)$$
$$=5(3-p^2)\qquad\cdots(\text{답})\ ■$$

〈 2001年 前期 - 理科 〉 時間 : 150分

1. 반경 r인 구면에 네 점 A, B, C, D가 있다. 사면체 $ABCD$의 각 변의 길이는 $\overline{AB}=\sqrt{3}$, $\overline{AC}=\overline{AD}=\overline{BC}=\overline{BD}=\overline{CD}=2$이다. 이때, r의 값을 구하여라.

2. 다음 등식을 만족하는 함수 $f(x)$ $(0 \leqq x \leqq 2\pi)$가 유일하게 되는 실수 a, b의 조건을 구하여라. 또, 그때의 $f(x)$를 결정하여라. (단, $f(x)$는 구간 $0 \leqq x \leqq 2\pi$에서 연속함수이다.)

$$f(x)=\frac{a}{2\pi}\int_0^{2\pi}\sin(x+y)f(y)\,dy+\frac{b}{2\pi}\int_0^{2\pi}\cos(x-y)f(y)\,dy+\sin x+\cos x$$

3. 실수 $t>1$에 대하여, xy평면상의 점 $O(0,0)$, $P(1,1)$, $Q\left(t, \dfrac{1}{t}\right)$을 꼭짓점으로 하는 삼각형의 면적을 $a(t)$라 하고, $\overline{OP}$, $\overline{OQ}$와 쌍곡선 $xy=1$로 둘러싸인 부분의 면적을 $b(t)$라 하자. 이때, $c(t)=\dfrac{b(t)}{a(t)}$라 하면, 함수 $c(t)$는 $t>1$에서 감소함수임을 보여라.

4. 복소평면상의 점 a_1, a_2, $\cdots$, a_n, $\cdots$을 $a_1=1$, $a_2=i$, $a_{n+2}=a_{n+1}+a_n$ $(n=1,2,\cdots)$으로 정하고, $b_n=\dfrac{a_{n+1}}{a_n}$ $(n=1,2,\cdots)$로 놓자. 단, i는 허수단위이다.

(1) 세 점 b_1, b_2, b_3를 지나는 원 C의 중심과 반지름을 구하여라.

(2) b_n $(n=1,2,\cdots)$은 모두 원 C의 원주 상에 있음을 보여라.

5. 용량 1리터인 비커 $m\,(\geqq 4)$개에 물이 들어 있다. 단, 빈 비커는 없으며, 들어 있는 물의 총량은 1리터이다. 또, x리터의 물이 들어 있는 비커는 1개밖에 없으며, 다른 비커들에는 x리터 미만의 물이 들어 있다. 이때, 물이 들어 있는 비커가 2개 남을 때까지, 다음 (a)~(c)의 조작을 반복시행한다.

> (a) 물의 양이 가장 적은 비커를 선택한다.
> (b) 남은 비커 중에서 물의 양이 가장 적은 것을 선택한다.
> (c) 이어, (a)에서 선택한 비커에 들어있는 물을
> (b)에서 선택한 비커에 붓고, 빈 비커는 치운다.

단, 조작시 들어 있는 물의 양이 최소인 비커를 선택하는 방법이 유일하지 않은 경우, 그 중에 어느 것이나 선택될 가능성이 있는 것으로 한다.

(1) $x<\dfrac{1}{3}$인 경우, 최초에 x리터의 물이 들어 있던 비커는 조작도중 치워지거나 끝까지 남아 물의 양이 증가됨을 보여라.

(2) $x>\dfrac{2}{5}$인 경우, 최초에 x리터의 물이 들어 있던 비커는 최후까지 x리터가 들어 있는 상태 그대로 남아 있음을 보여라.

6. 동전을 던져 나온 결과에 따라, 수직선 상의 두 점 A, B를 다음과 같이 움직인다.

> 앞이 나온 경우 : 점 A의 좌표가 점 B의 좌표보다 크면,
> A와 B를 모두 양의 방향으로 1만큼 이동시킨다.
> 그렇지 않은 경우, A만 양의 방향으로 1만큼 이동시킨다.
> 뒤가 나온 경우 : 점 B의 좌표가 점 A의 좌표보다 크면,
> A와 B를 모두 양의 방향으로 1만큼 이동시킨다.
> 그렇지 않은 경우, B만 양의 방향으로 1만큼 이동시킨다.

최초, 두 점 A, B는 원점에 있으며, 위 조작을 n회 시행하였을 때의 A, B의 좌표를 각각 a, b라 하자.

(1) 동전을 n회 던져 앞뒤가 나오는 경우의 수 2^n 중, $a=b$인 경우의 수를 X_n이라 하자. X_{n+1}과 X_n의 관계식을 구하여라.

(2) X_n을 구하여라.

(3) 동전을 n회 던져 앞뒤가 나오는 경우 2^n가지에 있어서의 a의 평균을 구하여라.

[문제 1]

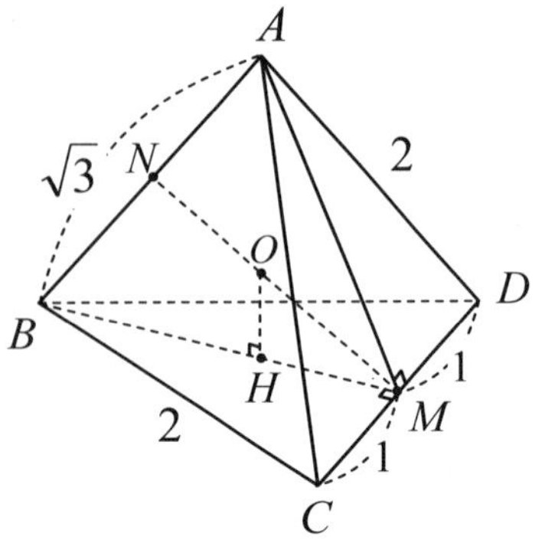

구의 중심을 O, O에서 $\triangle BCD$에 내린 수선의 발을 H로 놓으면, $\triangle BCD$는 한 변의 길이가 2인 정삼각형이므로 H는 $\triangle BCD$의 중심이 된다.

> $\overline{OB}=\overline{OC}=\overline{OD}$이며, $\overline{OH}$는 공통이므로
> $\triangle BHO \equiv \triangle CHO \equiv \triangle DHO$
> $\overline{BH}=\overline{CH}=\overline{DH}$가 되어,
> H는 정삼각형 BCD의 외심이 된다.

따라서, 변 CD의 중점을 M이라 하면,

$$\overline{BH}=\frac{2}{\sqrt{3}},\ \overline{MH}=\frac{1}{\sqrt{3}}$$

또, 변 AB의 중점을 N으로 놓으면, $\overline{OA}=\overline{OB}$이므로 O는 선분 MN 상에 있다.

$\triangle ABM$이 한 변의 길이가 $\sqrt{3}$인 정삼각형이므로, $\overline{OH}=\overline{MH}\tan 30^\circ=\frac{1}{3}$

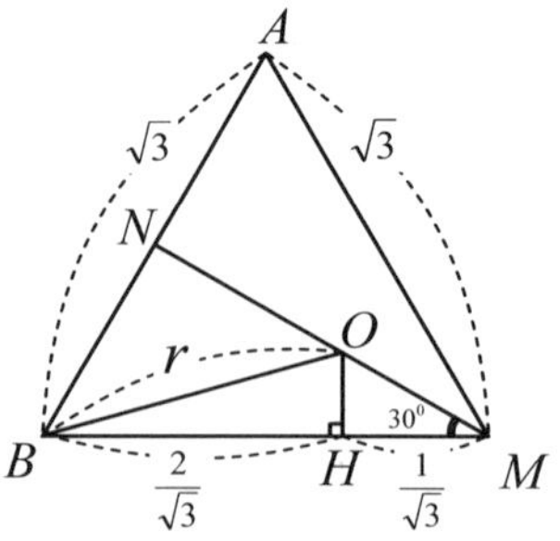

따라서, $\triangle OHB$에서

$$r=\overline{OB}=\sqrt{\left(\frac{2}{\sqrt{3}}\right)^2+\left(\frac{1}{3}\right)^2}=\frac{\sqrt{13}}{3}\quad\cdots(\text{답})$$ ■

[문제 2]

$$f(x)=\frac{a}{2\pi}\int_0^{2\pi}\sin(x+y)f(y)\,dy+\frac{b}{2\pi}\int_0^{2\pi}\cos(x-y)f(y)\,dy+\sin x+\cos x$$

$$=\frac{a}{2\pi}\int_0^{2\pi}(\sin x\cos y+\cos x\sin y)f(y)\,dy+\frac{b}{2\pi}\int_0^{2\pi}(\cos x\cos y+\sin x\sin y)f(y)\,dy+\sin x+\cos x$$

$$=\frac{a\sin x}{2\pi}\int_0^{2\pi}f(y)\cos y\,dy+\frac{a\cos x}{2\pi}\int_0^{2\pi}f(y)\sin y\,dy+\frac{b\cos x}{2\pi}\int_0^{2\pi}f(y)\cos y\,dy+\frac{b\sin x}{2\pi}\int_0^{2\pi}f(y)\sin y\,dy+\sin x+\cos x$$

여기서,

$$\begin{cases} p=\int_0^{2\pi}f(y)\cos y\,dy & \cdots ① \\ q=\int_0^{2\pi}f(y)\sin y\,dy & \cdots ② \end{cases}$$

로 놓으면,

$$f(x)=\left(\frac{ap}{2\pi}+\frac{bq}{2\pi}+1\right)\sin x+\left(\frac{bp}{2\pi}+\frac{aq}{2\pi}+1\right)\cos x \quad \cdots ③$$

$$\int_0^{2\pi}\sin y\cos y\,dy=\int_0^{2\pi}\frac{\sin 2y}{2}dy=\left[-\frac{\cos 2y}{4}\right]_0^{2\pi}=0$$

$$\int_0^{2\pi}\cos^2 y\,dy=\int_0^{2\pi}\frac{1+\cos 2y}{2}dy=\left[\frac{y}{2}+\frac{\sin 2y}{4}\right]_0^{2\pi}=\pi$$

$$\int_0^{2\pi}\sin^2 y\,dy=\int_0^{2\pi}\frac{1-\cos 2y}{2}dy=\left[\frac{y}{2}-\frac{\sin 2y}{4}\right]_0^{2\pi}=\pi$$

이므로,

③을 ①,②에 대입하면,

$$\begin{cases} p=\left(\frac{bp}{2\pi}+\frac{aq}{2\pi}+1\right)\pi \\ q=\left(\frac{ap}{2\pi}+\frac{bq}{2\pi}+1\right)\pi \end{cases}$$

$$\Leftrightarrow \begin{cases} (2-b)p-aq=2\pi & \cdots ④ \\ -ap+(2-b)q=2\pi & \cdots ⑤ \end{cases}$$

주어진 등식을 만족하는 $f(x)$가 유일한 것은 p, q에 관한 연립방정식이 유일한 해를 갖는 것과 동치이다. $(\because ③)$

따라서, 구하는 a, b의 조건은

$$(2-b)^2-(-a)^2\neq 0$$

$$\therefore\ b\neq 2-a \quad \text{and} \quad b\neq 2+a \quad \cdots(\text{답})\ ■$$

이때, ④,⑤에서

$$\begin{pmatrix}2-b & -a\\ -a & 2-b\end{pmatrix}\begin{pmatrix}p\\q\end{pmatrix}=\begin{pmatrix}2\pi\\2\pi\end{pmatrix}$$

$$\Leftrightarrow \begin{pmatrix}p\\q\end{pmatrix}=\frac{2\pi}{(2-b)^2-a^2}\begin{pmatrix}2-b & a\\ a & 2-b\end{pmatrix}\begin{pmatrix}1\\1\end{pmatrix}$$

$$\therefore\ p=q=\frac{2\pi}{2-a-b}$$

이것을 ③에 대입하면,

$$f(x)=\frac{2}{2-a-b}(\sin x+\cos x) \quad \cdots(\text{답})\ ■$$

[문제 3]

$$a(t)=\frac{1}{2}\left|1\cdot t-1\cdot\frac{1}{t}\right|=\frac{1}{2}\left(t-\frac{1}{t}\right)\quad(\because t>1)$$

$\cdots ①$

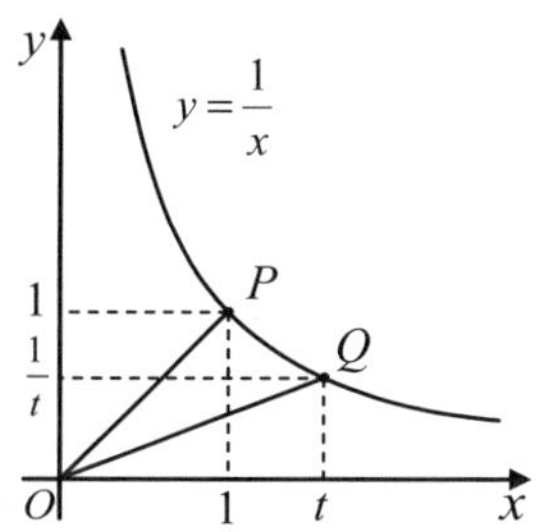

$$b(t)=\frac{1}{2}\cdot 1\cdot 1+\int_1^t\frac{1}{x}dx-\frac{1}{2}\cdot t\cdot\frac{1}{t}$$

$$=\log t \quad \cdots ②$$

$$\therefore\ c'(t)=\left\{\frac{b(t)}{a(t)}\right\}'=\frac{b'(t)a(t)-b(t)a'(t)}{\{a(t)\}^2}$$

여기서, $f(t)=b'(t)a(t)-b(t)a'(t)$로 놓고, $t>1$에서 $f(t)<0$임을 보이면 된다.

①, ②에서

$$f(t)=\frac{1}{t}\cdot\frac{1}{2}\left(t-\frac{1}{t}\right)-\log t\cdot\frac{1}{2}\left(1+\frac{1}{t^2}\right)$$

$$=\frac{1}{2t^2}\{(t^2-1)-(t^2+1)\log t\}$$

$g(t)=(t^2-1)-(t^2+1)\log t$로 놓으면,

$$g'(t)=2t-2t\log t-(t^2+1)\cdot\frac{1}{t}$$

$$=t-\frac{1}{t}-2t\log t$$

$$g''(t)=-1+\frac{1}{t^2}-2\log t<0 \quad (\because t>1)$$

이므로, $g'(t)$는 $t>1$에서 단조감소한다.

$t>1$에서 $g'(t)<g'(1)=0$이므로,

$$\therefore \begin{cases} g(t)\text{는 } t>1\text{에서 단조감소} \\ g(t)<g(1)=0 \end{cases}$$

따라서,

$f(t)=\dfrac{g(t)}{2t^2}$도 $t>1$에서 단조감소하며,

$$\therefore f(t)<f(1)=0 \quad (t>1)$$

$$\therefore c'(t)=\frac{f(t)}{\{a(t)\}^2}<0 \quad (t>1)$$

이므로, $c(t)$는 $t>1$에서 감소함수이다. ∎

[문제 4]

(1)

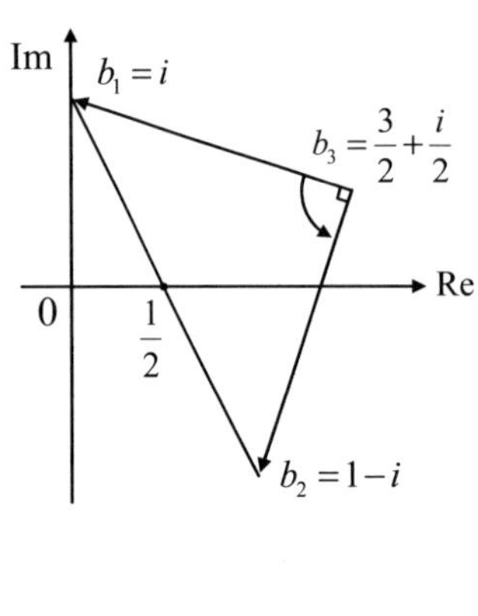

$$a_{n+2}=a_{n+1}+a_n \quad (n=1, 2, \cdots) \qquad \cdots ①$$

$a_1=1,\ a_2=i$이므로, ①에 의하여

$$a_3=1+i,\ \ a_4=1+2i$$

따라서,

$$b_1=\frac{a_2}{a_1}=i,\ \ b_2=\frac{a_3}{a_2}=\frac{1+i}{i}=1-i$$

$$b_3=\frac{a_4}{a_3}=\frac{1+2i}{1+i}=\frac{3}{2}+\frac{i}{2}$$

$$\begin{cases} b_2-b_3=-\dfrac{1}{2}-\dfrac{3}{2}i \\ b_1-b_3=-\dfrac{3}{2}+\dfrac{1}{2}i \end{cases}$$

에서,

$$\therefore b_2-b_3=i(b_1-b_3)$$

이므로,

$\triangle b_1b_3b_2$는 $\angle b_1b_3b_2=90°$인 직각이등변삼각형이며 세 점 b_1, b_2, b_3는 두 점 b_1, b_2를 연결한 선분을 지름으로 하는 원주 상에 있다.

$$\begin{cases} \text{중심 : } \dfrac{b_1+b_2}{2}=\dfrac{1}{2} \\ \text{반경 : } \dfrac{|b_2-b_1|}{2}=\dfrac{\sqrt{5}}{2} \end{cases} \qquad \cdots\text{(답)} ∎$$

(2) 수학적 귀납법으로 증명하자.

3 이상의 자연수 n에 대하여

b_n이 원 C의 원주 상에 있다고 가정하면,

$$\left|b_n-\frac{1}{2}\right|=\frac{\sqrt{5}}{2} \qquad \cdots ②$$

①의 양변을 a_{n+1}로 나누면,

$$\frac{a_{n+2}}{a_{n+1}}=1+\frac{a_n}{a_{n+1}} \qquad \therefore b_{n+1}=1+\frac{1}{b_n}$$

$$\therefore b_n=\frac{1}{b_{n+1}-1} \qquad \cdots ③$$

③을 ②에 대입하면,

$$\left|\frac{1}{b_{n+1}-1}-\frac{1}{2}\right|=\frac{\sqrt{5}}{2} \iff \frac{|b_{n+1}-3|}{2|b_{n+1}-1|}=\frac{\sqrt{5}}{2}$$

$$\therefore \sqrt{5}\,|b_{n+1}-1|=|b_{n+1}-3|$$

양변을 제곱하면,

$$5(b_{n+1}-1)(\overline{b_{n+1}}-1)=(b_{n+1}-3)(\overline{b_{n+1}}-3)$$

$$4b_{n+1}\overline{b_{n+1}}-2b_{n+1}-2\overline{b_{n+1}}=4$$

$$b_{n+1}\overline{b_{n+1}}-\frac{1}{2}b_{n+1}-\frac{1}{2}\overline{b_{n+1}}=1$$

$$\left(b_{n+1}-\frac{1}{2}\right)\left(\overline{b_{n+1}}-\frac{1}{2}\right)=\frac{5}{4}$$

$$\left|b_{n+1}-\frac{1}{2}\right|^2=\frac{5}{4} \qquad \therefore \left|b_{n+1}-\frac{1}{2}\right|=\frac{\sqrt{5}}{2}$$

이므로, b_{n+1}도 원 C의 원주 상에 있다.

(1)과 수학적 귀납법에 의하여, b_n $(n=1,2,\cdots)$은 모두 원 C의 원주 상에 있다. ■

〈 참고 〉

$$\sqrt{5}\,|b_{n+1}-1|=|b_{n+1}-3|$$

b_{n+1}은 점 $(1,0)$까지의 거리와 점 $(3,0)$까지의 거리의 비가 $1:\sqrt{5}$ 인 점이다.

따라서, $1:\sqrt{5}$로 내분하는 점 $\left(\frac{1+\sqrt{5}}{2},0\right)$과 외분하는 점 $\left(\frac{1-\sqrt{5}}{2},0\right)$을 연결한 선분을 지름으로 하는 원을 구하면 된다.

[문제 5]

(1) 최초에 x 리터의 물이 들어 있던 비커가 최후까지 x 리터의 물이 들어 있는 상태 그대로 남아 있다고 가정하자.

(a)에서 (c)까지의 조작을 반복하여 비커가 3개 남았을 때, 나머지 2개의 비커에 들어 있는 물의 양을 각각 y 리터, z 리터$(z \leqq y)$라 하면, x 리터의 물이 들어 있는 비커가 최후까지 x 리터의 물이 들어 있는 상태 그대로 남아 있으므로

$$\therefore\ z \leqq y \leqq x \quad (x+y+z=1)$$

$x<\frac{1}{3}$이므로,

$$1=x+y+z \leqq 3x<1 \qquad \therefore 1<1\ (\text{모순})$$

따라서, 최초에 x 리터의 물이 들어 있던 비커는 조작도중 치워지거나 끝까지 남아 물이 양의 증가한다. ■

(2)

먼저, 비커가 4개 남을 때까지 x 리터보다 많은 물이 들어 있는 비커는 없음을 보인다. 그런 후, 최후의 4개 중 물의 양이 가장 적은 2개를 합하여도 x 보다 작음을 보이면 남은 3개 중 x 리터가 가장 많은 양이 되어 끝까지 그대로 남아 있게 된다.

$m \geqq 5$인 경우, m개의 비커에 들어 있는 물의 양을 적은 순서로

$$x_1 \leqq x_2 \leqq \cdots \leqq x_{m-1}<x_m=x$$

라 하면,

$$x_1+x_2+\cdots+x_{m-1}+x=1,\ x>\frac{2}{5}$$

$m-1 \geqq 4$인 것에 주의하면,

$$2(x_1+x_2) \leqq x_1+x_2+\cdots+x_{m-1}=1-x<\frac{3}{5}$$

$$\therefore x_1+x_2<\frac{3}{10}<\frac{2}{5}<x$$

따라서, (a)에서 (c)까지의 조작을 반복하여 비커가 4개로 될 때까지 x 리터보다 많은 물이 들어 있는 비커는 없다.

따라서,

$$x_1 \leqq x_2 \leqq x_3<x_4=x \qquad \cdots ①$$

로 놓을 수 있으며,

$$x_1+x_2<x$$

임을 보이면 된다.

이제, $x_1+x_2 \geqq x$로 가정하면,

$$1=x_1+x_2+x_3+x_4 \geqq x+x_3+x$$

$x>\dfrac{2}{5}$이므로, $x_3 \leqq 1-2x<\dfrac{1}{5}$ $\quad \therefore\ x_3<\dfrac{1}{5}$

①에 의하여, $x_1 \leqq x_2<\dfrac{1}{5}$이므로

$$x_1+x_2<\frac{2}{5}<x \qquad \therefore\ x_1+x_2<x$$

로 되어 모순이다.

$$\therefore\ x_1+x_2<x$$ ■

[문제 6]

(1) 두 점 A, B 사이의 거리가 항상 0 또는 1이므로, A, B는 다음과 같이 변화한다.

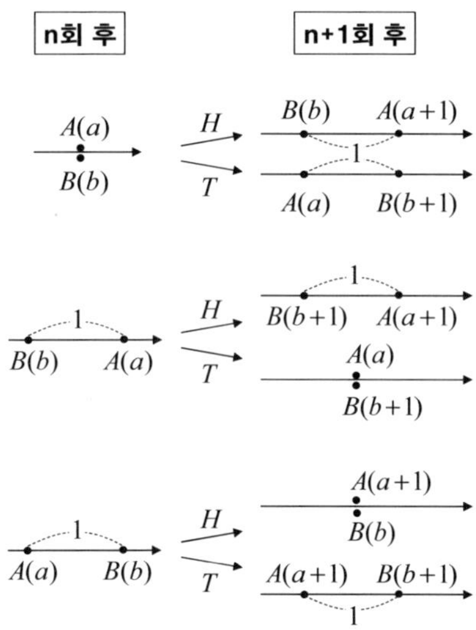

(H : 앞 , T : 뒤)

$n+1$회 동전을 던졌을 때 $a=b$로 되기 위해서는 n회 동전을 던졌을 때 A, B 사이의 거리가 1로 되어,

A의 좌표가 B의 좌표보다 큰 경우는 $n+1$회째 뒤가 나와야 하며

B의 좌표가 A의 좌표보다 큰 경우는 $n+1$회째 앞이 나와야 한다.

n회 동전을 던졌을 때,

$a \neq b$로 되는 경우의 수는 2^n-X_n이므로,

$$X_{n+1}=2^n-X_n\ (n \geqq 1) \quad \cdots ①$$ …(답) ■

(2) ①의 양변을 2^{n+1}로 나누면,

$$\frac{X_{n+1}}{2^{n+1}}=-\frac{1}{2}\cdot\frac{X_n}{2^n}+\frac{1}{2}$$

$p_n=\dfrac{X_n}{2^n}$으로 놓으면, $p_1=\dfrac{X_1}{2}=0$이며

$$p_{n+1}=-\frac{1}{2}p_n+\frac{1}{2}$$

$$p_{n+1}-\frac{1}{3}=-\frac{1}{2}\left(p_n-\frac{1}{3}\right)$$

$$\therefore\ p_n-\frac{1}{3}=\left(-\frac{1}{2}\right)^{n-1}\left(p_1-\frac{1}{3}\right)=-\frac{1}{3}\left(-\frac{1}{2}\right)^{n-1}$$

$$\therefore\ p_n=\frac{1}{3}\left\{1-\left(-\frac{1}{2}\right)^{n-1}\right\}$$

$$\therefore\ X_n=2^n p_n=\frac{2^n+2(-1)^n}{3} \quad (n \geqq 1)$$

…(답) ■

(3) n회 동전을 던졌을 때 A의 좌표를 a_n이라고 하고, i번째 동전을 던졌을 때 A의 이동거리를 x_i로 놓으면,

$$a_n=x_1+x_2+\cdots+x_n$$

a_n의 평균을 $E(a_n)$으로 놓으면,

$$\begin{aligned} E(a_{n+1}) &= E(x_1+x_2+\cdots+x_n+x_{n+1}) \\ &= E(x_1+x_2+\cdots+x_n)+E(x_{n+1}) \\ &= E(a_n)+E(x_{n+1}) \quad \cdots ② \end{aligned}$$

여기서, x_{n+1}이 취할 수 있는 값은 0 또는 1이며, $x_{n+1}=1$일 확률을 (2)에서 정한 p_n(n회 후 A, B의 좌표가 일치할 확률)으로 표시하면, (1)의 그림에 의하여

$$p_n\cdot\frac{1}{2}+\frac{1-p_n}{2}\cdot\frac{1}{2}+\frac{1-p_n}{2}\cdot 1=\frac{3}{4}-\frac{p_n}{4}$$

따라서,

$$\therefore\ E(x_{n+1}) = 1\cdot\left(\frac{3}{4}-\frac{p_n}{4}\right)+0\cdot\left\{1-\left(\frac{3}{4}-\frac{p_n}{4}\right)\right\}$$

$$=\frac{3}{4}-\frac{p_n}{4}$$

②에 대입하면,

$$\therefore\ E(a_{n+1}) = E(a_n)+\frac{3}{4}-\frac{p_n}{4}$$

$E(a_1)=1\cdot\frac{1}{2}+0\cdot\frac{1}{2}=\frac{1}{2}$이므로,

$$E(a_n)=E(a_1)+\sum_{k=1}^{n-1}\left(\frac{3}{4}-\frac{p_k}{4}\right)$$

$$=\frac{1}{2}+\sum_{k=1}^{n-1}\left\{\frac{2}{3}+\frac{1}{12}\left(-\frac{1}{2}\right)^{k-1}\right\}$$

$$=\frac{2n}{3}+\frac{1}{9}\left(-\frac{1}{2}\right)^{n}-\frac{1}{9} \qquad \cdots(\text{답})$$ ■

〈 참고 〉

$a>b$일 확률과 $a<b$일 확률은 이동방법의 대칭성에 의하여 모두 $\frac{1-p_n}{2}$이다.

〈 2001年 **前期** – **文科** 〉 **時間** : 100分

1. 이과 1번과 같음

2. 시각 0에 원점을 출발한 두 점 A, B가 xy 평면상을 움직인다.
   점 A의 시각 t에서의 좌표는 $(t^2, 0)$이다. 점 B는 최초 y축 상을 y좌표가 증가하는 방향으로 일정한 속력 1로 움직이며, 점 $C(0, 3)$에 도달하면, 그 점에서 x축에 평행한 직선 상을 x좌표가 증가하는 방향으로 일정한 속력 1로 움직인다.
   $t>0$일 때, 삼각형 ABC의 면적을 $S(t)$로 놓자.
   (1) 함수 $S(t)$ $(t>0)$의 그래프의 개형을 그려라.
   (2) u를 양의 실수라 할 때, $0<t\leq u$에서의 $S(t)$의 최댓값을 $M(u)$로 놓자.
   함수 $M(u)$ $(u>0)$의 그래프의 개형을 그려라.

3. 이과 6번의 (1), (2)와 같음

4. 흰 바둑돌 180개와 검은 바둑돌 181개가 횡(橫)으로 일렬로 늘어서 있다. 바둑돌이 어떻게 늘어서 있든지, 다음 조건을 만족하는 검은 바둑돌이 적어도 하나 존재함을 보여라.

검은 바둑돌 하나를 택하여, 그것과 그 오른쪽에 있는 바둑돌을 모두 제거하면 남은 흰 바둑돌과 검은 바둑돌의 개수는 같다.

   단, 바둑돌이 하나도 남지 않는 경우도 개수가 같은 것으로 한다.

[문제 2]

(1) $S(t) = \triangle ABC$

(i) $0 < t \leqq 3$인 경우

$B(0, t)$이므로,

$$S(t) = \frac{1}{2}(3-t)t^2 = \frac{1}{2}(3t^2 - t^3)$$

$S'(t) = \frac{3}{2}t(2-t)$이므로,

$S(t)$는 $t=2$에서 극대이다.

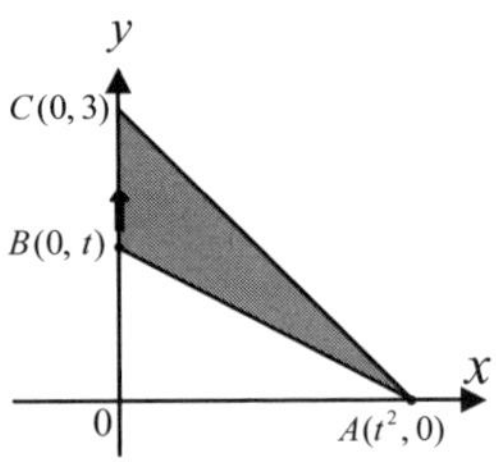

$0<t\leq 3$인 경우

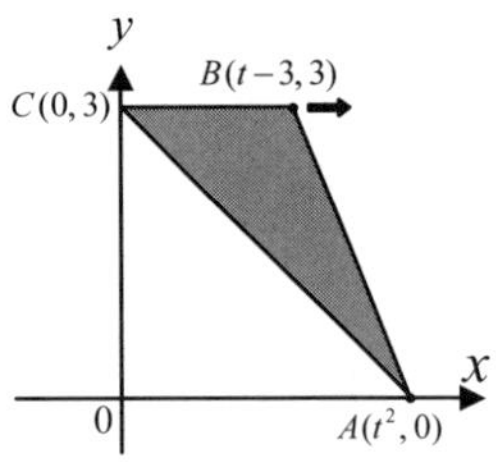

$t>3$인 경우

(ii) $t > 3$인 경우

$B(t-3, 3)$이므로,

$$S(t) = \frac{1}{2}(t-3)\cdot 3 = \frac{3}{2}t - \frac{9}{2}$$

(i), (ii)에 의하여,

$S(t)$의 그래프는 다음과 같다.

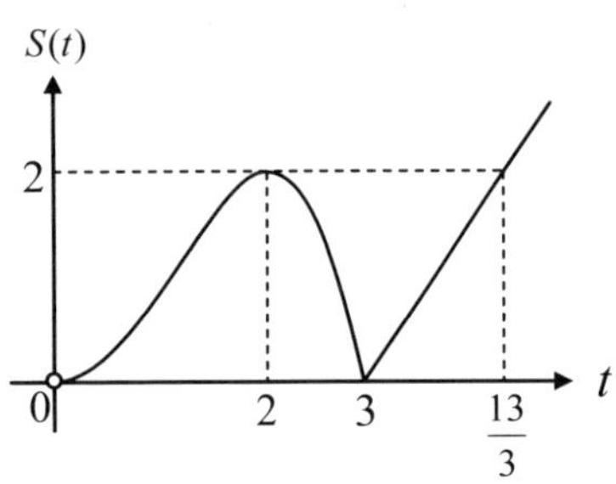

■

(2) $M(u)$의 그래프는 다음과 같다.

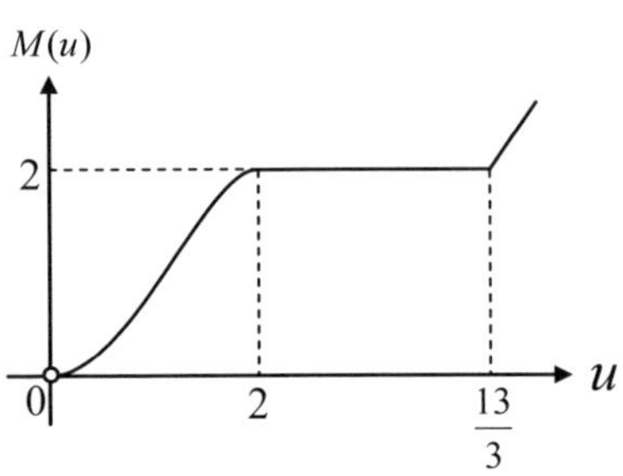

■

[문제 4]

361개의 바둑돌을 횡(橫)으로 일렬로 나열했을 때, 검은 돌에 좌에서 우로 0, 1, $\cdots$, 180의 번호를 주고, i번째 검은 돌의 왼편에 있는 흰 돌의 개수를 $f(i)$ $(0 \leqq i \leqq 180)$라 하자.

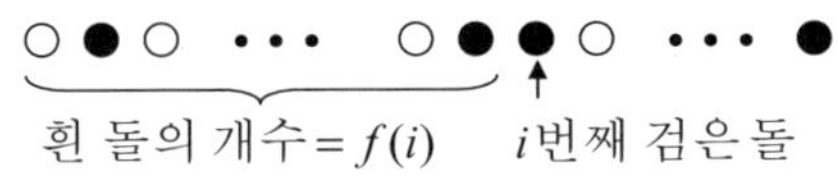

$M = \{0, 1, 2, \cdots, 180\}$로 놓으면,

f는 M에서 M으로의 함수이며,

$f(0) \leqq f(1) \leqq \cdots \leqq f(i) \leqq \cdots \leqq f(180)$

번호 k인 검은 돌의 왼편에 있는 검은 돌의 개수는 k개이므로, $f(k) = k$ $(k \in M)$인 k가 적어도 하나 존재함을 보이면 문제는 증명된다.

「모든 $k \in M$에 대하여 $f(k) \neq k$ 」

라고 가정하자.

$f(0) \neq 0 \quad \Rightarrow \quad f(0) \geqq 1$

$f(1) \geqq f(0) \geqq 1$ and $f(1) \neq 1 \quad \Rightarrow \quad f(1) \geqq 2$

$f(2) \geqq f(1) \geqq 2$ and $f(2) \neq 2 \quad \Rightarrow \quad f(2) \geqq 3$

$\vdots$

$f(180) \geqq f(179) \geqq 180$ and $f(180) \neq 180$

$\Rightarrow \quad f(180) \geqq 181$

이므로,

번호 180인 검은 돌의 왼편에 181개 이상의 흰 돌이 있게 되어 모순이다.

따라서, $f(k) = k$ $(k \in M)$인 k가 적어도 하나 존재한다. ■

〈 2001年 後期 – 理科1類 〉 時間 : 150分

1. 임의의 자연수 $n \geqq 2$에 대하여,

항상 부등식 $n - \sum_{k=2}^{n} \frac{k}{\sqrt{k^2-1}} \geqq \frac{i}{10}$가 성립하도록 하는 정수 i의 최댓값을 구하여라.

2. (1) 그림 1과 같이, 같은 간격 h로 서로 수직인 평행선들이 격자형을 이루며 무수히 많이 그려져 있는 평면이 있다. 그 위에 반경 1인 원 C를 무작위로 던졌을 때, 이 원이 평면상의 2개의 직선과 만날 확률 p를 구하여라.

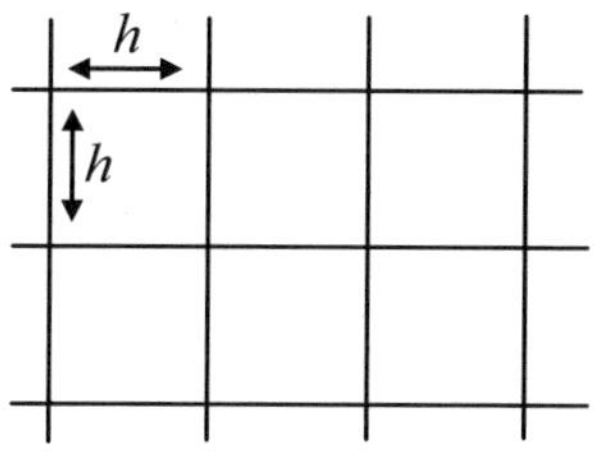

그림1

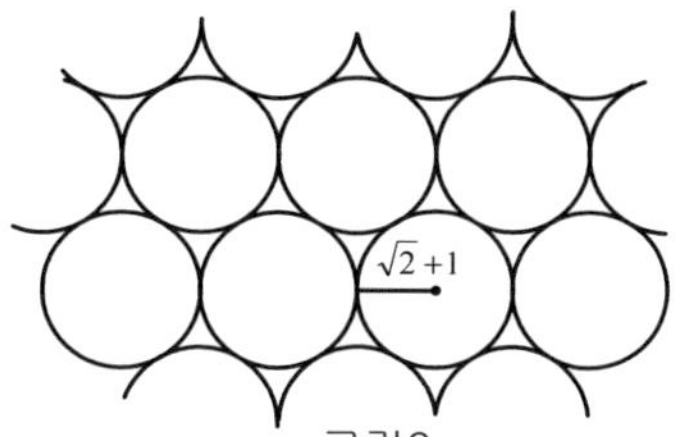

그림2

(2) 그림 2와 같이, 반지름 $\sqrt{2}+1$인 원들이 서로 접하며 무수히 깔려 채워진 평면이 있다. 그 위에 반지름 1인 원 C를 무작위로 던졌을 때, 이 원이 평면상의 세 원과 만날 확률 q를 구하여라. 단, 해답에 다음을 이용해도 된다.

> 평면상의 두 벡터 a, b는 원점 O를 시점으로 하며 일차독립이다.
> 점 O와 세 벡터 a, b, $a+b$의 종점을 꼭짓점으로 하는 평행사변형을 E라 하자.
> E의 영역 F에 대하여, F를 a와 b의 정수계수 일차결합 $ma+nb$에 의하여 평행이동 한 것들 전체의 집합을 D라 하자.
>
> 즉, $D = \{c+ma+nb \mid c \in F,\ m, n \text{은 정수}\}$
>
> 이때, 평면상의 한 점 P를 무작위로 찍으면,
> 그 점이 D의 내부에 있을 확률은 F의 면적의 평행사변형 E의 면적에 대한 비로 된다.

3. $f(x)$는 정수계수 2차다항식이며 2차항의 계수는 양수이다.
임의의 실수 x에 대하여, 평면상의 원점을 중심으로 하는 반경 1인 단위원 C 상의 점 $P(x)$를 $P(x) = (\cos 2\pi f(x),\ \sin 2\pi f(x))$로 정한다.
원주 C의, 길이가 $L\ (0 < L < 2\pi)$인 호 I를 고정하자. 이 때, 각 자연수 k에 대하여, 구간 $[k, k+1]$의 부분집합 $\{x \mid k \leqq x \leqq k+1,\ P(x) \in I\}$는 서로 만나지 않는 유한개의 구간의 합집합으로 나타내며, 각 구간의 길이의 총합은 T_k이다.
이 때, $\lim_{k \to \infty} T_k = \frac{L}{2\pi}$임을 보여라.

[문제 1]

$$\begin{cases} T_n = n - \displaystyle\sum_{k=2}^{n} \frac{k}{\sqrt{k^2-1}} = 1 - \sum_{k=2}^{n}\left(\frac{k}{\sqrt{k^2-1}} - 1\right) \\ s_k = \dfrac{k}{\sqrt{k^2-1}} - 1 \quad (k=2,\ 3,\ \cdots,\ n) \end{cases}$$

로 놓고, 다음 부등식을 고려하자.

$$T_n = 1 - \sum_{k=2}^{n} s_k \geqq \frac{i}{10}$$

$$s_k = \frac{k - \sqrt{k^2-1}}{\sqrt{k^2-1}} = \frac{1}{\sqrt{k^2-1}\,(k + \sqrt{k^2-1}\,)}$$

이므로, $\sqrt{k^2-1} < k < k+1$에 의하여

$$\frac{1}{(k+1)(k+k)} < s_k < \frac{1}{\sqrt{k^2-1}\,(\sqrt{k^2-1} + \sqrt{k^2-1}\,)}$$

$$\therefore\ \frac{1}{2}\left(\frac{1}{k} - \frac{1}{k+1}\right) < s_k < \frac{1}{4}\left(\frac{1}{k-1} - \frac{1}{k+1}\right)$$

따라서, $n \geqq 3$인 경우,

$$\sum_{k=2}^{n} s_k > s_2 + \sum_{k=3}^{n} \frac{1}{2}\left(\frac{1}{k} - \frac{1}{k+1}\right)$$
$$= \left(\frac{2}{\sqrt{3}} - 1\right) + \frac{1}{2}\left(\frac{1}{3} - \frac{1}{n+1}\right)$$
$$= \frac{2\sqrt{3}}{3} - \frac{5}{6} - \frac{1}{2(n+1)} \qquad \cdots ①$$

$$\sum_{k=2}^{n} s_k < \sum_{k=2}^{n} \frac{1}{4}\left(\frac{1}{k-1} - \frac{1}{k+1}\right)$$
$$= \frac{1}{4}\left(1 + \frac{1}{2} - \frac{1}{n} - \frac{1}{n+1}\right) < \frac{3}{8} \qquad \cdots ②$$

$T_n = 1 - \sum_{k=2}^{n} s_k$와 ①, ②에서,

$n \geqq 3$인 경우,

$$\frac{5}{8} < T_n < \frac{11}{6} - \frac{2\sqrt{3}}{3} + \frac{1}{2(n+1)}$$

여기서, $\dfrac{11}{6} - \dfrac{2\sqrt{3}}{3} < \dfrac{11 - 4 \cdot 1.73}{6} = 0.68$이므로

$$\therefore\ 0.625 < T_n < 0.68 + \frac{1}{2(n+1)}$$

여기서, $\displaystyle\lim_{n \to \infty} \frac{1}{2(n+1)} = 0$이므로

n을 충분히 크게 잡으면

$$\therefore\ 0.625 < T_n < 0.68 + \frac{1}{2(n+1)} < 0.7$$

따라서, 임의의 자연수 $n \geqq 3$에 대하여

$$0.6 < T_n \text{이지만}$$

충분히 큰 n에 대하여 $0.7 \not\leqq T_n$이다.

또, $n=2$인 경우,

$$T_2 = 2\left(1 - \frac{\sqrt{3}}{3}\right) > 2\left(1 - \frac{1.74}{3}\right) > 0.84 > 0.6$$

이므로, 구하는 i는 6이다. …(답) ■

[문제 2]

(1) 원 C의 중심을 A라 하자. 문제의 조건에 의하여, 중심 A가 오른쪽 그림과 같은 정사각형 $PQRS$의 내부에 있는 경우, 원 C가 2개의 직선과 만나게 되는 점 A의 존재 범위의 면적을 알면, 구하는 확률을 구할 수 있다.

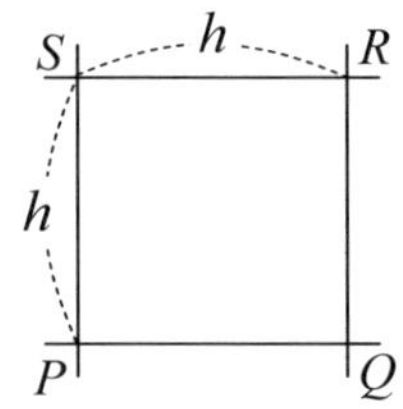

(ⅰ) $0 < h \leqq 1$인 경우

원 C는 2개보다 많은 직선과 만난다.

(ⅱ) $h > 2$인 경우

평행한 2개의 직선과 원 C가 동시에 만나는 경우는 없으며, 원 C가 직선 PQ와 만나기 위한 조건은

(A와 $\overline{PQ}$의 거리) < 1

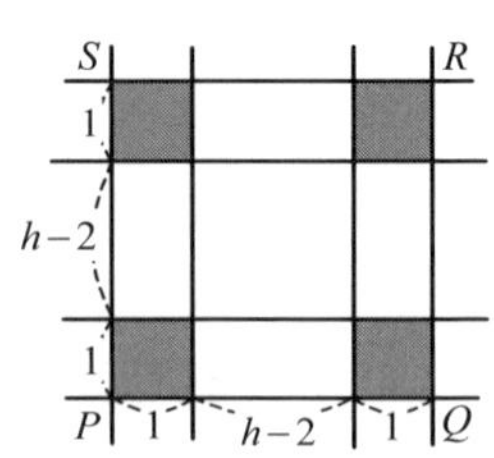

따라서, 원 C가 2개의 직선과 만나기 위해서는 중심 A가 그림의 음영부분에 존재하여야만 하며, 그 면적은 $4 \cdot 1^2 = 4$이다.

(iii) $1 < h \leq 2$인 경우 원 C가 직선 PQ와는 만나며, 직선 SR과는 만나지 않을 조건은 (A와 $\overline{PQ}$의 거리) $< h-1$

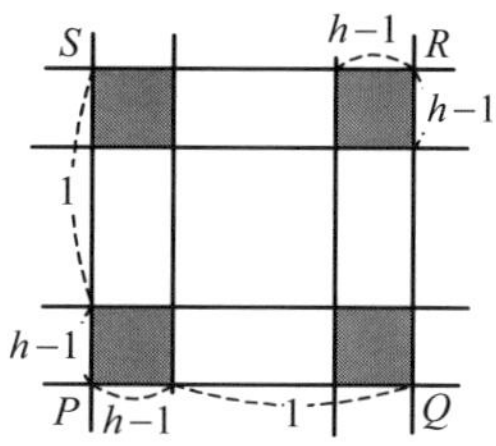

따라서, 원 C가 2개의 직선과 만나기 위해서는 중심 A가 그림의 음영부분에 존재하여야만 하며, 그 면적은 $4(h-1)^2$이다.

(i), (ii), (iii)에 의하여,

$$p=\begin{cases} 0 & (0<h\leq 1) \\ \dfrac{4(h-1)^2}{h^2} & (1<h\leq 2) \\ \dfrac{4}{h^2} & (h>2) \end{cases}$$

…(답) ■

(2) 그림과 같이 반경 $\sqrt{2}+1$인 원 P와 원 C가 만나기 위한 조건은

$(\sqrt{2}+1)-1 < \overline{PA} < (\sqrt{2}+1)+1 \cdots (*)$

이므로, 중심 A의 존재 범위는 그림의 음영부분으로 된다.

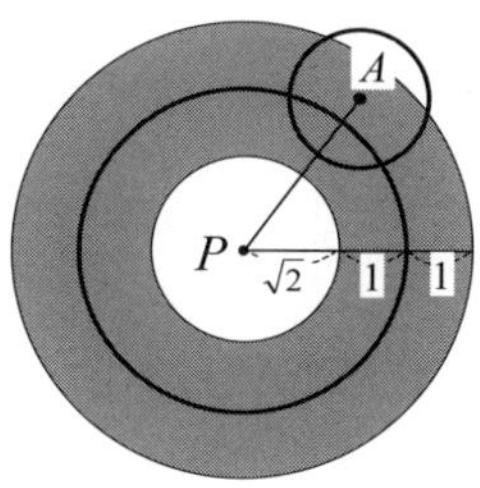

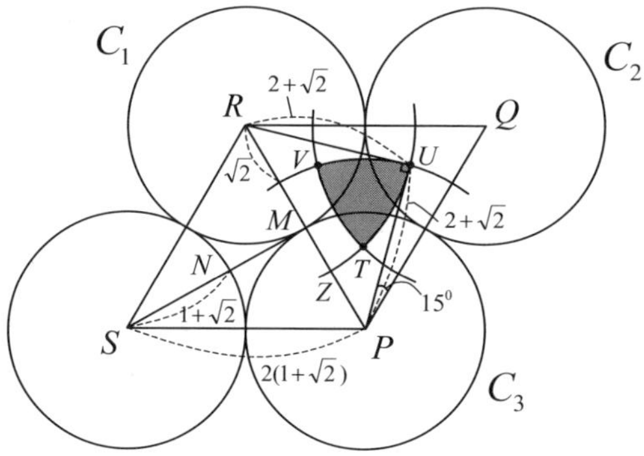

또, 위 그림과 같이 M, N을 정하면,

$$\overline{NM}=\sqrt{3}(1+\sqrt{2})-(1+\sqrt{2})$$
$$=(\sqrt{3}-1)(1+\sqrt{2}) > 0.7\times 2.4 > 1$$

이므로,

정삼각형 PQR의 내부에 원 C의 중심이 있으면, 원 C는 원 C_1, C_2, C_3와만 만나며 다른 원들과는 만나지 않는다.

따라서 원 C의 중심 A가 정삼각형 PQR의 내부에 있으면서, 원 C가 3개의 원 C_1, C_2, C_3와 만나게 되는 중심 A의 존재범위의 면적을 구하면 된다.

처음의 고찰 (*)에 의하여, 중심 A의 존재 범위는 P, Q, R을 중심으로 하는 반경 $2+\sqrt{2}$인 3개의 원으로 둘러싸인 부분으로 된다.

> $\sqrt{2}=\overline{ZP}<\overline{TP}$ 이므로,
> (*)에서의 안쪽 원은 영향 없음.

$\overline{UP}=\overline{UR}=2+\sqrt{2}$, $\overline{PR}=2(1+\sqrt{2})=\sqrt{2}\,\overline{UP}$ 이므로, $\triangle PUR$은 $\overline{UP}=\overline{UR}$인 직각이등변삼각형이다.

$\angle UPQ=\angle VPR=15^\circ$ 이므로, $\angle UPV=30^\circ$

$\triangle UPV$에서

$$\overline{UV}^2=\overline{PU}^2+\overline{PV}^2-2\overline{PU}\cdot\overline{PV}\cos 30^\circ$$
$$=2(2+\sqrt{2})^2-2(2+\sqrt{2})^2\cdot\frac{\sqrt{3}}{2}$$
$$=(2-\sqrt{3})(2+\sqrt{2})^2$$
$$=2(2-\sqrt{3})(1+\sqrt{2})^2$$

$$\triangle TUV=\frac{\sqrt{3}}{4}\overline{UV}^2$$
$$=\frac{\sqrt{3}}{2}(2-\sqrt{3})(1+\sqrt{2})^2 \quad \cdots ①$$

활꼴 $\overset{\frown}{VU}$

$$=\frac{1}{2}(2+\sqrt{2})^2\times\frac{\pi}{6}-\frac{1}{2}(2+\sqrt{2})^2\sin 30^\circ$$
$$=\left(\frac{\pi}{6}-\frac{1}{2}\right)(1+\sqrt{2})^2 \quad \cdots ②$$

따라서, 구하는 음영부분의 면적을 S_1 이라 하면 ①, ②에 의하여,

$$S_1=\frac{\sqrt{3}}{2}(2-\sqrt{3})(1+\sqrt{2})^2+3\left(\frac{\pi}{6}-\frac{1}{2}\right)(1+\sqrt{2})^2$$
$$=\left(\sqrt{3}+\frac{\pi}{2}-3\right)(1+\sqrt{2})^2$$

또, 정삼각형 PQR의 면적을 S_0 라 하면,

$$S_0=\frac{1}{2}\{2(1+\sqrt{2})\}^2\sin 60^\circ=\sqrt{3}(1+\sqrt{2})^2$$

이제, 문제에서 제시한 정리와 비교하여 평행사변형 E를 그림의 평행사변형 $PQRS$로 놓으면, 구하는 확률 q는

$$q=\frac{2S_1}{2S_0}=\frac{\left(\sqrt{3}+\frac{\pi}{2}-3\right)(1+\sqrt{2})^2}{\sqrt{3}(1+\sqrt{2})^2}$$
$$=1+\frac{\sqrt{3}}{6}\pi-\sqrt{3} \qquad \cdots(\text{답})$$ ■

[문제 3]

$f(x)=ax^2+bx+c$ (a, b, c는 정수, $a>0$)로 놓자.

$\cos x$, $\sin x$ 는 주기 2π 인 함수이므로, $P(x)$의 정의에 의하여 $c=0$으로 놓아도 된다.

$$\begin{aligned}P(x)&=(\cos 2\pi f(x), \sin 2\pi f(x))\\&=(\cos 2\pi(ax^2+bx+c),\\&\qquad \sin 2\pi(ax^2+bx+c))\\&=(\cos(2\pi(ax^2+bx)+2\pi c),\\&\qquad \sin(2\pi(ax^2+bx)+2\pi c))\\&=(\cos 2\pi(ax^2+bx), \sin 2\pi(ax^2+bx))\end{aligned}$$

$$\lim_{k\to\infty} T_k=\frac{L}{2\pi}$$

임을 보이는 문제이므로, k를 충분히 크게 잡아도 된다.

이때, $f(x)$는 $k\leqq x\leqq k+1$에서 단조증가하므로 $f^{-1}(x)$가 존재하며, $f(k)$는 양의 정수라 해도 된다. ($\lim_{x\to\infty} f(x)=+\infty$, k는 자연수)

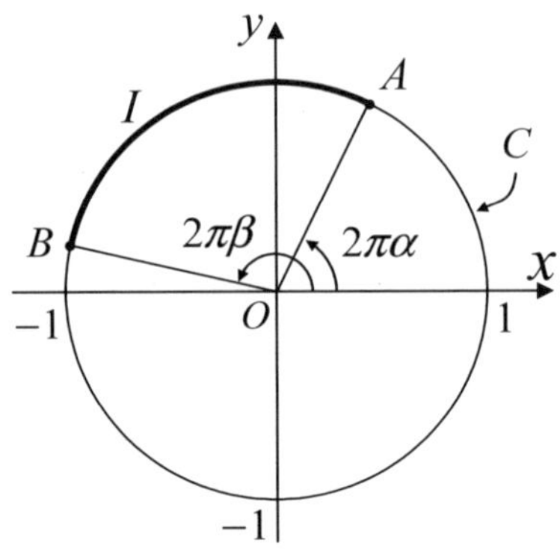

그림과 같이, 호 I가 점 $(1, 0)$을 포함하지 않는 경우를 고려하여, 호의 양 끝점을 A, B로 놓고, $\overrightarrow{OA}$, $\overrightarrow{OB}$의 편각을 각각 $2\pi\alpha$, $2\pi\beta$ $(0<\alpha<\beta<1)$로 놓으면,

$$L=2\pi(\beta-\alpha) \qquad \cdots ①$$

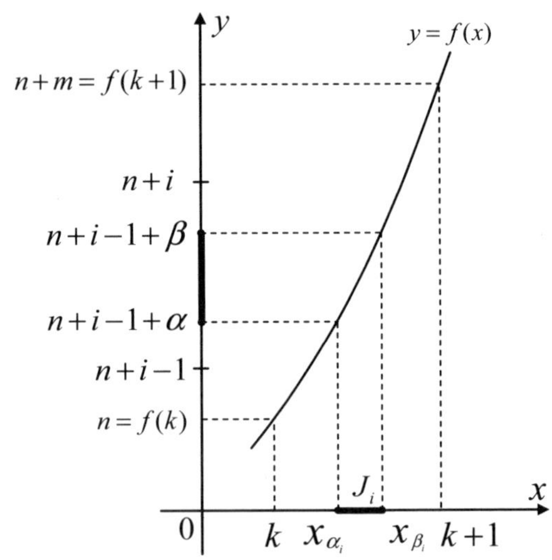

이제, $n=f(k)$, $m=f(k+1)-f(k)$로 놓으면,

$$P(x)\in I \iff (f(x)\text{의 소수부분})\in[\alpha, \beta]$$

이므로,

$$J_i=\{x\,|\,f^{-1}(n+i-1+\alpha)\leqq x\leqq f^{-1}(n+i-1+\beta)\}$$
$$(i=1, 2, \cdots, m)$$

로 놓으면,

$$\{x \mid k \leqq x \leqq k+1,\ P(x) \in I\}$$
$$= J_1 \cup J_2 \cup \cdots \cup J_m = \bigcup_{i=1}^{m} J_i$$

> $\{x \mid k \leqq x \leqq k+1,\ P(x) \in I\}$는 서로 만나지 않는 유한개의 구간 $J_1, J_2, \cdots, J_m$의 합으로 표시된다.

위에서 구한 각 구간의 길이의 총합 T_k를 구하기 위해 구간 J_i의 양 끝점을

$$x_{\alpha_i},\ x_{\beta_i}\ (x_{\alpha_i} < x_{\beta_i})$$

로 놓으면,

$$\therefore\ T_k = \sum_{i=1}^{m} (x_{\beta_i} - x_{\alpha_i})$$

$$\begin{cases} ax^2+bx = n+i-1+\alpha \\ ax^2+bx = n+i-1+\beta \end{cases} \quad (k \leqq x \leqq k+1)$$

에서,

$$\begin{cases} x_{\alpha_i} = \dfrac{-b+\sqrt{b^2+4a(n+i-1+\alpha)}}{2a} \\ x_{\beta_i} = \dfrac{-b+\sqrt{b^2+4a(n+i-1+\beta)}}{2a} \end{cases}$$

이므로, ①에 의하여

$$x_{\beta_i} - x_{\alpha_i}$$
$$= \frac{\sqrt{b^2+4a(n+i-1+\beta)} - \sqrt{b^2+4a(n+i-1+\alpha)}}{2a}$$
$$= \frac{L}{\pi} \frac{1}{\sqrt{b^2+4a(n+i-1+\beta)} + \sqrt{b^2+4a(n+i-1+\alpha)}}$$

$$f(k) < n+i-1+\alpha < n+i-1+\beta < f(k+1)$$

이므로,

$$\frac{L}{2\pi\sqrt{b^2+4af(k+1)}} < x_{\beta_i} - x_{\alpha_i} < \frac{L}{2\pi\sqrt{b^2+4af(k)}}$$

$$\therefore\ \frac{L}{2\pi}\sum_{i=1}^{m}\frac{1}{\sqrt{b^2+4af(k+1)}} < T_k$$
$$< \frac{L}{2\pi}\sum_{i=1}^{m}\frac{1}{\sqrt{b^2+4af(k)}}$$

여기서, $\displaystyle\sum_{i=1}^{m}\frac{1}{\sqrt{b^2+4af(k)}}$

$$= \frac{m}{\sqrt{b^2+4af(k)}}$$
$$= \frac{f(k+1)-f(k)}{\sqrt{b^2+4af(k)}}$$
$$= \frac{2ak+a+b}{\sqrt{b^2+4af(k)}}$$
$$= \frac{2a+\dfrac{a+b}{k}}{\sqrt{\dfrac{b^2}{k^2}+4a\cdot\dfrac{f(k)}{k^2}}} \xrightarrow[k\to\infty]{} 1$$
$$\left(\because \lim_{k\to\infty}\frac{f(k)}{k^2} = a\right)$$

같은 방법으로,

$$\lim_{k\to\infty}\sum_{i=1}^{m}\frac{1}{\sqrt{b^2+4af(k+1)}} = 1$$

$$\lim_{k\to\infty}\left(\frac{L}{2\pi}\sum_{i=1}^{m}\frac{1}{\sqrt{b^2+4af(k+1)}}\right) \leqq \lim_{k\to\infty} T_k$$
$$\leqq \lim_{k\to\infty}\left(\frac{L}{2\pi}\sum_{i=1}^{m}\frac{1}{\sqrt{b^2+4af(k)}}\right)$$

에서, $\displaystyle\therefore\ \lim_{k\to\infty} T_k = \frac{L}{2\pi}$

호 I가 점 $(1, 0)$을 포함하는 경우는 $I' = C - I$로 놓자.

I'에 대하여 $T_k{}'$를 정하면

$$\lim_{k\to\infty} T_k{}' = \frac{2\pi - L}{2\pi}$$

이므로, 이 경우도

$$\lim_{k\to\infty} T_k = \lim_{k\to\infty}(1 - T_k{}') = \frac{L}{2\pi}$$

이상에서, 문제는 증명되었다. ■

〈 2002年 **前期 - 理科** 〉 **時間** : 150**分**

1. 2개의 포물선 $y=2\sqrt{3}(x-\cos\theta)^2+\sin\theta$, $y=-2\sqrt{3}(x+\cos\theta)^2-\sin\theta$ 가 서로 다른 두 점에서 만나게 되는 일반각 θ 의 범위를 구하여라.

2. 양의 정수 n 에 대하여, x^{n+1}을 x^2-x-1로 나눈 나머지를 a_nx+b_n이라 하자.
   (1) 수열 a_n, b_n $(n=1, 2, 3, \cdots)$은 $a_{n+1}=a_n+b_n$, $b_{n+1}=a_n$ 을 만족함을 보여라.
   (2) $n=1, 2, 3, \cdots$ 에 대하여, a_n, b_n 은 모두 양의 정수임을 보여라.
   또, 각 $n=1, 2, 3, \cdots$ 에 대하여 a_n 과 b_n 은 서로소임을 보여라.

3. xyz공간상의 점 $O(0, 0, 0)$을 중심으로 하고 점 $A(0, 0, -1)$을 지나는 구면을 S라 하자.
   S 외부의 한 점 $P(x,y,z)$에 대하여, $\overline{OP}$를 지름으로 하는 구면과 S가 만나서 이루는 원을 포함하는 평면을 L이라 하자.
   점 P와 A에서 L에 내린 수선의 발을 각각 Q, R이라 하자.
   이때, $\overline{PQ} \leqq \overline{AR}$을 만족하는 점 P의 범위 V를 구하고, V의 체적이 10 미만임을 보여라.

4. a를 양의 실수라 하자.
   xy평면상의 y축상의 점 $P(0, a)$를 잡고, 함수 $y=\dfrac{x^2}{x^2+1}$의 그래프를 C라 하자.
   다음 조건을 만족하는 C상의 점 Q가 원점 $O(0, 0)$ 이외에 존재하도록 하는 a의 범위를 구하여라. [조건 : Q에서의 C의 접선이 직선 PQ와 직교한다.]

5. O를 원점으로 하는 xyz공간상의 점 $P_k\left(\dfrac{k}{n},\ 1-\dfrac{k}{n},\ 0\right)$, $k=0, 1, \cdots, n$을 잡자.
   또, z축 상의 $z \geqq 0$인 부분에 점 Q_k를 $\overline{P_kQ_k}=1$이 되도록 잡는다.
   삼각뿔 $OP_kP_{k+1}Q_k$의 체적을 V_k로 놓을 때, $\displaystyle\lim_{n\to\infty}\sum_{k=0}^{n-1}V_k$를 구하여라.

6. N을 양의 정수라 하자. $2N$개의 항으로 이루어진 수열 $\{a_1, a_2, \cdots, a_N, b_1, b_2, \cdots, b_N\}$을 $\{b_1, a_1, b_2, a_2, \cdots, b_N, a_N\}$으로 순서를 바꾸는 조작을 "순서바꾸기"라 하자.
   순서바꾸기를 한 수열은 b_1이 초항이며, b_i 의 다음 항이 a_i, a_i 의 다음 항이 b_{i+1}이다.
   또, 수열 $\{1, 2, \cdots, 2N\}$을 순서바꾸기한 수열에 있어 k가 나타나는 위치를 $f(k)$라 하자.
   $N=3$인 경우, $\{1, 2, 3, 4, 5, 6\}$을 순서바꾸기하면, $\{4, 1, 5, 2, 6, 3\}$으로 되며,
   $f(1)=2$, $f(2)=4$, $f(3)=6$, $f(4)=1$, $f(5)=3$, $f(6)=5$이다.
   (1) 수열 $\{1,2,3,4,5,6,7,8\}$을 3회 순서바꾸기한 수열을 구하여라.
   (2) $1 \leqq k \leqq 2N$를 만족하는 임의의 정수 k에 대하여,
   $f(k)-2k$는 $2N+1$로 나누어떨어짐을 보여라.
   (3) $N=2^{n-1}$ (n은 양의 정수)에 대하여, 수열 $\{1, 2, 3, \cdots, 2N\}$을 $2n$회 순서바꾸기하면,
   $\{1, 2, 3, \cdots, 2N\}$으로 되돌아오는 것을 증명하여라.

[문제 1]

$$\begin{cases} y = 2\sqrt{3}(x-\cos\theta)^2+\sin\theta \\ y = -2\sqrt{3}(x+\cos\theta)^2-\sin\theta \end{cases}$$

에서,

$$2\sqrt{3}(x-\cos\theta)^2+\sin\theta = -2\sqrt{3}(x+\cos\theta)^2-\sin\theta$$

$$\therefore\ 2\sqrt{3}x^2+2\sqrt{3}\cos^2\theta+\sin\theta=0 \quad \cdots ①$$

①이 서로 다른 두 실근을 가지면 되므로,

$$2\sqrt{3}\cos^2\theta+\sin\theta<0$$

$$2\sqrt{3}(1-\sin^2\theta)+\sin\theta<0$$

$$(2\sin\theta+\sqrt{3})(\sqrt{3}\sin\theta-2)>0$$

$\sqrt{3}\sin\theta-2<0$이므로, $2\sin\theta+\sqrt{3}<0$

$$\therefore\ \sin\theta<-\frac{\sqrt{3}}{2}$$

$$\therefore\ 2n\pi+\frac{4}{3}\pi<\theta<2n\pi+\frac{5}{3}\pi \quad (n\text{은 정수})$$

…(답) ■

[문제 2]

(1) x^{n+1}을 x^2-x-1로 나눈 몫을 $Q_n(x)$로 놓으면,

$$x^{n+1}=(x^2-x-1)Q_n(x)+a_nx+b_n \quad \cdots ①$$

①의 양변에 x를 곱하면,

$$\begin{aligned} x^{n+2} &= x(x^2-x-1)Q_n(x)+a_nx^2+b_nx \\ &= x(x^2-x-1)Q_n(x) \\ &\qquad +a_n(x^2-x-1)+(a_n+b_n)x+a_n \\ &= (x^2-x-1)\{xQ_n(x)+a_n\} \\ &\qquad +(a_n+b_n)x+a_n \quad \cdots ② \end{aligned}$$

또, ①에서 n 대신 $n+1$을 대입하면,

$$x^{n+2}=(x^2-x-1)Q_{n+1}(x)+a_{n+1}x+b_{n+1} \quad \cdots ③$$

②,③에 의하여,

$$\therefore \begin{cases} a_{n+1}=a_n+b_n \ (n\geq 1) & \cdots ④ \\ b_{n+1}=a_n \ (n\geq 1) & \cdots ⑤ \end{cases}$$

…(답) ■

(2)

(ⅰ) a_n, b_n이 모두 양의 정수임을 보이자.

$$x^2=(x^2-x-1)\cdot 1+x+1$$

에서, $a_1=b_1=1$은 모두 양의 정수이다.

1 이상의 자연수 n에 대하여 a_n, b_n이 모두 양의 정수이면, ④,⑤에 의하여 a_{n+1}, b_{n+1}도 모두 양의 정수로 된다.

따라서,
모든 n에 대하여 a_n, b_n은 양의 정수이다.

(ⅱ) a_n, b_n이 서로소임을 보이자.

2 이상인 자연수 n에 대하여, a_n, b_n의 최대공약수를 g라 하고,

$$a_n=kg,\ b_n=lg \quad (k, l : \text{양의 정수})$$

로 놓으면, ④,⑤에 의하여

$$\begin{cases} a_{n-1}=b_n=lg \\ b_{n-1}=a_n-a_{n-1}=(k-l)g \end{cases}$$

따라서, g는 a_{n-1}, b_{n-1}의 공약수이다.
이하, 같은 조작을 반복하면 g는 a_1, b_1의 공약수가 된다. $a_1=b_1=1$이므로 $g=1$이다.

$n(\geq 2)$은 임의의 자연수이므로,
모든 n에 대하여 a_n, b_n은 서로소이다. ■

〈 참고 〉
④, ⑤에 의하여 $a_{n+1}=a_n+a_{n-1}$이 되어, 피보나치수열이 된다. $a_1=1$, $a_2=2$인 경우, a_n은 $a_{n-1}(=b_n)$과 서로소이며,
98년 이과(전기) 3번 문제와 유사하다.

[문제 3]

구면 S의 방정식은 $x^2+y^2+z^2=1$ … ①

$P(a, b, c)$로 놓으면,

$\overline{OP}$를 지름으로 하는 구면의 방정식은

$$\left(x-\frac{a}{2}\right)^2+\left(y-\frac{b}{2}\right)^2+\left(z-\frac{c}{2}\right)^2=\left(\frac{a}{2}\right)^2+\left(\frac{b}{2}\right)^2+\left(\frac{c}{2}\right)^2$$

$$\therefore x^2+y^2+z^2-ax-by-cz=0 \quad \cdots ②$$

①, ②에서 평면 L의 방정식은

$$ax+by+cz-1=0 \quad \cdots ③$$

이므로,

$$\begin{cases} \overline{PQ}=\dfrac{|a^2+b^2+c^2-1|}{\sqrt{a^2+b^2+c^2}} & \cdots ④ \\ \overline{AR}=\dfrac{|-c-1|}{\sqrt{a^2+b^2+c^2}} & \cdots ⑤ \end{cases}$$

P가 S의 외부에 있으므로,

$$\overline{OP}>1 \quad \Leftrightarrow \quad a^2+b^2+c^2>1$$

이 되며, 이것에 주의하면 ④, ⑤에서

$$\overline{PQ} \leqq \overline{AR} \quad \Leftrightarrow a^2+b^2+c^2-1 \leqq |c+1| \quad \cdots ⑥$$

(i) $c<-1$인 경우

$c+1<0$이므로, ⑥에서

$$a^2+b^2+c^2-1 \leqq -c-1$$

$$\therefore a^2+b^2+\left(c+\frac{1}{2}\right)^2 \leqq \left(\frac{1}{2}\right)^2 \quad \cdots ⑦$$

⑦은 점 $\left(0, 0, -\frac{1}{2}\right)$을 중심으로 하고

반지름이 $\frac{1}{2}$인 구의 구면 및 내부를 표시하므로,

이것은 $c<-1$를 만족하지 않는다.

즉, 이 때는 조건을 만족하는 점 P가 존재하지 않는다.

(ii) $c \geqq -1$인 경우

$c+1 \geqq 0$이므로, ⑥에서

$$a^2+b^2+c^2-1 \leqq c+1$$

$$\therefore \ a^2+b^2+\left(c-\frac{1}{2}\right)^2 \leqq \left(\frac{3}{2}\right)^2$$

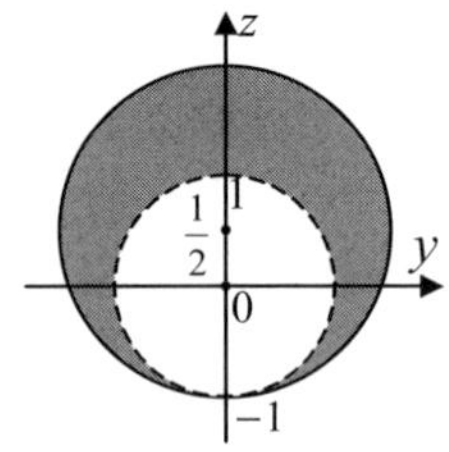

따라서, 점 $P(x, y, z)$의 범위 V는

$$\begin{cases} x^2+y^2+z^2>1 \\ x^2+y^2+\left(z-\dfrac{1}{2}\right)^2 \leqq \left(\dfrac{3}{2}\right)^2 \end{cases} \quad \cdots(\text{답}) \ ■$$

이며, 위 그림의 음영 부분을 z축 둘레로 회전시킨 입체로 된다.

따라서, V의 체적은

$$\frac{4}{3}\cdot\pi\cdot\left(\frac{3}{2}\right)^3-\frac{4}{3}\cdot\pi\cdot 1^3$$

$$=\frac{19}{6}\pi<\frac{19}{6}\cdot 3.15=\frac{59.85}{6}<10 \quad ■$$

[문제 4]

$$f(x)=\frac{x^2}{x^2+1}$$

으로 놓으면, $y=f(x)$의 그래프는 y축에 대하여 대칭이므로, 점 $Q(b, f(b))$ $(b>0)$에서의 법선의 방정식을 구하여, 그 y절편$(=a)$이 취하는 값의 범위를 구하면 된다.

$f'(x)=\dfrac{2x}{(x^2+1)^2}$이므로, Q에서의 법선은

$$y=-\frac{1}{f'(b)}(x-b)+f(b)$$

$$=-\frac{(b^2+1)^2}{2b}x+\frac{(b^2+1)^2}{2}+\frac{b^2}{b^2+1}$$

따라서, y절편 a는

$$a=\frac{(b^2+1)^2}{2}+\frac{b^2}{b^2+1}$$

$t=b^2+1>1$로 놓으면,

$$a=\frac{t^2}{2}+\frac{t-1}{t}=\frac{t^2}{2}+1-\frac{1}{t}$$

$$g(t)=\frac{t^2}{2}+1-\frac{1}{t}$$

로 놓으면, $g(t)$는 $t>1$에서

단조증가함수이며 $\lim\limits_{t\to\infty}g(t)=\infty$ 이므로,

$$\therefore\ a=g(t)>g(1)=\frac{1}{2}$$

따라서, 구하는 a의 범위는

$$\therefore\ a>\frac{1}{2}\qquad \cdots(\text{답})\ ■$$

[문제 5]

$\triangle OP_kP_{k+1}$

$=\frac{1}{2}\left|\frac{k}{n}\left(1-\frac{k+1}{n}\right)\right.$

$\left.-\left(1-\frac{k}{n}\right)\cdot\frac{k+1}{n}\right|$

$=\frac{1}{2n}$

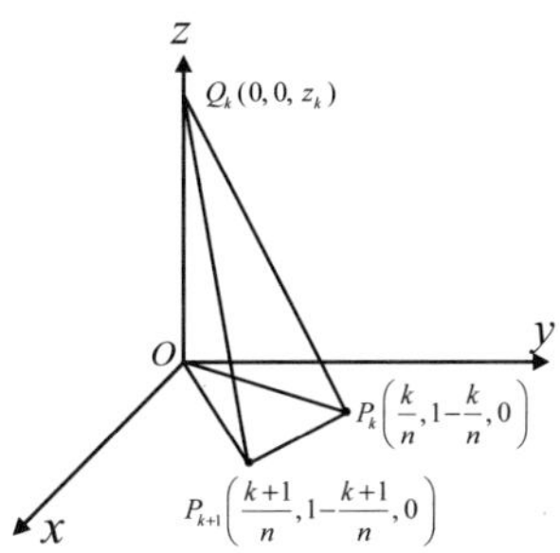

또, $\overline{P_kQ_k}=1$에서,

$$\left(\frac{k}{n}\right)^2+\left(1-\frac{k}{n}\right)^2+{z_k}^2=1$$

$$\therefore\ z_k=\sqrt{\frac{2k}{n}\left(1-\frac{k}{n}\right)}\quad(\because\ z_k\geqq 0)$$

따라서,

$$V_k=\frac{1}{3}\cdot\triangle OP_kP_{k+1}\cdot z_k=\frac{\sqrt{2}}{6}\cdot\frac{1}{n}\sqrt{\frac{k}{n}\left(1-\frac{k}{n}\right)}$$

$$\begin{aligned}\therefore\ \lim_{n\to\infty}\sum_{k=0}^{n-1}V_k&=\lim_{n\to\infty}\sum_{k=0}^{n-1}\frac{\sqrt{2}}{6}\cdot\frac{1}{n}\sqrt{\frac{k}{n}\left(1-\frac{k}{n}\right)}\\&=\frac{\sqrt{2}}{6}\int_0^1\sqrt{x(1-x)}\,dx\\&=\frac{\sqrt{2}}{6}\left(\frac{1}{2}\cdot\pi\left(\frac{1}{2}\right)^2\right)\\&=\frac{\sqrt{2}}{48}\pi\qquad\cdots(\text{답})\ ■\end{aligned}$$

〈 참고〉

$\int_0^1\sqrt{x(1-x)}\,dx$는

원 $\left(x-\frac{1}{2}\right)^2+y^2=\left(\frac{1}{2}\right)^2$의

$y>0$인 부분의 넓이이다.

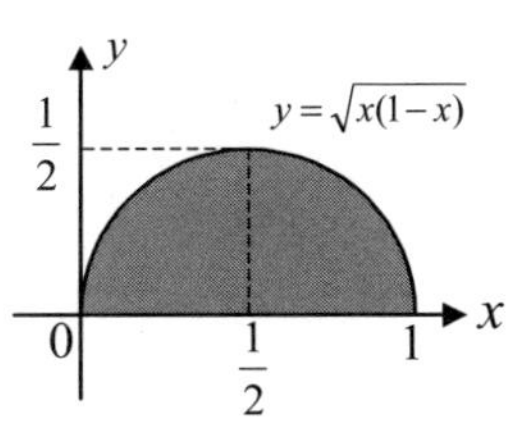

[문제 6]

(1) $\{1,\ 2,\ 3,\ 4,\ \underline{5},\ \underline{6},\ \underline{7},\ \underline{8}\}$

⇓ 1회

$\{\underline{5},\ 1,\ \underline{6},\ 2,\ \underline{7},\ 3,\ \underline{8},\ 4\}$

⇓ 2회

$\{7,\ 5,\ 3,\ 1,\ 8,\ 6,\ 4,\ 2\}$

⇓ 3회

$\{8,\ 7,\ 6,\ 5,\ 4,\ 3,\ 2,\ 1\}$ $\cdots$(답) ■

(2) 다음 두 경우로 나누어 생각하자.

(ⅰ) $1\leqq k\leqq N$인 경우

$\{1,\ 2,\ \cdots,\ k,\ \cdots,\ N,\ N+1,\ N+2,\ \cdots,\ N+k,\ \cdots,\ 2N\}$

을 1회 순서바꾸기하면,

$$\{\underbrace{N+1,\ 1,\ N+2,\ 2,\ \cdots,\ N+k,\ k,}_{2k\text{개}}\ \cdots,\ 2N,\ N\}$$

이므로,

$$f(k)=2k\qquad\therefore\ f(k)-2k=0$$

따라서,

$f(k)-2k$는 $2N+1$로 나누어떨어진다. ■

(ⅱ) $N+1\leqq k\leqq 2N$인 경우

$k=N+(k-N)$에 주의하여

$\{1,\ 2,\ \cdots,\ N,\ N+1,\ \cdots,\ k,\ k+1,\ \cdots,\ 2N\}$

을 1회 순서바꾸기하면,

$$\{\underbrace{N+1,\ 1,\ N+2,\ 2,\ \cdots,\ k,\ k-N,}_{2(k-N)\text{개}}\ \cdots,\ 2N,\ N\}$$

이므로,

$$f(k)=2(k-N)-1\qquad\therefore\ f(k)-2k=-2N-1$$

따라서,

$f(k)-2k$는 $2N+1$로 나누어떨어진다. ■

(3) $1\leqq k\leqq 2N$를 만족하는 양의 정수 k와 음이 아닌 정수 i에 대하여,

$$f^0(k)=k,\ \ f^i(k)=f(f^{i-1}(k))\ \ (i\geqq 1)$$

로 정의하자.

즉, $f^i(k)$는 i회 순서바꾸기한 후의 k의 위치를 나타낸다. 따라서, 주어진 문제는

임의의 $k\,(1\leq k\leq 2N)$에 대하여, $f^{2n}(k)=k$

임을 보이면 된다.

정수 a, b에 대하여 $a-b$가 양의 정수 p에 의하여 나누어떨어지는 것을

$$a\equiv b\ (\mathrm{mod}\ p)$$

로 나타내면, (2)의 결과에 의하여

$$f(k)\equiv 2k\ (\mathrm{mod}\ 2N+1)$$

이것을 반복하면,

$$f^2(k)=f(f(k))\equiv 2f(k)\equiv 2^2k\ (\mathrm{mod}\ 2N+1)$$

$$f^3(k)=f(f^2(k))\equiv 2f^2(k)\equiv 2^3k\ (\mathrm{mod}\ 2N+1)$$

$$\vdots$$

$$f^{2n}(k)\equiv 2^{2n}k\ (\mathrm{mod}\ 2N+1)\qquad\cdots ①$$

한편, $N=2^{n-1}$에서 $2N+1=2^n+1$이므로,

$$2^{2n}k-k=(2^{2n}-1)k$$
$$=(2^n+1)(2^n-1)k=(2N+1)(2^n-1)k$$
$$\therefore\ 2^{2n}k\equiv k\ (\mathrm{mod}\ 2N+1)\qquad\cdots ②$$

①, ②에서, $f^{2n}(k)\equiv k\ (\mathrm{mod}\ 2N+1)$
f의 정의에 의하여, $1\leq f^{2n}(k)\leq 2N$이므로

$$\therefore\ f^{2n}(k)=k$$

따라서, $2n$회 순서바꾸기를 하면
$\{1, 2, 3, \cdots, 2N\}$으로 되돌아온다. ■

〈 참고 〉

$N=4$인 경우, $f^i(2)$를 살펴보자.

$$\{1,\ 2,\ 3,\ 4,\ \underline{5},\ \underline{6},\ \underline{7},\ \underline{8}\}$$
$$\Downarrow 1회$$
$$\{\underline{5},\ 1,\ \underline{6},\ 2,\ \underline{7},\ 3,\ \underline{8},\ 4\}이므로,$$

$$f(1)=2,\ f(2)=4,\ f(3)=6,\ f(4)=8$$
$$f(5)=1,\ f(6)=3,\ f(7)=5,\ f(8)=7$$

로 되는 것에 주의하자. (몇 번째 숫자는 몇 번째 자리로 이동함을 나타냄)

$\{1,\ \underline{2},\ 3,\ 4,\ 5,\ 6,\ 7,\ 8\}$ $\Downarrow$ 1회 $\{5,\ 1,\ 6,\ \underline{2},\ 7,\ 3,\ 8,\ 4\}$ $\Downarrow$ 2회 $\{7,\ 5,\ 3,\ 1,\ 8,\ 6,\ 4,\ \underline{2}\}$ $\Downarrow$ 3회 $\{8,\ 7,\ 6,\ 5,\ 4,\ 3,\ \underline{2},\ 1\}$ $\Downarrow$ 4회 $\{4,\ 8,\ 3,\ 7,\ \underline{2},\ 6,\ 1,\ 5\}$ $\Downarrow$ 5회 $\{\underline{2},\ 4,\ 6,\ 8,\ 1,\ 3,\ 5,\ 7\}$ $\Downarrow$ 6회 $\{1,\ \underline{2},\ 3,\ 4,\ 5,\ 6,\ 7,\ 8\}$

이며,

$$\begin{cases} f^0(2)=2 \\ f^1(2)=4 \\ f^2(2)=f(4)=8 \\ f^3(2)=f(8)=7 \\ f^4(2)=f(7)=5 \\ f^5(2)=f(5)=1 \\ f^6(2)=f(1)=2 \end{cases}$$

임을 알 수 있다.

$N=4=2^{3-1}$에서 $n=3$이며,
순서바꾸기를 $2n=6$회 시행하여 처음으로 되돌아 왔음을 알 수 있다.

〈 2002年 前期 - 文科 〉　　　　時間 : 100分

1. 이과 1번과 같음. 단, $0^\circ \leqq \theta \leqq 360^\circ$

2. 이과 2번과 같음.

3. 두 함수 $f(x)=ax^3+bx^2+cx$, $g(x)=px^3+qx^2+rx$가 다음 5가지 조건을 만족한다.

$$f'(0)=g'(0),\ f(-1)=1,\ f'(-1)=0,\ g(1)=3,\ g'(1)=0$$

이러한 함수들 중, 정적분 $\int_{-1}^{0}\{f''(x)\}^2dx+\int_{0}^{1}\{g''(x)\}^2dx$ 의 값을 최소로 하는 $f(x)$와 $g(x)$를 구하여라.

4. 원주 상에 m개의 적색점과 n개의 청색점이 임의의 순서로 나열되어 있다. 이 점들에 의하여, 원주는 $m+n$개의 호로 나누어진다. 이때, 나누어진 호들 중 양 끝의 색이 다른 것의 개수는 짝수임을 보여라. (단, $m \geqq 1$, $n \geqq 1$)

[문제1]

$240^\circ \leqq \theta \leqq 300^\circ$ …(답) ■

[문제 3]

$$\begin{cases} f(x)=ax^3+bx^2+cx \\ g(x)=px^3+qx^2+rx \end{cases}$$

이므로,

$$\begin{cases} f'(x)=3ax^2+2bx+c \\ g'(x)=3px^2+2qx+r \end{cases}$$

$$\begin{cases} f'(0)=g'(0)\text{에서, } c=r & \cdots ① \\ f(-1)=-1\text{에서, } -a+b-c=-1 & \cdots ② \\ f'(-1)=0\text{에서, } 3a-2b+c=0 & \cdots ③ \\ g(1)=3\text{에서, } p+q+r=3 & \cdots ④ \\ g'(1)=0\text{에서, } 3p+2q+r=0 & \cdots ⑤ \end{cases}$$

②+③에서,

$2a-b=-1$ $\quad \therefore b=2a+1$ $\cdots$ ⑥

⑥과 ②에서, $c=a+2$ $\cdots$ ⑦

⑤−④에서, $2p+q=-3$ $\quad \therefore q=-2p-3$ $\cdots$ ⑧

⑧과 ④에서, $r=p+6$ $\cdots$ ⑨

⑦, ⑨를 ①에 대입하면,

$a+2=p+6$ $\quad \therefore p=a-4$ $\cdots$ ⑩

⑩을 ⑧에 대입하면, $q=-2a+5$ $\cdots$ ⑪

$f''(x)=6ax+2b$, $g''(x)=6px+2q$이므로,

$$\begin{aligned}\int_{-1}^{0}\{f''(x)\}^2dx &= \int_{-1}^{0}(6ax+2b)^2dx \\ &= \int_{-1}^{0}(36a^2x^2+24abx+4b^2)\,dx \\ &= \left[12a^2x^3+12abx^2+4b^2x\right]_{-1}^{0} \\ &= 4(3a^2-3ab+b^2) \quad (\because ⑥) \\ &= 4\{3a^2-3a(2a+1)+(2a+1)^2\} \\ &= 4(a^2+a+1)\end{aligned}$$

$$\begin{aligned}\int_{0}^{1}\{g''(x)\}^2dx &= \int_{0}^{1}(6px+2q)^2dx \\ &= \int_{0}^{1}(36p^2x^2+24pqx+4q^2)\,dx \\ &= \left[12p^2x^3+12pqx^2+4q^2x\right]_{0}^{1} \\ &= 4(3p^2+3pq+q^2) \quad (\because ⑩, ⑪) \\ &= 4\{3(a-4)^2+3(a-4)(-2a+5)+(-2a+5)^2\} \\ &= 4(a^2-5a+13)\end{aligned}$$

$$\therefore \int_{-1}^{0} \{f''(x)\}^2 dx + \int_{0}^{1} \{g''(x)\}^2 dx$$
$$= 4(a^2+a+1)+4(a^2-5a+13)$$
$$= 8(a^2-2a+7)$$
$$= 8\{(a-1)^2+6\} \geq 48$$
(등호는 $a=1$일 때 성립)

따라서, $a=1$일 때 최소이며

⑥, ⑦에서 $b=3,\ c=3$

⑩, ⑪, ①에서 $p=-3,\ q=3,\ r=3$

$$\therefore \begin{cases} f(x) = x^3+3x^2+3x \\ g(x) = -3x^3+3x^2+3x \end{cases} \quad \cdots(답)$$ ■

[문제 4]

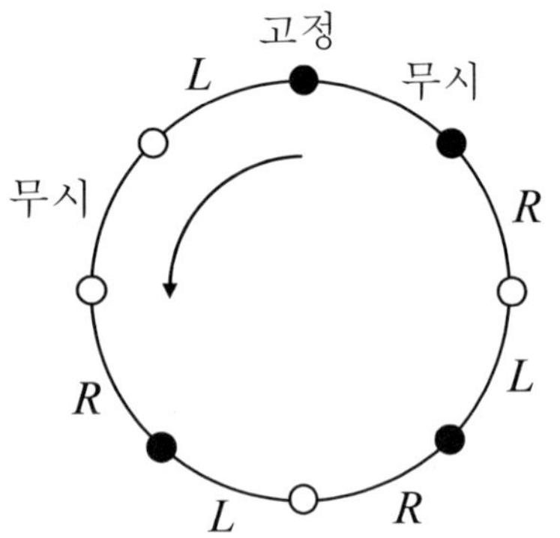

●: 적색 ○: 청색

1개의 적색점을 고정하고
반시계 방향으로 한 바퀴 돌며 양 끝점의 색이 다른 호의 개수를 세어보자.

먼저, 양 끝점이 같은 색인 호는 무시하고,
양 끝점의 색이 반시계방향으로

> "적청"인 경우는 L,
> "청적"인 경우는 R

로 표시하자.

반시계 방향으로 한 바퀴 돌면서
L과 R을 표시한 후 순서대로 나열하면,

$$L-R-L-R-\cdots-L-R$$

이 된다.

> 마지막에 적색점(고정)으로 끝나야 하므로 $\cdots-L-R$의 형태이다.

결국, L, R이 2개씩 연이어 짝을 이루게 되어 L과 R의 개수가 같아진다.

따라서, 양 끝점의 색이 다른 호의 개수는 짝수이다. ■

〈 참고 〉
먼저, m개의 적색점을 원주 상에 놓은 후,
그 사이에 청색점을 놓는 방법을 생각할 수도 있다.

양 끝점이 모두 적색인 호 위에 청색점을 놓을 때마다 양 끝점의 색이 다른 호의 개수가 2개 증가하며, 다른 경우에는 개수의 변화가 없다.

이 점에 착안하여 증명할 수도 있다.

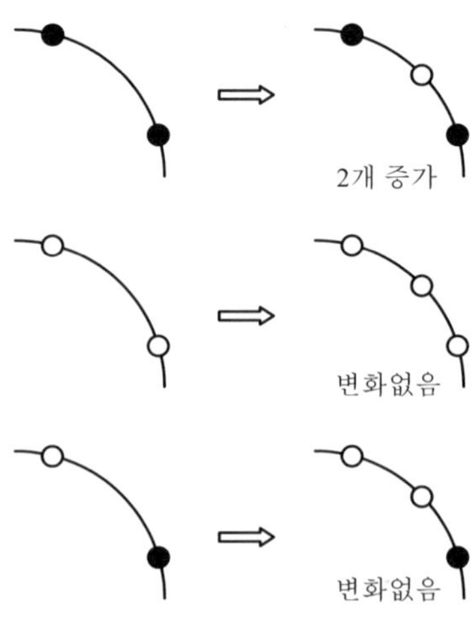

●: 적색 ○: 청색

〈 2002年 後期 - 理科1類 〉 時間 : 150分

1. 실수 전체에서 정의된 함수 $f(x)=xe^{-x^3}$을 고려해 보자.

(1) $f(x)$의 증감 및 요철(凹凸)을 조사하여 $f(x)$의 그래프의 개형을 도시하라.

(2) 양수 C에 대하여, $y=f(x)$와 x축 및 $x=C$로 둘러싸인 영역을 D_1이라 하자. D_1을 x축 둘레로 회전시켜 얻은 입체의 체적을 $V_1(C)$라 할 때, $\lim_{C\to\infty} V_1(C)$를 구하여라.

(3) $y=f(x)$의 $x \geqq 0$인 범위에서의 최댓값을 M이라 하자. $y=f(x)$와 y축 및 $y=M$으로 둘러싸인 영역을 D_2라 하자. D_2를 y축 둘레로 회전시켜 얻은 입체의 체적 V_2를 구하여라.

2. xyz공간상의 직사각형 L_1, L_2, L_3는 합동이며, 다음 조건을 만족한다.

- L_1은 xy 평면에 포함되며 $P_1(a, b, 0)$, $Q_1(-a, b, 0)$, $R_1(-a, -b, 0)$, $S_1(a, -b, 0)$이 꼭짓점이다.
- L_2는 yz 평면에 포함되며 $P_2(0, a, b)$, $Q_2(0, -a, b)$, $R_2(0, -a, -b)$, $S_2(0, a, -b)$가 꼭짓점이다.
- L_3는 zx 평면에 포함되며 $P_3(b, 0, a)$, $Q_3(b, 0, -a)$, $R_3(-b, 0, -a)$, $S_3(-b, 0, a)$가 꼭짓점이다.

여기서, $a > b > 0$이다. 이 때, 다음 물음에 답하여라.

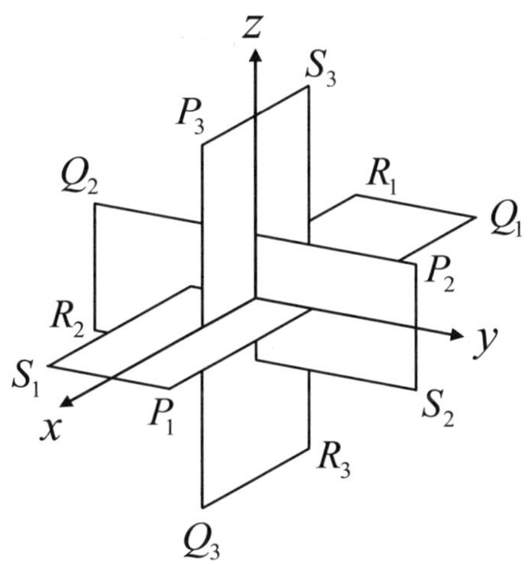

(1) $\triangle P_1P_2P_3$의 면적 및 $\triangle P_1P_2P_3$와 원점 O의 거리를 구하여라.

(2) 사면체 $OP_1P_2P_3$ 및 사면체 $OP_1P_2S_2$의 체적을 각각 구하여라.

(3) L_1, L_2, L_3의 12개의 꼭짓점에서 3개를 선택하여 삼각형을 만들자.
그 중 $\triangle P_1P_2P_3$ 또는 $\triangle P_1P_2S_2$와 합동인 삼각형은 20개이다.
이 삼각형들로 둘러싸인 이십면체를 D라 하자.
$0 < \theta < \frac{\pi}{4}$인 θ에 대하여 $a=\cos\theta$, $b=\sin\theta$로 주어졌을 때,
D의 체적을 $t=\tan\theta$의 함수 $V(t)$로 나타내어라.

(4) $0 < t < 1$의 범위에서 $V(t)$는 최댓값을 갖는 것을 보이고, 그때의 t의 값을 구하여라.

3. 구간 $[0,\ 1]$ 상의 함수 $f(x)$는 다음과 같이 정의 되어 있다.

$$f(x)=\begin{cases} 2x \left(x \leq \dfrac{1}{2}\right) \\ -2x+2 \left(x > \dfrac{1}{2}\right) \end{cases}$$

$0 \leq a_1 \leq 1$를 만족하는 실수 a_1을 초항으로 하는 수열 $\{a_n\}$을 $a_n = f(a_{n-1})$ $(n=2, 3, \cdots)$로 정하자. 이때, 다음 문제에 답하여라.

(1) $0 \leq b \leq 1, f(b)=b$를 만족하는 실수 b를 모두 구하여라.

(2) a_4가 (1)에서 구한 b의 값들 중 하나와 같게 되는 a_1을 모두 구하여라.

(3) 조건 [a_n이 (1)에서 구한 b의 값들 중 하나와 같아지는 $n \geq 1$이 존재한다.]를 만족하는 초항 a_1은 어떠한 형태의 실수로 표시되는가?

(4) 초항 a_1이 (3)의 조건을 만족하지 않을 때, $a_n \geq \dfrac{3}{4}$로 되는 $n \geq 1$이 존재함을 보여라.

(5) 수열 $\{a_n\}$이 수렴하기 위해, 초항 a_1이 만족해야 할 필요충분조건을 구하여라.

[문제 1]

(1) $f(x) = xe^{-x^3}$

$f'(x) = e^{-x^3} + x \cdot (-3x^2)e^{-x^3} = (1-3x^3)e^{-x^3}$

$f''(x) = -9x^2 e^{-x^3} + (1-3x^3)(-3x^2 e^{-x^3})$

$= 3x^2(3x^3-4)e^{-x^3}$

이므로,

$f(x)$의 증감 및 요철(凹凸)은 다음과 같다.

x	$\cdots$	0	$\cdots$	$\sqrt[3]{\frac{1}{3}}$	$\cdots$	$\sqrt[3]{\frac{4}{3}}$	$\cdots$
f'	$+$	$+$	$+$	0	$-$	$-$	$-$
f''	$-$	0	$-$	$-$	$-$	0	$+$
f	↗	0	↗	$\sqrt[3]{\frac{1}{3e}}$	↘	$\sqrt[3]{\frac{4}{3e^4}}$	↘

또, $\lim\limits_{x \to -\infty} f(x) = -\infty$, $\lim\limits_{x \to \infty} f(x) = 0$ 이므로,

$f(x)$의 그래프의 개형은 다음과 같다. ■

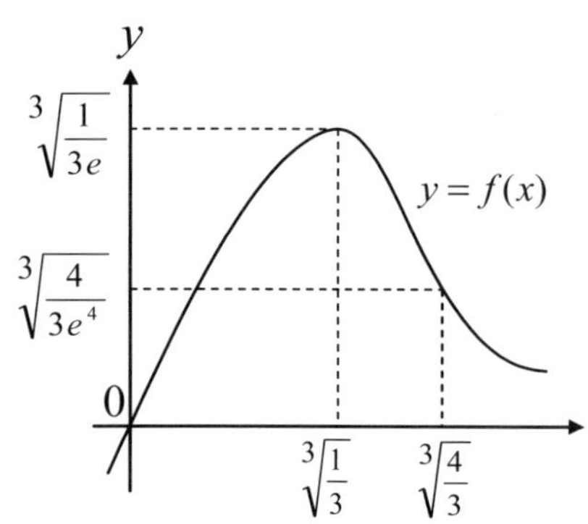

(2) $V_1(C) = \displaystyle\int_0^C \pi y^2\, dx = \pi \int_0^C \left(xe^{-x^3}\right)^2 dx$

$= \pi \displaystyle\int_0^C x^2 e^{-2x^3}\, dx = \pi \left[-\frac{e^{-2x^3}}{6}\right]_0^C$

$= \dfrac{\pi}{6}(1 - e^{-2C^3})$

$\lim\limits_{C \to \infty} e^{-2C^3} = 0$이므로,

$\lim\limits_{C \to \infty} V_1(C) = \dfrac{\pi}{6}$ $\cdots$(답) ■

(3) (1)에서, $M = \sqrt[3]{\dfrac{1}{3e}}$ 이며

$x_0 = \sqrt[3]{\dfrac{1}{3}}$ 로 놓으면 $M = f(x_0)$이므로,

$V_2 = \displaystyle\int_0^M \pi x^2\, dy = \pi \int_0^{x_0} x^2 f'(x)\, dx$

$= \pi \left[x^2 f(x)\right]_0^{x_0} - \pi \displaystyle\int_0^{x_0} 2x f(x)\, dx$

$= \dfrac{\pi}{3\sqrt[3]{e}} - \pi \displaystyle\int_0^{x_0} 2x^2 e^{-x^3}\, dx$

$= \dfrac{\pi}{3\sqrt[3]{e}} - \pi \left[-\dfrac{2e^{-x^3}}{3}\right]_0^{x_0}$

$= \pi \left(\dfrac{1}{\sqrt[3]{e}} - \dfrac{2}{3}\right)$ $\cdots$(답) ■

[문제 2]

(1) $\overline{P_1P_2}=\overline{P_2P_3}=\overline{P_3P_1}$

$$=\sqrt{a^2+(a-b)^2+b^2}=\sqrt{2(a^2-ab+b^2)}$$

이므로, $\triangle P_1P_2P_3$는 정삼각형이다.

$$\therefore\ \triangle P_1P_2P_3=\frac{\sqrt{3}}{4}\left(\sqrt{2(a^2-ab+b^2)}\right)^2$$

$$=\frac{\sqrt{3}}{2}(a^2-ab+b^2) \qquad \cdots(\text{답})\ ■$$

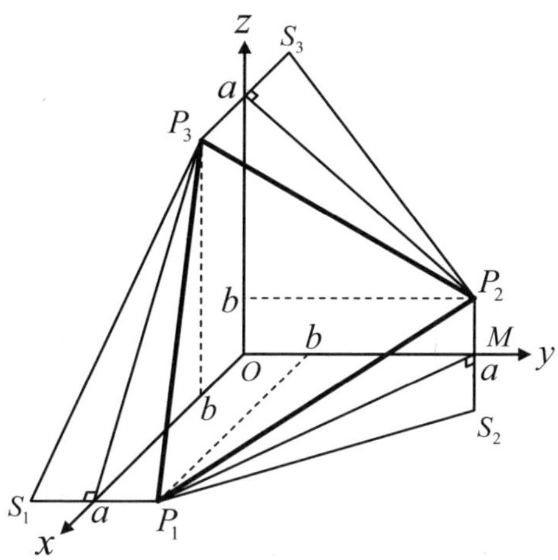

세 점 P_1, P_2, P_3의 x, y, z 좌표의 합은 모두 $a+b$ 이므로, 평면 $P_1P_2P_3$의 방정식은

$$x+y+z=a+b$$

따라서, 원점 O에서 $\triangle P_1P_2P_3$에 내린 수선의 발을 H라 하면,

$$\overline{OH}=\frac{|-a-b|}{\sqrt{1^2+1^2+1^2}}=\frac{a+b}{\sqrt{3}} \qquad \cdots(\text{답})\ ■$$

(2)

사면체 $OP_1P_2P_3$의 체적을 V_1이라고 하면, (1)에 의하여,

$$V_1=\frac{1}{3}\cdot\triangle P_1P_2P_3\cdot\overline{OH}$$

$$=\frac{1}{3}\cdot\frac{\sqrt{3}}{2}(a^2-ab+b^2)\cdot\frac{a+b}{\sqrt{3}}$$

$$=\frac{1}{6}(a^3+b^3) \qquad \cdots(\text{답})\ ■$$

또, $\overline{P_2S_2}$의 중점을 M이라 하면, 사면체 $OP_1P_2S_2$의 체적 V_2는

$$V_2=\frac{1}{3}\cdot\triangle OP_1M\cdot\overline{P_2S_2}$$

$$=\frac{1}{3}\cdot\frac{1}{2}a^2\cdot 2b=\frac{1}{3}a^2b \qquad \cdots(\text{답})\ ■$$

(3) $x\geqq 0,\ y\geqq 0,\ z\geqq 0$인 영역에 있는 D는 위 그림과 같다. 즉, 1개의 정삼각형 $P_1P_2P_3$와 이등변삼각형 $P_1P_2S_2$를 반분한 직각삼각형 P_1P_2M과 합동인 3개의 면으로 이루어져 있다.

따라서, D의 20개 면은

$\triangle P_1P_2P_3$와 합동인 면 8개,

$\triangle P_1P_2S_2$와 합동인 면 12개

로 이루어져 있다.

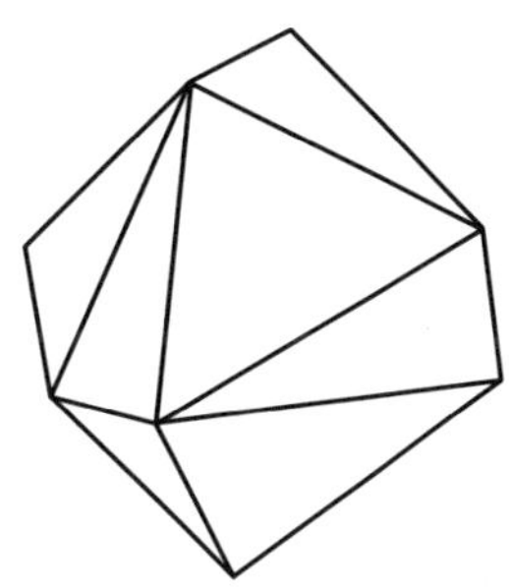

(2)의 결과에 의하여,

$$V=8V_1+12V_2$$

$$=8\cdot\frac{1}{6}(a^3+b^3)+12\cdot\frac{1}{3}a^2b$$

$$=\frac{4}{3}(a^3+b^3)+4a^2b$$

$$=\frac{4}{3}(\cos^3\theta+\sin^3\theta)+4\cos^2\theta\sin\theta$$

$$=\frac{4}{3}\cos^3\theta(1+\tan^3\theta+3\tan\theta)$$

$$\cos^3\theta = (\cos^2\theta)^{\frac{3}{2}} = \frac{1}{(1+\tan^2\theta)^{\frac{3}{2}}}$$

이므로,

$$V(t) = \frac{4}{3} \cdot \frac{1+3t+t^3}{(1+t^2)^{\frac{3}{2}}} \quad \cdots(\text{답}) \ ■$$

(4) (3)의 결과에 의하여,

$V'(t)$

$$= \frac{4}{3} \cdot \frac{(3+3t^2)(1+t^2)^{\frac{3}{2}} - 3(1+3t+t^3)(1+t^2)^{\frac{1}{2}}t}{(1+t^2)^3}$$

$$= \frac{4(1-t-t^2)}{(1+t^2)^{\frac{5}{2}}}$$

$V(t)$의 증감표는 다음과 같다.

t	0	$\cdots$	$\frac{-1+\sqrt{5}}{2}$	$\cdots$	1
V'		$+$	0	$-$	
V		↗	극대	↘	

따라서,

$V(t)$는 최댓값을 가지며 그 때의 t의 값은

$$\therefore\ t = \frac{-1+\sqrt{5}}{2} \quad \cdots(\text{답}) \ ■$$

[문제 3]

(1)

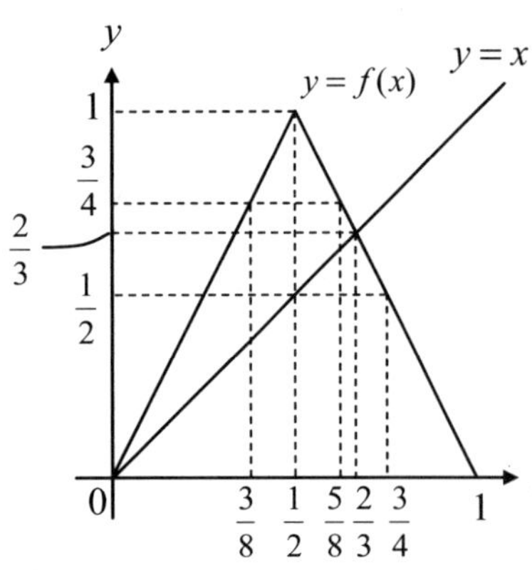

$y=f(x)$의 그래프는 위의 그림과 같이 꺾인 선으로 되며, $y=x$와 $y=-2x+2$의 교점의 x 좌표는 $x=\frac{2}{3}$이다.

따라서, $f(b)=b\ (0 \leqq b \leqq 1)$을 만족하는 b는

$$\therefore\ b=0,\ \frac{2}{3} \quad \cdots(\text{답}) \ ■$$

(2)

$$\begin{cases} f^n(x) = \underbrace{f \circ f \circ \cdots \circ f}_{n\text{개}}(x) \\ a_n = f(a_{n-1}) \quad (n=2, 3, \cdots) \end{cases}$$

로 놓으면,

$$a_n = f^{n-1}(a_1) \ (n \geqq 2)$$

따라서, $\therefore\ a_4 = f^3(a_1)$

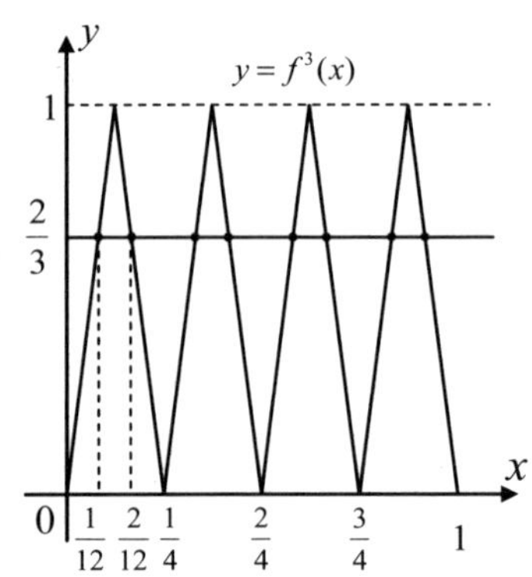

여기서,

$y=f^3(x)$의 그래프는 위의 그림과 같으므로,

$0 \leqq a_1 < \frac{1}{4}$일 때,

$$\begin{cases} a_4 = 0 \iff f^3(a_1) = 0 \iff a_1 = 0 \\ a_4 = \frac{2}{3} \iff f^3(a_1) = \frac{2}{3} \iff a_1 = \frac{1}{12},\ \frac{2}{12} \end{cases}$$

$y=f^3(x)$는 $0 \leqq x < 1$에서 주기 $\frac{1}{4}$인 주기함수이므로, 구하는 a_1은

$$a_1 = \frac{k}{12} \ (k=0, 1, 2, \cdots, 12) \quad \cdots(\text{답}) \ ■$$

(3)

(ⅰ) $a_n = 0 \quad \text{or} \quad \frac{2}{3}$ 을 만족하는 정수 $n \geq 2$이 존재한다고 하자.

$a_n = f^{n-1}(a_1)$ $(n \geq 2)$이므로,

$$\therefore f^{n-1}(a_1) = 0 \quad \text{or} \quad \frac{2}{3}$$

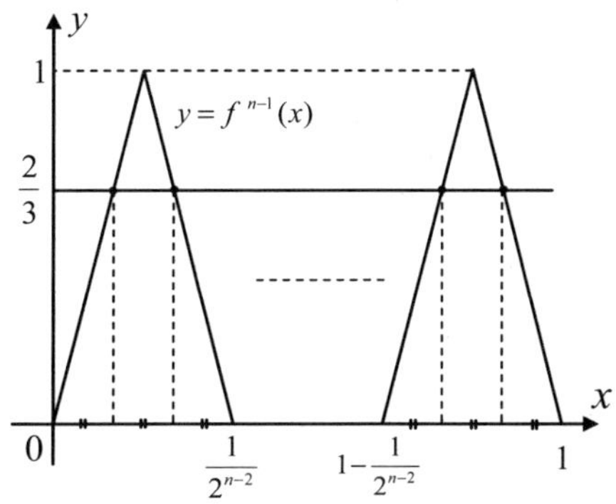

$y = f^{n-1}(x)$의 그래프는 그림과 같으므로,

$0 \leq a_1 < \frac{1}{2^{n-2}}$일 때,

$$\begin{cases} a_n = 0 \iff f^{n-1}(a_1) = 0 \iff a_1 = 0 \\ a_n = \frac{2}{3} \iff f^{n-1}(a_1) = \frac{2}{3} \\ \qquad \iff a_1 = \frac{1}{3 \cdot 2^{n-2}},\ \frac{2}{3 \cdot 2^{n-2}} \end{cases}$$

$y = f^{n-1}(x)$는 $0 \leq x < 1$에서 주기 $\frac{1}{2^{n-2}}$인 주기함수이므로, 구하는 a_1은

$$a_1 = \frac{k}{3 \cdot 2^{n-2}} \quad (0 \leq k \leq 3 \cdot 2^{n-2},\ k\text{는 정수})$$

(ⅱ) 역으로,   0 이상의 정수 m을 사용하여, a_1이 $a_1 = \frac{k}{3 \cdot 2^m} \quad (0 \leq k \leq 3 \cdot 2^m,\ k\text{는 정수})$ 로 표시된다고 하자.

$y = f^{m+1}(x)$의 그래프를 고려하면,

$$\therefore a_{m+2} = f^{m+1}(a_1) = 0 \quad \text{or} \quad \frac{2}{3}$$

(ⅰ), (ⅱ)에 의하여,

조건을 만족하는 a_1은

$$a_1 = \frac{k}{3 \cdot 2^m} \quad \begin{pmatrix} m\text{은 0 이상의 정수} \\ 0 \leq k \leq 3 \cdot 2^m,\ k\text{는 정수} \end{pmatrix}$$

…(답) ■

(4) 주어진 문제는

초항 a_1이 (3)의 조건을 만족하지 않을 때, $a_n \geq \frac{3}{4}$로 되는 $n \geq 1$이 존재함을 보여라.

⇕

초항 a_1에 대하여, $\forall n \geq 1, \quad a_n \neq 0,\ \frac{2}{3}$ 이면, $\exists n$(자연수), $a_n \geq \frac{3}{4}$

⇕ (대우)

초항 a_1에 대하여, $\forall n \geq 1, \quad a_n < \frac{3}{4}$ 이면, $\exists n$(자연수), $a_n = 0$ or $\frac{2}{3}$

(증명) 모든 자연수 n에 대하여,

$a_n < \frac{3}{4}$이 성립한다고 가정하자.

$a_n = f(a_{n-1})$이므로,

$y = f(x)$의 그래프에 의하여

$$0 \leq a_{n-1} < \frac{3}{8} \quad \text{or} \quad \frac{5}{8} < a_{n-1} < \frac{3}{4} \quad (\forall n \geq 2)$$

… ①

(ⅰ) $\frac{5}{8} < a_1 < \frac{3}{4}$인 경우

$a_1 > \frac{1}{2}$이므로,

$$a_2 = -2a_1 + 2 > -2 \cdot \frac{3}{4} + 2 = \frac{1}{2}$$

①에 의하여,

$$\therefore \quad \frac{5}{8} < a_2 < \frac{3}{4}$$

같은 방법으로, 모든 n에 대하여

$$\begin{cases} \frac{5}{8} < a_n < \frac{3}{4} \\ a_n = -2a_{n-1} + 2 \end{cases}$$

$$\therefore \ a_n = \frac{2}{3} + \left(a_1 - \frac{2}{3}\right) \cdot (-2)^{n-1}$$

이므로,

$$\frac{5}{8} < \frac{2}{3} + \left(a_1 - \frac{2}{3}\right) \cdot (-2)^{n-1} < \frac{3}{4}$$

$$\therefore \ -\frac{1}{24} < \left(a_1 - \frac{2}{3}\right) \cdot (-2)^{n-1} < \frac{1}{12}$$

위 부등식이 임의의 n에 대하여 성립하므로, $a_1 = \frac{2}{3}$로 되어 결론 성립.

(ⅱ) $0 \leqq a_1 < \frac{3}{8}$인 경우

$\frac{5}{8} < a_n < \frac{3}{4}$인 n이 존재하는 경우, 그러한 n 중 최솟값을 n_0라 하면, (ⅰ)에 의하여 $a_{n_0} = \frac{2}{3}$가 되어 결론 성립.

또, $\frac{5}{8} < a_n < \frac{3}{4}$인 n이 존재하지 않는 경우, 모든 n에 대하여 $a_n < \frac{3}{8}$이므로,

$$a_n = 2a_{n-1} \qquad \therefore \ a_n = 2^{n-1} \cdot a_1$$

$$\therefore \ 0 \leqq 2^{n-1} \cdot a_1 < \frac{3}{8}$$

위 부등식이 임의의 n에 대하여 성립하므로, $a_1 = 0$으로 되어 결론 성립.

(ⅰ), (ⅱ)에 의하여 증명 끝 ■

(5) 초기값 a_1이 (3)의 조건을 만족하면,

수열 $\{a_n\}$은 0 또는 $\frac{2}{3}$로 수렴한다.

---

a_1이 (3)의 조건을 만족하지 않는 경우,

(4)에 의하여 $a_n \geqq \frac{3}{4}$인 $n(\geqq 1)$이 존재한다.

이때, $y = f(x)$의 그래프에 의하여

$$\therefore \quad a_{n+1} \leqq \frac{1}{2} < \frac{3}{4} \leqq a_n$$

이제, $n_1 = n+1$로 놓고

a_{n_1}을 새로운 초기값으로 생각하면,

a_{n_1}은 (3)의 조건을 만족하지 않는다.

(만족하면, a_1이 (3)의 조건을 만족하지 않는 것에 모순된다.)

따라서, $a_{n_1+l} \geqq \frac{3}{4}$인 $l(\geqq 1)$이 존재하여

$$\therefore \ a_{n_1+l+1} \leqq \frac{1}{2} < \frac{3}{4} \leqq a_{n_1+l}$$

이 조작을 반복하면,

수열 $\{a_n\}$은 수렴하지 않는다.

$a_{m+1} \leqq \frac{1}{2} < \frac{3}{4} \leqq a_m$ 인 자연수 m이 무수히 많이 존재.

따라서, 구하는 조건은

$$a_1 = \frac{k}{3 \cdot 2^m} \quad \left(\begin{array}{c} m\text{은 0 이상의 정수} \\ 0 \leqq k \leqq 3 \cdot 2^m,\ k\text{는 정수} \end{array}\right)$$

…(답) ■

〈 2003年 前期 – 理科 〉 時間 : 150分

1. a, b, c는 실수이며, $a \neq 0$이다. 2차함수 $f(x)=ax^2+bx+c$는 다음 조건 (A), (B)를 만족한다.

(A) $f(-1)=-1,\ f(1)=1$

(B) $-1 \leqq x \leqq 1$인 모든 x에 대하여, $f(x) \leqq 3x^2-1$

이때, 적분 $I=\int_{-1}^{1}(f'(x))^2\,dx$의 값이 취할 수 있는 범위를 구하여라.

2. O를 원점으로 하는 복소수 평면상에서 6을 표시하는 점을 A, $7+7i$를 표시하는 점을 B라 하자. 또, 양의 실수 t에 대하여, $\dfrac{14(t-3)}{(1-i)t-7}$을 표시하는 점을 P라 하자.

(1) $\angle APB$를 구하여라.

(2) $\overline{OP}$의 길이가 최대로 되는 t를 구하여라.

3. xyz공간에 있어, 평면 $z=0$ 상의 원점을 중심으로 하는 반경 2인 원을 밑면으로 하고, 점 $(0, 0, 1)$을 꼭짓점으로 하는 원뿔을 A라 하자.
또, 평면 $z=0$ 상의 점 $(1, 0, 0)$을 중심으로 하는 반경 1인 원을 H,
평면 $z=1$ 상의 점 $(1, 0, 1)$을 중심으로 하는 반경 1인 원을 K라 하자.
H와 K를 밑면으로 하는 원기둥을 B라 하고, 원뿔 A와 원기둥 B의 공통부분을 C라 하자.
$0 \leqq t \leqq 1$인 실수 t에 대하여, 평면 $z=t$에 의한 C의 절단면의 면적을 $S(t)$라 하자.

(1) $0 \leqq \theta \leqq \dfrac{\pi}{2}$로 가정하자. $t=1-\cos\theta$일 때, $S(t)$를 θ로 나타내어라.

(2) C의 체적 $\int_{0}^{1}S(t)\,dt$를 구하여라.

4. 2차방정식 $x^2-4x-1=0$의 두 실근을 $\alpha, \beta\ (\alpha > \beta)$라 하자.
$n=1, 2, 3, \cdots$에 대하여, $s_n=\alpha^n+\beta^n$으로 놓자.

(1) $s_1,\ s_2,\ s_3$를 구하여라. 또, $n \geqq 3$에 대하여, s_n을 s_{n-1}과 s_{n-2}로 나타내어라.

(2) β^3보다 작거나 같은 최대정수를 구하여라.

(3) α^{2003}보다 작거나 같은 최대정수의 1의 자리를 구하여라.

5. 주사위를 n번 던져, 제1회째부터 제n회째까지 나온 수 n개를 모두 곱한 값을 X_n이라 하자.

(1) X_n이 5로 나누어떨어질 확률을 구하여라.

(2) X_n이 4로 나누어떨어질 확률을 구하여라.

(3) X_n이 20으로 나누어떨어질 확률을 p_n이라 할 때, $\lim_{n\to\infty}\dfrac{1}{n}\log(1-p_n)$을 구하여라.

6. [원주율은 3.05보다 크다.]를 증명하여라.

[문제 1]

$g(x)=f(x)-x$로 놓으면,

조건 (A)에 의하여, $g(\pm 1)=0$이므로

$$g(x)=a(x+1)(x-1)$$

$$\therefore\ f(x)=g(x)+x=ax^2+x-a$$

$f(x)\leqq 3x^2-1$에서,

$$(3-a)x^2-x+a-1\geqq 0 \qquad \cdots ①$$

$h(x)=(3-a)x^2-x+a-1$로 놓자.

(i) $a\geqq 3$인 경우

$h(x)$는 직선이거나 위로 볼록한 포물선이며,

$h(-1)=3,\ h(1)=1$이므로,

부등식 ①은 $-1\leqq x\leqq 1$에서 성립한다.

(ii) $a<3$인 경우

$$h(x)=(3-a)\left\{x-\frac{1}{2(3-a)}\right\}^2-\frac{4a^2-16a+13}{4(3-a)}$$

대칭축이 $x=\dfrac{1}{2(3-a)}>0$이므로,

(Ⅰ) $\dfrac{1}{2(3-a)}\geqq 1\ \left(\because \dfrac{5}{2}\leqq a<3\right)$인 경우

$h(1)=1$이므로, 부등식 ①은 성립한다.

(Ⅱ) $0<\dfrac{1}{2(3-a)}\leqq 1\ \left(\because a\leqq \dfrac{5}{2}\right)$인 경우

$h(x)\geqq 0$에서, $4a^2-16a+13\leqq 0$

$$\frac{4-\sqrt{3}}{2}\leqq x\leqq \frac{4+\sqrt{3}}{2}$$

$a\leqq \dfrac{5}{2}$이므로, $\dfrac{4-\sqrt{3}}{2}\leqq x\leqq \dfrac{5}{2}$

(i), (ii)에 의하여,

①이 $-1\leqq x\leqq 1$에서 성립하기 위한 조건은

$$a\geqq \frac{4-\sqrt{3}}{2} \qquad \cdots ②$$

$$I=\int_{-1}^{1}(f'(x))^2\,dx=\int_{-1}^{1}(2ax+1)^2\,dx$$

$$=\int_{-1}^{1}(4a^2x^2+4ax+1)\,dx$$

$$=2\left[\frac{4a^2}{3}x^3+x\right]_0^1=\frac{8}{3}a^2+2$$

②에서, I의 값이 취할 수 있는 범위는

$$I\geqq \frac{4(11-4\sqrt{3})}{3} \qquad \cdots(\text{답})\ ■$$

[문제 2]

(1) $z=\dfrac{14(t-3)}{(1-i)t-7}=\dfrac{14(t-3)}{(t-7)-ti}$으로 놓으면,

$$\frac{(7+7i)-z}{6-z}=\frac{(7+7i)-\dfrac{14(t-3)}{(t-7)-ti}}{6-\dfrac{14(t-3)}{(t-7)-ti}}$$

$$=\frac{-7-49i}{-8t-6ti}=\frac{7}{2t}\cdot\frac{1+7i}{4+3i}$$

$$=\frac{7}{2t}(1+i)$$

$$=\frac{7\sqrt{2}}{2t}(\cos 45^\circ+i\sin 45^\circ)$$

$$\therefore\ \angle APB=45^0 \qquad \cdots(\text{답})\ ■$$

(2) (1)의 결과에 의하여, 점 P는 두 정점 A, B를 바라보는 각이 45^0인 원주상을 움직인다. 이 원의 중심을 C라 하고, C를 나타내는 복소수를 r이라 하면,

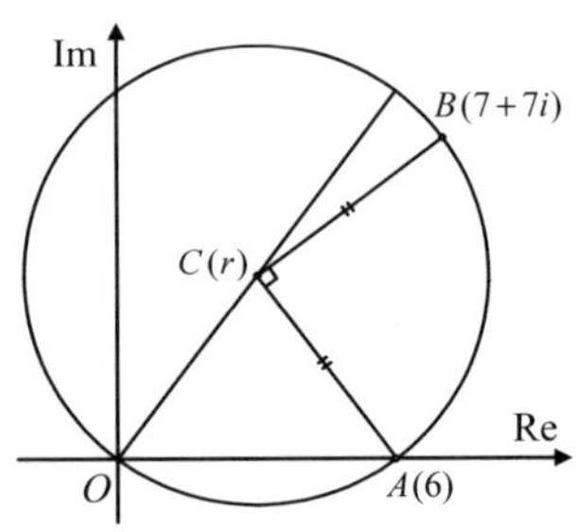

$\triangle ABC$는 $\angle C=90^\circ$인 직각이등변삼각형이므로

$$r-6=\frac{1}{\sqrt{2}}(\cos 45^0+i\sin 45^0)\{(7+7i)-6\}$$

$$r=6+\frac{1}{2}(1+i)(1+7i)=3+4i$$

$$\overrightarrow{AC}=\frac{1}{\sqrt{2}}(\cos 45^\circ+i\sin 45^\circ)\overrightarrow{AB}$$

따라서, $\overline{OP}$가 최대로 되는 것은 그림과 같이 $z=2(3+4i)$인 경우이다.

$$\therefore \frac{14(t-3)}{(t-7)-ti}=2(3+4i), \quad (t-28)i=0$$

$$\therefore t=28 \text{ (양의 실수)} \qquad \cdots\text{(답)} \ ■$$

〈 참 고 〉

$A(\alpha)$, $B(\beta)$, $P(z)$에 대하여,

$$\angle APB=\arg\left(\frac{\beta-z}{\alpha-z}\right)$$

[문제 3]

(1) 원뿔 A를 평면 $z=t\ (0\leqq t\leqq 1)$로 자른 단면을 xy평면에 정사영시킨 도형의 방정식은 오른쪽 그림과 $t=1-\cos\theta$에 의하여,

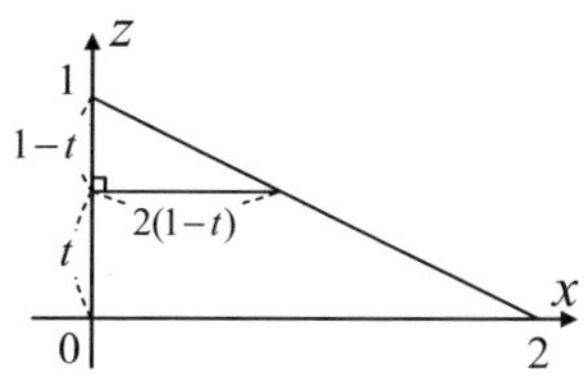

$$x^2+y^2=4\cos^2\theta \qquad \cdots ①$$

또, 원기둥 B를 평면 $z=t$로 자른 도형을 xy평면에 정사영시킨 도형의 방정식은

$$(x-1)^2+y^2=1 \qquad \cdots ②$$

①, ②를 연립하면 $x=2\cos^2\theta$이므로,

$A(1, 0)$, P, Q, C를 그림과 같이 정하면,

$\angle POA=\theta$

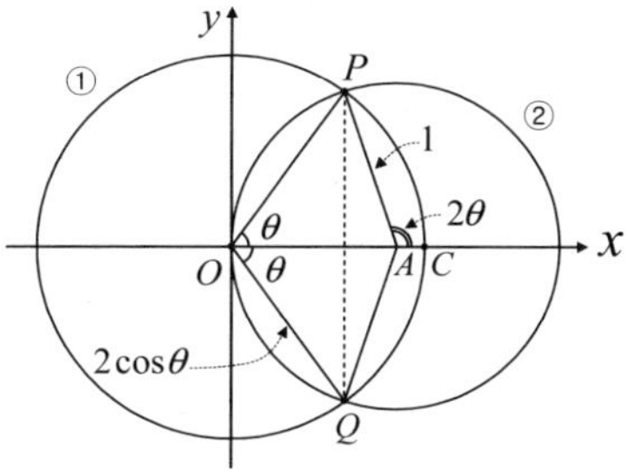

원 ①의 활꼴 PQC의 면적을 S_1으로 놓으면,

$$S_1=\frac{1}{2}(2\cos\theta)^2\cdot 2\theta-\frac{1}{2}(2\cos\theta)^2\sin 2\theta$$
$$=4\theta\cos^2\theta-2\cos^2\theta\sin 2\theta \qquad \cdots ③$$

원 ②의 활꼴 PQO의 면적을 S_2로 놓으면,

$$S_2=\frac{1}{2}\cdot 1^2\cdot(2\pi-4\theta)-\frac{1}{2}\cdot 1^2\cdot\sin(2\pi-4\theta)$$
$$=\pi-2\theta+\sin 2\theta\cos 2\theta \qquad \cdots ④$$

---

③, ④에 의하여,

$$S(t)=S_1+S_2$$
$$=4\theta\cos^2\theta-2\cos^2\theta\sin 2\theta+\pi-2\theta+\sin 2\theta\cos 2\theta$$
$$=\pi-2\theta+\frac{4\theta(1+\cos 2\theta)}{2}+\sin 2\theta(-2\cos^2\theta+\cos 2\theta)$$
$$=\pi+2\theta\cos 2\theta-\sin 2\theta \qquad \cdots\text{(답)} \ ■$$

〈 참고 〉 그림은 2θ가 둔각인 경우만 보였으나, ④식이 2θ가 예각인 경우에도 성립하므로 $S(t)$는 위와 같다.

(2) $t=1-\cos\theta$일 때,

t	$0 \rightarrow 1$
θ	$0 \rightarrow \frac{\pi}{2}$

, $dt=\sin\theta\, d\theta$

이므로, 구하는 체적을 V라 하면,

$$V=\int_0^{\frac{\pi}{2}}(\pi+2\theta\cos 2\theta-\sin 2\theta)\sin\theta\, d\theta$$

$$\int_0^{\frac{\pi}{2}}\pi\sin\theta\, d\theta=\pi\left[-\cos\theta\right]_0^{\frac{\pi}{2}}=\pi$$

$$\int_0^{\frac{\pi}{2}}2\theta\cos 2\theta\sin\theta\, d\theta$$
$$=\int_0^{\frac{\pi}{2}}2\theta(1-2\sin^2\theta)\sin\theta\, d\theta$$
$$=\int_0^{\frac{\pi}{2}}(\theta\sin 3\theta-\theta\sin\theta)\, d\theta \quad (\because \text{3배각 공식})$$
$$=\left[-\frac{\theta\cos 3\theta}{3}+\frac{\sin 3\theta}{9}+\theta\cos\theta-\sin\theta\right]_0^{\frac{\pi}{2}}$$
$$=-\frac{1}{9}-1=-\frac{10}{9}$$

$$\int_0^{\frac{\pi}{2}}\sin 2\theta\sin\theta\, d\theta=\int_0^{\frac{\pi}{2}}2\sin^2\theta\cos\theta\, d\theta$$
$$=\left[\frac{2}{3}\sin^3\theta\right]_0^{\frac{\pi}{2}}=\frac{2}{3}$$

$\therefore\ V=\pi+\left(-\dfrac{10}{9}\right)-\dfrac{2}{3}=\pi-\dfrac{16}{9}$ …(답) ■

〈 참고 〉 $\sin 3\theta=3\sin\theta-4\sin^3\theta$에서

$$\sin^3\theta=\frac{3\sin\theta-\sin 3\theta}{4}$$

[문제 4]

$$x^2-4x-1=0 \quad \cdots (*)$$

(1) 근과 계수의 관계에 의하여,

$s_1=\alpha+\beta=4$ …(답) ■

$s_2=\alpha^2+\beta^2=(\alpha+\beta)^2-2\alpha\beta$

$=4^2-2\cdot(-1)=18$ …(답) ■

$s_3=\alpha^3+\beta^3=(\alpha+\beta)^3-3\alpha\beta(\alpha+\beta)$

$=4^3-3\cdot(-1)\cdot 4=76$ …(답) ■

또, α,β는 $(*)$의 해이므로

$$\begin{cases}\alpha^2-4\alpha-1=0 & \cdots ①\\ \beta^2-4\beta-1=0 & \cdots ②\end{cases}$$

$① \times \alpha^{n-2}+② \times \beta^{n-2}$ 에서,

$(\alpha^n+\beta^n)-4(\alpha^{n-1}+\beta^{n-1})-(\alpha^{n-2}+\beta^{n-2})=0$

$s_n-4s_{n-1}-s_{n-2}=0$

$\therefore\ s_n=4s_{n-1}+s_{n-2}\ (n \geqq 3)$ …(답) ■

(2) $(*)$의 해를 구하면, $x=2\pm\sqrt{5}$

$\alpha>\beta$이므로, $\beta=2-\sqrt{5}$

$2<\sqrt{5}<2.3$에서, $-1<\beta<0$ $\therefore\ -1<\beta^3<0$

$\therefore\ \beta^3$ 이하의 최대정수 : -1 …(답) ■

(3) $-1<\beta<0$에서, $-1<\beta^{2003}<0$

$\alpha^{2003}-1<\alpha^{2003}+\beta^{2003}<\alpha^{2003}$

$\alpha^{2003}-1<\ s_{2003}\ <\alpha^{2003}$

$\therefore\ s_{2003}<\alpha^{2003}<s_{2003}+1$

점화식에 의하여 s_{2003}은 정수이므로

α^{2003} 이하의 최대정수 : s_{2003} … ③

여기서, s_n의 1의 자리를 $\mu(s_n)$으로 표시하면, (1)의 점화식에 의하여

$$\mu(s_n)=\mu(4s_{n-1}+s_{n-2})$$
$$=\mu(4\mu(s_{n-1})+\mu(s_{n-2}))$$

(1)의 결과에 의하여

$\mu(s_1)=4,\ \mu(s_2)=8,\ \mu(s_3)=6$

이므로,

$$\begin{cases}\mu(s_4)=\mu(4\mu(s_3)+\mu(s_2))=\mu(4\cdot 6+8)=2\\ \mu(s_5)=\mu(4\mu(s_4)+\mu(s_3))=\mu(4\cdot 2+6)=4\\ \mu(s_6)=\mu(4\mu(s_5)+\mu(s_4))=\mu(4\cdot 4+2)=8\end{cases}$$

따라서, 점화식에 의하여

$\therefore\ \mu(s_{n+4})=\mu(s_n)\ (n\geqq 1)$

$2003=4\cdot 500+3$이므로, $\mu(s_{2003})=\mu(s_3)=6$

③에 의하여,

α^{2003} 이하의 최대정수의 1의 자리 : 6

…(답) ■

[문제 5]

(1) X_n이 5로 나누어떨어지지 않는 경우는 매회 5 이외의 수가 나올 때이므로,

구하는 확률은 $1-\left(\dfrac{5}{6}\right)^n$ …(답) ■

(2) X_n이 4로 나누어떨어지지 않는 경우는

매회 홀수가 나오는 경우

또는

2 또는 6이 1회만 나오고, 나머지는 모두 홀수가 나오는 경우

따라서, 구하는 확률은

$$1-\left\{\left(\frac{3}{6}\right)^n+n\cdot\frac{2}{6}\cdot\left(\frac{3}{6}\right)^{n-1}\right\}$$

$$=1-\left(1+\frac{2}{3}n\right)\left(\frac{1}{2}\right)^n \qquad \cdots(\text{답}) \ \blacksquare$$

(3)

$\begin{cases} A:\ X_n \text{이 20으로 나누어지지 않는 사건} \\ B:\ X_n \text{이 5로 나누어지지 않는 사건} \\ C:\ X_n \text{이 4로 나누어지지 않는 사건} \end{cases}$

으로 놓으면,

$$P(A)=P(B\cup C)=P(B)+P(C)-P(B\cap C)$$

여기서, X_n이 5로도 4로도 나누어떨어지지 않는 경우는

매회 1 또는 3이 나오는 경우

또는

2 또는 6이 1회만 나오고, 나머지는 모두 1 또는 3이 나오는 경우

$$\therefore P(B\cap C)=\left(\frac{2}{6}\right)^n+n\cdot\frac{2}{6}\cdot\left(\frac{2}{6}\right)^{n-1}=(1+n)\left(\frac{1}{3}\right)^n$$

$1-p_n=P(A)$이고, (1), (2)에서,

$$P(B)=\left(\frac{5}{6}\right)^n,\ P(C)=\left(1+\frac{2}{3}n\right)\left(\frac{1}{2}\right)^n$$

이므로,

$$1-p_n=\left(\frac{5}{6}\right)^n+\left(1+\frac{2}{3}n\right)\left(\frac{1}{2}\right)^n-(1+n)\left(\frac{1}{3}\right)^n$$

$$=\left(\frac{5}{6}\right)^n\left\{1+\left(1+\frac{2}{3}n\right)\left(\frac{3}{5}\right)^n-(1+n)\left(\frac{2}{5}\right)^n\right\}$$

$$\therefore \lim_{n\to\infty}\frac{1}{n}\log(1-p_n)$$

$$=\lim_{n\to\infty}\left[\log\frac{5}{6}+\frac{1}{n}\log\left\{1+\left(1+\frac{2n}{3}\right)\left(\frac{3}{5}\right)^n-(1+n)\left(\frac{2}{5}\right)^n\right\}\right]$$

여기서, $-1<r<1$일 때 $\lim_{n\to\infty}nr^n=0$이므로

$$\therefore \lim_{n\to\infty}\frac{1}{n}\log(1-p_n)=\log\frac{5}{6} \qquad \cdots(\text{답}) \ \blacksquare$$

[문제 6]

반지름 1인 반원호의 길이가 π이므로 다음을 알 수 있다.

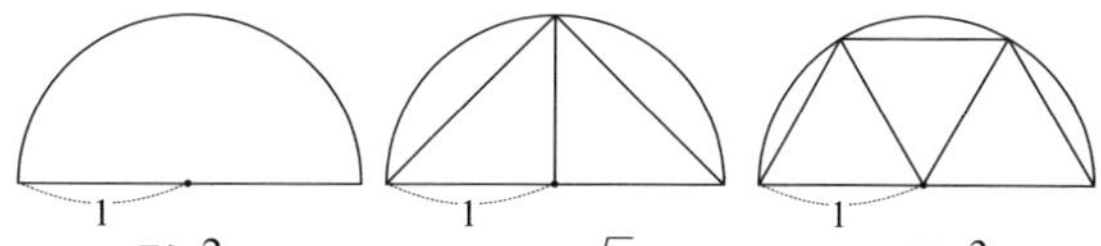

$\pi>2$ $\qquad$ $\pi>2\sqrt{2}$ $\qquad$ $\pi>3$

이제, 그림과 같이 반지름 1인 반원에 정8각형의 절반을 내접시키자.

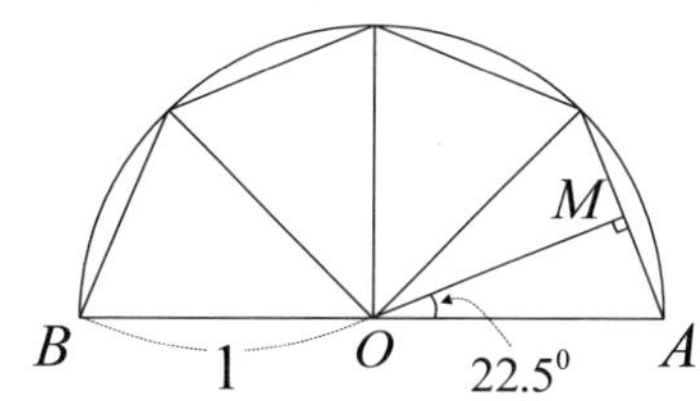

$$\pi = \text{반원호 } AB\text{의 길이}$$

$$> 8\cdot\overline{AM}=8\cdot\sin 22.5^\circ \qquad \cdots ①$$

$$\sin 22.5^\circ=\sqrt{\frac{1-\cos 45^\circ}{2}}=\frac{\sqrt{2-\sqrt{2}}}{2}$$

$$\therefore\ 8\cdot\sin 22.5^\circ=4\sqrt{2-\sqrt{2}}$$

$(4\sqrt{2-\sqrt{2}})^2=16(2-\sqrt{2})$ $>16(2-1.415)=9.36$ $>9.3025=3.05^2$

이므로,

$$\therefore\ 8\cdot\sin 22.5^0=4\sqrt{2-\sqrt{2}}>3.05 \qquad \cdots ②$$

①,②에 의하여,

$$\therefore\ \pi>3.05 \qquad \blacksquare$$

〈 참고 〉 정12각형을 이용할 수도 있다.

〈 2003年 前期 – 文科 〉 時間 : 100分

1. $a,\ b,\ c$는 실수이며, $a \neq 0$이다. 2차함수 $y=ax^2+bx+c$는 다음 조건 (A), (B)를 만족한다.

(A) $f(-1)=-1,\ f(1)=1, f'(1) \leqq 6$

(B) $-1 \leqq x \leqq 1$인 모든 x에 대하여, $f(x) \leqq 3x^2-1$

이때, 적분 $I=\displaystyle\int_{-1}^{1}(f'(x))^2\,dx$의 값이 취할 수 있는 범위를 구하여라.

2. a, b는 실수이다.

다음 네 부등식을 동시에 만족하는 점 $(x,\ y)$ 전체로 이루어진 영역을 D라 하자.

$$x+3y \geqq a,\ 3x+y \geqq b, x \geqq 0,\ y \geqq 0$$

영역 D에 있어서, $x+y$의 최솟값을 구하여라.

3. 2차방정식 $x^2-4x+1=0$의 두 실근을 $\alpha,\ \beta\ (\alpha>\beta)$라 하자.

$n=1,\ 2,\ 3,\ \cdots$ 에 대하여, $s_n=\alpha^n+\beta^n$으로 놓자.

(1) $s_1,\ s_2,\ s_3$를 구하여라. 또, $n \geqq 3$에 대하여, s_n을 s_{n-1}과 s_{n-2}로 나타내어라.

(2) s_n은 양의 정수임을 보이고, s_{2003}의 1의 자리를 구하여라.

(3) α^{2003}보다 작거나 같은 최대정수의 1의 자리를 구하여라.

4. 주사위를 던져 나온 수로 17을 나누었을 때의 나머지를 X_1이라 하자. 주사위를 다시 한 번 던져 나온 수로 X_1을 나누었을 때의 나머지를 X_2라 하자.

같은 방법으로, X_n이 정해지면 주사위를 다시 한 번 던져 나온 수로 X_n을 나누었을 때의 나머지를 X_{n+1}이라 한다. 이러한 방법으로 $X_n\ (n=1,\ 2,\ 3,\ \cdots)$을 정한다.

단, 주사위의 각 눈이 나올 확률은 같으며, 1로 나누었을 때의 나머지는 0이다.

(1) $X_3=0$일 확률을 구하여라.

(2) 각 n에 대하여, $X_n=5$일 확률을 구하여라.

(3) 각 n에 대하여, $X_n=1$일 확률을 구하여라.

[문제1]

이과 1번의 조건에 $f'(1) \leqq 6$가 추가되었다.

$$f'(1)=2a+1 \leqq 6 \qquad \therefore a \leqq \frac{5}{2}$$

따라서, $\dfrac{4-\sqrt{3}}{2} \leqq a \leqq \dfrac{5}{2}$로 되어

$$\therefore\ \frac{4(11-4\sqrt{3})}{3} \leqq I \leqq \frac{56}{3} \quad \cdots(답)\ ■$$

[문제 2]

$$x+3y \geqq a \quad \cdots ① \qquad 3x+y \geqq b \quad \cdots ②$$

두 직선 ①,②의 교점을 P라 하면,

$$P\left(\frac{-a+3b}{8},\ \frac{3a-b}{8}\right)$$

이제, 영역 D가 제1사분면을 모두 포함하는 경우와 점 P가 제1사분면에 있는 경우를 먼저 구하고, 다른 경우를 고려해보자.

(ⅰ) $a \leqq 0, b \leqq 0$인 경우

원점 O에서 최소

$\therefore\ x+y=0$

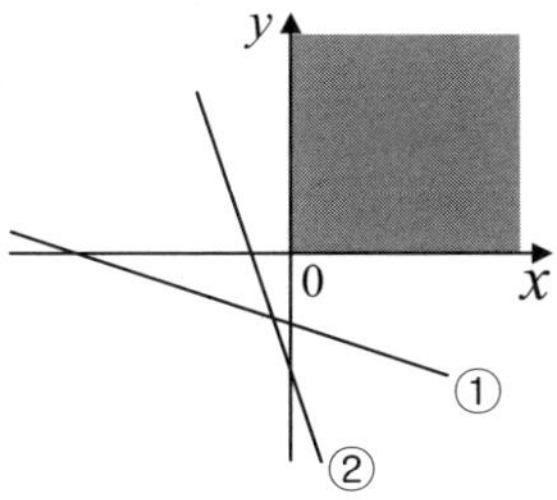

(ⅱ) $\dfrac{a}{3} \leqq b \leqq 3a$인 경우

점 P에서 최소

$\therefore\ x+y$

$=\dfrac{-a+3b}{8}+\dfrac{3a-b}{8}$

$=\dfrac{a+b}{4}$

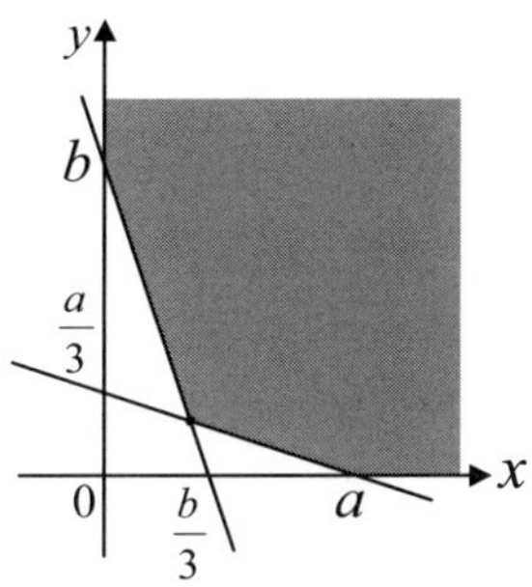

(ⅲ) $a \geqq 0, b \leqq \dfrac{a}{3}$인 경우

점 $\left(0, \dfrac{a}{3}\right)$에서 최소 $\therefore\ x+y=\dfrac{a}{3}$

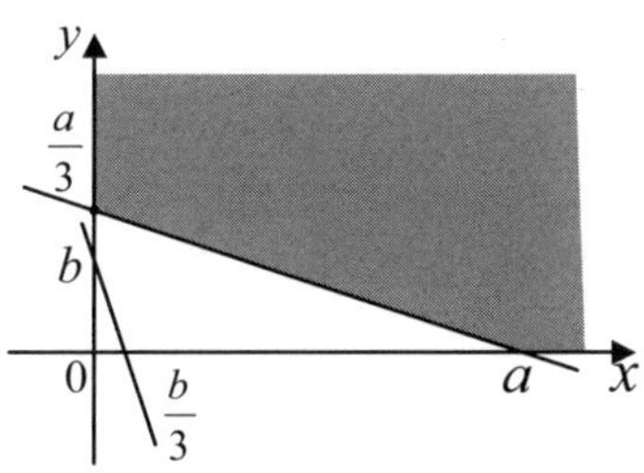

(ⅳ) $b \geqq 0, a \leqq \dfrac{b}{3}$인 경우

점 $\left(\dfrac{b}{3}, 0\right)$에서 최소

$\therefore\ x+y=\dfrac{b}{3}$

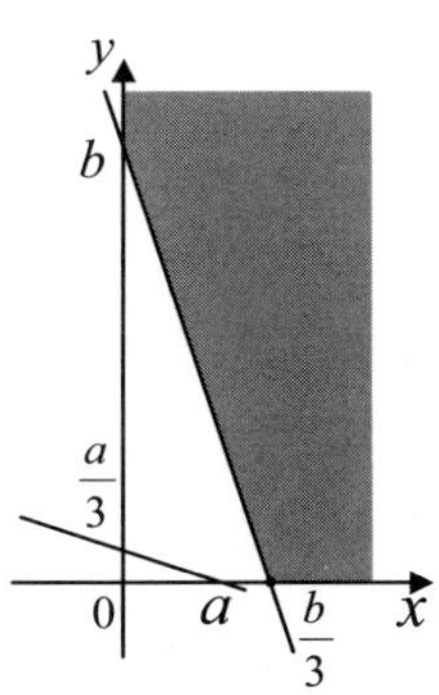

따라서, $x+y$의 최솟값은

$$\begin{cases} 0 & (a \leqq 0, b \leqq 0) \\ \dfrac{a+b}{4} & \left(\dfrac{a}{3} \leqq b \leqq 3a\right) \\ \dfrac{a}{3} & \left(a \geqq 0, b \leqq \dfrac{a}{3}\right) \\ \dfrac{b}{3} & \left(b \geqq 0, a \leqq \dfrac{b}{3}\right) \end{cases}$$ …(답) ■

[문제 3]

(1) 이과 4번의 (1)과 같은 방법으로

$s_1=4,\ s_2=14,\ s_3=52$ …(답) ■

$s_n=4s_{n-1}-s_{n-2}$ …(답) ■

(2) (1)번의 점화식에 의하여 귀납적으로 s_n은 정수이며, $\alpha=2+\sqrt{3}>0,\ \beta=2-\sqrt{3}>0$에서 $s_n>0$이므로, s_n은 양의 정수이다.

또, 이과의 해답과 같이 μ를 정하면

$\mu(s_1)=4,\quad \mu(s_2)=4,\quad \mu(s_3)=2$

$\mu(s_4)=4,\quad \mu(s_5)=4,\quad \mu(s_6)=2$

$2003=3\cdot 667+2$이므로, $\mu(s_{2003})=\mu(s_2)=4$

$\therefore\ s_{2003}$의 1의 자리 : 4 …(답) ■

(3) $0<\beta<1$에서, $0<\beta^{2003}<1$

$\alpha^{2003}<\alpha^{2003}+\beta^{2003}<\alpha^{2003}+1$

$\alpha^{2003}<\quad s_{2003}\quad<\alpha^{2003}+1$

$\therefore\ s_{2003}-1<\alpha^{2003}<s_{2003}$

따라서, s_{2003} 이하의 최대정수는 $s_{2003}-1$

(2)에서, s_{2003}의 1의 자리는 4이므로

$s_{2003}-1$의 1의 자리는 3

α^{2003} 이하의 최대정수의 1의 자리 : 3

…(답) ■

[문제 4]

(1) 17을 1, 2, 3, 4, 5, 6으로 나누었을 때의 나머지는 각각 0, 1, 2, 1, 2, 5이므로, X_n은 0, 1, 2, 5의 4가지 값만 취할 수 있다.

$$\therefore \begin{cases} P(X_1=0)=P(X_1=5)=\dfrac{1}{6} \\ \\ P(X_1=1)=P(X_1=2)=\dfrac{1}{3} \end{cases}$$

또, 주사위를 던져 나온 수에 의하여,

X_{n+1}은 다음과 같이 정해진다.

X_n \ 나온 수	1	2	3	4	5	6
0	0	0	0	0	0	0
1	0	1	1	1	1	1
2	0	0	2	2	2	2
5	0	1	2	1	0	5

따라서, 아래의 그림에 의하여

$$P(X_2=0)=\frac{1}{6}\cdot 1+\frac{1}{3}\cdot\frac{1}{6}+\frac{1}{3}\cdot\frac{1}{3}+\frac{1}{6}\cdot\frac{1}{3}=\frac{7}{18}$$

$$P(X_2=1)=\frac{1}{3}\cdot\frac{5}{6}+\frac{1}{6}\cdot\frac{1}{3}=\frac{1}{3}$$

$$P(X_2=2)=\frac{1}{3}\cdot\frac{2}{3}+\frac{1}{6}\cdot\frac{1}{6}=\frac{1}{4}$$

$$P(X_2=5)=\frac{1}{6}\cdot\frac{1}{6}=\frac{1}{36}$$

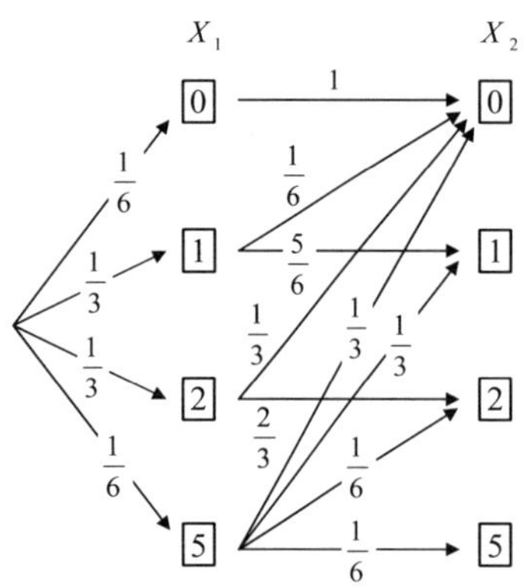

$$\therefore\ P(X_3=0)=P(X_2=0)\cdot 1+P(X_2=1)\cdot\frac{1}{6}$$
$$+P(X_2=2)\cdot\frac{1}{3}+P(X_2=5)\cdot\frac{1}{3}$$

$$=\frac{7}{18}\cdot 1+\frac{1}{3}\cdot\frac{1}{6}+\frac{1}{4}\cdot\frac{1}{3}+\frac{1}{36}\cdot\frac{1}{3}$$

$$=\frac{29}{54}$$ …(답) ■

(2) $X_n=5$인 경우는 n회까지 모두 6이 나오는 경우뿐이므로 $\left(\dfrac{1}{6}\right)^n$ …(답) ■

(3) 구하는 확률을 p_n이라 하면, 오른쪽 그림과 (2)에 의하여

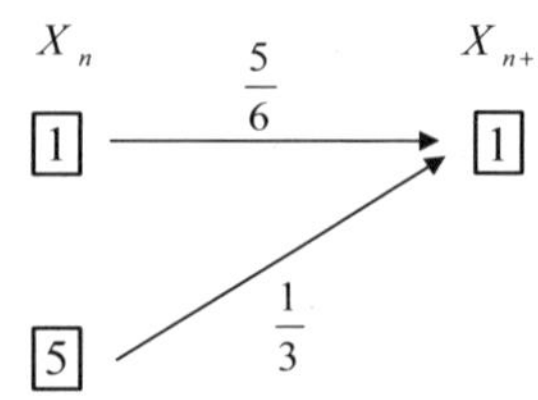

$$p_{n+1}=\frac{5}{6}p_n+\frac{1}{3}\left(\frac{1}{6}\right)^n$$

$$p_{n+1}+\frac{1}{2\cdot 6^{n+1}}=\frac{5}{6}\left(p_n+\frac{1}{2\cdot 6^n}\right)$$

$$p_n+\frac{1}{2\cdot 6^n}=\left(\frac{5}{6}\right)^{n-1}\left(p_1+\frac{1}{2\cdot 6}\right)$$

$p_1=\dfrac{1}{3}$이므로, $p_n=\dfrac{5^n-1}{2\cdot 6^n}$ …(답) ■

〈 참고 〉 $p_{n+1}=\dfrac{5}{6}p_n+\dfrac{1}{3}\left(\dfrac{1}{6}\right)^n$

$p_{n+1}+g(n+1)=\dfrac{5}{6}(p_n+g(n))$으로 놓으면,

$$\begin{cases} p_{n+1}=\dfrac{5}{6}p(n)-g(n+1)+\dfrac{5}{6}g(n) \\ \\ p_{n+1}=\dfrac{5}{6}p_n+\dfrac{1}{3}\left(\dfrac{1}{6}\right)^n \end{cases}$$

$$\therefore\ -g(n+1)+\frac{5}{6}g(n)=\frac{1}{3}\left(\frac{1}{6}\right)^n$$

$$\therefore\ -6g(n+1)+5g(n)=2\left(\frac{1}{6}\right)^n \quad \cdots (*)$$

우변이 $2\left(\dfrac{1}{6}\right)^n$이므로,

$g(n)=a\left(\dfrac{1}{6}\right)^n$을 (*)에 대입하면, $a=\dfrac{1}{2}$

$$\therefore\ g(n)=\frac{1}{2}\left(\frac{1}{6}\right)^n=\frac{1}{2\cdot 6^n}$$

〈 2003年 後期 - 理科1類 〉 時間 : 150分

1. (1) $x \geqq 0$일 때, 다음 부등식을 증명하여라.

$$x-\frac{x^3}{3!} \leqq \sin x \leqq x-\frac{x^3}{3!}+\frac{x^5}{5!}$$

(2) 곡선 $y=\sin x\ (0 \leqq x \leqq \pi)$와 x축으로 둘러싸인 도형을 x축 주위로 1회전하여 얻어지는 입체를 고려해 보자. 이 입체를 x축에 수직인 $2n-1$개의 평면으로, 체적이 같은 $2n$개의 부분으로 나눈다. 단, n은 2 이상의 자연수이다.

(a) 위의 $2n-1$개의 평면과 x축과의 교점의 x좌표 중, $\frac{\pi}{2}$보다 작으면서 $\frac{\pi}{2}$에 가장 가까운 것을 a_n이라 하자. 이때, $\lim_{n\to\infty} n\left(\frac{\pi}{2}-a_n\right)$을 구하여라.

(b) $2n-1$개의 평면과 x축과의 교점의 x좌표 중 가장 작은 것을 b_n이라 하자. 수열 $\{n^p b_n\}$이 $n \to \infty$일 때 0이 아닌 유한값에 수렴하도록 하는 실수 p의 값을 구하여라. 또, 구한 p값에 대하여, $\lim_{n\to\infty} n^p b_n$을 구하여라.

2. p, q, N, M은 자연수이며, $\sqrt{p}$는 자연수가 아니다. 다음 문제에 답하여라.

(1) 자연수 l에 대하여, $(\sqrt{p}-[\sqrt{p}])^l = A\sqrt{p}+B$를 만족하는 정수 A, B가 존재함을 보이시오.

(2) xy평면에서, x좌표와 y좌표가 모두 정수인 점을 격자점이라 하자. 이 때, 직선 $y=\sqrt{p}x$와의 거리가 $\frac{1}{N}$ 이하이며 x좌표가 N 이상인 격자점이 존재함을 보여라.

(3) 쌍곡선 $y^2-px^2=q$ 상의 점 P와 격자점 Q 중, $\overline{PQ} \leqq \frac{1}{M}$로 되는 것이 존재함을 보여라.

(4) $p=5, q=2, M=100$일 때, (3)의 조건을 만족하는 격자점 Q를 1개 구하여라. 즉, 격자점 Q 중, 쌍곡선 $y^2-5x^2=2$ 상의 점 P를 적당히 잡으면 $\overline{PQ} \leqq \frac{1}{100}$로 되는 것을 1개 구하여라. 단, $2.23606 < \sqrt{5} < 2.23607$을 사용해도 된다.

3. (1) 모든 n에 대하여 $a_n \geqq 2$인 수열$\{a_n\}$이 주어져 있을 때, 수열 $\{x_n\}$에 관한 점화식 $(A)\ x_{n+2}-a_{n+1}x_{n+1}+x_n=0\ (n=0, 1, 2, \cdots)$을 고려해보자. 자연수 m을 1개 결정하여 고정하면, 점화식 (A)를 만족하며 $x_0=0, x_m=1$인 수열 $\{x_n\}$은 유일하게 존재함을 보여라. 또, 그 수열에 대하여 $0 < x_n < 1\ (n=1, 2, \cdots, m-1)$가 성립함을 보여라. (단, $m \geqq 3$)

(2) 수열 $\{a_n\}$은 양의 상수 b에 대하여, $a_n \geqq 1+b\ (n=1, 2, \cdots)$를 만족한다고 하자. 이 때, 수열 $\{y_n\}$에 관한 점화식 $(B)\ y_{n+2}-a_{n+1}y_{n+1}+by_n=0\ (n=0, 1, 2, \cdots)$을 고려해보자. 자연수 m을 1개 결정하여 고정하면, 점화식 (B)를 만족하며 $y_0=0,\ y_m=1$인 수열 $\{y_n\}$은 유일하게 존재하며, $0 < y_n < 1\ (n=1, 2, \cdots, m-1)$가 성립함을 보여라. 단, $m \geqq 3$

(3) [뒷면]

> (3) 2보다 큰 상수 c에 대하여, $a_n \geqq c$ $(n=1, 2, \cdots)$가 성립한다고 하자.
> 이때, c에 의하여 결정되며, m에 의존하지 않는 양의 상수 $r<1$이 존재하여,
> (1)에서 얻은 수열 $\{x_n\}$이 $x_n < r^{m-n}$ $(n=1, 2, \cdots, m-1)$을 만족함을 보여라.

[문제 1]

(1) $f(x)=\sin x-\left(x-\dfrac{x^3}{3!}\right)$ $(x \geqq 0)$으로 놓으면,

$$f'(x)=\cos x-\left(1-\frac{x^2}{2!}\right)$$

$$f''(x)=-\sin x+x \geqq 0 \quad (x \geqq 0)$$

이므로, $f'(x)$는 $x \geqq 0$에서 단조증가한다.

$f'(x) \geqq f'(0)=0$이므로, $f(x)$는 단조증가한다.

$f(x) \geqq f(0)=0$이므로, $\therefore \sin x \geqq x-\dfrac{x^3}{3!}$

$g(x)=\sin x-\left(x-\dfrac{x^3}{3!}+\dfrac{x^5}{5!}\right)$ $(x \geqq 0)$로 놓으면,

$$g'(x)=\cos x-\left(1-\frac{x^2}{2!}+\frac{x^4}{4!}\right)$$

$$g''(x)=-\sin x-\left(-x+\frac{x^3}{3!}\right)=-f(x) \leqq 0$$

이므로, $g'(x)$는 $x \geqq 0$에서 단조감소한다.

$g'(x) \leqq g'(0)=0$이므로, $g(x)$는 단조감소한다.

$g(x) \leqq g(0)=0$이므로,

$$\therefore \sin x \leqq x-\frac{x^3}{3!}+\frac{x^5}{5!}$$ ■

(2)

(a) $y=\sin x$는 직선 $x=\dfrac{\pi}{2}$에 대하여 대칭이므로, 문제의 조건에 의하여

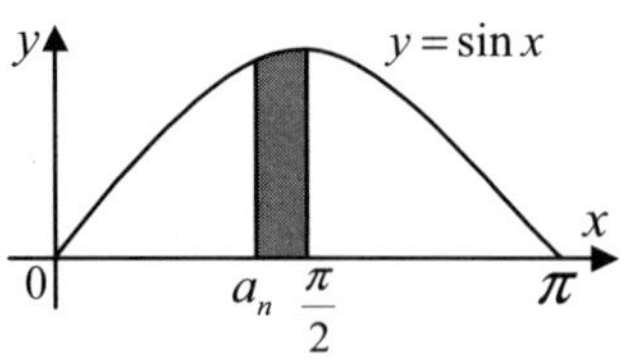

$$\int_{a_n}^{\frac{\pi}{2}} \pi\sin^2 x\,dx=\frac{1}{2n}\int_0^{\pi} \pi\sin^2 x\,dx$$

$$\int_{a_n}^{\frac{\pi}{2}} \sin^2 x\,dx=\frac{1}{2n}\left[\frac{x}{2}-\frac{\sin 2x}{4}\right]_0^{\pi}$$

$$\int_{a_n}^{\frac{\pi}{2}} \sin^2 x\,dx=\frac{\pi}{4n} \qquad \cdots ①$$

한편, 적분의 평균치의 정리에 의하여,

$$\int_{a_n}^{\frac{\pi}{2}} \sin^2 x\,dx=\left(\frac{\pi}{2}-a_n\right)\sin^2 c_n \qquad \cdots ②$$

을 만족하는 $c_n \left(a_n < c_n < \dfrac{\pi}{2}\right)$이 존재한다.

---

①, ②에 의하여,

$$\left(\frac{\pi}{2}-a_n\right)\sin^2 c_n=\frac{\pi}{4n}$$

$$\therefore n\left(\frac{\pi}{2}-a_n\right)=\frac{\pi}{4\sin^2 c_n}$$

$n \to \infty$일 때, $c_n \to \dfrac{\pi}{2}$이므로

$$\lim_{n\to\infty} n\left(\frac{\pi}{2}-a_n\right)=\frac{\pi}{4} \quad \cdots (\text{답})$$ ■

(b) 문제의 조건에 의하여,

$$\int_0^{b_n} \pi\sin^2 x\,dx=\frac{1}{2n}\int_0^{\pi} \pi\sin^2 x\,dx$$

$$\therefore \sin 2b_n=2b_n-\frac{\pi}{n} \qquad \cdots ③$$

여기서, (1)의 부등식을 사용하면,

$$2b_n-\frac{(2b_n)^3}{3!} \leqq \sin 2b_n \leqq 2b_n-\frac{(2b_n)^3}{3!}+\frac{(2b_n)^5}{5!}$$

$$-\frac{4}{3}b_n{}^3 \leqq -\frac{\pi}{n} \leqq -\frac{4}{3}b_n{}^3+\frac{4}{15}b_n{}^5 \qquad (\because ③)$$

$$\therefore b_n{}^3\left(1-\frac{1}{5}b_n{}^2\right) \leqq \frac{3\pi}{4n} \leqq b_n{}^3$$

$n \to \infty$일 때, $b_n \to 0$이므로

$1-\dfrac{1}{5}b_n{}^2>0$으로 놓을 수 있다.

$$\therefore \ \frac{3\pi}{4n} \leq b_n{}^3 \leq \frac{3\pi}{4n} \cdot \frac{5}{5-b_n{}^2}$$

$$n^p\left(\frac{3\pi}{4n}\right)^{\frac{1}{3}} \leq n^p b_n \leq n^p\left(\frac{3\pi}{4n} \cdot \frac{5}{5-b_n{}^2}\right)^{\frac{1}{3}}$$

$$n^{p-\frac{1}{3}}\left(\frac{3\pi}{4}\right)^{\frac{1}{3}} \leq n^p b_n \leq n^{p-\frac{1}{3}}\left(\frac{3\pi}{4} \cdot \frac{5}{5-b_n{}^2}\right)^{\frac{1}{3}}$$

$\left(\dfrac{3\pi}{4}\right)^{\frac{1}{3}} = K$ (실수)로 놓으면,

$$K\lim_{n\to\infty} n^{p-\frac{1}{3}} \leq \lim_{n\to\infty} n^p b_n \leq K\lim_{n\to\infty} n^{p-\frac{1}{3}}$$

따라서, $\lim\limits_{n\to\infty} n^p b_n$이 0이 아닌 유한값이 되는

p의 값은 $p=\dfrac{1}{3}$ …(답) ■

이때, $\lim\limits_{n\to\infty} n^p b_n = K = \left(\dfrac{3\pi}{4}\right)^{\frac{1}{3}}$ …(답) ■

[문제 2]

(1) $[\sqrt{p}\,]=m$ (m은 자연수)로 놓으면,

$$(\sqrt{p}-[\sqrt{p}\,])^l = (\sqrt{p}-m)^l = (-1)^l(m-\sqrt{p})^l$$

여기서, 이항정리를 이용하면,

$$\begin{aligned}(m-\sqrt{p})^l &= \sum_{i=0}^{l} {}_lC_i m^{l-i}(-\sqrt{p}\,)^i \\ &= \left\{\sum_{i:\,\text{odd}} {}_lC_i m^{l-i}(-\sqrt{p}\,)^{i-1}\right\}(-\sqrt{p}\,) \\ &\quad + \sum_{i:\,\text{even}} {}_lC_i m^{l-i}(-\sqrt{p}\,)^i\end{aligned}$$

로 되어,

i가 홀수(odd)인 경우 $(-\sqrt{p}\,)^{i-1}$은 자연수,

i가 짝수(even)인 경우 $(-\sqrt{p}\,)^i$은 자연수로 된다. 따라서,

$$\begin{cases} A_l = \displaystyle\sum_{i:\,\text{odd}} {}_lC_i m^{l-i}(-\sqrt{p}\,)^{i-1} & \cdots ① \\ B_l = \displaystyle\sum_{i:\,\text{even}} {}_lC_i m^{l-i}(-\sqrt{p}\,)^{i} & \cdots ② \end{cases}$$

로 정하면, A_l, B_l은 자연수이며,

$$(\sqrt{p}-[\sqrt{p}\,])^l = (-1)^{l+1}A_l\sqrt{p} + (-1)^l B_l \quad \cdots ③$$

■

(2) ①, ②에서 정한 자연수 A_l, B_l에 대하여, 격자점 Q_l을 $Q_l(A_l, B_l)$로 정하자.

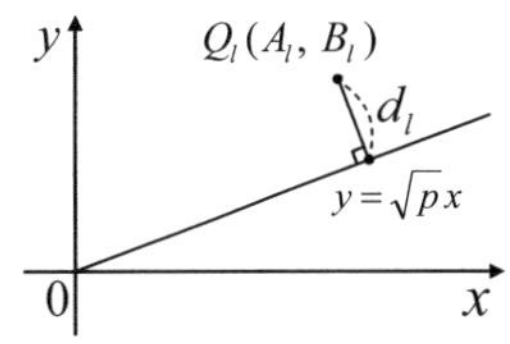

Q_l과 직선 $y=\sqrt{p}\,x$와의 거리를 d_l로 놓으면,

$$d_l = \frac{|A_l\sqrt{p}-B_l|}{\sqrt{p+1}} = \frac{(\sqrt{p}-[\sqrt{p}\,])^l}{\sqrt{p+1}} \quad \cdots (*)$$

여기서, $0<\sqrt{p}-[\sqrt{p}\,]<1$이므로,

$$\lim_{l\to\infty}(\sqrt{p}-[\sqrt{p}\,])^l = 0 \qquad \therefore \lim_{l\to\infty} d_l = 0$$

따라서, l을 충분히 크게 하면 $d_l \leqq \dfrac{1}{N}$

한편, ①에서 $\lim\limits_{l\to\infty} A_l = \infty$이므로,

l을 충분히 크게 하면 $A_l \geqq N$

따라서,

조건을 만족하는 격자점이 존재한다. ■

(3) (1)의 A_l, B_l에 대하여 그림과 같이

$P_l = (A_l, \sqrt{pA_l{}^2+q})$

$Q_l = (A_l, B_l)$

$R_l = (A_l, \sqrt{p}\,A_l)$

로 놓고 d_l을 (*)와 같이 정하자.

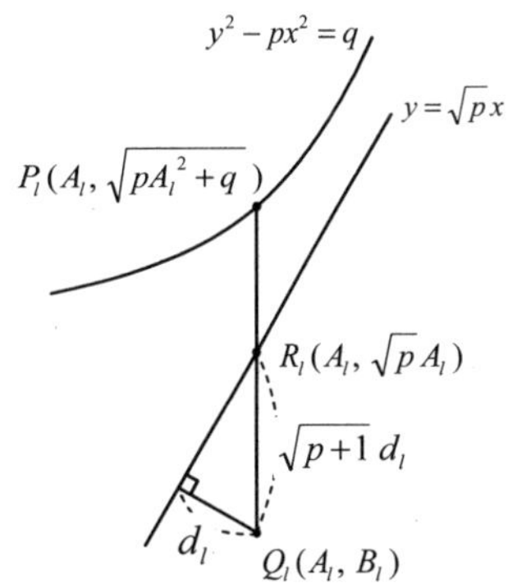

$$\begin{aligned}\overline{P_lR_l} &= \sqrt{pA_l{}^2+q} - \sqrt{p}\,A_l \\ &= \frac{q}{\sqrt{pA_l{}^2+q}+\sqrt{p}\,A_l} \xrightarrow[l\to\infty]{} 0\end{aligned}$$

이므로, l을 충분히 크게 하면

$$\overline{P_lR_l} \leqq \frac{1}{2M} \quad \cdots ④$$

또, (*)에 의하여 $\overline{R_l Q_l} = \sqrt{p+1}\, d_l$ 이고 $\lim_{l \to \infty} d_l = 0$ 이므로, l 을 충분히 크게 하면

$$\overline{R_l Q_l} = \sqrt{p+1}\, d_l \leq \frac{1}{2M} \qquad \cdots ⑤$$

따라서, ④, ⑤를 동시에 만족하는 충분히 큰 l 을 잡으면,

$$\overline{P_l Q_l} \leq \overline{P_l R_l} + \overline{R_l Q_l} \leq \frac{1}{2M} + \frac{1}{2M} = \frac{1}{M}$$

로 되어,

조건을 만족하는 P, Q가 존재한다. ■

(4) $\overline{P_l Q_l} \leq \frac{1}{100}$ 이려면, $\overline{R_l Q_l} \leq \frac{1}{100}$

$\overline{R_l Q_l} = |\sqrt{p}\, A_l - B_l| = (\sqrt{p} - [\sqrt{p}])^l$, $p = 5$이므로,

$$\overline{R_3 Q_3} = (\sqrt{5}-2)^3 = 17\sqrt{5} - 38$$
$$< 17 \times 2.23607 - 38 = 0.01319$$

로 되어, $\overline{R_3 Q_3}$는 구하는 값이 아니다.

$$\overline{R_4 Q_4} = (\sqrt{5}-2)^4 = 161 - 72\sqrt{5}$$
$$< 161 - 72 \times 2.23606 = 0.00368 \qquad \cdots ⑥$$

이며, $A_4 = 72$, $B_4 = 161$이다.

또, $$\overline{P_4 R_4} = \frac{2}{\sqrt{5 \times 72^2 + 2} + \sqrt{5} \times 72} < \frac{1}{72\sqrt{5}}$$
$$< \frac{1}{72 \times 2.23} = \frac{1}{160.56} < 0.00623 \qquad \cdots ⑦$$

⑥, ⑦에서,

$$\overline{P_4 Q_4} < 0.00368 + 0.00623 = 0.00991 < \frac{1}{100}$$

따라서, 조건을 만족하는 격자점 중 하나는

$Q_4(A_4, B_4) = Q_4(72, 161)$ …(답) ■

[문제 3]

(1) (A)에서,

$$x_{n+2} = a_{n+1} x_{n+1} - x_n \ (n \geq 0) \qquad \cdots ①$$

$x_0 = 0$이므로,

①에 $n = 0$을 대입하면, $x_2 = a_1 x_1$

①에 $n = 1$을 대입하면, $x_3 = (a_2 a_1 - 1) x_1$

⋮

이므로,

$$x_n = k_n x_1 \ (n \geq 0)$$

으로 놓을 수 있다.

> $x_0 = 0$, $x_m = 1$을 만족하는 수열 $\{x_n\}$이 유일하게 존재함을 보이면 되며, 이는 a_n에 의하여 결정되는 수열 k_n과 x_1이 유일하게 존재하는 것과 동치이다.

$x_n = k_n x_1$ 으로 놓으면, ①에서

$$k_{n+2} x_1 = a_{n+1} k_{n+1} x_1 - k_n x_1$$

$x_1 = 0$이면, $x_m \neq 1$이므로 $x_1 \neq 0$

$$\therefore\ k_{n+2} = a_{n+1} k_{n+1} - k_n \ (n \geq 0) \qquad \cdots ②$$
$$(k_0 = 0,\ k_1 = 1)$$

수열 $\{a_n\}$이 주어져 있으므로,

②에 의하여 수열 $\{k_n\}$은 유일하게 결정된다.

또, ②와 $a_n \geq 2$에서

$$k_{n+2} - k_{n+1} = (a_{n+1} - 1) k_{n+1} - k_n$$
$$\geq (2-1) k_{n+1} - k_n = k_{n+1} - k_n$$
$$\geq \cdots \geq k_1 - k_0 > 0$$

$$\therefore\ 0 = k_0 < k_1 < k_2 < \cdots < k_n < \cdots \qquad \cdots ③$$

따라서, $k_m > 0$로 되어

$$x_m = k_m x_1 = 1 \text{에서 } x_1 = \frac{1}{k_m} > 0$$

도 유일하게 존재한다.

$x_n = k_n x_1$ 이며,
수열 k_n과 x_1이 유일하게 결정되므로,
수열 $\{x_n\}$은 유일하게 존재한다.

또, ③과 $x_n = k_n x_1$ 에서

$$0 = x_0 < x_1 < x_2 < \cdots < x_n < \cdots < x_m = 1$$

$$\therefore\ 0 < x_n < 1 \quad (n = 1, 2, \cdots, m-1)$$

(2) (B)에서,

$$y_{n+2} = a_{n+1} y_{n+1} - b y_n \quad (n \geqq 0) \qquad \cdots ④$$

(1)과 같은 방법으로,

$$y_n = k_n y_1 \quad (n \geqq 0)$$

으로 놓으면,

$$\therefore\ k_{n+2} = a_{n+1} k_{n+1} - b k_n \quad (n \geqq 0) \qquad \cdots ⑤$$
$$(k_0 = 0,\ k_1 = 1)$$

수열 $\{a_n\}$이 주어져 있으므로,
⑤에 의하여 수열 $\{k_n\}$은 유일하게 결정된다.

또, ⑤와 $a_n \geqq 1 + b$ 에서

$$\begin{aligned} k_{n+2} - k_{n+1} &= (a_{n+1} - 1) k_{n+1} - b k_n \\ &\geqq b(k_{n+1} - k_n) > 0 \\ &\quad (\because\ b > 0,\ k_1 - k_0 > 0) \end{aligned}$$

$$\therefore\ 0 = k_0 < k_1 < k_2 < \cdots < k_n < \cdots \qquad \cdots ⑥$$

따라서, $k_m > 0$로 되어

$$y_m = k_m y_1 = 1 \text{에서 } y_1 = \frac{1}{k_m} > 0$$

도 유일하게 존재한다.

$y_n = k_n y_1$ 이며,
수열 k_n과 y_1이 유일하게 결정되므로,
수열 $\{y_n\}$은 유일하게 존재한다.

또, ⑥과 $y_n = k_n y_1$ 에서

$$0 = y_0 < y_1 < y_2 < \cdots < y_n < \cdots < y_m = 1$$

$$\therefore\ 0 < y_n < 1 \quad (n = 1, 2, \cdots, m-1)$$

(3) $a_n \geqq c > 2$이므로, ①에서

$$x_{n+1} = \frac{x_{n+2} + x_n}{a_{n+1}} < \frac{2x_{n+2}}{a_{n+1}} < \frac{2}{c} x_{n+2}$$

(1)에서, $x_n < x_{n+2}$

$r = \dfrac{2}{c}$로 놓으면,

$$x_{n+1} < r x_{n+2} \quad (n = 0, 1, 2, \cdots)$$

반복하면, $1 \leqq n < m$ 에 대하여,

$$x_n < r x_{n+1} < r^2 x_{n+2} < \cdots < r^{m-n} x_m$$

$x_m = 1$이므로, $x_n < r^{m-n}$

$r = \dfrac{2}{c}$이므로, $0 < r < 1$이다.

또, r은 c에 의하여 결정되며,
m에 의존하지 않음을 알 수 있다. ■

〈 2004年 **前期** - **理科** 〉 **時間** : 150分

1. xy 평면상의 포물선 $y=x^2$ 상의 세 점 P, Q, R 이 다음 조건을 만족한다.
[△PQR은 한 변의 길이가 a 인 정삼각형이며,
두 점 P, Q를 지나는 직선의 기울기는 $\sqrt{2}$ 이다.]
a 값을 구하여라.

2. 자연수의 제곱으로 되는 자연수를 제곱수라 하자. 다음 문제에 답하여라.
(1) (십진법으로 표시했을 때) 세 자리 이상인 제곱수에 대하여
10의 자리를 a, 1의 자리를 b 라고 하자. $a+b$ 가 짝수이면, b 는 0 또는 4 임을 보여라.
(2) (십진법으로 표시했을 때) 다섯 자리 이상인 제곱수에 대하여 1000의 자리, 100의 자리, 10의 자리, 1의 자리가 모두 같으면, 10000으로 나누어떨어짐을 보여라.

3. 반지름 3인 원판 D가 반지름이 10인 원 C의 원주를 따라 내접하며 미끄러지지 않고 회전하고 있다. 원판 D상의 한 점을 P라 하자. 점 P가 원 C에 접한 후 다시 접할 때까지 그리는 자취는 원 C를 두 부분으로 나눈다. 각 부분의 넓이를 구하여라.

4. 함수 $f_n(x)$ $(n=1, 2, 3, \cdots)$ 를 다음과 같이 정의할 때, 문제에 답하여라.

$$f_1(x)=x^3-3x, \ f_2(x)=\{f_1(x)\}^3-3f_1(x), \ f_3(x)=\{f_2(x)\}^3-3f_2(x), \ \cdots$$

$$f_{n+1}(x)=\{f_n(x)\}^3-3f_n(x) \quad (n \geqq 3)$$

(1) 실수 a 에 대하여, $f_1(x)=a$ 를 만족하는 실수 x 의 개수를 구하여라.
(2) 실수 a 에 대하여, $f_2(x)=a$ 를 만족하는 실수 x 의 개수를 구하여라.
(3) $n \geqq 3$ 일 때, $f_n(x)=0$ 을 만족하는 실수 x 의 개수는 3^n 개임을 보여라.

5. r 은 양의 실수이다. xyz 공간상의 원점 O$(0, 0, 0)$을 중심으로 하는 반경 1인 구를 A, 점 $P(r, 0, 0)$을 중심으로 하는 반경 1인 구를 B, 구 A와 구 B의 합집합으로 형성되는 입체의 체적을 V라 하자. (단, $3.14<\pi<3.15$로 계산하시오.)
(1) V를 r 의 함수로 표현하고, 그래프의 개형을 그려라.
(2) $V=8$ 일 때의 r 의 값을 소수점 첫째 자리까지 구하여라.

6. 한 면은 백색, 다른 한 면은 흑색으로 칠해져 있는 정사각형판이 3개 있다.
최초에 [백백백]으로 횡으로 늘어놓은 후, 다음 조작을 반복시행한다.

주사위를 던져 나오는 수가 1, 2이면 제일 좌측의 판을 뒤집고 3, 4이면 가운데 판을 뒤집으며, 5, 6이면 제일 우측의 판을 뒤집는다.

(1) 3회 조작 후에 [흑백백]으로 될 확률을 구하여라.
(2) n 회 조작 후에 [백백백] 또는 [백흑백]으로 될 확률을 구하여라.

[문제 1]

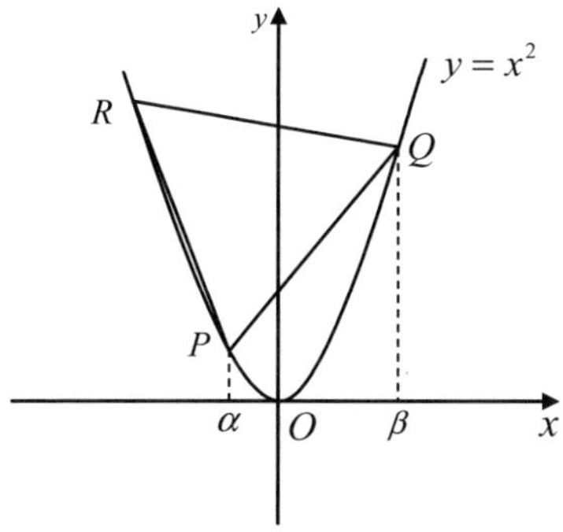

$\triangle PQR$이 정삼각형이 되려면 세 점 P, Q, R 중 적어도 하나는 반드시 제2사분면에 있어야 한다. 점 P의 좌표를 (α, α^2), 점 Q의 좌표를 (β, β^2), 직선 PQ의 기울기를 $\sqrt{2}$, $\alpha<0$로 놓자.

---

① $\dfrac{\beta^2-\alpha^2}{\beta-\alpha}=\sqrt{2}$ 에서 $\beta+\alpha=\sqrt{2}$

② $\overrightarrow{PQ}=(\beta-\alpha,\ \beta^2-\alpha^2)$
$=(\beta-\alpha,\ (\beta+\alpha)(\beta-\alpha))$
$=(\beta-\alpha,\ \sqrt{2}(\beta-\alpha))$
$=(t,\ \sqrt{2}t)$ 〈$\beta-\alpha=t$로 치환〉

점 P를 중심으로 $\overrightarrow{PQ}$를 $60°$ 회전하면 $\overrightarrow{PR}$가 되므로 점 R의 좌표를 벡터를 이용하여 구하면,

$$\overrightarrow{OR}=(t+t\sqrt{2}i)(\cos 60°+i\sin 60°)+\alpha+\alpha^2 i$$
$$=\left(\frac{t}{2}-\frac{\sqrt{6}t}{2}+\alpha\right)+\left(\frac{\sqrt{3}t}{2}+\frac{\sqrt{2}t}{2}+\alpha^2\right)i$$

점 R이 $y=x^2$ 위에 있으므로

$$\frac{\sqrt{3}t}{2}+\frac{\sqrt{2}t}{2}+\alpha^2=\left(\frac{t}{2}-\frac{\sqrt{6}t}{2}+\alpha\right)^2$$

$$\left(\frac{\sqrt{3}+\sqrt{2}}{2}\right)t+\alpha^2=\left(\frac{t}{2}-\frac{\sqrt{6}t}{2}\right)^2+2\alpha\left(\frac{t}{2}-\frac{\sqrt{6}t}{2}\right)+\alpha^2$$

$$\left(\frac{\sqrt{3}+\sqrt{2}}{2}\right)t=\left(\frac{1-\sqrt{6}}{2}\right)^2t^2+2\alpha t\left(\frac{1-\sqrt{6}}{2}\right)$$

$$\frac{\sqrt{3}+\sqrt{2}}{2}=\frac{7-2\sqrt{6}}{4}t+(1-\sqrt{6})\alpha$$

$$2\sqrt{3}+2\sqrt{2}=(7-2\sqrt{6})t+(4-4\sqrt{6})\alpha$$
$$2\sqrt{3}+2\sqrt{2}=(7-2\sqrt{6})(\beta-\alpha)+(4-4\sqrt{6})\alpha$$
$$2\sqrt{3}+2\sqrt{2}=(7-2\sqrt{6})\beta+(-3-2\sqrt{6})\alpha \quad \cdots ③$$

---

①과 ③에서

$$\begin{cases} 2\sqrt{3}+2\sqrt{2}=(7-2\sqrt{6})\beta+(-3-2\sqrt{6})\alpha \\ \beta+\alpha=\sqrt{2} \end{cases}$$

연립방정식을 풀면,

$$\alpha=\frac{5\sqrt{2}-6\sqrt{3}}{10}<0, \quad \beta=\frac{5\sqrt{2}+6\sqrt{3}}{10}$$

$$\overline{PQ}^2=(\beta-\alpha)^2+(\beta^2-\alpha^2)^2$$
$$=(\beta-\alpha)^2+(\beta+\alpha)^2(\beta-\alpha)^2$$
$$=(\beta-\alpha)^2+2(\beta-\alpha)^2$$
$$=3(\beta-\alpha)^2=3\times\left(\frac{6\sqrt{3}}{5}\right)^2=\frac{6^2\times 3^2}{5^2}$$

$\therefore\ \overline{PQ}=\sqrt{\dfrac{6^2\times 3^2}{5^2}}=\dfrac{18}{5}$ ⋯(답) ■

〈 참고 〉

점 P를 중심으로 $\overrightarrow{PQ}$를 $-60°$ 회전하였을 때의 $\overrightarrow{PR}$을 고려해 보자.

$$\overrightarrow{OR}=(t+t\sqrt{2}i)(\cos(-60°)+i\sin(-60°))+\alpha+\alpha^2 i$$

$$\overrightarrow{OR}=\left(\frac{t}{2}+\frac{\sqrt{6}t}{2}+\alpha\right)+\left(-\frac{\sqrt{3}t}{2}+\frac{\sqrt{2}t}{2}+\alpha^2\right)i$$

점 R이 $y=x^2$ 위에 있으므로

$$-\frac{\sqrt{3}t}{2}+\frac{\sqrt{2}t}{2}+\alpha^2=\left(\frac{t}{2}+\frac{\sqrt{6}t}{2}+\alpha\right)^2$$

$$\begin{cases} -2\sqrt{3}+2\sqrt{2}=(7+2\sqrt{6})\beta+(-3+2\sqrt{6})\alpha \\ \beta+\alpha=\sqrt{2} \end{cases}$$

$\alpha=\dfrac{5\sqrt{2}+6\sqrt{3}}{10}>0$이므로 $\alpha<0$이라는 가정에 모순된다! 따라서, 이 경우에는 조건을 만족하는 정삼각형이 존재하지 않는다.

[문제 2]

(1) 구하는 제곱수를 n^2 (n : 자연수)이라 하자. n의 10의 자리를 x, 1의 자리를 y로 놓으면
$n = 100\text{A} + 10x + y$ (A: 자연수)이므로

$$\begin{aligned} n^2 &= (100\text{A} + 10x + y)^2 \\ &= 100\text{B} + (10x+y)^2 \qquad (\text{B: 자연수}) \\ &= \underline{100(\text{B}+x^2)} + \underline{20xy} + y^2 \end{aligned}$$

$20xy$는 20의 배수이므로 [n^2의 10의 자리 수 a와 1의 자리수 b의 합이 짝수가 되는가]의 문제에 있어 고려하지 않아도 된다.
(∵ 짝수+짝수=짝수, 짝수+홀수=홀수)

예 : $20 \times 8 + 7^2 = 16\underline{0} + \underline{4}\ \underline{9}$ $\Rightarrow (\ \underline{6}\ +\ \underline{4}\ ) + 9$ 짝수 짝수 십의 자리 : 짝수

∴ y^2의 10의 자리 수와 1의 자리 수의 합이 짝수 ⇔ $a+b$는 짝수
$0^2 = 0\underline{0}$, $2^2 = 0\underline{4}$, $8^2 = 6\underline{4}$에서 가능한 y는 0, 4, 8이며, n^2의 1의 자리 수는 0 또는 4가 된다. ■

(2) 구하는 제곱수를 m^2 (m : 자연수)이라 하면

$$m^2 = 10^4\text{A} + 10^3 a + 10^2 a + 10^1 a + 1a$$

(A: 자연수, $a = 0 \sim 9$)로 놓을 수 있다.
$a + a = 2a$이므로 m^2의 10의 자리 수와 1의 자리 수의 합은 짝수이다. 위의 (1)번에 의하여 m^2의 1의 자리 수 a는 0 또는 4이다.
이제, $a=4$일 때 모순임을 보이면 $a=0$이 되어 $m^2 = 10^4\text{A}$이므로 10000으로 나누어떨어진다.

$a=4$로 가정하면,
$m^2 = 10^4\text{A} + 4444$ (짝수)이므로 m도 짝수이다.
$m = 2k$ (k : 자연수)로 놓으면

$$(2k)^2 = 10^4\text{A} + 4444$$
$$k^2 = \underline{100 \times 25\text{A}} + 1111 \text{ 이므로}$$

k^2의 10의 자리 수와 1의 자리 수의 합은 $1+1=2$ (짝수)이다.
위의 (1)번에 의하여
제곱수 k^2의 1의 자리는 0 또는 4이다.
k^2의 1의 자리는 1이므로 모순이다. ■

[문제 3]

점 P가 $(10, 0)$에서 원 C에 접한 상태에서 원판 D가 원 C의 중심 O 주위를 반시계방향으로 회전하여 다시 접할 때까지의 자취를 생각해도 일반성을 잃지 않는다.

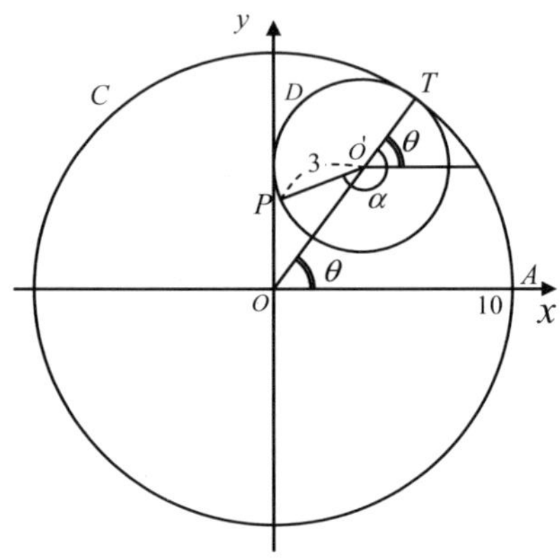

원판 D가 원 C의 중심 O 주위를 반시계방향으로 $\theta\,(\theta \geq 0)$만큼 회전하였을 때,
$\overline{O'T}$와 $\overline{O'P}$가 이루는 각을 α라 하자.
$\overset{\frown}{PT} = \overset{\frown}{AT}$ 이므로,

$$3\alpha = 10\theta \qquad \therefore\ \alpha = \frac{10}{3}\theta \quad \cdots ①$$

점 P의 좌표를 (x, y)라 하면,
$\overrightarrow{OP} = \overrightarrow{OO'} + \overrightarrow{O'P}$에서

$$\begin{pmatrix} x \\ y \end{pmatrix} = 7\begin{pmatrix} \cos\theta \\ \sin\theta \end{pmatrix} + 3\begin{pmatrix} \cos(\theta-\alpha) \\ \sin(\theta-\alpha) \end{pmatrix} \text{ 이므로}$$

$$①\text{에 의하여} \begin{cases} x = 7\cos\theta + 3\cos\dfrac{7\theta}{3} & \cdots ② \\ y = 7\sin\theta - 3\sin\dfrac{7\theta}{3} & \cdots ③ \end{cases}$$

이제 점 P의 자취를 분석해보자.
점 P가 다시 접하려면 $\alpha = 2\pi$이어야 하며,
①에 의하여 $\theta = \dfrac{3\pi}{5}$일 때이다.

다음 그림에서, 구하는 부분 중 작은 부분의 넓이는 $\triangle OBH + \triangledown OAB - \displaystyle\int_H^A f(x)\,dx$이다.

$\triangle OBH + \heartsuit OAB$

$$=\frac{1}{2}\cdot 10\cos\frac{2\pi}{5}\cdot 10\sin\frac{2\pi}{5}+\frac{1}{2}\cdot 10^2\cdot\frac{3\pi}{5}$$

$$=25\sin\frac{\pi}{5}+30\pi \quad \cdots ④$$

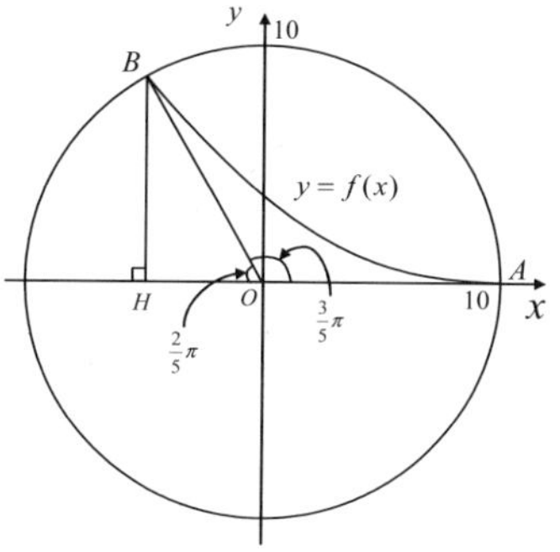

$$\int_H^A f(x)\,dx=\int_{10\cos\frac{3\pi}{5}}^{10} f(x)\,dx=\int_{\frac{3\pi}{5}}^{0} f(x)\frac{dx}{d\theta}d\theta$$

$$=\int_{\frac{3\pi}{5}}^{0}\left(7\sin\theta-3\sin\frac{7\theta}{3}\right)\left(-7\sin\theta-7\sin\frac{7\theta}{3}\right)d\theta$$

$$=7\int_0^{\frac{3\pi}{5}}\left(7\sin^2\theta+4\sin\frac{7\theta}{3}\sin\theta-3\sin^2\frac{7\theta}{3}\right)d\theta$$

$$=7\int_0^{\frac{3\pi}{5}}\left\{\frac{7(1-\cos 2\theta)}{2}+2\left(\cos\frac{4\theta}{3}-\cos\frac{10\theta}{3}\right)-3\cdot\frac{1}{2}\left(1-\cos\frac{14\theta}{3}\right)\right\}d\theta$$

$$=7\left[\frac{7}{2}\left(\theta-\frac{\sin 2\theta}{2}\right)+2\left(\frac{3}{4}\sin\frac{4\theta}{3}-\frac{3}{10}\sin\frac{10\theta}{3}\right)-\frac{3}{2}\left(\theta-\frac{3}{14}\sin\frac{14\theta}{3}\right)\right]_0^{\frac{3\pi}{5}}$$

$$=7\left[\frac{7}{2}\left(\frac{3\pi}{5}-\frac{1}{2}\sin\frac{6\pi}{5}\right)+2\left(\frac{3}{4}\sin\frac{4\pi}{5}-\frac{3}{10}\sin 2\pi\right)-\frac{3}{2}\left(\frac{3\pi}{5}-\frac{3}{14}\sin\frac{14\pi}{5}\right)\right]$$

$$=7\left[\frac{7}{2}\left(\frac{3\pi}{5}+\frac{1}{2}\sin\frac{\pi}{5}\right)+2\left(\frac{3}{4}\sin\frac{\pi}{5}-0\right)-\frac{3}{2}\left(\frac{3\pi}{5}-\frac{3}{14}\sin\frac{\pi}{5}\right)\right]$$

$$=\frac{42\pi}{5}+25\sin\frac{\pi}{5} \quad \cdots ⑤$$

④, ⑤에 의하여,

작은 부분의 넓이

$$=\left(25\sin\frac{\pi}{5}+30\pi\right)-\left(\frac{42\pi}{5}+25\sin\frac{\pi}{5}\right)=\frac{108\pi}{5}$$

큰 부분의 넓이

$$=\pi\cdot 10^2-\frac{108\pi}{5}=\frac{392\pi}{5} \qquad \cdots(\text{답})$$ ■

[문제 4]

(1) $$f_1(x)=x^3-3x$$

$$f_1{}'(x)=3x^2-3=3(x+1)(x-1)$$

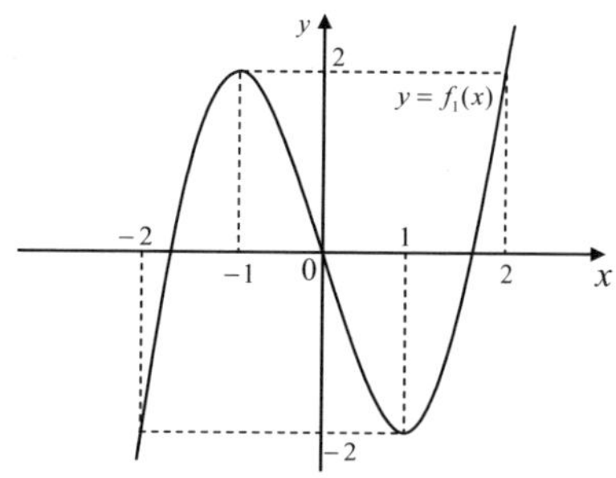

$y=f_1(x)$의 그래프가 위와 같으므로,

$f_1(x)=a$를 만족하는 실수 x의 개수는

$$\begin{cases} |a|>2\text{이면, } 1\text{개} \\ |a|=2\text{이면, } 2\text{개} \\ |a|<2\text{이면, } 3\text{개} \end{cases} \qquad \cdots(\text{답})$$ ■

(2) $f_2(x)=a \iff f_1(f_1(x))=a$

$f_1(x)=a_1$으로 놓으면, $f_1(a_1)=a$를 만족하는 실수 a_1의 개수와 $|a_1|$의 값의 범위는

$$\begin{cases} |a|>2\text{인 경우, } 1\text{개 } (|a_1|>2) \\ |a|=2\text{인 경우, } 2\text{개 } (|a_1|=1 \text{ or } |a_1|=2) \\ |a|<2\text{인 경우, } 3\text{개 } (|a_1|<2) \end{cases}$$

또, (1)의 결과에 의하여,

$f_1(x)=a_1$를 만족하는 실수 x의 개수는

$$\begin{cases} |a_1|>2\text{이면, } 1\text{개} \\ |a_1|=2\text{이면, } 2\text{개} \\ |a_1|<2\text{이면, } 3\text{개} \end{cases}$$

따라서,

$f_1(f_1(x))=a$ 를 만족하는 실수 x 의 개수는

$$\begin{cases} |a| > 2\text{이면}, 1\text{개} \\ |a| = 2\text{이면}, 3+2=5\text{개} \\ |a| < 2\text{이면}, 3\times 3=9\text{개} \end{cases} \quad \cdots(\text{답})$$ ■

(3) $|a|<2$이면,

1 이상의 자연수 n에 대하여

$$f_n(x)=a$$

를 만족하는 실수 x의 개수가 3^n임을 수학적 귀납법으로 보이자.

$n=1$인 경우, (1)에 의하여 성립하므로

1 이상의 자연수 n에 대하여 성립한다고 가정하고

$$f_{n+1}(x)=b \quad (|b|<2)$$

$$\Leftrightarrow \quad f_1(f_n(x))=b \qquad \cdots ①$$

를 만족하는 실수 x의 개수를 살펴보자.

$f_n(x)=a$로 놓으면,

$$① \quad \Leftrightarrow \quad f_1(a)=b \quad (|b|<2)$$

이므로, (1)에 의하여 이것을 만족하는 a는 3개이며, 작은 순서로 α, β, γ로 놓으면 (1)의 그래프에 의하여

$$-2<\alpha<-1<\beta<1<\gamma<2$$

귀납법의 가정에 의하여

$$f_n(x)=\alpha,\ f_n(x)=\beta,\ f_n(x)=\gamma$$

를 만족하는 실수 x의 개수는 각각 3^n이므로, ①을 만족하는 실수 x의 개수는

$$3\times 3^n=3^{n+1}$$

로 되어, $n+1$인 경우에도 성립한다. ■

문제에서는 $a=0$인 경우이므로,

$$f_n(x)=0$$

을 만족하는 실수 x의 개수는 3^n이다. ■

〈 참고 〉

$f_1(f_1(x))=a \quad (|a|>2)$인 경우

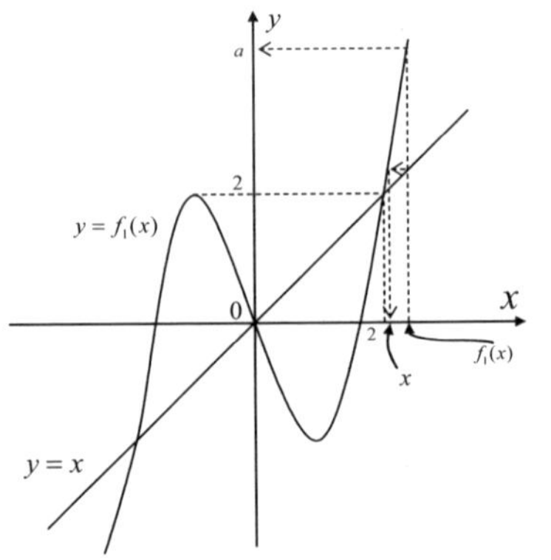

$f_1(f_1(x))=2$인 경우

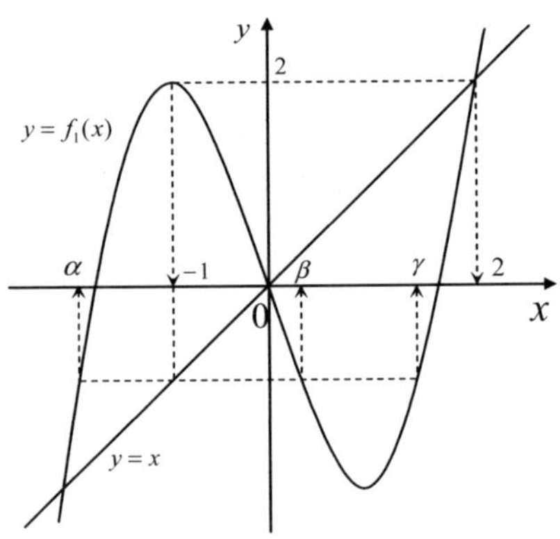

[문제 5]

(1) 구 A의 체적을 $|A|$로 표시하자.

① $0<r\leq 2$인 경우

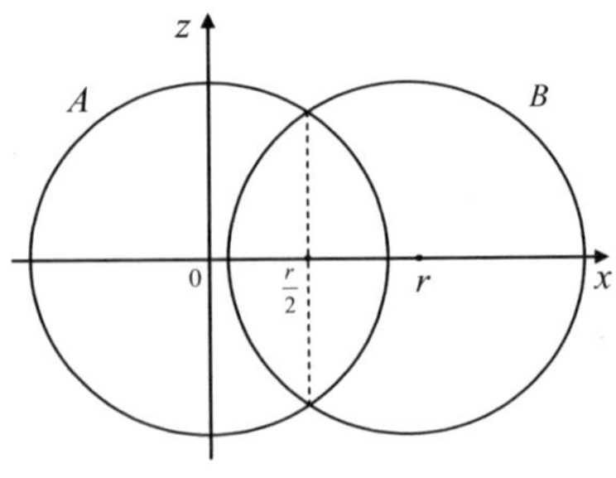

$$\begin{aligned} V &= |A|+|B|-|A\cap B| \\ &= 2\times\frac{4}{3}\pi\cdot 1^3-2\times\int_{\frac{r}{2}}^{1}\pi(1-x^2)dx \\ &= \left(-\frac{r^3}{12}+r+\frac{4}{3}\right)\pi \end{aligned}$$

$\because \dfrac{dV}{dr} = -\dfrac{\pi}{4}(r-2)(r+2) \geqq 0$ 이므로 단조증가

② $r > 2$ 인 경우

$$V = |A| + |B| = \frac{8\pi}{3}$$

따라서, 그래프는 다음과 같다.

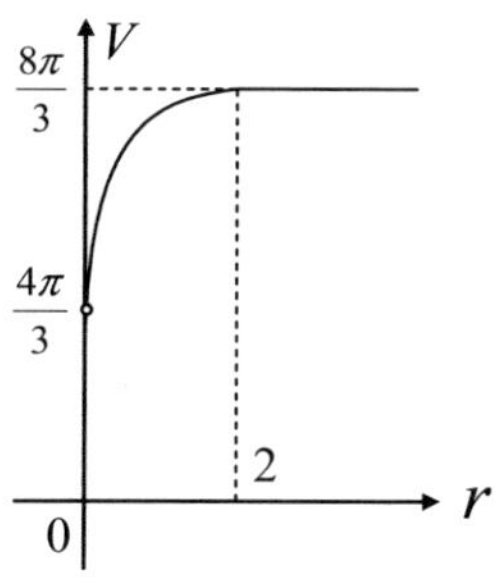

■

(2) $\dfrac{4\pi}{3} < 8 < \dfrac{8\pi}{3}$ 이므로

$$\left(-\frac{r^3}{12} + r + \frac{4}{3}\right)\pi = 8, \ (0 < r < 2)$$

$-\dfrac{r^3}{12} + r = \dfrac{8}{\pi} - \dfrac{4}{3}$ 이며,

그래프에 의하여 r 은 1개뿐이다.

$3.14 < \pi < 3.15$ 에서,

$$\frac{8}{\pi} - \frac{4}{3} < \frac{8}{3.14} - \frac{4}{3} < 2.548 - 1.333 = 1.215,$$

$$\frac{8}{\pi} - \frac{4}{3} > \frac{8}{3.15} - \frac{4}{3} > 2.539 - 1.334 = 1.205$$

이므로

$$\therefore 1.205 < -\frac{r^3}{12} + r < 1.215$$

$f(r) = -\dfrac{r^3}{12} + r$ 로 놓고

$1.205 < f(r) < 1.215$ 로 되는 r 을 찾자.

$$f(1) = -\frac{1}{12} + 1 \fallingdotseq 0.917 < 1.205,$$

$$f(1.5) = f\left(\frac{3}{2}\right) = \frac{39}{32} \fallingdotseq 1.219 > 1.215$$

이므로,

$$\therefore 1 < r < 1.5$$

$$f(1.45) = f\left(\frac{29}{20}\right) = \frac{114811}{96000} = 1.195.. < 1.205$$

$\because f(1.45) < \underline{1.205 < f(r) < 1.215} < f(1.5)$

$f(r)$ 이 $0 < r < 2$ 에서 단조증가이므로

$$\therefore 1.45 < r < 1.5$$

소수 첫째 자리까지 구하면

$$\therefore r = 1.5$$ …(답) ■

〈 참고 〉

$\dfrac{1.219 - 0.917}{10} \fallingdotseq 0.030$ 이므로,

보간법과 그래프의 개형($0 < r < 2$ 에서 위로 볼록)에 의하여 $f(1.45) > f(1.5) - 0.030 \fallingdotseq 1.189$ 이다.

따라서, $f(1.45)$ 값을 구해볼 가치가 있다.

(만약, 보간법에 의하여 $f(1.45) > 1.215$ 이면 $f(1.35)$를 구하여 비교한다.)

[문제 6]

(1) 3회 시행 후에 [흑백백]이 되는 경우는 다음 세 가지 중 하나이다.

좌측판을 세 번 뒤집는 경우
좌측판 한 번, 중앙판 두 번 뒤집는 경우
좌측판 한 번, 우측판 두 번 뒤집는 경우

따라서, 구하는 확률은

$$\left(\frac{1}{3}\right)^3 + 2 \times {}_3C_1\left(\frac{1}{3}\right)^1\left(\frac{1}{3}\right)^2 = \frac{7}{27}$$ …(답) ■

(2) [백백백] 또는 [백흑백]이 나오는 확률을 구하는 것은 [백□백]이 나오는 확률을 구하는 것과 같다.

백을 W, 흑을 B로 놓고 풀자.

먼저, n 회 후에 [W□W]로 될 확률을 p_n,

[W□B]로 될 확률을 q_n 이라 하면,

[B□W]로 될 확률도 q_n 이며

[B□B]로 될 확률은 $1 - p_n - 2q_n$ 이다.

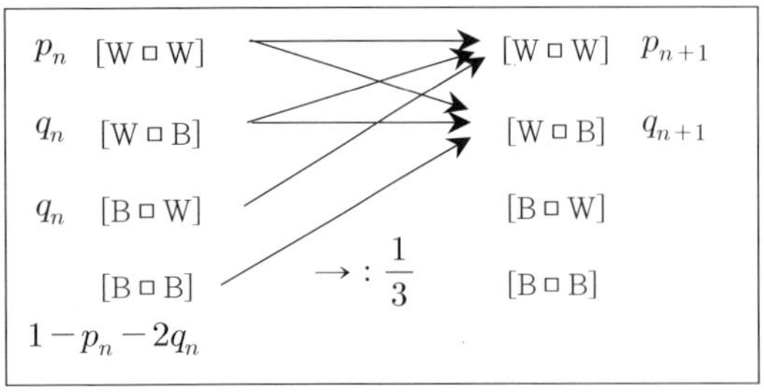

$$\begin{cases} p_{n+1} = \frac{1}{3}p_n + \frac{2}{3}q_n & \cdots \text{①} \\ q_{n+1} = \frac{1}{3}p_n + \frac{1}{3}q_n + \frac{1}{3}(1-p_n-2q_n) & \cdots \text{②} \end{cases}$$

②에서, $q_{n+1} = -\frac{1}{3}q_n + \frac{1}{3}$

$$q_{n+1} - \frac{1}{4} = -\frac{1}{3}\left(q_n - \frac{1}{4}\right)$$

$q_0 = 0$ 이므로, $q_n = \frac{1}{4} - \frac{1}{4}\left(-\frac{1}{3}\right)^n \cdots$ ③

---

③을 ①에 대입하면,

$$p_{n+1} = \frac{1}{3}p_n + \frac{1}{6} - \frac{1}{6}\left(-\frac{1}{3}\right)^n$$

$$p_{n+1} - \frac{1}{4} = \frac{1}{3}\left(p_n - \frac{1}{4}\right) - \frac{1}{6}\left(-\frac{1}{3}\right)^n$$

$$p_{n+1} - \frac{1}{4} - \frac{1}{4}\left(-\frac{1}{3}\right)^{n+1}$$

$$= \frac{1}{3}\left\{ p_n - \frac{1}{4} - \frac{1}{4}\left(-\frac{1}{3}\right)^n \right\}$$

$$p_{n+1} - \frac{1}{4} + \alpha\left(-\frac{1}{3}\right)^{n+1}$$

$$= \frac{1}{3}\left\{ p_n - \frac{1}{4} + \alpha\left(-\frac{1}{3}\right)^n \right\}$$

$p_0 = 1$ 이므로,

$$p_n - \frac{1}{4} - \frac{1}{4}\left(-\frac{1}{3}\right)^n = \frac{2}{4} \cdot \left(\frac{1}{3}\right)^n$$

$\therefore\ p_n = \frac{1}{4}\left\{1 + \left(-\frac{1}{3}\right)^n + 2\left(\frac{1}{3}\right)^n\right\}$ …(답) ■

〈 2004年 前期 - 文科 〉 時間 : 100分

1. xy 평면상의 포물선 $y = x^2$ 상의 세 점 P, Q, R 이 다음 조건을 만족한다.
[△PQR은 한 변의 길이가 a 인 정삼각형이며,
두 점 P, Q를 지나는 직선의 기울기는 $\sqrt{2}$ 이다.]
a 값을 구하여라. [자연계 1번과 동일]

2. 다음 두 이차부등식을 만족하는 점 (x, y) 전체로 이루어진 영역을 D 라 하자.
$y \geq x^2$, $y \leq -2x^2 + 3ax + 6a^2$ (a : 양의 실수)
영역 D 의 점 (x, y) 에 대하여 $x + y$ 의 최댓값과 최솟값을 구하여라.

3. 함수 $f(x)$, $g(x)$, $h(x)$ 를 다음과 같이 정의할 때, 문제에 답하여라.

$$f(x) = x^3 - 3x,\quad g(x) = \{f(x)\}^3 - 3f(x),\quad h(x) = \{g(x)\}^3 - 3g(x)$$

(1) 실수 a 에 대하여, $f_1(x) = a$ 를 만족하는 실수 x 의 개수를 구하여라.
(2) $g(x) = 0$ 을 만족하는 실수 x 의 개수를 구하여라.
(3) $h(x) = 0$ 을 만족하는 실수 x 의 개수를 구하여라.

4. 한 면은 백색, 다른 한 면은 흑색으로 칠해져 있는 정사각형판이 3개 있다.
이 3개의 판을 책상 위에 횡으로 늘어놓은 후, 다음 조작을 반복시행한다.

> 주사위를 던져 나오는 수가 1, 2이면 제일 좌측의 판을 뒤집고
> 3, 4이면 가운데 판을 뒤집으며
> 5, 6이면 제일 우측의 판을 뒤집는다.

(1) 처음에 [백백백]으로 시작했을 때,
3회 조작 후에 [흑백백]이 될 확률을 구하여라.

(2) 처음에 [백백백]으로 시작했을 때,
n회 조작 후 [흑백백] 또는 [백흑백] 또는 [백백흑]이 될 확률을 p_n이라 하자.
p_{2k+1} (k : 자연수)을 구하여라.

[문제 1] 이과 1번과 동일함

[문제 2]

$f(x)=x^2$, $g(x)=-2x^2+3ax+6a^2$으로 놓자.

$f(x)=g(x)$에서

$$x^2=-2x^2+3ax+6a^2$$
$$x=-a,\ 2a \qquad (a>0)$$

(1) 최솟값

$x+y=k$로 놓자.

$f(x)=x^2$과 $y=-x+k$의 접점의 x좌표를 구하면 $x^2=-x+k$에서 $x=-\frac{1}{2}$이다.

(ⅰ) $-a \leqq -\frac{1}{2}$ $\left(a \geqq \frac{1}{2}\right)$인 경우

$x=-\frac{1}{2}$일 때, 최솟값을 갖는다.

$$k=\left(-\frac{1}{2}\right)+\left(-\frac{1}{2}\right)^2=-\frac{1}{4}$$

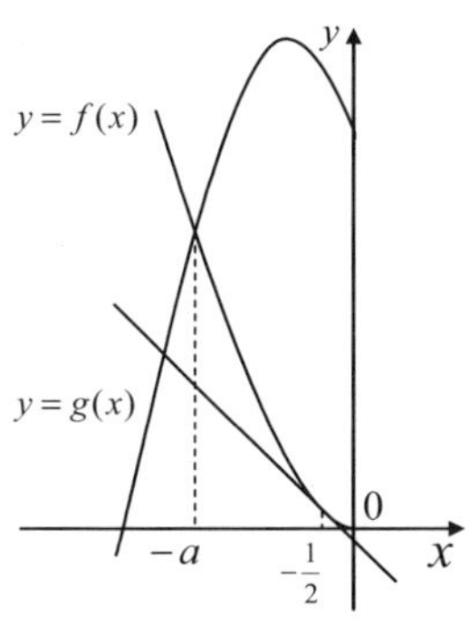

(ⅱ) $-a \geqq -\frac{1}{2}$ $\left(0<a \leqq \frac{1}{2}\right)$인 경우

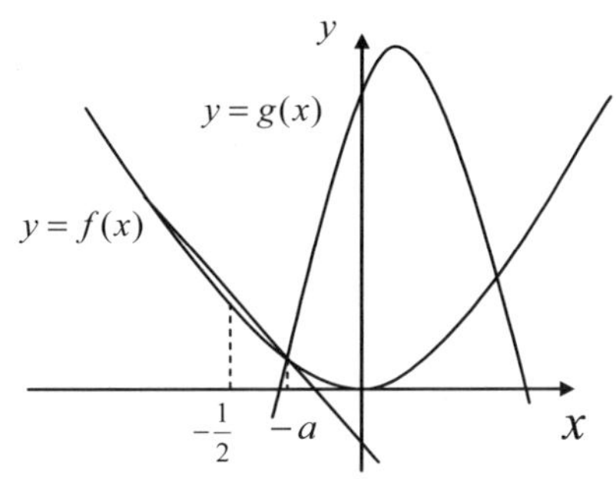

$x=-a$일 때, 최솟값을 갖는다.

$$k=(-a)+(-a)^2=a^2-a$$

따라서, 최솟값은

$$\begin{cases} a \geqq \frac{1}{2}\text{인 경우, } -\frac{1}{4} \\ 0<a \leqq \frac{1}{2}\text{인 경우, } a^2-a \end{cases}$$

…(답) ■

(2) 최댓값

$g(x)=-2x^2+3ax+6a^2$과 $y=-x+k$의 접점의 x좌표를 구하면 $-2x^2+3ax+6a^2=-x+k$에서

$$x=\frac{3a+1}{4}$$

(ⅰ) $\frac{3a+1}{4} \leqq 2a$ $\left(a \geqq \frac{1}{5}\right)$인 경우

$x=\frac{3a+1}{4}$에서 최댓값을 갖는다.

$$k=\left(\frac{3a+1}{4}\right)$$
$$+\left\{-2\times\left(\frac{3a+1}{4}\right)^2+3a\times\left(\frac{3a+1}{4}\right)+6a^2\right\}$$
$$=\frac{57a^2+6a+1}{8}$$

(ii) $\frac{3a+1}{4} \geqq 2a \quad (0<a\leqq\frac{1}{5})$ 인 경우

$x=2a$ 일 때, 최댓값을 갖는다.

$$k=(2a)+(2a)^2=4a^2+2a$$

따라서, 최댓값은

$$\begin{cases} a\geqq\frac{1}{5}\text{인 경우, } \frac{57a^2+6a+1}{8} \\ 0<a\leqq\frac{1}{5}\text{인 경우, } 4a^2+2a \end{cases} \quad \cdots(\text{답}) \blacksquare$$

[문제 3]

(1) $$f_1(x)=x^3-3x$$
$$f_1{}'(x)=3x^2-3=3(x+1)(x-1)$$

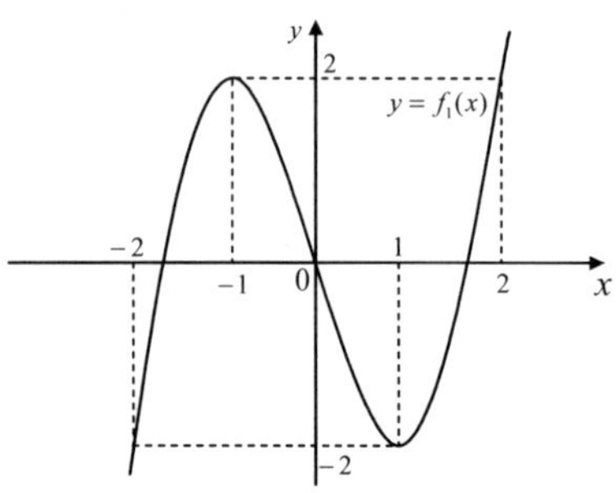

$y=f_1(x)$의 그래프가 위와 같으므로,
$f_1(x)=a$를 만족하는 실수 x의 개수는

$$\begin{cases} |a|>2\text{이면, } 1\text{개} \\ |a|=2\text{이면, } 2\text{개} \\ |a|<2\text{이면, } 3\text{개} \end{cases} \quad \cdots(\text{답}) \blacksquare$$

(2) $g(x)=0 \quad \Leftrightarrow \quad f(x)\{(f(x))^2-3\}=0$

$$\therefore f(x)=0,\ \pm\sqrt{3} \qquad \cdots ①$$

(1)에 의하여, ①을 만족하는 x는 각각 3개이며, 모두 다르다. 따라서, 구하는 개수는

$$3\times3=9\text{개} \qquad \cdots(\text{답}) \blacksquare$$

(3)

$$h(x)=0 \quad \Leftrightarrow \quad g(x)\{(g(x))^2-3\}=0$$
$$\therefore\ g(x)=0,\ \pm\sqrt{3}$$

(i) $g(x)=0$인 경우
만족하는 x는 (2)에 의하여 9개

(ii) $g(x)=\sqrt{3}$인 경우
$f(x)=t$로 놓으면,

$$\{f(x)\}^3-3f(x)=\sqrt{3} \quad \Leftrightarrow \quad t^3-3t=\sqrt{3}$$
$$\Leftrightarrow \quad f(t)=\sqrt{3}$$

(1)의 그래프에 의하여 이것을 만족하는 실수 t는 3개이며, 작은 순서로 α, β, γ로 놓으면 (1)의 그래프에 의하여

$$-2<\alpha<-1<\beta<1<\gamma<2$$

따라서, $f(x)=\alpha, \beta, \gamma$를 만족하는 x의 개수는 각각 3개이며 모두 다르므로, 전부

$$\therefore\ 3\times3=9(\text{개})$$

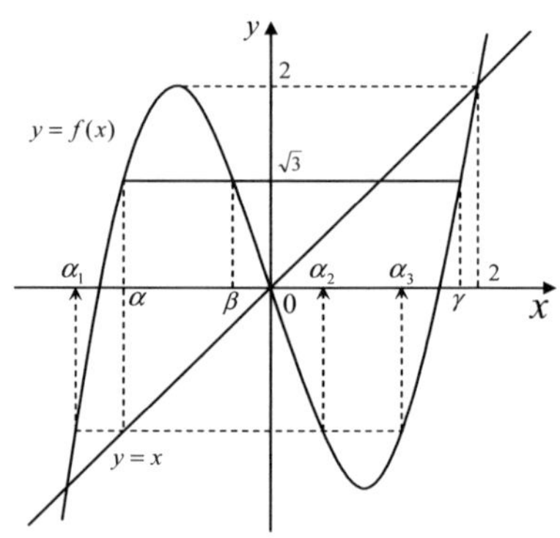

(iii) $g(x)=-\sqrt{3}$인 경우
(ii)와 같은 방법으로 9개

(i), (ii), (iii)에 의하여, 구하는 개수는

$$9\times3=27\text{개} \qquad \cdots(\text{답}) \blacksquare$$

[문제 4]

(1) 3회 시행 후에 [흑백백]이 되는 경우는 다음 세 가지 중 하나이다.

좌측판을 세 번 뒤집는 경우
좌측판 한 번, 중앙판 두 번 뒤집는 경우
좌측판 한 번, 우측판 두 번 뒤집는 경우

따라서, 구하는 확률은

$\left(\frac{1}{3}\right)^3 + 2 \times {}_3C_1\left(\frac{1}{3}\right)^1\left(\frac{1}{3}\right)^2 = \frac{7}{27}$ …(답) ■

(2) 백을 W, 흑을 B로 표시하자.

p_n

||

n회 시행 후, [BWW] 또는 [WBW] 또는 [WWB] 로 될 확률

||

n회 시행 후 W(백)가 2개일 확률

최초 [WWW]로 시작하였으므로

1회 시행 후 W(백)의 개수는 2,
2회 시행 후 W(백)의 개수는 1 or 3,
3회 시행 후 W(백)의 개수는 0 or 2
⋮

귀납적으로,

$2n$번($n \geq 1$)시행 후
W(백)의 개수는 1개 또는 3개,

$2n-1$번($n \geq 2$) 시행후
W(백)의 개수는 0개 또는 2개이다.

W의 개수가 x, B의 개수가 y일 때를 (x, y)로 표시하면 다음 그림과 같이 된다.

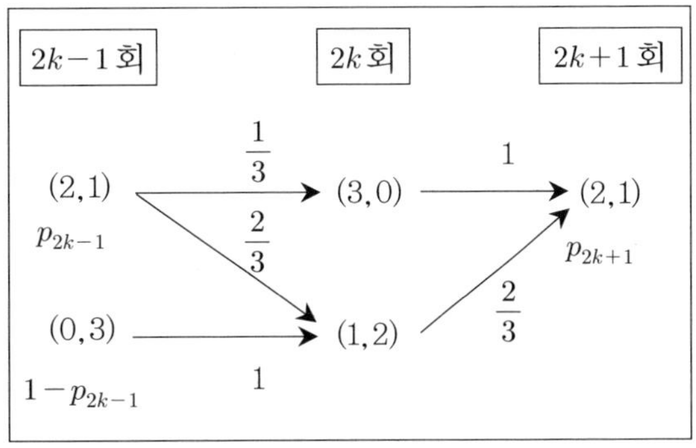

$$p_{2k+1} = \left(\frac{1}{3}\cdot 1 + \frac{2}{3}\cdot\frac{2}{3}\right)p_{2k-1} + 1\cdot\frac{2}{3}(1-p_{2k-1})$$

$$p_{2k+1} = \frac{1}{9}p_{2k-1} + \frac{2}{3}$$

$$p_{2k+1} - \frac{3}{4} = \frac{1}{9}\left(p_{2k-1} - \frac{3}{4}\right)$$

$$q_k = p_{2k-1} - \frac{3}{4}, \quad k \geq 1$$

$$q_{k+1} = \frac{1}{9}q_k$$

$$q_{k+1} = q_1 \cdot \left(\frac{1}{9}\right)^k \quad (k \geq 0)$$

$$p_{2k+1} - \frac{3}{4} = \left(p_1 - \frac{3}{4}\right)\cdot\left(\frac{1}{9}\right)^k \quad (k \geq 0)$$

최초 [WWW]로 시작하였으므로
1회 시행 후 W(백)의 개수는 2개
⇒ $p_1 = 1$

$p_{2k+1} = \frac{3}{4} + \frac{1}{4}\cdot\left(\frac{1}{9}\right)^k \quad (k \geq 0)$ …(답) ■

〈 참 고 〉 $p_{2k} = 0$

〈 2004年 後期 – 理科1類 〉 時間 : 150分

1. r: 양의 실수, $0<\theta<\frac{\pi}{2}$, $P_0(0, 0)$, $P_1(1, 0)$ 이며 P_2, P_3, P_4, $\cdots$가 $n=0, 1, 2, \cdots$에 대하여 다음 조건 (a), (b), (c)를 만족한다. 물음에 답하여라.

> (a) $\overline{P_{n+1}P_{n+2}} = r\ \overline{P_n P_{n+1}}$ (b) $\angle P_n P_{n+1} P_{n+2} = \theta$
> (c) P_n, P_{n+2}, P_{n+3}은 동일 직선상에 있다.

(1) r을 θ를 이용하여 나타내어라.

(2) 점 $P_n(x_n,\ y_n)$에 대하여, 복소수 $z_n = x_n + y_n i$를 θ를 이용하여 나타내어라.

(3) 수열 $\{x_n\}$, $\{y_n\}$이 모두 수렴할 필요충분조건은 $\frac{\pi}{3}<\theta<\frac{\pi}{2}$임을 보여라.

이하 $\frac{\pi}{3}<\theta<\frac{\pi}{2}$, $\alpha(\theta)=\lim_{n\to\infty}x_n$, $\beta(\theta)=\lim_{n\to\infty}y_n$이다.

(4) 극한값 $\lim_{\theta\to\frac{\pi}{3}+0}\alpha(\theta)$, $\lim_{\theta\to\frac{\pi}{3}+0}\beta(\theta)$를 각각 구하여라.

(5) $\frac{\pi}{3}<\theta<\frac{\pi}{2}$일 때, $\beta(\theta)$의 최댓값을 구하여라.

2. N: 3 이상의 정수, $A=\{0, 1, 2, 3, 4, 5, 6, 7\}$, $B=\{0, 1\}$ 이다.
각 항이 0 또는 1로 이루어진 수열을 [0 1 수열]이라고 하자.
[0 1 수열] $a_1, a_2, \cdots, a_n$에 대하여, 함수 $f: A\to B$를 이용하여
새로운 [0 1 수열] $b_1, b_2, \cdots, b_n$을 다음과 같이 정의하자.

> $b_1=f(a_1)$, $b_2=f(2a_1+a_2)$, $b_k=f(4a_{k-2}+2a_{k-1}+a_k)$ $(k=3,\ 4,\ \cdots,\ N)$

(1) 함수 $f: A\to B$는 모두 몇 개인가?

(2) $f(0)=f(3)=f(4)=f(7)=0$, $f(1)=f(2)=f(5)=f(6)=1$일 때,
$b_k=\frac{1}{2}\{1+(-1)^k\}$ $(k=1, 2,\ \cdots,\ N)$으로 되는 [0 1 수열] $a_1, a_2, \cdots, a_N$을 구하여라.

(3) 조건(P) $f(2m)\neq f(2m+1)$ $(m=0, 1, 2, 3)$를 만족하는 함수 $f: A\to B$는 몇 개인가?

(4) 함수 $f: A\to B$는 조건(P)를 만족한다. 임의의 [0 1 수열] $b_1, b_2, \cdots, b_n$에 대하여
다음을 만족하는 [0 1 수열] $a_1, a_2, \cdots, a_n$이 존재함을 보여라.

> $b_1=f(a_1)$, $b_2=f(2a_1+a_2)$, $b_k=f(4a_{k-2}+2a_{k-1}+a_k)$ $(k=3,\ 4,\ \cdots,\ N)$

3. xy평면상의 점 $(-1, 0)$을 중심으로 하는 반지름 1인 원을 A,
점 $(1, 0)$을 중심으로 하는 반지름 1인 원을 B라 하자.
원 A의 내부를 D, 원 B의 내부를 E라 할 때, 다음 물음에 답하여라.

(1) 원 A상의 한 점 $(-1+\cos\theta,\ \sin\theta)$에서의 접선을 l이라고 하자.
원 B의 접선 m이 l과 수직일 때, m과 l의 교점 P의 좌표를 θ를 이용하여 나타내어라.

(2) 한 변의 길이가 2인 정사각형이 영역 D와 E 어느 곳과도 만나지 않으면서
xy평면상에서 움직인다. 정사각형이 지나지 못하는 부분의 넓이를 구하여라.

[문제1]

(1) 조건 (a), (b), (c)에 의하여

$P_n\,(n=0, 1, 2, \cdots)$ 은 다음 그림과 같다.

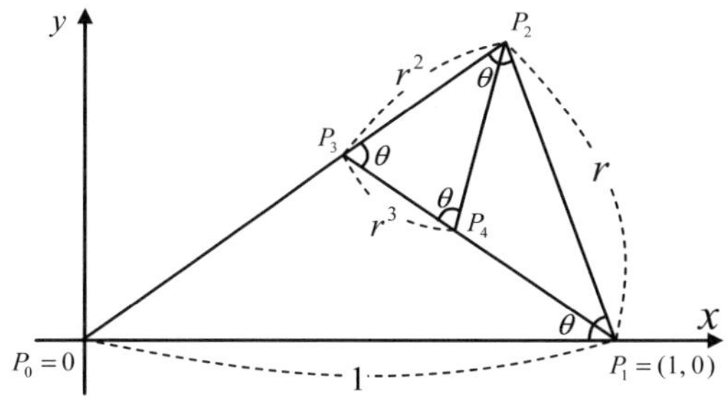

$\overline{P_0P_1}=\overline{P_0P_2}$ 이므로,

$\triangle P_0P_1P_2$는 이등변삼각형이다.

$\cos\theta=\dfrac{r}{2}$ 이므로,

$\therefore\ r=2\cos\theta$ …(답) ■

(주의) 위 그림을 x축에 대하여 대칭이동시킨 $P_n\,(n=0, 1, 2, \cdots)$ 도 존재한다. 서로 켤레복소수이므로 아래 문제의 결과에만 반영해주어도 충분하다.

(2)

$\beta=\pi-\theta$로 놓으면,

$$\overrightarrow{P_{n+1}P_{n+2}}$$

는 $\overrightarrow{P_nP_{n+1}}$를 $+\beta$ (or β)만큼 회전하여 r배한 벡터이다.

$$\begin{cases} z_{n+2}-z_{n+1}=r(\cos\beta+i\sin\beta)(z_{n+1}-z_n) \\ z_1-z_0=1-0=1 \end{cases}$$

$$\because\ z_{n+1}-z_n=r^n(\cos\beta+i\sin\beta)^n \quad (n\geqq 0)$$

$$\begin{array}{rl} & z_1-z_0=1 \\ & z_2-z_1=r(\cos\beta+i\sin\beta) \\ & \vdots \\ + & z_n-z_{n-1}=r^{n-1}(\cos\beta+i\sin\beta)^{n-1} \\ \hline \end{array}$$

$$z_n=\sum_{k=0}^{n-1}r^k(\cos\beta+i\sin\beta)^k$$

$$=\frac{1-r^n(\cos\beta+i\sin\beta)^n}{1-r(\cos\beta+i\sin\beta)}$$

$$r=2\cos\theta,\ \beta=\pi-\theta$$

$$=\frac{1-(2\cos\theta)^n\{\cos(\pi-\theta)+i\sin(\pi-\theta)\}^n}{1-\ 2\cos\theta\ \{\cos(\pi-\theta)+i\sin(\pi-\theta)\}}$$

$$=\frac{1-(2\cos\theta)^n\ (-\cos\theta+i\sin\theta)^n}{1-\ 2\cos\theta\,(-\cos\theta+i\sin\theta)}$$

$$=\frac{1-(2\cos\theta)^n\ (-\cos\theta+i\sin\theta)^n}{2+\cos2\theta-i\sin2\theta}$$

$-\beta$만큼 회전한 경우는 켤레복소수로

$$\frac{1-(2\cos\theta)^n\ (-\cos\theta-i\sin\theta)^n}{2+\cos2\theta+i\sin2\theta}$$

답 : $\dfrac{1-(2\cos\theta)^n\ (-\cos\theta\pm i\sin\theta)^n}{2+\cos2\theta\mp i\sin2\theta}$ ■

(3) (2)번의 고찰에 의하여,

$\{x_n\}, \{y_n\}$ 이 수렴

$\Leftrightarrow$ z_n 이 수렴

$\Leftrightarrow$ $|r(\cos\beta+i\sin\beta)|<1$

$\Leftrightarrow$ $|r|<1$

$\Leftrightarrow$ $|2\cos\theta|<1$

$\Leftrightarrow$ $0<\cos\theta<\dfrac{1}{2}$ $\left(0<\theta<\dfrac{\pi}{2}\right)$

$\Leftrightarrow$ $\dfrac{\pi}{3}<\theta<\dfrac{\pi}{2}$ ■

〈 참고 〉 (2)의 결과에서,

$|2\cos\theta|<1$을 바로 구할 수도 있다.

(4)

$$\lim_{n\to\infty}z_n=\frac{1}{2+\cos2\theta\mp i\sin2\theta} \quad \left(0<\theta<\frac{\pi}{2}\right)$$

$$=\frac{2+\cos2\theta\pm i\sin2\theta}{5+4\cos2\theta} \quad (\text{복호동순})$$

$$\alpha(\theta)=\frac{2+\cos2\theta}{5+4\cos2\theta},\ \beta(\theta)=\pm\frac{\sin2\theta}{5+4\cos2\theta},$$

$$\therefore\ \lim_{\theta\to\frac{\pi}{3}+0}\alpha(\theta)=\frac{1}{2},\quad \lim_{\theta\to\frac{\pi}{3}+0}\beta(\theta)=\pm\frac{\sqrt{3}}{6}$$

…(답) ■

(5) $$\beta(\theta)=\frac{\sin 2\theta}{5+4\cos 2\theta}\quad\left(\frac{\pi}{3}<\theta<\frac{\pi}{2}\right)$$

$$\beta'(\theta)=\frac{2(5\cos 2\theta+4)}{(5+4\cos 2\theta)^2}$$

이므로,

$\beta(\theta)$의 증감표는 다음과 같다.

θ	$\frac{\pi}{3}$	$\cdots$	θ_0	$\cdots$	$\frac{\pi}{2}$
β		+	0	−	
β'		↗	극대	↘	

$$\therefore \beta'(\theta_0)=0\quad\left(\frac{\pi}{3}<\theta_0<\frac{\pi}{2},\ \cos 2\theta_0=-\frac{4}{5}\right)$$

$\beta(\theta)$의 최댓값은

$$\beta(\theta_0)=\frac{\sin 2\theta_0}{5+4\cos 2\theta_0}=\frac{1}{3}$$ …(답) ■

〈 참고 〉

$\beta(\theta)=-\dfrac{\sin 2\theta}{5+4\cos 2\theta}$ 인 경우는 대칭성에 의하여 최댓값이 존재하지 않는다.

[문제 2]

(1)

$n(A)=8$, $n(B)=2$ 이므로 함수 $f: A\to B$ 의 개수는 $2^8=256$ 개이다. …(답) ■

(2)

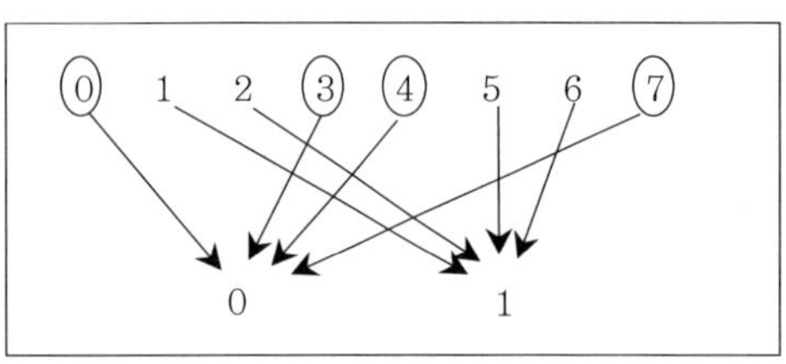

① $b_1=\underline{f(a_1)=0}$

$\because a_1=0$ or $1 \Rightarrow \therefore a_1=0$

② $b_2=f(2a_1+a_2)=\underline{f(a_2)=1}$

$\because a_2=0$ or $1 \Rightarrow \therefore a_2=1$

③ $b_3=f(4a_1+2a_2+a_3)=\underline{f(2+a_3)=0}$

$\because 2+a_3=2$ or $3 \Rightarrow \therefore a_3=1$

④ $b_4=f(4a_2+2a_3+a_4)=\underline{f(6+a_4)=1}$

$\because 6+a_4=6$ or $7 \Rightarrow \therefore a_4=0$

⑤ $b_5=f(4a_3+2a_4+a_5)=\underline{f(4+a_5)=0}$

$\because 4+a_5=4$ or $5 \Rightarrow \therefore a_5=0$

⑥ $b_6=f(4a_4+2a_5+a_6)=\underline{f(a_6)=1}$

$\because a_6=0$ or $1 \Rightarrow \therefore a_6=1$

이후 $b_7=\underline{f(2+a_7)=0}$ …… ③과 같은 꼴

$b_8=\underline{f(6+a_8)=1}$ …… ④과 같은 꼴

$b_9=\underline{f(4+a_9)=0}$ …… ⑤과 같은 꼴

$b_{10}=\underline{f(a_{10})=1}$ …… ⑥과 같은 꼴

로 반복된다.

$\therefore a_n=\underline{01}\ \underline{1001}\ \underline{1001}\ \underline{1001}\ \cdots\cdots$

$=\underline{0110}\ \underline{0110}\ \underline{0110}\ \cdots\cdots$

$$\therefore a_n=\begin{cases}0 & (n=4l+1,\ 4l+4)\\ 1 & (n=4l+2,\ 4l+3)\end{cases}\quad (l=0,1,2,\cdots)$$

…(답) ■

(3) 조건(P)에서,

$(f(2m),\ f(2m+1))=(0,\ 1)$ or $(1,\ 0)$

$(m=0,1,2,3)$

$\Rightarrow\quad 2^4=16$ 개 ■

(4) 임의의 01수열을 $\{b_k\}$ $(1\leq k\leq N)$로 놓고, f를 (P)를 만족하는 함수라 하자.

이때, $b_1=f(a_1),\quad b_2=f(2a_1+a_2)$

$b_k=f(4a_{k-2}+2a_{k-1}+a_k)\quad (k=3,\ 4,\ \cdots,\ N)$

를 만족하는 01수열 $\{a_k\}$가 존재함을 보이면 된다.

(ⅰ) a_1이 존재함을 보이자.

$(f(0), f(1))=(0,1)$일 때,

$b_1=0$이면, $f(a_1)=0$에서 $a_1=0$

$b_1=1$이면, $f(a_1)=1$에서 $a_1=1$

$(f(0), f(1))=(1,0)$일 때,

$b_1=0$이면, $f(a_1)=0$에서 $a_1=1$

$b_1=1$이면, $f(a_1)=1$에서 $a_1=0$

(ⅱ) a_2가 존재함을 보이자.

$(f(2a_1), f(2a_1+1))=(0,1)$일 때,

$b_2=0$이면, $f(2a_1+a_2)=0$에서 $a_2=0$

$b_2=1$이면, $f(2a_1+a_2)=1$에서 $a_2=1$

$(f(2a_1), f(2a_1+1))=(1,0)$일 때,

$b_2=0$이면, $f(2a_1+a_2)=0$에서 $a_2=1$

$b_2=1$이면, $f(2a_1+a_2)=1$에서 $a_2=0$

(ⅲ) a_k $(k\geqq 3)$가 존재함을 보이자.

$4a_{k-2}+2a_{k-1}=2m$ $(m=2a_{k-2}+a_{k-1})$로 놓자.

$(f(2m), f(2m+1))=(0,1)$일 때,

$b_k=0$이면, $f(2m+a_k)=0$에서 $a_k=0$

$b_k=1$이면, $f(2m+a_k)=1$에서 $a_k=1$

$(f(2m), f(2m+1))=(1,0)$일 때,

$b_k=0$이면, $f(2m+a_k)=0$에서 $a_k=1$

$b_k=1$이면, $f(2m+a_k)=1$에서 $a_k=0$

(ⅰ), (ⅱ), (ⅲ)에 의하여,
조건을 만족하는 01수열 $\{a_k\}$가 존재한다.

■

〈 주의 〉

a_1, a_2가 0 또는 1이므로, 귀납적으로

$$0\leqq 4a_{k-2}+2a_{k-1}\leqq 6$$

으로 되므로, m은 0, 1, 2, 3 중 하나로 된다.
또, 01수열 $\{a_k\}$에 대하여,

$$0\leqq 4a_{k-2}+2a_{k-1}+a_k\leqq 7$$

이므로,
$a_{k-2}a_{k-1}a_k$는 $0\sim 7$의 2진법표현이 된다.

〈 참고 1 〉

$A=\{0, 1, 2, 3, 4, 5, 6, 7\}$에 대하여,
$A_0=\{0,1\}$, $A_1=\{2, 3\}$, $A_2=\{4, 5\}$, $A_3=\{6, 7\}$
로 놓고, 함수f를 A_m $(m=0, 1, 2, 3)$에 제한한 것을 f_m이라 하자. 즉,

$$f_m : A_m \ \rightarrow \ B$$

이때, 조건(P)에 의하여 f_m^{-1}가 존재한다.
따라서, $4a_{k-2}+2a_{k-1}=2m$으로 놓으면,

$b_k=f(4a_{k-2}+2a_{k-1}+a_k)$ $\Leftrightarrow$ $b_k=f_m(2m+a_k)$ $\Leftrightarrow$ $a_k=f_m^{-1}(b_k)-2m$

으로 되며,

$$f_m^{-1}(b_k)\in A_m$$

이므로,
a_k는 유니크하게 0 또는 1로 정해진다.

(4)의 포인트는 조건(P)가 f_m^{-1}의 존재성을 보증하는 것으로, 그 1점으로 a_k가 유일하게 존재하게 된다. 이것을 알아채면, (4)의 대부분의 주장은 자명(自明)하다.

〈 참고 2 〉

$A_0=\{0,1\}$, $A_1=\{2,3\}$, $A_2=\{4,5\}$, $A_3=\{6,7\}$
로 놓으면,

$$f(2m)\neq f(2m+1)$$

이므로,

$$f(A_i)=\{0,1\} \quad (i=0, 1, 2, 3)$$

$$A_{ij}=\{4i+2j, 4i+2j+1\} \quad (i,j=0 \text{ or } 1)$$

로 놓으면,

$$A_{00}=A_0,\ A_{01}=A_1,\ A_{10}=A_2,\ A_{11}=A_3$$

이므로,

$$f(A_{ij})=\{0,1\} \quad (i, j=0 \text{ or } 1) \qquad \cdots ①$$

따라서, i, j가 0 또는 1로 정해지면
①에 의하여,

$$f(4i+2j)=0,\ f(4i+2j+1)=1$$

or $$f(4i+2j)=1,\ f(4i+2j+1)=0$$

이것을 이용하여 증명할 수도 있다.

[문제 3]

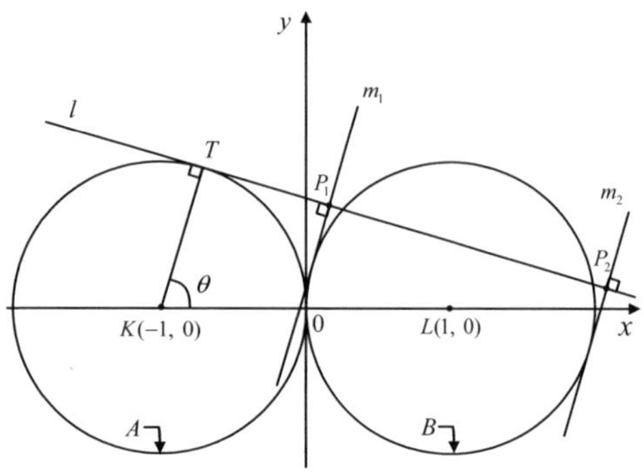

(1)

$K=(-1,0)$, $L=(1,0)$, $T=(-1+\cos\theta, \sin\theta)$,
l과 m의 교점을 $P(X, Y)$라 하자.

$\overrightarrow{KT} \perp \overrightarrow{TP}$

$$\Rightarrow \overrightarrow{KT}\cdot\overrightarrow{TP}=0$$

$$\Rightarrow \begin{pmatrix}\cos\theta\\ \sin\theta\end{pmatrix}\cdot\begin{pmatrix}X+1-\cos\theta\\ Y-\sin\theta\end{pmatrix}=0$$

$$\Rightarrow \cos\theta(X+1-\cos\theta)+\sin\theta(Y-\sin\theta)=0$$

$$\because\ (\cos\theta)X+(\sin\theta)Y=1-\cos\theta \quad \cdots\cdots ①$$

$m \mathbin{/\!/} \overrightarrow{KT}$ 이므로

직선 m의 방정식은 $y-Y=\dfrac{\sin\theta}{\cos\theta}(x-X)$

$$\Rightarrow (-\sin\theta)x+(\cos\theta)y+(\sin\theta)X-(\cos\theta)Y=0$$

직선 m과 점 $L=(1,0)$의 거리가 1이므로

$$\frac{|-\sin\theta+(\sin\theta)X-(\cos\theta)Y|}{\sqrt{(-\sin\theta)^2+\cos^2\theta}}=1$$

$$\because\ (\sin\theta)X-(\cos\theta)Y=\pm1+\sin\theta \quad \cdots\cdots ②$$

---

①, ②를 연립하면,

$$\begin{pmatrix}\cos\theta & \sin\theta\\ \sin\theta & -\cos\theta\end{pmatrix}\begin{pmatrix}X\\ Y\end{pmatrix}=\begin{pmatrix}1-\cos\theta\\ \pm1+\sin\theta\end{pmatrix}$$

$$\begin{pmatrix}X\\ Y\end{pmatrix}=\begin{pmatrix}\cos\theta & \sin\theta\\ \sin\theta & -\cos\theta\end{pmatrix}\begin{pmatrix}1-\cos\theta\\ \pm1+\sin\theta\end{pmatrix}$$

$$=\begin{pmatrix}\cos\theta(1-\cos\theta)+\sin\theta(\pm1+\sin\theta)\\ \sin\theta(1-\cos\theta)-\cos\theta(\pm1+\sin\theta)\end{pmatrix}$$

$$=\begin{pmatrix}\cos\theta\pm\sin\theta-\cos2\theta\\ \sin\theta\mp\cos\theta-\sin2\theta\end{pmatrix}$$

따라서, 점 P의 좌표는
$(\cos\theta\pm\sin\theta-\cos2\theta,\ \sin\theta\mp\cos\theta-\sin2\theta)$ ■

(2)

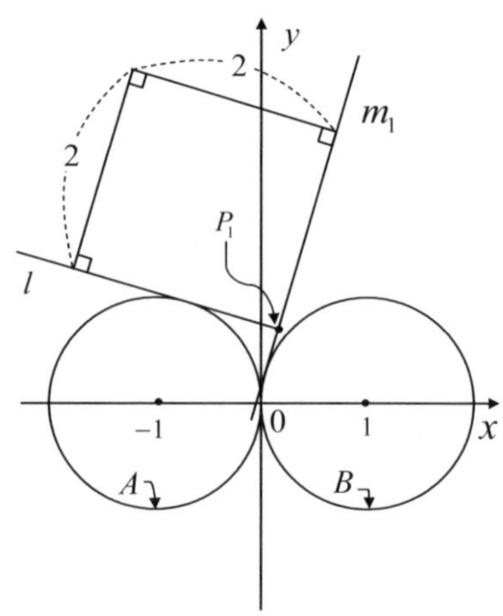

그림과 같이 정사각형의 두 변이 l과 m_1 상에 있는 경우를 생각해 보자.
l과 m_1의 교점을 $P_1(x, y)$이라 하면,

(1)번에 의하여 $\begin{cases} x=\cos\theta-\sin\theta-\cos2\theta \\ y=\sin\theta+\cos\theta-\sin2\theta \end{cases}$

$\cos\theta\pm\sin\theta-\cos2\theta=(\cos\theta-\cos2\theta)\pm\sin\theta$
$\because\ P_1$의 x 좌푯값 $<$ P_2의 x 좌푯값

정사각형의 두 변이 두 원 A, B에 접하면서 움직일 때, 점 P_1이 제 1사분면에서 움직이는 궤적을 파악해 보자.

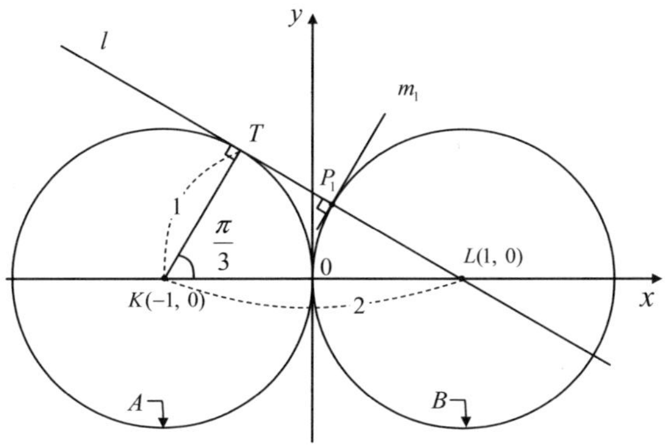

그림 1: 점 P_1이 원 B 위에 있을 때 $\theta=\frac{\pi}{3}$

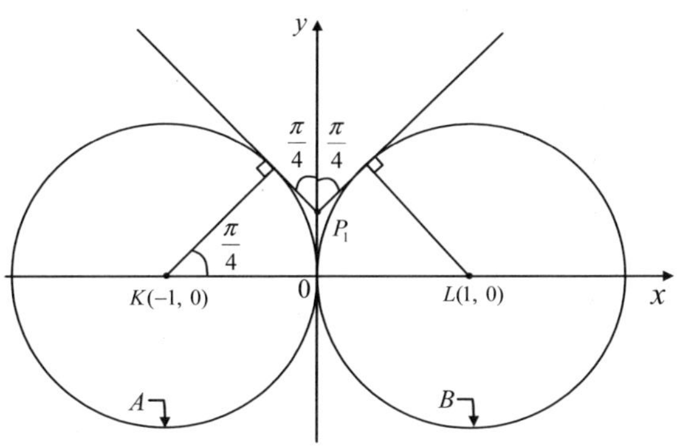

그림 2: 점 P_1이 y축 위에 있을 때 $\theta=\frac{\pi}{4}$

따라서, 점 P_1이 제1사분면에 있을 때의 궤적은 $\frac{\pi}{4}<\theta<\frac{\pi}{3}$일 때이다.

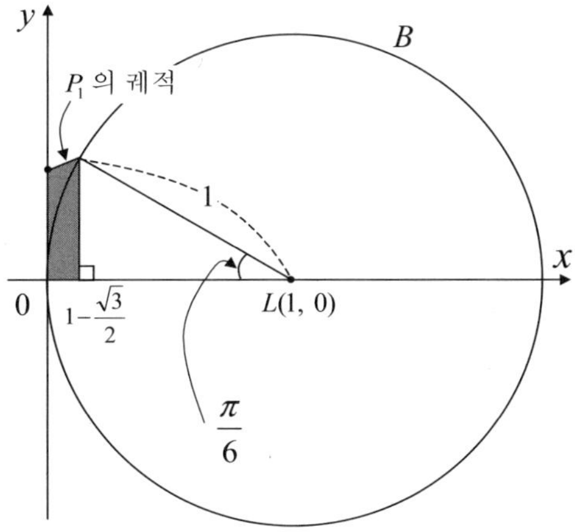

먼저, 음영 부분의 면적을 구해보자.

$$\int_0^{1-\frac{\sqrt{3}}{2}} y\ dx$$

$$=\int_{\frac{\pi}{4}}^{\frac{\pi}{3}} y\ \frac{dx}{d\theta}\ d\theta$$

$$=\int_{\frac{\pi}{4}}^{\frac{\pi}{3}}(\sin\theta+\cos\theta-\sin2\theta)(-\sin\theta-\cos\theta+2\sin2\theta)\ d\theta$$

$$=-\int_{\frac{\pi}{4}}^{\frac{\pi}{3}}\{(\sin\theta+\cos\theta)^2-3(\sin\theta+\cos\theta)\sin2\theta+2\sin^2 2\theta\}d\theta$$

$$=-\int_{\frac{\pi}{4}}^{\frac{\pi}{3}}(1+\sin2\theta-6\cos^2\theta\sin\theta-6\sin^2\theta\cos\theta+1-\cos4\theta)d\theta$$

$$=-\left[2\theta-\frac{\cos2\theta}{2}+2\cos^3\theta-2\sin^3\theta-\frac{\sin4\theta}{4}\right]_{\frac{\pi}{4}}^{\frac{\pi}{3}}$$

$$=\frac{5\sqrt{3}}{8}-\frac{1}{2}-\frac{\pi}{6}$$

구하는 면적을 S라 하면, 제1사분면에 해당하는 부분의 면적은 $\frac{S}{4}$이다.

$$\frac{S}{4}=\text{음영 부분}+\text{삼각형}+\text{부채꼴}\left(\frac{5\pi}{6}\right)$$

$$\frac{S}{4}=\left(\frac{5\sqrt{3}}{8}-\frac{1}{2}-\frac{\pi}{6}\right)+\left(\frac{1}{2}\cdot\frac{1}{2}\cdot\frac{\sqrt{3}}{2}\right)+\left(\frac{1}{2}\cdot1^2\cdot\frac{5\pi}{6}\right)$$

$$=\frac{\pi-2+3\sqrt{3}}{4}$$

$$\therefore\ S=\pi-2+3\sqrt{3}\qquad\cdots(\text{답})$$ ■

1. $x>0$에 대하여, $f(x)=\dfrac{\log x}{x}$로 놓자.

(1) $n=1,2,\cdots$ 에 대하여, $f(x)$의 n 계도함수는 수열 $\{a_n\}$, $\{b_n\}$을 이용하여

$$f^{n}(x)=\frac{a_n+b_n\log x}{x^{n+1}}$$

로 나타낼 수 있음을 보이고, a_n, b_n에 관한 점화식을 구하여라.

(2) $h_n=\displaystyle\sum_{k=1}^{n}\frac{1}{k}$로 놓자. h_n을 이용하여, a_n, b_n의 일반항을 구하여라.

2. $|z|>\dfrac{5}{4}$인 어떠한 복소수 z에 대해서도 $w=z^2-2z$로 되지 않는 복소수 w 전체의 집합을 T라 하자. 즉, $T=\left\{w \mid w=z^2-2z \text{ 이면, } |z|\leq\dfrac{5}{4}\right\}$이다.

이때, T에 속하는 복소수 w 중 $|w|$가 최대로 되는 w를 구하여라.

3. 함수 $f(x)$를 $f(x)=\dfrac{1}{2}x(1+e^{-2(x-1)})$로 놓자.

(1) $x>\dfrac{1}{2}$이면, $0\leq f'(x)<\dfrac{1}{2}$로 되는 것을 보여라.

(2) x_0가 양수일 때, 수열 $\{x_n\}$ $(n=0,1,2,\cdots)$을 $x_{n+1}=f(x_n)$으로 정하자.
$x_0>\dfrac{1}{2}$이면, $\displaystyle\lim_{n\to\infty}x_n=1$로 되는 것을 보여라.

4. 3 이상 9999 이하의 홀수 a 중 a^2-a가 10000으로 나누어떨어지는 것을 모두 구하여라.

5. N을 1 이상의 정수라 하자. 숫자 $1, 2, \cdots, N$이 적혀 있는 카드를 1장씩, 총 N장을 사용하여 갑, 을 두 사람이 다음 순서로 게임을 한다.

(i) 갑이 1장의 카드를 뽑아, 거기에 적혀 있는 수를 a라 하고, 카드는 다시 넣는다.

(ii) 갑은 1장의 카드를 더 뽑을지 말지를 결정한다.
뽑은 경우, 적혀 있는 수를 b라 하고 뽑은 카드는 다시 넣는다.
뽑지 않은 경우, $b=0$으로 한다. $a+b>N$이면, 을의 승리로 게임은 끝난다.

(iii) $a+b\leq N$인 경우, 을이 1장의 카드를 뽑아 적혀 있는 수를 c라 하고 뽑은 카드는 다시 넣는다. $a+b<c$인 경우, 을의 승리로 게임은 끝난다.

(iv) $a+b\geq c$인 경우, 을은 1장의 카드를 다시 뽑아 적혀 있는 수를 d라 한다.
$a+b<c+d\leq N$인 경우 을의 승리이며, 그 외의 경우는 갑의 승리로 한다.

(ii)단계에서 갑이 어떤 선택을 하는 것이 유리한가를 a값에 따라 고려해보자.
다음 문제에 답하여라.

(1) 갑이 2회째에 카드를 뽑지 않은 경우, 갑이 이길 확률을 a를 이용하여 나타내어라.

(2) 갑이 2회째에 카드를 뽑은 경우, 갑이 이길 확률을 a를 이용하여 나타내어라.
단, 각 카드가 뽑힐 확률은 같은 것으로 한다.

6. r을 양의 실수라 하자. xyz공간에 있어

$$x^2+y^2 \leqq r^2,\ \ y^2+z^2 \geqq r^2,\ \ z^2+x^2 \leqq r^2$$

를 만족하는 점 전체가 이루는 입체의 체적을 구하여라.

[문제 1]

$f^n(x)$를 수열 $\{a_n\}$, $\{b_n\}$을 이용하여 다음과 같이 나타낼 수 있음을 보이자.

$$f^n(x)=\frac{a_n+b_n\log x}{x^{n+1}} \quad (n \geqq 1) \qquad \cdots (*)$$

(i) $n=1$일 때

$$f'(x)=\frac{\frac{1}{x}\cdot x-\log x\cdot 1}{x^2}=\frac{1-\log x}{x^2}$$

이므로, $a_1=1, b_1=-1$로 놓으면 (*)는 성립.

(ii) $n(\geqq 1)$에 대하여 (*)가 성립한다고 가정하면,

$$f^{(n+1)}(x)=\frac{\frac{b_n}{x}\cdot x^{n+1}-(a_n+b_n\log x)\cdot(n+1)x^n}{(x^{n+1})^2}$$

$$=\frac{b_n-(n+1)a_n-(n+1)b_n\log x}{x^{n+2}}$$

따라서,

$$\begin{cases} a_{n+1}=b_n-(n+1)a_n\,(n \geqq 1) & \cdots ① \\ b_{n+1}=-(n+1)b_n \quad (n \geqq 1) & \cdots ② \end{cases}$$

으로 놓으면, $n+1$일 때도 (*)는 성립한다.

(i), (ii)와 수학적 귀납법에 의하여, 모든 $n=1, 2, \cdots$ 에 대하여 (*)가 성립하며, 구하는 점화식은 ①, ②이다. ■

(2) ②의 양변을 $(n+1)!$로 나누면,

$$\frac{b_{n+1}}{(n+1)!}=-\frac{b_n}{n!} \quad (n \geqq 1)$$

$$\frac{b_n}{n!}=(-1)^{n-1}\frac{b_1}{1!} \quad (\because b_1=-1)$$

$$\therefore\ b_n=(-1)^n n! \quad \cdots ③ \qquad \cdots(\text{답})$$ ■

③을 ①에 대입하면,

$$a_{n+1}=-(n+1)a_n+(-1)^n n!$$

양변을 $(-1)^{n+1}(n+1)!$로 나누면,

$$\frac{a_{n+1}}{(-1)^{n+1}(n+1)!}=\frac{a_n}{(-1)^n n!}-\frac{1}{n+1}$$

$a_1=1$이므로,

$$\frac{a_n}{(-1)^n n!}=\frac{a_1}{(-1)^1 1!}-\sum_{k=2}^{n}\frac{1}{k}$$

$$=-\sum_{k=1}^{n}\frac{1}{k}=-h_n$$

($n=1$일 때도 성립)

$$\therefore\ a_n=(-1)^{n+1}n!\,h_n \quad (n \geqq 1) \qquad \cdots(\text{답})$$ ■

[문제 2]

$$\{z \mid z^2-2z=w\} \subseteq \left\{z \,\middle|\, |z| \leqq \frac{5}{4}\right\} \qquad \cdots (*)$$

$w \in T$ 일 때, (*)를 만족한다.

$$z^2-2z=w \iff (z-1)^2=1+w$$

$1+w=\alpha^2$ (α : 복소수)

$$\iff (z-1)^2=\alpha^2$$

$$\iff (z-1+\alpha)(z-1-\alpha)=0$$

$$\therefore\ z=1-\alpha,\ 1+\alpha$$

조건 (*)에 의하여,

$$\begin{cases} |1-\alpha| \leqq \frac{5}{4} \cdots ① \\ |1+\alpha| \leqq \frac{5}{4} \cdots ② \end{cases}$$

이며, ①,②를 만족하는 α는 다음 그림의 음영부분에 있다.

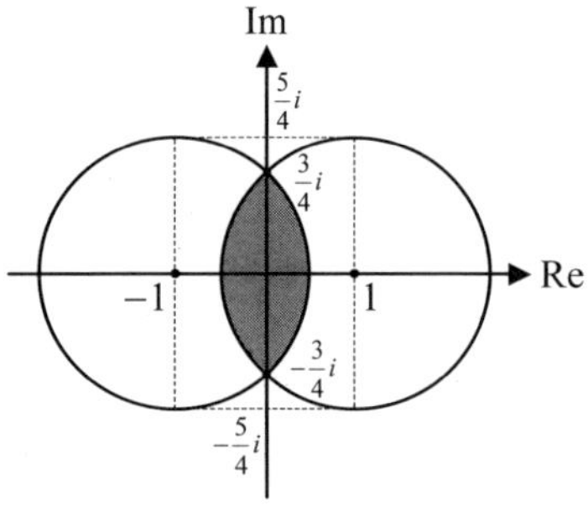

따라서,

$$|w|=|\alpha^2-1|=|\alpha+1||\alpha-1| \leq \frac{5}{4}\cdot\frac{5}{4}=\frac{25}{16}$$

이며, 등호는 $\alpha=\pm\frac{3}{4}i$ 일 때 성립한다.

결국, 구하는 w 의 값은

$$w=\alpha^2-1=-\frac{9}{16}-1=-\frac{25}{16} \quad \cdots(\text{답})$$ ■

〈 참고 〉
임의의 복소수 c에 대하여,
x에 관한 2차방정식 $x^2=c$의 해는 복소수 범위에서 항상 존재하는 것은 명확하므로
$\alpha^2=1+w$로 놓을 수 있다.
또, $z^2-2z-w=0$의 해를 z_1, z_2로 놓으면, 근과 계수의 관계에 의하여

$$z_1+z_2=2,\ z_1z_2=-w$$

이므로, $|z_1|\leq\frac{5}{4}$, $|z_2|=|2-z_1|\leq\frac{5}{4}$에서 답을 얻는 것도 가능하다.

[문제 3]

(1) $f(x)=\frac{1}{2}x(1+e^{-2(x-1)})$

$$f'(x)=\frac{1}{2}\cdot 1\cdot(1+e^{-2(x-1)})+\frac{1}{2}x(-2e^{-2(x-1)})$$
$$=\frac{1}{2}+\left(\frac{1}{2}-x\right)e^{-2(x-1)}$$
$$f''(x)=-1\cdot e^{-2(x-1)}+\left(\frac{1}{2}-x\right)(-2e^{-2(x-1)})$$
$$=2(x-1)e^{-2(x-1)}$$

여기서, $f'\left(\frac{1}{2}\right)=\frac{1}{2}$, $f'(1)=0$이며,
$f'(x)$의 증감표는 다음과 같다.

x	$\frac{1}{2}$	$\cdots$	1	$\cdots$
f''		−	0	+
f'	$\frac{1}{2}$	↘	0	↗

또, $\lim_{x\to\infty}xe^{-x}=0$이므로,

$$\lim_{x\to\infty}f'(x)=\lim_{x\to\infty}\left\{\frac{1}{2}+\left(\frac{1}{2}-x\right)e^{-2(x-1)}\right\}=\frac{1}{2}$$

따라서, $x>\frac{1}{2}$이면 $0\leq f'(x)<\frac{1}{2}$ ■

(2) (1)에서,
$f(x)$는 $x>\frac{1}{2}$에서 단조증가한다.

따라서, $x_n>\frac{1}{2}$라고 가정하면

$$x_{n+1}=f(x_n)>f\left(\frac{1}{2}\right)=\frac{1+e}{4}>\frac{1}{2}$$

이며, $x_0>\frac{1}{2}$이므로,

$$x_n>\frac{1}{2}\quad(n=0, 1, 2, \cdots)$$

(i) $x_0=1$인 경우

$$\begin{cases} f(1)=1 \\ x_{n+1}=f(x_n)\quad(n=0, 1, 2, \cdots)\end{cases}$$

이므로, $x_n=1\quad(n=0, 1, 2, \cdots)$

$$\therefore \lim_{n\to\infty}x_n=1$$

(ii) $x_0\neq1$인 경우 $\left(x_0>\frac{1}{2}\right)$

$\frac{1}{2}<\alpha<\beta$이면 $f(\alpha)<f(\beta)$이므로,

$x_0\neq1$이면, $x_n\neq1\quad(n=0, 1, 2, \cdots)$

$$f(x_n) = x_{n+1},\ f(1) = 1$$

이므로, 평균치의 정리에 의하여

$$f(x_n) - f(1) = f'(c)(x_n - 1)$$

$$\therefore\ x_{n+1} - 1 = f'(c)(x_n - 1) \qquad \cdots ①$$

을 만족하는 c가

$x_n\left(>\dfrac{1}{2}\right)$과 1 사이에 존재한다.

(1)에 의하여 $f'(x) < \dfrac{1}{2}$이므로, ①에서

$$|x_{n+1} - 1| < \frac{1}{2}|x_n - 1| \quad (n \geqq 0)$$

반복하여 적용하면,

$$|x_n - 1| < \left(\frac{1}{2}\right)^n |x_0 - 1|$$

여기서, $\lim\limits_{n\to\infty}\left(\dfrac{1}{2}\right)^n |x_0 - 1| = 0$이므로,

$$\lim_{n\to\infty}|x_n - 1| = 0 \qquad \therefore\ \lim_{n\to\infty}x_n = 1$$

(i), (ii)에 의하여,

$x_0 > \dfrac{1}{2}$이면 $\lim\limits_{n\to\infty}x_n = 1$이다. ■

[문제 4]

$10000 = 2^4 \cdot 5^4$이므로,

$a^2 - a$는 10000으로 나누어떨어진다.

$\Leftrightarrow$ $a(a-1)$은 $2^4 \cdot 5^4$으로 나누어떨어진다.

a는 홀수이며, a와 $a-1$은 서로소이므로

$a = 5^4 \cdot x,\ a - 1 = 2^4 \cdot y$ (x, y는 정수)

두 식에서 a를 소거하면,

$$625x - 16y = 1$$

$625 - 16 \cdot 39 = 1$이므로

$$625x - 16y = 625 - 16 \cdot 39$$

$$625(x-1) = 16(y - 39)$$

625와 16은 서로소이므로,

$x - 1 = 16k,\ y - 39 = 625k$ (k: 정수)

$$(x, y) = (16k+1, 625k+39)$$

$$\therefore\ a = 5^4(16k+1) = 5^4(2^4k+1)$$

a는 3 이상 9999 이하의 홀수이므로,

$$3 \leqq 5^4(2^4k+1) \leqq 2^4 \cdot 5^4 - 1 < 2^4 \cdot 5^4$$

$$\therefore\ \frac{3}{5^4} \leqq 2^4k + 1 < 2^4 \qquad \therefore\ k = 0$$

$$\therefore\ a = 5^4 = 625 \qquad \cdots(\text{답})$$ ■

〈 참고 〉

a와 $a-1$의 최대공약수를 $g\,(>0)$로 놓으면,

$a = gb,\ a - 1 = gc$ (b, c는 정수)

두 식에서 a를 소거하면,

$$g(b - c) = 1 \qquad \therefore\ g = 1$$

따라서, a와 $a-1$은 서로소이다.

또, $625x - 16y = 1$를 만족하는 정수 x, y는 유클리드 호제법으로 찾을 수 있다. (625와 16은 서로소이므로 $625x - 16y = 1$을 만족하는 정수 x, y가 존재한다.)

[문제 5] 게임의 순서는 다음과 같다.

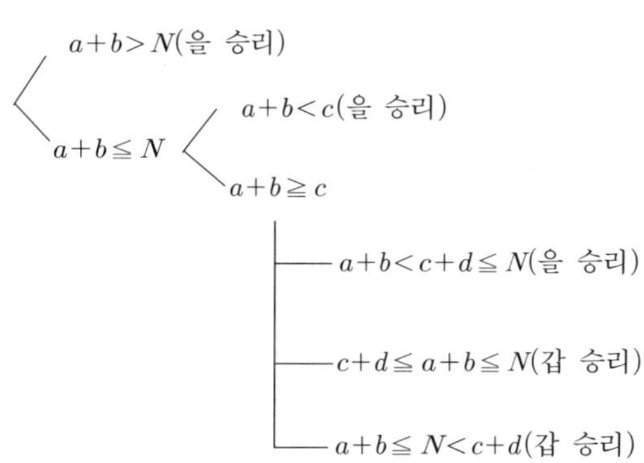

각자 두 번의 기회가 있으며, N을 넘지 않는 한도에서 합이 크면 이긴다.

(단, 같은 경우 갑의 승리)

(1) 갑이 두 번째 카드를 뽑지 않으면, $b=0$

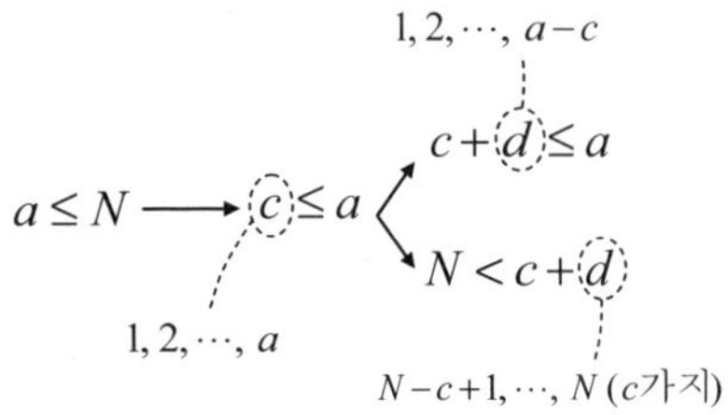

c를 정하는 방법은 a (가지) 이며,
c를 고정하였을 때 d를 정하는 방법은

$$(a-c)+c=a \text{ (가지) 이다.}$$

따라서, 구하는 확률은

$$\frac{a}{N}\times\frac{(a-c)+c}{N}=\frac{a^2}{N^2} \qquad \cdots(\text{답}) \ ■$$

〈 참고 〉
갑이 두 번째 카드를 뽑지 않은 경우는 처음의 카드가 충분히 큰 경우라 볼 수 있다. 예를 들어, $N=10$, $a=9$인 경우를 보자.
즉, 1, 2, ⋯, 10이 적혀 있는 카드 중 갑이 먼저 뽑은 카드의 수($a=9$)가 충분히 커서 두 번째 카드를 뽑지 않은 경우이다.
(다시 뽑아, 2 이상의 수가 나오면 진다.)
이때, 을이 뽑을 수 있는 카드 (c, d)의 가능한 조합은 10^2 (가지)이다.

$c=1$인 경우, $d=1, 2, \cdots, 8, 10$ (9가지)

$d=9$인 경우만 을의 승리

$c=2$인 경우, $d=1, 2, \cdots, 7, 9, 10$ (9가지)

$d=8$인 경우만 을의 승리

⋮

$c=9$인 경우, $d=2, 3, \cdots, 8, 9, 10$ (9가지)

$d=1$인 경우만 을의 승리

$c=10$인 경우, 을의 승리

이상에서, 9^2 (가지)로 되어 확률은 $\frac{9^2}{10^2}$

(2) 갑이 두 번째 카드를 뽑는 경우

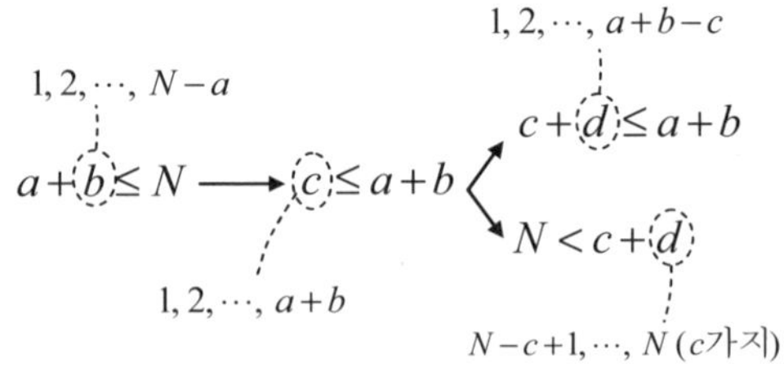

b를 고정하면, c는 $1\leq c\leq a+b$ 이며,
c마다 d를

$$(a+b-c)+c \text{ (가지)}$$

로 정할 수 있으므로,

$$(a+b)\times\{(a+b-c)+c\}=(a+b)^2 \text{ (가지)}$$

즉, b를 고정하면, (c, d)를 정하는 방법 N^2 (가지) 중 $(a+b)^2$ (가지)가 조건을 만족.

따라서, 구하는 확률은

$$\sum_{b=1}^{N-a}\frac{1}{N}\cdot\frac{(a+b)^2}{N^2}=\frac{1}{N^3}\sum_{k=a+1}^{N}k^2$$

$$=\frac{1}{N^3}\left(\sum_{k=1}^{N}k^2-\sum_{k=1}^{a}k^2\right)$$

$$=\frac{N(N+1)(2N+1)-a(a+1)(2a+1)}{6N^3}$$

$\cdots$(답) ■

[문제 6]

$P=\{(x, y, z)\,|\,x^2+y^2\leq r^2,\ z^2+x^2\leq r^2\}$

$Q=\{(x,y,z)\,|\,x^2+y^2\leq r^2, y^2+z^2\leq r^2, z^2+x^2\leq r^2\}$

로 놓고, P의 체적을 V_1, Q의 체적을 V_2라 하면, 구하는 입체의 체적은 V_1-V_2이다.

입체 P를 평면 $x=t$ $(|t|\leq r)$로 자른 단면은

$$\begin{cases} |y|\leq\sqrt{r^2-t^2} \\ |z|\leq\sqrt{r^2-t^2} \end{cases}$$

이며, 다음 그림의 음영 부분과 같이 정사각형으로 된다.

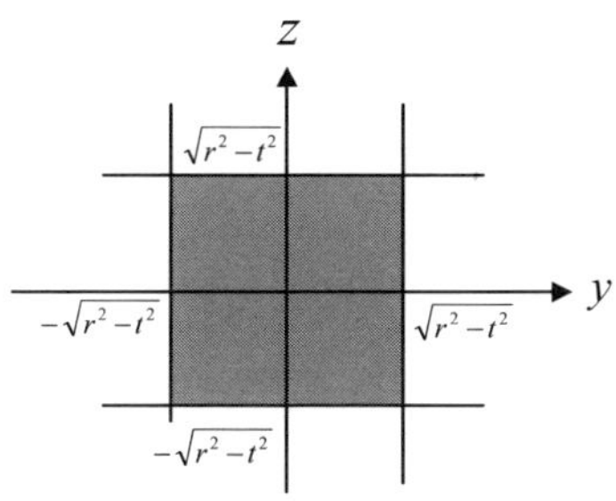

따라서,

$$V_1=\int_{-r}^{r}(2\sqrt{r^2-t^2}\,)^2\,dt=4\int_{-r}^{r}(r+t)(r-t)\,dt$$

$$=4\cdot\frac{1}{6}(2r)^3=\frac{16}{3}r^3 \qquad \cdots ①$$

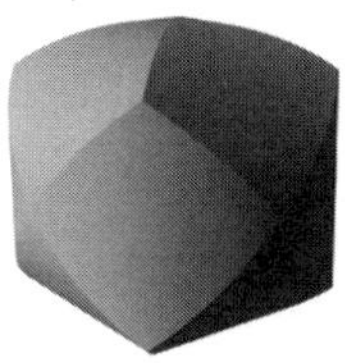

또, 입체 Q는 한 변의 길이가 $\sqrt{2}\,r$인 정육면체와 그 정육면체의 각 면에 P의 $x\geq\dfrac{r}{\sqrt{2}}$인 부분을 더한 것이다.

따라서,

$$V_2=(\sqrt{2}\,r)^3+6\int_{\frac{r}{\sqrt{2}}}^{r}(2\sqrt{r^2-t^2}\,)^2\,dt$$

$$=2\sqrt{2}\,r^3+24\left[r^2t-\frac{1}{3}t^3\right]_{\frac{r}{\sqrt{2}}}^{r}$$

$$=2\sqrt{2}\,r^3+24\left(\frac{2}{3}r^3-\frac{5\sqrt{2}}{12}r^3\right)$$

$$=(16-8\sqrt{2}\,)r^3 \qquad \cdots ②$$

따라서, 구하는 입체의 체적은 ①, ②에서

$$V_1-V_2=\left(8\sqrt{2}-\frac{32}{3}\right)r^3 \qquad \cdots(답) \ ■$$

〈 다른 방법 〉

문제의 입체를 평면 $x=t\ (0\leq t\leq r)$로 자른 단면은

$$\begin{cases} |y|\leq\sqrt{r^2-t^2} \\ |z|\leq\sqrt{r^2-t^2} \\ y^2+z^2\geq r^2 \end{cases}$$

이며, 이것을 만족하는 점 $(x,\ y,\ z)$가 존재하기 위한 조건은 다음과 같다.

$\sqrt{2}\sqrt{r^2-t^2}\ \geq r$

$(\because\ \overline{OC}\ \geq r$ (반지름))

$\therefore 0\leq t\leq\dfrac{r}{\sqrt{2}}$

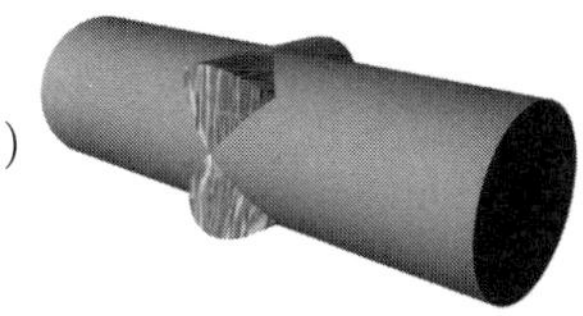

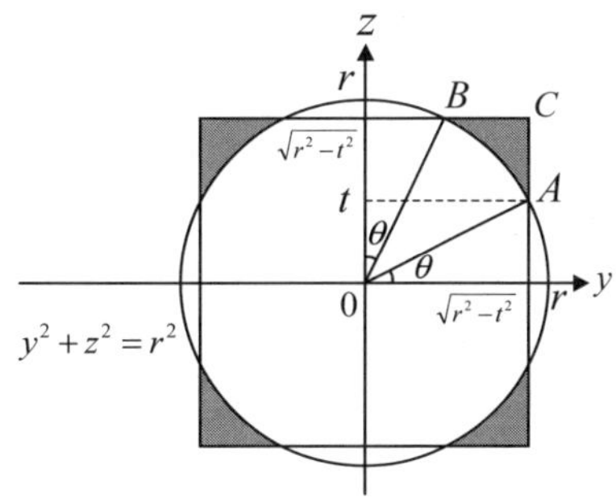

이때, 그림의 음영부분이 절단면이므로, 그 면적을 S라 하고 θ를 그림과 같이 정하면,

$$\frac{S}{4}=\frac{1}{2}\overline{OC}\cdot\overline{AB}-\triangledown OAB$$

$$=\frac{1}{2}\sqrt{2}\sqrt{r^2-t^2}\times\sqrt{2}(\sqrt{r^2-t^2}-t)-\frac{1}{2}r^2\left(\frac{\pi}{2}-2\theta\right)$$

$$=r\cos\theta(r\cos\theta-r\sin\theta)-\frac{1}{2}r^2\left(\frac{\pi}{2}-2\theta\right)$$

$$(\because\ t=r\sin\theta)$$

$$\therefore\ S=r^2\{(4\cos^2\theta-4\cos\theta\sin\theta)-(\pi-4\theta)\}$$

$0\leq t\leq\dfrac{r}{\sqrt{2}}$에서 $0\leq\theta\leq\dfrac{\pi}{4}$이므로, 구하는 체적을 V라 하면, $x\leq 0$인 부분을 고려하여

$$V=2\int_0^{\frac{r}{\sqrt{2}}}S\,dt=2\int_0^{\frac{\pi}{4}}S\frac{dt}{d\theta}d\theta$$

$$=2r^2\int_0^{\frac{\pi}{4}}\{(4\cos^2\theta-4\cos\theta\sin\theta)-(\pi-4\theta)\}r\cos\theta\,d\theta$$

$$=2r^3\int_0^{\frac{\pi}{4}}\{4\cos^3\theta-4\cos^2\theta\sin\theta-(\pi-4\theta)\cos\theta\}\,d\theta$$

$$=2r^3\left[4\left(\sin\theta-\frac{\sin^3\theta}{3}\right)+\frac{4}{3}\cos^3\theta-\pi\sin\theta+4(\theta\sin\theta+\cos\theta)\right]_0^{\frac{\pi}{4}}$$

$$=2r^3\left\{\left(\frac{5\sqrt{2}}{3}+\frac{\sqrt{2}}{3}-\frac{\pi}{\sqrt{2}}+\frac{\pi}{\sqrt{2}}+2\sqrt{2}\right)-\frac{16}{3}\right\}$$

$$=\left(8\sqrt{2}-\frac{32}{3}\right)r^3 \qquad \cdots(답) \ ■$$

〈 2005年 前期 – 文科 〉 時間 : 100分

1. $f(x)$를 $f(0)=0$을 만족하는 2차함수라 하자. 실수 a, b에 대하여, 함수 $g(x)$는

$$g(x)=\begin{cases} ax & (x \leqq 0) \\ bx & (x > 0) \end{cases}$$

로 주어진다. a, b를 변화시켜

$$\int_{-1}^{0}\{f'(x)-g'(x)\}^2\,dx+\int_{0}^{1}\{f'(x)-g'(x)\}^2\,dx$$

가 최소로 되게 하자. 이때, $g(-1)=f(-1)$, $g(1)=f(1)$로 되는 것을 보여라.

2. 이과 4번과 같음

3. 0 이상의 실수 s, t가 $s^2+t^2=1$을 만족하며 움직일 때, 방정식

$$x^4-2(s+t)x^2+(s-t)^2=0$$

의 해가 취할 수 있는 값의 범위를 구하여라.

4. 이과 5번과 같음

[문제 1]

$$g(x)=\begin{cases} ax & (x \leqq 0) \\ bx & (x > 0) \end{cases} \Rightarrow g'(x)=\begin{cases} a & (x < 0) \\ b & (x > 0) \end{cases}$$

$$\int_{-1}^{0}\{f'(x)-g'(x)\}^2\,dx+\int_{0}^{1}\{f'(x)-g'(x)\}^2\,dx$$

$$=\int_{-1}^{0}\{f'(x)-a\}^2\,dx+\int_{0}^{1}\{f'(x)-b\}^2\,dx$$

$$=\int_{-1}^{0}\{(f'(x))^2-2af'(x)+a^2\}\,dx$$

$$+\int_{0}^{1}\{(f'(x))^2-2bf'(x)+b^2\}\,dx$$

$$=\int_{-1}^{1}(f'(x))^2\,dx-2a\,[f(x)]_{-1}^{0}+a^2\,[x]_{-1}^{0}$$

$$-2b\,[f(x)]_{0}^{1}+b^2\,[x]_{0}^{1}$$

$$=a^2+2af(-1)+b^2-2bf(1)+A$$

$$\left(\text{단, } A=\int_{-1}^{1}(f'(x))^2\,dx\right)$$

$$=\{a+f(-1)\}^2+\{b-f(1)\}^2+A-(f(-1))^2-(f(1))^2$$

$$\geqq A-(f(-1))^2-(f(1))^2$$

부등식의 등호는

$$a+f(-1)=0,\ b-f(1)=0$$

일 때 성립하며, $a=-g(-1)$, $b=g(1)$이므로

$$-g(-1)+f(-1)=0,\ g(1)-f(1)=0$$

일 때 성립한다.

따라서, 최소로 될 때

$$\therefore\ g(-1)=f(-1),\ g(1)=f(1)$$ ■

[문제 3]

$$x^4-2(s+t)x^2+(s-t)^2=0 \quad \cdots ①$$

$u=s+t$, $v=s-t$로 놓으면, ①식은

$$x^4-2ux^2+v^2=0 \quad \cdots ②$$

또, $s=\dfrac{u+v}{2}$, $t=\dfrac{u-v}{2}$이므로 $s^2+t^2=1$에서

$$\left(\frac{u+v}{2}\right)^2+\left(\frac{u-v}{2}\right)^2=1$$

$$\therefore\ u^2+v^2=2 \quad \cdots ③$$

이며,

$$s=\frac{u+v}{2} \geqq 0, \quad t=\frac{u-v}{2} \geqq 0$$

에서,

$$\therefore v \geqq -u, \quad v \leqq u \qquad \cdots ④$$

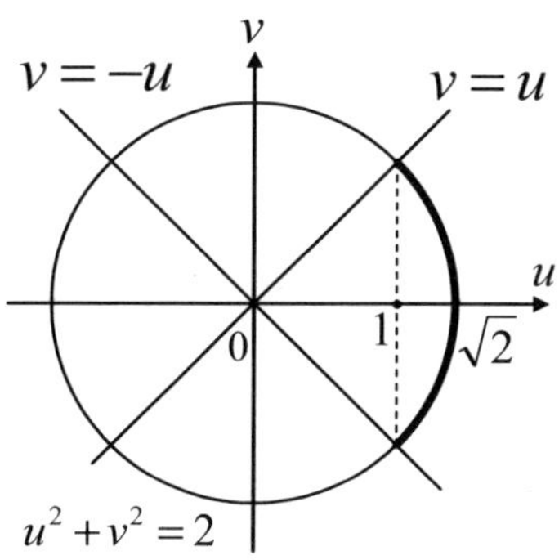

③,④를 그림으로 나타내면 위와 같으므로,

$$\therefore 1 \leqq u \leqq \sqrt{2} \qquad \cdots ⑤$$

이제,

$v^2=2-u^2$ ($\because$ ③)을 ②에 대입하면,

$$x^4-2ux^2+(2-u^2)=0$$

$$\therefore u^2+2x^2u-x^4-2=0 \qquad \cdots ⑥$$

따라서,

u에 관한 2차방정식 ⑥이 ⑤의 범위에서 해를 갖도록 하는 x의 범위를 정하면 된다.

$$f(u)=u^2+2x^2u-x^4-2$$
$$=(u+x^2)^2-2x^4-2 \text{ 로 놓자.}$$

$f(u)$의 그래프의 대칭축은 $u=-x^2 \leqq 0$이며,

$$f(1)=-1+2x^2-x^4=-(1-x^2)^2 \leqq 0$$

이므로,

$$f(\sqrt{2})=2\sqrt{2}x^2-x^4=x^2(2\sqrt{2}-x^2) \geqq 0$$

이면,

$1 \leqq u \leqq \sqrt{2}$ 의 범위에서 해를 갖는다.

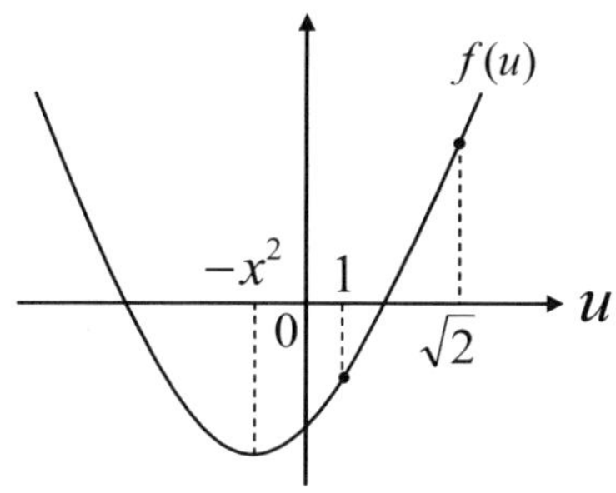

즉, $x^2(2\sqrt{2}-x^2) \geqq 0 \qquad \therefore x^2 \leqq 2\sqrt{2}$

따라서, 구하는 범위는

$$-\sqrt{2\sqrt{2}} \leqq x \leqq \sqrt{2\sqrt{2}} \qquad \cdots(\text{답})$$ ■

〈 다른 방법 〉

$x^4-2(s+t)x^2+(s-t)^2=0$에서,

$$x^2=s+t \pm 2\sqrt{st}=(\sqrt{s} \pm \sqrt{t})^2$$

여기서, $\alpha=\sqrt{s}$, $\beta=\sqrt{t}$로 놓으면

$$\alpha^4+\beta^4=1 \quad (\alpha \geqq 0,\ \beta \geqq 0)$$

이때, $\alpha+\beta$, $\alpha-\beta$가 취할 수 있는 값의 범위를 다음 그림에서 구하면,

$$1 \leqq \alpha+\beta \leqq \sqrt{2\sqrt{2}}, \quad -1 \leqq \alpha-\beta \leqq 1$$

$$\therefore 0 \leqq (\alpha \pm \beta)^2 \leqq 2\sqrt{2}$$

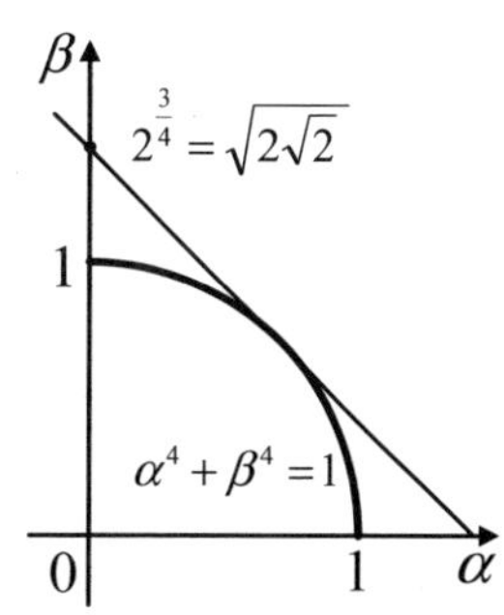

$x^2=(\alpha \pm \beta)^2$ 이므로, $0 \leqq x^2 \leqq 2\sqrt{2}$

$$\therefore -\sqrt{2\sqrt{2}} \leqq x \leqq \sqrt{2\sqrt{2}}$$

〈 2005年 後期 - 理科1類 〉 時間 : 150分

1. xy 평면의 원점을 O라 하고, 두 점 $P(\cos\theta, \sin\theta)$, $Q(1,0)$을 잡자. (단, $0<\theta<\pi$)
점 A는 선분 PQ 상을, 점 B는 선분 OQ 상을 움직이며, 선분 AB는 $\triangle OPQ$의 면적을 이등분한다.
이러한 선분 AB 중 가장 짧은 것의 길이 l을 θ의 함수로 고려하여 $l^2=f(\theta)$라 하자.

(1) $\overline{AQ}=a$, $\overline{BQ}=b$라 하면, $ab=\sin\dfrac{\theta}{2}$가 성립함을 보여라.

(2) $\overline{PQ}\geqq\dfrac{1}{2}$, $\overline{PQ}<\dfrac{1}{2}$ 각각의 경우에 대하여, $f(\theta)$를 θ를 이용하여 나타내어라.

(3) 함수 $f(\theta)$는 $0<\theta<\pi$에서 미분가능함을 보이고, 그 그래프의 개형을 그려라.
또, $f(\theta)$의 최댓값을 구하여라.

2. 10장의 카드에 1부터 10까지의 수가 하나씩 적혀있다.
이 카드를 이용한 다음과 같은 게임을 고려해보자. r은 자연수이다.
게임은 최대 r라운드로 이루어지며, 제1라운드부터 시작한다. 각 라운드에서 플레이어는 10장의 카드 중 1장을 뽑아, 그 수를 보고 [정지] 또는 [속행] 중 하나를 선택한다.
[정지]를 선택하면, 그 라운드에서 게임은 끝나고 마지막으로 뽑은 카드에 적힌 수를 게임의 득점으로 한다. [속행]을 선택한 경우는 뽑은 카드를 원래대로 되돌려 놓고 다음 라운드를 실행한다.
계속 [속행]을 선택하여 최종라운드(r라운드)를 실시하는 경우,
[정지]만을 선택할 수 있으며, 최종라운드에서 뽑은 수가 득점이 된다.
단, 각 라운드에서, 어떠한 카드도 같은 확률 $\dfrac{1}{10}$로 뽑히는 것으로 한다.
뽑힌 카드에 적혀있는 수 x에 따라 [정지] 또는 [속행]을 선택하는 규칙을, 그 라운드에서의 전략이라 하자. 전략은 라운드마다 0 또는 1의 값을 갖는 함수 $f(x)$ $(x=1, 2, \cdots, 10)$에 의하여, $f(x)=0$이면 [속행], $f(x)=1$이면 [정지]로 정한다.

(1) 자연수 $k\,(1\leqq k<10)$에 대하여, 함수 $f_k(x)$를 $f_k(x)=\begin{cases}0 & (1\leqq x\leqq k)\\ 1 & (k<x\leqq 10)\end{cases}$라 하자.
k값을 하나 정하여, 최종라운드를 제외한 모든 라운드에 $f_k(x)$에 의하여 정해지는 전략을 채용할 때, 득점의 기댓값을 r과 k로 나타내어라.

(2) 총라운드수 r이 2일 때, 득점의 기댓값이 최대로 되게 하는 제1라운드의 전략을 구하고, 그때의 득점의 기댓값을 구하여라.

(3) 총라운드수 r이 3일 때, 득점의 기댓값이 최대로 되게 하는 제1라운드의 전략과 제2라운드의 전략을 각각 구하고, 그때의 득점의 기댓값을 구하여라.

3. $-\dfrac{1}{2}\leqq a<2$에 대하여, xy 평면의 영역 D, E를 다음과 같이 정하자.

$$D:\ 1\leqq x^2+y^2\leqq 4 \qquad E:\ a\leqq x\leqq a+1$$

영역 D, E의 공통부분의 면적을 a의 함수로 고려하여 $S(a)$로 놓자.

(1) $S(a)$를 정적분으로 표시하여라.
(2) 도함수 $S'(a)$를 a의 함수로 구하여라.
(3) $S(a)$를 최대로 하는 실수 a를 근으로 하는 다음 4차방정식을 구하여라.

$$3x^4+px^3+qx^2+rx+s=0 \quad (p,\ q,\ r,\ s\text{는 정수})$$

(4) (3)에서 구한 방정식에 $x=\sqrt{2}\,t$로 놓고,

$z=t-\dfrac{1}{t}$로 하여, z에 관한 2차방정식으로 나타내어라.

(5) $S(a)$를 최대로 하는 a값을 구하여라.

[문제 1]

(1) $\overline{PQ}=\sqrt{(\cos\theta-1)^2+\sin^2\theta}=\sqrt{2(1-\cos\theta)}$

$$=\sqrt{4\sin^2\frac{\theta}{2}}=2\sin\frac{\theta}{2}\quad(\because 0<\theta<\pi)$$

$$\therefore\ \overline{PQ}=2\sin\frac{\theta}{2}\qquad\cdots ①$$

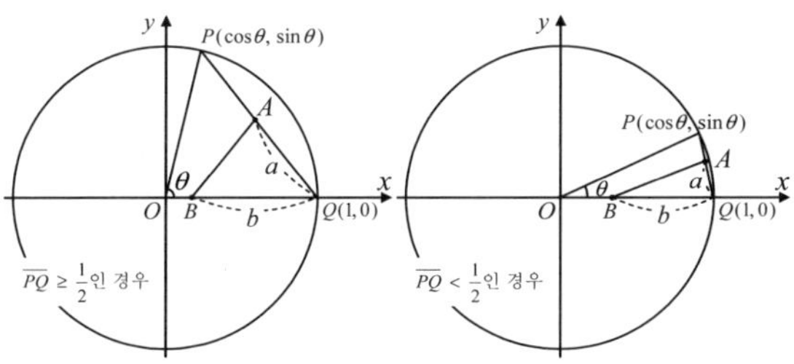

$\triangle QAB=\dfrac{1}{2}\triangle OPQ$에서,

$$\frac{1}{2}\overline{QA}\cdot\overline{QB}\cdot\sin\angle AQB$$

$$=\frac{1}{2}\cdot\frac{1}{2}\overline{QP}\cdot\overline{QO}\cdot\sin\angle PQO$$

$$\therefore\ \overline{QA}\cdot\overline{QB}=\frac{1}{2}\overline{QP}\cdot\overline{QO}$$

①을 대입하면, $ab=\dfrac{1}{2}\cdot 2\sin\dfrac{\theta}{2}\cdot 1$

$$\therefore\ ab=\sin\frac{\theta}{2}\qquad\cdots ②$$

■

〈 참고 〉

$$\frac{1}{2}ab\sin\frac{\pi-\theta}{2}=\frac{1}{2}\cdot\frac{1}{2}\cdot 1^2\cdot\sin\theta$$

$$ab\cos\frac{\theta}{2}=\sin\frac{\theta}{2}\cos\frac{\theta}{2}\qquad\therefore ab=\sin\frac{\theta}{2}$$

θ가 주어지면, $\triangle OPQ$가 고정된다.
이때, $\overline{AB}$가 $\triangle OPQ$의 넓이를 반분하면서 움직이면, $ab=\sin\dfrac{\theta}{2}$로 된다.

(2) $\triangle ABQ$에서,

$$\overline{AB}^2=a^2+b^2-2ab\cos\left(\frac{\pi-\theta}{2}\right)$$

$$=a^2+b^2-2\sin^2\frac{\theta}{2}\quad(\because ②)$$

$$=\frac{\sin^2\frac{\theta}{2}}{b^2}+b^2-2\sin^2\frac{\theta}{2}\quad(\because ②)$$

$f(b)=\dfrac{\sin^2\frac{\theta}{2}}{b^2}+b^2-2\sin^2\dfrac{\theta}{2}$로 놓으면,

$$\begin{cases} f'(b)=\dfrac{2b\left(b^2+\sin\frac{\theta}{2}\right)\left(b^2-\sin\frac{\theta}{2}\right)}{b^4} \\ \lim\limits_{b\to 0}f(b)=+\infty,\ \lim\limits_{b\to+\infty}f(b)=+\infty \end{cases}$$

이므로, $f(b)$의 그래프는 다음과 같으며,

$b=\sqrt{\sin\dfrac{\theta}{2}}$에서 극소이다.

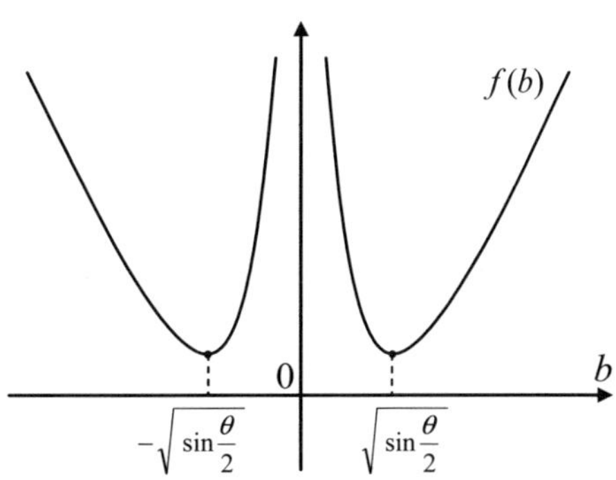

여기서, b의 범위를 구하여보자.

$0 < a \leqq \overline{PQ}$이므로, ①,②에서

$$0 < \frac{\sin\frac{\theta}{2}}{b} \leqq 2\sin\frac{\theta}{2} \qquad \therefore\ \frac{1}{2} \leqq b \leqq 1$$

> 직관적으로,
>
> A가 P와 일치하는 경우, $b = \frac{1}{2}$
>
> A가 Q방향으로 이동하여
>
> $\overline{PQ}$의 중점에 도달하면, $b = 1$
>
> 중점을 넘어서면 조건을 만족하지 않음.

이제, $\frac{1}{2} \leqq b \leqq 1$의 범위에서의 $f(b)$의 최솟값을 $b = \sqrt{\sin\frac{\theta}{2}}$의 값에 따라 구하여 보자.

(i) $\sqrt{\sin\frac{\theta}{2}} < \frac{1}{2}$인 경우

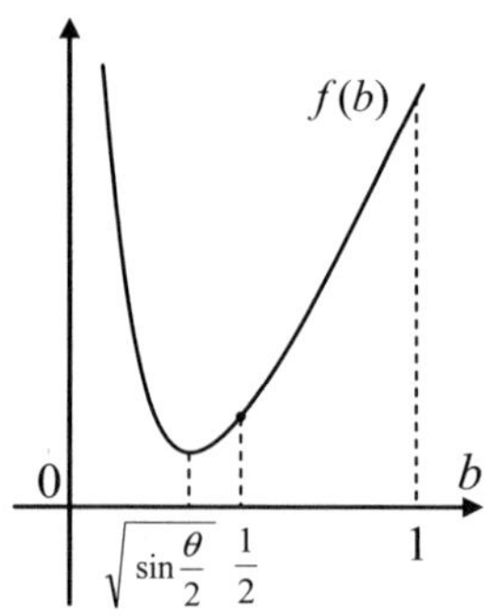

이때,

$\sqrt{\sin\frac{\theta}{2}} < \frac{1}{2}$

$\Leftrightarrow\ \sin\frac{\theta}{2} < \frac{1}{4}$

$\Leftrightarrow\ \overline{PQ} = 2\sin\frac{\theta}{2} < \frac{1}{2}$

$b = \frac{1}{2}$일 때 최소이며, 최솟값은

$$f\left(\frac{1}{2}\right) = \frac{\sin^2\frac{\theta}{2}}{\left(\frac{1}{2}\right)^2} + \left(\frac{1}{2}\right)^2 - 2\sin^2\frac{\theta}{2} = 2\sin^2\frac{\theta}{2} + \frac{1}{4}$$

(ii) $\frac{1}{2} \leqq \sqrt{\sin\frac{\theta}{2}}$ 인 경우

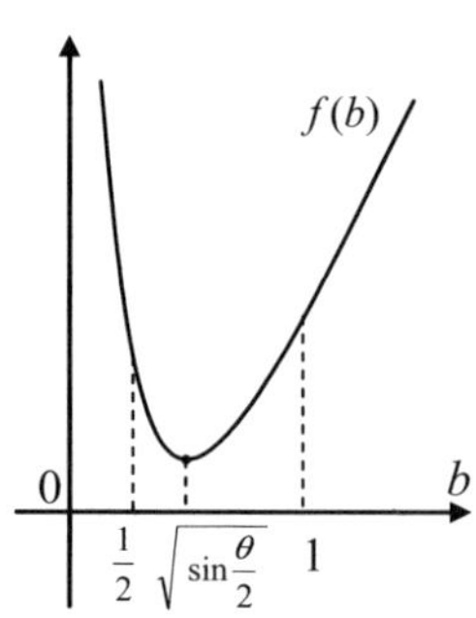

이때,

$\frac{1}{2} \leqq \sqrt{\sin\frac{\theta}{2}}$

$\Leftrightarrow\ \frac{1}{4} \leqq \sin\frac{\theta}{2}$

$\Leftrightarrow\ \frac{1}{2} \leqq 2\sin\frac{\theta}{2} = \overline{PQ}$

$b = \sqrt{\sin\frac{\theta}{2}}$ 일 때 최소이며, 최솟값은

$$f\left(\sqrt{\sin\frac{\theta}{2}}\right) = \frac{\sin^2\frac{\theta}{2}}{\left(\sqrt{\sin\frac{\theta}{2}}\right)^2} + \left(\sqrt{\sin\frac{\theta}{2}}\right)^2 - 2\sin^2\frac{\theta}{2}$$

$$= 2\sin\frac{\theta}{2} - 2\sin^2\frac{\theta}{2}$$

(i), (ii)에 의하여,

$$f(\theta) = \begin{cases} 2\sin^2\frac{\theta}{2} + \frac{1}{4} & \left(\overline{PQ} < \frac{1}{2}\right) \\ 2\sin\frac{\theta}{2} - 2\sin^2\frac{\theta}{2} & \left(\overline{PQ} \geqq \frac{1}{2}\right) \end{cases}$$

…(답) ■

(3) $\overline{PQ} = 2\sin\frac{\theta}{2}$이므로,

$2\sin\frac{\alpha}{2} = \frac{1}{2}\ (0 < \alpha < \pi)$로 놓으면,

$$\begin{cases} \overline{PQ} < \frac{1}{2} & \Leftrightarrow\ 0 < \theta < \alpha \\ \overline{PQ} \geqq \frac{1}{2} & \Leftrightarrow\ \alpha \leqq \theta < \pi \end{cases}$$

따라서,

$0 < \theta < \alpha$인 경우,

$$f'(\theta) = 2\sin\frac{\theta}{2}\cos\frac{\theta}{2} = \sin\theta$$

$\alpha < \theta < \pi$ 인 경우,

$$f'(\theta) = \cos\frac{\theta}{2}\left(1 - 2\sin\frac{\theta}{2}\right)$$

$\cos\frac{\alpha}{2} = \frac{\sqrt{15}}{4}$와 (2)의 결과에 의하여,

$$\begin{cases} \lim\limits_{\theta\to\alpha-0} f(\theta) = \frac{3}{8} = f(\alpha) \\ \lim\limits_{\theta\to\alpha-0} f'(\theta) = \lim\limits_{\theta\to\alpha+0} f'(\theta) = \frac{\sqrt{15}}{8} \end{cases}$$

이므로,

$f(\theta)$는 $\theta = \alpha$에서 연속이며 미분가능이다.

$\theta \neq \alpha$에서 미분가능인 것은 자명(自明)하다.

따라서, $f(\theta)$는 $0<\theta<\pi$에서 미분가능하다. ■

θ	0	$\cdots$	α	$\cdots$	$\frac{\pi}{3}$	$\cdots$	π
$f'(\theta)$		+	+	+	0	−	
$f(\theta)$	$\frac{1}{4}$	↗	$\frac{3}{8}$	↗	$\frac{1}{2}$	↘	0

$f(\theta)$의 증감은 위와 같으며,

$$\lim_{\theta\to+0} f(\theta)=\frac{1}{4},\quad \lim_{\theta\to\pi-0} f(\theta)=0$$

이므로, 그래프의 개형은 다음과 같다.

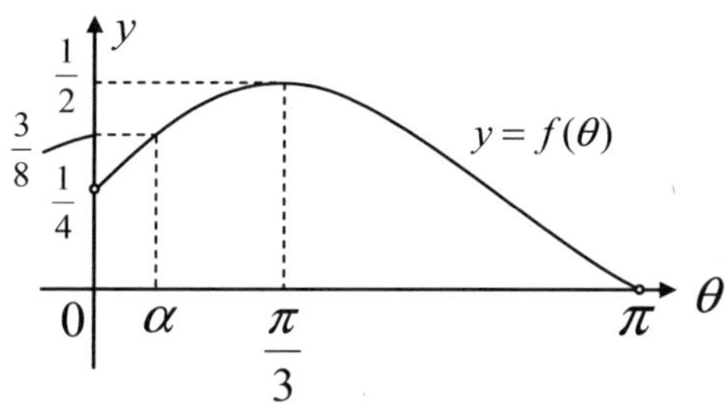

따라서,

$f(\theta)$는 $\theta=\frac{\pi}{3}$일 때 최대이며, 최댓값은

$$f\left(\frac{\pi}{3}\right)=\frac{1}{2} \qquad \cdots(답)$$ ■

[문제 2]

(1) 득점을 X라 하자.

모든 라운드에서 $f_k(x)$를 채용하므로,

(ⅰ) $X=a\,(a=1, 2, \cdots, k)$인 경우

제$r-1$라운드까지 k 이하의 수가 적힌 카드를 뽑고 제r라운드에서 a가 적힌 카드를 뽑는 경우이므로,

$$P(X=a)=\left(\frac{k}{10}\right)^{r-1}\cdot\frac{1}{10}$$

(ⅱ) $X=a\,(a=k+1, k+2, \cdots, 10)$인 경우

제i라운드$(i=1,2,\cdots,r)$에서 정지하여 $X=a$로 되는 것은, 제$(i-1)$라운드까지 k 이하의 수가 적힌 카드를 뽑고 제i라운드에서 a가 적힌 카드를 뽑는 경우이므로,

$$P(X=a)=\sum_{i=1}^{r}\left(\frac{k}{10}\right)^{i-1}\cdot\frac{1}{10}$$
$$=\frac{1}{10-k}\left\{1-\left(\frac{k}{10}\right)^{r}\right\}$$

따라서, 구하는 기댓값을 E_1이라 하면,

$$E_1=\sum_{a=1}^{k} a\cdot\left(\frac{k}{10}\right)^{r-1}\cdot\frac{1}{10}$$
$$+\sum_{a=k+1}^{10} a\cdot\frac{1}{10-k}\left\{1-\left(\frac{k}{10}\right)^{r}\right\}$$

$$=\frac{k(k+1)}{2}\cdot\frac{1}{k}\left(\frac{k}{10}\right)^{r}$$
$$+\frac{(k+11)(10-k)}{2}\cdot\frac{1}{10-k}\left\{1-\left(\frac{k}{10}\right)^{r}\right\}$$

$$=\frac{k+11}{2}-5\left(\frac{k}{10}\right)^{r} \qquad \cdots(답)$$ ■

(2) 먼저, 제1라운드에서 어떠한 전략을 채용하는 것이 좋은가를 고려해 보자.

자연수 $k\ (1\leq k<10)$를 고정하고, 1에서 10까지의 자연수를 2개의 집합

$$S=\{x_1, x_2, \cdots, x_k\},\quad T=\{x_{k+1}, \cdots, x_{10}\}$$
$$(단,\ S\cap T=\varnothing)$$

으로 분할하여,

전략함수 $f(x)$를 다음과 같이 정하자.

$$f(x)=\begin{cases}0 & (x\in S)\\ 1 & (x\in T)\end{cases}$$

이때, (1)과 같은 방법으로 고려하면,

$r=2$이므로,

$X=a\,(a\in S)$일 확률은

$$P(X=a)=\frac{k}{10}\cdot\frac{1}{10}$$

$X=a\ (a\in T)$일 확률은

$$P(X=a)=\sum_{i=1}^{2}\left(\frac{k}{10}\right)^{i-1}\cdot\frac{1}{10}=\frac{1}{10}+\frac{k}{10^2}$$

따라서, X의 기댓값 E_2는

$$E_2 = \sum_{i=1}^{k} x_i \cdot \frac{k}{10^2} + \sum_{i=k+1}^{10} x_i \left(\frac{1}{10} + \frac{k}{10^2} \right)$$
$$= \frac{k}{10^2} \sum_{i=1}^{10} x_i + \frac{1}{10} \sum_{i=k+1}^{10} x_i$$
$$= \frac{k}{10^2} \cdot 55 + \frac{1}{10} \sum_{i=k+1}^{10} x_i$$

이므로,

$$E_2 : \text{최대} \Leftrightarrow \sum_{i=k+1}^{10} x_i : \text{최대}$$
$$\Leftrightarrow x_i = i \quad (i = k+1, \cdots, 10)$$

결국, k를 고정하면,
(1)에서 고려한 $f_k(x)$를 제1라운드에 채용하는 것이 좋음을 알 수 있다.

---

(1)의 결과에 $r=2$을 대입하면,

$$E_2 = \frac{k+11}{2} - \frac{k^2}{20} = -\frac{1}{20}(k-5)^2 + \frac{27}{4} \leq \frac{27}{4}$$

(등호는 $k=5$인 경우 성립)

따라서, 제1라운드에서 채용해야 할 전략은 $f_5(x)$이며, 이때의 기댓값은 $\frac{27}{4}$ …(답) ■

〈 참고 〉
예를 들어, $k=5$로 하여,

$S = \{1, 3, 5, 7, 9\}$, $T = \{2, 4, 6, 8, 10\}$

으로 잡으면, 홀수인 경우 「속행」, 짝수인 경우 「정지」하는 전략이 된다.
또, k를 고정하면, 집합 S를 정하는 방법이 ${}_{10}C_k$개이므로, 전략도 ${}_{10}C_k$가지가 있다.

(3) (2)와 같은 방법으로 고려하면,
제1, 제2라운드에서 모두 $f_k(x)$타입의 전략함수를 채용하는 것이 좋음을 알 수 있다.

제1라운드에서 「속행」을 선택한 경우,
남은 2라운드에서의 기댓값을 최대로 하려면
제2라운드에서 $f_5(x)$전략을 채용해야만 한다.

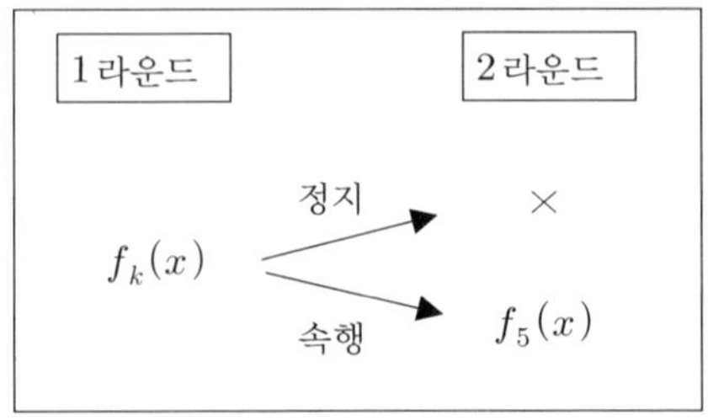

따라서, 제1라운드에서 채용할 수 있는 전략함수를 $f_k(x)$라 하고, 득점의 기댓값을 E_3로 놓으면, (1), (2)에 의하여

$$E_3 = \sum_{a=k+1}^{10} \left(\frac{1}{10} \times a \right) + \frac{k}{10} \times \frac{27}{4}$$
$$= \frac{1}{10} \cdot \frac{(k+11)(10-k)}{2} + \frac{k}{10} \cdot \frac{27}{4}$$
$$= -\frac{1}{20}k^2 + \frac{5}{8}k + \frac{11}{2}$$
$$= -\frac{1}{20}\left(k - \frac{25}{4}\right)^2 + \frac{477}{64}$$

$\frac{25}{4} = 6.25$이므로,
E_3를 최대로 하는 k는 $k=6$이며, 이때

$$E_3 = -\frac{1}{20} \cdot 36 + \frac{5}{8} \cdot 6 + \frac{11}{2} = \frac{149}{20}$$

따라서, $r=3$인 경우,
득점의 기댓값을 최대로 하는 제1, 제2라운드의 전략과 최댓값은 다음과 같다.

$$\therefore \begin{cases} \text{제1라운드: } f_6(x) \\ \text{제2라운드: } f_5(x) \\ \text{득점의 기댓값: } \dfrac{149}{20} \end{cases}$$

…(답) ■

[문제 3]

(1) 영역 $D \cap E$가 x축에 대하여 대칭이므로, $y \geqq 0$인 부분의 면적을 구하여 2배하면 된다.

$y \geqq 0$이면,

$$1 \leqq x^2+y^2 \leqq 4 \iff \begin{cases} y \leqq \sqrt{4-x^2} \\ y \geqq \sqrt{1-x^2} \end{cases}$$

다음 3가지 경우로 나누어 생각할 수 있다.

(i) $-\frac{1}{2} \leqq a \leqq 0$ ($\because a+1 \leqq 1$)인 경우

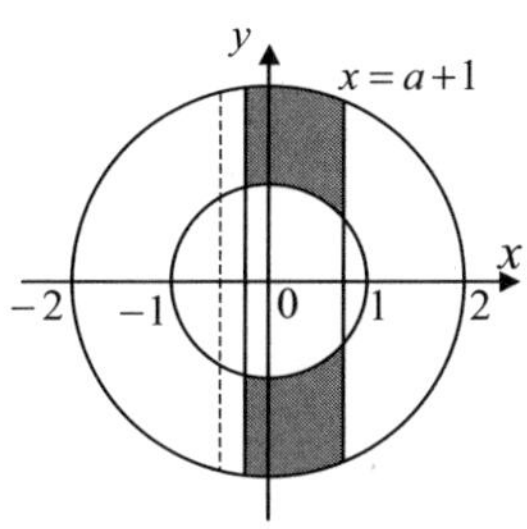

$$S(a)=2\int_a^{a+1}(\sqrt{4-x^2}-\sqrt{1-x^2})\,dx$$

…(답) ■

(ii) $0 \leqq a \leqq 1$ ($\because a \leqq 1 \leqq a+1$)인 경우

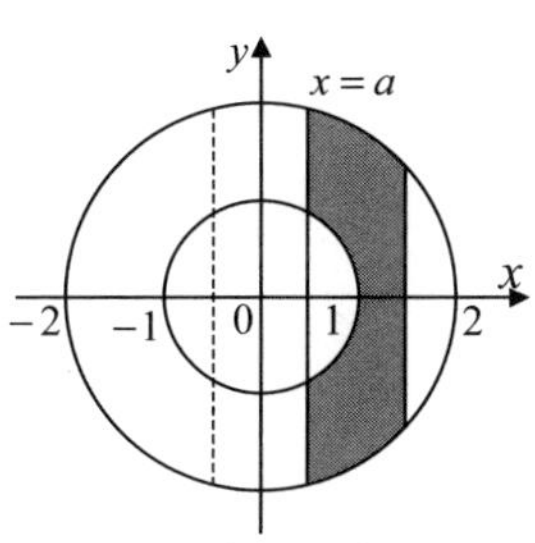

$$S(a)=2\left(\int_a^{a+1}\sqrt{4-x^2}\,dx-\int_a^1\sqrt{1-x^2}\,dx\right)$$

…(답) ■

(iii) $1 \leqq a < 2$인 경우

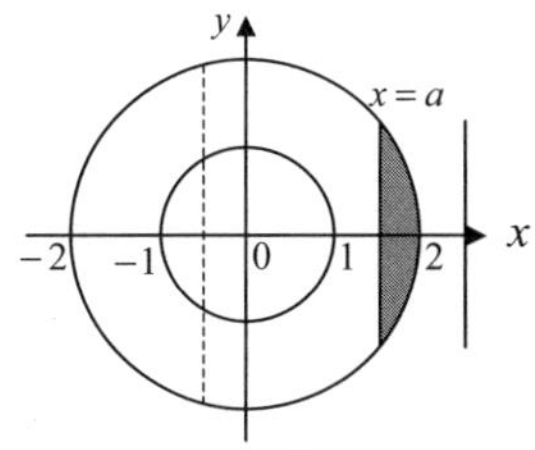

$$S(a)=2\int_a^2\sqrt{4-x^2}\,dx \qquad \cdots(\text{답})\ ■$$

(2) (1)의 결과에 의하여,

(i) $-\frac{1}{2} \leqq a \leqq 0$인 경우

$$S'(a)=2\{\sqrt{4-(a+1)^2}-\sqrt{1-(a+1)^2}-(\sqrt{4-a^2}-\sqrt{1-a^2})\} \quad \cdots(\text{답})\ ■$$

(ii) $0 \leqq a \leqq 1$인 경우

$$S'(a)=2(\sqrt{4-(a+1)^2}-\sqrt{4-a^2}+\sqrt{1-a^2})$$

…(답) ■

(iii) $1 \leqq a < 2$인 경우

$$S'(a)=-2\sqrt{4-a^2} \qquad \cdots(\text{답})\ ■$$

(3) (iii)의 경우, 명확히 단조감소하므로 (i), (ii)의 경우에 관하여 조사하면 된다.

(i) $-\frac{1}{2} \leqq a \leqq 0$인 경우

$$f(x)=\sqrt{4-x^2}-\sqrt{1-x^2}=\frac{3}{\sqrt{4-x^2}+\sqrt{1-x^2}}$$

으로 놓으면,

$f(x)$는 우함수이며, $0 \leqq x \leqq 1$에서 x가 증가할 때 분모가 작아지므로 단조증가함수이다.

$$\therefore\ S'(a)=2(f(a+1)-f(a)) \geqq 0$$

$-\frac{1}{2} \leqq a \leqq 0$이면, $|a| \leqq |a+1| \leqq 1$

따라서, $S(a)$는 $-\frac{1}{2} \leqq a \leqq 0$에서 증가한다.

$$\therefore\ S(a) \leqq S(0)$$

(ⅱ) $0 \leqq a \leqq 1$인 경우

$$\therefore S'(a) = 2(\sqrt{4-(a+1)^2} - f(a))$$

$\sqrt{4-(a+1)^2}$ 는 a의 감소함수이며,
$f(a)$는 $0 \leqq a \leqq 1$에서 단조증가하므로,
$S'(a)$는 단조감소한다. 또,

$$S'(0) = 2(\sqrt{3}-1) > 0,\ S'(1) = -2\sqrt{3} < 0$$

이므로, $S'(a) = 0$은 1개의 해 $a = \alpha$ 만을 가지며 $S(a)$의 증감표는 다음과 같다.

a	0	$\cdots$	α	$\cdots$	1
S'		$+$	0	$-$	
S		↗	극대	↘	

(ⅰ), (ⅱ)에 의하여,
$S(a)$를 최대로 하는 a는 $a=\alpha$이며, 이때

$$\sqrt{4-(\alpha+1)^2} - \sqrt{4-\alpha^2} + \sqrt{1-\alpha^2} = 0$$
$$\sqrt{4-(\alpha+1)^2} = \sqrt{4-\alpha^2} - \sqrt{1-\alpha^2}$$

양변을 제곱하면,

$$4-(\alpha+1)^2 = 5-2\alpha^2-2\sqrt{(4-\alpha^2)(1-\alpha^2)}$$
$$2\sqrt{(4-\alpha^2)(1-\alpha^2)} = -\alpha^2+2\alpha+2$$

양변을 제곱하면,

$$4(4-\alpha^2)(1-\alpha^2) = (\alpha^2-2\alpha-2)^2$$
$$\therefore\ 3\alpha^4+4\alpha^3-20\alpha^2-8\alpha+12 = 0$$

따라서, 구하는 4차방정식은

$$3x^4+4x^3-20x^2-8x+12 = 0 \quad \cdots ①$$

…(답) ■

(4) ①에서, $x = \sqrt{2}t$로 놓으면,

$$12t^4+8\sqrt{2}t^3-40t^2-8\sqrt{2}t+12 = 0$$
$$\therefore\ 3t^4+2\sqrt{2}t^3-10t^2-2\sqrt{2}t+3 = 0$$

$t \neq 0$이므로,

$$3\left(t^2+\frac{1}{t^2}\right)+2\sqrt{2}\left(t-\frac{1}{t}\right)-10 = 0$$
$$3\left(t-\frac{1}{t}\right)^2+2\sqrt{2}\left(t-\frac{1}{t}\right)-4 = 0$$

따라서, $z = t-\frac{1}{t}$로 놓으면,

$$3z^2+2\sqrt{2}z-4 = 0 \qquad \cdots(\text{답})$$ ■

(5) $3\alpha^4+4\alpha^3-20\alpha^2-8\alpha+12 = 0$

$$\downarrow\ z = \frac{\alpha}{\sqrt{2}}-\frac{\sqrt{2}}{\alpha}$$

$$3z^2+2\sqrt{2}z-4 = 0 \qquad \therefore\ z = \frac{-\sqrt{2}\pm\sqrt{14}}{3}$$

$$0<\alpha<1 \ \Rightarrow\ 0<\frac{\alpha}{\sqrt{2}}<\frac{1}{\sqrt{2}}<1$$
$$\Rightarrow\ z = \frac{\alpha}{\sqrt{2}}-\frac{\sqrt{2}}{\alpha} < 0$$

$$\therefore\ z = \frac{\alpha}{\sqrt{2}}-\frac{\sqrt{2}}{\alpha} = \frac{-\sqrt{2}-\sqrt{14}}{3}$$

$$\alpha^2+\frac{2(1+\sqrt{7})}{3}\alpha-2 = 0$$

$0<\alpha<1$ 이므로,

$$\alpha = -\frac{1+\sqrt{7}}{3}+\sqrt{\left(\frac{1+\sqrt{7}}{3}\right)^2-1\cdot(-2)}$$
$$= \frac{-1-\sqrt{7}+\sqrt{26+2\sqrt{7}}}{3}$$

…(답) ■

〈 2006年 前期 – 理科 〉 時間 : 150分

1. O를 원점으로 하는 좌표평면상의 네 점 P_1, P_2, P_3, P_4가 다음 조건을 만족한다.

$$\overrightarrow{OP_{n-1}} + \overrightarrow{OP_{n+1}} = \frac{3}{2}\overrightarrow{OP_n} \quad (n=2, 3)$$

(1) P_1, P_2가 곡선 $xy=1$ 위에 있을 때, P_3는 이 곡선 위에 있지 않음을 보여라.

(2) P_1, P_2, P_3가 원 $x^2+y^2=1$ 위에 있을 때, P_4도 이 원 위에 있음을 보여라.

2. 컴퓨터의 화면에 기호 ○와 × 중 어느 하나를 표시하는 조작을 반복하여 행한다. 단, 이 조작에서 바로 앞의 기호와 같은 기호를 표시할 확률은, 그 때까지의 경과에 관계없이 p이다. 최초에, 컴퓨터의 화면에 ×가 표시되었다. 조작을 반복하여, 기호 ×가 최초의 것을 포함하여 3개가 나오기도 전에, 기호 ○가 n개 나올 확률을 P_n이라 하자. 단 기호 ○가 n개 나오면 조작을 종료한다.

(1) P_2를 p에 관하여 나타내어라. (2) $n \geqq 3$일 때, P_n을 p와 n에 관하여 나타내어라.

3. O를 원점으로 하는 좌표평면상에, y축상의 점 $P(0, p)$와 직선 $m : y=(\tan\theta)x$가 주어져 있다. $\left(\text{단, } p>1,\ 0<\theta<\frac{\pi}{2}\right)$ 이제, 기울기가 α인 직선 l을 대칭축으로 하는 대칭이동을 하였더니, 원점 O는 직선 $y=1$상의 제1사분면의 점 Q로 이동하였으며, y축 상의 점 P는 직선 m상의 제 1사분면의 점 R로 이동하였다.

(1) 이때, $\tan\theta$를 α와 p로 나타내어라.

(2) 다음 조건을 만족하는 점 P가 존재하는 것을 보이고, 그 때의 p의 값을 구하여라.

> [조건] 어떠한 $\theta\left(0<\theta<\frac{\pi}{2}\right)$에 대해서도,
>
> 직선 l에 수직이며 원점을 지나는 직선은 $y=\left(\tan\frac{\theta}{3}\right)x$이다.

4. 다음 조건을 만족하는 순서쌍 (x, y, z)를 생각해보자.

[조건A] x, y, z는 자연수이며, $x^2+y^2+z^2=xyz$와 $x \leqq y \leqq z$를 만족한다.

(1) [조건A]를 만족하는 (x, y, z) 중, $y \leqq 3$인 것을 모두 구하여라.

(2) (a, b, c)가 [조건A]를 만족한다고 하자.
그러면, (b, c, z)가 [조건A]를 만족하게 되는 z가 존재함을 보여라. (단, $z>c$)

(3) [조건A]를 만족하는 순서쌍 (x, y, z)는 무한히 많음을 보여라.

5. $a_1=\frac{1}{2}$인 수열 a_n은 점화식 $a_{n+1}=\frac{a_n}{(1+a_n)^2}$ $(n=1, 2, 3, \cdots)$으로 정해진다.

(1) $b_n=\frac{1}{a_n}$ $(n=1, 2, 3, \cdots)$라 하자. $n>1$일 때, $b_n>2n$ 임을 보여라.

(2) $\lim_{n\to\infty}\frac{1}{n}(a_1+a_2+\cdots+a_n)$을 구하여라. (3) $\lim_{n\to\infty} na_n$을 구하여라.

6. $x>0$을 정의역으로 하는 함수 $f(x)=\dfrac{12(e^{3x}-3e^{x})}{e^{2x}-1}$에 대하여, 다음 물음에 답하여라.

(1) 함수 $y=f(x)\,(x>0)$는 실수 전체를 정의역으로 하는 역함수를 가짐을 보여라.
즉, 임의의 실수 a에 대하여, $f(x)=a$인 실수 $x>0$가 하나만 반드시 존재함을 보여라.

(2) 문제 (1)에서 결정된 역함수를 $y=g(x)\,(-\infty<x<\infty)$라 하자.
정적분 $\displaystyle\int_{8}^{27} g(x)\,dx$를 구하여라.

[문제 1]

(1) P_1, P_2가 $xy=1$ 위에 있으므로

$P_1\left(a,\ \dfrac{1}{a}\right)$, $P_2\left(b,\ \dfrac{1}{b}\right)$ $(a,b\neq 0)$로 놓으면,

조건에서 $\overrightarrow{OP_1}+\overrightarrow{OP_3}=\dfrac{3}{2}\overrightarrow{OP_2}$

$$\overrightarrow{OP_3}=\frac{3}{2}\overrightarrow{OP_2}-\overrightarrow{OP_1}$$
$$=\frac{3}{2}\left(b,\ \frac{1}{b}\right)-\left(a,\ \frac{1}{a}\right)=\left(\frac{3b}{2}-a,\ \frac{3}{2b}-\frac{1}{a}\right)$$

여기서 P_3가 $xy=1$ 위에 있다고 하면,

$$\left(\frac{3b}{2}-a\right)\times\left(\frac{3}{2b}-\frac{1}{a}\right)=1$$
$$\Leftrightarrow\ \frac{9}{4}-\frac{3}{2}\left(\frac{b}{a}+\frac{a}{b}\right)=0\Leftrightarrow\ 2a^2+2b^2-3ab=0$$
$$\Leftrightarrow\ 2\left(a-\frac{3}{4}b\right)^2+\frac{7}{8}b^2=0\ \Leftrightarrow\ a=b=0$$

으로 되어 모순이다.

따라서, P_3는 $xy=1$ 위에 있지 않다. ■

(2) $\begin{cases}\overrightarrow{OP_1}+\overrightarrow{OP_3}=\dfrac{3}{2}\overrightarrow{OP_2}\ \cdots\ ①\\ \overrightarrow{OP_2}+\overrightarrow{OP_4}=\dfrac{3}{2}\overrightarrow{OP_3}\ \cdots\ ②\end{cases}$

P_1, P_2, P_3가 원 $x^2+y^2=1$ 위에 있으므로,
$|\overrightarrow{OP_1}|=|\overrightarrow{OP_2}|=|\overrightarrow{OP_3}|=1\ \cdots\ ③$

---

①과 ③에서 $|\overrightarrow{OP_1}|^2=\left|\dfrac{3}{2}\overrightarrow{OP_2}-\overrightarrow{OP_3}\right|^2$

$$1=\frac{9}{4}+1-3\overrightarrow{OP_2}\cdot\overrightarrow{OP_3}$$
$$\therefore\ \overrightarrow{OP_2}\cdot\overrightarrow{OP_3}=\frac{3}{4}\ \cdots\ ④$$

②, ③, ④에 의하여,

$$|\overrightarrow{OP_4}|^2=\left|\frac{3}{2}\overrightarrow{OP_3}-\overrightarrow{OP_2}\right|^2$$
$$=\frac{9}{4}|\overrightarrow{OP_3}|^2+|\overrightarrow{OP_2}|^2-3\overrightarrow{OP_3}\cdot\overrightarrow{OP_2}$$
$$=\frac{9}{4}+1-3\cdot\frac{3}{4}=1$$

$|\overrightarrow{OP_4}|=1$이므로 P_4는 원 $x^2+y^2=1$ 위에 있다.

■

[다른 방법]

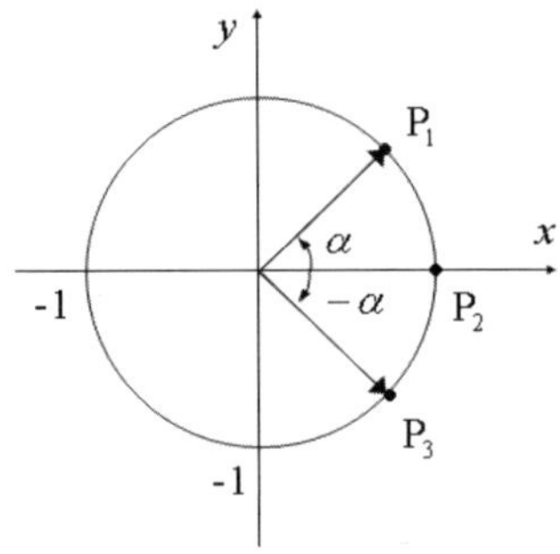

$\overrightarrow{OP_1}+\overrightarrow{OP_3}=\dfrac{3}{2}\overrightarrow{OP_2}$이므로, 그림과 같이

$P_1(\cos\alpha,\sin\alpha)$, $P_3(\cos\alpha,-\sin\alpha)$, $P_2(1,0)$

$\left(\text{단, }\cos\alpha=\dfrac{3}{4}\right)$으로 놓을 수 있다.

> P_1과 P_3에 의하여 P_2가 결정되고, 다시 P_2와 P_3에 의하여 P_4가 결정된다. 즉, 4개의 점은 두 점 P_1, P_3에 의하여 결정된다.
> 또한, P_1, P_3를 원점을 중심으로 같은 각만큼 회전하여도 $|\overrightarrow{OP_4}|$의 값은 변하지 않는다.

$$\overrightarrow{OP_4}=\frac{3}{2}\overrightarrow{OP_3}-\overrightarrow{OP_2}=\left(\frac{3}{2}\cos\alpha-1,-\frac{3}{2}\sin\alpha\right)$$
$$|\overrightarrow{OP_4}|^2=\left(\frac{3}{2}\cos\alpha-1\right)^2+\left(-\frac{3}{2}\sin\alpha\right)^2$$
$$=\frac{13}{4}-3\cos\alpha=\frac{13}{4}-3\cdot\frac{3}{4}=1$$

■

[문제 2]

(1)

 그림의 빈 칸에 ○를 2개 넣는 방법은, 앞에만 2개, 뒤에만 2개, 양쪽에 하나씩, 총 3가지 방법이 가능.

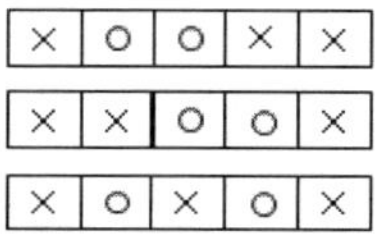

단, 문제에서는 ○가 2개 나오면 조작을 멈춤.

기호 × 가 최초의 것을 포함하여 3개가 나오기도 전에, 기호 ○가 2개 나오는 것은 아래 그림과 같이 세 가지이다.

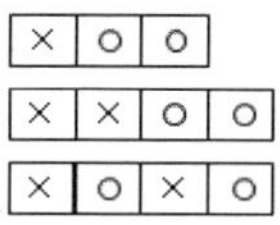

따라서, $P_2 = (1-p)p + p(1-p)p + (1-p)^3$

$= (1-p)\{p + p^2 + (1-p)^2\}$

$= (1-p)(1-p+2p^2)$ …(답) ■

같은 기호가 나올 확률이 p이므로 첫 번째 경우의 확률은 다음과 같다.

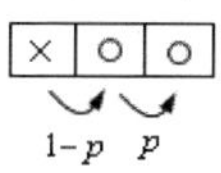

(2)

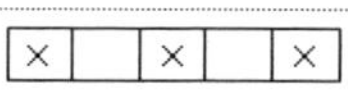 그림의 빈 칸에 ○를 n개 넣는 방법은, 앞에만 n개, 뒤에만 n개, 양쪽에 k개$(1 \leq k \leq n-1)$와 $n-k$개씩 넣는 방법, 총 3가지 방법이 가능.

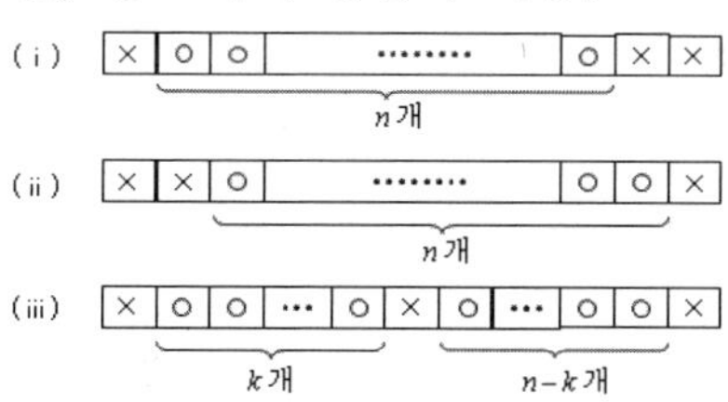

단, 문제에서는 ○가 n개 나오면 조작을 멈춤

$n \geq 3$일 때, × 가 최초의 것을 포함하여 3개 나오기도 전에, 기호 ○가 n개 나오는 것은 아래 그림과 같이 세 가지이다.

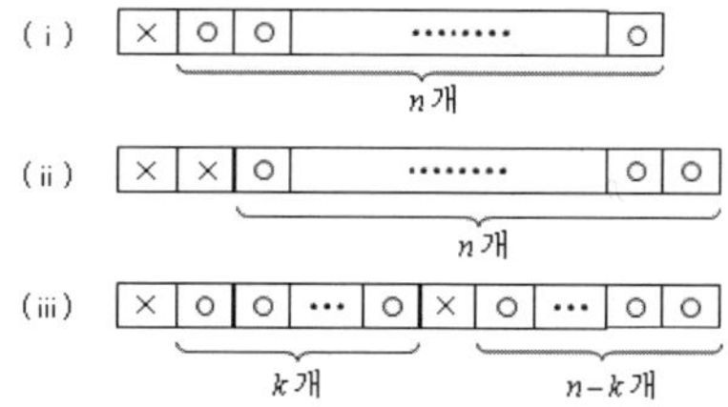

여기서, $1 \leq k \leq n-1$이므로 (iii)과 같은 형태는 $n-1$가지 존재한다.

따라서,

$P_n = (1-p)p^{n-1} + p(1-p)p^{n-1}$

$+ (n-1)(1-p)p^{k-1}(1-p)^2 p^{n-k-1}$

$= (1-p)p^{n-2}\{p + p^2 + (n-1)(1-p)^2\}$

$= (1-p)p^{n-2}\{(n-1) - (2n-3)p + np^2\}$

…(답) ■

같은 기호가 나올 확률이 p이므로 (iii)의 경우의 확률은 다음과 같다.

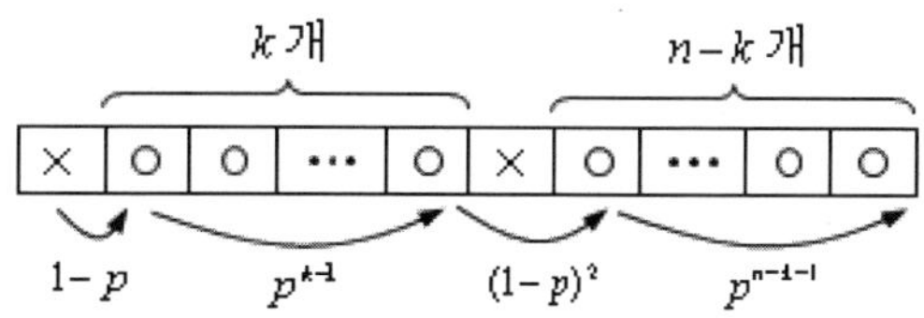

[문제 3]

(1) 먼저 Q의 좌표를 구하고, $\overline{OQ}$의 수직이등분선인 l의 방정식을 구하자. 다음으로, 직선 l이 $\overline{PR}$을 수직이등분함을 이용하여 $\tan\theta$를 α와 p로 나타낼 수 있다.

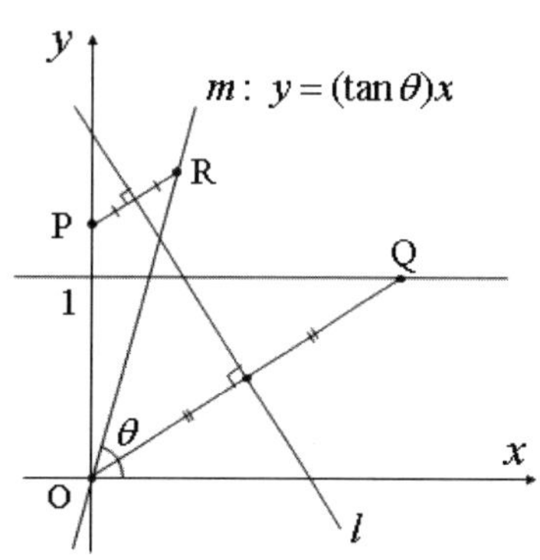

$Q(q, 1)\,(q > 0)$으로 놓으면, $\overline{OQ} \perp l$에서

$\frac{1}{q} \cdot \alpha = -1,\ q = -\alpha \quad \therefore Q(-\alpha, 1)$

선분 $\overline{OQ}$의 중점 $\left(-\frac{\alpha}{2}, \frac{1}{2}\right)$을 지나는 기울기 α인 직선 l의 방정식은

$$y-\frac{1}{2}=\alpha\left(x+\frac{\alpha}{2}\right)$$

$$\therefore \ y=\alpha x+\frac{\alpha^2+1}{2} \quad \cdots ①$$

$R(r, r\tan\theta)\,(r>0)$로 놓으면,

(i) $\overline{PR} \perp l$에서, $\frac{r\tan\theta-p}{r}\cdot\alpha=-1$

$$\therefore \ \tan\theta=\frac{p}{r}-\frac{1}{\alpha} \quad \cdots ②$$

(ii) 선분 $\overline{PR}$의 중점이 l 위에 있으므로,

①에서 $\frac{r\tan\theta+p}{2}=\alpha\cdot\frac{r}{2}+\frac{\alpha^2+1}{2}$

$$\therefore \ r\tan\theta+p=\alpha r+\alpha^2+1 \quad \cdots ③$$

③−②×r에서 $2p=\left(\alpha+\frac{1}{\alpha}\right)r+\alpha^2+1$

$$\Leftrightarrow \ \frac{\alpha^2+1}{\alpha}r=2p-\alpha^2-1$$

$$\therefore \ r=\frac{\alpha(2p-\alpha^2-1)}{\alpha^2+1} \quad \cdots ④$$

이제, ④를 ②에 대입하면

$$\tan\theta=\frac{p}{r}-\frac{1}{\alpha}=\frac{p(\alpha^2+1)}{\alpha(2p-\alpha^2-1)}-\frac{1}{\alpha}$$

$$=\frac{-(p+1)\alpha^2+p-1}{\alpha^3-(2p-1)\alpha} \quad \cdots(답) \ ■$$

(2) P를 적당히 잡으면, 조건을 만족하는 l의 기울기 α에 관계없이 l과 직선 $y=\left(\tan\frac{\theta}{3}\right)x$가 수직임을 보이면 된다.

(i) $\psi=\frac{\theta}{3}$로 놓으면, $y=\left(\tan\frac{\theta}{3}\right)x$가 l에 수직일 조건은 $\tan\psi=-\frac{1}{\alpha} \quad \cdots ⑤$

(ii) $\tan\theta=\tan3\psi=\tan(\psi+2\psi)$

$$=\frac{\tan\psi+\tan2\psi}{1-\tan\psi\tan2\psi}$$

$$=\frac{\tan\psi+\frac{2\tan\psi}{1-\tan^2\psi}}{1-\tan\psi\cdot\frac{2\tan\psi}{1-\tan^2\psi}}$$

$$=\frac{3\tan\psi-\tan^3\psi}{1-3\tan^2\psi} \quad (\because ⑤)$$

$$=\frac{-\frac{3}{\alpha}+\frac{1}{\alpha^3}}{1-\frac{3}{\alpha^2}}=\frac{-3\alpha^2+1}{\alpha^3-3\alpha}$$

(1)에서 $\tan\theta=\frac{-(p+1)\alpha^2+p-1}{\alpha^3-(2p-1)\alpha}$이므로,

$$\frac{-(p+1)\alpha^2+p-1}{\alpha^3-(2p-1)\alpha}=\frac{-3\alpha^2+1}{\alpha^3-3\alpha}$$

$$\Leftrightarrow \ \frac{-(p+1)\alpha^2+p-1}{\alpha^2-(2p-1)}=\frac{-3\alpha^2+1}{\alpha^2-3}$$

$$\Leftrightarrow \ (\alpha^2-3)\{(p+1)\alpha^2-(p-1)\}=(3\alpha^2-1)\{\alpha^2-(2p-1)\}$$

$$\Leftrightarrow \ (p-2)\alpha^4+2(p-2)\alpha^2+(p-2)=0$$

$$\Leftrightarrow \ (p-2)(\alpha^2+1)^2=0$$

이 식은 $p=2$일 때, 임의의 α에 대하여 성립한다. 따라서, 조건을 만족하는 점 $P(0,2)$가 존재하며, 그 때의 p의 값은

$$p=2 \quad \cdots(답) \ ■$$

[문제 4]

(1) $\begin{cases} x^2+y^2+z^2=xyz & \cdots ① \\ x \leqq y \leqq z & \cdots ② \end{cases}$

x, y, z가 자연수이고 $y \leqq 3$이므로

$$y=1,\ 2,\ 3$$

(i) $y=1$일 때, ②에 의하여 $x=1$

①에 대입하면 $z^2-z+2=0$. $D<0$이므로 만족하는 자연수 z는 존재하지 않음.

(ii) $y=2$일 때, ①에 의하여

$$x^2+4+z^2=2xz, \ (z-x)^2+4=0$$

만족하는 자연수 z는 존재하지 않음.

(iii) $y=3$일 때, ①에 의하여

$$x^2+9+z^2=3xz \quad \cdots ③$$

$$\left(z-\frac{3}{2}x\right)^2=\frac{5}{4}x^2-9 \geqq 0 \quad \therefore \ x^2 \geqq \frac{36}{5}=7.2$$

②에서 $x \leqq 3$이므로 $x=3$이다. $x=3$을 ③에 대입하면, $z^2-9z+18=0$

$$(z-3)(z-6)=0 \quad \therefore \ z=3, 6$$

(ⅰ)~(ⅲ)에 의하여,

$(x, y, z)=(3,3,3),\ (3,3,6)$ …(답) ■

(2) (a, b, c)가 [조건A]를 만족하므로

$$\begin{cases} a^2+b^2+c^2=abc & \cdots ④ \\ a \leqq b \leqq c & \cdots ⑤ \end{cases}$$

(단, (1)에 의하여 $b \geqq 3$)

> $b^2+c^2+z^2=bcz$를 만족하는 자연수 z가 존재하여, $b \leqq c \leqq z$임을 보이면 된다.

$b^2+c^2+z^2=bcz$에서 ④식을 빼면,

$z^2-a^2=bc(z-a)$

$\therefore\ (z-a)(z+a-bc)=0$

$z=bc-a$로 놓으면

$z-c=(bc-a)-c \geqq 3c-a-c \quad (\because\ b \geqq 3)$

$=c+(c-a)>0 \quad (\because\ c \geqq a)$

$\therefore\ z=bc-a>c \quad \cdots ⑥$

따라서, [조건A]를 만족하는 z가 존재한다.

■

(3) $n=1,2,3,\cdots$에 대하여, 자연수로 이루어진 순서쌍 (a_n, b_n, c_n)을 다음과 같이 순차적으로 정하자.

$a_1=b_1=c_1=3,\ a_{n+1}=b_n$

$b_{n+1}=c_n,\ c_{n+1}=b_nc_n-a_n$

그러면, (2)의 결과에 의하여 모든 자연수 n에 대하여 순서쌍 (a_n, b_n, c_n)은 [조건A]를 만족한다. 또, ⑥에 의하여

$c_1<c_2<c_3<\cdots<c_n<c_{n+1}<\cdots$

이므로, (a_n, b_n, c_n)은 모두 서로 다르다.

따라서, [조건A]를 만족하는 순서쌍 (x, y, z)는 무한히 많이 존재한다. ■

[문제 5]

(1) $a_{n+1}=\dfrac{a_n}{(1+a_n)^2} \quad (n \geqq 1) \quad \cdots ①$

이므로, $a_n>0$이면 $a_{n+1}>0$이다.

$a_1=\dfrac{1}{2}>0$이므로 귀납적으로 모든 $n \geqq 1$에 대하여 $a_n>0$이 성립한다.

이제 모든 $n \geqq 1$에 대하여 $a_n \neq 0$이므로 ①의 양변의 역수를 취하면,

$$\frac{1}{a_{n+1}}=\frac{(1+a_n)^2}{a_n}=\frac{1+2a_n+a_n^2}{a_n}$$

$$=\frac{1}{a_n}+2+a_n>\frac{1}{a_n}+2 \quad (\because\ a_n>0)$$

$b_{n+1}>b_n+2$에서,

$b_{n+1}-b_n>2\ (n \geqq 1) \quad \cdots ②$

$$b_n=b_1+\sum_{k=1}^{n-1}(b_{k+1}-b_k) \quad (n>1)$$

$$>b_1+\sum_{k=1}^{n-1}2 \quad (\because\ ②)$$

$$=2+2(n-1)=2n$$

$\therefore\ b_n>2n\ (n>1) \quad \cdots ③$ ■

(2) ③에서 $a_n=\dfrac{1}{b_n}<\dfrac{1}{2n} \quad (n>1)$

$$0<\sum_{k=1}^{n}a_k=a_1+\sum_{k=2}^{n}a_k<\frac{1}{2}+\frac{1}{2}\sum_{k=2}^{n}\frac{1}{k}$$

여기서,

그림에 의하여

$$\sum_{k=2}^{n}\frac{1}{k}<\int_1^n\frac{1}{x}dx$$

$=[\ln x]_1^n=\ln n$

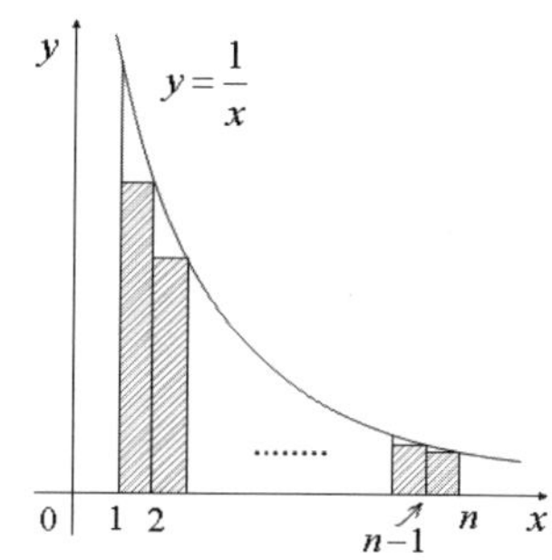

$$\therefore\ 0<\frac{1}{n}\sum_{k=1}^{n}a_k<\frac{1}{n}\left(\frac{1}{2}+\frac{1}{2}\sum_{k=2}^{n}\frac{1}{k}\right)$$

$$<\frac{1}{2}\left(\frac{1}{n}+\frac{\ln n}{n}\right)$$

$\displaystyle\lim_{n\to\infty}\frac{1}{2}\left(\frac{1}{n}+\frac{\log n}{n}\right)=0$이므로,

$$\lim_{n\to\infty}\frac{1}{n}\sum_{k=1}^{n}a_k=0$$ …(답) ■

(3) $\dfrac{1}{a_{n+1}}=\dfrac{(1+a_n)^2}{a_n}$

$$=\frac{1+2a_n+a_n^2}{a_n}=\frac{1}{a_n}+2+a_n$$

에서, $b_{n+1}-b_n=2+a_n\ (n\geq 1)$

$b_n=b_1+\sum_{k=1}^{n-1}(2+a_k)=2n+\sum_{k=1}^{n-1}a_k$ 에서,

$$\frac{b_n}{n}=2+\frac{1}{n}\sum_{k=1}^{n-1}a_k$$

$$\therefore\ \frac{1}{na_n}=2+\frac{n-1}{n}\cdot\frac{1}{n-1}\sum_{k=1}^{n-1}a_k$$

$$\therefore\ \lim_{n\to\infty}\frac{1}{na_n}=2+\lim_{n\to\infty}\frac{n-1}{n}\cdot\frac{1}{n-1}\sum_{k=1}^{n-1}a_k=2$$

(2)의 결과에 의하여

$$\lim_{n\to\infty}\frac{n-1}{n}\cdot\frac{1}{n-1}\sum_{k=1}^{n-1}a_k=0$$

$$\therefore\ \lim_{n\to\infty}na_n=\frac{1}{2}\qquad\cdots(\text{답})\ ■$$

[문제 6]

(1) $t=e^x\,(x>0)$로 놓으면,

$$f(x)=\frac{12(e^{3x}-3e^x)}{e^{2x}-1}=\frac{12(t^3-3t)}{t^2-1}\quad(t>1)$$

$h(t)=\dfrac{12(t^3-3t)}{t^2-1}=\dfrac{12t(t^2-3)}{t^2-1}$ 으로 놓으면

$\lim_{t\to\infty}h(t)=+\infty$, $\lim_{t\to 1+0}h(t)=-\infty$이며,

$$h'(x)=12\cdot\frac{(3t^2-3)(t^2-1)-(t^3-3t)\cdot 2t}{(t^2-1)^2}$$

$$=\frac{12(t^4+3)}{(t^2-1)^2}>0$$

에서, $h(t)$는 $t>1$에서 단조증가하며 치역은 $(-\infty,\infty)$이다. 따라서, 임의의 실수 a에 대하여, $f(x)=a$를 만족하는 $x(=\ln t)$가 하나만 반드시 결정된다. ■

(2) $y=f(x)$에서, $x=g(y)$, $dy=f'(x)dx$

$$\therefore\ \int_8^{27}g(x)\,dx=\int_{y=8}^{y=27}g(y)\,dy$$

이므로,

$y=8, 27$일 때의 x값을 먼저 구하여보자.

(i) $y=8$일 때, $\dfrac{12(e^{3x}-3e^x)}{e^{2x}-1}=8$

$$\therefore\ (e^x-2)(3e^{2x}+4e^x-1)=0$$

$x>0$에서 $e^x>1$이므로, $3e^{2x}+4e^x-1>0$

$e^x-2=0$에서 $x=\ln 2$

(ii) $y=27$일 때, $\dfrac{12(e^{3x}-3e^x)}{e^{2x}-1}=27$

$$\therefore\ (e^x-3)(4e^{2x}+3e^x-3)=0$$

$x>0$에서 $e^x>1$이므로, $4e^{2x}+3e^x-3>0$

$e^x-3=0$에서 $x=\ln 3$

이제, $\displaystyle\int_{y=8}^{y=27}g(y)\,dy=\int_{x=\ln 2}^{x=\ln 3}xf'(x)\,dx$

$$=[xf(x)]_{\ln 2}^{\ln 3}-\int_{\ln 2}^{\ln 3}f(x)\,dx$$

$$=27\ln 3-8\ln 2-\int_{\ln 2}^{\ln 3}f(x)\,dx$$

$$=27\ln 3-8\ln 2-12(1+\ln 2-\ln 3)$$

$$=39\ln 3-20\ln 2-12\qquad\cdots(\text{답})\ ■$$

$\displaystyle\int_{\ln 2}^{\ln 3}f(x)\,dx$ ($e^x=t$로 치환)

$$=\int_2^3\frac{12(t^3-3t)}{t^2-1}\cdot\frac{1}{t}\,dt$$

$$=12\int_2^3\left(1+\frac{1}{t+1}-\frac{1}{t-1}\right)dt$$

$$=12\left[t+\ln\left|\frac{t+1}{t-1}\right|\right]_2^3$$

$$=12(1+\ln 2-\ln 3)$$

〈 2006年 前期 - 文科 〉 時間 : 100分

1. 반지름 $\frac{65}{8}$인 원에 내접하는 사각형 ABCD의 둘레의 길이는 44이다. $\overline{BC}=\overline{CD}=13$일 때, 나머지 두 변의 길이 $\overline{AB}$, $\overline{DA}$를 구하여라.

2. 컴퓨터의 화면에 기호 ○와 × 중 어느 하나를 표시하는 조작을 반복하여 행한다. 단, 이 조작에서 바로 앞의 기호와 같은 기호를 표시할 확률은, 그 때까지의 경과에 관계없이 p이다. 최초에, 컴퓨터의 화면에 ×가 표시되었다. 조작을 반복하여, 기호 ×가 최초의 것을 포함하여 3개가 나오기도 전에, 기호 ○가 n개 나올 확률을 P_n이라 하자. 단 기호 ○가 n개 나오면 조작을 종료한다.
(1) P_2를 p에 관하여 나타내어라. (2) P_3를 p에 관하여 나타내어라.
(3) $n \geqq 4$일 때, P_n을 p와 n에 관하여 나타내어라.

3. n은 자연수이다. 실수 x, y, z에 관한 다음 방정식을 생각해보자.

$$x^n + y^n + z^n = xyz \quad \cdots \text{①}$$

(1) $n=1$일 때, ①을 만족하는 자연수의 순서쌍 (x, y, z) 중 $x \leqq y \leqq z$를 만족하는 것을 모두 구하여라.
(2) $n=3$일 때, ①을 만족하는 양의 실수의 순서쌍 (x, y, z)는 존재하지 않음을 보여라.

4. θ는 $0° < \theta < 45°$인 상수이다. $-1 \leqq x \leqq 1$의 범위에서, 함수

$$f(x) = |x+1|^3 + |x-\cos 2\theta|^3 + |x-1|^3$$

이 최솟값을 가질 때의 변수 x의 값을, $\cos\theta$로 나타내어라.

[문제 1]

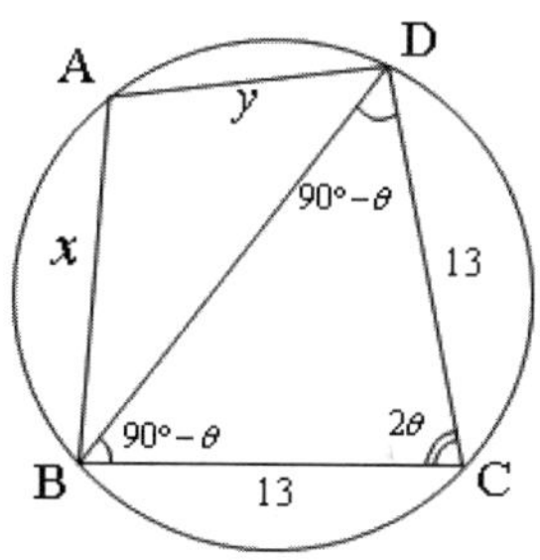

$\overline{AB}=x$, $\overline{AD}=y$로 놓으면 둘레의 길이가 44이므로,

$x+y+13+13=44$

$\therefore\ x+y=18 \quad \cdots$ ①

$\angle BCD=2\theta$로 놓고 $\overline{BD}^2$을 두 가지 방법 ($\triangle ABD$, $\triangle CBD$)으로 표현하면,

$$x^2+y^2-2xy\cos(180°-2\theta) = 13^2+13^2-2\cdot 13^2\cos 2\theta$$

$$x^2+y^2+2xy-2xy+2xy\cos 2\theta = 2\cdot 13^2(1-\cos 2\theta)$$

$$(x+y)^2-2xy(1-\cos 2\theta) = 2\cdot 13^2(1-\cos 2\theta) \quad \cdots \text{②}$$

$\angle BCD=2\theta$에서 $\angle DBC=90°-\theta$이므로 사인법칙에 의하여,

$$\frac{13}{\sin(90°-\theta)} = 2\cdot\frac{65}{8} \qquad \therefore\ \cos\theta=\frac{4}{5}$$

$$\therefore\ \cos 2\theta = 2\cos^2\theta - 1 = \frac{7}{25} \quad \cdots \text{③}$$

①과 ③을 ②에 대입하면,

$$18^2-2xy\cdot\frac{18}{25} = 2\cdot 13^2\cdot\frac{18}{25}$$

$$xy = 9\cdot 25 - 13^2 = 56$$

$$\therefore\ xy=56 \quad \cdots \text{④}$$

①과 ④에서 $(x, y)=(4, 14)$, $(14, 4)$

$\overline{AB}=4$, $\overline{AD}=14$

또는 $\overline{AB}=14$, $\overline{AD}=4$ …(답) ■

[문제 2]

(1), (3) 이과 2-(1),(2)와 동일

(2) 이과 2-(2)에서 $n=3$을 대입하면,

$$P_3 = (1-p)p(2-3p+3p^2)$$ ■

[문제 3]

(1) $x^n+y^n+z^n=xyz$ ⋯ ①

$n=1$일 때, $x+y+z=xyz$ ⋯ ②

$0<x\leqq y\leqq z$이므로, ②에서

$$xyz=x+y+z\leqq 3z,\ xy\leqq 3$$

$$\therefore\ (x,y)=(1,1),\ (1,2),\ (1,3)$$

(i) $(x,y)=(1,1)$일 때,

②에서 $2+z=z$이므로 모순.

(ii) $(x,y)=(1,2)$일 때,

②에서 $3+z=2z,\quad z=3$

(iii) $(x,y)=(1,3)$일 때,

②에서 $4+z=3z,\quad z=2$

$y=3,\ z=2$이므로 $y\leqq z$에 모순.

(i)~(iii)에 의하여,

$(x,y,z)=(1,2,3)$ ⋯(답) ■

(2) $n=3$인 경우, ①식은

$$x^3+y^3+z^3=xyz \quad \cdots ③$$

$x,\ y,\ z>0$일 때 $x^3+y^3+z^3\geqq 3xyz$에서,

$$x^3+y^3+z^3=xyz\geqq 3xyz$$

$1\geqq 3$으로 되어 모순.

따라서 ③을 만족하는 양의 실수 $x,\ y,\ z$는 존재하지 않는다. ■

$$\begin{aligned}&x^3+y^3+z^3-3xyz\\&=(x+y+z)(x^2+y^2+z^2-xy-yz-zx)\\&=\frac{1}{2}(x+y+z)\\&\qquad\{(x-y)^2+(y-z)^2+(z-x)^2\}\geqq 0\end{aligned}$$

[문제 4]

$-1\leqq x\leqq 1$이므로,

$$\begin{aligned}f(x)&=|x+1|^3+|x-\cos 2\theta|^3+|x-1|^3\\&=(x+1)^3+|x-\cos 2\theta|^3-(x-1)^3\\&=6x^2+2+|x-\cos 2\theta|^3\end{aligned}$$

$0°<\theta<45°$에서 $0<\cos 2\theta<1$이므로

$|x-\cos 2\theta|$는 $x=\cos 2\theta$에서 부호가 결정된다.

(i) $0<\cos 2\theta\leqq x<1$일 때,

$$f(x)=6x^2+2+(x-\cos 2\theta)^3$$

$f'(x)=12x+3(x-\cos 2\theta)^2>0$이므로,

$f(x)$는 $\cos 2\theta\leqq x<1$에서 단조증가한다.

따라서, $f(x)$는 $x=\cos 2\theta$에서 최소이다.

(ii) $-1<x\leqq \cos 2\theta$일 때,

$$f(x)=6x^2+2-(x-\cos 2\theta)^3$$

$$\begin{aligned}f'(x)&=12x-3(x-\cos 2\theta)^2\\&=-3\{x^2-2(2+\cos 2\theta)x+\cos^2 2\theta\}\end{aligned}$$

$f'(x)=0$을 풀면,

$$\begin{aligned}x&=2+\cos 2\theta\pm\sqrt{(2+\cos 2\theta)^2-\cos^2 2\theta}\\&=2+\cos 2\theta\pm 2\sqrt{1+\cos 2\theta}\\&=2+\cos 2\theta\pm 2\sqrt{2\cos^2\theta}\\&=2\cos^2\theta+1\pm 2\sqrt{2}\cos\theta\end{aligned}$$

여기서 $\begin{cases}\alpha=2\cos^2\theta+1-2\sqrt{2}\cos\theta\\ \beta=2\cos^2\theta+1+2\sqrt{2}\cos\theta\end{cases}$

로 놓으면,

$$\beta>1>\cos 2\theta$$

$$\begin{aligned}\cos 2\theta-\alpha&=2\cos^2\theta-1-\alpha\\&=2\sqrt{2}\left(\cos\theta-\frac{1}{\sqrt{2}}\right)>0\end{aligned}$$

$0°<\theta<45°$에서 $\dfrac{1}{\sqrt{2}}<\cos\theta<1$

$$\alpha=(\sqrt{2}\cos\theta-1)^2>0>-1$$

$$\therefore\ -1<\alpha<\cos 2\theta<1<\beta$$

따라서, $f(x)$의 증감표는 다음과 같이 되어, $f(x)$는 $x=\alpha$에서 최솟값을 갖는다.

x	-1	$\cdots$	α	$\cdots$	$\cos 2\theta$
f'		$-$	0	$+$	
f		↘	극소	↗	

(i), (ii)와 $f(\alpha)<f(\cos 2\theta)$에서, 최솟값을 갖는 변수 x의 값은

$$\begin{aligned}x=\alpha&=2\cos^2\theta+1-2\sqrt{2}\cos\theta\\&=(\sqrt{2}\cos\theta-1)^2\end{aligned}$$ ⋯(답) ■

〈 2006年 後期 – 理科1類 〉　　時間 : 150分

1. xy평면상의 t를 변수로 하는 매개변수 $\begin{cases} x=2t+t^2 \\ y=t+2t^2 \end{cases}$ 으로 표시되는 곡선을 C라 하자.

(1) $t \neq 1$일 때, $\dfrac{dy}{dx}$를 t의 식으로 나타내어라.

(2) $\dfrac{dy}{dx}=-\dfrac{1}{2}$을 만족하는 곡선 C상의 점 A의 좌표를 구하여라.

(3) 곡선 C상의 점 (x, y)를 점 (X, Y)로 옮기는 이동이

$\begin{cases} X=\dfrac{1}{\sqrt{5}}(2x-y) \\ Y=\dfrac{1}{\sqrt{5}}(x+2y) \end{cases}$ 로 정해져있다. Y를 X를 이용하여 나타내어라.

(4) 곡선 C의 개형을 xy평면상에 그려라.

2. a는 양의 실수, θ는 $0 \leqq \theta \leqq \dfrac{\pi}{2}$를 만족하는 실수이다.

xyz공간의 점 $(a, 0, 0)$과 $(a+\cos\theta, 0, \sin\theta)$를 연결한 선분을, x축 둘레로 1회전시켜 이루어진 곡면을 S라 하자. 이어, S를 y축 둘레로 1회전시켜 이루어진 입체의 부피를 V라 하자.

(1) V를 a와 θ를 이용하여 나타내어라.

(2) $a=4$라 하자. V를 θ의 함수로 생각하여, V의 최댓값을 구하여라.

3. 수열의 합의 공식

$$\sum_{k=1}^{n} k = \frac{1}{2}n(n+1),\ \sum_{k=1}^{n} k^2 = \frac{1}{6}n(n+1)(2n+1),\ \sum_{k=1}^{n} k^3 = \left\{\frac{1}{2}n(n+1)\right\}^2$$

에 대하여, 다음과 같은 일반적인 고찰을 해보자. p, n을 자연수라 하자.

[주의–상당히 복잡한 문제이므로, 나중에 풀어보길 권함.]

(1) $p+1$차 다항식 $S_p(x)$가 존재하여, $\displaystyle\sum_{k=1}^{n} k^p = S_p(n)$임을 보여라.

(2) q를 자연수라 하자. (1)의 다항식 $S_1(x)$, $S_3(x)$, $\cdots$, $S_{2q-1}(x)$에 대하여,

$$\sum_{j=1}^{q} a_j S_{2j-1}(x) = x^q(x+1)^q$$

이 항등식이 되도록 하는 상수 a_1, a_2, $\cdots$, a_q를 q를 이용하여 나타내어라.

(3) q를 2 이상의 자연수라 하자. (1)의 다항식 $S_2(x)$, $S_4(x)$, $\cdots$, $S_{2q-2}(x)$에 대하여,

$$\sum_{j=1}^{q-1} b_j S_{2j}(x) = x^{q-1}(x+1)^{q-1}(cx+q)$$

가 항등식이 되도록 하는 상수 c, b_1, b_2, $\cdots$, b_{q-1}을 q를 이용하여 나타내어라.

(4) p를 3 이상의 홀수라 하자. 이때, $\dfrac{d}{dx}S_p(x) = pS_{p-1}(x)$임을 보여라.

[문제 1]

$$\begin{cases} x = 2t+t^2 & \cdots ① \\ y = t+2t^2 & \cdots ② \end{cases}$$

(1) ①, ②에서

$$\frac{dx}{dt}=2+2t,\quad \frac{dy}{dt}=1+4t$$

$$\therefore\ \frac{dy}{dx}=\frac{\frac{dy}{dt}}{\frac{dx}{dt}}=\frac{1+4t}{2(1+t)}\quad (t\neq 1)$$

…(답) ■

(2) (1)의 결과에서

$$\frac{dy}{dx}=-\frac{1}{2}\ \Leftrightarrow\ \frac{1+4t}{2(1+t)}=-\frac{1}{2}$$

$$1+4t=-1-t,\quad t=-\frac{2}{5}$$

①, ②에 대입하면, $x=-\frac{16}{25}$, $y=-\frac{2}{25}$

$$\therefore\ A\left(-\frac{16}{25},-\frac{2}{25}\right)$$ …(답) ■

(3)

$$\begin{cases} x=2t+t^2 \\ y=t+2t^2 \end{cases} \Leftrightarrow \begin{pmatrix} x \\ y \end{pmatrix}=\begin{pmatrix} 2 & 1 \\ 1 & 2 \end{pmatrix}\begin{pmatrix} t \\ t^2 \end{pmatrix}\ \cdots ③$$

$$\begin{cases} X=\frac{1}{\sqrt{5}}(2x-y) \\ Y=\frac{1}{\sqrt{5}}(x+2y) \end{cases} \Leftrightarrow \begin{pmatrix} X \\ Y \end{pmatrix}=\frac{1}{\sqrt{5}}\begin{pmatrix} 2 & -1 \\ 1 & 2 \end{pmatrix}\begin{pmatrix} x \\ y \end{pmatrix}$$

… ④

③을 ④에 대입하면,

$$\begin{pmatrix} X \\ Y \end{pmatrix}=\frac{1}{\sqrt{5}}\begin{pmatrix} 2 & -1 \\ 1 & 2 \end{pmatrix}\begin{pmatrix} 2 & 1 \\ 1 & 2 \end{pmatrix}\begin{pmatrix} t \\ t^2 \end{pmatrix}=\frac{1}{\sqrt{5}}\begin{pmatrix} 3 & 0 \\ 4 & 5 \end{pmatrix}\begin{pmatrix} t \\ t^2 \end{pmatrix}$$

$$\therefore\ X=\frac{3}{\sqrt{5}}t,\quad Y=\frac{1}{\sqrt{5}}(4t+5t^2)$$

두 식에서 t를 소거하면,

$$Y=\frac{1}{\sqrt{5}}\left\{4\left(\frac{\sqrt{5}}{3}X\right)+5\left(\frac{\sqrt{5}}{3}X\right)^2\right\}$$

$$\therefore\ Y=\frac{5\sqrt{5}}{9}X^2+\frac{4}{3}X\ \cdots ⑤$$ …(답) ■

(4) ④에서 $\begin{pmatrix} x \\ y \end{pmatrix}=\frac{1}{\sqrt{5}}\begin{pmatrix} 2 & 1 \\ -1 & 2 \end{pmatrix}\begin{pmatrix} X \\ Y \end{pmatrix}$이므로,

벡터$(2,-1)$의 편각을 $\alpha\ (-\pi<\alpha<0)$로 놓으면 $\begin{pmatrix} x \\ y \end{pmatrix}=\begin{pmatrix} \cos\alpha & -\sin\alpha \\ \sin\alpha & \cos\alpha \end{pmatrix}\begin{pmatrix} X \\ Y \end{pmatrix}$

따라서, 곡선 C는 포물선 ⑤를 원점을 중심으로 α만큼 회전한 것이다.

$$\cos\alpha=\frac{2}{\sqrt{5}},\quad \sin\alpha=-\frac{1}{\sqrt{5}}$$

에서 $\tan\alpha=-\frac{1}{2}$이므로, 포물선 ⑤의 꼭짓점은 접선의 기울기가 $-\frac{1}{2}$인 점으로 회전이동하여 곡선 C의 꼭짓점이 된다.

---

(2)의 결과에 의하여, 곡선 C는 점 A를 꼭짓점으로 하는 포물선이며, x절편과 y절편은 다음과 같다.

②에서, $y=0$일 때 $t=0,\ -\frac{1}{2}$

①에 대입하면, $x=0,\ -\frac{3}{4}$

①에서, $x=0$일 때 $t=0,\ -2$

②에 대입하면, $x=0,\ 6$

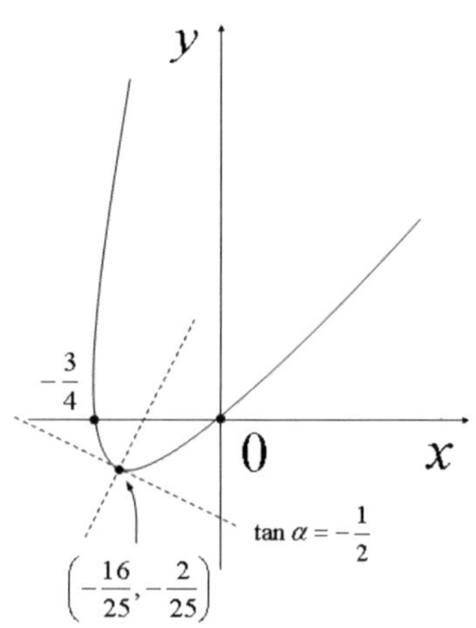

…(답) ■

[문제 2]

(1) $A(a, 0, 0)$, $B(a+\cos\theta, 0, \sin\theta)$ $(a>0)$로 놓자.

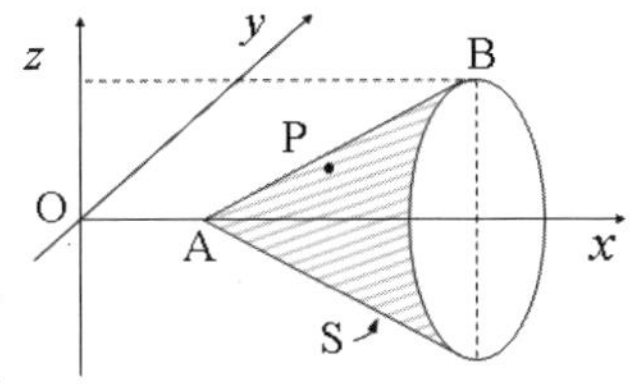

곡면 S 위의 임의의 한 점을 $P(x, y, z)$로 놓고, P에서 x축에 내린 수선의 발을 $H(x, 0, 0)$라 하면, $\overline{HP}=\sqrt{y^2+z^2}$이다. $(a \leqq x \leqq a+\cos\theta)$

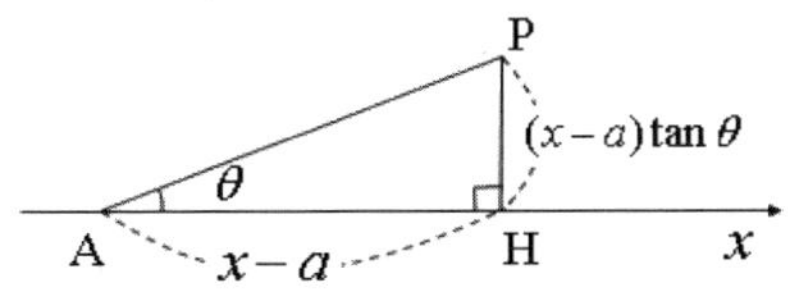

그림과 같이 $\overline{HP}=(x-a)\tan\theta\left(0<\theta<\frac{\pi}{2}\right)$이므로, 곡면 S의 방정식은

$$y^2+z^2=\tan^2\theta(x-a)^2 \quad \cdots \text{①}$$

이제, 곡면 S를 y축 둘레로 회전시킨 입체의 부피를 구하기 위해, 평면 $y=t\,(0<t<\sin\theta)$로 곡면 S를 자른 단면을 xz평면에 정사영시킨 도형을 고려해보자.

①에 $y=t$를 대입하면,

$$\frac{(x-a)^2}{\left(\frac{t}{\tan\theta}\right)^2}-\frac{z^2}{t^2}=1\left(a+\frac{t}{\tan\theta} \leqq x \leqq a+\cos\theta\right)$$

이므로, 다음과 같이 쌍곡선의 일부가 된다.

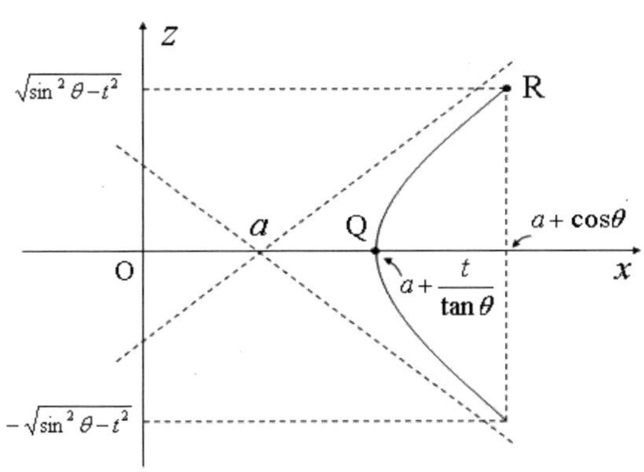

따라서, 두 점 Q, R을 그림과 같이 정하면, 문제의 입체를 평면 $y=t$로 자른 단면의 면적 $T(t)$는

$$T(t)=\pi(\overline{OR}^2-\overline{OQ}^2)$$
$$=\pi\left\{(a+\cos\theta)^2+\sin^2\theta-t^2-\left(a+\frac{t}{\tan\theta}\right)^2\right\}$$
$$=\pi\left(1+2a\cos\theta-\frac{2a}{\tan\theta}t-\frac{1}{\sin^2\theta}t^2\right)$$

(이 식은 $t=0$, $\sin\theta$일 때도 성립)

> $\overline{OR}$이 y축 둘레로 곡면을 회전시킬 때 최대반지름이 되며, $\overline{OQ}$가 최소반지름이 된다.

이제, 입체의 부피를 구하면

$$V=2\int_0^{\sin\theta} T(t)\,dt$$
$$=2\pi\int_0^{\sin\theta}\left(1+2a\cos\theta-\frac{2at}{\tan\theta}-\frac{t^2}{\sin^2\theta}\right)dt$$
$$=2\pi\left[(1+2a\cos\theta)t-\frac{at^2}{\tan\theta}-\frac{t^3}{3\sin^2\theta}\right]_0^{\sin\theta}$$
$$=\frac{2\pi}{3}\sin\theta(2+3a\cos\theta) \qquad \cdots(\text{답}) \ ■$$

(2) $a=4$이면, $V=\frac{4\pi}{3}\sin\theta(1+6\cos\theta)$

$$\frac{dV}{d\theta}=\frac{4\pi}{3}\{\cos\theta(1+6\cos\theta)-6\sin^2\theta\}$$
$$=\frac{4\pi}{3}(3\cos\theta-2)(4\cos\theta+3)$$

$\cos\alpha=\frac{2}{3}\left(0<\alpha<\frac{\pi}{2}\right)$로 놓으면, V의 증감은 다음 표와 같이 된다.

θ	0	$\cdots$	α	$\cdots$	$\frac{\pi}{2}$
$\frac{dV}{d\theta}$		+	0	−	
V		↗	극대	↘	

$$V_{\max}=[V]_{\theta=\alpha} \qquad \left(\because \sin\alpha=\frac{\sqrt{5}}{3}\right)$$
$$=\frac{4\pi}{3}\cdot\frac{\sqrt{5}}{3}\left(1+6\cdot\frac{2}{3}\right)$$
$$=\frac{20\sqrt{5}}{9}\pi \qquad \cdots(\text{답}) \ ■$$

[문제 3] (1)

(예) $\sum_{k=1}^{n} k$와 $\sum_{k=1}^{n} k^2$을 이용하여,

$\sum_{k=1}^{n} k^3$을 구해보자.

$(k+1)^4 = k^4+4k^3+6k^2+4k+1$에서

$$4k^3 = (k+1)^4 - k^4 - 6k^2 - 4k - 1$$

$$4\sum_{k=1}^{n} k^3 = \sum_{k=1}^{n}((k+1)^4 - k^4) - 6\sum_{k=1}^{n} k^2 - 4\sum_{k=1}^{n} k - \sum_{k=1}^{n} 1$$

$$= ((n+1)^4 - 1) - 6 \cdot \frac{n(n+1)(2n+1)}{6} - 4 \cdot \frac{n(n+1)}{2} - n$$

$$= \{n(n+1)\}^2$$

$$\therefore \quad \sum_{k=1}^{n} k^3 = \left\{\frac{1}{2}n(n+1)\right\}^2$$

$\sum_{k=1}^{n} k^p = S_p(n)$인 $p+1$차 다항식 $S_p(x)$가 존재한다. $\cdots (*)$

를 p에 관한 수학적귀납법으로 보이자.

(i) $p=1$인 경우,

$$\sum_{k=1}^{n} k = \frac{1}{2}n(n+1)$$

이므로 $(*)$는 성립한다.

(ii) 1 이상 자연수 p와, $1 \leq r \leq p$인 자연수 r에 대하여 $(*)$가 성립한다고 하자.

$$(k+1)^{p+2} = \sum_{i=0}^{p+2} {}_{p+2}C_i k^i$$

$$= {}_{p+2}C_0 k^0 + \sum_{i=1}^{p} {}_{p+2}C_i k^i + {}_{p+2}C_{p+1} k^{p+1} + {}_{p+2}C_{p+2} k^{p+2}$$

$$= 1 + \sum_{i=1}^{p} {}_{p+2}C_i k^i + (p+2)k^{p+1} + k^{p+2}$$

$$\therefore \quad (p+2)k^{p+1} = (k+1)^{p+2} - k^{p+2} - 1 - \sum_{i=1}^{p} {}_{p+2}C_i k^i$$

$$\therefore \quad (p+2)\sum_{k=1}^{n} k^{p+1}$$

$$= \sum_{k=1}^{n}\{(k+1)^{p+2} - k^{p+2}\} - \sum_{k=1}^{n} 1 - \sum_{k=1}^{n}\left(\sum_{i=1}^{p} {}_{p+2}C_i k^i\right)$$

$$= (n+1)^{p+2} - 1 - n - \sum_{i=1}^{p}\left({}_{p+2}C_i \cdot \sum_{k=1}^{n} k^i\right)$$

$$= (n+1)^{p+2} - 1 - n - \sum_{i=1}^{p}\left({}_{p+2}C_i \cdot S_i(n)\right)$$

$$\therefore \quad \sum_{k=1}^{n} k^{p+1} = \frac{1}{p+2}\left\{(n+1)^{p+2} - 1 - n - \sum_{i=1}^{p}\left({}_{p+2}C_i \cdot S_i(n)\right)\right\} \cdots ①$$

①식에서

$\sum_{i=1}^{p}\left({}_{p+2}C_i \cdot S_i(n)\right)$은 n의 $p+1$차 다항식이며 (귀납법가정), $(n+1)^{p+2}$는 n의 $p+2$차 다항식이므로,

①식의 우변을 $S_{p+1}(n)$으로 놓을 수 있다.

따라서, $(*)$는 $p+1$인 경우에도 성립한다.

(i), (ii)와 수학적귀납법에 의하여, $(*)$는 모든 자연수 p에 대하여 성립한다. ■

(2) 임의의 자연수 n에 대하여

$$\sum_{j=1}^{q} a_j S_{2j-1}(n) = n^q(n+1)^q \quad (q \geqq 1) \cdots ②$$

가 성립하는 상수 a_1, a_2, $\cdots$, a_q을 정하면 된다.

②에서 $a_j S_{2j-1}(n)$을 우변과 비교할 수 있도록 $a_j n^{2j-1}$의 형태로 바꾸어보자.

$$S_{2j-1}(n) - S_{2j-1}(n-1) = \sum_{k=1}^{n} k^{2j-1} - \sum_{k=1}^{n-1} k^{2j-1} = n^{2j-1}$$

$$\begin{aligned}\sum_{j=1}^{q} a_j n^{2j-1} &= \sum_{j=1}^{q} a_j (S_{2j-1}(n) - S_{2j-1}(n-1)) \\ &= \sum_{j=1}^{q} a_j S_{2j-1}(n) - \sum_{j=1}^{q} a_j S_{2j-1}(n-1) \\ &= n^q(n+1)^q - (n-1)^q n^q \\ &= n^q\left(\sum_{i=0}^{q} {}_q\mathrm{C}_i n^{q-i} - \sum_{i=0}^{q} {}_q\mathrm{C}_i (-1)^i n^{q-i}\right) \\ &= \sum_{i=0}^{q} {}_q\mathrm{C}_i (1-(-1)^i) n^{2q-i}\end{aligned}$$

$$\therefore \sum_{j=1}^{q} a_j n^{2j-1} = \sum_{i=0}^{q} {}_q\mathrm{C}_i (1-(-1)^i) n^{2q-i} \cdots ③$$

여기서, $n^{2j-1} = n^{2q-i} \Leftrightarrow 2j-1 = 2q-i$
$\Leftrightarrow i = 2q-2j+1$
$\left(\text{단, } 0 \leqq i \leqq q\text{에서 } \dfrac{q+1}{2} \leqq j \leqq q\right)$

---

③이 임의의 n에 대하여 성립할 조건은, 양변을 비교해보면

$1 \leqq j < \dfrac{q+1}{2}$일 때, $a_j = 0$

$\dfrac{q+1}{2} \leqq j \leqq q$일 때, $a_j = \{1-(-1)^i\}\, {}_q\mathrm{C}_i$

$(i = 2q-2j+1)$ ■

③에서 $q=5$인 경우를 예로 설명하면,

$$\sum_{j=1}^{5} a_j n^{2j-1} = \sum_{i=0}^{5} {}_5\mathrm{C}_i (1-(-1)^i) n^{10-i}$$

$$\begin{aligned}&a_1 n^1 + a_2 n^3 + a_3 n^5 + a_4 n^7 + a_5 n^9 \\ &= {}_5\mathrm{C}_1 \times 2n^9 + {}_5\mathrm{C}_3 \times 2n^7 + {}_5\mathrm{C}_5 \times 2n^5\end{aligned}$$

$\therefore a_1 = a_2 = 0$, $a_3 = 2 \times {}_5\mathrm{C}_5$,
$a_4 = 2 \times {}_5\mathrm{C}_3$, $a_5 = 2 \times {}_5\mathrm{C}_1$

(3) 임의의 자연수 n에 대하여

$$\sum_{j=1}^{q-1} b_j S_{2j}(n) = n^{q-1}(n+1)^{q-1}(cn+q) \cdots ④$$

가 성립하는 상수 c, b_1, b_2, $\cdots$, b_{q-1}을 정하면 된다.

④에서 $b_j S_{2j}(n)$을 우변과 비교할 수 있도록 $b_j n^{2j}$의 형태로 바꾸어보자.

$$S_{2j}(n) - S_{2j}(n-1) = \sum_{k=1}^{n} k^{2j} - \sum_{k=1}^{n-1} k^{2j} = n^{2j}$$

$$\begin{aligned}\sum_{j=1}^{q-1} b_j n^{2j} &= \sum_{j=1}^{q-1} b_j \left(\sum_{k=1}^{n} k^{2j} - \sum_{k=1}^{n-1} k^{2j}\right) \\ &= \sum_{j=1}^{q-1} b_j (S_{2j}(n) - S_{2j}(n-1)) \\ &= \sum_{j=1}^{q-1} b_j S_{2j}(n) - \sum_{j=1}^{q-1} b_j S_{2j}(n-1) \\ &= n^{q-1}(n+1)^{q-1}(cn+q) \\ &\qquad - (n-1)^{q-1} n^{q-1}\{c(n-1)+q\} \\ &= n^{q-1}\left\{(cn+q)\sum_{i=0}^{q-1} {}_{q-1}\mathrm{C}_i n^{q-1-i}\right. \\ &\qquad \left. - (cn-c+q)\sum_{i=0}^{q-1} {}_{q-1}\mathrm{C}_i \cdot (-1)^i \cdot n^{q-1-i}\right\}\end{aligned}$$

$$= \underline{\sum_{i=0}^{q-1} {}_{q-1}\mathrm{C}_i n^{2q-i-1}\{c-(-1)^i c\}} \quad ⑤$$

$$+ \underline{\sum_{i=0}^{q-1} {}_{q-1}\mathrm{C}_i n^{2q-i-2}\{q+(-1)^i(c-q)\}} \quad ⑥$$

위 식에서 좌변의 $\sum_{j=1}^{q-1} b_j n^{2j}$는 n^{2j}에 의하여 n의 짝수제곱꼴만 존재하므로, 우변의 ⑤와 ⑥에는 n의 홀수제곱꼴이 없어야 한다.

여기서부터는 뒤의 [참고]의 방법으로 가능

⑤는 $\sum_{i=0}^{q-1}(*)n^{2q-i-1}$의 형태이므로, i가 짝수일 때 n^{2q-i-1}는 n의 홀수제곱이 된다. 하지만, ⑤를 $\sum_{i=0}^{q-1}(*)\{c-(-1)^i c\}$의 형태로 보면, i가 짝수일 때 $c-(-1)^i c=0$이다.
따라서, ⑤에는 n의 홀수제곱이 존재하지 않는다.

⑥은 $\sum_{i=0}^{q-1}(*)n^{2q-i-2}$의 형태이므로, i가 홀수일 때 n^{2q-i-2}는 n의 홀수제곱이 된다.
따라서, ⑥을 $\sum_{i=0}^{q-1}(*)\{q+(-1)^i(c-q)\}$의 형태로 보고, i가 홀수일 때

$$q+(-1)^i(c-q)=0 \quad \therefore\ c=2q \qquad \cdots ⑦$$

로 하여, ⑥에서 n의 홀수제곱이 존재하지 않게 하여야 한다.

이제, ⑤, ⑥에서

$$\sum_{j=1}^{q-1} b_j n^{2j} = \sum_{i=0}^{q-1}(*)n^{2q-i-1} + \sum_{i=0}^{q-1}(*)n^{2q-i-2}$$

이므로, 다음 두 경우를 고려해야 한다.

$$2j=2q-i-1\text{과 } 2j=2q-i-2$$

(ⅰ) $2j=2q-i-1 \Leftrightarrow i=2q-2j-1$
단, $0 \le i \le q-1$에서

$$\frac{q}{2} \le j \le \frac{2q-1}{2} \qquad \cdots ⑧$$

(ⅱ) $2j=2q-i-2 \Leftrightarrow i=2q-2j-2$
단, $0 \le i \le q-1$에서

$$\frac{q-1}{2} \le j \le q-1 \qquad \cdots ⑨$$

여기서, q가 짝수인 경우는 ⑧, ⑨에 포함되는 정수 j가 일치하지만, q가 홀수인 경우는 ⑨에 포함되는 정수가 1개 더 많으며, 그것은 $j=\frac{q-1}{2}$이다.

따라서, $\frac{q}{2} \le j \le q-1$일 때

$$\sum_{j=1}^{q-1} b_j n^{2j} = \underline{\sum_{i=0}^{q-1} {}_{q-1}\mathrm{C}_i n^{2q-i-1}\{c-(-1)^i c\}} \quad ⑤$$

$$+ \underline{\sum_{i=0}^{q-1} {}_{q-1}\mathrm{C}_i n^{2q-i-2}\{q+(-1)^i(c-q)\}} \quad ⑥$$

의 좌우변을 비교하면 ⑦, ⑧, ⑨에 의해서

$$\begin{aligned} b_j &= 2c \cdot {}_{q-1}\mathrm{C}_{2q-2j-1} + c \cdot {}_{q-1}\mathrm{C}_{2q-2j-2} \\ &= 4q \cdot \frac{(q-1)!}{(2q-2j-1)!(2j-q)!} \\ &\quad + 2q \cdot \frac{(q-1)!}{(2q-2j-2)!(2j-q+1)!} \\ &= \{4(2j-q+1)+2(2q-2j-1)\} \\ &\quad \times \frac{q!}{(2q-2j-1)!(2j-q+1)!} \\ &= 2(2j+1)\,{}_q\mathrm{C}_{2q-2j-1} \qquad \cdots ⑩ \end{aligned}$$

또, q가 홀수이며 $j=\frac{q-1}{2}$인 경우

$$b_j = c \cdot {}_{q-1}\mathrm{C}_{2q-2j-2} = c \cdot {}_{q-1}\mathrm{C}_{q-1} = c = 2q$$

이며, 이것은 ⑩에 $j=\frac{q-1}{2}$을 대입한 것과 일치한다.

$$b_j=\begin{cases}0 & \left(1\le j<\frac{q-1}{2}\right)\\ 2(2j+1)\,{}_q\mathrm{C}_{2q-2j-1} & \left(\frac{q-1}{2}\le j\le q-1\right)\end{cases}$$

…(답) ■

[참고] ⑤식을 전개하면

$$ {}_{q-1}\mathrm{C}_0\cdot n^{2q-1}\underline{(c-c)}+{}_{q-1}\mathrm{C}_1\cdot n^{2q-2}(c+c)$$
$$+{}_{q-1}\mathrm{C}_2\cdot n^{2q-3}\underline{(c-c)}+{}_{q-1}\mathrm{C}_3\cdot n^{2q-4}(c+c)$$
$$+\cdots+{}_{q-1}\mathrm{C}_{q-2}\cdot n^{q+1}\{c-(-1)^{q-2}c\}$$
$$+{}_{q-1}\mathrm{C}_{q-1}\cdot n^{q}\{c-(-1)^{q-1}c\}$$

⑥식을 전개하면

$$ {}_{q-1}\mathrm{C}_0\cdot n^{2q-2}\{q+(c-q)\}$$
$$+{}_{q-1}\mathrm{C}_1\cdot n^{2q-3}\underline{\{q-(c-q)\}}$$
$$+{}_{q-1}\mathrm{C}_2\cdot n^{2q-4}\{q+(c-q)\}$$
$$+{}_{q-1}\mathrm{C}_3\cdot n^{2q-5}\underline{\{q-(c-q)\}}+\cdots+$$
$$+{}_{q-1}\mathrm{C}_{q-2}\cdot n^{q}\{q+(-1)^{q-2}(c-q)\}$$
$$+{}_{q-1}\mathrm{C}_{q-1}\cdot n^{q-1}\{q+(-1)^{q-1}(c-q)\}$$

$(\because c=2q)$

이제, q가 짝수이면 ⑤, ⑥식은

$$⑤=2c\left\{{}_{q-1}\mathrm{C}_1\cdot n^{2q-2}+{}_{q-1}\mathrm{C}_3\cdot n^{2q-4}+\cdots+{}_{q-1}\mathrm{C}_{q-1}\cdot n^{q}\right\}$$

$$⑥=c\left\{{}_{q-1}\mathrm{C}_0\cdot n^{2q-2}+{}_{q-1}\mathrm{C}_2\cdot n^{2q-4}+\cdots+{}_{q-1}\mathrm{C}_{q-2}\cdot n^{q}\right\}$$

이므로,

$$\sum_{j=1}^{q-1}b_jn^{2j}=⑤+⑥$$
$$=(2c\cdot{}_{q-1}\mathrm{C}_1+c\cdot{}_{q-1}\mathrm{C}_0)n^{2q-2}$$
$$+(2c\cdot{}_{q-1}\mathrm{C}_3+c\cdot{}_{q-1}\mathrm{C}_2)n^{2q-4}$$
$$+\cdots$$
$$+(2c\cdot{}_{q-1}\mathrm{C}_{q-1}+c\cdot{}_{q-1}\mathrm{C}_{q-2})n^{q}$$
$$=\sum_{j=\frac{q}{2}}^{q-1}(2c\cdot{}_{q-1}\mathrm{C}_{2q-2j-1}+c\cdot{}_{q-1}\mathrm{C}_{2q-2j-2})n^{2j}$$

따라서, $j<\frac{q}{2}$일 때는 $b_j=0$이며,

$j\ge\frac{q}{2}$일 때는

$$b_j=2c\cdot{}_{q-1}\mathrm{C}_{2q-2j-1}+c\cdot{}_{q-1}\mathrm{C}_{2q-2j-2}$$
$$=2(2j+1)\,{}_q\mathrm{C}_{2q-2j-1}$$

이제, q가 홀수이면 ⑤, ⑥식은

$$⑤=2c\left\{{}_{q-1}\mathrm{C}_1\cdot n^{2q-2}+{}_{q-1}\mathrm{C}_3\cdot n^{2q-4}+\cdots+{}_{q-1}\mathrm{C}_{q-2}\cdot n^{q+1}\right\}$$

$$⑥=c\left\{{}_{q-1}\mathrm{C}_0\cdot n^{2q-2}+{}_{q-1}\mathrm{C}_2\cdot n^{2q-4}+\cdots+{}_{q-1}\mathrm{C}_{q-3}\cdot n^{q+1}+{}_{q-1}\mathrm{C}_{q-1}\cdot n^{q-1}\right\}$$

이므로,

$$\sum_{j=1}^{q-1}b_jn^{2j}=⑤+⑥$$
$$=(2c\cdot{}_{q-1}\mathrm{C}_1+c\cdot{}_{q-1}\mathrm{C}_0)n^{2q-2}$$
$$+(2c\cdot{}_{q-1}\mathrm{C}_3+c\cdot{}_{q-1}\mathrm{C}_2)n^{2q-4}$$
$$+\cdots$$
$$+(2c\cdot{}_{q-1}\mathrm{C}_{q-2}+c\cdot{}_{q-1}\mathrm{C}_{q-3})n^{q+1}$$
$$+(\quad 0\quad+c\cdot{}_{q-1}\mathrm{C}_{q-1})n^{q-1}$$
$$=\sum_{j=\frac{q-1}{2}}^{q-1}(2c\cdot{}_{q-1}\mathrm{C}_{2q-2j-1}+c\cdot{}_{q-1}\mathrm{C}_{2q-2j-2})n^{2j}$$

(단, ${}_{q-1}\mathrm{C}_q=0$)

따라서, $j<\dfrac{q-1}{2}$일 때는 $b_j=0$이며,

$$j \ge \frac{q-1}{2} \text{일 때는}$$

$$\begin{aligned} b_j &= 2c \cdot {}_{q-1}\mathrm{C}_{2q-2j-1} + c \cdot {}_{q-1}\mathrm{C}_{2q-2j-2} \\ &= 2(2j+1)\,{}_q\mathrm{C}_{2q-2j-1} \end{aligned}$$ ■

(4) 다음 명제를 수학적귀납법으로 보이자.

$$\frac{d}{dx}S_p(x) = pS_{p-1}(x) \quad \cdots (\ast\ast)$$

(p는 3 이상의 홀수)

(i) $\begin{cases} S_3(x) = \dfrac{1}{4}x^4 + \dfrac{1}{2}x^3 + \dfrac{1}{4}x^2 \\ S_2(x) = \dfrac{1}{3}x^3 + \dfrac{1}{2}x^2 + \dfrac{1}{6}x \end{cases}$ 이므로,

$$\frac{d}{dx}S_3(x) = x^3 + \frac{3}{2}x^2 + \frac{1}{2}x = 3S_2(x)$$

따라서, $(\ast\ast)$는 $p=3$일 때 성립한다.

(ii) 이제, $3 \le p \le 2q-3$ $(q \ge 3)$인 홀수 p에 대하여 $(\ast\ast)$가 성립하면 $p=2q-1$일 때도 $(\ast\ast)$가 성립함을 보이자. 그러면, 수학적귀납법에 의하여 3 이상의 홀수 p에 대하여 $(\ast\ast)$가 성립하게 된다.

$$\sum_{j=1}^{q} a_j S_{2j-1}(x) = x^q(x+1)^q \quad (\because (2)\text{번})$$

의 양변을 x에 대하여 미분하면, $a_1=0$이므로

$$\begin{aligned} &\frac{d}{dx}\{a_q S_{2q-1}(x)\} + \frac{d}{dx}\sum_{j=2}^{q-1} a_j S_{2j-1}(x) \\ &= x^{q-1}(x+1)^{q-1}(2qx+q) \\ &= \sum_{j=1}^{q-1} b_j S_{2j}(x) \qquad (\because (3)\text{번}) \end{aligned}$$

여기서, 귀납법의 가정에 의하여

$$\frac{d}{dx}S_{2j-1}(x) = (2j-1)S_{2j-2}(x)$$

이므로, 위 식은 다음과 같이 된다.

$$a_q \frac{d}{dx}S_{2q-1}(x) + \sum_{j=2}^{q-1} a_j(2j-1)S_{2j-2}(x) = \sum_{j=1}^{q-1} b_j S_{2j}(x)$$

$$\begin{aligned} \therefore\ & a_q \frac{d}{dx}S_{2q-1}(x) \\ &= \sum_{j=1}^{q-1} b_j S_{2j}(x) - \sum_{j=1}^{q-2}(2j+1)a_{j+1}S_{2j}(x) \end{aligned}$$

$$(2j+1)a_{j+1} = b_j \quad (\because (2),(3)\text{번})$$

$$= \sum_{j=1}^{q-1} b_j S_{2j}(x) - \sum_{j=1}^{q-2} b_j S_{2j}(x) = b_{q-1}S_{2q-2}(x)$$

$$\therefore\ a_q \frac{d}{dx}S_{2q-1}(x) = b_{q-1}S_{2q-2}(x) \quad \cdots ⑪$$

문제 (2), (3)에 의하여

$$a_q = 2q, \quad b_{q-1} = 2(2q-1)q$$

이므로, 이것을 ⑪에 대입하면

$$\frac{d}{dx}S_{2q-1}(x) = (2q-1)S_{2q-2}(x)$$

이로써, $p=2q-1$일 때도 $(\ast\ast)$가 성립함을 보였으므로 증명은 완료되었다. ■

〈 2007年 前期 - 理科 〉　　　　　　　　　　　　　時間 : 150分

1. n과 k는 양의 정수이며, $P(x)$는 n차 이상의 다항식이다. 다항식 $(1+x)^k P(x)$의 n차 이하의 항의 계수가 모두 정수이면, $P(x)$의 n차 이하의 항의 계수도 모두 정수임을 보여라. 단, 상수항의 경우는, 상수항 자신을 계수로 본다.

2. n은 2 이상인 정수이다. 평면상의 $n+2$개의 점 O, P_0, P_1, $\cdots$, P_n이 있어, 다음 두 조건을 만족한다.

(ⅰ) $\angle \mathrm{P}_{k-1}\mathrm{OP}_k = \dfrac{\pi}{n}\ (1 \le k \le n)$, $\angle \mathrm{OP}_{k-1}\mathrm{P}_k = \angle \mathrm{OP}_0\mathrm{P}_1\ (2 \le k \le n)$

(ⅱ) $\overline{\mathrm{OP}_0} = 1$, $\overline{\mathrm{OP}_1} = 1 + \dfrac{1}{n}$

$\overline{\mathrm{P}_{k-1}\mathrm{P}_k} = a_k$라 놓고, $s_n = \sum_{k=1}^{n} a_k$라 하자. $\lim_{n \to \infty} s_n$을 구하여라.

3. 좌표평면상의 두 점 P, Q가 곡선 $y = x^2\ (-1 \le x \le 1)$ 위를 자유롭게 움직일 때, 선분 PQ를 $1:2$로 내분하는 점 R이 움직이는 범위를 D라 하자. (단, $\mathrm{P} = \mathrm{Q}$일 때는 $\mathrm{R} = \mathrm{P}$)

(1) a를 $-1 \le a \le 1$를 만족하는 실수라 할 때,
점 (a, b)가 D에 속하기 위한 b의 조건을 a를 이용하여 나타내어라.

(2) D를 좌표평면에 도시하시오.

4. 다음 물음에 답하여라.

(1) 실수 a에 대하여, 2차 정방행렬 A, P, Q가 5개의 조건 $A = aP + (a+1)Q$, $P^2 = P$, $Q^2 = Q$, $PQ = O$, $QP = O$를 만족한다. 단, O는 영행렬이다. 이때, $(P+Q)A = A$가 성립함을 보여라.

(2) 양의 실수 a에 대하여, 행렬 $A = \begin{pmatrix} a & 0 \\ 1 & a+1 \end{pmatrix}$을 고려하자. A에 대하여, (1)의 5개의 조건을 모두 만족하는 행렬 P, Q를 구하여라.

(3) n은 2 이상의 정수이다. $2 \le k \le n$을 만족하는 정수 k에 대하여 $A_k = \begin{pmatrix} k & 0 \\ 1 & k+1 \end{pmatrix}$로 놓자.
$A_n A_{n-1} A_{n-2} \cdots A_2$를 구하여라.

5. 앞면이 나올 확률이 p, 뒷면이 나올 확률이 $1-p$인 동전이 있다. 단, $0 < p < 1$이다.
이 동전을 던져 다음과 같은 규칙(R)에 의하여 '블록 쌓기' 게임을 한다.

(R)
(ⅰ) 블록의 높이는 최초 0이다.
(ⅱ) 동전을 던져 앞면이 나오면 높이 1의 블록을 한 개 쌓아 올리고,
뒷면이 나오면 쌓여 있는 블록을 모두 없애 높이 0으로 되돌린다.

n을 양의 정수, m을 $0 \le m \le n$를 만족하는 정수라 하자.

(1) 동전을 n회 던졌을 때, 마지막에 블록의 높이가 m이 되는 확률 p_m을 구하여라.

(2) (1)에서, 마지막에 블록의 높이가 m 이하일 확률 q_m을 구하여라.

(3) 규칙(R)을 따르며 동전을 n번 던지는 게임을 두 번 실시하여, 각각의 마지막의 높이를 생각해 보자. 단, 각각의 'n번 던지기'는 서로 독립이다. 두 번의 'n번 던지기'의 마지막의 블록 중 더 높은 것의 높이가 m이 될 확률 r_m을 구하여라. 단, 마지막의 블록의 높이가 같으면 그 값을 m으로 한다.

6. 다음 문제에 답하시오.

(1) $0 < x < a$를 만족하는 실수 x, a에 대하여 다음 부등식을 증명하시오.

$$\frac{2x}{a} < \int_{a-x}^{a+x} \frac{1}{t}dt < x\left(\frac{1}{a+x} + \frac{1}{a-x}\right)$$

(2) (1)번을 이용하여, 다음을 증명하시오.

$$0.68 < \ln 2 < 0.71$$

[문제 1]

$P(x) = \sum_{i=0}^{m} a_i x^i$ $(m \geq n, a_m \neq 0)$로 놓으면,

$$(1+x)^k P(x) = \left(\sum_{j=0}^{k} {}_k\mathrm{C}_j x^j\right)\left(\sum_{i=0}^{m} a_i x^i\right)$$
$$= \sum_{j=0}^{k}\left(\sum_{i=0}^{m} {}_k\mathrm{C}_j a_i x^{i+j}\right)$$

여기서, $(1+x)^k P(x)$의 x^l의 계수를 b_l로 놓자. (단, $l = 0, 1, 2, \cdots, m+k$)

$i+j=l$이므로, $b_l = \sum_{j=0}^{l} {}_k\mathrm{C}_j a_{l-j}$ $\cdots$ ①

(단, $j > k$일 때는 ${}_k\mathrm{C}_j = 0$)

정수의 집합 Z에 대하여, 명제 $\mathrm{II}(n)$을 다음과 같이 정의하자.

> $\mathrm{II}(n)$: $\{b_0, b_1, b_2, \cdots, b_n\} \in Z$
> $\Rightarrow \{a_0, a_1, a_2, \cdots, a_n\} \in Z$

먼저, $\mathrm{II}(0)$이 성립함을 보인 후, $\mathrm{II}(n)$이 성립하면 $\mathrm{II}(n+1)$이 성립함을 보이면 '수학적 귀납법'에 의하여, $n = 0, 1, 2, \cdots$에 대하여 $\mathrm{II}(n)$이 성립한다.

(i) ①에서, $b_0 = a_0$이므로 $\mathrm{II}(0)$는 성립.

(ii) $\mathrm{II}(n)$성립하면, $\{a_0, a_1, a_2, \cdots, a_n\} \in Z$이다.

이제, $\{b_0, b_1, b_2, \cdots, b_{n+1}\} \in Z$라 하면

$$b_{n+1} = \sum_{j=0}^{n+1} {}_k\mathrm{C}_j a_{(n+1)-j}$$
$$= a_{n+1} + \sum_{j=1}^{n+1} {}_k\mathrm{C}_j a_{(n+1)-j}$$

$$\therefore\ a_{n+1} = b_{n+1} - \sum_{j=1}^{n+1} {}_k\mathrm{C}_j a_{(n+1)-j}$$
$$= b_{n+1} - ({}_k\mathrm{C}_1 a_n + {}_k\mathrm{C}_2 a_{n-1} + \cdots + {}_k\mathrm{C}_{n+1} a_0)$$

이므로, a_{n+1}은 정수이다.

$$\therefore\ \{a_0, a_1, a_2, \cdots, a_n, a_{n+1}\} \in Z$$

따라서, $\mathrm{II}(n+1)$이 성립한다. ■

[문제 2]

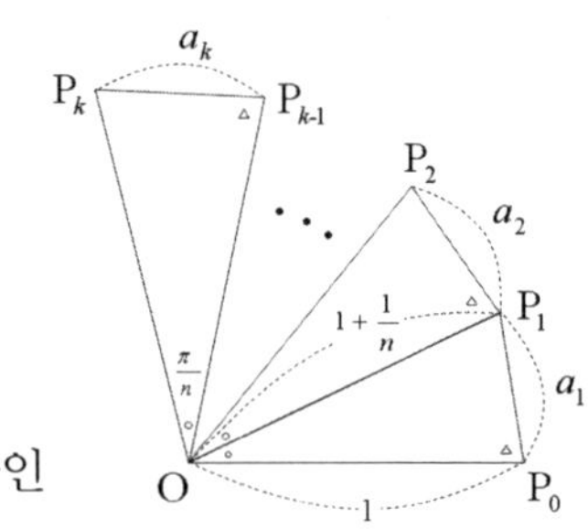

$\triangle OP_0P_1$에 코사인 법칙을 적용하면,

$$a_1^2 = 1^2 + \left(1+\frac{1}{n}\right)^2 - 2 \cdot 1 \cdot \left(1+\frac{1}{n}\right)\cos\frac{\pi}{n} \quad \cdots ①$$

또, $\triangle OP_{k-1}P_k$ $(k = 1, 2, \cdots, n)$는 서로 닮음이며, $\triangle OP_{k-1}P_k$와 $\triangle OP_kP_{k+1}$의 닮음비는 $1 : \left(1+\frac{1}{n}\right)$이다.

$$\therefore\ a_k = \left(1+\frac{1}{n}\right)^{k-1} a_1 \quad \cdots ②$$

$$\therefore\ s_n=\sum_{k=1}^{n}a_k\ =a_1\sum_{k=1}^{n}\left(1+\frac{1}{n}\right)^{k-1}\ (\because ②)$$

$$=a_1\cdot\frac{\left(1+\frac{1}{n}\right)^n-1}{\left(1+\frac{1}{n}\right)-1}$$

$$=\left\{\left(1+\frac{1}{n}\right)^n-1\right\}\cdot na_1$$

$\lim\limits_{n\to\infty}\left(\left(1+\frac{1}{n}\right)^n-1\right)=e-1$이므로, $\lim\limits_{n\to\infty}na_1$을 구해보자. ①에 의하여,

$$na_1=\sqrt{n^2+(n+1)^2-2n(n+1)\cos\frac{\pi}{n}}$$

$$=\sqrt{1+2n(n+1)\left(1-\cos\frac{\pi}{n}\right)}$$

$$=\sqrt{1+2n(n+1)\cdot\frac{\pi^2}{n^2}\cdot\left(\frac{\sin\frac{\pi}{n}}{\frac{\pi}{n}}\right)^2\cdot\frac{1}{1+\cos\frac{\pi}{n}}}$$

이므로,

$$\lim_{n\to\infty}na_1=\sqrt{1+2\cdot\pi^2\cdot1\cdot\frac{1}{2}}=\sqrt{1+\pi^2}$$

$$\therefore\ \lim_{n\to\infty}s_n=(e-1)\sqrt{1+\pi^2}\qquad\cdots(\text{답})\ ■$$

[문제 3]

(1) $P(p,p^2)$, $Q(q,q^2)$ $(|p|\le1, |q|\le1)$로 놓으면, $R\left(\frac{2p+q}{3}, \frac{2p^2+q^2}{3}\right)$이다.

R이 움직이는 범위가 D이므로,
점 (a,b)가 D에 속하기 위한 조건은

$$a=\frac{2p+q}{3}\cdots ①\qquad b=\frac{2p^2+q^2}{3}\cdots ②$$

을 만족하는 p, $q\,(|p|\le1, |q|\le1)$가 존재하는 것이다.

①에서 $q=3a-2p$이며, 치환에 의한 범위로 $-1\le q\le1$에서 $-1\le 3a-2p\le1$,

$$\frac{3a-1}{2}\le p\le\frac{3a+1}{2}\qquad\cdots ③$$

$q=3a-2p$를 ②에 대입하면,

$$b=\frac{1}{3}\{2p^2+(3a-2p)^2\}$$

$$\therefore\ b=3a^2-4pa+2p^2\qquad\cdots ④$$

> p가 $|p|\le1$의 범위에서 움직일 때, ④식은 포물선 $b=h(a)$를 그리며 이동함을 알 수 있다.
> 점 (a,b)의 궤적을 찾아야 하므로, ④식을 p의 함수로 보고 a값에 따라 b의 범위를 구하면 된다. 다만, $y=x^2$이 y축에 대칭이므로 $0\le a\le1$만 고려해도 된다.

④에서 b를 p에 관한 이차함수로 생각하면,

$$b=f(p)=2p^2-4ap+3a^2=2(p-a)^2+a^2\qquad\cdots ⑤$$

③과 $|p|\le1$를 만족하는 점 (a,b)의 존재범위는 그림의 사선부분과 같으며, 이 부분은 직선 $p=a$를 포함하므로,
포물선 ⑤의 p의 범위 $\frac{3a-1}{2}\le p\le\frac{3a+1}{2}$는 꼭짓점의 p의 좌표 a를 항상 포함한다.

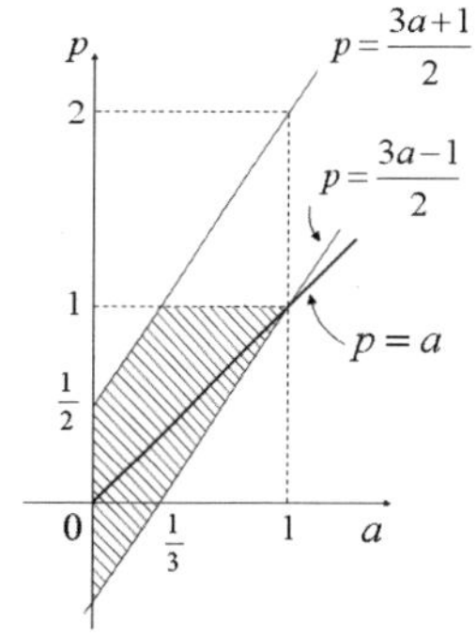

따라서, b의 최솟값은 항상 $f(a)$이다.

(ⅰ) $0\le a\le\frac{1}{3}$일 때,

$\left(\frac{3a+1}{2}-a\right)-\left(a-\frac{3a-1}{2}\right)\ge0$이므로

$$\therefore\ \left(\frac{3a+1}{2}-a\right)\ge\left(a-\frac{3a-1}{2}\right)$$

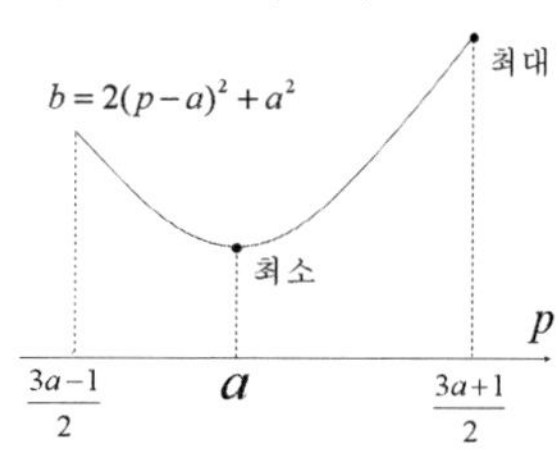

따라서, 그림과 같이 $f(a)\le b\le f\left(\frac{3a+1}{2}\right)$

$$\therefore\ a^2\le b\le\frac{3a^2}{2}+a+\frac{1}{2}\qquad\cdots ⑥$$

(ii) $\frac{1}{3} \le a \le 1$일 때,

$(1-a)-\left(a-\frac{3a-1}{2}\right) \ge 0$이므로

$$\therefore\ 1-a \ge a-\frac{3a-1}{2}$$

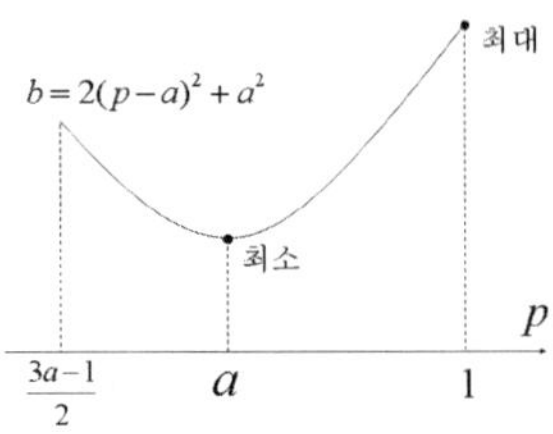

따라서, 그림과 같이 $f(a) \le b \le f(1)$

$$\therefore\ a^2 \le b \le 3a^2-4a+2 \quad \cdots ⑦$$

$-1 \le a \le 0$에 대해서는 ⑥, ⑦을 b축에 대하여 대칭이동한 것이므로, a를 $-a$로 생각하면 된다. 구하는 조건은

$$\begin{cases} a^2 \le b \le 3a^2+4a+2 \ \left(-1 \le a \le -\frac{1}{3}\right) \\ a^2 \le b \le \frac{3}{2}a^2-a+\frac{1}{2} \ \left(-\frac{1}{3} \le a \le 0\right) \\ a^2 \le b \le \frac{3}{2}a^2+a+\frac{1}{2} \ \left(0 \le a \le \frac{1}{3}\right) \\ a^2 \le b \le 3a^2-4a+2 \ \left(\frac{1}{3} \le a \le 1\right) \end{cases}$$

…(답) ■

(2) (1)번의 결과에서 a를 x로, b를 y로 하면 D가 구해지며, 아래의 사선부분과 같이 된다. 단, 경계는 모두 포함된다.

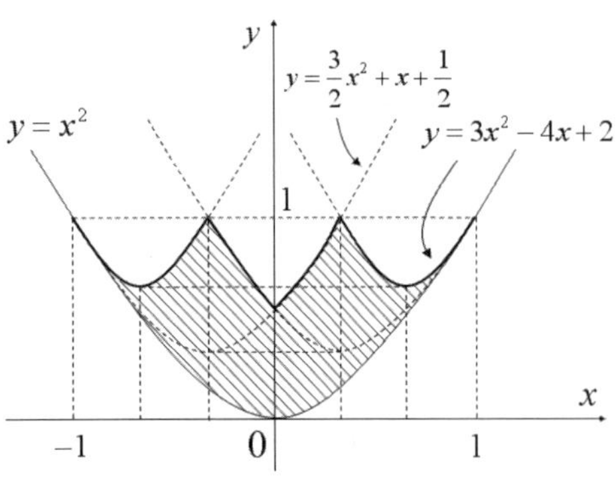

■

[참고] 난해한 문제이므로, 다음과 같은 직관적 풀이도 부분점수를 받을 수 있다.

먼저, 그림과 같이 $(1,1)$을 고정시키고 (p,p^2)을 이동시키며 좌에서 우로 $2:1$로 내분한 점의 궤적을 생각해보자.

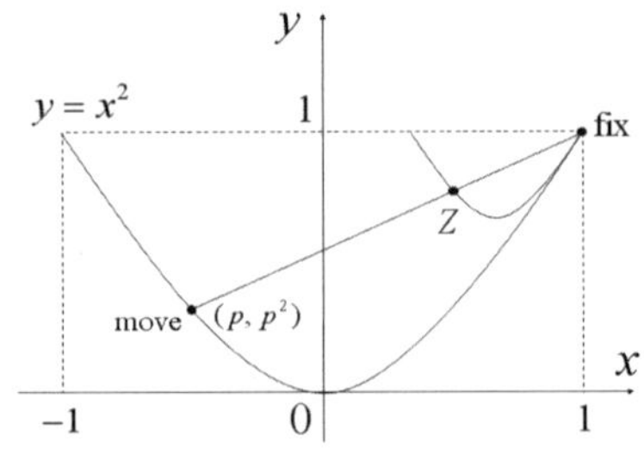

$Z\left(\frac{2+p}{3}, \frac{2+p^2}{3}\right)$ $(-1 \le p \le 1)$에서

$$x=\frac{2+p}{3},\ y=\frac{2+p^2}{3}$$

$p=3x-2$를 $y=\frac{2+p^2}{3}$에 대입하면,

$$\therefore\ y=3x^2-4x+2$$

이제, 점 $(-1,1)$을 고정시키고 (p,p^2)을 이동시키며 좌우에 우로 $2:1$로 내분한 점의 궤적을 생각해보자.

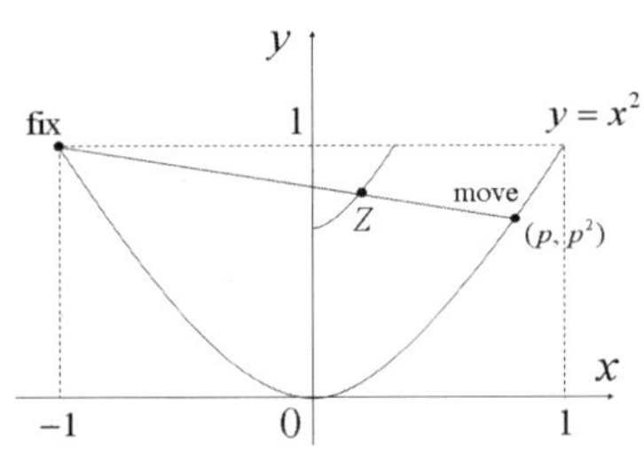

$Z\left(\frac{2p-1}{3}, \frac{2p^2+1}{3}\right)$ $(-1 \le p \le 1)$에서

$$x=\frac{2p-1}{3},\ y=\frac{2p^2+1}{3}$$

$p=\frac{3x+1}{2}$를 $y=\frac{2p^2+1}{3}$에 대입하면,

$$\therefore\ y=\frac{3}{2}x^2+x+\frac{1}{2}$$

이제, 고정시켰던 점들을 $y=x^2$을 따라 조금씩 이동시키면서 생각해보면 답과 같은 영역이 됨을 알 수 있다. ■

[문제 4]

(1) $\begin{cases} A=aP+(a+1)Q & \cdots ① \\ P^2=P,\ Q^2=Q & \cdots ② \\ PQ=QP=O & \cdots ③ \end{cases}$

$$\begin{aligned}(P+Q)A &= (P+Q)\{aP+(a+1)Q\} && (\because ①)\\ &= aP^2+(a+1)PQ+aQP+(a+1)Q^2 \\ &= aP+(a+1)Q && (\because ②, ③)\\ &= A && (\because ①)\end{aligned}$$

$\therefore\ (P+Q)A=A \quad \cdots ④$ ■

(2) $A=\begin{pmatrix} a & 0 \\ 1 & a+1 \end{pmatrix}$에 대하여

$$a(a+1)-0\cdot 1\neq 0 \ (\because a>0)$$

이므로, A^{-1}가 존재한다.

④식의 양변의 오른쪽에 A^{-1}를 곱하면,

$$P+Q=E\ (E\text{는 단위행렬}) \cdots ⑤$$

①과 ⑤를 연립하여 P, Q를 구하면,

$$P=(a+1)E-A=\begin{pmatrix} 1 & 0 \\ -1 & 0 \end{pmatrix}$$

$$Q=E-P=\begin{pmatrix} 0 & 0 \\ 1 & 1 \end{pmatrix}$$

이며, ②와 ③도 만족한다. 따라서,

$$P=\begin{pmatrix} 1 & 0 \\ -1 & 0 \end{pmatrix},\quad Q=\begin{pmatrix} 0 & 0 \\ 1 & 1 \end{pmatrix} \quad \cdots(\text{답})$$ ■

(3) (2)번의 결과에 의하여,

$$A_k=\begin{pmatrix} k & 0 \\ 1 & k+1 \end{pmatrix}=kP+(k+1)Q$$

$$P=\begin{pmatrix} 1 & 0 \\ -1 & 0 \end{pmatrix},\quad Q=\begin{pmatrix} 0 & 0 \\ 1 & 1 \end{pmatrix}$$

이제,

$$\begin{aligned}&A_nA_{n-1}A_{n-2}\cdots A_2\\ &=\{nP+(n+1)Q\}\times\{(n-1)P+nQ\}\\ &\quad\times\{(n-2)P+(n-1)Q\}\times\cdots\times(2P+3Q)\\ &=\{n(n-1)P^2+(n+1)nQ^2\}\\ &\quad\times\{(n-2)P+(n-1)Q\}\times\cdots\times(2P+3Q) \quad (\because ③)\\ &=n(n-1)(n-2)\cdots 2P^{n-1}\\ &\quad+(n+1)n(n-1)\cdots 3Q^{n-1}\\ &=n!P+\frac{(n+1)!}{2}Q \quad (\because ②)\\ &=n!\begin{pmatrix} 1 & 0 \\ -1 & 0 \end{pmatrix}+\frac{(n+1)!}{2}\begin{pmatrix} 0 & 0 \\ 1 & 1 \end{pmatrix}\\ &=\frac{n!}{2}\begin{pmatrix} 2 & 0 \\ n-1 & n+1 \end{pmatrix} \quad \cdots(\text{답})\end{aligned}$$ ■

[문제 5] (1) 먼저, $m=n$인 경우에는 동전이 전부 앞면이 나와야 하므로, $p_m=p^m$.

이제, $m<n$인 경우 n회 동전을 던져 마지막에 블록의 높이가 m이 되기 위해서는 다음과 같이 되어야 한다.

$n-m-1$회까지는 앞면이든 뒷면이든 상관없으며, $n-m$회째는 뒷면이 나온 후, 이후 전부 앞면이 나와야 한다.

$\therefore\ p_m=1^{n-m-1}\cdot(1-p)^1\cdot p^m=(1-p)p^m$

따라서, 구하는 확률은

$$p_m=\begin{cases}(1-p)p^m & (0\le m<n)\\ p^m & (m=n)\end{cases} \quad \cdots(\text{답})$$ ■

예를 들어, 100회 던져 높이가 10이 되는 경우를 생각해보자. 1회에서 89회까지는 앞뒤에 상관이 없으며, 90번째 뒷면이 나와 높이가 0으로 초기화된 후, 91번째부터 100번째까지 모두 앞면이 나와야한다.

(2) 먼저, $m=n$인 경우에는 처음부터 마지막까지 앞면이 나오든 뒷면이 나오든 상관없으므로, $q_m=1$.

이제, $m<n$인 경우 n회 동전을 던져 마지막에 블록의 높이가 m 이하가 되기 위해서는 다음과 같이 되어야 한다.

$n-m-1$회까지는 앞면이든 뒷면이든 상관없으며, $n-m$회부터 마지막 n회까지 중 뒷면이 적어도 한 번 나와야 한다. 이는 $n-m$회부터 마지막 n회까지 모두 앞면이 나온 사건의 여사건이다.

$$\therefore\ q_m=1-p^{m+1}$$

따라서, 구하는 확률은

$$q_m=\begin{cases}1-p^{m+1} & (0\le m<n)\\ 1 & (m=n)\end{cases} \quad \cdots(\text{답})$$ ■

> 예를 들어, 100회 던져 높이가 10 이하인 경우를 생각해보자. 1회에서 89회까지는 앞뒤에 상관이 없으며, 90번째부터 100번째까지 중 뒷면이 적어도 한 번 나와야 한다.

(3) 첫 번째 게임을 마친 후의 블록의 높이를 X, 두 번째 게임을 마친 후의 블록의 높이를 Y라 하자. X와 Y는 서로 독립이므로, (2)의 결과에 의하여

(ⅰ) $m=0$인 경우, $r_m=p_0^2=(1-p)^2$

(ⅱ) $m\geq 1$인 경우

$$\begin{aligned} r_m &= P(\max\{X, Y\}=m) \\ &= P(X\leq m \text{ and } Y\leq m) \\ &\qquad - P(X\leq m-1 \text{ and } Y\leq m-1) \\ &= {q_m}^2-{q_{m-1}}^2 \\ &= \begin{cases} (1-p^{m+1})^2-(1-p^m)^2 & (1\leq m<n) \\ 1-(1-p^m)^2 & (m=n) \end{cases} \end{aligned}$$

(ⅰ)과 (ⅱ)에 의하여,

$$r_m=\begin{cases} (1-p^{m+1})^2-(1-p^m)^2 & (0\leq m<n) \\ 1-(1-p^m)^2 & (m=n) \end{cases}$$

…(답) ■

[문제 6]

(1)

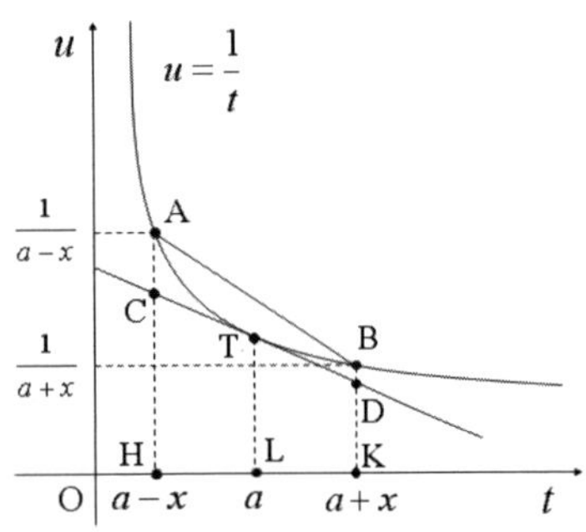

그림과 같이 A, B, H, K를 정하면,

$$\int_{a-x}^{a+x}\frac{1}{t}dt < [\text{사다리꼴 AHKB의 넓이}] = \left(\frac{1}{a-x}+\frac{1}{a+x}\right)\cdot 2x\cdot\frac{1}{2} \quad \cdots ①$$

또한, $\mathrm{T}\left(a, \frac{1}{a}\right)$에서의 $u=\frac{1}{t}$의 접선과 $\overline{\mathrm{AH}}$, $\overline{\mathrm{BK}}$의 교점을 C, D라 하자.

이때, T가 $\overline{\mathrm{CD}}$ 위의 점이므로 L을 그림과 같이 정하면,

$$[\text{사다리꼴 CHKD의 넓이}]=\overline{\mathrm{TL}}\times\overline{\mathrm{HK}} = \frac{1}{a}\times 2x=\frac{2x}{a} \quad \cdots ②$$

①, ②에 의하여,

$$\frac{2x}{a}<\int_{a-x}^{a+x}\frac{1}{t}dt<x\left(\frac{1}{a+x}+\frac{1}{a-x}\right) \quad \cdots ③$$

■

(2) $\ln 2=\int_1^2\frac{1}{t}dt=\int_1^{\frac{3}{2}}\frac{1}{t}dt+\int_{\frac{3}{2}}^2\frac{1}{t}dt$

이므로, ③식에 $a=\frac{5}{4}$, $x=\frac{1}{4}$을 대입하면,

$$\frac{2\cdot\frac{1}{4}}{\frac{5}{4}} < \int_1^{\frac{3}{2}}\frac{1}{t}dt < \frac{1}{4}\left(\frac{2}{3}+1\right)$$

$$\frac{2}{5} < \int_1^{\frac{3}{2}}\frac{1}{t}dt < \frac{5}{12} \quad \cdots ④$$

③식에 $a=\frac{7}{4}$, $x=\frac{1}{4}$을 대입하면,

$$\frac{2\cdot\frac{1}{4}}{\frac{7}{4}} < \int_{\frac{3}{2}}^2\frac{1}{t}dt < \frac{1}{4}\left(\frac{1}{2}+\frac{2}{3}\right)$$

$$\frac{2}{7} < \int_{\frac{3}{2}}^2\frac{1}{t}dt < \frac{7}{24} \quad \cdots ⑤$$

④, ⑤를 변변 더하면,

$$\frac{24}{35} < \ln 2=\int_1^2\frac{1}{t}dt < \frac{17}{24}$$

$$0.6857\cdots < \ln 2 < 0.7083\cdots$$

$$\therefore\ 0.68 < \ln 2 < 0.71$$

■

〈 2007年 前期 − 文科 〉 時間 : 100分

1. 연립부등식 $y(y-|x^2-5|+4) \le 0$, $y+x^2-2x-3 \le 0$으로 정해지는 영역을 D라 하자.
   (1) D를 좌표평면에 도시하시오. (2) D의 면적을 구하시오.

2. r은 $0<r<1$을 만족하는 실수, n은 2 이상의 정수라 하자. 평면상에 주어진 한 개의 원을, 다음 조건 (ⅰ), (ⅱ)를 만족하는 두 개의 원으로 바꾸는 조작(P)를 생각해보자.

(ⅰ) 새로운 두 원의 반지름의 비는 $r : 1-r$, 반지름의 합은 이전의 원의 반지름과 같다.
(ⅱ) 새로운 두 원은 서로 외접하며, 이전의 원에 내접한다.

이제, 아래와 같이 평면상에 2^n개의 원을 만든다.

- 먼저, 평면상에 반지름 1인 원을 그린다.
- 이 원에 조작(P)를 시행하여 두 개의 원을 얻는다(이것을 1회째의 조작이라 하자).
- k회째$(1 \le k \le n-1)$의 조작에서 얻어진 2^k개의 원의 각각에 대하여 조작(P)를 시행하여, 2^{k+1}개의 원을 얻는다.

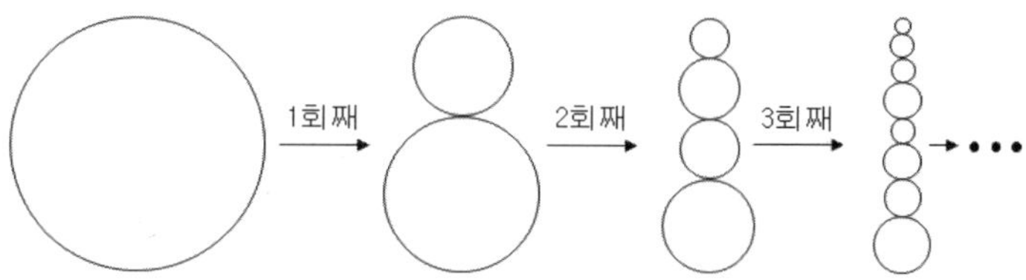

(1) n회째의 조작에서 얻어지는 2^n개의 원의 원주의 길이의 합을 구하여라.
(2) 2회째의 조작에서 얻어지는 4개의 원의 면적의 합을 구하여라.
(3) n회째의 조작에서 얻어지는 2^n개의 원의 면적의 합을 구하여라.

3. 양의 정수의 [끝두자리]는 100의 자리 이상을 무시한 수를 말한다. 예를 들면, 2000과 12345의 '끝두자리'는 각각 0, 45이다. m이 양의 정수 전체에서 변할 때, $5m^4$의 [끝두자리]로 되는 수를 전부 구하여라.

4. 이과 5번과 같음.

[문제 1]

(1)

$$y(y-|x^2-5|+4) \le 0$$

$$\Leftrightarrow \begin{cases} y \ge 0 \text{ and } y \le |x^2-5|-4 \\ y \le 0 \text{ and } y \ge |x^2-5|-4 \end{cases} \cdots ①$$

$$y+x^2-2x-3 \le 0$$

$$\Leftrightarrow y \le -(x-1)^2+4 \qquad \cdots ②$$

①, ②를 좌표평면에 도시하면 다음과 같다.

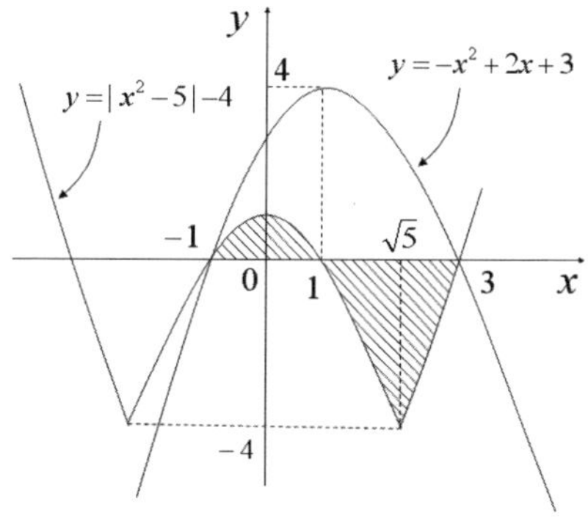

(2) 구하는 면적을 S라 하면,

$$S=\int_{-1}^{1}(-x^2+1)dx+\int_{1}^{\sqrt{5}}(x^2-1)dx+\int_{\sqrt{5}}^{3}(-x^2+9)dx$$

$$=\frac{4}{3}+\left[\frac{x^3}{3}-x\right]_1^{\sqrt{5}}+\left[-\frac{x^3}{3}+9x\right]_{\sqrt{5}}^{3}$$

$$=\frac{20(3-\sqrt{5})}{3} \qquad \cdots(\text{답}) \ ■$$

[문제 2]

(1) 2^n개의 원의 반지름을 각각 $r_i\,(i=1,2,\cdots,2^n)$라 하면 $\sum_{i=1}^{2^n} r_i=1$이다.

따라서, 원의 원주의 길이의 합은

$$\sum_{i=1}^{2^n} 2\pi r_i=2\pi \qquad \cdots(\text{답}) \ ■$$

(2) 일반적으로 반지름 R인 원에 조작 (P)를 시행하여 두 개의 원을 만들면, 그 두 원의 면적의 합은 다음과 같다.

$$\pi(Rr)^2+\pi\{R(1-r)\}^2=\pi R^2(1-2r+2r^2)$$

즉, 처음 원의 넓이의 $(1-2r+2r^2)$배이다.

따라서, 2회째에 얻어지는 4개의 원의 면적의 합은 $\pi(1-2r+2r^2)^2$ $\cdots$(답) ■

(3) (2)번의 풀이과정을 보면, n회째에 얻어지는 2^n개의 원의 면적의 합은

$$\pi(1-2r+2r^2)^n \qquad \cdots(\text{답}) \ ■$$

[문제 3] m의 일의 자리의 수를 p로 놓으면, 음이 아닌 정수 n에 대하여

$$m=10n+p \quad (0\le p\le 9,\ (n,p)\ne(0,0))$$

로 놓을 수 있다.

$$\begin{aligned}5m^4&=5(10n+p)^4\\&=5\{(10n)^4+4(10n)^3p+6(10n)^2p^2\\&\qquad+4(10n)p^3+p^4\}\\&=100(500n^4+200n^3p+30n^2p^2+2np^3)+5p^4\end{aligned}$$

이므로, $5m^4$의 [끝두자리]는 $5p^4$의 [끝두자리]와 같게 된다.

이제, $f(p)$를 $5p^4$의 [끝두자리]라 하면

$f(0)=00$, $f(1)=05$, $f(2)=80$, $f(3)=05$
$f(4)=80$, $f(5)=25$, $f(6)=80$, $f(7)=05$
$f(8)=80$, $f(9)=05$

이므로, $5m^4$의 [끝두자리]는

0, 5, 25, 80 $\cdots$(답) ■

〈 2007年 後期 − 理科1類 〉 時間 : 150分

1. xy평면상의 곡선 $C: xy^2=4$ 위의 한 점 $\mathrm{P}_0(x_0, y_0)\ (y_0>0)$를 잡자. P_0에서의 C의 접선과 C의 교점 중 P_0가 아닌 점을 $\mathrm{P}_1(x_1, y_1)$이라 하자. 또, P_1에서의 C의 접선과 C의 교점 중 P_1이 아닌 점을 $\mathrm{P}_2(x_2, y_2)$라 하자.
   (1) P_1, P_2의 좌표를 y_0를 이용하여 나타내어라.
   (2) $\triangle \mathrm{P}_0\mathrm{P}_1\mathrm{P}_2$의 면적을 T라 하고, $\overline{\mathrm{P}_0\mathrm{P}_1}$과 $\overline{\mathrm{P}_1\mathrm{P}_2}$ 및 곡선 C로 둘러싸인 영역의 면적을 S라 하자. $\frac{T}{S}$의 값을 구하여라.
   (3) $\angle \mathrm{P}_0\mathrm{P}_1\mathrm{P}_2$가 직각이 되도록 하는 y_0의 값을 구하여라.
   (4) (3)번에서 구한 y_0에 대하여, $\triangle \mathrm{P}_0\mathrm{P}_1\mathrm{P}_2$의 외접원의 면적을 구하여라.

2. 다음 물음에 답하여라.

(1) 실수성분 행렬 $A=\begin{pmatrix} a & b \\ b & c \end{pmatrix}$ $(a^2+b^2 \neq 0)$에 대하여 $B=\begin{pmatrix} a & b \\ -b & a \end{pmatrix}\begin{pmatrix} a & b \\ b & c \end{pmatrix}\begin{pmatrix} a & b \\ -b & a \end{pmatrix}^{-1}$로 놓자.

행렬 B는 $B=\begin{pmatrix} r & s \\ s & t \end{pmatrix}$의 형태임을 보이고, $r+t$와 $rt-s^2$을 a, b, c로 나타내어라.

(2) 문제 (1)에 있어서, $r^2+s^2 \geq a^2+b^2$이 성립함을 보여라.

(3) 실수 a_n, b_n, $c_n (n=0,1,2,\cdots)$를 다음과 같이 정하자.

> $n=0$일 때, $\begin{pmatrix} a_0 & b_0 \\ b_0 & c_0 \end{pmatrix}=\begin{pmatrix} 1 & 1 \\ 1 & 2 \end{pmatrix}$
>
> $n \geq 1$일 때, $\begin{pmatrix} a_n & b_n \\ b_n & c_n \end{pmatrix}=\begin{pmatrix} a_{n-1} & b_{n-1} \\ -b_{n-1} & a_{n-1} \end{pmatrix}\begin{pmatrix} a_{n-1} & b_{n-1} \\ b_{n-1} & c_{n-1} \end{pmatrix}\begin{pmatrix} a_{n-1} & b_{n-1} \\ -b_{n-1} & a_{n-1} \end{pmatrix}^{-1}$

(i) $\lim_{n\to\infty} b_n = 0$을 보여라.

(ii) $\lim_{n\to\infty} a_n$과 $\lim_{n\to\infty} c_n$을 구하여라.

3. N을 2 이상의 자연수라 하자. $x_1 \leq x_2 \leq \cdots \leq x_N$을 만족하는 실수 x_1, x_2, $\cdots$, x_N에 대하여, 실수 k_n, p_n, $q_n (n=0,1,2,\cdots)$을 다음과 같은 절차로 정하자. (단, $x_1 < x_N$)

> (A) $k_0=1$, $p_0=x_1$, $q_0=x_N$
>
> (B) n이 홀수일 때,
>
> k_n은 $x_i \leq \dfrac{p_{n-1}+q_{n-1}}{2}$을 만족하는 x_i의 개수, $p_n=p_{n-1}$, $q_n=q_{n-1}$
>
> (C) n이 짝수일 때,
>
> $k_n=k_{n-1}$, $\quad p_n=\dfrac{1}{k_n}\sum_{i=1}^{k_n} x_i$, $\quad q_n=\dfrac{1}{N-k_n}\sum_{i=k_n+1}^{N} x_i$
>
> 단, $k_n=0$ 또는 $k_n=N$으로 되면, 그 시점에서 이 절차는 종료된다.

(1) 모든 자연수 n에 대하여 다음 두 부등식이 성립함을 보여라.

$$1 \leq k_n \leq N-1, \quad x_1 \leq p_n < q_n \leq x_N$$

(2) 실수 $J_n (n=0,1,2,\cdots)$을 다음과 같이 정하자.

$$J_n=\sum_{i=1}^{k_n}(x_i-p_n)^2+\sum_{i=k_n+1}^{N}(x_i-q_n)^2$$

모든 자연수 n에 대하여 $J_n \leq J_{n-1}$이 성립함을 보여라.

(3) n이 충분히 크면, $J_n=J_{n-1}$, $p_n=p_{n-1}$, $q_n=q_{n-1}$, $k_n=k_{n-1}$이 성립함을 보여라.

[문제 1]

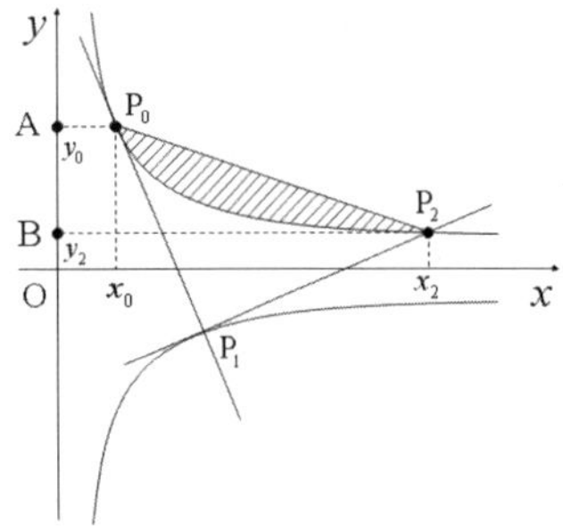

(1) $C: xy^2=4$

$$x=\frac{4}{y^2} \quad \cdots ①$$

$$\therefore \frac{dx}{dy}=-\frac{8}{y^3}$$

따라서,

점 $P_0\left(\frac{4}{y_0^2}, y_0\right)$에서의 C의 접선의 방정식은

$$y-y_0=-\frac{y_0^3}{8}\left(x-\frac{4}{y_0^2}\right)$$

$$\therefore x=-\frac{8}{y_0^3}y+\frac{12}{y_0^2} \quad \cdots ②$$

①, ②를 연립하면,

$$\frac{4}{y^2}=-\frac{8}{y_0^3}y+\frac{12}{y_0^2}$$

$$\Leftrightarrow 2y^3-3y_0y^2+y_0^3=0 \Leftrightarrow (y-y_0)^2(2y+y_0)=0$$

이므로, $y_1=-\frac{y_0}{2}$이며 ①에 대입하면

$$x_1=4\times\left(-\frac{2}{y_0}\right)^2=\frac{16}{y_0^2}$$

$$\therefore P_1\left(\frac{16}{y_0^2}, -\frac{y_0}{2}\right) \qquad \cdots(답) ■$$

또한, 이 결과에서 y_0를 $-\frac{y_0}{2}$로 하면 P_2의 좌표가 얻어지므로

$$\therefore P_2\left(\frac{64}{y_0^2}, \frac{y_0}{4}\right) \qquad \cdots(답) ■$$

(2) (1)번의 결과에서

$$\overrightarrow{P_1P_0}=\left(-\frac{12}{y_0^2}, \frac{3y_0}{2}\right),\ \overrightarrow{P_1P_2}=\left(\frac{48}{y_0^2}, \frac{3y_0}{4}\right)$$

이므로, $\triangle P_0P_1P_2$의 면적 T는

$$T=\frac{1}{2}\left|-\frac{12}{y_0^2}\cdot\frac{3y_0}{4}-\frac{48}{y_0^2}\cdot\frac{3y_0}{2}\right|$$

$$=\frac{1}{2}\left|-\frac{9}{y_0}-\frac{72}{y_0}\right|=\frac{81}{2y_0} \quad \cdots ③$$

또, 왼쪽 그림의 사선부분의 면적 $T-S$는

$$T-S=\square ABP_2P_0-\int_{y_2}^{y_0}\frac{4}{y^2}dy$$

$$=\frac{1}{2}(x_0+x_2)(y_0-y_2)-\left[-\frac{4}{y}\right]_{\frac{y_0}{4}}^{y_0}$$

$$=\frac{1}{2}\left(\frac{4}{y_0^2}+\frac{64}{y_0^2}\right)\left(y_0-\frac{y_0}{4}\right)+\left(\frac{4}{y_0}-\frac{16}{y_0}\right)$$

$$=\frac{51}{2y_0}-\frac{12}{y_0}=\frac{27}{2y_0}$$

이므로, ③에 의하여

$$S=T-\frac{27}{2y_0}=\frac{81}{2y_0}-\frac{27}{2y_0}=\frac{54}{2y_0}$$

$$\therefore \frac{T}{S}=\frac{81}{2y_0}\div\frac{54}{2y_0}=\frac{81}{54}=\frac{3}{2} \qquad \cdots(답) ■$$

(3) $\angle P_0P_1P_2=90^\circ \Leftrightarrow \overrightarrow{P_1P_0}\cdot\overrightarrow{P_1P_2}=0$

$$\Leftrightarrow -\frac{12}{y_0^2}\cdot\frac{48}{y_0^2}+\frac{3y_0}{2}\cdot\frac{3y_0}{4}=0$$

$$\Leftrightarrow -\frac{64}{y_0^4}+\frac{y_0^2}{8}=0 \Leftrightarrow y_0^6=8^3$$

$$\therefore y_0^2=8$$

$y_0>0$이므로, $y_0=2\sqrt{2}$ $\qquad \cdots(답) ■$

(4) $y_0=2\sqrt{2}$일 때, (1)의 결과에 의하여

$$P_0\left(\frac{1}{2}, 2\sqrt{2}\right),\ P_2\left(8, \frac{\sqrt{2}}{2}\right)$$

$\triangle P_0P_1P_2$의 외접원의 지름은 $\overline{P_0P_2}$이므로, 외접원의 면적은

$$\pi\left(\frac{\overline{P_0P_2}}{2}\right)^2=\frac{\pi}{4}\left\{\left(8-\frac{1}{2}\right)^2+\left(\frac{\sqrt{2}}{2}-2\sqrt{2}\right)^2\right\}$$

$$=\frac{\pi}{4}\left(\frac{225}{4}+\frac{18}{4}\right)$$

$$=\frac{243}{16}\pi \qquad \cdots(답) ■$$

[문제 2]

(1) $B=\begin{pmatrix} a & b \\ -b & a \end{pmatrix}\begin{pmatrix} a & b \\ b & c \end{pmatrix}\begin{pmatrix} a & b \\ -b & a \end{pmatrix}$

$=\begin{pmatrix} a^2+b^2 & ab+bc \\ 0 & -b^2+ac \end{pmatrix}\left\{\frac{1}{a^2+b^2}\begin{pmatrix} a & -b \\ b & a \end{pmatrix}\right\}$

$=\frac{1}{a^2+b^2}\begin{pmatrix} a^3+2ab^2+b^2c & -b^3+abc \\ -b^3+abc & -ab^2+a^2c \end{pmatrix}$

이므로,

$$\begin{cases} r=\dfrac{a^3+2ab^2+b^2c}{a^2+b^2},\ s=\dfrac{-b^3+abc}{a^2+b^2} \\ t=\dfrac{-ab^2+a^2c}{a^2+b^2} \end{cases}$$

로 놓으면, $B=\begin{pmatrix} r & s \\ s & t \end{pmatrix}$의 형태이다. ■

$r+t=\frac{a^3+ab^2+b^2c+a^2c}{a^2+b^2}=\frac{(a^2+b^2)(a+c)}{a^2+b^2}$

$=a+c$ … ① …(답) ■

$rt-s^2$

$=\frac{(a^3+2ab^2+b^2c)(-ab^2+a^2c)-(-b^3+abc)^2}{(a^2+b^2)^2}$

$=\frac{(ac-b^2)\{a(a^3+2ab^2+b^2c)-b^2(ac-b^2)\}}{(a^2+b^2)^2}$

$=\frac{(ac-b^2)(a^2+b^2)^2}{(a^2+b^2)^2}$

$=ac-b^2$ … ② …(답) ■

(2) ①에서 $(r+t)r=(a+c)r$

$r^2+rt=(a+c)r$ … ③

②에서 $rt-s^2=ac-b^2$ … ④

③−④에서 $r^2+s^2=(a+c)r-ac+b^2$

이제, $r^2+s^2-(a^2+b^2)$

$=(a+c)r-ac+b^2-(a^2+b^2)$

$=(a+c)\cdot\frac{a^3+2ab^2+b^2c}{a^2+b^2}-ac+b^2-(a^2+b^2)$

$=(a+c)\left\{a+\frac{b^2(a+c)}{a^2+b^2}\right\}-ac+b^2-(a^2+b^2)$

$=\frac{b^2(a+c)^2}{a^2+b^2}\geq 0$

$\therefore\ r^2+s^2 \geq a^2+b^2$ ■

(3) ①에 의하여,

$a_n+c_n=a_{n-1}+c_{n-1}$

$=\cdots=a_0+c_0=1+2=3$

$a_nc_n-b_n^2=a_{n-1}c_{n-1}-b_{n-1}{}^2$

$=\cdots=a_0c_0-b_0^2=1\cdot 2-1^2=1$

$$\therefore \begin{cases} a_n+c_n=3 & \cdots ⑤ \\ a_nc_n-b_n^2=1 & \cdots ⑥ \end{cases}$$

또, (2)번에 의하여

$a_n^2+b_n^2 \geq a_{n-1}{}^2+b_{n-1}{}^2 \geq \cdots \geq a_0^2+b_0^2=2$

$\therefore\ a_n{}^2+b_n{}^2 \geq 2$ … ⑦

(i) (1)번에서 $s=\frac{-b^3+abc}{a^2+b^2}$ 이므로,

$b_{n+1}=\frac{-b_n{}^3+a_nb_nc_n}{a_n{}^2+b_n{}^2}=\frac{a_nc_n-b_n{}^2}{a_n{}^2+b_n{}^2}b_n$

$=\frac{1}{a_n{}^2+b_n{}^2}b_n$ ($\because$ ⑥) … ⑧

여기서, $b_0=1$, $a_n^2+b_n^2 \geq 2>0$ 이므로

⑧에서 $b_n>0$ $(n=0,1,2,\cdots)$ 이며

$b_{n+1} \leq \frac{1}{2}b_n$ $(n=0,1,2,\cdots)$

$\therefore\ b_n \leq \frac{1}{2}b_{n-1} \leq \left(\frac{1}{2}\right)^2 b_{n-2}$

$\leq\cdots\leq\left(\frac{1}{2}\right)^n b_0=\frac{1}{2^n}$

$\therefore\ 0<b_n \leq \frac{1}{2^n}$

$\lim_{n\to\infty}\frac{1}{2^n}=0$ 이므로, $\lim_{n\to\infty}b_n=0$ … ⑨ ■

(ii) ⑤와 ⑥에서 $\begin{cases} a_n+c_n=3 \\ a_nc_n=1+b_n^2 \end{cases}$ 이므로

a_n과 c_n은 다음 이차방정식의 근이다.

$\lambda^2-3\lambda+(1+b_n{}^2)=0$ … ⑩

$\therefore\ \lambda=\frac{3\pm\sqrt{5-4b_n{}^2}}{2}$

따라서,

$$a_n = \frac{3+\sqrt{5-4b_n^2}}{2},\ \lim_{n\to\infty} a_n = \frac{3+\sqrt{5}}{2}$$

or

$$a_n = \frac{3-\sqrt{5-4b_n^2}}{2},\ \lim_{n\to\infty} a_n = \frac{3-\sqrt{5}}{2}$$

a_n이 ⑩의 근이므로 대입하면,

$a_n^2 - 3a_n + 1 + b_n^2 = 0$, $a_n^2 + b_n^2 = 3a_n - 1$

한편, ⑦에서 $a_n^2 + b_n^2 \geq 2$이므로

$$3a_n - 1 \geq 2,\ a_n \geq 1 \qquad \therefore \lim_{n\to\infty} a_n \geq 1$$

이것을 만족하는 a_n은 $a_n = \dfrac{3+\sqrt{5-4b_n^2}}{2}$

따라서, $c_n = \dfrac{3-\sqrt{5-4b_n^2}}{2}$

$$\therefore \begin{cases} \lim\limits_{n\to\infty} a_n = \dfrac{3+\sqrt{5}}{2} \\ \lim\limits_{n\to\infty} c_n = \dfrac{3-\sqrt{5}}{2} \end{cases} \cdots(\text{답}) \blacksquare$$

[문제 3]

먼저, 구체적인 예를 생각해보자.

$$x_1 = 1,\ x_2 = 2, \cdots,\ x_{10} = 10$$

으로 놓으면, $k_0 = 1$, $p_0 = 1$, $q_0 = 10$

$k_1 = 5 \left(\dfrac{p_0 + q_0}{2} = 5.5 \text{ 이하인 } x_i\text{의 개수}\right)$

$$p_1 = p_0 = 1,\ q_1 = q_0 = 10$$

$$k_2 = 5,\ p_2 = \frac{1}{k_2}\sum_{i=1}^{k_2} x_i = \frac{1}{5}\sum_{i=1}^{5} x_i = 3$$

$$q_2 = \frac{1}{N-k_2}\sum_{i=k_2+1}^{N} x_i = \frac{1}{10-5}\sum_{i=6}^{10} x_i = 8$$

$k_3 = 5 \left(\dfrac{p_2 + q_2}{2} = 5.5 \text{ 이하인 } x_i\text{의 개수}\right)$

$$p_3 = p_2 = 3,\ q_3 = q_2 = 8$$

$$k_4 = 5,\ p_4 = \frac{1}{k_4}\sum_{i=1}^{k_4} x_i = \frac{1}{5}\sum_{i=1}^{5} x_i = 3$$

$$q_4 = \frac{1}{N-k_4}\sum_{i=k_4+1}^{N} x_i = \frac{1}{10-5}\sum_{i=6}^{10} x_i = 8$$

(1)

$$(*)\ \begin{cases} 1 \leq k_n \leq N-1 \\ x_1 \leq p_n < q_n \leq x_N \end{cases} \ (n = 1, 2, \cdots)$$

먼저 (*)가 $n=0$일 때 성립함을 보이자.

$k_0 = 1$, $p_0 = x_1$, $q_0 = x_N$, $x_1 < x_N$이므로

$$1 \leq k_0 \leq N-1,\ x_1 \leq p_0 < q_0 \leq x_N$$

이제, $n=1$일 때 (*)가 성립함을 보인 후, 2 이상의 자연수 n에 대하여, (*)가 $n-1$일 때 성립하면 n일 때도 성립함을 보이자.
그러면, 수학적귀납법에 의하여, (*)는 모든 자연수에 대하여 성립하게 된다.

(ⅰ) $n=1$일 때, 절차(B)에 의하여 k_1은 다음 부등식을 만족하는 x_i의 개수이다.

$$x_i \leq \frac{p_0 + q_0}{2} = \frac{x_1 + x_N}{2} \quad \cdots ①$$

먼저, $x_1 = \dfrac{x_1}{2} + \dfrac{x_1}{2} < \dfrac{x_1}{2} + \dfrac{x_N}{2}$이므로 x_1은 ①식을 만족한다.

또, $x_N = \dfrac{x_N}{2} + \dfrac{x_N}{2} > \dfrac{x_1}{2} + \dfrac{x_N}{2}$이므로 x_N은 ①식을 만족하지 않는다.

즉, ①식을 만족하는 x_i는 적어도 하나(x_1) 존재하며, N개는 될 수 없다(x_N 제외).

$$\therefore 1 \leq k_1 \leq N-1$$

또, $p_1=p_0=x_1$, $q_1=q_0=x_N$이므로

$$\therefore\ x_1 \le p_1 < q_1 \le x_N$$

따라서, $n=1$일 때 $(*)$가 성립한다.

(ii) 2 이상의 자연수 n에 대하여, $(*)$가 $n-1$일 때 성립한다고 하자. 즉,

$$\begin{cases} 1 \le k_{n-1} \le N-1 & \cdots ② \\ x_1 \le p_{n-1} < q_{n-1} \le x_N & \cdots ③ \end{cases}$$

이라고 가정하자.

이제, n이 홀수인 경우와 짝수인 경우로 나누어, n일 때 $(*)$가 성립함을 보이자.

(가) n이 홀수인 경우
먼저, 절차(B)에 의하여

$$p_n=p_{n-1},\ q_n=q_{n-1}$$

이므로, 귀납법가정 ③에 의하여

$$\therefore\ x_1 \le p_n < q_n \le x_N \qquad \cdots ④$$

또, ③에서 $x_1 \le p_{n-1} < q_{n-1} \le x_N$이므로

$$x_1 < \frac{p_{n-1}+q_{n-1}}{2} < x_N$$

따라서, 부등식 $x_i \le \dfrac{p_{n-1}+q_{n-1}}{2}$을 x_1은 만족하지만 x_N은 만족하지 않는다.

$$\therefore\ 1 \le k_n \le N-1 \qquad \cdots ⑤$$

이제, ④, ⑤에 의하여, n일 때 $(*)$가 성립한다. ■

(나) n이 짝수인 경우
먼저, 절차(C)에 의하여 $k_n=k_{n-1}$이므로, 귀납법가정 ②에 의하여

$$\therefore\ 1 \le k_n \le N-1 \qquad \cdots ⑥$$

또, $n-1$이 홀수이므로 절차(B)에 의하여 k_{n-1}은 $x_i \le \dfrac{p_{n-2}+q_{n-2}}{2}$를 만족하는 x_i의 개수이다. $k_n=k_{n-1}$이므로,

$$x_1 \le x_2 \le \cdots \le x_{k_n} \le \frac{p_{n-2}+q_{n-2}}{2} < x_{k_n+1} \le \cdots \le x_N$$

$$\therefore\ x_{k_n} < x_{k_n+1} \qquad \cdots ⑦$$

또, p_n은 k_n개의 실수 x_1, x_2, $\cdots$, x_{k_n}의 평균이므로 $x_1 \le p_n \le x_{k_n}$ $\qquad \cdots ⑧$

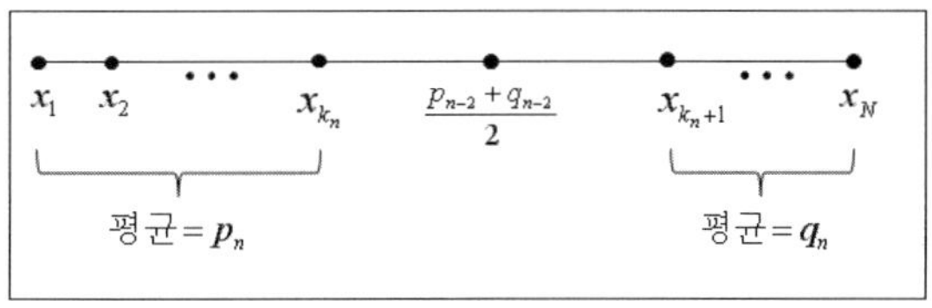

q_n은 $N-k_n$개의 실수 x_{k_n+1}, x_{k_n+2}, $\cdots$, x_N의 평균이므로 $x_{k_n+1} \le q_n \le x_N$ $\cdots ⑨$

따라서, ⑦, ⑧, ⑨에 의하여

$$\therefore\ x_1 \le p_n < q_n \le x_N \qquad \cdots ⑩$$

이제, ⑥, ⑩에 의하여 n일 때 $(*)$가 성립한다. ■

(2) n이 홀수인 경우와 짝수인 경우로 나누어 증명하자.
(i) n이 홀수인 경우
절차(B)에 의하여 $p_n=p_{n-1}$, $q_n=q_{n-1}$이므로, 계산의 편의를 위하여
$p=p_n=p_{n-1}$, $q=q_n=q_{n-1}$, $k_n=k$, $k_{n-1}=l$로 놓으면,

$$\begin{cases} J_n=\sum_{i=1}^{k}(x_i-p)^2+\sum_{i=k+1}^{N}(x_i-q)^2 \\ J_{n-1}=\sum_{i=1}^{l}(x_i-p)^2+\sum_{i=l+1}^{N}(x_i-q)^2 \end{cases}$$

(가) $k=l$이면 $J_{n-1}=J_n$
(나) $k>l$인 경우

$$J_{n-1}-J_n=-\sum_{i=l+1}^{k}(x_i-p)^2+\sum_{i=l+1}^{k}(x_i-q)^2$$

$$= \sum_{i=l+1}^{k} \{2x_i - (p+q)\}(p-q)$$

$$= 2\sum_{i=l+1}^{k} \left(\frac{p+q}{2} - x_i\right)(q-p)$$

여기서, $i = l+1,\ l+2,\ \cdots,\ k = k_n$이므로, k_n의 정의에 의하여

$$x_i \le \frac{p_{n-1}+q_{n-1}}{2} = \frac{p+q}{2}$$

$$\therefore\ \frac{p+q}{2} - x_i \ge 0\ \ (i = l+1, l+2, \cdots, k = k_n)$$

또, (1)번에 의하여 $p = p_n < q_n = q$

$$\therefore\ q - p > 0$$

따라서, $J_{n-1} - J_n \ge 0 \qquad \therefore\ J_{n-1} \ge J_n$

(다) $k < l$인 경우

$$J_{n-1} - J_n = \sum_{i=k+1}^{l}(x_i - p)^2 - \sum_{i=k+1}^{l}(x_i - q)^2$$

$$= \sum_{i=k+1}^{l} \{2x_i - (p+q)\}(q-p)$$

$$= 2\sum_{i=k+1}^{l} \left(x_i - \frac{p+q}{2}\right)(q-p)$$

여기서 $i \ge k+1 = k_n + 1 > k_n$이므로, k_n의 정의에 의하여

$$x_i > \frac{p_{n-1}+q_{n-1}}{2} = \frac{p+q}{2}$$

$$\therefore\ x_i - \frac{p+q}{2} > 0\ \ (i = k+1, \cdots, l)$$

또, (1)번에 의하여 $p = p_n < q_n = q$

$$\therefore\ q - p > 0$$

따라서, $J_{n-1} - J_n > 0 \qquad \therefore\ J_{n-1} > J_n$

이제, (가), (나), (다)에 의하여,
n이 홀수이면 $J_{n-1} \ge J_n$ ■

(ii) n이 짝수인 경우

절차(C)에 의하여 $k_n = k_{n-1}$이므로,

$k = k_n = k_{n-1}$로 놓고 k를 고정하면

$$p_n = \frac{1}{k}\sum_{i=1}^{k} x_i,\quad q_n = \frac{1}{N-k}\sum_{i=k+1}^{N} x_i$$

이며,

$$J_n = \sum_{i=1}^{k}(x_i - p_n)^2 + \sum_{i=k+1}^{N}(x_i - q_n)^2$$

$$J_{n-1} = \sum_{i=1}^{k}(x_i - p_{n-1})^2 + \sum_{i=k+1}^{N}(x_i - q_{n-1})^2$$

위의 식을 보면, J_{n-1}은 J_n의 p_n과 q_n을 각각 p_{n-1}과 q_{n-1}로 바꾼 것이다.

따라서, p, q에 관한 이차식

$$J(p,q) = \sum_{i=1}^{k}(x_i - p)^2 + \sum_{i=k+1}^{N}(x_i - q)^2$$

이 $p = p_n$, $q = q_n$일 때 즉, $J(p,q) = J_n$일 때 최소임을 보이면, J_{n-1}도 $J(p,q)$의 형태이므로 $J_{n-1} \ge J_n$이다.

$$J(p,q) = \sum_{i=1}^{k}(x_i - p)^2 + \sum_{i=k+1}^{N}(x_i - q)^2$$

$$= kp^2 - 2\left(\sum_{i=1}^{k} x_i\right)p$$

$$+ (N-k)q^2 - 2\left(\sum_{i=k+1}^{N} x_i\right)q + \sum_{i=1}^{N} x_i^2$$

$$= k\left(p - \frac{1}{k}\sum_{i=1}^{k} x_i\right)^2$$

$$+ (N-k)\left(q - \frac{1}{N-k}\sum_{i=k+1}^{N} x_i\right)^2 + \cdots$$

이므로, $J(p,q)$는

$$p = p_n = \frac{1}{k}\sum_{i=1}^{k} x_i,\quad q = q_n = \frac{1}{N-k}\sum_{i=k+1}^{N} x_i$$

일 때 최소이다. ■

(3) (1)번에서 k_n은 $1 \le k_n \le N-1$을 만족하는 자연수이므로, 주어진 절차를 반복하면서 k_n이 취할 수 있는 값은 유한개이다.

또, p_n과 q_n은 다음과 같은 식에 의하여 정의되므로, k_n에 의하여 값이 정해진다.

$$p_n = \frac{1}{k_n}\sum_{i=1}^{k_n} x_i,\quad q_n = \frac{1}{N-k_n}\sum_{i=k_n+1}^{N} x_i$$

따라서, 주어진 절차를 반복하면서 p_n과 q_n이 취할 수 있는 값도 유한개이다.

또한, J_n은 다음과 같은 식에 의하여 정의되므로, k_n, p_n, q_n에 의하여 그 값이 정해진다.

$$J_n = \sum_{i=1}^{k_n}(x_i - p_n)^2 + \sum_{i=k_n+1}^{N}(x_i - q_n)^2$$

따라서, 주어진 절차를 반복하면서 J_n이 취할 수 있는 값도 유한개이다.
(2)번에서 $J_{n-1} \ge J_n$이 모든 자연수 n에 대하여 성립함을 증명하였으므로 수열 $\{J_n\}$은 단조감소한다.

이제, 수열 $\{J_n\}$은 단조감소하며, J_n이 취할 수 있는 값이 유한개이므로, 자연수 n_0가 존재하여, $n \ge n_0$이면 $J_n = J_{n_0}$이다.

---

n_0를 홀수라 하고(n_0가 짝수이면 n_0+1을 생각), $n \ge n_0+2$이면

$$J_n = J_{n-1},\ p_n = p_{n-1},\ q_n = q_{n-1},\ k_n = k_{n-1}$$

이 모두 성립함을 보이면 증명된다.

(i) n이 n_0+1 이상의 짝수인 경우
n_0의 정의에 의하여 $J_n = J_{n-1}$이며,
절차(C)에 의하여 $k_n = k_{n-1}$이다.
또한, $k_n = k_{n-1}$이므로 (2)번과 같이 J_n과 J_{n-1} 모두 $J(p,q)$의 형태이며, $J(p,q)$는 J_n일 때 즉, $p=p_n$, $q=q_n$일 때 최소이다.
그런데, $J_{n-1} = J_n$이므로
$p = p_n = p_{n-1}$, $q = q_n = q_{n-1}$이다.

이상으로 다음을 모두 증명하였다.
$J_n = J_{n-1}$, $p_n = p_{n-1}$, $q_n = q_{n-1}$, $k_n = k_{n-1}$

(ii) n이 n_0+2 이상의 홀수인 경우
n_0의 정의에 의하여 $J_n = J_{n-1}$이며, 절차(B)에 의하여 $p_n = p_{n-1}$, $q_n = q_{n-1}$이다.

$n-1$은 n_0+1 이상의 짝수이므로 (i)에 의하여 $p_{n-1} = p_{n-2}$, $q_{n-1} = q_{n-2}$이다.

다시, $n-2 = n_0$는 홀수이므로 절차(B)에 의하여 $p_{n-2} = p_{n-3}$, $q_{n-2} = q_{n-3}$이다.

위의 결과에 의하여

$$\frac{p_{n-1}+q_{n-1}}{2} = \frac{p_{n-2}+q_{n-2}}{2} = \frac{p_{n-3}+q_{n-3}}{2}$$

… ⑪

---

k_n은 $x_i \le \frac{p_{n-1}+q_{n-1}}{2}$을 만족하는 x_i의 개수이며, k_{n-2}는 $x_i \le \frac{p_{n-3}+q_{n-3}}{2}$을 만족하는 x_i의 개수이므로, ⑪에 의하여

$$k_n = k_{n-2}$$

또한, $n-1$이 짝수이므로 절차(C)에 의하여

$$k_{n-1} = k_{n-2}$$

따라서, $k_n = k_{n-1}$이다.

이상으로, 다음을 모두 증명하였다.
$J_n = J_{n-1}$, $p_n = p_{n-1}$, $q_n = q_{n-1}$, $k_n = k_{n-1}$

(i), (ii)에 의하여 $n \ge n_0+2$이면 주어진 네 식이 모두 성립한다. ■

〈 2008年 前期 − 理科 〉 時間 : 150分

1. 좌표평면의 점 (x, y)를 $(3x+y, -2x)$로 옮기는 이동 f에 대하여, 점 P가 이동한 점을 $f(\mathrm{P})$로 표시하자. f를 이용하여 직선 $l_0, l_1, l_2, \cdots$ 를 다음과 같이 정하자.
   - ◦ l_0는 직선 $3x+2y=1$이다.
   - ◦ 점 P가 l_n 위를 움직일 때,

     $f(\mathrm{P})$가 그리는 직선을 l_{n+1}이라 하자. $(n=0, 1, 2, \cdots)$

   이하, l_n을 일차식을 사용하여 $a_n x+b_n y=1$로 표시하자.

   (1) a_{n+1}, b_{n+1}을 a_n, b_n으로 나타내어라.

   (2) 부등식 $a_n x+b_n y>1$이 정하는 영역을 D_n이라 하자. 영역 D_0, D_1, D_2, $\cdots$에 모두 포함되는 점의 범위를 도시하여라.

2. 흑백(黑白) 2종류의 카드가 충분히 많이 있다. 그 중에 k장의 카드를 손에 들고 있을 때, 다음과 같은 조작 (A)를 생각해보자.

(A) 손에 들고 있는 k장의 카드 중에서 1장을, 같은 확률 $\frac{1}{k}$로 뽑아서, 다른 색의 카드로 교체한다.

   다음 물음 (1), (2)에 답하여라.

   (1) 처음에 백(白) 2장, 흑(黑) 2장, 합계 4장의 카드를 들고 있는 경우, 조작(A)를 n회 반복한 후에야 처음으로 4장의 카드가 같은 색이 될 확률을 구하여라.

   (2) 처음에 백(白) 3장, 흑(黑) 3장, 합계 6장의 카드를 들고 있는 경우, 조작(A)를 n회 반복한 후에야 처음으로 6장의 카드가 같은 색이 될 확률을 구하여라.

3. (1) 정팔면체의 한 면을 밑면으로 하여 수평 상태의 책상 위에 올려 놓자. 이 팔면체를 수직방향의 위에서 본 그림(평면도)를 그려라.

   (2) 정팔면체의 서로 평행한 두 면을 선택하여, 각각의 중심을 G_1, G_2라 하자. G_1, G_2를 잇는 직선을 축으로 하여, 정팔면체를 1회전 하였을 때 형성되는 입체의 부피를 구하여라. 단, 정팔면체는 내부를 포함하며, 한 변의 길이는 1이다.

4. 포물선 $y=x^2$상의 두 점 P, Q에 대하여, 선분 PQ의 중점의 y좌표를 h라 하자.

   (1) 선분 PQ의 길이 L과 기울기 m으로, h를 표시하여라.

   (2) L을 고정하였을 때, h가 가질 수 있는 값의 최솟값을 구하여라.

5. 자연수 n에 대하여, $\frac{10^n-1}{9}$을 $\boxed{n}$으로 표시하자.

   예를 들어, $\boxed{1}=1$, $\boxed{2}=11$, $\boxed{3}=111$이다.

   (1) m을 0 이상의 정수라 하자.

   $\boxed{3^m}$은 3^m으로 나누어떨어지지만, 3^{m+1}으로는 나누어떨어지지 않음을 보여라.

(2) n이 27로 나누어떨어지는 것이, $\boxed{n}$이 27로 나누어떨어지기 위한 필요충분조건임을 보여라.

6. 좌표평면에 있어서, 매개변수 t를 사용하여 $\begin{cases} x=\cos 2t \\ y=t\sin t \end{cases}$ $(0 \leq t \leq 2\pi)$로 표시되는 곡선이 포함하는 영역의 면적을 구하여라.

[문제 1]

(1) 직선 l_n상의 임의의 점을 $\mathrm{P}(x, y)$라 하고, $f(\mathrm{P})$를 (x', y')라 하자. 문제에 의하여,

$$\begin{pmatrix} x' \\ y' \end{pmatrix} = \begin{pmatrix} 3 & 1 \\ -2 & 0 \end{pmatrix}\begin{pmatrix} x \\ y \end{pmatrix} \Leftrightarrow \begin{pmatrix} x \\ y \end{pmatrix} = \frac{1}{2}\begin{pmatrix} 0 & -1 \\ 2 & 3 \end{pmatrix}\begin{pmatrix} x' \\ y' \end{pmatrix}$$

$$\therefore \quad x = -\frac{y'}{2}, \ y = \frac{2x'+3y'}{2}$$

$\mathrm{P}(x, y)$는 $l_n : a_n x + b_n y = 1$상의 점이므로,

$$a_n\left(-\frac{y'}{2}\right) + b_n \cdot \frac{2x'+3y'}{2} = 1$$

$$\therefore \ b_n x' + \left(-\frac{1}{2}a_n + \frac{3}{2}b_n\right)y' = 1$$

이것을 $a_{n+1}x + b_{n+1}y = 1$과 비교하면,

$$\therefore \begin{cases} a_{n+1} = b_n & \cdots\cdots ① \\ b_{n+1} = -\frac{1}{2}a_n + \frac{3}{2}b_n & \cdots\cdots ② \end{cases}$$

…(답) ■

(2) ①에서 $a_n = b_{n-1}\,(n \geq 1)$이다.

이것을 ②에 대입하면,

$$b_{n+1} = -\frac{1}{2}b_{n-1} + \frac{3}{2}b_n$$

$$\Leftrightarrow \ b_{n+1} - \frac{3}{2}b_n + \frac{1}{2}b_{n-1} = 0$$

$b_{n+1} - \frac{3}{2}b_n + \frac{1}{2}b_{n-1} = 0$에서

$t^2 - \frac{3}{2}t + \frac{1}{2} = 0$의 두 근을 구하면 1, $\frac{1}{2}$

여기서, $\begin{cases} b_{n+1} - \frac{1}{2}b_n = 1\left(b_n - \frac{1}{2}b_{n-1}\right) \\ b_{n+1} - b_n = \frac{1}{2}(b_n - b_{n-1}) \end{cases}$

$$\therefore \begin{cases} b_{n+1} - \frac{1}{2}b_n \\ \quad = b_n - \frac{1}{2}b_{n-1} = \cdots = b_1 - \frac{1}{2}b_0 \\ b_{n+1} - b_n \\ \quad = \frac{1}{2}(b_n - b_{n-1}) = \cdots = \left(\frac{1}{2}\right)^n (b_1 - b_0) \end{cases}$$

$a_0 = 3$, $b_0 = 2$이므로 ②에서 $b_1 = \frac{3}{2}$이다.

이를 대입하면,

$$\therefore \begin{cases} b_{n+1} - \frac{1}{2}b_n = \frac{1}{2} & \cdots\cdots ③ \\ b_{n+1} - b_n = -\frac{1}{2}\left(\frac{1}{2}\right)^n & \cdots\cdots ④ \end{cases}$$

$(③ - ④) \times 2$에서, $b_n = 1 + \frac{1}{2^n}$

①에 대입하면, $a_n = 1 + \frac{1}{2^{n-1}}$

여기서, 수열 a_n, b_n이 양의 단조감소수열이므로, $l_n : a_n x + b_n y = 1$의 x절편 $\frac{1}{a_n}$, y절편 $\frac{1}{b_n}$이 모두 양의 단조증가수열임을 알 수 있다.

또, $\lim_{n \to \infty} a_n = \lim_{n \to \infty} b_n = 1$이므로,

l_∞는 $x + y = 1$이며, $\lim_{n \to \infty} \frac{1}{a_n} = \lim_{n \to \infty} \frac{1}{b_n} = 1$이다.

$a_n=1+\frac{1}{2^{n-1}}$, $b_n=1+\frac{1}{2^n}$을

l_n : $a_nx+b_ny=1$에 대입하면,

$$\left(1+\frac{1}{2^{n-1}}\right)x+\left(1+\frac{1}{2^n}\right)y=1$$

$$\therefore\ (x+y-1)+\frac{1}{2^n}(2x+y)=0$$

따라서, 직선 l_n은 n의 값에 관계없이 두 직선 $x+y-1=0$, $2x+y=0$의 교점 $(-1, 2)$를 지난다.

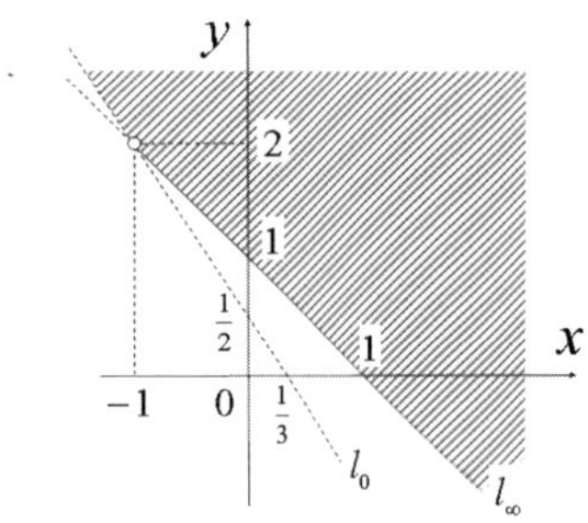

정리하면, 영역 D_0, D_1, D_2, $\cdots$ 모두에 포함되는 점의 범위는 위의 그림의 빗금친 부분이 된다. 단, 직선 $x+y=1$은 $x>-1$인 부분만 포함된다.

[문제 2]

(1) 백(白)의 개수를 a, 흑(黑)의 개수를 b라 하고, $X=|a-b|$라 하면, X가 취할 수 있는 값은 0, 2, 4 중 하나이며, n회째에 처음으로 $X=4$로 되는 확률을 구하면 된다.
맨 처음에는 $X=|a-b|=|2-2|=0$이므로, 대칭성에 주의하면 4회 시행까지의 확률의 추이는 다음 그림과 같다.

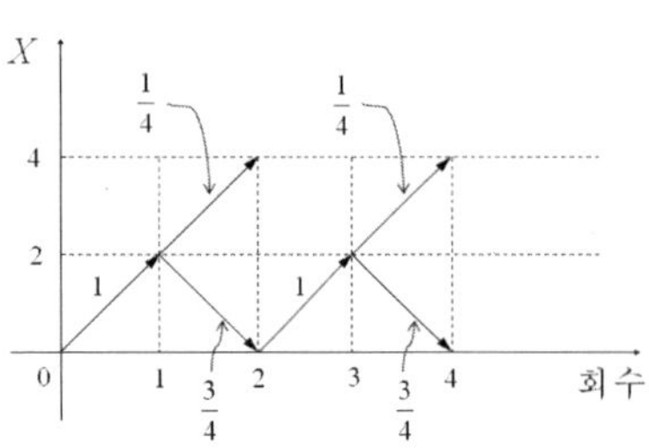

n회째 처음으로 $X=4$로 되기 위해서는 n은 짝수이어야 하며, $n-1$번째까지는 $X=0$, 2의 값을 교대로 가지며, n회째에 $X=4$로 되어야만 한다.

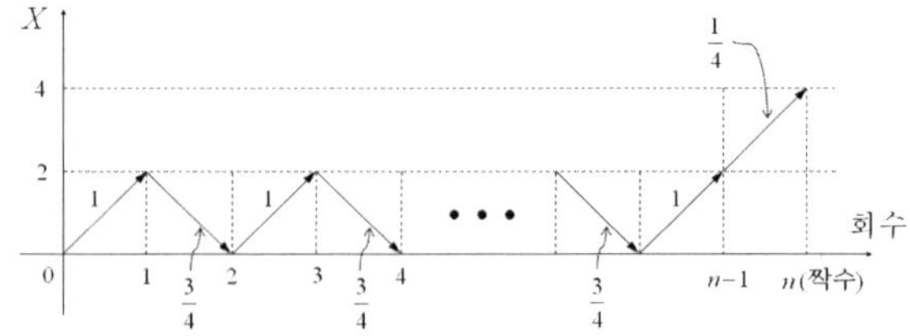

이 확률을 구하면,

$$\left(1\cdot\frac{3}{4}\right)^{\frac{n-2}{2}}\times1\times\frac{1}{4}=\frac{1}{3}\left(\frac{3}{4}\right)^{\frac{n}{2}}$$

따라서, 구하는 확률을 p_n이라 하면,

$$p_n=\begin{cases}0 & (n\text{은 홀수})\\ \frac{1}{3}\left(\frac{3}{4}\right)^{\frac{n}{2}} & (n\text{은 짝수})\end{cases}\quad\cdots(\text{답})$$ ■

(2) (1)번과 같이, a, b를 정하고,
$Y=|a-b|$라 하면, Y가 취할 수 있는 값은 0, 2, 4, 6 중 하나이며, n회째에 처음으로 $Y=6$으로 되는 확률을 구하면 된다.

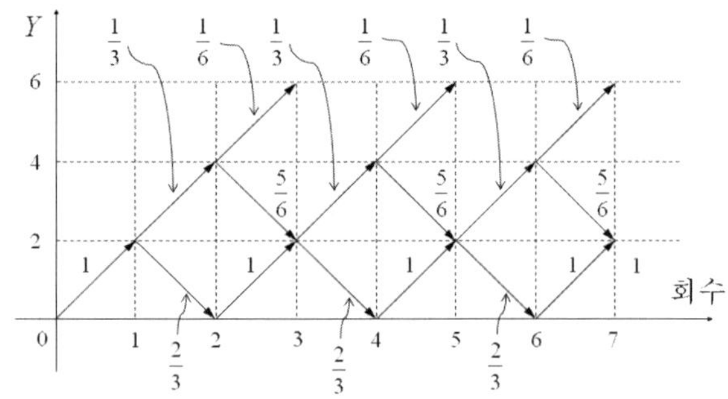

n회째 처음으로 $Y=6$으로 되기 위해서는 n은 3 이상의 홀수이어야 하며, $n-3$번째까지는 Y값은 0, 2, 4 중 한 값을 가지며 6은 될 수 없다.
또한, $n-2$회째에 $Y=2$로 되어야만 하며, $n-1$회째에 $Y=4$로 되어야만 한다. 위 그림을 보면, 처음에는 1의 확률로 $Y=2$이다. 이후, 2회와 3회에 걸쳐 Y값은 $2\to4\to2$ 또는 $2\to0\to2$로 변해야만 하며,

이 확률은 $\frac{1}{3}\times\frac{5}{6}+\frac{2}{3}\times1=\frac{17}{18}$이다.

따라서, n회($n\geqq3$, n은 홀수)의 조작 후에

처음으로 $Y=6$으로 되는 확률은

$$\therefore\ 1\times\left(\frac{17}{18}\right)^{\frac{n-3}{2}}\times\frac{1}{3}\times\frac{1}{6}=\frac{1}{17}\left(\frac{17}{18}\right)^{\frac{n-1}{2}}$$

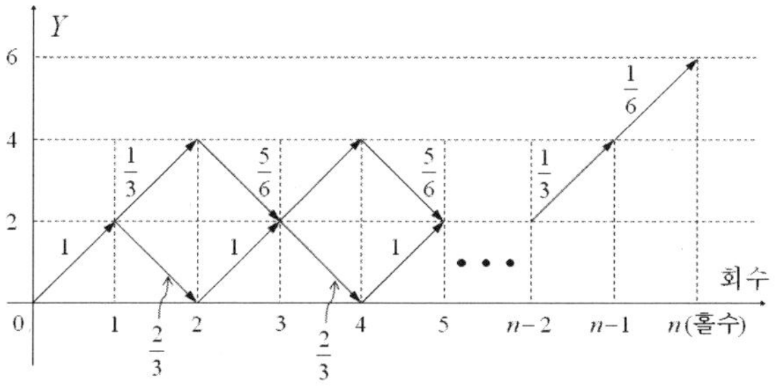

따라서, 구하는 확률을 q_n이라고 하면,

$$q_n=\begin{cases}0 & (n=1 \text{ or 짝수})\\ \frac{1}{17}\left(\frac{17}{18}\right)^{\frac{n-1}{2}} & (n\text{은 3 이상의 홀수})\end{cases}$$

…(답) ■

[문제 3]

(1) xyz 좌표공간에 정팔면체의 각 꼭짓점을 오른쪽 그림과 같이

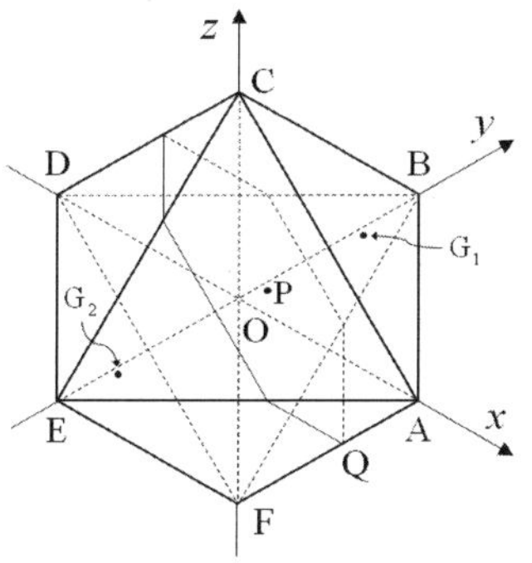

$A(a,0,0)$, $B(0,a,0)$, $C(0,0,a)$, $D(-a,0,0)$, $E(0,-a,0)$, $F(0,0,-a)$ $(a>0)$로 정해, 정삼각형 ABC와 DEF의 무게중심을 각각 G_1, G_2라 하자.

이때, $\overrightarrow{OG_2}=-\overrightarrow{OG_1}$,

$\overrightarrow{OG_1}\perp\triangle ABC$, $\overrightarrow{OG_2}\perp\triangle DEF$이므로,

$\triangle DEF$는 $\triangle ABC$를 직선 G_1G_2를 회전축으로 180° 회전하여, $\overrightarrow{G_1G_2}$만큼 평행이동한 것과 일치한다.

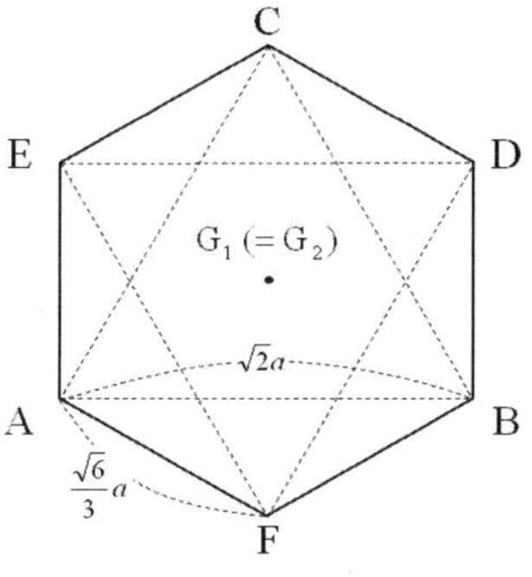

따라서, 구하는 평면도는 그림과 같이 한 변의 길이가 $\frac{\sqrt{6}}{3}a$ $(\overline{CG_1})$인 정육각형이다. ■

(2) $\overline{G_1G_2}$ 위의 한 점 P를 잡고 $\overline{OP}=t$라 하자. $\overrightarrow{OP}$의 방향벡터가 $(1,1,1)$이므로 P의 좌표는 (k,k,k)의 형태이다.

$\sqrt{k^2+k^2+k^2}=t$에서 $k=\frac{\sqrt{3}}{3}t$이므로,

$$P\left(\frac{\sqrt{3}}{3}t,\frac{\sqrt{3}}{3}t,\frac{\sqrt{3}}{3}t\right)\quad\cdots\cdots ①$$

이며, 점 P를 지나고 $\overline{G_1G_2}$에 수직인 평면은 $x+y+z=\sqrt{3}t$이다.

이제, 평면 $x+y+z=\sqrt{3}t$와 변 AF와의 교점을 Q라 하면, $\overline{OG_1}=\frac{a}{\sqrt{3}}$에서 구하는 입체의 체적은 $V=\int_{-\frac{a}{\sqrt{3}}}^{\frac{a}{\sqrt{3}}}\overline{PQ}^2\pi dt$이다.

> 먼저, $\overline{G_1G_2}$를 회전축으로 $\triangle ABC$(내부포함)를 회전시키는 것을 생각해보면, $\overline{G_1A}$를 회전시키는 것과 같다.
> 이제, 점 P를 지나고 $\overline{G_1G_2}$에 수직인 평면이 정팔면체를 자른 단면은 육각형이며, 점 P에서 각 꼭짓점까지의 거리는 모두 같다.
> 따라서, 이 육각형을 $\overline{G_1G_2}$를 중심으로 회전시키는 것은 $\overline{PQ}$를 $\overline{G_1G_2}$를 중심으로 회전시키는 것과 같다.

$\overrightarrow{OQ}=\overrightarrow{OF}+u\overrightarrow{FA}=(au,0,-a+au)$

점 Q는 $x+y+z=\sqrt{3}t$ 위에 있으므로,

$$au-a+au=\sqrt{3}t,\ u=\frac{1}{2}+\frac{\sqrt{3}t}{2a}$$

$$\therefore\ Q\left(\frac{a}{2}+\frac{\sqrt{3}t}{2},0,-\frac{a}{2}+\frac{\sqrt{3}t}{2}\right)\cdots\cdots ②$$

①, ②에서 $\overline{PQ}^2=\frac{a^2}{2}+\frac{t^2}{2}$이므로,

$$V=\int_{-\frac{a}{\sqrt{3}}}^{\frac{a}{\sqrt{3}}}\overline{PQ}^2\pi\,dt$$

$$=2\pi\int_0^{\frac{a}{\sqrt{3}}}\left(\frac{a^2}{2}+\frac{t^2}{2}\right)dt$$

$$=2\pi\left[\frac{a^2}{2}t+\frac{1}{6}t^3\right]_0^{\frac{a}{\sqrt{3}}}$$

$$=\frac{10}{9\sqrt{3}}\pi a^3$$

정팔면체의 한 변의 길이가 1이므로,

$a=\dfrac{1}{\sqrt{2}}$에서 구하는 체적은

$$V=\frac{10}{9\sqrt{3}}\cdot\left(\frac{1}{\sqrt{2}}\right)^3\pi=\frac{5\sqrt{6}}{54}\pi \quad \cdots(\text{답}) ∎$$

[문제 4]

(1) $\mathrm{P}(p,p^2)$, $\mathrm{Q}(q,q^2)$ $(p<q)$로 놓으면,

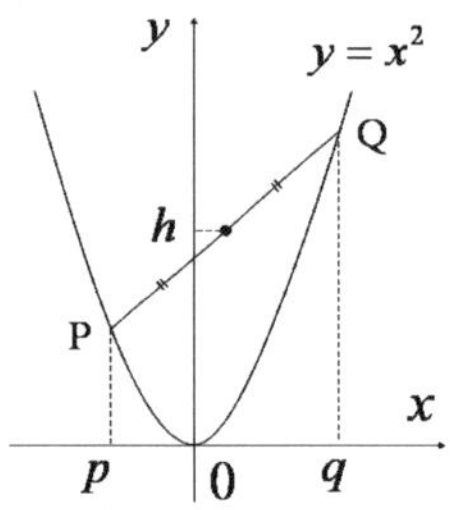

$$m=\frac{q^2-p^2}{q-p}=q+p$$

$$L=\sqrt{(q-p)^2+(q^2-p^2)^2}$$

$$=(q-p)\sqrt{1+(q+p)^2}$$

$$=(q-p)\sqrt{1+m^2}$$

$$\therefore \begin{cases} q+p=m & \cdots\cdots ① \\ q-p=\dfrac{L}{\sqrt{1+m^2}} & \cdots\cdots ② \end{cases}$$

$$h=\frac{1}{2}(q^2+p^2)=\frac{1}{4}\{(q+p)^2+(q-p)^2\}$$

$$=\frac{1}{4}\left(m^2+\frac{L^2}{1+m^2}\right) \quad \cdots(\text{답}) ∎$$

(2) $X=1+m^2$으로 놓으면 m은 실수 전체에서 움직이므로 $X\geqq 1$이다.

$h(X)=h=\dfrac{1}{4}\left(X-1+\dfrac{L^2}{X}\right)$으로 놓으면

$$h'(X)=\frac{1}{4}\left(1-\frac{L^2}{X^2}\right)=\frac{(X+L)(X-L)}{4X^2}$$

(i) $0\leqq L\leqq 1$인 경우;

$h'(X)\geqq 0\ (X\geqq 1)$이므로 $h(X)$는 단조증가함수이다.

$$\therefore \min_{X\geqq 1}h(X)=h(1)=\frac{L^2}{4} \quad \cdots(\text{답}) ∎$$

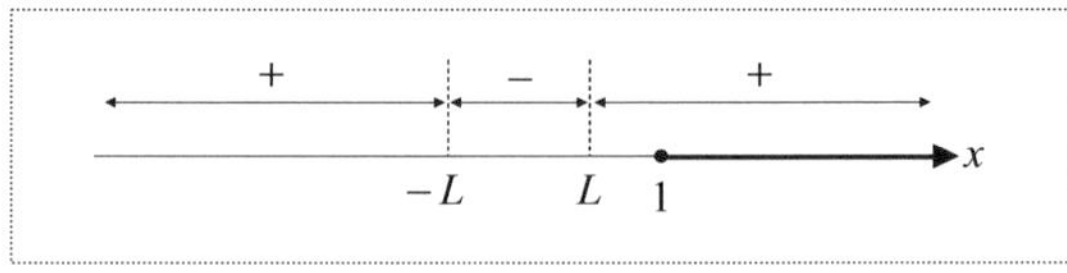

(ii) $L>1$인 경우;

$h(X)$의 증감은 오른쪽과 같이 되므로

X	1	$\cdots$	L	$\cdots$
h'		−		+
h		↘	극소	↗

$$\min_{X\geqq 1}h(X)=h(L)=\frac{2L-1}{4} \quad \cdots(\text{답}) ∎$$

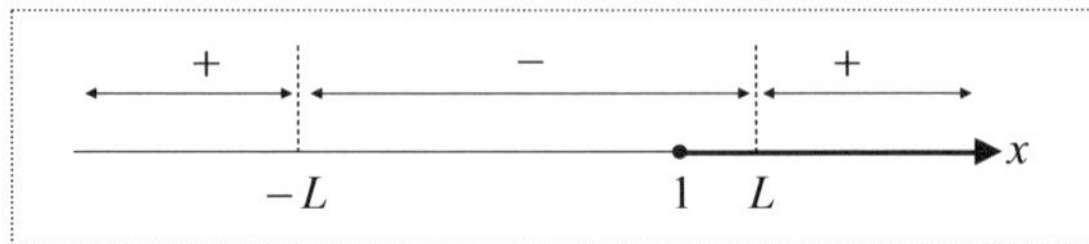

[문제 5]

(1) 0보다 크거나 같은 정수 m에 대하여, 명제 $P(m)$을 「$\boxed{3^m}$은 3^m으로 나누어떨어지지만, 3^{m+1}으로는 나누어떨어지지 않는다」로 하자. 이제, 이 명제를 수학적귀납법으로 증명하면 된다.

(i) $m=0$인 경우

$\boxed{3^0}=\boxed{1}=1$은 $3^0=1$로 나누어떨어지지만, $3^1=3$으로는 나누어떨어지지 않는다. 따라서, $P(0)$는 성립한다.

(ii) 0보다 크거나 같은 정수 m에 대하여, $P(m)$이 성립한다고 가정하자. 이 때,

$$\boxed{3^{m+1}}=\overbrace{111\cdots\cdots111}^{3^{m+1}\text{개}}$$

$$=\overbrace{111\cdots111}^{3^m\text{개}}\times(10^{3^m})^2$$

$$+\overbrace{111\cdots111}^{3^m\text{개}}\times10^{3^m}+\overbrace{111\cdots111}^{3^m\text{개}}$$

$$=\boxed{3^m}(10^{2a}+10^a+1)\quad(a=3^m)$$

여기서, $10=9+1$이므로 이항정리에 의하여

$$10^{2a}+10^a+1=9K+3\quad(K:\text{정수})$$

로 놓을 수 있으므로,

$$\boxed{3^{m+1}}=\boxed{3^m}(9K+3)=\boxed{3^m}\times3(3K+1)$$

$P(m)$이 성립한다는 가정에 의하여 $\boxed{3^m}$은 3^m으로 나누어떨어지므로, $\boxed{3^{m+1}}$은 3^{m+1}로 나누어떨어진다. 또, $\boxed{3^m}$이 3^{m+1}로 나누어떨어지지 않으므로 $\boxed{3^{m+1}}$는 3^{m+2}로 나누어떨어지지 않는다. 따라서, $P(m+1)$이 성립한다.

(ⅰ), (ⅱ)와 수학적귀납법에 의하여, 명제 $P(m)$은 0보다 크거나 같은 모든 정수 m에 대하여 성립한다. ■

(2) (ⅰ) n이 27로 나누어떨어진다고 가정하자. $n=27q$ (q는 자연수)로 놓으면

$$\boxed{n}=\overbrace{111\cdots\cdots111}^{27q\text{개}}$$
$$=\overbrace{111\cdots111}^{27\text{개}}\times10^{27(q-1)}+\overbrace{111\cdots111}^{27\text{개}}\times10^{27(q-2)}$$
$$\cdots+\overbrace{111\cdots111}^{27\text{개}}$$
$$=\boxed{3^3}(10^{27(q-1)}+10^{27(q-2)}+\cdots+1)$$

(1)의 결과에 의하여, $\boxed{3^3}$은 $3^3=27$에 의하여 나누어떨어지므로 $\boxed{n}$은 27로 나누어떨어진다. ■

(ⅱ) $\boxed{n}$이 27로 나누어떨어진다고 가정하자. n을 27로 나누었을 때의 몫을 q, 나머지를 $r\,(0\leqq r\leqq 26)$로 놓고 $r=0$임을 증명하면 된다. $n=27q+r$이므로 (ⅰ)과 같은 방법으로,

$$\boxed{n}=\boxed{3^3}(10^{27(q-1)}+10^{27(q-2)}+\cdots+1)\times10^r+\frac{10^r-1}{9}$$

(1)의 결과에 의하여, $\boxed{3^3}$은 27로 나누어떨어지며, $\boxed{n}$이 27로 나누어떨어지므로,

$\dfrac{10^r-1}{9}=\boxed{r}$도 27로 나누어떨어져야한다.

(가) $r=0$이면,

$\dfrac{10^r-1}{9}(=0)$은 27로 나누어떨어진다.

(나) $1\leqq r\leqq 26$라고 가정하면,

$$\frac{10^r-1}{9}=10^{r-1}+10^{r-2}+\cdots+1=\boxed{r}$$

여기서, $10=9+1$이므로 이항정리에 의하여

$$\boxed{r}=9L+r\quad(L\text{은 정수})$$

로 놓을 수 있으며, $\boxed{r}$은 27로 나누어떨어져야 하므로 9의 배수도 된다. 따라서, r은 9의 배수이어야 한다.

$$\therefore\ r=9, 18$$

$r=9$인 경우,

$\boxed{r}=\boxed{3^2}$은 (1)의 결과에 의하여 27로 나누어떨어지지 않으므로 모순이다.

$r=18$인 경우,

$$\boxed{r}=10^{17}+10^{16}+\cdots+10+1$$
$$=(10^8+10^7+\cdots+10+1)(10^9+1)$$
$$=\boxed{3^2}\times(10^9+1)$$

$\boxed{3^2}$은 (1)의 결과에 의하여 9로는 나누어떨어지나 27로는 나누어떨어지지 않으며, $10^9+1=3M+2$ (M은 정수)이므로, $\boxed{r}$은 27로 나누어떨어지지 않아 모순이다.

(가)와 (나)에 의하여, $r=0$이므로 n은 27로 나누어떨어진다. ■

[문제 6]

(1) $\begin{cases} x=\cos 2t & \cdots ① \\ y=t\sin t & \cdots ② \end{cases}\quad(0\leq t\leq 2\pi)$

①에서 $\dfrac{dx}{dt}=-2\sin 2t\ \ (0\leq t\leq 2\pi)$

$$\therefore\ \frac{dx}{dt}=0\quad\Leftrightarrow\quad t=0,\ \frac{\pi}{2},\ \pi,\ \frac{3\pi}{2},\ 2\pi$$

②에서 $\dfrac{dy}{dt}=\sin t+t\cos t\ \ (0\leq t\leq 2\pi)$

$$\frac{dy}{dt}=0\quad\Leftrightarrow\quad \tan t=-t\quad(\because \cos t\neq 0)$$

이므로, $\frac{dy}{dt}=0$인 t는 α, β 2개 존재하며 $\frac{\pi}{2}<\alpha<\pi$, $\frac{3\pi}{2}<\beta<2\pi$이다.

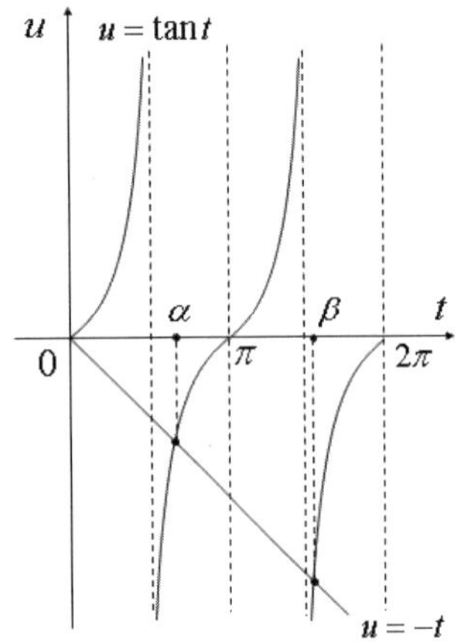

이제, 증감표는 다음과 같이 된다.

t	0	$\cdots$	$\frac{\pi}{2}$	$\cdots$	α	$\cdots$	π	$\cdots$	$\frac{3\pi}{2}$	$\cdots$	β	$\cdots$	2π
$\frac{dx}{dt}$	0	$-$	0	$+$	$+$	$+$	0	$-$	0	$+$	$+$	$+$	0
x	1	↘	-1	↗	↗	↗	1	↘	-1	↗	↗	↗	1
$\frac{dy}{dt}$	0	$+$	1	$+$	0	$-$	$-$	$-$	-1	$-$	0	$+$	$+$
y	0	↗	$\frac{\pi}{2}$	↗	극대	↘	0	↘	$\frac{3\pi}{-2}$	↘	극소	↗	0

따라서, 곡선의 개형은 아래와 같이 된다.

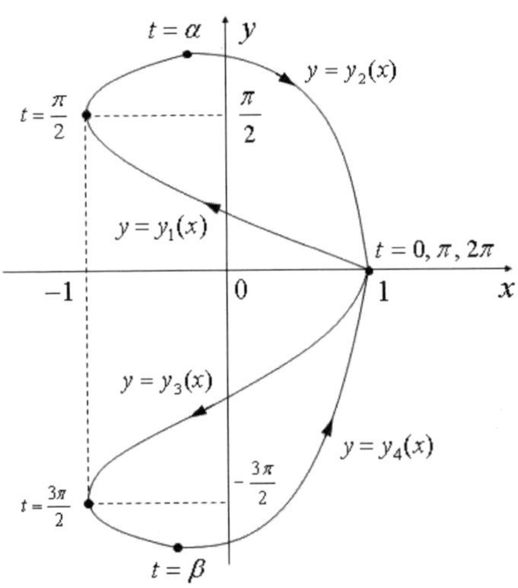

$$y=\begin{cases} y_1(x) & \left(0\le t\le \frac{\pi}{2}\right) \\ y_2(x) & \left(\frac{\pi}{2}\le t\le \pi\right) \\ y_3(x) & \left(\pi\le t\le \frac{3\pi}{2}\right) \\ y_4(x) & \left(\frac{3\pi}{2}\le t\le 2\pi\right) \end{cases}$$

이제 구하는 면적을 S라 하면,

$$S=\int_{x=1}^{x=-1} y_1\,dx+\int_{x=-1}^{x=1} y_2\,dx$$

$$+\int_{x=1}^{x=-1}(-y_3)dx+\int_{x=-1}^{x=1}(-y_4)dx$$

$$\boxed{y(t)=t\sin t}$$

$$=\int_{t=0}^{t=\pi} y(t)\frac{dx}{dt}dt-\int_{t=\pi}^{t=2\pi} y(t)\frac{dx}{dt}dt$$

$$=\int_0^{\pi} t\sin t(-2\sin 2t)dt$$

$$-\int_{\pi}^{2\pi} t\sin t(-2\sin 2t)dt$$

$$=-\int_0^{\pi} 4t\sin^2 t\cos t\,dt+\int_{\pi}^{2\pi} 4t\sin^2 t\cos t\,dt$$

$$=-\frac{4}{3}\int_0^{\pi} t(\sin^3 t)'dt+\frac{4}{3}\int_{\pi}^{2\pi} t(\sin^3 t)'dt$$

$$=-\frac{4}{3}\left\{\left[t\sin^3 t\right]_0^{\pi}-\int_0^{\pi}\sin^3 t\,dt\right\}$$

$$+\frac{4}{3}\left\{\left[t\sin^3 t\right]_{\pi}^{2\pi}-\int_{\pi}^{2\pi}\sin^3 t\,dt\right\}$$

$$=\int_0^{\pi}\frac{4}{3}\sin^3 t\,dt-\int_{\pi}^{2\pi}\frac{4}{3}\sin^3 t\,dt$$

$$\boxed{\sin 3t=3\sin t-4\sin^3 t}$$

$$=\int_0^{\pi}\left(\sin t-\frac{\sin 3t}{3}\right)dt-\int_{\pi}^{2\pi}\left(\sin t-\frac{\sin 3t}{3}\right)dt$$

$$=\left[-\cos t+\frac{\cos 3t}{9}\right]_0^{\pi}-\left[-\cos t+\frac{\cos 3t}{9}\right]_{\pi}^{2\pi}$$

$$=2-\frac{2}{9}+\left(2-\frac{2}{9}\right)=\frac{32}{9}$$

$\cdots$(답) ■

[참고] $x=\cos t$, $y=\sin t$는 $(1,0)$을 출발하여 반시계방향으로 도는 원이다. 면적 1을 위와 같이 구해보자.

〈 2008年 前期 − 文科 〉 時間 : 100分

1. $0 \le \alpha \le \beta$를 만족하는 실수 α, β와 2차식 $f(x)=x^2-(\alpha+\beta)x+\alpha\beta$에 대하여, $\int_{-1}^{1} f(x)dx=1$이 성립한다고 하자. 이때, 정적분 $S=\int_0^{\alpha} f(x)dx$를 α의 식으로 나타내고, S의 최댓값을 구하여라.

2. 흑백 2종류의 카드가 충분히 많이 있다. 그 중에 4장의 카드를 손에 들고 있을 때, 다음과 같은 조작 (A)를 생각해보자.

> (A) 손에 들고 있는 4장의 카드 중에서 1장을,
> 같은 확률 $\frac{1}{4}$로 뽑아서, 다른 색의 카드로 교체한다.

처음에 백(白) 2장, 흑(黑) 2장, 합계 4장의 카드를 들고 있는 경우, 다음 물음 (1), (2)에 답하여라.

(1) 조작(A)를 4회 반복한 후에야 처음으로 4장의 카드가 같은 색이 될 확률을 구하여라.

(2) 조작(A)를 n회 반복한 후에야 처음으로 4장의 카드가 같은 색이 될 확률을 구하여라.

3. 좌표평면상의 세 점 $\mathrm{A}(1,0)$, $\mathrm{B}(-1,0)$, $\mathrm{C}(0,-1)$에 대하여, $\angle\mathrm{APC}=\angle\mathrm{BPC}$를 만족하는 점 P의 궤적(자취)을 구하여라. (단, $\mathrm{P}\ne \mathrm{A}, \mathrm{B}, \mathrm{C}$)

4. 자연수 p에 대하여, 다음의 관계식으로 정해지는 수열 $\{a_n\}$, $\{b_n\}$을 고려하자.

$$\begin{cases} a_1=p,\ b_1=p+1 \\ a_{n+1}=a_n+pb_n & (n=1,2,3,\cdots) \\ b_{n+1}=pa_n+(p+1)b_n & (n=1,2,3,\cdots) \end{cases}$$

(1) $n=1, 2, 3, \cdots$에 대하여, 다음 두 수 모두 p^3으로 나누어떨어짐을 보이시오.

(참고: 0은 p^3으로 나누어떨어진다.)

$$a_n-\frac{n(n-1)}{2}p^2-np,\ \ b_n-n(n-1)p^2-np-1$$

(2) p를 3 이상의 홀수라 하자. 이때, a_p는 p^2으로 나누어떨어지지만, p^3으로는 나누어떨어지지 않음을 보이시오.

[문제 1]

$$\int_{-1}^{1} f(x)dx=\int_{-1}^{1}\{x^2-(\alpha+\beta)x+\alpha\beta\}dx$$

$$=2\int_0^1 (x^2+\alpha\beta)dx=2\left[\frac{x^3}{3}+\alpha\beta x\right]_0^1$$

$$=2\left(\frac{1}{3}+\alpha\beta\right)=1$$

$$\therefore\ \alpha\beta=\frac{1}{6},\ \beta=\frac{1}{6\alpha}\ (\alpha\ne 0) \quad \cdots ①$$

①과 $0\le\alpha\le\beta\ (\alpha\ne 0)$에서

$$0<\alpha\le\frac{1}{6\alpha} \qquad \therefore\ 0<\alpha\le\frac{1}{\sqrt{6}} \quad \cdots ②$$

$$S=\int_0^{\alpha} f(x)dx=\int_0^{\alpha}\{x^2-(\alpha+\beta)x+\alpha\beta\}dx$$

$$=\int_0^{\alpha}\left\{x^2-\left(\alpha+\frac{1}{6\alpha}\right)x+\frac{1}{6}\right\}dx \qquad (\because ①)$$

$$=\left[\frac{x^3}{3}-\frac{1}{2}\left(\alpha+\frac{1}{6\alpha}\right)x^2+\frac{x}{6}\right]_0^{\alpha}$$

$$=-\frac{\alpha^3}{6}+\frac{\alpha}{12} \qquad \cdots(답)$$ ■

이제, $\dfrac{dS}{d\alpha}=-\dfrac{\alpha^2}{2}+\dfrac{1}{12}$

$$=-\frac{1}{2}\left(\alpha^2-\frac{1}{6}\right)\geq 0 \qquad (\because ②)$$

이므로, S는 구간 $0<\alpha\leq\dfrac{1}{\sqrt{6}}$에서 단조증가하며, $\alpha=\dfrac{1}{\sqrt{6}}$일 때 최대이다.

$$\text{최댓값}=S\left(\frac{1}{\sqrt{6}}\right)=\frac{\sqrt{6}}{108} \qquad \cdots(\text{답})$$ ■

[문제 2]

(1) 이과 2번의 (1) 참조

$$\left(\frac{1}{3}\right)\left(\frac{3}{4}\right)^{\frac{4}{2}}=\frac{3}{16} \qquad \cdots(\text{답})$$ ■

(2) 이과 2번의 (1) 참조

$$p_n=\begin{cases} 0 & (\,n\text{은 홀수}) \\ \dfrac{1}{3}\left(\dfrac{3}{4}\right)^{\frac{n}{2}} & (\,n\text{은 짝수}) \end{cases} \qquad \cdots(\text{답})$$ ■

[문제 3]

조건을 만족하는 점을 $\mathrm{P}(x,y)$라 하면 $\mathrm{P}\neq \mathrm{A,B,C}$이므로, $\overrightarrow{\mathrm{AP}}\neq\overrightarrow{\mathrm{O}}$, $\overrightarrow{\mathrm{BP}}\neq\overrightarrow{\mathrm{O}}$, $\overrightarrow{\mathrm{CP}}\neq\overrightarrow{\mathrm{O}}$이다.

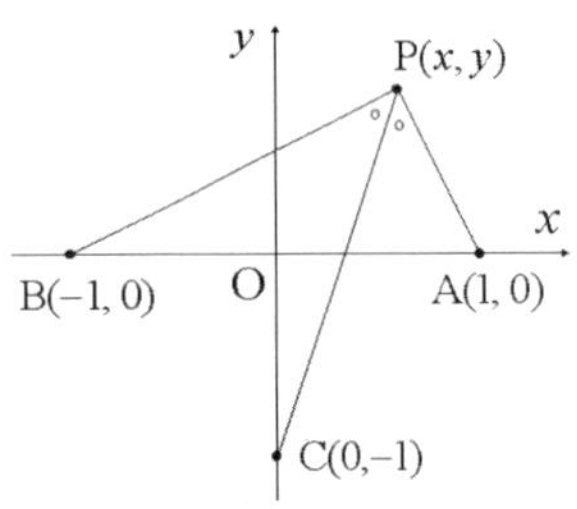

$\angle\mathrm{APC}=\angle\mathrm{BPC}$에서

$$\frac{\overrightarrow{\mathrm{AP}}\cdot\overrightarrow{\mathrm{CP}}}{|\overrightarrow{\mathrm{AP}}||\overrightarrow{\mathrm{CP}}|}=\frac{\overrightarrow{\mathrm{BP}}\cdot\overrightarrow{\mathrm{CP}}}{|\overrightarrow{\mathrm{BP}}||\overrightarrow{\mathrm{CP}}|}$$

$$|\overrightarrow{\mathrm{BP}}|(\overrightarrow{\mathrm{AP}}\cdot\overrightarrow{\mathrm{CP}})=|\overrightarrow{\mathrm{AP}}|(\overrightarrow{\mathrm{BP}}\cdot\overrightarrow{\mathrm{CP}}) \quad \cdots ①$$

여기서,

$\overrightarrow{\mathrm{AP}}=(x-1,y)$, $\overrightarrow{\mathrm{BP}}=(x+1,y)$, $\overrightarrow{\mathrm{CP}}=(x,y+1)$

이므로

$$① \Leftrightarrow \sqrt{(x+1)^2+y^2}\,\{(x-1)x+y(y+1)\}$$
$$=\sqrt{(x-1)^2+y^2}\,\{(x+1)x+y(y+1)\}$$

$$\Leftrightarrow \sqrt{x^2+y^2+2x+1}\,(x^2+y^2-x+y)$$
$$=\sqrt{x^2+y^2-2x+1}\,(x^2+y^2+x+y) \quad \cdots ②$$

②의 양변의 부호가 같아야 하므로,

$$(x^2+y^2-x+y)(x^2+y^2+x+y)\geq 0$$

$$\left\{\left(x-\frac{1}{2}\right)^2+\left(y+\frac{1}{2}\right)^2-\frac{1}{2}\right\}\times\left\{\left(x+\frac{1}{2}\right)^2+\left(y+\frac{1}{2}\right)^2-\frac{1}{2}\right\}\geq 0 \quad \cdots ③$$

의 조건이 필요하다. 이 조건을 전제로,

$$② \Leftrightarrow \{(x^2+y^2)+1+2x\}\{(x^2+y^2)+y-x\}^2$$
$$=\{(x^2+y^2)+1-2x\}\{(x^2+y^2)+y+x\}^2$$

$X=x^2+y^2$으로 치환하면,

$$(X+1+2x)(X+y-x)^2$$
$$=(X+1-2x)(X+y+x)^2$$

$$\Leftrightarrow\{(X+1)+2x\}\{(X+y)^2-2x(X+y)+x^2\}$$
$$=\{(X+1)-2x\}\{(X+y)^2+2x(X+y)+x^2\}$$
$$\Leftrightarrow x\{(X+y)^2-(X+1)(X+y)+x^2\}=0$$
$$\Leftrightarrow xy\{(x^2+y^2)-1\}=0$$

③의 조건을 고려한 점 P의 궤적은 다음과 같으며, 그림의 굵은 실선부분이다.

$$\begin{cases} x=0\ (y\neq -1), \quad y=0\ (|x|>1) \\ x^2+y^2=1\ (y>0) \end{cases}$$

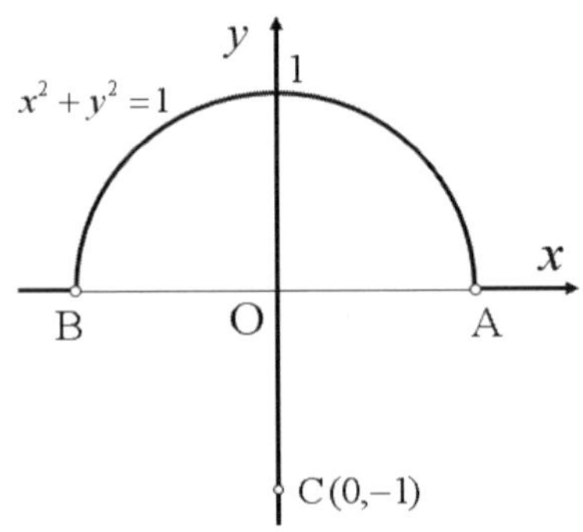

$\cdots$(답) ■

[문제 4]

(1) $\begin{cases} a_{n+1} = a_n + pb_n & (n \geq 1) \cdots ① \\ b_{n+1} = pa_n + (p+1)b_n & (n \geq 1) \cdots ② \end{cases}$

$$\begin{cases} A_n = a_n - \dfrac{n(n-1)}{2}p^2 - np & \cdots ③ \\ B_n = b_n - n(n-1)p^2 - np - 1 & \cdots ④ \end{cases}$$

로 놓자. 자연수 $n = 1, 2, 3, \cdots$에 대하여 다음 명제(*)가 성립함을 수학적귀납법으로 보이면 된다.

(*) A_n, B_n은 p^3으로 나누어떨어진다.

$a_1 = p$, $b_1 = p+1$을 ③, ④에 대입하면 $A_1 = 0$, $B_1 = 0$이므로 $n = 1$인 경우 명제(*)는 성립한다.
이제, 1 이상의 자연수 n에 대하여 명제(*)가 성립한다고 가정하면 $n+1$에 대하여도 명제(*)가 성립함을 보이면 된다. ③에서,

$$A_{n+1} = a_{n+1} - \frac{(n+1)n}{2}p^2 - (n+1)p$$

$$= a_n + pb_n - \frac{(n+1)n}{2}p^2 - (n+1)p \quad (\because ①)$$

③, ④에서

$$a_n = A_n + \frac{n(n-1)}{2}p^2 + np \quad \cdots ⑤$$

$$b_n = B_n + n(n-1)p^2 + np + 1 \quad \cdots ⑥$$

$$= A_n + pB_n + n(n-1)p^3$$

귀납법가정에 의하여 A_n, B_n이 p^3으로 나누어떨어지며, $n(n-1)p^3$은 p^3의 배수이므로, A_{n+1}은 p^3으로 나누어떨어진다.

같은 방법으로 ④와 ②에서,

$$B_{n+1} = b_{n+1} - (n+1)np^2 - (n+1)p - 1$$

$$= pa_n + (p+1)b_n - (n+1)np^2 - (n+1)p - 1$$

⑤와 ⑥을 대입하여 정리하면,

$$B_{n+1} = pA_n + (p+1)B_n + \frac{3}{2}n(n-1)p^3$$

귀납법가정에 의하여 A_n, B_n이 p^3으로 나누어떨어지며, $n(n-1)$은 짝수이므로 $\frac{3}{2}n(n-1)p^3$은 p^3으로 나누어떨어진다.
따라서, B_{n+1}은 p^3으로 나누어떨어진다.

이제, A_{n+1}, B_{n+1}이 모두 p^3으로 나누어떨어짐을 보였으므로, $n+1$에 대하여도 명제(*)가 성립한다. ■

[참고] 실제 계산해보면,
$a_1 = p$, $b_1 = p+1$, $a_2 = p^2 + 2p$, $b_2 = 2p^2 + 2p + 1$, $a_3 = 2p^3 + 3p^2 + 3p$, $b_3 = 3p^3 + 6p^2 + 3p + 1$
이며,
$A_1 = A_2 = B_1 = B_2 = 0$, $A_3 = 2p^3$, $B_3 = 3p^3$이다.

(2) ⑤에서, $a_p = A_p + \dfrac{p(p-1)}{2}p^2 + p^2$

$$= A_p + \left\{\frac{p(p-1)}{2} + 1\right\}p^2$$

p가 3 이상의 홀수이므로, $\dfrac{p-1}{2} = k$는 자연수이다.

$$= A_p + (pk+1)p^2$$

$$= A_p + kp^3 + p^2$$

(1)번에 의하여 $A_p = mp^3$ (m은 자연수)

$$= mp^3 + kp^3 + p^2$$

$$= p^3(m+k) + p^2$$

p가 3 이상의 홀수이므로, a_p는 p^2으로는 나누어떨어지지만, p^3으로는 나누어떨어지지 않는다. ■

〈 2008年 後期 - 全科類 〉 時間 : 120分

1. 두 개의 대상이 어느 정도 떨어져 있는가를 수치로 나타내기 위하여, 대상간의 거리를 표시하는 것을 적절하게 도입하는 것은, 여러 분야에 있어서 중요하다.

(A) 수직선 상의 n개의 점 P_1, P_2, $\cdots$, P_n을 잡고, 각각의 좌표를 x_1, x_2, $\cdots$, x_n이라 하자. 실수 u에 대하여 $f(u)=\sum_{k=1}^{n}|x_k-u|$로 정의하자.

(1) $n=3$일 때, $x_1<x_2<x_3$라 하자. 함수 $f(u)$의 값을 최소로 하는 u와 그 때의 최솟값을 x_1, x_2, x_3를 이용하여 나타내어라.

(2) 어떤 회사의 사무소는 일직선상에 n개가 설치되어 있다. 각 사무소의 위치를 수직선상에 표시하여, 그것들의 좌표를 x_1, x_2, $\cdots$, x_n $(x_1<x_2<\cdots<x_n)$이라 하자.
이 회사는 사무소가 설치되어 있는 일직선상에 본사를 설치하여, 각 사무소로부터의 거리의 합이 최소가 되게 하려한다. n이 홀수인 경우와 짝수인 경우로 나누어, 이러한 조건을 만족하는 본사의 위치의 좌표를 구하고, 그 이유를 설명하시오. 단, n개의 사무소 중 하나와 같은 위치에 본사를 설치해도 된다.

xy 평면상에 n개의 점 Q_1, Q_2, $\cdots$, Q_n을 잡고, 각각의 좌표를 (x_1,y_1), $\cdots$, (x_n,y_n)이라 하자.
n개의 점 Q_1, Q_2, $\cdots$, Q_n에 되도록 가까운 직선 $y=ax+b$를 구하기 위하여,
$d=\sum_{k=1}^{n}|y_k-(ax_k+b)|$로 놓고, d를 최소로 하는 a, b의 값을 정하는 것을 고려해보자.
(3), (4)번에서는 $n=3$인 경우만 생각한다.

(3) $a=1$로 고정하고 $d=\sum_{k=1}^{3}|y_k-(x_k+b)|$를 b에 관한 함수로 보자. 점 Q_1, Q_2, Q_3의 좌표가 각각 $(1,1)$, $(2,3)$, $(3,3)$일 때, d를 최소로 하는 b의 값을 구하여라.

(4) 세 점 $Q_1(x_1,y_1)$, $Q_2(x_2,y_2)$, $Q_3(x_3,y_3)$에 대하여 $d=\sum_{k=1}^{3}|y_k-(ax_k+b)|$를 최소로 하는 a, b의 값을 x_1, x_2, x_3, y_1, y_2, y_3로 나타내어라. 단, $x_1<x_2<x_3$로 한다.

(B) 유전자는 4가지의 문자 A, C, G, T의 배열로 형성되며, 세대마다 이어져 내려가지만, 이 배열은 세대가 이어질 때 변화할 가능성이 있다. 유전자배열의 데이터를 통하여 생물의 계통관계 등을 추정하기 위해서는, 서로 다른 배열간의 차이를 산술적으로 나타내는 양을 도입할 필요가 있다. 여기서는, 아래와 같은 단순화된 모델을 사용하여, 유전자배열의 세대에 따른 추이를 고찰해보자.

유전자배열의 하나의 문자가 다음 세대에 이어져 내려갈 때, 다른 세 문자 중 하나로 바뀔 확률을 각각 $\frac{\alpha}{3}$로 한다. 여기서, α는 $0<\alpha<1$을 만족하는 실수이다. 또한, 하나의 문자가 다음 세대로 이어져 내려갈 때 변하지 않을 확률은 $1-\alpha$이다. 예를 들어, 문자 A가 A→A→C와 같이 변할 확률은 $(1-\alpha)\times\frac{\alpha}{3}$이다.

최초의 세대에 있어서, 유전자배열의 한 문자 A에 주목해보자. 이것이 n번째의 세대에 있어 A로 될 확률을 $P_{AA}(n)$으로 나타내자. 여기서, 최초의 세대는 0번째로 생각한다. 0번째의 세대에서 A인 문자가 n번째의 세대에 있어서 C로 될 확률을 $P_{AC}(n)$으로 나타내자.

(1) $P_{AA}(n+1)$을 $P_{AA}(n)$과 α을 이용하여 나타내어라.

(2) $P_{AA}(n)$과 $P_{AC}(n)$을 각각 α와 n을 이용하여 나타내어라.

이번에는, 유전자의 문자의 배열이 세대에 따라 변화하는 형태를 생각해보자. 예를 들어, 배열이 AAA→AAC로 변화할 확률은 $(1-\alpha)^2 \times \frac{\alpha}{3}$이다.

또, 문자의 배열이 3세대까지 AAAA→CAAA→CAAT→AACT로 변할 때, 0번째 세대의 마지막 두 문자 AA가 3번째 세대에서 CT로 변하고 있다. N개의 문자배열로 이루어져 있는 유전자에 대하여, n번째 세대의 유전자배열을 0번째 세대의 유전자배열과 비교하여, 달라진 문자의 개수의 기댓값을 d_n이라 하자.

(3) d_n을 α, n, N을 이용하여 나타내어라.

위의 (3)번에서 구한 식을 이용하여, 두 배열을 비교하여 달라진 문자수를 구하면, 그 두 배열이 대략 몇 세대 차이가 나는지를 추정할 수 있다.

(4) n을 크게 하면, d_n의 값은 $0.75N$에 가까워짐을 보여라.

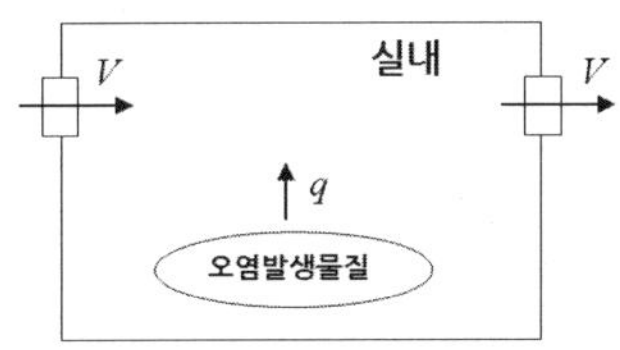

2. 방 안의 온도와 같이 시간이 지남에 따라 변화하는 현상을 이해하기 위해서는, 주목하고 있는 '양'이 극소시간 Δt에 얼마만큼 변화하는가를, 그 현상을 특징짓는 관계식에 기초하여 고찰하는 것이 필요하다.

(A) 방 안에 오염발생물질이 있을 때, 방 안의 오염물질농도의 시간에 따른 변화에 대하여 생각해보자. 단위시간에 실내의 오염물질이 $q\,(m^3/h)$만큼 증가한다. 또, 환기에 의해서 단위시간에 방 안의 공기가 $V(m^3/h)$만큼 배출되어, 같은 양만큼 실외의 공기가 방 안으로 유입된다. 방 안의 부피는 $W(m^3)$이며, 실외의 오염물질농도는 $\rho\,(m^3/m^3)$이다. 여기서, q, V, W, ρ는 양의 상수이다. 이때, 방 안의 오염물질농도 $x\,(m^3/m^3)$를 시간 t의 함수로 하여 아래와 같이 기술해보자. 단, 방 안에 유입되거나 방 안에서 발생하는 오염물질은 순간적으로 확산되며, 오염물질은 흡착되거나 화학변화를 일으키지 않으며, 공기의 온도는 변하지 않는 것으로 한다.

극소시간 Δt에 있어 방 안의 오염물질농도의 증분(增分)을 Δx라 하면, 방 안의 오염물질의 부피의 증분 $W \cdot \Delta x$는 $W \cdot \Delta x = q \cdot \Delta t + V \cdot \rho \cdot \Delta t - V \cdot x \cdot \Delta t$ … ①에 근사한다.

①식을 정리한 식 $\frac{\Delta x}{\Delta t} = \frac{q + V \cdot \rho - V \cdot x}{W}$에 있어, Δt를 0에 한없이 가깝게 보내면, 관계식

$\frac{dx}{dt} = \frac{q + V\rho - Vx}{W}$ … ②를 얻을 수 있다.

(1) ①식의 각 항이 어떤 양을 나타내고 있는가를 각각 설명하시오.

(2) 방 안의 오염물질농도 x가 어떤 특정값을 가지게 되면, 시간이 변화해도 더 이상 농도값이 변하지 않게 된다. 이러한 x값을 구하여라.

②식을 변형하면, $\dfrac{1}{\dfrac{q}{V}+\rho-x}\cdot\dfrac{dx}{dt}=\dfrac{V}{W}$ ⋯ ③로 된다.

(3) ③식의 좌변의 t에 관한 부정적분을 x의 함수로 나타내어라.

③식의 양변을 t에 관하여 부정적분하는 것으로, ②식을 만족하는 x는 t의 함수로 되어, $x=\alpha+\beta e^{-rt}$ ⋯ ④의 형태로 나타남을 알 수 있다. 단, α, β, γ는 상수이다.

(4) $t=0$에 있어서의 x의 값을 x_0로 하여, ④식의 상수 α, β, γ를 q, ρ, V, W, x_0를 이용하여 나타내어라.

(B) 질량이 $m\,(kg)$인 물체의 공기 중에서의 낙하운동을 고려해보자. 수직아래로의 방향을 양(+)으로 하는 속도를 $v\,(m/s)$로 놓자. 물체는 그 속도 v에 비례하는 공기저항을 받는 것으로 가정하면, 속도 v의 시간변화는 관계식 $m\dfrac{dv}{dt}=mg-k(m)\cdot v$ ⋯ ⑤로 표시된다.

여기서, $k(m)$은 양의 값을 갖는 m의 함수이며, 시간 t에 따라 변하지 않고 일정하다. 또, g는 중력가속도이다.

(1) 물체를 낙하시킨 후, 시간이 충분히 지나면 물체의 속도 v는 일정값 $\bar{v}=\dfrac{mg}{k(m)}$에 가까워진다. 그 이유를 설명하시오.

(2) 질량 m을 변화시켜 $\bar{v}$를 측정하였을 때, 질량 m이 커지면 $\bar{v}$의 값도 커진다는 사실이 발견되었다. 다음의 (가), (나), (다)의 함수가, $m>0$일 때 항상 이 사실을 만족하는가를 각각 기술하시오.

(가) $k(m)=am+b,\ a>0,\ b>0$　　(나) $k(m)=am^2+b,\ a>0,\ b>0$

(다) $k(m)=a\sqrt[3]{m}+b,\ a>0,\ b>0$

(3) ⑤식을 문제(A)의 ②식과 비교하여, 이 문제에 있어서의 물체의 낙하속도 v를 문제(A)에서의 방 안의 오염물질의 농도 x에 대응시키면, 이 두 양의 시간변화는 같은 형태를 하고 있음을 알 수 있다. 이 점에 착안하여, 질량이 m인 물체를 초속도 0으로 공기 중에 낙하시켰을 때, 낙하하는 물체의 '속도의 시간변화'를 나타내는 그래프의 개형을 그려라.

(C) 어떤 나라 전체의, 시점 t에 있어서의 생산량을 $Y(t)$, 자본량을 $K(t)$, 투자량을 $I(t)$라 하자. 여기서 t는 0 이상의 실수이며, $Y(t)$, $K(t)$, $I(t)$는 양의 실수값을 갖는 미분가능한 함수이다. 이 함수들 사이에는 다음과 같은 관계식이 성립한다고 하자.

$$Y(t)=\sqrt{K(t)}\ \cdots ⑥ \qquad I(t)=sY(t)\ \cdots ⑦$$

여기서, s는 $0<s<1$을 만족하는 상수이며, 저축률이라고 불린다. 생산량 $Y(t)$는 국민소득으로 되며, 그 일부분 $sY(t)$는 저축으로 된다. 여기서는 저축이 모두 투자에 사용되어진다고 가정하여 ⑦식이 얻어졌다. 한편, 자본량의 시간변화는

$$\frac{d}{dt}K(t)=I(t)-rK(t)\ \cdots ⑧$$

로 나타난다. 여기서, r은 $0<r<1$을 만족하는 상수이며, 감가상각률(설치, 장비, 시설 등의 시간에 따른 가치저하율)이라 불린다. 이하, $t=0$에 있어서의 자본량은 $K(0)=1$로 주어진 것으로 한다.

(1) ⑥, ⑦, ⑧식을 이용하여, $\frac{d}{dt}Y(t)$를 $Y(t)$와 r, s로 나타내어라.

(2) (1)번에서 구해진 관계식에 (A)와 같은 방법을 적용하여, 생산량 $Y(t)$를 t의 함수로 하여 r, s를 이용하여 나타내어라.

생산량 $Y(t)$ 중 저축량을 뺀 $(1-s)Y(t)$가 소비량이다. $C(t)=(1-s)Y(t)$로 놓자.

(3) 소비량 $C(t)$가 t에 관한 단조증가함수, 단조감소함수, 상수함수로 되기 위한 r과 s의 조건을 각각 구하여라.

(4) 모든 $t \geq 0$에 대하여 항상 $C(t) \geq c$를 만족하는 실수 c 중 최댓값을 '최저소비량'이라 부른다. (3)번의 각각의 경우에 있어서의 최저소비량을 구하시오.

(5) 주어진 감가상각률 r에 대하여, 최저소비량을 최대로 하게 하는 저축률 s를 구하시오.

[문제 1] (A)

(1) $n=3$일 때

$$f(u)=|x_1-u|+|x_2-u|+|x_3-u|$$

두 실수 a, b에 대하여 $|a-b|$는 수직선상에서의 두 점 a, b 사이의 거리를 나타낸다.

$x_1<x_2<x_3$에 주의하면,

$$|x_1-u|+|x_3-u| \text{ : 최소} \Leftrightarrow x_1 \leq u \leq x_3$$

$$|x_2-u| \text{ : 최소} \Leftrightarrow u=x_2$$

따라서, $f(u)$를 최소로 하는 u와 최솟값은

$$u=x_2,\ f(x_2)=x_3-x_1 \qquad \cdots(\text{답}) ■$$

(2) 본사의 좌표를 u라 하면, 각 사무소로부터 본사까지의 거리의 합은

$$f(u)=\sum_{k=1}^{n}|x_k-u|$$

이므로, $f(u)$를 최소로 하는 u를 구하면 된다. $x_1<x_2<\cdots<x_n$이므로 (1)번과 같은 방법으로 생각해보자.

(i) n이 홀수인 경우

$$|x_1-u|+|x_n-u| \text{ : 최소} \Leftrightarrow x_1 \leq u \leq x_n$$

$$|x_2-u|+|x_{n-1}-u| \text{ : 최소} \Leftrightarrow x_2 \leq u \leq x_{n-1}$$

$$\cdots\cdots$$

$$|x_{\frac{n-1}{2}}-u|+|x_{\frac{n+3}{2}}-u| \text{ : 최소}$$

$$\Leftrightarrow x_{\frac{n-1}{2}} \leq u \leq x_{\frac{n+3}{2}}$$

$$\left|x_{\frac{n+1}{2}}-u\right| \text{ : 최소} \Leftrightarrow u=x_{\frac{n+1}{2}}$$

이므로,

$$|x_k-u|+|x_{n+1-k}-u| \ \left(k=1,2,\cdots,\frac{n-1}{2}\right)$$

와 $\left|x_{\frac{n+1}{2}}-u\right|$는 $u=x_{\frac{n+1}{2}}$일 때 모두 최소이며, 이때 $f(u)$가 최소이다.

$$\therefore\ u=x_{\frac{n+1}{2}} \qquad \cdots(\text{답}) ■$$

(ii) n이 짝수인 경우

$|x_k-u|+|x_{n+1-k}-u|$: 최소

$$\Leftrightarrow x_k \leq u \leq x_{n+1-k} \ \left(k=1,2,\cdots,\frac{n}{2}\right)$$

이므로, $f(u)$를 최소로 하는 u는

$$x_{\frac{n}{2}} \leq u \leq x_{\frac{n}{2}+1} \qquad \cdots(\text{답}) ■$$

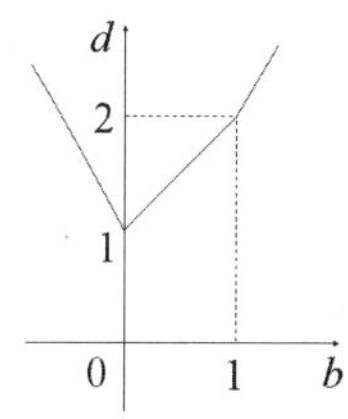

(3) $Q_1(1,1)$, $Q_2(2,3)$, $Q_3(3,3)$이므로,

$$d=\sum_{k=1}^{3}|y_k-(x_k+b)|$$

$$=|1-(1+b)|+|3-(2+b)|+|3-(3+b)|$$

$$=2|b|+|b-1|$$

$d=2|b|+|b-1|$의 그래프는 아래로 볼록하며, $b=0$일 때 최소이다. $\cdots$(답) ■

(4) $Q_1(x_1, y_1)$, $Q_2(x_2, y_2)$, $Q_3(x_3, y_3)$

$$d=\sum_{k=1}^{3}|y_k-(ax_k+b)|=|y_1-(ax_1+b)|+|y_2-(ax_2+b)|+|y_3-(ax_3+b)|$$

에서, x_1, x_2, x_3, y_1, y_2, y_3는 주어진 좌표이므로, d는 a와 b를 변수로 하는 함수이다.
식의 형태를 보았을 때 a를 먼저 고정하고, b의 함수로 보는 것이 더 편함을 알 수 있다.

먼저, a를 고정하고

$$z_k=y_k-ax_k \quad \cdots ①$$

로 놓으면,

$$d=\sum_{k=1}^{3}|y_k-(ax_k+b)|=\sum_{k=1}^{3}|b-(y_k-ax_k)|=\sum_{k=1}^{3}|b-z_k|$$

는 b의 함수이므로, $d=D(b)$로 놓자.

z_1, z_2, z_3 중 두 번째로 큰 수를 m이라 하면, (1)번의 결과에 의하여 d의 최솟값은 $D(m)$이다.
이제, z_1, z_2, z_3 중 어느 것이 두 번째로 큰 수 m이 되는가를 고려해보자.

(i) $m=z_1$인 경우

$D(m)=D(z_1)=|z_1-z_2|+|z_1-z_3|$
$=|(x_2-x_1)a-(y_2-y_1)|+|(x_3-x_1)a-(y_3-y_1)|$

여기서, $x_i'=x_i-x_1$, $y_i'=y_i-y_1\ (i=2,3)$으로 놓으면,
$x_1<x_2<x_3$이므로 $x_2'>0$, $x_3'>0$이며,

$$D(m)=D(z_1)=|x_2'a-y_2'|+|x_3'a-y_3'|$$

이 식은 a에 관한 함수로 볼 수 있으므로, $E_1(a)$로 놓으면, $E_1(a)$의 그래프는 아래로 볼록하며, 최솟값은 $E_1\left(\frac{y_2'}{x_2'}\right)$ 또는 $E_1\left(\frac{y_3'}{x_3'}\right)$ 중 하나이다.

(예) $y=|x-1|+|x-5|$는 $x=1$ 또는 $x=5$에서 최솟값을 갖는다.

이제, $\triangle Q_1Q_2Q_3$의 면적을 S라 하면,

$$E_1\left(\frac{y_2'}{x_2'}\right)=\left|x_3'\cdot\frac{y_2'}{x_2'}-y_3'\right|=\left|\frac{x_3'y_2'-x_2'y_3'}{x_2'}\right|=\frac{2S}{x_2-x_1} \quad \cdots ②$$

$$E_1\left(\frac{y_3'}{x_3'}\right)=\left|x_2'\cdot\frac{y_3'}{x_3'}-y_2'\right|=\left|\frac{x_2'y_3'-x_3'y_2'}{x_3'}\right|=\frac{2S}{x_3-x_1} \quad \cdots ③$$

$$\begin{cases}\overrightarrow{Q_1Q_2}=(x_2-x_1, y_2-y_1)=(x_2', y_2')\\ \overrightarrow{Q_1Q_3}=(x_3-x_1, y_3-y_1)=(x_3', y_3')\end{cases}$$

이므로, $\triangle Q_1Q_2Q_3$의 면적 S는

$$\frac{1}{2}\left|\begin{matrix}0 & x_2' & x_3' & 0\\ 0 & y_2' & y_3' & 0\end{matrix}\right|=\frac{|x_3'y_2'-x_2'y_3'|}{2}$$

(ii) $m=x_2$인 경우

$D(m)=D(z_2)=|z_2-z_1|+|z_2-z_3|$
$=|(x_1-x_2)a-(y_1-y_2)|+|(x_3-x_2)a-(y_3-y_2)|$

여기서, $x_i'=x_i-x_2$, $y_i'=y_i-y_2\ (i=1,3)$으로 놓으면,
$x_1<x_2<x_3$이므로 $x_1'<0$, $x_3'>0$이며,

$$D(m)=D(z_2)=|x_1'a-y_1'|+|x_3'a-y_3'|$$

이 식은 a에 관한 함수로 볼 수 있으므로, $E_2(a)$로 놓으면, 최솟값은

$$E_2\left(\frac{y_1'}{x_1'}\right) \text{ 또는 } E_2\left(\frac{y_3'}{x_3'}\right) \text{ 중 하나이다.}$$

$$E_2\left(\frac{y_1'}{x_1'}\right)=\left|x_3'\cdot\frac{y_1'}{x_1'}-y_3'\right|=\frac{2S}{x_2-x_1} \quad \cdots ④$$

$$E_2\left(\frac{y_3'}{x_3'}\right)=\left|x_1'\cdot\frac{y_3'}{x_3'}-y_1'\right|=\frac{2S}{x_3-x_2} \quad \cdots ⑤$$

(iii) $m=z_3$인 경우

$D(m)=D(z_3)=|z_3-z_1|+|z_3-z_2|$

$=|(x_1-x_3)a-(y_1-y_3)|+|(x_2-x_3)a-(y_2-y_3)|$

여기서, $x_i'=x_i-x_3$, $y_i'=y_i-y_3\ (i=1,2)$으로 놓으면,

$x_1<x_2<x_3$이므로 $x_1'<0$, $x_2'<0$이며,

$$D(m)=D(z_3)=|x_1'a-y_1'|+|x_2'a-y_2'|$$

이 식은 a에 관한 함수로 볼 수 있으므로, $E_3(a)$로 놓으면, 최솟값은

$$E_3\left(\frac{y_1'}{x_1'}\right) \text{ 또는 } E_3\left(\frac{y_2'}{x_2'}\right) \text{ 중 하나이다.}$$

$$E_3\left(\frac{y_1'}{x_1'}\right)=\left|x_2'\cdot\frac{y_1'}{x_1'}-y_2'\right|=\frac{2S}{x_3-x_1} \quad \cdots ⑥$$

$$E_3\left(\frac{y_2'}{x_2'}\right)=\left|x_1'\cdot\frac{y_2'}{x_2'}-y_1'\right|=\frac{2S}{x_3-x_2} \quad \cdots ⑦$$

이제, ②~⑦과

$\max\{x_3-x_1,\ x_2-x_1,\ x_3-x_2\}=x_3-x_1$

에서, $d=D(b)=E_1(a)$ or $E_2(a)$ or $E_3(a)$의 최솟값은 $E_1\left(\frac{y_3'}{x_3'}\right)=E_3\left(\frac{y_1'}{x_1'}\right)=\frac{2S}{x_3-x_1}$이다.

이때, $a=\frac{y_3'}{x_3'}=\frac{y_3-y_1}{x_3-x_1}$,

$b=z_1=y_1-ax_1$

$=y_1-x_1\cdot\frac{y_3-y_1}{x_3-x_1}=\frac{x_3y_1-x_1y_3}{x_3-x_1}$ …(답) ■

> 함수 $E_1(a)$에서는 $x_3'=x_3-x_1$,
> 함수 $E_2(a)$에서는 $x_3'=x_3-x_2$임에 주의.

[참고] 직관적으로 세 점 중 두 점을 지나는 것이 거리를 줄이는 방법이다.
전체 문제구성과 주어진 시간을 고려해 볼 때, 세 점 중 두 점을 지나는 직선 3가지만 생각해서 직관적으로 풀어도 된다.

[문제 1] (B)

(1) 0세대에서 A인 문자가 n세대에서 A일 확률은 $P_{AA}(n)$, A 이외의 문자가 될 확률은 $1-P_{AA}(n)$이므로,

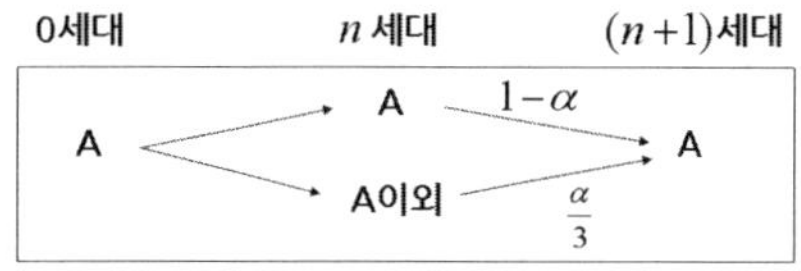

그림과 같이 생각하면,

$$P_{AA}(n+1)=(1-\alpha)P_{AA}(n)+\frac{\alpha}{3}(1-P_{AA}(n))$$

$$=\left(1-\frac{4}{3}\alpha\right)P_{AA}(n)+\frac{\alpha}{3} \quad \cdots ① \quad \cdots(\text{답}) \ ■$$

(2) ①에서, $n\ge 0$에 대하여

$$P_{AA}(n+1)-\frac{1}{4}=\left(1-\frac{4\alpha}{3}\right)\left(P_{AA}(n)-\frac{1}{4}\right)$$

$$\therefore\ P_{AA}(n)-\frac{1}{4}=\left(1-\frac{4\alpha}{3}\right)^n\left(P_{AA}(0)-\frac{1}{4}\right)$$

$P_{AA}(0)=1$이므로,

$$P_{AA}(n)=\frac{1}{4}+\frac{3}{4}\left(1-\frac{4\alpha}{3}\right)^n \quad \cdots(\text{답}) \ ■$$

또, $P_{AC}(n)=P_{AG}(n)=P_{AT}(n)$이므로

$$P_{AC}(n)=\frac{1}{3}\{1-P_{AA}(n)\}$$

$$=\frac{1}{4}\left\{1-\left(1-\frac{4\alpha}{3}\right)^n\right\} \quad \cdots(\text{답}) \ ■$$

(3) 확률변수 X_i를

$$X_i=\begin{cases}1 & (i\text{번째 문자가 0세대와 다름})\\ 0 & (i\text{번째 문자가 0세대와 일치})\end{cases}$$

로 하면, $d_n=E(X_1+X_2+\cdots+X_N)$이다.

X_i의 기댓값 $E(X_i)$는

$$E(X_i)=1\cdot P(X_i=1)+0\cdot P(X_i=0)$$

$$=P(X_i=1)$$

$$=3P_{AC}(n)=\frac{3}{4}\left\{1-\left(1-\frac{4\alpha}{3}\right)^n\right\}$$

이며,

$E(X_1)=E(X_2)=\cdots=E(X_N)$이므로

$$\begin{aligned} d_n &= E(X_1+X_2+\cdots+X_N) \\ &= E(X_1)+E(X_2)+\cdots+E(X_N) \\ &= N\cdot E(X_1) \\ &= \frac{3N}{4}\left\{1-\left(1-\frac{4\alpha}{3}\right)^n\right\} \end{aligned}$$ …(답) ■

(4) $0<\alpha<1$이므로, $-\frac{1}{3}<1-\frac{4\alpha}{3}<1$

$$\therefore \lim_{n\to\infty} d_n = \lim_{n\to\infty}\frac{3N}{4}\left\{1-\left(1-\frac{4\alpha}{3}\right)^n\right\} = \frac{3}{4}N = 0.75N$$ ■

[문제 2] (A)

(1) $q\cdot\Delta t + V\cdot\rho\cdot\Delta t - V\cdot x\cdot\Delta t$ … ①

$q\cdot\Delta t$: 극소시간에 발생하는 오염물질의 부피

$V\cdot\rho\cdot\Delta t$: 극소시간에 외부로부터 유입되는 오염물질의 부피

$V\cdot x\cdot\Delta t$: 극소시간에 실외로 배출되는 오염물질의 부피 …(답) ■

(2) 시간이 지나도 오염물질의 농도가 변화하지 않는 것은 $\frac{dx}{dt}=0$일 때이므로,

$$\frac{dx}{dt}=\frac{q+V\rho-Vx}{W}=0 \quad \cdots ②$$

에서 $q+V\rho-Vx=0$

$$\therefore\ x=\frac{q}{V}+\rho$$ …(답) ■

(3) $$\frac{1}{\frac{q}{V}+\rho-x}\cdot\frac{dx}{dt}=\frac{V}{W} \quad \cdots ③$$

③식의 좌변을 t에 관하여 부정적분하면,

$$\int\frac{1}{\frac{q}{V}+\rho-x}\cdot\frac{dx}{dt}dt=\int\frac{1}{\frac{q}{V}+\rho-x}dx$$

$$=-\ln\left|\frac{q}{V}+\rho-x\right|+C \quad (C\text{는 적분상수})$$

…(답) ■

(4) 위의 (3)번의 결과에 의하여,

$$-\ln\left|\frac{q}{V}+\rho-x\right|+C=\frac{V}{W}t$$

$$\frac{q}{V}+\rho-x=\pm e^{(C-\frac{V}{W}t)}$$

$$\therefore\ x=\frac{q}{V}+\rho+Ae^{(-\frac{V}{W}t)} \quad (A=\mp e^C)$$

$t=0$일 때 $x=x_0$이므로

$$x_0=\frac{q}{V}+\rho+A \qquad \therefore\ A=x_0-\frac{q}{V}-\rho$$

따라서,

$$\therefore\ x=\frac{q}{V}+\rho+\left(x_0-\frac{q}{V}-\rho\right)e^{(-\frac{V}{W}t)}$$

$$x=\alpha+\beta e^{-rt} \quad \cdots ④$$

와 비교하면,

$$\alpha=\frac{q}{V}+\rho,\ \beta=x_0-\frac{q}{V}-\rho,$$

$$r=\frac{V}{W}$$ …(답) ■

[문제 2] (B)

$$m\frac{dv}{dt} = mg - k(m)\cdot v \cdots ⑤$$

(1) 수직아래 방향으로 낙하하는 물체는 공기저항에 의하여 어느 정도의 시간이 지나면 속도가 더 이상 올라가지 않는다.

즉, 가속도 $\frac{dv}{dt}$가 0에 가까워진다.

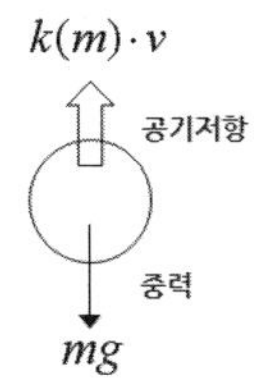

$$0 = \lim_{t\to\infty} m\frac{dv}{dt} = \lim_{t\to\infty}(mg - k(m)\cdot v)$$

에서, 시간이 충분히 지나면($t\to\infty$)

$mg - k(m)\cdot v$는 0에 가까워진다.

즉, 속도는 $\bar{v} = \frac{mg}{k(m)}$에 가까워진다. ■

(2) (가) $k(m) = am + b \quad (a>0, b>0)$에서

$$\bar{v} = \frac{mg}{am+b} = \frac{g}{a + \frac{b}{m}}$$

여기서, $\frac{b}{m}$가 m의 단조감소함수이므로 $\bar{v}$는 m의 단조증가함수이다. 따라서 조건을 만족한다. ■

(나) $k(m) = am^2 + b \quad (a>0, b>0)$에서

$$\bar{v} = \frac{mg}{am^2+b} = \frac{g}{am + \frac{b}{m}}$$

여기서, $am + \frac{b}{m} \geq 2\sqrt{ab}$ (등호는 $m = \sqrt{\frac{b}{a}}$ 일 때 성립)이다. 따라서, $\bar{v}$는 $m = \sqrt{\frac{b}{a}}$의 전후에서 증감이 바뀌므로 문제의 조건(단조증가)을 만족하지 않는다. ■

(다) $k(m) = a\sqrt[3]{m} + b \quad (a>0, b>0)$에서

$$\bar{v} = \frac{mg}{a\sqrt[3]{m}+b} = \frac{g}{\frac{a}{\sqrt[3]{m^2}} + \frac{b}{m}}$$

여기서, $\frac{a}{\sqrt[3]{m^2}} + \frac{b}{m}$는 m의 단조감소함수이므로, $\bar{v}$는 m의 단조증가함수이다. 따라서 조건을 만족한다. ■

(3) ⑤식의 변형 $\frac{dv}{dt} = g - \frac{k(m)}{m}v$를

$$\frac{dx}{dt} = \frac{q + V\rho - Vx}{W} \quad \cdots ②$$

와 비교하면, $\frac{q+V\rho}{W} = g$, $\frac{V}{W} = \frac{k(m)}{m}$

이제, ④식에서 $x = v$로 하면,

$\alpha = \frac{q}{V} + \rho = \frac{q+V\rho}{W}\cdot\frac{W}{V} = \frac{mg}{k(m)}$

$\beta = x_0 - \frac{q}{V} - \rho = 0 - \frac{mg}{k(m)} \quad (\because x_0 = v_0 = 0)$

$r = \frac{V}{W} = \frac{k(m)}{m}$이므로,

$v = \frac{mg}{k(m)}\left(1 - e^{(-\frac{k(m)}{m}t)}\right)$이며,

그래프는 다음과 같다.

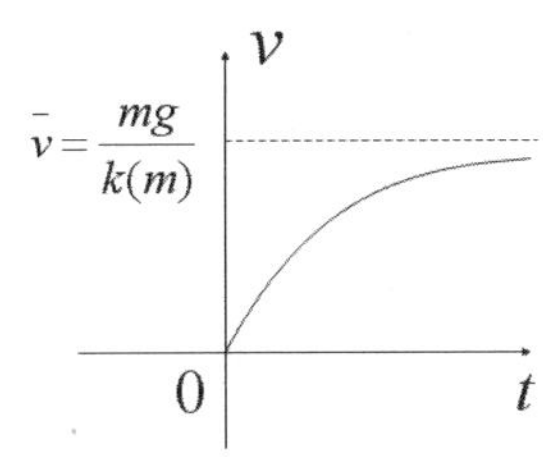

■

[문제 2] (C)

(1) $Y(t)=\sqrt{K(t)}$ … ⑥

$I(t)=sY(t)$ … ⑦

$\frac{d}{dt}K(t)=I(t)-rK(t)$ … ⑧

⑥, ⑦을 ⑧에 대입하면,

$$\frac{d}{dt}K(t)=sY(t)-r(Y(t))^2$$

⑥의 양변을 t에 관하여 미분하면,

$$\frac{d}{dt}Y(t)=\frac{1}{2}(K(t))^{-\frac{1}{2}}\cdot\frac{d}{dt}K(t)$$
$$=\frac{1}{2}(Y(t))^{-1}\cdot\{sY(t)-r(Y(t))^2\}$$
$$=\frac{1}{2}\{s-rY(t)\}$$

…(답) ■

(2) $Y(t)$를 Y로 적으면 (1)의 결과는

$$\frac{dY}{dt}=\frac{1}{2}(s-rY),\quad \frac{1}{s-rY}dY=\frac{1}{2}dt$$
$$\int\frac{1}{s-rY}dY=\int\frac{1}{2}dt$$

$$\therefore\ -\frac{1}{r}\ln|s-rY|=\frac{1}{2}t+C\quad (C:\text{적분상수})$$
$$\ln|s-rY|=-\frac{r}{2}t-Cr$$
$$|s-rY|=De^{-\frac{r}{2}t}\quad (D=e^{-Cr})$$
$$rY=s\pm De^{-\frac{r}{2}t}$$
$$Y=\frac{s}{r}+Ae^{-\frac{r}{2}t}\left(A=\pm\frac{D}{r}\right)$$

여기서, $Y(0)=\sqrt{K(0)}=1$이므로,

$$1=\frac{s}{r}+A,\quad A=1-\frac{s}{r}$$
$$\therefore\ Y(t)=\frac{s}{r}+\left(1-\frac{s}{r}\right)e^{-\frac{r}{2}t}$$

…(답) ■

(3) (2)번의 결과에 의하여,

$$C(t)=(1-s)Y(t)$$
$$=\frac{s(1-s)}{r}+\frac{(1-s)(r-s)}{r}e^{-\frac{r}{2}t}$$
$$=\frac{s(1-s)}{r}\left(1-\frac{s-r}{s}e^{-\frac{r}{2}t}\right)$$

$$\therefore\ \frac{d}{dt}C(t)=\frac{s(1-s)}{r}\left(\frac{s-r}{s}\cdot\frac{r}{2}e^{-\frac{r}{2}t}\right)$$
$$=\frac{(1-s)(s-r)}{2}e^{-\frac{r}{2}t}$$

$0<s<1$에서 $1-s>0$이므로,

$C(t)$	조건
단조증가함수	$s>r$
단조감소함수	$s<r$
상수함수	$s=r$

…(답) ■

(4) (ⅰ) $s>r$인 경우

$C(t)$가 단조증가함수이므로

$$C(t)\ge C(0)=\frac{s(1-s)}{r}\left(1-\frac{s-r}{s}\right)=1-s$$

따라서, c의 최댓값은 $1-s$이다.

∴ 최저소비량 $=1-s$ …(답) ■

(ⅱ) $s<r$인 경우

$C(t)$가 단조감소함수이므로

$$C(t)\ge\lim_{t\to\infty}C(t)=\frac{s(1-s)}{r}$$

따라서, c의 최댓값은 $\frac{s(1-s)}{r}$이다.

∴ 최저소비량 $=\frac{s(1-s)}{r}$ …(답) ■

(ⅲ) $s=r$인 경우에는 $C(t)$가 상수함수이므로

$C(t)=C(0)=1-s$

∴ 최저소비량 $=1-s$ …(답) ■

(5) 최저소비량을 $f(s)$라 하면 (4)번의 결과에 의하여,

$$f(s)=\begin{cases} \dfrac{s(1-s)}{r} & (0<s<r) \\ 1-s & (r \le s < 1) \end{cases}$$

$$\therefore\ f(s)=\begin{cases} \dfrac{1}{r}(-s^2+s) & (0<s<r) \\ -s+1 & (r \le s < 1) \end{cases}$$

포물선 $u=\dfrac{1}{r}(-s^2+s)$와 직선 $u=-s+1$의 교점의 개수를 구해보자.

$$\frac{1}{r}(-s^2+s)=-s+1$$
$$s^2+(-1-r)s+r=0$$
$$(s-1)(s-r)=0$$
$$\therefore\ s=1,\ r\ \ (0<r<1)$$

이므로, 두 그래프는 항상 두 점에서 만남을 알 수 있다.

이제, $r\,(0<r<1)$이 변함에 따라 두 그래프의 개형을 생각해 보면 아래 그림과 같이 된다.

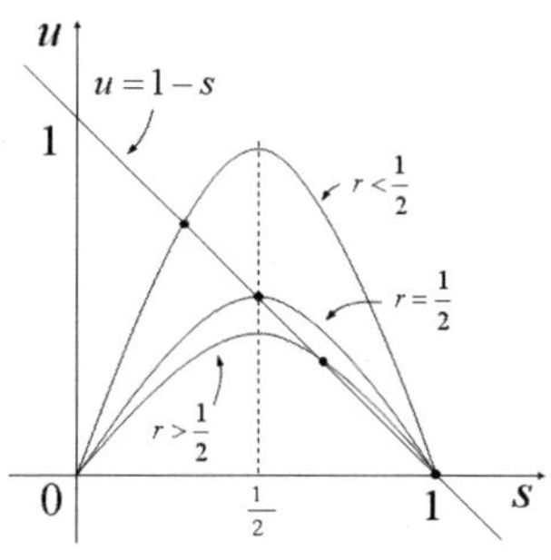

(i) $0<r<\dfrac{1}{2}$인 경우, $u=f(s)$의 그래프는 아래 그림과 같다. 따라서, $f(s)$를 최대로 하는 s는 $s=r$이다.

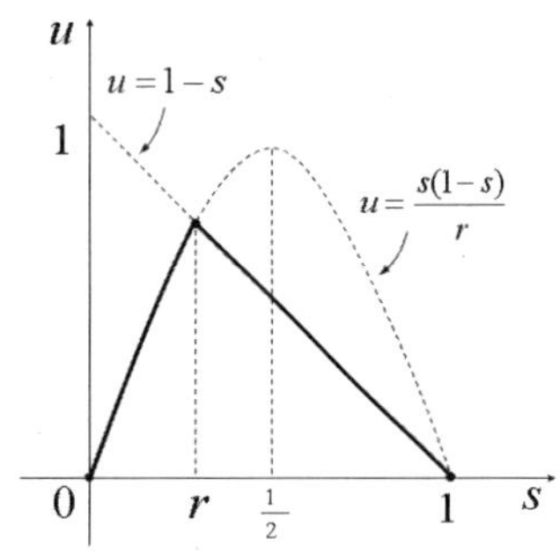

(ii) $\dfrac{1}{2}\le r<1$인 경우, $u=f(s)$의 그래프는 아래 그림과 같다. 따라서, $f(s)$를 최대로 하는 s는 $s=\dfrac{1}{2}$이다.

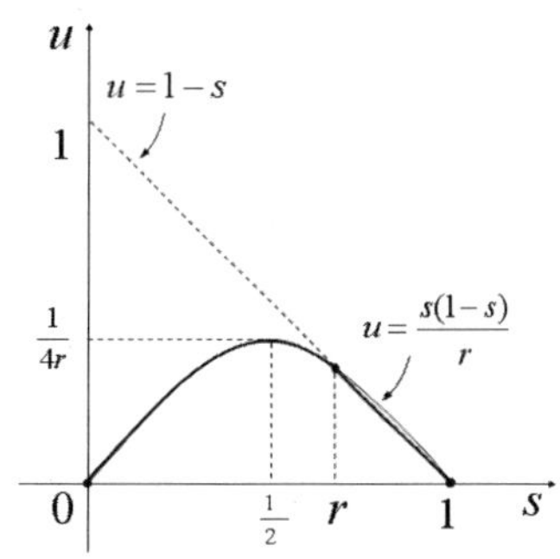

(i), (ii)에 의하여,
$f(s)$를 최대로 하는 s는 다음과 같다.

$$s=\begin{cases} r & \left(0<r<\dfrac{1}{2}\right) \\ \dfrac{1}{2} & \left(\dfrac{1}{2}\le r<0\right) \end{cases} \qquad \cdots(\text{답})\ ■$$

〈 2009年 前期 − 理科 〉 時間 : 150分

1. 자연수 $m \geq 2$에 대하여 $m-1$개의 이항계수 ${}_m\mathrm{C}_1$, ${}_m\mathrm{C}_2$, $\cdots$, ${}_m\mathrm{C}_{m-1}$의 최대공약수를 d_m이라고 하자. 즉, d_m은 이항계수 모두를 나누는 가장 큰 자연수이다.

(1) m이 소수이면, $d_m = m$임을 보여라.

(2) 2 이상의 자연수 k에 대하여 $k^m - k$가 d_m으로 나누어떨어짐을 보여라.

(k에 관한 수학적귀납법 이용)

(3) m이 짝수이면, d_m은 1 또는 2임을 보여라.

2. 실수를 성분으로 하는 행렬 $A=\begin{pmatrix} a & b \\ c & d \end{pmatrix}$와 실수 r, s가 (ⅰ)~(ⅲ)을 만족한다고 하자.

> (ⅰ) $s>1$ (ⅱ) $A\begin{pmatrix} r \\ 1 \end{pmatrix} = s\begin{pmatrix} r \\ 1 \end{pmatrix}$
>
> (ⅲ) $A^n\begin{pmatrix} 1 \\ 0 \end{pmatrix} = \begin{pmatrix} x_n \\ y_n \end{pmatrix}$ $(n=1,2,\cdots)$이라 하면 $\lim_{n\to\infty} x_n = \lim_{n\to\infty} y_n = 0$

(1) $B=\begin{pmatrix} 1 & r \\ 0 & 1 \end{pmatrix}^{-1} A \begin{pmatrix} 1 & r \\ 0 & 1 \end{pmatrix}$을 a, c, r, s를 이용하여 나타내어라.

(2) $B^n\begin{pmatrix} 1 \\ 0 \end{pmatrix} = \begin{pmatrix} z_n \\ w_n \end{pmatrix}$ $(n=1,2,\cdots)$이라 하면 $\lim_{n\to\infty} z_n = \lim_{n\to\infty} w_n = 0$임을 보여라.

(3) $c=0$, $|a|<1$임을 보여라.

3. 스위치를 1회 누를 때마다 적(赤), 청(青), 황(黃), 백(白) 네 가지 색의 구슬 중 한 개씩 나오는 기계가 있다. 단, 적, 청, 황, 백이 나올 확률은 각각 $\frac{1}{4}$로 같다. 두 개의 상자 L, R에 대하여 다음 세 종류의 조작을 생각해보자.

> (A) 스위치를 1회 눌러 나온 구슬을 상자 L에 넣는다.
> (B) 스위치를 1회 눌러 나온 구슬을 상자 R에 넣는다.
> (C) 스위치를 1회 눌러 나온 구슬과 같은 색의 구슬이,
> L에 없으면 그 구슬은 상자 L에 넣으며, L에 있으면 그 구슬은 상자 R에 넣는다.

(1) L과 R이 비어 있다고 하자. 조작(A)를 5회 실시하고 이어서 조작(B)를 5회 실시한다. 이때, L과 R 각각의 상자 안에 네 가지 색 모두가 들어있을 확률 P_1을 구하여라.

(2) L과 R이 비어 있다고 하자. 조작(C)를 5회 실시한다. 이때, L 안에 네 가지 색 모두가 들어있을 확률 P_2를 구하여라.

(3) L과 R이 비어 있다고 하자. 조작(C)를 10회 실시한다. 이때, L과 R 각각의 상자 안에 네 가지 색 모두가 들어있을 확률 P_3에 대하여 $\frac{P_3}{P_1}$를 구하여라.

4. 양의 실수 a에 대하여, 공간상의 두 원판(圓板) $D_1 = \{(x, y, z) \mid x^2 + y^2 \le 1,\ z = a\}$, $D_2 = \{(x, y, z) \mid x^2 + y^2 \le 1,\ z = -a\}$가 있다. D_1을 y축 둘레로 180° 회전하여 D_2에 겹치게 하는 과정 중에 D_1이 통과하는 부분을 E라 하자. 단, 회전은 z축의 양의 부분에서 x축의 양의 방향으로 향하는 방향이다.
E의 부피를 $V(a)$, E와 $\{(x, y, z) \mid x \ge 0\}$의 공통부분의 부피를 $W(a)$라 하자.
(1) $W(a)$를 구하여라.
(2) $\lim_{a \to \infty} V(a)$를 구하여라.

5. (1) 실수 x가 $-1 < x < 1$, $x \ne 0$을 만족할 때, $(1-x)^{1-\frac{1}{x}} < (1+x)^{\frac{1}{x}}$임을 보이시오.
(2) $0.9999^{101} < 0.99 < 0.9999^{100}$임을 보이시오.

6. 평면상의 두 점 P, Q의 거리를 $d(\mathrm{P}, \mathrm{Q})$로 표시하자.

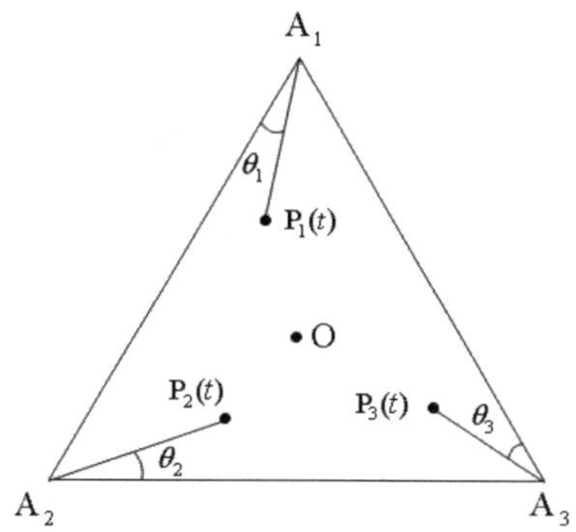

평면상에 점 O를 무게중심으로 하고 한 변의 길이가 1000인 정삼각형 $\triangle \mathrm{A_1A_2A_3}$가 있다. $\triangle \mathrm{A_1A_2A_3}$의 내부에 세 점 $\mathrm{B_1}$, $\mathrm{B_2}$, $\mathrm{B_3}$를 $d(\mathrm{A}_n, \mathrm{B}_n) = 1$ $(n = 1, 2, 3)$이 되도록 정한다.
또, $\vec{a_1} = \overrightarrow{\mathrm{A_1A_2}}$, $\vec{a_2} = \overrightarrow{\mathrm{A_2A_3}}$, $\vec{a_3} = \overrightarrow{\mathrm{A_3A_1}}$, $\vec{e_1} = \overrightarrow{\mathrm{A_1B_1}}$, $\vec{e_2} = \overrightarrow{\mathrm{A_2B_2}}$, $\vec{e_3} = \overrightarrow{\mathrm{A_3B_3}}$로 놓자.
$n = 1, 2, 3$ 각각에 대하여, 시각 0일 때 A_n을 출발하여 $\vec{e_n}$ 방향으로 매초 1만큼 등속도로 직진하는 점이 있어, 시각 t에서의 그 위치를 $\mathrm{P}_n(t)$로 표시하자.

(1) 어떤 시각 t에 $d(\mathrm{P_1}(t), \mathrm{P_2}(t)) \le 1$이 성립했다. 벡터 $\vec{e_1} - \vec{e_2}$와 벡터 $\vec{a_1}$이 이루는 각을 θ라 할 때, $|\sin\theta| \le \frac{1}{1000}$임을 보여라.
(2) $\theta_1 = \angle \mathrm{B_1A_1A_2}$, $\theta_2 = \angle \mathrm{B_2A_2A_3}$, $\theta_3 = \angle \mathrm{B_3A_3A_1}$, $\sin\alpha = \frac{1}{1000}$ $\left(0 < \alpha < \frac{\pi}{2}\right)$로 놓자. 어떤 시각 t에 $d(\mathrm{P_1}(t), \mathrm{P_2}(t)) \le 1$이 성립했다. $\theta_1 + \theta_2$의 범위를 α를 이용하여 보이시오.
(3) 다음 조건을 만족하는 시각 t_1, t_2, t_3가 존재한다고 하자.

$$d(\mathrm{P_2}(t_1), \mathrm{P_3}(t_1)) \le 1,\ d(\mathrm{P_3}(t_2), \mathrm{P_1}(t_2)) \le 1,\ d(\mathrm{P_1}(t_3), \mathrm{P_2}(t_3)) \le 1$$

이때, 시각 $T = \frac{1000}{\sqrt{3}}$에 대하여 다음 세 부등식이 동시에 성립함을 보여라.

$$d(\mathrm{P_1}(T), \mathrm{O}) \le 3,\ d(\mathrm{P_2}(T), \mathrm{O}) \le 3,\ d(\mathrm{P_3}(T), \mathrm{O}) \le 3$$

[문제 1]

(1) ${}_m\mathrm{C}_r = \dfrac{m!}{r!(m-r)!}$ $(r=1,2,\cdots,m-1)$

$$r!\,{}_m\mathrm{C}_r = m(m-1)\cdots(m-r+1)$$

$1 \le r \le m-1$이며 m이 소수이므로 m은 $r!$을 나눌 수 없다.

따라서 소수 m은 ${}_m\mathrm{C}_r$ $(r=1,2,\cdots,m-1)$의 약수이다.

${}_m\mathrm{C}_1 = m$이므로 최대공약수 $d_m = m$이다. ■

(2) d_m은 $k^m - k$의 약수이다. ……(*)

(ⅰ) $k=2$일 때

$$2^m - 2 = {}_m\mathrm{C}_0 + {}_m\mathrm{C}_1 + \cdots + {}_m\mathrm{C}_m - 2$$
$$= {}_m\mathrm{C}_1 + {}_m\mathrm{C}_2 + \cdots + {}_m\mathrm{C}_{m-1}$$

이므로, d_m은 2^m-2의 약수이다.

(ⅱ) $k \ge 2$에 대하여 (*)가 성립한다고 하자.

$$(k+1)^m - (k+1) = \sum_{r=0}^{m} {}_m\mathrm{C}_r k^r - (k+1) =$$

$k^m - k + ({}_m\mathrm{C}_1 k + {}_m\mathrm{C}_2 k^2 + \cdots + {}_m\mathrm{C}_{m-1} k^{m-1})$

여기서, 가정에 의하여 d_m은 $k^m - k$의 약수이다. 또한, d_m의 정의에 의하여 d_m은 ${}_m\mathrm{C}_1 k + {}_m\mathrm{C}_2 k^2 + \cdots + {}_m\mathrm{C}_{m-1} k^{m-1}$의 약수이다.

따라서 (*)는 $k+1$일 때 성립한다.

(ⅰ),(ⅱ)와 수학적귀납법에 의하여, 2 이상의 자연수 k에 대하여 (*)가 성립한다. ■

(3) m은 짝수, $d_m \ge 3$이라고 가정했을 때 모순임을 보이면, d_m은 1 또는 2이다.

$$(d_m - 1)^m - (d_m - 1)$$
$$= \sum_{r=0}^{m-1} {}_m\mathrm{C}_r d_m^{\,m-r} (-1)^r + 1 - (d_m - 1)$$
$$= d_m \left\{ \sum_{r=0}^{m-1} {}_m\mathrm{C}_r d_m^{\,m-r-1} (-1)^r - 1 \right\} + 2$$

이므로, $(d_m-1)^m - (d_m-1)$을 d_m으로 나누면 나머지가 2이다. ($\because d_m \ge 3$)

하지만, (2)의 증명에서 $k = d_m - 1 \ge 2$로 놓으면, d_m은 $(d_m-1)^m - (d_m-1)$의 약수이므로 모순이다. ■

[문제 2]

(1) $A = \begin{pmatrix} a & b \\ c & d \end{pmatrix}$에서 $A\begin{pmatrix} 1 \\ 0 \end{pmatrix} = \begin{pmatrix} a \\ c \end{pmatrix}$ … ①

조건(ⅱ)에서 $A\begin{pmatrix} r \\ 1 \end{pmatrix} = s\begin{pmatrix} r \\ 1 \end{pmatrix}$ … ②

①, ②에 의하여 $A\begin{pmatrix} 1 & r \\ 0 & 1 \end{pmatrix} = \begin{pmatrix} a & sr \\ c & s \end{pmatrix}$ … ③

$$B = \begin{pmatrix} 1 & r \\ 0 & 1 \end{pmatrix}^{-1} A \begin{pmatrix} 1 & r \\ 0 & 1 \end{pmatrix} = \begin{pmatrix} 1 & r \\ 0 & 1 \end{pmatrix}\begin{pmatrix} a & sr \\ c & s \end{pmatrix}$$
$$= \begin{pmatrix} 1 & -r \\ 0 & 1 \end{pmatrix}\begin{pmatrix} a & sr \\ c & s \end{pmatrix} = \begin{pmatrix} a-rc & 0 \\ c & s \end{pmatrix} \quad \cdots(\text{답})$$ ■

(2) $B = \begin{pmatrix} 1 & r \\ 0 & 1 \end{pmatrix}^{-1} A \begin{pmatrix} 1 & r \\ 0 & 1 \end{pmatrix}$이므로,

$$\begin{pmatrix} z_n \\ w_n \end{pmatrix} = B^n \begin{pmatrix} 1 \\ 0 \end{pmatrix} = \left\{ \begin{pmatrix} 1 & r \\ 0 & 1 \end{pmatrix}^{-1} A \begin{pmatrix} 1 & r \\ 0 & 1 \end{pmatrix} \right\}^n \begin{pmatrix} 1 \\ 0 \end{pmatrix}$$
$$= \begin{pmatrix} 1 & r \\ 0 & 1 \end{pmatrix}^{-1} A^n \begin{pmatrix} 1 & r \\ 0 & 1 \end{pmatrix} \begin{pmatrix} 1 \\ 0 \end{pmatrix}$$
$$= \begin{pmatrix} 1 & -r \\ 0 & 1 \end{pmatrix} A^n \begin{pmatrix} 1 \\ 0 \end{pmatrix}$$
$$= \begin{pmatrix} 1 & -r \\ 0 & 1 \end{pmatrix} \begin{pmatrix} x_n \\ y_n \end{pmatrix} = \begin{pmatrix} x_n - r y_n \\ y_n \end{pmatrix}$$

$\lim\limits_{n\to\infty} x_n = \lim\limits_{n\to\infty} y_n = 0$이므로,

$$\lim_{n\to\infty} z_n = \lim_{n\to\infty} (x_n - r y_n) = 0$$
$$\lim_{n\to\infty} w_n = \lim_{n\to\infty} y_n = 0$$ ■

(3) $t = a - rc$로 놓으면

$$B^2 = \begin{pmatrix} t & 0 \\ c & s \end{pmatrix}^2 = \begin{pmatrix} t^2 & 0 \\ c(s+t) & s^2 \end{pmatrix}$$

$$B^3 = \begin{pmatrix} t & 0 \\ c & s \end{pmatrix}\begin{pmatrix} t^2 & 0 \\ c(s+t) & s^2 \end{pmatrix} = \begin{pmatrix} t^3 & 0 \\ c(s^2+st+t^2) & s^3 \end{pmatrix}$$

이므로,

자연수 n에 대하여

$$B^n=\begin{pmatrix} t^n & 0 \\ c\sum_{i=0}^{n-1} s^{n-1-i}t^i & s^n \end{pmatrix} \quad \cdots ④$$

으로 예상해보자.

$$B^{n+1}=BB^n=\begin{pmatrix} t & 0 \\ c & s \end{pmatrix}\begin{pmatrix} t^n & 0 \\ c\sum_{i=0}^{n-1} s^{n-1-i}t^i & s^n \end{pmatrix}$$

$$=\begin{pmatrix} t^{n+1} & 0 \\ ct^n+c\sum_{i=0}^{n-1} s^{n-i}t^i & s^{n+1} \end{pmatrix}$$

$$=\begin{pmatrix} t^{n+1} & 0 \\ c\sum_{i=0}^{n} s^{n-i}t^i & s^{n+1} \end{pmatrix}$$

이므로, 수학적귀납법에 의하여 임의의 자연수 n에 대하여 ④식이 성립한다.

$$\begin{pmatrix} z_n \\ w_n \end{pmatrix}=B^n\begin{pmatrix} 1 \\ 0 \end{pmatrix}=\begin{pmatrix} t^n \\ c\sum_{i=0}^{n-1} s^{n-1-i}t^i \end{pmatrix}$$ 에서

$$\begin{cases} z_n=t^n & \cdots ⑤ \\ w_n=c(s^{n-1}+s^{n-2}t+\cdots+t^{n-1}) & \cdots ⑥ \end{cases}$$

$\lim_{n\to\infty} z_n=0$ 이므로 ⑤에서 $|t|<1$ 이며,

조건 $s>1$에서 $\left|\frac{t}{s}\right|<1$이다.

따라서, ⑥에서

$$w_n=c\cdot\frac{s^{n-1}\left\{1-\left(\frac{t}{s}\right)^n\right\}}{1-\frac{t}{s}}$$ 이며

$$\lim_{n\to\infty}\frac{s^{n-1}\left\{1-\left(\frac{t}{s}\right)^n\right\}}{1-\frac{t}{s}}=\infty$$ 이다.

(2)에서 $0=\lim_{n\to\infty} w_n$이므로 $c=0$이며, 이때 $t=a-rc=a$이므로 $|t|<1$에서 $|a|<1$이다.

■

[문제 3]

(1) 조작(A)를 5회 실시하여, L에 4가지 색 모두가 들어가려면, '적적청황백'과 같이 2회 같은 색이 나오고 3회는 그 외의 색이 한 번씩 나와야 한다. 이 확률은

$${}_4C_1\times\frac{5!}{2!1!1!1!}\left(\frac{1}{4}\right)^5=\frac{15}{64}$$

조작(B)에 대해서도 같으므로, 구하는 확률은

$$P_1=\left(\frac{15}{64}\right)^2=\frac{225}{4096} \qquad \cdots(\text{답})$$ ■

(2) 조작(C)를 5회 실시하여, L에 4가지 색 모두가 들어갈 확률은, 조작(A)를 5회 실시하여 L에 4가지 색 모두가 들어가는 확률과 같으므로

$$P_2=\frac{15}{64} \qquad \cdots(\text{답})$$ ■

(3) 조작(C)를 10회 실시하여, L과 R 각각의 상자 안에 4가지 색 모두가 들어가려면, 4가지 색 모두 적어도 2번은 나와야 한다.

(ⅰ) 한 색 4회, 다른 세 가지 색은 각 2회 (예: 적적적적 청청 황황 백백)

$${}_4C_1\times\frac{10!}{4!2!2!2!}\left(\frac{1}{4}\right)^{10}=\frac{10!}{48}\left(\frac{1}{4}\right)^{10}$$

(ⅱ) 두 가지 색 각 3회, 다른 두 가지 색 각 2회 (예: 적적적 청청청 황황 백백)

$${}_4C_2\times\frac{10!}{3!3!2!2!}\left(\frac{1}{4}\right)^{10}=\frac{2\cdot10!}{48}\left(\frac{1}{4}\right)^{10}$$

(ⅰ), (ⅱ)에서

$$P_3=\frac{10!}{48}\left(\frac{1}{4}\right)^{10}+\frac{2\cdot10!}{48}\left(\frac{1}{4}\right)^{10}=\frac{10!}{16}\left(\frac{1}{4}\right)^{10}$$

$$\therefore\ \frac{P_3}{P_1}=\frac{10!}{16}\left(\frac{1}{4}\right)^{10}\times\frac{4^6}{3^2\cdot5^2}=\frac{63}{16} \qquad \cdots(\text{답})$$ ■

[문제 4]

(1) $E\cap\{(x,y,z)|x\ge 0\}$를 평면 $y=t(|t|\le 1)$로 자른 단면은 아래 그림의 사선부분과 같다.

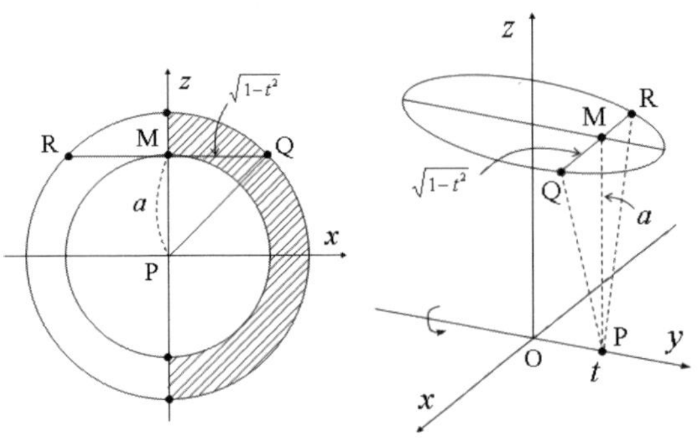

여기서,

$P(0,t,0)$, $Q(\sqrt{1-t^2},t,a)$, $M(0,t,a)$라 하면, 단면적 $S(t)$는

$$S(t)=\frac{1}{2}\cdot\pi\cdot\overline{PQ}^2-\frac{1}{2}\cdot\pi\cdot\overline{PM}^2$$

$$=\frac{\pi}{2}\overline{QM}^2=\frac{\pi}{2}(1-t^2)$$

따라서, 구하는 부피 $W(a)$는

$$W(a)=\int_{-1}^{1}S(t)\,dt$$

$$=\int_{-1}^{1}\frac{\pi}{2}(1-t^2)dt=\frac{2\pi}{3}\qquad\cdots(답)\ ■$$

(2) E를 평면 $y=t(|t|\le 1)$로 자른 단면은 아래 그림의 사선부분과 같다.

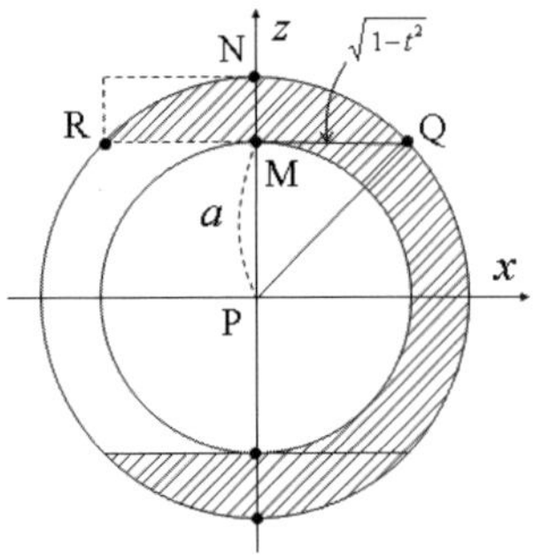

$x\le 0$인 부분의 면적을 $\epsilon(t)$로 놓고

$R(-\sqrt{1-t^2},t,a)$, $N(0,t,\sqrt{1-t^2+a^2})$으로 정하면,

$$\epsilon(t)\le 2\times\overline{MR}\cdot\overline{MN}$$

$$=2\sqrt{1-t^2}(\sqrt{1-t^2+a^2}-a)$$

$$=2\sqrt{1-t^2}\cdot\frac{1-t^2}{\sqrt{1-t^2+a^2}+a}$$

$$\le 2\sqrt{1-t^2}\cdot\frac{1-t^2}{2a}\qquad(\because 1-t^2\ge 0)$$

$$\therefore\ 0\le\epsilon(t)\le\frac{1}{a}(1-t^2)^{\frac{3}{2}}$$

$$\therefore\ 0\le\int_{-1}^{1}\epsilon(t)\,dt\le\frac{1}{a}\int_{-1}^{1}(1-t^2)^{\frac{3}{2}}dt$$

여기서, $\int_{-1}^{1}(1-t^2)^{\frac{3}{2}}dt$는 유한값이므로

$\lim_{a\to\infty}\frac{1}{a}\int_{-1}^{1}(1-t^2)^{\frac{3}{2}}dt=0$이며,

$$\therefore\ \lim_{a\to\infty}\int_{-1}^{1}\epsilon(t)\,dt=0$$

$$V(a)=\int_{-1}^{1}\{S(t)+\epsilon(t)\}\,dt$$

$=\frac{2\pi}{3}+\int_{-1}^{1}\epsilon(t)\,dt$이므로,

$$\lim_{a\to\infty}V(a)=\frac{2\pi}{3}+\lim_{a\to\infty}\int_{-1}^{1}\epsilon(t)\,dt=\frac{2\pi}{3}$$

$\cdots$(답) ■

[문제 5] (1) $-1<x<1$, $x\ne 0$에서 $1-x>0$, $1+x>0$이므로,

$$(1-x)^{1-\frac{1}{x}}<(1+x)^{\frac{1}{x}}$$

$$\Leftrightarrow 1-x<(1+x)^{\frac{1}{x}}(1-x)^{\frac{1}{x}}$$

$$\Leftrightarrow 1-x<(1-x^2)^{\frac{1}{x}}\qquad\cdots ①$$

$$\Leftrightarrow \ln(1-x)<\frac{1}{x}\ln(1-x^2)$$

$$\Leftrightarrow \frac{1}{x}\{\ln(1-x^2)-x\ln(1-x)\}>0$$

이제, $f(x)=\ln(1-x^2)-x\ln(1-x)$에 대하여 $\frac{1}{x}f(x)>0$임을 보이면 된다.

$$f'(x)=\frac{-2x}{1-x^2}-\ln(1-x)+\frac{x}{1-x}$$
$$=-\frac{x}{1+x}-\ln(1-x)$$
$$f''(x)=-\frac{1\cdot(1+x)-x\cdot 1}{(1+x)^2}-\frac{-1}{1-x}$$
$$=\frac{x(x+3)}{(1+x)^2(1-x)}$$

x	-1	$\cdots$	0	$\cdots$	1
f''		$-$	0	$+$	
f'		감소 $+$	0	증가 $+$	
f		증가 $-$	0	증가 $+$	
$\frac{f(x)}{x}$		$+$		$+$	

■

(2) 부등식 ①에 $x=0.01$을 대입하면

$$0.99<0.9999^{100} \quad \cdots ②$$

또한, 주어진 부등식 $(1-x)^{1-\frac{1}{x}}<(1+x)^{\frac{1}{x}}$의 양변에 $(1+x)^{1-\frac{1}{x}}$를 곱하면

$$(1-x^2)^{1-\frac{1}{x}}<1+x$$

이 식에 $x=-0.01$을 대입하면

$$0.9999^{101}<0.99 \quad \cdots ③$$

②와 ③에 의하여,

$$0.9999^{101}<0.99<0.9999^{100}$$ ■

[문제 6]

(1) 점 $\mathrm{P}_n(t)$ $(n=1,2,3)$을 P_n으로 표시하면,

$d(\mathrm{P}_1(t),\mathrm{P}_2(t))\le 1$

$\Leftrightarrow |\overrightarrow{\mathrm{P}_1\mathrm{P}_2}|\le 1$

$\Leftrightarrow |\overrightarrow{\mathrm{P}_1\mathrm{A}_1}+\overrightarrow{\mathrm{A}_1\mathrm{A}_2}+\overrightarrow{\mathrm{A}_2\mathrm{P}_2}|\le 1$

$\Leftrightarrow |-t\overrightarrow{e_1}+\overrightarrow{\mathrm{A}_1\mathrm{A}_2}+t\overrightarrow{e_2}|\le 1$

$\Leftrightarrow |\overrightarrow{\mathrm{A}_1\mathrm{A}_2}-t(\overrightarrow{e_1}-\overrightarrow{e_2})|\le 1$

$\Leftrightarrow |\overrightarrow{\mathrm{A}_1\mathrm{A}_2}-\overrightarrow{\mathrm{A}_1\mathrm{Q}}|\le 1\ (\because \overrightarrow{\mathrm{A}_1\mathrm{Q}}=t(\overrightarrow{e_1}-\overrightarrow{e_2}))$

$\Leftrightarrow |\overrightarrow{\mathrm{QA}_2}|\le 1$

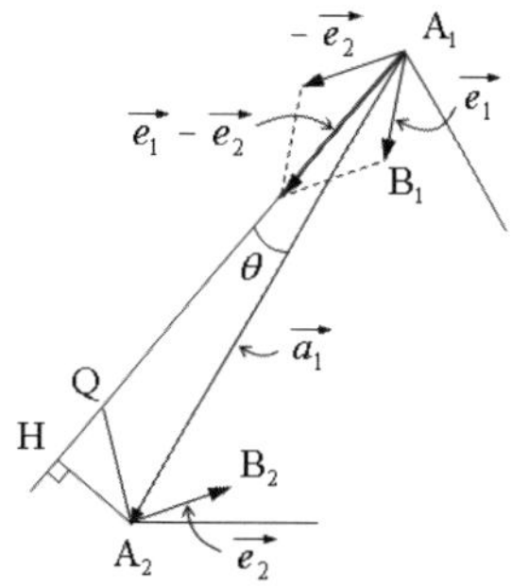

이제 점 A_1을 지나고 $\overrightarrow{e_1}-\overrightarrow{e_2}$에 평행한 직선에, 점 A_2에서 내린 수선의 발을 H라 하면

$$\overline{\mathrm{HA}_2}=1000|\sin\theta|\le|\overrightarrow{\mathrm{QA}_2}|\le 1$$

$\therefore\ 1000|\sin\theta|\le 1 \qquad \therefore\ |\sin\theta|\le\frac{1}{1000}$ ■

(2) $-\overrightarrow{e_2}$와 $\overrightarrow{a_1}$가 이루는 각은 $\frac{\pi}{3}-\theta_2$이다.

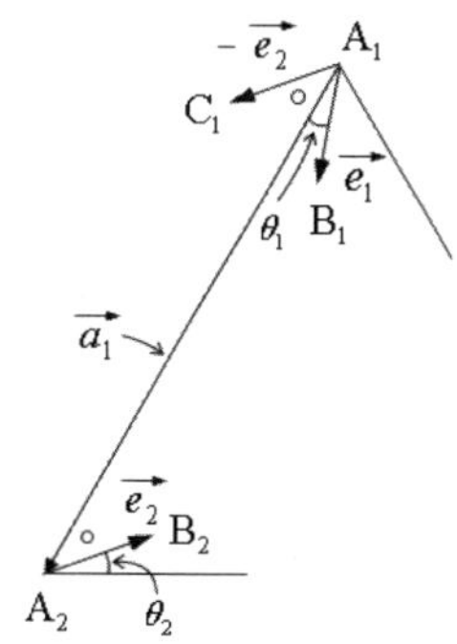

또한, 그림과 같이 C_1을 정하면, 점 A_1을 지나고 $\overrightarrow{e_1}-\overrightarrow{e_2}$에 평행한 직선은 $\angle\mathrm{B}_1\mathrm{A}_1\mathrm{C}_1$을 이등분한다.

따라서, θ를 (1)과 같이 정하면,

$$\theta=\left|\frac{1}{2}\left(\theta_1+\left(\frac{\pi}{3}-\theta_2\right)\right)-\theta_1\right|=\frac{1}{2}\left|\theta_1+\theta_2-\frac{\pi}{3}\right|$$

$$2\theta=\left|\theta_1+\theta_2-\frac{\pi}{3}\right| \qquad \therefore\ \theta_1+\theta_2=\frac{\pi}{3}\pm 2\theta$$

(1)에서 $|\sin\theta|\le\frac{1}{1000}=\sin\alpha$이므로,

$-\alpha\le\theta\le\alpha,\ \frac{\pi}{3}-2\alpha\le\frac{\pi}{3}\pm 2\theta\le\frac{\pi}{3}+2\alpha$

$$\frac{\pi}{3}-2\alpha\le\theta_1+\theta_2\le\frac{\pi}{3}+2\alpha \qquad \cdots(\text{답})$$ ■

(3) $d(\mathrm{P}_1(t_3), \mathrm{P}_2(t_3)) \le 1$이므로 (2)에서

$$\frac{\pi}{3} - 2\alpha \le \theta_1 + \theta_2 \le \frac{\pi}{3} + 2\alpha \quad \cdots ①$$

$d(\mathrm{P}_2(t_1), \mathrm{P}_3(t_1)) \le 1$이므로 (2)에서

$$\frac{\pi}{3} - 2\alpha \le \theta_2 + \theta_3 \le \frac{\pi}{3} + 2\alpha \quad \cdots ②$$

$d(\mathrm{P}_3(t_2), \mathrm{P}_1(t_2)) \le 1$이므로 (2)에서

$$\frac{\pi}{3} - 2\alpha \le \theta_3 + \theta_1 \le \frac{\pi}{3} + 2\alpha \quad \cdots ③$$

---

①, ②, ③의 양변을 더하여 2로 나누면

$$\frac{\pi}{2} - 3\alpha \le \theta_1 + \theta_2 + \theta_3 \le \frac{\pi}{2} + 3\alpha \quad \cdots ④$$

④와 ②에서, $\frac{\pi}{6} - 5\alpha \le \theta_1 \le \frac{\pi}{6} + 5\alpha \quad \cdots ⑤$

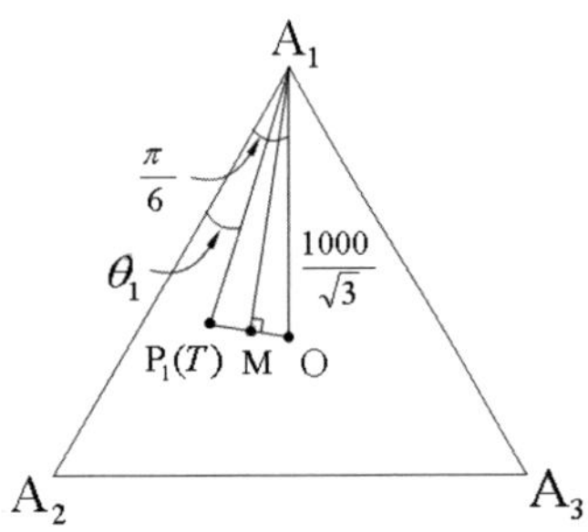

이제, 그림과 같이 M을 선분 $\overline{\mathrm{OP}_1(T)}$의 중점이라 하면,

$$\angle \mathrm{OA_1M} = \left| \frac{1}{2}\left(\frac{\pi}{6} - \theta_1\right) \right| \le \frac{5\alpha}{2} \quad (\because ⑤)$$

$$\overline{\mathrm{A_1O}} = \overline{\mathrm{A_1P_1}(T)} = \frac{1000}{\sqrt{3}}$$

이제,

$$\begin{aligned} d(\mathrm{P}_1(T), \mathrm{O}) &= 2 \cdot \overline{\mathrm{MO}} \\ &= 2 \cdot \frac{1000}{\sqrt{3}} \sin\left| \frac{1}{2}\left(\frac{\pi}{6} - \theta_1\right) \right| \\ &\le \frac{2000}{\sqrt{3}} \sin\frac{5\alpha}{2} = \frac{2}{\sqrt{3}\sin\alpha} \sin\frac{5\alpha}{2} \end{aligned}$$

이므로, $d(\mathrm{P}_1(T), \mathrm{O}) \le 3$은

$$\frac{2}{\sqrt{3}\sin\alpha} \sin\frac{5\alpha}{2} \le 3$$

$$\Leftrightarrow \quad \frac{3\sqrt{3}}{2}\sin\alpha \ge \sin\frac{5\alpha}{2}$$

가 성립함을 보이면 된다.

$\sin\alpha = \frac{1}{1000} < \frac{1}{2} = \sin\frac{\pi}{6}$이므로 $0 < \alpha < \frac{\pi}{6}$

$0 < \frac{5}{2}\alpha < \frac{5}{2} \cdot \frac{\pi}{6} < \frac{\pi}{2}$이므로,

$$0 < \left| \frac{1}{2}\left(\frac{\pi}{6} - \theta_1\right) \right| \le \frac{5\alpha}{2} < \frac{\pi}{2}$$

$$\therefore \ \sin\left| \frac{1}{2}\left(\frac{\pi}{6} - \theta_1\right) \right| \le \sin\frac{5}{2}\alpha$$

$\sin\alpha = \frac{1}{1000} < \frac{1}{2} = \sin\frac{\pi}{6}$에서 $0 < \alpha < \frac{\pi}{6}$이므로,

$0 < x < \frac{\pi}{6}$에서

$$f(x) = \frac{3\sqrt{3}}{2}\sin x - \sin\frac{5x}{2} > 0$$

임을 보이면 된다.

$$\begin{aligned} f'(x) &= \frac{3\sqrt{3}}{2}\cos x - \frac{5}{2}\cos\frac{5x}{2} \\ &> \frac{5}{2}\left(\cos x - \cos\frac{5x}{2}\right) > 0 \end{aligned}$$

$$\frac{3\sqrt{3}}{2} > \frac{5}{2}, \ 0 < x < \frac{5x}{2} < \frac{5\pi}{12} < \frac{\pi}{2}$$

에서 $f(x)$는 단조증가이므로, $0 < x < \frac{\pi}{6}$에서

$$f(x) = \frac{3\sqrt{3}}{2}\sin x - \sin\frac{5x}{2} > f(0) = 0$$

이로써 $d(\mathrm{P}_1(T), \mathrm{O}) \le 3$임을 보였으며,

같은 방법으로 $d(\mathrm{P}_2(T), \mathrm{O}) \le 3$,

$d(\mathrm{P}_3(T), \mathrm{O}) \le 3$임을 보일 수 있다. ■

〈 2009年 前期 – 文科 〉 時間 : 100分

1. 좌표평면 상에서 원점을 중심으로 하고 반지름이 2인 원을 C_1, 점 $(1,0)$을 중심으로 하고 반지름이 1인 원을 C_2라 하자. 또, 점 (a,b)를 중심으로 하고 반지름이 t인 원 C_3가 C_1에는 내접하고 C_2에는 외접한다고 가정하자. 단, b는 양의 실수이다.
   (1) a, b를 t를 이용하여 나타내어라. 또, t값의 범위를 구하여라.
   (2) t가 (1)에서 구한 범위에서 변할 때, b의 최댓값을 구하여라.

2. 이과 1번의 (1), (2)와 같음.
3. 이과 3번과 같음.
4. 2차 이하의 다항식 $f(x)=ax^2+bx+c$에 대하여 $S=\int_0^2|f'(x)|dx$라 하자.
   (1) $f(0)=0$, $f(2)=2$일 때, S를 a의 함수로 표시하여라.
   (2) $f(0)=0$, $f(2)=2$를 만족하면서 f가 변할 때, S의 최솟값을 구하여라.

[문제 1] (1) 원점을 O라 하고, 그림과 같이 원 C_2의 중심을 $\mathrm{A}(1,0)$, 원 C_3의 중심을 $\mathrm{P}(a,b)$라 하자.

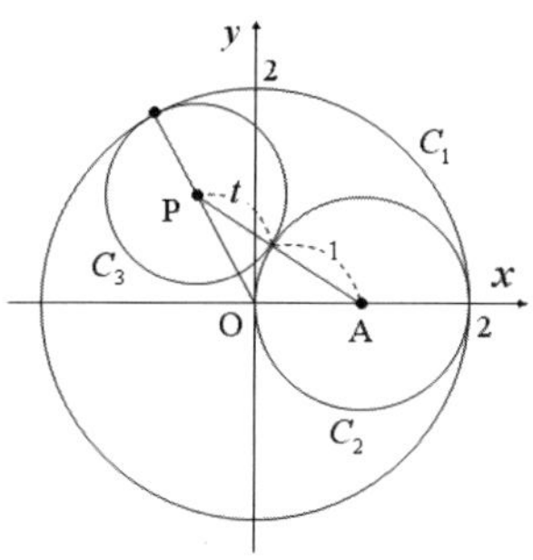

원 C_3가 C_1에 내접하므로

$$\overline{\mathrm{OP}}=\sqrt{a^2+b^2}=2-t \quad (0<t<1)$$
$$a^2+b^2=(2-t)^2 \qquad \cdots ①$$

또, 원 C_3가 C_2에 외접하므로

$$\overline{\mathrm{AP}}=\sqrt{(a-1)^2+b^2}=1+t$$
$$(a-1)^2+b^2=(1+t)^2 \qquad \cdots ②$$

①−②에서 $2a-1=3-6t$

$$\therefore\ a=2-3t$$

$a=2-3t$를 ①에 대입하면,

$$b^2=(2-t)^2-(2-3t)^2$$
$$=8t-8t^2=8t(1-t)$$

$b^2>0$이므로 $0<t<1$

$$\therefore \begin{cases} b=\sqrt{8t(1-t)} \\ a=2-3t \end{cases} \quad (0<t<1)$$

…(답) ■

(2) $b^2=8t(1-t)=-8\left(t-\frac{1}{2}\right)^2+2\le 2$

($0<t<1$이므로 등호는 $t=\frac{1}{2}$일 때 성립)

따라서, b의 최댓값은 $\sqrt{2}$ …(답) ■

[문제 4]

(1) $f(0)=c=0$

$f(2)=4a+2b=2$, $b=-2a+1$

에서, $f(x)=ax^2+(-2a+1)x$

$$\therefore\ f'(x)=2ax-2a+1$$

(i) $a=0$일 때, $f'(x)=1$, $S=\int_0^2 1dx=2$

이제, $a\neq 0$일 때를 생각해보면,
$f'(x)=2ax-2a+1$의 x절편인 $\frac{2a-1}{2a}$이 적분구간 $[0,1]$에 포함되는 경우와 그렇지 않은 경우로 나누어야 한다.

(ii) $\frac{2a-1}{2a} \le 0$인 경우 $\left(\because\ 0 < a \le \frac{1}{2}\right)$

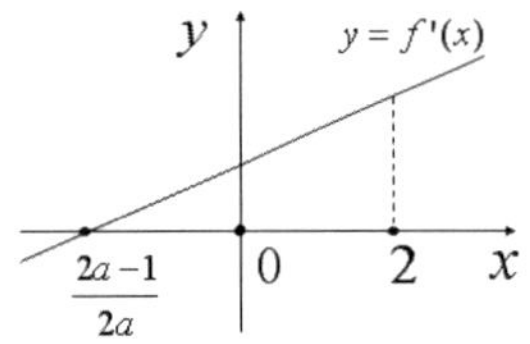

$$S = \int_0^2 (2ax - 2a + 1)dx$$

$$= \left[ax^2 + (-2a+1)x\right]_0^2 = 2$$

(iii) $\frac{2a-1}{2a} \ge 2$인 경우 $\left(\because\ -\frac{1}{2} \le a < 0\right)$

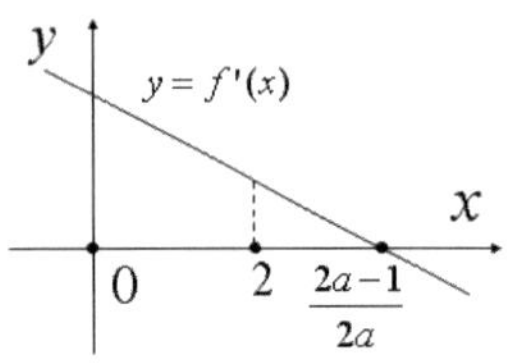

$$S = \int_0^2 (2ax - 2a + 1)dx$$

$$= \left[ax^2 + (-2a+1)x\right]_0^2 = 2$$

(iv) $0 < \frac{2a-1}{2a} < 2$인 경우

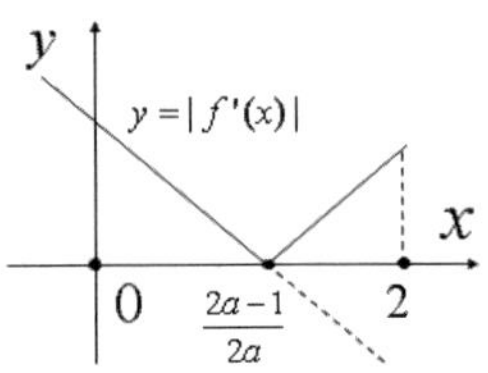

$\left(\because\ a < -\frac{1}{2} \text{ or } a > \frac{1}{2}\right)$

㉠ $a < -\frac{1}{2}$인 경우

$$S = \int_0^{\frac{2a-1}{2a}} (2ax - 2a + 1)dx - \int_{\frac{2a-1}{2a}}^2 (2ax - 2a + 1)dx$$

$$= \left[ax^2 + (-2a+1)x\right]_0^{\frac{2a-1}{2a}} - \left[ax^2 + (-2a+1)x\right]_{\frac{2a-1}{2a}}^2$$

$$= \left\{a\left(\frac{2a-1}{2a}\right)^2 + (-2a+1)\frac{2a-1}{2a}\right\} - \left[-\{4a + 2(-2a+1)\} - \left\{a\left(\frac{2a-1}{2a}\right)^2 + (-2a+1)\frac{2a-1}{2a}\right\}\right]$$

$$= \frac{2a-1}{2a} \cdot \frac{-2a+1}{2} - \left[2 - \frac{2a-1}{2a} \cdot \frac{-2a+1}{2}\right]$$

$$= -\frac{4a^2+1}{2a}$$

㉡ $a > \frac{1}{2}$인 경우

$$S = -\int_0^{\frac{2a-1}{2a}} (2ax - 2a + 1)dx + \int_{\frac{2a-1}{2a}}^2 (2ax - 2a + 1)dx$$

$$= \frac{4a^2+1}{2a} \qquad (\because\ ㉠\text{과 부호만 반대})$$

(i)~(iv)에 의하여

$$S(a) = \begin{cases} \frac{4a^2+1}{2a} & \left(a \ge \frac{1}{2}\right) \\ 2 & \left(-\frac{1}{2} \le a \le \frac{1}{2}\right) \\ -\frac{4a^2+1}{2a} & \left(a \le -\frac{1}{2}\right) \end{cases} \quad \cdots(\text{답}) \ \blacksquare$$

(2) $S(-a) = S(a)$이므로, $a \ge 0$일 때만 생각해도 된다. $a \ge \frac{1}{2}$일 때,

$$\frac{4a^2+1}{2a} = 2a + \frac{1}{2a} \ge 2\sqrt{2a \cdot \frac{1}{2a}} = 2$$

(단, 등호는 $a = \frac{1}{2}$일 때 성립)

이므로, $-\frac{1}{2} \le a \le \frac{1}{2}$일 때 S는 최소이며, 최솟값은 2이다. $\cdots$(답) ■

〈 2009年 後期 – 全科類 〉 時間 : 120分

1. 많은 수의 데이터를 취급하는 것은 여러 분야에서 필요하다. 대량의 데이터를 정리할 때는 기준들을 정하여 데이터에 순서를 부여하는 것이 유용하다. 또, 데이터를 전송할 때는, 노이즈에 의한 '전송오류'를 적게 하기 위한 조치가 필요하다.

(A) n종류의 재료 A_1, A_2, $\cdots$, A_n을 혼합하여 제품을 만든다. 이 제품에 포함된 A_1, A_2, $\cdots$, A_n의 '질량의 비율'의 데이터를 p_1, p_2, $\cdots$, p_n이라 하자. 여기서, p_1, p_2, $\cdots$, p_n은 $0 \le p_k \le 1$ $(k=1, 2, \cdots, n)$을 만족하며 $\sum_{k=1}^{n} p_k = 1$이다. 또, A_1, A_2, $\cdots$, A_n의 단위질량당 가격을 x_1, x_2, $\cdots$, x_n이라 하자. 단, x_1, x_2, $\cdots$, x_n은 $x_k < x_{k+1}$ $(k=1, 2, \cdots, n-1)$을 만족하는 양의 실수이다. 이 제품의 단위질량당 재료의 비용은 $v = \sum_{k=1}^{n} x_k p_k$이다.

(1) 재료의 비용 v가 최소로 되기 위한 p_1, p_2, $\cdots$, p_n의 값을 구하여라.

(2) q_1, q_2, $\cdots$, q_n도 $0 \le q_k \le 1$ $(k=1, 2, \cdots, n)$와 $\sum_{k=1}^{n} q_k = 1$을 만족하는 실수이다.

모든 $m = 1, 2, \cdots, n-1$에 대하여 $\sum_{k=1}^{m} p_k \le \sum_{k=1}^{m} q_k$가 성립하면, 재료들의 단위질량당 가격 x_1, x_2, $\cdots$, x_n에 대하여 $\sum_{k=1}^{n} x_k q_k \le \sum_{k=1}^{n} x_k p_k$가 성립함을 보여라.

(3) $n=3$이라 하고, $p_1 \ge p_3$, $p_2 \ge p_3$가 성립한다고 하자.
이때, 재료의 비용 v가 최대가 되기 위한 p_1, p_2, p_3를 구하여라.

(B) 컴퓨터에서 다루는 데이터는 110110과 같이 두 개의 숫자 0, 1로 이루어지는 나열로 표시되는 경우가 많다. 숫자 0, 1로 이루어지는 길이 n인 나열을, 송신자 A로부터 수신자 B에게로 전송하는 것을 생각해보자. 정보를 전송하는 경우는 노이즈 문제로 인하여, 0이 1로, 1이 0으로, 각각 확률 p로 바뀌어 전송된다. 단, $0 \le p < 1$이다.
예를 들어, 길이 8인 숫자의 나열 '01001100'이 '11001100'으로 전송될 확률은, 첫 번째의 숫자만 바뀌어 전송되었으므로 $p(1-p)^7$이다. 다른 예로, '01001100'이 '00011100'으로 전송될 확률은 두 번째와 네 번째의 숫자가 바뀌어 전송되었으므로 $p^2(1-p)^6$이다.

(1) 숫자 0, 1로 이루어진 길이 n인 나열을 한 번 전송할 때, 바뀌어 전송되는 숫자의 개수가 짝수일 확률을 $P(n)$이라 하자. 단, 정확히 전달된 경우는 0개가 바뀌었다고 생각한다. $P(n+1)$을 $P(n)$을 이용하여 나타내어라.

(2) $P(n)$을 p와 n을 이용하여 나타내어라.

데이터가 잘못 전송될 확률을 작게 하기 위해, 원래 전송하려는 0, 1로 이루어진 길이 n인 나열의 맨 뒤에, 전송데이터 중에 1이 홀수개 있을 때는 1을, 짝수개 있을 때는 0을 추가해, 전부 $n+1$개의 숫자로 이루어진 나열을 A에서 B로 전송한다. 이렇게 뒤에 붙이는 숫자를 '패리티비트(parity bit)'라 한다.
예를 들어, 길이 8인 데이터 '01001100' 중에는 1이 세 개(홀수개) 들어 있으므로, 패리티비트 1을 덧붙여 길이 9인 데이터 '010011001'을 전송한다. 수신자 B는 패리티비트가 수신된 데이터의 앞쪽 n개의 숫자 중 1의 개수와 맞으면 정보가 제대로 전송되었다고 판단하여 정보를 받아들인다. 맞지 않으면, 정보가 틀리게 전송되었다고 판단하여, A에게 다시 한 번 같은 정보, 즉 길이 n인 나열과 패리티비트를 전송받는다.
이러한 절차를 수신자 B가 데이터를 맞게 전송받았다고 판단할 때까지 반복한다. 단, 패리티비트도 다른 n개의 숫자와 같이, 확률 p로 바뀌어 전송될 수 있다.

(3) 송신자 A가, n개의 숫자로 이루어진 데이터와 패리티비트를 합하여 $n+1$개의 숫자로 이루어진 나열을 1회째(맨 처음) 전송하였을 때, 수신자 B가 A에게 재전송을 요구할 확률을 p와 n을 이용하여 나타내시오.
(4) B가 데이터를 맞게 수신했다고 판단하여 통신이 종료될 때까지, A가 송신하는 '숫자의 개수'의 기댓값을 p와 n을 이용하여 나타내시오.

2. 시간에 따라 이동하는 점의 움직임과 같이, '연속적'으로 변화하는 현상을 조사할 때는, 현상을 나타내는 함수의 값을 수열에 의하여 근사시켜, '이산적'인 모델로 생각하는 것이 가능하다. 연속적 현상을 나타내는 함수와 그것의 이산적 모델을 비교하는 것과, 연속적 현상을 이산적 모델의 극한으로 구해내는 것은 여러 경우에 있어 유용하다.

(A) 수열 $\{a_n\}$에 대하여, $b_n = a_{n+1} - a_n \ (n=1,2,\cdots)$으로 놓자. $a_1 = b_1 = 1$이며,
수열 $\{b_n\}$은 $b_{n+1} = b_n + \dfrac{1}{a_n^{\,2}} \ (n=1,2,\cdots)$을 만족한다고 하자.

(1) $n=1,2,\cdots$에 대하여, $a_n \geq n$이 성립함을 보여라.
(2) $n=1,2,\cdots$에 대하여, $\displaystyle\sum_{k=1}^{n}\frac{1}{k^2} < 2$가 성립함을 보여라.
(3) $n=1,2,\cdots$에 대하여, $a_n \leq 3n-2$임을 보여라.
수직선상을 움직이는 점 P의 좌표는 시간 $t\,(t \geq 0)$의 함수로 $x = f(t)$이다. 점 P의 속도 $v(t) = f'(t)$에 대하여, $v'(t) = \dfrac{1}{f(t)^2}$이 성립한다고 하자. 여기서, $f(t)$와 $v(t)$는 미분가능함수이며, $f(0) = v(0) = 1$이다.
(4) 부등식 $f(t) \geq 1+t$가 성립함을 보여라.
(5) $f(t) \leq 1+2t-\ln(1+t)$가 성립함을 보여라.

(B) 그림 2-1과 같이, 끈의 한쪽 끝을 수평면에 수직인 벽에 고정시키고, 벽과 끈이 이루는 각이 수직이 되도록 다른 쪽 끝을 손으로 잡는다. 이때, 손으로 잡은 위치가 벽으로부터 얼마나 떨어져 있는가를 다음과 같이 고찰해보자.

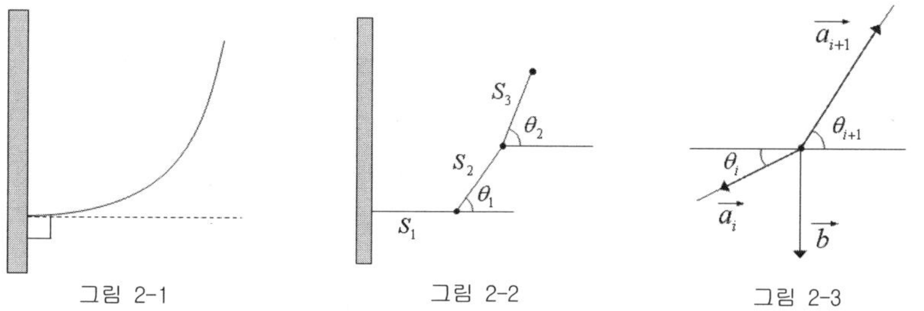

그림 2-1 그림 2-2 그림 2-3

그림 2-2와 같이, 질량이 $m\,[kg]$인 구슬을 같은 간격으로 끈으로 연결하여, 그 한쪽 끝을 벽에 고정시키고, 다른 쪽 끝을 손으로 잡는다. 단, 각각의 연결끈은 직선이며, 벽에 고정되어 있는 끈은 벽과 수직을 이룬다. 서로 이웃하는 구슬의 간격은 $l\,[m]$이며, 구슬의 크기나 끈의 굵기 및 끈의 무게는 무시하는 것으로 한다. 벽으로부터 순서대로 연결끈을 S_1, S_2, S_3, $\cdots$라 하고, 이 연결끈들의 장력(張力)의 크기를 각각 t_1, t_2, $\cdots\,[\mathrm{N}]$이라 하자.
또, 연결끈 S_i가 수평면과 이루는 각을 θ_i라 하자. 여기서, $t_1 = T$로 놓으며, 중력가속도를 $g\,[\mathrm{m/s^2}]$으로 한다. 그림 2-3은 연결끈 S_i와 S_{i+1}에 연결되어 있는 구슬에 걸리는 힘의 조화를 나타낸다. 여기서, $\overrightarrow{a_i}$와 $\overrightarrow{a_{i+1}}$는 각각 연결끈 S_i, S_{i+1}의 장력으로 인해 구슬에 걸리는 힘의 벡터이며, $\vec{b}$는 구슬에 걸리는 중력의 벡터를 나타낸다. 구슬에 걸리는 힘의 조화에 의해, 세 벡터 $\overrightarrow{a_i}$, $\overrightarrow{a_{i+1}}$, $\vec{b}$의 합은 영벡터이다.

(1) 벡터 $\overrightarrow{a_i}$, $\overrightarrow{a_{i+1}}$, $\vec{b}$의 크기가 각각 t_i, t_{i+1}, mg라는 것에 주의하여, 세 벡터의 성분표시를 t_i, t_{i+1}, θ_i, θ_{i+1}, m, g를 이용하여 나타내시오.
(2) $\tan\theta_i$와 $\tan\theta_{i+1}$의 관계를 m, g, T를 이용하여 나타내시오.
(3) $\cos\theta_i$를 m, g, T, i를 이용하여 나타내시오.
(4) $x = \dfrac{e^t - e^{-t}}{2}$로 놓는 치환적분법에 의해, 정적분 $\displaystyle\int_0^a \frac{1}{\sqrt{x^2+1}}\,dx$의 값을 구하시오.

구슬의 질량의 합을 $M[\mathrm{kg}]$, 연결끈의 길이의 합을 $L\,[\mathrm{m}]$로 고정하자. 이제, 구슬의 개수를 n개라 하면, $m = \dfrac{M}{n}$, $l = \dfrac{L}{n}$이다. 이때, 끈을 손으로 잡는 위치와 벽과의 거리를 $X_n\,[\mathrm{m}]$라 놓자. 그림 2-1과 같이, 질량이 $M[\mathrm{kg}]$이며 길이가 $L\,[\mathrm{m}]$인 끈의 한쪽 끝을 벽에 고정시키고, 다른 한쪽 끝을 손으로 잡아, 벽과 끈이 이루는 각이 수직이 되게 하자. 이때, 손으로 잡은 위치와 벽과의 거리는 극한값 $\alpha = \lim\limits_{n\to\infty} X_n$으로 생각할 수 있다.

(5) 위의 극한값 α를 M, L, T, g를 이용하여 나타내시오.

[문제 1] (A)

$$\begin{cases} 0 \le p_k \le 1 \ (k=1,2,\cdots,n) \\ \displaystyle\sum_{k=1}^{n} p_k = 1 \end{cases} \cdots ①$$

$$0 < x_1 < x_2 < \cdots < x_{n-1} < x_n \cdots ②$$

(1) $v = x_1p_1 + x_2p_2 + \cdots + x_np_n$

$\ge x_1p_1 + x_1p_2 + \cdots x_1p_n \ (\because ②)$

②에 의하여,
$p_2 = p_3 = \cdots = p_n = 0$일 때 등호가 성립.

$= x_1(p_1 + p_2 + \cdots p_n) = x_1 \ (\because ①)$

여기서, 등호는 $p_1 = 1$, $p_2 = \cdots = p_n = 0$일 때 성립한다. 따라서, v가 최소로 되기 위한 p_1, p_2, $\cdots$, p_n은

$p_1 = 1$, $p_2 = p_3 = \cdots = p_n = 0$ $\cdots$(답) ■

(2) $P_m = \sum_{k=1}^{m} p_k$, $Q_m = \sum_{k=1}^{m} q_k \ (m=1,2,\cdots,n)$

으로 놓으면,

$$\begin{cases} p_k = P_k - P_{k-1} \ (k=2,3,\cdots,n) & \cdots ③ \\ q_k = Q_k - Q_{k-1} \ (k=2,3,\cdots,n) & \cdots ④ \end{cases}$$

$$\sum_{k=1}^{n} x_kp_k = x_1p_1 + \sum_{k=2}^{n} x_k(P_k - P_{k-1}) \ (\because ③)$$
$$= x_1P_1 + \sum_{k=2}^{n} x_kP_k - \sum_{k=2}^{n} x_kP_{k-1}$$
$$= x_1P_1 + \sum_{k=2}^{n} x_kP_k - \sum_{k=1}^{n-1} x_{k+1}P_k$$
$$= x_nP_n + \sum_{k=1}^{n-1} x_kP_k - \sum_{k=1}^{n-1} x_{k+1}P_k$$
$$= x_n - \sum_{k=1}^{n-1} (x_{k+1} - x_k)\,P_k \cdots ⑤$$
$$(\because P_n = 1)$$

같은 방법으로, ④에 의하여

$$\sum_{k=1}^{n} x_kq_k = x_n - \sum_{k=1}^{n-1} (x_{k+1} - x_k)\,Q_k \cdots ⑥$$

문제의 조건에서 $P_k \le Q_k \ (k=1,\cdots,n-1)$이므로, ⑤와 ⑥을 이용하면

$$\sum_{k=1}^{n} x_kp_k - \sum_{k=1}^{n} x_kq_k$$
$$= \sum_{k=1}^{n-1} (x_{k+1} - x_k)(Q_k - P_k) \ge 0 \ (\because ②) \ ■$$

(3) $$\begin{cases} p_1 + p_2 + p_3 = 1 \\ p_1 \ge p_3 \ge 0, \ p_2 \ge p_3 \ge 0 \end{cases} \cdots ⑦$$

위의 (2)번을 이용하기 위해 q_1, q_2, q_3도

$$\begin{cases} q_1 + q_2 + q_3 = 1 \\ q_1 \ge q_3 \ge 0, \ q_2 \ge q_3 \ge 0 \end{cases}$$

을 만족한다고 하자.

이제, $q_3 = p_3 = c$로 고정하고 $c \le p_1 \le q_1$으로 놓으면,

$$\sum_{k=1}^{1} p_k = p_1 \le q_1 = \sum_{k=1}^{1} q_k$$

$$\sum_{k=1}^{2} p_k = p_1 + p_2 = 1 - c = q_1 + q_2 = \sum_{k=1}^{2} q_k$$

이므로, (2)번의 조건을 만족한다.

$$\therefore \sum_{k=1}^{3} x_kq_k \le \sum_{k=1}^{3} x_kp_k$$

즉, v가 최대로 되는 것은 $p_1 = c$임을 알 수 있으며, 이때 $p_2 = 1 - 2c$이다.

⑦을 만족하는 p_1, p_2, p_3 중 v를 최대로 하는 것을 찾는 문제이며,
$p_1 + p_2 + p_3 = 1$의 조건으로 실질적으로 두 변수만 자유롭다. 따라서, 가장 작은 p_3를 고정하고, p_1만 변화시켜보면 된다.
p_1을 변화시키는 것은, ⑦을 만족하는 q_1, q_2, q_3를 도입하여, 가장 작은 수 q_3가 p_3와 같고, $p_1 \le q_1$인 것을 생각하는 것과 같다.
결과의 의미는, $q_1 \ge p_1$이면 $\sum_{k=1}^{3} x_k\underline{q_k} \le \sum_{k=1}^{3} x_kp_k$가 성립하는 것이므로, $q_1 = p_1$일 때 최대이다.
마찬가지로, p_1을 작게 할수록 $\sum_{k=1}^{3} x_kp_k$의 값은 커진다. 따라서, $p_1 \ge p_3 = c$이므로 $p_1 = c$일 때 최대이다.

이제, $v = x_1p_1 + x_2p_2 + x_3p_3$
$= x_1c + x_2(1-2c) + x_3c$
$= (x_1 - 2x_2 + x_3)c + x_2 \quad \cdots ⑧$

단, ⑦에 의하여 c의 범위는

$$1 = p_1 + p_2 + p_3 \geq 3c \qquad \therefore\ 0 \leq c \leq \frac{1}{3}$$

---

⑧에서 v는 c의 일차함수이므로,

(ⅰ) $x_1 - 2x_2 + x_3 > 0$일 때,

v: 최대 $\Leftrightarrow$ $c = \frac{1}{3}$

$\Leftrightarrow$ $(p_1, p_2, p_3) = \left(\frac{1}{3}, \frac{1}{3}, \frac{1}{3}\right)$

(ⅱ) $x_1 - 2x_2 + x_3 = 0$일 때,

v: 최대 $\Leftrightarrow$ c는 임의

$\Leftrightarrow$ $(p_1, p_2, p_3) = (c, 1-2c, c)$

(ⅲ) $x_1 - 2x_2 + x_3 < 0$일 때,

v: 최대 $\Leftrightarrow$ $c = 0$

$\Leftrightarrow$ $(p_1, p_2, p_3) = (0, 1, 0)$

이상, (ⅰ), (ⅱ), (ⅲ)에 의해서 v가 최대로 되는 (p_1, p_2, p_3)는

$$\begin{cases} \left(\frac{1}{3}, \frac{1}{3}, \frac{1}{3}\right) & (2x_2 < x_1 + x_3\text{일 때}) \\ (c, 1-2c, c) & (2x_2 = x_1 + x_3\text{일 때}) \\ & \left(0 \leq c \leq \frac{1}{3}\right) \\ (0, 1, 0) & (2x_2 > x_1 + x_3\text{일 때}) \end{cases}$$

…(답) ■

[문제 1] (B)

(1) 길이 $n+1$인 나열을 전송할 때, 잘못 전송된 숫자의 개수가 짝수개인 것은, [앞쪽의 n개 중 잘못 전송된 숫자가 짝수개이고, 마지막 수가 제대로 전송된 경우]와 [앞쪽의 n개 중 잘못 전송된 숫자가 홀수개이고, 마지막 수가 잘못 전송된 경우]의 두 가지이다.

$P(n+1) = P(n)(1-p) + (1-P(n))p$
$= (1-2p)P(n) + p \ \cdots ① \qquad \cdots$(답) ■

(2) ①에서,

$$P(n+1) - \frac{1}{2} = (1-2p)\left(P(n) - \frac{1}{2}\right)$$

$$P(n) - \frac{1}{2} = (1-2p)^{n-1}\left(P(1) - \frac{1}{2}\right)$$

$$P(1) - \frac{1}{2} = (1-p) - \frac{1}{2} = \frac{1}{2} - p$$

$$\therefore\ P(n) = \frac{1}{2} + (1-2p)^{n-1}\left(\frac{1}{2} - p\right)$$
$$= \frac{1}{2} + (1-2p)^{n-1} \cdot \frac{1}{2}(1-2p)$$
$$= \frac{1}{2}\{1 + (1-2p)^n\}$$

…(답) ■

(3) 길이 n인 나열 중, 1이 홀수개이면 맨뒤에 1을, 1이 짝수개이면 맨뒤에 0을 덧붙여 길이 $n+1$인 나열을 만든다.
결과적으로, 만들어진 길이 $n+1$의 나열 속에는 1이 짝수개 있게 되므로, 수신자 B가 제대로 전송받았다고 생각하려면 $n+1$의 나열 속에 1이 짝수개 있어야 한다.
즉, 길이 $n+1$의 나열 속에 1이 홀수개 있으면 재전송을 요청하게 된다.
따라서, 구하는 확률은 (2)번에 의하여

$$1 - P(n+1) = 1 - \frac{1}{2}\{1 + (1-2p)^{n+1}\}$$
$$= \frac{1}{2}\{1 - (1-2p)^{n+1}\}$$

…(답) ■

(4) (3)번에서 구한 확률을 q라 하면, k회 데이터를 전송하여 통신이 종료될 확률은 $q^{k-1}(1-q)$이며, 이때 A가 송신한 숫자의 개수는 $k(n+1)$개이다.
따라서, 구하는 기댓값을 E라 하면,

$$E = \sum_{k=1}^{\infty} k(n+1) \times q^{k-1}(1-q)$$
$$= (n+1)\sum_{k=1}^{\infty} k(q^{k-1} - q^k)$$
$$= (n+1)\lim_{m \to \infty}\sum_{k=1}^{m} k(q^{k-1} - q^k)$$

$$\sum_{k=1}^{m} k(q^{k-1}-q^k)$$
$$=\sum_{k=1}^{m}\{(k-1)q^{k-1}-kq^k+q^{k-1}\}$$
$$=\sum_{k=1}^{m}\{(k-1)q^{k-1}-kq^k\}+\sum_{k=1}^{m}q^{k-1}$$
$$=-mq^m+\frac{1-q^m}{1-q}$$

이며, $0 \le p < 1$이므로 $-1 < 1-2p \le 1$

$$\therefore\ 0 \le q < 1$$

$$\therefore\ E=(n+1)\lim_{m\to\infty}\sum_{k=1}^{m}k(q^{k-1}-q^k)$$
$$=(n+1)\lim_{m\to\infty}\left(-mq^m+\frac{1-q^m}{1-q}\right)$$
$$=(n+1)\cdot\frac{1}{1-q}$$
$$=\frac{n+1}{1-\frac{1}{2}\{1-(1-2p)^{n+1}\}}$$
$$=\frac{2(n+1)}{1+(1-2p)^{n+1}} \qquad \cdots(\text{답})\ ■$$

[문제 2] (A)

(1) $\begin{cases} b_n = a_{n+1}-a_n & \cdots ① \\ b_{n+1} = b_n + \dfrac{1}{a_n^{\ 2}} & \cdots ② \end{cases}$

$a_1=1$이므로, $a_1 \ge 1$은 성립한다.

이제, $n \ge 2$라 하면, ②에 의하여

$$b_n = b_1+\sum_{i=1}^{n-1}\frac{1}{a_i^{\ 2}}=1+\sum_{i=1}^{n-1}\frac{1}{a_i^{\ 2}} \ge 1$$
$$\therefore\ b_n \ge 1 \quad \cdots ③$$

①에 의해서,

$$a_n=a_1+\sum_{k=1}^{n-1}b_k \ge 1+\sum_{k=1}^{n-1}1=n \quad (\because ③)$$

이므로, $a_n \ge n\ (n=2,3,\cdots)$이다.

$a_1 \ge 1$이므로, $a_n \ge n\ (n=1,2,\cdots)$ ■

(2) $n=1$일 때 $\displaystyle\sum_{k=1}^{n}\frac{1}{k^2}<2$는 성립한다.

$n \ge 2$인 경우는 그림과 같이 넓이를 비교하면,

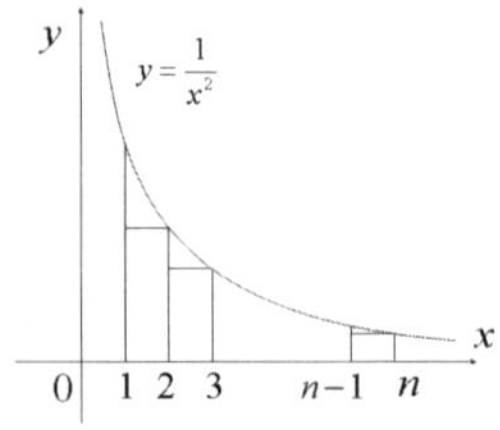

$$\sum_{k=2}^{n}\frac{1}{k^2} < \int_1^n \frac{1}{x^2}dx$$
$$=\left[-\frac{1}{x}\right]_1^n=1-\frac{1}{n}$$

$$\therefore\ \sum_{k=1}^{n}\frac{1}{k^2}=1+\sum_{k=2}^{n}\frac{1}{k^2}<1+1-\frac{1}{n}<2 \quad ■$$

(3) $n=1$인 경우 $a_1 \le 3\cdot 1-2$는 성립하므로, $n \ge 2$라 하자.

$a_i \ge i\ (n=1,2,\cdots)$이며, $\displaystyle\sum_{k=1}^{n}\frac{1}{k^2}<2$이므로

$$b_k=b_1+\sum_{i=1}^{k-1}\frac{1}{a_i^{\ 2}} \le 1+\sum_{i=1}^{k-1}\frac{1}{i^2}<1+2=3$$
$$\therefore\ a_n=a_1+\sum_{k=1}^{n-1}b_k \le 1+\sum_{k=1}^{n-1}3=3n-2$$

$n=1$인 경우를 포함하여,

$$a_n \le 3n-2\ (n=1,2,\cdots) \quad ■$$

(4) $v'(t)=\dfrac{1}{f(t)^2}$에서 $f''(t)=\dfrac{1}{f(t)^2}\ \cdots ④$

$F(t)=f(t)-(1+t)\ (t \ge 0)$로 놓으면,

$$F'(t)=f'(t)-1$$
$$F''(t)=f''(t)=\frac{1}{f(t)^2} \quad (\because ④)$$

따라서, $F'(t)$는 $t \ge 0$에서 단조증가하며, $f'(0)=v(0)=1$이므로

$$F'(t) \ge F'(0)=f'(0)-1=0$$

다시, $F(t)$도 $t \ge 0$에서 단조증가하며, $f(0)=1$이므로

$$F(t) \ge F(0)=f(0)-1=0$$

따라서, $f(t) \ge 1+t \quad \cdots ⑤$ ■

(5) $G(t)=1+2t-\ln(1+t)-f(t)$ $(t \geq 0)$로 놓으면, $G'(t)=2-\dfrac{1}{1+t}-f'(t)$

$$\begin{aligned} G''(t) &= \frac{1}{(1+t)^2}-f''(t) \\ &= \frac{1}{(1+t)^2}-\frac{1}{f(t)^2} \quad (\because ④) \\ &= \frac{f(t)^2-(1+t)^2}{(1+t)^2 f(t)^2} \geq 0 \quad (\because ⑤) \end{aligned}$$

따라서, $G'(t)$는 $t \geq 0$에서 단조증가하며, $f'(0)=v(0)=1$이므로

$$G'(t) \geq G'(0)=1-f'(0)=0$$

다시, $G(t)$도 $t \geq 0$에서 단조증가하며, $f(0)=1$이므로

$$G(t) \geq G(0)=1-f(0)=0$$

따라서, $f(t) \leq 1+2t-\ln(1+t)$ ■

[문제 2] (B)

(1) $|\vec{a_i}|=t_i$, $|\overrightarrow{a_{i+1}}|=t_{i+1}$, $|\vec{b}|=mg$이므로, 그림과 같이 xy좌표계를 정하면 벡터의 성분표시는 다음과 같다.

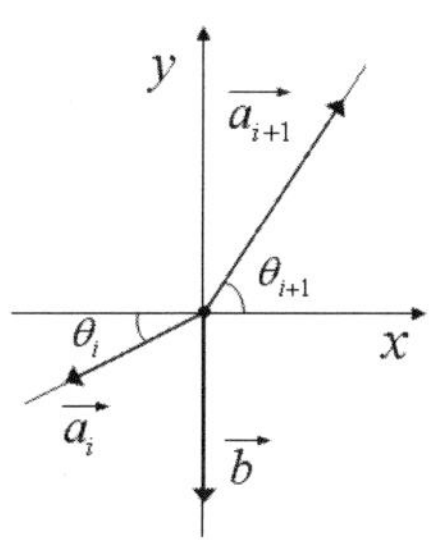

$$\vec{a_i}=\begin{pmatrix} -t_i\cos\theta_i \\ -t_i\sin\theta_i \end{pmatrix}, \quad \vec{b}=\begin{pmatrix} 0 \\ -mg \end{pmatrix}$$

$$\overrightarrow{a_{i+1}}=\begin{pmatrix} t_{i+1}\cos\theta_{i+1} \\ t_{i+1}\sin\theta_{i+1} \end{pmatrix}$$ …(답) ■

(2) $\vec{a_i}+\overrightarrow{a_{i+1}}+\vec{b}=\vec{0}$이므로, (1)에 의하여

$$\begin{cases} -t_i\cos\theta_i+t_{i+1}\cos\theta_{i+1}=0 & \cdots ① \\ -t_i\sin\theta_i+t_{i+1}\sin\theta_{i+1}-mg=0 & \cdots ② \end{cases}$$

①에서 $t_{i+1}\cos\theta_{i+1}=t_i\cos\theta_i$ $(i=1,2,\cdots)$
이므로, $t_i\cos\theta_i=\cdots=t_1\cos\theta_1=T$

$(\because t_1=T, \theta_1=0)$

이제, ②의 양변을
$t_i\cos\theta_i=t_{i+1}\cos\theta_{i+1}=T$로 나누면

$$-\tan\theta_i+\tan\theta_{i+1}-\frac{mg}{T}=0$$

$$\therefore \tan\theta_{i+1}=\tan\theta_i+\frac{mg}{T} \quad (i=1,2,\cdots) \quad \cdots ③$$

…(답) ■

(3) ③에서

$$\begin{aligned} \tan\theta_i &= \tan\theta_1+(i-1)\cdot\frac{mg}{T} \\ &= (i-1)\cdot\frac{mg}{T} \quad (\because \theta_1=0) \end{aligned}$$

이므로,

$$\begin{aligned} \cos^2\theta_i &= \frac{\cos^2\theta_i}{\sin^2\theta_i+\cos^2\theta_i} \\ &= \frac{1}{\tan^2\theta_i+1}=\frac{1}{\left\{(i-1)\frac{mg}{T}\right\}^2+1} \end{aligned}$$

$\cos\theta_i>0$이므로,

$$\cos\theta_i=\frac{1}{\sqrt{\left\{(i-1)\frac{mg}{T}\right\}^2+1}}$$ …(답) ■

(4) $x=\dfrac{e^t-e^{-t}}{2}$에서 $dx=\dfrac{e^t+e^{-t}}{2}dt$이며,

$x=0$일 때 $t=0$이다.

$x=a$일 때는

$$a=\frac{e^t-e^{-t}}{2} \Leftrightarrow e^{2t}-2ae^t-1=0$$

$$(e^t-a)^2=a^2+1$$

$e^t>0$에서, $e^t=a+\sqrt{a^2+1}$이므로

$$\therefore\ t=\ln(a+\sqrt{a^2+1})$$

이제, $\delta=\ln(a+\sqrt{a^2+1})$로 놓으면

$$\int_0^a \frac{1}{\sqrt{x^2+1}}dx$$

$$=\int_0^\delta \frac{1}{\sqrt{\left(\frac{e^t-e^{-t}}{2}\right)^2+1}}\cdot\frac{e^t+e^{-t}}{2}dt$$

$$=\int_0^\delta \frac{1}{\frac{e^t+e^{-t}}{2}}\cdot\frac{e^t+e^{-t}}{2}dt$$

$$=\int_0^\delta dt=\delta=\ln(a+\sqrt{a^2+1})$$

…(답) ■

(5) 문제의 조건에 의하여

$$m=\frac{M}{n}\quad\cdots④\qquad l=\frac{L}{n}\quad\cdots⑤$$

$X_n=\sum_{i=1}^{n} l\cos\theta_i$이므로, (3)번과 (4)번의 결과와 ④, ⑤를 이용하면,

$$\alpha=\lim_{n\to\infty}X_n=\lim_{n\to\infty}\sum_{i=1}^{n} l\cos\theta_i$$

$$=\lim_{n\to\infty}\sum_{i=1}^{n}\frac{L}{n}\cdot\frac{1}{\sqrt{\left(\frac{Mg}{T}\cdot\frac{i-1}{n}\right)^2+1}}$$

$$=L\int_0^1\frac{1}{\sqrt{\left(\frac{Mg}{T}x\right)^2+1}}dx$$

$t=\dfrac{Mg}{T}x$로 치환하면, $dx=\dfrac{T}{Mg}dt$

$$=L\int_0^{\frac{Mg}{T}}\frac{1}{\sqrt{t^2+1}}\cdot\frac{T}{Mg}dt$$

$$=\frac{LT}{Mg}\int_0^{\frac{Mg}{T}}\frac{1}{\sqrt{t^2+1}}dt$$

$$=\frac{LT}{Mg}\ln\left(\frac{Mg}{T}+\sqrt{\frac{M^2g^2}{T^2}+1}\right)\quad(\because (4)번)$$

…(답) ■

〈 2010年 前期 - 理科 〉 時間 : 150分

1. 세 변의 길이가 a, b, c인 직육면체를, 길이가 b인 한 변을 회전축으로 하여 $90°$ 회전시켰을 때, 직육면체가 통과하는 점 전체가 이루는 입체를 V라 하자.
   (1) V의 부피를 a, b, c를 이용하여 나타내어라.
   (2) $a+b+c=1$일 때, V의 부피가 갖는 값의 범위를 구하여라.

2. (1) 임의의 자연수 k에 대하여, $\frac{1}{2(k+1)} < \int_0^1 \frac{1-x}{k+x}dx < \frac{1}{2k}$임을 보여라.
   (2) 두 자연수 m과 n이 $m>n$을 만족하면, 다음 부등식이 성립함을 보여라.

$$\frac{m-n}{2(m+1)(n+1)} < \ln\frac{m}{n} - \sum_{k=n+1}^{m}\frac{1}{k} < \frac{m-n}{2mn}$$

3. 두 개의 상자 L과 R, 구슬 30개, 앞면과 뒷면이 같은 확률 $\frac{1}{2}$로 나오는 동전 1개가 있다. 상자 L에 x개, 상자 R에 $30-x$개의 구슬을 넣은 후, 다음과 같은 조작(P)를 실시하자. (단, x는 0 이상 30 이하의 정수이다.)

조작(P) : 상자 L에 들어있는 구슬의 개수를 z라 하자. 동전을 던져, 앞면이 나오면 R에서 L로, 뒷면이 나오면 L에서 R로, $K(z)$개의 구슬을 옮긴다. 단, $0 \le z \le 15$인 경우는 $K(z)=z$, $16 \le z \le 30$인 경우는 $K(z)=30-z$이다.

m회 조작 후에, 상자 L에 들어있는 구슬이 30개일 확률을 $P_m(x)$라 하자.

예를 들면, $P_1(15)=P_2(15)=\frac{1}{2}$이다. 다음 물음에 답하여라.
   (1) $m \ge 2$일 때, x에 대응하는 y를 찾아서, $P_m(x)$를 $P_{m-1}(y)$로 나타내어라.
   (2) 자연수 n에 대하여, $P_{2n}(10)$을 구하여라.
   (3) 자연수 n에 대하여, $P_{4n}(6)$을 구하여라.

4. O를 원점으로 하는 좌표평면 상의 곡선 $C: y=\frac{1}{2}x+\sqrt{\frac{1}{4}x^2+2}$와, 곡선 C 위의 서로 다른 두 점 $P_1(x_1, y_1)$, $P_2(x_2, y_2)$를 고려해보자.
   (1) $P_i\ (i=1, 2)$를 지나고 x축에 평행한 직선과 $y=x$와의 교점을, 각각 H_i라 하자. 이때, $\triangle OP_1H_1$과 $\triangle OP_2H_2$의 면적이 같음을 보이시오.
   (2) $x_1 < x_2$라 하자. 곡선 C의 (x_1, x_2)부분과 $\overline{P_1O}$, $\overline{P_2O}$로 둘러싸인 부분의 면적을 y_1과 y_2를 이용하여 나타내어라.

5. C를 반지름 1인 원의 원주, A를 C 상의 한 점이라 하자. 세 점 P, Q, R은 점 A를 시각 $t=0$에 출발하여, C 위를 각각 일정한 속력으로, P와 Q는 반시계방향으로, R은 시계방향으로 돌아서, 시각 $t=2\pi$까지 움직인다. P, Q, R의 속력은 각각 m, 1, 2이며, m은 $1 \le m \le 10$을 만족하는 정수이다. (Q는 C를 정확히 한 바퀴 돌게 된다.) $\triangle PQR$이 $\overline{PR}$을 빗변으로 하는 직각이등변삼각형이 되도록 하는 (m, t)의 쌍을 모두 구하여라.

6. 사면체 OABC는 네 면이 모두 합동이며, $\overline{OA}=3$, $\overline{OB}=\sqrt{7}$, $\overline{AB}=2$이다. 세 점 O, A, B를 포함하는 평면을 L이라 하자.
  (1) 점 C에서 평면 L에 내린 수선의 발을 H라 하자. $\overrightarrow{OH}$를 $\overrightarrow{OA}$와 $\overrightarrow{OB}$로 나타내어라.
  (2) $0<t<1$을 만족하는 실수 t에 대하여, 선분OA와 선분OB 각각을 $t:1-t$로 내분하는 점을 각각 P_t, Q_t라 하자. 두 점 P_t, Q_t를 지나고, 평면 L에 수직인 평면을 M이라 할 때, 평면 M에 의하여 사면체 OABC가 잘려진 단면의 면적 $S(t)$를 구하여라.
  (3) t가 $0<t<1$의 범위에서 움직일 때, $S(t)$의 최댓값을 구하여라.

[문제 1]

(1) 문제의 직육면체를 길이가 b인 한 변을 회전축으로 하여 90° 회전시켜 얻어지는 입체는 다음 그림과 같다.

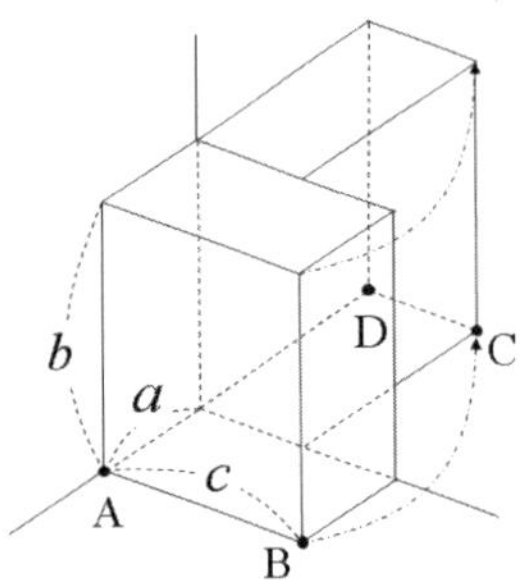

이 입체 V는 아래 그림과 같이 네 점 A, B, C, D를 연결한 도형을 밑면으로 하는 기둥형태이다.

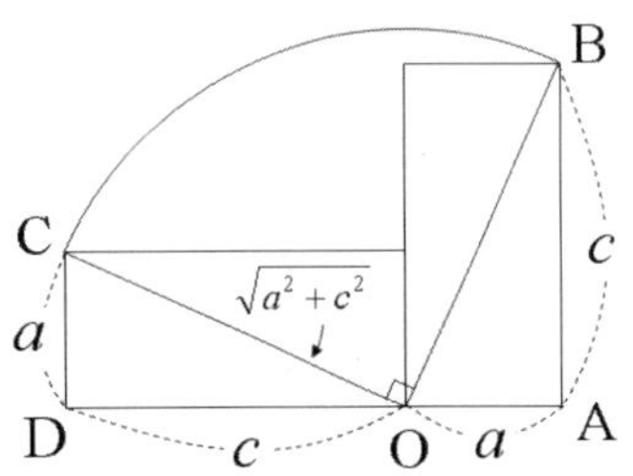

이 밑면은 △OAB, △OCD, ▽OBC로 이루어져 있으므로, 입체 V의 부피를 W라 하면

$$W=\left\{\frac{\pi(\sqrt{a^2+c^2})^2}{4}+2\cdot\frac{ac}{2}\right\}\times b$$
$$=\left\{\frac{\pi(a^2+c^2)}{4}+ac\right\}b \qquad \cdots(\text{답}) ■$$

(2) 입체 V의 부피 W는 세 변수 a, b, c의 함수이며 $a+b+c=1$을 만족한다.
W에 a^2+c^2, ac, b가 있음에 주의하여, $a+c=1-b\,(0<b<1)$로 놓으면

$$a^2+c^2=(a+c)^2-2ac=(1-b)^2-2ac$$

이므로,

$$W=\left\{\frac{\pi(1-b)^2}{4}+\left(1-\frac{\pi}{2}\right)ac\right\}b \ \cdots ①$$

또한, 산술기하평균에서

$$1-b=a+c\geq 2\sqrt{ac}$$
$$\therefore\ 0<ac\leq\left(\frac{1-b}{2}\right)^2 \ \cdots ②$$

①, ②에서

$$\left\{\frac{\pi(1-b)^2}{4}+\left(1-\frac{\pi}{2}\right)\left(\frac{1-b}{2}\right)^2\right\}b$$
$$\leq W<\frac{\pi(1-b)^2b}{4}$$

②에서 $ac=\left(\frac{1-b}{2}\right)^2$, 0을 ①에 대입

$$\therefore\ \frac{\pi+2}{8}(1-b)^2b\leq W<\frac{\pi(1-b)^2b}{4} \ \cdots ③$$

이제, $0<b<1$에서의 $f(b)=(1-b)^2b$의 범위를 구하면 된다.

b	0	$\cdots$	$\frac{1}{3}$	$\cdots$	1
$f'(b)$		+	0	−	
$f(b)$	0	↗	$\frac{4}{27}$	↘	0

$f'(b)=(b-1)(3b-1)$이며, $f(b)$의 증감표는 위와 같으므로 $0<f(b)\leq\frac{4}{27}$

$$\therefore\ 0<W<\frac{\pi}{27} \qquad \cdots(\text{답}) ■$$

[문제 2]

(1) $y=\frac{1-x}{k+x}=\frac{1+k}{x+k}-1$의 그래프는 아래 그림과 같다.

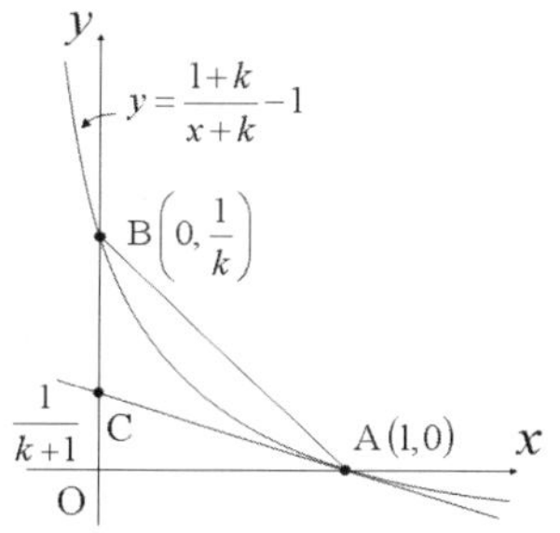

$y'=-\frac{1+k}{(x+k)^2}$이므로 A(1,0)으로 놓으면,

점 A에서의 접선의 방정식은

$$y=\frac{-1}{1+k}(x-1)$$

이며, 이 직선과 y축과의 교점을 C라 하면 $C\left(0,\frac{1}{k+1}\right)$이다.

이제, $B\left(0,\frac{1}{k}\right)$로 놓으면

$$\triangle OAC<\int_0^1\frac{1-x}{k+x}dx<\triangle OAB$$

$$\therefore\ \frac{1}{2(k+1)}<\int_0^1\frac{1-x}{k+x}dx<\frac{1}{2k}$$ ■

(2) $$\int_0^1\frac{1-x}{k+x}dx=\int_0^1\left(\frac{1+k}{x+k}-1\right)dx$$
$$=[(1+k)\ln(x+k)-x]_0^1$$
$$=(k+1)\{\ln(1+k)-\ln k\}-1$$

을 (1)번의 결과에 대입하면,

$$\frac{1}{2(k+1)}<(k+1)\{\ln(1+k)-\ln k\}-1<\frac{1}{2k}$$

모두 $k+1$로 나누면,

$$\frac{1}{2(k+1)^2}<\ln(1+k)-\ln k-\frac{1}{k+1}<\frac{1}{2k(k+1)}\quad\cdots ①$$

(i) $$\sum_{k=n}^{m-1}\left\{\ln(1+k)-\ln k-\frac{1}{k+1}\right\}$$
$$=\ln m-\ln n-\sum_{k=n+1}^{m}\frac{1}{k}$$
$$=\ln\frac{m}{n}-\sum_{k=n+1}^{m}\frac{1}{k}$$

(ii) $$\sum_{k=n}^{m-1}\frac{1}{2k(k+1)}=\frac{1}{2}\sum_{k=n}^{m-1}\left(\frac{1}{k}-\frac{1}{k+1}\right)$$
$$=\frac{1}{2}\left(\frac{1}{n}-\frac{1}{m}\right)=\frac{m-n}{2mn}$$

(iii) $$\sum_{k=n}^{m-1}\frac{1}{2(k+1)^2}>\frac{1}{2}\sum_{k=n}^{m-1}\frac{1}{(k+1)(k+2)}$$
$$=\frac{1}{2}\sum_{k=n}^{m-1}\left(\frac{1}{k+1}-\frac{1}{k+2}\right)$$
$$=\frac{1}{2}\left(\frac{1}{n+1}-\frac{1}{m+1}\right)$$
$$=\frac{m-n}{2(m+1)(n+1)}$$

이제, ①과 (i), (ii), (iii)에 의하여

$$\frac{m-n}{2(m+1)(n+1)}<\ln\frac{m}{n}-\sum_{k=n+1}^{m}\frac{1}{k}<\frac{m-n}{2mn}$$

■

[문제 3]

(1) 상자 L, R에 구슬이 각각 l, r개 들어있는 것을 $\binom{l}{r}$로 나타내기로 하자.

예를 들면, $P_2(10)=\frac{1}{2}\cdot\frac{1}{2}=\frac{1}{4}\quad\cdots ①$

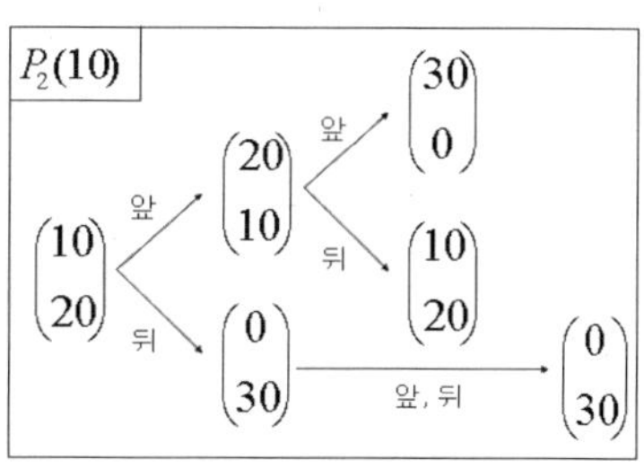

다른 예로,

$$P_4(6) = \left(\frac{1}{2}\right)^4 + \left(\frac{1}{2}\right)^3 = \frac{3}{16} \quad \cdots ②$$

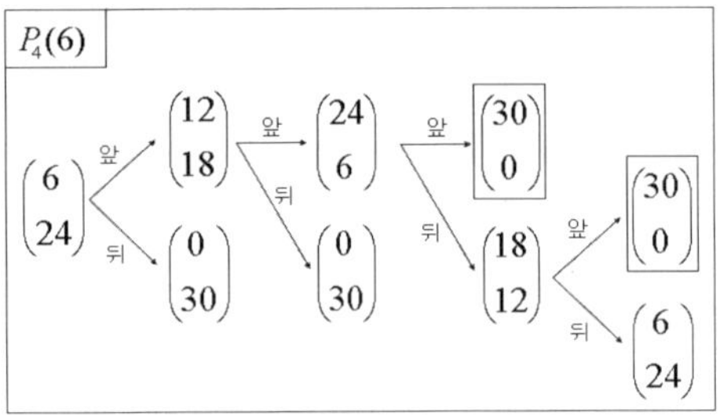

(i) $0 \le x \le 15$인 경우

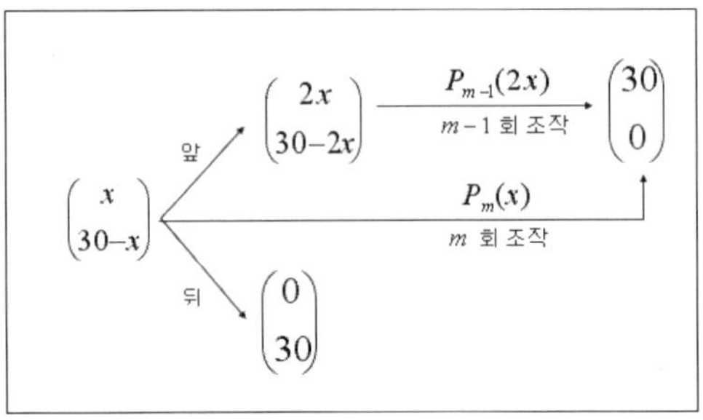

조작(P)를 1회 실시 한 후에는 $\begin{pmatrix} 2x \\ 30-2x \end{pmatrix}$ 또는 $\begin{pmatrix} 0 \\ 30 \end{pmatrix}$이 나오며, $\begin{pmatrix} 0 \\ 30 \end{pmatrix}$은 조작(P)에 의하여 변하지 않는다. 따라서, $y = 2x$ 이며

$$P_m(x) = \frac{1}{2}P_{m-1}(2x) \quad \cdots ③ \quad \cdots(답) \ ■$$

(ii) $16 \le x \le 30$인 경우

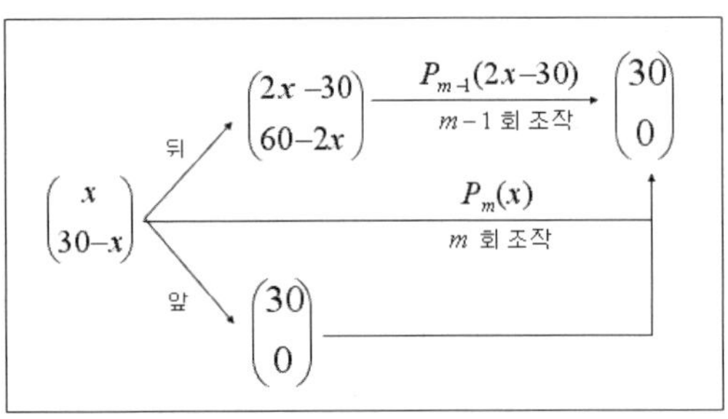

위와 같은 방법으로, $y = 2x - 30$ 이며

$$P_m(x) = \frac{1}{2}P_{m-1}(2x-30) + \frac{1}{2} \quad \cdots ④$$

$\cdots$(답) ■

(2) $P_{2n}(10) = \frac{1}{2}P_{2n-1}(20) \quad (\because ③)$

$$= \frac{1}{2}\left\{\frac{1}{2}P_{2n-2}(10) + \frac{1}{2}\right\} \quad (\because ④)$$

$$= \frac{1}{4}P_{2n-2}(10) + \frac{1}{4}$$

이므로, $a_n = P_{2n}(10)$으로 놓으면

$$a_n = \frac{1}{4}a_{n-1} + \frac{1}{4} \quad (n \ge 2)$$

$$\Leftrightarrow \ a_n - \frac{1}{3} = \frac{1}{4}\left(a_{n-1} - \frac{1}{3}\right)$$

①에서 $a_1 = P_2(10) = \frac{1}{4}$이므로,

$$a_n - \frac{1}{3} = \left(\frac{1}{4}\right)^{n-1}\left(a_1 - \frac{1}{3}\right) = -\frac{1}{12}\left(\frac{1}{4}\right)^{n-1}$$

$$\therefore \ P_{2n}(10) = a_n = \frac{1}{3}\left\{1 - \left(\frac{1}{4}\right)^n\right\} \quad \cdots(답) \ ■$$

(3) (2)번과 같은 방법으로,

$$P_{4n}(6) = \frac{1}{2}P_{4n-1}(12) = \frac{1}{4}P_{4n-2}(24)$$

$$= \frac{1}{4}\left\{\frac{1}{2}P_{4n-3}(18) + \frac{1}{2}\right\}$$

$$= \frac{1}{8}\left\{\frac{1}{2}P_{4n-4}(6) + \frac{1}{2}\right\} + \frac{1}{8}$$

$$= \frac{1}{16}P_{4n-4}(6) + \frac{3}{16}$$

이므로,

$b_n = P_{4n}(6) \ (n \ge 1)$로 놓으면

$$b_n = \frac{1}{16}b_{n-1} + \frac{3}{16} \Leftrightarrow b_n - \frac{1}{5} = \frac{1}{16}\left(b_{n-1} - \frac{1}{5}\right)$$

②에서 $b_1 = P_4(6) = \frac{3}{16}$이므로,

$$b_n - \frac{1}{5} = \left(\frac{1}{16}\right)^{n-1}\left(b_1 - \frac{1}{5}\right) = -\frac{1}{80}\left(\frac{1}{16}\right)^{n-1}$$

$$\therefore \ P_{4n}(6) = b_n = \frac{1}{5}\left\{1 - \left(\frac{1}{16}\right)^n\right\} \quad \cdots(답) \ ■$$

[문제 4]

(1) $f(x)=\dfrac{x}{2}+\sqrt{\dfrac{x^2}{4}+2}$ 로 놓으면 $f(x)$는 단조 증가함수이며,

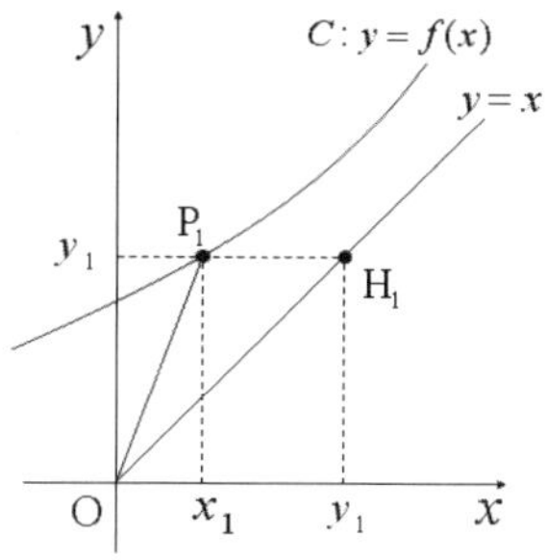

$$f(x)>\frac{x}{2}+\sqrt{\frac{x^2}{4}}$$
$$=\frac{x}{2}+\frac{|x|}{2}$$

또,

$x\geq 0$이면 $\dfrac{x}{2}+\dfrac{|x|}{2}=x$이므로, $f(x)>x$

$x<0$이면 $\dfrac{x}{2}+\dfrac{|x|}{2}=0$이므로, $f(x)>0$

이므로, $y=f(x)$와 $y=x$의 그래프는 위의 그림과 같이 된다.

따라서, $\triangle OP_1H_1=\dfrac{1}{2}(y_1-x_1)y_1$

$$=\frac{1}{2}\left(-\frac{x_1}{2}+\sqrt{\frac{x_1^2}{4}+2}\right)\left(\frac{x_1}{2}+\sqrt{\frac{x_1^2}{4}+2}\right)=1$$

같은 방법으로 $\triangle OP_2H_2=1$ ■

(2) 구하는 부분은 아래 그림의 사선부분과 같다.

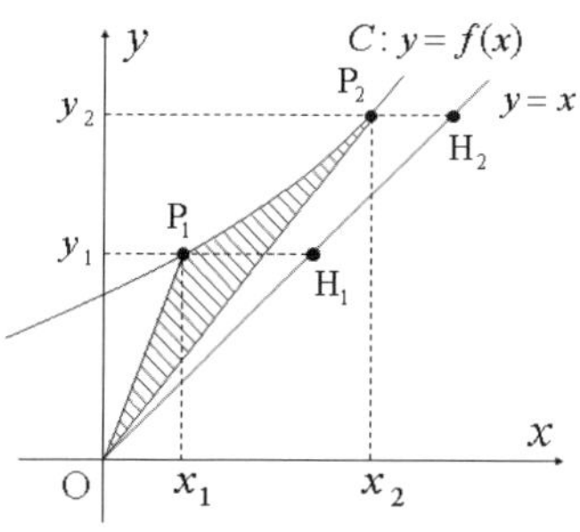

그 면적을 S라 하면,

$$S+\triangle OP_2H_2=\text{도형 }P_1H_1H_2P_2+\triangle OP_1H_1$$

(1)번에서 $\triangle OP_2H_2=\triangle OP_1H_1$

$$S=\text{도형 }P_1H_1H_2P_2=\int_{y_1}^{y_2}\{y-f^{-1}(y)\}dy$$

$f^{-1}(y)=y-\dfrac{2}{y}$ 이므로,

$$S=\int_{y_1}^{y_2}\left\{y-\left(y-\frac{2}{y}\right)\right\}dy=[2\ln y]_{y_1}^{y_2}=2\ln\frac{y_2}{y_1}$$

…(답) ■

[문제 5]

원의 중심을 O라 하면, 세 점 P, Q, R은 다음 그림과 같이 위치한다.

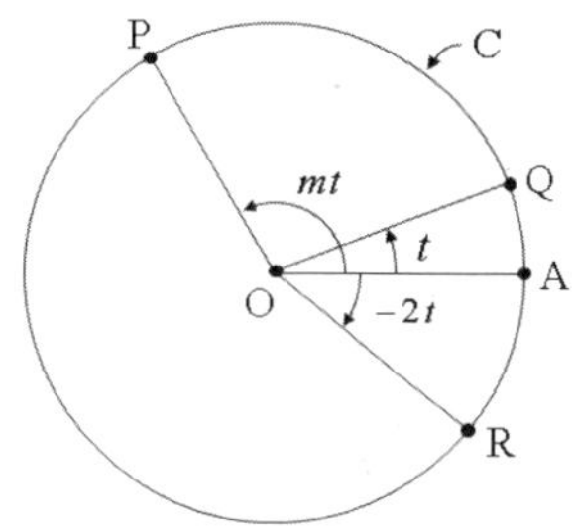

이때 $\triangle PQR$이 $\overline{PR}$을 빗변으로 하는 직각이등변삼각형이 되는 조건은 $\overline{PR}$이 원 C의 지름이며 $\overline{OQ}\perp\overline{OR}$인 것이므로,

$$\begin{cases} mt+2t=\pi+2k\pi & \cdots ① \\ 3t=\dfrac{\pi}{2}+l\pi & \cdots ② \end{cases}\quad (k,\ l\text{은 정수})$$

$0\leq t\leq 2\pi$이므로 ②에서

$$t=\frac{2l+1}{6}\pi\ \ (l=0,1,2,3,4,5)\quad \cdots ③$$

③을 ①에 대입하면

$$(m+2)(2l+1)=12k+6$$
$$\therefore\ m=\frac{12k+6}{2l+1}-2$$

이제 다음과 같은 조건을 만족하는 (m,t)의 쌍을 구하면 된다.

$m=\dfrac{12k+6}{2l+1}-2,\ t=\dfrac{2l+1}{6}\pi$ $(l=0,1,\cdots,5,\ m=1,2,\cdots,10,\ k\text{:정수})$

(ⅰ) $l=0$일 때, $t=\dfrac{2\cdot 0+1}{6}\pi=\dfrac{\pi}{6}$

$$m=\frac{12k+6}{2\cdot 0+1}-2=12k+4,\ (k,m)=(0,4)$$
$$\therefore\ (m,t)=\left(4,\frac{\pi}{6}\right)$$

(ii) $l=1$일 때, $t=\dfrac{2\cdot 1+1}{6}\pi=\dfrac{\pi}{2}$

$$m=4k,\ \ (k,m)=(1,4),(2,8)$$

$$\therefore\ (m,t)=\left(4,\frac{\pi}{2}\right),\left(8,\frac{\pi}{2}\right)$$

(iii) $l=2$일 때, $t=\dfrac{2\cdot 2+1}{6}\pi=\dfrac{5}{6}\pi$

$$m=\frac{12k-4}{5},\ \ (k,m)=(2,4)$$

$$\therefore\ (m,t)=\left(4,\frac{5}{6}\pi\right)$$

(iv) $l=3$일 때, $t=\dfrac{2\cdot 3+1}{6}\pi=\dfrac{7}{6}\pi$

$$m=\frac{12k-8}{7},\ \ (k,m)=(3,4)$$

$$\therefore\ (m,t)=\left(4,\frac{7}{6}\pi\right)$$

(v) $l=4$일 때, $t=\dfrac{2\cdot 4+1}{6}\pi=\dfrac{3}{2}\pi$

$$m=\frac{4k-4}{3},\ \ (k,m)=(4,4),(7,8)$$

$$\therefore\ (m,t)=\left(4,\frac{3}{2}\pi\right),\left(8,\frac{3}{2}\pi\right)$$

(vi) $l=5$일 때, $t=\dfrac{2\cdot 5+1}{6}\pi=\dfrac{11}{6}\pi$

$$m=\frac{12k-16}{11},\ \ (k,m)=(5,4)$$

$$\therefore\ (m,t)=\left(4,\frac{11}{6}\pi\right)$$

(i)~(vi)에서 구하는 (m,t)의 쌍은

$\left(4,\frac{\pi}{6}\right)$, $\left(4,\frac{\pi}{2}\right),\left(8,\frac{\pi}{2}\right)$, $\left(4,\frac{5}{6}\pi\right)$, $\left(4,\frac{7}{6}\pi\right)$

$\left(4,\frac{3}{2}\pi\right),\left(8,\frac{3}{2}\pi\right)$, $\left(4,\frac{11}{6}\pi\right)$ …(답) ■

[문제 6]

(1) 4개의 면이 서로 합동이므로 각 변의 길이는 아래 그림과 같이 된다. $\overrightarrow{OA}=\vec{a}$, $\overrightarrow{OB}=\vec{b}$, $\overrightarrow{CH}=\vec{h}$, $\overrightarrow{OH}=\vec{x}$라 하자.

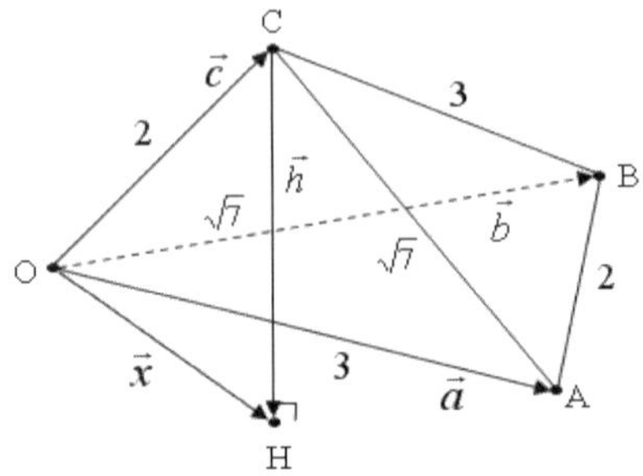

$\vec{x}=\alpha\vec{a}+\beta\vec{b}$로 놓으면, 미지수가 2개이므로 2개의 조건이 필요하다. $\vec{h}\perp\vec{a}$와 $\vec{h}\perp\vec{b}$를 이용해보자.

$\vec{h}\perp\vec{a}$에서 $\vec{h}\cdot\vec{a}=(\vec{x}-\vec{c})\cdot\vec{a}$

$$=(\alpha\vec{a}+\beta\vec{b}-\vec{c})\cdot\vec{a}$$
$$=\alpha|\vec{a}|^2+\beta\vec{a}\cdot\vec{b}-\vec{c}\cdot\vec{a}$$
$$=9\alpha+6\beta-3=0 \quad \cdots ①$$

$|\overrightarrow{AB}|^2=|\vec{a}|^2+|\vec{b}|^2-2|\vec{a}||\vec{b}|\cos\theta$

$=|\vec{a}|^2+|\vec{b}|^2-2\vec{a}\cdot\vec{b}$

에서, $2^2=3^2+(\sqrt{7})^2-2\vec{a}\cdot\vec{b}$, $\vec{a}\cdot\vec{b}=6$

같은 방법으로, $\vec{a}\cdot\vec{c}=3$, $\vec{b}\cdot\vec{c}=1$

$\vec{h}\perp\vec{b}$에서 $\vec{h}\cdot\vec{b}=(\vec{x}-\vec{c})\cdot\vec{b}$

$$=\alpha\vec{a}\cdot\vec{b}+\beta|\vec{b}|^2-\vec{c}\cdot\vec{b}$$
$$=6\alpha+7\beta-1=0 \quad \cdots ②$$

①, ②에서 $\alpha=\dfrac{5}{9}$, $\beta=-\dfrac{1}{3}$

$\vec{x}=\dfrac{5}{9}\vec{a}-\dfrac{1}{3}\vec{b}$이므로,

$\therefore\ \overrightarrow{OH}=\dfrac{5}{9}\overrightarrow{OA}-\dfrac{1}{3}\overrightarrow{OB}$ …(답) ■

(2) 직선 OH와 직선 AB의 교점을 K라 하면

$$\overrightarrow{OH}=\frac{2}{9}\cdot\frac{5\overrightarrow{OA}+(-3)\overrightarrow{OB}}{5+(-3)}=\frac{2}{9}\overrightarrow{OK}$$

> $\overrightarrow{OH}=k\overrightarrow{OK}$ (k는 실수)이며, (1)에서
>
> $$\overrightarrow{OH}=\frac{5}{9}\overrightarrow{OA}-\frac{1}{3}\overrightarrow{OB}=\frac{5\overrightarrow{OA}-3\overrightarrow{OB}}{9}$$
>
> 또한, K는 직선 AB 위에 있으므로,
>
> $$\overrightarrow{OK}=\gamma\overrightarrow{OA}+\delta\overrightarrow{OB}\ \ (\gamma+\delta=1)$$

따라서, 평면 M이 점 C를 지날 때 점 H를 포함하며, 이때의 P_t, Q_t를 각각 D, E라 하면 $D=P_{\frac{2}{9}}$, $E=Q_{\frac{2}{9}}$이다.

이제 평면 M이 주어진 입체를 자르는 단면은 $0<t\le\frac{2}{9}$일 때 삼각형, $\frac{2}{9}<t<1$일 때 사다리꼴임을 알 수 있다.

(i) $0<t\le\frac{2}{9}$인 경우

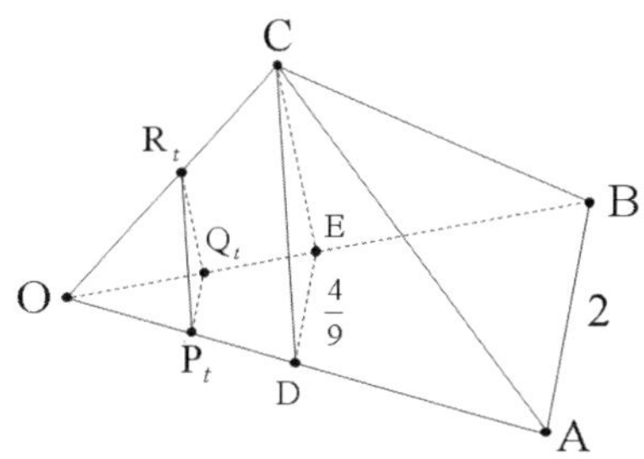

평면 M과 $\overline{CO}$의 교점을 그림과 같이 R_t로 놓으면, $\triangle P_tQ_tR_t \backsim \triangle DEC$ 이며 닮음비는 $t:\frac{2}{9}=\frac{9t}{2}:1$ 이다. $\overline{DE}=2\times\frac{2}{9}=\frac{4}{9}$이므로,

$$S(t)=\left(\frac{9t}{2}\right)^2\cdot S\left(\frac{2}{9}\right)$$

$$=\frac{81t^2}{4}\times\frac{1}{2}\cdot\frac{4}{9}\cdot\frac{2\sqrt{6}}{3}=3\sqrt{6}\,t^2$$

> $$|\overrightarrow{OH}|^2=\left|\frac{5}{9}\vec{a}-\frac{1}{3}\vec{b}\right|^2$$
>
> $$=\frac{25}{81}\cdot 9-\frac{10}{27}\cdot 6+\frac{1}{9}\cdot 7=\frac{12}{9}$$
>
> $$\overline{CH}=\sqrt{|\overline{OC}|^2-|\overline{OH}|^2}=\frac{2\sqrt{6}}{3}$$

(ii) $\frac{2}{9}<t<1$인 경우

평면 M과 $\overline{CA}$와의 교점을 S_t, 평면 M과 $\overline{CB}$와의 교점을 T_t라 하자.

$\overline{OD}:\overline{OA}=2:9$이므로, 다음과 같이 놓자.

$$\overline{OP_t}:\overline{OA}=t:1=9t:9$$

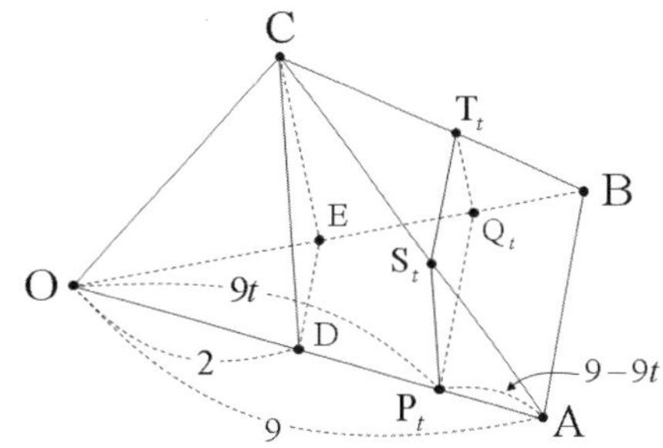

$$\overline{S_tT_t}:\overline{AB}=\overline{CS_t}:\overline{CA}=\overline{DP_t}:\overline{DA}=9t-2:7$$

에서, $\overline{S_tT_t}=\frac{9t-2}{7}\times\overline{AB}=\frac{2(9t-2)}{7}\cdots③$

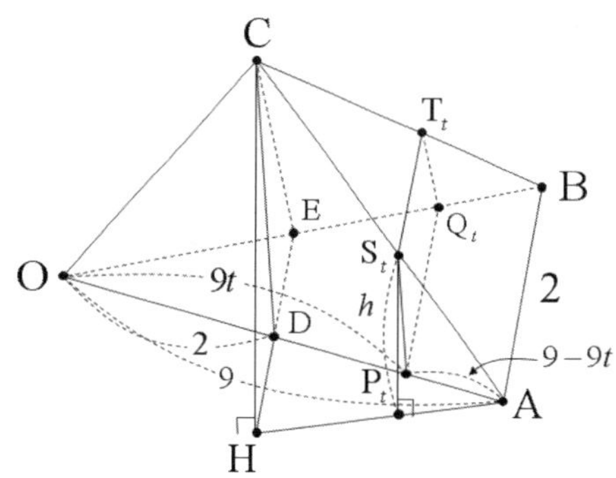

또, 점 S_t에서 평면 L에 내린 수선의 길이를 h로 놓으면,

$$h:\overline{CH}=\overline{S_tA}:\overline{CA}=\overline{P_tA}:\overline{DA}=9-9t:7$$

에서 $h=\frac{9(1-t)}{7}\times\overline{CH}=\frac{6\sqrt{6}}{7}(1-t)\cdots④$

또한,

$\triangle OP_tQ_t \backsim \triangle OAB$와 $\overline{OP_t}:\overline{OA}=t:1$에서

$$\overline{P_tQ_t}=2t\qquad\cdots⑤$$

③, ④, ⑤에 의하여,

$$S(t)=\frac{1}{2}\left\{2t+\frac{2(9t-2)}{7}\right\}\cdot\frac{6\sqrt{6}}{7}(1-t)$$
$$=\frac{12\sqrt{6}}{49}(8t-1)(1-t)$$

이제, (ⅰ), (ⅱ)에 의하여

$$S(t)=\begin{cases}3\sqrt{6}\,t^2 & \left(0<t\le\frac{2}{9}\right)\\ \frac{12\sqrt{6}}{49}(8t-1)(1-t) & \left(\frac{2}{9}<t<1\right)\end{cases}$$

…(답) ■

(3) $0<t\le\frac{2}{9}$인 경우는 $S(t)$는 단조증가이며, $\frac{2}{9}\le t<1$인 경우는 (2)에 의하여

$$S(t)=\frac{12\sqrt{6}}{49}(-8t^2+9t-1)$$
$$=\frac{12\sqrt{6}}{49}\left\{-8\left(t-\frac{9}{16}\right)^2+\frac{49}{32}\right\}$$
$$\le\frac{12\sqrt{6}}{49}\cdot\frac{49}{32}=\frac{3\sqrt{6}}{8}$$

따라서, $S(t)$의 최댓값은

$$S\left(\frac{9}{16}\right)=\frac{3\sqrt{6}}{8}$$

…(답) ■

〈 2010年 前期 - 文科 〉 時間 : 100分

1. O를 원점으로 하는 좌표평면 상에 점 $A(-3,0)$을 잡고, $0^\circ<\theta<120^\circ$의 범위를 갖는 θ에 대하여, 다음 조건 (ⅰ), (ⅱ)를 만족하는 두 점 B, C를 고려하자.

> (ⅰ) B는 $y>0$인 부분에 있으며, $\overline{OB}=2$ 와 $\angle AOB=180^\circ-\theta$를 만족한다.
> (ⅱ) C는 $y<0$인 부분에 있으며, $\overline{OC}=1$ 과 $\angle BOC=120^\circ$를 만족한다.
> 단, $\triangle ABC$는 원점 O를 포함한다.

(1) $\triangle OAB$와 $\triangle OAC$의 면적이 같을 때, θ의 값을 구하여라.

(2) θ가 $0^\circ<\theta<120^\circ$의 범위에서 움직일 때, $\triangle OAB$와 $\triangle OAC$의 면적의 합의 최댓값과 그 때의 $\sin\theta$의 값을 구하여라.

2. 이차함수 $f(x)=x^2+ax+b$에 대하여 $f(x+1)=c\int_0^1(3x^2+4xt)f'(t)dt$가 x에 관한 항등식이 되도록 하는 상수 a, b, c의 쌍을 모두 구하여라.

3. 이과 3번의 (1), (2)와 같음.

4. 이과 5번과 같음.

[문제 1]

$$\triangle OAB = \frac{1}{2} \cdot 2 \cdot 3 \cdot \sin(180^\circ - \theta)$$
$$= 3\sin\theta \qquad \cdots ①$$

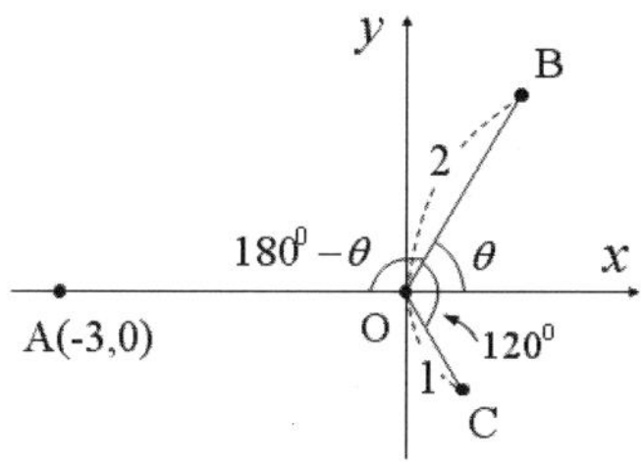

$\angle AOC = 360^\circ - ((180^\circ - \theta) + 120^\circ) = 60^\circ + \theta$
이므로,

$$\triangle OAC = \frac{1}{2} \cdot 1 \cdot 3 \cdot \sin(60^\circ + \theta)$$
$$= \frac{3}{2}\left(\frac{\sqrt{3}}{2}\cos\theta + \frac{1}{2}\sin\theta\right)$$
$$= \frac{3\sqrt{3}}{4}\cos\theta + \frac{3}{4}\sin\theta \qquad \cdots ②$$

$\triangle OAB = \triangle OAC$ 인 경우는 ①, ②에서

$$3\sin\theta = \frac{3\sqrt{3}}{4}\cos\theta + \frac{3}{4}\sin\theta$$
$$\frac{9}{4}\sin\theta = \frac{3\sqrt{3}}{4}\cos\theta$$
$$\tan\theta = \frac{1}{\sqrt{3}} \quad (0^\circ < \theta < 120^\circ)$$
$$\therefore \quad \theta = 30^\circ \qquad \cdots(\text{답})$$ ■

(2) $S = \triangle OAB + \triangle OAC$ 라 하면,

$$S = 3\sin\theta + \left(\frac{3\sqrt{3}}{4}\cos\theta + \frac{3}{4}\sin\theta\right)$$
$$= \frac{3}{4}(\sqrt{3}\cos\theta + 5\sin\theta)$$
$$= \frac{3}{4}(\sqrt{3}, 5) \cdot (\cos\theta, \sin\theta)$$
$$= \frac{3}{4} \cdot \sqrt{28} \cdot 1 \cdot \cos\beta \le \frac{3}{4} \cdot 2\sqrt{7} = \frac{3\sqrt{7}}{2}$$

(단, β는 두 벡터 $(\sqrt{3}, 5)$와 $(\cos\theta, \sin\theta)$가 이루는 각)

최대일 때는 $\cos\beta = 1$일 때 즉, 두 벡터 $(\sqrt{3}, 5)$와 $(\cos\theta, \sin\theta)$가 같은 방향일 때이다.

따라서,

S의 최댓값$= \frac{3\sqrt{7}}{2}$, $\sin\theta = \frac{5}{2\sqrt{7}} = \frac{5\sqrt{7}}{14}$

$\cdots$(답) ■

[문제 2]

$$\begin{cases} f(x) = x^2 + ax + b & \cdots ① \\ f(x+1) = c\int_0^1 (3x^2 + 4xt)f'(t)dt & \cdots ② \end{cases}$$

$$f(x+1) = c\int_0^1 (3x^2 + 4xt)f'(t)dt$$
$$= c\int_0^1 (3x^2 + 4xt)(2t + a)dt \quad (\because ①)$$
$$= 3cx^2\int_0^1 (2t + a)dt + 4cx\int_0^1 (2t^2 + at)dt$$
$$= 3cx^2\left[t^2 + at\right]_0^1 + 4cx\left[\frac{2}{3}t^3 + \frac{a}{2}t^2\right]_0^1$$
$$= 3c(1 + a)x^2 + 4c\left(\frac{2}{3} + \frac{a}{2}\right)x \qquad \cdots ③$$

①에서 $f(x+1) = (x+1)^2 + a(x+1) + b$
$$= x^2 + (2 + a)x + 1 + a + b \quad \cdots ④$$

이므로, ③, ④에서

$$\begin{cases} 3c(1 + a) = 1 & \cdots ⑤ \\ 4c\left(\frac{2}{3} + \frac{a}{2}\right) = 2 + a & \cdots ⑥ \\ 0 = 1 + a + b & \cdots ⑦ \end{cases}$$

⑤에서 $c = \frac{1}{3(1+a)}$ $(a \ne -1)$이며,

이를 ⑥에 대입하면

$$\frac{4}{3(1+a)}\left(\frac{2}{3} + \frac{a}{2}\right) = 2 + a$$
$$9a^2 + 21a + 10 = 0$$
$$(3a + 2)(3a + 5) = 0 \qquad \therefore \ a = -\frac{2}{3}, -\frac{5}{3}$$

$a = -\frac{2}{3}$일 때, ⑤와 ⑦에서 $b = -\frac{1}{3}$, $c = 1$

$a = -\frac{5}{3}$일 때, ⑤와 ⑦에서 $b = \frac{2}{3}$, $c = -\frac{1}{2}$

따라서, 구하는 (a, b, c)의 쌍은

$$\left(-\frac{2}{3}, -\frac{1}{3}, 1\right), \ \left(-\frac{5}{3}, \frac{2}{3}, -\frac{1}{2}\right) \qquad \cdots(\text{답})$$ ■

〈 2010年 後期 - 理科1類 〉 時間 : 120分

1. 자연과학 등에 수학적방법을 적용하고자 할 때, 종종 직접 자연현상을 다루지 않고, 근사(近似)시킨 양을 다루는 것이 필요하다. 또한, 방정식의 해를 직접 구하는 것이 어려울 때는, 해의 형태를 예상하여 풀어보는 '발견적방법'이 중요하다.

(A) 이차함수의 그래프를 선분들로 근사시키는 방법에 대해 생각해보자.

(1) $0 \le a < b \le 1$이라고 하자. 폐구간 $[a,b]$에서 $y=x^2$을 함수 $f(x)$로 근사시킬 때, 그 오차는 $|x^2-f(x)|$의 $[a,b]$에서의 최댓값으로 한다. 이 오차를 최소로 하는 일차함수 $f(x)=cx+d$를 찾고, 그때의 오차를 구하시오. 단, c와 d는 실수이다.

(2) 폐구간 $[0,1]$을 두 개의 폐구간 $[0,s]$와 $[s,1]$로 나누어, 각각의 구간에서 x^2을 일차함수로 근사시키는 것을 생각해보자. 단, $0<s<1$이다. 각각의 폐구간 $[0,s]$와 $[s,1]$에 대하여 일차함수 $f_1(x)$, $f_2(x)$가 주어졌을 때, 각각의 폐구간에서의 x^2의 근사의 오차 중 큰 쪽을 최소화하시오. 즉, $|x^2-f_1(x)|$의 $[0,s]$에서의 최댓값과 $|x^2-f_2(x)|$의 $[s,1]$에서의 최댓값 중 큰 쪽을 최소화하도록 s와 $f_1(x)$, $f_2(x)$를 구하시오.

(B) 그림과 같이 선으로 연결된 점 $\mathrm{P}_k\,(k=\cdots,-1,0,1,\cdots)$가 진동하는 상태를 생각해보자. 시각 t에 대하여 각각의 점을 xy평면에 도시하여, P_k의 좌표를 $(k, f_k(t))\ (k=\cdots,-1,0,1,\cdots)$라 하자. 여기서, 어떤 자연수 N이 존재하여, 모든 $k=\cdots,-1,0,1,\cdots$에 대하여 $f_k(t)=f_{k+N}(t)$ $\cdots$ ① 가 성립한다고 가정하자.

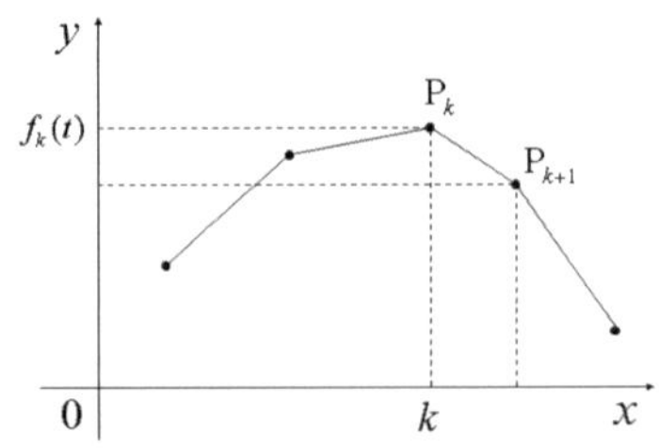

이때, $g_k(t)=f_k(t)-f_{k-1}(t)$로 놓으면, $f_k(t)$와 $g_k(t)$는 어떤 양의 상수 M에 대하여, 근사적으로 $\dfrac{d^2}{dt^2}f_k(t)=M(g_{k+1}(t)-g_k(t))$ $\cdots$ ②를 만족한다.

여기서, $f_k(t)=h(t)\cos(\alpha k)$로 놓고, $f_k(t)$가 조건 ①, ②를 만족하도록 $h(t)$와 α를 구하는 것을 생각해보자. 단 $h(t)$는 t의 함수로 k는 상수로 보며, 항상 0인 상수함수는 아니다($h(t)\ne 0$인 t값이 존재).

(1) 조건 ①을 만족하도록 하는 α의 값을 모두 구하여, N을 이용하여 나타내시오. 단, $0 \le \alpha < 2\pi$이다.

(2) $f_k(t)$가 식②를 만족할 때, $\dfrac{d^2}{dt^2}h(t)=-4M\left(\sin\dfrac{\alpha}{2}\right)^2 h(t)$ $\cdots$③가 성립함을 보이시오.

(3) $h(t)=\cos(\beta t)$로 놓고, 이것이 식 ③을 만족할 때, 상수 β를 M과 α를 이용하여 나타내시오. 또, $h(t)$의 주기가 가장 짧아지도록 하는 α의 값을 N를 이용하여 나타내시오.

2. 수학적 방법은 사회생활의 금전적 선택에 있어서도 중요한 역할을 한다. 여기서는 '토지의 경매'와 '상품의 수송'이라는 두 가지 문제에 대하여 생각해보자.

(A) 어느 기차역 앞의 토지가 경매에 의하여 팔리게 되었으며, 경매의 방법에는 여러 종류가 있다.

(1) 매입희망자들은 자신의 가격(입찰가)을 종이에 적어 비밀로 하여 입찰함에 넣는다. 매입희망자가 모두 입찰을 마친 후, 파는 쪽이 입찰함을 열어서, 가장 높은 입찰가를 적은 매입희망자에게 그 사람이 적은 가격으로 토지를 파는 것으로 한다. 가장 높은 입찰가를 적은 매입희망자가 복수인 경우는, 공평하게 제비뽑기를 하여 매입자를 한 명 선택한다.
철수는 이 토지를 이용하여 사업을 하면 a억 원의 이익을 얻을 수 있다고 한다. 결과적으로, 경매에 참가하여 x억 원에 토지를 매입할 경우, 철수의 이익은 $a-x$억 원으로 된다. 또한, 토지를 매입하지 못하는 경우는, 사업의 이익도 토지매입비용도 발생하지 않으므로, 철수의 이익은 0원으로 생각한다. 단, a는 2 이상 10 이하의 정수이다.
이 경매에, 철수와 민지 두 사람만 참가하였으며, 입찰가는 1억 원 단위로 적어야 한다. 민지가 적은 입찰가를 y억 원이라 했을 때, y는 1부터 10까지의 정수를 같은 확률로 갖는 것으로 한다. 이익의 기댓값을 최대로 하기 위해서, 철수가 적어야 하는 입찰가를 a를 이용하여 나타내시오.

(2) 이번에는 다른 경매의 방법을 생각해보자. (1)과 같이, 매입희망자들은 자신의 입찰가를 종이에 적어 비밀로 하여 입찰함에 넣는다. 매입희망자가 모두 입찰을 마친 후, 파는 쪽이 입찰함을 열어서, 가장 높은 입찰가를 적은 매입희망자에게, 두 번째로 높은 입찰가로 토지를 파는 것으로 한다. 가장 높은 가격을 적은 매입희망자가 복수인 경우는, '두 번째로 높은 입찰가'는 가장 높은 입찰가와 같은 것으로 하며, 공평하게 제비뽑기를 하여 매입자를 한 명 선택한다.
이 경매에, 철수와 민지 두 사람만 참가하였으며, 입찰가는 1억 원 단위로 적어야 한다. 민지가 적은 입찰가를 y억 원이라 했을 때, y는 1부터 10까지의 정수이며, 각각의 값을 가질 확률은 p_y이다. 단, $p_1+p_2+\cdots+p_{10}=1$이며, $p_y>0$ $(y=1,2,\cdots,10)$이다. 이익의 기댓값을 최대로 하기 위해서, 철수가 적어야 하는 입찰가를 a를 이용하여 나타내시오.

(B) 평면상의 n개의 지점 $x_i\,(i=1,2,\cdots,n)$에 상품이 보관되어 있다. $i,j=1,2,\cdots,n$에 대하여, 지점 x_i와 x_j 사이의 거리를 $d_{i,j}$로 나타내자. 여기서, 각 i, j에 대하여 $d_{i,j}$는 음이 아닌 실수이며, $d_{i,j}=d_{j,i}$인 것으로 한다. 또, 임의의 서로 다른 i, j, k에 대하여, $d_{i,k}<d_{i,j}+d_{j,k}$가 성립하는 것으로 하며, 같은 점들끼리의 거리는 0이므로 $d_{i,i}=0\,(i=1,2,\cdots,n)$이다.
각각의 지점에 보관되어있는 상품의 양을 p_1, p_2, $\cdots$, p_n, 각 지점에서 실제 필요한 상품의 양을 q_1, q_2, $\cdots$, q_n이라 하자. 단, $p_1+p_2+\cdots+p_n=1$, $p_i\geq 0\,(i=1,2,\cdots,n)$이며, $q_1+q_2+\cdots+q_n=1$, $q_i\geq 0\,(i=1,2,\cdots,n)$이다. 모든 지점에서 각각의 필요한 양을 확보할 수 있도록 상품을 수송하는 계획을 다음과 같이 적을 수 있다. 지점 x_i에서 지점 x_j까지 수송하는 상품의 양을 $w_{i,j}$라 하면, 각각의 j에 대하여 $q_j=p_j+\sum_{i=1}^{n}w_{i,j}$ $\cdots$ ① 가 성립하게 하면 된다.

단, x_i에서 x_j로 상품을 수송할 때는 $w_{i,j}>0$, x_j에서 x_i로 상품을 수송할 때는 $w_{i,j}<0$으로 부호를 정하며, $w_{i,j}=-w_{j,i}$로 한다. 또한, x_i와 x_j 사이에 상품을 수송하지 않을 때는 $w_{i,j}=0$으로 하며, $w_{i,i}=0\ (i=1,2,\cdots,n)$이다.

$w_{i,j}\ (i,j=1,2,\cdots,n)$가 조건 ①을 만족할 때, 수송에 드는 비용은, 수송량과 수송거리의 곱의 총합 $C=\frac{1}{2}\sum_{i=1}^{n}\sum_{j=1}^{n}|w_{i,j}|d_{i,j}$로 생각할 수 있다. 비용 C가 가능한 적게 되도록 하는 수송계획을 생각해보자.

(1) 철수는 조건 ①을 만족하도록 수송계획 $w_{i,j}\ (i,j=1,2,\cdots,n)$를 계획하였다. 만약, 이 수송계획이 명제(*)를 만족하지 않는다면, 더 나은 수송계획이 존재함을 보이시오.
즉, 비용 C가 더 적게 드는 $w_{i,j}\ (i,j=1,2,\cdots,n)$가 존재함을 보이시오.

명제(*) : 각각의 i에 대하여, 다음 (i)과 (ii) 중 하나가 성립한다. (i) $w_{i,j}\le 0\ (j=1,2,\cdots,n)$ (ii) $w_{i,j}\ge 0\ (j=1,2,\cdots,n)$

(2) 그림과 같이, 평면상의 여섯 개의 점 $x_i\ (i=1,2,\cdots,6)$가 정육각형의 꼭짓점이 되도록 배치되어 있다. 각 지점에 보관되어 있는 상품의 양은 $p_1=p_2=\cdots=p_6=\frac{1}{6}$이며, 각 지점에서 필요한 상품의 양은 $q_1=q_2=\frac{1}{18}$, $q_3=q_4=\frac{2}{9}$, $q_5=\frac{5}{18}$, $q_6=\frac{1}{6}$이다. 이때, 비용 C를 최소로 하는 수송계획 $w_{i,j}\ (i,j=1,2,\cdots,n)$를 구하시오.
단, 정육각형의 한 변의 길이는 1이며, 각 지점간의 거리는 평면상의 두 점의 거리로 한다.

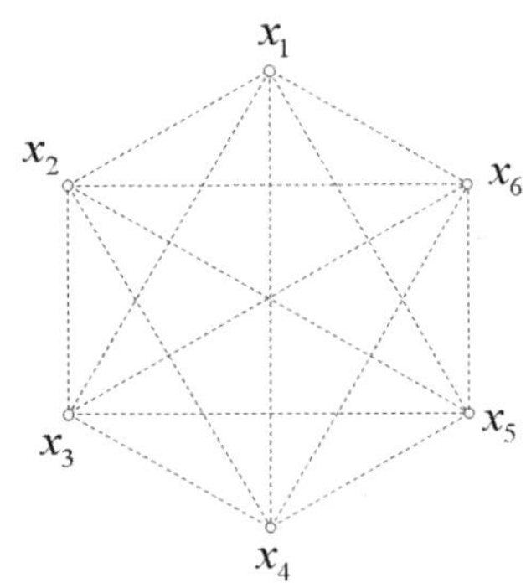

[문제 1] (A)

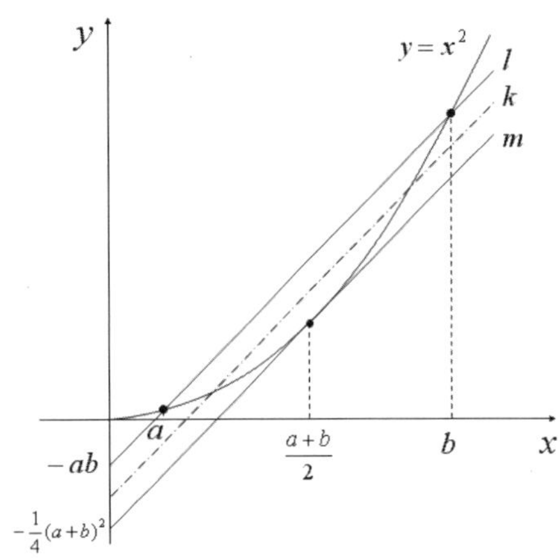

(1) 먼저, (a,a^2)과 (b,b^2)을 연결한 직선 l의 방정식 $y-a^2=(a+b)(x-a)$의 기울기는 $a+b$이며, y절편은 $-ab$이다.

이제, $y=x^2$의 기울기가 $a+b$인 접선 m의 y절편을 살펴보자.

$y'=2x=a+b$에서 $x=\frac{a+b}{2}$이므로,

$$y-\left(\frac{a+b}{2}\right)^2=(a+b)\left(x-\frac{a+b}{2}\right)$$

$x=0$을 대입하면, y절편은

$$y=\left(\frac{a+b}{2}\right)^2-\frac{1}{2}(a+b)^2$$
$$=\frac{1}{4}(a+b)^2-\frac{1}{2}(a+b)^2=-\frac{1}{4}(a+b)^2$$

이제, l과 m으로부터 같은 거리에 있는 직선 k의 기울기는 $a+b$이며, y절편은

$$\frac{1}{2}\left\{-ab+\left(-\frac{1}{4}(a+b)^2\right)\right\}=-\frac{a^2}{8}-\frac{3ab}{4}-\frac{b^2}{8}$$

이므로, 구하는 일차함수는

$$f(x)=(a+b)x-\frac{a^2}{8}-\frac{3ab}{4}-\frac{b^2}{8} \quad \cdots(\text{답})$$ ■

또한, 이때의 오차는

$$\frac{1}{2}\left\{-ab-\left(-\frac{1}{4}(a+b)^2\right)\right\}=\frac{(b-a)^2}{8}$$

…(답) ■

(2) (1)번의 결과에 의하여,

$f_1(x)=sx-\frac{s^2}{8}$, 오차 : $\frac{s^2}{8}$

$f_2(x)=(s+1)x-\frac{s^2+6s+1}{8}$,

오차 : $\frac{(1-s)^2}{8}$

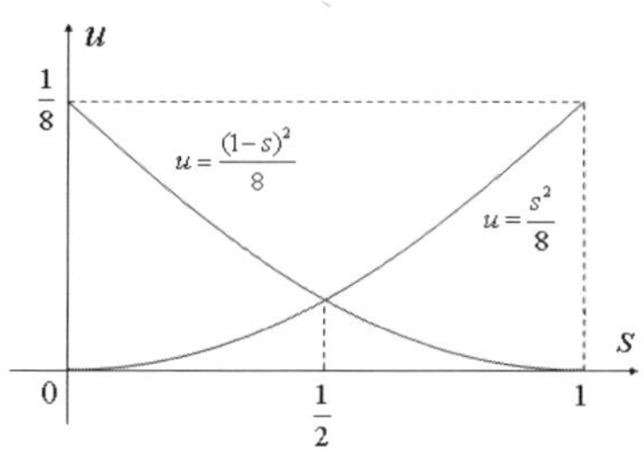

$u=\frac{s^2}{8}$, $u=\frac{(1-s)^2}{8}$의 그래프가 위와 같으므로, 두 오차 중 더 큰 쪽이 최소가 되기 위한 s의 값은 $s=\frac{1}{2}$ …(답) ■

이때, $f_1(x)=\frac{1}{2}x-\frac{1}{32}$, $f_2(x)=\frac{3}{2}x-\frac{17}{32}$

…(답) ■

[문제 1] (B)

$$f_k(t)=f_{k+N}(t) \quad \cdots ①$$

(k:정수, N:자연수)

$$\frac{d^2}{dt^2}f_k(t)=M(g_{k+1}(t)-g_k(t)) \quad \cdots ②$$

$$\frac{d^2}{dt^2}h(t)=-4M\left(\sin\frac{\alpha}{2}\right)^2 h(t) \quad \cdots ③$$

$$g_k(t)=f_k(t)-f_{k-1}(t) \quad \cdots ④$$

$$f_k(t)=h(t)\cos(\alpha k) \quad \cdots ⑤$$

(1) 조건 ①과 ⑤에 의해서,
어떤 자연수 N에 대하여

$$h(t)\cos(\alpha k)=h(t)\cos\{\alpha(k+N)\} \quad \cdots ⑥$$

이 모든 정수 k에 대하여 성립한다. $h(t)$가 항상 0의 값을 갖는 상수함수는 아니므로,

$$⑥ \Leftrightarrow \cos(\alpha k)=\cos(\alpha k+\alpha N)$$
$$\Leftrightarrow \cos(\alpha k+\alpha N)-\cos(\alpha k)=0$$
$$\Leftrightarrow -2\sin\left(\alpha k+\frac{\alpha N}{2}\right)\sin\frac{\alpha N}{2}=0$$

마지막 방정식이 모든 정수 k에 대하여 성립하므로, $\sin\frac{\alpha N}{2}=0$

$$\therefore \frac{\alpha N}{2}=n\pi \quad (n\text{은 정수})$$

$0\le\alpha<2\pi$이므로,

$$\alpha=\frac{2n\pi}{N} \quad (n=0,1,2,\cdots,N-1) \quad \cdots(\text{답})$$ ■

(2) 조건 ②를 ④, ⑤를 이용하여 변형하면

$$\frac{d^2}{dt^2}\{h(t)\cos(\alpha k)\}$$
$$=M\{f_{k+1}(t)-2f_k(t)+f_{k-1}(t)\}$$
$$\Leftrightarrow \cos(\alpha k)\frac{d^2}{dt^2}h(t)=Mh(t)\{\cos\alpha(k+1)$$
$$-2\cos(\alpha k)+\cos\alpha(k-1)\}$$
$$=Mh(t)\{2\cos(\alpha k)\cos\alpha-2\cos(\alpha k)\}$$
$$=-Mh(t)2\cos(\alpha k)(1-\cos\alpha)$$
$$=-4\cos(\alpha k)Mh(t)\left(\sin\frac{\alpha}{2}\right)^2$$

따라서, 임의의 정수 k에 대하여

$$\cos(\alpha k)\frac{d^2}{dt^2}h(t)=-4\cos(\alpha k)Mh(t)\left(\sin\frac{\alpha}{2}\right)^2$$

가 성립하므로,

$$\frac{d^2}{dt^2}h(t)=-4M\left(\sin\frac{\alpha}{2}\right)^2 h(t)$$ ■

(3) $h(t)=\cos(\beta t)$에서

$$\frac{d^2}{dt^2}h(t)=-\beta^2\cos(\beta t)$$

③에 대입하면,

$$-\beta^2\cos(\beta t) = -4M\left(\sin\frac{\alpha}{2}\right)^2\cos(\beta t)$$

$$\therefore\ \beta^2 = 4M\left(\sin\frac{\alpha}{2}\right)^2$$

M이 양의 상수이므로,

$$\beta = \pm 2\sqrt{M}\sin\frac{\alpha}{2} \qquad \cdots(\text{답}) \ ■$$

$h(t)=\cos(\beta t)$의 주기가 가장 짧아지는 것은 $|\beta| = 2\sqrt{M}\sin\frac{\alpha}{2}$가 최대일 때이므로, $\sin\frac{\alpha}{2}=1\ (\therefore \alpha=\pi)$이 성립하는가를 조사하여야 한다. (1)의 결과에서

$$\alpha = \pi \cdot \frac{2n}{N} \quad (n=0, 1, 2, \cdots, N-1)$$

이므로,

$$\begin{cases} \alpha = \pi & (N: \text{짝수}) \\ \alpha = \dfrac{N\pm 1}{N}\pi & (N: \text{홀수}) \end{cases} \qquad \cdots(\text{답}) \ ■$$

[문제 2] (A)

(1) 철수가 적은 입찰가를 x억 원이라 하면 $(1 \le x \le a-1)$, 민지의 입찰가가 y억 원이므로, $x>y$일 확률은 $\frac{x-1}{10}$이다.

또한, $x=y$로 되어, 철수가 제비뽑기로 토지를 매입할 확률은 $\frac{1}{10}\times\frac{1}{2}=\frac{1}{20}$이다.

따라서, 철수가 $(a-x)$억 원의 이익을 얻을 확률은 $\frac{x-1}{10}+\frac{1}{20}=\frac{2x-1}{20}$이다.

이제, 철수가 입찰가 x억 원을 적었을 때, 철수의 이익의 기댓값을 $E(x)$라 하면,

$$E(x) = \frac{2x-1}{20}\cdot(a-x)$$
$$= -\frac{1}{10}\left\{x^2-\left(a+\frac{1}{2}\right)x+\frac{a}{2}\right\}$$
$$= -\frac{1}{10}\left\{\left(x-\frac{2a+1}{4}\right)^2-\frac{4a^2-4a+1}{16}\right\}$$

이므로, 이익의 기댓값을 최대로 하기 위한 철수의 입찰가는

$$\begin{cases} \dfrac{a}{2}\text{억 원} & (a: \text{짝수}) \\ \dfrac{a+1}{2}\text{억 원} & (a: \text{홀수}) \end{cases} \qquad \cdots(\text{답}) \ ■$$

[참고]

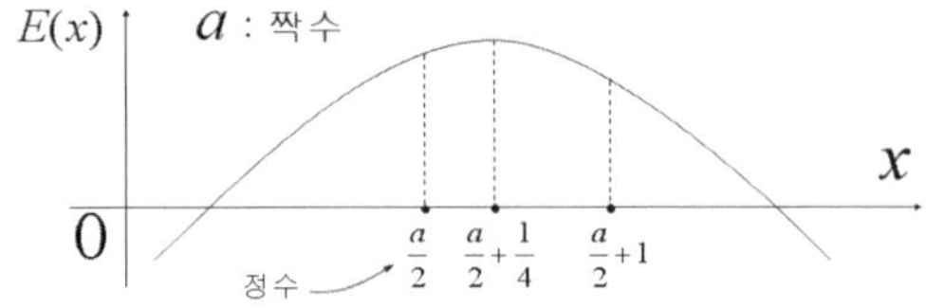

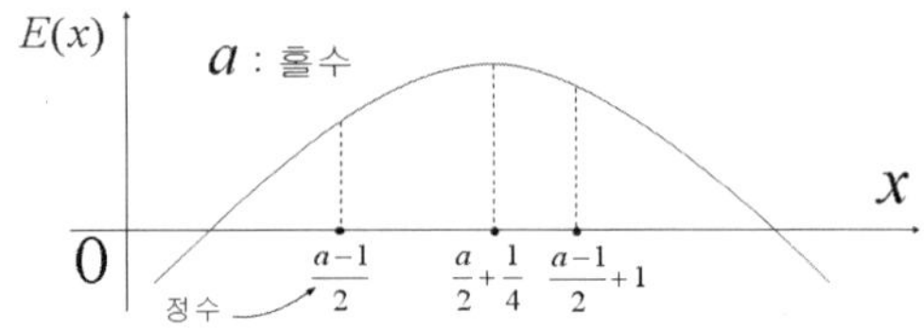

(2) (1)번과 같이 $E(x)$를 정의하자.
철수의 이익이 $(a-y)$억 원이 될 확률은

$1 \le y \le x-1$인 경우, p_y

$y=x$인 경우, $\frac{1}{2}\times p_x$

이므로, $E(x)=\sum_{y=1}^{x-1}(a-y)p_y+\frac{1}{2}(a-x)p_x$

따라서, $1 \le x \le 9$이면

$$E(x+1)-E(x)$$
$$=\sum_{y=1}^{x}(a-y)p_y+\frac{1}{2}\{a-(x+1)\}p_{x+1}$$
$$-\left\{\sum_{y=1}^{x-1}(a-y)p_y+\frac{1}{2}(a-x)p_x\right\}$$
$$=(a-x)p_x+\frac{1}{2}(a-x)(p_{x+1}-p_x)-\frac{1}{2}p_{x+1}$$
$$=\frac{1}{2}\{(a-x)(p_x+p_{x+1})-p_{x+1}\}$$

따라서,

$1 \le x \le a-1$일 때, $E(x) < E(x+1)$
$a \le x \le 9$일 때, $E(x) > E(x+1)$

$\because E(x+1)-E(x)=\frac{1}{2}\{(a-x)\times\text{양수}-\text{양수}\}$

즉,

$$E(1) < \cdots < E(a-1) < E(a) > E(a+1) > \cdots$$

따라서, $E(x)$를 최대로 하는 철수의 입찰가는 a억 원이다. …(답) ■

[문제 2] (B) $q_j = p_j + \sum_{i=1}^{n} w_{i,j}$ … ①

p_j : 지점 x_j에 보관되어 있는 양
q_j : 지점 x_j에 필요한 양
$w_{i,j}$: x_i에서 x_j로 수송하는 양

(1) 명제(*)는 각각의 지점 x_i는 물건을 주기만 하거나 받기만 한다는 것을 의미한다.
만약, 명제(*)를 만족하지 않는다면, 어떤 x_i에 대하여 $w_{i,j} > 0$, $w_{i,k} < 0$가 성립하는 j, k가 존재한다.
즉, 오른쪽 그림과 같이 수송되는 상품이 존재하게 된다.

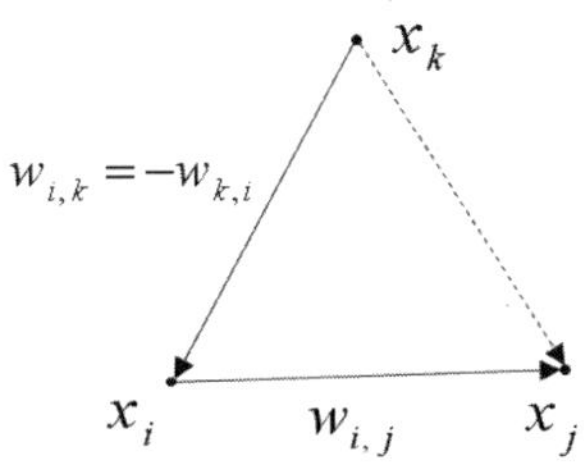

이 상품을 그림의 점선과 같이 x_k에서 x_j로 직접 수송하면,

$$d_{k,j} < d_{k,i} + d_{i,j} \quad \cdots ②$$

이므로, 비용 C가 더 적게 드는 수송계획으로 개량가능하다.

정확히 보이기 위해 위의 i, j, k에 대하여 $u = \min\{w_{i,j}, w_{k,i}\}$로 놓고,

$$w_{i,j}{}' = w_{i,j} - u, \quad w_{k,i}{}' = w_{k,i} - u$$
$$w_{k,j}{}' = w_{k,j} + u$$

로 정하자. 이때, 개량된 수송계획 C'는 ①을 만족하며,

$$\begin{aligned} C-C &= (|w_{i,j}|d_{i,j} + |w_{k,j}|d_{k,j} + |w_{k,i}|d_{k,i}) \\ &\quad - (|w_{i,j}{}'|d_{i,j} + |w_{k,j}{}'|d_{k,j} + |w_{k,i}{}'|d_{k,i}) \\ &= (w_{i,j} - w_{i,j}{}')d_{i,j} + (|w_{k,j}| - |w_{k,j}{}'|)d_{k,j} \\ &\quad + (w_{k,i} - w_{k,i}{}')d_{k,i} \\ &= u(d_{i,j} + d_{k,i}) + (|w_{k,j}| - |w_{k,j}{}'|)d_{k,j} \\ &> ud_{k,j} + (|w_{k,j}| - |w_{k,j}{}'|)d_{k,j} \quad (\because ②) \\ &= (u + |w_{k,j}| - |w_{k,j}{}'|)d_{k,j} \end{aligned}$$

여기서,

$$u + |w_{k,j}| - |w_{k,j}{}'| = \begin{cases} 2u \ (w_{k,j} \le -u < 0) \\ -2w_{k,j} \ (-u < w_{k,j} < 0) \\ 0 \ (w_{k,j} \ge 0) \end{cases}$$

이므로 $C - C' > 0$이다. $C > C'$이므로, C'가 더 나은 수송계획이다. ■

(2) 그림 1에서 그림 2와 같이 상품을 수송함에 있어, 비용 C를 최소화하는 수송계획을 만들면 된다.

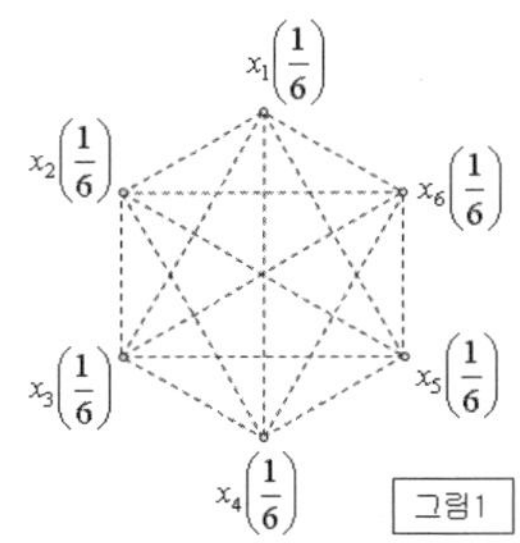

그림1

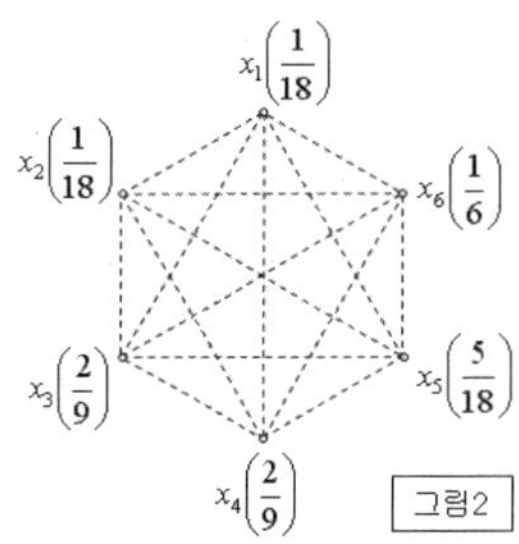

그림2

지점 x_i에 있어서의 상품의 과부족량은 순서대로 $\frac{1}{9}$, $\frac{1}{9}$, $-\frac{1}{18}$, $-\frac{1}{18}$, $-\frac{1}{9}$, 0이므로, x_6에 대해서는 상품을 수송하지 않는다.

$d_{1,5} < d_{2,5}$이므로 x_1에서 x_5로 $\frac{1}{9}$을 수송한다.

$d_{2,3} < d_{1,3}$, $d_{2,4} < d_{1,4}$이므로, x_2에서 x_3와 x_4에 각각 $\frac{1}{18}$씩 수송한다.

따라서, 비용 C를 최소로 하는 수송계획은

$$\begin{cases} w_{1,5} = \frac{1}{9},\ w_{5,1} = -\frac{1}{9},\ w_{2,3} = \frac{1}{18} \\ w_{3,2} = -\frac{1}{18},\ w_{2,4} = \frac{1}{18},\ w_{4,2} = -\frac{1}{18} \\ \text{그 외} = 0 \end{cases}$$

…(답) ■

1. 좌표평면 위에 점 P$(0,1)$을 중심으로 하는 반지름 1인 원 C가 있다. $0<a<1$를 만족하는 실수 a에 대하여, 직선 $y=a(x+1)$과 원 C의 교점을 Q, R이라 하자.

(1) $\triangle$PQR의 면적 $S(a)$를 구하여라.

(2) a가 $0<a<1$의 범위를 움직일 때, $S(a)$가 최대로 되는 a를 구하여라.

2. 실수 x에 대하여, $x-y$가 정수가 되게 하는 실수 $y\,(0\le y<1)$를 $\langle x\rangle$로 나타낸다. 실수 a에 대하여, 무한수열 $\{a_n\}$의 각항 $a_n\,(n=1,2,3,\cdots)$을 다음과 같이 순차적으로 정하자.

> (ⅰ) $a_1=\langle a\rangle$ (ⅱ) $\begin{cases} a_{n+1}=\left\langle \dfrac{1}{a_n}\right\rangle & (a_n\neq 0) \\ a_{n+1}=0 & (a_n=0)\end{cases}$

(1) $a=\sqrt{2}$일 경우, 수열 $\{a_n\}$을 구하여라.

(2) 임의의 자연수 n에 대하여 $a_n=a$가 성립하는 $\dfrac{1}{3}$ 이상인 실수 a를 모두 구하여라.

(3) a가 유리수라 하자. $a=\dfrac{p}{q}$(p: 정수, q: 자연수)로 표시될 때,
$n\ge q$인 모든 자연수 n에 대하여 $a_n=0$임을 보여라.

3. L을 양의 실수라 하자. 좌표평면의 x축 상의 양의 부분에 있는 점 P$(t,0)$에 대하여, 원점 O를 중심으로 점 P를 회전시킨 원주 위를, P에서 출발하여 반시계방향으로 거리 L만큼 이동한 점을 $Q(u(t),v(t))$로 표시하자.

(1) $u(t)$, $v(t)$를 구하여라.

(2) 실수 $a(0<a<1)$에 대하여, 적분 $f(a)=\displaystyle\int_a^1\sqrt{\{u'(t)\}^2+\{v'(t)\}^2}\,dt$를 구하여라.

(3) 극한 $\displaystyle\lim_{a\to+0}\frac{f(a)}{\ln a}$를 구하여라.

4. 좌표평면상의 한 점 P$\left(\dfrac{1}{2},\dfrac{1}{4}\right)$를 잡자. 포물선 $y=x^2$ 상의 두 점 Q(α,α^2), R(β,β^2)을, 세 점 P, Q, R이 이등변삼각형(변 QR이 밑변)을 이루도록 움직일 때, $\triangle$PQR의 무게중심 G(X,Y)의 궤적(자취)을 구하여라.

5. 양의 정수 p, q에 대하여, '(p,q)패턴'을 다음과 같이 정의한다.

> 조건 $-q\le b\le 0\le a\le p$, $b\le c\le a$를 만족하는 정수 a, b, c를 $[a,b:c]$의 형태로 나타낸 것을 (p,q)패턴이라고 하자. $[a,b:c]$가 (p,q)패턴일 때,
> $w([a,b:c])=p-q-(a+b)$로 정의하자. ((2), (3)번은 $p=q$인 경우를 생각한다.)

(1) (p,q)패턴 중, $w([a,b:c])=-q$인 것의 개수를 구하여라.
또, $w([a,b:c])=p$인 (p,q)패턴의 개수를 구하여라.
(2) s를 정수라 하자. (p,p)패턴 중, $w([a,b:c])=-p+s$인 것의 개수를 구하여라.
(3) (p,p)패턴의 총 개수를 구하여라.

6. (1) x, y는 실수이며 $x>0$이다. t를 변수로 하는
이차함수 $f(t)=xt^2+yt$의 $0\le t\le 1$에서의 최댓값과 최솟값의 차를 구하여라.
(2) 다음 조건을 만족하는 점(x,y) 전체가 이루는 좌표평면 상의 영역을 S라 하자.

> $x>0$이며, $0\le t\le 1$인 임의의 실수 t에 대하여
> $0\le xt^2+yt+z\le 1$를 만족하는 실수 z가 존재한다.

영역 S의 개형을 그려라.
(3) 다음 조건을 만족하는 점(x,y,z) 전체가 이루는 좌표공간 상의 영역을 V라 하자.

> $0\le x\le 1$이며, $0\le t\le 1$인 임의의 실수 t에 대하여 $0\le xt^2+yt+z\le 1$가 성립한다.

영역 V의 부피를 구하여라.

[문제 1]

(1) 그림과 같이 선분 QR의 중점을 M이라 하자. $\overline{PM}\perp\overline{QR}$이므로 점 P(0,1)에서 직선까지의 거리

$$\overline{PM}=\frac{|a\cdot 0-1+a|}{\sqrt{a^2+(-1)^2}}=\frac{1-a}{\sqrt{a^2+1}}\ (0<a<1)$$

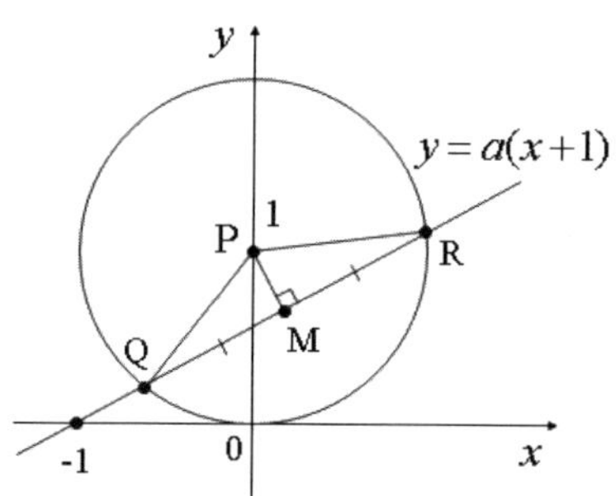

또, 피타고라스의 정리에 의하여

$$\overline{QM}=\sqrt{\overline{PQ}^2-\overline{PM}^2}=\sqrt{1-\left(\frac{1-a}{\sqrt{a^2+1}}\right)^2}=\sqrt{\frac{2a}{a^2+1}}$$

따라서, △PQR의 넓이 $S(a)$는

$$\overline{PM}\cdot\overline{QM}=\frac{\sqrt{2}(1-a)\sqrt{a}}{a^2+1}$$ …(답) ■

(2) (1)의 결과에서,

$$S'(a)=\sqrt{2}\cdot\frac{\left(\frac{1}{2\sqrt{a}}-\frac{3\sqrt{a}}{2}\right)(a^2+1)-(1-a)\sqrt{a}\cdot 2a}{(a^2+1)^2}$$

$$=\frac{(1-3a)(a^2+1)-4(1-a)a^2}{\sqrt{2}(a^2+1)^2\sqrt{a}}$$

$$=\frac{a^3-3a^2-3a+1}{\sqrt{2}(a^2+1)^2\sqrt{a}}$$

$$=\frac{(a+1)(a-2-\sqrt{3})(a-2+\sqrt{3})}{\sqrt{2}(a^2+1)^2\sqrt{a}}$$

여기서, $S(a)$의 증감표는 다음과 같다.

a	0	…	$2-\sqrt{3}$	…	1
S'		+	0	−	
S		↗	극대	↘	

따라서, $S(a)$가 최대로 되는 a는

$$a=2-\sqrt{3}$$ …(답) ■

[문제 2]

(1) $a=\sqrt{2}$이므로, $a_1=\langle\sqrt{2}\rangle=\sqrt{2}-1$

$$a_2=\left\langle\frac{1}{a_1}\right\rangle=\left\langle\frac{1}{\sqrt{2}-1}\right\rangle=\langle\sqrt{2}+1\rangle$$
$$=\langle 2+(\sqrt{2}-1)\rangle=\sqrt{2}-1=a_1$$

같은 방법으로, $a_{n+1}=a_n\,(n\ge 1)$이므로

$$a_n=\sqrt{2}-1\ (n\ge 1)\qquad\cdots(\text{답})\ ■$$

(2) 임의의 자연수 n에 대하여 $a_n=a$가 성립하기 위한 필요충분조건은 $a_2=a_1=a$

$$a_2=a_1=a\Leftrightarrow\left\langle\frac{1}{a_1}\right\rangle=a_1$$

$$\therefore\left\langle\frac{1}{a}\right\rangle=a\qquad\cdots\cdots①$$

$a\ge\frac{1}{3}$이며 $0\le a<1$이므로, $\frac{1}{3}\le a<1$

$1<\frac{1}{a}\le 3$이므로, $\frac{1}{a}$의 정수부분은 1, 2, 3 중 하나이다.

(i) $\frac{1}{a}$의 정수부분이 1인 경우

①에서 $\frac{1}{a}-1=a\Leftrightarrow a^2+a-1=0$

$$\therefore a=\frac{-1+\sqrt{5}}{2}\left(\because\ \frac{1}{3}\le a<1\right)$$

(ii) $\frac{1}{a}$의 정수부분이 2인 경우

①에서 $\frac{1}{a}-2=a\Leftrightarrow a^2+2a-1=0$

$$\therefore a=-1+\sqrt{2}\left(\because\ \frac{1}{3}\le a<1\right)$$

(iii) $\frac{1}{a}$의 정수부분이 3인 경우

$\left\langle\frac{1}{a}\right\rangle=0$이 되어, ①을 만족하지 않는다.

(i)~(iii)에 의하여,

$$a=\frac{-1+\sqrt{5}}{2},\ -1+\sqrt{2}\qquad\cdots(\text{답})\ ■$$

(3) 정수 p를 자연수 q로 나누었을 때의 몫을 k_1, 나머지를 r_1으로 놓으면

$$p=qk_1+r_1\ (0\le r_1<q)\qquad\cdots\cdots①$$
$$\therefore a=\frac{p}{q}=k_1+\frac{r_1}{q}\left(0\le\frac{r_1}{q}<1\right)$$

$r_1=0$인 경우, $a_1=\langle a\rangle=0$

$r_1\ne 0$인 경우, $a_1=\langle a\rangle=\frac{r_1}{q}$이므로

$$a_2=\left\langle\frac{1}{a_1}\right\rangle=\left\langle\frac{q}{r_1}\right\rangle$$

이제, q를 r_1으로 나눈 몫을 k_2, 나머지를 r_2로 놓으면

$$q=r_1k_2+r_2\ (0\le r_2<r_1)\qquad\cdots\cdots②$$
$$\therefore\frac{1}{a_1}=\frac{q}{r_1}=k_2+\frac{r_2}{r_1}\left(0\le\frac{r_2}{r_1}<1\right)$$

$r_2=0$인 경우, $a_2=\left\langle\frac{1}{a_1}\right\rangle=0$

$r_2\ne 0$인 경우, $a_2=\left\langle\frac{1}{a_1}\right\rangle=\frac{r_2}{r_1}$이므로

$$a_3=\left\langle\frac{1}{a_2}\right\rangle=\left\langle\frac{r_1}{r_2}\right\rangle$$

이제, r_1을 r_2로 나눈 몫을 k_3, 나머지를 r_3로 놓으면

$$r_1=r_2k_3+r_3\ (0\le r_3<r_2)\qquad\cdots\cdots③$$
$$\therefore\frac{1}{a_2}=\frac{r_1}{r_2}=k_3+\frac{r_3}{r_2}\left(0\le\frac{r_3}{r_2}<1\right)$$

$r_3=0$인 경우 $a_3=\left\langle\frac{1}{a_2}\right\rangle=0$

$r_3\ne 0$인 경우, $a_3=\left\langle\frac{1}{a_2}\right\rangle=\frac{r_3}{r_2}$

위와 같이 몫과 나머지를 계속 구해 나가면, ①~③에서 나머지 r_1, r_2, r_3, $\cdots$가

$$0\le\cdots<r_3<r_2<r_1<q$$

를 만족하는 단조감소하는 자연수열이므로 $r_i=0$인 자연수 $i\,(1\le i\le q)$가 반드시 존재한다.

0 이상 q 미만인 정수는 q개이다.

$r_i=0$이므로, $a_i=0$

$i \le q$이므로, q 이상의 모든 자연수 n에 대하여 $a_n=0$이다. ■

[참고] $a=\frac{8}{5}$인 경우

$$a=\frac{8}{5}=1+\frac{3}{5} \qquad \left(\because a_1=\frac{3}{5}\right)$$

$$=1+\cfrac{1}{\cfrac{5}{3}}=1+\cfrac{1}{1+\cfrac{2}{3}} \qquad \left(\because a_2=\frac{2}{3}\right)$$

$$=1+\cfrac{1}{1+\cfrac{1}{\cfrac{3}{2}}}=1+\cfrac{1}{1+\cfrac{1}{1+\cfrac{1}{2}}} \quad \left(\because a_3=\frac{1}{2}\right)$$

이므로

$$a_4=\left\langle \frac{1}{a_3}\right\rangle=\left\langle \frac{2}{1}\right\rangle=0$$

따라서, $a_n=0$ $(n \ge 5)$

[문제 3]

(1) $\overrightarrow{\mathrm{OQ}}$의 편각을 그림과 같이 θ로 놓으면

$L=t\theta$, $\theta=\frac{L}{t}$

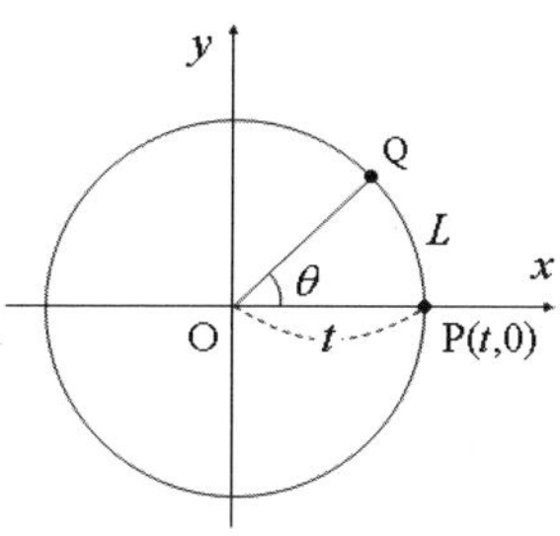

따라서,

$$\begin{cases} u(t)=t\cos\frac{L}{t} \\ v(t)=t\sin\frac{L}{t} \end{cases} \qquad \cdots(\text{답}) \ ■$$

(2) $u'(t)=1\cdot\cos\frac{L}{t}+t\left(-\sin\frac{L}{t}\right)\left(-\frac{L}{t^2}\right)$

$$=\cos\frac{L}{t}+\frac{L}{t}\sin\frac{L}{t}$$

$v'(t)=1\cdot\sin\frac{L}{t}+t\left(\cos\frac{L}{t}\right)\cdot\left(-\frac{L}{t^2}\right)$

$$=\sin\frac{L}{t}-\frac{L}{t}\cos\frac{L}{t}$$

$\{u'(t)\}^2+\{v'(t)\}^2=1+\frac{L^2}{t^2}$이므로,

$$f(a)=\int_a^1\sqrt{1+\frac{L^2}{t^2}}\,dt=\int_a^1\frac{\sqrt{t^2+L^2}}{t}\,dt$$

$u=\sqrt{t^2+L^2}$으로 치환하면

$u^2=t^2+L^2$에서 $u\,du=t\,dt$

$t=a$일 때 $u=\sqrt{a^2+L^2}$

$t=1$일 때 $u=\sqrt{1+L^2}$

계산상의 편의를 위해

$\alpha=\sqrt{a^2+L^2}$, $\beta=\sqrt{1+L^2}$로 놓자.

$$=\int_\alpha^\beta\frac{u}{t}\cdot\frac{u}{t}\,du=\int_\alpha^\beta\frac{u^2}{u^2-L^2}\,du$$

$$=\int_\alpha^\beta\left(1+\frac{L^2}{u^2-L^2}\right)du$$

$$=\int_\alpha^\beta\left(1+\frac{L}{2}\left(\frac{1}{u-L}-\frac{1}{u+L}\right)\right)du$$

$$=\left[u+\frac{L}{2}\ln\left|\frac{u-L}{u+L}\right|\right]_\alpha^\beta$$

$$=\beta-\alpha+\frac{L}{2}\ln\left|\frac{(\beta-L)(\alpha+L)}{(\beta+L)(\alpha-L)}\right|$$

$$=\sqrt{1+L^2}-\sqrt{a^2+L^2}+\frac{L}{2}\ln\left|\frac{(\sqrt{1+L^2}-L)(\sqrt{a^2+L^2}+L)}{(\sqrt{1+L^2}+L)(\sqrt{a^2+L^2}-L)}\right|$$

$$=\sqrt{1+L^2}-\sqrt{a^2+L^2}+\frac{L}{2}\ln\frac{(\sqrt{a^2+L^2}+L)^2}{(\sqrt{1+L^2}+L)^2\cdot a^2}$$

$$=\sqrt{1+L^2}-\sqrt{a^2+L^2}+L\ln\frac{\sqrt{a^2+L^2}+L}{\sqrt{1+L^2}+L}-L\ln a$$

$\cdots$(답) ■

(3) $\lim_{a\to+0} \ln a = -\infty$, $\lim_{a\to+0} \frac{\sqrt{a^2+L^2}}{\ln a} = 0$

$$\lim_{a\to+0} \ln \frac{\sqrt{a^2+L^2}+L}{\sqrt{1+L^2}+L} = \text{상수}$$

이므로, $\lim_{a\to+0} \frac{f(a)}{\ln a} = -L$ …(답) ■

[문제 4]

(1)

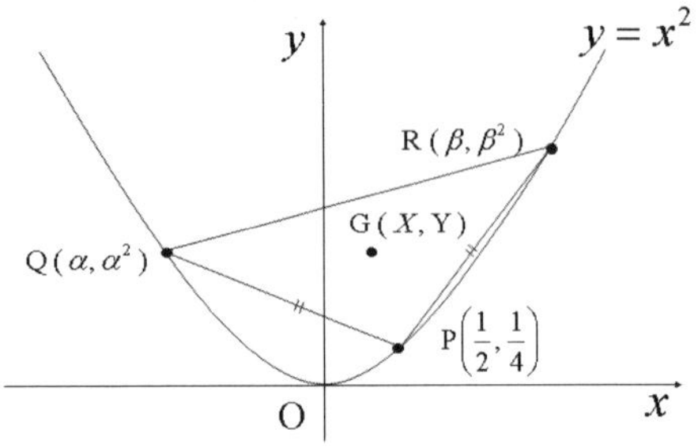

$X = \frac{1}{3}\left(\alpha+\beta+\frac{1}{2}\right)$, $Y = \frac{1}{3}\left(\alpha^2+\beta^2+\frac{1}{4}\right)$에서

$$\alpha+\beta = 3X - \frac{1}{2},\ \alpha^2+\beta^2 = 3Y - \frac{1}{4} \quad \cdots ①$$

$\overline{PQ} = \overline{PR}$ $(\alpha \neq \beta)$이므로

$$\left(\alpha-\frac{1}{2}\right)^2 + \left(\alpha^2-\frac{1}{4}\right)^2 = \left(\beta-\frac{1}{2}\right)^2 + \left(\beta^2-\frac{1}{4}\right)^2$$

$$\alpha^4 + \frac{\alpha^2}{2} - \alpha = \beta^4 + \frac{\beta^2}{2} - \beta$$

$$(\alpha-\beta)\left\{(\alpha+\beta)(\alpha^2+\beta^2) + \frac{1}{2}(\alpha+\beta) - 1\right\} = 0$$

$$(\alpha+\beta)(\alpha^2+\beta^2) + \frac{1}{2}(\alpha+\beta) - 1 = 0$$

①을 대입하면,

$$\left(3X-\frac{1}{2}\right)\left(3Y-\frac{1}{4}\right) + \frac{1}{2}\left(3X-\frac{1}{2}\right) - 1 = 0$$

$$\left(3X-\frac{1}{2}\right)\left(3Y+\frac{1}{4}\right) = 1$$

$$Y = \frac{1}{9\left(X-\frac{1}{6}\right)} - \frac{1}{12} \quad \cdots ②$$

---

②는 △PQR의 무게중심 G의 궤적을 구한 것으로, $X = \frac{1}{6}$, $Y = -\frac{1}{12}$을 준선으로 하는 쌍곡선이다. 무게중심 G는 포물선 $y = x^2$의 위쪽에 있어야 하므로, 구하는 궤적의 X의 범위는 $\frac{1}{6} < X < \frac{1}{2}$이다.

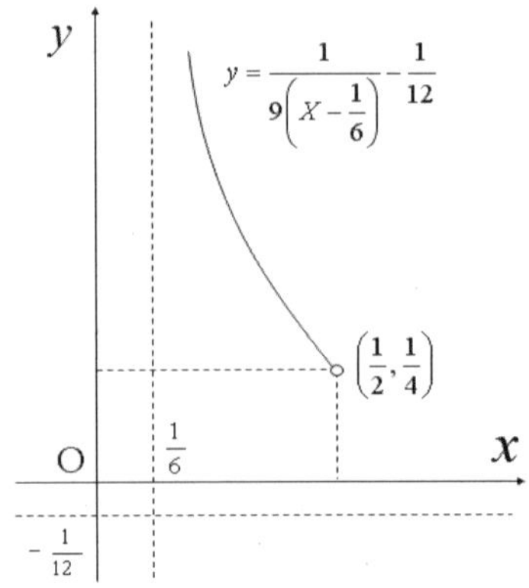

$$Y = \frac{1}{9\left(X-\frac{1}{6}\right)} - \frac{1}{12}\left(\frac{1}{6} < X < \frac{1}{2}\right)$$

…(답) ■

[문제 5] 먼저, 문제의 의미를 생각해보자.

> $-q \le b \le 0 \le a \le p$, $b \le c \le a$를 만족하는 정수 a, b, c를 $[a, b:c]$의 형태로 나타낸 것을 '(p, q)패턴' 이라고 한다.

예로, $(3, 2)$패턴을 생각해보자.

$-2 \le b \le 0 \le a \le 3$, $b \le c \le a$를 만족하는 $[a, b:c]$를 찾으면 된다.

$a=2$, $b=-1$인 경우,

$[2,-1:-1], [2,-1:0], [2,-1:1], [2,-1:2]$

$a=1$, $b=-1$인 경우,

$[1,-1:-1]$, $[1,-1:0]$, $[1,-1:1]$

(1) $\begin{cases} -q \le b \le 0 \le a \le p & \cdots\cdots ① \\ b \le c \le a & \cdots\cdots ② \\ w([a, b:c]) = p - q - (a+b) & \cdots\cdots ③ \end{cases}$

$w([a, b:c]) = p - q - (a+b) = -q$에서

$$\therefore\ a+b = p$$

$b \le 0 \le a \le p$이므로 $a = p$, $b = 0$

따라서, 구하는 (p, q)패턴은

$$[p, 0:0],\ [p, 0:1],\ \cdots,\ [p, 0:p]$$

이므로, 구하는 개수는 $p+1$ …(답) ■

$w([a,b:c])=p-q-(a+b)=p$에서

$$\therefore\ a+b=-q$$

$-q\le b\le 0\le a$이므로 $a=0,\ b=-q$

따라서, 구하는 (p,q)패턴은

$[0,-q:-q],\ [0,-q:-q+1],\ \cdots,\ [0,-q:0]$

이므로, 구하는 개수는 $q+1$ …(답) ■

(2) (p,p)패턴만 고려하므로

$$w([a,b:c])=p-p-(a+b)=-p+s$$

에서, $a+b=p-s$ … ④

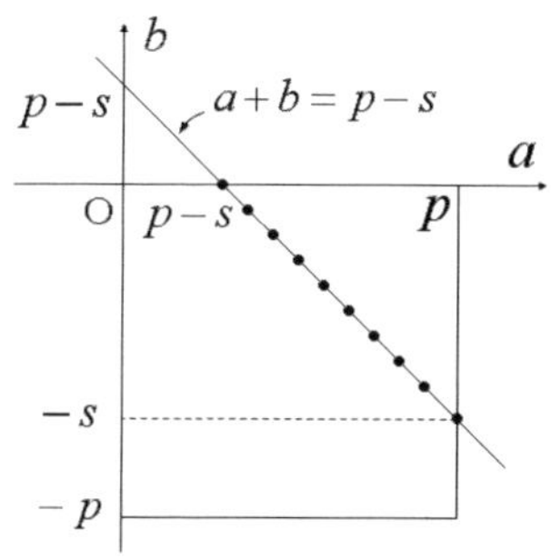

직선 ④의 b절편이 $p-s$이므로, ①과 위의 그림에서 $-p\le p-s\le p$ $\therefore\ 0\le s\le 2p$

(ⅰ) $0\le p-s\le p(\because 0\le s\le p)$인 경우

위 그림에서 (a,b)는 다음과 같이 $(s+1)$개 가능하다.

$(a,b)=(p-s,0),(p-s+1,-1),\cdots,\ (p,-s)$

각각의 (a,b)에 대하여 $b\le c\le a$을 만족하는 c는 $(a-b+1)$개 이므로, 구하는 개수는

$(p-s+1)+(p-s+3)+\ \cdots\ +(p+s+1)$

$=\dfrac{(s+1)\text{개}\{(p-s+1)+(p+s+1)\}}{2}$

$=(p+1)(s+1)$

(ⅱ) $-p\le p-s<0(\because p<s\le 2p)$인 경우

$(a,b)=(0,p-s),(1,p-s-1),\cdots,(2p-s,-p)$로 $(2p-s+1)$개 가능하다. ($\because$ 아래 그림)

따라서, 구하는 개수는

$(-p+s+1)+(-p+s+3)+\cdots+(3p-s+1)$

$=\dfrac{(2p-s+1)\text{개}\{(-p+s+1)+(3p-s+1)\}}{2}$

$=(p+1)(2p-s+1)$

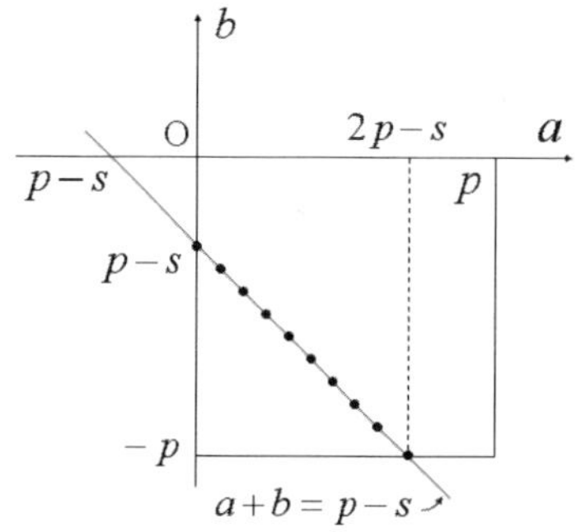

이상에서, 구하는 개수를 $f(s)$로 놓으면

$$f(s)=\begin{cases}(p+1)(s+1) & (0\le s\le p)\\ (p+1)(2p-s+1) & (p<s\le 2p)\\ 0 & (s<0,\ s>2p)\end{cases}$$

…(답) ■

[참고] (ⅰ)에서 $(a,b)=(p-s,0)$인 경우 조건을 만족하는 (p,p)패턴은 다음과 같이 $(p-s+1)$개다.

$[p-s,0:0],[p-s,0:1],\cdots,\ [p-s,0:p-s]$

(3) (p,p)패턴의 총 개수는 (2)에 의하여

$$\sum_{s=0}^{2p}f(s)=\sum_{s=0}^{p}(p+1)(s+1)+\sum_{s=p+1}^{2p}(p+1)(2p-s+1)$$

$t=s-(p+1)$로 치환

$$=\sum_{s=0}^{p}(p+1)(s+1)+\sum_{t=0}^{p-1}(p+1)(p-t)$$

$$=(p+1)^2+\sum_{s=0}^{p-1}(p+1)(s+1)+\sum_{s=0}^{p-1}(p+1)(p-s)$$

$$=(p+1)^2+\sum_{s=0}^{p-1}(p+1)\{(s+1)+(p-s)\}$$

$$=(p+1)^2+\sum_{s=0}^{p-1}(p+1)^2$$

$=(p+1)^3$ …(답) ■

[문제 6]

(1) $f(t)=xt^2+yt=x\left(t+\frac{y}{2x}\right)^2-\frac{y^2}{4x}\ (x>0)$

이므로, $u=f(t)$의 그래프는 대칭축의 위치에 따라 다음 그림과 같다.

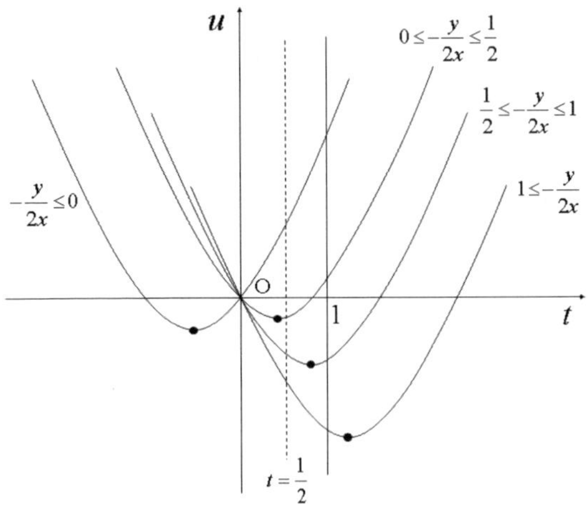

이제, $0<t<1$에서의 $f(t)$의 최댓값을 M, 최솟값을 m으로 놓자.

(i) $-\frac{y}{2x}\le 0\ (\because y\ge 0)$일 때

$$M-m=f(1)-f(0)=x+y$$

(ii) $0\le -\frac{y}{2x}\le\frac{1}{2}\ (\because -x\le y\le 0)$일 때

$$M-m=f(1)-f\left(-\frac{y}{2x}\right)=x+y+\frac{y^2}{4x}$$

(iii) $\frac{1}{2}\le -\frac{y}{2x}\le 1\ (\because -2x\le y\le -x)$일 때

$$M-m=f(0)-f\left(-\frac{y}{2x}\right)=\frac{y^2}{4x}$$

(iv) $1\le -\frac{y}{2x}\ (\because y\le -2x)$일 때

$$M-m=f(0)-f(1)=-(x+y)$$

(i)~(iv)에 의하여, $x>0$에 대하여

$$M-m=\begin{cases} x+y & (y\ge 0)\\ x+y+\frac{y^2}{4x} & (-x\le y\le 0)\\ \frac{y^2}{4x} & (-2x\le y\le -x)\\ -(x+y) & (y\le -2x)\end{cases}$$

…(답) ■

(2) $0\le t\le 1$인 임의의 실수 t에 대하여

$$0\le xt^2+yt+z\le 1 \Leftrightarrow 0\le f(t)+z\le 1$$
$$\Leftrightarrow -z\le f(t)\le 1-z$$

를 만족하는 실수 z가 존재한다는 것은, $x(>0)$와 y를 적당히 택했을 때 그 (x,y)에 대하여 조건을 만족하는 실수 z가 존재한다는 것을 의미한다.

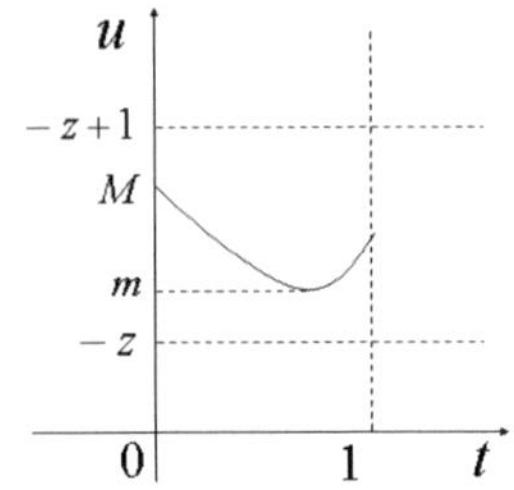

$0\le t\le 1$인 임의의 실수 t에 대하여

$$-z\le f(t)\le 1-z$$

인 z가 존재하려면 그림과 같이, 주어진 (x,y)에 대하여 $M-m\le 1$이어야 한다.

($0\le t\le 1$, $f(t)$의 최댓값 M, 최솟값 m)

(1)번에서 $x>0$인 조건하에 $M-m$을

$y\ge 0$, $-x\le y\le 0$,

$-2x\le y\le -x$, $y\le -2x$

의 네 영역으로 나누어 구하였다. 이 네 영역을 그림과 같이 A, B, C, D라 하자.

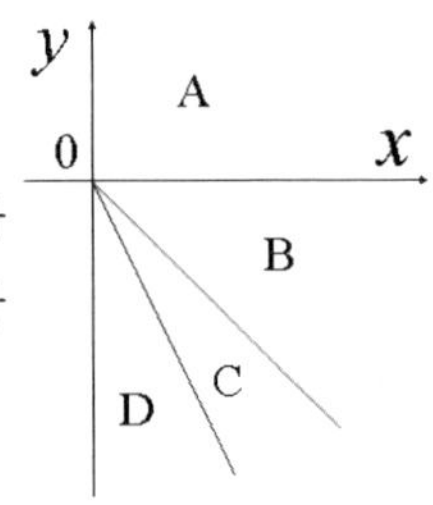

이제 이 네 영역 각각에 대하여 $M-m\le 1$인 조건을 (1)의 결과에 따라 구하면,

(i) $y\ge 0$인 경우 (A영역)

$$x+y\le 1 \qquad \therefore 0\le y\le -x+1$$

(ii) $-x\le y\le 0$인 경우 (B영역)

$$x+y+\frac{y^2}{4x}\le 1,\ (y+2x)^2\le 4x$$
$$\therefore -x\le y\le 2\sqrt{x}-2x$$

(iii) $-2x\le y\le -x$인 경우 (C영역)

$$\frac{y^2}{4x}\le 1 \qquad \therefore -2\sqrt{x}\le y\le -x$$

(iv) $y\le -2x$인 경우 (D영역)

$$-(x+y)\le 1 \qquad \therefore -x-1\le y\le -2x$$

(i)~(iv)에 의하여 구하는 S의 영역은 다음과 같다. (단, $x>0$)

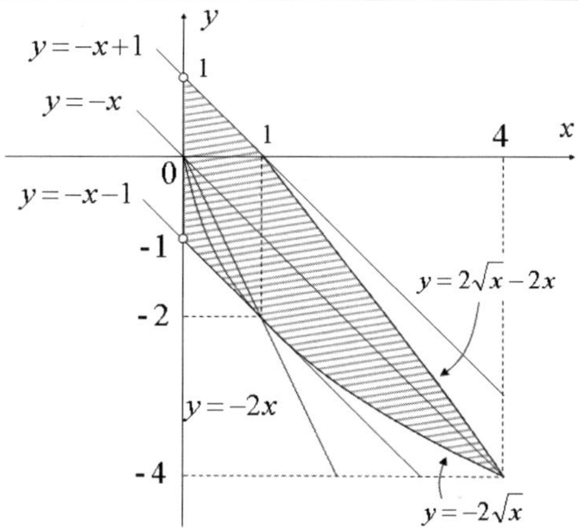

…(답) ■

(3) $0 \le x \le 1$, y에 대하여

$0 \le xt^2+yt+z \le 1 \Leftrightarrow 0 \le f(t)+z \le 1$

$\Leftrightarrow -f(t) \le z \le 1-f(t)$

가 $0 \le t \le 1$인 임의의 실수 t에 대하여 성립하면, $-m \le z \le 1-M$

> $0 \le t \le 1$에서 $m \le f(t) \le M$이므로
> $-M \le -f(t) \le \underline{-m}$,
> $\underline{1-M} \le 1-f(t) \le 1-m$
> $0 \le t \le 1$에서 $-f(t) \le z \le 1-f(t)$가 성립하려면, $-m \le z \le 1-M$

> (예) $f(x)=x^2$인 경우, 모든 $x \in [0,1]$에 대하여 $f(x) \le z \le f(x)+10$을 만족하는 z의 범위는 $1 \le z \le 10$이다.

$0 \le x \le 1$이므로, $x=k\,(0<k\le 1)$로 고정하여 생각하면,

$$f(t)=kt^2+yt=k\left(t+\frac{y}{2k}\right)^2-\frac{y^2}{4k}$$

은 꼭짓점의 좌표가 $\left(-\frac{y}{2k}, -\frac{y^2}{4k}\right)$인 포물선이 된다.

먼저, $1-M$을 구해보면,

(ⅰ) $-\frac{y}{2k} \le \frac{1}{2}$ $(\because y \ge -k)$인 경우

최댓값 $M=f(1)=k\times 1^2+y\times 1=k+y$

$\therefore 1-M=1-(k+y)$

(ⅱ) $-\frac{y}{2k} \ge \frac{1}{2}$ $(y \le -k)$인 경우

최댓값 $M=f(0)=0 \quad \therefore 1-M=1$

이제 $-m$을 구해보면,

(ⅲ) $-\frac{y}{2k} \le 0$ $(y \ge 0)$인 경우

최솟값 $m=f(0)=0 \quad \therefore -m=0$

(ⅳ) $0 \le -\frac{y}{2k} \le 1$ $(-2k \le y \le 0)$인 경우

최솟값 $m=$꼭짓점의 y좌표

$=-\frac{y^2}{4k} \qquad \therefore -m=\frac{y^2}{4k}$

(ⅴ) $-\frac{y}{2k} \ge 1$ $(y \le -2k)$인 경우

최솟값 $m=f(1)=k+y$

$\therefore -m=-(k+y)$

(ⅰ)~(ⅴ)에 의하여, $x=k\,(0<k\le 1)$, y에 대하여 $-m \le z \le 1-M$

$$=\begin{cases} -(k+y) \le z \le 1 & (y \le -2k) \\ \frac{y^2}{4k} \le z \le 1 & (-2k \le y \le -k) \\ \frac{y^2}{4k} \le z \le 1-(k+y) & (-k \le y \le 0) \\ 0 \le z \le 1-(k+y) & (y \ge 0) \end{cases}$$

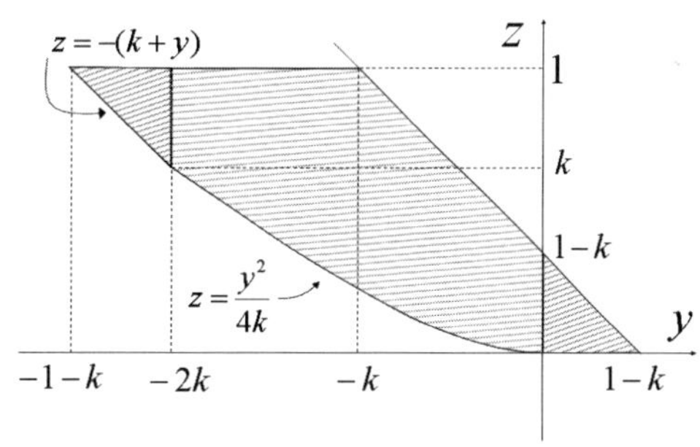

따라서, 구하는 영역 V를 평면 $x=k$로 자른 단면은 위 그림과 같이 되며, 그 면적 $D(k)$를 좌에서 우로 구하면

$$\frac{(1-k)^2}{2}+\int_{-2k}^{0}\left(1-\frac{y^2}{4k}\right)dy-\frac{k^2}{2}+\frac{(1-k)^2}{2}$$

$$=(1-k)^2+\left[y-\frac{y^3}{12k}\right]_{-2k}^{0}-\frac{k^2}{2}=1-\frac{k^2}{6}$$

따라서 구하는 영역 V의 부피는

$$\int_0^1 D(k)dk=\int_0^1\left(1-\frac{k^2}{6}\right)dk$$

$$=\left[k-\frac{k^3}{18}\right]_0^1=\frac{17}{18}$$

…(답) ■

〈 2011年 前期 - 文科 〉 時間 : 100分

1. x의 3차함수 $f(x)=ax^3+bx^2+cx+d$가 세 조건 $\int_{-1}^{1}(bx^2+cx+d)\,dx=1$, $f(1)=1$, $f(-1)=-1$을 모두 만족한다고 하자. 이러한 $f(x)$ 중에서 정적분 $I=\int_{-1}^{\frac{1}{2}}\{f''(x)\}^2dx$를 최소로 하는 것을 구하고, 그때의 I의 값을 구하여라. 단, $f''(x)$는 $f'(x)$의 도함수이다.

2. 理科 2번의 (1), (2)번과 같음.

3. 양의 정수 p, q에 대하여, '(p,q)패턴'을 다음과 같이 정의한다.
조건 $-q\le b\le 0\le a\le p$, $b\le c\le a$를 만족하는 정수 a, b, c를 $[a,b:c]$의 형태로 나타낸 것을 (p,q)패턴이라고 하자. $[a,b:c]$가 (p,q)패턴일 때, $w([a,b:c])=p-q-(a+b)$로 정의하자.
((2)번은 $p=q$인 경우를 생각한다.)
(1) (p,q)패턴 중, $w([a,b:c])=-q$인 것의 개수를 구하여라.
또, $w([a,b:c])=p$인 (p,q)패턴의 개수를 구하여라.
(2) s를 p 이하의 정수라 하자.
(p,p)패턴 중, $w([a,b:c])=-p+s$인 것의 개수를 구하여라.

4. 理科 4번과 같음.

[문제 1] $f(x)=ax^3+bx^2+cx+d$에서

$$\begin{cases} f(1)=a+b+c+d=1 \\ f(-1)=-a+b-c+d=-1 \end{cases}$$

두 식을 더하면 $b+d=0$ … ①

$a+b+c+d=1$에 대입하면, $c=1-a$

$\int_{-1}^{1}(bx^2+cx+d)\,dx=1$에서

$$2\int_{0}^{1}(bx^2+d)dx=2\left(\frac{b}{3}+d\right)=1 \quad \cdots ②$$

①, ②에서 $b=-\frac{3}{4}$, $d=\frac{3}{4}$

$$\therefore f(x)=ax^3+bx^2+cx+d$$
$$=ax^3-\frac{3}{4}x^2-(a-1)x+\frac{3}{4}$$

$$f'(x)=3ax^2-\frac{3}{2}x-(a-1)$$

$$f''(x)=6ax-\frac{3}{2}$$

$$\therefore I=\int_{-1}^{\frac{1}{2}}\{f''(x)\}^2dx=\int_{-1}^{\frac{1}{2}}\left(6ax-\frac{3}{2}\right)^2dx$$

$$=\int_{-1}^{\frac{1}{2}}\left(36a^2x^2-18ax+\frac{9}{4}\right)dx$$

$$=\left[12a^2x^3-9ax^2+\frac{9}{4}x\right]_{-1}^{\frac{1}{2}}$$

$$=\frac{27}{2}a^2+\frac{27}{4}a+\frac{27}{8}$$

$$=\frac{27}{2}\left(a+\frac{1}{4}\right)^2+\frac{81}{32}$$

따라서, $a=-\frac{1}{4}$일 때 I는 최소이다.

$$\therefore \begin{cases} f(x)=-\frac{1}{4}x^3-\frac{3}{4}x^2+\frac{5}{4}x+\frac{3}{4} \\ (I\text{의 최솟값})=\frac{81}{32} \end{cases}$$

…(답) ∎

[문제 3]

(1) 이과 5번의 (1)과 같음.

(2) $s\le p$이므로, 이과 5번 (2)의 (ⅰ)을 참조하여 구하는 개수를 $f(s)$라 하면

$$f(s)=\begin{cases} 0 & (s<0) \\ (p+1)(s+1) & (0\le s\le p) \end{cases}$$

…(답) ∎

〈 2011年 後期 – 理科1類 〉 時間 : 120分

1. 상업활동의 의사결정에 있어서 어떻게 하는 것이 최적인가에 대하여, 수학을 이용하여 생각해 보자.

(A) 어느 상점가에 튀김집 X, Y, Z가 있으며, 모두 고구마튀김을 팔고 있다. 세 튀김집은 같은 양의 고구마튀김을 주문해도 조리시간이 서로 다르며, 주문하는 양이 많으면 시간이 더 걸린다. X, Y, Z에 주문한 양을 각각 x, y, z[kg]이라 하고, 조리시간을 각각 s, t, u[분]이라고 하면, $s=4+\frac{2}{3}x\ (x>0)$, $t=6+\frac{1}{3}y\ (y>0)$, $u=7+z\ (z>0)$의 관계가 성립한다. 또, $x=0$일 때 $s=0$, $y=0$일 때 $t=0$, $z=0$일 때 $u=0$이다.
지금, 철수는 고구마튀김을 총 a[kg] 주문하고자 한다. 단, a는 양의 실수이다. 철수는 여러 가게에 나누어서 동시에 주문해도 되며, 이때는 주문한 가게들이 필요로 하는 조리시간의 최댓값이 철수가 기다리는 시간 T가 된다. 또한 한 가게에만 주문하는 경우에는, 그 가게에서 필요로 하는 조리시간이 철수가 기다리는 시간 T가 된다.
철수가 기다리는 시간 T를 가능한 짧게 하기 위해서는, 전체 주문량 a를 각각의 가게에 어떻게 나누어 주문하면 좋은가를 생각해야 한다. 물론, 이때 주문하지 않는 가게가 있어도 된다. 또한, 여러 가게에 나누어 주문할 경우, 기다리는 시간을 가장 짧게 하려면, 주문한 각각의 가게에서 필요로 하는 조리시간이 모두 같아야 함을 알 수 있다. 이유는, 만약 주문받은 가게 중 조리시간이 다른 곳이 있다면, 조리시간이 가장 긴 가게의 주문량의 일부를 조리시간이 짧은 가게에 나누어주어 전체 기다리는 시간을 더 짧게 만드는 것이 가능하기 때문이다. 문제해결에 이 사실을 이용해도 되며, 아래 문제들은 모두 철수가 기다리는 시간 T를 가능한 짧게 하기 위한 것이다.

(1) 먼저, 가게 Z가 휴업중이며, X, Y 두 곳만 주문 가능한 경우를 생각해보자. 이때, 주문량의 합계 a가 2인 경우와 6인 경우 각각에 대하여, 가게 X, Y에의 주문량 x, y 및 철수가 기다리는 시간 T를 구하시오.
(2) (1)번과 같이, 주문 가능한 가게가 X, Y 두 곳으로 한정되어 있다. 이때, $y>0$으로 하는 a의 범위를 구하시오.
(3) 이번에는, 가게 X, Y, Z가 모두 영업 중이며, 세 곳 모두 주문 가능한 상황을 생각해보자. 이때, 철수의 기다리는 시간 T를 a를 이용하여 나타내어라.

(B) 어느 마을에 직선형태의 도로가 있으며, 그 도로에 연하여 1[km] 구간에 사람들이 균등한 간격으로 살고 있다. 이 구간에 몇 개의 편의점을 만들려고 한다. 주민은 하루에 1회 자신의 집에서 가장 가까운 편의점에 간다. 각각의 편의점은 자신의 가게에 오는 손님의 수가 가능한 많게 되도록 위치를 정한다. 위와 같은 상황을 수학적으로 표현하기 위해, 손님이 구간 $[0,1]$상에 균등하게 분포하고 있으며, 편의점을 세우는 위치는 $[0,1]$상의 한 점으로 나타내는 것으로 하자. 문제를 분석하기 쉽게 하기 위하여, 여러 편의점이 같은 장소에 세워지는 것도 가능하다고 하자. 이 경우는, 그 장소에 오는 손님을 각각의 편의점이 등분하는 것으로 한다. 예를 들어, 세 편의점 X, Y, Z의 위치 x, y, $z\,(0\le x,y,z\le 1)$에 대하여, $x=y<z$가 성립한다고 하면, 각 편의점의 손님의 비율은 $\mathrm{X}:\mathrm{Y}:\mathrm{Z}=\left(\frac{1}{2}\cdot\frac{x+z}{2}\right):\left(\frac{1}{2}\cdot\frac{x+z}{2}\right):\left(1-\frac{x+z}{2}\right)$이다.

(1) 편의점이 X, Y 두 군데인 경우를 생각해보자. 각각의 위치를 x, y라 하자.

(ⅰ) 처음에 $x<y$인 경우, Y의 위치를 변화시키지 않고, X만 적절하게 위치를 바꾸어, X의 손님의 수를 증가시킬 수 있음을 보이시오.

(ⅱ) 처음에 $x=y\neq\frac{1}{2}$인 경우, Y의 위치를 변화시키지 않고, X만 적절하게 위치를 바꾸어, X의 손님의 수를 증가시킬 수 있음을 보이시오.

(ⅲ) 처음에 $x=y=\frac{1}{2}$인 경우, X와 Y 어느 쪽도, 다른 편의점의 위치를 바꾸지 않고는 자신의 위치를 아무리 바꾸어도 손님의 수가 증가하지 않음을 보이시오.

위의 (ⅲ)과 같은 상황(즉, 어떠한 편의점도 다른 편의점의 위치를 바꾸지 않고는, 자신의 위치를 아무리 바꾸어도 자신의 가게에 오는 손님의 수가 증가하지 않는 상황)을 '균형'이라고 한다. 편의점이 세 곳 이상인 경우도 같다.

(2) 편의점이 X, Y, Z 세 곳이며, 각각의 위치가 x, y, z인 경우를 생각해보자.

(ⅰ) 처음에 $x<y\leq z$인 경우, '균형'이 아님을 보이시오.

(ⅱ) 처음에 $x=y=z$인 경우, '균형'이 아님을 보이시오.

(3) 편의점이 네 곳인 경우를 생각해 보자. '균형'인 상황이 존재하는가? 만약, '균형'인 상태가 존재한다면, 각각의 편의점의 위치는 어떻게 될 것인가? 이유를 설명하시오.

2. 이번에는, 비율과 확률에 관계된 문제에 대하여 생각해보자.

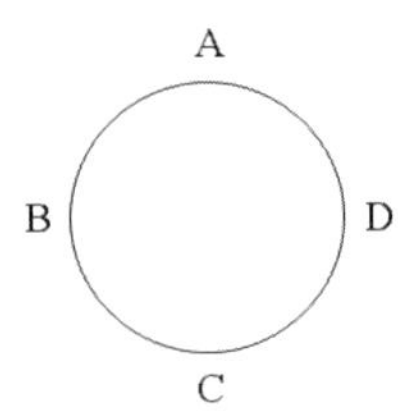

(A) A, B, C, D 네 명이 그림과 같이 원탁에 앉아 있으며, 각각 금덩어리를 a, b, c, d[kg] 가지고 있다. 단, a, b, c, d는 양의 상수이다. 이제, 네 명이 각각 자신의 금덩어리 중 p의 비율만큼 오른쪽 옆 사람에게 주고, q의 비율만큼 왼쪽 옆 사람에게 주어, 자신은 $(1-p-q)$의 비율만큼만 남겨 갖는 조작을 동시에 실시한다. 예를 들어, A의 오른쪽 옆사람은 B, A의 왼쪽 옆 사람은 D이다. 여기서 p와 q는 $0\leq p\leq 1$, $0\leq q\leq 1$, $p+q\leq 1$를 만족하는 상수이다. 이런 조작을 여러 번 실시하여, 맨 처음부터 횟수를 세어 n번째 $(n=1,2,3,\cdots)$의 조작을 종료한 시점에서 A, B, C, D가 가지고 있는 금덩어리의 양을 각각 a_n, b_n, c_n, d_n [kg]이라 하자. 단, $a_0=a$, $b_0=b$, $c_0=c$, $d_0=d$로 놓는다. 또한, 금덩어리는 주어진 비율만큼 몇 번이고 나눌 수 있는 것으로 한다.

(1) a_{n+1}, b_{n+1}, c_{n+1}, d_{n+1}을 a_n, b_n, c_n, d_n을 이용하여 나타내시오.

(2) $X_n=a_n+b_n+c_n+d_n\ (n=1,2,3,\cdots)$은 n에 상관없이 일정함을 보이시오.

(3) $Y_n=a_n+c_n-b_n-d_n\ (n=1,2,3,\cdots)$으로 놓자. Y_{n+1}을 Y_n을 이용하여 나타내시오.

(4) a, b, c, d를 어떻게 선택해도 수열 $\{a_n+c_n\}$이 반드시 수렴하기 위한, p와 q에 관한 필요충분조건을 구하시오. 또, 이때의 극한값을 a, b, c, d를 이용하여 나타내시오.

(5) $Z_n=(a_n-c_n)^2+(b_n-d_n)^2\ (n=1,2,3,\cdots)$으로 놓자.
이때, 어떤 상수 K가 존재하여 $Z_{n+1}=KZ_n$으로 된다. 상수 K를 구하시오.

(6) a, b, c, d를 어떻게 선택해도 수열 $\{Z_n\}$은 반드시 수렴함을 보이시오.
또, 이때의 극한값을 a, b, c, d를 이용하여 나타내시오.

(7) a, b, c, d를 어떻게 선택해도 네 수열 $\{a_n\}$, $\{b_n\}$, $\{c_n\}$, $\{d_n\}$이 모두 반드시 수렴하기 위한, p와 q에 관한 필요충분조건을 구하시오. 또한, 이때의 수열 $\{a_n\}$의 극한값을 a, b, c, d를 이용하여 나타내시오.

(B) 발전소에서 몇 개의 도시에 전기를 보내는 '송전망(送電網)'에 대하여 생각해보자. 각 지점을 연결하는 송전선은, 경우에 따라 여러 가지 이유에 의하여 절단되어 전기를 보낼 수 없는 경우도 있다.

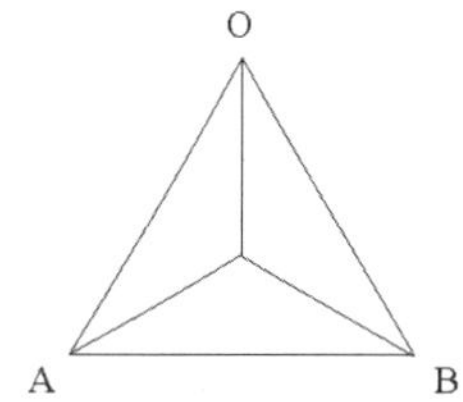

(1) 그림과 같이, 지점 O에 발전소가 있으며, A, B 두 도시가 있다. 송전망을 수학적으로 단순화하여 그림과 같이 6개의 송전선으로 이루어져 있다고 하자. (그림의 선 하나가 송전선 하나를 표시한다.) 각각의 송전선은 전기가 통할 확률이 p, 절단되어 전기가 통하지 않을 확률이 q이며, 서로 독립이다. 단, $p,\ q>0$이며 $p+q=1$이다.
이때, 발전소 O에서 송전하여 A에 전기가 통할 확률을 α, A와 B 모두에 전기가 통할 확률을 β라 하자. α를 p, q를 이용하여 나타내시오.
(β는 구할 필요 없음.)

(2) 이번에는 그림과 같이, (1)번의 그림을 세 개 붙여서 만든 송전망을 생각해 보자. 이때, 발전소 O에서 송전하여 C에 전기가 통할 확률을, (1)번에서 정의한 α와 β를 이용하여 나타내시오.

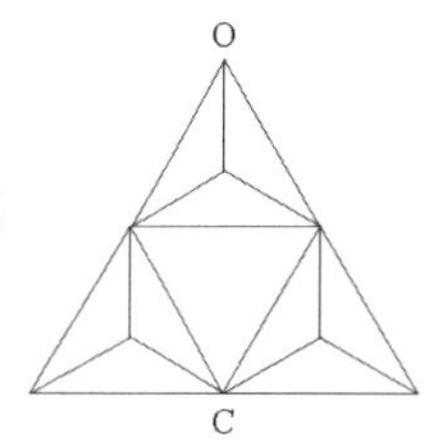

[문제 1] (A)

$$s=\begin{cases}4+\dfrac{2}{3}x & (x>0)\\ 0 & (x=0)\end{cases} \quad \cdots ①$$

$$t=\begin{cases}6+\dfrac{1}{3}y & (y>0)\\ 0 & (y=0)\end{cases} \quad \cdots ②$$

$$u=\begin{cases}7+z & (z>0)\\ 0 & (z=0)\end{cases} \quad \cdots ③$$

위 식에서, X에 주문하면 적어도 4분, Y에 주문하면 적어도 6분, Z에 주문하면 적어도 7분을 초과하여 기다려야 함을 알 수 있다.

(1) (ⅰ) $a=2$인 경우
X에만 주문하는 경우, ①에 의하여

$$s=4+\frac{2}{3}\cdot 2=\frac{16}{3}$$

Y에만 주문하는 경우, ②에 의하여

$$t>6>\frac{16}{3}$$

따라서, $x=2$, $y=0$, $T=\dfrac{16}{3}$ …(답) ■

(ⅱ) $a=6$인 경우
X에만 주문하는 경우, ①에 의하여

$$s=4+\frac{2}{3}\cdot 6=8$$

Y에만 주문하는 경우, ②에 의하여

$$t=6+\frac{1}{3}\cdot 6=8$$

이제, X와 Y에서 소요되는 조리시간이 같게 해보면, ①과 ②에서

$$4+\frac{2}{3}x=6+\frac{1}{3}y,\quad x+y=6$$

$$\therefore\ x=4,\ s=t=\frac{20}{3}<8$$

따라서, $x=4$, $y=2$, $T=\dfrac{20}{3}$ …(답) ■

(2) $y>0$으로 되기 위한 조건은, X에만 주문하였을 때 대기시간이 6분을 초과하는 것이다. ①에서,

$$s=4+\frac{2}{3}a>6 \qquad \therefore\ a>3 \quad \cdots(\text{답})\ ■$$

(3) 먼저, $T \le 6$으로 되는 것은 X에만 주문하는 경우로, ①에서

$$T=4+\frac{2}{3}a \le 6 \qquad \therefore\ 0<a\le 3$$

를 만족하는 경우이다.

$6<T\le 7$로 되는 것은 X, Y에 주문하여 각각의 가게에서 조리에 소요되는 시간이 같아야 한다. ①, ②에서

$$T=4+\frac{2}{3}x=6+\frac{1}{3}y\le 7,\ \ x+y=a$$

를 만족하는 경우이다.

즉, $x=2+\frac{a}{3}$,

$$T=4+\frac{2}{3}\left(2+\frac{a}{3}\right)=\frac{16}{3}+\frac{2}{9}a \le 7$$

$$\therefore\ 3<a\le\frac{15}{2}$$

$T>7$로 되는 것은, X, Y, Z에 주문하여 각각의 가게에서 조리에 소요되는 시간이 같아야 한다. ①, ②, ③에서 $x+y+z=a$,

$$T=4+\frac{2}{3}x=6+\frac{1}{3}y=7+z>7$$

을 만족하는 경우이다.

즉, $x=\frac{27}{11}+\frac{3}{11}a$,

$$T=4+\frac{2}{3}\left(\frac{27}{11}+\frac{3}{11}a\right)=\frac{62}{11}+\frac{2}{11}a>7$$

$$\therefore\ a>\frac{15}{2}$$

위 내용을 종합하면,

$$T=\begin{cases}4+\frac{2}{3}a & (0<a\le 3)\\ \frac{16}{3}+\frac{2}{9}a & \left(3<a\le\frac{15}{2}\right)\\ \frac{62}{11}+\frac{2}{11}a & \left(a>\frac{15}{2}\right)\end{cases} \quad \cdots(\text{답})$$ ■

[문제 1]

(B) (1)

(ⅰ) $x<y$인 경우,

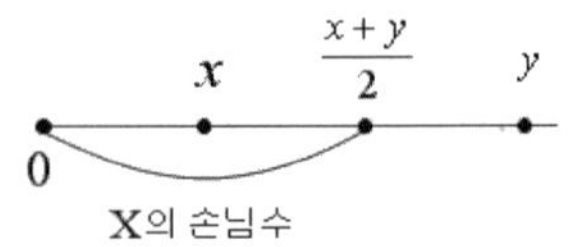

X의 손님수는 $\frac{x+y}{2}$이며, y를 고정하면 이 함수는 x에 대하여 단조증가이다. 따라서, $x<y$를 만족시키면서 x를 점점 크게 하면, X의 손님수는 증가한다. ■

(ⅱ) $x=y\ne\frac{1}{2}$인 경우

X와 Y는 같은 장소에 있으므로 전체 손님을 반씩 나누어, X의 손님수는 $\frac{1}{2}$이다.

(가) 최초의 위치가 $x=y<\frac{1}{2}$인 경우

x를 점점 크게 하면서 $\frac{1}{2}$에 가깝게 하면 $y<x<\frac{1}{2}$로 되어,

$$\text{X의 손님수}=1-\frac{x+y}{2} > 1-\frac{1}{2}\left(\frac{1}{2}+\frac{1}{2}\right)=\frac{1}{2}$$

(나) 최초의 위치가 $\frac{1}{2}<x=y$인 경우

x를 점점 작게 하면서 $\frac{1}{2}$에 가깝게 하면 $\frac{1}{2}<x<y$로 되어,

$$\text{X의 손님수}=\frac{x+y}{2} > \frac{1}{2}\left(\frac{1}{2}+\frac{1}{2}\right)=\frac{1}{2}$$

이상, (가)와 (나)에 의하여, Y의 위치를 변화시키지 않고 X의 손님의 수를 증가시키는 것이 가능하다. ■

(iii) $x=y=\frac{1}{2}$인 경우, X의 손님수는 $\frac{1}{2}$이다.

먼저, y를 고정하고 x를 점점 크게 하면 $\frac{1}{2}=y<x<1$이므로,

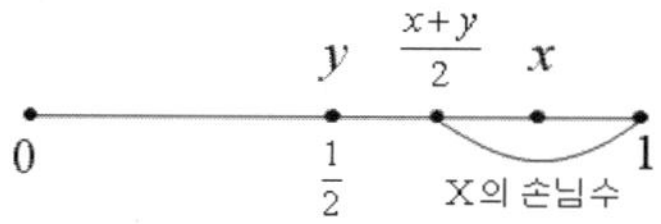

$$\text{X의 손님수}=1-\frac{x+y}{2}<1-\frac{1}{2}\left(\frac{1}{2}+\frac{1}{2}\right)=\frac{1}{2}$$

즉, y를 고정하고 x를 점점 크게 하면, X의 손님수는 처음의 $\frac{1}{2}$보다 적어진다.

이번에는, y를 고정하고 x를 점점 작게 하면 $0<x<y=\frac{1}{2}$이므로,

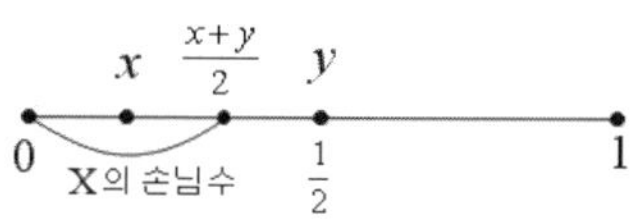

$$\text{X의 손님수}=\frac{x+y}{2}<\frac{1}{2}\left(\frac{1}{2}+\frac{1}{2}\right)=\frac{1}{2}$$

즉, y를 고정하고 x를 점점 작게 하면, X의 손님수는 처음의 $\frac{1}{2}$보다 적어진다.

x를 고정하고 y를 이동시켜도 같으므로, 다른 편의점의 위치를 바꾸지 않고 자신의 위치만 바꾸어서는 손님수를 증가시킬 수 없음을 보였다. ■

(2) (ⅰ) $x<y\le z$인 경우

X의 손님수는 $\frac{x+y}{2}$이므로, x를 $x<y$의 범위에서 점점 크게 하면, X의 손님수는 증가한다.
따라서, '균형'이 아니다. ■

(ⅱ) $x=y=z$이면, X의 손님수는 $\frac{1}{3}$이다.

(가) 처음에 $x=y=z\ge\frac{1}{2}$인 경우

x를 점점 작게 하여 $\frac{1}{6}$에 가깝게 하면,

$$\text{X의 손님수}=\frac{x+y}{2}>\frac{1}{2}\left(\frac{1}{6}+\frac{1}{2}\right)=\frac{1}{3}$$

이므로, '균형'이 아니다.

$$\text{X의 손님수}=\frac{x+y}{2}>\frac{1}{2}\left(x+\frac{1}{2}\right)$$

까지는 생각할 수 있다. X의 손님수가 $\frac{1}{3}$보다 크게 하고 싶으므로, $\frac{1}{2}\left(x+\frac{1}{2}\right)=\frac{1}{3}$로 되는 $x=\frac{1}{6}$을 찾을 수 있다.

(나) 처음에 $x=y=z<\frac{1}{2}$인 경우

x를 점점 크게 하여 $\frac{5}{6}$에 가깝게 하면,

$$\text{X의 손님수}=1-\frac{x+y}{2}>1-\frac{1}{2}\left(\frac{5}{6}+\frac{1}{2}\right)=\frac{1}{3}$$

이므로, '균형'이 아니다.

이상, (가)와 (나)에 의해서,
$x=y=z$이면 '균형'이 아니다. ■

(3) 가게가 네 곳인 경우는 '균형'이 존재한다. 이유는 다음과 같다.
네 곳의 가게를 X, Y, Z, W라 하고, 각각의 위치를 x, y, z, w라 하자.

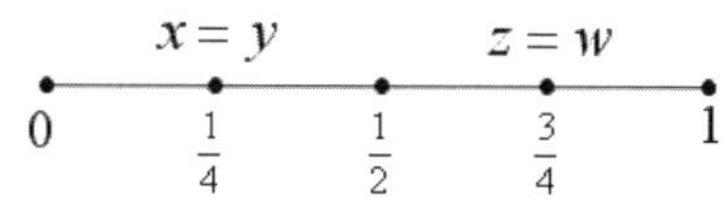

이제 그림처럼 $x=y=\frac{1}{4}$, $z=w=\frac{3}{4}$으로 놓으면, X, Y, Z, W의 손님수는 모두 $\frac{1}{4}$이다.

먼저, $y=\frac{1}{4}$, $z=w=\frac{3}{4}$으로 고정하고 x를 이동시켰을 때 X의 손님수를 증가시키는 것이 불가능함을 보이자.

(가) $0 \le x < \frac{1}{4}$에서 x를 이동시키면

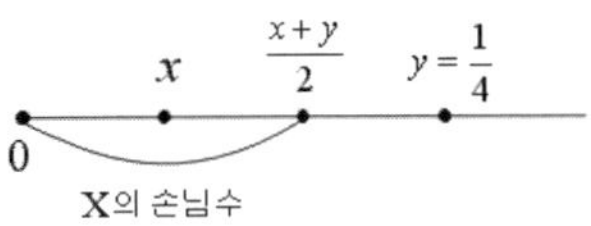

$$\text{X의 손님수} = \frac{x+y}{2} < \frac{1}{2}\left(\frac{1}{4}+\frac{1}{4}\right) = \frac{1}{4}$$

이므로, X의 손님수를 증가시킬 수 없다.

(나) $\frac{1}{4} < x < \frac{3}{4}$에서 x를 이동시키면

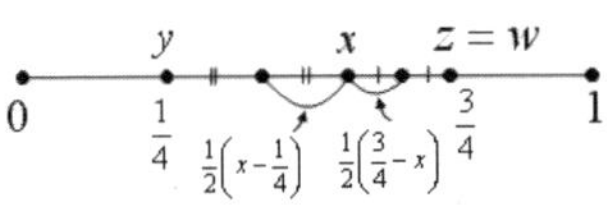

$$\text{X의 손님수} = \frac{1}{2}\left(x-\frac{1}{4}\right)+\frac{1}{2}\left(\frac{3}{4}-x\right) = \frac{1}{4}$$

이므로, X의 손님수를 증가시킬 수 없다.

(다) $x=\frac{3}{4}$인 경우,

X의 손님수는 $\frac{1}{3}\left(1-\frac{1}{2}\right)=\frac{1}{6}$이므로, X의 손님수는 증가하지 않는다.

(라) $\frac{3}{4} < x \le 1$에서 x를 이동시키면,

$$\begin{aligned}\text{X의 손님수} &= 1-\frac{1}{2}\left(x+\frac{3}{4}\right)\\ &< 1-\frac{1}{2}\left(\frac{3}{4}+\frac{3}{4}\right)=\frac{1}{4}\end{aligned}$$

이므로, X의 손님수를 증가시킬 수 없다.

이상, (가)~(라)에 의하여, y, z, w를 고정하고 x를 이동시켰을 때 X의 손님수를 증가시키는 것이 불가능함을 보였다.
대칭성에 의하여, 네 곳 중 세 곳을 고정하고, 다른 하나만 이동해서는 이동한 곳의 손님수를 증가시킬 수 없다. ■

[문제 2] (A) (1)

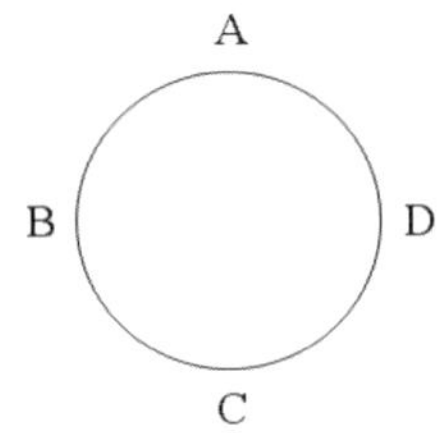

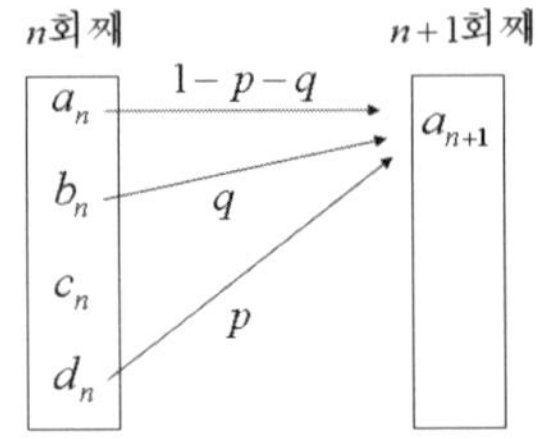

A 자신은 $n+1$번째 시행에서 오른쪽의 B에게 pa_n만큼, 왼쪽의 D에게 qa_n만큼 주어,
$(1-p-q)a_n$만큼 남는다.
또한, A는 왼쪽의 D로부터 pd_n만큼 받고,
오른쪽의 B로부터 qb_n만큼 받는다.

같은 방법으로 생각하면,

$$\begin{cases} a_{n+1} = (1-p-q)a_n + qb_n + pd_n \\ b_{n+1} = pa_n + (1-p-q)b_n + qc_n \\ c_{n+1} = pb_n + (1-p-q)c_n + qd_n \\ d_{n+1} = qa_n + pc_n + (1-p-q)d_n \end{cases}$$

…(답) ■

(2) (1)번의 결과를 변변 더하면,
$a_{n+1}+b_{n+1}+c_{n+1}+d_{n+1} = a_n+b_n+c_n+d_n$
이므로, $X_{n+1}=X_n$ $(n=0,1,2,\cdots)$

$$\therefore X_0 = X_1 = X_2 = \cdots$$

$X_0 = a+b+c+d$이므로,
$X_n = a+b+c+d$ $(n=1,2,3,\cdots)$ … ①

■

(3) (1)번의 결과에서

$$\begin{aligned} Y_{n+1} &= a_{n+1}+c_{n+1}-b_{n+1}-d_{n+1} \\ &= (1-2p-2q)(a_n+c_n-b_n-d_n) \end{aligned}$$

$\therefore$ $Y_{n+1} = (1-2p-2q)Y_n$ $(n=0,1,2,\cdots)$

…(답) ■

(4) $Y_0 = a+c-b-d$이므로, (3)에 의하여

$$Y_n = (a+c-b-d)(1-2p-2q)^n \quad \cdots ②$$

①+②에서,

$$a_n + c_n = \frac{1}{2}\{(a+b+c+d) + (a+c-b-d)(1-2p-2q)^n\}$$

따라서, $\{a_n + c_n\}$이 수렴하기 위한 조건은

$$-1 < 1-2p-2q \le 1$$

$p \ge 0$, $q \ge 0$이므로,

$$0 \le p+q < 1 \qquad \cdots(\text{답}) \ ■$$

또한, 극한값은

$$\lim_{n\to\infty}(a_n + c_n) = \begin{cases} \dfrac{a+b+c+d}{2} & (0 < p+q < 1) \\ a+c & (p=q=0) \end{cases}$$

$\cdots$(답) ■

(5) (1)번의 결과에서

$$a_{n+1} - c_{n+1} = (1-p-q)(a_n - c_n) - (p-q)(b_n - d_n)$$
$$b_{n+1} - d_{n+1} = (p-q)(a_n - c_n) + (1-p-q)(b_n - d_n)$$

이므로,

$$Z_{n+1} = (a_{n+1} - c_{n+1})^2 + (b_{n+1} - d_{n+1})^2 = \{(1-p-q)^2 + (p-q)^2\}Z_n$$

$$\therefore\ K = (1-p-q)^2 + (p-q)^2 \qquad \cdots(\text{답}) \ ■$$

(6) $Z_n = K^{n-1}Z_1$이므로, $0 \le K \le 1$임을 보이면 Z_n은 수렴하게 된다.

$$\begin{aligned} K &= (1-p-q)^2 + (p-q)^2 \\ &= 2p^2 + 2q^2 - 2p - 2q + 1 \\ &= 2\left(p-\frac{1}{2}\right)^2 + 2\left(q-\frac{1}{2}\right)^2 \qquad \cdots ③ \end{aligned}$$

조건에서 $0 \le p \le 1$, $0 \le q \le 1$이므로

$$0 \le \left(p-\frac{1}{2}\right)^2 \le \frac{1}{4},\ 0 \le \left(q-\frac{1}{2}\right)^2 \le \frac{1}{4}$$

$$\therefore\ 0 \le K \le 2\cdot\frac{1}{4} + 2\cdot\frac{1}{4} = 1$$

따라서, a, b, c, d의 선택에 상관없이, $\{Z_n\}$은 수렴한다. ■

이제, $Z_n = K^{n-1}Z_1$의 극한값을 구해보면,

$$\begin{cases} \lim\limits_{n\to\infty} Z_n = Z_1 & (K=1) \\ \lim\limits_{n\to\infty} Z_n = 0 & (0 \le K < 1) \end{cases}$$

이므로, $K=1$인 p, q의 조건을 구해보자.

$K=1$이면, ③에서 $\left(p-\frac{1}{2}\right)^2 + \left(q-\frac{1}{2}\right)^2 = \frac{1}{2}$

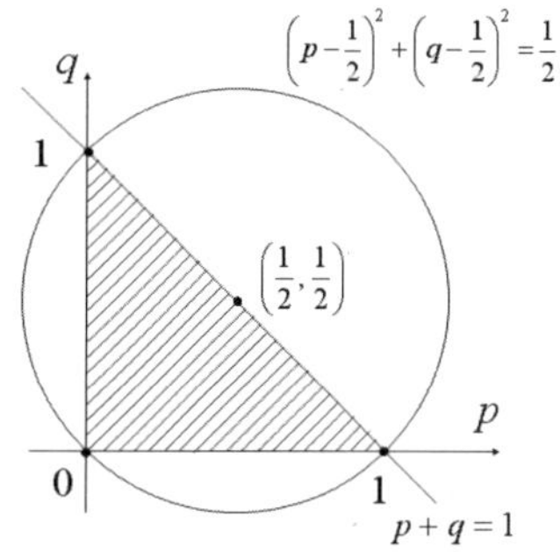

문제의 조건 $\begin{cases} 0 \le p \le 1 \\ 0 \le q \le 1 \\ 0 \le p+q \le 1 \end{cases}$ 를 고려하면,

$$(p, q) = (0, 0),\ (1, 0),\ (0, 1)$$

위 결과에 따라,

$(p, q) = (0, 0)$, $(1, 0)$, $(0, 1)$일 때,

$$\lim_{n\to\infty} Z_n = (a-c)^2 + (b-d)^2 \qquad \cdots(\text{답}) \ ■$$

$(p, q) \ne (0, 0)$, $(1, 0)$, $(0, 1)$일 때,

$$\lim_{n\to\infty} Z_n = 0 \qquad \cdots(\text{답}) \ ■$$

(7) a_n, b_n, c_n, d_n이 모두 수렴하면, $a_n + c_n$도 수렴해야 하므로, (4)번에 의해

$$0 \le p+q < 1$$

(i) $p+q=0$ 즉, $p=q=0$일 때는 각각의 수열은 상수이므로 수렴하며, $\lim\limits_{n\to\infty} a_n = a$

(ii) $0 < p+q < 1$이면,

$(p,q) \neq (0,0), (1,0), (0,1)$이므로 (6)번의 결과에 의하여 $\lim_{n\to\infty} Z_n = 0$이다.

Z_n의 정의에 의하여,

$$0 \le |a_n - c_n| \le \sqrt{Z_n} \xrightarrow[n\to\infty]{} 0$$

이므로, $\lim_{n\to\infty}|a_n - c_n| = 0$

$$\therefore \lim_{n\to\infty}(a_n - c_n) = 0 \quad \cdots ④$$

또한, (4)번의 결과에 의하여

$$\lim_{n\to\infty}(a_n + c_n) = \frac{a+b+c+d}{2} \quad \cdots ⑤$$

④와 ⑤에서,

$$\lim_{n\to\infty} a_n = \lim_{n\to\infty}\frac{1}{2}\{(a_n+c_n)+(a_n-c_n)\}$$
$$= \frac{a+b+c+d}{4}$$

이며, 같은 방법으로 $\{c_n\}$도 수렴한다.

$0 \le |b_n - d_n| \le \sqrt{Z_n}$ 이므로, 같은 방법으로

$$\therefore \lim_{n\to\infty}(b_n - d_n) = 0 \quad \cdots ⑥$$

①에서 ②를 변변 빼면,

$$b_n + d_n$$
$$= \frac{1}{2}\{(a+b+c+d)-(a+c-b-d)(1-2p-2q)^n\}$$

$0 < p+q < 1$에서 $-1 < 1-2p-2q < 1$이므로

$$\lim_{n\to\infty}(b_n + d_n) = \frac{a+b+c+d}{2} \quad \cdots ⑦$$

⑥과 ⑦에서 $b_n \pm d_n$을 생각하면,

$\{b_n\}$과 $\{d_n\}$ 모두 수렴함을 알 수 있다.

이상, (i), (ii)에서 구하는 필요충분조건은

$$0 \le p+q < 1 \quad \cdots(답)$$ ■

또한, a_n의 극한값은

$$\lim_{n\to\infty} a_n = \begin{cases} a & (p=q=0) \\ \dfrac{a+b+c+d}{4} & (0 < p+q < 1) \end{cases}$$

…(답) ■

[문제 2] (B)

(1) 아래 그림과 같이 P를 정하자.

전기가 통하는 상태를 ○, 전기가 통하지 않는 상태를 ×, 전기가 통하는지 여부에 상관없는 상태를 △로 나타내자.

$\overline{AO}$, $\overline{AP}$, $\overline{AB}$의 상태에 초점을 맞추어 생각해보자.

(i) 먼저, 그림과 같이 $\overline{AO}$에 전기가 통하는 상태이면, 다른 송전선은 전기가 통하는지 여부에 상관없다.

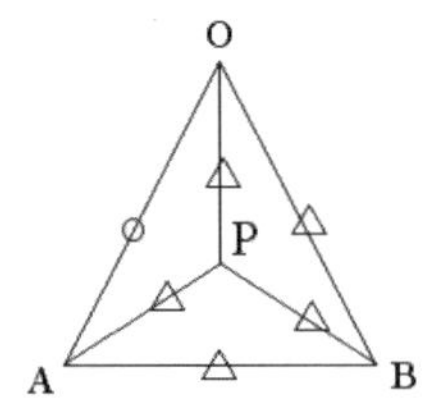

이때의 확률은

$$\therefore p \times 1^5 = p$$

이제, $\overline{AO}$에 전기가 통하지 않는 상태를 세 가지로 나누어 생각해보자.

(ii) $\overline{AO}$=×, $\overline{AP}$=○, $\overline{AB}$=×인 경우를 생각해보자.

먼저, $\overline{OP}$=○이면, $\overline{OB}$와 $\overline{PB}$는 전기가 통하는지 여부에 상관없다.

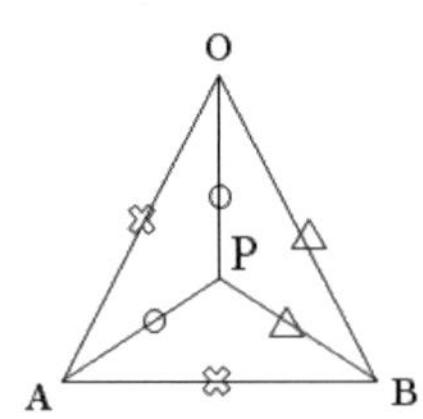

이때, 확률은 $p^2 \times q^2 \times 1^2$

만약, $\overline{OP}=\times$이면 $\overline{OB}=\bigcirc$, $\overline{PB}=\bigcirc$이어야 한다. 이때, 확률은 $p^3\times q^3$

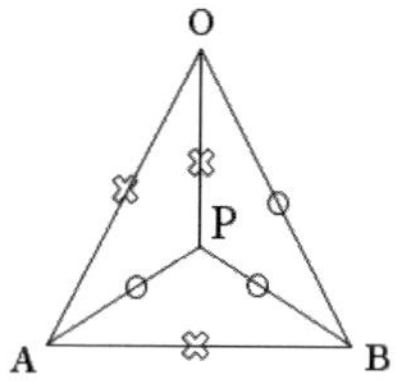

따라서, $\overline{AO}=\times$, $\overline{AP}=\bigcirc$, $\overline{AB}=\times$인 경우, O에서 송전하여 A에 전기가 통할 확률은

$$\therefore\ p^2q^2+p^3q^3$$

(iii) $\overline{AO}=\times$, $\overline{AP}=\times$, $\overline{AB}=\bigcirc$인 경우를 생각해보자.
먼저, $\overline{OB}=\bigcirc$이면 $\overline{OP}$와 $\overline{PB}$는 전기가 통하는지 여부와 상관없다.
또한, $\overline{OB}=\times$이면 $\overline{OP}=\bigcirc$, $\overline{PB}=\bigcirc$이어야 한다.

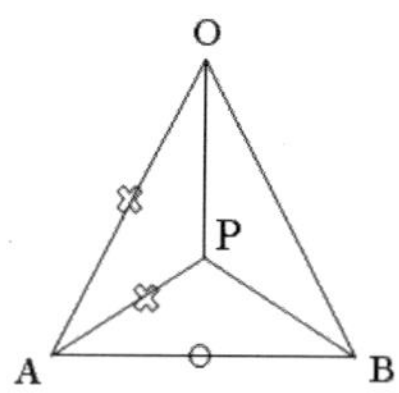

이때의 확률은 $\therefore\ p^2q^2+p^3q^3$

(iv) $\overline{AO}=\times$, $\overline{AP}=\bigcirc$, $\overline{AB}=\bigcirc$인 경우를 생각해보자.

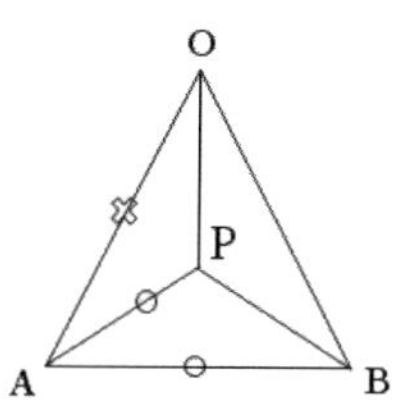

A에 전기가 통하지 않는 경우는
$\overline{OP}=\times$, $\overline{OB}=\times$, $\overline{PB}=\triangle$이므로, 여사건의 확률을 이용하면 구하는 확률은

$$\therefore\ p^2q(1-q^2\times 1)$$

이상, (i)~(iv)에 의하여

$$\alpha=p+2(p^2q^2+p^3q^3)+p^2q(1-q^2)$$
$$=p+2p^2q^2+2p^3q^3+p^2q-p^2q^3 \quad \cdots(\text{답})$$ ■

(2) (i) O에서 A와 B 모두에 전기가 통하는 경우

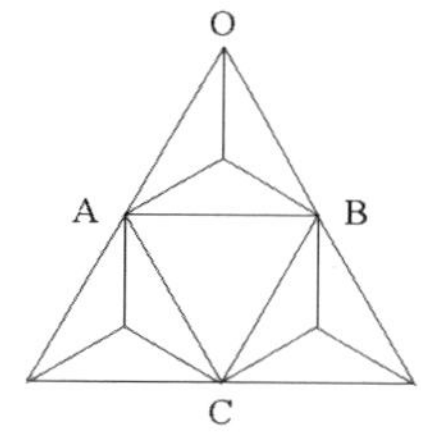

C에 전기가 통하는 것은,
A에서 C로 전기가 통하거나 B에서 C로 전기가 통하면 된다. 여사건의 확률을 이용하면,
$\beta\{1-(1-\alpha)^2\}=\beta(2\alpha-\alpha^2)$

(ii) O에서 A에는 전기가 통하고, B에는 전기가 통하지 않는 경우의 확률은 $\alpha-\beta$이므로, 이 경우 C에 전기가 통할 확률은

$$(\alpha-\beta)\alpha$$

(iii) O에서 B에는 전기가 통하고, A에는 전기가 통하지 않는 경우의 확률은 $\alpha-\beta$이므로, 이 경우 C에 전기가 통할 확률은

$$(\alpha-\beta)\alpha$$

따라서, 구하는 확률은

$\beta(2\alpha-\alpha^2)+2(\alpha-\beta)\alpha=\alpha^2(2-\beta) \quad \cdots(\text{답})$ ■

〈 2012年 前期 - 理科 〉 時間 : 150分

1. 두 부등식 $x^2+(y-1)^2 \leq 1$, $x \geq \frac{\sqrt{2}}{3}$로 정해지는 좌표평면 상의 영역 D를 고려하자.
직선 l은 원점을 지나며, 영역 D와의 공통부분은 길이가 L인 선분이다. L의 최댓값을 구하여라. 또, L이 최댓값을 가질 때, x축과 l이 이루는 각 $\theta\left(0<\theta<\frac{\pi}{2}\right)$에 대하여 $\cos\theta$를 구하여라.

2. 그림과 같이 정삼각형을 9개의 칸으로 등분하여 P, Q를 정한다.
하나의 구슬이 P를 출발하여 1초마다 있었던 칸을 벗어나,
변을 이웃하는 빈칸으로 동일한 확률로 이동한다.
이 구슬이 n초 후에 Q에 도착할 확률을 구하여라.

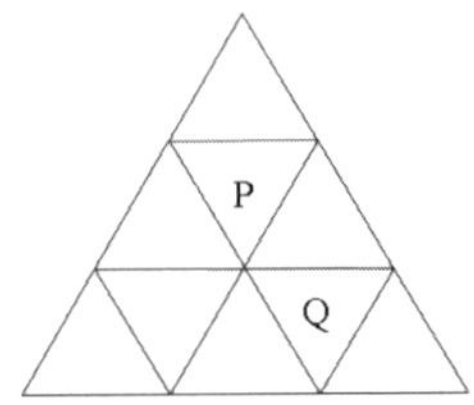

3. 좌표평면 상의 두 부등식 $y \geq \frac{x^2}{2}$, $\frac{x^2}{4}+4y^2 \leq \frac{1}{8}$에 의하여 정해지는 영역을 S라 하자.
S를 x축 둘레로 회전시킨 입체의 부피를 V_1, y축 둘레로 회전시킨 입체의 부피를 V_2라 하자.
(1) V_1, V_2의 값을 구하여라.
(2) $\frac{V_2}{V_1}$의 값과 1의 대소를 비교하여라.

4. n을 2 이상의 정수라 하자. 자연수의 n제곱으로 되는 수를 [n제곱수]라 하자.
(1) 연속하는 두 자연수의 곱은 n제곱수가 될 수 없음을 보여라.
(2) 연속하는 n개의 자연수의 곱은 n제곱수가 될 수 없음을 보여라.

5. 행렬 $A=\begin{pmatrix} a & b \\ c & d \end{pmatrix}$가 다음 조건(D)를 만족한다.

(D) A의 성분 a, b, c, d는 모두 정수이다. 또한 좌표평면상의 네 점 $(0,0)$, (a,b), (c,d), $(a+c, b+d)$는 면적이 1인 평행사변형의 네 꼭짓점이다.

$B=\begin{pmatrix} 1 & 1 \\ 0 & 1 \end{pmatrix}$에 대하여, 다음 물음에 답하시오.
(1) 행렬 BA와 $B^{-1}A$도 조건(D)를 만족함을 보여라.
(2) $c=0$, $b \neq 0$이면, 적당한 자연수 n이 존재하여 B^nA 또는 $(B^{-1})^nA$가
4개의 행렬 $\begin{pmatrix} 1 & 0 \\ 0 & 1 \end{pmatrix}$, $\begin{pmatrix} -1 & 0 \\ 0 & 1 \end{pmatrix}$, $\begin{pmatrix} 1 & 0 \\ 0 & -1 \end{pmatrix}$, $\begin{pmatrix} -1 & 0 \\ 0 & -1 \end{pmatrix}$ 중 하나로 됨을 보이시오.
(3) $|a| \geq |c| > 0$이라 하자. BA와 $B^{-1}A$ 중 적어도 하나는,
그것을 $\begin{pmatrix} x & y \\ z & w \end{pmatrix}$라 하면 $|x|+|z| < |a|+|c|$를 만족함을 보이시오.

6. 2×2행렬 $P=\begin{pmatrix} p & q \\ r & s \end{pmatrix}$에 대하여 $\mathrm{Tr}(P)=p+s$로 정의하자. $a\ge b>0$, $0\le c\le1$인 세 실수 a, b, c에 대하여, 행렬 A, B, C, D를 다음과 같이 정한다.

$$A=\begin{pmatrix} a & 0 \\ 0 & b \end{pmatrix},\ B=\begin{pmatrix} b & 0 \\ 0 & a \end{pmatrix},\ C=\begin{pmatrix} a^c & 0 \\ 0 & b^c \end{pmatrix},\ D=\begin{pmatrix} b^{1-c} & 0 \\ 0 & a^{1-c} \end{pmatrix}$$

또, 실수 x에 대하여 $U(x)=\begin{pmatrix} \cos x & -\sin x \\ \sin x & \cos x \end{pmatrix}$라 하자.

(1) 각 실수 t에 대하여 x의 함수 $f(x)=\mathrm{Tr}\left((U(t)AU(-t)-B)U(x)\begin{pmatrix} 1 & 0 \\ 0 & -1 \end{pmatrix}U(-x)\right)$의 최댓값 $m(t)$를 구하여라. (단, 최댓값을 갖는 x를 구할 필요는 없음.)

(2) 임의의 실수 t에 대하여 부등식 $2\mathrm{Tr}(U(t)CU(-t)D)\ge\mathrm{Tr}(U(t)AU(-t)+B)-m(t)$가 성립함을 보여라.

[문제 1] $\begin{cases} x^2+(y-1)^2=1 & \cdots ① \\ x=\dfrac{\sqrt{2}}{3} & \cdots ② \end{cases}$

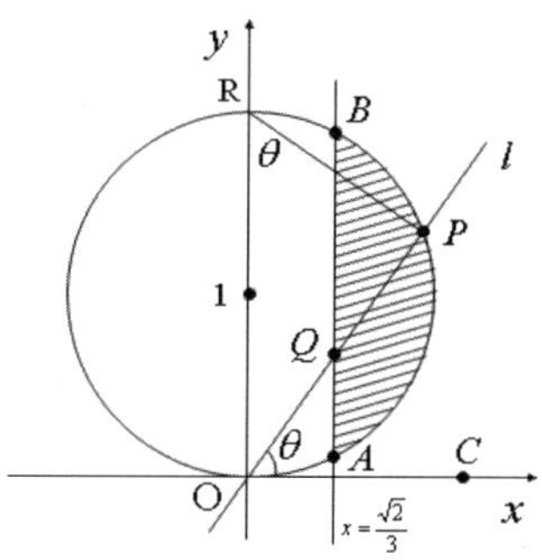

원 ①과 직선 ②의 교점을 그림과 같이 A, B라 하고, 직선 l과 원 ①의 교점을 P, 직선 l과 직선 ②의 교점을 Q라 하자. 또 점 $(0,2)$를 R, 점 $(1,0)$을 C라 하자.

$\angle OPR=90^\circ$, $\angle PRO=\theta$이므로,

$$L=\overline{PQ}=\overline{OP}-\overline{OQ}=2\sin\theta-\frac{\sqrt{2}}{3\cos\theta}$$

이제, $\angle AOC=\alpha$, $\angle BOC=\beta$로 놓고

$f(\theta)=2\sin\theta-\dfrac{\sqrt{2}}{3\cos\theta}\ (\alpha<\theta<\beta)$라 하면,

$$f'(\theta)=2\cos\theta-\frac{\sqrt{2}\sin\theta}{3\cos^2\theta}$$

$$=\frac{1}{3\cos\theta}(6\cos^2\theta-\sqrt{2}\tan\theta)$$

$$=\frac{1}{3\cos\theta}\left(\frac{6}{1+\tan^2\theta}-\sqrt{2}\tan\theta\right)$$

$$=\frac{-\sqrt{2}}{3\cos\theta}\cdot\frac{\tan^3\theta+\tan\theta-3\sqrt{2}}{1+\tan^2\theta}$$

$$=\frac{-\sqrt{2}}{3\cos\theta}\cdot\frac{(\tan\theta-\sqrt{2})(\tan^2\theta+\sqrt{2}\tan\theta+3)}{1+\tan^2\theta}$$

여기서, $\tan^2\theta+\sqrt{2}\tan\theta+3$

$=\left(\tan\theta+\dfrac{1}{\sqrt{2}}\right)^2+\dfrac{5}{2}>0$이므로

$f(\theta)$의 증감표는 다음과 같이 된다.

(단, $\tan\theta_0=\sqrt{2}\ (\alpha<\theta_0<\beta)$)

θ	α	$\cdots$	θ_0	$\cdots$	β
$f'(\theta)$		+	0	−	
$f(\theta)$		↗	극대	↘	

따라서, L의 최댓값과 $\cos\theta$의 값은

$$f(\theta_0)=2\cdot\frac{\sqrt{2}}{\sqrt{3}}-\frac{\sqrt{2}}{3}\cdot\frac{\sqrt{3}}{1}=\frac{\sqrt{6}}{3}$$

$$\cos\theta_0=\frac{1}{\sqrt{3}}$$ …(답) ■

②를 ①에 대입하면 $y=\dfrac{3\pm\sqrt{7}}{3}$이므로,

$$\tan\alpha=\frac{3-\sqrt{7}}{3}\div\frac{\sqrt{2}}{3}=\frac{3-\sqrt{7}}{2}\cdot\sqrt{2}<\sqrt{2}$$

$$\tan\beta=\frac{3+\sqrt{7}}{3}\div\frac{\sqrt{2}}{3}=\frac{3+\sqrt{7}}{2}\cdot\sqrt{2}>\sqrt{2}$$

$$\therefore\ \alpha<\theta_0<\beta$$

[문제 2]

그림과 같이 R, ①, ②, ③을 정하고, 구슬이 n초 후에 P, Q, R에 있을 확률을 각각 p_n, q_n, r_n이라고 하자.

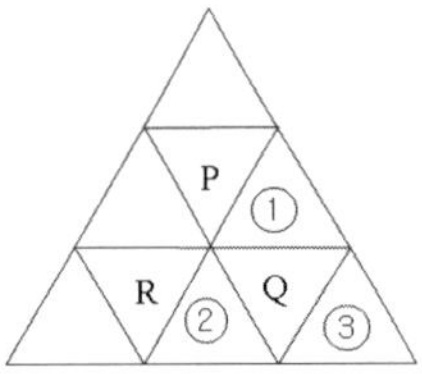

매 1초마다 변을 이웃한 빈칸으로 이동하므로 n이 홀수이면 $p_n = q_n = r_n = 0$이다.
따라서, $n = 2k\,(k = 0, 1, 2, \cdots)$인 경우만 고려하면 된다.

먼저, P, Q, R에서 2초 후에 Q로 이동할 확률을 구하면 다음과 같다.

(i) P에서 2초 후에 Q로 이동 : $\frac{1}{6}$

$$\mathrm{P} \to ① \to \mathrm{Q} : \frac{1}{3} \times \frac{1}{2} = \frac{1}{6}$$

(ii) R에서 2초 후에 Q로 이동 : $\frac{1}{6}$

$$\mathrm{R} \to ② \to \mathrm{Q} : \frac{1}{3} \times \frac{1}{2} = \frac{1}{6}$$

(iii) Q에서 2초 후에 Q로 이동 : $\frac{2}{3}$

$$\mathrm{Q} \to ③ \to \mathrm{Q} : \frac{1}{3} \times 1 = \frac{1}{3}$$

$$\mathrm{Q} \to ① \to \mathrm{Q} : \frac{1}{3} \times \frac{1}{2} = \frac{1}{6}$$

$$\mathrm{Q} \to ② \to \mathrm{Q} : \frac{1}{3} \times \frac{1}{2} = \frac{1}{6}$$

(i)~(iii)에 의하여,

$$\begin{aligned} q_{2k+2} &= \frac{1}{6}p_{2k} + \frac{2}{3}q_{2k} + \frac{1}{6}r_{2k} \\ &= \frac{1}{6}(p_{2k} + r_{2k}) + \frac{2}{3}q_{2k}\ (\because p_{2k} + q_{2k} + r_{2k} = 1) \\ &= \frac{1}{6}(1 - q_{2k}) + \frac{2}{3}q_{2k} \end{aligned}$$

정리하면, $q_{2k+2} = \frac{1}{2}q_{2k} + \frac{1}{6}$

$$q_{2k+2} - \frac{1}{3} = \frac{1}{2}\left(q_{2k} - \frac{1}{3}\right)\ (k = 0, 1, 2, \cdots)$$

$$q_{2k} - \frac{1}{3} = \left(\frac{1}{2}\right)^k\left(q_0 - \frac{1}{3}\right)\ \ (\because q_0 = 0)$$

$$\therefore\ q_{2k} = \frac{1}{3}\left(1 - \left(\frac{1}{2}\right)^k\right)\ \ (k = 1, 2, 3, \cdots)$$

따라서, 구하는 확률은 자연수 n에 대하여

$$q_n = \begin{cases} 0 & (n : \text{홀수}) \\ \frac{1}{3}\left(1 - \left(\frac{1}{2}\right)^{\frac{n}{2}}\right) & (n : \text{짝수}) \end{cases}$$

…(답) ■

[문제 3] $y = \frac{x^2}{2} \cdots ①$, $\frac{x^2}{4} + 4y^2 = \frac{1}{8} \cdots ②$

(1) ①, ②에서 x를 소거하면

$$\frac{y}{2} + 4y^2 = \frac{1}{8},\ (8y-1)(4y+1) = 0$$

$$y = \frac{1}{8}\ \ (\because y \geq 0)$$

따라서, 영역 S는 아래 그림의 사선부분과 같이 된다.

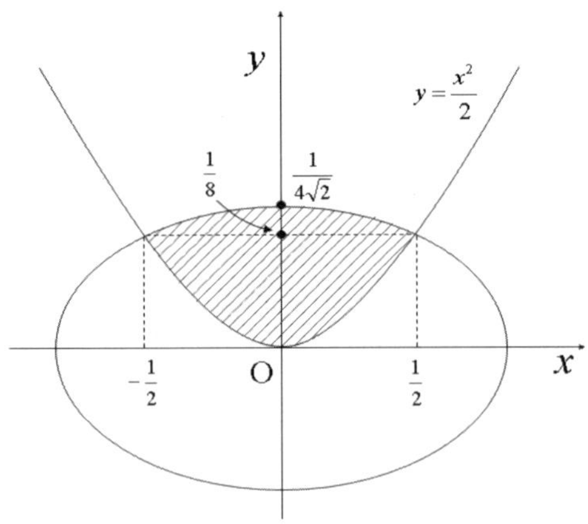

$$\frac{V_1}{2} = \int_0^{\frac{1}{2}} \pi \cdot \frac{1}{4}\left(\frac{1}{8} - \frac{x^2}{4}\right)dx - \int_0^{\frac{1}{2}} \pi\left(\frac{x^2}{2}\right)^2 dx$$

$$= \pi\int_0^{\frac{1}{2}}\left(\frac{1}{32} - \frac{x^2}{16} - \frac{x^4}{4}\right)dx$$

$$= \pi\left[\frac{x}{32} - \frac{x^3}{48} - \frac{x^5}{20}\right]_0^{\frac{1}{2}} = \frac{11}{960}\pi$$

$$\therefore\ V_1 = \frac{11}{480}\pi$$

…(답) ■

$$V_2=\int_0^{\frac{1}{8}}\pi\cdot 2y\,dy+\int_{\frac{1}{8}}^{\frac{1}{4\sqrt{2}}}\pi\cdot 4\left(\frac{1}{8}-4y^2\right)dy$$

$$=\pi\left[y^2\right]_0^{\frac{1}{8}}+\pi\left[\frac{y}{2}-\frac{16y^3}{3}\right]_{\frac{1}{8}}^{\frac{1}{4\sqrt{2}}}$$

$$=\frac{\pi}{64}+\pi\left\{\left(\frac{1}{8\sqrt{2}}-\frac{1}{24\sqrt{2}}\right)-\left(\frac{1}{16}-\frac{1}{96}\right)\right\}$$

$$=\frac{8\sqrt{2}-7}{192}\pi \qquad \cdots(\text{답}) \ \blacksquare$$

(2) (1)의 결과에 의하여,

$$\frac{V_2}{V_1}=\frac{8\sqrt{2}-7}{192}\cdot\frac{480}{11}=\frac{40\sqrt{2}-35}{22}$$

$$<\frac{40\times 1.42-35}{22}=\frac{21.8}{22}<1$$

$$\therefore\ \frac{V_2}{V_1}<1 \qquad \cdots(\text{답}) \ \blacksquare$$

[문제 4]

(1) 연속하는 두 자연수 곱 $a(a+1)$이 n제곱수($n\geq 2$)라 하면, 자연수 b가 존재하여

$$a(a+1)=b^n \ \cdots \ ①$$

a, $a+1$의 공약수는 $1=(a+1)-a$를 나누어야 하므로 a와 $a+1$은 서로소이며, a와 $a+1$을 소인수분해하면 공통된 소인수가 없다. 따라서, ①에 의하여

$$a=c^n,\ a+1=d^n(c,\ d\text{는 자연수})$$

로 놓을 수 있으며, $1\leq c<d$이다.

이제,

$$1=(a+1)-a=d^n-c^n$$

$$=(d-c)(d^{n-1}+d^{n-2}c^1+\cdots+dc^{n-2}+c^{n-1})$$

$$\geq(d-c)\times(1\times n\text{개})\geq n\geq 2$$

로 모순이 되므로, 연속하는 두 자연수의 곱은 n제곱수가 될 수 없다. $\blacksquare$

(2) (1)의 결과에 의하여, $n\geq 3$인 경우에 대하여 증명하면 된다. 연속하는 n개의 자연수의 곱이 n제곱수가 된다고 하면

$$a(a+1)(a+2)\cdots(a+n-1)=e^n$$

으로 놓을 수 있다.(a, e는 자연수)

$$a^n<a(a+1)(a+2)\cdots(a+n-1)$$
$$=e^n<(a+n-1)^n$$

에서, $a<e<a+n-1$이므로

$$e=a+k\ \ (1\leq k\leq n-2,\ k\text{는 자연수})$$

의 형태로 놓을 수 있다.

$$a(a+1)\cdots(a+k)\cdots(a+n-1)=(a+k)^n$$

$$a(a+1)\cdots(a+k-1)(a+k+1)\cdots(a+n-1)$$
$$=(a+k)^{n-1}$$

이므로, $a+k+1$은 $(a+k)^{n-1}$의 약수가 되어 모순이다. 따라서 연속하는 n개의 자연수의 곱은 n제곱수가 될 수 없다. $\blacksquare$

> a와 k가 모두 자연수이므로 $a+k$는 2 이상의 자연수이며, $1=(a+k+1)-(a+k)$이므로 $a+k+1$은 $a+k$와 서로소이다.

[문제 5]

(1) 한 직선 위에 있지 않은 서로 다른 세 점 $(0,0)$, (a,b), (c,d)로 이루어진 삼각형의 넓이가 $\frac{1}{2}$이면,

$$\frac{1}{2}\left|\begin{array}{cccc}0 & a & c & 0\\ 0 & b & d & 0\end{array}\right|=\frac{1}{2}|ad-bc|=\frac{1}{2}$$

$$|ad-bd|=1\ \cdots\ ①$$

$BA=\begin{pmatrix}1&1\\0&1\end{pmatrix}\begin{pmatrix}a&b\\c&d\end{pmatrix}=\begin{pmatrix}a+c&b+d\\c&d\end{pmatrix}$이므로, BA의 모든 성분은 정수이다. 또한,

$$|(a+c)d-(b+d)c|=|ad-bc|=1\ \ (\because ①)$$

이므로, BA는 조건(D)를 만족한다. $\blacksquare$

마찬가지로,

$B^{-1}A=\begin{pmatrix}1&-1\\0&1\end{pmatrix}\begin{pmatrix}a&b\\c&d\end{pmatrix}=\begin{pmatrix}a-c&b-d\\c&d\end{pmatrix}$이므로,

$B^{-1}A$의 모든 성분은 정수이며,

$$|(a-c)d-(b-d)c|=|ad-bc|=1\ \ (\because ①)$$

이므로, $B^{-1}A$는 조건(D)를 만족한다. $\blacksquare$

(2) $c=0$이면 ①에서 $|ad|=1$이며, a와 d가 정수이므로,

$$(a,d)=(\pm 1, \pm 1)\ (\text{부호임의})\cdots ②$$

$$B^nA=\begin{pmatrix}1&1\\0&1\end{pmatrix}\begin{pmatrix}a&b\\0&d\end{pmatrix}$$
$$=\begin{pmatrix}1&n\\0&1\end{pmatrix}\begin{pmatrix}a&b\\0&d\end{pmatrix}=\begin{pmatrix}a&b+nd\\0&d\end{pmatrix}$$
$$(B^{-1})^nA=\begin{pmatrix}1&-1\\0&1\end{pmatrix}\begin{pmatrix}a&b\\0&d\end{pmatrix}$$
$$=\begin{pmatrix}1&-n\\0&1\end{pmatrix}\begin{pmatrix}a&b\\0&d\end{pmatrix}=\begin{pmatrix}a&b-nd\\0&d\end{pmatrix}$$

---

②에서 $d=\pm 1$, $b\neq 0$이므로

$$b+nd=0 \text{ 또는 } b-nd=0$$

이 성립하는 자연수 n이 존재한다.

$$n=-\frac{b}{d} \text{ or } n=\frac{b}{d} \quad (d=-1 \text{ or } 1)$$

따라서, 적당한 자연수 n이 존재하여 B^nA 또는 $(B^{-1})^nA$가 4개의 행렬

$$\begin{pmatrix}1&0\\0&1\end{pmatrix}, \begin{pmatrix}-1&0\\0&1\end{pmatrix}, \begin{pmatrix}1&0\\0&-1\end{pmatrix}, \begin{pmatrix}-1&0\\0&-1\end{pmatrix}$$

중 하나로 된다. ■

(3)

$$BA=\begin{pmatrix}a+c&b+d\\c&d\end{pmatrix},\ B^{-1}A=\begin{pmatrix}a-c&b-d\\c&d\end{pmatrix}$$

BA와 $B^{-1}A$ 모두 $|x|+|z|<|a|+|c|$를 만족하지 않는다고 하면,

$|a+c|+|c|\geq|a|+|c|$에서

$$|a+c|\geq|a| \cdots ③$$

$|a-c|+|c|\geq|a|+|c|$에서

$$|a-c|\geq|a| \cdots ④$$

$|a|\geq|c|>0$이므로

a와 c가 다른 부호인 경우, ③에 의하여

$$|a+c|=|a|-|c|\geq|a|,\ |c|\leq 0,\ \therefore c=0$$

a와 c가 같은 부호인 경우, ④에 의하여

$$|a-c|=|a|-|c|\geq|a|,\ |c|\leq 0,\ \therefore c=0$$

위와 같이 어느 경우에도

$c=0$이 되어 $|c|>0$에 모순이다.

따라서, BA와 $B^{-1}A$ 중 적어도 하나는 $|x|+|z|<|a|+|c|$를 만족한다. ■

[문제 6]

(1) $U(t)AU(-t)$

$$=\begin{pmatrix}\cos t&-\sin t\\\sin t&\cos t\end{pmatrix}\begin{pmatrix}a&0\\0&b\end{pmatrix}\begin{pmatrix}\cos t&\sin t\\-\sin t&\cos t\end{pmatrix}$$
$$=\begin{pmatrix}\cos t&-\sin t\\\sin t&\cos t\end{pmatrix}\begin{pmatrix}a\cos t&a\sin t\\-b\sin t&b\cos t\end{pmatrix}$$
$$=\begin{pmatrix}a\cos^2t+b\sin^2t&(a-b)\sin t\cos t\\(a-b)\sin t\cos t&a\sin^2t+b\cos^2t\end{pmatrix}\cdots ①$$

이므로,

$$U(t)AU(-t)-B$$
$$=\begin{pmatrix}(a-b)\cos^2t&(a-b)\sin t\cos t\\(a-b)\sin t\cos t&-(a-b)\cos^2t\end{pmatrix}$$
$$=(a-b)\cos t\begin{pmatrix}\cos t&\sin t\\\sin t&-\cos t\end{pmatrix} \quad \cdots ②$$

①에서 $a=1$, $b=-1$, $t=x$로 놓으면

$$U(x)\begin{pmatrix}1&0\\0&-1\end{pmatrix}U(-x)=\begin{pmatrix}\cos 2x&\sin 2x\\\sin 2x&-\cos 2x\end{pmatrix}\cdots ③$$

이제, ②와 ③에 의하여

$$f(x)$$
$$=\mathrm{Tr}\left((a-b)\cos t\begin{pmatrix}\cos t&\sin t\\\sin t&-\cos t\end{pmatrix}\begin{pmatrix}\cos 2x&\sin 2x\\\sin 2x&-\cos 2x\end{pmatrix}\right)$$
$$=\mathrm{Tr}\left((a-b)\cos t\begin{pmatrix}\cos(2x-t)&\sin(2x-t)\\\sin(t-2x)&\cos(2x-t)\end{pmatrix}\right)$$
$$=2(a-b)\cos t\cdot\cos(2x-t)$$

조건에서 $a\geq b>0$이므로

$$m(t)=2(a-b)|\cos t| \quad \cdots(\text{답})$$ ■

주어진 t에 대하여 $f(x)$의 최댓값을 구하는 것이므로 $2(a-b)\cos t$는 상수로 볼 수 있다. 또한, $\cos(2x-t)$는 x의 함수로 $[-1, 1]$의 모든 실수값을 갖는다.

(2) (1)번과 같은 방법으로

$U(t)\,CU(-t)D$

$$=\begin{pmatrix} a^c\cos^2 t+b^c\sin^2 t & (a^c-b^c)\sin t\cos t \\ (a^c-b^c)\sin t\cos t & a^c\sin^2 t+b^c\cos^2 t \end{pmatrix}\begin{pmatrix} b^{1-c} & 0 \\ 0 & a^{1-c} \end{pmatrix}$$

$$=\begin{pmatrix} b^{1-c}(a^c\cos^2 t+b^c\sin^2 t) & \square \\ \square & a^{1-c}(a^c\sin^2 t+b^c\cos^2 t) \end{pmatrix}$$

$\therefore\ 2\mathrm{Tr}(U(t)\,CU(-t)D)$

$=2(a^cb^{1-c}+a^{1-c}b^c)\cos^2 t+2(a+b)\sin^2 t\cdots$ ④

$U(t)AU(-t)+B$

$$=\begin{pmatrix} a\cos^2 t+b(\sin^2 t+1) & \square \\ \square & a(\sin^2 t+1)+b\cos^2 t \end{pmatrix}$$

이므로,

$\mathrm{Tr}(U(t)AU(-t)+B)-m(t)$

$=2(a+b)-2(a-b)|\cos t| \qquad \cdots$ ⑤

---

④, ⑤에서

$2\mathrm{Tr}(U(t)\,CU(-t)D)$

$\quad -\{\mathrm{Tr}(U(t)AU(-t)+B)-m(t)\}$

$=2(a^cb^{1-c}+a^{1-c}b^c)\cos^2 t+2(a+b)\sin^2 t$

$\quad -2(a+b)+2(a-b)|\cos t|$

$=2(a^cb^{1-c}+a^{1-c}b^c-a-b)\cos^2 t$

$\quad +2(a-b)|\cos t|$

$=2|\cos t|\{(a^cb^{1-c}+a^{1-c}b^c-a-b)|\cos t|+a-b\}$

$2|\cos t|\ge 0$이므로, 다음을 보이면 된다.

$(a^cb^{1-c}+a^{1-c}b^c-a-b)|\cos t|+a-b$

$=(a^cb^{1-c}+a^{1-c}b^c-a^ca^{1-c}-b^cb^{1-c})|\cos t|+a-b$

$=\{-a^c(a^{1-c}-b^{1-c})+b^c(a^{1-c}-b^{1-c})\}|\cos t|$

$\qquad +a-b$

$=-(a^c-b^c)(a^{1-c}-b^{1-c})|\cos t|+a-b$

$a\ge b>0,\ 0\le c\le 1$에서 $-(a^c-b^c)(a^{1-c}-b^{1-c})\le 0$

$\ge -(a^c-b^c)(a^{1-c}-b^{1-c})+a-b$

$=a^cb^{1-c}+a^{1-c}b^c-2b$

$\ge 2\sqrt{a^cb^{1-c}\cdot a^{1-c}b^c}-2b$

$=2\sqrt{ab}-2b=2\sqrt{b}(\sqrt{a}-\sqrt{b})\ge 0$ ■

〈 2012年 前期 － 文科 〉 時間 : 100分

1. 좌표평면상의 점 (x, y)가 방정식 $2x^2+4xy+3y^2+4x+5y-4=0$을 만족한다.
   이때, x의 최댓값을 구하여라.

2. 실수 $t\in(0,1)$에 대하여, 좌표평면상의 네 점 $\mathrm{O}(0,0)$, $\mathrm{A}(0,1)$, $\mathrm{B}(1,0)$, $\mathrm{C}(t,0)$을 고려하자. 또한, 선분 AB 위의 점 D를 $\angle\mathrm{ACO}=\angle\mathrm{BCD}$를 만족하도록 정한다. t를 움직였을 때 삼각형 ACD의 면적의 최댓값을 구하여라.

3. 이과 2번과 같음.

4. 좌표평면상의 점 (s, t)에서 포물선 $y=x^2+1$에 그은 접선을 l_1, l_2라 하자. (단, $t<0$)
   (1) l_1, l_2의 방정식을 구하여라.
   (2) a를 양의 실수라 하자. $y=x^2+1$과 직선 l_1, l_2로 둘러싸인 영역의 면적이 a가 되는 (s, t)를 모두 구하여라.

[문제 1] $2x^2+4xy+3y^2+4x+5y-4=0$
을 y에 관하여 정리하면,

$$3y^2+(4x+5)y+(2x^2+4x-4)=0$$

y는 실수이므로

$$D=(4x+5)^2-4\cdot 3(2x^2+4x-4)\geq 0$$
$$-8x^2-8x+73\geq 0$$
$$\Leftrightarrow x^2+x-\frac{73}{8}\leq 0 \Leftrightarrow \left(x+\frac{1}{2}\right)^2\leq\frac{75}{8}$$
$$\therefore\ \frac{-2-5\sqrt{6}}{4}\leq x\leq\frac{-2+5\sqrt{6}}{4}$$

따라서, x의 최댓값은

$$\frac{-2+5\sqrt{6}}{4}\qquad \cdots(\text{답})\ ■$$

[문제 2] 그림과 같이 직선 AC의 기울기가 $-\frac{1}{t}$이면, 직선 CE의 기울기는 $\frac{1}{t}$이다.

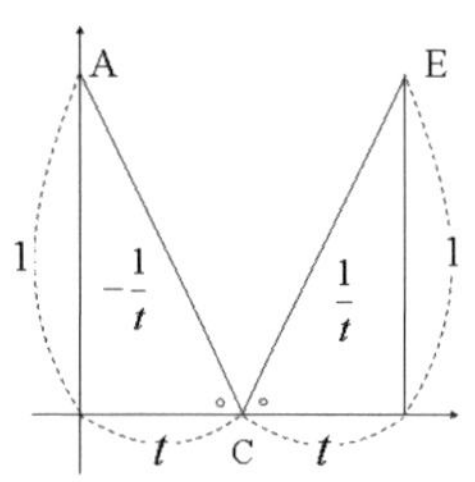

직선 CD와 직선 AB의 교점 D를 구하면,

$$\begin{cases} y=\frac{1}{t}(x-t) \\ y=-x+1 \end{cases}\text{에서}$$
$$\frac{1}{t}(x-t)=-x+1$$
$$\therefore\ x=\frac{2t}{1+t},$$
$$y=\frac{1-t}{1+t}$$

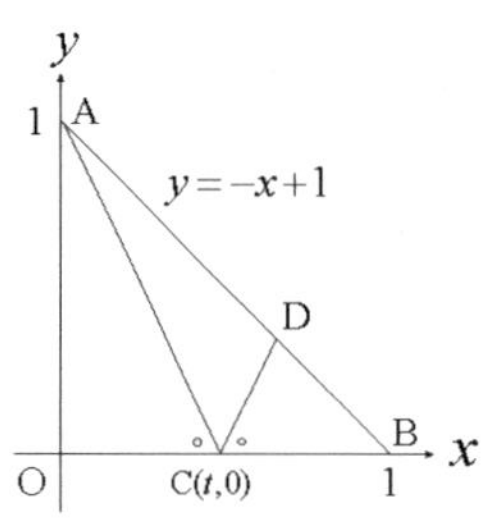

이제, △ACD의 면적을 $S(t)$라 하면

$$S(t)=\triangle\text{ABC}-\triangle\text{DBC}$$
$$=\frac{1}{2}(1-t)\cdot 1-\frac{1}{2}(1-t)\cdot\frac{1-t}{1+t}$$
$$=\frac{(1-t)t}{1+t}=2-t-\frac{2}{1+t}$$
$$=3-\left(1+t+\frac{2}{1+t}\right)\qquad (\because\ 1+t>0)$$
$$\leq 3-2\sqrt{(1+t)\cdot\frac{2}{1+t}}=3-2\sqrt{2}$$

(단, 등호는 $1+t=\frac{2}{1+t}$일 때 성립.
즉, $t=-1+\sqrt{2}$일 때 성립한다.)

따라서 △ACD의 최댓값은

$$3-2\sqrt{2}\qquad \cdots(\text{답})\ ■$$

[문제 4]

(1) 점 (s,t)에서 포물선에 그은 접선은 y축에 평행하지 않으므로 다음과 같이 놓자.

$$y=m(x-s)+t\quad \cdots ①$$

$y=x^2+1$과 연립하면,

$$x^2+1=m(x-s)+t$$
$$\left(x-\frac{m}{2}\right)^2=\frac{m^2}{4}-sm+t-1\quad \cdots ②$$

접할 조건 $\frac{m^2}{4}-sm+t-1=0$에서

$$m^2-4sm+4t-4=0\quad (4t-4<0)$$
$$\therefore\ m=2(s\pm\sqrt{s^2-t+1})\quad \cdots ③$$

따라서, 두 접선 l_1, l_2의 방정식은

$$y=2(s\pm\sqrt{s^2-t+1})(x-s)+t\quad \cdots(\text{답})\ ■$$

(2) 접점의 x좌표는 ②에서 $\frac{m}{2}$이다.

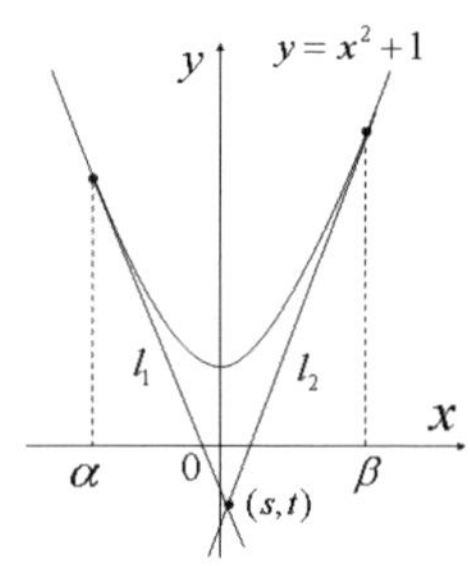

두 접점의 x좌표를 각각 α, β로 놓으면, ②와 ③에 의하여

$$\begin{cases} \alpha=s-\sqrt{s^2-t+1} \\ \beta=s+\sqrt{s^2-t+1} \end{cases}\quad \cdots ④$$

이며, 접선 l_1, l_2의 방정식은

$$\begin{cases} l_1 : y = 2\alpha(x-\alpha)+\alpha^2+1 = 2\alpha x - \alpha^2+1 \\ l_2 : y = 2\beta(x-\beta)+\beta^2+1 = 2\beta x - \beta^2+1 \end{cases}$$

따라서 구하는 면적은

$$\int_\alpha^s \{x^2+1-(2\alpha x-\alpha^2+1)\}dx$$

$$+\int_s^\beta \{x^2+1-(2\beta x-\beta^2+1)\}dx$$

$$=\int_\alpha^s (x-\alpha)^2 dx + \int_s^\beta (x-\beta)^2 dx$$

$$=\left[\frac{1}{3}(x-\alpha)^3\right]_\alpha^s + \left[\frac{1}{3}(x-\beta)^3\right]_s^\beta$$

$$=\frac{1}{12}(\beta-\alpha)^3 \qquad \left(\because s=\frac{\alpha+\beta}{2}\right) \ (\because ④)$$

$$=\frac{2}{3}(s^2-t+1)^{\frac{3}{2}} \qquad (\because ④)$$

이 넓이가 a이므로 $\frac{2}{3}(s^2-t+1)^{\frac{3}{2}} = a > 0$

$$\therefore t = s^2+1-\left(\frac{3a}{2}\right)^{\frac{2}{3}}$$

(ⅰ) $s^2 \geq 0$, $-t > 0$이므로

$$a = \frac{2}{3}(s^2-t+1)^{\frac{3}{2}} > \frac{2}{3}$$

(ⅱ) $t = s^2+1-\left(\frac{3a}{2}\right)^{\frac{2}{3}} < 0$에서

$$-\sqrt{\left(\frac{3a}{2}\right)^{\frac{2}{3}}-1} < s < \sqrt{\left(\frac{3a}{2}\right)^{\frac{2}{3}}-1}$$

(ⅰ), (ⅱ)에 의하여,

$0 < a \leq \frac{2}{3}$인 경우, (s, t)는 존재하지 않음.

$a > \frac{2}{3}$인 경우, $t = s^2+1-\left(\frac{3a}{2}\right)^{\frac{2}{3}}$

단, $-\sqrt{\left(\frac{3a}{2}\right)^{\frac{2}{3}}-1} < s < \sqrt{\left(\frac{3a}{2}\right)^{\frac{2}{3}}-1}$

…(답) ■

〈 2012年 後期 – 全科類 〉 時間 : 120分

1. 주어진 상황에서 최적의 결과를 이끌어내는 전략에 대하여 생각해보자.

(A) 소매업자는, 생산자의 상품과 소비자의 수요를 연결시켜 거래를 촉진시키는 역할을 한다. 소매업자의 경제활동을 아래와 같이 고찰해보자.
소매업자 A는 어떤 상품에 대하여 1단위당 매수가격을 p원으로 설정하고, 생산자 B의 공급 S단위만큼을 구입한다. 이어서, 소매업자 A는 1단위당 판매가격을 q원으로 설정하여, 소비자 C의 수요 D단위만큼 매입주문을 받는다. 단, p, S, q, D는 양의 실수이다.
S단위를 공급할 때, 생산자 B는 생산비용 $H(S)$원이 발생한다. 생산자 B는 1단위당 p원에 전체 S단위만큼 매각하는 것으로, 이윤 $pS-H(S)$가 최대가 되도록 S를 결정한다. 여기서 생산비용은 $H(S)=\alpha S^2$이며, α는 양의 실수이다.
소비자 C는 D단위를 소비하는 것으로 인해, 금전적으로 환산했을 때 $U(D)$원에 상당하는 만족을 얻으며, $U(D)-qD$가 최대로 되도록 D를 결정한다. 소비자 C의 만족은 $U(D)=\beta\sqrt{D}$이며, β는 양의 실수이다.

(1) 생산자 B가 결정하는 S를 p와 α를 이용하여 나타내어라.
(2) 소비자 C가 결정하는 D를 q와 β를 이용하여 나타내어라.

(3) 소매업자 A는 α와 β를 직접 알 수는 없지만, 과거의 데이터를 이용하여 추정 가능한 경우가 있다. 만약, 아래와 같은 두 데이터를 얻은 경우, 추정 가능한 α와 β를 구하시오.

> [데이터 1] 가격을 $p=4$, $q=5$로 설정하는 경우, 초과수요 10단위가 발생하였다.
> 즉, $D-S=10$으로 되었다.
> [데이터 2] 가격을 $p=5$, $q=10$으로 설정하는 경우, 초과공급 10단위가 발생하였다.
> 즉, $S-D=10$으로 되었다.

(4) 소매업자 A는 α와 β를 추정함에 있어 충분한 데이터를 구하지 못하는 경우가 많다. 소매업자 A는 (3)번에서와 같이 두 개의 데이터를 구하지 못하고, 실제로는 아래와 같은 단 하나의 데이터만 얻었다.

> [데이터 3] 가격을 $p=10$, $q=10$으로 설정하는 경우, 수요와 공급이 일치하였다.
> 즉, $S=D$로 되었다.

소매업자 A는 판매수입 qD와 구입비용 pS의 차액으로 인해 얻어지는 이윤 $qD-pS$를 가능한 크게 하고자 한다. 이때, 수요 D가 공급 S를 초과하지 않도록 p와 q를 설정하는 것으로 한다. [데이터 3]을 이용하여, 소매업자 A가 설정하는 p와 q를 구하시오.

(B) 질량이 1, 2, ⋯, N그램 중 하나임이 알려진 물체가 있어, 천칭(天秤–양팔저울)을 사용하여 물체의 질량 x그램을 결정하고자 한다. 여기서, N은 2 이상의 정수이다. 천칭은 한 번 계측할 때마다, 임의로 지정된 정수값 $k\,(1\le k\le N-1)$에 대하여, $x\le k$와 $x\ge k+1$ 중 어느 쪽이 성립하는지만을 판단할 수 있다. 천칭을 사용하는 횟수를 가능한 적게 하여 물체의 질량을 결정하고자 한다.
철수의 방법은, 먼저 $k=1$로 하여 $x\le 1$과 $x\ge 2$ 중 어느 쪽인가를 결정한다. 만약, $x\le 1$이면 $x=1$로 결정된다. 만약, $x\ge 2$이면, 다음으로 $k=2$로 하여 $x=2$와 $x\ge 3$ 중 어느 쪽인가를 결정한다. 이런 식으로, k를 1부터 시작하여 1씩 올려가며 x를 결정한다.
이에 대하여, 민지의 방법은, 먼저 전체의 중앙값 $\frac{N+1}{2}$보다 크지 않은 최대정수를 k로 하여, $x\le k$와 $x\ge k+1$ 중 어느 쪽인지를 결정하여 x를 얻는 범위를 대략 절반의 폭으로 줄인다. 다음으로, 줄여진 범위의 중앙값보다 크지 않은 최대정수를 k로 놓고, x를 얻는 범위를 다시 대략 절반으로 줄인다. 이러한 방법을 반복하여 x의 범위를 줄여나가서, 최종적으로 x를 결정한다.

(1) 철수의 방법으로 x를 결정하고자 한다.
필요한 천칭의 사용횟수의 최댓값을 N으로 나타내시오.

(2) $1\le k\le N$를 만족하는 모든 k에 대하여, $x=k$일 확률이 $\frac{1}{N}$이라고 하자. 이때, 철수의 방법으로 x를 결정하는 데 필요한 천칭의 사용횟수의 기댓값을 N으로 나타내시오.

(3) $N=2^m$이며, m은 양의 정수라 하자. 이때, 민지의 방법으로 x를 결정하는데 필요한 천칭의 사용횟수를 m으로 나타내시오.

이제, 철수와 민지의 방법 이외의 일반적인 방법을 포함하여 생각해보자. 여기서 말하는 '방법'이란, 천칭을 사용할 때 지정하는 정수값 k의 '선택방법'을 미리 정하여 놓는 방법을 일컫는다. 단, 두 번째 계측부터는, 그 이전의 계측에 의한 판단결과에 입각하여 k를 정해도 된다.

(4) $N=1000$이며, x는 1부터 1000까지의 임의의 정수값을 갖는다. 이때, '천칭을 9회 이내로 사용하여 x를 반드시 결정할 수 있는 방법'은 존재하지 않음을 보여라.

(5) $N=1000$이라 하자. 정수 k에 대하여 $x=k$일 확률은, $1 \le k \le 200$일 때 $\frac{1}{250}$이며, $201 \le k \le 1000$일 때 $\frac{1}{4000}$이다. 이때, 천칭의 사용횟수의 기댓값이 9 이하로 되는 방법을 찾으시오.

2. 단순조작의 반복을 통해 복잡한 운동이나 도형을 만들어 내는 것에 대하여 생각해보자.

(A) 그림과 같이, 길이 l_1인 강체(剛體)로 된 봉 L_1과, 길이 l_2인 강체로 된 봉 L_2가 연결되어 있는 '로봇팔'이 있다.

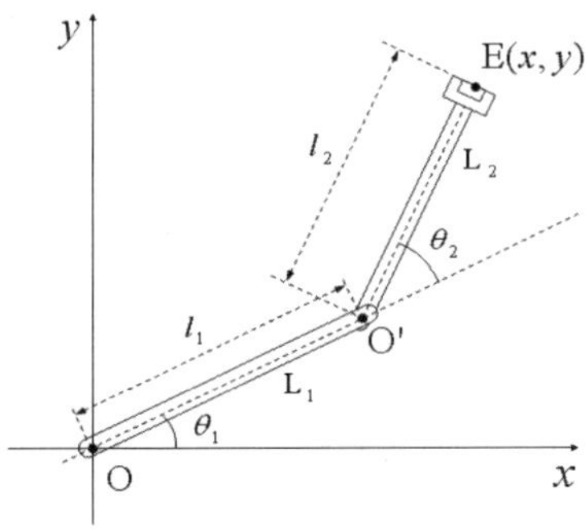

L_1의 한쪽 끝은 원점 O에 고정되어 있으며, 다른 한쪽 끝은 L_2의 한쪽 끝과 관절 O′에서 연결되어 있다. L_2의 다른 한쪽 끝은 '손끝 E'라 부르기로 한다. 관절 O와 O′에는 모터가 하나씩 들어있어, 두 봉 L_1, L_2를 xy평면상에서 움직일 수 있다(L_1은 원점 O를 중심으로 회전가능하며, L_2는 O′를 중심으로 회전가능하다). L_1이 x축과 이루는 각을 θ_1, L_2가 L_1과 이루는 각을 θ_2라 하자. 단, θ_1, θ_2는 반시계방향을 양의 방향으로 한다.

(1) 손끝 E의 위치 (x, y)를 θ_1, θ_2, l_1, l_2를 이용하여 나타내시오.

(2) 손끝 E가 통과하는 영역을 도시하여라. 단, 회전각 θ_1, θ_2는 독립적으로 자유롭게 값을 취한다.

(3) 손끝 E의 속도벡터 $\left(\frac{dx}{dt}, \frac{dy}{dt}\right)$와, L_1, L_2 각각의 회전각의 속도 $\frac{d\theta_1}{dt}$, $\frac{d\theta_2}{dt}$ 사이에는 다음과 같은 관계식이 성립한다. a, b, c, d를 θ_1, θ_2, l_1, l_2를 이용하여 나타내시오.

$$\begin{pmatrix} \frac{dx}{dt} \\ \frac{dy}{dt} \end{pmatrix} = \begin{pmatrix} a & b \\ c & d \end{pmatrix} \begin{pmatrix} \frac{d\theta_1}{dt} \\ \frac{d\theta_2}{dt} \end{pmatrix}$$

(4) 문제 (3)에서 구한 a, b, c, d 사이에 $ad-bc=0$이 성립하는 것은 θ_1, θ_2가 어떤 경우인가? 또, 이때 손끝 E의 속도벡터에는 어떠한 제한이 더해지는지 답하시오.

(5) 관절 O의 모터만의 회전운동으로 발생하는 손끝 E의 속도벡터 $\vec{u}$와, 관절 O′의 모터만의 회전운동으로 발생하는 손끝 E의 속도벡터 $\vec{v}$에 대하여 생각해보자. 속도벡터 $\vec{u}$, $\vec{v}$가 직교하기 위한 l_1, l_2의 관계를 구하시오.

(B) 복잡한 기하학적 도형의 특징을 여러 가지 척도로 다루어 보자. 도형의 특징을 표현하는 개념으로 '차원'이 있다. 예를 들어, 선분의 차원은 1이며, 평면상의 정사각형(내부포함)의 차원은 2이지만, 정수가 아닌 차원을 갖는 복잡한 도형도 존재하는 것이 알려져 있다. 이제, 그림과 같이, 일정한 조작을 반복하여 구성된 도형을 고찰해보자.

F_1　　F_2　　F_3

최초에, 한 변의 길이가 1인 정사각형(내부포함)을 F_0라 하자. F_0를 한 변의 길이가 $\frac{1}{3}$인 9개의 작은 정사각형으로 분할하여, 중앙의 작은 정사각형을 제거한 것을 F_1이라 하자. 여기서, 각각의 작은 정사각형을 한 변의 길이가 $\frac{1}{3}$인 '유닛(unit)'이라 부른다.

다음으로, F_1을 구성하는 8개의 유닛 각각을 다시 9개의 작은 정사각형으로 분할하여, 각각의 중앙 정사각형을 제거한 것을 F_2라 하자. 이 분할에서 얻어진 각각의 작은 정사각형을 한 변의 길이가 $\frac{1}{9}$인 유닛이라 부른다. 이러한 조작을 반복하여 얻어진 도형을 순서대로 F_3, F_4, ⋯라 하자.

(1) F_0를 한 변의 길이가 $\frac{1}{3}$인 유닛으로 덮으려면 9개가 필요하지만, F_1 이후로는 8개가 필요하다. 이제, 이 도형들을 한 변의 길이가 $\frac{1}{9}$인 유닛을 덮으려면, 몇 개가 필요한가? F_0, F_1, F_2, ⋯ 각각에 대하여 답하시오.

(2) $B=3^m$(m은 양의 정수)에 대하여, 한 변의 길이가 $\frac{1}{B}$인 유닛으로 각 도형을 덮는 데 필요한 개수는, 어떤 번호 p이후의 F_p, F_{p+1}, F_{p+2}, ⋯에 대하여는 일정하다. 이때 덮는 데 필요한 일정한 개수를 $n(B)$라 할 때, $n(B)$를 m을 이용하여 나타내어라.

(3) 적당한 양의 실수 D를 선택하면, $B=3^m$이 한없이 커질 때, $\frac{n(B)}{B^D}$가 양의 실수로 수렴한다는 것이 알려져 있다. 이러한 D의 값을 구하여라.

일반적으로, 평면상에 어떤 도형이 주어졌을 때, 이 도형을 한 변의 길이가 $\frac{1}{B}$인 정사각형(단, B는 양의 정수) 몇 개로 덮을 수 있는가를 생각해볼 수 있다. 덮는 데 필요한 개수를 $n(B)$라 하면, 적당한 실수 D에 대하여 $\lim_{B\to\infty}\frac{n(B)}{B^D}$가 유한한 양의 실수로 되는 경우가 있다. 이러한 경우에, 이 도형이 갖는 차원을 D라고 정의할 수 있다. 이는, 반투명한 방안지(모눈종이)를 주어진 도형 위에 놓고, 몇 개의 모눈(정사각형)으로 덮을 수 있는가를, 모눈(정사각형)을 점차 작게 하면서 개수를 세는 것으로 생각해도 좋다. 정사각형이나 원과 같은 평면도형에 있어서는, $\frac{n(B)}{B^2}$가 유한한 양의 실수로 수렴하므로 $D=2$이지만, 일반적으로 D는 정수가 아닌 값을 갖는다. 위의 (3)번에서 구한 D는, F_1, F_2, $\cdots$의 극한으로 나타나는 도형의 차원으로 간주할 수 있다.

이제, 도형을 만드는 규칙을 바꾸어서 그림과 같은 도형을 생각해보자. 최초에 한 변의 길이가 1인 정사각형(내부포함) G_0를, 한 변의 길이가 $\frac{1}{2}$인 정사각형 유닛 4개로 나누어서, 오른쪽 위의 유닛에 대해서만, 한 변의 길이가 $\frac{1}{4}$인 정사각형(왼쪽 아래)을 제거한다. 이렇게 해서 얻어진 도형을 G_1이라 하자.

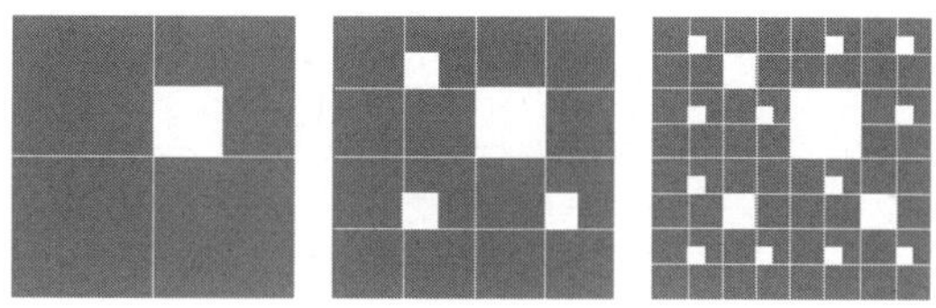

G_1 G_2 G_3

다음으로, 훼손되지 않고 남겨진 3개의 유닛 각각에 대하여, 같은 형태의 조작을 실시한다. 즉, 각각을 한 변의 길이가 $\frac{1}{4}$인 유닛 4개로 나누어, 오른쪽 위의 유닛에 대해서는 왼쪽 아래의 한 변의 길이가 $\frac{1}{8}$인 정사각형을 제거한다. 여기서, 얻어진 도형을 G_2라 하자. 이어서, G_2에 포함되어 있는 한 변의 길이가 $\frac{1}{4}$이면서 훼손되지 않고 남겨진 각각의 정사각형 유닛에 대하여, 같은 형태의 조작을 시행하여 얻은 도형을 G_3라 하자. 이러한 조작을 반복하여 얻은 도형을 차례대로 G_1, G_2, G_3, $\cdots$라 하자.

(4) 이러한 조작을 끝없이 반복하면, 점점 복잡한 도형으로 되어간다. 이렇게 얻어지는 도형들을, 한 변의 길이가 $\frac{1}{2^m}$인 정사각형 유닛(m은 양의 정수)으로 덮는 데 필요한 개수는, 어떤 번호 p 이후의 G_p, G_{p+1}, G_{p+2}, $\cdots$에 대해서는 일정하게 된다. 이때 덮는 데 필요한 일정한 개수를 N_m이라 할 때, N_{m+2}를 N_{m+1}, N_m을 이용하여 나타내시오.

(5) m을 무한히 크게 하면, 어떤 양의 실수 α에 대하여 $\frac{N_m}{\alpha^m}$은 양의 극한값에 수렴한다. 이것을 가정하여, α의 값을 구하여라.

(6) G_1, G_2, G_3, $\cdots$의 극한으로 얻어지는 도형에 대하여, 이제까지와 같은 방법에 기초하여 차원 D를 구할 수 있다. 이 차원 D를 α를 이용하여 나타내시오.

[문제 1] (A)

$$\begin{cases} H(S)=\alpha S^2 & \cdots ① \\ U(D)=\beta\sqrt{D} & \cdots ② \end{cases}$$

(1) 생산자 B가 얻는 이익은, ①에 의하여

$$pS-H(S)=pS-\alpha S^2$$
$$=-\alpha\left(S-\frac{p}{2\alpha}\right)^2+\frac{p^2}{4\alpha}\le\frac{p^2}{4\alpha}$$

이므로, 이익을 최대로 하는 S는

$$S=\frac{p}{2\alpha} \quad \cdots ③ \qquad \cdots(\text{답})\ ■$$

(2) 소비자 C는 만족 $U(D)$에서 구입비 qD를 뺀 값을 최대로 해야 한다.

$$U(D)-qD=\beta\sqrt{D}-qD$$
$$=-q\left(\sqrt{D}-\frac{\beta}{2q}\right)^2+\frac{\beta^2}{4q}\le\frac{\beta^2}{4q}$$

이므로, 소비자 C가 결정하는 D값은

$$\sqrt{D}=\frac{\beta}{2q} \quad \therefore\ D=\frac{\beta^2}{4q^2} \quad \cdots ④ \qquad \cdots(\text{답})\ ■$$

(3) [데이터 1]에서 $p=4,\ q=5,\ D-S=10$이므로, ③과 ④에 의하여

$$D-S=\frac{\beta^2}{4\cdot 5^2}-\frac{4}{2\alpha}=10 \quad \cdots ⑤$$

[데이터 2]에서 $p=5,\ q=10,\ S-D=10$이므로, ③과 ④에 의하여

$$S-D=\frac{5}{2\alpha}-\frac{\beta^2}{4\cdot 10^2}=10 \quad \cdots ⑥$$

⑤$+$⑥$\times 4$에서 $\frac{8}{\alpha}=50$

$$\therefore\ \alpha=\frac{4}{25},\ \beta=15\sqrt{10} \qquad \cdots(\text{답})\ ■$$

(4) [데이터 3]에서 $p=10, q=10, S=D$이므로, ③과 ④에 의하여

$$S=\frac{10}{2\alpha}=\frac{\beta^2}{4\cdot 10^2}=D$$
$$\therefore\ \alpha\beta^2=2000 \quad \cdots ⑦$$

수요 D가 공급 S를 초과하지 않으므로

$$D=\frac{\beta^2}{4q^2}\le\frac{p}{2\alpha}=S \quad \therefore\ \alpha\beta^2\le 2pq^2 \quad \cdots ⑧$$

⑦, ⑧에서 $\alpha\beta^2=2000\le 2pq^2$

$$\therefore\ p\ge\frac{1000}{q^2} \quad \cdots ⑨$$

이제, 이윤 $qD-pS$는 ③, ④에 의하여

$$qD-pS=q\cdot\frac{\beta^2}{4q^2}-p\cdot\frac{p}{2\alpha}=\frac{\alpha\beta^2}{4\alpha q}-\frac{p^2}{2\alpha}$$
$$=\frac{500}{\alpha q}-\frac{p^2}{2\alpha} \quad (\because ⑦)$$
$$\le\frac{500}{\alpha q}-\frac{1}{2\alpha}\left(\frac{1000}{q^2}\right)^2 \quad (\because ⑨)$$
$$=\frac{500}{\alpha}\left(\frac{1}{q}-\frac{1000}{q^4}\right)$$

여기서, $x=\frac{1}{q}\ (>0)$로 놓으면

$$\frac{1}{q}-\frac{1000}{q^4}=x-1000x^4$$

이제, $f(x)=x-1000x^4$으로 놓으면

$$f'(x)=1-4000x^3$$

이므로, $f(x)$는 $x=\frac{1}{10\sqrt[3]{4}}$ 즉, $q=10\sqrt[3]{4}$에서 극대이며 최대이다.

$q=10\sqrt[3]{4}$일 때, ⑨에서

$$p\ge\frac{1000}{q^2}=\frac{1000}{100\sqrt[3]{4^2}}=\frac{10\sqrt[3]{4}}{\sqrt[3]{4^2}\sqrt[3]{4}}=\frac{5\sqrt[3]{4}}{2}$$

이윤 $qD-pS$가 최대로 되려면 p가 작아야 하므로 구하는 값은

$$p=\frac{5\sqrt[3]{4}}{2},\ q=10\sqrt[3]{4} \qquad \cdots(\text{답})\ ■$$

[문제 1]

(B)

(1) 먼저, 물체의 질량이 N그램이라면, $k=N-1$일 때까지 천칭을 사용해야 한다. 즉, 질량이 N인 경우, 천칭의 사용횟수는 $N-1$회이다.
만약, 물체의 질량이 $N-1$그램 이하인 경우의 천칭의 사용횟수는 $N-1$회 이하이다.
따라서, 구하는 최댓값을 N으로 나타내면

$$N-1 \qquad \cdots(\text{답})$$ ■

(2) 먼저, $x=k\,(1 \le k \le N-1)$일 때, x의 값을 결정하기 위한 천칭의 사용횟수는 k이다. 또한, $x=N$인 경우, 천칭의 사용횟수는 $N-1$이다. 따라서, 구하는 기댓값은

$$\sum_{k=1}^{N-1} k \cdot \frac{1}{N} + (N-1) \cdot \frac{1}{N}$$
$$= \frac{N(N-1)}{2} \cdot \frac{1}{N} + \frac{N-1}{N} = \frac{(N-1)(N+2)}{2N}$$

$\cdots$(답) ■

(3) 민지의 방법은 그림과 같이, x값의 추정범위를 대략 절반으로 줄여가는 것이다.

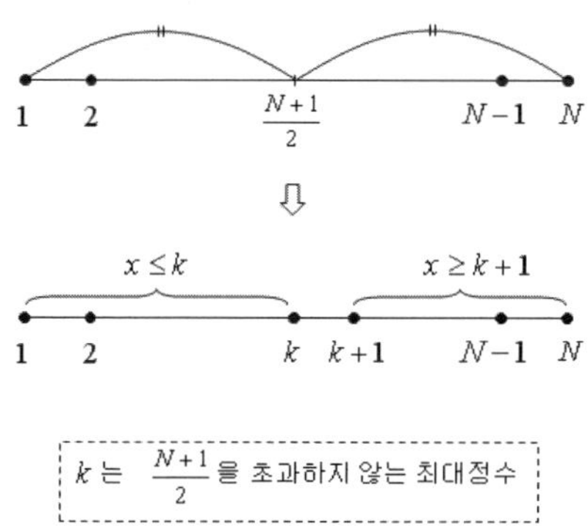

문제에서 $N=2^m$이므로, 천칭을 한 번 사용하면 추정구간은 2^{m-1}개의 숫자를 포함하는 구간으로 좁혀진다. 다시 한 번 천칭을 사용하면, 추정구간은 2^{m-2}개의 숫자를 포함하는 구간으로 좁혀진다.
즉, 천칭을 r번 사용하면 추정구간은 2^{m-r}개의 숫자를 포함하는 구간으로 좁혀진다.

x값을 하나로 결정하기 위해서는 $2^{m-r}=1$이어야 하므로,

$$\therefore\ r=m \qquad \cdots(\text{답})$$ ■

(4) $2^9 < 1000 < 2^{10}$이므로, (3)번의 고찰에 의하여 천칭을 9회 사용하여 좁혀진 x의 추정구간이 2개 이상의 수를 포함할 수도 있다. 따라서, 문제에서 제시하는 방법은 존재하지 않는다. ■

[참고] 예를 들어 $x=1$인 경우,
민지의 방법을 사용하면

계측	추정구간	포함된 수
1회	$1 \le x \le 500$	500개
2회	$1 \le x \le 250$	250개
3회	$1 \le x \le 125$	125개
4회	$1 \le x \le 63$	63개
5회	$1 \le x \le 32$	32개
6회	$1 \le x \le 16$	16개
7회	$1 \le x \le 8$	8개
8회	$1 \le x \le 4$	4개
9회	$1 \le x \le 2$	2개

문제에서처럼 천칭을 사용하면, k 이하와 $k+1$ 이상의 두 부분 중 하나가 추정범위가 된다.
두 부분 중 한쪽이 다른 쪽에 비해 훨씬 많은 수를 포함한다면, 결과적으로 천칭을 더 많이 사용해야 한다.
따라서, 좁혀진 추정범위를 대략 반분해 나가는 것이 가장 좋은 방법이다.

(5) $E=\{x|1 \le x \le 200,\ x$는 정수$\}$

$F=\{x|201 \le x \le 1000,\ x$는 정수$\}$

로 놓자.

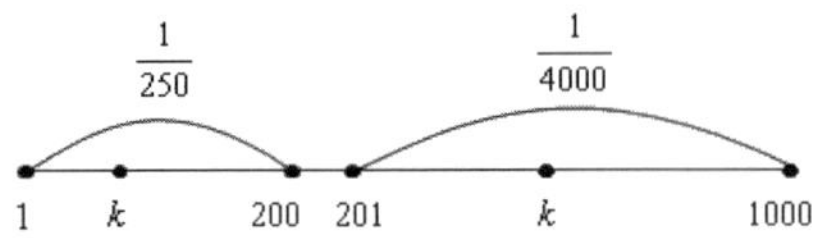

$k \in E$인 경우, r회의 천칭사용으로 k가 결정된다고 하자. 또, $k \in F$인 경우, s회의 천칭사용으로 k가 결정된다고 하자.

이때, 천칭의 사용횟수의 기댓값은

$$\sum_{x \in E} r \times \frac{1}{250} + \sum_{x \in F} s \times \frac{1}{4000}$$

$$= \frac{200r}{250} + \frac{800s}{4000} \le 9$$

$$\therefore \ 4r + s \le 45 \qquad \cdots ①$$

를 만족해야 한다.

$2^7 < 200 < 2^8$이므로, $k \in E$인 경우의 천칭의 사용횟수는 $r \le 8$이다.

따라서, ①에 의하여, $k \in F$인 경우의 천칭의 사용횟수가 $s \le 13$으로 되는 방법을 찾으면 된다.

먼저, $k \le 128$인지 $k > 128$인지를 결정하고 아래와 같이 k를 결정해보자.

(Ⅰ) $1 \le k \le 128 = 2^7$인 경우

처음 $k \le 128$를 판별하기 위해 천칭을 한 번 사용했으므로, $7+1=8$회의 계측으로 결정.

(Ⅱ) $128 < k \le 1000$인 경우

(ⅰ) $128 < k \le 128 + 2^6 = 192$인 경우

$k=128$, $k=192$로 천칭을 두 번 사용한 후, 2^6개의 숫자를 포함한 구간으로 추정구간이 축소된 상태이다.

$1+1+6=8$회의 계측으로 결정.

(ⅱ) $192 < k \le 192 + 2^3 = 200$인 경우

$1+1+1+3=6$회의 계측으로 결정.

(ⅲ) $200 < k \le 1000$인 경우

이 구간은 연속되는 800개의 숫자를 포함하고 있으며 $2^9 < 800 < 2^{10}$이므로, 이 구간 안에서 k를 결정하기 위해서는 천칭을 10회 사용해야 한다.

따라서, $1+1+1+10=13$회의 계측으로 결정.

위와 같은 일련의 '방법'을 사용하면

$$k \in E \Rightarrow r \le 8, \ k \in F \Rightarrow s \le 13$$

이므로, 문제의 조건을 만족한다. ■

[참고] 위의 방법을 순서도로 표시하면 다음과 같다.

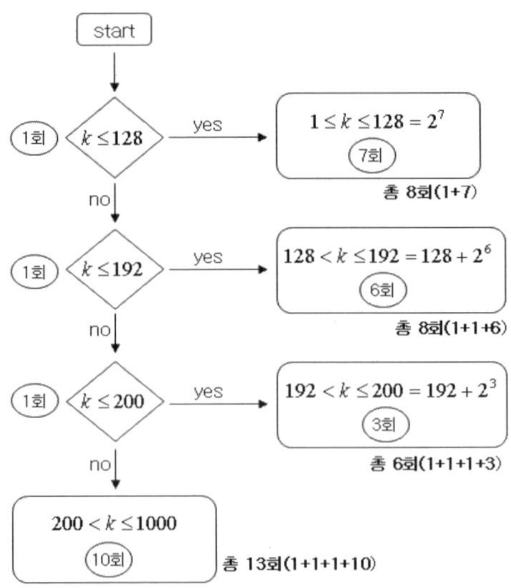

[문제 2] (A)

(1) $\overrightarrow{OE} = \overrightarrow{OO'} + \overrightarrow{O'E}$이므로

$$\begin{pmatrix} x \\ y \end{pmatrix} = l_1 \begin{pmatrix} \cos\theta_1 \\ \sin\theta_1 \end{pmatrix} + l_2 \begin{pmatrix} \cos(\theta_1+\theta_2) \\ \sin(\theta_1+\theta_2) \end{pmatrix}$$

$$= \begin{pmatrix} l_1\cos\theta_1 + l_2\cos(\theta_1+\theta_2) \\ l_1\sin\theta_1 + l_2\sin(\theta_1+\theta_2) \end{pmatrix}$$

따라서, 손끝 E의 위치 (x, y)는

$$(l_1\cos\theta_1 + l_2\cos(\theta_1+\theta_2),\ l_1\sin\theta_1 + l_2\sin(\theta_1+\theta_2))$$

…(답) ■

(2) θ_1을 변화시켰을 때 O′가 그리는 원을 H, θ_1을 고정하고 θ_2를 변화시켰을 때 E가 그리는 원을 K라 하자.

(i) $l_1 \geq l_2$인 경우

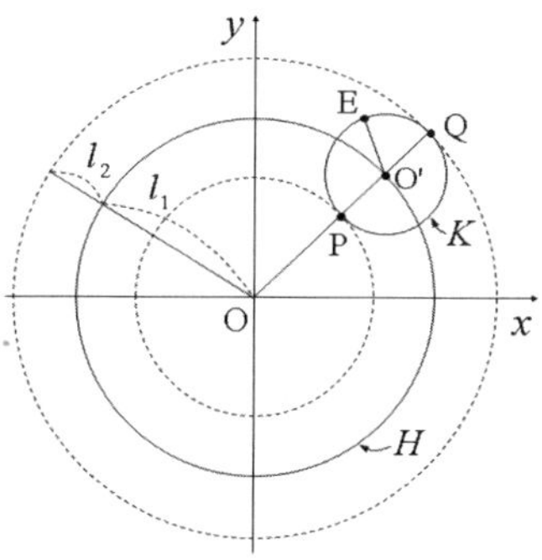

그림과 같이 직선 OO′와 원 K의 두 교점을 O에서 가까운 쪽부터 P, Q라 하면, E가 통과하는 영역은 O를 중심으로 하는 반지름 $\overline{OP}=l_1-l_2$인 원과 반지름 $\overline{OQ}=l_1+l_2$인 원으로 둘러싸인 부분으로 된다.

(ii) $l_1 < l_2$인 경우

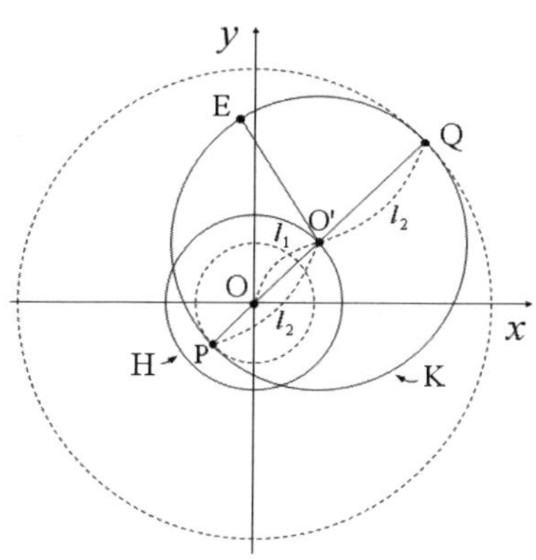

(i)과 같은 방법으로 P, Q를 정하면, E가 통과하는 영역은 O를 중심으로 하는 반지름 $\overline{OP}=l_2-l_1$인 원과 반지름 $\overline{OQ}=l_1+l_2$인 원으로 둘러싸인 부분으로 된다.

이상, (i)과 (ii)에 의하여 손끝 E가 통과하는 영역은 아래 그림의 사선부분과 같이 된다. 단, 경계는 모두 포함한다.

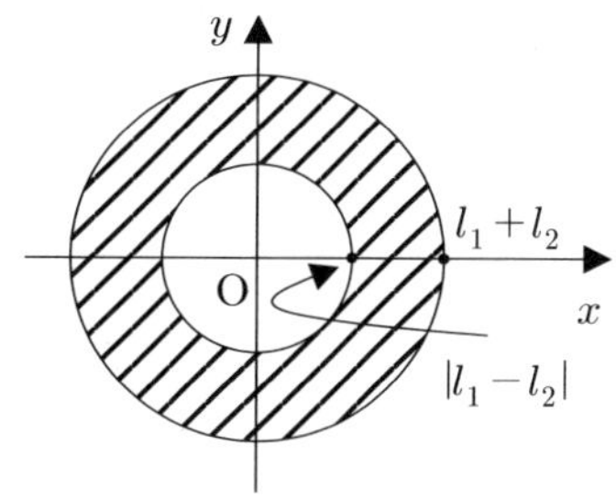

…(답) ■

(3) (1)번의 결과에 의하여

$$\frac{dx}{dt} = -l_1\sin\theta_1\frac{d\theta_1}{dt} - l_2\sin(\theta_1+\theta_2)\frac{d}{dt}(\theta_1+\theta_2)$$
$$= (-l_1\sin\theta_1 - l_2\sin(\theta_1+\theta_2))\frac{d\theta_1}{dt} - l_2\sin(\theta_1+\theta_2)\frac{d\theta_2}{dt}$$
$$\frac{dy}{dt} = l_1\cos\theta_1\frac{d\theta_1}{dt} + l_2\cos(\theta_1+\theta_2)\frac{d}{dt}(\theta_1+\theta_2)$$
$$= (l_1\cos\theta_1 + l_2\cos(\theta_1+\theta_2))\frac{d\theta_1}{dt} + l_2\cos(\theta_1+\theta_2)\frac{d\theta_2}{dt}$$

따라서,

$$\begin{cases} a = -l_1\sin\theta_1 - l_2\sin(\theta_1+\theta_2) \\ b = -l_2\sin(\theta_1+\theta_2) \\ c = l_1\cos\theta_1 + l_2\cos(\theta_1+\theta_2) \\ d = l_2\cos(\theta_1+\theta_2) \end{cases}$$ …(답) ■

(4) (3)번의 결과와 $ad-bc=0$에서

$$\{-l_1\sin\theta_1 - l_2\sin(\theta_1+\theta_2)\}l_2\cos(\theta_1+\theta_2) + l_2\sin(\theta_1+\theta_2)\{l_1\cos\theta_1 + l_2\cos(\theta_1+\theta_2)\}$$
$$= l_1l_2\{-\sin\theta_1\cos(\theta_1+\theta_2) + \cos\theta_1\sin(\theta_1+\theta_2)\}$$
$$= l_1l_2\sin\{(\theta_1+\theta_2)-\theta_1\}$$
$$= l_1l_2\sin\theta_2 = 0$$

$\therefore\ \sin\theta_2 = 0$

$\therefore\ \theta_2 = n\pi$ (n: 정수) …(답) ■

이때, (1)번의 결과에 의하여

$$\overrightarrow{\mathrm{OE}}=\begin{pmatrix} l_1\cos\theta_1+l_2\cos(\theta_1+n\pi) \\ l_1\sin\theta_1+l_2\sin(\theta_1+n\pi) \end{pmatrix}$$

$$=\{l_1+(-1)^n l_2\}\begin{pmatrix} \cos\theta_1 \\ \sin\theta_1 \end{pmatrix}$$

이며,

$$\frac{d\overrightarrow{\mathrm{OE}}}{dt}=\{l_1+(-1)^n l_2\}\frac{d\theta_1}{dt}\begin{pmatrix} -\sin\theta_1 \\ \cos\theta_1 \end{pmatrix}$$

이므로, $\overrightarrow{\mathrm{OE}}\cdot\dfrac{d\overrightarrow{\mathrm{OE}}}{dt}=0$ 이다.

따라서, 손끝 E의 속도벡터에 '$\overrightarrow{\mathrm{OE}}$에 수직'이라는 제한이 더해진다. ■

(5) 관절 O의 모터만의 회전운동으로 발생하는 손끝 E의 속도벡터 $\vec{u}$는, $\dfrac{d\theta_2}{dt}=0$에 주의하면, (3)의 결과에 의하여

$$\vec{u}=\begin{pmatrix} a & b \\ c & d \end{pmatrix}\begin{pmatrix} \frac{d\theta_1}{dt} \\ 0 \end{pmatrix}=\frac{d\theta_1}{dt}\begin{pmatrix} a \\ c \end{pmatrix}$$

> 관절 O′의 모터는 움직이지 않아
> θ_2는 변하지 않으므로 $\dfrac{d\theta_2}{dt}=0$

같은 방법으로,

$$\vec{v}=\begin{pmatrix} a & b \\ c & d \end{pmatrix}\begin{pmatrix} 0 \\ \frac{d\theta_2}{dt} \end{pmatrix}=\frac{d\theta_2}{dt}\begin{pmatrix} b \\ d \end{pmatrix}$$

$\vec{u}$와 $\vec{v}$가 직교하므로

$$\vec{u}\cdot\vec{v}=\frac{d\theta_1}{dt}\cdot\frac{d\theta_2}{dt}(ab+cd)=0$$

$$\therefore\ ab+cd=0$$

(3)의 결과를 $ab+cd=0$에 대입하면

$$\{-l_1\sin\theta_1-l_2\sin(\theta_1+\theta_2)\}(-l_2\sin(\theta_1+\theta_2))$$
$$+\{l_1\cos\theta_1+l_2\cos(\theta_1+\theta_2)\}l_2\cos(\theta_1+\theta_2)$$
$$=l_1l_2\{\sin\theta_1\sin(\theta_1+\theta_2)+\cos\theta_1\cos(\theta_1+\theta_2)\}$$
$$+l_2^2\{\sin^2(\theta_1+\theta_2)+\cos^2(\theta_1+\theta_2)\}$$
$$=l_1l_2\cos\theta_2+l_2^2=0$$

$$\therefore\ \cos\theta_2=-\frac{l_2}{l_1}$$

$|\cos\theta_2|\le 1$에서, $\left|-\dfrac{l_2}{l_1}\right|\le 1$

$$\therefore\ l_1\ge l_2$$ …(답) ■

[문제 2] (B)

(1) F_0의 각 변을 9등분하여 얻어지는 작은 정사각형의 개수를 고려해보면,

$9\times9=81$개 …(답) ■

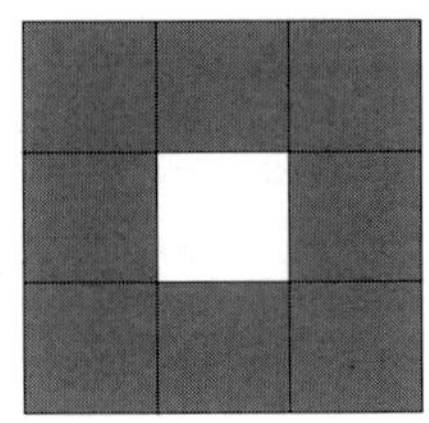

F_1

F_1은 위 그림과 같은 형태이므로

$81\times\dfrac{8}{9}=72$개 …(답) ■

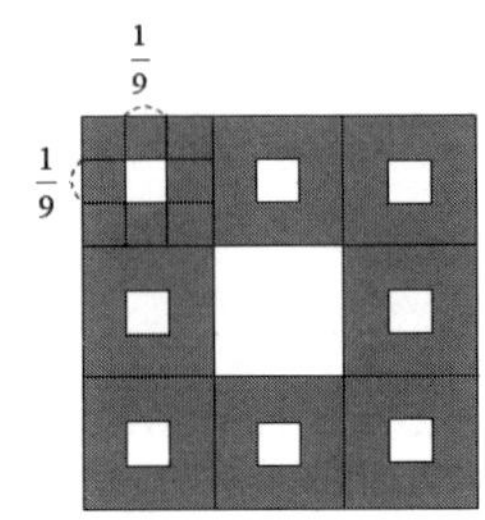

F_2

F_2는 F_1의 한 변의 길이가 $\dfrac{1}{3}$인 정사각형들에서, 각각의 $\dfrac{1}{9}$만큼 제거하고 $\dfrac{8}{9}$만 남았다.

$72\times\dfrac{8}{9}=64$개 …(답) ■

$F_k\,(k\ge 3)$부터는 한 변의 길이가 $\dfrac{1}{9}$보다 작은 정사각형을 제거해 나가므로,

$F_k\,(k\ge 3)$는 64개 필요. …(답) ■

(2) 먼저, F_0를 한 변의 길이가 $\frac{1}{B}$인 유닛으로 덮으려면 $B^2=(3^m)^2=3^{2m}$(개)가 필요하다.

F_1은 F_0의 $\frac{8}{9}$만큼 남았으므로 (1)번과 같은 방법으로 생각하면, $3^{2m}\times\frac{8}{9}$(개)가 필요하다.

같은 방법으로, F_2는 F_1의 남은 정사각형들 각각에서 $\frac{1}{9}$만큼 제거하고 $\frac{8}{9}$만큼씩 남았으므로, $3^{2m}\times\frac{8}{9}\times\frac{8}{9}$(개)가 필요하다.

이제, F_k에서 제거되어 있는 정사각형들 중, 가장 작은 것의 한 변의 길이는 $\frac{1}{3^k}$임을 이용하면, $k\le m$인 경우, F_k를 $\frac{1}{B}$의 유닛으로 덮으려면 $3^{2m}\times\left(\frac{8}{9}\right)^k$(개)가 필요하다.
또한, $k\ge m+1$인 경우, 필요한 유닛의 개수는 F_m을 덮는 경우와 같다.

따라서, 구하는 $n(B)$는

$$n(B)=3^{2m}\times\left(\frac{8}{9}\right)^m=8^m \qquad \cdots(\text{답}) \ ■$$

(3) (2)번의 결과에 의해,

$$\frac{n(B)}{B^D}=\frac{8^m}{(3^m)^D}=\left(\frac{8}{3^D}\right)^m$$

따라서, $\lim_{m\to\infty}\frac{n(B)}{B^D}=\lim_{m\to\infty}\left(\frac{8}{3^D}\right)^m$이 양의 실수로 수렴하기 위한 필요충분조건은

$$\frac{8}{3^D}=1,\ 3^D=8$$

$$\therefore\ D=\log_3 8 \qquad \cdots(\text{답}) \ ■$$

(4) 한 변의 길이가 $\frac{1}{2^m}$ (m은 양의 정수)인 유닛으로 $G_k\,(k=0,1,2,\cdots)$를 덮는 데 필요한 유닛의 개수를 a_k라 하자.

m	한 변	a_0	a_1	a_2	a_3	a_4	$\cdots$	N_m
1	$\frac{1}{2^1}$	4	4	4	4	4	4	$N_1=4$
2	$\frac{1}{2^2}$	16	15	$\underline{15}$	15	15	15	$N_2=15$
3	$\frac{1}{2^3}$	64	60	57	$\underline{57}$	57	57	$N_3=57$

위 표와 같이

$$a_0>a_1>\cdots>a_{m-1}=a_m=\cdots$$

이므로, N_m은 G_m을 한 변의 길이가 $\frac{1}{2^m}$인 유닛으로 덮는 데 필요한 개수이다.

이제, 그림과 같이 G_m에서 한 변의 길이가 $\frac{1}{2^m}$인 유닛을 u_m이라고 하자. 이때,

훼손되어 있지 않은 u_m의 개수를 x_m
훼손되어 있는 u_m의 개수를 y_m

이라 하자.

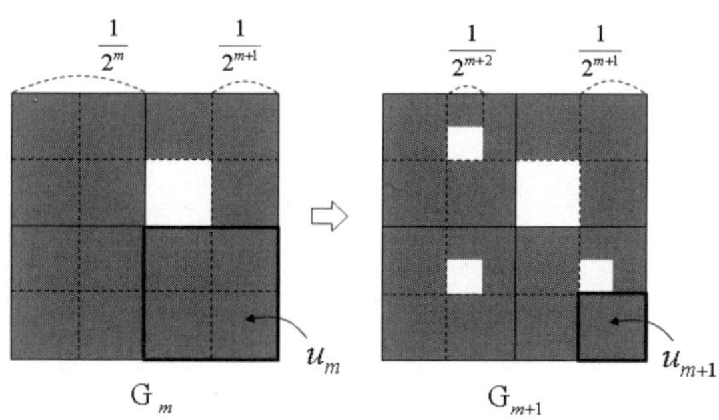

같은 방법으로, G_{m+1}에서 한 변의 길이가 $\frac{1}{2^{m+1}}$인 유닛을 u_{m+1}이라고 하자. 이때,

훼손되어 있지 않은 u_{m+1}의 개수를 x_{m+1}
훼손되어 있는 u_{m+1}의 개수를 y_{m+1}

이라 하면,

$$\therefore \begin{cases} x_{m+1}=3(x_m+y_m) & \cdots ① \\ y_{m+1}=x_m & \cdots ② \end{cases}$$

N_m은 G_m을 u_m으로 덮는 데 필요한 개수이므로 $N_m = x_m + y_m$

이제, ①과 ②에서

$$\begin{aligned} N_{m+2} &= x_{m+2} + y_{m+2} \\ &= 3(x_{m+1} + y_{m+1}) + x_{m+1} \\ &= 3N_{m+1} + 3(x_m + y_m) \\ &= 3N_{m+1} + 3N_m \end{aligned}$$

$\therefore\ N_{m+2} = 3N_{m+1} + 3N_m$ …(답) ■

(5) 먼저, 점화식 $N_{m+2} = 3N_{m+1} + 3N_m$으로부터 N_m의 일반항을 구해야 한다.

$\lambda^2 = 3\lambda + 3$의 해는 $\lambda = \dfrac{3 \pm \sqrt{21}}{2}$이므로,

$p = \dfrac{3+\sqrt{21}}{2}$, $q = \dfrac{3-\sqrt{21}}{2}$에 대하여

$N_m = Ap^m + Bq^m$ (A, B는 상수) … ③

로 놓을 수 있다.

여기서, $p > |q|$에 주의하면

$$\frac{N_m}{\alpha^m} = \frac{p^m}{\alpha^m}\left\{A + B\left(\frac{q}{p}\right)^m\right\}$$

이므로, $\dfrac{N_m}{\alpha^m}$ $(\alpha > 0)$이 양의 실수로 수렴하기 위한 조건은 $A > 0$이며,

$\alpha = p = \dfrac{3+\sqrt{21}}{2}$ …(답) ■

[참고] 위의 설명은 아래의 내용을 숙지하여야 이해할 수 있다.

$aN_{m+2} + bN_{m+1} + cN_m = 0$의 일반항을 구해보자. (단, $a+b+c \neq 0, a \neq 0, b \neq 0, c \neq 0$)

위 점화식은 $N_{m+2} + kN_{m+1} + lN_m = 0$꼴로 바꿀 수 있다.

> 이 점화식을
> $(N_{m+2} - pN_{m+1}) = q(N_{m+1} - pN_m)$
> 의 형태로 바꿀 수 있는지 알아보자.

$$(N_{m+2} - pN_{m+1}) = q(N_{m+1} - pN_m)$$
$$N_{m+2} + (-p-q)N_{m+1} + pqN_m = 0$$

이므로, $-p-q=k$, $pq=l$이면 된다.

즉, p, q는 $\lambda^2 + k\lambda + l = 0$의 두 실근이다.

$(N_{m+2} - pN_{m+1}) = q(N_{m+1} - pN_m)$에서

$N_{m+1} - pN_m = q^{m-1}(N_2 - pN_1)$ … ④

여기서, p, q는 서로 바뀔 수 있으므로,

$(N_{m+2} - qN_{m+1}) = p(N_{m+1} - qN_m)$에서

$N_{m+1} - qN_m = p^{m-1}(N_2 - qN_1)$ … ⑤

④－⑤에서,

$N_m = Ap^m + Bq^m$ (A, B는 상수) … ③

의 형태를 얻을 수 있다. ■

(6) $B = 2^m$으로 놓으면, (3)번과 같이

$$\frac{N_m}{B^D} = \frac{N_m}{(2^m)^D} = \frac{N_m}{\alpha^m}\left(\frac{\alpha}{2^D}\right)^m$$

이므로,

$\displaystyle\lim_{m\to\infty}\frac{N_m}{B^D}$이 양의 실수로 수렴하기 위해서는, $\dfrac{N_m}{\alpha^m}$이 양의 실수로 수렴하고 $\dfrac{\alpha}{2^D} = 1$이어야 한다.

(5)번의 결과에 의해, $\alpha = \dfrac{3+\sqrt{21}}{2}$일 때 $\dfrac{N_m}{\alpha^m}$은 양의 실수로 수렴하므로, $\dfrac{\alpha}{2^D} = 1$이면 된다.

$2^D = \alpha$ $\quad\therefore\ D = \log_2 \alpha$ …(답) ■

부 록

1. 항목별 문제정리

2. 연도별 입시문제

(1971년 ~ 1975년)

[1. 수와 식]

[1] 항등식의 성질

〈 1956년 1차 이과 〉 p.1

1. 다음 □ 안에 알맞은 수를 넣어라.
x^{10} 을 $x^4+x^3+x^2+x+1$ 로 나누면 나머지는
(1)□ x^3 +(2)□ x^2 +(3)□ x +(4)□ 이다.

〈 1958년 1차 이과 〉 p.18

1. 다음 □ 안에 알맞은 수를 넣어라.
a, b 는 실수이다. x^4-4x+a 가 $(x-b)^2$ 으로 나누어떨어질 때, $a=$ (1)□, $b=$ (2)□ 이며, 몫은 x^2 + (3)□ x + (4)□ 이다.

〈 1959년 1차 이과 〉 p.28

2. 다음 □ 안에 알맞은 수를 넣어라.
a, b, c, d 는 실수이며, $a<c$ 이다. 등식

$$(x-a)^2(bx-x^2-1)=(x-c)^2(dx-x^2-1)$$

이 x 에 관한 항등식일 때, $a=$ (5)□, $b=$ (6)□, $c=$ (7)□, $d=$ (8)□ 이다.

〈 1960년 1차 문과 〉 p.39

4. 다음 □ 안에 알맞은 수를 넣어라.
삼차식 x^3+Ax^2+Bx+2 가 두 이차식

$$x^2+ax+b,\ x^2+bx+a\ (a<b)$$

로 나누어떨어지면, $A=$ (13)□, $B=$ (14)□, $a=$ (15)□, $b=$ (16)□ 이다.

〈 1963년 1차 이과 〉 p.63

1. 다음 □ 안에 알맞은 수를 넣어라.
임의의 실수 x 에 대하여 다음이 성립한다.

$6x^3+$ (1)□ x^2-8x+ (2)□
$=(x-1)($ (3)□ $x+1)(3x+$ (4)□ $)$

〈 1963년 1차 문과 〉 p.66

1. 다음 □ 안에 알맞은 수를 넣어라.
임의의 실수 x, y, z 에 대하여
(1)□ x^2+ (2)□ $(x+y+3z)$
$=$ (3)□ $\{x^2+2(y+3z)\}+2(y+z)+$ (4)□ $(2x+z)$
가 성립한다.

〈 1966년 1차 문과 〉 p.97

5. 다음 □ 안에 알맞은 수를 넣어라.
$f(x)$ 가 x 의 이차식이며
$f(f(x))=4x^2(f(x)+$ (q)□ $)$, $f(0)>0$ 이면,
$f(x)=$ (r)□ x^2+ (s)□ $x+$ (t)□ 이다.

[2] 정수문제

〈 1970년 1차 문과 〉 p.125

4. 다음 □ 안에 알맞은 수를 넣어라.
자연수 n 의 서로 다른 양의 약수를 모두 곱한 값을 $f(n)$ 으로 표시하자. 단, n 자신도 n 의 약수이다.
a, b, c, d 가 -1 또는 1 일 때, 등식
$12=f(12)^a f(6)^b f(4)^c f(2)^d$ 가 성립한다면
$a=$ □, $b=$ □, $c=$ □, $d=$ □ 이다.

〈 1989년 이과 〉 p.242

4. $\dfrac{10^{210}}{10^{10}+3}$ 의 정수부분의 자리수와 일의 자리의 수를 구하여라.
단, $3^{21}=10460353203$ 을 이용해도 된다.

〈 1998년 전기 이과 〉 p.312

4. 실수 a 에 대하여, $k \leq a < k+1$ 을 만족하는 정수 k 를 $[a]$ 로 표시하자. 양의 정수 n 에 대하여 $f(x)=\dfrac{x^2(2\cdot 3^3\cdot n-x)}{2^5\cdot 3^3\cdot n^2}$ 로 놓자.
$36n+1$개의 정수 $[f(0)], [f(1)], [f(2)], \cdots, [f(36n)]$ 중 서로 다른 것의 개수를 n 을 이용하여 나타내어라.

〈 2004년 전기 이과 〉 p.378

2. 자연수의 제곱으로 되는 자연수를 제곱수라 하자. 다음 문제에 답하여라.
(1) (십진법으로 표시했을 때) 세 자리 이상인 제곱수에 대하여 10의 자리를 a, 1의 자리를 b 라고 하자. $a+b$ 가 짝수이면, b 는 0 또는 4 임을 보여라.

(2) (십진법으로 표시했을 때) 다섯 자리 이상인 제곱수에 대하여 1000의 자리, 100의 자리, 10의 자리, 1의 자리가 모두 같으면, 10000으로 나누어떨어짐을 보여라.

〈 2005년 전기 이과 〉 p.395

4. 3 이상 9999 이하의 홀수 a 중 a^2-a가 10000으로 나누어떨어지는 것을 모두 구하여라.

[3] 기타

〈 1970년 2차 문과 〉 p.130

1. 다음 문제에 답하라.

(1) 10진법수 365를 2진법으로 나타내어라.

(2) 2진법수 101101과 1011의 곱을 2진법으로 나타내어라.

(3) 양의 정수 x를 2진법으로 나타냈을 때, 오른쪽에서부터 3개씩 전부 잘라서, 각 구간을 세 자리 2진법수로 보아 각각 y_0, y_1, $\cdots$, y_m이라고 하자.
만약, $y_0+y_1+\cdots+y_m$이 7의 배수이면, x도 7의 배수임을 증명하라.

[2. 방정식 • 부등식]

[1] 2차, 고차방정식

〈 1957년 1차 문과 〉 p.12

3. 다음 $\square$ 안에 알맞은 양수를 넣어라.
3차방정식 $x^3-{}^{(8)}\square\, x^2+25x-26=0$의 세 근은 2, ${}^{(9)}\square+{}^{(10)}\square\, i$, ${}^{(11)}\square-{}^{(12)}\square\, i$이다.

〈 1958년 2차 해석 I 〉 p.23

1. x에 관한 방정식
$x^2+2(1-\cos\alpha^0)x+(1-\sin\alpha^0)^2=0$이 실근을 가질 때, x에 관한 방정식
$x^2-2x+\cos(\alpha^0+45^0)+1=0$은 실근을 갖는지 허근을 갖는지 조사하여라.

〈 1959년 1차 문과 〉 p.30

2. 다음 $\square$ 안에 ㉠~㉣을 넣어라.
x의 이차방정식 $x^2-px-1=0$의 두 실근을 $\alpha, \beta\ (\alpha<\beta)$라 하자. p가 양수 범위에서 증가할 때, α는 ${}^{(5)}\square$, β는 ${}^{(6)}\square$.
또, p가 음수 범위에서 증가할 때,
α는 ${}^{(7)}\square$, β는 ${}^{(8)}\square$.

㉠ 양수이며 증가한다.
㉡ 양수이며 감소한다.
㉢ 음수이며 증가한다.
㉣ 음수이며 감소한다.

〈 1962년 1차 문과 〉 p.57

3. 다음 $\square$ 안에 알맞은 수를 넣어라.
세 개의 이차방정식 $4x^2-8ax+8a-3=0$, $x^2-2ax+1=0$, $x^2-2ax+2a=0$ (a: 실수) 중 1개만 허근을 가질 a의 범위는
${}^{(8)}\square<a\leq{}^{(9)}\square$, ${}^{(10)}\square\leq a<{}^{(11)}\square$.

〈 1982년 문과 〉 p.190

3. a, b가 정수일 때, x의 4차방정식 $x^4+ax^2+b=0$의 4개의 해를 고려해보자.
지금, 4개의 해의 근삿값

$-3.45 \quad -0.61 \quad 0.54 \quad 3.42$

를 구하였더니 각각의 오차의 절댓값이 모두 0.05 이하였다. 방정식의 해를 소수 둘째 자리까지만 정확히 구하여라.

〈 1990년 전기 문과 〉 p.251

2. 삼차방정식 $x^3+3x^2-1=0$의 한 근을 α라 하자.

(1) $(2\alpha^2+5\alpha-1)^2$을 $a\alpha^2+b\alpha+c$의 형태로 나타내어라. 단, a, b, c는 유리수이다.

(2) 위의 삼차방정식의 α 이외의 두 근을 (1)과 같은 형태로 나타내어라.

〈 1992년 전기 문과 〉 p.273

2. x 의 방정식 $px^2+(p^2-q)x-(2p-q-1)=0$ 이 해를 가지며, 모든 해의 실수부가 음수로 되는 실수의 조 (p,q) 의 범위를 pq 평면에 도시하라.

〈 2002년 전기 이과 〉 p.351

1. 2개의 포물선 $y=2\sqrt{3}(x-\cos\theta)^2+\sin\theta$, $y=-2\sqrt{3}(x+\cos\theta)^2-\sin\theta$ 가 서로 다른 두 점에서 만나게 되는 일반각 θ 의 범위를 구하여라.

〈 2005년 전기 문과 〉 p.398

3. 0 이상의 실수 s, t가 $s^2+t^2=1$을 만족하며 움직일 때, 방정식 $x^4-2(s+t)x^2+(s-t)^2=0$의 해가 취할 수 있는 값의 범위를 구하여라.

[2] 연립방정식

〈 1956년 1차 이과 〉 p.1

2. 다음 □ 안에 알맞은 수를 넣어라.
x, y, z 를 미지수로 하는 연립방정식

$$\begin{cases} 5x+3y-z=0 \\ 2x+y+3z=l \\ x+4y+kz=10 \end{cases}$$

은 $k=$ (5)□, $l=$ (6)□ 일 때, 부정(不定)이다. (2조 이상의 해를 갖는다.)

〈 1958년 1차 문과 〉 p.20

1. 다음 □ 안에 알맞은 수를 넣어라.
x, y, z 에 관한 연립방정식
$2x+$ (1)□ $y+5z=10$, $x+3y+$ (2)□ $z=8$, $-3x-8y+4z=17$ 의 해는
$x=$ (3)□, $y=1$, $z=$ (4)□ 이며,
$x^2+y^2+z^2=26$ 을 만족한다.

〈 1957년 1차 이과 〉 p.10

2. 다음 □ 안에 알맞은 수를 넣어라.
함수 $y=f(x)=Ax^3+Bx^2+Cx+D$에 대하여

$$\begin{array}{llll} f(0)=y_0 & & & \\ & y_1-y_0=z_0 & & \\ f(1)=y_1 & & z_1-z_0=u_0 & \\ & y_2-y_1=z_1 & & u_1-u_0=v_0 \\ f(2)=y_2 & & z_2-z_1=u_1 & \\ & y_3-y_2=z_2 & & \\ f(3)=y_3 & & & \end{array}$$

이다. $y_0=0$, $z_0=3$, $u_0=-2$, $v_0=12$ 일 때,
$A=$ (4)□, $B=$ (5)□, $C=$ (6)□,
$D=$ (7)□ 이다.

〈 1960년 1차 이과 〉 p.37

2. 다음 □ 안에 알맞은 수를 넣어라.
α 를 양의 상수라 할 때, 연립방정식
$\begin{cases} 3x+2y=5 \\ x-\alpha y=7 \end{cases}$ 의 해 $x=x_1$, $y=y_1$ 과
$\begin{cases} 3x+2y=5 \\ x+\alpha y=7 \end{cases}$ 의 해 $x=x_2$, $y=y_2$ 사이에
$y_2=x_1+1$ 의 관계가 있으면, $\alpha=$ (5)□,
$x_1=$ (6)□, $y_1=$ (7)□, $x_2=$ (8)□ 이다.

〈 1960년 1차 문과 〉 p.39

2. 다음 □ 안에 알맞은 수를 넣어라.
a, b, c 가 상수일 때, x, y 의 식
$ax+(a+b)y+(a+b+c)$ 의 세 점 $A(1,1)$, $B(2,2)$, $C(3,4)$ 에서의 값이 모두 1 이면,
$a=$ (7)□, $b=$ (8)□, $c=$ (9)□ 이다.

〈 1964년 2차 이과 〉 p.80

1. a, b, c 는 상수이며 x, y, z 는 연립방정식

$$\begin{cases} x+ay+a^2z=a^3 \\ x+by+b^2z=b^3 \\ x+cy+c^2z=c^3 \end{cases}$$

의 해일 때,
$a^3+b^3+c^3$ 을 x, y, z 로 나타내어라.

〈 1965년 1차 이과 〉 p.85

2. 다음 □ 안에 알맞은 수를 넣어라.
x, y, z, w 가 미지수인 연립일차방정식

$$\begin{aligned} x-y+ \quad & z+^{(e)}\square\, w=a \\ x-y+ {}^{(f)}\square\, & z \quad -w=b \\ -x+y \quad & -z \quad +w=c \\ {}^{(g)}\square\, x-y \quad & +z \quad -w=d \end{aligned}$$ 는

(ⅰ) $a=1, b=0, c=0, d=0$ 이면 해가 없다.

(ⅱ) $a=0, b=1, c=0, d=0$ 이면 해가 없다.

(ⅲ) $a=0, b=0, c=^{(h)}\square, d=0$ 이면

$xyzw \neq 0$ 인 해가 존재한다.

〈 1966년 1차 문과 〉 p.96

1. 다음 □ 안에 알맞은 수를 넣어라.
어떤 양수 a에 대하여, 연립일차방정식

$$\begin{aligned} x+y \quad & +z=4 \\ (a-4)x+y \quad & +5z=0 \\ -x+ay \quad & +z=0 \\ -3x+y+(a+4)z&=0 \end{aligned}$$ 이

$x\neq 0, y\neq 0, z\neq 0$ 인 해를 가지면,
$a=^{(a)}\square$, $x=^{(b)}\square$, $y=^{(c)}\square$, $z=^{(d)}\square$ 이다.

〈 1967년 1차 이과 〉 p.103

1. 다음 □ 안에 알맞은 수를 넣어라.
관계식
$(1)\begin{cases} x=\square u+5v \\ y=\ 4u+\square v \end{cases}$ 을 만족하는 x, y, u, v 는

반드시 $(2)\begin{cases} u=\square x-5y \\ v=\square x+3y \end{cases}$ 를 만족하고,

역으로 (2)를 만족하는 x, y, u, v 는 반드시 (1)을 만족한다.

[3] 기타

〈 1956년 1차 문과 〉 p.3

1. 아래의 (1)~(6) 각 경우에 대하여 두 부등식 $a>b$, $a^n>b^n$ (n: 자연수) 이 항상 동시에 성립하면 ㉠, 동시에 성립하기도 하고 안하기도 하면 ㉡, 절대 동시에 성립할 수 없으면 ㉢으로 답하시오.

(1) n: 짝수, $a>0, b>0$인 경우 (1)□
(2) n: 짝수, $a>0, b<0$인 경우 (2)□
(3) n: 짝수, $a<0, b<0$인 경우 (3)□
(4) n: 홀수, $a>0, b>0$인 경우 (4)□
(5) n: 홀수, $a>0, b<0$인 경우 (5)□
(6) n: 홀수, $a<0, b<0$인 경우 (6)□

〈 1956년 2차 해석Ⅰ 〉 p.5

2. 두 실계수방정식

$$x^3-ax-2b=0,\ x^3-bx-2a=0$$

이 공통실근 1개를 가지며, 어느 것도 공통실근 이외의 실근을 갖지 않기 위해,
(a, b)를 좌표로 갖는 점이 평면상의 어떠한 범위에 있는 것이 필요충분조건인가?
그 범위를 도시하라.

〈 1959년 1차 이과 〉 p.27

1. 다음 □ 안에 알맞은 수를 넣어라.
변역 $x>0$ 에 대한 4개의 함수

$$f_1(x)=\frac{x}{1},\ f_2(x)=\frac{x^2}{1\cdot 2},\ f_3(x)=\frac{x^3}{1\cdot 2\cdot 3},$$

$$f_4(x)=\frac{x^4}{1\cdot 2\cdot 3\cdot 4}$$ 에 대하여

(1) $f_2(x)$의 값이 $f_1(x), f_3(x), f_4(x)$의 어느 값보다도 큰 범위는 $^{(1)}\square < x < {}^{(2)}\square$
(2) $f_3(x)$의 값이 $f_1(x), f_2(x), f_4(x)$의 어느 값보다도 큰 범위는 $^{(3)}\square < x < {}^{(4)}\square$

〈 1959년 2차 수학Ⅰ- 대수 〉 p.32

2. 우물 입구에서 작은 돌이 떨어진 후 t초 후에 수면에 도달한 소리가 들렸다.
(1) 중력가속도를 $g\,\mathrm{m/sec^2}$,
소리의 속도를 $c\,\mathrm{m/sec}$,
우물입구에서 수면까지의 거리를 $d\,\mathrm{m}$ 라 할 때, d를 g, c, t로 나타내어라.
(단, 공기저항은 무시한다.)
(2) 수면에서 지면까지 음이 전달되는 시간을 무시하여 d의 근사치 $d'=\frac{1}{2}gt^2$을 얻었다.
이 경우, 상대오차 $\frac{d'-d}{d}$가 주어진 양수 α보다 작으면, t는 g, c, α로 정해지는 한계치보다 반드시 작다.
그 한계치를 구하여라.

〈 1960년 1차 문과 〉 p.39

5. 다음 □ 안에 ㉠~㉢을 넣어라.

(1) $0<x<6$의 범위에서 $f(x)=x^2-5x$ 와 $g(x)=x-1$ 의 크기를 비교하면 (17)□.

(2) $0°<x<90°$의 범위에서 $f(x)=1-\cos x$와 $g(x)=\sin^2 x$ 의 크기를 비교하면 (18)□.

(3) $0°<x<45°$의 범위에서 $f(x)=\tan x+\cot x$ 와 $g(x)=2$ 의 크기를 비교하면 (19)□.

(4) $1<x$ 의 범위에서 $f(x)=\log_2 x$와 $g(x)=\sqrt{x}-1$ 의 크기를 비교하면 (20)□.

㉠ $f(x)$가 $g(x)$보다 항상 크다. ㉡ $f(x)$가 $g(x)$보다 항상 작다. ㉢ ㉠과 ㉡ 어느 것도 아니다.

〈 1960년 2차 수학 I - 대수 〉 p.41

2. 어느 가정의 금년 1월과 2월의 수도사용량과 수도요금이 표와 같았다. 가정용 수도요금은 다음과 같이 구해진다.

	사용수량	수도요금
1월	23 m^3	332엔
2월	19 m^3	276엔

[수도요금 = 기본요금+초과요금+메타요금]

기본요금은 일정사용량 $A\text{ m}^3$ (A: 정수)까지는 120엔이고, 초과요금은 $A\text{ m}^3$를 초과하는 분에 대하여 1 m^3당 B엔이다.

또, 메타요금 C엔은 사용수량과 관계없이 10엔의 정수배로 정해지며, 50엔 이하이다.

A, B, C를 구하여라.

〈 1962년 1차 문과 〉 p.56

2. 양의 실수 x에 대하여 함수 $f(x)$가 항상 $f(x)>0$이면 ㉠, 항상 $f(x)<0$이면 ㉡, $f(x)$가 양수도 음수도 되면 ㉢을 □ 안에 넣어라.

(i) $f(x)=x^3-2x^2+x+1$ (4)□

(ii) $f(x)=(x^2-5x+2)^2-6(x^2-5x+2)+8$ (5)□

(iii) $f(x)=3(x+1)(x+2)(x+3)-(x+1)^3-(x+2)^3-(x+3)^3$ (6)□

(iv) $f(x)=\log(x^2-x+1)$ (7)□

〈 1962년 2차 이과 〉 p.59

1. 이차방정식 $x^2-2x\log_a b+\log_b a=0$ 이 실근 $\alpha, \beta\ (0<\alpha<1<\beta)$를 갖는다. $a, b, 1$을 크기순으로 나열하여라. 단, a, b는 모두 1이 아닌 양수이다.

〈 1965년 2차 이과 〉 p.91

1. 어떤 도시에 A, B, C 세 종류의 신문이 발행되고 있다. A를 구독하는 비율은 69%,
B를 구독하는 비율은 46%,
C만을 구독하는 비율은 3%,
B, C 모두를 구독하는 비율은 21%,
A, C 중 적어도 하나를 구독하는 비율은 88%,
B, C 중 적어도 하나를 구독하는 비율은 50%,
A, B, C 중 하나만을 구독하는 비율은 61%이다.

(1) A만을 구독하는 비율,

(2) B만을 구독하는 비율,

(3) A, B, C 모두를 구독하는 비율,

(4) A, B, C 중 어떤 것도 구독하지 않는 비율을 구하여라.

〈 1966년 2차 이과 〉 p.99

1. 어떤 철도의 여객운임 계산규칙은 아래와 같다. 거리 319 km, 349 km에 대한 운임이 각각 970엔, 1010엔인 경우, a, b에 알맞은 수를 구하여라. 단, a, b는 모두 0.1 의 정수배이다.

거리 300 km 이하인 부분에 대하여는 $1km$당 a엔, 300 km를 초과한 부분에 대하여는 1km당 b엔으로 계산하되 10엔 미만의 끝수는 올림한다.

〈 1967년 2차 이과 〉 p.108

1. a가 양의 상수이고 n이 양의 정수이면, $x \geqq 0$에 대하여

$ax^{n+1}+\dfrac{1}{\sqrt[n]{a}}>x$ 가 성립함을 증명하라.

〈 1968년 1차 이과 〉 p.113

4. 다음 $\square$ 안에 알맞은 수를 넣어라.
x에 관한 방정식 $|2-(x+|x|)|=\alpha(x-3)-1$에 대하여 아래의 (1) ~ (5)가 참이면,

$a=\square$, $b=\square$, $c=\square$, $d=\square$이다.

(1) $-\infty<\alpha<-1$이면, 실근은 한 개이다.
(2) $-1<\alpha<a$이면, 실근은 d개이다.
(3) $a<\alpha<b$이면, 실근은 한 개이다.
(4) $b<\alpha<c$이면, 실근은 없다.
(5) $c<\alpha<\infty$이면, 실근은 한 개이다.

〈 1970년 1차 문과 〉 p.124

1. 다음 $\square$ 안에 알맞은 수를 넣어라.
모든 실수 x에 대하여
$x^2-2ax+1\geq\frac{1}{2}(x-1)^2$가 성립하기 위해, 실수 a가 $\square\leq a\leq\square$을 만족하는 것은 필요충분조건이다. 위의 부등식이 모든 실수 x에 대하여 성립하고 x의 어떤 양숫값에 대하여 등호가 성립하는 것은 $a=\square$의 경우이며, 그 때의 x값은 $\square$이다.

〈 1978년 1차 문과 〉 p.154

4. 다음 $\square$ 안에 알맞은 수를 넣어라.
어느 도시의 원형도로에 연하여, 제1초등학교부터 제5초등학교까지 5개의 학교가 있다. 작년도에, 각 학교의 현미경의 개수가 각각 15, 7, 11, 3, 14개였다. 금년도에 각 학교의 현미경의 수가 같아지도록 몇 개씩인가를 이웃학교로 이동하였다. 이때, 이동하는 현미경의 총수가 최소인 경우는

제1학교에서 제2학교로 $\square$개 이동,
제2학교에서 제3학교로 $\square$개 이동,
제5학교에서 제1학교로 $\square$개 이동한

경우이며, 이 때의 이동한 총수는 $\square$개이다. 단, 예를 들어 갑에서 을로 -3개 이동한 것은 을에서 갑으로 3개 이동한 것과 같은 것으로 한다.

〈 1980년 문과 〉 p.174

3. n, a, b, c, d는 0 또는 양의 정수로

$$\begin{cases} a^2+b^2+c^2+d^2=n^2-6 \\ a+b+c+d\leq n \\ a\geq b\geq c\geq d \end{cases}$$

를 만족한다. 이러한

수의 조 (n, a, b, c, d)를 모두 구하여라.

〈 1989년 이과 〉 p.240

1. $k>0$라 하자. xy평면상의 두 곡선 $y=k(x-x^3)$, $x=k(y-y^3)$이 제1사분면에서 $\alpha\neq\beta$인 교점 (α, β)를 가질 k의 범위를 구하여라.

〈 1998년 전기 문과 〉 p.316

2. $a, b\,(b\neq 0)$는 실수이다. xy평면에 원점 $O(0, 0)$와 두 점 $P(1, 0)$, $Q(a, b)$를 잡자.
(1) $\triangle OPQ$가 예각삼각형이 되기 위한 a, b의 조건을 부등식으로 표시하고, 점 (a, b)의 범위를 ab평면에 도시하여라.
(2) m, n을 정수라 하자. a, b가 (1)에서 구한 조건을 만족할 때, 부등식

$$(m+na)^2-(m+na)+n^2b^2\geq 0$$

가 성립함을 보여라.

[3. 함수와 그래프]

[1] 이차함수와 그래프

〈 1957년 1차 문과 〉 p.12

2. 다음 □ 안에 알맞은 수를 넣어라.
$x=3$ 일 때 최댓값 m 을 갖는 x 의 이차함수 $y=ax^2+bx+\frac{1}{4a}$ 에 대하여, $x=1$ 일 때의 값이 -2 이다. 이 경우 a, b, m 의 값은
각각 $a=$ (5)□, $b=$ (6)□, $m=$ (7)□ 이다.

〈 1957년 2차 해석II 〉 p.15

1. 시각 t 에 있어서 두 점 $P(x, y), P'(x', y')$ 의 좌표가

$$\begin{cases} x = t \\ y = 20t-4t^2 \end{cases} \quad \begin{cases} x' = 5-t \\ y' = h \quad (h: \text{양의 상수}) \end{cases}$$

로 주어져 있다. 두 점 간의 거리가 최소일 때의 시각을 구하여라.

〈 1958년 1차 문과 〉 p.21

2. 다음 ( ) 안에 ㉠~㉤ 중 적당한 것을 넣고, □ 안에는 알맞은 수를 넣어라.

㉠ 0보다 작다
㉡ 0과 1 사이에 있다.
㉢ 1과 2 사이에 있다.
㉣ 2와 3 사이에 있다.
㉤ 3보다 크다.

ax^2+4x-3 이 $x=1$ 에서 음(−), $x=2$ 에서 양(+)이 되기 위한 필요충분조건은 (5)□ $< a <$ (6)□ 이다. 이때, 방정식 ax^2+4x-3 의 두 근을 $\alpha, \beta\ (\beta<\alpha)$ 라 하면,
α는 ((7)), β는 ((8)).

〈 1958년 1차 문과 〉 p.21

3. 다음 □ 안에 알맞은 수를 넣어라.
함수 $y=|x^2-4|-3x\ (-2\leq x\leq 5)$ 는
$x=$ (9)□ 에서 최댓값 (10)□ 을 가지며,
$x=$ (11)□ 에서 최솟값 (12)□ 를 갖는다.

〈 1958년 2차 해석I 〉 p.23

2. 변량 y 는 변량 x 에 정비례하며 a 를 비례상수로 한다고 알려져 있다.
$x=2, 3, 4$ 일 때, y 값을 측정하였더니 각각 3.1, 4.4, 5.6 이었다.
a 가 정해지면 $3.1-2a$, $4.4-3a$, $5.6-4a$ 는 각각 $x=2, 3, 4$ 에서의 y 의 측정값의 오차가 된다. 다음을 구하여라.
(1) 오차제곱의 합이 최소일 때 a 값
(2) 오차의 절댓값의 합이 최소일 때 a 값
(단, 소수 둘째자리까지 구하시오.)

〈 1960년 2차 수학I – 대수 〉 p.40

1. 삼각형 ABC 의 변 AB 상에 점 P 를 잡아, BP 의 중점을 Q 라 하자. P, Q 에서 $\overline{BC}$ 에 평행한 선을 그려 $\overline{AC}$ 와 만나는 점을 각각 R, S 라 하자. 사다리꼴 $PQSR$ 의 면적의 최댓값과 그 때의 $\overline{AP}$ 의 길이를 구하여라.
(단, $\overline{AB}=a$, $\triangle ABC=s$)

〈 1965년 1차 문과 〉 p.88

4. 다음 □ 안에 알맞은 수를 넣어라.
$f(x)=\text{Max}\{|x-3|, -x^2+8x-11\}$ 라 하자.
(i) $0\leq x\leq 6$ 에서의
$f(x)$ 의 최솟값은 (m)□ 이다.
(ii) $0\leq x\leq 6$ 에서의
$f(x)$ 의 최댓값은 (n)□ 이다.
(iii) $3\leq x\leq 6$ 에서 $f(x)$ 를 최소로 하는 x 에 가장 가까운 정수는 (o)□ 이다.
(iv) $0\leq x\leq 6$ 에서
$f(x)=3$ 을 만족하는 x 는 (p)□ 개이다.

〈 1966년 1차 이과 〉 p.94

2. 다음 □ 안에 알맞은 유리수를 넣어라.
포물선 $y=x^2-4x-3$ 과 교점을 가지며 x 축과 평행한 임의의 직선을 l 이라 하고, l 과 포물선의 교점을 P, Q 라 하자. $\overline{PQ}$ 를 그 중점을 중심으로 양의 방향으로 60° 회전한 선분을 $\overline{P'Q'}$ 라 하면, 점 P', Q' 는 모두 포물선
$y=$ (e)□ $x^2-($ (f)□ $-\sqrt{3})x+$ (g)□ $-$ (h)□ $\sqrt{3}$

상에 있다.

〈 1968년 1차 문과 〉 p.115

4. 다음 ☐ 안에 알맞은 수를 넣어라.
$y=x^2-2\alpha x+4\alpha+5\ (-3\leqq x\leqq 3)$의 최솟값은 α값에 따라 정해지므로 $f(\alpha)$로 놓자.
$f(\alpha)>0$일 α의 범위는 ☐ $<\alpha<$ ☐ 이다.
또, $f(\alpha)$는 $\alpha=$☐ 일 때, 최댓값☐ 이다.

〈 1970년 1차 문과 〉 p.124

2. 다음 ☐ 안에 알맞은 수를 넣어라.
m을 임의의 실수라 할 때, x, y의 방정식 $y=mx^2-(2m+$☐$)x-$☐$(m-1)$이 나타내는 곡선은 항상 서로 다른 두 점
(3,0), (☐, ☐)을 지난다.

〈 1976년 1차 이과 〉 p.132

3. x의 함수
$f(x)=a(x^2+2x+4)^2+3a(x^2+2x+4)+b$는
최솟값 37을 가지며, $f(-2)=57$이다.
다음 ☐ 안에 알맞은 수를 넣어라.
$a=$☐, $b=$☐; $f($☐$)=37$, $f(1)=$☐

〈 1986년 문과 〉 p.222

1. x가 $0\leqq x\leqq 3$의 범위에서 움직일 때, 함수 $f(x)=2x^2-4ax+a+a^2$의 최솟값 m이 0으로 되는 상수 a의 값을 모두 구하여라.

〈 2003년 전기 이과 〉 p.364

1. a, b, c는 실수이며, $a\neq 0$이다. 2차함수 $f(x)=ax^2+bx+c$는 다음 조건 (A), (B)를 만족한다.
(A) $f(-1)=-1,\ f(1)=1$
(B) $-1\leqq x\leqq 1$인 모든 x에 대하여,
$f(x)\leqq 3x^2-1$
이때, 적분 $I=\int_{-1}^{1}(f'(x))^2\,dx$의 값이 취할 수 있는 범위를 구하여라.

[2] 분수함수와 그래프

〈 1956년 1차 이과 〉 p.1

3. 다음 ☐ 안에 알맞은 수를 넣어라.
함수 $y=\dfrac{x^2+3}{x-1}$은 $2\leqq x\leqq 6$일 때,
최솟값 (7)☐와 최댓값 (8)☐을 갖으며,
$-6\leqq x\leqq -2$일 때,
최솟값 (9)☐와 최댓값 (10)☐을 갖는다.

〈 1956년 1차 문과 〉 p.3

3. 다음 ☐ 안에 알맞은 수를 넣어라.
함수 $y=$ (11)☐ $+$ (12)☐$x+\dfrac{(13)\square}{x}$는
$x=1, 2, 4$에 대하여 각각 $13, 14, 28$의 함숫값을 갖고, $x>0$의 범위에서
$x=$ (14)☐일 때, 최솟값 (15)☐을 갖는다.

〈 1958년 1차 문과 〉 p.21

4. 다음 그림은 방정식을 표현한 것이다.
☐ 안에 A~F 중 알맞은 것을 넣어라.

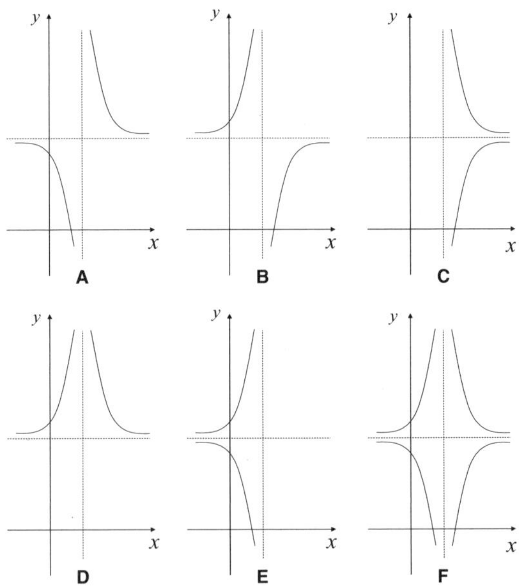

(i) $(x-1)(y-2)^2=1$	(ii) $(x-1)^2(y-2)=1$
(iii) $(x-1)(y-2)=1$	(iv) $(x-1)^2(y-2)^2=1$

(i)의 그래프는 (13)☐,
(ii)의 그래프는 (14)☐,
(iii)의 그래프는 (15)☐,
(iv)의 그래프는 (16)☐이다.

〈 1960년 1차 이과 〉 p.36

1. 다음 □ 안에 알맞은 수를 넣어라.

x 가 부등식 $\dfrac{x}{x-1} < -1$ 를 만족하는 모든 실숫값을 가질 때, $\dfrac{1}{x}$, $\dfrac{x^2-x-3}{x-2}$ 의 값의 범위를 구하면 (1)□ $< \dfrac{1}{x} <$ (2)□,

(3)□ $< \dfrac{x^2-x-3}{x-2} <$ (4)□ 이다.

〈 1963년 2차 문과 〉 p.74

3. $f(x) = \dfrac{4x-2}{5-x}$ $(x \neq 5)$ 일 때,

(1) $y = f(x) - x$ 의 그래프를 그려라.

(2) $f(x) - x$ 가 갖는 값의 범위를 구하여라.

(3) $f(x) > x$ 인 x 의 범위를 구하여라.

〈 1968년 1차 문과 〉 p.115

2. 다음 □ 안에 알맞은 숫자를 아래 그림의 번호에서 골라 답하여라. 단, 그림에서 y 축은 생략하였음.

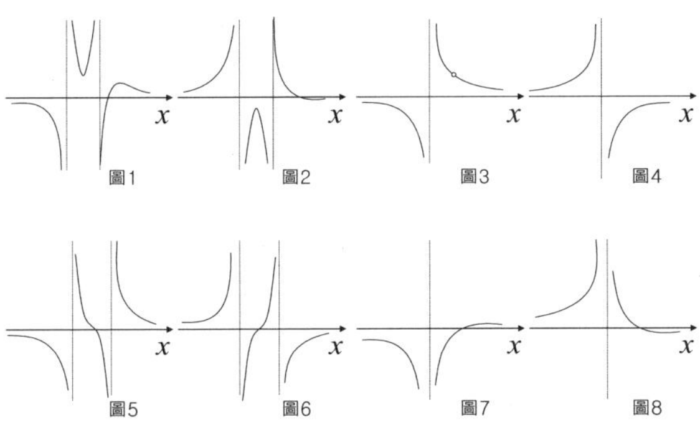

함수 $y = \dfrac{x-1}{x^2+(1-p)x-p}$ $(p$: 상수$)$ 의 그래프는

(1) $p = -1$ 인 경우 그림□ 이다.

(2) $-1 < p < 1$ 인 경우 그림□ 이다.

(3) $p = 1$ 인 경우 그림□ 이다.

(4) $1 < p$ 인 경우 그림□ 이다.

[3] 그래프의 이동과 함수이론

〈 1956년 2차 해석Ⅰ 〉 p.4

1. 포물선 $y = x^2 + 3x - 1$ 상의 서로 다른 두 점이 $x + y = 0$ 에 대하여 대칭일 때, 두 점의 좌표를 구하여라.

〈 1962년 1차 이과 〉 p.55

5. 다음 □ 안에 알맞은 수를 넣어라.

세 직선 $3x + 2y - 7 = 0$, $2x - 6y - 5 = 0$, $4x - y + 3 = 0$ 으로 이루어진 삼각형을 x 축의 양의 방향으로 (15)□, y 축의 양의 방향으로 (16)□ 만큼 평행이동하면 세 직선 $6x + 4y - 11 = 0$, $x - 3y - 13 = 0$, $4x - y +$ (17)□ $= 0$ 으로 이루어진 삼각형이 된다.

〈 1966년 2차 이과 〉 p.101

6. [구과정문제] 평면상의 곡선 $x + y^2 - 5 = 0$ 을 x 축에 평행인 직선 l_1 에 관하여 대칭이동한 후, 이어서 다른 직선 l_2 에 관하여 대칭이동하여, 곡선 $x^2 - y + 1 = 0$ 을 얻었다. 직선 l_1 및 l_2 의 방정식을 구하여라.

〈 1967년 1차 문과 〉 p.106

2. 다음 □ 안에 알맞은 수를 넣어라.

점 $(-1, 3)$ 을 지나는 포물선 $y = x^2 +$ □ $x +$ □ 와 점 $(2, 6)$ 을 지나는 포물선 $y = x^2 +$ □ $x +$ □ 는 직선 $x = 1$ 에 대하여 대칭이다.

〈 1968년 2차 문과 〉 p.120

5. 평면상의 점 (a, b) 의 직선 $2x - y = p$ 에 대한 대칭점을 잡아, 원점을 중심으로 양의 방향으로 90° 회전한 후, 직선 $x + 2y = q$ 에 대해 대칭이동시켰더니 처음의 점 (a, b) 에 일치하였다. a, b 를 p, q 를 이용하여 나타내어라.

[4] 기타

〈 1956년 1차 문과 〉 p.4

4. 다음 부등식이 성립하도록 보기의 값을 □ 안에 넣어라.

(16)□ < (17)□ < (18)□ < (19)□ < (20)□

㉠ $\sin 870^\circ$	㉡ $\cos(-430)^\circ$	㉢ $\tan 1310^\circ$
㉣ $\sin(-2095)^\circ$	㉤ $\cos 1900^\circ$	

〈 1957년 1차 이과 〉 p.11

5. 다음 □ 안에 알맞은 수를 넣어라. 알맞은 수가 없을 때는 ×표 하시오.

θ의 함수 $\sin^2\theta^\circ$의 주기는 (17)□ °

θ의 함수 $\cos\left(\frac{\theta}{2}+30\right)^\circ$의 주기는 (18)□ °

θ의 함수 $\sin\theta^\circ\cos\theta^\circ$의 주기는 (19)□ °

θ의 함수 $\frac{1}{1+\tan 3\theta^\circ}$의 주기는 (20)□ °

〈 1958년 1차 문과 〉 p.21

5. 다음 부등식

(17)□ 〈 (18)□ 〈 (19)□ 〈 (20)□이

성립하도록 □ 안에 $a \sim d$를 넣어라.

$f(x)=\log_x 2$에 대하여

$a=f(\tan 230^\circ)$, $b=f(\tan 605^\circ)$

$c=f(\sin 1100^\circ)$, $d=f(\cos 770^\circ)$

〈 1964년 1차 이과 〉 p.75

1. 다음 □ 안에 알맞은 수를 넣어라.
함수 $f(x)=|x-1|+|x-2|+|x-a|$가 $x=a$에서 최솟값을 갖게 될 필요충분조건은 (1)□ $\leq a \leq$ (2)□이다. 이때, 최솟값은 (3)□, $f(0)+f(3)$의 값은 (4)□이다.

〈 1966년 1차 이과 〉 p.94

1. 다음 □ 안에 알맞은 수를 넣어라.
6개의 함수

$f_1(x)=x$, $f_2(x)=\frac{1}{x}$, $f_3(x)=1-x$

$f_4(x)=\frac{1}{1-x}$, $f_5(x)=\frac{x}{x-1}$, $f_6(x)=\frac{x-1}{x}$

이 주어져 있다. 이때,

$f_5(x)$의 역함수가 $f_a(x)$이면 $a=$(a)□,

$f_6(x)$의 역함수가 $f_b(x)$이면 $b=$(b)□,

$f_5(x)$의 x 대신에 $f_c(x)$를 대입하여 $f_3(x)$가 되면 $c=$(c)□,

$f_d(x)$의 x 대신에 $f_6(x)$를 대입하여 $f_4(x)$가 되면 $d=$(d)□이다.

(a, b, c, d는 $1, 2, 3, 4, 5, 6$ 중 하나이다.)

〈 1966년 2차 이과 〉 p.100

4. x에 관한 방정식 $\frac{x}{9}-\sin\frac{\pi x}{6}=0$의 가장 큰 근에 관하여, 가장 가까운 정수를 구하여라.

〈 1968년 1차 이과 〉 p.113

2. 다음 □ 안에 알맞은 수를 넣어라.
다음 각 방정식의 그래프를 $-3 \leq x \leq 3$, $-3 \leq y \leq 3$의 범위에서 그리면 아래의 圖1~圖12 중 하나가 된다.
방정식 (1), (2), (3), (4)의 그래프를 표시하는 그림의 번호는 각각 □, □, □, □이다.

(1) $\log_{10}x+\log_{10}y=0$

(2) $\log_{10}(x+y-3)+\log_{10}(x+y)=1$

(3) $\sin\left(\frac{\pi x}{6}\right)+\sin\left(\frac{\pi y}{6}\right)=0$

(4) $2\sin^2\left(\frac{\pi x}{3}\right)+\cos\left(\frac{\pi y}{3}\right)=1$

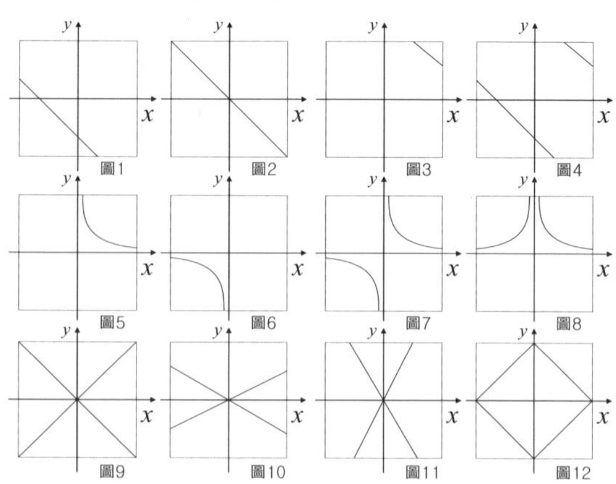

[1] 궤적의 문제, 매개변수

〈 1956년 2차 기하 〉 p.8

2. 반지름이 일정한 원이 평면상에서 원점 O를 지나면서 움직이고 있다. 이 원과 x축, y축과의 원점이 아닌 교점을 각각 P, Q라 하면, $\overline{PQ}$의 삼등분점은 어떤 곡선상에 있는지 구하시오.

〈 1957년 2차 해석 I 〉 p.13

1. $\square ABCD$는 한 변의 길이가 1인 정사각형이다. 빛이 점 A에서 출발하여 변 BC에 부딪혀 반사된 후 정사각형의 변에 부딪혀 반사되기를 반복한다. 처음 변 BC에 부딪힌 점을 P_1, 이후 변에 부딪힌 점들을 $P_2, P_3, \cdots$ 라 하자. $\overline{BP_1}=t$, P_3로부터 변 AD, AB에 이르는 거리를 각각 x, y라 할 때, $x+y$를 t의 함수로 보고 그 그래프를 그려라.
(단, 빛이 정사각형의 꼭짓점에 부딪히는 경우는 제외한다.)

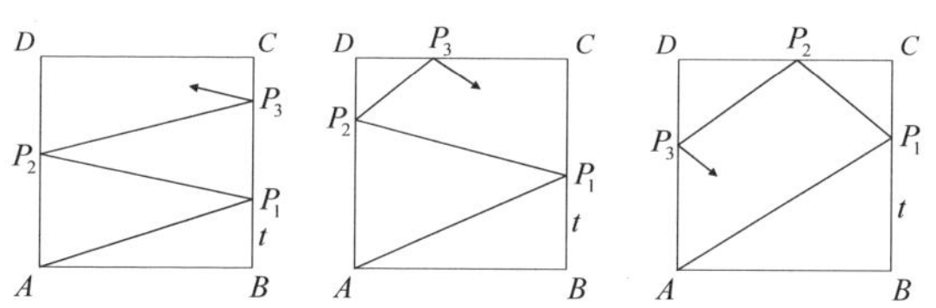

〈 1957년 2차 기하 〉 p.17

3. 원 $x^2+y^2=1$과 정점 $A(a, b)$가 있다.
원주상의 동점 Q에서의 접선상의 점 P를 $\overline{AP}=2\overline{PQ}$가 되도록 잡을 때, 점 P의 궤적은 어떤 도형으로 되는가?
또, $a=3$, $b=-2$인 경우를 도시하라.

〈 1958년 2차 기하 〉 p.25

2. 평면상의 두 정점 A, B를 양 끝점으로 하는 임의의 원호의 삼등분점 중 A에 가까운 점의 궤적을 구하여라.

〈 1959년 2차 수학 II 〉 p.33

1. 시각 t에서의 점 P의 위치 (x, y)가 아래의 방정식 (1), (2), (3), (4)로 주어져 있다.
각 경우에 대하여, t가 0부터 2π까지 변할 때 점 P가 그리는 궤적을 예와 같이 도시하라.

예) $\begin{cases} x=t \\ y=t-\dfrac{1}{2}gt^2 \end{cases} \left(0 \leq t \leq \dfrac{2}{g}\right)$

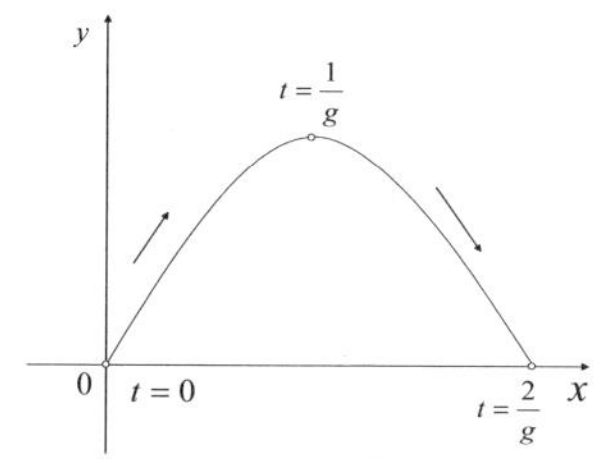

(1) $\begin{cases} x=\cos t \\ y=2\cos\left(t+\dfrac{\pi}{2}\right) \end{cases}$ (2) $\begin{cases} x=\cos t \\ y=\cos(t+\pi) \end{cases}$

(3) $\begin{cases} x=\cos t \\ y=\cos 2t \end{cases}$ (4) $\begin{cases} x=\cos t \\ y=\cos\left(2t+\dfrac{\pi}{2}\right) \end{cases}$

〈 1959년 2차 수학 II 〉 p.35

2. 상수 a, b는 실수이며 $a< b$이다.
임의의 양수 t에 대하여, z에 관한 이차방정식 $\dfrac{1}{t}(z-a)^2+t(z-b)^2=0$은 허근 $x+yi$, $x-yi$ (x, y: 실수, $y>0$)를 갖는다. t가 양수 범위 전체에서 움직일 때 점 (x, y)가 그리는 곡선을 도시하시오.

〈 1960년 2차 수학 II 〉 p.42

1. 포물선 C가 아래의 조건 (1), (2)를 만족하며 움직일 때,
C의 꼭짓점이 그리는 도형을 구하여라.
(1) C는 포물선 $y=x^2$을 평행이동한 것이다.
(2) C는 포물선 $y=1-x^2$에 접한다.

〈 1961년 2차 이과 〉 p.51

5. t가 모든 실숫값을 가지며 움직일 때, $x=t^2+1$, $y=t^2+t-2$를 좌표로 하는 점 (x, y)는 1개의 곡선을 그린다.
그 곡선과 x축으로 둘러싸인 부분의 면적을 구하여라.

〈 1962년 2차 문과 〉 p.62

4. 그림과 같은 xy 평면상의 도형에 대하여 $\overline{OE}=\overline{OF}=1$, $\angle EOF=90^\circ$, $\tan\alpha=\sqrt{2}$ 이며, □$ABCD$는 $\angle EOF$의 내부에 있는 직사각형으로 $\overline{AB}=1$, $\overline{BC}=\sqrt{2}$ 이다. 점 A가 $\overline{EO}$상을 E에서 O로 향하여 움직일 때, 점 B가 $\overline{OF}$상을 O에서 F로 향하여 움직인다.

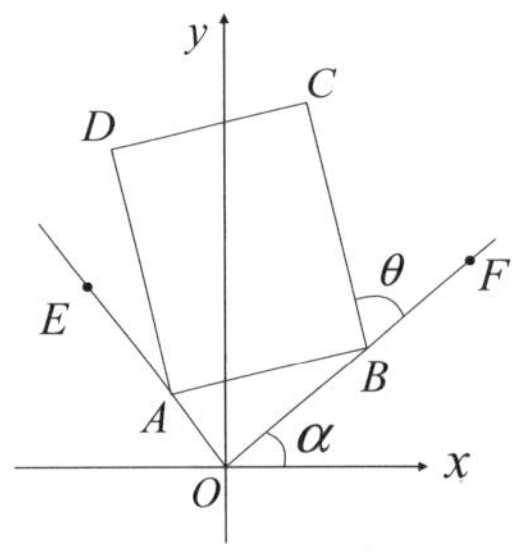

(i) $\angle CBF=\theta$라 할 때,

점 C의 좌표를 θ로 나타내어라.

(ii) C는 어떠한 곡선을 그리는가?

〈 1963년 1차 이과 〉 p.64

3. 다음 □ 안에 알맞은 수를 넣어라.

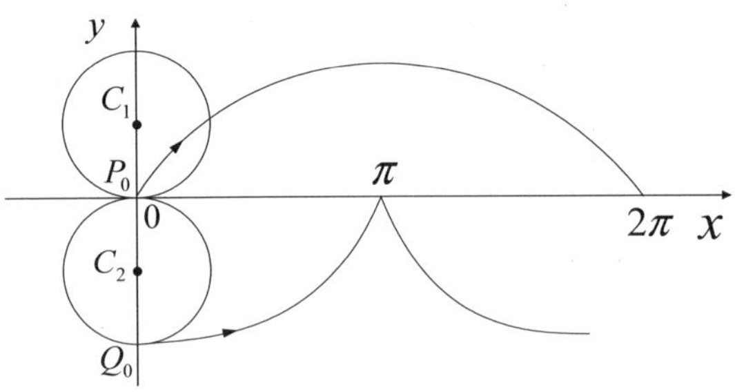

시각 $t=0$일 때 그림과 같이 반지름 1인 두 원 C_1, C_2가 x축에 연하여 미끄러지지 않고 x축의 양의 방향으로 굴러가기 시작한다.

두 원 C_1, C_2상의 그림과 같이 표시된 두 점 P_0, Q_0의 시각 t에서의 위치를 각각 $P_t(x_1, y_1)$, $Q_t(x_2, y_2)$라 할 때,

$x_1=t-\sin t$, $y_1=1-\cos t$ 및

$x_2=t-\sin(t+a\pi)$, $y_2=-1+\cos(t+a\pi)$, $(0\leq a<2)$로 된다.

a의 값은 (9)□ 이고, $0\leq t\leq\pi$의 범위에서 두 점 P_t, Q_t의 거리의 최솟값은 (10)□ , 최댓값은 $\sqrt{(11)\square}$ 이다. 또, 최댓값을 갖는 것은 $t=$(12)□π일 때이다.

〈 1963년 2차 이과 〉 p.70

2. 같은 평면상의 점 P와 직선 l의 거리는 $\sqrt{3}+1$이다. 또, Q, R, S는 같은 평면상의 동점이며 S는 l 상에 있다. $\overline{PQ}=2+\sqrt{2}$, $\overline{QR}=2-\sqrt{2}$, $\overline{RS}=\sqrt{3}-1$일 때, R이 움직일 수 있는 범위를 도시하고 면적을 구하여라.

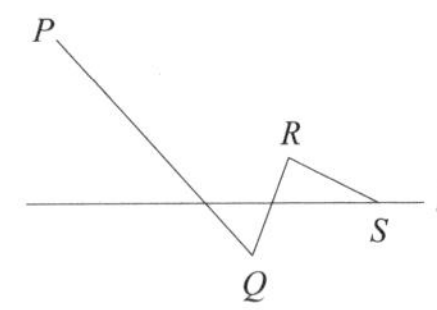

〈 1963년 2차 이과 〉 p.72

5. 한 변의 길이가 a인 정사각형 $ABCD$의 내부에, 동점 P에서 직각을 이루는 꺾은선 TPU가 있다. $\overline{PT}$는 변 AD와 Q에서 만나며, $\angle AQT=45^\circ$이다. 정사각형 $ABCD$의 면적을 2등분하면서 꺾은선 TPU가 움직일 때, 선분 PQ가 통과하는 부분의 넓이를 구하여라.

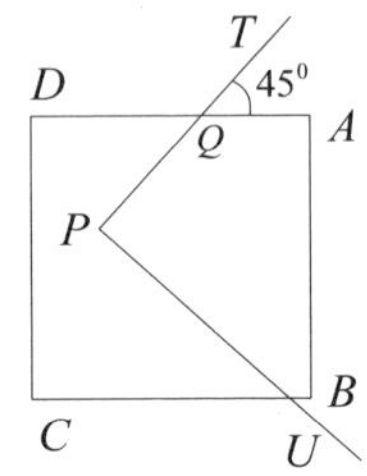

〈 1967년 1차 문과 〉 p.107

4. 다음 □ 안에 알맞은 말을 아래의 $1\sim9$ 중에서 골라 $1, 2, 3$ 등으로 답하라. 점 P의 좌표 (x, y)는 다음과 같다.

$$x=a\cos^2\alpha+b\cos\alpha\sin\alpha\cos\beta+c\sin^2\alpha$$

$$y=b\cos\alpha\sin\alpha\sin\beta$$

α, β가 모든 실숫값을 가지며 변할 때, 점 P가 움직이는 범위는

(1) $a=1,\ b=0,\ c=1$일 때, □이다.

(2) $a=1,\ b=0,\ c=-1$일 때, □이다.

(3) $a=0,\ b=1,\ c=0$일 때, □이다.

(4) $a=1,\ b=0,\ c=0$일 때, □이다.

1. 길이 1인 선분	2. 길이 $\frac{3}{2}$인 선분
3. 길이 2인 선분	4. 반지름 $\frac{1}{2}$인 원
5. 반지름 1인 원	6. 반지름 $\frac{3}{2}$인 원
7. 반지름 2인 원	8. 한 점
9. 위의 어느 것과도 다르다.	

단, 원인 경우에는 내부 포함.

〈 1967년 2차 문과 〉 p.111

5. 타원 $\frac{x^2}{a}+ay^2=1\,(a>0)$을 고려해보자.

a가 모든 양숫값을 가지며 변할 때, 타원상의 점 전체는 어떤 범위에 있는지 결정하고 도시하라.

〈 1968년 2차 이과 〉 p.117

3. 실수 α, β가 주어져 있다. x의 이차식 $f(x)=ax^2+bx+c$의 계수 a, b, c가 $a+b+c=0$을 만족하며 변할 때,
좌표 $(f(\alpha),\ f(\beta))$를 갖는 점 전체는 평면상의 어떠한 집합인가?

〈 1977년 1차 문과 〉 p.142

1. 다음 □ 안에 알맞은 수를 넣어라.
m을 실수인 상수라 할 때, xy평면상의 두 직선 $l_1: mx-y=0,\ l_2: x+my-m-2=0$의 교점 P는 어떠한 m에 대해서도 일정한 원 $C: (x-\square)^2+(y-\square)^2=\square$ 위에 있다.
또, 직선 l_1와 원 C의 교점을 P, Q_1으로, 직선 l_2와 원 C의 교점을 P, Q_2로 놓자.
m이 실수 전체에서 움직일 때, $\triangle PQ_1Q_2$의 면적의 최댓값은 □이다.

〈 1978년 1차 이과 〉 p.150

4. 다음 □ 안에 알맞은 수를 넣어라.
각 $\alpha°$를 이루며 만나는 두 반직선 $OA,\ OB$가 있다. OA상의 한 점 P에서 그림과 같이 $\theta°\,(0<\theta<180)$로 작은 공을 발사한다. 단, 공의 크기는 무시하며, 공은 벽 이외의 곳에서는 직진하는 것으로 한다. 또, 벽에서 반사할 때는, 예를 들면 그림과 같이 $\angle PQB=\angle OQR$과 같은 모양으로 반사한다. 이제, $\theta°$에 대하여 공이 1회 이상 몇 회 반사하여, 최후에는 $\overrightarrow{OB}$와 평행하게 된다고 가정하자. 이때,

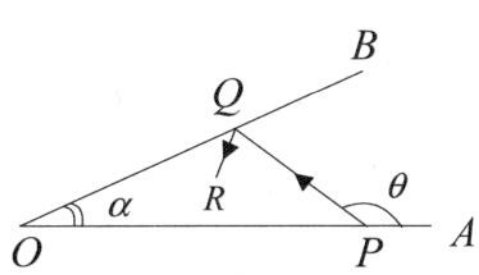

(1) $\alpha°=15°$일 때, 위와 같은 $\theta°$는 □개이며, 그 중 가장 큰 값은 □ °이다.
(2) $\alpha°=50°$일 때, 위와 같은 $\theta°$는 1개뿐이며 □이다. 이때, $\overline{OP}=1$이면, 공이 마지막으로 벽에 부딪힐 때까지 공이 움직인 거리는 $2\cos$ □ °이다. 단, □ 안의 값은 0보다 크며 180보다 작다.

[2] 부등식과 영역

〈 1958년 2차 해석 I 〉 p.23

3. 한 평면상의 두 점 $P(x, y)$, $Q(X, Y)$의 좌표 사이에 $X=\frac{x}{x^2+y^2}$, $Y=-\frac{y}{x^2+y^2}$인 관계가 있다.
점 P가 부등식 $(4x+3y-5)(4x-3y+5)>0$로 표시되는 범위 안에서 움직일 때, 점 Q는 어떤 범위 안에서 움직이는가? P의 운동범위와 Q의 운동범위를 도시하라.

〈 1964년 1차 문과 〉 p.79

5. 다음 □ 안에 알맞은 수를 넣어라.
명제(A)가 성립하는 a의 최솟값은 (18)□
명제(B)가 성립하는 b의 최댓값은 (19)□
명제(C)가 성립하는 c의 최솟값은 (20)□
(A) $3x+4y \geqq a$이면, 반드시 $x^2+y^2 \geqq 1$이다.
(B) $x \geqq 0, y \geqq 0, 3x+4y \leqq b$이면,
반드시 $x^2+y^2 \leqq 1$이다.
(C) $x \geqq 0, y \geqq 0, 3x+4y \geqq c$이면,
반드시 $x+y \geqq 1$이다.

〈 1966년 1차 이과 〉 p.95

4. 아래의 부등식 $1, 2, 3, 4, 5$ 중 □ 안에 알맞은 것을 골라 숫자 $1, 2$ 등으로 답하라.
(x, y는 실수)
$x+y<1,\ x-y<1$이면, (m)□이다.
$x+y<1$, (n)□이면, $x-y<1$이다.
$x+y<1$이면, $x-y<1$ 또는 (o)□이다.
(p)□이면, $x+y<1$ 또는 $x-y<1$이다.

1. $y<1$	2. $y-2x<1$	3. $x-2y<1$
4. $x-y^2<1$	5. $x^2+y^2<1$	

〈 1977년 2차 이과 〉 p.146

3. xy평면에 부등식으로 표현되는 세 영역

$$\begin{cases} A: & x \geqq 0 \\ B: & y \geqq 0 \\ C: & \sqrt{3}x+y \leqq \sqrt{3} \end{cases}$$ 가 있다.

임의의 점 P에 대하여, P를 중심으로 하고 A, B, C 중 적어도 한 곳에는 포함되는 원을 고려해 보자.

그런 원의 반지름의 최댓값은 점 P에 따라 정해지므로 $r(P)$로 놓자.

(1) 점 P가 $A \cap C$에서 $(A \cap C) \cap B$를 제외한 부분에서 움직일 때, $r(P)$의 범위를 구하여라.

(2) 점 P가 평면전체를 움직일 때, $r(P)$의 범위를 구하여라.

〈 1979년 이과 〉 p.162

1. xy평면상의 정사각형 Q의 네 꼭짓점은 $A(0,0)$, $B(1,0)$, $C(1,1)$, $D(0,1)$이다.

실수 t에 대하여 일차변환

$$U_t = \begin{pmatrix} 1+t & t+t^2 \\ 0 & 1+t \end{pmatrix},\ V_t = \begin{pmatrix} 1+t & 0 \\ t+t^2 & 1+t \end{pmatrix}$$ 를

고려하여, Q가 U_t에 의하여 이동한 도형과 V_t에 의하여 이동한 도형의 공통부분의 넓이를 $S(t)$라 하자. t가 $t \geqq 0$의 범위에서 움직일 때, t의 함수 $S(t)$의 최댓값을 구하고 그래프의 개형을 그려라.

〈 1983년 이과 〉 p.194

4. xy평면상의 $y \geqq x^2$로 표시되는 영역을 D라 하자. D에 포함되는 한 변의 길이가 t인 정사각형 중, 각 변이 좌표축에 평행하거나 45°를 이루는 것을 모두 고려해보자.

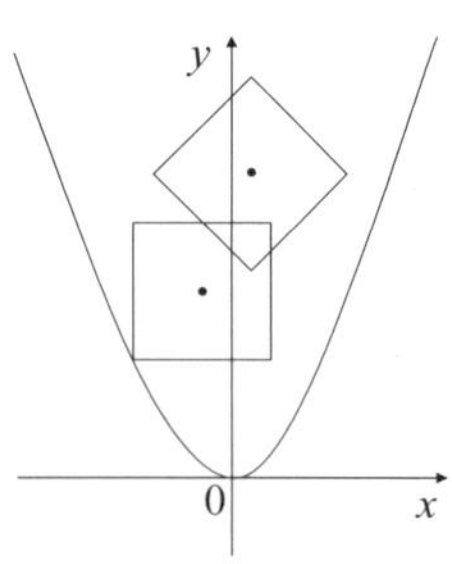

이러한 정사각형의 중심의 y좌표의 최솟값을 t의 함수로 나타내고 그 그래프를 그려라.

〈 1984년 이과 〉 p.205

6. xy평면에 있어서, 부등식 $x^2 \leqq y$로 표시되는 영역을 D, 부등식 $(x-4)^2 \leqq y$로 표시되는 영역을 E라 하자. 이때, 다음 조건 (*)를 만족하는 점 $P(a,b)$ 전체의 집합을 구하여 도시하여라.

(*) $P(a,b)$에 대하여 D와 대칭인 영역을 U라 할 때, $D \cap E \cap U = \varnothing$, $D \cap U \neq \varnothing$, $E \cap U \neq \varnothing$이다.

〈 1986년 이과 〉 p.219

4. 이차방정식 $ax^2-2bx+c=0$의 계수 a, b, c는 각각 다음 범위에서 움직인다.

$0.9 \leqq a \leqq 1.1$, $2.7 \leqq b \leqq 3.3$, $4.5 \leqq c \leqq 5.4$

(1) 이때, $u=\dfrac{b}{a}$, $v=\dfrac{c}{a}$를 좌표로 하는 점 $P(u, v)$가 움직이는 범위를 도시하라.

(2) 위의 이차방정식의 해 중 큰 것을 z라 하자. a, b, c가 위의 범위에서 움직일 때, z의 최댓값과 최솟값을 구하여라.

〈 1987년 문과 〉 p.230

3. t의 함수 $f(t)$를

$f(t)=1+2at+b(2t^2-1)$로 놓자.

구간 $-1 \leqq t \leqq 1$상의 모든 t에 대하여 $f(t) \geqq 0$로 되게 하는 a, b를 좌표로 하는 점 (a, b)가 존재하는 범위를 도시하라.

〈 1990년 전기 이과 〉 p.247

4. 행렬 $M=\begin{pmatrix} \dfrac{1}{1+a^2} & -\dfrac{a}{1+a^2} \\ \dfrac{a}{1+a^2} & \dfrac{1}{1+a^2} \end{pmatrix}$에 대하여, 점열 $P_n(x_n, y_n)$ $(n=0,1,2,\cdots)$을 다음과 같이 정하자.

$$\begin{pmatrix} x_0 \\ y_0 \end{pmatrix} = \begin{pmatrix} 1 \\ 0 \end{pmatrix},\ \begin{pmatrix} x_1 \\ y_1 \end{pmatrix} = M\begin{pmatrix} x_0 \\ y_0 \end{pmatrix},\ \cdots,$$

$$\begin{pmatrix} x_n \\ y_n \end{pmatrix} = M\begin{pmatrix} x_{n-1} \\ y_{n-1} \end{pmatrix}$$

(1) a가 양의 실수로 변할 때, $\triangle P_0P_1P_2$의 면적을 최대로 하는 a값을 구하여라.

(2) a를 (1)에서 구한 값이라 하자.

$\triangle P_0P_1P_2$, $\triangle P_1P_2P_3$, $\cdots$, $\triangle P_nP_{n+1}P_{n+2}$의 합집합으로 표시되는 도형의 면적을 S_n이라 할 때, $\lim_{n\to\infty} S_n$을 구하여라.

〈 1993년 전기 문과 〉 p.287

3. xyz 공간상의,
원점을 중심으로 하는 반지름 1인 구면
$S=\{(x,y,z)\,|\,x^2+y^2+z^2=1,\ x,y,z\text{는 실수}\}$
위의 점 $(0,0,1)$을 A라 하자.
A와 다른 S상의 점 $P(x,y,z)$에 대하여, 직선 AP와 xy평면의 교점을 $Q(u,v,0)$이라 하자.
양의 상수 k에 대하여, 점 P가

$$x^2+y^2+z^2=1,\ x\geq \frac{1}{k},\ y\geq \frac{1}{k},\ z\geq \frac{1}{k}$$

을 만족하며 움직일 때, 대응하는 점 Q가 움직이는 범위를 uv평면에 도시하라.

〈 1994년 전기 이과 〉 p.298

6. xy평면상의 두 점 P, Q에 대하여, P와 Q를 x축 및 y축에 평행한 선분으로 이루어진 꺾은선으로 연결한다. 이때, 경로의 길이 중 최솟값을 $d(P,Q)$라 하자.

(1) 원점 $O(0,0)$과 점 $A(1,1)$에 대하여, $d(O,P)=d(P,A)$를 만족하는 점 $P(x,y)$의 범위를 xy평면에 도시하여라.

(2) 실수 $a\geq 0$에 대하여, 점 $Q(a,a^2+1)$을 고려해 보자. 다음 조건 (*)를 만족하는 점 $P(x,y)$의 범위를 xy평면에 도시하여라.
(*) 원점 $O(0,0)$에 대하여 $d(O,P)=d(P,Q)$로 되는 $a\geq 0$가 존재한다.

〈 1994년 전기 문과 〉 p.301

2. xy평면상의 두 점 P, Q에 대하여, P와 Q를 x축 및 y축에 평행한 선분으로 이루어진 꺾은선으로 연결한다. 이때, 경로의 길이 중 최솟값을 $d(P,Q)$라 하자.

(1) 원점 $O(0,0)$과 점 $A(1,3)$에 대하여, $d(O,P)=d(P,A)$를 만족하는 점 $P(x,y)$의 범위를 xy평면에 도시하여라.

(2) 점 $A(1,3)$과 점 $B(-1,1)$에 대하여, $d(A,P)=d(P,B)$를 만족하는 점 $P(x,y)$의 범위를 xy평면에 도시하여라.

〈 2000년 전기 문과 〉 p.331

2. xy평면상의 영역 $-1\leq x\leq 1,\ -1\leq y\leq 1$에서의 $1-ax-by-axy$의 최솟값이 양수로 되는 상수 a, b를 좌표로 하는 점 (a,b)의 범위를 도시하라.

〈 2003년 전기 문과 〉 p.368

2. a,b는 실수이다.
다음 네 부등식을 동시에 만족하는 점 (x,y) 전체로 이루어진 영역을 D라 하자.

$$x+3y\geq a,\ 3x+y\geq b,\ x\geq 0,\ y\geq 0$$

영역 D에 있어서, $x+y$의 최솟값을 구하여라.

〈 2004년 전기 문과 〉 p.383

2. 다음 두 이차부등식을 만족하는 점 (x,y) 전체로 이루어진 영역을 D라 하자.

$y\geq x^2$, $y\leq -2x^2+3ax+6a^2$ (a : 양의 실수)

영역 D의 점 (x,y)에 대하여 $x+y$의 최댓값과 최솟값을 구하여라.

[3] 점과 좌표

〈 1957년 1차 이과 〉 p.9

1. 다음 □ 안에 알맞은 수를 넣어라.
두 점 $A($(1)□, (2)□$)$, $B(4,1)$의 거리가 5이며, 직선 AB의 기울기가 $-\frac{4}{3}$이다.
또, $\triangle OAB$의 면적은 (3)□이다.
(단, $\triangle OAB$는 둔각삼각형이다.)

〈 1957년 1차 이과 〉 p.10

3. 다음 □ 안에 알맞은 수를 넣어라.
$x=2t^2-4t+5$, $y=3t^2+at+7$ (a: 상수)
를 좌표로 하는 점 $P(x,y)$가 실수 t의 값에 관계없이 정직선 $Ax+By=1$ 위에 있다.

이때, a, A, B의 값은 각각

$a=$ (8)☐, $A=$ (9)☐, $B=$ (10)☐ 이다.

또, 점 P와 원점의 거리의 최솟값은

$t=$ (11)☐ 일 때, (12)☐ 이다.

〈 1959년 2차 수학 I – 대수 〉 p.32

1. 평면상의 점 (x, y)에 대하여

$$\begin{cases} x' = 2x + y \\ y' = 3x + 2y \end{cases}$$

로 정해지는 점 (x', y')를 대응시키자.

(1) 네 점 $(0, 0)$, $(a, 0)$, $(0, b)$, (a, b)를 꼭짓점으로 하는 사각형(내부포함)은 위의 대응으로 어떠한 도형으로 되는지를 그림으로 나타내어라. (단, $a>0$, $b>0$)

(2) 그 도형의 면적과 원래의 사각형의 면적의 비를 구하여라.

〈 1963년 1차 문과 〉 p.66

2. 다음 ☐ 안에 알맞은 수를 넣어라.

두 점 $A(1, 1)$, $B(2, 3)$과 직선 $y=\frac{1}{2}x$ ⋯ ①가 있다. 직선 ①상의 동점 P를 잡아 $\overline{PA}^2+\overline{PB}^2$을 최소로 하면, 최솟값은 (5)☐이며 그 최솟값을 갖는 점 P_0의 좌표는 ((6)☐, (7)☐)이다. 또, 점 P_0를 지나는 직선 ①의 수선 l을 그리면, l과 직선 AB의 교점의 y좌표는 (8)☐ 이다.

〈 1964년 1차 이과 〉 p.76

2. 다음 ☐ 안에 알맞은 수를 넣어라.

$\triangle ABC$의 중심 G가 원점에 있으며 A, B의 좌표가 각각 $\left(\frac{2}{\sqrt{3}}, 0\right)$, $\left(\frac{1}{\sqrt{3}}, 1\right)$이면, C의 y좌표는 (5)☐ 이다. G를 중심으로 하여 $\triangle ABC$를 양의 방향으로 $60°$ 회전하였을 때 C가 이동한 점 C'의 y좌표는 (6)☐ 이다. 처음의 $\triangle ABC$의 외심의 y좌표는 (7)☐ 이며, $\triangle ABC$의 면적은 $\sqrt{{}^{(8)}\square}$ 이다.

〈 1964년 2차 이과 〉 p.82

4. 네 점 $A_1(0, 0)$, $A_2(1, 0)$, $A_3(2, 2)$, $A_4(0, 2)$를 꼭짓점으로 하는 사각형이 있다. 같은 평면상의 네 점 P_1, P_2, P_3, P_4에 대하여 점 P_1은 $\overline{P_4A_4}$의 중점, 점 P_2는 $\overline{P_1A_1}$의 중점, 점 P_3은 $\overline{P_2A_2}$의 중점, 점 P_4은 $\overline{P_3A_3}$의 중점이다. 네 점 P_1, P_2, P_3, P_4의 좌표와 사각형 $P_1P_2P_3P_4$의 넓이를 구하여라.

〈 1991년 전기 이과 〉 p.260

5. xy평면상에서 x좌표, y좌표가 모두 정수인 점 (m, n)을 격자점이라고 하자. 각 격자점을 중심으로 하는 반지름 r인 원들이 그려져 있다. 기울기 $\frac{2}{5}$인 임의의 직선이 적어도 한 개의 원과 공유점을 갖게 되는 r의 최솟값을 구하여라.

〈 1993년 전기 이과 〉 p.282

3. xy평면상의

다음 두 집합 l, m을 고려해 보자.

$$\begin{cases} l=\{(-5, y) \mid -5<y<5\} \\ m=\{(5, y) \mid -5<y<5\} \end{cases}$$

l, m 위에 있지 않은 두 점 A, B에 대해, A, B를 l, m과 만나지 않도록, 선분 또는 꺾은선으로 연결한 경로의 길이의 최솟값을 $d(A, B)$로 표시하자.

두 점 $P(-9, -3)$, $Q(9, 3)$에 대하여,

$$d(P, R)=d(Q, R)$$

인 점 R의 궤적을 xy평면상에 도시하라.

[4] 직선

〈 1957년 1차 문과 〉 p.11

1. 다음 ☐ 안에 알맞은 수를 넣어라.

두 점 A((1)☐, (2)☐), $B(-1, 3)$을 연결한 선분의 수직이등분선의 방정식은

$\frac{x}{{}^{(3)}\square}-\frac{y}{{}^{(4)}\square}=1$ 이다. 또, 두 점 A, B로부터 같은 거리에 있는 x축상의 점은 $(3, 0)$이며, y축상의 점은 $(0, -6)$이다.

〈 1957년 2차 해석Ⅰ 〉 p.14

2. 원점을 지나는 직선이 세 점

$$A(1,0),\ B(0,1),\ C\left(\frac{3}{2},0\right)$$

을 꼭짓점으로 하는 삼각형의 면적을 2등분한다. 기울기를 구하여라.

〈 1958년 1차 이과 〉 p.18

2. 다음 □ 안에 알맞은 수를 넣어라.
세 직선 $2y = x +$ (5)□, $y =$ (6)□ $x + 4$, (7)□ $y =$ (8)□ $x + 1$ 로 이루어지는 삼각형의 두 꼭짓점의 좌표가 $(0,6)$, $(2,0)$이다.

〈 1959년 1차 이과 〉 p.28

4. 다음 □ 안에 알맞은 수를 넣어라.
방정식 $x = \pm a$, $y = \pm b$, $bx + ay = \pm c^2$ $(a > 0, b > 0, c > 0)$로 표시되는 6개의 직선을 고려해보자.

(1) 6개의 직선이 그림과 같이 6각형을 만들 조건은

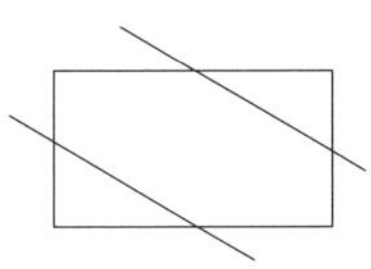

$$\frac{c^2}{ab} <$$ (12)□

(2) 그 6각형의 면적 A가 직선 $x = \pm a$, $y = \pm b$로 둘러싸인 직사각형의 면적의 $\frac{3}{4}$일 때,

$$\frac{c^2}{ab} =$$ (13)□

(3) $c = 1$이고 a, b가 조건 $a^2 + b^2 = 8$, $a \geq b > 0$를 만족할 때, 6각형의 면적 A가 최대로 되는 때는 $a =$ (14)□, $b =$ (15)□ 인 경우이며, 그 때 $A =$ (16)□ 이다.

〈 1959년 1차 문과 〉 p.30

1. 다음 □ 안에 알맞은 수를 넣어라.
평행사변형 $ABCD$에 대하여
변 AB의 방정식은 $3x - 4y + 1 = 0$,
변 AD의 방정식은 $2x + 3y - 5 = 0$이다.
점 C의 좌표가 $(2,6)$일 때,
점 B의 좌표는 ((1)□, (2)□)이며
점 D의 좌표는 ((3)□, (4)□)이다.

〈 1959년 1차 문과 〉 p.30

3. 다음 □ 안에 알맞은 수를 넣어라.
x, y에 관한 두 일차방정식

$$(2-a)x + 2y = 0,\ 2x - (1+a)y = 0$$

이 같은 직선으로 되는 a값은 두 개이다.
그 값을 a_1, a_2 $(a_1 < a_2)$라 하면

$a_1 =$ (9)□, $a_2 =$ (10)□ 이다.

$a = a_1$일 때 직선은 $(1,$ (11)□ $)$을 지나며,
$a = a_2$일 때 직선은 ((12)□ $,1)$을 지난다.

〈 1960년 1차 문과 〉 p.38

1. 다음 □ 안에 알맞은 수를 넣어라.
삼각형 ABC의 변 BC, CA, AB의 중점을 각각 L, M, N, 직선 MN, NL, LM의 방정식을 각각 $2x - 4y - 3 = 0$, $2x + 2y - 3 = 0$, $4x - 2y - 9 = 0$이라 할 때, 세 점 L, B, C의 좌표는 각각 L((1)□, (2)□),
B((3)□, (4)□), C((5)□, (6)□)이다.

〈 1961년 1차 문과 〉 p.47

1. 다음 □ 안에 알맞은 수를 넣어라.
a, b를 $\frac{1}{a} + \frac{1}{2b} = \frac{1}{5}$을 만족하는 임의의 수라 할 때, 두 점 $(a,0)$, $(0,b)$를 지나는 직선은 정점 ((1)□, (2)□) 을 지난다.
또, $\frac{1}{a'} + \frac{1}{2b'} = \frac{1}{5}$ $(ab \neq a'b')$이면, 두 점 $(a',0)$, $(0,b)$를 지나는 직선과 두 점 $(a,0)$, $(0,b')$를 지나는 직선의 교점은 정직선 $y =$ (3)□ x 상에 있다.

〈 1962년 1차 이과 〉 p.55

3. 다음 □ 안에 알맞은 수를 넣어라.
세 점 $A(3,0)$, $B(0,2)$, $C(2,4)$가 있다. 직선 AB상의 점 $P(x,y)$와 점 C를 연결한 직선이 x축과 만나는 점을 $P'(x',0)$라 하면, $x' = \dfrac{\text{(7)□}\, x + \text{(8)□}}{x + \text{(9)□}}$ 이다. 또, 직선 CP와 y축과의 교점을 Q라고 할 때, Q가 선분 OB상에 있어 $PQ : QP' = 1 : 3$으로 되는 것은 $x =$ (10)□ 일 때이다. 단, O는 원점 $(0,0)$이다.

〈 1965년 1차 이과 〉 p.84

1. 다음 $\square$ 안에 알맞은 수를 넣어라.
점 $(-1, 1)$을 지나는 직선 $2x+^{(a)}\square\, y+^{(b)}\square =0$을 x축 방향으로 1, y축 방향으로 $^{(c)}\square$만큼 평행이동한 후, x축에 대하여 대칭이동시켜 얻은 직선 $2x-3y+^{(d)}\square=0$은 점 $(3,3)$을 지난다.

〈 1966년 2차 이과 〉 p.99

2. 평면상의 어떤 직선 l상의 임의의 점 (x, y)에 대하여 점 $(4x+2y, x+3y)$가 l상에 있다. 그런 직선 l을 모두 구하여라.

〈 1967년 2차 문과 〉 p.111

4. 직선 $y=ax+b$ (a: 실수)가 점 $A(0, 0)$, $B(1, 0)$, $C(0, 1)$을 꼭짓점으로 하는 삼각형의 면적을 이등분할 때, b를 a로 나타내어라.

〈 1968년 1차 이과 〉 p.113

3. 다음 $\square$ 안에 알맞은 수를 넣어라.
한 꼭짓점의 좌표가 $(0, \sqrt{3})$이며, 직선 $y=0$ 상에 꼭짓점 A, 직선 $y=2x$ 상에 꼭짓점 B를 갖는 정삼각형은 두 개 있다. 점 B의 x좌표는
작은 정삼각형에 대하여 $\square+\square\sqrt{3}$,
큰 정삼각형에 대하여 $\square+\square\sqrt{3}$이다.

[5] 원, 원과 직선

〈 1956년 1차 문과 〉 p.3

2. 다음 $\square$ 안에 알맞은 수를 넣어라.
점 $(13, 0)$을 지나는 직선 $y=m(x-13)$ $\cdots (a)$
은 $^{(7)}\square \leqq m \leqq {}^{(8)}\square$인 경우에만
원 $x^2+y^2=25$ $\cdots (b)$와 교점을 갖는다.
이때, 생성되는 현의 중심의 궤적은 어떤 원주 C상에 있다. 원주 C의 중심의 x좌표는 $^{(9)}\square$, 반지름은 $^{(10)}\square$이다.

〈 1956년 2차 해석 I 〉 p.5

3. 포물선 $y^2=4p(x-\alpha)$와 원 $x^2+y^2=1$의 교점의 개수는 α값에 따라 어떻게 변하는가?
(단, $0<p<\frac{1}{2}$)

〈 1957년 1차 문과 〉 p.12

4. 다음 $\square$ 안에 알맞은 수를 넣어라.
a가 임의의 상수일 때,
원 $(x^2+y^2-25)+a(2x-y-10)=0$은 두 정점 $(^{(13)}\square, {}^{(14)}\square)$, $(5, {}^{(15)}\square)$를 지나며, 그 중심은 직선 $x+{}^{(16)}\square\, y={}^{(17)}\square$ 상에 있다.

〈 1958년 1차 이과 〉 p.19

3. 다음 $\square$ 안에 알맞은 수를 넣어라.
두 원 $x^2+y^2+8x-10y-44=0$, $x^2+y^2+{}^{(9)}\square\, x+{}^{(10)}\square\, y+{}^{(11)}\square=0$은 반지름이 같으며, 두 교점의 좌표는 $(^{(12)}\square, -1)$, $(^{(13)}\square, 3)$이다.
또, 두 원의 중심을 지나는 직선의 방정식은 $x+2y-6=0$이다.

〈 1959년 1차 이과 〉 p.28

3. 다음 $\square$ 안에 알맞은 수를 넣어라.

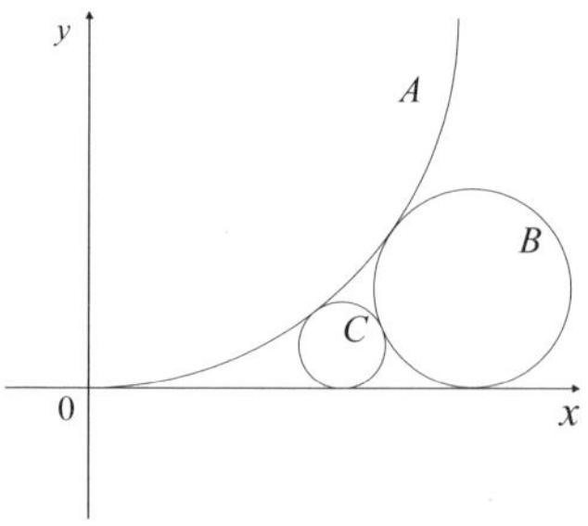

세 개의 원 A, B, C가 있다. 원 A의 중심은 $\left(0, \frac{1}{2}\right)$, 반지름은 $\frac{1}{2}$이다. 원 B는 A와 접하며, x축과 $\left(\frac{1}{2}, 0\right)$에서 접한다. 또, 원 C는 A, B 및 x축에 그림과 같이 접한다.
B의 반지름은 $^{(9)}\square$, C의 반지름은 $^{(10)}\square$이며, C가 x축과 접하는 점의 x좌표는 $^{(11)}\square$이다.

〈 1960년 1차 이과 〉 p.37

4. 다음 □ 안에 알맞은 수를 넣어라.

원 $x^2+y^2=4$ 와 직선 $x=-1$ 로 둘러싸인 부채꼴 중 큰 쪽을 ACB 라 하자.

호 ACB 상에 두 점 P, Q 를 잡아 선분 PQ 를 접는 선으로 하여 그림과 같이 부채꼴 PCQ 를 반대쪽으로 접어, 점 $D\left(-1, \frac{1}{2}\right)$ 에서 현 AB 에 접하게 하였다. 이 경우, 원 PDQ 의 중심의 좌표는 ((13)□,(14)□), 현 PQ 의 중점의 좌표는 ((15)□,(16)□)이다.

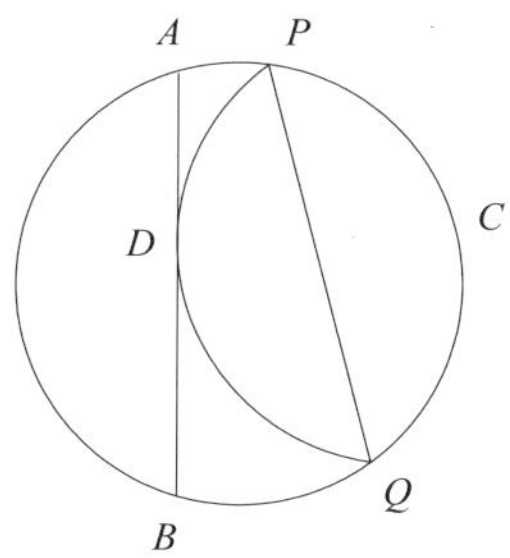

〈 1960년 1차 문과 〉 p.39

3. 다음 □ 안에 알맞은 수를 넣어라.

x 축의 양의 부분에 접하는 원이

직선 $4x+3y-4=0$ 과 점 (4,(10)□)에서

접하면 중심의 좌표는 ((11)□,(12)□)이다.

〈 1961년 1차 이과 〉 p.45

4. 다음 □ 안에 알맞은 수를 넣어라.

반지름 1 인 두 원 A, B 가 그림과 같이 있다.

A 의 중심은 최초 $(-10, 0)$ 에서 출발하여 x 축 상을 좌에서 우로 매초 1 의 속도로 움직이며,

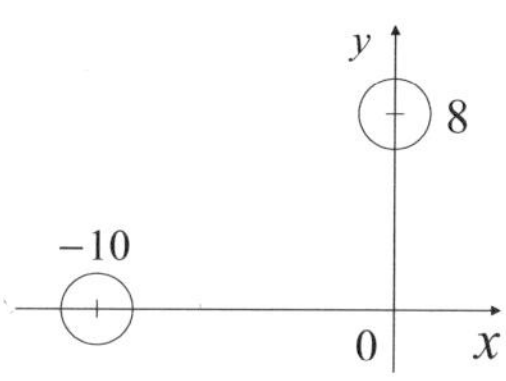

B 의 중심은 최초 $(0, 8)$ 에서 출발하여 y 축 상을 위에서 아래로 매초 1 의 속도로 움직인다.

원 A, B 가 처음으로 접하게 되는 것은 출발한 후 (13)□초 후이며, 두 번째로 접하는 것은 출발한 후 (14)□초 후이다.

또, 두 원의 공통부분의 면적이 최대가 되는 것은 출발한 후 (15)□초 후이며, 최대 면적은 (16)□ $\pi-1$ 이다.

〈 1962년 1차 이과 〉 p.54

2. 다음 □ 안에 알맞은 수를 넣어라.

직선 $y-5x+$(4)□$=0$ 과 원 $3x^2+3y^2-2x+4y+$(5)□$=0$ 은 점 ((6)□, -1)에서 접한다.

〈 1962년 1차 문과 〉 p.57

5. 다음 □ 안에 알맞은 수를 넣어라.

원 $x^2+y^2-2x+3y-3=0$ 을 x 축의 양의 방향으로 (15)□, y 축의 양의 방향으로 (16)□ 만큼 평행이동하면,

원 $x^2+y^2-6x+5y+$(17)□$=0$ 으로 된다.

〈 1963년 1차 문과 〉 p.67

3. 다음 □ 안에 알맞은 수를 넣어라.

$\triangle ABC$ 에 대하여 점 A 의 좌표가 $(2, 16)$, 중심의 좌표가 $(3, -1)$, 외심의 좌표가 $(2, 1)$ 이면, 점 B 의 좌표는 ((9)□,(10)□ 점 C 의 좌표는 ((11)□,(12)□)이다.

단, C 의 x 좌표는 양수이다.

〈 1965년 1차 이과 〉 p.87

2. 다음 □ 안에 알맞은 수를 넣어라.

방정식 $x^2-3y^2+6x+9=0$ 으로 표시되는 그래프와 방정식 $x^2+y^2-2ax+a^2-1=0$ 으로 표시되는 그래프가 공유점을 갖기 위한 필요충분조건은 (e)□ $\leqq a \leqq$ (f)□ 이다.

또, 공유점의 개수가 홀수로 되는 a 값은 (g)□ 개이며, 그러한 a 값 중 가장 큰 것은 (h)□ 이다.

〈 1966년 1차 문과 〉 p.97

4. 다음 □ 안에 알맞은 수를 넣어라.

$A(0, 10)$, $B(0, 0)$, $C(5, 0)$, $D(14, 12)$ 를 평면상의 네 점이라 하자. D 를 지나며 선분 AB, AC 와 각각 E, F 에서 만나는 직선을 잡아 B, C, F, E 가 같은 원주상에 있는 서로 다른 네 점이 되게 하였다. 이 원의 방정식은 x^2+y^2-(m)□ $x-$(n)□ $y=0$ 이며, F 의 좌표는 ((o)□,(p)□)이다.

〈 1966년 2차 문과 〉 p.101

3. 세 직선 $x+y-1=0$, $x-y+1=0$, $3x+4y-5=0$로 둘러싸인 삼각형의 내심의 좌표와 내접원의 반지름을 구하여라.

〈 1967년 2차 문과 〉 p.111

2. 한 평면상에 반지름이 1인 세 원이 있어, 각각의 중심이 $A(0,0)$, $B(2\sqrt{3},0)$, $C(\sqrt{3},3)$이다. 이때, 아래의 두 조건 (i), (ii)를 만족하는 점 P가 존재하는 범위를 정하여, 그 면적을 구하여라.

(i) 점 P는 세 원의 외부에 있다.

(ii) 점 P로부터 원 A, B, C에 그린 접선의 접점을 각각 R, S, T라 하면,

$$\overline{PR}^2+\overline{PS}^2+\overline{PT}^2<36$$

〈 1968년 1차 문과 〉 p.115

1. 다음 □ 안에 알맞은 수를 넣어라.

중심이 $(0,\square)$이며 점 $(3,0)$를 지나는 원 $x^2+y^2-8y+\square=0$이 있다. 이 원과, 원 $x^2+y^2+\square x-6y+23=0$의 교점을 지나는 직선은 점 $(\square,)$과 $(2,-8)$을 지난다.

〈 1970년 2차 문과 〉 p.130

2. 두 점 $A(0,1)$, $B(0,11)$이 주어져 있다. x축상의 양의 부분에 점 $P(x,0)$을 잡아 $\angle APB$의 크기를 $30°$ 이상으로 하려한다. x의 범위를 구하여라.

〈 1991년 후기 이과1류 〉 p.265

2. 평면상에 세 개의 원 C_1, C_2, C_3가 있어, C_1과 C_2는 서로 다른 두 점 A, B에서 만나며, C_3는 C_1 및 C_2와 서로 직교한다. 단, 두 원이 서로 직교한다는 것은, 각 교점에서의 각각의 원에 대한 접선이 그 교점에서 직교할 때를 말한다.

(1) 원 C_3의 중심은 두 점 A, B를 지나는 직선상에 있음을 보여라.

(2) 두 점 A, B 중 하나는 원 C_3의 내부에, 다른 하나는 원 C_3의 외부에 있음을 보여라.

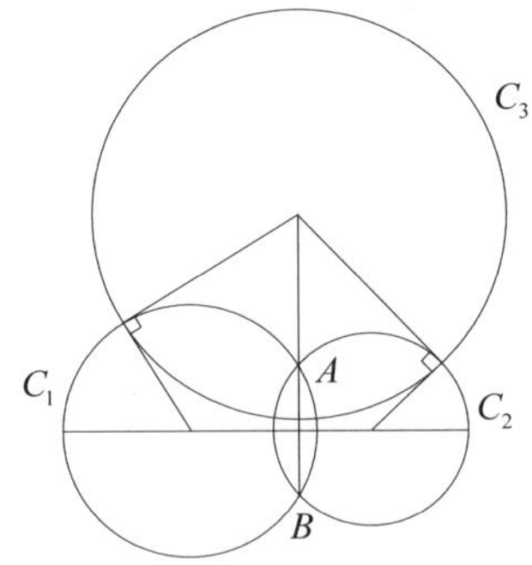

[6] 타원

〈 1965년 1차 이과 〉 p.87

1. 다음 □ 안에 알맞은 수를 넣어라.

타원 $2x^2+3y^2-1=0$과

타원 $3x^2+^{(a)}\square y^2+^{(b)}\square x+^{(c)}\square y+^{(d)}\square=0$은 직선 $x+y=1$에 대칭이다.

〈 1986년 이과 〉 p.217

2. 장축, 단축의 길이가 각각 4, 2인 타원으로 둘러싸인 영역을 A, 이 타원의 단축방향으로 A를 $\frac{1}{2}(\sqrt{6}-\sqrt{2})$만큼 평행이동한 영역을 B라 하자. 이때, A와 B의 공통부분 $C=A\cap B$의 면적 M을 구하여라.

단, $\frac{1}{4}(\sqrt{6}+\sqrt{2})=\cos\frac{\pi}{12}$이다.

〈 1988년 문과 〉 p.237

7. 직선 l상에 10m 떨어진 두 점 A, B가 있으며 l과 평행한 직선 m상을 점 P가 초속 1m로 일정한 방향으로 움직이고 있다. $\overline{AP}+\overline{BP}$는 어떤 시각에 15m였으며, 그 5초 후에도 15m였다.

두 직선 l, m 간의 거리를 구하여라.

〈 1990년 전기 이과 〉 p.249

5. 원 $x^2+y^2=1$을 C_0, 타원 $\frac{x^2}{a^2}+\frac{y^2}{b^2}=1$ $(a>0, b>0)$을 C_1이라 하자. C_1 상의 어떠한 점 P에 대해서도, P를 꼭짓점으로 하고 C_0에 외접하며 C_1에 내접하는 평행사변형이 존재하기 위한 필요충분조건을 a, b로 나타내어라.

〈 2000년 전기 이과 〉 p.325

1. $\overline{AB}=\overline{AC}$, $\overline{BC}=2$인 직각이등변삼각형에 내접하며, 한 축이 $\overline{BC}$에 평행한 타원의 면적의 최댓값을 구하여라.

[7] 기타

〈 1956년 1차 이과 〉 p.2

4. 다음 □ 안에 알맞은 수를 넣어라.

쌍곡선 $\frac{x^2}{25}-\frac{y^2}{36}=1$과

직선 $y=mx+8$의 교점의 개수는

$A=$ (11)□, $B=$ (12)□, $0<A<B$일 때,

$0 \leqq m < A$ 이면 (13)□,

$m=A$ 이면 1,

$A<m<B$ 이면 (14)□,

$m=B$ 이면 1,

$B<m$ 이면 (15)□ 이다.

〈 1958년 1차 이과 〉 p.19

4. 다음 □ 안에 알맞은 수를 넣어라.

함수 $y=\sin^4 x^\circ+\cos^4 x^\circ$에서 y값의 범위는 (14)□ $\leqq y \leqq$ (15)□ 이다. 또, y값이 $\frac{13}{25}$으로 되는 x값은 $0<x<90$의 범위에서 두 개 이며, 그 중 큰 값을 α라 하자.

$\cos\alpha^\circ=\sqrt{^{(16)}\square}$, $\tan\alpha^\circ=\sqrt{^{(17)}\square}$ 이다.

〈 1961년 1차 문과 〉 p.47

2. 다음 □ 안에 알맞은 수를 넣어라.

점 $A(4,2)$가 그림과 같이 있다. 선분 OA를 원점 O를 중심으로 45° 회전하여 OB의 위치로 이동하였을 때, 점 B의 좌표는

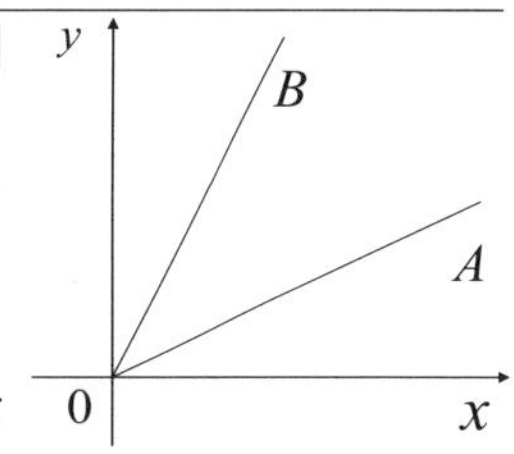

$(\sqrt{^{(4)}\square}, \sqrt{^{(5)}\square})$이다.

또, $\triangle OAB$의 외접원의 중심의 좌표는

$(3-\sqrt{^{(6)}\square}, \sqrt{^{(7)}\square}-1)$이다.

〈 1964년 2차 이과 〉 p.81

2. 평면상의 2개의 곡선

$y=x^2$ ⋯ ①, $y=3x^2+24x+50$ ⋯ ② 이 있다. 평면상의 한 점 P를 잡아, 곡선 ① 상의 임의의 점 A에 대하여 선분 AP를 일정한 비 $m:n\,(m>0, n>0)$으로 내분한 점 B는 반드시 곡선 ② 위에 있다. 점 P의 좌표 (α, β)와 비 $m:n$을 구하여라.

〈 1966년 1차 문과 〉 p.97

2. 다음 □ 안에 알맞은 유리수를 넣어라.

직선 $y=k$ (k: 상수)를 그리면,

원 $x^2+y^2=4$의 내부에 있는 부분의 길이와 타원 $\frac{(x-6)^2}{16}+\frac{(y-2)^2}{8}=1$의 내부에 있는 부분의 길이가 같다고 한다. 그때, 그 길이를 $a\sqrt{\sqrt{5}+b}$, $k=c+\sqrt{5}\,d$라 하면,

$a=$ (e)□, $b=$ (f)□, $c=$ (g)□, $d=$ (h)□

이다.

〈 1978년 1차 문과 〉 p.153

3. 다음 □ 안에 알맞은 수를 넣어라.

a, b를 정수라 할 때, 직선 $y=ax+b$ ⋯ ①

와 세 포물선 $\begin{cases} y=x^2+3 & \cdots ② \\ y=x^2+6x+7 & \cdots ③ \\ y=x^2+4x+5 & \cdots ④ \end{cases}$

에 대하여 고려해보자.

직선 ①과 포물선 ②, ③, ④의 교점의 개수가 각각 2개, 1개, 0개라 하면, $a=$□, $b=$□이다. 또, ①과 ③의 교점의 좌표는 (□,□) 이다.

〈 1991년 전기 문과 〉 p.263

3. 두 변의 길이가 $1, a$인 직사각형의 네 꼭짓점 A, B, C, D 및 대각선의 교점 E를 중심으로, 반지름 r인 원을 5개 그린다.
어떤 두 원의 내부도 공통부분을 갖지 않도록 하는 반지름 r을 최대로 할 때, 5개의 원의 직사각형에 의해 잘려나간 부분의 넓이를 $S(a)$라 하자. a의 함수 $\dfrac{S(a)}{a}$의 그래프의 개형을 그려라.

〈 2001년 전기 문과 〉 p.344

2. 시각 0에 원점을 출발한 두 점 A, B가 xy평면상을 움직인다. 점 A의 시각 t에서의 좌표는 $(t^2, 0)$이다. 점 B는 최초 y축상을 y좌표가 증가하는 방향으로 일정한 속력 1로 움직이며, 점 $C(0, 3)$에 도달하면, 그 점에서 x축에 평행한 직선 상을 x좌표가 증가하는 방향으로 일정한 속력 1로 움직인다.
$t>0$일 때, 삼각형 ABC의 면적을 $S(t)$로 놓자.

(1) 함수 $S(t)$ $(t>0)$의 그래프의 개형을 그려라.

(2) u를 양의 실수라 할 때, $0<t \leqq u$에서의 $S(t)$의 최댓값을 $M(u)$로 놓자.
함수 $M(u)$ $(u>0)$의 그래프의 개형을 그려라.

〈 2004년 전기 문과 〉 p.384

3. 함수 $f(x)$, $g(x)$, $h(x)$를 다음과 같이 정의할 때, 문제에 답하여라.

$$f(x)=x^3-3x,$$
$$g(x)=\{f(x)\}^3-3f(x),$$
$$h(x)=\{g(x)\}^3-3g(x)$$

(1) 실수 a에 대하여, $f_1(x)=a$를 만족하는 실수 x의 개수를 구하여라.

(2) $g(x)=0$을 만족하는 실수 x의 개수를 구하여라.

(3) $h(x)=0$을 만족하는 실수 x의 개수를 구하여라.

[5. 삼각함수]

[1] 도형과 삼각함수

〈 1959년 1차 문과 〉 p.30

4. 다음 □ 안에 알맞은 수를 넣어라.
$\angle A=90^\circ$, $\overline{AB}=\dfrac{5\sqrt{3}}{2}$, $\overline{AC}=\dfrac{5}{2}$인 삼각형 ABC가 있다. 같은 평면상에 점 A를 지나는 직선 l을 삼각형의 외부에 그려, B, C에서 직선 l에 내린 수선의 발을 각각 P, Q라 하자. 직선 l이 $\overline{AC}$와 이루는 각을 $\alpha(0^\circ \leqq \alpha \leqq 90^\circ)$라 하면,

(1) $\overline{PQ}$가 최대일 때는
$\alpha=$(13)□ °일 때이며, 최댓값은 (14)□.

(2) $\overline{BP}+\overline{CQ}$가 최대일 때는
$\alpha=$(15)□ °일 때이며, 최댓값은 (16)□.

〈 1960년 2차 수학II 〉 p.42

2. 한 변의 길이가 100m인 정사각형광장의 한 꼭짓점에 높이 60m인 봉이 있으며, 봉은 지상 10m부터 위쪽으로만 적색이다. 광장의 한 점에서 봉의 적색부분을 바라보는 각을 α라 할 때, $\alpha \geqq 45^\circ$로 되는 부분의 면적을 구하여라.

〈 1961년 2차 이과 〉 p.49

1. 점 O에서 60°를 이루는 반직선 OX, OY와 $\angle XOY$의 이등분선 OZ가 있어, OX, OY상에 O로부터 1cm 거리에 각각 A, B가 있다.

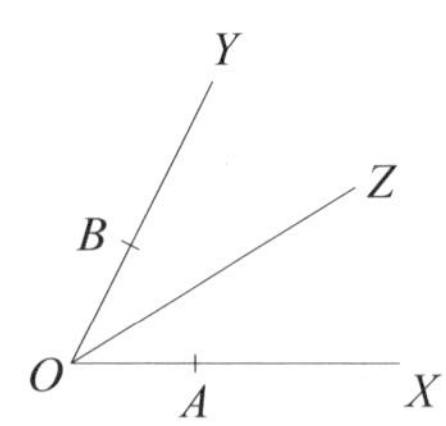

이제 동점 P, Q, R이 각각 A, O, B에서 동시에 출발하여 OX, OZ, OY상을 각각 매초 1cm, $\sqrt{3}$cm, 2cm씩 O로부터 멀어지고 있다.

(1) 세 점 P, Q, R이 한 직선상에 있게 되는 것은 출발한 지 몇 초 후인가?

(2) $\triangle PQR$의 면적이 $\triangle AOB$의 면적과 같게 되는 것은 출발한 지 몇 초 후인가?

〈 1962년 2차 이과 〉 p.59

2. $\triangle ABC$에 있어 $\angle A=90°$, $\overline{AB}=\overline{AC}=2$이다. 점 B, C에서 직선 BC에 관하여 A와 같은 쪽으로 변 BC에 수직인 반직선 BX, CY를 그렸다. 반직선 BX, 변 AB, BC, CA, 반직선 CY 상에 각각 점 P, Q, R, S, T를 잡아

$$\overline{PQ} \mathbin{/\!/} \overline{BC},\ \frac{\cos\angle BQP}{\cos\angle AQR}=\sqrt{2},$$

$$\angle BRQ=\angle CRS,\ \frac{\cos\angle CST}{\cos\angle ASR}=\sqrt{2}$$

가 성립하였다. $\overline{BP}=x$, $\overline{CT}=y$라 할 때, x, y 사이의 관계식을 구하여라.

〈 1962년 2차 이과 〉 p.59

3. 그림과 같이 g는 수평면에 대하여 기울기 $\tan\alpha=\frac{1}{2}$인 정직선이며, $\overline{OA}$, $\overline{AB}$는 A에서 연결되어 있는 길이가 같은 봉으로 한쪽 끝 O는 g 상에 고정되어 있으며, $\overline{OA}$는 g를 포함하는 연직면 안에서 자유회전하며, 다른 쪽 끝 B는 g 상을 움직인다. 이때, 꺾은선 OAB의 중심 G ($\overline{OA}$, $\overline{AB}$의 중점을 연결한 선분의 중점)가 최저의 위치에 있는 것은 $\overline{OA}$가 수평면과 이루는 기울기 $\tan\theta$가 얼마일 때인가?

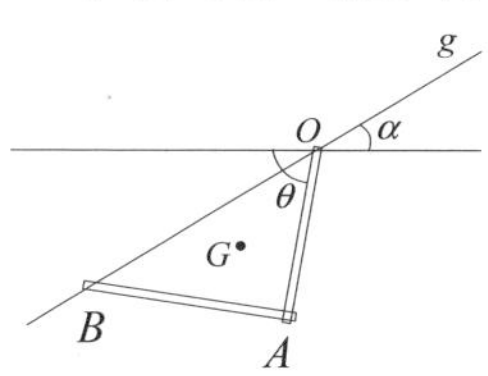

〈 1963년 1차 이과 〉 p.64

2. 다음 □ 안에 알맞은 수를 넣어라.

평면상의 두 점 A, B에 대하여 $\overline{AB}=6$이다. 같은 평면상의 한 점 P를 A를 중심으로 양의 방향으로 $60°$ 회전한 점을 P', P'를 점 B를 중심으로 양의 방향으로 $120°$ 회전한 점을 P''라 하자.

(1) P가 $\overline{AB}$의 중점이면

$\overline{BP'}=\sqrt{^{(5)}\square}$, $\overline{P'P''}={}^{(6)}\square$ 이다.

(2) P''가 P와 일치하면

$\overline{AP}=\sqrt{^{(7)}\square}$, $\overline{BP}={}^{(8)}\square$ 이다.

〈 1964년 1차 이과 〉 p.76

4. 다음 □ 안에 알맞은 수를 넣어라.

두 점 A, B의 거리가 l이다. $\overrightarrow{AX}$는 점 A를 중심으로 매초 $\frac{\pi}{6}$의 각속도로 양의 방향으로 회전하며, $\overrightarrow{BY}$는 점 B를 중심으로 매초 $\frac{\pi}{12}$의 각속도로 음의 방향으로 회전한다. 또, 시각 $t=0$일 때, 두 반직선은 각각 $\overrightarrow{AB}$, $\overrightarrow{BA}$의 위치에 있다. 회전하기 시작하여 t_0초 후에 $\overrightarrow{AX}$와 $\overrightarrow{BY}$가 처음으로 평행해진다면 $t_0={}^{(13)}\square$이다. $0<t<t_0$인 t에 대하여 $\overrightarrow{AX}$와 $\overrightarrow{BY}$는 한 개의 점 P_t에서 만난다.

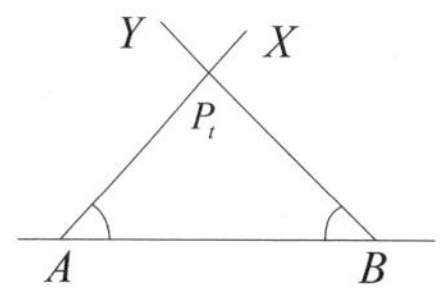

A, P_t의 거리를 $f(t)$라 하면,

$$f(t)=\frac{l}{^{(14)}\square\cos(^{(15)}\square\,\pi t)+{}^{(16)}\square} \text{ 이다.}$$

단, ${}^{(15)}\square>0$이다.

〈 1964년 1차 문과 〉 p.78

2. 다음 □ 안에 알맞은 수를 넣어라.

$\triangle ABC$에 대하여

(ⅰ) $\angle BAC=120°$ (ⅱ) $\overline{AB}>\overline{AC}$

(ⅲ) $\overline{BC}=\sqrt{21}$ (ⅳ) $\triangle ABC=\sqrt{3}$ 이면

$\overline{AB}={}^{(5)}\square$, $\overline{AC}={}^{(6)}\square$이며,

내접원의 반지름은 $\frac{\sqrt{^{(7)}\square}\,(^{(8)}\square-\sqrt{21})}{2}$ 이다.

〈 1965년 2차 이과 〉 p.91

2. A, B, C를 세 산의 정상이라 하자.

A에서 C를 바라보면 진북에서 동으로 $10°$ 위로 $15°$이며, B에서 C를 바라보면 진북에서 서로 $20°$ 위로 $30°$이다.

또, B에서 A를 바라보면 위로 $30°$이다. A, B의 해발고도가 각각 1600m, 1210m일 때, C의 해발고도를 구하여라. $\sqrt{3}=1.732$로 계산하고 1m 미만은 반올림하여라.

〈 1976년 1차 문과 〉 p.133

2. 사각형 $ABCD$에 대하여 $\overline{AB}=\frac{3}{2}$, $\overline{BC}=2$, $\overline{CD}=\frac{12}{5}$, $\overline{DA}=\frac{7}{10}$, $\overline{AC}=\frac{5}{2}$이다.

대각선의 교점을 O라 할 때, 다음 $\square$ 안에 알맞은 수는 무엇인가?

$\overline{OA}=\square$, $\overline{OB}=\square$, $\overline{OC}=\square$, $\overline{OD}=\square$

〈 1978년 2차 이과 〉 p.156

1. 반지름 1인 원 O의 원주를 6등분하는 점을 그림과 같이 $A_1, A_2, \cdots, A_6$라 하자. 호 $A_2A_1A_6$ 및 반지름 OA_2, OA_6에 접하는 원의 중심을 P, 그 원과 $\overline{OP}$의 교점을 B라 하자.

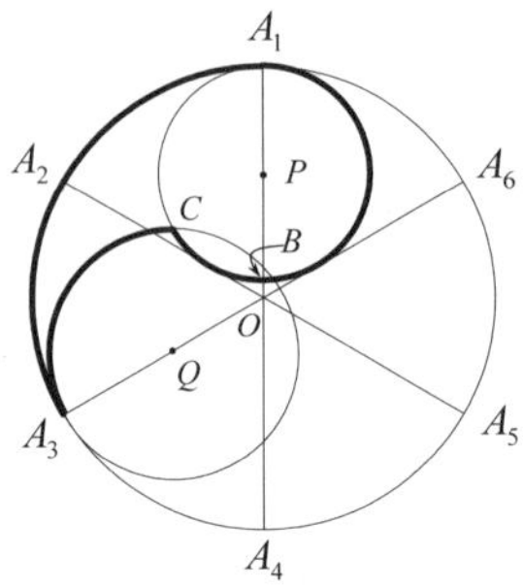

$\overline{OA_3}$상에 $\overline{OQ}=\overline{PA_1}$을 만족하는 점 Q를 잡자. Q를 중심으로 하고 $\overline{QA_3}$를 반지름으로 하는 원과 원P의 교점 중 지름 A_1B에 대하여 점 A_2와 같은 방향에 있는 것을 C라 하자.

이때, 사각형 $OPCQ$는 평행사변형임을 증명하여라. 또, 호 $A_1A_2A_3$, 호 A_3C, 호 CBA_1에 의하여 둘러싸인 영역(그림의 굵은 선으로 둘러싸인 부분)의 면적을 구하여라.

〈 1980년 이과 〉 p.169

1. 한 변의 길이가 1인 정삼각형 ABC의 변 BC, CA, AB상에 각각 점 P, Q, R을

$\overline{BP}=\overline{CQ}=\overline{AR}<\frac{1}{2}$이 되도록 잡아,

$\overline{AP}$와 $\overline{CR}$의 교점을 A',

$\overline{BQ}$와 $\overline{AP}$의 교점을 B',

$\overline{CR}$와 $\overline{BQ}$의 교점을 C'라 하자.

$\overline{BP}=x$라 할 때, 다음 물음에 답하여라.

(1) $\overline{BB'}$, $\overline{PB'}$를 x로 나타내어라.

(2) $\triangle A'B'C'=\frac{1}{2}\triangle ABC$로 되는 x 값은?

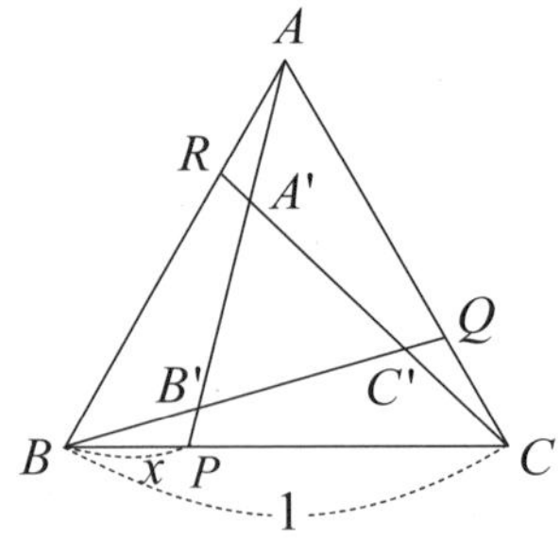

〈 1980년 문과 〉 p.173

1. 반지름 a인 원 O의 원주를 8등분하는 점을 $A_1, A_2, \cdots, A_8$이라 하자. 현 A_1A_4와 현 A_2A_7, A_3A_6의 교점을 각각 P, Q라

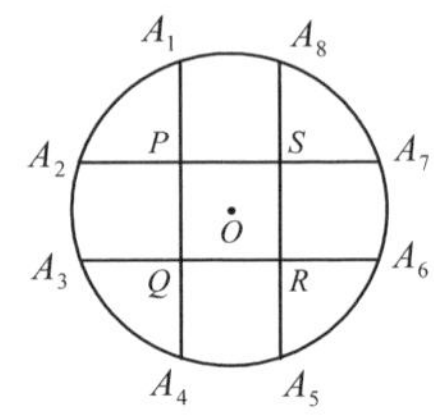

하고, 현 A_5A_8과 현 A_3A_6, A_2A_7의 교점을 각각 R, S라 하자. 이때, 정사각형 $PQRS$의 면적을 구하여라.

또, 선분 A_1P, A_2P 및 호 A_1A_2로 둘러싸인 부분의 면적을 구하여라.

〈 1982년 문과 〉 p.189

1. 평면상의 두 고정점 A, B가 있어, $\overline{AB}=2(\sqrt{3}+1)$이다.

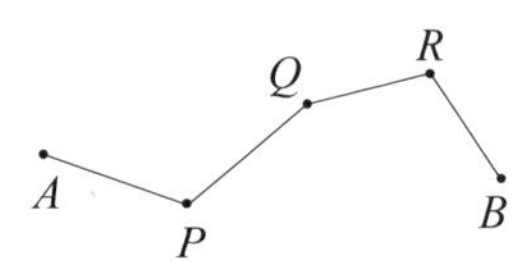

이 평면 위를 움직이는 점 P, Q, R이 있어, 항상 $\overline{AP}=\overline{PQ}=2$, $\overline{QR}=\overline{RB}=\sqrt{2}$인 길이를 유지하며 움직이고 있다.

이때, 점 Q가 움직일 수 있는 범위를 도시하고 그 면적을 구하여라.

〈 1985년 이과 〉 p.209

2. xy평면에 있어, O를 원점, A를 정점 $(1,0)$이라 하자. 또, P, Q는 원주 $x^2+y^2=1$ 위를 움직이는 두 점으로, 선분 OA로부터 양의 방향으로 돌아 선분 OP까지 도달하는 각은, 선분 OP로부터 양의 방향으로 돌아 선분 OQ까지 도달하는 각과 같다.

점 P를 지나며 x축에 수직인 직선과 x축과의 교점을 R, 점 Q를 지나며 x축에 수직인 직선

과 x축과의 교점을 S라 하자. 실수 $l \geq 0$이 주어졌을 때, 선분 RS의 길이가 l과 같아지는 점 P, Q의 위치는 몇 가지인가?

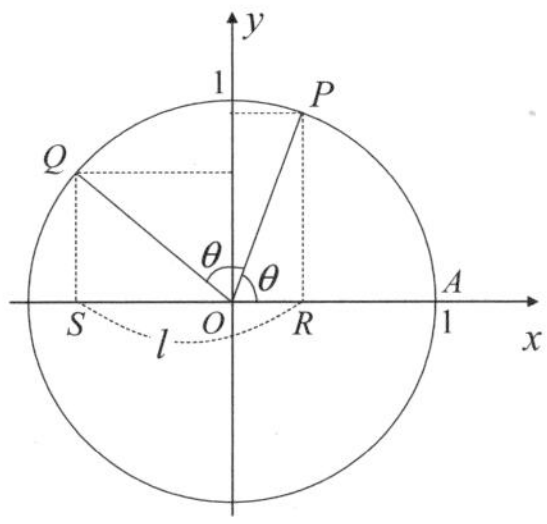

〈 1990년 전기 문과 〉 p.252

4. 평면 π상에 등변의 길이가 1인 직각이등변삼각형이 있다. π상의 직선 중 직각이등변삼각형과 한 꼭짓점 또는 한 변 전체를 공유하는 것을 축으로 하여, 직각이등변삼각형을 회전하여 얻은 입체의 체적의 최댓값 및 최솟값을 구하여라.

〈 1998년 후기 이과1류 〉 p.320

1. xy평면상에, 점 $P_1=(0,10)$을 중심으로 한 반경 1인 원 C_1과 점 $P_2=(0,0)$을 중심으로 한 반경 2인 원 C_2가 있다. xy평면상의 세 점 Q, R, S를 꼭짓점으로 하며, $\angle QRS$가 직각인 직각이등변삼각형 $\triangle QRS$에 대하여 다음 물음에 답하여라.

(1) 점 Q가 원 C_1상을 움직이고 점 R이 원 C_2 상을 움직일 때, 제3의 꼭짓점 S가 움직이는 궤적을 구하여라.

(2) 이어, 직선 $x+2y=10$상의 점 P_3를 중심으로 하는 반경 $\sqrt{2}$인 원을 C_3라 하자. 다음 조건을 만족하도록 하는 점 P_3의 좌표를 구하여라. [점 Q, R, S가 각각 원 C_1, C_2, C_3 상에 있을 때, $\angle QRS$가 직각인 직각이등변삼각형 $\triangle QRS$는 유일하다.]

〈 2000년 전기 이과 〉 p.327

4. 좌표평면상을 움직이는 3점 A, B, C가 있어, 시각 t에 있어서의 좌표가 다음과 같다.

$A: x=\cos t, y=\sin t \quad B: x=1-vt, y=\dfrac{\sqrt{3}}{2}$

$C: x=1-vt, y=1 \quad (v:$ 양의 상수$)$

이 때, 다음의 각 경우에 있어서, v가 취할 수 있는 값의 범위를 구하여라.

(1) 점 A와 $\overline{BC}$가

시각 0과 2π 사이에서 만나지 않는다.

(2) 점 A와 $\overline{BC}$가 한 번만 만난다.

〈 2003년 전기 이과 〉 p.367

6. [원주율은 3.05보다 크다.]를 증명하여라.

[2] 삼각방정식, 부등식

〈 1961년 1차 이과 〉 p.45

3. 다음 □ 안에 알맞은 수를 넣어라.

2개의 등식 $11\cos\theta+\sqrt{3}\sin\theta=k\cos\theta$

$\sqrt{3}\cos\theta+13\sin\theta=k\sin\theta$

가 동시에 성립하는 k값은 2개이다. 큰 값을 α, 작은 값을 β라 하면, $\alpha=$ (9)□, $\beta=$ (10)□ 이다. 또, $k=\alpha$일 때, $\theta=$ (11)□ π, $k=\beta$일 때, $\theta=$ (12)□ π 이다.

단, $0 \leq \theta \leq \pi$이다.

〈 1961년 1차 문과 〉 p.47

3. 다음 □ 안에 알맞은 수를 넣어라.

$f(\theta)=\cos 7\theta-\cos 3\theta$일 때,

(i) $0° < \theta < 60°$의 범위에서

부등식 $f(\theta)>0$의 해는 (8)□ $° < \theta <$ (9)□ $°$

부등식 $f(\theta)<0$의 해는 (10)□ $° < \theta <$ (11)□ $°$

(ii) $0° < \theta < 120°$의 범위에서

방정식 $f(\theta)=0$의 해는 (12)□ 개이다.

〈 1962년 1차 이과 〉 p.55

4. 다음 □ 안에 알맞은 수를 넣어라.

$\sin 3x-\sin x=\cos 3x+\cos x$를 만족하는 x의 값을 작은 것부터 순서대로 나열하면,

(11)□ $°$, (12)□ $°$, (13)□ $°$, (14)□ $°$ 이다.

단, $0° \leq x < 360°$이다.

〈 1962년 1차 문과 〉 p.56

1. 다음 $\square$ 안에 알맞은 수를 넣어라.

$a+b=1,\ a\sin x+b\cos x=1,\ a\sin^2 x+b\cos^2 x=1$

이면 $a=$ (1)$\square$, $b=$ (2)$\square$, $x=$ (3)$\square$ 이다.

단, $0^\circ < x < 180^\circ$ 이다.

〈 1998년 전기 문과 〉 p.316

3. (1) x는 $0^\circ \leqq x \leqq 90^\circ$를 만족하는 각이다.

$$\begin{cases} \sin y = |\sin 4x| \\ \cos y = |\cos 4x| \\ 0^\circ \leqq x \leqq 90^\circ \end{cases}$$

로 되는 y를 x로 나타내고,

그 그래프를 xy 평면에 그려라.

(2) α는 $0^\circ \leqq \alpha \leqq 90^\circ$를 만족하는 각이다.

$0^\circ \leqq \theta_n \leqq 90^\circ$를 만족하는

$\theta_n\ (n=1,2,\cdots)$을 다음과 같이 정하자.

$$\begin{cases} \theta_1 = \alpha \\ \sin\theta_{n+1} = |\sin 4\theta_n| \\ \cos\theta_{n+1} = |\cos 4\theta_n| \end{cases}$$

2 이상의 정수 k에 대하여,

$\theta_k = 0^\circ$로 되는 α의 개수를 구하여라.

[3] 기타

〈 1964년 1차 이과 〉 p.76

3. 다음 $\square$ 안에 알맞은 수를 넣어라.

$0 \leqq x \leqq 2\pi$ 의 범위에서

함수 $f(x) = 2\sin\left(\frac{x}{2}+\frac{\pi}{2}\right) - \cos x$ 는

$x=$ (9)$\square\,\pi$ 에서 최댓값 (10)$\square$,

$x=$ (11)$\square\,\pi$ 에서 최솟값 (12)$\square$ 를 갖는다.

〈 1968년 1차 이과 〉 p.112

1. 다음 $\square$ 안에 알맞은 수를 넣어라.

$\sin^6 x + \cos^6 x\ \left(0 \leqq x < \frac{\pi}{2}\right)$ 는

$x=\square\,\pi$ 에서 최댓값 $\square$ 을 가지며,

$x=\square\,\pi$ 에서 최솟값 $\square$ 을 갖는다.

[6. 지수·대수함수]

[1] 지수·대수 방정식, 부등식

〈 1957년 1차 문과 〉 p.12

5. 다음 부등식을 만족하는 정수 n을 구하여라. (단, $\log_{10} 2 = 0.3010,\ \log_{10} 3 = 0.4771$)

(18) $2^n < 3^{20} < 2^{n+1}$

(19) $\cos^n 30^\circ > \left(\frac{1}{2}\right)^{30} > \cos^{n+1} 30^\circ$

(20) $\log_{2^{n+1}} 15 < \log_{10} 3 < \log_{2^n} 15$

〈 1965년 1차 이과 〉 p.86

4. 다음 $\square$ 안에 알맞은 수를 넣어라.

부등식 $\log_2 \{(x-1)(x-2)(x-3)(x-4)\}$

$< \log_4 \{(x-1)^2(x-2)^2(x-3)^2(2x-3)^2\}$

이 성립하는 실수 x의 범위는 $x<$ (m)$\square$,

(n)$\square < x <$ (o)$\square$, (p)$\square < x$ 이다.

〈 1965년 1차 문과 〉 p.88

3. 아래의 (i)$\square$, (l)$\square$ 에 알맞은 수를 넣어라. 또, (j)$\square$, (k)$\square$ 에는 $<$, $\leqq$ 중 어떤 것이 적당한가?

$<$ 일 경우는 1, $\leqq$ 일 경우는 2로 답해라.

부등식 $\log_{10}\frac{x+y}{m} \geqq \frac{\log_{10} x + \log_{10} y}{2}$ 가 임의의 양수 x, y에 대하여 성립하기 위한 필요충분조건은 (i)$\square$ (j)$\square$ m (k)$\square$ (l)$\square$ 이다.

단, (i)$\square <$ (l)$\square$ 이다.

〈 1994년 전기 문과 〉 p.300

1. xy 평면상에서 다음 조건을 만족하는 점(x, y)의 범위를 D라 하자.

$\log_2 x \ \leqq\ 2+\log_2 y \ \leqq\ \log_2 x + \log_2(4-2x)$

(1) D를 xy 평면상에 도시하라.

(2) $s<1$일 때, $y-sx$의 D상에서의 최댓값 $f(s)$를 구하고, 함수 $t=f(s)$의 그래프를 st평면에 나타내어라.

[2] 대수의 식 변형

〈 1959년 1차 문과 〉 p.30

5. 다음 ☐ 안에 ㉠~㉣을 넣어라.

다음 4개의 수의 대소를 비교하여라.

㉠ 1	㉡ $\log_a 2.5$
㉢ $2.5\log_{10} a$	㉣ $(\log_a 2)(\log_a 3)$

(17)☐ < (18)☐ < (19)☐ < (20)☐

단, $\log_a 8 = 2.0794$, $\log_a 9 = 2.1972$, $\log_a 10 = 2.3026$

〈 1960년 1차 이과 〉 p.37

5. 다음 ☐ 안에 알맞은 정수를 넣어라.

$\log_2 23$의 소수점 이하 버린 값은 (17)☐

$\log_4 31$의 소수점 이하 반올림 값은 (18)☐

$\log_3 140$의 소수점 이하 반올림 값은 (19)☐

$\log_5 56$의 소수점 이하 반올림 값은 (20)☐

단, $\sqrt{3} = 1.732\cdots$, $\sqrt{5} = 2.236\cdots$ 이다.

〈 1961년 1차 이과 〉 p.45

2. 다음 ☐ 안에는 각각 부등호나 등호가 적합하다. $>$ 이면 ㉠, $=$ 이면 ㉡, $<$ 이면 ㉢을 써 넣어라.

$0<x<1$일 때,	
(i) 2^x (5)☐ $2^{\sqrt{x}}$	(ii) 2^{x^2} (6)☐ $(2^x)^2$
(iii) $2^{\log x}$ (7)☐ $x^{\log 2}$	(iv) $\sqrt[3]{x}$ (8)☐ $x^{\sqrt{3}}$

〈 1961년 1차 문과 〉 p.48

4. 다음 ☐ 안에 ㉠, ㉡, ㉢을 넣으시오.

(1) ㉠ 1000 ㉡ 2^{10} ㉢ $\dfrac{5^5}{3}$ 중

가장 큰 것은 (13)☐이다.

(2) ㉠ 15×10^5 ㉡ 3^{13} ㉢ $5^8\times 4$ 중

가장 큰 것은 (14)☐이다.

(3) ㉠ 0.001 ㉡ $\dfrac{2}{45^2}$ ㉢ $\left(\dfrac{3}{4}\right)^{24}$ 중

가장 큰 것은 (15)☐이다.

(4) ㉠ -1.5 ㉡ $\log_{0.5}3$ ㉢ $\log\dfrac{1}{32}$ 중

가장 큰 것은 (16)☐이다.

단, $\log 2 = 0.3010$, $\log 3 = 0.4771$이다.

〈 1962년 1차 문과 〉 p.57

4. 다음 ☐ 안에 알맞은 유리수를 넣어라.

반지름 r인 구의 표면적 $S=4\pi r^2$과 체적 $V=\dfrac{4}{3}\pi r^3$ 사이에는

$\log S =$ (12)☐ $\log V +$ (13)☐ $\log\pi +$ (14)☐ $\log 6$라는 관계가 있다.

[3] 기타

〈 1956년 1차 이과 〉 p.2

5. 다음 방정식들 중 알맞은 것을 골라 그 번호를 ☐ 안에 쓰시오.

① $y=a^x$ ② $a^y=x+h$	③ $x=y^a$	④ $xa^y=-1$
⑤ $xa^{y+h}=1$	⑥ $y=\log_a\dfrac{x}{h}$	⑦ $y=\log_{\frac{1}{a}}x$

(16)☐의 그래프는 $y=\log_a x$의 그래프를 x축에 평행하게 이동한 것이다.

(17)☐의 그래프는 $y=\log_a x$의 그래프를 y축에 평행하게 이동한 것이다.

(18)☐의 그래프는 $y=\log_a x$의 그래프와 원점 대칭이다.

(19)☐의 그래프는 $y=\log_a x$의 그래프와 x축 대칭이다.

(20)☐의 그래프는 $y=\log_a x$의 그래프와 직선$y=x$에 대하여 대칭이다.

〈 1957년 2차 해석 I 〉 p.14

3. 부등식 $(x^2-y^2)\left\{\log_2(9-x^2-y^2)-3\right\}>0$를 만족하는 x, y를 좌표로 하는 점 $P(x, y)$가 존재하는 범위를 도시하라.

〈 1958년 1차 이과 〉 p.19

5. 아래 그림 A, B, C는 함수의 그래프의 개형을 표시한 것이다. □ 안에 ㉠~㉤ 중 알맞은 것을 넣으시오. (단, $x>0$)

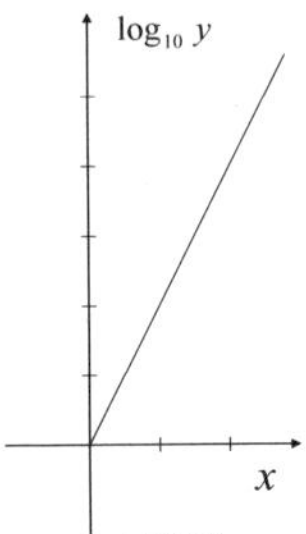

그림A

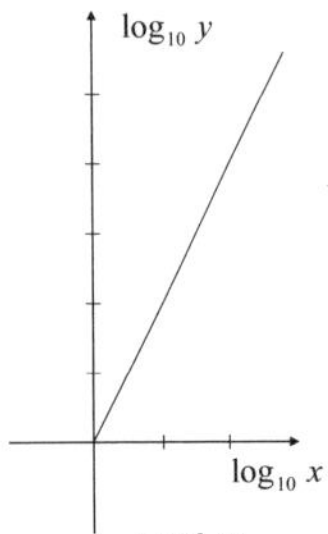

그림 B

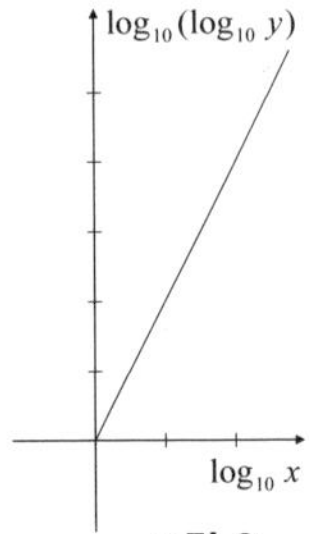

그림 C

㉠ $y=x^2$	㉡ $y=\sqrt{x}$	㉢ $y=x^{100}$
㉣ $y=100^x$	㉤ $y=10^{x^2}$	

그림 A는 함수(18)□ 의 그래프의 개형이다.
그림 B는 함수(19)□ 의 그래프의 개형이다.
그림 C는 함수(20)□ 의 그래프의 개형이다.

[7. 수 열]

[1] 수학적귀납법

〈 1987년 이과 〉 p.227

5. n을 2 이상의 자연수라 하자.
$x_1 \geqq x_2 \geqq \cdots \geqq x_n$ 및 $y_1 \geqq y_2 \geqq \cdots \geqq y_n$을 만족하는 수열 $x_1, x_2, \cdots, x_n$과 $y_1, y_2, \cdots, y_n$이 주어져 있다. $y_1, y_2, \cdots, y_n$의 순서를 바꾸어 얻은 어떠한 재배열 $z_1, z_2, \cdots, z_n$에 대해서도 $\sum_{j=1}^{n}(x_j-y_j)^2 \leqq \sum_{j=1}^{n}(x_j-z_j)^2$이 성립함을 증명하여라.

〈 1989년 문과 〉 p.244

8. 허수부가 양수인 복소수 전체집합을 H라 하자. ($H=\{z=x+iy \mid x, y$는 실수, $y>0\}$)
이하, z는 H에 속하는 복소수이다. q를 양의 실수라 할 때, $f(z)=\dfrac{z+1-q}{z+1}$로 놓자.
(1) $f(z)$도 H에 속함을 보여라.
(2) $f_1(z)=f(z)$, 이하 $n=2, 3, 4, \cdots$에 대하여,
$f_2(z)=f(f_1(z))$, $f_3(z)=f(f_2(z))$,
$\cdots$, $f_n(z)=f(f_{n-1}(z))$, $\cdots$ 로 놓자.
각 n에 대하여,
$f_n(z)=\dfrac{r_n z+(1-q)s_n}{s_n z+r_n}$, $r_n^2-(1-q){s_n}^2=q^n$이 성립하는, z에 의존하지 않는 실수 r_n, s_n을 잡을 수 있음을 보여라.

〈 1992년 후기 이과1류 〉 p.279

3. 다항식의 열 $P_0(x)=0$, $P_1(x)=1$,
$$P_2(x)=1+x,\ \cdots,\ P_n(x)=\sum_{k=0}^{n-1}x^k,\ \cdots$$
을 고려해 보자.
(1) 양의 정수 n, m에 대하여, $P_n(x)$를 $P_m(x)$로 나누면, 나머지는 $P_0(x), P_1(x), \cdots, P_{m-1}(x)$ 중 하나로 됨을 증명하여라.
(2) 등식 $P_l(x)\,P_m(x^2)\,P_n(x^4)=P_{100}(x)$가 성립하는 양의 정수의 조 (l, m, n)을 모두 구하여라.

〈 1994년 전기 이과 〉 p.295

2. $a=\sin^2\dfrac{\pi}{5}$, $b=\sin^2\dfrac{2\pi}{5}$라 하자.
이때, 다음이 성립함을 보여라.
(1) $a+b$ 및 ab는 유리수이다.
(2) 임의의 자연수 n에 대하여,
$(a^{-n}+b^{-n})(a+b)^n$은 정수이다.

〈 2004년 전기 이과 〉 p.379

4. 함수 $f_n(x)$ $(n=1, 2, 3, \cdots)$를 다음과 같이 정의할 때, 문제에 답하여라.

$$f_1(x) = x^3 - 3x, \quad f_2(x) = \{f_1(x)\}^3 - 3f_1(x),$$
$$f_3(x) = \{f_2(x)\}^3 - 3f_2(x), \quad \cdots$$
$$f_{n+1}(x) = \{f_n(x)\}^3 - 3f_n(x) \quad (n \geqq 3)$$

(1) 실수 a에 대하여, $f_1(x) = a$를 만족하는 실수 x의 개수를 구하여라.

(2) 실수 a에 대하여, $f_2(x) = a$를 만족하는 실수 x의 개수를 구하여라.

(3) $n \geqq 3$일 때, $f_n(x) = 0$을 만족하는 실수 x의 개수는 3^n개임을 보여라.

[2] 수열의 응용(정수)

〈 1983년 이과 〉 p.193

2. 수열 $\{a_n\}$에 대하여 $a_1 = 1$이다. 또, $n \geqq 2$에 대하여 a_n은 다음 조건 (i), (ii)를 만족하는 자연수 중 최소인 것으로 한다.

(i) a_n은 $a_1, \cdots, a_{n-1}$의 어느 것과도 다르다.

(ii) $a_1, \cdots, a_{n-1}$ 중 중복되지 않는 어떠한 항들을 취하여 더하여도 a_n과 같지 않다.

이때, a_n을 n으로 나타내고 그 이유를 기술하여라.

〈 1993년 전기 이과 〉 p.281

2. 정수로 이루어진 수열 $\{a_n\}$은 점화식

$$\begin{cases} a_1 = 1, \ a_2 = 3 \\ a_{n+2} = 3a_{n+1} - 7a_n \ (n = 1, 2, \cdots) \end{cases}$$

에 의해 정해진다.

(1) a_n이 짝수인 것과 n이 3의 배수인 것은 동치임을 보여라.

(2) a_n이 10의 배수이기 위한 조건을 (1)과 같은 형태로 구하여라.

〈 1993년 전기 문과 〉 p.287

2. 정수로 이루어진 수열 $\{a_n\}$은 점화식

$$\begin{cases} a_1 = 1, \ a_2 = 3 \\ a_{n+2} = 3a_{n+1} - 7a_n \ (n = 1, 2, \cdots) \end{cases}$$

에 의해 정해진다.

a_n이 짝수로 되는 n을 결정하라.

〈 2002년 전기 이과 〉 p.351

2. 양의 정수 n에 대하여, x^{n+1}을 $x^2 - x - 1$로 나눈 나머지를 $a_n x + b_n$이라 하자.

(1) 수열 a_n, b_n $(n = 1,2,3,\cdots)$은 $a_{n+1} = a_n + b_n, b_{n+1} = a_n$을 만족함을 보여라.

(2) $n = 1, 2, 3, \cdots$에 대하여, a_n, b_n은 모두 양의 정수임을 보여라. 또, 각 $n = 1, 2, 3, \cdots$에 대하여 a_n과 b_n은 서로소임을 보여라.

〈 2003년 전기 이과 〉 p.366

4. 2차방정식 $x^2 - 4x - 1 = 0$의 두 실근을 α, β $(\alpha > \beta)$라 하자. $n = 1, 2, 3, \cdots$에 대하여, $s_n = \alpha^n + \beta^n$으로 놓자.

(1) s_1, s_2, s_3를 구하여라. 또, $n \geqq 3$에 대하여, s_n을 s_{n-1}과 s_{n-2}로 나타내어라.

(2) β^3보다 작거나 같은 최대정수를 구하여라.

(3) α^{2003}보다 작거나 같은 최대정수의 1의 자리를 구하여라.

〈 2003년 전기 문과 〉 p.369

3. 2차방정식 $x^2 - 4x + 1 = 0$의 두 실근을 α, β $(\alpha > \beta)$라 하자. $n = 1, 2, 3, \cdots$에 대하여, $s_n = \alpha^n + \beta^n$으로 놓자.

(1) s_1, s_2, s_3를 구하여라. 또, $n \geqq 3$에 대하여, s_n을 s_{n-1}과 s_{n-2}로 나타내어라.

(2) s_n은 양의 정수임을 보이고, s_{2003}의 1의 자리를 구하여라.

(3) α^{2003}보다 작거나 같은 최대정수의 1의 자리를 구하여라.

[3] 수열의 응용(확률과 점화식)

〈 1956년 2차 해석II 〉 p.7

3. $10n$개의 제비 중 당첨제비가 n개 있다.

(1) 제비 10개를 뽑았을 때, 1개만 당첨제비일 확률 p_n을 구하여라.

(2) $\lim_{n \to \infty} p_n$을 구하여라.

〈 1980년 이과 〉 p.171

5. 한 변의 길이가 1인 정사면체 $A_0A_1A_2A_3$가 있다. 점 P는 사면체의 변 위를 매초 1의 속도로 움직이며, 각 꼭짓점에 도달하면 그 점으로부터 뻗어나간 세 변 중 한 변을 $\frac{1}{3}$씩의 확률로 골라서 나아간다.
P는 시각 $t=0$일 때, 꼭짓점 A_0에 있다. 또, n을 0 또는 양의 정수라 할 때, 점 P가 시각 $t=n$일 때 꼭짓점 A_i에 있을 확률을 $p_i(n)$으로 표시하자$(i=0, 1, 2, 3)$.
(1) 수학적귀납법을 이용해
$p_1(n)=p_2(n)=p_3(n)$ 임을 증명하라.
(2) $p_0(n)$과 $p_1(n)$의 값을 구하여라.

〈 1982년 이과 〉 p.188

6. 주사위가 1의 눈이 위인 상태로 놓여 있다. 서로 마주보는 면의 중점을 이은 직선을 회전축으로 90° 회전시키는 조작을 반복하여 주사위가 놓여 있는 형태를 변화시킨다. 단, 각 회마다 각각의 회전축 및 회전방향을 선택할 확률은 같다.
제n회째 조작 후에 1의 눈이 위에 있을 확률을 p_n, 측면에 있을 확률을 q_n, 아래에 있을 확률을 r_n이라 하자.
(1) p_1, q_1, r_1을 구하여라.
(2) p_n, q_n, r_n을 p_{n-1}, q_{n-1}, r_{n-1}로 나타내어라.
(3) $p=\lim_{n\to\infty} p_n$, $q=\lim_{n\to\infty} q_n$, $r=\lim_{n\to\infty} r_n$을 구하여라.

〈 1982년 문과 〉 p.191

4. $A=\begin{pmatrix} \frac{1}{2} & -\frac{1}{2} \\ 0 & 1 \end{pmatrix}$, $B=\begin{pmatrix} 1 & 0 \\ -\frac{1}{2} & \frac{1}{2} \end{pmatrix}$라 하자.
xy평면상에서, $(1, 1)$을 좌표로 하는 점 P_0에서 시작하여, 점열 $P_0, P_1, P_2, \cdots$를 아래와 같은 절차로 만들어 보자.
P_n의 좌표를 (x_n, y_n)이라고 할 때,
㉠ $x_n+y_n \geq \frac{1}{100}$일 때, (x_{n+1}, y_{n+1})은
$$\begin{pmatrix} x_{n+1} \\ y_{n+1} \end{pmatrix}=A\begin{pmatrix} x_n \\ y_n \end{pmatrix} \text{ 또는 } \begin{pmatrix} x_{n+1} \\ y_{n+1} \end{pmatrix}=B\begin{pmatrix} x_n \\ y_n \end{pmatrix}$$
㉡ $x_n+y_n < \frac{1}{100}$일 때, (x_{n+1}, y_{n+1})은
$$\begin{pmatrix} x_{n+1} \\ y_{n+1} \end{pmatrix}=A\begin{pmatrix} x_n \\ y_n \end{pmatrix}$$
(1) P_2로 될 수 있는 점들을
모두 구하여 도시하라.
(2) x_n+y_n을 n으로 나타내어라.
(3) P_{10}으로 될 수 있는 점은 몇 개인가?

〈 1983년 문과 〉 p.199

9. 직선상에 적색, 백색 깃발을 양손에 든 사람 몇 명이 번호 $0, 1, 2, \cdots$를 달고 늘어서 있다. 번호 0인 사람은 적색, 백색 깃발을 같은 확률로 무작위로 들고, 다른 번호 j인 사람은 번호 $j-1$인 사람이 든 깃발의 색을 본 후, 확률 p로 같은 색을, 확률 $1-p$로 다른 색의 깃발을 든다. 이때, 번호 0인 사람과 번호 n인 사람이 같은 색의 깃발을 들 확률 P_n을 구하여라.

〈 1984년 이과 〉 p.204

5. 각 세대마다, 각 개체는 다른 개체와는 독립적으로, 확률 p로 1개, 확률 $1-p$로 2개의 새로운 개체를 다음 세대에 남기고 자신은 소멸되는 세포가 있다. 지금, 제0세대에 1개로 시작한 세포가 제n세대에 m개로 될 확률을 $P_n(m)$라 하자.
n을 자연수라 할 때,
$P_n(1)$, $P_n(2)$, $P_n(3)$을 구하여라.

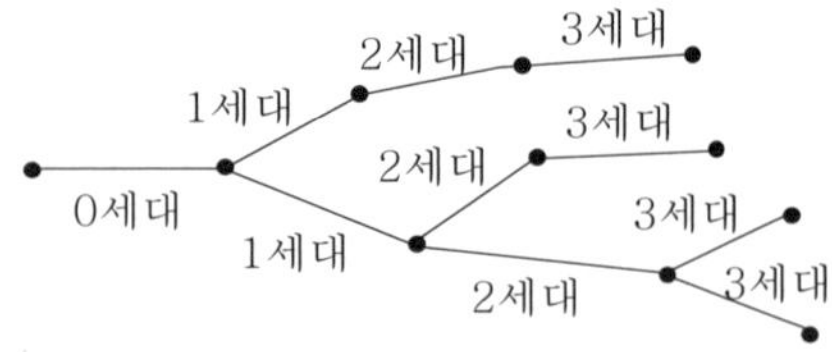

〈 2000년 전기 문과 〉 p.331

3. 정사면체의 각 꼭짓점을 A_1, A_2, A_3, A_4라 하자. 동점 X는 한 꼭짓점에서 출발하여, 매1초마다 다른 3개의 꼭짓점 중 하나로 같은 확률로 이동한다. X가 n초 후에 A_i에 존재할 확률을

$P_i(n)$ $(n=0,1,2,\cdots)$로 표시하자.

$P_1(0)=\frac{1}{4}$, $P_2(0)=\frac{1}{2}$, $P_3(0)=\frac{1}{8}$, $P_4(0)=\frac{1}{8}$

이라 할 때, $P_1(n)$과 $P_2(n)$을 구하여라.

$(n=0, 1, 2, \cdots)$

〈 2004년 전기 이과 〉 p.381

6. 한 면은 백색, 다른 한 면은 흑색으로 칠해져 있는 정사각형판이 3개 있다. 최초에 [백백백]으로 횡으로 늘어놓은 후, 다음 조작을 반복 시행한다.

주사위를 던져 나오는 수가 1,2이면 제일 좌측의 판을 뒤집고 3,4이면 가운데 판을 뒤집으며, 5,6이면 제일 우측의 판을 뒤집는다.

(1) 3회 조작 후에 [흑백백]으로 될 확률을 구하여라.

(2) n회 조작 후에 [백백백] 또는 [백흑백]으로 될 확률을 구하여라.

〈 2004년 전기 문과 〉 p.385

4. 한 면은 백색, 다른 한 면은 흑색으로 칠해져 있는 정사각형판이 3개 있다.

이 3개의 판을 책상 위에 횡으로 늘어놓은 후, 다음 조작을 반복시행한다.

주사위를 던져 나오는 수가 1,2이면 제일 좌측의 판을 뒤집고 3,4이면 가운데 판을 뒤집으며, 5,6이면 제일 우측의 판을 뒤집는다.

(1) 처음에 [백백백]으로 시작했을 때, 3회 조작 후에 [흑백백]이 될 확률을 구하여라. [이과와 동일]

(2) 처음에 [백백백]으로 시작했을 때, n회 조작 후 [흑백백] 또는 [백흑백] 또는 [백백흑]이 될 확률을 p_n이라 하자.

p_{2k+1} (k : 자연수)을 구하여라.

[4] 기타

〈 1958년 2차 해석II 〉 p.24

1. 평면상의 점열 $P_0, P_1, \cdots, P_n, \cdots$ 이 있어, 점 $P_n(x_n, y_n)$과 점 $P_{n+1}(x_{n+1}, y_{n+1})$ 사이에 다음 관계가 성립한다.

$$\begin{cases} x_{n+1}=\dfrac{2}{3}x_n+\dfrac{1}{3}y_n \\ y_{n+1}=\dfrac{1}{3}x_n+\dfrac{2}{3}y_n \quad (n=0,1,2,\cdots) \end{cases}$$

극한점 $(x, y)=\lim_{n\to\infty}P_n$의 좌표를 x_0, y_0를 이용하여 나타내어라.

〈 1962년 2차 이과 〉 p.60

4. 다음 무한급수의 합을 구하여라.

$$\frac{r}{1-r^2}+\frac{r^2}{1-r^4}+\frac{r^4}{1-r^8}+\cdots+\frac{r^{2^{n-1}}}{1-r^{2^n}}+\cdots$$

(단, $|r|\neq 1$)

〈 1963년 2차 이과 〉 p.71

3. $\overline{AD}=a$, $\overline{BC}=b$, $\overline{AD}/\!/\overline{BC}$인 사다리꼴이 있다.

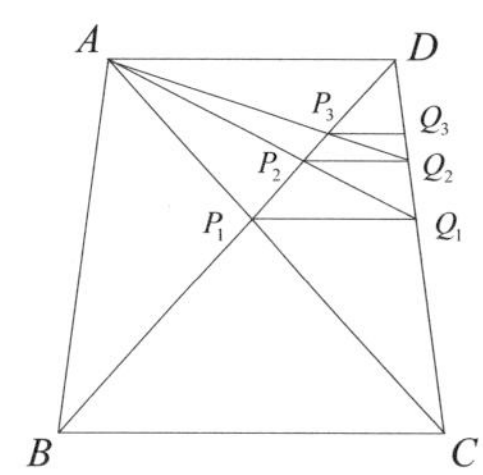

대각선 AC, BD의 교점을 P_1이라 하고, CD 상에 점 Q_1을 $\overline{P_1Q_1}/\!/\overline{AD}$이 되도록 잡는다. 이후 $\overline{AQ_1}$과 $\overline{DP_1}$의 교점을 P_2라 하고, CD상에 점 Q_2를 $\overline{P_2Q_2}/\!/\overline{AD}$이 되도록 잡는다.

또, $\overline{AQ_2}$와 $\overline{DP_2}$의 교점을 P_3라 하고, CD상에 점 Q_3를 $\overline{P_3Q_3}/\!/\overline{AD}$이 되도록 잡는다. 같은 방법으로 n회 반복하여 $\overline{P_nQ_n}=x_n$이라 할 때,

(1) x_n을 a, b, n으로 나타내어라.

(2) $\triangle DP_{n+1}Q_n$의 면적을 F_n이라 할 때, $\sum_{n=1}^{\infty}F_n$을 구하여라.

단, $\angle DBC=\beta$, $\angle DCB=\gamma$이다.

〈 1966년 2차 이과 〉 p.99

3. 평면상의 점열

$P_0, P_1, \cdots, P_n, \cdots$ 이 있어,
P_0, P_1 의 좌표가 각각
$(0, 0)$, $(1, 0)$이다.
또, 임의의 자연수 n에 대하여 $\overline{P_nP_{n+1}}=2\overline{P_{n-1}P_n}$ 이며,
반직선 P_nP_{n+1}은 반직선 $P_{n-1}P_n$과 그림과 같이 120°를 이룬다.
P_{3n}의 좌표를 구하여라.

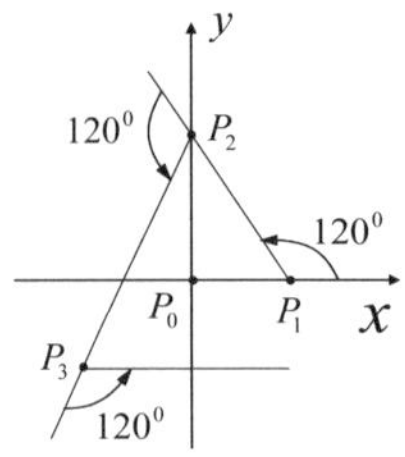

〈 1978년 1차 이과 〉 p.149

2. 다음 □ 안에 알맞은 수를 넣어라.

$a, b\ (a \neq 0)$는 상수이며, 함수 $f(x)=\dfrac{x}{ax+b}$는 조건 (ⅰ), (ⅱ)를 만족한다.

(ⅰ) $f(2)=1$

(ⅱ) $f(x)=x$ 인 x는 1개뿐이다.

이때, $a=$□, $b=$□이다. 또, $x_1>0$에 대하여, $x_n=f(x_{n-1})\ (n>1)$에 따라 수열 $\{x_n\}$을 정하면, $\dfrac{1}{x_{n-1}}+\dfrac{1}{x_{n+1}}=\dfrac{\square}{x_n}\ (n>1)$가 성립한다. 만약, $x_1=1$이면 $x_{10}=$□이다.

〈 1978년 2차 이과 〉 p.158

4. 행렬 $A=\begin{pmatrix}\frac{1}{3} & 5\\ 0 & 3\end{pmatrix}$에 대하여,

다음 문제에 답하여라.

임의의 정수 $n>0$에 대하여, A^n을 수학적귀납법으로 구하여라.

또, 주어진 $\begin{pmatrix}a\\b\end{pmatrix}$에 대하여,

$A^n\begin{pmatrix}a\\b\end{pmatrix}=\begin{pmatrix}a_n\\b_n\end{pmatrix}\ (n=1,2,\cdots)$으로 놓을 때,

$$u=\lim_{n\to+\infty}\frac{a_n}{\sqrt{a_n^2+b_n^2}},$$

$$v=\lim_{n\to+\infty}\frac{b_n}{\sqrt{a_n^2+b_n^2}}$$

을 구하여라.

단, $\begin{pmatrix}a\\b\end{pmatrix}\neq\begin{pmatrix}0\\0\end{pmatrix}$이다.

〈 1978년 2차 이과 〉 p.159

5. 삼각형 ABC의 각 변의 길이를 각각 $a=\overline{BC}$, $b=\overline{CA}$, $c=\overline{AB}$로 놓자. 이제 변 BC를 n등분하는 점을 $P_1, P_2, \cdots, P_{n-1}$로 놓고 $P_n=C$라 하자. 이때, 극한값

$$\lim_{n\to+\infty}\frac{1}{n}\left(\overline{AP_1}^2+\overline{AP_2}^2+\cdots+\overline{AP_n}^2\right)$$

을 구하여 a, b, c로 나타내어라.

〈 1979년 이과 〉 p.164

4. a를 양의 정수라 할 때, 수열 $\{u_n\}$을 다음과 같이 정하자.

$$u_1=2,\ u_2=a^2+2,$$
$$u_n=au_{n-2}-u_{n-1}\ (n=3,4,5,\cdots)$$

이때, 수열 $\{u_n\}$의 항 중 4의 배수가 나타나지 않기 위해 a가 만족해야 할 필요충분조건을 구하여라.

〈 1979년 이과 〉 p.165

6. a를 양의 상수라 할 때,
좌표평면상의 세 점
$P_0(1, 0)$, $P_1(0, a)$, $P_2(0, 0)$이
주어져 있다. P_2에서
$\overline{P_0P_1}$에 내린 수선의 발을
P_3, P_3에서 $\overline{P_1P_2}$에 내린 수선의 발을 P_4라 하자.
이하 같은 방법으로, P_n에서 $\overline{P_{n-2}P_{n-1}}$에 내린 수선의 발을 P_{n+1}이라 하자.

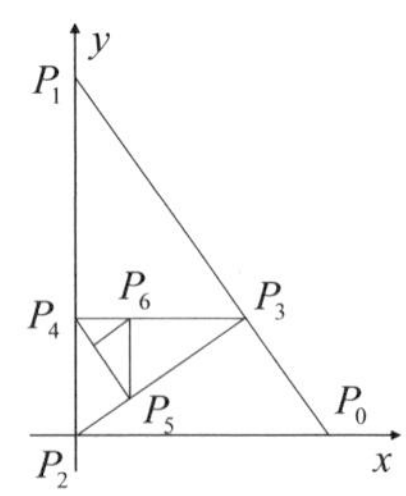

(1) P_6의 좌표를 구하여라.

(2) 위와 같은 조작을 연이어 할 때,
$P_0, P_1, \cdots, P_n, \cdots$은 어떠한 점에 무한히 가까워지는가?

〈 1980년 이과 〉 p.170

3. α를 실수, $A=\begin{pmatrix}1 & -1\\ 1 & 1\end{pmatrix}$이라 할 때, 양의 정수 n에 대하여 $\begin{pmatrix}p_n\\q_n\end{pmatrix}=A^n\begin{pmatrix}\alpha\\1\end{pmatrix}$로 놓자.

(1) $q_n=0$인
n이 존재하도록 하는 α의 값을 구하여라.

(2) 모든 n에 대하여 $q_n \neq 0$으로 되는 α를 고려하자. 이때, $a_n = \dfrac{p_n}{q_n}$을 α로 나타내고, $a_1,\ Aa_2,\ \cdots,\ a_n,\ \cdots$ 의 값들 중 서로 다른 것의 개수를 구하여라.

〈 1988년 이과 〉 p.235

4. xy평면상의 원점에서 기울기 $a\ (a>0)$로 출발하여, 꺾은선을 그리며 움직이는 점 P를 고려해보자. 단, 점 P의 y좌표는 항상 증가하며, 그 값이 정수가 될 때마다 기울기가 s배로 된다. $(s>0)$

P가 그리는 꺾은선이 직선 $x=b\ (b>0)$를 횡으로 자르기 위한 $a,\ b,\ s$에 관한 조건을 구하여라.

〈 1990년 전기 이과 〉 p.246

1. $a_n = \sum_{k=1}^{n} \dfrac{1}{\sqrt{k}}$, $b_n = \sum_{k=1}^{n} \dfrac{1}{\sqrt{2k+1}}$

이라 할 때, $\lim_{n\to\infty} a_n$, $\lim_{n\to\infty} \dfrac{b_n}{a_n}$을 구하여라.

〈 1992년 전기 문과 〉 p.275

4. $p_1=1,\ p_2=1,\ p_{n+2}=p_n+p_{n+1}\ (n \geqq 1)$로 정의된 수열 $\{p_n\}$을 피보나치수열이라 하며, 그 일반항은

$$p_n = \frac{1}{\sqrt{5}}\left\{\left(\frac{1+\sqrt{5}}{2}\right)^n - \left(\frac{1-\sqrt{5}}{2}\right)^n\right\}$$ 이다.

필요하면 위 사실을 이용하여,

다음 문제에 답하여라.

각 자리의 숫자가 0 또는 1로 이루어진 자연수열 $X_n\ (n=1,2,\cdots)$을 다음 규칙에 의하여 정한다.

(i) $X_1=1$

(ii) X_n의 어떤 자리 수 α가 0이면 α를 1로 바꾸고, α가 1이면 α를 '10'으로 바꾼다. X_n의 각 자리의 숫자를 좌에서 우로 위와 같은 치환을 하여 얻어지는 자연수를 X_{n+1}이라 하자. 예를 들면, $X_1=1,\ X_2=10,\ X_3=101,$ $X_4=10110,\ X_5=10110101,\ \cdots$ 이다.

(1) X_n의 자리 수 a_n을 구하여라.

(2) X_n에서 '01' 형태의 숫자배열이 나타난 회수 b_n을 구하여라. (예를 들면, $b_1=0,\ b_2=0,\ b_3=1,\ b_4=1,\ b_5=3,\ \cdots$)

〈 1998년 전기 이과 〉 p.310

2. n을 양의 정수라 하자. 연립부등식

$$\begin{cases} x+y+z \leqq n \\ -x+y-z \leqq n \\ x-y-z \leqq n \\ -x-y+z \leqq n \end{cases}$$

을 만족하는 xyz공간의 점 $P(x,y,z)$ 중 $x,\ y,\ z$가 모두 정수인 것의 개수를 $f(n)$이라 하자. $\lim_{n\to\infty} \dfrac{f(n)}{n^3}$을 구하여라.

〈 1998년 전기 이과 〉 p.311

3. xy평면상의 두 원

$C_0 : x^2+\left(y-\dfrac{1}{2}\right)^2=\dfrac{1}{4}$, $C_1 : (x-1)^2+\left(y-\dfrac{1}{2}\right)^2=\dfrac{1}{4}$

에 대하여 C_2를 x축 및 $C_0,\ C_1$에 접하는 원이라 하자. 이어서, $n=2,3,\cdots$에 대하여 C_{n+1}은 x축 및 $C_{n-1},\ C_n$에 접하는 원이며 C_{n-2}와는 다르다.

C_n의 반지름을 r_n, C_n과 x축과의 교점을 $(x_n, 0)$, $q_n=\dfrac{1}{\sqrt{2r_n}}$, $p_n=q_nx_n$ 으로 놓자.

(1) q_n은 정수임을 보여라.

(2) p_n도 정수이며,

p_n과 q_n은 서로소임을 보여라.

(3) α를 $\alpha=\dfrac{1}{1+\alpha}$인 양수라 할 때,

부등식 $|x_{n+1}-\alpha| < \dfrac{2}{3}|x_n-\alpha|$가 성립함을 보이고, $\lim_{n\to\infty} x_n$을 구하여라.

〈 1998년 전기 문과 〉 p.316

3. (1) x는 $0^\circ \leqq x \leqq 90^\circ$를 만족하는 각이다.

$$\begin{cases} \sin y = |\sin 4x| \\ \cos y = |\cos 4x| \\ 0^\circ \leqq x \leqq 90^\circ \end{cases}$$

로 되는 y를 x로 나타내고,

그 그래프를 xy 평면에 그려라.

(2) α는 $0^\circ \leqq \alpha \leqq 90^\circ$를 만족하는 각이다.

$0^\circ \leqq \theta_n \leqq 90^\circ$를 만족하는

θ_n $(n=1,2,\cdots)$을 다음과 같이 정하자.

$$\begin{cases} \theta_1 = \alpha \\ \sin\theta_{n+1} = |\sin 4\theta_n| \\ \cos\theta_{n+1} = |\cos 4\theta_n| \end{cases}$$

2 이상의 정수 k에 대하여,

$\theta_k = 0^\circ$로 되는 α의 개수를 구하여라.

〈 2000년 전기 이과 〉 p.326

3. $a>0$라 하자. 양의 정수 n에 대하여, 구간 $0 \leqq x \leqq a$를 n등분하는 점들의 집합 $\left\{0, \frac{a}{n}, \cdots, \frac{n-1}{n}a, a\right\}$ 상에서 정의된 함수 $f_n(x)$가 있어 다음 방정식을 만족한다.

$$\begin{cases} f_n(0) = c \\ \dfrac{f_n((k+1)h) - f_n(kh)}{h} = \{1 - f_n(kh)\} f_n((k+1)h) \end{cases}$$

$(k=0, 1, \cdots, n-1)$ 단, $h=\dfrac{a}{n}$, $c>0$

(1) $P_k = \dfrac{1}{f_n(kh)}$ $(k=0, 1, \cdots, n)$

로 놓을 때, P_k를 구하여라.

(2) $g(a) = \lim\limits_{n\to\infty} f_n(a)$를 구하여라.

(3) $c = 2, 1, \dfrac{1}{4}$ 각각의 경우에 있어서,

$y=g(x)$의 $x>0$에서의 그래프를 그려라.

〈 2000년 후기 이과1류 〉 p.335

2. 양의 정수 l이 주어져 있다. 각 양의 정수 n에 대하여, 함수 $y = x^l \sin nx$, $0 \leqq x \leqq 2\pi$의 그래프와 x축으로 둘러싸인 도형을 C_n이라 하자.

(1) C_n을 x축 둘레로 회전시켜 얻어지는 입체의 체적 V_n에 대하여,

극한값 $\lim\limits_{n\to\infty} V_n$을 구하여라.

(2) C_n을 y축 둘레로 회전시켜 얻어지는 입체의 체적 W_n에 대하여,

극한값 $\lim\limits_{n\to\infty} W_n$을 구하여라.

〈 2001년 후기 이과1류 〉 p.346

1. 임의의 자연수 $n \geqq 2$에 대하여, 항상 부등식 $n - \sum\limits_{k=2}^{n} \dfrac{k}{\sqrt{k^2-1}} \geqq \dfrac{i}{10}$가 성립하도록 하는 정수 i의 최댓값을 구하여라.

〈 2003년 후기 이과1류 〉 p.372

1. (1) $x \geqq 0$일 때, 다음 부등식을 증명하여라.

$$x - \frac{x^3}{3!} \leqq \sin x \leqq x - \frac{x^3}{3!} + \frac{x^5}{5!}$$

(2) 곡선 $y = \sin x$ $(0 \leqq x \leqq \pi)$와 x축으로 둘러싸인 도형을 x축 주위로 1회전하여 얻어지는 입체를 고려해 보자. 이 입체를 x축에 수직인 $2n-1$개의 평면으로, 체적이 같은 $2n$개의 부분으로 나눈다. 단, n은 2 이상의 자연수이다.

(a) 위의 $2n-1$개의 평면과 x축과의 교점의 x좌표 중, $\dfrac{\pi}{2}$보다 작으면서 $\dfrac{\pi}{2}$에 가장 가까운 것을 a_n이라 하자.

이때, $\lim\limits_{n\to\infty} n\left(\dfrac{\pi}{2} - a_n\right)$을 구하여라.

(b) $2n-1$개의 평면과 x축과의 교점의 x좌표 중 가장 작은 것을 b_n이라 하자. 수열 $\{n^p b_n\}$이 $n\to\infty$일 때 0이 아닌 유한값에 수렴하도록 하는 실수 p의 값을 구하여라.

또, 구한 p값에 대하여,

$\lim\limits_{n\to\infty} n^p b_n$을 구하여라.

〈 2003년 후기 이과1류 〉 p.374

3. (1) 모든 n에 대하여 $a_n \geqq 2$인 수열 $\{a_n\}$이 주어져 있을 때, 수열 $\{x_n\}$에 관한 점화식

$(A)\ x_{n+2}-a_{n+1}x_{n+1}+x_n=0\ (n=0,1,2,\cdots)$을 고려해보자.

자연수 m을 1개 결정하여 고정하면, 점화식 (A)를 만족하며 $x_0=0, x_m=1$인 수열 $\{x_n\}$은 유일하게 존재함을 보여라.

또, 그 수열에 대하여 $0<x_n<1\ (n=1,2,\cdots,m-1)$가 성립함을 보여라. 단, $m \geqq 3$

(2) 수열 $\{a_n\}$은 양의 상수 b에 대하여, $a_n \geqq 1+b\ (n=1,2,\cdots)$를 만족한다고 하자.

이 때, 수열 $\{y_n\}$에 관한 점화식

$(B)\ y_{n+2}-a_{n+1}y_{n+1}+by_n=0\ (n=0,1,2,\cdots)$

을 고려해보자.

자연수 m을 1개 결정하여 고정하면, 점화식 (B)를 만족하며 $y_0=0, y_m=1$인 수열 $\{y_n\}$은 유일하게 존재하며,

$$0<y_n<1\ \ (n=1,2,\cdots,m-1)$$

가 성립함을 보여라. 단, $m \geqq 3$

[8. 미 분]

[1] 방정식, 부등식에의 응용

〈 1964년 1차 문과 〉 p.78

1. 다음 □ 안에 알맞은 수를 넣어라.

함수 $f(x)=x^3+6x^2-15x+1$은 $x=$ (1)□에서 극대이며, $x=$ (2)□에서 극소이다. 방정식 $f(x)=a$가 서로 다른 세 실근을 가질 a값의 범위는 (3)□ $<a<$ (4)□ 이다.

〈 1967년 1차 문과 〉 p.106

3. 다음 □ 안에 알맞은 수를 넣어라.

함수 $f(x)=x^4-4x^3-x^2+6x+3$의 최솟값은 □ 이다. 방정식 $f(x)=0$는 □ 개의 양근과 □ 개의 음근을 가지며, 최소실근에 가장 가까운 정수는 □ 이다.

〈 1968년 2차 이과 〉 p.118

6. 다음 문제 (1), (2), (3)에 답하여라.

(1) α가 $0<\alpha<1$를 만족하는 유리수이면, 구간 $0 \leqq x \leqq 1$상에서 부등식

$$1+\frac{\alpha}{2}x \leqq (1+x)^{\alpha}$$ 가 성립함을 보여라.

(2) 2^{200}은 몇 자리 수인가? 또, 최상위수는 무엇인가? 이유를 서술하라.

주1. 예를 들면, $2^{10}=1024$는 4자리수이며, 최상위수는 1이다.

주2. $\log_{10}2 \fallingdotseq 0.3010$은 증명에 사용할 수 없다.

(3) $0.300<\log_{10}2<0.302$임을 보여라.

〈 1970년 1차 문과 〉 p.125

3. 다음 □ 안에 알맞은 수를 넣어라.

a를 실수라 할 때, x에 대한 방정식 $x(x+2)(x+4)+a=0$이 3개의 서로 다른 실근을 가지기 위해, □ $\sqrt{3}<a<$ □ $\sqrt{3}$인 것은 필요충분조건이다. 또, $a=$□일 때, 세 근 중 두 근은 순허수 $\pm\sqrt{\square}\,i$이다.

〈 1988년 이과 〉 p.234

3. C를 $y=x^3-x,\ -1 \leqq x \leqq 1$로 주어진 xy평면상의 도형이라 하자. 다음 조건을 만족하는 xy평면상의 점 P 전체로 이루어진 집합을 도시하라. [C를 평행이동한 도형 중, 점 P를 통과하며 원래의 도형 C와의 교점이 1개뿐인 것은 3개이다.]

〈 1990년 전기 이과 〉 p.246

2. 삼차함수 $h(x)=px^3+qx^2+rx+s$는 다음 두 조건 (i), (ii)를 만족한다.

(i) $h(1)=1,\ h(-1)=-1$

(ii) 구간 $-1 \leqq x \leqq 1$에서 극댓값 1, 극솟값 -1을 갖는다.

(1) $h(x)$를 구하여라.

(2) 삼차함수 $f(x)=ax^3+bx^2+cx+d$가 구간 $-1<x<1$에서 $-1<f(x)<1$를 만족할

때, $|x|>1$인 임의의 실수 x에 대하여 부등식 $|f(x)|<|h(x)|$가 성립함을 증명하라.

〈 1990년 전기 문과 〉 p.251

3. a, b, c는 정수이며, p, q, r은

$p<0<q<1<r<2$를 만족하는 실수이다.

함수 $f(x)=x^4+ax^3+bx+c$가 다음 조건 (ⅰ), (ⅱ)를 만족하게 되는 a, b, c, p, q, r을 정하여라.

(ⅰ) $f(x)=0$은 서로 다른 네 실근을 갖는다.

(ⅱ) 함수 $f(x)$는 p, q, r에서 극값을 갖는다.

〈 1991년 전기 이과 〉 p.258

3. 상수 p에 대하여, 삼차방정식 $x^3-3x-p=0$의 실수해 중 최대인 것과 최소인 것의 곱을 $f(p)$라 하자. 단, 실수해가 한 개일 때는, 그 해의 제곱을 $f(p)$라 한다.

(1) p가 모든 실숫값을 취할 때, $f(p)$의 최솟값을 구하여라.

(2) p의 함수 $f(p)$의 그래프의 개형을 그려라.

〈 1991년 후기 이과1류 〉 p.265

1. (1) $x>0$에서,

$y=\dfrac{\log x}{x}$의 증감을 조사하여라.

(2) 양의 정수 a, b의 쌍 중 $a^b=b^a$, $a\neq b$를 만족하는 것을 모두 구하여라.

(3) $3^x=x^3$을 만족하는 양의 유리수는 3 이외에는 존재하지 않음을 보여라.

〈 1994년 전기 이과 〉 p.295

1. $f(x)=x^4+x^3+\dfrac{1}{2}x^2+\dfrac{1}{6}x+\dfrac{1}{24}$

$g(x)=x^5+x^4+\dfrac{1}{2}x^3+\dfrac{1}{6}x^2+\dfrac{1}{24}x+\dfrac{1}{120}$

에 대하여, 다음이 성립함을 보여라.

(1) 임의의 실수 x에 대하여, $f(x)>0$이다.

(2) 방정식 $g(x)=0$은 오직 한 개의 실수해 α를 가지며, $-1<\alpha<0$이다.

[2] 최대·최소

〈 1956년 2차 해석Ⅱ 〉 p.6

1. 다음 함수의 최댓값 및 최솟값을 구하여라. 또, 각 경우의 θ값을 구하여라.

$$y=(2\cos 2\theta+2\cos\theta+3)(2\cos\theta+3)-\sin^2 2\theta$$

(단, $0\leq\theta\leq\pi$)

〈 1962년 2차 이과 〉 p.60

5. 한 정점으로부터 시작된 세 변의 길이가 x, y, z인 직육면체에 대하여 x, y, z의 합이 6, 표면적이 18일 때,

(ⅰ) x가 취할 수 있는 값의 범위는?

(ⅱ) 직육면체의 체적의 최댓값은?

〈 1963년 1차 이과 〉 p.65

4. 다음 □ 안에 알맞은 수를 넣어라.

$\log_2 y=(\log_2 x)^3$을 만족하는 양수 x, y에 대하여, $\dfrac{x^3}{y}$은 $1\leq x\leq 4$의 범위에서 $x=$ (13)□, $y=$ (14)□일 때 최댓값을 가지며 최댓값은 (15)□이다. 또, 그 범위에서 $\dfrac{x^3}{y}$의 최솟값은 (16)□이다.

〈 1963년 2차 이과 〉 p.72

4. 한 변의 길이가 a인 정사면체 $ABCD$의 변 AB, AC, AD상에 A로부터 같은 거리에 각각 점 P, Q, R을 잡아, 면 BCD에 내린 수선의 발을 각각 P', Q', R'라 하자.

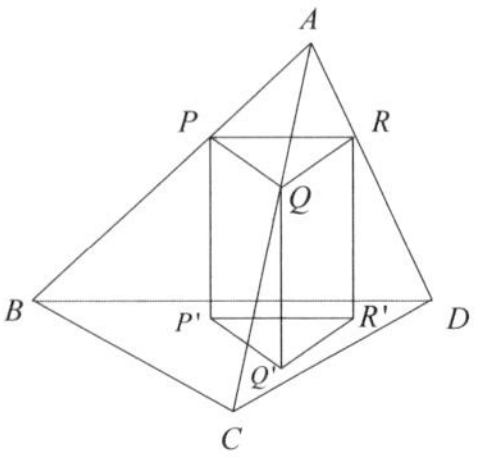

(1) 삼각기둥 $PQR-P'Q'R'$의 체적이 최대로 될 때의 $\overline{AP}$의 길이를 구하여라.

(2) 삼각기둥의 체적의 최댓값 V_0와 정사면체 $ABCD$의 체적 V의 비 $\dfrac{V_0}{V}$를 구하여라.

〈 1965년 2차 이과 〉 p.92

4. 그림의 ACB는 길이 2인 선분 AB를 지름으로 하고 점 O를 중심으로 하는 반원주이며, P는 AB에 수직인 반지름 OC상의 동점이다. k를 양의 상수라 할 때, 선분 PO를 $k:1$로 내분하는 점 Q를 지나며 선분 AB에 평행인 현을 RS라 하자. 점 P를 어디에 잡아야 사각형 $ROSP$의 넓이가 최대로 되는가?

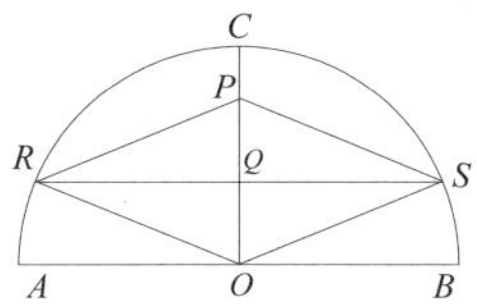

〈 1966년 2차 문과 〉 p.102

4. 반지름 1인 원 O의 원주상에 한 점 A가 주어져 있다. A를 중심으로 하는 원이 원 O의 지름 AA'와 만나는 점을 R, 원 O와 만나는 점을 P, Q라 할 때, 사각형 $APRQ$의 넓이의 최댓값을 구하여라.

〈 1977년 2차 이과 〉 p.145

1. k를 실수인 상수라 할 때, x의 함수 $f(x)=|x^3-3kx|$가 $-1 \leqq x \leqq 1$의 범위에서 갖는 최댓값을 $M(k)$라 하자. k가 실수 전체에서 움직일 때, $M(k)$가 최소로 되는 k값 및 $M(k)$의 최솟값을 구하여라.

〈 1978년 2차 이과 〉 p.156

2. x의 함수 $f(x)=(x^2-4)(x^2-9)$의 $t \leqq x \leqq t+1$에서의 최댓값을 $g(t)$라 하자. t가 $-3 \leqq t \leqq 3$의 범위에서 움직일 때, 함수 $s=g(t)$를 구하고 그래프를 그려라.

〈 1980년 이과 〉 p.170

4. xy평면상의 동점 P의 (x, y)좌표는 시각 t를 이용하여 $\begin{cases} x=\sin t+\cos t \\ y=k\sin^2 t\cos^2 t \end{cases}$ $(-\infty < t < \infty)$로 정해진다.

단, k는 양의 상수이다.

이때, 원점과 P의 거리의 제곱의 최댓값과 최솟값을 k를 이용하여 나타내어라.

〈 1980년 문과 〉 p.173

2. 그림과 같은 입체 $ABCD-EFGH$가 있어 윗면 $ABCD$와 아랫면 $EFGH$는 정사각형이며 서로 평행하고, 네 측면은 모두 사다리꼴로 $\overline{AE}=\overline{BF}=\overline{CG}=\overline{DH}$이다. 또, 아랫면은 한 변의 길이가 12이며, 입체의 높이는 4이다. 윗면의 한 변의 길이를 x라 할 때, 측면 $ABFE$의 면적을 $S(x)$라 하자.

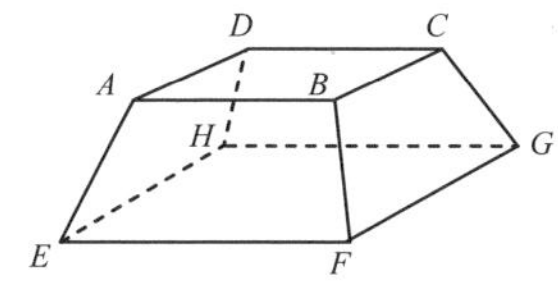

x가 $2 \leqq x \leqq 10$인 범위를 움직일 때,

$S(x)$의 최댓값과 최솟값을 구하여라.

〈 1981년 이과 〉 p.180

5. $n \geqq 3$일 때, 정n각뿔의 전개도를 그림과 같이, 밑면에 포함되지 않는 n개의 변을 잘라서 얻는다.

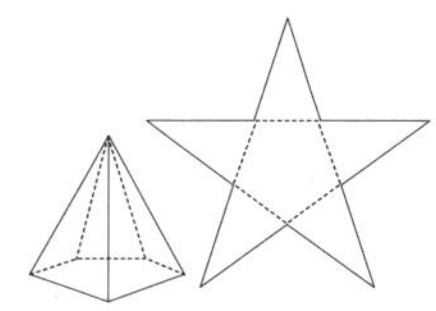

이때, 정n각뿔의 꼭짓점은 전개도에서 서로 다른 n개의 점으로 된다. 이 점들을 이은 원의 반지름이 1이 되는 정n각뿔만을 고려해 보자.

(1) 각 n에 대하여, 위와 같은 정n각뿔의 체적의 최댓값 v_n을 구하여라.

(2) $\lim_{n \to \infty} v_n$을 구하여라.

〈 1983년 이과 〉 p.196

5. 정사각뿔 V에 내접하는 구를 S라 하자. V를 여러 가지로 변화시킬 때,

비 $R=\dfrac{S\text{의 표면적}}{V\text{의 표면적}}$이 취할 수 있는 값 중 최대인 것을 구하여라.

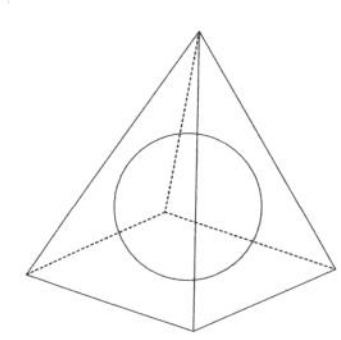

〈 1984년 문과 〉 p.206

4. t를 실수인 상수라 할 때, 함수 $f(x)=(x^2-3x+2)(x-t)$를 고려해 보자. $f'(x)=0$의 두 근을 α, β $(\alpha < \beta)$라 하면, 그것들은 t의 함수로 볼 수 있다. t의 함수 $|t-\alpha|+|t-\beta|$의 범위 $1 \leqq t \leqq 3$에서의 최댓값 및 최솟값을 구하여라.

〈 1988년 이과 〉 p.236

6. 공간상의 점 O에 대하여, 네 점 A, B, C, D가 $\overline{OA}=1$, $\overline{OB}=\overline{OC}=\overline{OD}=4$를 만족할 때, 사면체 $ABCD$의 체적의 최댓값을 구하여라.

〈 1991년 전기 문과 〉 p.262

1. 함수 $f(x)=x^3-2x^2-3x+4$ 의 구간 $-\frac{7}{4} \leqq x \leqq 3$ 에서의 최댓값과 최솟값을 구하여라.

〈 1992년 전기 문과 〉 p.274

3. 갑, 을 두 사람이 출자하여 공동사업을 한다. 두 사람의 출자합계를 s 라 할 때, 이 사업에 의한 이윤 $f(s)$는

$$f(s)=\begin{cases} \frac{1}{4}s(s-3)^2 & (0 \leqq s \leqq 2) \\ -\frac{3}{4}s+2 & (s>2) \end{cases}$$

로 주어지며, 이윤은 출자액에 대응하여 갑, 을에게 비례배분된다. 갑의 출자액 a가 일정할 때, 을의 이윤배분액을 최대로 하는 s 의 값을 구하여라. 단, $0 \leqq a \leqq 2$ 이다.

〈 2000년 전기 문과 〉 p.330

1. 그림과 같이 밑면의 반지름 1, 윗면의 반지름 $1-x$, 높이 $4x$인 직원뿔대 A와 밑면의 반지름 $1-\frac{x}{2}$, 윗면의 반지름 $\frac{1}{2}$, 높이 $1-x$인 직원뿔대 B가 있다. 단, $0 \leqq x \leqq 1$이다. A와 B의 체적의 합을 $V(x)$라 할 때, $V(x)$의 최댓값을 구하여라.

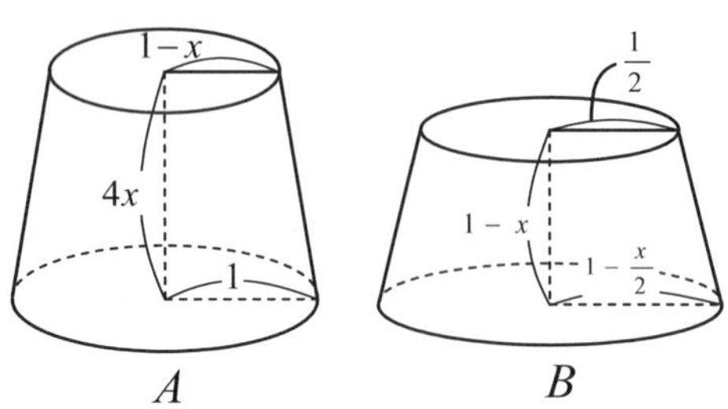

[3] 함수의 변화와 그래프

〈 1958년 2차 해석II 〉 p.24

3. 수평면 상에 두 점 A, H가 $8a\,\mathrm{cm}$ 떨어져 있다. 점 H의 수직방향 위로 $a\,\mathrm{cm}$ 떨어진 곳에 점 B가 있다. 선분 AH상에 한 점 P를 잡자. 동점이 최초 B에서 출발하여 선분 BP와 선분 PA를 따라, P를 거쳐 A까지 움직인다. BP상에서는 등가속도 $\frac{\overline{BH}}{\overline{BP}}g\ \mathrm{cm/sec^2}$으로 움직이며, PA상에서는 동점이 점 P에 도달하였을 때의 속도의 수평속도로 등속도운동을 한다.

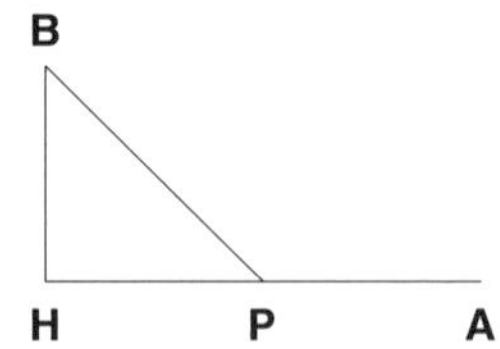

동점이 B에서 A까지 최단시간에 도달하기 위한 선분 HP의 길이를 구하여라.

〈 1961년 1차 문과 〉 p.48

5. 다음 □ 안에 알맞은 수를 넣어라.

$f(x)=x+a+\frac{b}{x}$, $f\left(\frac{1}{2}\right)=0$, $f'\left(\frac{1}{2}\right)=-8$ 이면, $a=$(17)□, $b=$(18)□ 이다. 또, $f(x)=0$ 으로 되는 것은 $x=\frac{1}{2}$ 이외에 $x=$(19)□ 일 때이며, $x>0$ 의 범위에서 $f(x)$ 가 최솟값을 갖는 것은 $x=$(20)□ 일 때이다.

〈 1961년 2차 이과 〉 p.51

3. 반지름 a인 반구에 외접하는 직원뿔을 만들어 전체 겉넓이가 최소로 되게 하려면 원뿔의 높이를 얼마로 하면 되는가? (단, 직원뿔의 밑면은 반구의 밑면과 같은 평면상에 있다.)

〈 1961년 2차 문과 〉 p.53

5. 곡선 $y=\sqrt{1+x^2}$ 상에 세 점 P, A, Q가 있으며 x좌표는 각각 $a-h$, a, $a+h$이다. 점 A를 지나며 x축과 수직인 직선과 선분 PQ와의 교점을 B, 선분 AB의 길이를 l이라고 할 때, $\lim_{h\to 0}\frac{l}{h^2}$을 a를 이용하여 나타내어라.

〈 1962년 1차 문과 〉 p.57

6. 다음 $\square$ 안에 알맞은 수를 넣어라.
함수 $f(x)=x^3+{}^{(18)}\square\, x^2+{}^{(19)}\square$ 는 $x=2$에서 극솟값 1을 가지며, $x={}^{(20)}\square$ 에서 극댓값을 갖는다.

〈 1965년 1차 이과 〉 p.85

3. 다음 $\square$ 안에 알맞은 수를 넣어라.
함수 $f(x)=\dfrac{1}{x-2}-\dfrac{1}{x}$이 $x=a$에서 극대이면, $a={}^{(i)}\square$, $f(a)={}^{(j)}\square$ 이다.
점 $(a,\ f(a))$를 지나며 기울기 $m\ (m\neq 0)$인 직선과 곡선 $y=f(x)$의 교점은 ${}^{(k)}\square$ 개다. 교점들 중 x좌표가 최대인 점의 x좌표를 m의 함수 $h(m)$으로 나타내면, $\displaystyle\lim_{|m|\to\infty} h(m)={}^{(l)}\square$ 이다.

〈 1965년 2차 이과 〉 p.92

3. 직선 l은 곡선 $xy=1$의 제1사분면부분에 접하며, l의 x절편은 2보다 작지 않다. 이런 조건을 만족하며 l이 움직일 때, 네 직선 l, $y=0$, $x=1$, $x=2$로 둘러싸인 부분의 넓이의 최댓값을 구하여라.

〈 1966년 1차 이과 〉 p.95

5. 다음 $\square$ 안에 알맞은 수를 넣어라.
함수 $f(x)={}^{(q)}\square\, x^3+{}^{(r)}\square\, x^2+{}^{(s)}\square\, x+{}^{(t)}\square$ 는 $x=1$에서 극댓값 6, $x=2$에서 극솟값 5를 갖는다.

〈 1967년 2차 이과 〉 p.109

2. 변의 길이가 2이고 각 변이 좌표축에 평행한 정사각형 A는 중심을 원 $x^2+y^2=1$의 원주상에 두고 움직이고 있다. 또, 같은 크기의 고정된 정사각형 B는 각 변이 좌표축에 평행하며 중심이 점 $(1,2)$이다. 이때, 두 정사각형 A, B의 공통부분의 면적의 최댓값을 구하여라. 단, 정사각형의 중심은 두 대각선의 교점이다.

〈 1968년 1차 문과 〉 p.115

3. 다음 $\square$ 안에 알맞은 수를 넣어라.
4차식 $P(x)=x^4+\square\, x^3+\square\, x^2+\square\, x+\square$ 는 $x=-1,\ 3$에서 극소, $x=1$에서 극대이며, $P(x)=0$은 음의 이중근을 갖는다.

〈 1968년 2차 이과 〉 p.118

5. 다음 조건을 만족하는
정수계수 3차다항식 $P(x)$를 구하여라.

(1) $P(x)$는 원점대칭이다.
(2) $P(x)=0$은 중근을 갖지 않는다.
(3) $P(x)$는 극댓값도 극솟값도 없다.
(4) $P\left(\dfrac{1}{2}\right)$은 정수이다.
(5) $0<P(1)<6$

〈 1976년 2차 이과 〉 p.137

3. $0<t<1$인 t의 값 각각에 대하여
x의 함수 $f(x)=\dfrac{x+t}{x(1-tx)}$ 를 고려해 보자.

(1) 구간 $0<x<1$에서, $f(x)$를 최소로 하는 x의 값 α는 t에 의하여 정해진다. t가 0에서 1로 움직일 때, 점 $(\alpha,\ f(\alpha))$의 자취를 도시하라.
(2) 구간 $0<x\leqq t$에서, $f(x)$를 최소로 하는 x의 값을 β라 하자. t가 0에서 1로 움직일 때, 점 $(\beta,\ f(\beta))$의 자취를 도시하라.

〈 1977년 1차 문과 〉 p.143

4. 다음 $\square$ 안에 알맞은 수를 넣어라.
$a,\ b$를 실수인 상수라 할 때, x의 삼차함수 $f(x)=x^3+ax^2+bx$는 $x=\alpha$에서 극댓값을 가지며, $x=\beta>0$에서 극솟값 0을 갖는다. 이때, 다음이 성립한다.

(1) $\beta=\square\,\alpha$
(2) $f(\alpha)=f(\gamma),\ \alpha\neq\gamma$이면, $\gamma=\square\,\alpha$
(3) $f(\alpha)=4$이면 $a=\square$, $b=\square$

〈 1978년 2차 이과 〉 p.159

6. xy평면상의 포물선 $y=x^2$의 $0<x<1$에 대응하는 부분을 L이라 하자.
(즉, $L=\{(x, x^2)\mid 0<x<1\}$이다.)
점 $P(x, x^2)$에서의 L의 접선이 직선 $y=0$, $x=1$과 만나는 점을 각각 A, B라 하자. 또, 좌표가 $(0,0)$, $(1,0)$, $(1,1)$인 세 점을 각각 O, C, D라 하자.
이하, $0<x<1$의 범위에서만 고려하는 것으로 한다.

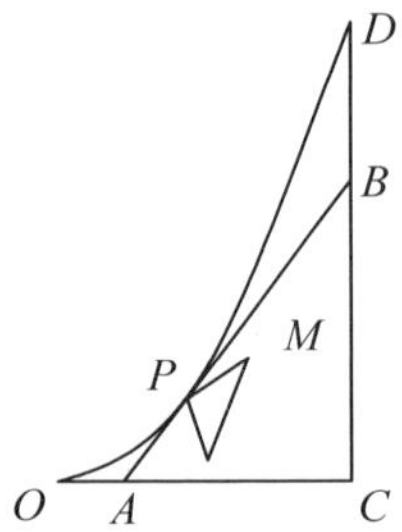

(1) $\triangle PAC$, $\triangle PCB$의 면적을 각각 $g(x)$, $h(x)$로 놓을 때, $g(x)\leq h(x)$로 되는 x의 범위를 구하여라.
(2) 선분 OC, 선분 CD 및 포물선의 일부분 L로 둘러싸인 부분을 M이라 하자.
단, M은 경계선을 포함한다.
이제, 점 $P(x,x^2)$를 한 꼭짓점으로 하고 M에 포함되는 삼각형의 면적의 최댓값을 $f(x)$라 하자. 함수 $f(x)$를 구하고 그래프를 그려라.
또, $f(x)$의 극값을 구하여라.

〈 1991년 후기 이과1류 〉 p.266

3. xy평면상의 길이 2인 선분 AB를 지름으로 하는 반원을 D라 하자. 반원 D의 내부(둘레는 포함하지 않음)의 한 점을 P라 하자.

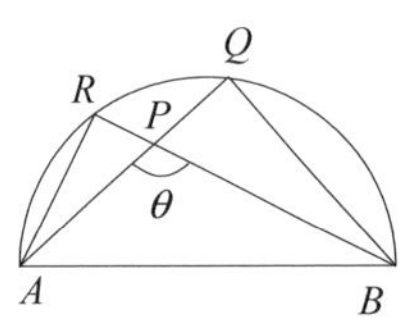

A와 P를 지나는 직선과 반원 D의 원호 부분이 만나는 점을 Q, B와 P를 지나는 직선과 반원 D의 원호 부분이 만나는 점을 R이라 하자. 오각형 $ARPQB$의 면적을 S로 놓자.
(1) $\angle APB$를 일정하게 유지하며 점 P가 반원 D의 내부에서 움직일 때, S가 취할 수 있는 값의 범위를 $\angle APB=\theta$를 사용하여 나타내어라.
(2) 점 P가 반원 D의 내부를 자유롭게 움직일 때, S가 취할 수 있는 값의 범위를 구하여라.

〈 1993년 전기 문과 〉 p.287

1. 삼차함수 $f(x)=x^3+ax^2+bx$는 구간 $-1\leq x\leq 1$에서 극댓값, 극솟값을 갖는다. 이 조건을 만족하는 실수의 조(組) (a,b)의 범위를 ab평면에 나타내어라.

〈 1993년 후기 이과1류 〉 p.290

2. xy평면에 있어서, 직선 l과 점 A 사이의 거리를 $d(l,A)$라 하자. 또, 서로 다른 세 점 $A=(x_1, y_1)$, $B=(x_2, y_2)$, $C=(x_3, y_3)$가 주어졌을 때,
$f(l)=d(l,A)^2+d(l,B)^2+d(l,C)^2$으로 놓자.
(1) 어떤 주어진 직선과 평행한 직선 중, $f(l)$을 최소로 하는 직선 l_0는 삼각형 ABC의 중심을 지나는 것을 보여라.
(2) 서로 다른 세 직선이 $f(l)$를 최소로 한다면, 삼각형 ABC는 정삼각형임을 보여라.

〈 2001년 전기 이과 〉 p.339

3. 실수 $t>1$에 대하여, xy평면상의 점 $O(0, 0)$, $P(1, 1)$, $Q\left(t, \frac{1}{t}\right)$을 꼭짓점으로 하는 삼각형의 면적을 $a(t)$라 하고, $\overline{OP}$, $\overline{OQ}$와 쌍곡선$xy=1$로 둘러싸인 부분의 면적을 $b(t)$라 하자. 이때, $c(t)=\dfrac{b(t)}{a(t)}$라 하면, 함수 $c(t)$는 $t>1$에서 감소함수임을 보여라.

〈 2005년 후기 이과1류 〉 p.401

1. xy평면의 원점을 O라 하고, 두 점 $P(\cos\theta, \sin\theta)$, $Q(1, 0)$을 잡자. (단, $0<\theta<\pi$)
점 A는 선분 PQ 상을, 점 B는 선분 OQ 상을 움직이며, 선분 AB는 $\triangle OPQ$의 면적을 이등분한다. 이러한 선분 AB 중 가장 짧은 것의 길이 l을 θ의 함수로 고려하여 $l^2=f(\theta)$라 하자.
(1) $\overline{AQ}=a$, $\overline{BQ}=b$라 하면,

$$ab=\sin\frac{\theta}{2}$$가 성립함을 보여라.

(2) $\overline{PQ}\geq\frac{1}{2}$, $\overline{PQ}<\frac{1}{2}$ 각각의 경우에 대하여,

$f(\theta)$를 θ를 이용하여 나타내어라.

(3) 함수 $f(\theta)$는 $0<\theta<\pi$ 에서 미분가능함을 보이고, 그 그래프의 개형을 그려라. 또, $f(\theta)$의 최댓값을 구하여라.

[4] 도함수의 계산

〈 1961년 2차 이과 〉 p.50

2. x 의 4차식 $f(x)$에 대하여

$$f(-0.2)=2.226,\ f(-0.1)=2.460,$$
$$f(0)=2.718,\ f(0.1)=3.004,\ f(0.2)=3.320$$

일 때, $f'(0)$을 구하여라.

〈 1970년 1차 이과 〉 p.123

4. 다음 ☐ 안에 알맞은 수를 넣어라.
다음 조건을 만족하는 다항식 $P(x)$가 존재하기 위한 상수 λ 값은 4개이다.

ⓐ $P(x)$ 의 차수는 4차 이하이며, $P(x)\neq 0$
ⓑ $(x^2+1)P''(x)=\lambda P(x)$

그 값을 크기순으로 $\lambda_1,\ \lambda_2,\ \lambda_3,\ \lambda_4$ 라 하면,
$\lambda_1=$☐, $\lambda_2=$☐, $\lambda_3=$☐, $\lambda_4=$☐

〈 1984년 이과 〉 p.202

3. 2 이상의 자연수 k에 대하여

$$f_k(x)=x^k-kx+k-1 \text{ 로 놓자.}$$

이때, 다음을 증명하여라.

(1) n 차다항식 $g(x)$ 가 $(x-1)^2$ 으로 나누어떨어진다. ⇔ (필요충분조건)
$g(x)$ 는 상수 $a_2, a_3, \cdots, a_n$ 을 이용하여
$g(x)=\sum_{k=2}^{n} a_k f_k(x)$ 로 나타낼 수 있다.

(2) n 차다항식 $g(x)$ 가 $(x-1)^3$ 으로 나누어떨어진다. ⇔ (필요충분조건)
$g(x)$ 는 관계식 $\sum_{k=2}^{n}\frac{k(k-1)}{2}a_k=0$ 을 만족하는 $a_2, a_3, \cdots, a_n$ 을 이용하여
$g(x)=\sum_{k=2}^{n} a_k f_k(x)$ 로 나타낼 수 있다.

〈 2005년 전기 이과 〉 p.393

1. $x>0$에 대하여, $f(x)=\frac{\log x}{x}$로 놓자.

(1) $n=1, 2, \cdots$ 에 대하여, $f(x)$의 n 계도함수는 수열 $\{a_n\}$, $\{b_n\}$을 이용하여

$$f^{n}(x)=\frac{a_n+b_n\log x}{x^{n+1}}$$

로 나타낼 수 있음을 보이고, a_n, b_n에 관한 점화식을 구하여라.

(2) $h_n=\sum_{k=1}^{n}\frac{1}{k}$로 놓자. h_n을 이용하여, a_n, b_n의 일반항을 구하여라.

[5] 함수의 극한과 연속성

〈 1962년 1차 이과 〉 p.55

6. $f(x)=\frac{x^2+x-2}{x^2-x-2}$이다. 다음 (i), (ii), (iii)의 각 경우에 있어 $f(x)$가 유한값에 수렴하면 그 값을, $f(x)\to\infty$ 이면 ㉠을, $f(x)\to-\infty$ 이면 ㉡을 ☐ 안에 넣어라.

(i) $x\to 3$ 일 때, (18)☐
(iii) $x\to\infty$ 일 때, (19)☐
(iii) $x\to -1^-$ 일 때, (20)☐ 이다.

〈 1964년 1차 문과 〉 p.79

4. 다음 ☐ 안에 알맞은 수를 넣어라.
$f(x)$는 x 의 다항식이며, (i), (ii), (iii)을 만족한다. $f(x)$의 차수는 (14)☐, x 의 계수는 (15)☐, $a=$ (16)☐, $b=$ (17)☐ 이다.

(i) $f(0)=-4$
(ii) $\lim_{x\to+\infty}\frac{f(x)}{x+a}=2$ (a : 상수)
(iii) $x\to 2$ 일 때 $\frac{f(x)}{x+a}$ 는 0이 아닌 유한값 b로 수렴한다.

〈 1964년 2차 문과 〉 p.83

5. 곡선 $y=ax^3+bx^2+cx+d\ (a\neq 0)$ 와 y축과의 교점을 A라 하자. 곡선상의 점 $P(x, y)$ 에서의 접선과 y축과의 교점을 Q라 할 때,

$\lim_{x\to 0}\frac{\overline{AQ}^2}{\overline{AP}^2}$, $\lim_{x\to +\infty}\frac{\overline{AQ}^2}{\overline{AP}^2}$ 을 구하여라.

〈 1966년 2차 문과 〉 p.102

5. [구과정문제] 점 O를 중심으로 하는 정원의 원주상에 한 점 A를 고정하여, O도 A도 아닌 점 P를 반지름 OA 상에 잡는다.
점 P를 지나고 OA에 수직인 현의 한쪽 끝점에서의 원의 접선이, OA의 연장선과 만나는 점을 Q라 하자.
점 P가 점 A로 가까워질 때, $\frac{\overline{PQ}}{\overline{PA}}$의 극한값을 구하여라.

〈 1979년 이과 〉 p.165

5. t를 양의 상수라 할 때, 다음 조건 (A), (B)를 만족하는 3차식을 $f(x)$라 하자.
(A) 곡선 $y=f(x)$ … ① 는 직선 $y=x$ … ② 상의 두 점 $P(-t,-t)$, $O(0,0)$을 지난다.
(B) $f'(0)=0$, $f''(0)=2$
이제 곡선 ①과 직선 ②의 교점 중 x좌표가 최대인 점을 Q라 할 때, 곡선 ①의 점 O부터 점 Q까지의 부분과 선분 OQ로 둘러싸인 영역의 면적을 $S(t)$라 하자.
$\lim_{t\to\infty}S(t)$를 구하여라.

〈 1989년 이과 〉 p.240

2. xy평면상에, $y=-1$을 준선, 점 $F(0,1)$을 초점으로 하는 포물선이 있다.
이 포물선 상의 점 $P(a,b)$를 중심으로 하고 준선에 접하는 원 C를 그려, 접점을 H라 하자.
$a>2$일 때, 원 C와 y축과의 교점 중 F가 아닌 점을 G라 하자. 부채꼴 PFH(중심각이 작은 쪽)의 면적을 $S(a)$, 삼각형 PGF의 면적을 $T(a)$라 할 때, 극한값 $\lim_{a\to\infty}\frac{T(a)}{S(a)}$를 구하여라.

〈 1989년 문과 〉 p.244

9. 반지름 r인 원 O의 둘레에 한 변의 길이가 a인 정삼각형 ABC를 원 O와 동일한 평면 내에서 다음 두 조건을 만족하는 한도 내에서 이동시킨다.
(i) $\triangle ABC$는 원 O의 내부와 공유점을 갖지 않으며, 원주 상에서 공유점을 1개만 갖는다.
(ii) 벡터 $\overrightarrow{AB}$, $\overrightarrow{BC}$, $\overrightarrow{CA}$는 각각 일정하게 유지된다. 이때, $\triangle ABC$가 통과하여 얻어진 범위를 도시하고 그 면적 S를 구하여라.
또, $\triangle ABC=T$에 대하여 $\lim_{r\to 0}\frac{S}{T}$를 구하여라.

〈 1998년 전기 이과 〉 p.310

1. a는 0이 아닌 실수이다. 함수

$$f(x)=(3x^2-4)\left(x-a+\frac{1}{a}\right)$$

의 극댓값과 극솟값의 차가 최대로 되는 a의 값을 구하여라.

[6] 곡선의 접선

〈 1960년 2차 수학Ⅲ 〉 p.43

1. 포물선 $y=x^2+\frac{1}{4}$의 꼭짓점이 아닌 점에서의 접선과 법선이 x축과 만나는 점을 각각 P, Q라 할 때, $\overline{PQ}$의 최솟값을 구하여라.

〈 1963년 1차 문과 〉 p.67

4. 다음 □ 안에 알맞은 수를 넣어라.
곡선 $y=x^3+$(13)□x^2+(14)□$x+$(15)□의 접선의 기울기는 접점이 $(2,-10)$일 때 최소이고, 그 때의 기울기는 (16)□이며 그 접선은 원점을 지난다.

〈 1964년 2차 이과 〉 p.82

5. 곡선 $xy=1$의 제1사분면 부분에 정점 $P(a,b)$가 있으며, 제3사분면 부분에 동점 Q가 있다.
(1) $\overline{QP}$ 의 최솟값을 a로 나타내어라.
(2) $\overline{QP}$ 가 최소로 될 때, $\overline{QP}$ 가 x축의 양의 방향과 $30°$의 각도를 이루는 a값을 구하여라.

〈 1965년 2차 이과 〉 p.92

5. 곡선 $y=3\sin 2x+\cos 3x$ 의 $0<x<\pi$ 의 범위에 있는 부분의 접선 중, 직선 $3x+y=0$과 평행한 것의 방정식을 구하여라.

〈 1967년 1차 이과 〉 p.104

4. 다음 □ 안에 알맞은 수를 넣어라.

포물선 $y=\square x^2$의 서로 다른 두 점 $(\square, 3)$과 $(4, \square)$에서의 접선의 교점은 $(\square, -6)$이다.

〈 1976년 1차 문과 〉 p.133

1. a, b를 실수라 하자. 포물선 $y=x^2$과 원 $(x-a)^2+(y-b)^2=a^2$은 점 $(1,1)$을 지나며, 그 점에서 공통접선을 갖는다.

이 때, 다음 □ 안에 알맞은 수는 무엇인가?

$$a=\square-2\sqrt{\square}\ ,\ b=\sqrt{\square}-\square>0$$

〈 1977년 1차 이과 〉 p.139

1. 다음 □ 안에 알맞은 수를 넣어라.

xy 평면상의 곡선 $C:\ y=x^2$ 상에 두 개의 동점 $A(a, a^2)$, $B(b, b^2)$ 이 있어, 점 A에서 접선이 직선 AB와 직교한다. 이 때, 점 B에서의 접선이 직선 AB와 이루는 예각을 θ라 하면, 다음이 성립한다.

(1) $a=1$ 이면, $b=\square$, $\tan\theta=\square$

(2) $b=\pm\sqrt{\square}$ 일 때 $|b|$가 최소이며,

그 때, $\tan\theta=\square$

〈 1978년 2차 문과 〉 p.160

7. 두 포물선 $\begin{cases} y=x^2-2x+2 & \cdots ① \\ y=-x^2+ax+b & \cdots ② \end{cases}$

는 한 교점 P에서 접선이 서로 직교한다고 하자. 포물선 ②는 a, b의 값에 관계없이 일정한 점 Q를 지나는 것을 증명하고 Q의 좌표를 구하여라.

〈 1984년 이과 〉 p.201

2. xy 평면에 있어서,

직선 $x=0$을 L, 곡선 $y=\log x$를 C라 하자. 또, L과 C상의 점들과 L과 C 사이에 끼인 부분에 있는 점들 전체의 집합을 A라 하자. A에 포함되고 직선 L에 접하며, 곡선C와 점 $(t, \log t)$ $(0<t)$에서 공통접선을 갖는 원의 중심을 P_t 라 하자.

P_t 의 x좌표와 y좌표를 t의 함수로 보아

$$x=f(t),\ y=g(t)$$

로 표시할 때, 다음 극한값을 구하여라.

(1) $\displaystyle\lim_{t\to 0}\frac{f(t)}{g(t)}$ (2) $\displaystyle\lim_{t\to +\infty}\frac{f(t)}{g(t)}$

〈 1986년 이과 〉 p.217

1. xy 평면에 있어, 좌표 (x, y)가 부등식 $x\geq 0,\ y\geq 0,\ xy\leq 1$를 만족하는 점 $P(x, y)$로 이루어진 집합을 D라 하자. 세 점 $A(a,0)$, $B(0,b)$, $C\left(c, \dfrac{1}{c}\right)$을 꼭짓점으로 하고 D에 포함되는 삼각형 ABC는 어떤 경우에 면적이 최대로 되는가? 또, 면적의 최댓값을 구하여라. 단, $a\geq 0$, $b\geq 0$, $c>0$이다.

〈 1987년 이과 〉 p.225

2. 점 (x,y)를 점 $(x+a, y+b)$로 이동시키는 평행이동에 의하여 곡선 $y=x^2$을 이동시켜 얻은 곡선을 C라 하자.

C와 곡선 $y=\dfrac{1}{x}$ $(x>0)$이 접하게 되는 a, b를 좌표로 하는 점 (a,b)가 존재하는 범위의 개형을 도시하라. 또, 두 곡선이 접점 이외의 공유점을 갖지 않게 되는 a, b의 값을 구하여라.

단, 두 곡선이 어떤 점에서 접한다는 것은, 그 점에서 공통접선을 갖는 경우를 말한다.

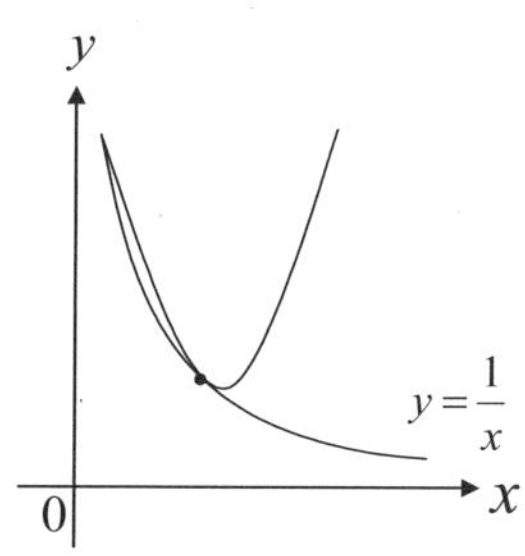

〈 1989년 문과 〉 p.243

7. 다음 두 포물선을 고려해보자. $(a>0)$

$$C_1 : y=x^2+\frac{1}{a^2}\ ,\quad C_2 : y=-(x-a)^2$$

(1) $C_1,\ C_2$에 모두 접하는 직선은 항상 두 개임을 보여라.

(2) (1)에서 정하여진 네 접점이 이루는 사각형의 면적 $S(a)$의 최솟값은?

〈 2002년 전기 이과 〉 p.352

4. a를 양의 실수라 하자. xy평면상의 y축상의 점 $P(0,\ a)$를 잡고, 함수 $y=\dfrac{x^2}{x^2+1}$의 그래프를 C라 하자. 다음 조건을 만족하는 C상의 점 Q가 원점 $O(0,\ 0)$ 이외에 존재하도록 하는 a의 범위를 구하여라. [조건 : Q에서의 C의 접선이 직선 PQ와 직교한다.]

[7] 기타

〈 1961년 1차 이과 〉 p.44

1. 다음 □ 안에 알맞은 수를 넣어라.
주기가 3인 주기함수 $f(x)$의 그래프는 끊어진 곳이 없으며 (ⅰ), (ⅱ)를 만족한다.

(ⅰ) $f(x)=\begin{cases} 4x^2,\ 0\le x\le 1 \\ ax^3+bx^2+cx+d,\ 1\le x\le 3 \end{cases}$

(ⅱ) $f(5)=8,\ f'(5)=-1$

이때, $a=$(1)□, $b=$(2)□, $c=$(3)□, $d=$(4)□ 이다.

〈 1963년 2차 문과 〉 p.74

5. 평면상에서 운동하는 점의 좌표 $(x,\ y)$는 다음과 같이 시각 t의 함수로 주어져있다.

$$x=f(t)=vt\cos\alpha,\ \ y=g(t)=vt\sin\alpha-5t^2$$

$$\left(v>0,\ \ 0<\alpha<\frac{\pi}{2}\right)$$

어떤 시각 t_0에서 $x=10,\ y=0$이라 할 때, t_0에서의 $x,\ y$의 변화율의 제곱의 합

$$(f'(t_0))^2+(g'(t_0))^2$$

을 α의 식으로 나타내어라. 또, 그 식의 값을 최소로 하는 α값을 구하여라.

〈 1970년 2차 이과 〉 p.129

4. 그림과 같이 측면이 수직인 수조가 수평인 바닥에 놓여 있으며, 수면의 높이는 바닥으로부터 $a\,\text{cm}$이다. 지금 수조에 작은 구멍을 수평방향으로 뚫어 물을 수평방향으로 분출시킨다.

(1) 구멍의 위치가 수면으로부터 $h\,\text{cm}$일 때, 물은 바닥의 어떤 위치에 떨어지는가?

(2) 물이 구멍의 바로 아래의 바닥으로부터 가장 먼 곳에 떨어지게 하려면, 구멍의 위치는 어떤 곳으로 하여야 하는가?

(3) 구멍의 위치가 바닥에 수직인 하나의 선을 따라 변할 때, 물이 떨어지며 통과하는 범위를 구하여라.

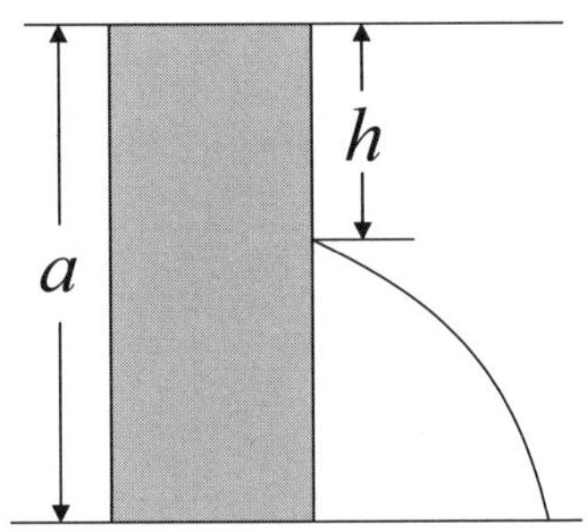

단, 분출하는 물은 수평방향으로는 등속도운동을 하며, 수직방향으로는 가속도 $g\,\text{cm/sec}^2$인 등가속도운동을 한다. 또, 수면으로부터 $h\,\text{cm}$ 떨어진 구멍에서 분출되는 물의 초속도는 $\sqrt{2gh}\ \text{cm/sec}$이다.

〈 1982년 이과 〉 p.187

4. xy평면상의 곡선 $y=\sin x$에 연하여, 그림과 같이 좌에서 우로 이동하는 점 P가 있다. P의 속력이 $V\,(V>0)$로 일정할 때, P의 가속도벡터 $\vec{\alpha}$의 크기의 최댓값을 구하여라.

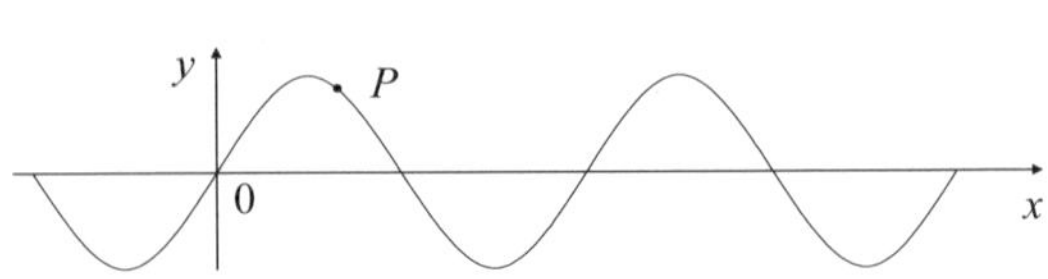

단, P의 속력은

P의 속도벡터 $\vec{v}=(v_1, v_2)$의 크기이며,

시간 t에 대하여 $\vec{\alpha}=\left(\frac{dv_1}{dt}, \frac{dv_2}{dt}\right)$이다.

〈 1991년 전기 이과 〉 p.260

4. (1) 자연수 $n=1, 2, 3, \cdots$ 에 대하여, 어떤 다항식 $p_n(x), q_n(x)$가 존재하여,

$$\begin{cases} \sin n\theta = p_n(\tan\theta)\cos^n\theta \\ \cos n\theta = q_n(\tan\theta)\cos^n\theta \end{cases}$$

로 쓸 수 있음을 보여라.

(2) 이때, $n>1$ 이면 다음 등식이 성립함을 증명하라.

$$p_n{}'(x)=nq_{n-1}(x), \quad q_n{}'(x)=-np_{n-1}(x)$$

〈 1991년 전기 이과 〉 p.261

6. $f(x)$는 $x>0$에서 정의되어 있는 연속함수이며, $0<x_1<x_2$이면 항상 $f(x_1)>f(x_2)>0$ 이다. 또, $S(x)=\int_x^{2x} f(t)\,dt$로 놓으면, $S(1)=1$ 이며, 임의의 $a>0$에 대하여, 원점과 점 $(a, f(a))$, 원점과 점 $(2a, f(2a))$를 연결한 두 직선과 곡선 $y=f(x)$로 둘러싸인 부분의 넓이는 $3S(a)$ 이다.

(1) $S(x)$, $f(x)-2f(2x)$를 각각 x의 함수로 나타내어라.

(2) $x>0$에 대하여, $a(x)=\lim_{n\to\infty} 2^n f(2^n x)$로 놓자. 적분 $\int_x^{2x} a(t)\,dt$의 값을 구하여라.

(3) 함수 $f(x)$를 결정하여라.

〈 1993년 전기 이과 〉 p.284

6. 시각 t에 있어서 좌표가

$$x=2\cos t+\cos 2t, \quad y=\sin 2t$$

로 표시되는 xy 평면상의 점 P의 운동을 고려해 보자.

(1) P의 속력 즉, 속도벡터 $\left(\frac{dx}{dt}, \frac{dy}{dt}\right)$의 크기의 최댓값과 최솟값을 구하여라.

(2) t가 $0\leq t<2\pi$의 범위를 움직이는 사이에 P가 2회 이상 통과하는 점은 한 개뿐임을 보이고, 그 점을 통과하는 각각의 시각에서의 속도벡터를 구하여 도시하라.

〈 1998년 전기 이과 〉 p.312

4. 실수 a에 대하여, $k\leq a<k+1$를 만족하는 정수 k를 $[a]$로 표시하자.
양의 정수 n에 대하여

$$f(x)=\frac{x^2(2\cdot 3^3\cdot n-x)}{2^5\cdot 3^3\cdot n^2}$$

로 놓자. $36n+1$개의 정수

$$[f(0)],\ [f(1)],\ [f(2)],\ \cdots,\ [f(36n)]$$

중 서로 다른 것의 개수를 n을 이용하여 나타내어라.

〈 2005년 전기 이과 〉 p.394

3. 함수 $f(x)$를

$$f(x)=\frac{1}{2}x(1+e^{-2(x-1)})\text{로 놓자.}$$

(1) $x>\frac{1}{2}$이면,

$$0\leq f'(x)<\frac{1}{2}\text{로 되는 것을 보여라.}$$

(2) x_0가 양수일 때, 수열 $\{x_n\}$ $(n=0, 1, 2, \cdots)$을 $x_{n+1}=f(x_n)$으로 정하자.

$x_0>\frac{1}{2}$이면, $\lim_{n\to\infty} x_n=1$로 되는 것을 보여라.

[1] 면적

〈 1957년 1차 이과 〉 p.10

4. 아래의 각 도형의 면적을 크기순으로 나열하여 다음 부등식이 성립하도록 하여라.

(13)☐ < (14)☐ < (15)☐ < (16)☐

㉠ 원점을 중심으로 하는 반지름 6 인 원의 내부와 점 $(0, 12)$를 중심으로 하는 반지름 $6\sqrt{3}$ 인 원의 내부의 공통부분 ㉡ 타원 $\frac{x^2}{9}+\frac{y^2}{8}=1$ 의 내부 ㉢ 포물선 $12y=x^2$ 과 직선 $x-12y+72=0$ 으로 둘러싸인 부분 ㉣ 네 점 $(5\cos 0^0, 5\sin 0^0)$, $(5\cos 60^0, 5\sin 60^0)$, $(5\cos 180^0, 5\sin 180^0)$, $(5\cos(-60)^0, 5\sin(-60)^0)$ 를 꼭짓점으로 하는 사각형 (단, $\pi=3.14$, $\sqrt{3}=1.73$, $\sqrt{2}=1.41$ 로 계산한다.)

〈 1962년 2차 이과 〉 p.61

6. 곡선 $y=6\sin\frac{x}{6}$ 상의 $x=2\pi$, $x=6\pi$일 때의 점을 각각 P, Q라 하고, 점 P, Q에서의 곡선의 접선을 그려 그 교점을 R이라 하자.

(i) R의 좌표를 구하여라.

(ii) 선분 PR, QR과 위의 곡선으로 둘러싸인 도형의 넓이를 구하여라.

〈 1963년 2차 이과 〉 p.73

6. n을 2보다 큰 양의 정수라 하자.
곡선 $y=x^n$ ⋯① 상의 x좌표가 0, 1, 2인 점을 각각 O, A, B라 하고,
O, A, B를 지나고 y축에 평행한 축을 갖는 포물선을 $y=f(x)$⋯② 라 하자.
곡선 ①과 포물선 ②의 O, A 사이에 있는 부분으로 둘러싸인 면적을 S_1, A, B 사이에 있는 부분으로 둘러싸인 면적을 S_2라 할 때, $S_1=S_2$로 되는 n을 구하여라.

〈 1967년 2차 이과 〉 p.109

4. 방정식 $x^2-xy+y^2=3$으로 표현되는 곡선을 그렸을 때, 제1사분면에 있는 부분과 x축, y축으로 둘러싸인 부분의 넓이를 구하여라.

〈 1967년 2차 이과 〉 p.110

5. $y=ax^2$의 그래프가 $y=\log_e x$의 그래프에 접할 때의 a값을 구하여라. 또, 그 때의 그래프들과 x축으로 둘러싸인 부분의 넓이를 구하여라.

〈 1968년 2차 이과 〉 p.117

1. 평면상의 점 (x, y)에 대하여

$$x^2-5x<y<\frac{\pi}{5}\sin\left(\frac{\pi x}{5}\right)-\frac{3}{5}\sin^2\left(\frac{\pi x}{5}\right)$$

를 만족하는 범위의 면적이 직선 $y=\alpha x$에 의하여 이등분될 때의 α값을 구하여라.

〈 1970년 1차 이과 〉 p.122

3. 다음 ☐ 안에 알맞은 수를 넣어라.
포물선 $y=(x-3)^2$에 접하며 x절편과 y절편이 모두 양인 직선을 고려해 보자. 그러한 직선 중 x축, y축 및 자신으로 둘러싸인 삼각형의 면적이 최대로 되는 것은 $y=$☐$x+$☐ 이다. 이때, 삼각형의 면적은 ☐이며, 이 면적은 포물선과 x축, y축으로 둘러싸인 부분의 면적의 ☐ 배이다.

〈 1976년 2차 이과 〉 p.138

5. z축을 축으로 하는 반지름 1인 원기둥의 측면 중, xy평면의 위(z축의 양의 방향)에 있으며, 평면 $x-\sqrt{3}y+z=1$의 아래(z축의 음의 방향)에 있는 부분을 D라 하자. D의 면적을 구하여라.

〈 1978년 2차 이과 〉 p.157

3. C를 포물선 $y=\frac{3}{2}x^2-\frac{1}{3}$이라 하자.

C상의 점 $Q\left(t,\ \frac{3}{2}t^2-\frac{1}{3}\right)$을 지나고 Q에서의 C의 접선과 수직인 직선을 C의 법선이라고 한다.

(1) xy평면상의 점 $P(x,\ y)$에 대하여, P를 지나는 C의 법선이 1개뿐인 그러한 점들이 존재하는 범위를 구하여 xy평면에 나타내어라.

(2) 1번에서 구한 범위와 포물선의 내부(부등식 $y>\frac{3}{2}x^2-\frac{1}{3}$를 만족하는 범위)와의 공통부분의 면적을 구하여라.

〈 1978년 2차 문과 〉 p.160

8. xy평면상의 점 $P(-3,6)$을 지나고 곡선 $y=x^3-5x^2+x+9\ \cdots$ ①에 접하는 직선 중 접점의 x좌표가 $x\geq 0$을 만족하는 것을 직선 PQ, PR이라 하자. (단, 두 직선은 각각 Q, R에서 곡선 ①에 접한다.) 이때, 곡선 ①의 점 Q에서 점 R까지의 부분과 선분 PQ, 선분 PR로 둘러싸인 부분의 면적을 구하여라.

〈 1980년 이과 〉 p.171

6. xy평면상의 제1사분면에 있는 점 A를 꼭짓점으로 하고, 원점 O와 x축상의 점 B를 이은 선분 OB를 밑변으로 하는 이등변삼각형 ($\overline{AO}=\overline{AB}$)의 면적을 s라 하자. 이 삼각형과 부등식 $xy\leq 1$로 표시되는 영역과의 공통부분의 면적을 s의 함수로 표시하여라.

〈 1981년 이과 〉 p.177

3. 포물선 $y=x^2$을 C로 표시하자. C상의 점 Q를 지나고 Q에서의 C의 접선에 수직인 직선을 Q에서의 C의 법선이라 한다. $0\leq t\leq 1$일 때, 다음 세 조건을 만족하는 점 P를 고려해 보자.

㉠ C상의 점 $Q(t,t^2)$에서의 C의 법선상에 있다.

㉡ 영역 $y\geq x^2$에 포함된다.

㉢ P와 Q의 거리는 $(t-t^2)\sqrt{1+4t^2}$ 이다.

t가 0부터 1까지 변화할 때, P가 그리는 곡선을 C'라 하자. 이때, C와 C'로 둘러싸인 부분의 면적을 구하여라.

〈 1981년 문과 〉 p.183

4. 두 포물선 $y=2x^2+1\ \cdots$ ①, $y=-x^2+c\ \cdots$② 의 공통접선의 방정식을 구하여라.
단, c는 상수이며, $c<1$이다. 또, 공통접선과 포물선 ①로 둘러싸인 부분의 면적을 S_1, 공통접선과 포물선 ②로 둘러싸인 부분의 면적을 S_2라 할 때, $\frac{S_1}{S_2}$의 값을 구하여라.

〈 1983년 문과 〉 p.198

8. xy평면상의 곡선 $C:y=x^3+ax^2+bx+c$상의 점 P에서의 접선 l이 P와 다른 점 Q에서 C와 만난다. l과 C로 둘러싸인 부분의 면적과 Q에서의 접선 m과 C로 둘러싸인 부분의 면적의 비를 구하여, 그 비가 항상 일정함을 보여라.

〈 1984년 문과 〉 p.207

5. xy평면상에 바다를 사이에 둔 두 국가 A, B가 있다.
A의 영토는 부등식 $x^2+(y-7)^2\leq 4$로 표시되는 영역이며, B의 영토는 부등식 $y\leq 0$로 표시되는 영역이다. 지금, A의 영해를 다음 세 조건 (ⅰ), (ⅱ), (ⅲ)을 만족하는 점 P 전체의 집합으로 정한다. A의 영해의 면적을 구하여라.

(ⅰ) P는 A, B 어느 곳의 영토에도 포함되지 않는다.

(ⅱ) P에서 A의 영토까지의 최단거리는 4보다 작다.

(ⅲ) P에서 A의 영토까지의 최단거리는 P에서 B의 영토까지의 최단거리보다 작다.

〈 1985년 이과 〉 p.209

1. $a \geqq 1$ 이라 하자. xy 평면에 있어,
부등식 $0 \leqq x \leqq \frac{\pi}{2}$, $1 \leqq y \leqq a\sin x$ 로 정해지는 영역의 면적을 S_1, 부등식 $0 \leqq x \leqq \frac{\pi}{2}$, $0 \leqq y \leqq 1$, $0 \leqq y \leqq a\sin x$ 로 정해지는 영역의 면적을 S_2 라 하자. $S_2 - S_1$ 을 최대로 하는 a 의 값과 $S_2 - S_1$ 의 최댓값을 구하여라.

〈 1987년 문과 〉 p.230

2. a 를 양의 상수라 할 때, x 의 함수 $f(x) = x^3 - ax^2 - a^2x$ 의 그래프를 C 라 하자. $f(x)$ 가 극대일 때의 x 값을 b 라 할 때, 점 $(b,\ f(b))$ 에서의 C 의 접선과 C 로 둘러싸인 부분의 면적을 a 로 나타내어라.

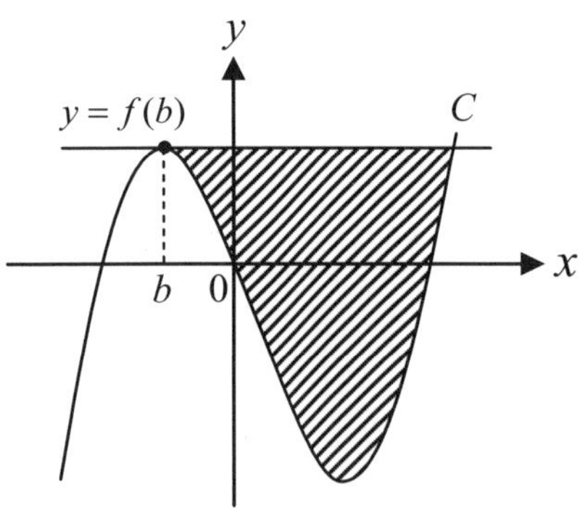

〈 1988년 문과 〉 p.238

9. $f(x) = x^3 - x^2$ 이다. 곡선 $y = f(x)$ 상의 점 $A(1, 0)$ 에서의 접선이 다시 이 곡선과 만나는 점을 B 라 하자.
곡선 $y = ax^2 + bx + c$ 와 곡선 $y = f(x)$ 가 점 $A,\ B$ 를 공유하고, A 와 B 사이에서 다른 공유점을 가질 때, 두 곡선으로 둘러싸인 부분의 면적을 구하여라. 또, 그 면적이 최소로 되는 $a,\ b,\ c$ 를 정하여라.

〈 1990년 후기 이과1류 〉 p.254

1. xy 평면상의 네 점 $O(0, 0)$, $A(2, 0)$, $B(2, 2)$, $C(0, 2)$ 를 꼭짓점으로 하는 정사각형을 Q 라 하자. 이때, 다음 조건을 만족하는 xy 평면상의 점 P 가 존재하는 범위를 도시하고 그 면적을 구하여라.

(조건) 점 P 을 지나고 Q 의 면적 4 를 $1:3$ 으로 나누는 직선을 그릴 수 없다.

〈 1992년 전기 이과 〉 p.269

1. a 가 1 보다 큰 상수일 때, xy 평면상의 점 $(a, 0)$ 을 A, 점 $(a,\ \log a)$ 를 B, 곡선 $y = \log x$ 와 x 축의 교점을 C 라 하자. 또, x 축, 선분 BA 및 곡선 $y = \log x$ 로 둘러싸인 부분의 넓이를 S_1 이라 하자.

(1) $1 \leqq b \leqq a$ 인 b 에 대하여 점 $(b,\ \log b)$ 를 D 라 하자. 사각형 $ABDC$ 의 면적이 S_1 에 가장 가깝게 되는 b 의 값과, 그 때의 사각형 $ABDC$ 의 면적 S_2 를 구하여라.

(2) $a \to \infty$ 일 때, $\frac{S_2}{S_1}$ 의 극한값을 구하여라.

〈 1993년 전기 문과 〉 p.288

4. $0 \leqq t \leqq 2$ 의 범위에 있는 t 에 대하여, 방정식 $x^4 - 2x^2 - 1 + t = 0$ 의 실수해 중 최대인 것을 $g_1(t)$, 최소인 것을 $g_2(t)$ 로 놓자.
$\int_0^2 (g_1(t) - g_2(t))\,dt$ 를 구하여라.

〈 1998년 후기 이과1류 〉 p.321

2. 변수 $r,\ \theta$ $\left(r > 0,\ 0 \leqq \theta \leqq \frac{\pi}{4}\right)$ 에 대하여, x 의 함수 $f(x) = r\sin(x + \theta)$ 를 고려하자.

(1) $r,\ \theta$ 가 다음 등식을 만족할 때, r 을 θ 의 함수로 나타내어라.

$$\int_0^{2\pi} (\sin x - f(x))^2\,dx = \int_0^{2\pi} \sin^2 x\,dx \qquad \cdots (E)$$

(2) 등식 (E) 를 만족하도록 $r,\ \theta$ 를 움직일 때, $0 \leqq x \leqq \pi$ 에 있어서 $y = f(x)$ 의 그래프는 xy 평면을 움직인다. 이 그래프가 움직이는 범위 D 를 구하고 도시하라.

(3) 도형 D 의 면적을 구하여라.

〈 2004년 전기 이과 〉 p.378

3. 반지름 3인 원판 D가 반지름이 10인 원 C의 원주를 따라 내접하며 미끄러지지 않고 회전하고 있다. 원판 D상의 한 점을 P라 하자. 점 P가 원 C에 접한 후 다시 접할 때까지 그리는 자취는 원 C를 두 부분으로 나눈다. 각 부분의 넓이를 구하여라.

〈 2004년 후기 이과1류 〉 p.390

3. xy평면상의 점 $(-1, 0)$을 중심으로 하는 반지름 1인 원을 A, 점 $(1, 0)$을 중심으로 하는 반지름 1인 원을 B라 하자. 원 A의 내부를 D, 원 B의 내부를 E라 할 때, 다음 물음에 답하여라.

(1) 원 A상의 한 점 $(-1+\cos\theta,\ \sin\theta)$에서의 접선을 l이라고 하자. 원 B의 접선 m이 l과 수직일 때, m과 l의 교점 P의 좌표를 θ를 이용하여 나타내어라.

(2) 한 변의 길이가 2인 정사각형이 영역 D와 E 어느 곳과도 만나지 않으면서 xy평면상에서 움직인다. 정사각형이 지나지 못하는 부분의 넓이를 구하여라.

〈 2005년 후기 이과1류 〉 p.405

3. $-\frac{1}{2} \leqq a < 2$에 대하여, xy평면의 영역 D, E를 다음과 같이 정하자.

$D:\ 1 \leqq x^2+y^2 \leqq 4 \qquad E:\ a \leqq x \leqq a+1$

영역 D, E의 공통부분의 면적을 a의 함수로 고려하여 $S(a)$로 놓자.

(1) $S(a)$를 정적분으로 표시하여라.

(2) 도함수 $S'(a)$를 a의 함수로 구하여라.

(3) $S(a)$를 최대로 하는 실수 a를 근으로 하는 다음 4차방정식을 구하여라.

$3x^4+px^3+qx^2+rx+s=0 \quad (p, q, r, s$는 정수$)$

(4) (3)에서 구한 방정식에 $x=\sqrt{2}\,t$로 놓고, $z=t-\frac{1}{t}$로 하여, z에 관한 2차방정식으로 나타내어라.

(5) $S(a)$를 최대로 하는 a값을 구하여라.

[2] 체적

〈 1958년 2차 해석Ⅱ 〉 p.24

2. 밑면의 반지름이 a인 원기둥이 있다.
밑면의 지름을 지나는 평면이 원기둥의 밑면과 각도 $\alpha\ (0<\alpha<\frac{\pi}{2})$를 이루며 원기둥을 자른다. 이 평면과 원기둥의 밑면, 원기둥의 옆면으로 이루어진 입체의 체적을 구하여라.

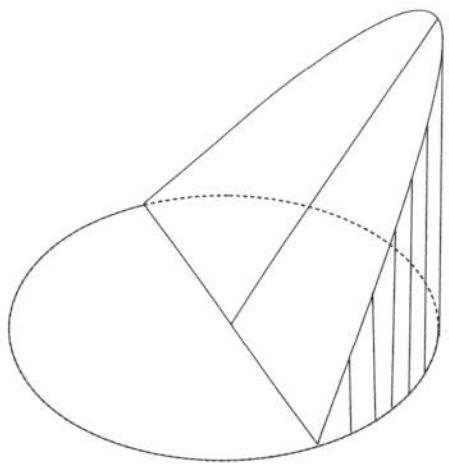

〈 1959년 2차 수학Ⅲ 〉 p.35

2. x, y평면상의 점 $(0, a)$를 P, 직선 $y=a$를 g라 하자. g를 포함하고 y축에 수직인 평면상에, P를 중점으로 하고 g와 $60°$를 이루며 길이 $2b$인 $\overline{AB}$를 잡아 A, B에서 x축에 내린 수선의 발을 각각 C, D라 하자. 사각형 $ABDC$를 x축을 회전축으로 하여 회전한 회전체의 체적을 구하여라.

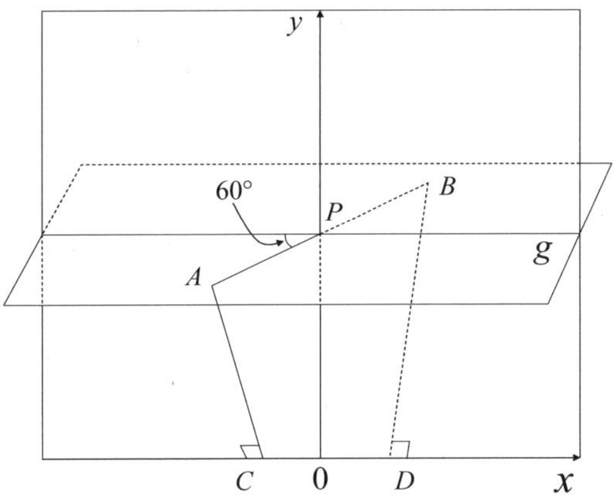

〈 1960년 2차 수학Ⅲ 〉 p.43

2. 수평을 유지하고 있는 책상에 직각삼각형 모양의 구멍이 뚫려 있다(빗변이 아닌 두 변의 길이가 9cm, 12cm). 이 직각삼각형 모양의 구멍에 반지름 5cm인 구를 넣었다.
책상의 표면보다 위쪽에 있게 되는 부분의 체적을 구하여라.

〈 1965년 2차 이과 〉 p.93

6. 그림은 반지름이 1인 반원으로, 현 AP, AQ와 지름 AB가 이루는 각은 각각 30°, 60°이다. 현 AP, AQ와 호 PQ로 둘러싸인 부분을 지름 AB 주위로 1회전하여 얻은 입체의 체적을 구하여라.

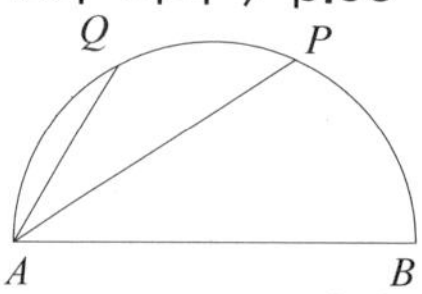

〈 1968년 2차 이과 〉 p.118

4. 점 $(1, 0, 0)$을 지나고 z축에 평행한 직선을 l이라 하자. yz평면상의 곡선 $y=1-z^2$의 $-1\leqq z\leqq 1$ 부분을 직선 l의 둘레로 회전시켜 얻은 곡면과 평면 $z=1$ 및 $z=-1$로 둘러싸인 부분의 체적을 구하여라.

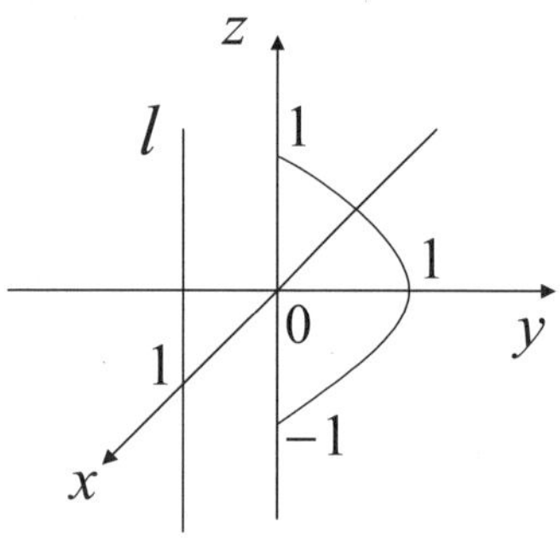

〈 1976년 2차 이과 〉 p.136

1. 음이 아닌 실수 r, l에 대하여
xy평면상의 곡선

$$y=\begin{cases} x^2 & (0\leqq x\leqq r) \\ r^2 & (r\leqq x\leqq l+r) \\ (x-l-2r)^2 & (l+r\leqq x\leqq l+2r) \end{cases}$$

을 x축 주위로 회전하여 얻어지는 입체의 체적을 V라 하자. r^2과 l의 합이 상수 c로 일정한 상태로 r, l을 변화시킬 때, V를 최대로 하는 r, l의 값을 구하여라.

〈 1977년 2차 이과 〉 p.147

4. 정사각형 S의 꼭짓점 A_1, A_2, A_3, A_4는 각각 xy평면상의 점 $(0, 0), (2, 0), (2, 2), (0, 2)$의 위치에 있으며, 점 $P(1, a)$는 S 내부의 점이다. 단, $0\leqq a\leqq 2$이다.

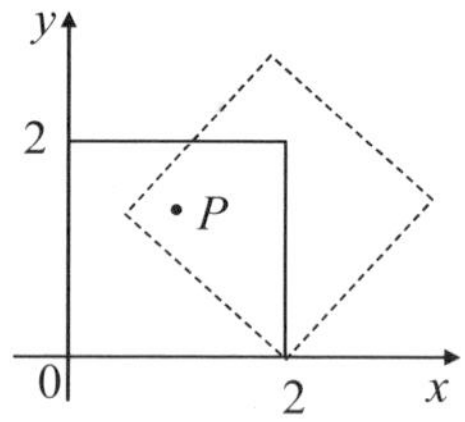

정사각형 S가 위의 위치에서 출발하여 제1사분면내에서 x축상을 양의 방향으로 미끄러지지 않고 굴러갈 때, 점 P가 움직이는 곡선을 C라 하자. 세 직선 $x=1$, $x=9$, $y=0$과 곡선 C로 둘러싸인 도형을 x축 둘레로 회전시켜 얻은 입체의 체적 $V(a)$를 a의 식으로 나타내어라. 또, a가 $0\leqq a\leqq 2$의 범위에서 움직일 때, $V(a)$를 최소로 하는 a의 값과 $V(a)$의 최솟값을 구하여라.

〈 1979년 이과 〉 p.162

2. 그림과 같이 반지름 1인 구가 어떤 원뿔의 내부에 끼워 넣은 형태로 접하고 있다. 구와 원뿔이 접하는 점 전체로 이루어진 원을 포함하는 평면을 α라 하자. 원뿔의 꼭짓점을 P라 할 때, 평면 α에 대하여 점 P와 같은 쪽에 있는 구의 부분을 K라 하자. 또, 평면 α에 대하여 점 P와 같은 쪽에 있는 구면 및 원뿔면으로 둘러싸인 입체를 D라 하자. 이제 D의 체적이 구의 체적의 반이 된다고 한다. K의 체적을 구하여라.

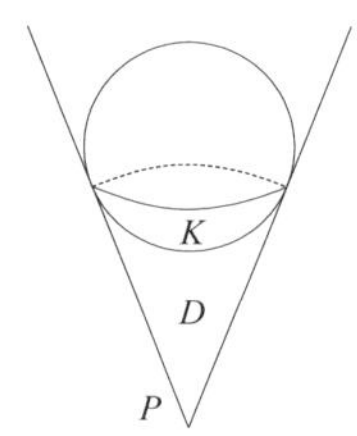

〈 1982년 이과 〉 p.185

2. 정사면체 T와 반지름 1인 구면 S가 있어, T의 6개의 변이 모두 S에 접한다. T의 한 변의 길이를 구하여라. 또, S의 내부 중 T의 외부에 있는 부분의 체적을 구하여라.

〈 1982년 이과 〉 p.187

5. xyz 공간상에 있어, 부등식 $0 \leqq y \leqq 1$,

$0 \leqq z \leqq 1+x+y-3(x-y)y$, $y \leqq x \leqq y+1$

를 만족하는 x, y, z를 좌표로 하는 점 전체가 이루는 입체의 체적을 구하여라.

〈 1983년 이과 〉 p.197

6. 포물선 $y=\frac{3}{4}-x^2$을 y축 주위로 회전하여 얻어진 곡면 K를, 원점을 지나고 회전축과 45°를 이루는 평면 H로 잘랐다. 곡면 K와 평면 H로 둘러싸인 입체의 체적을 구하여라.

〈 1984년 이과 〉 p.204

4. 공간상의 세 점

$P\left(1, \frac{1}{2}, 0\right)$, $Q\left(1, -\frac{1}{2}, 0\right)$, $R\left(\frac{1}{4}, 0, \frac{\sqrt{3}}{4}\right)$

을 꼭짓점으로 하는 삼각형판을 S라 하자.
S를 z축을 회전축으로 하여 1회전하였을 때, S가 통과하는 점전체로 이루어지는 입체의 체적을 구하여라.

〈 1985년 이과 〉 p.212

6. xyz 공간에 있어, 점 $(0,0,0)$을 A, 점 $(8,0,0)$을 B, 점 $(6,2\sqrt{3},0)$을 C라 하자. 점 P가 $\triangle ABC$의 변 위를 한 바퀴 돌 때, P를 중심으로 하는 반지름 1인 구가 지나는 점 전체가 이루는 입체를 K라 하자.
(1) K를 평면 $z=0$으로 잘랐을 때, 잘린 면의 넓이를 구하여라.
(2) K의 체적을 구하여라.

〈 1987년 이과 〉 p.226

4. xyz 공간상의 점 P는 yz 평면상의 포물선 $z=1-y^2$ 상에 있다. 점 $A(1,0,1)$과 P를 연결한 직선을 x축을 회전축으로 회전시켜 얻은 곡면과 두 평면 $x=0$, $x=1$에 의해서 둘러싸인 부분의 체적을 V라 하자. V를 P의 y좌표로 나타내어라. 또, V의 최솟값을 구하여라.

〈 1987년 문과 〉 p.231

4. 세 실수 x, y, z 중 최대인 수를 $\max(x,y,z)$로 표시하고, 최소인 수를 $\min(x,y,z)$로 표시한다. 다음 조건을 만족하는 x, y, z를 좌표로 하는 점 전체의 집합을 R이라 하자.

$x \geqq 0$, $y \geqq 0$, $z \geqq 0$, $\max(x,y,z) \leqq a$,
$x+y+z-\min(x,y,z) \leqq a+b$
(단, a, b는 상수이며, $a>b>0$이다.)

R의 체적을 구하여라.

〈 1989년 이과 〉 p.242

5. $f(x)=\pi x^2 \sin \pi x^2$이라 하자.
$y=f(x)$의 그래프의 $0 \leqq x \leqq 1$ 부분과 x축으로 둘러싸인 도형을 y축 주위로 회전시켜 얻은 입체의 체적 V는 $V=2\pi\int_0^1 xf(x)\,dx$로 구할 수 있음을 보이고, 그 값을 구하여라.

〈 1991년 전기 문과 〉 p.263

4. 정사각뿔 V에 대하여, 그 밑면에 중심이 있으며 V의 모든 변에 접하는 구가 있다. 밑면의 한 변의 길이를 a라 하자.
(1) V의 높이를 구하시오.
(2) 구와 정사각뿔 V의 공통부분의 체적을 구하시오.

〈 1992년 후기 이과1류 〉 p.277

1. 상수 a에 대하여, 곡선 $y=\sqrt{x^2-1}+\frac{a}{x}$의 $x \geqq 1$인 부분을 $C(a)$로 놓자.
(1) $C(a)$가 직선 $y=x$의 하부 $y<x$에 포함되도록 하는 a의 최댓값 a_0를 구하여라.
(2) $0<\theta<\frac{\pi}{2}$일 때, $C(a_0)$와 세 직선 $y=x$, $x=1$, $x=\frac{1}{\cos\theta}$에 의해 둘러싸인 도형을 x축 둘레로 회전시켜 얻은 입체 V의 체적 $V(\theta)$를 구하여라.
(3) $\lim_{\theta \to \frac{\pi}{2}-0} V(\theta)$를 구하여라.

〈 1993년 후기 이과1류 〉 p.292

3. 포물선의 일부분 $y=x^2,\ 0\leq x\leq 2$를 y축 둘레로 회전하여 얻은 회전체 모양의 그릇에 물이 가득 차 있다. 그 속에 반지름 r인 납구슬을 용기의 바닥에 닿을 때까지 천천히 넣었다. 단, 연직선(鉛直線)을 y축으로 한다. 이때, 다음 물음에 답하여라.

(1) 처음의 수면의 높이에서 구의 중심의 높이를 뺀 차 s를 r의 함수로 나타내어라.

(2) 넘쳐 흐른 물의 체적을 최대로 하는 r의 값을 구하여라.

〈 1994년 전기 이과 〉 p.296

3. xyz공간에 있어서 조건

$$x^2+y^2\leq z^2,\ z^2\leq x,\ 0\leq z\leq 1$$

를 만족하는 점 $P(x, y, z)$ 전체로 이루어진 입체를 고려해보자.

이 입체의 체적을 V라 하고, z축과 직교하는 평면 $z=k\ (0\leq k\ \leq 1)$에 의해 잘린 단면의 면적을 $S(k)$라 하자.

(1) $k=\cos\theta$로 놓을 때, $S(k)$를 θ로 나타내어라. 단, $0\leq\theta\leq\frac{\pi}{2}$이다.

(2) V의 값을 구하여라.

〈 1998년 전기 이과 〉 p.314

6. xyz공간의 5개의 점 $A(1, 1, 0)$, $B(-1, 1, 0)$, $C(-1, -1, 0)$, $D(1, -1, 0)$, $P(0, 0, 3)$을 잡자. 사각뿔 $PABCD$의 $x^2+y^2\geq 1$를 만족하는 부분의 체적을 구하여라.

〈 2000년 전기 이과 〉 p.329

6. (1) 양의 실수 a, b, c에 대하여, 다음을 만족하는 실수 x, y, z를 a, b, c로 나타내어라.

$$\begin{pmatrix}1&a&0\\0&1&0\\0&0&1\end{pmatrix}\begin{pmatrix}1&0&0\\0&1&b\\0&0&1\end{pmatrix}\begin{pmatrix}1&c&0\\0&1&0\\0&0&1\end{pmatrix}=\begin{pmatrix}1&0&0\\0&1&x\\0&0&1\end{pmatrix}\begin{pmatrix}1&y&0\\0&1&0\\0&0&1\end{pmatrix}\begin{pmatrix}1&0&0\\0&1&z\\0&0&1\end{pmatrix}$$

(2) a, b, c가 $1\leq a\leq 2,\ 1\leq b\leq 2,\ 1\leq c\leq 2$의 범위에서 움직일 때, (1)의 $x,\ y,\ z$를 좌표로 하는 점 (x, y, z)가 그리는 입체를 K라 하자. K를 평면 $y=t$로 자른 단면의 넓이를 구하여라.

(3) 입체 K의 체적을 구하여라.

〈 2002년 후기 이과1류 〉 p.358

1. 실수 전체에서 정의된 함수 $f(x)=xe^{-x^3}$을 고려해 보자.

(1) $f(x)$의 증감 및 요철(凹凸)을 조사하여 $f(x)$의 그래프의 개형을 도시하라.

(2) 양수 C에 대하여, $y=f(x)$와 x축 및 $x=C$로 둘러싸인 영역을 D_1이라 하자. D_1을 x축 둘레로 회전시켜 얻은 입체의 체적을 $V_1(C)$라 할 때, $\lim_{C\to\infty}V_1(C)$를 구하여라.

(3) $y=f(x)$의 $x\geq 0$인 범위에서의 최댓값을 M이라 하자. $y=f(x)$와 y축 및 $y=M$으로 둘러싸인 영역을 D_2라 하자. D_2를 y축 둘레로 회전시켜 얻은 입체의 체적 V_2를 구하여라.

〈 2003년 전기 이과 〉 p.365

3. xyz공간에 있어, 평면 $z=0$ 상의 원점을 중심으로 하는 반경 2인 원을 밑면으로 하고, 점 $(0, 0, 1)$을 꼭짓점으로 하는 원뿔을 A라 하자. 또, 평면 $z=0$ 상의 점 $(1, 0, 0)$을 중심으로 하는 반경 1인 원을 H, 평면 $z=1$ 상의 점 $(1, 0, 1)$을 중심으로 하는 반경 1인 원을 K라 하자. H와 K를 밑면으로 하는 원기둥을 B라 하고, 원뿔 A와 원기둥 B의 공통부분을 C라 하자.

$0\leq t\leq 1$인 실수 t에 대하여, 평면 $z=t$에 의한 C의 절단면의 면적을 $S(t)$라 하자.

(1) $0\leq\theta\leq\frac{\pi}{2}$로 가정하자.

$t=1-\cos\theta$일 때, $S(t)$를 θ로 나타내어라.

(2) C의 체적 $\int_0^1 S(t)\,dt$를 구하여라.

〈 2004년 전기 이과 〉 p.380

5. r은 양의 실수이다. xyz공간상의 원점 $\mathrm{O}(0,0,0)$을 중심으로 하는 반경 1인 구를 A, 점 $P(r,0,0)$을 중심으로 하는 반경 1인 구를 B, 구 A와 구 B의 합집합으로 형성되는 입체의 체적을 V라 하자.
(단, $3.14<\pi<3.15$로 계산하시오.)
(1) V를 r의 함수로 표현하고,
그래프의 개형을 그려라.
(2) $V=8$일 때의 r의 값을
소수점 첫째 자리까지 구하여라.

〈 2005년 전기 이과 〉 p.396

6. r을 양의 실수라 하자. xyz공간에 있어
$$x^2+y^2 \leqq r^2,\ y^2+z^2 \geqq r^2,\ z^2+x^2 \leqq r^2$$
를 만족하는 점 전체가 이루는 입체의 체적을 구하여라.

[3] 부정적분과 정적분

〈 1959년 2차 수학Ⅲ 〉 p.35

1. 실수 a, b에 대하여, 정적분
$$I(a,b)=\int_0^{\pi}(1-a\sin x-b\sin 2x)^2dx$$
를 구하여라.
또, $I(a,b)$를 최소로 하는 a, b를 구하여라.

〈 1961년 2차 이과 〉 p.52

6. $f(x)=a\sin x+b\cos x+c\sin 2x$ (a,b,c : 상수)는 $x=\dfrac{\pi}{4}$에서 극댓값 $6\sqrt{2}$를 가지며,
$$\int_0^{2\pi}f(x)\cos x\,dx=5\pi \text{ 이다.}$$
(1) a, b, c를 구하여라.
(2) $0\leqq x\leqq 2\pi$의 범위에서 $f(x)$의 최솟값과 그 때의 x값을 구하여라.

〈 1964년 2차 이과 〉 p.83

6. 함수 $f(x)=x^3+ax^2+bx$는 다음 조건을 만족한다.

(1) $f(1)=4$ (2) $x\geqq 0$일 때, $f(x)\geqq 0$

이때, $\int_0^1 f(x)\,dx$의 값을 최대로 하는 a,b의 값과 최소로 하는 a,b의 값을 각각 구하여라.

〈 1966년 2차 이과 〉 p.100

5. [구과정문제] 두 일차식 $3ax+2, 2x+b$에 대하여 $\int_0^1(3ax+2)(2x+b)\,dx=0$이 성립할 때, $a+b$는 어떠한 범위에 있는가?
단, a,b는 모두 실수이다.

〈 1968년 2차 문과 〉 p.119

4. 다음 조건을 만족하는
3차다항식 $f(x)$를 구하여라.
(ⅰ) 2차 이하의 다항식 $g(x)$에 대하여
항상 $\int_{-1}^1 f(x)g(x)\,dx=0$이다.
(ⅱ) $\int_{-1}^1(f(x))^2dx=1$ (ⅲ) $f(1)>0$

〈 1981년 이과 〉 p.180

6. 상수(실수) a, b, c, d에 대하여, 함수
$f(x)=ax^3+bx^2+cx+d$를 고려해 보자.
(1) 함수 $f(x)$가 다음 조건 ㉠, ㉡, ㉢을 만족하는 것은, 상수 a, b, c, d가 어떤 조건을 만족할 때인가?
㉠ $f(-1)=0$ ㉡ $f(1)=0$
㉢ $|x|\leqq 1$일 때, $f(x)\geqq 1-|x|$
(2) 조건 ㉠, ㉡, ㉢을 만족하는 함수 $f(x)$ 중, 적분 $\int_{-1}^1\{f'(x)-x\}^2dx$의 값을 최소로 하는 것을 구하여라.

〈 1986년 문과 〉 p.223

3. 삼차 이하의 임의의 다항식
$f(x)=ax^3+bx^2+cx+d$에 대하여, 항상
$$\int_{-1}^1 f(x)\,dx=uf(s)+vf(t)$$
가 성립하기 위한 상수 u, v, s, t를 구하여라.
단, $s<t$이다.

〈 1993년 전기 이과 〉 p.283

4. n을 2 이상의 자연수라 할 때, $f(x)=x^n+px+q$ (p, q는실수)의 형태의 n차함수에 대하여, 적분 $I=\frac{1}{2}\int_{-1}^{1}\{f(x)\}^2dx$를 고려해 보자. I를 최소로 하는 (p, q)가 오직 한 조(組) 존재하는 것을 보이고, 그러한 (p, q)와 I의 최솟값을 구하여라.

〈 2002년 전기 이과 〉 p.353

5. O를 원점으로 하는 xyz공간상의 점 $P_k\left(\frac{k}{n}, 1-\frac{k}{n}, 0\right)$, $k=0, 1, \cdots, n$을 잡자. 또, z축상의 $z \geqq 0$인 부분에 점 Q_k를 $\overline{P_kQ_k}=1$이 되도록 잡는다.
삼각뿔 $OP_kP_{k+1}Q_k$의 체적을 V_k로 놓을 때, $\lim_{n\to\infty}\sum_{k=0}^{n-1} V_k$를 구하여라.

[4] 미적분 융합문제

〈 1956년 2차 해석II 〉 p.7

2. 두 점 $(1, 1)$, $(-1, 1)$을 지나는 포물선 $y=ax^2+bx+c\ (a<0)$와 x축으로 둘러싸인 부분의 면적의 최솟값을 구하여라.

〈 1957년 2차 해석II 〉 p.15

2. 반지름 r인 구 모양의 용기에 물이 가득 차 있다. 용기의 제일 아래쪽에 구멍을 뚫어, 물이 빠져나가기 시작하는 시각을 0, 시각 t까지 흘러나간 물의 양을 $f(t)$, 시각 t에서의 물의 높이를 y라 하면,

$f'(t)=\alpha\sqrt{y}$ (α: 양의 상수)가 성립한다.

(단, 수면은 항상 수평을 유지하는 것으로 가정한다.) 수면이 낮아지는 빠르기가 최소일 때의 y값은 얼마인가?
또, 그 때까지 걸린 시간은 얼마인가?

〈 1967년 1차 문과 〉 p.107

5. 다음 □ 안에 알맞은 수를 넣어라.

일정한 속도로 원 운동하는 점이 있어, 8초 동안 1회전한다. 이제 이 점을 정지시키기 위해 제동하여 각속도를 매초 $\frac{\pi}{96}$(라디안/초)의 비율로 감소시키면, 정지하는 데 □초가 소요되며 □회전한다. 또, 제동한 후 정확히 1회전하여 정지시키려면, 각속도를 매초 $\frac{\pi}{\square}$(라디안/초)의 비율로 감소시키면 되며 □초가 소요된다.

〈 1970년 2차 이과 〉 p.128

3. $25\mathrm{m}$ 떨어져 있는 두 점 P, Q가 있다. 지금 A, B 두 사람이 각각 P, Q에 서서 동시에 서로를 마주보며 달리기 시작하였다. 달리기 시작한지 t초 후의 A, B의 속도를 P에서 Q를 바라보는 방향을 양의 방향으로 할 때, 각각 $u\ \mathrm{m/sec}$, $v\ \mathrm{m/sec}$라 하면, u는 일정하며 $v=\frac{3}{4}t^2-3t$이다. 이 때, B가 Q로 되돌아 올 때까지 A가 B와 만나거나 따라잡기 위해서는, u가 적어도 얼마의 크기가 되어야 하는가?

[5] 정적분에 의하여 표시되는 함수

〈 1985년 문과 〉 p.215

3. n을 2 이상의 정수라 하자. x^n+ax+b (a, b는 실수인 상수)의 형태를 지닌 다항식 $f(x)$ 중 $\int_{-1}^{0} f(x)\,dx=0$, $\int_{-1}^{1} f(x)\,dx=0$을 만족하는 것을 구하여라. 그러한 $f(x)$에 대하여, $F(x)=\int_{-1}^{x} f(t)\,dt$, $G(x)=\int_{-1}^{x} F(t)\,dt$라 하자. $G(x)$가 극대 또는 극소로 되는 x를 구하고, 그 x에서의 $G(x)$의 값을 구하여라.

〈 2001년 전기 이과 〉 p.339

2. 다음 등식을 만족하는 함수 $f(x)\,(0 \leq x \leq 2\pi)$가 유일하게 되는 실수 a, b의 조건을 구하여라. 또, 그때의 $f(x)$를 결정하여라. (단, $f(x)$는 구간 $0 \leq x \leq 2\pi$에서 연속함수이다.)

$$f(x)=\frac{a}{2\pi}\int_0^{2\pi}\sin(x+y)f(y)\,dy$$
$$+\frac{b}{2\pi}\int_0^{2\pi}\cos(x-y)f(y)\,dy+\sin x+\cos x$$

〈 2002년 전기 문과 〉 p.355

3. 두 함수

$f(x)=ax^3+bx^2+cx$, $g(x)=px^3+qx^2+rx$ 가 다음 5가지 조건을 만족한다.

$$f'(0)=g'(0),\ f(-1)=-1,\ f'(-1)=0,$$
$$g(1)=3,\ g'(1)=0$$

이러한 함수들 중,

정적분 $\int_{-1}^{0}\{f''(x)\}^2dx+\int_0^1\{g''(x)\}^2dx$ 의 값을 최소로 하는 $f(x)$와 $g(x)$를 구하여라.

〈 2005년 전기 문과 〉 p.398

1. $f(x)$를 $f(0)=0$을 만족하는 2차함수라 하자. 실수 a,b에 대하여, 함수 $g(x)$는

$$g(x)=\begin{cases} ax & (x\le 0) \\ bx & (x>0)\end{cases}$$

로 주어진다. a,b를 변화시켜

$$\int_{-1}^{0}\{f'(x)-g'(x)\}^2dx+\int_0^1\{f'(x)-g'(x)\}^2dx$$

가 최소로 되게 하자. 이때, $g(-1)=f(-1)$, $g(1)=f(1)$로 되는 것을 보여라.

[6] 기타

〈 1966년 2차 이과 〉 p.100

5. [신과정문제] 반직선 OX가 점 O를 중심으로 매초 1라디안의 속도로 회전한다. OX상의 동점 P는 시각 t초에 점 O로부터 e^{2t}cm 의 거리에 있다. 0초부터 2π초까지 점 P가 움직인 거리를 구하여라.

〈 1977년 1차 이과 〉 p.141

4. 다음 $\square$ 안에 알맞은 수를 넣어라.

xy 평면상에 동점 P, Q가 있다. 시각 t에서의 점 P의 좌표는 $\left(\frac{4}{3}-2t^2,\ t-t^3\right)$이다. 점 Q는 시각 0일 때 P와 같은 위치에서 출발하여, 벡터 $(-1,m)$의 방향으로 직진하며 시각 t에서의 속도는 $5t$이다. 점 Q가 시각 $a>0$에서 점 P와 다시 만난다고 하자. 이러한 일이 일어나는 m, a는 두 개이며, 각각 m_1, a_1 및 m_2, a_2라 하자. $m_1<m_2$라 하면, $m_1=\square$, $a_1=\square$; $m_2=\square$, $a_2=\square$ 이다.

〈 1992년 전기 이과 〉 p.271

5. xy 평면상에서, 곡선 $y=\frac{x^3}{6}+\frac{1}{2x}$ 상의 점 $\left(1,\frac{2}{3}\right)$를 출발하여, 이 곡선 위를 나아가는 점 P가 있다. 출발한 지 t초 후의 속도 $\vec{v}$의 크기는 $\frac{t}{2}$이며, $\vec{v}$의 x성분은 항상 양수이거나 0이다.

(1) 출발한 지 t초 후의 P의 위치를 (x,y)라 할 때, x와 t의 관계식을 구하여라.

(2) $\vec{v}$가 벡터 $(8,15)$와 평행하게 되는 것은 출발한지 몇 초 후인가?

〈 1994년 전기 이과 〉 p.296

4. $0<c<1$라 하자.

$0\le x<1$에서 연속인 함수 $f(x)$에 대하여,

$$f_1(x)=f(x)+\int_0^c f(t)\,dt,$$
$$f_2(x)=f(x)+\int_0^c f_1(t)\,dt \text{ 로 놓자.}$$

이하, 함수 $f_3(x)$, $f_4(x)$, $\cdots$ 를

$$f_n(x)=f(x)+\int_0^c f_{n-1}(t)\,dt\quad(n=3,4,\cdots)$$

로 정한다. 또, $g(c)=\int_0^c f(t)\,dt$라 하고,

$n=1,2,3,\cdots$ 에 대하여 $g_n(c)=\int_0^c f_n(t)\,dt$로 놓자. 이때, $f(0)=1$이며,

$0<x<1$를 만족하는 임의의 x에 대하여

$$xf(x)=g(x)+x\lim_{n\to\infty}g_n(x)$$

가 성립하는 함수 $f(x)$를 정하여라.

〈 1994년 전기 문과 〉 p.302

4. $0 < c < 1$ 라 하자.
삼차함수 $f(x) = -4x^3 + 3x^2$ 에 대하여,

$$f_1(x) = f(x) + \int_0^c f(t)\,dt,$$

$$f_2(x) = f(x) + \int_0^c f_1(t)\,dt$$ 로 놓자.

이하, 함수 $f_3(x), f_4(x), \cdots$ 를

$$f_n(x) = f(x) + \int_0^c f_{n-1}(t)\,dt \quad (n = 3, 4, \cdots)$$

로 정한다.

(1) 함수 $f_n(x)$를 구하여라.

(2) $f_n(x)$에 대하여, $0 < x < 1$ 일 때
$f_n(x) = 0$ 인 x는 유일함을 보여라.

〈 1994년 후기 이과1류 〉 p.306

2. 한 변의 길이가 l $(l > 2)$인 정사각형의 내부에 반지름 1인 원이 있다. 이 원이 그림과 같이, 정사각형의 각에서 출발하여 변을 따라 미끄러지지 않으며 정사각형의 내부를 굴러간다.

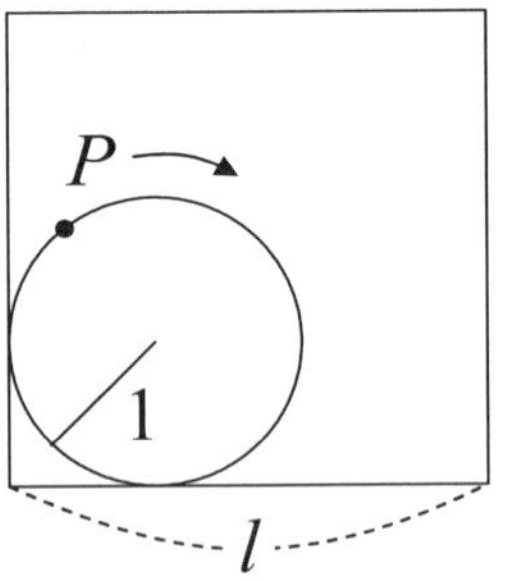

단, 원이 정사각형의 다른 변에 접하게 되면, 그 변을 따라 미끄러지지 않고 굴러간다. 이 원의 중심이 최초로 원래의 위치로 되돌아올 때까지의 원주상의 한 점 P의 궤적을 고려해 보자.

(1) P의 궤적의 시점과 종점이
일치하기 위한 l의 조건을 구하여라.

(2) l이 (1)의 조건을 만족하는 최소의 길이라 하자. 이때, P의 궤적의 길이가 취할 수 있는 범위를 구하여라.

[10. 행렬과 일차변환]

[1] 일차변환

〈 1976년 1차 이과 〉 p.131

2. 주사위를 3회 던져 나온 눈을 a, b, c라 하자. a, b, c를 이용한 행렬 $A = \begin{pmatrix} a & b \\ -1 & c \end{pmatrix}$에 대하여, $\vec{u} = A\begin{pmatrix} 1 \\ 0 \end{pmatrix}$, $\vec{v} = A\begin{pmatrix} 0 \\ 1 \end{pmatrix}$이라 할 때, 다음 □ 안에 알맞은 수를 넣어라.

(1) $|\vec{u}| > 5$ 일 확률은 □이다.

(2) $|\vec{v}| = 5$ 일 확률은 □이다.

(3) $|\vec{v}| > 5$ 일 확률은 □이다.

(4) $\vec{u} \perp \vec{v}$ 일 확률은 □이다.

〈 1976년 1차 문과 〉 p.134

4. 다음 □ 안에 알맞은 수를 넣어라.
행렬 $M = \begin{pmatrix} a & b \\ c & d \end{pmatrix}$가 있을 때, $\begin{pmatrix} x' \\ y' \end{pmatrix} = M\begin{pmatrix} x \\ y \end{pmatrix}$에 의하여 점 (x, y)를 점 (x', y')로 이동시키는 평면상의 일차변환이 정해진다. 이제, $A = \begin{pmatrix} 2 & 1 \\ 0 & 1 \end{pmatrix}$이라 하면, 행렬 $A^2 - A$와 $3A^{-1}$가 정하는 일차변환에 의하여 점 $P(1, 1)$은 각각 점 $Q(□, 0)$ 및 점 $R(□, □)$로 이동된다. 또, $\overrightarrow{PQ}$와 $\overrightarrow{PR}$이 이루는 각을 $\alpha\pi$ $(0 < \alpha < 1)$라 하면, $\alpha =$ □이다.

〈 1977년 2차 이과 〉 p.147

5. $\begin{pmatrix} 1 & 0 \\ 0 & 1 \end{pmatrix} = I$, $\begin{pmatrix} 0 & -1 \\ 1 & 0 \end{pmatrix} = J$라 하자. $A = \begin{pmatrix} a & b \\ c & d \end{pmatrix}$와 실수 t에 대하여 $A(I - tJ) = I + tJ$가 성립할 때, a, b, c, d를 t의 식으로 나타내어라.
또, t가 실수 전체에서 움직일 때,
관계 $\begin{pmatrix} x \\ y \end{pmatrix} = A\begin{pmatrix} 3 \\ 4 \end{pmatrix}$에 의하여 정해지는 점 (x, y)의 자취가 형성하는 도형을 도시하라.

〈 1978년 1차 이과 〉 p.149

1. 다음 $\square$ 안에 알맞은 수를 넣어라.

점 (x, y)를 $\begin{pmatrix} x' \\ y' \end{pmatrix} = \begin{pmatrix} 2 & -1 \\ p & q \end{pmatrix}\begin{pmatrix} x \\ y \end{pmatrix}$로 정해지는 점 (x', y')로 이동시키는 일차변환은 직선 $y = lx$ 상의 각 점을 그 점 자신으로 이동시키며, $y = mx$ 상의 각 점을 원점에 대하여 대칭이동시킨다.

이때, $l = \square$, $m = \square$, $p = \square$, $q = \square$ 이다.

〈 1982년 이과 〉 p.185

1. 행렬 $A = \begin{pmatrix} a & b \\ c & d \end{pmatrix}$에 의해 정해지는 xy 평면상의 일차변환을 f라 하자.

원점 이외의 어떤 점 P가 f에 의하여 P 자신으로 이동된다면, 원점을 지나지 않는 직선 l이 존재하여, l의 어떠한 점도 f에 의하여 l 위로 이동함을 증명하여라.

〈 1985년 문과 〉 p.214

1. a, b가 $a^2 + b^2 \neq 0$인 실수일 때,

$$A = \frac{1}{a^2+b^2}\begin{pmatrix} a^2 & ab \\ ab & b^2 \end{pmatrix},\ I = \begin{pmatrix} 1 & 0 \\ 0 & 1 \end{pmatrix}$$이라 하자.

행렬 $A^3, (I-A)^2$으로 표현되는 일차변환에 의한 점 $P(x, y)$의 상을 각각 Q, R이라 하자. 단, Q, R은 어느 것도 P와 일치하지 않는다.

(1) $\angle QPR$의 크기를 구하여라.

(2) $\triangle PQR$의 면적을 a, b, x, y를 이용하여 나타내어라.

〈 1987년 이과 〉 p.225

1. 행렬 $A = \begin{pmatrix} a & -b \\ b & a \end{pmatrix}$로 표시되는 xy 평면상의 일차변환이 직선 $y = 2x+1$을 직선 $y = -3x-1$로 이동시킨다. 점 $P(1, 2)$가 이동하는 점을 Q라 하고 원점을 O라 할 때, 두 직선 OP와 OQ가 이루는 각의 크기를 구하여라.

〈 1988년 이과 〉 p.233

1. xy 평면상의 일차변환 f가 다음 세 조건을 만족한다고 하자.

(ⅰ) $f((1, 0))$은 제4사분면의 내부에 있다.

(ⅱ) $f((0, 1))$은 제2사분면의 내부에 있다.

(ⅲ) $f((1, 1))$은 제1사분면의 내부에 있다.

이때, f의 역변환이 존재함을 보여라. 또, 점 P의 상 $f(P)$가 제1사분면의 내부에 있으면 P도 제1사분면의 내부에 있음을 보여라.

[2] 합성변환

〈 1976년 1차 이과 〉 p.132

4. 다음 $\square$ 안에 알맞은 수를 넣어라.

xy 평면상의 임의의 점을 원점을 중심으로 $\frac{\pi}{3}$ 만큼 회전한 후, x축의 방향으로 4, y축의 방향으로 $-\sqrt{3}$ 만큼 평행이동하는 변환 F는, 점 $(\square, \sqrt{\square})$를 중심으로 하는 어떤 회전변환과 일치한다.

또, 합성사상 $F \circ F$는 임의의 점을 원점을 중심으로 $\frac{2\pi}{3}$만큼 회전한 후, x축의 방향으로 $\square$, y축의 방향으로 $\sqrt{\square}$ 만큼 평행이동하는 변환이다.

〈 1986년 문과 〉 p.223

4. 평면 S상의 한 점 A와 양수 $\alpha\ (\alpha < 180)$를 잡자. 점의 집합으로서의 S로부터 S로의 사상 μ가 다음 세 조건 (ⅰ), (ⅱ), (ⅲ)을 만족할 때, μ를 A를 중심으로 한 양의 방향으로의 $\alpha°$ 회전이라 한다.

(ⅰ) $\mu(A) = A$

(ⅱ) S상의 임의의 점 $P(\neq A)$에 대하여,

$\overline{AP} = \overline{A\mu(P)}$, $\angle PA\mu(P) = \alpha°$

(ⅲ) 사람이 P, $\mu(P)$, A의 순서로 삼각형 $P\mu(P)A$의 둘레를 한 바퀴돌 때, 삼각형의 내부는 항상 사람의 왼편에 있다.

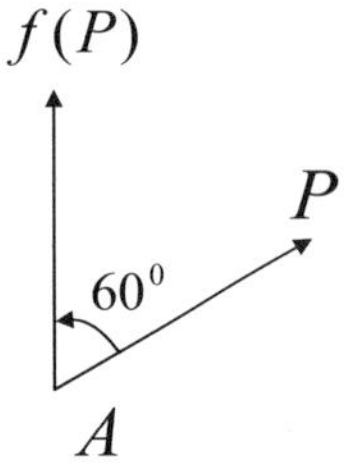

이제, S상의 서로 다른 두 점 A, B를 잡아, A를 중심으로 양의 방향으로 60° 회전하는 사상을 f, B를 중심으로 양의 방향으로 60° 회전하는 사상을 g 라 하자.
이에 대해, f와 g의 합성사상 $h = g \circ f$는 $h(P) = g(f(P))$로 정의된다.

(1) 이때, 점 $h(A)$와 점 $h(B)$는 A, B에 대하여 어떤 위치에 있는지 도시하라.
(2) h는 어떤 점 O를 중심으로 한 양의 방향으로의 회전임을 보이고, 점 O 및 회전각을 구하여라.

〈 1993년 후기 이과1류 〉 p.289

1. n을 3 이상인 자연수라 하자. xy평면상의 원점을 중심으로 하고 점 $(1, 0)$을 한 꼭짓점으로 하는 정n각형을 P라 하자.

(1) P의 상(像)이 P와 완전히 일치하는 일차변환을 표시하는 행렬을 모두 구하여라.
(2) (1)에서 구한 행렬을 모두 더한 행렬을 구하여라.

[3] 가법정리와 도형

〈 1976년 2차 이과 〉 p.138

4. 점 $P(x, y)$는 xy평면상의 원 C: $(x-5)^2+(y-5)^2=r^2(r>0)$ 위를 움직인다. 이때, 점 P의 점 $A(9, 0)$에 대한 대칭점을 Q라 하고, 점 P를 원점 O를 중심으로 양의 방향으로 $\frac{\pi}{2}$만큼 회전한 점을 R이라 하자. 점 P가 원 C 위를 움직일 때, 선분 QR의 길이의 최솟값 $f(r)$과 최댓값 $g(r)$을 구하여라. 또, $f(r)$의 값이 0으로 되는 r의 값을 구하여라.

〈 1979년 이과 〉 p.163

3. 평면상의 점 O를 중심으로 하는 반지름 1인 원의 원주상에 점 P를 잡자. 이어, 원의 내부 또는 원주상의 두 점 Q, R을 잡아 $\triangle PQR$이 한 변의 길이가 $\frac{2}{\sqrt{3}}$인 정삼각형 되도록 한다. 이때, $\overline{OQ}^2 + \overline{OR}^2$의 최댓값 및 최솟값을 구하여라.

〈 1981년 문과 〉 p.181

2. $A = \begin{pmatrix} -1 & -\sqrt{3} \\ \sqrt{3} & -1 \end{pmatrix}$이라 할 때, 자연수 n에 대하여 $\begin{pmatrix} x_n \\ y_n \end{pmatrix} = A^n \begin{pmatrix} 1 \\ 0 \end{pmatrix}$이다. 또, 실수 a에 대하여 점 (x_n, y_n)과 점 $(a, 0)$의 거리를 d_n이라 할 때, 모든 양의 정수 n에 대하여, $d_{n+1} > d_n$이 성립하는 a의 범위를 구하여라.

〈 1982년 이과 〉 p.186

3. xy평면상에서 점 A는 원점 O를 중심으로 하고 반지름이 1인 원의 제1사분면 부분을 움직이고, 점 B는 x축상을 움직인다. 단, 선분 AB의 길이는 1이며, 선분 AB는 양 끝점 A, B를 제외한 점 C에서 원과 만난다.

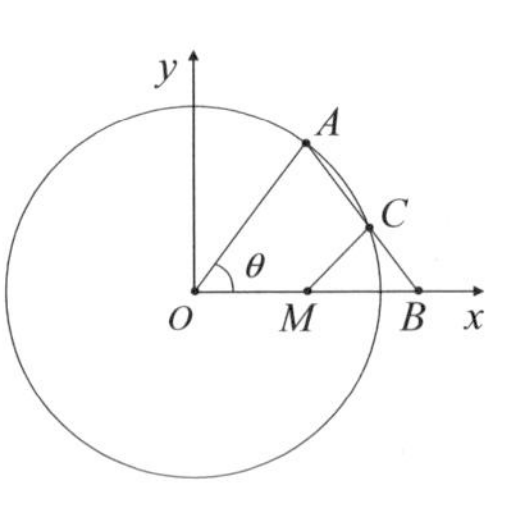

(1) $\theta = \angle AOB$가 취할 수 있는 값의 범위를 구하여라.
(2) 선분 BC의 길이를 θ로 나타내어라.
(3) 선분 OB의 중점을 M이라 할 때, 선분 CM의 길이의 범위를 구하여라.

〈 1982년 문과 〉 p.190

2. xy 평면상의 곡선 $y=x^2$ 상의 세 점을 x 좌표가 작은 순서로 A, B, C 라 하자. A, B 의 x 좌표의 차는 a (양의 상수), B, C 의 x 좌표의 차는 1인 관계를 유지하며 세 점 A, B, C 가 움직인다. $\angle CAB$ 가 최대일 때, 점 A 의 x 좌표를 a 로 표시하여라.

또, $\angle CAB$ 가 최대일 때에 $\angle ABC$ 가 직각이 되는 a 값을 구하여라.

〈 1983년 이과 〉 p.193

1. 행렬 $A=\begin{pmatrix} a & b \\ c & d \end{pmatrix}$ 로 표현되는 xy 평면상의 일차변환 f 가 다음 두 조건을 만족한다.

(i) f 는 임의의 삼각형을
그것과 닮은 삼각형으로 이동시킨다.

(ii) f 는 점 $(1, \sqrt{3})$ 을
점 $(-2, 2\sqrt{3})$ 으로 이동시킨다.

행렬 A 를 모두 구하여라.

[4] 기타

〈 1976년 2차 이과 〉 p.138

6. $\begin{pmatrix} 0 & 0 \\ 0 & 0 \end{pmatrix}=O$, $\begin{pmatrix} 1 & 0 \\ 0 & 1 \end{pmatrix}=I$ 라 하자. 실수 a, b 에 대하여 $A=\begin{pmatrix} 0 & a \\ 1 & b \end{pmatrix}$ 로 놓자. 실수 x, y 에 대하여 $xI+yA$ 로 표시되는 행렬전체의 집합을 R 이라 하고, R 에서 O 를 제외한 집합을 G 라 하자.

(1) R 에 속하는 임의의 두 행렬의 곱은 다시 R 에 속함을 보이시오.

(2) G 에 속하는 임의의 행렬이 역행렬을 갖게 되는 a, b 에 대하여, 점 (a, b) 의 범위를 구하고 도시하라.

〈 1977년 1차 이과 〉 p.140

2. 두 수열 $\{a_n\}, \{b_n\}$ 은 다음을 만족한다.

$a_n=5a_{n-1}-6b_{n-1}$, $b_n=3a_{n-1}-4b_{n-1}$

벡터 (a_n, b_n) 에 대하여, 다음 $\square$ 안에 알맞은 수를 넣어라.

(1) $(a_1, b_1)=(\square, 1)$ 이면, $(a_2, b_2)=2(a_1, b_1)$

(2) $(a_1, b_1)=(1, 1)$ 이면,

$(a_n, b_n)=(\square)^{n-1}(a_1, b_1)$

(3) $(a_1, b_1)=(1, 0)$ 이면,

$(a_{10}, b_{10})=(\square, \square)$

〈 1977년 1차 문과 〉 p.142

2. 다음 $\square$ 안에 알맞은 수를 넣어라.

xy 평면상에서 원점을 중심으로 한 어떤 회전에 의하여 직선 $l: 3x+y+1=0$ 은 세 직선 l_1, l_2, l_3 중 하나로 옮겨진다.

$l_1: 3x+1=0$, $l_2: 6x-3y+2=0$,
$l_3: 13x-9y+5=0$

이러한 성질을 만족하는 회전은, 임의의 점 (x, y) 를 다음 관계에 의하여 정해지는 점 (x', y') 로 이동시킨다.

$x'=\square x+\square y$, $y'=\square x+\square y$

〈 1978년 1차 문과 〉 p.153

1. 다음 $\square$ 안에 알맞은 수를 넣어라.

행렬 $A=\begin{pmatrix} x & y \\ z & w \end{pmatrix}, (x>0)$ 와 $J=\begin{pmatrix} 0 & 1 \\ -1 & 0 \end{pmatrix}$ 이

$AJ=JA$ 및 $A^2=\begin{pmatrix} 8 & 6 \\ -6 & 8 \end{pmatrix}$ 을 만족하면,

$x=\square$, $y=\square$, $z=\square$, $w=\square$ 이다.

〈 1980년 문과 〉 p.175

4. a, b 가 $a^2-b^2=-1$ 을 만족하는 실수일 때, $I=\begin{pmatrix} 1 & 0 \\ 0 & 1 \end{pmatrix}$, $A=\begin{pmatrix} a & b \\ -b & -a \end{pmatrix}$ 라 하자. 실수의 조 (x, y) 에 대하여 $Z=xI+yA$ 라 놓을 때, $Z'=xI-yA$ 라 하자.

또, 영행렬을 O 로 표시하자.

(1) 등식 $ZZ'-Z-Z'-3I=O$ $\cdots(*)$ 을 만족하는 모든 Z 에 대응하는 점 (x, y) 가 그리는 곡선을 도시하라.

(2) $x^2+y^2 \neq 0$ 일 때, Z 의 역행렬 Z^{-1} 가 있어 $uI+vA$ 의 형태로 표현됨을 보여라. 또, 등식$(*)$ 을 만족하는 모든 Z 에 대응하는 점 (u, v) 가 그리는 곡선을 도시하라.

〈 1985년 이과 〉 p.211

4. 실수 a, b에 대하여 $A=\begin{pmatrix} a & 0 \\ a-b & b \end{pmatrix}$라 하자.

(1) 행렬 A^n $(n=1, 2, \cdots)$이 나타내는 일차변환에 의한 점 $P\left(\frac{1}{2}, 0\right)$, $Q\left(\frac{1}{2}, 1\right)$, $R(1, 1)$의 상을 각각 P_n, Q_n, R_n이라 할 때, $f_n=3\overline{P_nQ_n}^2+2\overline{Q_nR_n}^2+2\overline{R_nP_n}^2$으로 놓자. f_n을 a, b로 나타내어라.

(2) $a=1.1$, $b=\frac{1}{1.1}$일 때, f_n의 값을 최소로 하는 자연수 n을 구하여라.

〈 1987년 문과 〉 p.229

1. 행렬 $X=\begin{pmatrix} x & z \\ z & y \end{pmatrix}$가 조건

$$X^2-4X+\begin{pmatrix} 3 & 0 \\ 0 & 3 \end{pmatrix}=\begin{pmatrix} 0 & 0 \\ 0 & 0 \end{pmatrix}$$

을 만족할 때, 그러한 x, y를 좌표로 하는 점 (x, y)가 존재하는 범위를 도시하라.
단, 행렬의 성분은 실수이다.

〈 1989년 이과 〉 p.240

3. 허수부가 양수인 복소수 전체집합을 H라 하자. ($H=\{z=x+iy \mid x, y$는 실수, $y>0\}$)
이하, z는 H에 속하는 복소수이다. q를 양의 실수라 할 때, $f(z)=\frac{z+1-q}{z+1}$로 놓자.

(1) $f(z)$도 H에 속함을 보여라.

(2) $f_1(z)=f(z)$,
이하 $n=2, 3, 4, \cdots$ 에 대하여,
$f_2(z)=f(f_1(z))$, $f_3(z)=f(f_2(z))$,
$\cdots$, $f_n(z)=f(f_{n-1}(z))$, $\cdots$ 로 놓자.
H의 모든 원소 z에 대하여 $f_{10}(z)=f_5(z)$가 성립하는 q의 값을 구하여라.

〈 1990년 후기 이과1류 〉 p.255

2. $A=\begin{pmatrix} \frac{1}{2} & -\frac{\sqrt{3}}{2} \\ \frac{\sqrt{3}}{2} & \frac{1}{2} \end{pmatrix}$이며, P_0는 xy평면상의 원점이다. 양의 실수 a_i $(i=1, 2, \cdots, 6)$에 대하여, $\begin{pmatrix} x_i \\ y_i \end{pmatrix}=A^i\begin{pmatrix} a_i \\ 0 \end{pmatrix}$이라 놓을 때, $\overrightarrow{P_{i-1}P_i}=(x_i, y_i)$가 되도록 정하자.
단, $P_6=P_0$이며, $P_0, P_1, \cdots, P_6$를 순서대로 이어서 만든 육각형을 H라 하자.

(1) $a_1-a_4=a_5-a_2=a_3-a_6$임을 보여라.

(2) $\sum_{i=1}^{6} a_i=6$, $a_1-a_4=1$일 때,
H의 면적의 최댓값을 구하여라.

(3) $\sum_{i=1}^{6} a_i=6$일 때,
H의 면적의 최댓값을 구하여라.

〈 1998년 전기 이과 〉 p.313

5. θ는 $0 \leq \theta < 2\pi$를 만족하는 실수이다.
xy평면의 두 벡터

$$\vec{a}=(\cos\theta, \sin\theta),\quad \vec{b}=\left(\frac{\sqrt{3}}{2}, \frac{1}{2}\right)$$

에 대하여, 점 P_n, Q_n $(n=1, 2\cdots)$을 다음과 같이 정하자.

$$\begin{cases} \overrightarrow{OP_1}=(1, 0) \\ \overrightarrow{OQ_n}=\overrightarrow{OP_n}-(\vec{a}\cdot\overrightarrow{OP_n})\vec{a} \\ \overrightarrow{OP_{n+1}}=4\{\overrightarrow{OQ_n}-(\vec{b}\cdot\overrightarrow{OQ_n})\vec{b}\} \end{cases}$$

단, O는 원점이며,
$\vec{a}\cdot\overrightarrow{OP_n}$와 $\vec{b}\cdot\overrightarrow{OQ_n}$는 벡터의 내적이다.
$\overrightarrow{OP_n}=(x_n, y_n)$으로 놓자. 수열 $\{x_n\}, \{y_n\}$이 모두 수렴하는 θ의 범위를 구하여라.
또, 그러한 θ에 대하여 극한값
$\lim_{n\to\infty} x_n, \lim_{n\to\infty} y_n$을 구하여라.

[11. 평면 • 공간도형]

[1] 면적

〈 1957년 2차 기하 〉 p.17

2. 세 꼭지각의 크기가 45°, 60°, 75°이며, 외접원의 반지름의 길이가 r인 삼각형의 면적을 구하여라.

〈 1961년 2차 이과 〉 p.51

4. $\triangle ABC$의 세 변 BC, CA, AB상에 각각 L, M, N을 잡아 $\dfrac{BL}{LC}=\dfrac{CM}{MA}=\dfrac{AN}{NB}=\dfrac{1}{2}$로 되게 한다. 변 AL과 변 CN의 교점을 P, 변 AL과 변 BM의 교점을 Q, 변 BM과 변 CN의 교점을 R이라 할 때, $\triangle PQR$과 $\triangle ABC$의 면적의 비를 구하여라.

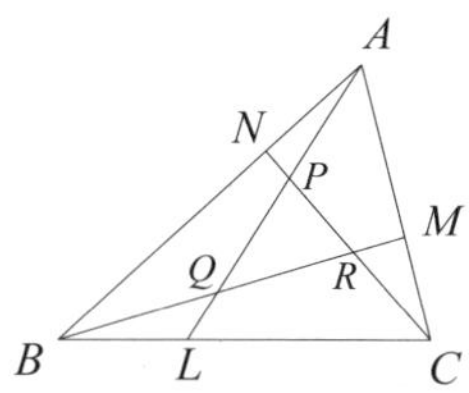

〈 1962년 1차 이과 〉 p.54

1. 다음 □ 안에 알맞은 유리수를 넣어라.
$\overline{AB}=2$, $\overline{BC}=4$인 직사각형 $ABCD$의 내부 중 점 A로부터의 거리가 $2\sqrt{2}$와 4 사이인 부분의 넓이는 (1)□ $\pi+$ (2)□ $(\sqrt{(3)\square}-1)$이다.

〈 1962년 2차 문과 〉 p.61

3. 반지름 a인 원의 원주를 6등분하는 점을 각각 중심으로 하여 반지름 a인 원을 그렸을 때, 그 원들이 뒤덮는 부분의 넓이를 구하여라.

〈 1964년 2차 이과 〉 p.81

3. 점 V를 꼭짓점, 정사각형 $ABCD$를 밑면으로 하는 정사각뿔 $V-ABCD$의 옆면은 모두 밑변이 20cm, 높이가 40cm인 이등변삼각형이다. 변 VA 상에 $\overline{VP}:\overline{PA}=3:1$로 되는 점 P를 잡아 세 점 P, B, C를 지나는 평면으로 사각뿔을 잘랐을 때, 잘린 단면(사각형)의 넓이를 구하여라.

〈 1965년 2차 문과 〉 p.93

5. 한 평면상에 반지름 1인 원 O와 한 변의 길이가 4인 정삼각형 ABC가 있다.
점 P는 원 내부에서 움직이고, 점 Q는 정삼각형의 변 위에서 움직인다고 하자. 이때, 선분 PQ의 중점 R이 움직이며 지나는 부분을 도시하고 그 면적을 구하여라.

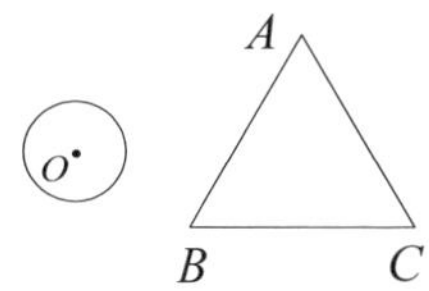

[2] 길이

〈 1958년 2차 기하 〉 p.26

3. 어떤 원뿔과 그 원뿔에 내접하는 구가 있어 부피비가 $2:1$이다. 원뿔의 밑면의 반지름과 높이의 비를 구하여라.

〈 1959년 1차 이과 〉 p.29

5. 다음 □ 안에 알맞은 수를 넣어라.
그림과 같은 울타리 PQR을 경계로 하는 토지가 있다. 이러한 토지의 한쪽 구석에

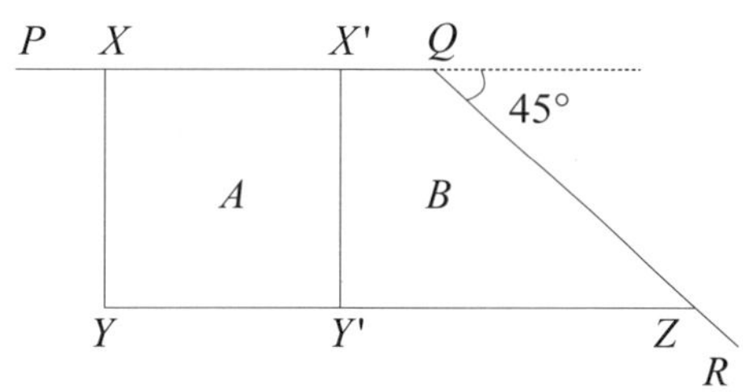

고랑 XYZ, $X'Y'$를 만들어 직사각형 모양의 지면 $XYY'X'$와 사다리꼴 모양의 지면 $X'Y'ZQ$가 생겼다. 직사각형의 면적 A가 사다리꼴의 면적 B의 2배이며, 고랑의 전체길이가 30m일 때, 총면적 $A+B$가 최대로 될 때는
$\overline{XY}=$ (17)□, $\overline{YY'}=$ (18)□, $\overline{Y'Z}=$ (19)□ 일 때이며, 그 때 $A+B=$ (20)□ 이다.

〈 1959년 2차 수학 I – 기하 〉 p.33

2. $\triangle A'B'C'$는 $\triangle ABC$의 내부에 있으며, 세 변 $A'B'$, $B'C'$, $C'A'$가 각각 $\triangle ABC$의 세 변 AB, BC, CA와 평행하고 대응하는 변 사이의 거리는 모두 h이다. $\triangle A'B'C'$의 둘레의 길이가 $\triangle ABC$의 둘레의 길이의 $\frac{1}{2}$일 때, h를 a, b, c로 나타내어라. (단, $a=\overline{BC}$, $b=\overline{CA}$, $c=\overline{AB}$)

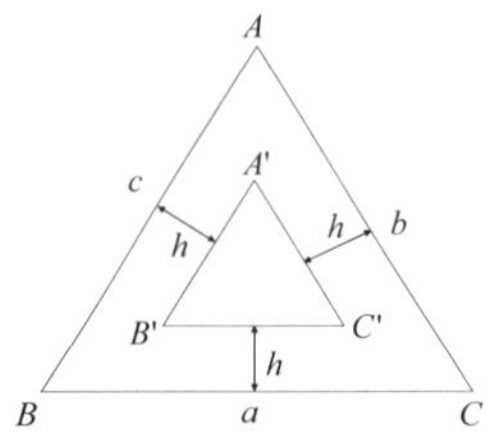

〈 1961년 1차 이과 〉 p.45

5. 다음 $\square$ 안에 알맞은 것은 무엇인가?
(ⅰ), (ⅱ), (ⅲ)에는 수를, (ⅳ)에는 ㉠, ㉡, ㉢을 넣으시오. 한 변의 길이가 1인 정사면체 $ABCD$의 변 AB의 중점을 P, 변 CD의 중점을 Q라 할 때,

(ⅰ) $\overline{PQ}=\sqrt{^{(17)}\square}$ (ⅱ) $\cos\angle AQB=$ (18)$\square$

(ⅲ) 각 면의 중심을 꼭짓점으로 하는 사면체의 체적은 사면체 $ABCD$의 체적의 (19)$\square$ 배이다.

(ⅳ) ㉠$\angle QAB$ ㉡$\angle AQB$ ㉢$\angle BAC$ 중 가장 큰 것은 (20)$\square$이다.

〈 1963년 2차 이과 〉 p.70

1. 직육면체의 한 점 O로부터 출발하는 세 변을 $\overline{OA}$, $\overline{OB}$, $\overline{OC}$라 하고, O로부터 가장 먼 점을 D라 하자. $\overline{BC}=a$, $\overline{CA}=b$, $\overline{AB}=c$라 할 때, $\overline{OD}$의 길이를 a, b, c로 나타내어라. 또, $a=5$, $b=3$일 때, c의 범위를 구하여라.

〈 1966년 1차 이과 〉 p.95

3. 다음 $\square$ 안에 알맞은 수를 넣어라.
직육면체의 한 꼭짓점 O에 모이는 세 변을 $\overline{OA}$, $\overline{OB}$, $\overline{OC}$라 하자.
$\overline{AB}=3$, $\overline{AC}=2$, $\angle BAC=60^\circ$이면 $\overline{OA}^2=$ (i)$\square$, $\overline{OB}^2=$ (j)$\square$, $\overline{OC}^2=$ (k)$\square$이다. 또, 점 O에서 $\triangle ABC$까지의 거리는 $\frac{1}{3}\sqrt{^{(l)}\square}$ 이다.

〈 1967년 2차 이과 〉 p.109

3. 남북방향으로 일직선인 도로상을 자동차가 남에서 북으로 시속 $100\,\mathrm{km}$로 가고 있다.
또, 비행기가 일정한 고도로 일직선상을 시속 $\sqrt{7}\times 100\,\mathrm{km}$로 비행하고 있다. 자동차에서 비행기를 보는 경우, 어떤 시각에 정확히 서쪽 방향으로 위로 30도였으며, 그 36초 후에 북쪽에서 30도 서쪽 방향으로 위로 30도가 되었다. 비행기의 고도는 몇 m인가?

[3] 체적

〈 1956년 2차 기하 〉 p.8

3. 세 점 $(1,0)$, $(0,3)$, $(-1,2)$를 꼭짓점으로 하는 삼각형을 y축을 회전축으로 회전한 입체의 체적을 구하여라.

〈 1988년 문과 〉 p.237

8. xyz공간에서, 다음 6개의 부등식으로 표시되는 입체의 체적을 구하여라.

$x\geqq 0,\ y\geqq 0,\ z\geqq 0,$

$x+y+z\leqq 3,\ x+2z\leqq 4,\ y-z\leqq 1$

〈 1993년 전기 이과 〉 p.281

1. 모든 면이 합동인 사면체 $ABCD$가 있다. 꼭짓점 A, B, C가 각각 x축, y축, z축상의 양의 부분에 있으며, 변의 길이는

$\overline{AB}=2l-1$, $\overline{BC}=2l$, $\overline{CA}=2l+1$ $(l>2)$

이다. 사면체 $ABCD$의 체적을 $V(l)$이라 할 때, 극한값 $\lim\limits_{l\to 2}\dfrac{V(l)}{\sqrt{l-2}}$을 구하여라.

[4] 직선, 평면

〈 1985년 이과 〉 p.210

3. 양수 t에 대하여, $P(t,t,0)$은 xyz공간상의 점이다. x축을 포함하고 점 $(t,t,1)$을 지나는 평면에 대한 P의 대칭점을 Q, y축을 포함하고 점 $(t,t,1)$을 지나는 평면에 대한 P의 대칭점을 R이라 하자. 또, 원점을 O라 하자. 네

점 O, P, Q, R을 꼭짓점으로 하는 사면체의 체적을 구하여라.

〈 1991년 전기 문과 〉 p.262

2. xyz 공간상의 점 $P(2, 0, 1)$과 yz 평면상의 곡선 $z=y^2$을 고려해보자. 점 Q가 이 곡선 위를 움직일 때, 직선 PQ가 xy 평면과 만나는 점 R이 그리는 도형을 F라 하자. xy 평면에 F를 도시하여라.

[5] 공간도형

〈 1986년 이과 〉 p.221

6. 직원뿔 모양의 잔에 물이 가득 차 있으며, 수면의 원의 반지름은 1, 깊이는 1이다.

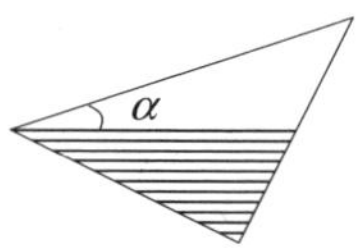

(1) 이 잔을 그림과 같이 각 α 만큼 기울였을 때, 수면은 타원이 된다. 이 타원의 중심으로부터 잔의 테두리를 포함하는 평면까지의 거리 l을 구하여라. 또, 타원의 장반경 a와 단반경 b를 $m=\tan\alpha$로 나타내어라.
단, 장반경과 단반경은 각각 장축과 단축의 길이의 반이다.

(2) 기울였을 때, 넘친 물의 양이 최초의 물의 양의 $\frac{1}{2}$일 때, $m=\tan\alpha$의 값을 구하여라.
단, 잔의 원뿔의 꼭짓점에서 새로운 수면까지의 거리 h에 대하여, 남은 물의 양은 $\frac{1}{3}\pi abh$임을 이용하여라.

〈 1986년 문과 〉 p.222

2. 네 점 A, B, C, D를 꼭짓점으로 하는 사면체 T에 있어, 각 변의 길이가 $\overline{AB}=x$, $\overline{AC}=\overline{AD}=\overline{BC}=\overline{BD}=5$, $\overline{CD}=4$일 때, T의 체적 V를 구하여라. 또, 위와 같은 사면체가 존재하기 위한 x의 범위를 구하고, 그 범위에서 x가 움직일 때, 체적 V의 최댓값을 구하여라.

〈 1988년 이과 〉 p.233

2. 공간상에 평면 α가 있다. 한 변의 길이가 1인 정사면체 V의 α 위로의 정사영의 면적을 S라 하자. V의 위치를 여러 가지로 변화시킬 때, S의 최댓값과 최솟값을 구하여라.
단, 공간상의 점 P를 지나며 α에 수직인 직선이 α와 만나는 점을 P의 α 위로의 정사영이라 하며, 공간도형 V의 각 점의 α 위로의 정사영 전체로 이루어진 α 상의 도형을 V의 α 위로의 정사영이라 한다.

〈 1988년 이과 〉 p.236

5. xyz 공간에 있어, $0 \leqq z \leqq 2-x^2$로 표시되는 xz 평면상의 도형을 z축 주위로 회전하여 얻은 불투명한 입체를 V라 하자.
z 좌표가 1인 한 점광원(點光源) P가 V의 표면에 있다. 원점을 중심으로 하는 xy 평면상의 원 C의 P로부터의 빛이 도달하는 부분의 길이가 2π일 때, C의 그늘진 부분의 길이를 구하여라.

〈 1990년 전기 이과 〉 p.247

3. V는 한 변의 길이가 1인 정팔면체로, xyz 공간상에서 $|x|+|y|+|z| \leqq \frac{1}{\sqrt{2}}$를 만족하는 점 (x, y, z)의 집합과 합동이다.

(1) V의 한 면과 평행한 평면으로 V를 자르면, 잘린 면의 둘레의 길이는 일정함을 보여라.

(2) 한 변의 길이가 1인 정사각형 모양의 구멍이 뚫린 평면이 있다. V를 이 평면에 닿지 않게 구멍으로 통과시킬 수 있는가? 결론과 이유를 서술하시오.

〈 1991년 전기 이과 〉 p.258

2. a, b, c를 양의 실수라 하자.
xyz 공간상의

$$|x| \leqq a,\ |y| \leqq b,\ z=c$$

를 만족하는 점 (x, y, z)로 이루어진 판 R을 고려해보자. 점광원 P가 평면 $z=c+1$ 상의 타원 $\dfrac{x^2}{a^2}+\dfrac{y^2}{b^2}=1,\ z=c+1$ 위를 한 바퀴 돌 때, 빛이 판 R에 가려져 xy 평면상에 이루는 그늘이 통과하는 부분을 도시하고 그 면적을 구하여라.

〈 1992년 전기 이과 〉 p.271

4. xyz 공간에,
x 축에 평행한 주면(柱面)
$A=\{(x, y, z)\ |\ y^2+z^2=1,\ x, y, z는\ 실수\}$ 에서
y 축에 평행한 주면(柱面)
$B=\left\{(x,y,z)|x^2-\sqrt{3}xz+z^2=\dfrac{1}{4},\ x, y, z는\ 실수\right\}$
에 의해 둘러싸인 부분을 잘라내고 남은 도형을 C라 하자. 도형 C의 전개도를 그려라.
단, 점 $(0, 1, 0)$을 지나며 x 축에 평행한 직선을 따라 C를 잘라서 편 것으로 한다.

〈 1992년 후기 이과1류 〉 p.278

2.

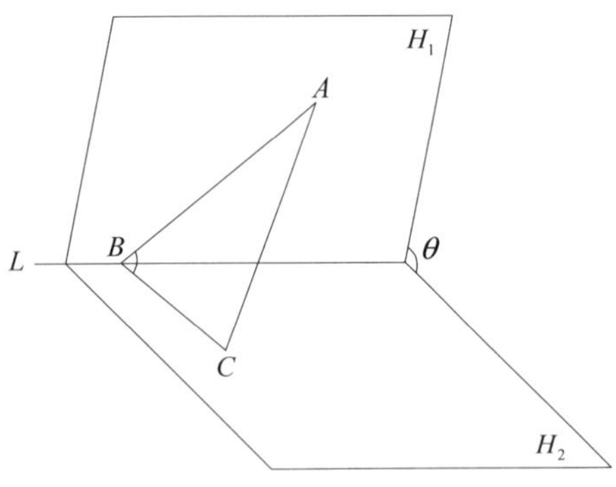

(1) 공간상에, 직선 L을 공통의 경계선으로 하고 각 θ를 이루며 만나는 두 반평면 H_1, H_2가 있다. H_1 상에 점 A, L 상에 점 B, H_2 상에 점 C가 각각 고정되어 있으며, A, C는 L 상에 있지 않다. 반평면 H_1을 L을 축으로, $0 \leqq \theta \leqq \pi$의 범위만큼 회전시킨다. 이때, θ가 증가하면 $\angle ABC$도 증가함을 증명하라.

〈 1998년 전기 문과 〉 p.318

4. xyz공간에 세 점 $A(1, 0, 0)$, $B(-1, 0, 0)$, $C(0, \sqrt{3}, 0)$을 잡자. $\triangle ABC$를 1면으로 하고 $z \geqq 0$인 부분에 포함되는 정사면체 $ABCD$를 잡고, 이어 $\triangle ABD$를 1면으로 하는 정사면체 $ABDE$를 잡자. (단, $E \neq C$)
(1) 점 E의 좌표를 구하여라.
(2) 정사면체 $ABDE$의
$y \leqq 0$인 부분의 체적을 구하여라.

〈 2001년 전기 이과 〉 p.338

1. 반경 r인 구면에 네 점 A, B, C, D가 있다. 사면체 $ABCD$의 각 변의 길이는 $\overline{AB}=\sqrt{3}$, $\overline{AC}=\overline{AD}=\overline{BC}=\overline{BD}=\overline{CD}=2$이다.
이때, r의 값을 구하여라.

〈 2002년 전기 이과 〉 p.352

3. xyz공간상의 점 $O(0, 0, 0)$을 중심으로 하고 점 $A(0, 0, -1)$을 지나는 구면을 S라 하자. S 외부의 한 점 $P(x, y, z)$에 대하여, $\overline{OP}$를 지름으로 하는 구면과 S가 만나서 이루는 원을 포함하는 평면을 L이라 하자.
점 P와 A에서 L에 내린 수선의 발을 각각 Q, R이라 하자. 이때, $\overline{PQ} \leqq \overline{AR}$을 만족하는 점 P의 범위 V를 구하고, V의 체적이 10 미만임을 보여라.

〈 2002년 후기 이과1류 〉 p.359

2. xyz공간상의 직사각형 L_1, L_2, L_3는 합동이며, 다음 조건을 만족한다.

• L_1은 xy 평면에 포함되며 $P_1(a, b, 0)$, $Q_1(-a, b, 0)$, $R_1(-a, -b, 0)$, $S_1(a, -b, 0)$이 꼭짓점이다.

• L_2는 yz 평면에 포함되며 $P_2(0, a, b)$, $Q_2(0, -a, b)$, $R_2(0, -a, -b)$, $S_2(0, a, -b)$가 꼭짓점이다.

• L_3는 zx 평면에 포함되며 $P_3(b, 0, a)$, $Q_3(b, 0, -a)$, $R_3(-b, 0, -a)$, $S_3(-b, 0, a)$가 꼭짓점이다.

여기서, $a > b > 0$이다.
이때, 다음 물음에 답하여라.

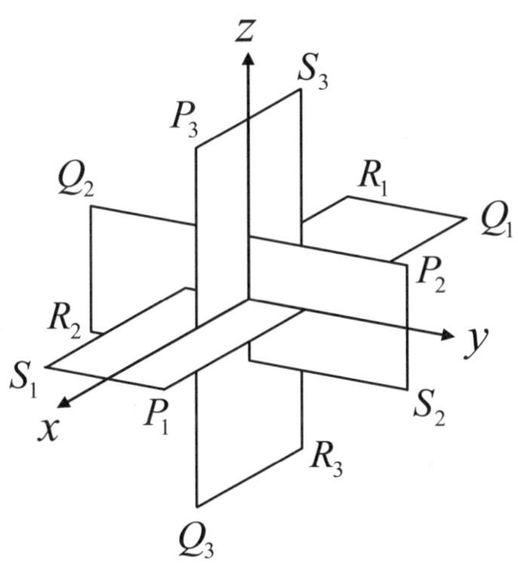

(1) $\triangle P_1P_2P_3$의 면적 및 $\triangle P_1P_2P_3$와 원점 O의 거리를 구하여라.

(2) 사면체 $OP_1P_2P_3$ 및 사면체 $OP_1P_2S_2$의 체적을 각각 구하여라.

(3) L_1, L_2, L_3의 12개의 꼭짓점에서 3개를 선택하여 삼각형을 만들자. 그 중 $\triangle P_1P_2P_3$ 또는 $\triangle P_1P_2S_2$와 합동인 삼각형은 20개이다. 이 삼각형들로 둘러싸인 이십면체를 D라 하자. $0 < \theta < \frac{\pi}{4}$인 θ에 대하여 $a = \cos\theta$, $b = \sin\theta$로 주어졌을 때, D의 체적을 $t = \tan\theta$의 함수 $V(t)$로 나타내어라.

(4) $0 < t < 1$의 범위에서 $V(t)$는 최댓값을 갖는 것을 보이고, 그때의 t의 값을 구하여라.

[6] 기타

〈 1956년 2차 기하 〉 p.7

1. 한 평면상에 원 O, 원 O의 중심이 아닌 점 A가 있다. 원 O의 임의의 지름의 양 끝점과 점 A를 꼭짓점으로 하는 삼각형의 외심의 궤적을 구하여라.

〈 1957년 2차 기하 〉 p.16

1. $\triangle ABC$의 변 BC의 중점을 M이라 하자. $\angle BAM + \angle ACB = 90°$일 때, $\triangle ABC$는 어떤 모양인가?

〈 1958년 2차 기하 〉 p.25

1. 반지름 a인 원의 내부에 볼록사각형이 있다. 각 꼭짓점이 그 점을 지나는 변을 연장해 생기는 현의 삼등분점 중 하나일 때 어떤 사각형인가? 또, 면적은 얼마인가?

〈 1959년 2차 수학 I – 기하 〉 p.33

1. 2개의 원호 AC_1B, AC_2B가 현 AB의 같은 쪽에 있으며, 모두 각각의 반원보다 크다. A를 지나는 직선 l이 호 AC_1B, AC_2B와 만나는 교점을 각각 P_1, P_2라 하면, l이 어떤 위치에 있을 때 선분 P_1P_2의 길이가 최대로 되는가?

〈 1960년 2차 수학 I – 기하 〉 p.41

1. 삼각형 ABC의 외심을 O라 하고, 세 변 BC, CA, AB에 대한 점 O의 대칭점을 각각 A', B', C'라 할 때, 삼각형 $A'B'C'$가 삼각형 ABC와 합동임을 증명하여라.

〈 1960년 2차 수학Ⅰ - 기하 〉 p.42

2. 활꼴의 현의 길이를 $2a$, 호의 길이를 $2b$, 현의 중점과 호의 중점 간의 거리를 h라 할 때, 활꼴의 면적은

$\frac{a^2}{2h}(b-a)+\frac{h}{2}(b+a)$ 임을 증명하여라.

〈 1964년 1차 문과 〉 p.78

3. 다음 □ 안에 알맞은 수를 넣어라.

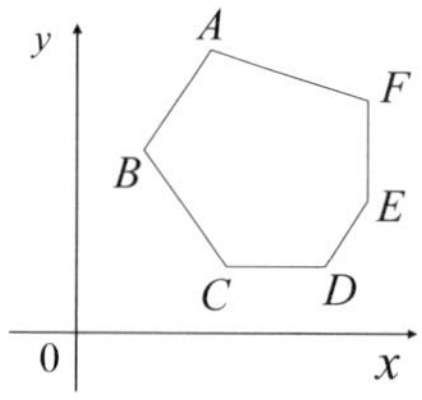

육각형 $ABCDEF$에 대하여 $\angle A=100°$이며, 변 AB, BC, CD, DE, EF, FA는 각각 방정식 $\sqrt{3}x-y=1$, $x+y=4$, $y=1$, $\alpha x-y=14$, $x=6$, $x+\alpha y=\beta$ 상에 있다. 단, α, β는 양의 상수이다. 이때, $\angle B=$(9)□ °, $\angle C=$(10)□ °, $\angle D=$(11)□ °, $\angle E=$(12)□ °, $\angle F=$(13)□ °이다.

〈 1966년 1차 문과 〉 p.97

3. 네 점 A, B, C, D는 한 평면상에 있지 않으며 선분 BC, CA, AB, AD, BD, CD의 중점은 각각 L, M, N, L', M', N'이다. □ 안에 알맞은 말을 아래의 1, 2, 3에서 골라 숫자 1, 2, 3으로 답하라.

직선 LL'와 AC는 (i)□
직선 LM와 $L'M'$는 (j)□
직선 LL'와 MM'는 (k)□
직선 MM'와 NN'는 (l)□

1. 꼬인 위치에 있다. 2. 평행이다. 3. 만난다.

〈 1968년 2차 이과 〉 p.117

2. 정사각형 $ABCD$를 밑면으로 하고, V를 꼭짓점으로 하는 정사각뿔의 밑면과 옆면이 이루는 각이 $45°$일 때, 이웃하는 두 옆면이 이루는 각을 구하여라.

〈 1968년 2차 문과 〉 p.119

1. 한 변의 길이가 1인 정사각형 $ABCD$의 내부에 점 P를 잡아 $\angle APB$, $\angle BPC$, $\angle CPD$, $\angle DPA$가 모두 $\frac{3}{4}\pi$보다 크지 않게 할 때, 점 P가 움직일 수 있는 범위의 면적을 구하여라.

〈 1987년 이과 〉 p.226

3. xyz공간상에 점 $P(0, 0, 1)$을 중심으로 하는 반지름 1인 구면 K가 있다. K상의 점 $Q(a,b,c)$가 조건 $a>0$, $b>0$, $c>1$을 만족하며 움직일 때, Q에서 K에 접하는 평면을 L이라 하자. L이 x축, y축, z축과 만나는 점을 각각 A, B, C라 할 때, $\triangle ABC$의 면적의 최솟값을 구하여라.

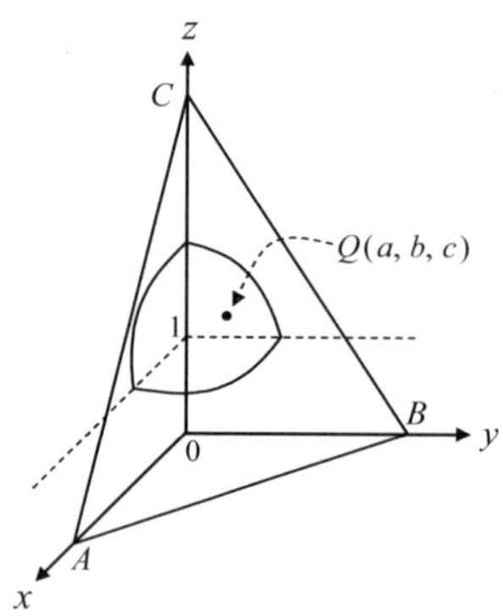

〈 1992년 전기 이과 〉 p.270

3. a, b를 양의 실수라 하자. 좌표공간상의 네 점 $P(0, 0, 0)$, $Q(a, 0, 0)$, $R(0, 1, 0)$, $S(0, 1, b)$가 반지름 1인 동일한 구면 위에 있을 때, P, Q, R, S를 꼭짓점으로 하는 사면체에 내접하는 구의 반지름을 r이라 하면, 다음 두 부등식이 성립함을 보여라.

$$\left(\frac{1}{r}-\frac{1}{a}-\frac{1}{b}\right)^2 \geq \frac{20}{3},\quad \frac{1}{r} \geq 2\sqrt{\frac{2}{3}}+2\sqrt{\frac{5}{3}}$$

[1] 경우의 수

〈 1965년 1차 이과 〉 p.89

5. 다음 ☐ 안에 알맞은 수를 넣어라.

k를 0 또는 양의 정수라 하자. 그림의 9개의 공란에 0 또는 양의 정수를 넣어, 횡 및 종으로 더한 값이 표 밖에 있는 값 ($k, 1, 1$ 및 $k, 1, 1$)으로 되는 표를 모두 완성한다. 이러한 표의 개수를 a_k라 하면, $a_0 =$(q)☐, $a_1 =$(r)☐, $a_2 =$(s)☐, $a_3 =$(t)☐이다.

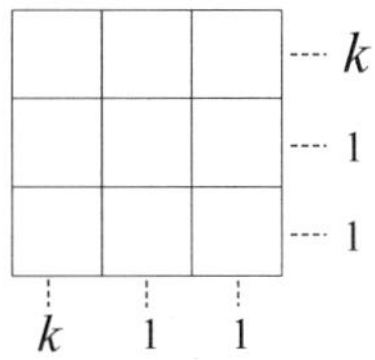

〈 1970년 1차 문과 〉 p.125

5. 다음 ☐ 안에 알맞은 수를 넣어라.

다음 그림 1, 2에 대하여, 점 A에서 출발하여 점 B에 도달하는 경우는 모두 몇 가지인지 고려해보자. 단, 좌에서 우로, 아래에서 위로만 갈 수 있으며, 사선의 경우는 좌하에서 우상으로만 갈 수 있다.

(1) 점 C를 지나는 방법은 그림 1인 경우 ☐가지, 그림 2인 경우 ☐가지이다.

(2) 점 C를 지나든 지나지 않든 관계없다면, 그림 1인 경우 ☐가지, 그림 2인 경우 ☐가지이다.

圖1

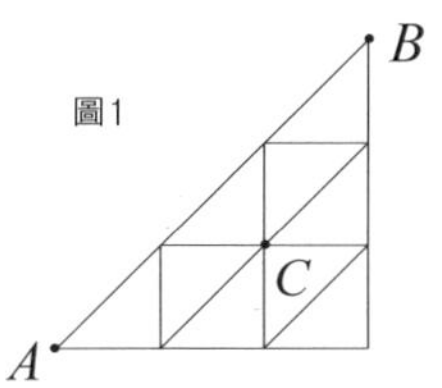

圖2

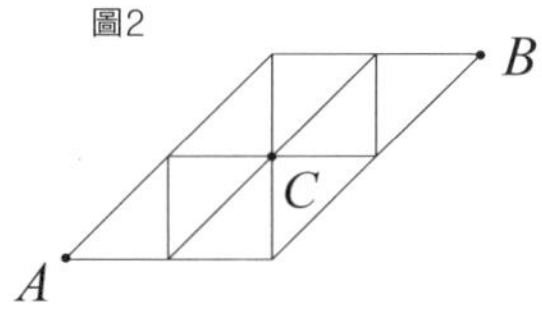

〈 1998년 후기 이과1류 〉 p.322

3. 그래프 $G(V, W)$는 유한개의 꼭짓점집합 $V=\{P_1, \cdots, P_n\}$와 꼭짓점을 연결하는 변의 집합 $W=\{E_1, \cdots, E_m\}$로 이루어진 도형이다. 각 변 E_i는 오직 2개의 꼭짓점 P_{i_1}, P_{i_2} $(i_1 \neq i_2)$만을 가지며, 꼭짓점 이외에서 변끼리 만나는 경우는 없다. 또, 각 꼭짓점은 백색 또는 흑색으로 칠해져 있다.

예를 들어,
그림 1의 그래프는 꼭짓점이 $n=5$개, 변이 $m=4$개 있으며, 각 변 $E_i\,(i=1,2,3,4)$의 꼭짓점은 P_i와 P_5이다. P_1, P_2는 백색의 꼭짓점이며, P_3, P_4, P_5는 흑색의 꼭짓점이다.

그림1

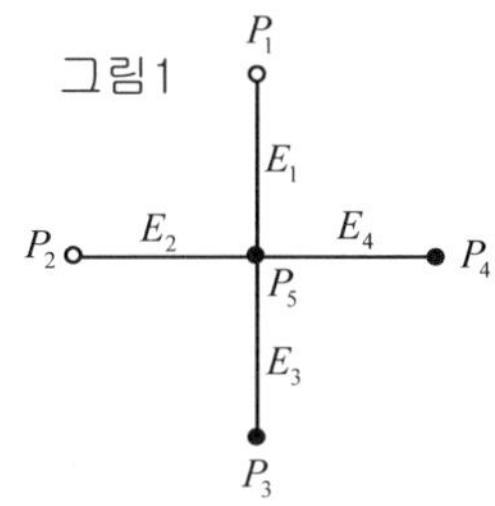

그림2

처음, 그래프 G_1(그림 2)으로 시작하여 새로운 그래프를 아래의 조작들을 이용하여 만들어 나간다. G_1은 1개의 백색 꼭짓점으로 이루어져 있다. $(n=1,\ m=0)$

이때, 유한 번의 조작으로 만들어지는 그래프를 "가능그래프"라 부르자.

> 주어진 그래프 $G(V, W)$에서 새로운 그래프 $G'(V', W')$를 만드는 두 조작은 아래와 같다. 단, 조작에 있어 꼭짓점과 변의 수는 각각 1씩 증가한다.
>
> [조작1] G의 꼭짓점 P_{i_0}를 1개 선택하여 색깔을 바꾼 후, 그림 3과 같이 변 E_{m+1}과 꼭짓점 P_{n+1}(백색)을 연결한다.
>
> 다른 변과 꼭짓점은 연결 상태와 색깔에 변화를 주지 않는다.
>
> 그림3
>
> 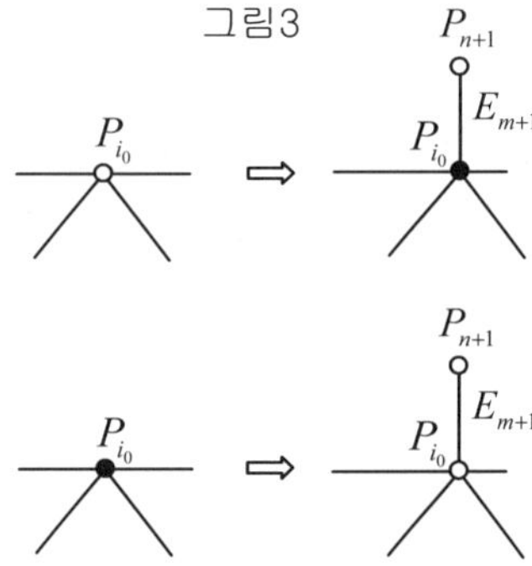
>

[조작2] G의 변 E_{j_0}를 1개 선택하여 제거한 후, 그림 4와 같이 꼭짓점 P_{n+1}(백색)을 첨가하여 양쪽의 꼭짓점들의 색깔을 바꾼 후 변으로 연결한다.
다른 변과 꼭짓점은 연결 상태와 색깔에 변화를 주지 않는다.

그림4

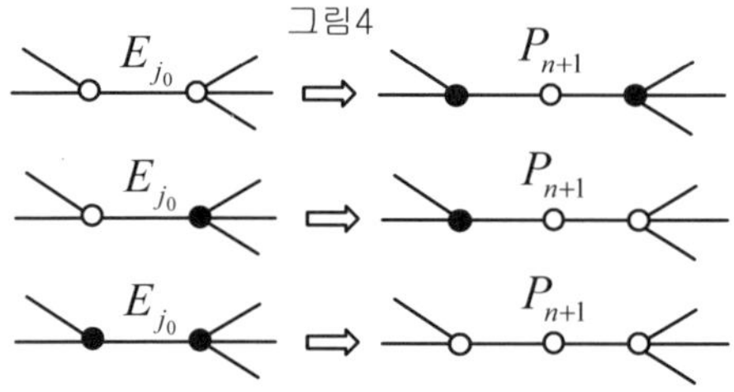

(1) 그림 5의 그래프는 모두 가능그래프임을 보여라.

그림5

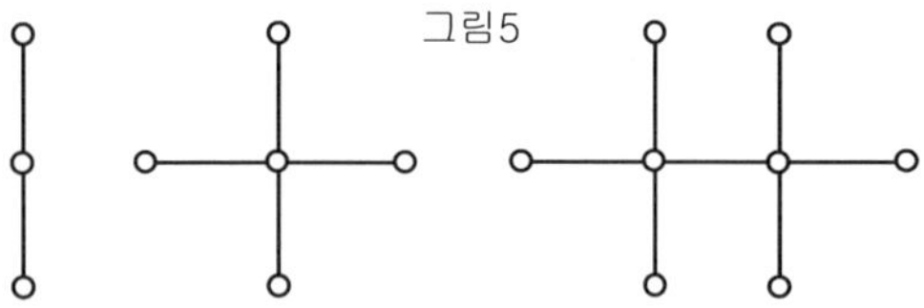

(2) n을 자연수라 할 때, n개의 꼭짓점을 갖는 그림 6과 같은 봉형(棒形)의 그래프가 가능그래프가 되기 위해 n이 만족해야 할 필요충분조건을 구하여라. 단, 모든 꼭짓점은 백색이다.

그림6

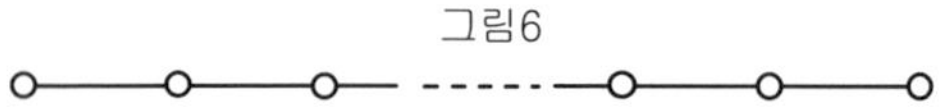

〈 2000년 전기 이과 〉 p.328

5. 다음 조건을 만족하는 양의 정수 전체의 집합을 S라 하자. [각 자리 수는 서로 다르며, 어느 2개의 자리 수를 더하여도 9가 되지 않는다.] 단, S의 원소는 10진법으로 표시한다. 또, 한 자리 양의 정수도 S에 포함되는 것으로 한다. 이때, 다음 물음에 답하여라.

(1) S의 원소 중
4자리 수는 모두 몇 개인가?

(2) S의 원소 중
2000번째로 큰 것을 구하여라.

〈 2001년 전기 이과 〉 p.342

6. 동전을 던져 나온 결과에 따라, 수직선 상의 두 점 A, B를 다음과 같이 움직인다.

〈 앞이 나온 경우 〉
점 A의 좌표가 점 B의 좌표보다 크면, A와 B를 모두 양의 방향으로 1만큼 이동시킨다. 그렇지 않은 경우, A만 양의 방향으로 1만큼 이동시킨다.

〈 뒤가 나온 경우 〉
점 B의 좌표가 점 A의 좌표보다 크면, A와 B를 모두 양의 방향으로 1만큼 이동시킨다. 그렇지 않은 경우, B만 양의 방향으로 1만큼 이동시킨다.

최초, 두 점 A, B는 원점에 있으며, 위 조작을 n회 시행하였을 때의 A, B의 좌표를 각각 a, b라 하자.

(1) 동전을 n회 던져 앞뒤가 나오는 경우의 수 2^n 중, $a=b$인 경우의 수를 X_n이라 하자. X_{n+1}과 X_n의 관계식을 구하여라.

(2) X_n을 구하여라.

(3) 동전을 n회 던져 앞뒤가 나오는 경우 2^n가지에 있어서의 a의 평균을 구하여라.

[2] 순열·조합

〈 1957년 2차 해석 II 〉 p.16

3. 그림과 같이 바둑판 모양으로 20개의 점이 나열되어 있다. 동일직선상에 있지 않은 세 점을 선택하여 만들 수 있는 삼각형은 모두 몇 개인가?

〈 1967년 1차 이과 〉 p.104

3. 다음 □ 안에 알맞은 수를 넣어라.
$(0.99)^{10}$의 소수 첫째 자리 수는 □, 소수 둘째 자리 수는 □, 소수 셋째 자리 수는 □, 소수 넷째 자리 수는 □이다.

〈 1970년 1차 이과 〉 p.123

5. 다음 □ 안에 알맞은 수를 넣어라.
각 항이 1, 2, 3 중 하나인 항수 4의 수열 (a_1, a_2, a_3, a_4) 전체의 집합을 S라 하자.

(1) S에 속하는 수열은 □개이다.

(2) S에 속하는 수열 (a_1, a_2, a_3, a_4) 중
$a_1 \leqq a_2 \leqq a_3 \leqq a_4$인 것은 □개이다.

(3) S에 속하는 수열 중 1, 2, 3이 모두 나타나는 것은 □개이다.

(4) S에 속하는 수열 중 각 항의 합이 10인 것은 □개이다.

〈 1978년 1차 문과 〉 p.153

2. 남자 5명과 여자 2명이 있다.
이때, 다음 □ 안에 알맞은 수를 넣어라.

(1) 7명이 원의 둘레에 둘러앉는 방법 중, 2명의 여자가 이웃하지 않는 방법은 □가지이다.

(2) 7명이 횡으로 1열로 나란히 늘어서는 방법 중, 양쪽 끝에 남자가 서는 방법은 □가지이다.

(3) 2번의 경우 중, 여자의 양쪽에 남자가 있게 하는 방법은 □가지이다.

(4) 3번의 경우 중, 특정 남여 1개 조가 이웃하게 하는 방법은 □가지이다.

〈 1990년 후기 이과1류 〉 p.256

3. 길이 1인 선분을 연결하여 만든 평면도형 $Q_1, Q_2, Q_3, \cdots$를 고려해 보자.
$n=1, 2, 3, \cdots$에 대하여, 도형 Q_n의 좌단의 점을 A_n, 우단의 점을 B_n, 상단의 점을 C_n이라 하자. Q_1은 한 변의 길이가 1인 정삼각형의 둘레이며, Q_2는 그림과 같이 Q_1을 3개 연결하여 만들어 졌다.
Q_n과 합동인 도형을 세 개 준비하여, 각각 $Q_n(1), Q_n(2), Q_n(3)$라 하자.
$i=1,2,3$에 대하여 $Q_n(i)$의 좌단의 점을 $A_n(i)$, 우단의 점을 $B_n(i)$, 상단의 점을 $C_n(i)$라 할 때, Q_{n+1}은 $B_n(1)$과 $A_n(2)$, $C_n(2)$와 $B_n(3)$, $A_n(3)$과 $C_n(1)$을 각각 동일한 점이 되도록 만든 도형이다.
Q_n에 있어, A_n에서 출발하여 B_n까지, 선분을 따라 걸어가는 방법 중, 한 번 통과한 점은 다시 통과하지 않는 방법을 고려해보자. 그런 방법 중, 도중에 C_n을 통과하지 않는 경우의 수를 x_n, C_n을 통과하는 경우의 수를 y_n이라 하자. 쉽게 예를 들면, $x_1=y_1=1$이다.

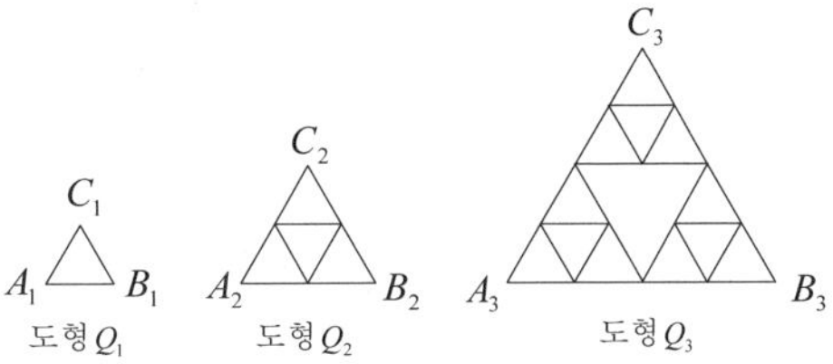

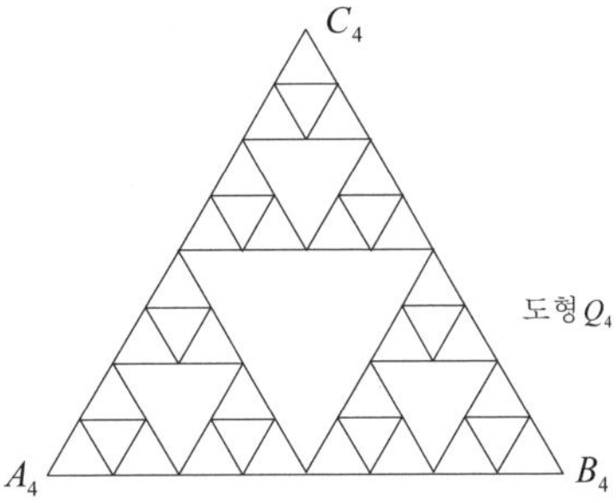

(1) x_2, y_2를 구하여라.

(2) x_{n+1}을 x_n, y_n을 사용하여 나타내어라.
또, y_{n+1}을 x_n, y_n을 사용하여 나타내어라.

(3) x_3, y_3를 구하여라.

[3] 확률의 의미와 계산

〈 1966년 2차 이과 〉 p.101

6. [신과정문제] 상자 속에 1부터 9까지의 수가 적힌 카드가 1장씩 들어 있다. 그 중 4장을 연이어 꺼내어, 꺼낸 순서대로 좌에서 우로 나열하여 4자리 수를 만든다. 만들어진 수가 1966보다 작을 확률을 구하여라.

〈 1967년 2차 이과 〉 p.110

6. 상자 속에 1부터 9까지의 번호를 하나씩 적은 카드가 9장 들어 있다. 카드를 잘 섞어서 하나씩 꺼내어 순서대로 새로 1부터 9까지의 번호를 적는다. 이 경우, 새로운 번호와 처음 번호가 일치하는 카드가 5장일 확률을 구하여라.

〈 1970년 2차 이과 〉 p.128

2. x축상의 원점에서 출발하여, 동전을 던져 앞면이 나오면 우로 1만큼, 뒷면이 나오면 좌로 1만큼 이동하는 것으로 하자.

(1) 4회 던져 $x=0,\ \pm1,\ \pm2,\ \pm3,\ \pm4$의 각 점에 있을 확률을 구하여라.

(2) n회 반복하였을 때, $x=n-2$에 있을 확률과 $x=n-4$에 있을 확률을 구하여라.

〈 1976년 1차 문과 〉 p.134

3. 다음 $\square$ 안에 알맞은 수를 넣어라.
대, 중, 소 세 개의 주사위를 동시에 던져 나온 눈을 x, y, z라 하자.

(1) x, y, z가 직각삼각형의 세 변의 길이로 될 확률은 $\square$이다.

(2) x, y, z가 이등변삼각형의 세 변의 길이로 될 확률은 $\square$이다.

(3) $\frac{\pi}{x}, \frac{\pi}{y}, \frac{\pi}{z}$가 직각삼각형의 세 꼭지각의 크기로 될 확률은 $\square$이다.

(4) $\frac{\pi}{x}, \frac{\pi}{y}, \frac{\pi}{z}$가 이등변삼각형의 세 꼭지각의 크기로 될 확률은 $\square$이다.

〈 1979년 문과 〉 p.167

7. 어떤 동전을 던질 때, 앞과 뒤가 각각 확률 $\frac{1}{2}$로 나오는 것으로 하자. 8회 던져, n회째 앞이 나오면 $X_n=1$, 뒤가 나오면 $X_n=-1$로 할 때, $S_n=X_1+X_2+\cdots+X_n\ (1\leq n\leq 8)$라 하자.
다음 확률을 구하여라.

(1) $S_2\neq 0$ and $S_8=2$일 확률

(2) $S_4=0$ and $S_8=2$일 확률

〈 1981년 이과 〉 p.177

1. $S=\{1, 2, \cdots, n\}\ (n\geq 2)$라 하자. S의 부분집합 중 원소의 개수가 2개인 것을 k개 골라 모두 서로소가 되도록 하는 방법은 몇 가지인가?
또, 그 수를 $f(n, k)$라 할 때, $f(n, k)=f(n, 1)$을 만족하는 n과 k를 모두 구하여라. (단, $k\geq 2$)

〈 1985년 이과 〉 p.212

5. 0 또는 양의 정숫값을 갖는 변수 X, Y가 있다. X가 정수 $n\ (n\geq 0)$의 값을 가질 확률과 Y가 정수 $n\ (n\geq 0)$의 값을 가질 확률은 p_n으로 같다. $(\sum_{n=0}^{\infty} p_n=1)$
이제, 임의의 정수 $k, m\ (k\geq 0, m\geq 0)$에 대하여, $X=k$인 사건과 $Y=m$인 사건은 독립이며, $X+Y=n$일 확률은 $(n+1)p_{n+1}$이다.
이때, $p_n\ (n=0, 1, 2, \cdots)$과 $\sum_{n=0}^{\infty} np_n$의 값을 구하여라.

〈 1986년 이과 〉 p.220

5. 벤치 $k+1$개가 일렬로 늘어서 있어, A, B 두 사람이 다음과 같은 게임을 한다. 최초 A는 왼쪽 끝, B는 오른쪽 끝에 있으며, 가위바위보를 하여 이긴 사람이 반대편 쪽의 바로 옆 벤치로 옮겨 앉고 진 사람은 움직이지 않는다. 또, 비긴 경우는 두 사람 모두 움직이지 않으며, 두 사람은 처음 움직인 방향으로만 움직인다.
가위바위보를 반복하여, 반대편 끝에 먼저 도착하는 사람이 이기는 것으로 한다. 한 번 가위바위보를 할 때, A가 이길 확률, 질 확률, 비길 확률이 모두 같을 때, 다음 각 확률을 구하여라.

(1) n회 가위바위보를 한 후, 두 사람이 같은 벤치에 있을 확률 q

(2) n회 가위바위보를 한 후, A, B의 이동횟수가 각각 x, y일 확률 $p(x, y)$

(3) $k=3$일 때, $n\ (n\geq 3)$회 가위바위보를 한 후에도 승부가 결정되지 않을 확률 p

〈 1987년 이과 〉 p.228

6. 정육각형의 꼭짓점에 1부터 6까지의 번호가 순서대로 매겨져 있다. 또, 주사위를 n개 던져 나온 수들을 번호로 하여, 해당하는 꼭짓점에 표시를 한다. 이때, 표시된 점 중 세 점을 꼭짓점으로 하는 직각삼각형이 존재할 확률을 p_n이라 하자.

(1) $p_3,\ p_4$를 구하여라.

(2) $\lim_{n\to\infty}\frac{1}{n}\log(1-p_n)$을 구하여라.

〈 1989년 이과 〉 p.243

6. 3개의 빨간 구슬과 n개의 백색 구슬을 무작위로 원형으로 늘어 놓는다. 이때, 백색 구슬이 연이어 $k+1$개 이상 늘어선 곳이 없을 확률을 구하여라. 단, $\frac{n}{3}\leq k<\frac{n}{2}$

〈 1990년 전기 이과 〉 p.250

6. 한 개의 주사위를 연이어 던져 최초 n회에 나온 수를 순서대로 소수 이하의 자리에 나열하여 만든 실수를 a_n이라 하자.
예를 들면, 나온 수가 차례로 $5,\ 2,\ 6, \cdots$ 인 경우, $a_1=0.5\ ,\ a_2=0.52\ ,\ a_3=0.526\ , \cdots$ 으로 된다.
실수 α에 대하여, $a_n\leq\alpha$일 확률을 $p_n(\alpha)$로 놓자.

(1) $\lim_{n\to\infty}p_n\left(\frac{41}{333}\right)$을 구하여라.

(2) $\lim_{n\to\infty}p_n(\alpha)=\frac{1}{2}$로 되는 것은 α가 어떠한 범위에 있을 때인가?

〈 1991년 전기 이과 〉 p.258

1. 평면 위에 정사면체가 위치해 있다.
평면과 접해 있는 면의 세 변 중 한 변을 임의로 택해, 그것을 축으로 하여 정사면체를 넘어뜨린다. 이와 같은 조작을 n회 시행 후,
처음에 평면과 접해 있던 면이 다시 평면과 접할 확률을 구하여라.

〈 1993년 전기 이과 〉 p.284

5. 1과 0을 5개 나열하여 만든 수의 열(列) 10110을, 어떤 사람이 손으로 써서 옮겨 적는 것을 반복한다. 처음 열(列)을 S라 하고, 그것을 제1회 옮겨 적은 것을 S_1이라 할 때, 제2회째는 S_1을 보고 옮겨 적는다. S_1을 옮겨 적은 것을 S_2라 할 때, 제3회째는 S_2를 보고 옮겨 적는다. 이하, 같은 방법으로 계속 옮겨 적는다.

이 사람이 한 개의 0을 1로 잘못 옮겨 적을 확률은 $p\ (0<p<1)$이고, 한 개의 1을 0으로 잘못 옮겨 적을 확률은 $q\ (0<q<1)$이며, 이것들 이외에는 틀리는 일이 없다고 한다. 제n회째의 복사본 S_n이 S와 일치할 확률을 $C(n)$이라 할 때, $\lim_{n\to\infty}C(n)$을 구하여라.

〈 1994년 전기 이과 〉 p.297

5. 많은 카드가 있어, 각 카드에
$1, 2, 3, 4, 5, 6$의 숫자 중 하나가 적혀 있다. 이중에서 무작위로 하나를 선택할 때, 각각의 숫자가 선택될 확률은 모두 양수이다. 또, 3이 적힌 카드가 선택될 확률은 p이고, $1, 2, 5, 6$이 적힌 카드가 선택될 확률은 각각 q로 같다.
이 중에서 하나를 뽑아 그 숫자를 a라 하고, 그 카드를 원래대로 넣은 후 다시 하나를 뽑아 그 숫자를 b라 하자. 이때, $a+b\leq 4$로 되는 사건을 A, $a<b$로 되는 사건을 B라 하고, 각각의 확률을 $P(A),\ P(B)$라 하자.

(1) $E=2P(A)+P(B)$라 할 때, E를 $p,\ q$로 나타내어라.

(2) $\frac{1}{p}$과 $\frac{1}{q}$이 모두 자연수일 때, E의 값을 최대로 하는 $p,\ q$를 구하여라.

〈 1994년 후기 이과1류 〉 p.308

3. 어떤 회사가 공사를 수주 받았다.

그 공사는 제1공정, 제2공정, 검사의 순서로 이루어지며, 3개의 작업은 각각 하루를 필요로 한다. 검사에서 제1공정, 제2공정에 결함이 있는지 없는지를 알 수 있다.

검사결과 제1공정에 결함이 있는 경우, 제1공정, 제2공정을 모두 고쳐서 다시 검사한다. 제1공정에는 결함이 없고 제2공정에만 결함이 있는 경우에는 제2공정만 고쳐서 다시 검사한다. 이 작업들은 일요일을 제외하고는 계속 이어서 하며, 검사결과 제1, 제2공정 모두 결함이 없으면 공사는 종료된다. 각 공정에 있어 거기까지의 경과와는 독립적으로 확률 p로 결함이 발생하는 것으로 한다. (즉, 항상 확률 p로 결함 발생)

월요일부터 공사를 시작하는 경우, n주 이내에 이 공사를 종료할 확률을 $P(n)$이라 하자.

(1) $P(1)$을 구하여라.

(2) $P(n)$을 구하여라.

(3) $p=\frac{1}{2}$일 때, $1-P(n)<\frac{1}{1000}$을 만족하는 최소의 양의 정수 n을 구하여라.

〈 2001년 후기 이과1류 〉 p.346

2. (1) 그림 1과 같이, 같은 간격 h로 서로 수직인 평행선들이 격자형을 이루며 무수히 많이 그려져 있는 평면이 있다.

그 위에 반경 1인 원 C를 무작위로 던졌을 때, 이 원이 평면상의 2개의 직선과 만날 확률 p를 구하여라.

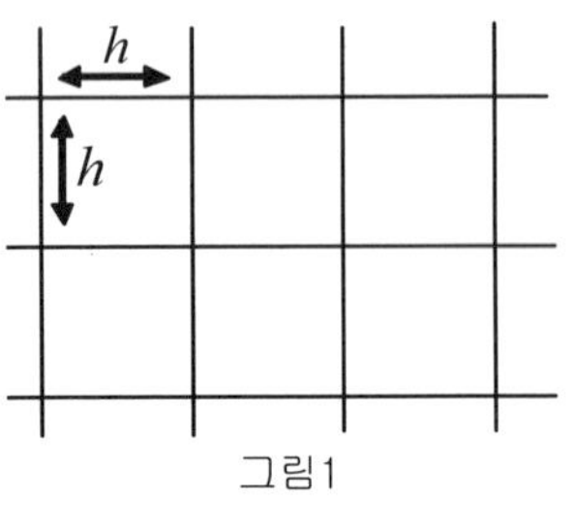

그림1

(2) 그림 2와 같이, 반지름 $\sqrt{2}+1$인 원들이 서로 접하며 무수히 깔려 채워진 평면이 있다. 그 위에 반지름 1인 원 C를 무작위로 던졌을 때, 이 원이 평면상의 세 원과 만날 확률 q를 구하여라.

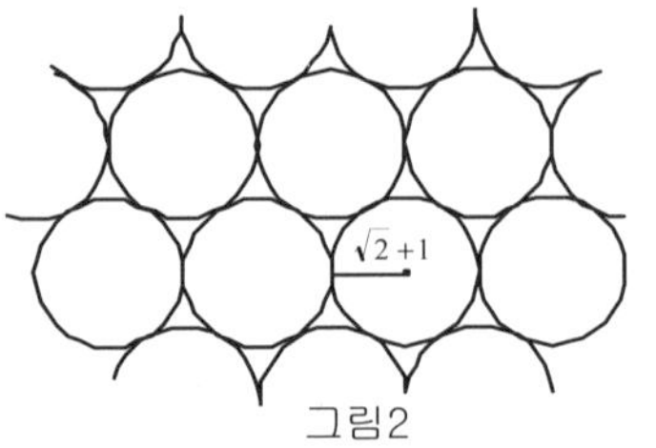

그림2

단, 해답에 다음을 이용해도 된다.

> 평면상의 두 벡터 a, b는 원점 O를 시점으로 하며 일차독립이다. 점 O와 세 벡터 a, b, $a+b$의 종점을 꼭짓점으로 하는 평행사변형을 E라 하자. E의 영역 F에 대하여, F를 a와 b의 정수계수 일차결합 $ma+nb$에 의하여 평행이동한 것들 전체의 집합을 D라 하자.
> 즉, $D=\{c+ma+nb \mid c\in F,\ m,n\text{은 정수}\}$
> 이때, 평면상의 1점 P를 무작위로 찍으면, 그 점이 D의 내부에 있을 확률은 F의 면적의 평행사변형 E의 면적에 대한 비로 된다.

〈 2003년 전기 이과 〉 p.366

5. 주사위를 n번 던져, 제1회째부터 제n회째까지 나온 수 n개를 모두 곱한 값을 X_n이라 하자.

(1) X_n이 5로 나누어떨어질 확률을 구하여라.

(2) X_n이 4로 나누어떨어질 확률을 구하여라.

(3) X_n이 20으로 나누어떨어질 확률을 p_n이라 할 때, $\lim_{n\to\infty}\frac{1}{n}\log(1-p_n)$을 구하여라.

〈 2003년 전기 문과 〉 p.370

4. 주사위를 던져 나온 수로 17을 나누었을 때의 나머지를 X_1이라 하자. 주사위를 다시 한 번 던져 나온 수로 X_1을 나누었을 때의 나머지를 X_2라 하자.
같은 방법으로, X_n이 정해지면 주사위를 다시 한 번 던져 나온 수로 X_n을 나누었을 때의 나머지를 X_{n+1}이라 한다. 이러한 방법으로 X_n $(n=1, 2, 3, \cdots)$을 정한다.
단, 주사위의 각 눈이 나올 확률은 같으며, 1로 나누었을 때의 나머지는 0이다.
(1) $X_3=0$일 확률을 구하여라.
(2) 각 n에 대하여, $X_n=5$일 확률을 구하여라.
(3) 각 n에 대하여, $X_n=1$일 확률을 구하여라.

〈 2005년 전기 이과 〉 p.395

5. N을 1 이상의 정수라 하자. 숫자 $1, 2, \cdots, N$이 적혀있는 카드를 1장씩, 총 N장을 사용하여 갑, 을 두 사람이 다음 순서로 게임을 한다.
(i) 갑이 1장의 카드를 뽑아, 거기에 적혀 있는 수를 a라 하고, 카드는 다시 넣는다.
(ii) 갑은 1장의 카드를 더 뽑을지 말지를 결정한다. 뽑은 경우, 적혀 있는 수를 b라 하고 뽑은 카드는 다시 넣는다. 뽑지 않은 경우, $b=0$으로 한다. $a+b>N$이면, 을의 승리로 게임은 끝난다.
(iii) $a+b \leqq N$인 경우, 을이 1장의 카드를 뽑아 적혀 있는 수를 c라 하고 뽑은 카드는 다시 넣는다. $a+b<c$인 경우, 을의 승리로 게임은 끝난다.
(iv) $a+b \geqq c$인 경우, 을은 1장의 카드를 다시 뽑아 적혀 있는 수를 d라 한다.
$a+b<c+d \leqq N$인 경우 을의 승리이며, 그 외의 경우는 갑의 승리로 한다.

(ii)단계에서 갑이 어떤 선택을 하는 것이 유리한가를 a값에 따라 고려해보자.
다음 문제에 답하여라.
(1) 갑이 2회째에 카드를 뽑지 않은 경우,
갑이 이길 확률을 a를 이용하여 나타내어라.
(2) 갑이 2회째에 카드를 뽑은 경우,
갑이 이길 확률을 a를 이용하여 나타내어라.
단, 각 카드가 뽑힐 확률은 같은 것으로 한다.

[4] 기댓값

〈 1981년 이과 〉 p.177

2. 반지름 1인 원에 내접하는 정육각형의 꼭짓점을 차례로 $A_1, A_2, \cdots, A_6$라 하자. 그 중에서 무작위로 중복을 허락하여, 세 점을 순서대로 선택하여 만든 삼각형의 면적의 기댓값(평균치)을 구하여라. 단, 2개 이상의 점이 일치하도록 세 점이 선택된 경우에는 삼각형의 면적을 0으로 하며, 같은 삼각형이라도 꼭짓점의 선택순서가 다른 것은 각각 계산한다.

〈 1981년 문과 〉 p.182

3. A는 100원짜리 동전을 4개, B는 50원짜리 동전을 3개를 던져, 앞면이 많이 나온 사람이 이기는 것으로 하고, 앞면의 수가 같으면 비긴 것으로 한다. 단, 앞면과 뒷면이 나올 확률은 모두 $\frac{1}{2}$이다.
(1) A가 이길 확률, B가 이길 확률, 비길 확률을 각각 구하여라.
(2) 이긴 사람이 던진 동전을 모두 갖기로 하면, A와 B 중 누가 유리한가?

〈 1992년 전기 이과 〉 p.272

6. A, B 두 사람이 가위바위보를 하여, 바위로 이기면 3보, 가위로 이기면 5보, 보로 이기면 6보 전진하는 게임을 한다. 가위바위보를 한 번하여, A가 전진한 걸음수에서 B가 전진한 걸음수를 뺀 값의 기댓값을 E라 하자.
(1) B가 바위, 가위, 보를 낼 확률이 모두 같다고 하자. A가 어떠한 확률로 바위, 가위, 보를 낼 때, E의 값이 최대로 되는가?

(2) B가 바위, 가위, 보를 낼 확률의 비가 $a:b:c$라고 하자. A가 어떠한 확률로 바위, 가위, 보를 내면, 임의의 a,b,c에 대하여 $E \geq 0$로 되는가?

〈 2000년 후기 이과1류 〉 p.336

3. 등에 1부터 5까지의 번호를 단 5명이 등번호 순으로 테이블 앞에 서있다.

최초, 5명은 각자 손에 3개의 동전을 가지고 있으며, 등번호 순으로 반드시 1개 또는 2개의 동전을 테이블 위에 놓고 맨뒤로 간다. 등번호가 5인 사람이 동전을 놓고 맨뒤로 가면(1회 완료), 다시 등번호 1인 사람부터 손에 남아있는 동전을 테이블 위에 1개 또는 2개를 놓고 맨뒤로 간다.

단, 손 안에 2개 이상의 동전이 있을 때, 1개만 테이블 위에 놓을 확률은 p이며, p는 5명에게 동일하다.

(1) 1회 완료 후, 테이블 위에 7개의 동전이 놓여 있을 확률 Q를 구하여라. 또, Q를 최대로 하는 p의 값과 그 때의 Q의 값을 구하여라.

(2) 1회 완료 할 때, 등번호 5인 사람이 7번째 동전을 놓을 확률 R을 구하여라. 또, R을 최대로 하는 p의 값을 구하여라.

(3) 2회 완료 후, 테이블 위에 놓인 동전의 수의 기댓값을 구하여라.

〈 2005년 후기 이과1류 〉 p.403

2. 10장의 카드에 1부터 10까지의 수가 하나씩 적혀 있다. 이 카드를 이용한 다음과 같은 게임을 고려해보자. r은 자연수이다.

게임은 최대 r라운드로 이루어지며, 제1라운드부터 시작한다. 각 라운드에서 플레이어는 10장의 카드 중 1장을 뽑아, 그 수를 보고 [정지] 또는 [속행] 중 하나를 선택한다. [정지]를 선택하면, 그 라운드에서 게임은 끝나고 마지막으로 뽑은 카드에 적힌 수를 게임의 득점으로 한다. [속행]을 선택한 경우는 뽑은 카드를 원래대로 되돌려 놓고 다음 라운드를 실행한다. 계속 [속행]을 선택하여 최종라운드(r라운드)를 실시하는 경우, [정지]만을 선택할 수 있으며, 최종라운드에서 뽑은 수가 득점이 된다. 단, 각 라운드에서, 어떠한 카드도 같은 확률 $\frac{1}{10}$로 뽑히는 것으로 한다. 뽑힌 카드에 적혀 있는 수 x에 따라 [정지] 또는 [속행]을 선택하는 규칙을, 그 라운드에서의 전략이라 하자.

전략은 라운드마다 0 또는 1의 값을 갖는 함수 $f(x)\,(x=1,2,\cdots,10)$에 의하여, $f(x)=0$이면 [속행], $f(x)=1$이면 [정지]로 정한다.

(1) 자연수 $k\,(1 \leq k < 10)$에 대하여,

함수 $f_k(x)$를 $f_k(x)=\begin{cases} 0\,(1 \leq x \leq k) \\ 1\,(k < x \leq 10) \end{cases}$ 라 하자.

k값을 하나 정하여, 최종라운드를 제외한 모든 라운드에 $f_k(x)$에 의하여 정해지는 전략을 채용할 때, 득점의 기댓값을 r과 k로 나타내어라.

(2) 총라운드수 r이 2일 때, 득점의 기댓값이 최대로 되게 하는 제1라운드의 전략을 구하고, 그 때의 득점의 기댓값을 구하여라.

(3) 총라운드수 r이 3일 때, 득점의 기댓값이 최대로 되게 하는 제1라운드의 전략과 제2라운드의 전략을 각각 구하고, 그 때의 득점의 기댓값을 구하여라.

[5] 확률과 수열의 극한

수열 : [3]수열의 응용(확률과 점화식) 참조
– p.437

[1] 복소수와 도형

〈 2000년 전기 이과 〉 p.325

2. 복소평면상의 원점 이외의 서로 다른 두 점 $P(\alpha)$, $Q(\beta)$를 고려해보자. $P(\alpha)$, $Q(\beta)$를 지나는 직선을 l, 원점에서 l에 내린 수선과 l의 교점을 $R(w)$라 하자. 단, 복소수 r을 표시하는 점 C를 $C(r)$로 쓴다.
이때, 명제 [$w=\alpha\beta$이기 위한 필요충분조건은 $P(\alpha)$, $Q(\beta)$가 중심 $A\left(\frac{1}{2}\right)$, 반지름 $\frac{1}{2}$인 원의 원주상에 있는 것이다.]를 증명하여라.

〈 2001년 전기 이과 〉 p.340

4. 복소평면상의 점 $a_1,\ a_2,\ \cdots,\ a_n,\ \cdots$ 을

$$a_1=1,\ a_2=i,\ a_{n+2}=a_{n+1}+a_n\quad(n=1,2,\cdots)$$

으로 정하고, $b_n=\dfrac{a_{n+1}}{a_n}\ (n=1,\ 2,\ \cdots)$로 놓자.
단, i는 허수단위이다.
(1) 세 점 $b_1,\ b_2,\ b_3$를 지나는 원 C의 중심과 반지름을 구하여라.
(2) $b_n\ (n=1,2,\cdots)$은 모두 원 C의 원주상에 있음을 보여라.

〈 2003년 전기 이과 〉 p.364

2. O를 원점으로 하는 복소수 평면상에서 6을 표시하는 점을 A, $7+7i$를 표시하는 점을 B라 하자. 또, 양의 실수 t에 대하여, $\dfrac{14(t-3)}{(1-i)t-7}$을 표시하는 점을 P라 하자.
(1) $\angle APB$를 구하여라.
(2) $\overline{OP}$의 길이가 최대로 되는 t를 구하여라.

〈 2004년 전기 이과 〉 p.377

1. xy평면상의 포물선 $y=x^2$상의 세 점 P, Q, R이 다음 조건을 만족한다.
[△PQR은 한 변의 길이가 a인 정삼각형이며, 두 점 P, Q를 지나는 직선의 기울기는 $\sqrt{2}$ 이다.] a값을 구하여라.

〈 2004년 후기 이과1류 〉 p.387

1. r: 양의 실수, $0<\theta<\frac{\pi}{2}$, $P_0(0,0)$, $P_1(1,0)$ 이며 $P_2,\ P_3,\ P_4,\ \cdots$ 가 $n=0,1,2,\cdots$ 에 대하여 다음 조건 (a), (b), (c)를 만족한다. 물음에 답하여라.

(a) $\overline{P_{n+1}P_{n+2}}=r\ \overline{P_nP_{n+1}}$
(b) $\angle P_nP_{n+1}P_{n+2}=\theta$
(c) $P_n,\ P_{n+2},\ P_{n+3}$은 동일 직선상에 있다.

(1) r을 θ를 이용하여 나타내어라.
(2) 점 $P_n(x_n,y_n)$에 대하여, 복소수 $z_n=x_n+y_n i$를 θ를 이용하여 나타내어라.
(3) 수열 $\{x_n\}$, $\{y_n\}$이 모두 수렴할 필요충분조건은 $\frac{\pi}{3}<\theta<\frac{\pi}{2}$ 임을 보여라.
이하,

$$\frac{\pi}{3}<\theta<\frac{\pi}{2},\ \alpha(\theta)=\lim_{n\to\infty}x_n,\ \beta(\theta)=\lim_{n\to\infty}y_n$$

이다.
(4) 극한값 $\displaystyle\lim_{\theta\to\frac{\pi}{3}+0}\alpha(\theta)$, $\displaystyle\lim_{\theta\to\frac{\pi}{3}+0}\beta(\theta)$를 각각 구하여라.
(5) $\frac{\pi}{3}<\theta<\frac{\pi}{2}$ 일 때, $\beta(\theta)$의 최댓값을 구하여라.

〈 2005년 전기 이과 〉 p.393

2. $|z|>\frac{5}{4}$인 어떠한 복소수 z에 대해서도 $w=z^2-2z$로 되지 않는 복소수 w 전체의 집합을 T라 하자.
즉, $T=\left\{w \mid w=z^2-2z \text{이면, } |z|\le\frac{5}{4}\right\}$이다. 이때, T에 속하는 복소수 w 중 $|w|$가 최대로 되는 w를 구하여라.

[2] 기타

〈 1967년 1차 이과 〉 p.104

2. 다음 $\square$ 안에 알맞은 실수를 넣어라.
복소수 z를 실수 x, y를 사용하여 $x+yi$ (i: 허수 단위)로 표시할 때, z의 절댓값 $|z|$는 $|z|=\sqrt{x^2+y^2}$ 으로 주어진다.
조건 $2|z-3-3i|=|z|$를 만족하는 모든 복소수 z 중, $|z|$가 최대인 것을 z_1, 최소인 것을 z_2라 하면,

$z_1=\square+i\,\square$, $z_2=\square+i\,\square$ 이다.

〈 1970년 1차 이과 〉 p.122

2. 다음 $\square$ 안에 알맞은 수를 넣어라.
복소수 z를 표현하는 평면상에서, 방정식 $z\bar{z}+3i(z-\bar{z})+5=0$은 점 $\square+\square i$를 중심으로 하는 반지름 $\square$인 원을 표현한다. 이 원은 $|z+i|=\square|z-2i|$를 만족하는 점 z의 궤적이다.

〈 1970년 2차 이과 〉 p.127

1. $a=\cos\left(\frac{\pi}{3}\right)+i\sin\left(\frac{\pi}{3}\right)$ 이며,
n은 모든 자연수 값을 가지며 변한다.
(1) a^n은 몇 개의 서로 다른 값을 갖는가?
(2) $\dfrac{(1-a^n)(1-a^{2n})(1-a^{3n})(1-a^{4n})(1-a^{5n})}{(1-a)(1-a^2)(1-a^3)(1-a^4)(1-a^5)}$
의 값을 구하여라.

[14. 공간좌표와 벡터]

〈 1966년 2차 문과 〉 p.102

5. [신과정문제] 공간상의 두 점 $(10, 2, 5)$, $(-6, 10, 11)$을 지름의 양 끝점으로 하는 구면이 있다.
(1) 구면이 xy 평면에 의하여 잘려서 얻어진 원의 넓이를 구하여라.
(2) 구면은 z축을 잘라 하나의 선분을 만든다. 선분의 길이를 구하여라.

〈 1976년 1차 이과 〉 p.131

1. 다음 $\square$ 안에 알맞은 수를 넣어라.
공간상의 동점 P는 점 $A(3, 0, 0)$과 점 $B(3, 5, 5)$를 양 끝점으로 하는 선분 위를 움직이며, 동점 Q는 원점을 중심으로 하고 xy 평면상에 있는 반지름 10인 원 위를 움직인다.
선분 PQ의 길이가 최소로 되는 것은
$P=(3, \square, \square)$, $Q=(\square, \square, 0)$ 일 때이다.

〈 1976년 2차 이과 〉 p.136

2. 시각 $t=0$에 원점을 출발하여, xy 평면상에서 아래의 (i), (ii)를 만족하며 움직이는 동점 P가 있다.
(i) $t=0$에서의 P의 속도를 나타내는 벡터의 성분은 $(1, \sqrt{3})$이다.
(ii) $0<t<1$에서 P는 유한 번(1번 이상) 직각으로 좌회전하며, 이 때를 제외하고는 일정한 속도 2로 직진한다. 단, 좌회전하는 데 걸리는 시간은 0이며, 회전 후 직진하지 않고 이어서 다시 회전하는 경우는 없다.
시각 $t=1$일 때 P가 도달하는 점을 Q라 하자. Q가 존재할 수 있는 범위를 도시하라.

〈 1977년 1차 이과 〉 p.141

3. 다음 $\square$ 안에 알맞은 수를 넣어라.
그림과 같은 입체도형을 고려해보자. 세 변 AB, DC, EF는 서로 평행하며, 밑면 $ABCD$는 직사각형이다. 또, $\overline{AB}=9$, $\overline{BC}=8$, $\overline{EF}=3$, $\overline{EA}=\overline{ED}=\overline{FB}=\overline{FC}=13$이다. 이 입체의 체적은 $\square$이고, 사각형 $ABFE$의 대각선 AF의 길이는 $\square$이며, 사각형 $ABFE$의 면적은 $\sqrt{\square}$ 이다.
또, $\angle AFC=\alpha$로 놓으면, $\cos\alpha=\square$이다.

〈 1977년 1차 문과 〉 p.143

3. 다음 □ 안에 알맞은 수를 넣어라.
한 변의 길이가 1인 정사면체를 A라 하자. 또, A의 각 면의 외심을 꼭짓점으로 하는 사면체를 B라 하자.

그러면, B의 표면적은 $\frac{1}{\sqrt{\square}}$이고,

A의 표면적의 $\frac{1}{\square}$배이다.

또, B의 체적은 $\frac{1}{\sqrt{\square}}$이고,

A의 체적의 $\frac{1}{\square}$배이다.

〈 1977년 2차 이과 〉 p.145

2. xy평면상의 원점 O와 원점이 아닌 서로 다른 두 점 $A(a_1, a_2)$, $B(b_1, b_2)$에 대하여, $\overline{OA}=a$, $\overline{OB}=b$, $\angle AOB=\theta$로 놓자.
a_1, a_2, b_1, b_2가 모두 유리수일 때, 다음 세 조건이 서로 동치임을 증명하여라.
(ⅰ) ab는 유리수이다.
(ⅱ) $\cos\theta$는 유리수이다.
(ⅲ) $\sin\theta$는 유리수이다.

〈 1977년 2차 이과 〉 p.148

6. 공간상의 직선 l은 두 점 $(1, 1, 0)$, $(2, 1, 1)$을 지나며, 직선 m은 두 점 $(1, 1, 1)$, $(1, 3, 2)$를 지난다.
(1) l을 포함하고 m에 평행한 평면을 $ax+by+cz+d=0$의 형태로 나타내어라.
(2) 점 $(2, 0, 1)$을 지나며, l, m 모두와 만나는 직선을 n이라 하자. l과 n의 교점 및 m과 n의 교점을 구하여라.

〈 1978년 1차 이과 〉 p.150

3. 다음 □ 안에 알맞은 수를 넣어라.
a를 양의 실수라 하자. 공간상의 네 점 $O(0, 0, 0)$, $A(6, 0, 0)$, $B(3, 5, 0)$, $C(3, 2, a)$를 지나는 구면의 중심을 P라 하자. 이 때, $a=3$이면, $P=(\square, \square, \square)$이다.
또, P가 사면체 $OABC$의 내부(표면포함)에 포함되도록 a가 변할 때, a가 취할 수 있는 최솟값은 $\sqrt{\square}$이다.

〈 1980년 이과 〉 p.169

2. 길이 2인 선분 NS를 지름으로 하는 구면 K가 있다. 점 S에서 구면에 접하는 평면상에 S를 중심으로 하는 반지름 2인 사분원(원주의 $\frac{1}{4}$의 길이를 갖는 원호) $\widehat{AB}$와 선분 AB를 합하여 얻은 곡선상을 점 P가 1회전한다. 이 때, 선분 NP와 구면 K의 교점 Q가 그리는 곡선의 길이를 구하여라.

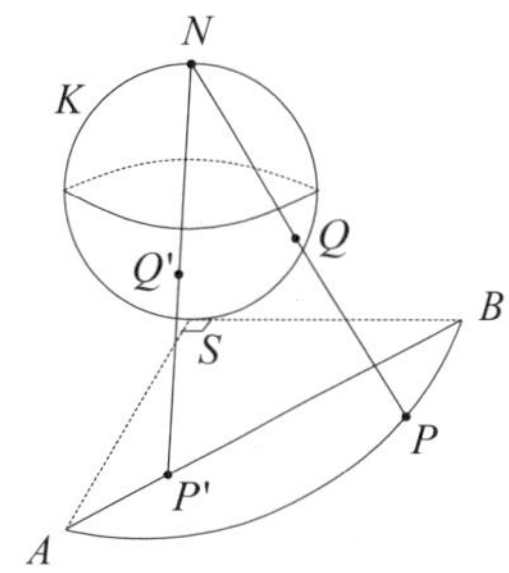

〈 1981년 이과 〉 p.178

4. 실수 $\alpha\left(0\leqq\alpha<\frac{\pi}{2}\right)$와 공간상의 세 점 $A(1, 1, 0)$, $B(1, -1, 0)$, $C(0, 0, 0)$이 주어져 있을 때, 다음 네 조건을 만족하는 점 $P(x, y, z)$를 고려해보자.
㉠ $z>0$
㉡ $\overleftrightarrow{PA}$와 A를 지나며 z축에 평행한 직선이 이루는 각은 $\frac{\pi}{4}$이다.
㉢ $\overleftrightarrow{PB}$와 B를 지나며 z축에 평행한 직선이 이루는 각은 $\frac{\pi}{4}$이다.
㉣ $\overleftrightarrow{PC}$와 C를 지나며 z축에 평행한 직선이 이루는 각은 α이다.
위 조건을 만족하는 점 P의 개수를 구하여라.
또, P가 2개 이상 존재할 때, 각각의 경우에 대하여 z값을 α를 이용하여 나타내어라.

〈 1983년 이과 〉 p.194

3. 평면상에 점 O를 중심으로 하는 반지름 1인 원 C가 있다. 또, 같은 평면상의 O와 다른 점 A를 지나고 직선 OA와 수직인 공간상의 직선 l이 있어, 평면과 이루는 각이 45°이다. 이때, 원 C와 직선 l 사이의 최단거리를 두 점 O, A 사이의 거리 a로 나타내어라.

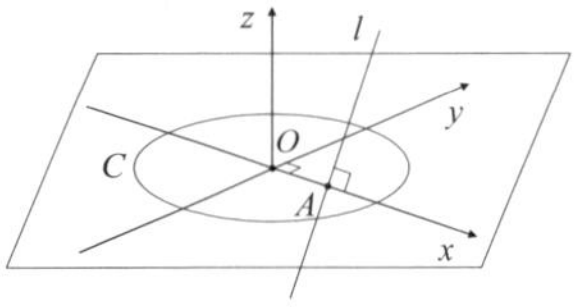

〈 1983년 문과 〉 p.198

7. 기운 평면에 있어, 가장 기울기가 급한 방향의 기울기가 $\frac{1}{3}$이며, 남북방향의 기울기는 $\frac{1}{5}$이다. 동서방향의 기울기는?

〈 1984년 이과 〉 p.201

1. 공간상의 점의 집합 $\{(x,y,z)|0 \leqq y,\ 0 \leqq z\}$에 포함되며, 원점 O에서 x축에 접하고 xy평면과 45°의 기울기를 이루는 반지름 1인 원판 C가 있다.

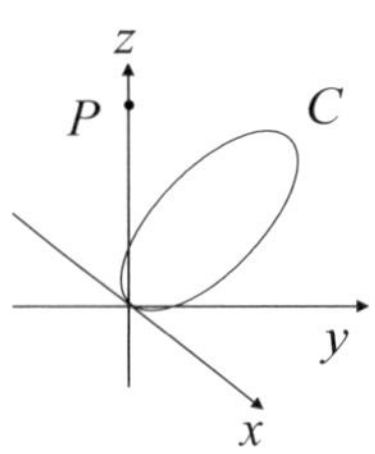

좌표가 $(0,\ 0,\ 2\sqrt{2})$인 점광원 P에 의하여, xy평면상에 그려진 원판 C의 그림자를 S라 하자.

(1) S의 윤곽을 표현하는 xy평면상의 곡선의 방정식을 구하여라.

(2) 원판 C와 그림자 S의 사이에 끼여, 빛이 닿지 않는 부분으로 이루어진 입체의 체적을 구하여라.

〈 1985년 문과 〉 p.214

2. 그림에서, $ABCD$는 한 변의 길이가 $1\,\text{km}$인 정사각형이고 M, N은 각각 변 CD, DA의 중점이다. 지금, 갑과 을 두 사람은 같은 시각에 각각 A, B를 출발하여, 일정한 같은 속력으로 걷기 시작하였다. 갑은 그림의 실선과 같이 도로 AMB를 따라 걷고, 을은 그림의 실선과 같이 도로 BNC를 따라 걸어, 30분 후에 갑은 B에, 을은 C에 도착하였다. 갑과 을이 가장 가까워지는 것은 출발한 지 몇 분 후인가? 또, 그때의 양자 간의 거리는 얼마인가?

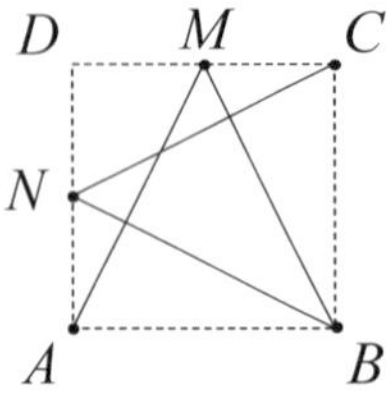

〈 1986년 이과 〉 p.218

3. (1) xyz공간상의 세 점

$$A\left(0,\ 0,\ \frac{1}{2}\right),\ B\left(0,\ \frac{1}{2},\ 1\right),\ C(1,\ 0,\ 1)$$

을 지나는 평면 S_0에 수직이며, 길이 1인 벡터 $\overrightarrow{n_0}$를 모두 구하여라.

(2) 두 점 $D(1,\ 0,\ 0)$, $E(0,\ 1,\ 0)$을 지나는 직선 l을 축으로 평면 S_0를 회전하여 얻을 수 있는 평면 S를 모두 고려해보자. 그러한 평면 S에 수직이며 길이 1인 벡터 $\vec{n}=(x,\ y,\ z)$의 y성분의 절댓값 $|y|$는 S와 함께 변화한다. 그 최댓값과 최솟값을 구하여라.

〈 1992년 전기 이과 〉 p.269

2. xy평면상에서, x좌표, y좌표가 모두 정수인 점을 격자점이라 부른다. 격자점을 꼭짓점으로 하는 삼각형 ABC를 고려해 보자.

(1) 변 AB, AC 각각의 변 위에 양 끝점을 제외한 홀수개의 격자점이 있으면, 변 BC 위에도 양 끝점을 제외하고 홀수개의 격자점이 있음을 보여라.

(2) 변 AB, AC 위에 양 끝점을 제외하고 정확히 3점씩 격자점이 존재하면, 삼각형 ABC의 면적은 8로 나누어떨어지는 정수로 되는 것을 보여라.

〈 1994년 전기 문과 〉 p.302

3. $0 < a \leqq 1$에 대하여, 행렬 $A=\begin{pmatrix} 1 & 1 \\ 1 & 1+2a \end{pmatrix}$를 고려해 보자. $\vec{u}=\begin{pmatrix} \cos\theta \\ \sin\theta \end{pmatrix}$일 때, 벡터 $A\vec{u}$의 길이 $|A\vec{u}|$에 대하여, 다음 부등식이 성립함을 증명하여라.

$$(2-\sqrt{2})a \leqq |A\vec{u}| \leqq 2+\sqrt{2}$$

[1] 필요조건 · 충분조건

〈 1960년 1차 이과 〉 p.37

3. 다음 (1)~(4)에 있어, A칸의 두 식이 모두 성립하기 위해, B칸의 두 식이 모두 성립하는 것은 어떠한 조건인가?
㉠~㉣ 중 적당한 것을 넣으시오.

㉠ 필요충분조건
㉡ 필요조건이지만 충분조건은 아니다.
㉢ 충분조건이지만 필요조건은 아니다.
㉣ 필요조건도 충분조건도 아니다.

	(1)	(2)
A	$x+y>0$ $xy>0$	$x+y>2$ $xy>1$
B	$x>0$ $y>0$	$x>1$ $y>1$
C	(9) ☐	(10) ☐

	(3)	(4)
A	$y=7-x$ $x^2+y^2=25$	$y=7-x$ $x^2+y^2=25$
B	$y=7-x$ $x^2+(7-x)^2=25$	$x^2+y^2=25$ $x^2+(7-x)^2=25$
C	(11) ☐	(12) ☐

(단, x, y는 실수이다.)

〈 1963년 1차 이과 〉 p.65

5. 다음 ☐ 안에 ㉠~㉣을 넣어라.
두 실수 a, b에 대한 명제 [어떠한 실수 x에 대해서도 적당한 실수 y를 잡으면 $ax \neq by$이다.]가 성립하지 않기 위해

(1) [어떠한 실수 x를 잡아도 임의의 실수 y에 대하여 $ax=by$이다.]는 (17) ☐

(2) [적당한 실수 y를 잡으면, 어떠한 실수 x에 대해서도 $ax=by$이다.]는 (18) ☐

(3) [적당한 실수 x를 잡으면, 어떠한 실수 y에 대해서도 $ax=by$이다.]는 (19) ☐

(4) [적당한 실수 x를 잡으면 적당한 실수 y에 대하여 $ax=by$이다.]는 (20) ☐

㉠ 필요충분조건이다.
㉡ 충분조건이나 필요조건은 아니다.
㉢ 필요조건이나 충분조건은 아니다.
㉣ 필요조건도 충분조건도 아니다.

〈 1963년 1차 문과 〉 p.68

5. 다음 ☐ 안에 ㉠~㉣을 넣어라.
길이가 a, b, c인 세 선분을 세 변으로 하는 예각삼각형을 만들 수 있기 위해

(1) $|a-b|<c<a+b$는 (17) ☐

(2) $|a^2-b^2|<c^2<a^2+b^2$는 (18) ☐

(3) $|a^2-b^2|<c^2<ab$는 (19) ☐

(4) $|a-b|<c<\dfrac{b^2}{a}+\dfrac{a^2}{b}$는 (20) ☐

㉠ 필요충분조건이다.
㉡ 충분조건이나 필요조건은 아니다.
㉢ 필요조건이나 충분조건은 아니다.
㉣ 필요조건도 충분조건도 아니다.

〈 1964년 1차 이과 〉 p.77

5. 다음 ☐ 안에 ㉠~㉣을 넣어라.
단, (ⅰ), (ⅱ), (ⅲ)에서 x, y는 실수이다.

(ⅰ) $x+y$와 xy가 정수인 것은
x, y가 모두 정수가 되기 위한 (17) ☐

(ⅱ) $x+y>2, xy>1$인 것은
$x>1, y>1$이기 위한 (18) ☐

(ⅲ) $x=y=0$인 것은
$x^2+y^2=0$이기 위한 (19) ☐

(ⅳ) x, y가 복소수일 때, $x=y=0$인 것은
$x^2+y^2=0$이기 위한 (20) ☐

㉠ 필요충분조건이다.
㉡ 충분조건이나 필요조건은 아니다.
㉢ 필요조건이나 충분조건은 아니다.
㉣ 필요조건도 충분조건도 아니다.

〈 1967년 1차 문과 〉 p.106

1. 다음 □ 안에 알맞은 말을 아래의 $1 \sim 4$ 중에서 골라 $1, 2, 3, 4$로 답하라.

[$a < b$]이기 위해

(1) [$a < x$, $x < b$를 만족하는 x가 있다.]는 □

(2) [$a \leqq x$, $x \leqq b$를 만족하는 x가 있다.]는 □

(3) [$x < a$를 만족하는 x는 모두 $x < b$를 만족한다.]는 □

(4) [$x \leqq a$를 만족하는 x는 모두 $x < b$를 만족한다.]는 □

1. 필요조건도 충분조건도 아니다.
2. 필요충분조건이다.
3. 필요조건이나 충분조건은 아니다.
4. 충분조건이나 필요조건은 아니다.

〈 1968년 1차 이과 〉 p.114

5. 다음 □ 안에 알맞은 말을 아래의 1, 2, 3, 4 중 택하여, 그 기호 1, 2, 3, 4로 답하라. 단, A, B, C는 평면상의 점의 집합이며 A'는 A의 여집합이다.

(1) $A \cap B \subset A \cup B$는 $A = B$이기 위한 □

(2) 모든 C에 대하여 $A \cap C \supset B \cap C$인 것은 $A \supset B$이기 위한 □

(3) $A \cup C \supset B \cup C$인 C가 존재하는 것은 $A \supset B$이기 위한 □

(4) $A \subset C$, $B \subset C'$인 C가 존재하는 것은 $A \cap B = \varnothing$이기 위한 □

1. 필요조건도 충분조건도 아니다.
2. 필요조건이나 충분조건은 아니다.
3. 충분조건이나 필요조건은 아니다.
4. 필요충분조건이다.

〈 1968년 1차 문과 〉 p.115

5. 다음 □ 안에 알맞은 말을 아래의 1, 2, 3, 4중 골라 그 기호 1, 2, 3, 4로 답하라.

$|a+b| > a+b$이기 위해, $ab < 0$는 □

$|a-b| > a-b$이기 위해, $a < b$는 □

$|a|+|b| > |a+b|$이기 위해, $ab \neq 0$는 □

$|a-b| > |a|-|b|$이기 위해, $a \neq b$는 □

1. 필요조건도 충분조건도 아니다.
2. 필요조건이나 충분조건은 아니다.
3. 충분조건이나 필요조건은 아니다.
4. 필요충분조건이다.

[2] 명제와 논증

〈 1965년 1차 이과 〉 p.86

5. 아래의 명제 q, r, s, t에 대하여 반드시 성립하면 1, 성립하지 않을 수도 있으면 2로 답하라. 단, α, β는 실수이다.

q. 임의의 양수 x, y에 대하여 항상 $\alpha x + \beta y > 0$이 성립하면 $\alpha > 0$, $\beta > 0$이다.

r. 임의의 음이 아닌 실수 x, y에 대하여 항상 $\alpha x + \beta y \geqq 0$이면 $\alpha \geqq 0$, $\beta \geqq 0$이다.

s. 어떤 양수 x가 존재하여 임의의 양수 y에 대하여 $\alpha x + \beta y > 0$이면 $\beta > 0$이다.

t. 어떤 양수 x, y가 존재하여 $\alpha x + \beta y > 0$이면 $\alpha > 0$ 또는 $\beta > 0$이다.

〈 1967년 1차 이과 〉 p.104

5. 다음 □ 안에 알맞은 말을 아래의 $1 \sim 12$ 중에서 골라 $1, 2, 3$ 등으로 답하라.

평면을 x축, y축과 원 $x^2 + y^2 = 1$로 8개의 부분으로 나누어 각 부분을 그림과 같이 A, B, C, D, E, F, G, H로 명하자.

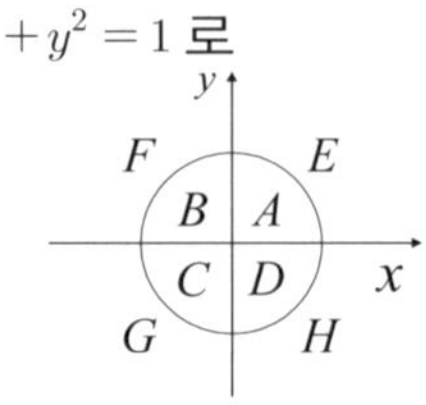

단, 각 부분은 경계점은 포함하지 않는다.

점 (x, y)가 B영역 전체를 움직일 때,

(1) 점 $(-y, x)$는 □.

(2) 점 $\left(\dfrac{x}{x^2+y^2}, \dfrac{-y}{x^2+y^2}\right)$는 □.

(3) 점 $\left(\log_{10}\dfrac{1}{x^2+y^2}, -\dfrac{y}{x}\right)$는 □.

(4) 점 $(2^{-x}\cos y, 2^{-x}\sin y)$는 □.

1. A에만 있다. 2. B에만 있다.
3. C에만 있다. 4. D에만 있다.
5. E에만 있다. 6. F에만 있다.
7. G에만 있다. 8. H에만 있다.
9. A에도 있고 E에도 있으며, 다른 곳에는 없다.
10. B에도 있고 F에도 있으며, 다른 곳에는 없다.
11. C에도 있고 G에도 있으며, 다른 곳에는 없다.
12. D에도 있고 H에도 있으며, 다른 곳에는 없다.

〈 1970년 1차 이과 〉 p.121

1. 다음 □ 안에 알맞은 수를 넣어라.
다음 조건 ⓐ, ⓑ를 만족하는
방정식 $ax^2-2bx+c=0$ 전체를 고려해보자.

ⓐ a, b, c는 모두 양의 정수이다.
ⓑ 근은 모두 $0<x<1$인 실근이다.

이때, 다음이 성립한다.

(1) a, b의 대소에 대하여 □번이 옳다.
1. 항상 $a>b$ 2. 항상 $a<b$
3. 1, 2번 어느 것도 아니다.

(2) b, c의 대소에 대하여 □번이 옳다.
1. 항상 $b>c$ 2. 항상 $b<c$
3. 1, 2번 어느 것도 아니다.

(3) c, a의 대소에 대하여 □번이 옳다.
1. 항상 $c>a$ 2. 항상 $c<a$
3. 1, 2번 어느 것도 아니다.

(4) a의 최솟값은 □이다.

〈 1984년 이과 〉 p.202

3. 2 이상의 자연수 k에 대하여
$f_k(x)=x^k-kx+k-1$로 놓자.

이때, 다음을 증명하여라.

(1) n차다항식 $g(x)$가 $(x-1)^2$로 나누어떨어진다. ⇔ (필요충분조건)
$g(x)$는 상수 $a_2, a_3, \cdots, a_n$을 이용하여
$g(x)=\sum_{k=2}^{n} a_k f_k(x)$로 나타낼 수 있다.

(2) n차다항식 $g(x)$가 $(x-1)^3$로 나누어떨어진다. ⇔ (필요충분조건)
$g(x)$는 관계식 $\sum_{k=2}^{n}\frac{k(k-1)}{2}a_k=0$을 만족하는 $a_2, a_3, \cdots, a_n$을 이용하여
$g(x)=\sum_{k=2}^{n} a_k f_k(x)$로 나타낼 수 있다.

〈 1994년 후기 이과1류 〉 p.304

1. 양의 정수 m과 $k=1,2,\cdots,m$에 대하여, $0\leq a_k\leq k$를 만족하는 정수 $a_1, a_2, \cdots, a_n$이 주어졌을 때,
$$[a_m, a_{m-1}, \cdots, a_1]_m = a_m\cdot m!+a_{m-1}\cdot(m-1)!+\cdots+a_1\cdot 1$$
로 놓자. 단, $a_m\neq 0$이다.

(1) 다음 등식이 성립함을 증명하여라.
$[m, m-1, \cdots, 1]_m=[1, 0, \cdots, 0]_{m+1}-1$

(2) 모든 양의 정수는 $[a_m, a_{m-1}, \cdots, a_1]_m$의 형태로 표시될 수 있으며, 그 방법은 유일함을 증명하여라.

(3) n이 5 이상의 정수일 때, $\frac{n!}{5}$을 $[a_m, a_{m-1}, \cdots, a_1]_m$의 형태로 나타내어라.

〈 2000년 후기 이과1류 〉 p.333

1. k를 양의 정수라 할 때, x를 변수로 하는 k차 다항식 $P_k(x)$에 대하여 조건

$$(C)\begin{cases} P_k(x)-P_k(x-1)=x^{k-1} \\ P_k(0)=0 \end{cases}$$

를 고려하자. 단, $x^0=1$로 정한다.
이때, 다음 문제에 답하여라.

(1) $k=1,\ 2$에 대하여,
조건 (C)를 만족하는 $P_k(x)$를 구하여라.

(2) $k \geqq 3$에 대하여, 조건 (C)를 만족하는 $P_k(x)$가 유일하게 존재함을 보여라.

(3) 양의 정수 k에 대하여, k차다항식 $Q_k(x)$를 다음 조건이 성립하도록 정한다.

$$\begin{cases} Q_k(0)=Q_k(1)=\cdots=Q_k(k-1)=0 \\ Q_k(k)=1 \end{cases}$$

이때, k개의 정수 $c_1,\ c_2,\ \cdots,\ c_k$가 각각 유일하게 존재하여, $P_k(x)=\sum_{j=1}^{k} c_j Q_j(x)$로 표시됨을 보여라.

〈 2001년 전기 이과 〉 p.341

5. 용량 1리터인 비커 $m(\geqq 4)$개에 물이 들어 있다. 단, 빈 비커는 없으며, 들어 있는 물의 총량은 1리터이다.
또, x리터의 물이 들어 있는 비커는 1개밖에 없으며, 다른 비커들에는 x리터 미만의 물이 들어 있다.
이때, 물이 들어 있는 비커가 2개 남을 때까지, 다음 (a)~(c)의 조작을 반복 시행한다.

(a) 물의 양이 가장 적은
비커를 선택한다.
(b) 남은 비커 중에서
물의 양이 가장 적은 것을 선택한다.
(c) 이어, (a)에서 선택한 비커에 들어 있는 물을 (b)에서 선택한 비커에 붓고, 빈 비커는 치운다.

단, 조작시 들어 있는 물의 양이 최소인 비커를 선택하는 방법이 유일하지 않은 경우, 그 중에 어느 것이나 선택될 가능성이 있는 것으로 한다.

(1) $x<\frac{1}{3}$인 경우, 최초에 x리터의 물이 들어 있던 비커는 조작 도중 치워지거나 끝까지 남아 물의 양이 증가됨을 보여라.

(2) $x>\frac{2}{5}$인 경우, 최초에 x리터의 물이 들어 있던 비커는 최후까지 x리터가 들어 있는 상태 그대로 남아 있음을 보여라.

〈 2001년 전기 문과 〉 p.344

4. 흰 바둑돌 180개와 검은 바둑돌 181개가 횡(横)으로 일렬로 늘어서 있다. 바둑돌이 어떻게 늘어서 있든지, 다음 조건을 만족하는 검은 바둑돌이 적어도 하나 존재함을 보여라.

검은 바둑돌 하나를 택하여, 그것과 그 오른쪽에 있는 바둑돌을 모두 제거하면 남은 흰 바둑돌과 검은 바둑돌의 개수는 같다.

단, 바둑돌이 하나도 남지 않는 경우도 개수가 같은 것으로 한다.

〈 2001년 후기 이과1류 〉 p.348

3. $f(x)$는 정수계수 2차다항식이며 2차항의 계수는 양수이다. 임의의 실수 x에 대하여, 평면상의 원점을 중심으로 하는 반경 1인 단위원 C 상의 점 $P(x)$를

$P(x)=(\cos 2\pi f(x),\ \sin 2\pi f(x))$로 정한다.

원주 C의, 길이가 $L\,(0<L<2\pi)$인 호 I를 고정하자. 이때, 각 자연수 k에 대하여,
구간 $[k,\ k+1]$의 부분집합

$$\{x \mid k \leqq x \leqq k+1,\ P(x) \in I\}$$

는 서로 만나지 않는 유한개의 구간의 합집합으로 나타나며, 각 구간의 길이의 총합은 T_k이다.

이때, $\lim_{k\to\infty} T_k=\frac{L}{2\pi}$임을 보여라.

〈 2002년 전기 이과 〉 p.353

6. N을 양의 정수라 하자. $2N$개의 항으로 이루어진 수열 $\{a_1, a_2, \cdots, a_N, b_1, b_2, \cdots, b_N\}$을 $\{b_1, a_1, b_2, a_2, \cdots, b_N, a_N\}$으로 순서를 바꾸는 조작을 "순서바꾸기"라 하자.

순서바꾸기를 한 수열은 b_1이 초항이며, b_i의 다음 항이 a_i, a_i의 다음 항이 b_{i+1}이다.

또, 수열 $\{1, 2, \cdots, 2N\}$을 순서바꾸기한 수열에 있어 k가 나타나는 위치를 $f(k)$라 하자.

$N=3$인 경우,

$\{1, 2, 3, 4, 5, 6\}$을 순서바꾸기하면,

$\{4, 1, 5, 2, 6, 3\}$으로 되며, $f(1)=2$, $f(2)=4$, $f(3)=6$, $f(4)=1$, $f(5)=3$, $f(6)=5$이다.

(1) 수열 $\{1, 2, 3, 4, 5, 6, 7, 8\}$을 3회 순서바꾸기한 수열을 구하여라.

(2) $1 \leqq k \leqq 2N$를 만족하는 임의의 정수 k에 대하여, $f(k)-2k$는 $2N+1$로 나누어떨어짐을 보여라.

(3) $N=2^{n-1}$ (n은 양의 정수)에 대하여, 수열 $\{1, 2, 3, \cdots, 2N\}$을 $2n$회 순서바꾸기하면, $\{1, 2, 3, \cdots, 2N\}$으로 되돌아오는 것을 증명하여라.

〈 2002년 전기 문과 〉 p.356

4. 원주 상에 m개의 적색점과 n개의 청색점이 임의의 순서로 나열되어 있다. 이 점들에 의하여, 원주는 $m+n$개의 호로 나누어진다. 이때, 나누어진 호 중 양 끝의 색이 다른 것의 개수는 짝수임을 보여라. (단, $m \geqq 1$, $n \geqq 1$)

〈 2002년 후기 이과1류 〉 p.360

3. 구간 $[0, 1]$상의 함수 $f(x)$는 다음과 같이 정의 되어 있다.

$$f(x)=\begin{cases} 2x & \left(x \leqq \dfrac{1}{2}\right) \\ -2x+2 & \left(x > \dfrac{1}{2}\right) \end{cases}$$

$0 \leqq a_1 \leqq 1$을 만족하는 실수 a_1을 초항으로 하는 수열 $\{a_n\}$을 $a_n=f(a_{n-1})$ $(n=2, 3, \cdots)$로 정하자. 이때, 다음 문제에 답하여라.

(1) $0 \leqq b \leqq 1$, $f(b)=b$를 만족하는 실수 b를 모두 구하여라.

(2) a_4가 (1)에서 구한 b의 값들 중 하나와 같게 되는 a_1을 모두 구하여라.

(3) 조건 [a_n이 (1)에서 구한 b의 값들 중 하나와 같아지는 $n \geqq 1$이 존재한다.]를 만족하는 초항 a_1은 어떠한 형태의 실수로 표시되는가?

(4) 초항 a_1이 (3)의 조건을 만족하지 않을 때, $a_n \geqq \dfrac{3}{4}$로 되는 $n \geqq 1$이 존재함을 보여라.

(5) 수열 $\{a_n\}$이 수렴하기 위해, 초항 a_1이 만족해야할 필요충분조건을 구하여라.

〈 2003년 후기 이과1류 〉 p.373

2. p, q, N, M은 자연수이며, $\sqrt{p}$는 자연수가 아니다. 다음 문제에 답하여라.

(1) 자연수 l에 대하여, $(\sqrt{p}-[\sqrt{p}])^l = A\sqrt{p}+B$를 만족하는 정수 A, B가 존재함을 보이시오.

(2) xy평면에서, x좌표와 y좌표가 모두 정수인 점을 격자점이라 하자.

이때, 직선 $y=\sqrt{p}\,x$와의 거리가 $\dfrac{1}{N}$ 이하이며 x좌표가 N 이상인 격자점이 존재함을 보여라.

(3) 쌍곡선 $y^2-px^2=q$ 상의 점 P와 격자점 Q 중, $\overline{PQ} \leqq \dfrac{1}{M}$로 되는 것이 존재함을 보여라.

(4) $p=5$, $q=2$, $M=100$일 때, (3)의 조건을 만족하는 격자점 Q를 1개 구하여라.

즉, 격자점 Q 중, 쌍곡선 $y^2-5x^2=2$ 상의 점 P를 적당히 잡으면 $\overline{PQ} \leqq \dfrac{1}{100}$로 되는 것을 1개 구하여라.

단, $2.23606 < \sqrt{5} < 2.23607$을 사용해도 된다.

〈 2004년 후기 이과1류 〉 p.388

2. N: 3 이상의 정수,

$A=\{0, 1, 2, 3, 4, 5, 6, 7\}$, $B=\{0, 1\}$ 이다.

각 항이 0 또는 1로 이루어진 수열을 [0 1 수열]이라고 하자. [0 1 수열] $a_1, a_2, \cdots, a_n$에 대하여, 함수 $f: A \to B$를 이용하여 새로운 [0 1 수열] $b_1, b_2, \cdots, b_n$을 다음과 같이 정의하자.

$$b_1=f(a_1), \quad b_2=f(2a_1+a_2),$$
$$b_k=f(4a_{k-2}+2a_{k-1}+a_k) \quad (k=3, 4, \cdots, N)$$

(1) 함수 $f: A \to B$는 모두 몇 개인가?

(2) $f(0)=f(3)=f(4)=f(7)=0$,

$f(1)=f(2)=f(5)=f(6)=1$ 일 때,

$b_k=\dfrac{1}{2}\{1+(-1)^k\}$ $(k=1, 2, \cdots, N)$ 으로 되는 [0 1 수열] $a_1, a_2, \cdots, a_N$을 구하여라.

(3) 조건(P) $f(2m) \neq f(2m+1)$ $(m=0,1,2,3)$ 를 만족하는 함수 $f: A \to B$는 몇 개인가?

(4) 함수 $f: A \to B$는 조건(P)를 만족한다. 임의의 [0 1 수열] $b_1,b_2,\cdots,b_n$에 대하여 다음을 만족하는 [0 1 수열] $a_1,a_2,\cdots,a_n$이 존재함을 보여라.

$$b_1=f(a_1), \quad b_2=f(2a_1+a_2),$$
$$b_k=f(4a_{k-2}+2a_{k-1}+a_k) \quad (k=3, 4, \cdots, N)$$

1971년 ~ 1976년 문제 (2차 이과)

〈 1971년 2차 이과 : 1~6, 문과 : 1~4 〉

1. 변수 t가 0에서 π까지 변할 때,

$$x=2\cos\left(t-\frac{\pi}{6}\right),\ y=\cos\left(t+\frac{\pi}{3}\right)$$

로 표시되는 점 (x,y)와 원점 $(0,0)$과의 거리의 최댓값 및 최솟값을 구하여라.

2. 양수 x에 대하여,

$$2a_1=x,\ 2a_2=a_1^2+1,\ \cdots,\ 2a_{n+1}=a_n^2+1,\ \cdots$$

로 수열 $\{a_n\}$을 정할 때,

(1) $x\neq 2$이면,

$a_1<a_2<\cdots<a_n<\cdots$ 임을 증명하여라.

(2) $x<2$이면, $a_n<1$임을 증명하여라.

이 때, 양수 ε을 $1-\frac{x}{2}$보다 작게 잡으면 $a_1,\ a_2,\ \cdots,\ a_n$까지가 $1-\varepsilon$ 이하가 된다고 한다. 개수 n에 대하여 다음 부등식이 성립함을 증명하여라.

$$2-x>n\varepsilon^2$$

〈 참 고 〉

$n=\max\{m\,|\,\max\{a_1,\ a_2,\ \cdots,\ a_m\}\leqq 1-\epsilon\}$

3. 주어진 실수계수 다항식 $f(x)$에 대하여

$$\int_0^1 f(x)\,dx=2,\ \int_0^1 xf(x)\,dx=3$$

이 성립한다고 한다. 이때,

$$\int_0^1 \{f(x)-ax-b\}^2 dx$$

의 값을 최소로 하는 a 및 b의 값을 구하여라.

4. x의 다항식

$$f_n(x)=1+\frac{x}{1!}+\frac{x^2}{2!}+\cdots+\frac{x^n}{n!}\quad (n=1,\ 2,\ 3,\ \cdots)$$

에 관하여,

$$f_n{}'(x)=f_{n-1}(x)\ (n=2,\ 3,\ \cdots)$$

가 성립함을 증명하여라.

방정식 $f_n(x)=0$은 n이 기수이면 한 개의 실근만을 가지며, n이 우수이면 실근을 갖지 않음을 수학적귀납법으로 증명하여라.

5. n을 양의 정수라 할 때, $\left(\cos\frac{2\pi}{n}k,\ \sin\frac{2\pi}{n}k\right)$를 좌표로 하는 점을 Q_k로 표시하자. 이때, 점 $Q_0,\ Q_1,\ Q_2,\ \cdots,\ Q_{n-1}$에 의하여 원주 $x^2+y^2=1$은 n등분된다. 평면상의 점 P의 좌표를 $(a,\ b)$라 하고

$$S_n=\frac{1}{n}(\overline{PQ_0}^2+\overline{PQ_1}^2+\cdots+\overline{PQ_{n-1}}^2)$$

으로 놓을 때, $\lambda_p=\lim_{n\to\infty}S_n$의 값을 $a,\ b$를 이용하여 나타내어라. 또, P가 어디에 있을 때 λ_p의 값이 최소로 되는가?

6. 3명이 '가위바위보'를 하여 승자를 결정한다. 예를 들어, 1명이 '보'를 내고 다른 2명이 '주먹'을 낸 경우, 단 1회에 꼭 1명의 승자가 결정되는 것으로 한다. 3명이 '가위바위보'를 하여, 진 사람은 다음 회에 참가하지 못하는 것으로 하여 꼭 한 명의 승자가 결정될 때까지 '가위바위보'를 반복한다. 이때, k회째에 처음으로 꼭 1명이 승자가 결정될 확률을 구하여라.

〈 1972년 2차 이과 : 1~6, 문과 : 1,2,4,7 〉

1. 공간에 좌표계가 있어, z축 상에 두 점 $A(0,0,6)$, $B(0,0,20)$이 주어져 있다.

xy평면상의 점 $P(x,y,0)$에 대하여,

$$0\leqq x\leqq 15,\ 0\leqq y\leqq 15,\ \angle APB\geqq 30^\circ$$

를 만족하는 것 전체가 이루는 도형의 면적을 구하여라.

2. 평면상의 삼각형 ABC에 있어, 꼭짓점 A를 지나고 변 $AB,\ AC$에 수직인 직선을 각각 $h,\ k$라 하자. B의 k에 대한 대칭점을 B', C의 h에 대한 대칭점을 C'라 하자. 네 벡터 $\vec{b}=\overrightarrow{AB},\ \vec{c}=\overrightarrow{AC},\ \vec{b'}=\overrightarrow{AB'},\ \vec{c'}=\overrightarrow{AC'}$ 사이에 $\vec{b'}=\vec{b}+\vec{c},\ \vec{c'}=m\vec{b}+\vec{c}$ (m은 양의 정수), $|\vec{b}|=1$ 이 성립할 때, $m,\ \angle BAC$ 및 $|\vec{c}|$를 구하여라. (단, $0<\angle BAC<\pi$)

3. k를 실수상수,
$f(x)=x^2(x+8)$, $g(x)=(x^2-1)(x+4)$라 할 때, x에 관한 방정식 $f(x)-kg(x)=0$의 서로 다른 실근의 개수를 구하여라.

4. 서로 외접하는 두 원 C, C'가 공통접선 l의 같은 쪽에 있다.

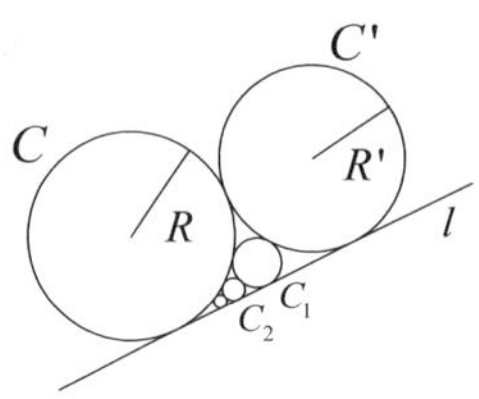

그림과 같이, C, C', l에 접하는 원을 C_1,
C, C_1, l에 접하는 원을 C_2, $\cdots$,
C, C_{n-1}, l에 접하는 원을 C_n이라 하자.
이때, 원 C_n의 반경을 r_n이라 할 때,
극한값 $\lim_{n\to\infty} n^2 r_n$을 원 C의 반경 R과 원 C'의 반경 R'를 이용하여 나타내어라.

5. $h(x)$는 $-\infty<x<\infty$에서 2회 미분가능한 함수이며, 임의의 1차함수 $f(x)$에 대하여,

$$u(x)=\int_0^x h(t)f(t)\,dt+h(x)\int_x^1 f(t)\,dt$$

로 놓으면,

$$\text{(i)}\ \frac{d^2u}{dx^2}=f(x) \qquad \text{(ii)}\ u(0)=0$$

이 성립한다. 이때, $h(x)$를 구하여라.

6. 그림과 같이, 직사각형 ABP_1P_5는 어느 국경도시를 표시하며 각 선분은 도로를 표시한다.
그림의 지점 $P_1, P_2, \cdots, P_9$에는 외국으로 갈 수 있는 도로가 열려 있다. 지금, 어떤 범인이 B에서 외국을 향하여 도주하려 하고 있으며, 그 범인이 $P_j\,(1\leq j\leq 9)$ 이외의 각 교차점(B포함)에 있어, 각각 확률 $\frac{1}{2}$로 동쪽이나 북동쪽으로 진로를 정한다. 이 범인을 잡기 위해 3인의 경관을 $P_j\,(1\leq j\leq 9)$ 중 적당한 3지점에 배치하려 한다. 어떤 3점에 배치하면, 범인을 잡을 확률 P가 최대로 되는가?
또, 그때의 P의 최댓값을 소수 둘째 자리까지 구하여라.
단, 범인이 경관과 만나지 않고 국경의 지점에 도달하면, 무사히 외국으로 도망쳐 버리는 것으로 한다.

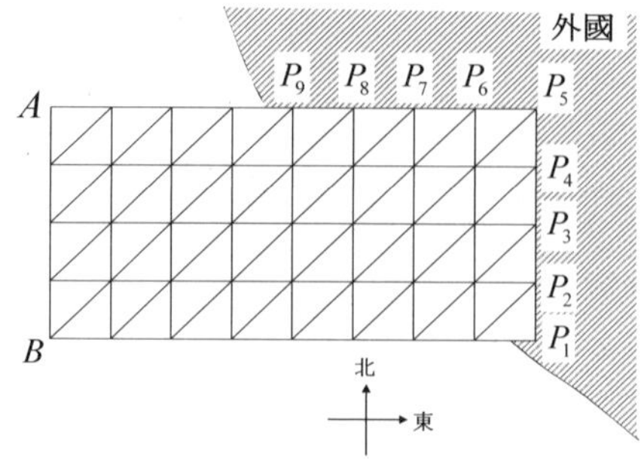

7. 복소수 z, w 사이에 $w=z^2$의 관계가 있으며, 복소평면에 있어 점 z는 4점 $1+i$, $2+i$, $2+2i$, $1+2i$를 꼭짓점으로 하는 정사각형의 내부를 움직인다. 이 때, 복소평면에 있어 점 w의 운동범위의 면적을 구하여라.

〈 1973년 2차 이과 : 1~6, 문과 : 3, 4, 7, 8 〉

1. S는 중심이 O, 반경이 a인 구면이며, N은 S상의 한 점이다. 점 O에서 선분 ON과 $\frac{\pi}{3}$의 각도로 만나는 한 평면상에, 점 P가 점 O를 중심으로 등속원운동을 하고 있다. 그 각속도는 매초 $\frac{\pi}{12}$이며, $\overline{OP}=4a$이다.
점 N에서 점 P를 관측할 때, P가 보이기 시작한 후, 몇 초간 계속 관측되는가? 또, P가 보이기 시작한 시점부터 보이지 않을 때까지 $\overline{NP}$의 최댓값 및 최솟값을 구하여라. 단, 구면 S는 불투명한 것으로 한다.

2. x_1, x_2, $\cdots$, x_n은 각각 0, 1, 2 중 하나의 값을 갖는다.
$f_1=\sum_{i=1}^{n} x_i$, $f_2=\sum_{i=1}^{n} x_i^{\,2}$일 때,
$f_k=\sum_{i=1}^{n} x_i^{\,k}\ (k=1, 2, 3, \cdots)$을 f_1과 f_2를 이용하여 나타내어라.

3. 구간 $1 \leqq x \leqq 3$에 있어 다음과 같이 정의된 함수 $f(x)$가 있다.

$$f(x)=\begin{cases} 1 & (1 \leqq x \leqq 2) \\ x-1 & (2 \leqq x \leqq 3) \end{cases}$$

이제, 실수 a에 대하여, 구간 $1 \leqq x \leqq 3$에 있어 함수 $f(x)-ax$의 최댓값에서 최솟값을 뺀 값을 $V(a)$라 하자. 이 때, 다음 물음에 답하여라.

(1) a가 모든 실숫값을 가지며 움직일 때, $V(a)$의 최솟값을 구하여라.

(2) $V(a)$가 최소로 되는 a의 값을 구하여라.

4. 평면상에 한 변의 길이가 1인 정사각형 S가 있다. 이 평면상에서 S를 평행이동하여 얻은 정사각형 중, 점 P를 중심으로 갖는 것을 $T(P)$라 하자. 이 때, 공통부분 $S \cap T(P)$의 면적이 $\frac{1}{2}$ 이하로 되는 점 P의 존재범위를 도시하라. 또, 그 범위의 면적을 구하여라.

5. t는 1보다 큰 실수이다. xy평면상에 있어, 부등식

(i) $0<x$ (ii) $\dfrac{t}{(1+t^2)x} \leqq y \leqq \dfrac{1}{1+x^2}$

를 동시에 만족하는 점 (x, y) 전체가 이루는 도형의 면적을 t의 함수로 고려하여 $f(t)$로 놓자. $f(t)$의 도함수 $f'(t)$를 구하여라.

6. x에 관한 어떤 2차함수의 그래프가 원점에서 직선 $y=x$에 접하고 있다. 이 그래프상의 점 (u, v)에 있어서의 접선의 기울기를 u, v로 나타내어라. 단, (u, v)는 원점이 아니다.

7. 그림에서 $\overline{AB}=2a$이며, $\overline{AB}$를 지름으로 하는 반원주 상에 점 P가 있다. P에서 $\overline{AB}$에 내린 수선의 발을 Q라 하자.

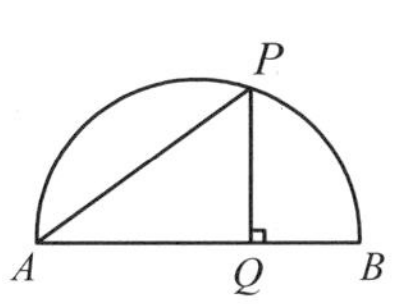

$\triangle APQ$를 $\overline{AB}$ 주위로 회전하여 얻어지는 입체의 체적의 최댓값을 구하여라.

8. 4각뿔 $V-ABCD$가 있어, 그 밑면 $ABCD$는 정사각형이고, 네 변 VA, VB, VC, VD의 길이는 모두 같다. 이 4각뿔의 꼭짓점 V에서 밑면에 내린 수선 VH의 길이는 6이며, 밑면의 한 변의 길이는 $4\sqrt{3}$이다. $\overline{VH}$상에 $\overline{VK}=4$로 되는 점 K를 잡자. 이제, 점 K와 밑면의 한 변 $\overline{AB}$를 포함하는 평면에 의하여, 4각뿔을 2부분으로 나눌 때, 꼭짓점 V를 포함하는 부분의 체적을 구하여라.

〈 1974년 2차 이과 : 1∼6, 문과 : 1, 2, 7, 8 〉

1. 자연수 n, p에 대하여, n^p의 일의 자리를 $f_p(n)$으로 표시하자.

(1) n이 자연수 전체에서 움직일 때, $f_2(n)$이 갖는 값을 모두 구하여라.

(2) 모든 자연수 n에 대하여, $f_5(n)=f_1(n)$이 성립함을 증명하여라.

(3) n이 자연수 전체에서 움직일 때, $f_{100}(n)$이 갖는 값을 모두 구하여라.

2. 길이 l인 선분이, 양 끝점을 포물선 $y=x^2$ 상에 놓고 움직이고 있다. 이 선분의 중점 M이 x축에 가장 가까워질 때의 M의 좌표를 구하여라. 단, $l \geqq 1$이다.

3. 다음 그림은 선분 AB의 투영도이며, 각 부분의 길이는 그림에 기입되어 있는 대로이다. 이 선분의 상단 A를 지나고, $\overline{AB}$와 이루는 각이 $60°$, 평면도에 대한 기울기가 $30°$로 되는 직선이 평면도와 만나는 점을 C라 하자.

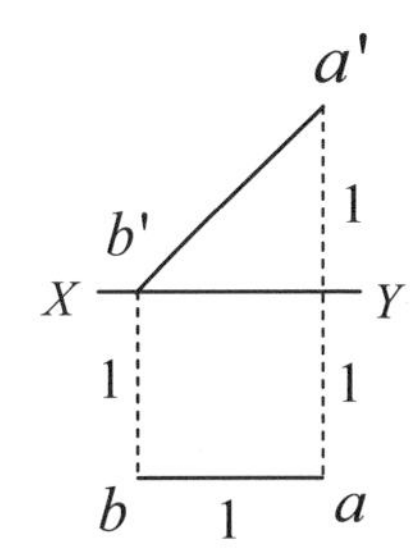

점 B의 평면도 b를 원점으로 하고, $\overline{ba}$를 x축 $\overline{bb'}$를 y축으로 하여 점 C의 좌표를 구하여라.

4. 두 함수 $f(x)$, $g(x)$가 다음 성질 (i), (ii), (iii), (iv)를 만족한다.

(i) $f(x)$, $g(x)$는 $x=0$에서 미분가능하다.

(ii) $f(0)=g(0)=0$

(iii) 원점에 있어서의 $y=f(x)$의 접선과 $y=g(x)$의 접선은 직교한다.

(iv) 실수 a, b, c를 적당히 잡으면,

$$f'(0)=\lim_{x\to 0}\frac{ax+bf(x)}{cx+f(x)},\ g'(0)=\lim_{x\to 0}\frac{ax+bg(x)}{cx+g(x)}$$

가 성립한다. 이때, a의 값을 구하여라.

5. 원점 O에 중심을 갖는 반경 2인 고정된 원판을 A라 하자. 또, $C(3, 0)$을 중심으로 갖는 반경 1인 원판을 B로 놓고, 원판 B의 원주상의 점 $(4, 0)$을 M이라 하자. B를 A의 주위에 연하여 미끄러지지 않게 굴려, $\overline{OC}$가 x축의 양의 방향과 이루는 각이 θ로 되었을 때, M의 위치를 나타내는 좌표를 (X, Y)라 하자.

θ가 0에서 $\frac{\pi}{2}$까지 변할 때, 다음 물음에 답하여라.

(1) X와 Y를 θ에 관하여 나타내어라.

(2) Y의 최댓값을 구하여라.

(3) M이 그리는 곡선의 호의 길이를 구하여라.

6. 어떤 스포츠에 있어, A, B 두 팀이 시합을 하여 먼저 3승하는 쪽이 우승하는 것으로 한다. 1회 시합에서 A가 이길 확률을 p, B가 이길 확률을 q라 하자. $(p+q=1,\ p>0, q>0)$

이때, A가 우승할 확률을 P, B가 우승할 확률을 Q라 하고, 우승팀이 결정될 때까지의 시합수를 N이라 할 때, 다음 물음에 답하여라.

(1) $p>q$일 때, $P-Q$와 $p-q$ 중 어느 것이 큰가?

(2) N의 기댓값을 최대로 하는 p의 값 및 그 때의 N의 기댓값을 구하여라.

7. 반경 a인 구에서, 연직으로 구의 중심을 지나는 축을 갖는 원기둥 부분을 제거했을 때, 남은 환상(環狀)부분의 높이가 $2h$로 되었다. 이 환상부분의 체적을 구하여라. 단, $a>h$이다.

8. $\alpha>0$에 대하여, xy평면상에 있어 부등식

$$y\le -\frac{1}{\alpha^2}x^2+\frac{2\alpha-1}{\alpha^2}x-1+\frac{1}{\alpha}$$

을 만족하는 점 (x, y) 전체의 집합을 A라 하자. A와 제1사분면의 공통부분을 B라 할 때, B의 면적을 α의 함수로 표시하여 그 그래프를 그려라.

〈 1975년 2차 이과 : 1~6, 문과 : 1, 2, 7, 8 〉

1. 삼각형 ABC에 있어, $\overline{BC}=32$, $\overline{CA}=36$, $\overline{AB}=25$이다. $\triangle ABC$의 2변상에 양 끝점을 갖는 선분 PQ는 $\triangle ABC$의 면적을 2등분한다. 이러한 $\overline{PQ}$의 길이가 가장 짧아지는 경우의 P와 Q의 위치를 구하여라.

2. k, l, m, n은 음이 아닌 정수이다. 0이 아닌 모든 x에 대하여, 등식

$$\frac{(x+1)^k}{x^l}-1=\frac{(x+1)^m}{x^n}$$

이 성립하도록 하는 k, l, m, n의 조(組)를 구하여라.

3. 직선 $x+y=4$와 제1사분면에서 접하는 포물선 $y=-ax^2+bx$가 있다. 이 방정식과 x축의 양의 부분으로 둘러싸인 부분의 면적이 최대로 될 때의 a, b의 값과 그 때의 면적을 구하여라.

4. 수열 $\{a_n\}$은 $a_1=\sqrt{2}$, $a_{n+1}=\sqrt{2+a_n}$ $(n=1, 2, 3, \cdots)$으로 주어져 있다.

이 때, $a_n=2\sin\theta_n$, $0<\theta_n<\frac{\pi}{2}$를 만족하는 θ_n을 찾아라. 또, $\lim_{n\to\infty}\theta_n$을 구하여라.

5. 그림과 같이 구 S에 내접하는 구의 열 S_n $(n=1, 2, 3, \cdots)$이 있어, S의 중심 O와 S_n의 중심 O_n은 모두 같은 평면상에 있다.

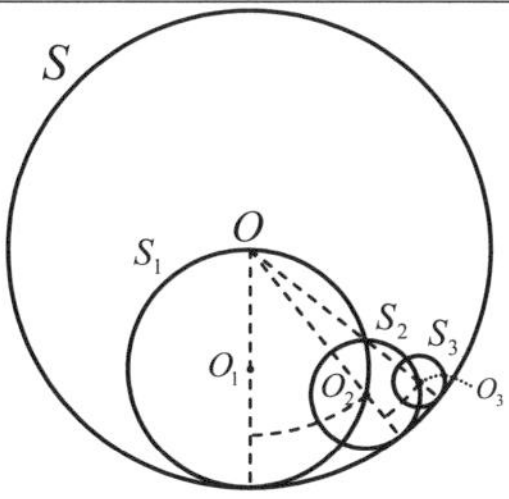

O_{n+1}은 S_n의 표면상에 있으며, 그 평면상에 있어 O_{n+2}와 O_n은 직선 OO_{n+1}에 관하여 서로 반대편에 있다. 또, S의 반경은 a, S_n의 반경은 $\dfrac{a}{2^n}$이다.

(1) S_n과 S_{n+1}의 공통부분의 체적 v_n을 구하여라.

(2) $m=1, 2, 3, \cdots$ 에 대하여, $V_m=\sum_{n=1}^{m} v_n$이라 할 때, $V=\lim_{m\to\infty} V_m$을 구하여라.

6. 적구(赤球)와 백구(白球)가 들어 있는 용기 A, B, C가 있어, A에는 적구 1개와 백구 3개가 들어 있다. 지금, A, B, C에서 무작위로 1개씩 모두 3개의 공을 꺼내어, 그것들 중 다시 무작위로 1개를 선택하여 A에 넣는 조작을 반복한다.

단, 용기 B에서 적구가 나올 확률과 백구가 나올 확률은 모두 $\dfrac{1}{2}$로 유지되며, 용기 C에서는 항상 적구가 나오는 것으로 한다.

(1) 위의 조작을 n회 반복했을 때, 용기 A에 x개의 적구가 들어 있을 확률을 $P_n(x)$ $(n=1, 2, 3, \cdots)$로 표시하면, 관계식

$$P_{n+1}(x)=\frac{1}{12}(6+x)P_n(x)+\frac{1}{24}(1+x)P_n(x+1)+\frac{1}{8}(5-x)P_n(x-1)$$

이 성립함을 증명하여라.

단, $x\leqq -1$ 또는 $x\geqq 5$인 경우, $P_n(x)=0$으로 한다.

(2) n회째의 조작을 마쳤을 때, 용기 A에 들어 있는 적구의 수의 기댓값 E_n을 구하여라.

(3) $\lim_{n\to\infty} E_n$을 구하여라.

7. 2개의 포물선 $y=x^2$, $y=-(x-a)^2+b$에 의하여 둘러싸인 도형의 면적이 $\dfrac{1}{3}$이 되기 위한 필요충분조건을 a, b를 이용하여 나타내어라.

8. xy평면상의 곡선 $x=f(y)$ ($f(y)$는 양숫값을 갖는 함수)와 직선 $y=2$ 및 x축, y축으로 둘러싸인 도형을 y축 둘레로 회전시켜 얻어지는 입체에서, y좌표가 2인 y축 상의 점을 중심으로 하는 반경 1인 구와의 공통부분을 도려내고 남은 부분을 A라 하자.

입체 A의 $y\leqq t$인 부분의 체적 V가

$$V(t)=\begin{cases}\dfrac{2}{3}\pi(t^2+t) & (0\leqq t\leqq 1)\\[2ex] \pi\left(\dfrac{1}{3}t^3-\dfrac{3}{2}t^2+4t-\dfrac{3}{2}\right) & (1<t\leqq 2)\end{cases}$$

일 때, 함수 $f(y)$ $(0\leqq y\leqq 2)$를 정하고, A의 xy평면에 의한 절단면을 도시하라.

■ 김남호
강릉고등학교 졸업
홍익대학교 수학교육과 졸업
연세대학교 수학과 대학원 중퇴
서울시 중등임용고사 합격
현재 서울시 중등 수학교사

개정판

천일수학 I

엮은이 김남호
펴낸이 조경희
펴낸곳 경문사
펴낸날 2005년 10월 15일 1판 1쇄
2018년 6월 1일 개정판 2쇄
등 록 1979년 11월 9일 제313-1979-23호
주 소 04057, 서울특별시 마포구 와우산로 174
전 화 (02)332-2004 팩스 (02)336-5193
이메일 kyungmoon@kyungmoon.com
facebook facebook.com/kyungmoonsa

값 31,000원

ISBN 978-89-6105-732-5